本书受国家社科基金重点项目（项目编号：15AZD038）
河北大学宋史研究中心建设经费资助

中国传统科学技术
思想史研究

隋唐卷

吕变庭◎著

科学出版社

北京

内 容 简 介

　　本书旨在对隋唐时期的科技发展进行全面考察，通过对隋唐时期诸多科技名著本身所蕴含思想的剖析和解读，重点探讨科学技术思想发展的总体状况，试图较为清晰地勾勒出这一时期科技史发展的学术脉络，并对隋唐时期科技思想辉煌发展历史进行全面审视和反思。此外，本书还对这一时期中国科学技术思想历史的总体状况进行研究，着重考察医学家、地理学家、天文学家、农学家等与科学技术发展的关系，以期为当代科技发展提供历史借鉴。

　　本书可供隋唐史、科技史等专业的师生阅读和参考。

图书在版编目（CIP）数据

中国传统科学技术思想史研究. 隋唐卷 / 吕变庭著. —北京：科学出版社，2023.11
ISBN 978-7-03-075271-0

Ⅰ. ①中⋯　Ⅱ. ①吕⋯　Ⅲ. ①科学技术-思想史-研究-中国-隋唐时代　Ⅳ. ①N092

中国国家版本馆 CIP 数据核字（2023）第 048421 号

责任编辑：任晓刚／责任校对：张亚丹
责任印制：肖　兴／封面设计：楠竹文化

科学出版社出版
北京东黄城根北街16号
邮政编码：100717
http://www.sciencep.com

北京汇瑞嘉合文化发展有限公司 印刷
科学出版社发行　各地新华书店经销
*
2023 年 11 月第 一 版　开本：787×1092　1/16
2023 年 11 月第一次印刷　印张：35 1/2
字数：850 000
定价：298.00元
（如有印装质量问题，我社负责调换）

目　　录

绪　　论

一、问题的提出与简要学术史回顾

唐代是一个令人激动的开放时代，是一个自信、开放、统一、强大的时代，也是当时世界上最先进的国家①，尤其是盛唐科学，在科学技术等方面取得了前所未有的辉煌成就②。然而，功成犹有身所限，"唐代科技发展的官方色彩浓厚，政治依附性较强，功利性较强……从整个世界科技发展的历史来看，更是明显存在着另外一些局限性"③，例如，当时，唐朝的商品经济不太发达，"无法有力促进生产力包括与之有关的科技的发展"④。所以李约瑟博士在《中国科学技术史》第1卷《总论》中评论唐宋科学发展状况说：

> 对于科学史家来说，唐代却不如后来的宋代那么有意义。这两个朝代的气氛完全不同。唐代是人文主义的，而宋代则较着重于科学技术方面。但是可以肯定，唐代的道家很热衷于炼金术……当时的某些化学书本对我们还是有用的。⑤

李约瑟博士的这种比较，引发了国内学者的极大研究兴趣，从结论上看，学界出现了"扬宋抑唐""同质延续"等多种观点，也发表了不少这方面的研究成果。

何忠礼在《试论宋朝在中国历史上的地位——由唐宋两朝国情比较所见》一文中针对以往学界轻视宋朝的倾向，依据李约瑟博士的论断，提出了自己的看法。他说："长期以来，人们虽不时以唐宋并称，但言及宋朝在中国历史上的地位时，除在文化上有所肯定以外，总是将它说得那么不堪，与唐朝相比，简直不可望其项背。事实上，宋朝除国土面积不及唐朝以外，在政治、经济、思想、文化、科学技术、农民的社会地位等方面，都要优于唐朝，对后世的中国乃至世界，无论是贡献或影响，也比唐朝要大得多。"⑥与之不同，李健在《唐宋时期科技发展与唐宋变革》一文中则认为："唐宋时期我国社会政治、经济、军事、思想文化均发生了重大变化，因此学界有'唐宋变革说'。唐宋时期科技发展也是不争的事实，但有学者特别强调宋代的突出成果，这与事实有所出入，不完全准

---

① 陈鸿俊、刘芳编著：《中外工艺美术史》，长沙：湖南大学出版社，2005年，第63页。

② 刘桂英主编：《中国历史博物馆》，北京：北京燕山出版社，1998年，第119—121页；孟昭勋、张蓉主编：《丝路之光——创新思维与科技创新实践》，西安：陕西人民出版社，2010年，第316—342页等。

③ 杨琳等：《融汇与承继：丝绸之路文化研究》，西安：西安交通大学出版社，2016年，第206页。

④ 杨琳等：《融汇与承继：丝绸之路文化研究》，第206页。

⑤ ［英］李约瑟：《中国科学技术史》第1卷《总论》第1分册，《中国科学技术史》翻译小组译，北京：科学出版社，1975年，第273—274页。

⑥ 何忠礼：《试论宋朝在中国历史上的地位——由唐宋两朝国情比较所见》，《浙江学刊》2018年第6期，第155页。

确……因此可以认为，宋代的科学技术是在唐代基础上大大向前发展和进步了，而唐宋科学技术发展的差别并不是'划时代'的变化，而是同质的延续。"①所谓"同质"是指它们都是一个历史过程中的两个不同阶段，无论是生产力的发展，还是生产关系的变革，都没有出现异质的冲突与变革。例如，生产力发展仍然是依靠人力或畜力，而非机械动力或电力，正是在这个大前提下，唐代的科学技术发展也取得了丝毫不逊色于宋代的辉煌成就。对此，周尚兵的博士学位论文《唐代的技术进步与社会变化》有详细讨论，他以农业为例，认为唐代为宋代科技进步奠定了十分重要的物质基础：

> 不仅以曲辕犁为核心的生产工具系统具有里程碑的意义，而且最富革命性的科学建树是新的耕作制度成熟……在唐以后的农业生产，复种农作物的种类组合上也许有所调整，或许技术更加精细，但对唐代所确立的耕作制度与复种指数上却再无结构上的变更，由此，唐代农业领域的科学成果是划时代性的贡献。②

历史本身是一个波浪式的前进过程，然而，人们究竟应当如何描述中国古代科学技术历史发展的前进过程呢？目前学界尚有分歧。20 世纪 20 年代初，王琎在《中国之科学思想》一文中提出了如下观点。他说：

> 考吾国科学思想有可发达之时期六：一曰学术原始时期；二曰学术分裂时期；三曰研究历数时期；四曰研究仙药时期；五曰研究性理时期；六曰西学东渐时期。在此数时期间，一部分学者，或注意于宇宙之物质构造，而加以思索……苟能善用此等机会，则科学之发达，亦复不难。惟其来也如潮，其去也如汐，旋见旋没，从未有能持久而光大者。③

若与历史相对应，则：

> 两汉及魏晋数朝，皆为阴阳家当行之际。学术思想之受其害者，既深且广。惟于天文历数二科学，不能谓无大进步。科学中在吾国之稍有根底者，即为天文历算，而成其端者即两汉。张仓、落下闳、司马迁等，皆精于历算，而后汉之张衡、贾逵研究尤深。④

可惜，两汉的科学思想"究不发达，成绩究不丰富，且不久遂沉寂无闻"⑤。之后，由历法而转为仙药，所以王琎还说：

> 阴阳五行分配之学说，实滥觞于易学，然经一朝代，其说即变本加厉，而愈深固。其说之所以不易颠仆者，在于其学说之可以活动应用，且未曾一受实验之考试。其稍与以实验之尝试者，即南北朝及唐代之仙药家，即吾国之点金术家也。……因有仙药家金石之研究，如魏伯阳、葛洪之徒，于是有铅汞之学说。充铅汞说之量，应足

① 李健：《唐宋时期科技发展与唐宋变革》，《中州学刊》2010 年第 6 期，第 175 页。
② 周尚兵：《唐代的技术进步与社会变化》，首都师范大学 2005 年博士学位论文，第 7 页。
③ 王琎：《中国之科学思想》，《科学》1922 年第 10 期，第 1022 页。
④ 王琎：《中国之科学思想》，《科学》1922 年第 10 期，第 1026 页。
⑤ 王琎：《中国之科学思想》，《科学》1922 年第 10 期，第 1027 页。

以发吾国化学之端，因其术与欧西中古之点金术，固极相类。若一细读《抱朴子》《参同契》《钟吕传道记》诸书，则见仙药家对于金石之实验研究，实颇有所得。①

尽管王琎站在欧洲近代"科学"的立场，审视中国古代科学技术的发展历史，其中有些观点未免失之偏颇，但就整体把握中国古代科学的波浪形发展阶段而言，确有值得肯定之处。例如，王琎将"魏晋南北朝"看作是因受到秦汉和隋唐两个历史板块相向运动之作用，结果导致魏晋南北朝这个历史板块隆起和抬升。具体言之，一面是"两汉及魏晋数朝"天文历算的"进步"；另一面是"南北朝及唐代"点金术的兴盛，恰逢其间的"魏晋南北朝"则综合"天文历算"与"点金术"之积极成果，成为中国古代科学思想璀璨夺目的一个时代。在王琎之后，人们长期低估了魏晋南北朝在中国古代科学史上的历史地位，直到 2018 年我国科学史学界的老前辈杜石然在《自然科学史研究》第 3 期上发表《魏晋南北朝时期科学技术发展的若干问题》一文，才对魏晋南北朝时期的科学技术发展历史做了重新定位，主张"应当把魏晋南北朝时期的科学发展看作中国古代科技体系形成后的一次发展高潮，而宋元时期则是另一次高潮"②。可以说，杜石然的两个"高潮"论基本上解决了长期困扰科学史界的一大理论问题。下来的问题是我们又应当如何客观评价隋唐科学思想的历史地位。

与前代相比，隋唐两朝确立了官科技的强势地位，而应试教育成为选拔人才的重要途径，与之相适应，士人求学上进也必然会以科举取士为目的。考《隋书·炀帝纪上》载大业三年（607）"令十科举人诏"云：

> 天下之重，非独治所安，帝王之功，岂一士之略。自古明君哲后，立政经邦，何尝不选贤与能，收采幽滞。周称多士，汉号得人，常想前风，载怀钦伫。朕负扆凭凤兴，夙旒待旦，引领岩谷，置以周行，冀与群才共康庶绩。……夫孝悌有闻，人伦之本，德行敦厚，立身之基。或节义可称，或操履清洁，所以激贪厉俗，有益风化。强毅正直，执宪不挠，学业优敏，文才美秀，并为廊庙之用，实乃瑚琏之资。才堪将略，则拔之以御侮，膂力骁壮，则任之以爪牙。爰及一艺可取，亦宜采录，众善毕举，与时无弃。……文武有职事者，五品已上，宜依令十科举人。有一于此，不必求备。朕当待以不次，随才升擢。③

科举不仅有学科的限制，而且有的学科还被国家所管控，不许民间私习，如《唐律疏义》卷 9 载：

> 诸玄象器物、天文、图书、谶书、兵书、七曜历、《太一》、《雷公式》，私家不得有。违者徒二年。其纬、候及《论语谶》，不在禁限。
>
> （疏）议曰：玄象者，玄，天也，谓象天为器具，以经星之文及日月所行之道，转之以观时变。《易》曰："玄象著明，莫大于日月。故天垂象，圣人则之。"《尚书》

---

① 王琎：《中国之科学思想》，《科学》1922 年第 10 期，第 1028 页。
② 杜石然：《魏晋南北朝时期科学技术发展的若干问题》，《自然科学史研究》2018 年第 3 期，第 279—280 页。
③ 《隋书》卷 3《炀帝纪上》，北京：中华书局，1973 年，第 67—68 页。

云："在璇玑玉衡，以齐七政。"……七曜历，谓日、月、五星之历。《太一》《雷公式》者，并是式名，以占吉凶者。私家皆不得有，违者，徒二年。若将传用，言涉不顺者，自从"造袄言"之法。"私习天文者"，谓非自有书，转相习学者，亦得二年徒坐。①

宋代理学的产生与《河图》《洛书》关系密切，宋代数学的发展也与《河图》《洛书》在宋代被发现密不可分。反观唐代民间对图书的厉禁，严重阻碍了唐代抽象科学的发展。而科举制度被进行顶层设计的时候，主要是为官僚政治服务，所以本身便存在着"重文轻理"的取士偏向，士必以科第为荣，其结果是文理人才分布严重不均，社会地位更是相差悬殊。例如，王鸿生在《中国古代的科学技术》一书中认为：

> 根据《唐六典》，唐的国子监管理的中央学校有国子学、太学、四门学、算学、书学、律学等六类学校。其中算学学校有两位博士任教，学生30人，学习十部算经，书学30人，律学50人，国子学300人，太学500人，四门学1300人。国子学、太学和四门学的学生学习儒家经典，间习时务策，不习算学，而算学学校也不设经学课。②

这种文理分设的国家教育体制，不利于科学的发展。当然，在一定限度内，科举制度下的科学发展，也能取得非凡成就。对此，有学者曾经这样评论说："中国自隋唐以来，一向重视医学教育，分科甚细，科举科目亦有医举。天文、历法、算学，着重官方的师承传授，成就非凡。"③至于其技术成就，详见表0-1。

表 0-1 唐代各行业技术创新简表④

序号	行业	唐代技术创新内容	科技史学者的评价	宋人的后续创新
1	制茶业	新创杀青去涩制作工艺	杀青去涩工艺是茶叶生产的突破性进步，是今天最流行的方法	种茶、制茶皆沿袭唐人核心技术，新创茶、桐间作技术
2	制瓷业	在原始瓷1280℃烧成温度上再提高100℃，实现了第二次高温技术的突破，烧成真正的白瓷；开创彩瓷生产技术	中国陶瓷发展史的一个里程碑，开拓了制瓷业彩绘瓷发展的广阔道路	沿袭唐人核心技术；在唐代青、白釉基础上，新创氧化铜着色的红釉；新创器皿覆烧技术；新创釉里彩、两面彩施釉工艺
3	建筑业	锯解制材；材分制度形成；应用模数设计工程图、工程模型、工匠按图施工；预制各种建筑构件，拼装施工	古代建筑技术的成熟大约在晚唐、五代间	沿袭唐人成熟技术，达到纯熟的程度并进行理论总结，《营造法式》的问世是宋代建筑技术向标准化、定型化方向发展的标志
4	印刷业	创雕版印刷术，产生图书出版行业	划时代性的贡献	改进雕版制版为活字制版技术；制定版权保护制度

---

① （唐）长孙无忌，袁文兴、袁超注译：《〈唐律疏议〉注译》卷9《职制·诸玄象器物、天文、图书、谶书、兵书》，兰州：甘肃人民出版社，2017年，第290页。
② 王鸿生：《中国古代的科学技术》，太原：希望出版社，1999年，第81—82页。
③ 高明士、刘海峰：《东亚科举与教育史研究的交融——高明士先生访谈录》，上海嘉定博物馆、厦门大学考试研究中心：《科举学论丛》第1辑，上海：中西书局，2019年，第160页。
④ 周尚兵：《对唐代科学技术水平的再认识》，《北京理工大学学报（社会科学版）》2009年第6期，第103页。

序号	行业	唐代技术创新内容	科技史学者的评价	宋人的后续创新
5	造纸业	新创动物胶施胶与明矾沉淀剂技术；创竹纸制作技术	重大技术革新	沿袭唐人竹纸技术，并使其成熟；新创混合原料制纸技术，高级纸品增多
6	水果业	嫁接理论的突破性认识及其广泛应用	重大技术革新	沿袭唐人技术理论与工艺；新创空中压条技术
7	蚕桑业	创人工修剪定型的桑株矮化技术，开创矮桑密植园田化发展道路；新创丝帛胰酶剂精练脱胶技术	重大技术革新	采用嫁接技术改良桑树品种；练丝技术沿袭唐人
8	纺织业	利用汉代"花本"设计思想设计出人工程序控制的小、大花楼提花机，锻纹组织出现，三原组织趋向完善	重大技术革新	改进手摇缫车、纺车为脚踏缫车、纺车；沿袭唐代提花技术
9	印染业	新创介质印花技术；新创镂空版二次防染印花技术，现代筛网印花技术前身	介质印花是古代印染技术上的一项重大发明	沿袭唐代核心技术
10	水运业	将晋代"八槽船"制作工艺改进为横仓壁与水密隔舱核心技术；创尖底船型与龙骨结构核心技术；创舭下浮板，后世的梗水木和现代船舶减摇龙骨的祖式	造船技术的日臻成熟，则是到了唐代及宋代这一历史阶段的事情	沿袭唐代三大造船核心技术；新创干船坞修造技术；将水浮罗盘应用于远洋航行
11	车马业	创颈圈式挽具，畜力能得到充分发挥	今天仍然大量使用的颈圈式挽具的式样使得唐代的两件型挽具成为不朽	沿袭唐人核心技术
12	制盐业	创"刺土取盐、石莲验卤"的海盐生产工艺；井盐生产使用绞车汲卤	反映了此期各类食盐生产技术在继承前代基础上的进步	首创阜筒井深钻取卤技术，是现代"石油钻井之父"；改进唐代海盐生产技术
13	酿造业	制酱将大豆的预加工和生产黄蒸的工序合二为一；引入域外葡萄酒、果酒生产技术	制酱机理认识加深，工艺基本成熟	沿袭唐人技术并加以完善、成熟
14	制糖业	引入印度制糖术，制造出冰糖	一般性技术进步	沿袭唐人技术
15	金属器皿与漆器业	广泛使用车、镟、腔加工工艺；金银铜器以漆为原料的平脱技法；创漆器剔红工艺	一般性技术进步	沿袭唐人技术
16	采矿业	矿柱法采矿、分层崩落法采矿	一般性技术进步	普遍使用矿柱法采矿；用火焰颜色检验一氧化碳等有害气体
17	冶炼业	宿铁法普及并形成以蒸石取铁、炒生为熟、生熟相和、炼成则钢为主干，辅以渗碳制钢、夹钢、贴钢等冶铁加工工艺的传统钢铁技术体系；硫化矿—冰铜—铜冶炼工艺；水法炼铜；使用汉以来的"灰吹法"冶银工艺	在唐代中期形成的钢铁生产技术体系被后世长期沿用，成为定式，宋明文献《大冶赋》《菉园杂记》所记载的使用"硫化矿—冰铜—铜"工艺冶炼低品位含铜黄铁矿的技术在唐代就已存在并成熟	沿袭唐人冶炼核心技术；在唐人冶铁"石炭乃妙"的技术总结及木炭短缺背景下，宋代产生用煤炼铁的"燃料革命"；改进炼铁炉，提高出铁生产效率
18	农业	创曲辕犁及相关农具；改进翻车，制作手转、足踏、牛转龙骨水车等灌溉机具并东传日本；新创水轮筒车、井车、机汲等提水灌溉机具；变水稻撒播间苗种植法为育秧移栽种植法，奠定南方多熟复种耕作制的技术基础	新的种植法及曲辕犁的创制，标志着传统的南方水田耕作技术体系的初步形成	沿袭唐人核心技术并推广应用；完善、配套水田农具；改进、配套旱作农具

史学界公认，唐代官方科技发达，规模可观，以天文历法为例：

> 隋唐五代时期的天文历法取得了前所未有的成就。唐时设置太史局（又称浑天监、司天台等），内置天文博士、历法博士、天文观生、历生等，掌管天文，制订历法。这一时期诞生了一大批优秀的天文学家，如刘焯、张胄玄、李淳风、僧一行、傅仁钧等。他们在总结前人天文历法研究成果的基础上，大胆求索，在天文测量、历法编纂、测量仪器的改进等方面取得了丰硕的成果。①

又有学者评论唐代在天文学方面所取得的杰出成就说：

> 天文科学是当时世界的尖端科学，唐人对它的关注，显然远胜过汉人；取得的成绩也比汉人多，比汉人大。这一方面是唐朝国力处于封建社会顶峰时期的必然体现，同时也是这一时期的中国人在前人基础上永不满足、积极探索、开拓进取的精神写照。②

这样，就带来另外一个问题，相比于汉代和宋代，唐代的科学技术发展究竟处于一个什么样的地位？学界有多种认识和看法，而目前最有代表性的观点是：以往史学界低估了唐朝科学技术发展的历史地位。这是因为：

> 从技术创新与应用的角度来考察唐宋两个时代，各行业的重大技术变革大多是在唐代完成的，宋人则进行了后续完善与创发。唐代是技术创新阶段，属于突破性进步时期；宋代是应用与后续创发阶段，属于渐进性进步时期。就行业技术开创性而言，宋人显著的开创之功主要表现在军工武器的制造上。③

所以，"科学史研究者就唐代所取得的科学技术成就，认为唐代科技的创新与持续发展已使古代科技达到成熟阶段，应该说是对唐代科技的整体水平进行了实事求是地（的）评估，是一个相当中肯的结论"④。我们赞同此说。

二、隋唐科技思想发展的社会经济基础

隋唐统一局面的出现，顺应了历史发展的客观需要，并在政治、经济、思想、文化等诸方面都进行了一系列变革，从而推动中国社会又进入了一个新的历史发展时期。

第一，农业生产工具的变革。江东犁即曲辕犁既是唐代农具变革的重要标志，同时又是中国农具史上具有里程碑意义的农具。据《耒耜经》记载：

> 耒耜，农书之言也！民之习通谓之犁。治金而为之者，曰犁镵、曰犁壁；断木而为之者，曰犁底、曰压镵、曰策额、曰犁箭、曰犁辕、曰犁梢、曰犁评、曰犁建、曰犁槃。木与金凡十有一事，耕之土曰坺。坺犹块也，起其坺者镵也，覆其坺者壁也。

① 孟昭勋、张蓉主编：《丝路之光——创新思维与科技创新实践》，西安：陕西人民出版社，2010年，第316页。
② 屈小强：《盛世情怀：天汉雄风与盛唐气象》修订本，济南：济南出版社，2008年，第184页。
③ 周尚兵：《对唐代科学技术水平的再认识》，《北京理工大学学报（社会科学版）》2009年第6期，第104页。
④ 周尚兵：《对唐代科学技术水平的再认识》，《北京理工大学学报（社会科学版）》2009年第6期，第104页。

草之生，必布于坡，不覆之，则无以绝其本根，故镵引而居下，壁偃而居上。镵表上利，壁形下圆。负镵者曰底，底初实于镵中，工谓之鏊肉。底之次曰压镵，背有二孔，系于压镵之两旁。镵之次曰策额，言其可以捍其壁也，皆贴然相戴。自策额达于犁底，纵而贯之曰箭。前如程而樛者曰辕，后如柄而乔者曰梢。辕有越加箭，可弛张焉。辕之上又有如槽形，亦如箭焉，刻为级，前高而后卑，所以进退曰评。进之则箭下，入土也浅，以其上下类激射，故曰箭。以其浅深类可否，故曰评。评之上，曲而衡之者曰建，建，犍也。……辕车之胸，梢取舟之尾，止乎此乎？

　　镵长一尺四寸，广六寸。壁广长皆尺，微椭。底长四尺，广四寸。评底过压镵二尺，策减压镵四寸，广狭与底同。寸坡增评尺七焉，建雄称绝。辕修九尺，梢得其半。辕至梢中间掩四尺，犁之终始丈有二。耕而后有爬，渠疏之义也，散坡去芟者焉。[①]

　　关于曲辕犁的结构和功能，许多史书都有介绍，这里不再赘述。如众所知，曲辕犁是在汉代直辕犁的基础上，结合南方水田实际创制的一种新式耕犁，它对改善水田耕作质量和提高劳动生产率起到了关键作用，并且比欧洲到 13 世纪才出现的"步犁"的性能还要好。[②]正是由于这个原因，17 世纪时荷兰人在印尼爪哇等地看到当地中国移民使用这种曲辕犁，便迅速将其引入荷兰，以后对欧洲近代犁的改进产生了重要影响。[③]

　　第二，粮食种植结构的变革。北方旱作农业以粟、麦种植为主，但两者的比重发生了变化，即"粟的生产量明显下降，而麦的产量急骤上升"[④]。究其原因，主要是因为"轮作复种等技术提高了土地利用率，增加了麦类粮食产量"，另外，"受西域'胡食'影响，唐代面食盛行，尤其唐代碾硙业的发展为面食提供了广阔前景"[⑤]。南方水田农业以水稻种植为主，且水稻生产事实上已经成为整个唐代粮食供应的基础。当时，北方地区也种植水稻，故有学者以河洛地区农业经济的发展状况为例分析说："西周时以黍稷为主而兼及其他，春秋战国时菽粟开始成为主要粮食作物，而秦汉时期粟麦得到广泛种植，从东汉开始，水稻在北方得以扩大种植，特别是经过魏晋南北朝的发展，到唐代水稻种植达到高潮。"[⑥]其中唐代培育出的 11 个水稻品种，一直延续到明清时期还在种植。[⑦]此时，稻麦复种制在南方开始推行，如唐代樊绰在《蛮书》中载，云南"从曲靖州已南，滇池已西，土俗唯业水田。种麻豆黍稷，不过町疃。水田每年一熟。从八月获稻，至十一月十二月之交，便于稻田种大麦。三四月即熟。收大麦后，还种粳稻。小麦即于岗陵种之，十二月下旬已抽节，如三月小麦与大麦同时收刈"[⑧]。水稻是一种高产作物，在唐代甚至出现了"广田五千顷，亩得一钟"[⑨]的历史纪录。尽管学界对"亩得一钟"的解释尚有歧义，或谓

①　(唐)陆龟蒙：《耒耜经》，倪文杰主编：《全唐文精华》，大连：大连出版社，1999 年，第 4599—4600 页。
②　李永鑫主编：《绍兴通史》第 3 卷，杭州：浙江人民出版社，2012 年，第 78 页。
③　曾雄生、陈沐、杜新豪：《中国农业与世界的对话》，贵阳：贵州民族出版社，2013 年，第 199 页。
④　苏金花：《唐五代敦煌的粮食作物结构及其变化》，《中国经济史研究》2012 年第 2 期，第 58 页。
⑤　苏金花：《唐五代敦煌的粮食作物结构及其变化》，《中国经济史研究》2012 年第 2 期，第 58 页。
⑥　薛瑞泽：《汉唐间河洛地区经济研究》，西安：陕西人民出版社，2001 年，第 404 页。
⑦　游修龄、曾雄生：《中国稻作文化史》，上海：上海人民出版社，2010 年，第 115 页。
⑧　(唐)樊绰撰，向达校注：《蛮书校注》卷 7《云南管内物产》，北京：中华书局，1962 年，第 171 页。
⑨　《旧唐书》卷 131《李皋传》，北京：中华书局，1975 年，第 3640 页。

"合今制为一市亩产 662 市斤（以粟计）"[1]，或谓折今 368 市斤[2]，但南粮北运确实是已成必然之势[3]。

第三，田与税制的变革。隋唐田制尤其是唐代"田制"，在中国古代土地所有制演变过程中具有非常重要的作用。从北魏开始，均田制最初仅限于黄河流域，隋朝统一后，均田制才由北方逐步扩展到南方，而唐代均田制则是继承了修改后的隋朝均田制。据《旧唐书·食货志上》载：

> 武德七年，始定律令。以度田之制：五尺为步，步二百四十为亩，亩百为顷。丁男、中男给一顷，笃疾、废疾给四十亩，寡妻妾三十亩。若为户者加二十亩。所授之田，十分之二为世业，八为口分。世业之田，身死则承户者便授之；口分，则收入官，更以给人。[4]

又《通典》卷 2《食货二·田制下》载：

> 大唐开元二十五年令……丁男给永业田二十亩，口分田八十亩，其中男年十八以上亦依丁男给，老男、笃疾、废疾各给口分田四十亩，寡妻妾各给口分田三十亩，先永业者，通充口分之数。黄、小、中、丁男女及老男、笃疾、废疾、寡妻妾当户者，各给永业田二十亩，口分田二十亩。应给宽乡，并依所定数……卖充住宅、邸店、碾硙者，虽非乐迁，亦听私卖。诸买地者，不得过本制，虽居狭乡，亦听依宽制，其卖者不得更请。凡卖买，皆需经所部官司申牒，年终彼此除附。若无文碟则卖买，财没不追，地还本主。诸以工商为业者，永业、口分田各减半给之，在狭乡者并不给。[5]

从上述两段引文看，对一般农民的授田，可分为"永业田"和"口分田"。按照唐朝律法，无论是"永业田"还是"口分田"，两者在特定条件下都可以买卖，这就为唐朝的土地兼并和土地私有化打开了方便之门。诚如韩国磐所言，北朝时期"虽则实行了均田制，但是仍在一定限度内允许土地买卖，豪强兼并因而依然还存在着。到了唐朝，土地买卖的限制放松了，豪强兼并也就随着日趋剧烈了"[6]。而土地兼并的结果，一方面使国家税赋逐渐被削弱；另一方面则是庶族地主的庄田制经济发展起来，在这种情形之下，国家掌握的土地也就不敷再均了。

与均田制紧密相连的是以"人丁为本"的租庸调制。据《唐会要》卷 83《嫁娶·租税上》记载：

> 每丁岁入粟二石，调则随乡土所产，绫、绢、绝各二丈，布加五分之一。输绫、绢、绝者，兼调绵三两。输布者，麻三斤。凡丁岁役二旬，若不役，则收其佣，每日三尺。有事而加役者，旬有五日免其调，三旬则租调俱免，通正役不过五十日。若夷

---

① 黄惠贤、李文澜主编：《古代长江中游的经济开发》，武汉：武汉出版社，1988 年，第 151 页。

② 吴存浩：《中国农业史》，北京：警官教育出版社，1996 年，第 667 页。

③ 李根蟠：《中国古代农业》，北京：中国国际广播出版社，2010 年，第 188 页。

④ 《旧唐书》卷 48《食货志上》，第 2088 页。

⑤ （唐）杜佑：《通典》卷 2《食货二》，北京：中华书局，1988 年，第 29—31 页。

⑥ 韩国磐：《隋唐的均田制度》，上海：上海人民出版社，1957 年，第 2 页。

獠之户，皆从半税。凡水旱虫伤为灾，十分损四已上免租，损六已上免调，损七已上课役俱免。①

文中所说的"役"主要是指土木营建和运输之劳，如唐高宗时，太常博士裴守真针对当时滥发丁役现象说："夫谷帛者，非造化不育，非人力不成。一夫之耕，才兼数口，一妇之织，不赡一家。赋调所资，军国之急，烦徭细役，并出其中；黠吏因公以贪求，豪强恃私而逼掠。以此取济，民无以堪，又以征戍阔远，土木兴作……岂不以课税殷繁、素无储积故也。"②我们认为事物应从两方面来看，繁重的丁役固然有"丁匠疲于往来，饷馈劳于转运"之弊，但当时的一些重大建筑工程如大运河、唐都城、它山堰等，成就巨大，都显示了国家赋役制度的重要性。

三、隋唐科技思想的主要特点

与前代相比，隋唐国家科学技术思想发展的最突出特点就是中原科技思想不断向周边少数民族地区扩散，因而使周边少数民族地区的科学技术发展迈上了一个新台阶。文成公主入藏，"唐王以释迦佛像，珍宝，金玉书橱，三百六十卷经典，各种金玉饰物作为（文成）公主的嫁奁。又给与（予）多种烹饪的食物，各种饮料……卜筮经典三百种，识别善恶的明鉴，营造与工技著作六十种，治四百零四种病的医方百种……又携带芜菁种子，以车载释迦佛像，以大队骡马载珍宝、绸帛、衣服及日常必需用具（入吐蕃）。……公主到了康地的白马乡，垦田种植，安设水磨……（文成公主）使乳变奶酪，从乳取酥油；制成甜食品。以丝绸工织，以草制绳索，以土作陶器"③。可见，当时唐朝科学技术传入吐蕃，对其经济文化的发展起到了积极作用。有专家指出，南诏在唐朝科技文化的影响下，社会经济较前代有了较大进步，如"南诏的纺织技术原来比较低，不会织绫罗，但自从成都的织工进入云南后，南诏的纺织技术就赶上了唐朝的水平。南诏的冶炼技术也相当进步，它所产的浪剑、郁刀、铎鞘等武器锋利无比，素负盛名。南诏的建筑大多模仿唐制。现存南诏时期的大理崇圣寺塔，蔚为壮观，就是由汉族工匠恭韬、微义设计建成的"④。位于唐代东西交通枢纽的敦煌，其科学技术的发展更是空前繁荣，如敦煌发现了大量唐代丝织物，这些丝织品不仅花色品类繁多，公私用度多样，而且还出现了专营蚕丝生产的"桑匠""蚕坊"等。⑤在佛教石窟的建筑方面，"隋唐是莫高窟发展的全盛时期，现存洞窟有三百多个。禅窟和中心塔柱窟在这一时期逐渐消失，而同时大量出现的是殿堂窟、佛坛窟、四壁三龛窟、大像窟等形式。塑像都为圆塑，造型浓丽丰肥，风格更加中原化，并出现了前代所没有的高大塑像"⑥。

① （宋）王溥：《唐会要》卷83《嫁娶·租税上》，上海：上海古籍出版社，2006年，第1813页。
② （唐）裴守真：《请重耕织表》，周绍良主编：《全唐文新编》卷168《裴守真》，长春：吉林文史出版社，2000年，第1959—1960页。
③ 《西藏地方历史资料选辑》，北京：生活·读书·新知三联书店，1963年，第6页。
④ 朱绍侯主编：《中国古代史》中册，福州：福建人民出版社，1985年，第239页。
⑤ 李并成：《古代河西走廊桑蚕丝织业考》，《敦煌学辑刊》1997年第2期，第62页。
⑥ 畲田主编：《史之志》，长春：北方妇女儿童出版社，2013年，第129页。

唐代更加突出实用性，与魏晋南北朝科学技术注重理性思维相比，唐代科技侧重于日用科技的发展。以医学为例，"自唐以前，医家多讲治法，罕言医理"①，这可以说是史学家的普遍认识。当然，唐代实行科举制，这在一定程度上刺激了士大夫对医学的兴趣，而"士大夫为之，斯言理矣"②。唐代的雕版印刷比较发达，据宋人记载："雕印文字，唐以前无之，唐末，益州始有墨版。后唐方镂《九经》，悉收人间所收经史，以镂版为正。"③雕版印刷一经发明，即广泛应用于历日的雕印和传播之中，如文宗大和九年（835）有官员上奏说："剑南两川及淮南道，皆以版印历日鬻于市。每岁司天台未奏颁下新历，其印历已满天下，有乖敬授之道。"④"敕禁"归"敕禁"，但实际效果甚微，因为民间私刻历日已经形成了一个十分庞大的全国性市场，于是才出现了"僖宗入蜀。太史历本不及江东，而市有印货者，每差互朔晦，货者各征节候，因争执。里人拘而送公"⑤的现象。火药也是由唐代炼丹家发明的，目前已知《诸家神品丹法》中的"伏火矾法"、《铅汞甲庚至宝集成》中的"伏火矾法"，以及《真元妙道要略》中的"硝石、硫黄、雄黄和蜜共烧法"应是世界上最早记载火药配方的三个历史文献，如《铅汞甲庚至宝集成》载"伏火矾法"云："硫二两，硝二两，马兜铃三钱半。右为末拌匀，掘坑，入药于罐内，与地平，将熟火一块弹子大，下放里面，烟渐起，以湿纸四五重盖，用方砖两片捺，以土冢之，候冷取出，其硫黄（伏）住。"⑥有专家进行模拟试验，发现用上述配方确实具有急剧燃烧的性能。所以目前学界将此配方视为我国火药发明的重要标志之一。当然，火药的最初目的不是为了爆炸，也不是为了军事战争，正如恩格斯所指出的那样："火药和火器的采用决不是一种暴力行为，而是一种工业的，也就是经济的进步。"⑦不过，到唐代后期，炼丹家所发明的火药被应用于军事战场，成了克敌制胜的秘密武器。除了雕版印刷和火药之外，唐朝的瓷器生产逐渐从陶器生产中分离出来，成为一门独立的手工业，并形成了"南青北白"（指南方越窑青瓷和北方邢窑白瓷）的格局。⑧其中以越窑为代表的"南青"，瓷艺绝妙，可谓独步天下。

将儒释道融合并植入科学技术思想的内核之中，这是唐代科学技术思想发展的又一个显著特色。例如，陆羽集茶学、茶艺、茶道思想于一体，其所著《茶经》非仅述茶，而是把诸家精华及诗人的气质和艺术思想渗透其中，奠定了中国茶文化的理论基础。⑨要之，"中国茶道思想融合了儒、道、佛诸家的精华而成，其中儒家思想是主体"⑩。当然，儒释道融合并不排除他们在某些观点上还存在着学术分歧。如众所知，围绕"道生万物"命

① 吕思勉：《隋唐五代史·文明卷》，武汉：华中科技大学出版社，2016 年，第 432 页。
② 吕思勉：《隋唐五代史·文明卷》，第 433 页。
③ （宋）朱翌：《猗觉寮杂记》卷下《雕刻》，朱易安等主编：《全宋笔记》第 3 编第 10 册，郑州：大象出版社，2008 年。
④ （唐）冯宿：《禁版印时宪书奏》，周绍良主编：《全唐文新编》卷 624《冯宿》，第 7062 页。
⑤ （宋）王谠撰，周勋初校证：《唐语林校证》卷 7《补遗》，北京：中华书局，1987 年，第 671 页。
⑥ 《铅汞甲庚至宝集成》卷 2《伏火矾法》，《道藏》第 19 册，北京、上海、天津：文物出版社、上海书店、天津古籍出版社，1988 年，第 256 页。
⑦ ［德］恩格斯：《反杜林论》，北京：人民出版社，1999 年，第 173—174 页。
⑧ 邢涛、纪江红主编：《中国通史》中卷，北京：北京出版社，2003 年，第 28 页。
⑨ 梁俊杰：《生活娱乐一点通》，北京：中国国际广播出版社，1998 年，第 115 页。
⑩ 梁俊杰：《生活娱乐一点通》，第 115 页。

题，显庆三年（658）道士李荣与僧人慧立就曾有如下论争。

> （慧立）便问（李）荣云："先生云道生万物。未知此道为是有知？为是无知？"
>
> （李荣）答曰："道经云：人法地，地法天，天法道。既为天地之法，岂曰无知？"
>
> （慧立）难曰："向叙道为万物之母，今度万物不由道生，何者？若使道是有知，则惟生于善。何故亦生于恶？据此，善恶升沉，丛杂总生，则无知矣。如不通悟，请广其类。至如人君之中，开辟之时，何不早生今日圣主，子育黔黎，与之荣乐，乃先诞共工、蚩尤、桀、纣、幽、厉之徒，而残酷群生，授以涂炭？人臣之中何不惟生稷、偰、夔龙之辈，而复生飞廉、恶来、靳尚、新王之侣，谀谄其君，令邦国危乱哉？羽族之中何不惟生鸾凤善鸟，而复生枭鹫恶鸟乎？……皆自业自作，无人使之。吾子心愚不识，横言道生，道实不生，一何可愍？"李荣得此一征，愕然，不知何对立。立时乘机拂弄，荣亦杜口默然，于是赧然下座。①

这段对话显示了唐代僧人善于思辨的特点，当然，它从一个侧面也反映了道教在论理方面确实还比较欠缺。有学者分析说："从辩论的技巧来看，慧立法师针对对方'道生万物'的立论，先设陷阱，让对方承认'道是有知'的观点，在套住对方承认这个观点之后，尔后又反戈一击，得出'是无知，不能生物'的结论，从而使对方无法自圆其说，不得不拱手认输。这一种辩论的方法，实际上就是利用了因明学中的十四过类中似能破的原理来驳倒对方。"②宋代科技思想比较重视理性思维，甚至在北宋的士大夫阶层，求"理"已经成为一种时代风尚。不过，细细推究，唐代佛教"因明学"的传播对推动宋代求"理"思潮的出现还是起到了非常重要的作用，诚如有学者所言："这虽说是一次佛、道学者的小抗争，但也客观上启发、促进双方（特别是道教）在义理上更进一步的探索与充实，努力于自圆其说，以与对方抗衡。也正是类似的频繁论争，促进了盛唐时期佛、道义理体系的进展与繁荣。"③佛道之外，佛儒抑或儒道之间也经常围绕经学文本而进行论议。

> （安国寺僧义休法师）僧问（儒）：《毛诗》称"六义"，《论语》列"四科"，何者为"四科"，何者为"六义"。其名与数，请为备陈者。
>
> （秘书监白居易）对：孔门之徒三千，其贤者列为四科；《毛诗》之篇三百，其要者分为六义。六义者，一曰风，二曰赋，三曰比，四曰兴，五曰雅，六曰颂，此六义之数也。四科者，一曰德行，二曰言语，三曰政事，四曰文学，此四科之目也。在四科内，列十哲名：德行科则有颜渊、闵子骞、冉伯牛、仲弓；言语科则有宰我、子贡；政事科则有冉有、季路；文学科则有子游、子夏。此十哲之名也。四科、六义之名数，今已区别，四科、六义之旨义，今合辨明。请以法师本教佛法中比方，即言下晓然可见。何者？即如《毛诗》有六义，亦犹佛法之义例有十二部分也，佛经千万卷，其义例不出十二部中；《毛诗》三百篇，其旨要亦不出六义内。故以六义可比十二部经。又如孔门之有四科，亦犹释门之有六度。六度者，六波罗蜜。六波罗蜜者，

① （唐）道宣撰，刘林魁校注：《集古今佛道论衡校注》卷丁，北京：中华书局，2018 年，第 251 页。
② 张忠义、光泉主编：《因明》第 5 辑，兰州：甘肃民族出版社，2012 年，第 149 页。
③ 陈鼓应主编：《道家文化研究》第 16 辑，北京：生活·读书·新知三联书店，1999 年，第 300 页。

即檀波罗蜜、尸波罗蜜、羼提波罗蜜、毗梨耶波罗蜜、禅定波罗蜜、般若波罗蜜，以唐言译之，即布施、持戒、忍辱、精进、禅定、智慧是也，故以四科，可比六度。又如仲尼之有十哲，亦犹如来之有十大弟子，即迦叶、阿难、须菩提、舍利弗、迦旃延、目乾连、阿那笔、优波离、罗睺罗是也。故以十哲可比十大弟子。夫儒门释教，虽名数则有异同，约义立宗，彼此亦无差别。所谓同出而异名，殊途而同归者也。所对若此，以为何如？更有所疑，请以重难。

（安国寺僧义休法师）难：十哲四科，先标德行，然则会参至孝，孝者百行之先，何故曾参独不列于四科者？

（秘书监白居易）对：曾参不列四科者，非为德行才业不及诸人也，盖系于一时之事耳！请为终始言之。昔者仲尼有圣人之德，无圣人之位，栖栖应聘七十余国，与时竟不偶。知道终不行，感凤泣麟，慨然有"吾已矣夫"之叹。然后自卫反鲁，删《诗》《书》，定《礼》《乐》，修《春秋》，立一王之法，为万代之教。其次则叙十哲，论四科，以垂示将来。当此之时，颜、闵、游、夏之徒，适在左右前后，目击指顾，列入四科，亦一时也……由此明之，非曾参德行才业不及诸门人也，所以不列四科者，盖一时之阙耳！因一时之阙，为万代之疑，从此辨之，又无可疑矣。

（秘书监白居易）问僧：儒书奥义，既已讨论，释典微言，亦宜发问。

（秘书监白居易）问：《维摩经·不可思议品》中云："芥子纳须弥。"须弥至大至高，芥子至微至小，岂可芥子之内，入得须弥山乎？假如入得，云何见得？假如却出，云何得知？其义难明，请言要旨。（原注：僧答不录）

（秘书监白居易）难：法师所云，芥子纳须弥，是诸佛菩萨解脱神通之力所致也。敢问诸佛菩萨以何因缘，证此解脱？修何智力，得此神通？必有所因，愿闻其说。（原注：僧答不录）

（秘书监白居易）问道士（太清宫道士杨宏元）：儒典佛经，讨论既毕，请回余论，移问道门。臣居易言，我太和皇帝祖元（玄）元之教，把清净之风，儒素缁黄，鼎足列座。若不讲论元（玄）义，将何启迪皇情？道门杨宏元法师，道心精微，真学奥秘，为仙列上首，与儒争衡。……

（秘书监白居易）问（太清宫道士杨宏元）：《黄庭经》中有养气存神、长生久视之道。常闻此语，未究其由。其义如何，请陈大略。（原注：道士答不录）

（秘书监白居易）难：法师所答，养气存神、长生久视之大略，则闻命矣。敢问"黄"者何义？"庭"者何物？"气"养何气？"神"存何神？谁为此经？谁得此道？将明事验，幸为指陈。（原注：道士答不录）①

从以上问难中，我们很容易得出一种印象，儒释道通过相互之间的论议而走向融合，而不是矛盾冲突，这种发展趋势直接激发了宋代理学的勃兴。

---

① （唐）白居易：《三教论衡》，周绍良主编：《全唐文新编》卷 677《白居易》，第 7653—7655 页。

第一章　医学家的科技思想

隋唐科学技术的发展延续了魏晋南北朝"汉胡互补"①的文化传统，国际交流频繁，在数学、天文、医药、建筑等各个领域都做出了积极贡献。尤其是唐朝以空前规模采撷外域英华，因而"使唐文化成为一种与印度、阿拉伯和以此为媒介甚至和西欧的文化都有交流的世界性文化"②。在此背景下，唐朝的科学技术尤其是医学发展居于当时世界的先进之列，无论在医学理论还是临床应用上都有很大发展。

第一节　巢元方的病因病理学思想

巢元方，生平籍贯不详。据《郡斋读书志》载："元方，大业中被命与诸医共论众病所起之源。"③《直斋书录解题》亦说："《巢氏病源论》五十卷……隋太医博士巢元方等撰。大业六年也。惟论病证，不载方药。今案《千金方》诸论，多本此书，业医者可以参考。"④考《隋书·经籍志》载有《论（诸）病源候论》五（十）卷，注：目一卷，吴景贤撰。⑤又《旧唐书》载吴景（贤）撰《诸病源候论》五十卷⑥，而《新唐书》则分别载有吴景（贤）《诸病源候论》五十卷和巢元方《巢氏诸病源候论》五十卷⑦。对以上诸家的不同著录，《四库全书总目》辨析甚详，兹不重述。要之，吴景贤和巢元方都是隋朝太医署的名医，例如，《隋书·麦铁杖传》载：

> 及辽东之役，（麦铁杖）请为前锋，顾谓医者吴景贤曰："大丈夫性命自有所在，岂能艾炷灸顽，瓜蒂喷鼻，治黄不差，而卧死儿女手中乎？"将渡辽，谓其三子曰："阿奴当备浅色黄衫。吾荷国恩，今是死日。我既被杀，尔当富贵。唯诚与孝，尔其勉之。"及济，桥未成，去东岸尚数丈，贼大至。铁杖跳上岸，与贼战，死。⑧

① 冯天瑜、杨华、任放编著：《中国文化史》，北京：高等教育出版社，2005 年，第 248 页。
② 张全新主编：《共产党执政规律研究》，济南：山东人民出版社，2002 年，第 679 页。
③ （宋）晁公武撰，孙猛校证：《郡斋读书志校证》卷 15《巢氏病源候论》，上海：上海古籍出版社，1990 年，第 710 页。
④ （宋）陈振孙撰，徐小蛮、顾美华点校：《直斋书录解题》卷 13《巢氏病源论》，上海：上海古籍出版社，1987 年，第 384 页。
⑤ 《隋书》卷 34《经籍志三》，第 1044 页。
⑥ 《旧唐书》卷 47《经籍志下》，第 2049 页。
⑦ 《新唐书》卷 59《艺文志三》，北京：中华书局，1975 年，第 1567 页。
⑧ 《隋书》卷 64《麦铁杖传》，第 1512 页。

至于巢元方的高超医术，见录于《开河记》。其文云：

> （麻）叔谋既至宁陵县，患风瘅，起坐不得。帝（指隋炀帝）令太医令巢元方往治之。曰："风入腠理，病在胸臆。须用嫩羊肥者蒸熟，糁药食之，则瘥。"叔谋取半年羊羔，杀而取腔，以和药，药未尽而病已瘥。自后每令杀羊羔，日数枚，同杏酪五味蒸之，置其腔盘中，自以手臠擘而食之，谓曰含酥脔。①

仅从这两则史料来分析，巢元方为隋太医令，官从七品下。而吴景贤被称为"医者"，地位应在巢元方之下。前揭《郡斋读书志》载巢元方"被命与诸医共论众病所起之源"，因此，巢元方以太医令的身份组织了一个编纂团队，其中吴景贤是主要的成员，在编写《诸病源候论》的过程中起着关键作用。这样，我们就不难理解为什么《隋书·经籍志三》载吴景贤撰《诸病源候论》五（十）卷，而不是巢元方撰《诸病源候论》。众所周知，《诸病源候论》终隋一代未见颁行。所以出现上述情况，很可能是由于巢元方在入唐后不久即故去，而写作《诸病源候论》的团队中的另一位核心人物吴景贤还健在。于是，在唐高宗显庆元年（656）《隋书》经籍等史志修纂完成之前，人们见到唯有一部署名吴景贤的《诸病源候论》。到唐玄宗时，大概吴景贤亦病故。有鉴于此，唐朝史官又抄录了一部署名巢元方的《诸病源候论》，存于弘文馆内。欧阳修修纂《新唐书》时，署名吴景贤和巢元方的两部内容略有不同的《诸病源候论》应当都还完好。尤其是王焘《外台秘要》所引文献有《诸病源候论》，但没有明确是吴景贤《诸病源候论》还是巢元方《诸病源候论》，此可说明直到唐朝中后期，《诸病源候论》传本的取舍还比较棘手。而由于《外台秘要》引录了两部《诸病源候论》的相关文献，所以其所引内容往往为今本巢元方《诸病源候论》所无，如《外台秘要》卷2《伤寒攻目生疮兼赤白翳方六首》引有《诸病源候论》两段话。第一段话是："目者，脏腑之精华，肝之外候也。伤寒热毒壅滞，熏蒸于肝，上攻于目，则令目赤肿痛。若毒气盛者，眼生翳膜。"②第二段话是："又肝开窍于目。肝气虚，热乘虚上冲于目，故目赤痛；重者生疮翳、白膜、息肉。"③此外，《外台秘要》卷3《天行病发汗等方四十二首》所引《诸病源候论》文，相差竟多达10段，这绝对不是传抄过程中的失误，而是因为《外台秘要》录文本来出自两个不同的著本。对此，日本医学史家山本惟允考证说：

> 盖此书成于大业六年，即炀帝即位之六年。是岁始有伐辽东之议，祸乱继起，至恭帝义宁元年，通七年而国祚迁于唐矣。意者如是书，编集才成未及颁行，而国家颠覆之日，随亦沦没。遂至有并其目而无知者，犹《圣济总录》，遭靖康荡析，而南渡诸家，不及睹之也耶。然唐王焘撰《外台秘要》，每门之首，冠以此书之论，则知天宝中已出于世矣……亦不存其目者何也。今考王氏自序云，岂此书或仅存于台阁中，王氏特得窥之，而人间绝不知之，史志亦遂失其著录欤。其后五季乱，幸不泯

---

① 佚名：《开河记》，鲁迅辑录，程小铭、袁政谦、邱瑞祥译注：《唐宋传奇集全译》修订版，贵阳：贵州人民出版社，2009年，第423页。

② 张登本主编：《王焘医学全书》，北京：中国中医药出版社，2006年，第80页。

③ 张登本主编：《王焘医学全书》，第80页。

灭。至宋而始大显于世者，以历代唯宋最重医学，此书之出，亦当其时耳。①

又说：

> 《病源候论》，巢元方与诸医奉敕所撰，固是国家之正典，而史志冠以巢氏二字，似乎一家之书，则于文为谬也。然吴景贤亦撰病源一书，其名全相同，故加巢氏二字称之乎。而林亿辈乃略称巢源，似实嫌其同名也。疑当时已有其称，而后世相沿用耳。②

虽然冈西为人认为山本惟允的说法"所据薄弱，未足以听从焉"③，但是《隋书》和《新唐书》载吴景贤著《诸病源候论》也绝不是信口开河，而是实有所据，王焘《外台秘要》可为吴景贤著《诸病源候论》提供一个旁证。从《外台秘要》引《诸病源候论》的有关内容看，有一个版本的内容相对复杂、冗长，时间上应当再前；另一个版本的内容则相对简洁、精练，时间上应当在后。时间在前者，应系署名吴景贤的《诸病源候论》；时间在后者，则系署名巢元方的《诸病源候论》。现传本《诸病源候论》尽管署名巢元方，但参与编撰的人至少有吴景贤。所以巢元方作为太医令负责撰写《诸病源候论》，集合了众多医家的临床经验和思想理论，是众医智慧的结晶。

惜北宋国子监重刊本《诸病源候论》早已失传，现传本为南宋年间坊刻本。该书分71门50卷1739候，它将隋朝之前尤其是魏晋以来我国在病因病理证候学方面所积累的内、外、五官、神经等各科研究成就和临证经验，做了系统的分类整理和总结，"上稽圣经，旁摭奇道……会稡群说，沈研精理"④，成为我国现存第一部极富研究价值的病因证候学专著，"其言深密精邃，非后人之所能及。《内经》以下，自张机、王叔和、葛洪数家书后，以此为最古。究其旨要，亦可云证治之津梁矣"⑤。在唐代，《诸病源候论》即传入日本、朝鲜等国家，所以它不仅对中国医学发展，而且对日本、朝鲜等国家的医学发展也起到了巨大作用，影响深远。

一、《诸病源候论》的病原和证候思想成就

（一）《诸病源候论》的病原思想成就

病原主要指疾病发生的原因和传变机理，是中医辨证施治的根本。《黄帝内经灵枢经·口问》说："夫百病之始生也，皆生于风雨寒暑，阴阳喜怒，饮食居处，大惊卒恐，则血气分离，阴阳破败，经络决绝，脉道不通，阴阳相逆，卫气稽留，经脉虚空，血气不

---

① ［日］冈西为人：《宋以前医籍考》，北京：人民卫生出版社，1958年，第778页。
② ［日］冈西为人：《宋以前医籍考》，第780页。
③ ［日］冈西为人：《宋以前医籍考》，第780页。
④ （宋）宋绶：《巢氏诸病源候总论序》，丁光迪主编：《诸病源候论校注》，北京：人民卫生出版社，2013年，第20页。
⑤ 曹炳章原辑，樊正伦主校：《中国医学大成》第9册《医论分册》，北京：中国中医药出版社，1997年，第3页。

次，乃失其常。"①对于医学的发展而言，《黄帝内经》的病因学思想指明了人类战胜病魔的方向。人与自然既有和谐的一面，同时又有不和谐的一面，其中自然界中很多物质（包括生物与非生物）对人类自身的生长和发育是有益的，然而有些物质却对人类自身的生长和发育是有害的。那么，那些对人类自身的生长和发育有害的物质究竟是什么？在中国古代，不同历史时期的回答是不一样的。例如，在巫术盛行的先秦时期，许多疾病被披上了神秘外衣，据陆贾《新语》载："昔扁鹊居宋，得罪于宋君，出亡之卫。卫人有病将死者，扁鹊至其家，欲为治之，病者之父谓扁鹊曰：'吾子病甚笃，将为迎良医治，非子所能治也。'退而不用。乃使灵巫求福请命，对扁鹊而咒，病者卒死。"②可见，当时人们对疾病的观念还停留在一种超自然的神秘力量上，这与人们的认识能力及科技发展水平相对低下的历史阶段相适应。因此，《黄帝内经素问》说："拘于鬼神者，不可与言至德。"③明代医学家马莳释："彼拘于鬼神者，专事祈祷，惑于渺茫，与言修身养性之至德，必不见信。"④从这个意义上讲，《黄帝内经》将疾病的产生与自然物质联系起来，为中医的科学发展奠定了理论基础。当然，《黄帝内经》仅仅确立了中医病因病机学的一般原则，具体内容还需要后代医学家结合每一个历史阶段之社会经济、政治文化及科技发展的客观条件进一步补充和完善，以期使中医病因病理学的科学内容更加丰富。毫无疑问，《诸病源候论》的编撰者在病因病机学说方面，除援用《黄帝内经》《伤寒论》等中医经典所提炼出来的传统医学理论进行阐释之外，尤其注重依据临床经验，在不断实践的基础上，善于发现、观察和分析问题，突破了传统的六淫、七情、饮食、劳倦等病因说，并由此提出了许多创造性的观点和精辟见解，故被历代医家尊奉为病理辨证之圭臬。

1. 对"乖戾之气"与流行性传染病的认识

关于流行性传染病的危害，张仲景在《〈伤寒卒病论〉序》中有一段令人恐怖的描述。他说："余宗族素多，向余二百。建安纪年以来，犹未十稔，其死亡者三分有二，伤寒十居其七。"⑤那么，伤寒怎么会导致流行性传染病的暴发呢？约成书于西汉之前的古医经《阴阳大论》云：

> 春气温和，夏气暑热，秋气清凉，冬气冰列，此则四时正气之序也。冬时严寒，万类深藏，君子固密，则不伤于寒，触冒之者，乃名伤寒耳。其伤于四时之气，皆能为病，以伤寒为毒者，以其最成杀厉之气也，中而即病者，名曰伤寒；不即病者，寒毒藏于肌肤，至春变为温病，至夏变为暑病。暑病者，热极重于温也。是以辛苦之人，春夏多温热病者，皆由冬时触寒所致，非时行之气也。凡时行者，春时应暖而反大寒，夏时应热而反大凉，秋时应凉而反大热，冬时应寒而反大温，此非其时而有其

① 《黄帝内经灵枢经》卷5《口问》，陈振相、宋贵美：《中医十大经典全录》，北京：学苑出版社，1995年，第208页。
② （汉）陆贾：《新语》卷下《资（执）政第七》，《百子全书》第1册，长沙：岳麓书社，1993年，第296—297页。
③ 《黄帝内经素问》卷3《五脏别论篇》，陈振相、宋贵美：《中医十大经典全录》，第23页。
④ （明）马莳著，王洪图、李云点校：《黄帝内经素问注证发微》，北京：科学技术文献出版社，1999年，第99页。
⑤ （汉）张仲景：《〈伤寒卒病论〉序》，路振平主编：《中华医书集成》第2册《伤寒类》，北京：中医古籍出版社，1999年，第2页。

气。是以一岁之中，长幼之病多相似者，此则时行之气也。①

这一段载于《伤寒论》中的论述，《诸病源候论》在卷 7 "伤寒病诸候"之首、卷 9 "时气病诸候"之首及卷 10 "温病诸候"之首三处做了详略不同的引述，它表明《阴阳大论》阐述的原则是分析流行性传染病的指导纲领。当然，在巢元方看来，仅仅从"六淫之气"来解释流行性传染病的暴发是缺乏说服力的，因为"寒毒"并不一定都传染。巢元方指出：

> 伤寒之病，但人有自触冒寒毒之气生病者，此则不染着他人。若因岁时不和，温凉失节，人感其乖戾之气而发病者，此则多相染易。故须预服药，及为方法以防之。②

由于"乖戾之气"在伤寒病、时气病及温病中致病的危害程度不同，巢元方特别强调应积极预防人群因感染"乖戾之气"而患温病所产生的后果和危害。他一再提醒人们：

> 夫时气病者，此皆因岁时不和，温凉失节，人感乖戾之气而生病者，多相染易，故预服药及为方法以防之。③

这种"时气病"是由"时行之邪"导致的流行性感冒，它具有发病快、病情重而多变的特点，且此类外感病往往相互传染，会造成广泛的流行，还不限于季节。因此，对它加以防范是必要的。至于防范的药方和措施，《诸病源候论》没有记载，而《备急千金要方》则载有 36 首"辟疫气，令人不染温病及伤寒"④的处方，其中以"屠苏酒方"（内服）、"太一流金散方"（熏烧）、"辟温杀鬼丸"（熏烧）、"雄黄散"（外涂）为著。比"时气病"危害更大、后果更为严重的暴发性传染病是温病，巢元方说：

> 此病皆因岁时不和，温凉失节，人感乖戾之气而生病，则病气转相染易，乃至灭门，延及外人，故须预服药及为法术以防之。⑤

文中所讲的"病气"，"近似于对生物性致病因素之认识"⑥。2002 年冬至 2003 年春在世界多地暴发的 SARS（严重急性呼吸综合征）病毒，它的主要传播途径就是通过近距离空气飞沫来传播。2005 年，我国科学家已经研制出"重组人干扰素 α-2b 喷雾剂"，可有效地预防 SARS 冠状病毒感染。⑦目前，我们还不清楚巢元方所说的"病气"究竟是一种什么病毒。但是，《备急千金要方》载"赤小豆丸"，方药组成：赤小豆、鬼箭羽、鬼臼、丹砂、雄黄各二两，末之，以蜜和服如小豆一丸，巢元方则将其称为"断温（瘟）疫

---

① （汉）张机述，（晋）王叔和撰次，（宋）林亿等校正：《伤寒论》卷 2《伤寒例》，路振平主编：《中华医书集成》第 2 册《伤寒类》，第 8—9 页。

② 丁光迪主编：《诸病源候论校注》卷 8《伤寒病诸候下》，第 186 页。

③ 丁光迪主编：《诸病源候论校注》卷 9《时气病诸候》，第 201 页。

④ （唐）孙思邈撰，（宋）林亿等校正：《备急千金要方》卷 9《辟温》，蔡铁如主编：《中华医书集成》第 8 册《方书类一》，北京：中医古籍出版社，1999 年，第 185 页。

⑤ 丁光迪主编：《诸病源候论校注》卷 10《温病病诸候》，第 221 页。

⑥ 丁光迪主编：《诸病源候论校注》卷 8《伤寒病诸候下》，第 186 页。

⑦ 于德宪等：《重组人干扰素 α-2b 喷雾剂预防 SARS 等呼吸道病毒感染的人群试验研究》，《中华实验和临床病毒学杂志》2005 年第 3 期。

转相染著，乃至灭门，延及外人，无收视者方"①。有专家评述说："本方中丹砂、雄黄有解毒避秽之功。赤小豆利水除温和血排脓、消肿解毒，鬼箭羽为通络杀虫之品，鬼臼能祛痰散结，解毒祛瘀。诸药合用，以收解毒辟瘟，防止温（瘟）疫传变之效，本方对胃肠道传染病及疟疾等具有一定防治作用。"②此外，巢元方所说的"法术"主要是指"咒禁"一类的道术。因为唐代太医署设有"咒禁师"，《唐六典》载："咒禁博士掌教咒禁生以咒禁袚除邪魅之为厉者。"③从国家层面倡导咒禁法术，这属于那个时代的知识特征，至于如何认识它的历史地位，我们不能简单地用科学与非科学的判准去作形而上学的评价。事实上，咒禁同任何其他历史现象一样，从产生到消亡，其本身是一个复杂的历史演变过程。况且咒禁本身既是一个社会医学现象，同时又是一个复杂的人类心理现象，因此，对于它的存在价值，我们需要结合当时特定的历史环境给予其实事求是的分析和批判。详细内容请参见于赓哲著《唐代疾病、医疗史初探》一书第六章的相关论述，兹不赘言。

此外，巢元方非常重视对传染源的认识，他在《诸病源候论》里专辟"注病诸候"一篇来讨论这个问题。"注病"内含比较复杂，其中包括邪气（外来致病病原体）侵入人体而相转易之病，如五注、转注、生注、死注、邪注、气注、寒注、寒热注等。在上述注病中，都有"死又注易傍人"的特点，然而，诚如有专家所言："对此论点，尚得进一步探究。"④比如，巢元方释"殃注候"云："注者住也，言其病连滞停住，死又注易傍人也。人有染疫疠之气致死，其余殃不息，流注子孙亲族，得病证状，与死者相似，故名为殃注。"⑤然而，像"遁注""走注"等病，却未必"死又注易傍人"。例如，巢元方释"走注候"说："注者住也，言其病连滞停住，死又注易傍人也。人体虚，受邪气，邪气随血而行，或淫奕皮肤，去来击痛，游走无有常所，故名为走注。"⑥在临床上，走注一般是指风气偏盛所致的痹病，目前医学尚不能证实"走注"具有传染性。

2. 对黄疸病病因的正确揭示

《黄帝内经素问·平人气象论篇》载："溺黄赤安卧者，黄疸。"⑦《黄帝内经灵枢经·论疾诊尺》又说："身痛而色微黄，齿垢黄，爪甲上黄，黄疸也。"⑧这是中医典籍对黄疸病的最早记载，仅从其所记述的症状看，《黄帝内经》对"黄疸"的病因没有给予解释。张仲景《金匮要略方论·黄疸病脉证并治》将黄疸的病因归于"湿毒"，他说："黄家所得，从湿得之。"又说："风寒相搏，食谷即眩，谷气不消，胃中苦浊，浊气下流，小便不通，阴被其寒，热流膀胱，身体尽黄，名曰谷疸。"⑨相较于《黄帝内经》，张仲景对黄

① （唐）孙思邈撰，（宋）林亿等校正：《备急千金要方》卷 9《伤寒方上·辟温》，蔡铁如主编：《中华医书集成》第 8 册《方书类一》，第 187 页。

② 雷自申等主编：《孙思邈〈千金方〉研究》，西安：陕西科学技术出版社，1995 年，第 591 页。

③ （唐）李林甫等撰，陈仲夫点校：《唐六典》卷 14《太常寺》，北京：中华书局，2014 年，第 411 页。

④ 丁光迪主编：《诸病源候论校注》卷 24《注病诸候》，第 463 页。

⑤ 丁光迪主编：《诸病源候论校注》卷 24《注病诸候》，第 470 页。

⑥ 丁光迪主编：《诸病源候论校注》卷 24《注病诸候》，第 468—469 页。

⑦ 《黄帝内经素问》卷 5《平人气象论篇》，陈振相、宋贵美：《中医十大经典全录》，第 31 页。

⑧ 《黄帝内经灵枢经》卷 11《论疾诊尺》，陈振相、宋贵美：《中医十大经典全录》，第 259 页。

⑨ （汉）张机：《金匮要略方论》卷中《黄疸病脉证并治》，路振平主编：《中华医书集成》第 2 册《金匮类》，第 35 页。

疸病的病因、病机论述甚详，对黄疸病的临床治疗具有重要的指导意义。以此为基础，巢元方对黄疸病病因的认识更加深入，他在《诸病源候论·黄病诸候》中把黄病分为黄病与黄疸两大类，其中黄病又细分为黄病、急黄、黄汗、犯黄、劳黄、脑黄、阴黄、内黄、行黄、癖黄、噤黄、五色黄、风黄 13 候。其中对"急黄候"的描述如下：

> 脾胃有热，谷气郁蒸，因为热毒所加，故卒然发黄，心满气喘，命在倾刻，故云急黄也。有得病即身体面目发黄者，有初不知是黄，死后乃身面黄者。其候，得病但发热心战者，是急黄也。①

这里，对"急性重症肝炎"的描述以本文献为最早，并"清楚地阐明了脏腑不和生热，与谷气相杂，外加热毒之邪，会导致黄疸的发生"②。在临床上，"急黄候"主要对应于西医的重症肝炎和急性黄色肝萎缩两种危重疾病。重症肝炎主要分急性重型（暴发性）肝炎和亚急性重型肝炎。根据 2011 年的临床研究报告，一般急性肝炎大约有 2‰—4‰可演变为重症肝炎，且病死率约为 43.27%。③在这里，从一般急性肝炎到暴发性肝炎，主要诱因有嗜酒、营养不良、过度劳累等其他疾病。通常情况下，当患者出现黄疸迅速加深、发热、恶心、呕吐、头疼等症状时，应高度警惕"急黄"的早期阶段。此时由于尚未出现肝衰竭的症状，只要及时治疗，就有可能阻止某种程度的急性肝炎暴发性化，常可转危为安。④以此观之，巢元方的"卒然发黄，心满气喘"及"但发热心战"指的就是急性重症肝炎的早期阶段。针对"急黄"病的这个病理特点，《备急千金要方》提出了治疗该病的"茵陈丸方"⑤，其方药有"备汗、吐、下三法，共奏清热解毒泻火，利湿退黄之功"⑥。

3. 对血吸虫致病原因的认识

我国血吸虫病始见于湖南长沙马王堆西汉古墓出土的女尸和湖北江陵凤凰山西汉墓出土的男尸体内，证明至少在 2200 年前此病就已经开始在长江以南地区流行了。巢元方描述隋唐时期血吸虫病的流行区域说：

> 自三吴已东及南，诸山郡山县，有山谷溪源处，有水毒病，春秋辄得。一名中水，一名中溪，一名中洒，一名水中病，亦名溪温。⑦

此处的"三吴"泛指江南地区。从西晋末年的永嘉之乱开始，北方人口大量南迁，从而使南方经济得以迅速发展，尤其是太湖流域土地肥沃，逐渐成为东晋和南朝各政权的财政基地。据《宋书》载，江南"地广野丰，民勤本业，一岁或稔，则数郡忘饥。会土（会稽）带海傍湖，良畴亦数十万顷，膏腴上地，亩直一金，鄠、杜不能比也。荆城跨南楚之

① 丁光迪主编：《诸病源候论校注》卷 12《黄病诸候》，第 241 页。
② 李凌空、肖林榕、杨春波：《唐宋元时期对消化道脾胃湿热证病因病机的认识》，《福建中医学院学报》2006年第 2 期。
③ 孙玉凤、王娜、姚冬梅主编：《病毒性肝炎》，北京：科学技术文献出版社，2011 年，第 142 页。
④ 沈元良编著：《名老中医话肝脏疾病》，北京：金盾出版社，2011 年，第 223 页。
⑤ （唐）孙思邈撰，（宋）林亿等校正：《备急千金要方》卷 10《伤寒方下·伤寒发黄》，蔡铁如主编：《中华医书集成》第 8 册《方书类一》，第 209 页。
⑥ 徐春波、柳长华主编：《肝胆病实用方》，北京：人民卫生出版社，1999 年，第 132 页。
⑦ 丁光迪主编：《诸病源候论校注》卷 25《蛊毒病诸候》，第 486 页。

富，扬部有全吴之沃，鱼盐杞梓之利，充仞八方。丝棉布帛之饶，覆衣天下"①。隋唐时期，由于大运河的开凿，农田灌溉更加便利，江南农业得到进一步开发，人们由"带湖傍海"地区不断深入到许多丘陵山地及湖沼地带。其主要成就是利用南方多山多水的地理特点而开发了一系列陂塘湖堰水利工程，特别是人们"在湖州及周边地区继续修塘建溇，围田筑圩，太湖水利初具规模"②。随着灌溉农业的发展，一种潜在的疾病危险也开始在这一带地区肆虐。美国学者威廉·H.麦克尼尔曾说："今天，在农民需长时间浸泡于水田作业的灌溉区，这种病（指血吸虫病）仍能迅速传播。就此而言，似乎可以说古代的灌溉技术与血吸虫病在整个旧大陆很早就紧密联系在一起了。"③他又接着说："无论古代的血吸虫病以及类似的病症曾如何分布，有一点是肯定的，即在它们泛滥的地方，都容易造成农民出现无力和疲怠的症状，使他们既不能长时间地在田里劳作和挖掘沟渠，也无力胜任那些对体力的要求并不亚于劳作的任务……换言之，由血吸虫和类似感染所造成的倦怠和慢性不适，会有助于唯一为人类所惧怕的大型天敌的成功进犯，他们就是自己的同类，为了战争和征服而武装和组织起来的掠食者。"④虽然威廉·H.麦克尼尔的说法未免偏颇，但他可以为我们深入思考战争与疾病之间的内在关系提供一个新的思维视角。三吴地区地势卑湿，人户稠密，只有在人类活动与自然环境的相互作用下，钉螺与血吸虫的孳生和传播才有可能。那么，血吸虫病是一种什么疾病呢？巢元方介绍说：

> 水毒有阴阳，觉之急视下部。若有疮正赤如截肉者，为阳毒，最急；若疮如鳢鱼齿者，为阴毒，犹小缓。皆杀人，不过二十日。又云，水毒有雌雄，脉洪大而数者为阳，是雄溪，易治，宜先发汗及浴。脉沉细迟者为阴，是雌溪，难治。⑤

水毒即血吸虫，这是一种寄生于人畜终末宿主肠系膜静脉的扁形动物，同时又是以钉螺为中间宿主的寄生虫。血吸虫的幼虫浮游于溪沟或河边的水面下层，遇到钉螺后，就伺机侵入钉螺体内，经过无性繁殖生出大量尾蚴。尾蚴逸出钉螺，通过接触人体的皮肤或黏膜迅速脱尾而钻入皮下毛细血管或淋巴管，由静脉系统游动到肠系膜静脉，再入门静脉系统。其中一部分童虫进入肝脏，并逐渐发育为成虫。成虫雌雄异体，雄虫较短粗，雌虫较细长，呈合抱状态。它们逆血流至肠系末梢静脉内产卵，少数虫卵随血流进入肝脏，多数虫卵则破入肠腔，随粪便排出体外。

当然，血吸虫对人体的侵害，不同阶段程度有别。如尾蚴引起的损害，主要是在侵入处出现红色小丘疹，奇痒难耐，2—3天后可自行消退。巢元方称作"有疮正赤如截肉者，为阳毒，最急"，也就是说一旦发生上述症状，必须抓紧时间进行治疗。童虫对肺、肠系黏膜的损害可引起发热、咳嗽、畏寒、荨麻疹等症状。虫卵对肝脏、肠道的损害最为严重，可引起肝脾肿大，甚至肝硬化。与"阳毒"的症状不同，有的感染者被尾蚴侵害之后，不出现丘疹和奇痒的症状，一般在半年或更长时间后才出现慢性腹泻、早期肝硬化等

---

① 《宋书》卷54《沈昙庆传》，北京：中华书局，1974年，第1540页。
② 朱宏斌：《汉唐间北方农业技术的南传及在江南地区的本土化发展》，《中国农史》2011年第4期。
③ ［美］威廉·H.麦克尼尔：《瘟疫与人》，余新忠、毕会成译，北京：中国环境科学出版社，2010年，第29页。
④ ［美］威廉·H.麦克尼尔：《瘟疫与人》，余新忠、毕会成译，第29页。
⑤ 丁光迪主编：《诸病源候论校注》卷25《蛊毒病诸候》，第486页。

病症，所以巢元方说"若疮如鳢鱼齿者，为阴毒，犹小缓"，"小缓"丝毫不表明血吸虫的侵害就放松了，事实上，如果不及时治疗，一旦发病往往就到晚期了。至于血吸虫病的发病特点，巢元方观察亦十分细致。他说：

> 初得恶寒，头微痛，目眶疼，心内烦懊，四肢振𪡃，腰背骨节皆强，两膝疼，或嚅嚅热，但欲睡，旦醒暮剧，手足指逆冷至肘膝。二三日则腹生虫，食下部，肛内有疮，不痒不痛，令人不觉，视之乃知。不即治，六七日下部便脓溃，虫上食五脏，热盛烦毒，注下不禁，八九日死。一云十余日死。[①]

此与血吸虫病急性期的症状比较吻合。

血吸虫病的出现与特定的地理条件有关，其中自然环境、人类活动与钉螺的分布、扩散关系如图1-1所示。

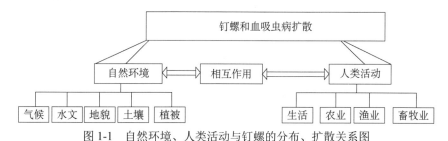

图1-1　自然环境、人类活动与钉螺的分布、扩散关系图

这里有几个自然因素需要重视：第一，钉螺一般生活在热带和亚热带气候环境中；第二，钉螺喜欢在干湿交替的环境中生存；第三，苔草茂密为钉螺生存和扩散提供了条件。回顾隋唐时期江南地区农业经济开发的艰难历程，我们不难发现，当时很多湖沼被开垦为农田后，其生态环境尤其适宜于钉螺的生存。如唐代张祜有一首描写临平湖的诗，诗云："三月平湖草欲齐，绿杨分映入长堤……山槛正当莲叶渚，水塍新擘稻秧畦。"[②]一边是茂密的湖沼草丛，一面是"水塍新擘"的秧田。在这种生态环境里劳作，通常感染血吸虫病的概率是很大的。

4. 对疥疮病因的确认

疥疮是疥虫寄居人体皮肤表层内的一种传染性皮肤病。巢元方在《诸病源候论·疥候》中说：

> 疥者，有数种，有大疥，有马疥，有水疥、有干疥，有湿疥。多生手足，乃至遍体。

> 大疥者，作疮，有脓汁，焮赤痒痛是也。马疥者，皮肉隐嶙起，作根墌，搔之不知痛。此二者则重。水疥者，痦瘰如小𪲘浆，摘破有水出。此一种小轻。干疥者，但痒，搔之皮起，作干痂。湿疥者，小疮，皮薄，常有汁出。并皆有虫，人往往以针头

① 丁光迪主编：《诸病源候论校注》卷25《蛊毒病诸候》，第486页。
② （宋）吴自牧：《梦粱录》卷12《下湖》，杭州：浙江人民出版社，1984年，第107页。

挑得，状如水内瘑虫。此悉由皮肤受风邪热气所致也。①

说疥虫"状如水内瘑虫"，足见巢元方观察之细致。因为疥虫有雌雄两种，而雌性疥虫比雄性疥虫稍大，所以人们用肉眼能看出来。在显微镜下，雌性疥虫有 8 条腿，形状像蜘蛛，背部有许多横行的波状皱纹，颚体小，螯肢呈钳形。雌雄一旦交配，雄性疥虫就会很快死亡，雌性疥虫被带到人体皮肤上，从皮肤表层"钻隧道"，大约用 1 个小时就能钻到表皮的角质层，从此，雌性疥虫在角质层里产卵，经过两个月产卵期，可产四五十个淡黄色的椭圆形卵，然后便死亡了。卵在 4—8 天之内就孵化为幼虫，而幼虫则需要从隧道里爬出来，到皮肤表面去发育生长，但多半隐藏在毛囊中，依赖粉尘和污染物生存。用 5—10 天的时间，幼虫就变成蛹。蛹脱皮即变为成虫。

疥虫在皮肤表层"钻隧道"的过程中，会引起一定的机械性损伤，在损伤部位出现针头样丘疹，有时也会发生脓疱或小水疱，颜色发红。只要仔细检查，就会发现在患者的手指缝或腕部屈侧有一条很短的或曲或直的灰黑色线，这就是疥虫的隧道。用一根针在隧道的顶端把一个白色的小颗粒挑出来，此即雌性疥虫。

由于疥虫怕光，白天蛰伏，夜晚活动，皮肤瘙痒剧烈。一旦丘疹被细菌感染，就变成脓疱，因其流脓，巢元方称作"湿疥"；有的流水糜烂，巢元方称其为"水疥"；没有化脓的丘疹，巢元方称作"干疥"；脓疱多了，引起附近的淋巴管炎，巢元方称作"马疥"。疥虫属于螨类，生活在又脏又乱的地方，容易孳生疥螨，所以巢元方认为疥病"悉由皮肤受风邪热气所致"，但他却对疥病的传染性没有认识。如众所知，疥病多是由于个人卫生不良，或密切接触疥疮患者被传染，少数是因风、湿、热、虫郁于皮肤所致。②从这个层面看，巢元方对疥疮的病理认识已经较为接近现代科学发展的水平。

5. 对绦虫病产生原因的科学认识

绦虫病，巢元方亦称寸白虫候，它是由人们生食鱼、猪、牛等含有绦虫活囊尾蚴的肉后，囊尾蚴吸附在人体肠壁上，并最终在肠腔内发育为成虫所致。早在巢元方之前，张仲景对寸白虫的病因已有所认识。他在《金匮要略方论·禽兽鱼虫禁忌并治》中明确指出：

凡饮食滋味，以养于生，食之有妨，反能为害……食生肉，饱饮乳，变成白虫。③

他又说："食脍，饮乳酪，令人腹中生虫为瘕。"④

相较于张仲景，巢元方对寸白虫病的认识，至少有两点超越：

第一，扩大了寸白虫病的病因范围，因而对寸白虫的认识更全面。巢元方从三个方面探讨寸白虫产生的原因："或云饮白酒，一云以桑枝贯牛肉炙食，并食生栗所成。又云：食生鱼后，即饮乳酪，亦令生之。"⑤现代科学研究证实，鲤鱼和鲫鱼因吞食了带有中华许

---

① 丁光迪主编：《诸病源候论校注》卷 35《疥病诸候》，第 666—667 页。
② 谢文英编著：《奇效偏方速查图典》，杭州：浙江科学技术出版社，2012 年，第 221 页。
③ （汉）张机：《金匮要略方论》卷下《禽兽鱼虫禁忌并治》，路振平主编：《中华医书集成》第 2 册《金匮类》，第 54 页。
④ （汉）张机：《金匮要略方论》卷下《禽兽鱼虫禁忌并治》，路振平主编：《中华医书集成》第 2 册《金匮类》，第 57 页。
⑤ 丁光迪主编：《诸病源候论校注》卷 18《湿䘌病诸候》，第 374 页。

氏绦虫原尾蚴的颤蚓后，原尾蚴就会在鱼的肠道内发育为成虫，所以人食生鱼片会感染绦虫病。另外，倘若人们吃了未炙熟的含有囊虫的牛肉或猪肉等，则感染绦虫病的概率也很大。

唐代白酒究竟是烧酒还是米酒？目前学界争议比较大，一种意见认为唐代白酒是烧酒①，另一种意见则认为唐代白酒是米酒②。我们在这里不想讨论白酒的起源问题，只想就寸白虫与白酒的关系略作阐释。巢元方将"饮白酒"视作引起寸白虫病的原因之一，但如果白酒含有45%—65%的酒精，那么，寸白虫就不可能在这样的环境中存活。然而，如果成品酒只有3%—15%的酒精含量，且在保管不当条件下，就有可能被虫卵污染。有实验证明，猪蛔虫卵在2%的甲醛溶液中、4℃冰箱存放5年，仍能孵出幼虫且感染动物。③

第二，对寸白虫的形态认识比较客观。张仲景对寸白虫的形态没有说明，巢元方不仅补充了寸白虫的主要形态，而且对其危害性也有更加深刻的认识。巢元方说：

> 寸白者，九虫内之一虫也。长一寸而色白，形小褊，因腑脏虚弱而能发动。……其发动则损人精气，腰脚疼弱……又云：此虫生长一尺，则令人死。④

寸白虫为白色扁平节片状，猪带绦虫的具体形态如图1-2所示。

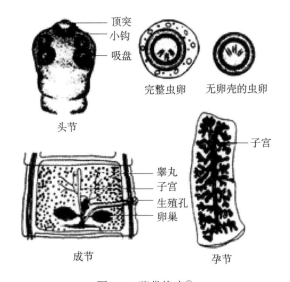

图1-2　猪带绦虫⑤

猪带绦虫的幼虫为白色半透明的囊状物，黄豆粒大小。成虫则扁长如带，长2—4米，雌雄同体，由头节、颈节和体节组成。头节呈球形，有四个吸盘和两圈小钩。颈节为其生长部分。体节又分为未成熟节、成熟节（成节）和妊娠节（孕节）三种节片，其中每

---

① 陈騊声：《中国酿酒技术的过去、现在与将来》，王炎、何天正主编：《辉煌的世界酒文化》，成都：成都出版社，1993年，第3页。
② 周伟编著：《中国人易误解的文史常识》，北京：企业管理出版社，2009年，第30页。
③ 王唯唯、陈传：《猪蛔虫卵低温保存五年后的存活率及侵袭力》，《中国寄生虫学与寄生虫病杂志》2002年第3期。
④ 丁光迪主编：《诸病源候论校注》卷18《湿䘌病诸候》，第374页。
⑤ 文心田等主编：《当代世界人兽共患病学》，成都：四川科学技术出版社，2011年，第1266页。

一孕节含有约 4 万个虫卵。①

牛带绦虫的幼虫呈灰白色②，其成虫背腹压扁如带状，长 4—8 米，由头节、颈节和体节组成。头节略呈方形，无顶突和小钩，一般顶端也有 4 个吸盘。颈节产生节片，形成链体。链体由 1000—2000 个节片构成，每一节片内含雌雄生殖器官各一套。③而每一孕节内则拥有约 8 万—10 万个虫卵。

从虫卵到囊尾蚴，在人体内的部位不同，其发育过程亦不相同。依据巢元方的记述，可分两种情况讨论：第一种情况是如果囊尾蚴吸附在肠黏膜上，经 2—3 个月即发育为成虫。在这个过程中，可引起局部损伤和炎症，又因其大量吸取宿主肠内的营养，"损人精气"，结果会造成营养不良、贫血等，引起"腰脚疼弱"等症；第二种情况是囊尾蚴若寄生在人体的肌肉、脑部、皮下组织、眼部及心、口、肝、肺等处，则无法继续发育为成虫，但会引发相应部位的炎症和功能障碍，有时后果还十分严重，如脑囊虫病引起的梗死，包括腔隙性梗死、脑叶梗死和大面积梗死。虽然"此虫生长一尺，则令人死"，从字面上还缺少环节，因为在肠黏膜上囊尾蚴逐渐发育为成虫，这个过程有时会引起宿主的呕吐、胃肠逆运动，致使虫卵和孕节反流入胃或十二指肠，而只有当虫卵中的六钩蚴脱壳穿过肠壁后，才会随血流到达全身各部位，引发囊虫病，但是囊虫病较绦虫病危害性更大，是致死的主要原因，这个认识符合临床实际，因而是正确的。

6. 对漆疮病因的科学认识

我国用漆历史悠久，据《韩非子·十过》记载，虞舜时期就出现了"斩山木而财之，削锯修其迹，流漆墨其上，输之于宫，以为食器"④，以及舜禹"墨染其外，而朱画其内"⑤的黑色漆器。考古发现，以浙江余姚河姆渡遗址出土的漆碗为最早，可证《韩非子》所载属实。尤其是石家庄市藁城区台北村商代遗址出土的漆器残片，有的在雕花木胎上髹漆，表明当时已经掌握了晒漆、兑色、髹漆的工艺技术。秦汉时期出现了专门用于大漆施工的操作间——"荫室"⑥，为大漆创造阴湿的干燥环境。这样，一方面，油漆作为一种防腐材料被广泛用于宫殿、庙宇、棺木、壁画、日用陶器、竹木几案等；另一方面，它也给很多人带来了烦恼，特别是隋唐之际宫殿、寺院建筑大量出现，从而使漆过敏问题显得更加突出和严重。其中漆疮就是由感受漆毒而引起的接触性皮炎，属毒性皮炎的一种。在用漆实践中，那些对漆过敏者常常会反复发作，非常痛苦，护理不当甚至危及生命，实在不容小觑。故巢元方论述说：

> 漆有毒，人有禀性畏漆，但见漆，便中其毒。喜面痒，然后胸、臂、胫、腨皆悉瘙痒，面为起肿，绕眼微赤。诸所痒处，以手搔之，随手辇展，起赤疿瘰；疿瘰消已，生细粟疮甚微。有中毒轻者，证候如此。其有重者，遍身作疮，小者如麻豆，大

---

① 陈艳编著：《食源性寄生虫病的危害与防制》，贵阳：贵州科技出版社，2010 年，第 52—53 页。
② 崔言顺、焦新安主编：《人畜共患病》，北京：中国农业出版社，2008 年，第 266 页。
③ 赵辉元主编：《人兽共患寄生虫病学》，延吉：东北朝鲜民族教育出版社，1998 年，第 33—34 页。
④ （周）韩非：《韩非子》卷 3《十过》，《百子全书》第 2 册，长沙：岳麓书社，1993 年，第 1655—1656 页。
⑤ （周）韩非：《韩非子》卷 3《十过》，《百子全书》第 2 册，第 1656 页。
⑥ 《史记》卷 126《滑稽列传》，北京：中华书局，1959 年，第 3203 页。

者如枣、杏，脓焮疼痛，摘破小定，有小瘥，随次更生。若火烧漆，其毒气则厉，着人急重。亦有性自耐者，终日烧煮，竟不为害。①

这段话主要包含下述思想：第一，体质与疾病的关系。在适应自然环境方面，人的个体差异是客观存在的，这就是所谓的"禀性"。《礼记·中庸》载："天命之谓性。"②朱熹释："性者，人所禀受之实。"③可见，"禀性"是通过遗传从父母那里获得的。所以《黄帝内经灵枢经·决气》说："两神相搏，合而成形，常先身生，是谓精。"④从"两神"到"成形"，除了生理和心理的成长外，还伴随有遗传信息的表现，即为"性状"。在巢元方生活的时代，人们还不可能认识到"遗传信息"的结构和功能。然而，自从分子遗传学这门学科诞生之后，人们对遗传的本质已经有了越来越深入的认识。用王永炎等人的话说，就是："遗传信息的物质基础是染色体和基因，并且只有起源于染色体和基因的变异才能遗传，单纯由环境条件所直接引起的变异则不能遗传。遗传是人们观察到的由亲代将其特征传给子代的一种现象，且表现为垂直传递，现代遗传学提出一个人从他的双亲那里继承下来的全部物质及遗传信息都包括在卵子和精子里面。"⑤从这个角度看，某些疾病的诱发与个体的禀赋或遗传特性关系密切，漆毒便是一个很典型的过敏性案例。第二，提出了"漆毒"与"漆疮"的概念。在巢元方看来，所谓"漆毒"是指禀赋畏漆者可感受而成病的漆气毒邪，而"漆疮"则是指因禀赋不耐而接触漆毒所致，以接触漆后皮肤出现红肿、灼痒，甚至起水泡为主要表现的过敏性疾病。⑥具体而言，漆过敏分两种情况："见漆，便中其毒"和"火烧漆，其毒气则厉"。前者是指个别皮肤特别敏感的人，虽然没有直接与生漆接触，但不论何时何地，只要从放置生漆的地方经过，就会发生漆过敏。后者属于在严重被漆毒污染的劳动环境中，漆毒对漆过敏者构成了严重危害。据研究，生漆内的漆酚属于多元酚衍生物，它是一种诱发人体皮肤患接触过敏性皮炎的致敏刺激物。生漆致敏原侵入人体的主要途径系皮肤和呼吸道的黏膜等处，其轻度过敏仅见外露的部分皮肤，如脸面、两前臂伸侧、眼眶周围、腕部手背、指缝、指背等处初发，继而延及颈部、阴部等部位。⑦具体过敏症状及传变规律如图1-3所示。第三，在受漆毒侵害环境下，应加强对劳动者的保护，以预防生漆过敏。既然对生漆的敏感与否具有个体差异，那么，有针对性地进行劳动保护就很有必要。巢元方《诸病源候论》尽管没有记载预防漆过敏的方药，但是他所提出的漆疮发病的原因和机制，对于医家防治漆过敏具有指导意义。在巢元方之后，孙思邈在《备急千金要方》中开出了11个治漆疮方，临床效果明显。如"生柳叶三斤，以水一斗五升，细切，煮得七升，适寒温洗之，日三……莲叶燥者一斤，以水一斗，煮取

①　丁光迪主编：《诸病源候论校注》卷35《疮病诸候》，第678页。
②　《礼记·中庸》，黄侃校点：《黄侃手批白文十三经》，上海：上海古籍出版社，1983年，第196页。
③　郭齐、尹波点校：《朱熹集》卷56《答方宾王》，成都：四川教育出版社，1996年，第2833页。
④　《黄帝内经灵枢经》卷6《决气》，陈振相、宋贵美：《中医十大经典全录》，第211页。
⑤　吴章穆主编：《百家名医临证经验》，杭州：浙江科学技术出版社，2006年，第603页。
⑥　宋一伦、杨学智主编：《基础理论与疾病》，北京：中医古籍出版社，2005年，第304页。
⑦　陈士杰主编：《涂料工艺》第1分册增订本，北京：化学工业出版社，1994年，第248—249页。

五升洗疮上，日再"等①，直到现在用白矾水、煮柳叶水及莲叶水洗涤全身仍是预防漆过敏的必要保护措施。②

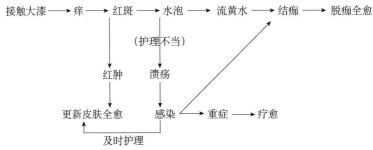

图 1-3　生漆所引起的过敏症状发展情况图③

7. 对晕动病原因的积极探讨

在现实生活中，不少人对乘坐运输工具，如车、船等产生不适反应。巢元方称其为注病，并解释这种不适反应说：

> 无问男子女人，乘车船则心闷乱，头痛吐逆，谓之注车、注船。特由质性自然，非关宿挟病也。④

"质性"是一种生理结构与功能，限于当时科学技术的发展水平，巢元方还不可能正确指出这种"质性"的具体内容，但他探寻晕动病的路径是正确的。现代医学认为，人类两侧内耳前庭有椭圆囊、球囊和三个半规管结构，属于内耳迷路的一部分，对维持机体姿势和平衡起着关键作用。在通常情况下，当它们受到摇晃震动刺激后，会导致平衡器官功能失调，引发冷汗、恶心、眩晕、皮肤苍白、站立不稳等前庭自主神经反应现象，严重时会出现血压下降、神志不清等症状。这种病除了遗传因素外，还与个体的精神状态、体质、视觉以及环境等因素有关。

8. 对夫妻不孕原因的科学解释

在儒家传统观念的影响下，男大当婚被赋予了非常神圣的社会内容。孟子说："不孝有三，无后为大。"汉代经学家赵岐注："于礼有不孝者三事：谓阿意曲从，陷亲不义，一不孝也；家贫亲老，不为禄仕，二不孝也；不娶无子，绝无祖祀，三不孝也。三者之中，无后为大。"⑤从法律层面看，《尚书·康诰》明言"不孝"为"元恶"之一，要受到惩罚。⑥所以王国维说："殷人之刑惟'寇攘奸宄'，而周人之刑，则并及'不孝不友'。"⑦然而，男女婚嫁未必就能有后。于是，《大戴礼记》规定"妇有七去"，即"不顺父母去、

---

① （唐）孙思邈撰，（宋）林亿等校正：《备急千金要方》卷 25《备急·被打》，蔡铁如主编：《中华医书集成》第 8 册《方书类一》，第 501 页。

② 王秦生、李志达编：《漆树的利用与栽培》，北京：轻工业出版社，1985 年，第 94 页。

③ 陈士杰主编：《涂料工艺》第 1 分册增订本，第 250 页。

④ 丁光迪主编：《诸病源候论校注》卷 40《妇人杂病诸候四》，第 766 页。

⑤ （清）焦循：《孟子正义》卷 7《离娄章句上》，《诸子集成》第 2 册，石家庄：河北人民出版社，1986 年，第 313 页。

⑥ 《尚书·周书·康诰》，黄侃校点：《黄侃手批白文十三经》，第 42 页。

⑦ 王国维：《古史新证》，长沙：湖南人民出版社，2010 年，第 46 页。

无子去、淫去、妒去、有恶疾去、多言去、窃盗去"①。把"无子"的责任推卸到女子身上，这是很不公平的。其实，夫妇无子责任在双方。对此，巢元方分析了夫妇双方有可能造成"无子"的各种原因。他针对女性的生理病理特点，认为造成女子不孕的病因主要有"月水不利无子候""月水不通无子候""子脏冷无子候""带下无子候""结积无子候"等。以"结积无子候"为例，巢元方说：

> 五脏之气积，名曰积。脏积之生，皆因饮食不节，当风取冷过度。其子脏劳伤者，积气结搏于子脏，致阴阳血气不调和，故病结积而无子。②

归根到底，巢元方认为，妇人无子是因为：

> 劳伤血气，冷热不调，而受风寒，客于子宫，致使胞内生病，或月经涩闭，或崩血带下，致阴阳之气不和，经血之行乖候，故无子也。③

仅就巢元方所及，其论述是比较全面的。但是，诚如丁光迪所言："从今天医学所知来看，妇人子宫有病，固然不能受孕，而子宫正常，卵巢有病，亦不能受孕，这就应从卫、任、手太阳、手少阴经，以及其他疾病和近亲婚姻等各个方面，全局考察，尚不能局限于此。"④当然，巢元方对夫妇无子问题的认识，真正的价值并不在此，而是他把"无子"问题从片面归罪女方转而关注男方的相关疾病，从而使人们对"无子"的认识趋于平等，这在社会医学史上具有划时代的意义。巢元方认为，男子不孕的原因比较复杂，但归结起来，主要有以下几个方面的因素：

> 丈夫无子者，其精清如水，冷如冰铁，皆为无子之候也。⑤

此为精气清冷，一也。

> 肾主骨髓，而藏于精。虚劳肾气虚弱，故精液少也。⑥

此因命门火衰，精室亏虚，致使精液稀少，二也。

> 又，泄精精不射出，但聚于阴头，亦无子。⑦
> 肾开窍于阴，若劳伤于肾，肾虚不能荣于阴器，故萎弱也。⑧

此则男子性功能障碍，三也。

> 强中病者，茎长兴盛不萎，精液自出也。由少服五石，五石热住于肾中，下焦虚热，少壮之时，血气尚丰，能制于五石，及至年衰，血气减少，肾虚不复能制

①（汉）戴德撰，（北周）卢辨注：《大戴礼记》卷13《本命》，《景印文渊阁四库全书》第128册，第535页。
② 丁光迪主编：《诸病源候论校注》卷39《妇人杂病诸候三》，第753页。
③ 丁光迪主编：《诸病源候论校注》卷38《妇人杂病诸候二》，第749页。
④ 丁光迪主编：《诸病源候论校注》卷39《妇人杂病诸候三》，第753页。
⑤ 丁光迪主编：《诸病源候论校注》卷3《虚劳病诸候上》，第69页。
⑥ 丁光迪主编：《诸病源候论校注》卷4《虚劳病诸候下》，第85页。
⑦ 丁光迪主编：《诸病源候论校注》卷3《虚劳病诸候上》，第69页。
⑧ 丁光迪主编：《诸病源候论校注》卷4《虚劳病诸候下》，第92页。

精液。①

此为服食丹药，导致耗阴损肾，虚热失精，四也。

9. 对破伤风病因的探索

"破伤风"这个病名最早见于唐代蔺道人（会昌年间）所著的《理伤续断方》，其"掺疮口方"载："但遇伤损，皮肉血出，或破脑伤风，血出不止，急用此药撖之。"②实际上，在蔺道人之前，巢元方早已对外伤或产科的各种特异性感染疾病形成原因，进行了多方面的积极探索，并为"破伤风"概念在唐代的统一，奠定了坚实的理论基础。例如，巢元方在论述"金疮中风痉候"时阐释：

> 夫金疮痉者，此由血脉虚竭，饮食未复，未满月日，荣卫伤穿，风气得入，五脏受寒，则痉。其状，口急背直，摇头马鸣，腰为反折，须臾十发，气息如绝，汗出如雨。不及时救者，皆死。③

"气"是指一种毒性物质，现代医学证实，这种毒性物质即破伤风梭菌。在自然界，破伤风梭菌广泛存在于泥土和人畜粪便之中，当伤口缺氧时，破伤风梭菌一旦侵入局部，就会迅速发育为增殖体，并产生大量外毒素（主要有痉挛毒素和溶血毒素），以痉挛毒素为要害。痉挛毒素对神经具有特殊亲和力，当它被吸收至脑干、脊髓等处时，可阻断抑制性神经递质甘氨酸的释放，从而使运动神经元对传入刺激反射强化，导致特征性全身横纹肌的紧张性收缩（肌强直、发硬）和阵发性痉挛。依次出现牙关紧闭（咀嚼肌群受影响）、口角下缩与咧嘴"苦笑"（面部表情肌群受影响）、颈部强直与头后仰（颈部肌肉群受影响）、角弓反张（背腹肌肉群受影响）、屈膝半握拳（四肢肌群受影响）、通气困难和呼吸暂停（膈肌群受影响）。由此可见，巢元方对破伤风病理变化的过程和特点描述与现代临床医学的研究结论非常一致。对于妇女产后感染破伤风，巢元方阐释其病因与病理特点说：

> 产后中风痉者，因产伤动血脉，脏腑虚竭，饮食未复，未满日月。荣卫虚伤，风气得入五脏，伤太阳之经，复感寒湿，寒搏于筋则发痉。其状，口急噤，背强直，摇头马鸣，腰为反折，须臾十发，气急如绝，汗出如雨，手拭不及者，皆死。④

前面讲过，破伤风梭菌广泛存在于土壤、人畜粪便和尘埃之中，耐热性强，它以芽孢形式可以在不见阳光的土壤里存活数年。⑤隋唐时期，由于各种原因，无论城市还是农村，当时的接生条件很容易使破伤风梭菌侵入产妇阴道的伤口，引发产后破伤风。而产后破伤风常比一般破伤风危害更大，病情更加严重，死亡率较高。⑥据《医心方》引《产

---

① 丁光迪主编：《诸病源候论校注》卷 5《腰背病诸候》，第 110 页。

② （唐）蔺道人原著，韦以宗点校：《〈理伤续断方〉点校》，韦以宗主编：《少林寺武术伤科秘方集释》，上海：上海科学技术出版社，2008 年，第 19 页。

③ 丁光迪主编：《诸病源候论校注》卷 36《兽毒病诸候》，第 702 页。

④ 丁光迪主编：《诸病源候论校注》卷 43《妇人将产病诸候》，第 833 页。

⑤ 段如麟等主编：《妇产科急症学》，北京：人民军医出版社，1998 年，第 127 页。

⑥ 王淑贞主编：《中国医学百科全书·妇产科学》，上海：上海科学技术出版社，1987 年，第 228 页。

经》载，当时人们须为产妇在户外单独盖一间"产庐"，选产庐的方法是："正月、六月、七月、十一月作庐一户，皆东南向，吉。二月、三月、四月、五月、八月、九月、十月、十二月作庐一户，皆西南向，吉。凡作产庐，无以枣棘子铤戟杖；又，禁居生麦稼大树下，大凶；又，勿近灶祭，亦大凶。"①对于生产的流程，必须依"产图"进行操作，《备急千金要方》载："凡生产不依产图，脱有犯触，于后母子皆死。"②尽管那时对产妇的生产环境也有讲究，如"反支"禁忌要求产妇应当避开"反支"日，以地支为准，凡初一为子或丑的产月以六日为反支，初一为寅或卯的产月以五日为反支，初一为申或酉的产月以二日为反支等；如果不能避开反支日，就必须将婴儿生在"牛皮上，若灰上，勿令水血恶物著地，则杀人，及浣濯衣水，皆以器盛"③。但是，限于古代只强调对产妇本人的消毒与隔离，而人们并没有意识到接生者的手及器具未经全面消毒，也同样会将破伤风梭菌带入产妇阴道的伤口，引起感染。在此前提下，巢元方发现：

> 小儿风痉之病，状如痫，而背脊项颈强直，是风伤太阳之经。小儿解脱之，脐疮未合，为风所伤，皆令发痉。④

结合隋唐接生的方法看，人们已经形成了一定的预防脐部感染的观念和措施，如《外台秘要方》载："小儿亦生，即当举之。举之迟晚，则令中寒，腹内雷鸣。乃先浴之，然后速断脐，不得以刀子割之，须令人隔单衣物咬断，兼将暖气呵七遍，然后缠结。"⑤可是，在现实生活中，严格按照《外台秘要方》要求做的恐怕数量很有限，而更多情况下是"隔衣咬断者""火燎而断之""以剪断之，以火烙之"⑥同时并存。这样，由于没有严格消毒，所以小儿在断脐和脐疮护理阶段感染破伤风梭菌的概率还是比较大的。

10. 将经络学说引入病因病机

经络通常被看作是经脉和络脉的总称，它是中医整体观的一种具体化和结构化。因此，它既是全身气血运行的通路，同时又是维系人体与自然之间，以及人体内部各个组织和功能之间相互联系的枢纽。长沙马王堆及江陵张家山汉墓出土的《脉书》对人体经络（十一脉）有比较细致的阐述⑦，在此基础上，《黄帝内经灵枢经》形成了系统的经络学说，内容包括十二正经、十五别络、十二经脉、奇经八脉及十二皮部等。对经络学说的临床应用，《黄帝内经灵枢经·经脉》载："经脉者，所以能决死生，处百病，调虚实，不可不通。"⑧从生理功能看，经络具有联络组织器官、沟通上下表里、通行气血阴阳、感应传

---

① ［日］丹波康赖撰，王大鹏、樊友平、张晓慧校注：《医心方》卷23《产妇安产庐法》，上海：上海科学技术出版社，1998年，第920页。

② （唐）孙思邈撰，（宋）林亿等校正：《备急千金要方》卷2《妇人方上·产难》，蔡铁如主编：《中华医书集成》第8册《方书类一》，第31页。

③ （唐）孙思邈撰，（宋）林亿等校正：《备急千金要方》卷2《妇人方上·产难》，蔡铁如主编：《中华医书集成》第8册《方书类一》，第31页。

④ 丁光迪主编：《诸病源候论校注》卷48《小儿杂病诸候四》，第907页。

⑤ （唐）王焘撰，高文铸校注：《外台秘要方》卷35《小儿初生将护法》，北京：华夏出版社，1993年，第702页。

⑥ （明）万全（密斋）著，罗田县万密斋医院校注：《万氏家传幼科发挥》卷1《脐风》，武汉：湖北科学技术出版社，1986年，第11页。

⑦ 沈雪勇主编：《经络腧穴学》附录二，北京：中国中医药出版社，2007年，第305—308页。

⑧ 《黄帝内经灵枢经》卷3《经脉》，陈振相、宋贵美：《中医十大经典全录》，第182页。

导和调节机能活动等作用，与之相应，如果人体组织和脏腑受到邪气的侵袭，就可以通过经络在身体的特定部位出现某些症状和体征表现出来，从而有助于分析和判断病变的内在机理。巢元方在《诸病源候论》中反复应用经络学说来阐述各种疾病的病因病机，这样，就使医者对疾病的分析具有了一定的整体性和系统性。例如，巢元方在阐释"须发秃落"的病机时说：

> 足少阳，胆之经也，其荣在须；足少阴，肾之经也，其华在发。冲任之脉，为十二经之海，谓之血海，其别络上唇口。若血盛则荣于须发，故须发美；若血气衰弱，经脉虚竭，不能荣润，故须发秃落。①

又，他在阐释"舌肿强"的病机时说：

> 手少阴，为心之经，其气通于舌；足太阴，脾之经，其气通于口。太阴之脉起于足大指，入连舌本。心脾虚，为风热所乘，邪随脉至舌，热气留心，血气壅涩，故舌肿。②

在此，通过经络，将"舌肿强"与心、脾的病理变化联系起来，治病求本，则易于从整体上分辨"舌肿强"的病因病机，如舌头肿痛、恶寒发热、周身肌肉疼痛为风寒伤于心脾所致；舌体胀大满口、色红疼痛则为心经郁火所致；舌体肿大、边有齿痕、舌色暗淡、面色黄白、肢体沉重为脾虚寒湿所致等。③

（二）《诸病源候论》的证候与诊断思想成就

《诸病源候论》分疾病为 67 类 1737 候，主要按内、外、妇、儿科分类，条目之细致周详，分析之精当妥切，前所未见，开创了中医证候分类的新时代，影响深远，成为指导唐宋以后中医临床诊治实践的津梁，详见表 1-1。

表 1-1 《诸病源候论》的疾病分类简表④

卷	内容
1—13	全身性疾病：主要有风病、虚劳病、腰背病、消渴病、解散病、伤寒病、热病、温病、疫疠病、疟病、黄病、冷热病、时气病、脚气病
14—30	局部器官疾病：咳嗽、淋病、小便病、大便病、五脏六腑病、心痛病、腹痛病、心腹痛病、痢病、湿䘌病、九虫病、积聚病、疝病、痰饮病、癖病、痞噎病、脾胃病、呕哕病、宿食不消病、水肿病、霍乱病、中恶病、尸病、蛊毒病、血病、毛发病、面体病、目病、鼻病、耳病、牙齿病、唇口病、咽喉心胸病、四肢病
31—36	外科疾病：瘿瘤、丹毒、肿病、丁疮、痈疽病、痔病、疮病、伤疮病、兽毒病、蛇毒病、杂毒病、金疮病、腕伤病
37—44	妇科疾病：妇人杂病、妇人妊娠病、妇人将产病、妇人难产病、妇人产后病
45—50	儿科疾病：小儿杂病

巢元方对证候分类注重系统性，他根据临床实际，结合前人的辨证经验，从病因、病

---

① 丁光迪主编：《诸病源候论校注》卷 27《血病诸候》，第 506 页。
② 丁光迪主编：《诸病源候论校注》卷 30《唇口病诸候》，第 557 页。
③ 中医研究院主编：《中医症状鉴别诊断学》，北京：人民卫生出版社，1984 年，第 128—129 页。
④ 张大庆：《中国近代疾病社会史（1912—1937）》，济南：山东教育出版社，2006 年，第 54 页。

理、脏腑、症状等几个方面，把各种疾病分成不同的类型，易于鉴别，而各种类型之间既相互区别又相互联系，如"五脏病"属于脏腑分类，黄病属于症状分类，在分类方面两者各有特点，相互不能混淆，但是在临床上黄病又往往与病毒性肝炎和胆道梗阻性疾患相连。所以黄病是特定脏腑病变所表现出来的一种症状，而防治黄病则不能离开五脏辨证这个根本。关于这个问题，请参见邹学熹的《易学与医学》一书。①下面择要阐释如下：

1. 对消渴病症状的观察和记录

消渴病，现代称糖尿病，以多饮、多尿和多食为特点，故《黄帝内经素问》将其归入"奇病论"，并从症状上把它分为三个阶段：脾瘅、消渴与消瘅。《黄帝内经素问·奇病论篇》说：

> 有病口甘者……此五气之溢也，名曰脾瘅。夫五味入于口，藏于胃，脾为之行其精气，津液在脾，故令人口甘也，此肥美之所发也，此人必数食甘美而多肥也，肥者令人内热，甘者令人中满，故其气上溢，转为消渴。②

可见，消渴病初期，以湿热蕴结困脾所致的口甘症状为主，"三多"表现不明显。至于脾经湿热蕴结形成的原因，既有过食辛辣厚味的因素，又有久病或年劳体衰影响脾胃功能正常运行的因素，而巢元方在《诸病源候论》里引述以上《黄帝内经素问》所言的同时，把造成消渴病的主要原因与"少服五石诸丸散"③联系起来，实际上是对隋唐之际那些贵族显宦盲目用服食大量五石散的方法来追求长生现象的破盘，因为它从根本上违背了生命发展的客观规律。消渴病中期，主要表现为"三多"症状，但没有并发症。为了鉴别消渴病的性质，巢元方引《金匮要略方论·消渴小便利淋病脉证并治》说：

> 厥阴之病，消渴重，心中疼，饥而不欲食，甚则欲吐蛔。④

对于这条记载，有学者认为系"《伤寒论》错简，后人编书时误入"，对此，张再良强调："其实《金匮》收载此条，是用以示人杂病消渴与热性病消渴症的鉴别，对于审察异同，明确诊断，实具深意，非误入之文。"⑤此说可谓灼见，因为在临床上，厥阴病是六经传变的后期阶段，病变多以寒热互见和寒热交替症状为主。故《黄帝内经灵枢经·五变》载：

> 黄帝曰：人之善病消瘅者，何以候之？少俞答曰：五脏皆柔弱者，善病消瘅。黄帝曰：何以知五脏之柔弱也？少俞答曰：夫柔弱者，必有刚强，刚强多怒，柔者易伤也。黄帝曰：何以候柔弱之与刚强？少俞答曰：此人薄皮肤，而目坚固以深者，长衡直扬，其心刚。刚则多怒，怒则气上逆，胸中蓄积，血气逆留，髋皮充肌，血脉不行，转而为热，热则消肌肤，故为消瘅。此言其人暴刚而肌肉弱者也。⑥

① 邹学熹主编：《易学易经教材六种》，北京：中医古籍出版社，2006年，第237—243页。
② 《黄帝内经素问》卷13《奇病论篇》，陈振相、宋贵美：《中医十大经典全录》，第71页。
③ 丁光迪主编：《诸病源候论校注》卷5《腰背病诸候》，第104页。
④ 丁光迪主编：《诸病源候论校注》卷5《腰背病诸候》，第104页。
⑤ 张再良：《金匮要略释难》，上海：上海中医药大学出版社，2008年，第180页。
⑥ 《黄帝内经灵枢经》卷7《五变》，陈振相、宋贵美：《中医十大经典全录》，第225页。

显然，巢元方讲"厥阴之病，消渴重"实则指消渴病后期所出现的"消瘅"病症，即消渴不解则伤及五脏，一旦脏器被伤，消渴就变成了消瘅，表明病情有加重之势。至于"饥而不欲食，食则吐蛔"，那是因为"胃热甚则善饥，但热拒于上，故饥而不厥食，食则呕吐。不食则胃中空虚，蛔上入膈，故或吐蛔"①。

2. 对脚气病症状的观察和记录

脚气病是一种维生素 B_1（硫胺素）缺乏病，临床上分三种类型：以循环系统表现为主者，症见足踝部、小腿部、膝部及下肢水肿，甚或全身性水肿，严重者可出现心包、胸腔积液以致循环衰竭而死亡，称湿性维生素 B_1 缺乏病；以周围神经表现为主者，症见下肢无力、肌肉酸痛、烦躁不安、反应迟钝等，称干性维生素 B_1 缺乏病；以中枢神经系统表现为主者，症见呕吐、眼肌麻痹、共济失调、昏迷等，称脑性维生素 B_1 缺乏病。巢元方对脚气病的症状记述比较全面，他说：

> 其状：自膝至脚有不仁，或若痹，或淫淫如虫所缘，或脚指及膝胫洒洒尔，或脚屈弱不能行，或微肿，或酷冷，或痛疼，或缓纵不随，或挛急；或至困能饮食者，或有不能者，或见饮食而呕吐，恶闻食臭；或有物如指，发于腨肠，逐上冲心，气上者；或举体转筋，或壮热、头痛；或胸心冲悸，寝处不欲见明；或腹内苦痛而兼下者；或言语错乱，有善忘误者；或眼浊，精神昏愦者。此皆病之证也，若治之缓，便上入腹。入腹或肿，或不肿，胸胁满，气上便杀人。急者不全日，缓者或一二三日。初得此病，便宜速治之，不同常病。②

从巢元方上述对脚气病症状的描写看，已经涵盖了现代医学所论脚气病的三种类型。特别是对"暴发性脚气病"的危急情况，巢元方高度重视，主张"宜速治之"，因为"急者不全日，缓者或一二三日"。那么，脚气病的发生有何特点呢？巢元方指出：

> 江东、岭南，土地卑下，风湿之气，易伤于人。初得此病，多从下上，所以脚先屈弱，然后毒气循经络，渐入腑脏，腑脏受邪，气便喘满。以其病从脚起，故名脚气。③

脚气病多发生在岭南、江东地区，如长沙走马楼吴简中至少有 150 枚简载有"肿足"病症，具体可分"肿两足""肿左（右）足""肿足"三种情况，这说明当时脚气病很盛行。④东晋的葛洪认为"脚气之病，先起岭南，稍来江东"⑤，表明脚气病正在大规模扩散。所以"岭南"和"江东"不能用"点"的观念来看，应当将其视为由两点连接起来的一个面，包括今广东、海南、广西的大部分及苏南、皖南、浙江、江西等一些地区。不过，从东晋到唐初巢元方生活的时代，300 多年来脚气病基本上就在葛洪所说的区域内流

---

① 自贡市西医学习中医学习班：《西医学习中医讲义》，内部资料，1972 年，第 38 页。
② 丁光迪主编：《诸病源候论校注》卷 13《气病诸候》，第 275 页。
③ 丁光迪主编：《诸病源候论校注》卷 13《气病诸候》，第 276 页。
④ 曲柄睿：《肿足新解——长沙走马楼吴简所见的一种病症考述》，长沙简牍博物馆、北京大学中国古代史研究中心、北京吴简研讨班：《吴简研究》第 3 辑，北京：中华书局，2011 年，第 354 页。
⑤ （晋）葛洪：《肘后备急方》卷 3《治风毒脚弱痹满上气方》，蔡铁如主编：《中华医书集成》第 8 册，第 36 页。

布，似还没有向北扩散至黄河流域。据《史记·货殖列传》记载，岭南、江东这一带区域以"饭稻羹鱼"①为主要食物结构。现在回过头看，这种食物结构不利于维生素 B_1 的吸收，是引发脚气病的主要因素之一。②

根据文献记载，隋唐士大夫喜食生鱼现象比较普遍。例如，《太平广记·吴馔》有以海鱼作脍的记载。③杜甫更有"红鲜终日有"的诗句，句中的"红鲜"就是"生鱼片"④。柳宗元又说："炊稻视爨鼎，脍（生鱼片）鲜闻操刀。"⑤还有白居易诗句"何况江头鱼米贱，红脍黄橙香稻饭"⑥等。这些诗句真实记述了唐朝中后期士大夫生活的一般情形和主要食物结构，生鱼和稻米的食物组合可能有导致脚气病的潜在危险。

唐朝的主食分粒食和面食两类，杜甫诗云："稻米流脂粟米白，公私仓廪俱丰实。"⑦表明稻米和粟米饭在唐朝市民的食物结构中占据主导地位，我们知道，硫胺素在禾谷类籽实的胚和种皮中含量丰富，然而，唐朝贵族士大夫喜食经过碾磨加工后的精米精面，这样，在谷胚和表皮中包含的大量维生素就很可惜地丢失了。如果体内缺乏硫胺素，久而久之，就会导致脚气病的发生，出现下肢浮肿、四肢酸痛等症状。所以《外台秘要方》载苏敬语："近入京以来，见在室女及妇人，或少年学士，得此病者，皆以不在江岭，庸医不识。"⑧苏敬主要生活在唐高宗时期，其时脚气病在京城贵妇人及年轻士大夫群体中开始蔓延。至于造成脚气病的原因，孙思邈在《备急千金要方》中已经考虑到食物结构与脚气病的关系了，他主张禁食鱼，尤其是鲤鱼，而多食粳米、粟米等谷物杂粮。⑨

3. 对麻风病症状的观察和记录

有学者认为，我国关于麻风的记载至少可追溯到3000多年前⑩，比埃及人出现麻风病的历史还早。⑪不过，这个问题尚待继续探讨。湖北云梦睡虎地秦墓出土的竹简中有"疠迁所"的设置，简文云："城旦、鬼薪疠，可（何）论？当迁疠迁所。"⑫说明当时已经对麻风病患者实行隔离措施。《黄帝内经素问·风论篇》称："疠者荣气热胕，其气不清，故使其鼻柱坏而色败，皮肤疡溃⑬。此"疠"或"癞"与麻风病的症状非常相似，因为麻风病即以鼻梁凹陷、皮肤溃烂、眉睫脱落和手指畸形为特征。巢元方述其病症说：

凡癞病，皆是恶风及犯触忌害得之。初觉皮肤不仁，或淫淫苦痒如虫行，或眼前

① 《史记》卷 129《货殖列传》，第 3270 页。
② 曲柄睿：《肿足新解——长沙走马楼吴简所见的一种病症考述》，长沙简牍博物馆、北京大学中国古代史研究中心、北京吴简研讨班：《吴简研究》第 3 辑，第 364 页。
③ （宋）李昉：《太平广记》卷 62《吴馔》，北京：中国文史出版社，2003 年，第 494 页。
④ 简锦松：《杜诗"红鲜终日有"、"红鲜任霞散"之"红鲜"新释》，《中正大学中文学术年刊》2011 年第 1 期。
⑤ （唐）柳宗元：《游南亭夜还叙志七十韵》，郝世峰主编：《增订注释全唐诗》第 2 册，北京：文化艺术出版社，2001 年，第 1513 页。
⑥ （唐）白居易：《白居易全集》卷 4《盐商妇》，珠海：珠海出版社，1996 年，第 61 页。
⑦ （唐）杜甫著，高仁标点：《杜甫全集》卷 5《忆昔二首》，上海：上海古籍出版社，1996 年，第 63 页。
⑧ （唐）王焘撰，高文铸校注：《外台秘要方》卷 18《脚气论》，第 336 页。
⑨ （唐）王焘撰，高文铸校注：《外台秘要方》卷 18《脚气论》，第 334 页。
⑩ 赵天恩：《中国古代麻风史概述》，《中国麻风皮肤病杂志》2011 年第 1 期，第 73 页。
⑪ ［美］凯特·凯利：《中世纪：500—1450》，徐雯菲译，上海：上海科学技术文献出版社，2012 年，第 94 页。
⑫ 云梦秦墓竹简整理小组：《云梦秦简释文（三）》，《文物》1976 年第 8 期，第 31 页。
⑬ 《黄帝内经素问》卷 12《风论篇》，陈振相、宋贵美：《中医十大经典全录》，第 65 页。

见物如垂丝，或隐轸轵赤黑。此皆为疾始起，便急治之，断米谷肴鲑，专食胡麻松术辈，最善也。①

现代医学认为，麻风病是一种由麻风分枝杆菌引起的慢性接触性传染病，其病程周期较长，症状变异无定。

对麻风分枝杆菌侵入人体所造成的危害，巢元方记述尤详。他说：

毒虫若食人肝者，眉睫堕落。食人肺，鼻柱崩倒，或鼻生息肉，孔气不通。若食人脾，语声变散。若食人肾，耳鸣啾啾，或如雷鼓之音。若食人筋脉，肢节堕落。若食人皮肉，顽痹不觉痛痒，或如针锥所刺，名曰刺风。若虫乘风走于皮肉，犹若外有虫行。复有食人皮肉，彻外从头面即起为疱肉，如桃核、小枣。从头面起者，名曰顺风；病从两脚起者，名曰逆风。令人多疮，犹如癣疥，或如鱼鳞，或痒或痛，黄水流出。初起之时，或如榆荚，或如钱孔，或青或白，或黑或黄，变异无定，或起或灭。此等皆病之兆状。②

为了临床辨证施治，巢元方应用五行学说，将麻风病划分为五型，与光谱免疫分类法基本一致，具体内容如表1-2所示。

表1-2　巢元方五型分类法与光谱免疫分类法对比表

类型	巢元方五型分类法	主要症状	光谱免疫分类法	主要症状
I	木癞	初得先当落眉睫，面目痒，如复生疮，三年成大患	结核样型麻风	损害多见面部、肩部、臀部，因出汗障碍，受累处皮肤干燥、脱屑
II	火癞	如火烧疮，或断人支节，七年落眉睫	界线类偏结核样型麻风	损害多见面部、躯干和四肢，周围神经受累较多，疼痛难忍
III	土癞	身体块磊，如鸡子、弹丸许	中间界线类麻风	淋巴结、黏膜、眼及内脏器官可受累
IV	金癞	初得眉落，三年食鼻，鼻柱崩倒，叵治	界线类偏瘤型麻风	眉毛及睫毛可脱落
V	水癞	先得水病，因即留停，风触发动，落人眉须	瘤型麻风	眉毛、头发脱落明显，睫毛和鼻毛亦可脱落；周围神经广泛受累，质地软；可见运动障碍等

实际上，麻风病的临床表现比表1-2所列还复杂，所以光谱免疫分类法单列一项"未定类麻风"，而巢元方则在五类之外又提及了"蟋蟀癞""面癞""雨癞""麻癞""风癞""酒癞""蜎癞"等，可见他的观察是多么精确入微。巢元方说：

蟋蟀癞者，虫如蟋蟀，在人身体内，百节头皆欲血出。三年叵治。面癞者，虫如面，举体艾白，难治；熏药可愈，多年叵治。雨癞者，斑驳或白或赤。眉须堕落，亦可治；多年难治。麻癞者，状似癣瘕，身体狂痒。十年成大患，可急治之，愈。风癞者，风从体入，或手足刺疮，风冷痹痴。不治，二十年后便成大患，宜急治之。蜎癞者，得之身体沉重，状似风癞。积久成大患，速治之愈。酒癞者，酒醉卧黍穰上，因

---

① 丁光迪主编：《诸病源候论校注》卷2《风病诸候下》，第53页。
② 丁光迪主编：《诸病源候论校注》卷2《风病诸候下》，第53页。

汗体虚，风从外入，落人眉须，令人惶惧，小治大愈。①

在隋朝之前，人们对麻风病的认识存在许多误区，因而歧视麻风病患者的现象非常严重。如《睡虎地秦墓竹简》载："'疠者有罪，定杀。''定杀'可（何）如？生定杀水中之谓殹（也）。或曰生埋，生埋之异事殹（也）。"②又载："甲有完城旦罪，未断，今甲疠，问甲可（何）以论？当迁疠所处之；或曰当迁迁所定杀。"③有学者认为，秦律规定用"水淹"或"生埋"，而不用斩首，是因为害怕斩首等会有污血溅出而传染麻风病，表明当时已认识到麻风病有传染性。④笔者以为，目前还没有直接证据佐证秦朝已经认识到麻风病具有传染性这个事实，因为即使像传染性更强的瘟疫，在秦汉肆虐，死者无数，也没发现有"瘟疫者有罪，定杀"的法律规定。相反，人们还给予瘟疫患者以格外的关爱和用心照顾。例如，《后汉书》载："（皇甫）规因发其骑共讨陇右，而道路隔绝，军中大疫，死者十三四。规亲入庵庐，巡视将士，三军感悦。"⑤显然，这种庵庐不是为了防止传染而建立的隔离场地，而是军人的养病之所，具有临时军队医院的性质。⑥隋朝也建有"疠人坊"，但是，与前代对麻风患者的态度不同，隋朝的"疠人坊"多了一些人性和关爱。例如，《续高僧传》载那连提黎耶舍在汲郡西山建立三寺，寺内专门设有疠人坊，"收养病疾，男女别坊，四事供承，务令周给"⑦。另一位高僧释智岩则为照顾麻风病患者而死于疠人所，事迹感人。据《续高僧传》载，丹阳沙门释智岩，"多在白马寺，后往石头城疠人坊住，为其说法，吮脓洗濯无所不为。永徽五年二月二十七日，终于疠所"⑧。虽然唐代民间尚有歧视麻风病患者的现象，如《朝野佥载》载："商州有人患大风，家人恶之，山中为起茅屋"⑨，但是从总体上看，人们对待麻风病的观念已经发生了很大变化，这与巢元方等医家对麻风病的正确认识和积极防治思想不无关系。

4. 对中毒症状的观察和记录

现代医学认为，凡是进入人体后，能损害机体的组织与器官并在组织和器官内发生生物化学或生物物理学作用，从而扰乱或破坏机体正常生物功能，致使机体出现病理变化的物质，都可称为毒物。当这些毒物进入人体后，不能及时排出体外，潜留至一定浓度，就会引起全身性疾病，是谓中毒。在古代，一般分为药物中毒和食物中毒。巢元方在《诸病源候论》中将"中毒"归入"蛊毒病诸候"，共27论。

其一，对毒性大易引起严重中毒甚至死亡的药物，应高度重视。巢元方说：

凡药有大毒，不可入口鼻耳目，即杀人者，一曰钩吻，生朱崖；二曰鸩，又名鸱

---

① 丁光迪主编：《诸病源候论校注》卷2《风病诸候下》，第54页。
② 睡虎地秦墓竹简整理小组编：《睡虎地秦墓竹简》，北京：文物出版社，1978年，第203页。
③ 睡虎地秦墓竹简整理小组编：《睡虎地秦墓竹简》，第204页。
④ 邓铁涛主编：《中国防疫史》，南宁：广西科学技术出版社，2006年，第30—31页。
⑤ 《后汉书》卷65《皇甫规传》，北京：中华书局，1965年，第2133页。
⑥ 王孝先：《丝绸之路医药学交流研究》，乌鲁木齐：新疆人民出版社，1994年，第26页。
⑦ （唐）道宣：《续高僧传》卷2《隋西京大兴善寺北天竺沙门那连提黎耶舍传》，《碛砂大藏经》第99册，北京：线装书局，2005年，第158页。
⑧ （唐）道宣：《续高僧传》卷25《丹阳沙门释智岩传》，《大正新修大藏经》第50卷，台北：新文丰出版社公司，1983年，第602页。
⑨ （晋）葛洪：《肘后备急方》卷5《治卒得癞皮毛变黑方》，蔡铁如主编：《中华医书集成》第8册，第73页。

日，状如黑雄鸡，生山中；三曰阴命，赤色，著木悬其子，生山海；四曰海姜，状如龙芮，赤色，生海中；五曰鸩羽，状如雀，黑项赤喙，食蝮蛇，生海内。但被此诸毒药，发动之状，皆似劳黄，头项强直，背痛而欲寒，四肢酸疼，毛悴色枯，肌肉缠急，神情不乐。又欲似瘴病，或振寒如疟，或壮热似时行，或吐或利，多苦头痛。又言人齿色黑，舌色赤多黑少，并着药之候也。①

钩吻，又名胡蔓草、断肠草、毒根、野葛等，有毒成分主要是生物碱钩吻素寅、钩吻素子和钩吻素卯。因钩吻素是一种强烈的神经毒素，中毒轻者会出现恶心、呕吐、腹痛、腹泻等消化道症状，或出现眩晕、肌肉弛缓无力、共济失调等神经肌肉系统症状，重者可出现心跳缓慢、血压下降，最后导致呼吸衰竭而死亡。鸩亦名鸩，是古代的一种毒鸟，《说文解字》云："（鸩）毒鸟也……一名运日。"②西晋郭义恭的《广志》载："鸩大如鸮，紫绿色，有毒，食蛇蝮。雄名运日，雌名阴谐。以其毛厉饮卮，则杀人。"③鉴于鸩的这种特性，晋朝才有"鸩鸟不得过江"④的法律限制。《唐律疏议》释"鸩"曰："鸟名也。此鸟能食蛇，故聚诸毒在其身，如将此鸟之翅搅酒，饮此酒者必死，故名此酒为鸩浆。"⑤

鸩羽，现代称"蛇雕"⑥。其形态特点是头部具有显著的黑色扇形羽冠，故名鸩羽。现代科学证明，蛇雕的身体并没有毒，由于其血清中含有天然抗蛇毒成分，所以它吞食毒蛇也不会中毒。问题是鸩羽专以"食蝮蛇"（含有出血毒素）为生，这个特点又与一般的蛇雕不同。看来，想要搞清楚鸩羽身上究竟有毒还是没有毒，尚待进一步研究。

阴命与海姜，今已不详，但它们同钩吻、鸩及鸩羽一样，同是能引起中毒的药物。

其二，始立中药毒病名。巢元方说：

> 凡合和汤药，自有限剂，至于圭、铢、分、两，不可乖违，若增加失宜，便生他疾。其为病也，令人吐下不已，呕逆而闷乱，手足厥冷，腹痛转筋，久不以药解之，亦能致死。速治即无害。⑦

可见，用药剂量不规范，中药使用不当，或药物配伍失度等，都会导致中毒现象。巢元方称"中药毒"亦能"致死"人命，绝不是危言耸听。有学者认为，大多数常用中药使用不当都会中毒，即使理论上被视为无毒的中药，如果随意加大剂量，临床上也经常会出现不良反应。例如，独活在治疗腰腿痛时，倘若给药量过大，则会出现呕吐、呼吸加快、幻觉、心律不齐、全身强直性痉挛，最后导致全身麻痹死亡。⑧

其三，首次记载了乌头中毒的症状。巢元方记述说：

---

① 丁光迪主编：《诸病源候论校注》卷 26《蛊毒病诸候下》，第 489 页。
② （汉）许慎：《说文解字》，北京：中华书局，1963 年，第 82 页。
③ （宋）洪兴祖撰，白化文等点校：《楚辞补注》卷 1《离骚》注引，上海：上海古籍出版社，1983 年，第 8 页。
④ 《晋书》卷 33《石崇传》，北京：中华书局，1974 年，第 1006 页。
⑤ （唐）长孙无忌等撰，刘俊文点校：《唐律疏议》卷 18《贼盗》，北京：中华书局，1983 年，第 640 页。
⑥ 徐振武、冯宁主编：《陕西野生动物图鉴》，西安：陕西旅游出版社，2004 年，第 108 页。学者多认为鸩即蛇雕，未必确切，故笔者存疑。
⑦ 丁光迪主编：《诸病源候论校注》卷 26《蛊毒病诸候下》，第 493 页。
⑧ 吕志平、王洪海主编：《中医药教学理论与实践研究》，北京：中国医药科技出版社，2007 年，第 214 页。

着乌头毒者，其病发时，咽喉强而眼睛疼，鼻中艾臭，手脚沉重，常呕吐，腹中热闷，唇口习习，颜色乍青乍赤，经百日死。①

中药毒理学的研究表明，乌头的毒性成分多为乌头碱，致死量为2—5毫克，中毒的临床表现，如周身发麻、口腔流涎、呕吐、头昏、肌肉强直、呼吸困难、抽搐及心律失常等，主要与中枢神经系统和周围神经系统的功能紊乱有关。

其四，对于定知中毒，但在不能分辨中何种毒的情况下，巢元方提出了观察胃内容物的方法。他说：

若定知着药，而四大未羸者，取大戟长三寸许食之，必大吐利，若色青者，是焦铜药；色赤者，是金药；吐菌子者，是菌药。此外，杂药利亦无定色，但小异常利耳。②

这些方法简单实用，在临床上为及早确定中毒性质和为中毒者争取宝贵的抢救时间，提供了重要的科学指南。

5. 对甲状腺肿大病症状的观察和记录

如果食物和饮水中缺碘，长此以往就会造成甲状腺激素和碘代谢失去平衡，引起甲状腺肿大病，简称甲亢，我国古代亦称为"瘿病"。作为一种地方性疾病，此病一般多见于远离海岸的内陆山区和半山区，那是因为这些地区常年被雨水冲蚀，造成水、土中缺碘，遂致人体碘摄入不足，因而居住在这些地区的居民很容易患甲状腺肿大病。对此，巢元方记述说：

瘿者，由忧恚气结所生。亦曰饮沙水，沙随气入于脉，搏颈下而成之。初作与瘿核相似，而当颈下也，皮宽不急，垂捶捶然是也。恚气结成瘿者，但垂核捶捶，无脉也；饮沙水成瘿者，有核瘰瘰无根，浮动在皮中。③

从原因上把瘿病分为两种证型：水瘿与气瘿。前者与今地方性甲状腺肿类似，其"沙水"可理解为缺碘之水④；后者与今散发性甲状腺肿相类，病因除缺碘外，主要是由"忧恚气结所生"。可见，无论是水瘿还是气瘿，瘿病的最显著病变特征是颈部出现肿块。当然，肿块的质体形状有"垂核捶捶"与"有核瘰瘰无根"之别，对临床鉴别诊断具有一定的指导意义。另，巢元方根据患者病体的形状和特点，将瘿病又分为三种证型：

有血瘿，可破之；有息肉瘿（指腺瘤、癌肿），可割之；有气瘿（单纯性甲状腺肿或结节性甲状腺肿），可具针之。⑤

这是对甲状腺肿大病（瘿病）的最早外治法，包括手术疗法和针刺疗法。通过临床验证，针刺治疗瘿病，不仅能使血中cAMP（环磷酸腺苷）的含量下降，而且疗效也令患者

① 丁光迪主编：《诸病源候论校注》卷26《蛊毒病诸候下》，第490页。
② 丁光迪主编：《诸病源候论校注》卷26《蛊毒病诸候下》，第490页。
③ 丁光迪主编：《诸病源候论校注》卷31《瘿瘤等病诸候》，第569页。
④ 丁光迪主编：《诸病源候论校注》卷31《瘿瘤等病诸候》，第570页。
⑤ 丁光迪主编：《诸病源候论校注》卷31《瘿瘤等病诸候》，第569页。

满意。①至于对"息肉瘿"施行割除手术，现代临床已取得较好疗效②，这说明巢元方的手术治疗方案针对性强，符合临床实际，因而是科学的和有效的。

6. 对"鬼舐头"病症状的观察和记录

"鬼舐头"，亦称"油风"，即现代医学所说的"斑秃"，病因不明。多在没有自觉症状的情况下，头发突然成片脱落。皮肤损害为形状不一、大小不等的椭圆形或圆形脱发斑，但一般脱发处无炎症，秃区光滑油亮，无鳞屑，不留瘢痕。故巢元方说：

> 人有风邪在于头，有偏虚处，则发秃落，肌肉枯死，或如钱大，或如指大。发不生亦不痒，故谓之鬼舐头。③

这是关于斑秃病症的最早记载。从上述引文中不难看出，巢元方对"鬼舐头"证候的记录是准确的。至于"鬼舐头"的发病机理，巢元方认为系"风邪"所致。中医的"风病"以"善行而数变"④为特点，所以"鬼舐头"可发生在全身任何长毛的部位。在正常生理条件下，毛发与经络关系密切，对此，巢元方根据《内经》的五脏经络理论，特阐述如下：

> 足少阳，胆之经也，其荣在须；足少阴，肾之经也，其华在发。冲任之脉，为十二经之海，谓之血海，其别络在上唇口。若血盛则荣于须发，故须发美；若血气衰弱，经脉虚竭，不能荣润，故须发秃落。⑤

因此，"鬼舐头"从病理上讲，是毛发由于"血气衰弱，经脉虚竭，不能荣润"所致，这也是"有偏虚处，则发秃落，肌肉枯死"的真正原因。

7. 对"淋病"⑥症状的观察和记录

淋病，属于中医"癃闭""精浊"等范畴，是由奈瑟双球菌侵袭泌尿、生殖系统黏膜所感染的以排除脓性分泌物为特点的一种性传播疾病。不同年龄段均可发病，而不洁性接触是感染淋病的主要原因和途径。不过，中医所讲的"淋病"不能等同于现代医学所说的淋病，但前者包含有后者的病症是可以肯定的。据考，湖南长沙马王堆三号汉墓出土的《五十二病方》已有"癃（即癃，指小便不利），痛于脬（即膀胱）及衷（疑指尿道）"⑦的记载。尔后，《黄帝内经素问》除讲到"癃病"之外，还特别提到"淋病"。如《黄帝内经素问·宣明五气篇》说："膀胱不利为癃，不约为遗溺。"⑧同书《六元正纪大论篇》又说："小便黄赤，甚则淋。"⑨尽管此处的"淋"主要表现为泌尿系统感染，但它无疑为以后中医泌尿外科的临床实践提供了辨证指南。以此为前提，《金匮要略方论》进一步明确指出：

---

① 李敏等主编：《甲亢防治250问》，北京：中国中医药出版社，1998年，第243页；蔡景峰等主编：《中国医学通史（现代卷）》，北京：人民卫生出版社，2000年，第317页。

② 王佑民：《抗癌顾问》，南京：江苏科学技术出版社，1983年，第128页。

③ 丁光迪主编：《诸病源候论校注》卷27《血病诸候》，第512页。

④ 《黄帝内经素问》卷12《风论篇》，陈振相、宋贵美：《中医十大经典全录》，第65页。

⑤ 丁光迪主编：《诸病源候论校注》卷27《血病诸候》，第506页。

⑥ 笔者倾向于认为，巢元方所讲"诸淋候"包括现代医学所说的"淋病"在内。

⑦ 《五十二病方·癃病》，鲁兆麟等点校：《中国医学名著珍品全书》上卷《马王堆医书》，沈阳：辽宁科学技术出版社，1995年，第14页。

⑧ 《黄帝内经素问》卷7《宣明五气篇》，陈振相、宋贵美：《中医十大经典全书》，第41页。

⑨ 《黄帝内经素问》卷21《六元正纪大论篇》，陈振相、宋贵美：《中医十大经典全书》，第114页。

"淋之为病，小便如粟状，小腹弦急，痛引脐中。"①巢元方对各种淋病加以分型，区别不同情况，施行不同的治疗，所以《诸病源候论》中所讲的"淋病"就远远超出一般泌尿系统感染的范畴了，不仅包括一般的泌尿系统感染，而且还包括现代医学所说的淋病在内。巢元方总结当时的诸淋状况说：

> 诸淋者，由肾虚膀胱热故也。膀胱与肾为表里，俱主水。水入小肠，下于胞，行于阴，为溲便也。肾气通于阴，阴，津液下流之道也。若饮食不节，喜怒不时，虚实不调，则腑脏不和，致肾虚而膀胱热也。膀胱，津液之府，热则津液内溢而流于睾，水道不通，水不上不下，停积于胞，肾虚则小便数，膀胱热则水下涩。数而且涩，则淋沥不宣，故谓之为淋。其状，小便出少起数，小腹弦急，痛引于齐。又有石淋、劳淋、血淋、气淋、膏淋。②

"诸淋者，由肾虚膀胱热故也"这是巢元方对生成淋病之病因病机的总体认识，是指导中医防治淋病临床实践的基本原则。在临床上，感染淋菌后往往会引起膀胱炎，主要症状是尿频、尿急、尿痛和尿道口红肿。如上所述，巢元方认为诸淋与膀胱热之间关系密切，而"膀胱热"也可理解为西医所讲的"膀胱炎"。我们知道，区别一般炎症与感染淋病双球菌患者，需要很专业的实验室检查，这在中国古代是不可能做到的。因此，判断巢元方所讲的"诸淋候"中是否包括感染淋病双球菌患者，就需要从其对症状的观察和记录中去分析和判断。巢元方记述"膏淋候"的症状说：

> 膏淋者，淋而有肥，状似膏，故谓之膏淋，亦曰肉淋，此肾虚不能制于肥液，故与小便俱出也。③

又，他在记述"热淋候"的症状时说：

> 热淋者，三焦有热，气搏于肾，流入于胞而成淋也。其状，小便赤涩。亦有宿病淋，今得热而发者，其热则变尿血。亦有小便后如似小豆羹汁状者，畜作有时也。④

显然，"热淋"有急性与慢性之分，这种病情变化不排除有感染淋病双球菌的可能。此外，"膏淋"亦称"乳糜尿"，我国以巢元方的记载为最早。造成这种病的原因比较复杂，既有丝虫（以蚊为传播媒介）引起淋巴组织慢性炎症，致微循环障碍和淋巴管壁广泛破坏，固而精液不能四布⑤，同时又有肿瘤栓塞所致的淋巴管破裂，使乳糜液溢入尿中。此外，还有感染淋病双球菌的可能。所以，我们不能简单地将"膏淋"与"乳糜尿"等同起来。有研究者认为：

> 膏淋与热淋似指乳糜尿而言，盖乳糜尿患者常有丝虫热发作，有时不作乳糜色而

---

① （汉）张机：《金匮要略方论》卷中《消渴小便利淋病脉证并治》，路振平主编：《中华医书集成》第 2 册《金匮类》，第 30 页。

② 丁光迪主编：《诸病源候论校注》卷 14《咳嗽病诸候》，第 292 页。

③ 丁光迪主编：《诸病源候论校注》卷 14《咳嗽病诸候》，第 295 页。

④ 丁光迪主编：《诸病源候论校注》卷 14《咳嗽病诸候》，第 295 页。

⑤ 邢磊：《中医治疗乳糜尿概况——析清热止血治则的临床进展》，国家中医药管理局科学技术司、上海市中医药科学技术情报研究所主编：《国内外中医药科技进展（1991 年）》，上海：上海科学技术文献出版社，1991 年，第 84 页。

为血性或乳糜血性尿，正如以上"热淋者，热即发，甚则尿血"相吻合，当然古人所谓热淋中也包括由他种原因所致的血尿，又在乳糜尿患者中有时排出含有血色之凝块，如肉状，当凝块阻塞尿道时则少腹膀胱里急。尿白稠或如豆汁一语，目前的病症除乳糜尿以外，尚未见到其他疾病中尿为白稠及如豆汁状者。①

然而，感染淋病双球菌的患者，也有尿白稠的症状。故有学者解释男性淋病患者的症状说：

> 开始时会突然感到尿道不适，尿急、尿频，刚尿完又想尿，继而排尿时尿道疼痛，尤其是尿道口红肿、发痒、刺疼，尿道逐渐流出黄白或乳白色浑浊样黏液及脓性分泌物，有时亦可带血。②

更有论者认为：

> 淋病和梅毒是人类最古老的性病。古中国在五千年前就有淋病这种病，古印度、阿拉伯、希腊、罗马亦然，希波克拉底斯和伽里诺就曾谈及过淋病。……19世纪末叶以前，淋病和梅毒一直被视为同根同种的维纳斯病（性病），1812年，由于淋菌的发现和血清的培养，才使得淋病和梅毒被加以区分。③

作为一个解释"膏淋"包括淋病的旁证，巢元方在阐述小儿诸淋候时，已不见"膏淋候"，其文云：

> 小儿诸淋者，肾与膀胱热也。膀胱与肾为表里，俱主水。水入小肠，下于胞，行于阴，为小便也。肾气下通于阴，阴，水液之道路。膀胱，津液之府，膀胱热，津液内溢，而流于泽，水道不通，水不上不下，停积于胞，肾气不通于阴，肾热，其气则涩，故令水道不利，小便淋沥，故谓为淋。其状，小便出少起数，小腹弦急，痛引脐是也。又有石淋、气淋、热淋、血淋、寒淋。④

与前面的成人"诸淋候"比照，两者的显著区别有二：一是前者强调"膀胱热"所致诸淋，后者强调肾热所致诸淋；二是前者有"膏淋"，后者去掉了"膏淋"。形成这种差异的原因，一种解释认为："或因小儿很少乳糜尿症候，故与成人之诸淋症候存有异别之处。也可看出巢氏对成人及小儿在临床上患罹淋病的异同点，及其卓越的观察。"⑤不过，同时还有另一种可能，即从病机上看，成人由膀胱热所致之"膏淋"情况非常复杂，其中包括不洁性接触，而小儿仅仅是间接感染者，所以较为少见，况且淋病传播当时多局限在娼妓之间，这可能是巢元方不提小儿"膏淋"的主要原因。

当然，如何理解巢元方所说"膏淋"和"热淋"的真实内涵，尚需进一步的研究和新史料的发现。

---

① 《关于我国古代晚期丝虫病记载的考证》，《山东省丝虫病防治所1957、1958年年报》，内部资料，第11—12页。
② 马艾华、马瑞华、陈俊玲：《性病与艾滋病》，郑州：河南科学技术出版社，1997年，第22页。
③ 段少军等编著：《性道德概论》，北京：华龄出版社，2009年，第253页。
④ 丁光迪主编：《诸病源候论校注》卷49《小儿杂病诸候五》，第926页。
⑤ 《关于我国古代晚期丝虫病记载的考证》，《山东省丝虫病防治所1957、1958年年报》，内部资料，第11页。

二、巢元方医学思想的主要特色及其历史地位

（一）巢元方医学思想的主要特色

（1）以脏腑为中心，对人体疾病作了比较全面系统的剖析。藏象学说注重采用内外结合、由表及里的临床思维来辨证施治，它的核心是通过对"象"（即人体生理、病理现象）的观察，去推断人体内部各个脏腑的生理功能、病理变化及其相互关系。所以，脏腑功能的病理变化一定会通过人体外部的各种症候表现出来。有基于此，巢元方才提出了病邪"行于五藏者，各随脏腑而生病焉"[①]的主张。如"中风候"之"心中风，但得偃卧，不得倾侧"[②]；"肝中风，但踞坐，不得低头"[③]；"脾中风，踞而腹满，身通黄"[④]；"肾中风，踞而腰痛，视胁左右"[⑤]；"肺中风，偃卧而胸满短气"[⑥]。又如"积聚病诸候"之"肝之积，名曰肥气，在左胁下，如覆杯，有头足，久不愈，令人发瘄疟，连岁月不已"[⑦]；"心之积。名曰伏梁，起脐上，大如臂，上至心下，久不愈，令人病烦心"[⑧]；"脾之积，名曰否气。在胃脘，覆大如盘，久不愈，令人四肢不收，发黄疸"[⑨]；"肺之积，名曰息贲。在右胁下，覆大如杯，久不愈，令人洒淅寒热，喘嗽发肺痈"[⑩]；"肾之积，名曰贲豚。发于少腹，上至心下，若豚贲走之状，上下无时"[⑪]。由此不难看出，脏腑气血充盈，则病邪不入，人体各种机能都能正常发挥作用，否则，就会招致疾病。巢元方上述分析病理的指导思想，推动了我国古代脏腑辨证理论体系的形成。当然，巢元方病理思想的关键在于解决了病人所患为何病及为何是此病的问题。

（2）主张"乖戾之气"是传染病的致病因素，并提出了积极的预防措施。如巢元方对"骨蒸"及肺结核的认识，他说骨蒸"其根在肾，旦起体凉，日晚即热，烦躁，寝不能安，食无味，小便赤黄，忽忽烦乱，细喘无力，腰疼，两足逆冷，手心常热。蒸盛过，伤内则变为疳，食人五脏"[⑫]。骨蒸是非常严重的一种传染病，故《新唐书·许胤宗传》载："关中多骨蒸疾，转相染，得者皆死，（许）胤宗疗视必愈。"[⑬]至于"骨蒸"的病因，巢元方说："凡诸蒸患，多因热病患愈后，食牛羊肉及肥腻，或酒或房，触犯而成此疾。久蒸不除，多变成疳，必须先防下部，不得轻妄治也。"[⑭]对于炭疽病（亦即鱼脐丁），巢元方

---

① 丁光迪主编：《诸病源候论校注》卷 1《风病诸候上》，第 2 页。
② 丁光迪主编：《诸病源候论校注》卷 1《风病诸候上》，第 2 页。
③ 丁光迪主编：《诸病源候论校注》卷 1《风病诸候上》，第 2 页。
④ 丁光迪主编：《诸病源候论校注》卷 1《风病诸候上》，第 2 页。
⑤ 丁光迪主编：《诸病源候论校注》卷 1《风病诸候上》，第 2 页。
⑥ 丁光迪主编：《诸病源候论校注》卷 1《风病诸候上》，第 2 页。
⑦ 丁光迪主编：《诸病源候论校注》卷 19《积聚病诸候》，第 376—377 页。
⑧ 丁光迪主编：《诸病源候论校注》卷 19《积聚病诸候》，第 377 页。
⑨ 丁光迪主编：《诸病源候论校注》卷 19《积聚病诸候》，第 377 页。
⑩ 丁光迪主编：《诸病源候论校注》卷 19《积聚病诸候》，第 377 页。
⑪ 丁光迪主编：《诸病源候论校注》卷 19《积聚病诸候》，第 377 页。
⑫ 丁光迪主编：《诸病源候论校注》卷 4《虚劳病诸候下》，第 79 页。
⑬ 《新唐书》卷 204《许胤宗传》，第 5799 页。
⑭ 丁光迪主编：《诸病源候论校注》卷 4《虚劳病诸候下》，第 80 页。

认为，这种疔疮"头黑深，破之黄水出，四畔浮浆起，狭长似鱼脐"①。至于"炭疽病"的发病原因，巢元方认为："凡人先有疮而乘马，马汗并马毛垢，及马屎尿，及坐马皮鞯，并能有毒，毒气入疮，致焮肿疼痛，烦热，毒入腹，亦毙人。"②此认识与现代医学对"炭疽病"的致病因认识基本一致，后人也把"炭疽病"称之为"疫疔"。而在《诸病源候论·温病诸候》中，巢元方明确提出"人感乖戾之气"的病因思想。有论者指出："这种认识，是中医传染病学之早期资料，亦是该一时期临床实践经验之总结，具有历史意义，值得重视。"③

（3）注重对临床诸病之特殊症候的鉴别。如《风病诸候》中的"风角弓反张候"云："风邪伤人，令腰背反折，不能俯仰，似角弓者，由邪入诸阳经故也。"④这些症候相当于现代医学中"流行性脑脊髓膜炎"的症状。又如《血病诸候》中的"汗血候"云："汗藏血，心之液为汗。言汗心俱伤于邪，故血从肤腠而出也。"⑤这种皮下出血现象是现代医学所说"败血症"的主要临床特征。对于发斑伤寒，巢元方名之为"伤寒阴阳毒候"。他区分两者的特殊症状云："阳毒者，面目赤，或便脓血；阴毒者，面目青而体冷。"⑥在临床上，如何区分伤寒与副伤寒⑦，巢元方非常重视二者的症状异同。他在"伤寒五脏热候"中述副伤寒之胃肠型的典型症状云："伤寒病，其人先苦身热，嗌干而渴，饮水即心下满，洒淅身热，不得汗，恶风，时咳逆者，此肺热也。……若其人先苦身热，四支不举，足胫寒，腹满欲呕而泄，恶闻食臭者，此脾热也。"⑧肺部合并症确实是副伤寒的主要临床表现之一。而"咽喉不利候"所说"腑脏冷热不调，气上下哽涩，结搏于喉间，吞吐不利，或塞或痛"⑨，则相当于现代医学由慢性咽炎所致的食管狭窄病。又"风经五脏恍惚候"载："五脏处于内，而气行于外。脏气实者，邪不能伤；虚则外气不足，风邪乘之。然五脏，心为神，肝为魂，肺为魄，脾为意，肾为志。若风气经之，是邪干于正，故令恍惚。"⑩这里虽然没有器质性病变，但血压亢进，令人头晕目眩者，现代医学称之为"本态或真性血压亢进症"。在叙述"水肿候"的临床病症时，巢元方发现："脾得水湿之气，加之则病，脾病则不能制水，故水气独归于肾。三焦不泻，经脉闭塞，故水气溢于皮肤而令肿也。其状：目裹上微肿，如新卧起之状，颈脉动，时咳，股间冷。"⑪显然这是肾脏病浮肿的特点，与心脏性浮肿起于下部末梢明显不同。

---

① 丁光迪主编：《诸病源候论校注》卷 31《瘿瘤等病诸候》，第 591 页。
② 丁光迪主编：《诸病源候论校注》卷 36《兽毒病诸候》，第 683 页。
③ 丁光迪主编：《诸病源候论校注》卷 10《温病诸候》，第 222 页。
④ 丁光迪主编：《诸病源候论校注》卷 1《风病诸候上》，第 8 页。
⑤ 丁光迪主编：《诸病源候论校注》卷 27《血病诸候》，第 505—506 页。
⑥ 丁光迪主编：《诸病源候论校注》卷 8《伤寒病诸候下》，第 174 页。
⑦ 伤寒是由伤寒杆菌引起的以发热为主要症状的急性消化道传染病，而副伤寒则是由甲、乙、丙型副伤寒杆菌引起的急性胃肠型炎症，死亡率较低。
⑧ 丁光迪主编：《诸病源候论校注》卷 8《伤寒病诸候下》，第 169 页。
⑨ 丁光迪主编：《诸病源候论校注》卷 30《唇口病诸候》，第 564 页。
⑩ 丁光迪主编：《诸病源候论校注》卷 2《风病诸候下》，第 29 页。
⑪ 丁光迪主编：《诸病源候论校注》卷 21《脾胃病诸候》，第 423 页。

（二）巢元方医学思想的历史地位

巢元方在《诸病源候论》中记述了许多现代医学所关注的重要病症，其要者有（注：有些内容前面已有详论，这里仅作简单介绍）：

（1）回归热。巢元方称之为"温注病"，他说："注者住也，言其病连滞停住，死又注易傍人也。人有染温热之病，瘥后余毒不除，停滞皮肤之间，流入脏腑之内，令人血气虚弱，不甚变食，或起或卧，沉滞不瘥，时时发热。"①对此，任应秋评论说巢氏"能知回归热病毒之先在皮肤而后脏腑，与今之病理学说并无二致"②。

（2）记录了多种多发和易发的癌症。如"胸痹候"即食道癌，巢元方述："胸痹之候，胸中愠愠如满，噎塞不利，习习如痒，喉里涩，唾燥。甚者，心里强否急痛，肌肉苦痹，绞急如刺，不得俯仰，胸前皮皆痛，手不能犯，胸满短气，咳唾引痛，烦闷，白汗出，或彻背膂。"③又如"久心腹痛"即胃癌，巢元方也记述甚详。他说："久心腹痛者，由寒客于腑脏之间，与血气相搏，随气上下，攻击心腹，绞结而痛。"④

（3）在分析病因方面尤其是对皮肤病病因的认识，首次发现了一些真正的病原。例如，在讨论小儿疥疮的病因时，巢元方指出："疥疮，多生手足指间，染渐生至于身体，痒有脓汁。《九虫论》云：蛲虫多所变化，亦变作疥。其疮里有细虫，甚难见。小儿多因乳养之人病疥，而染着小儿也。"⑤此"虫源性"观点的提出，改变了以往医家认为皮肤病是由风邪或邪热伤于皮肤所致的错误认识，从而比较正确地阐释了疥疮的病原体、传染性，以及好发部位等临床表现。又如对人体漆过敏的描述，巢元方经临床观察后发现："漆有毒，人有秉性畏漆，但见漆，便中其毒。喜面痒，然后胸、臂、胜、腨皆悉瘙痒，面为起肿，绕眼微赤。"⑥经现代医学研究证明，漆酚具有挥发性，是引起漆性皮炎的主要致病因子。然而，"亦有性自耐者，终日烧煮，竟不为害也"⑦。这个事实表明，先天体质因素为漆性皮炎之本。

（4）最早记载了肠吻合手术的实施方法步骤及术后注意事项。巢元方在"金疮肠断候"中描述肠吻合手术的过程云："夫金疮肠断者，视病浅深，各有死生。肠一头见者，不可连也。若腹痛短气，不得饮食者，大肠一日半死，小肠三日死。肠两头见者，可速续之。先以针缕如法，连续断肠，便取鸡血涂其际，勿令气泄，即推内之。肠但出不断者，当作大麦粥，取其汁，持洗肠，以水渍内之。……若肠腹胂……但疮痛者，当以生丝缕系绝其血脉，当令一宿，乃可截之。"⑧与欧洲同类手术相比，巢元方所述肠吻合手术的缝合原则，不仅要提早几百年，而且至今外科医师仍在遵守。

---

① 丁光迪主编：《诸病源候论校注》卷24《注病诸候》，第469页。
② 王永炎、鲁兆麟、任廷革主编：《任应秋医学全集》第12卷，北京：中国中医药出版社，2015年，第6750页。
③ 丁光迪主编：《诸病源候论校注》卷30《唇口病诸候》，第564页。
④ 丁光迪主编：《诸病源候论校注》卷16《心痛病诸候》，第342页。
⑤ 丁光迪主编：《诸病源候论校注》卷50《小儿杂病诸候六》，第938页。
⑥ 丁光迪主编：《诸病源候论校注》卷35《疮病诸候》，第678页。
⑦ 丁光迪主编：《诸病源候论校注》卷35《疮病诸候》，第678页。
⑧ 丁光迪主编：《诸病源候论校注》卷36《兽毒病诸候》，第700页。

（5）《诸病源候论》载有"导引法"289条，系统总结了隋朝之前我国医学气功的养生经验，其调息法、调心法、调身法、护发法、咽津法及叩齿法等，都是养生保健的有效方法。如其"养生方导引法"云："延年之道，存念心气赤，肝气青，肺气白，脾气黄，肾气黑，出周其身，又兼辟邪鬼。"①具体言之，则"从膝以下有病，当思齐下有赤光，内外连没身也；从膝以上至腰有病，当思脾黄光；从腰以上至头有病，当思心内赤光；病在皮肤寒热者，当思肝内青绿光。皆当思其光，内外连而没己身，闭气，收光以照之"②。此功法的核心思想是守一入静，通过意念来调节人体的阴阳平衡。所以有论者称："把养生和导引的具体方法用来治病防病，并分别对症，在一定程度上代替药品，这是体育和医疗发展史上的一大进步，是我国历史上早期的医疗体育。"③

自《诸病源候论》问世以来，《备急千金要方》《外台秘要》等医药学名著，都曾大量参考和引用该书的资料和观点，甚至它还被宋代官方用作医学教材，并很快传入日本。因此，它对中国医药学发展有着不可磨灭的巨大贡献。

第二节　孙思邈的道家医药学思想

目前，在已知的诸多孙思邈传记中，有四篇尤为重要：第一篇是《华严经传记·孙思邈传》，第二篇是《续仙传·孙思邈传》，第三篇是《旧唐书·孙思邈传》，第四篇是《太平广记·孙思邈传》。由于四篇传记的着眼点不同，故文字记述略有出入。不过，只要我们将四篇传记的内容相互参照和比较，并细心梳理，就能大致勾勒出孙思邈一生的主要事迹及其医学思想的主旨。

孙思邈，京兆华原人，一说雍州永安人。《华严经传记·孙思邈传》载：

> 处士孙思邈，雍州永安人也。神彩高远，仪貌魁梧，身长七尺，眉目疏朗。然学该内外，尤闲医药，阴阳术数、星历卜筮，无不该通。善养性好服食，尝服流珠丹及云母粉，肌肤光润，齿发不亏。耆老相传云："百余岁视其形状，如年七八十许。"义宁元年，高祖起义并州时，邈在境内，高祖知其宏达，以礼待之。命为军头，任之四品，固辞不受，后历游诸处，不恒所居。随时利物，专以医方。为事有来请问，无不拯疗。常劝道俗诸人，写《华严经》七百五十余部。上元仪凤之年，居长安万年二县之境。尝与人谈话，说齐魏人物及洛阳故都，城中朝士，并寺宇众僧，宛然目击。及将更问，便即不言。尝撰古今名医妙术，号曰《孙氏千金方》。凡六十卷，备穷时用。进上高祖，高祖赏以束帛，将授荣班，苦辞不受。时召入内，旬月不出待诏禁中，甚见优宠。④

---

① 丁光迪主编：《诸病源候论校注》卷10《温病诸候》，第222页。
② 丁光迪主编：《诸病源候论校注》卷15《五脏六腑病诸候》，第329页。
③ 毕世明：《中华文化通志·教化与礼仪典·体育志》，上海：上海人民出版社，1998年，第32页。
④ （唐）法藏：《华严经传记》卷5《孙思邈传》，《大正新修大藏经》第51卷，第171页。

《华严经传记》为唐代法藏所撰，而法藏实为华严宗的创始人。因此，法藏记录孙思邈的事迹应当是真实的，并无夸大或虚构之词。惜法藏仅仅述及孙思邈在唐高祖和唐高宗两朝的事迹，而《旧唐书》补其缺，前起周宣帝，后至唐高宗上元元年（674）。《旧唐书》补述其事迹云："周宣帝时，思邈以王室多故，乃隐居太白山。隋文帝辅政，征为国子博士，称疾不起。……将授以爵位，固辞不受。显庆四年，高宗召见，拜谏议大夫，又固辞不受。"①除此之外，《旧唐书》在史学和医学方面还补充了两件事情："初，魏征等受诏修齐、梁、陈、周、隋五代史，恐有遗漏，屡访之，思邈口以传授，有如目睹。"②这段记载与《华严经传记·孙思邈传》所载"尝与人谈话，说齐魏人物及洛阳故都"一致，依此可证孙思邈生年当早于隋开皇元年（581），如果没有北朝的生活经历，而"说齐魏人物及洛阳故都"有如目睹是不可能的，但具体生年，笔者尚不能确定，故此存疑，权且顺从众说。《旧唐书》又载："上元元年，辞疾请归，特赐良马，及鄱阳公主邑司以居焉。当时知名之士宋令文、孟诜、卢照邻等，执师资之礼以事焉。思邈尝从幸九成宫，照邻留在其宅。时庭前有病梨树，照邻为之赋。"③《旧唐书》完整转录了卢照邻的这篇赋文，此文不单记述了孙思邈对祖国医学的深切体悟，尤其表彰了孙氏热爱生命的思想境界。孙思邈说：

> 吾闻善言天者，必质之于人；善言人者，亦本之于天。天有四时五行，寒暑迭代，其转运也，和而为雨，怒而为风，凝而为霜雪，张而为虹霓，此天地之常数也。人有四支五藏，一觉一寐，呼吸吐纳，精气往来，流而为荣卫，彰而为气色，发而为音声，此人之常数也。阳用其形，阴用其精，天人之所同也。及其失也，蒸则生热，否则生寒，结而为瘤赘，陷而为痈疽，奔而为喘乏，竭而为燋枯，诊发乎面，变动乎形。推此以及天地亦如之。故五纬盈缩，星辰错行，日月薄蚀，孛彗飞流，此天地之危诊也。寒暑不时，天地之蒸否也；石立土踊，天地之瘤赘也；山崩土陷，天地之痈疽也；奔风暴雨，天地之喘乏也；川渎竭涸，天地之燋枯也。良医导之以药石，救之以针剂，圣人和之以至德，辅之以人事，故形体有可愈之疾，天地有可消之灾。④

"形体有可愈之疾，天地有可消之灾"体现了孙思邈的世界观，而这也就成为他医学思想的理论基石。然而，他对于生命的理解，还有待于进一步深化。于是，《太平广记·孙思邈传》又补载了下面一段史实：

> 尝有神仙降，谓思邈曰："尔所著《千金方》，济人之功，亦已广矣。而以物命为药，害物亦多。必为尸解之仙，不得白日轻举矣。"昔真人桓阊谓陶贞白，事亦如之，固吾子所知也。其后思邈取草木之药，以代虻虫水蛭之命，作《千金翼方》三十篇。每篇有龙宫仙方一首，行之于世。⑤

① 《旧唐书》卷191《孙思邈传》，第5094—5095页。
② 《旧唐书》卷191《孙思邈传》，第5096页。
③ 《旧唐书》卷191《孙思邈传》，第5095页。
④ 《旧唐书》卷191《孙思邈传》，第5095—5096页。
⑤ （宋）李昉等：《太平广记》卷21《孙思邈传》，北京：中华书局，1961年，第142页。

从《千金方》与《千金翼方》处方用药的构成看，后者确实减少了动物药在处方中的应用，其间肯定与孙思邈对生命的认识发生了重大转变有关。故孙思邈在《大医精诚》一文中说："自古名贤治病，多用生命以济危急，虽曰贱畜贵人，至于爱命，人畜一也，损彼益己，物情同患，况于人乎。夫杀生求生，去生更远。吾今此方，所以不用生命为药者，良由此也。其虻虫、水蛭之属，市有先死者，则市而用之，不在此例。只如鸡卵一物，以其混沌未分，必有大段要急之处，不得已隐忍而用之，能不用者，斯为大哲亦所不及也。"①从动物保护主义的视角看，孙思邈"人畜一"的思想牢牢建立在"敬畏生命"的根基之上，这种思想不是自发的，而是一种自觉的行为意识。

孙思邈的著作，有"自注《老子》《庄子》，撰《千金方》三十卷，行于代。又撰《福禄论》三卷，《摄生真录》及《枕中素书》、《会三教论》各一卷"②。然流传至今且可考信者，唯《千金方》和《千金翼方》二书。③实际上，收录在《云笈七签》卷33《杂修摄》中的《摄养枕中方》一书，题为"太白山处士孙思邈撰"，亦为可考信者。④

一、"十道九医"与《千金要方》和《千金翼方》

（一）"十道九医"与孙思邈的医疗实践

据《旧唐书》本传记载，孙思邈"弱冠，善谈庄、老及百家之说，兼好释典"⑤。《礼记·曲礼上》云："二十曰弱冠。"人生20岁，正是世界观和价值观形成的时期，当然，也是人生最困惑的时期。孙思邈从7岁开始接受儒学教育，"七岁就学，日诵千余言"⑥，然而，他却没有走上"学而优则仕"的道路，而是遁入太白山，过上了隐居生活。那么，这期间究竟是何种际遇促使孙思邈的人生轨迹发生如此巨大的转折呢？至少有二因：一是社会变乱，如前所述，孙思邈"隐居太白山"，是由于北周"王室多故"；二是按照孙思邈的预测，50年后"当有圣人出"，故此，他决定"助以济人"⑦，以医入道。除此之外，魏晋以来释道二教"入世"观的影响，亦是孙思邈拒斥仕途的重要原因之一。用医术来实现自身的人生价值和拒斥仕途，看似矛盾的两个方面，却在孙思邈的精神世界里获得了"统一性"。从隋文帝到唐高宗，几代皇帝对他都施以厚礼，甚至"召入内，旬月不出待诏禁中"，可以想见，孙思邈本身一定有能够满足封建皇帝急切需要的东西。众所周知，魏晋以降，一种以"颓废"为特点的享乐主义，弥漫整个士族阶层。对此，李泽厚有一段精

---

① （唐）孙思邈撰，（宋）林亿等校正：《备急千金要方》卷1《序例·大医精诚》，蔡铁如主编：《中华医书集成》第8册《方书类一》，第1页。

② 《旧唐书》卷191《孙思邈传》，第5096—5097页。

③ （唐）孙思邈著，钱超尘主编，《千金翼方诠译》译注组译注：《千金翼方诠译》，北京：学苑出版社，1995年，第1页。

④ 关于与孙思邈有关的著作，宋大仁在《孙思邈的著作和史迹文物考》一文中认为有58种；焦振廉认为现存题署孙思邈所撰及与孙思邈相关的医学类著作共有20多种（参见焦振廉主编：《带您走进〈备急千金要方〉》，北京：人民军医出版社，2008年，第22—23页）。其中究竟哪些著作是真哪些著作是伪尚待辨析，但笔者在此不作考证。

⑤ 《旧唐书》卷191《孙思邈传》，第5094页。

⑥ 《旧唐书》卷191《孙思邈传》，第5094页。

⑦ （唐）王质：《绍陶录》卷上《华阳谱》载："宣政元年至贞观元年，适满五十年。"参见（元）陶宗仪撰，李梦生校点：《南村辍耕录》卷16，上海：上海古籍出版社，2012年，第183页。

彩评述，他说：

> 表面看来似乎是无耻地在贪图享乐、腐败、堕落，其实，恰恰相反，它是在当时特定历史条件下深刻地表现了对人生、生活的极力追求。生命无常、人生易老本是古往今来一个普遍命题，魏晋诗篇中这一永恒命题的咏叹之所以具有如此感人的审美魅力而千古传诵，也是与这种思绪感情中所包含的具体时代内容不可分的。从黄巾起义前后起，整个社会日渐动荡，接着便是战祸不已，疾疫流行，死亡枕藉，连大批的上层贵族也在所不免。……那么个人存在的意义和价值就突现出来了……它实质上标志着一种人的觉醒，即在怀疑和否定旧有传统标准和信仰价值的条件下，人对自己生命、意义、命运的重新发现、思索、把握和追求。这是一种新的态度和观点。①

如果说分裂时期的帝王会有"生命无常、人生易老"的无奈，那么，大一统时期的帝王则更多关心和追求生命的有常和福运绵延。孙思邈"善养性，好服食"的生存实践，正好与唐代鼎盛时期的帝王心理相一致。唐太宗和唐高宗皆嗜好服食丹药，如贞观二十二年（648），唐朝从天竺国得到一位方士，"太宗深加礼敬，馆之于金飚门内，造延年之药。令兵部尚书崔敦礼监主之，发使天下，采诸奇药异石，不可称数"②。至于唐高宗则"令道合合还丹，丹成而上之"③，后来，武则天、唐玄宗等都喜好服饵金丹。据考，孙思邈对《本草经》的上、中、下三品说扩充以后，增编为《备急千金要方》《千金翼方》，"其中所用药品就有不少金石药，像上品药中有丹砂、曾青等近二十种，中品有水银、石膏等十种，下品只有矾石、代赭石等七种"④。另外，孙思邈的房中术对帝王的私生活更能派上用场。如《备急千金要方》引《仙经》的话说："令人长生不老，先与女戏，饮玉浆。玉浆，口中津也。使男女感动，以左手握持，思存丹田，中有赤气，内黄外白，变为日月。俳徊丹田中，俱入泥垣，两半合成一团。闭气深内勿出入，但上下徐徐咽气，情动欲出，急退之。此非上士有智者不能行也。"⑤对于孙思邈所说的房中术，我们必须批判地吸收其精华，剔除其糟粕。当然，孙氏所讲的一些知识，对提高现代家庭夫妇之间的生活质量确实具有一定意义。⑥

自汉代以降，房中术大行其道，甚至出现了很多专门研究房中术的著作。如《汉书·艺文志》载有《容成阴道》26卷、《务成子阴道》36卷、《尧舜阴道》23卷、《汤盘庚阴道》20卷、《天老杂子阴道》25卷、《天一阴道》24卷、《黄帝三王养阳方》20卷、《三家内房有子方》17卷等。⑦《隋书·经籍志》更载有《帝王养生要方》2卷、《素女秘道经》1卷、《彭祖养性》1卷、《序房内秘术》1卷、《玉房秘诀》8卷、《徐太山房内秘

①　李泽厚：《美的历程》，天津：天津社会科学院出版社，2001年，第152页。

②　《旧唐书》卷198《天竺传》，第5308页。

③　《旧唐书》卷192《刘道合传》，第5127页。

④　颜进雄：《唐代服食风气探析》，《花莲师院学报》2000年第10期。

⑤　（唐）孙思邈撰，（宋）林亿等校正：《备急千金要方》卷27《养性·房中补益》，蔡铁如主编：《中华医书集成》第8册《方书类一》，第536页。

⑥　孔国富：《浅论孙思邈〈房中补益〉》，康力升、崔蒙主编：《中国传统性医学》，北京：中国医药科技出版社，1994年，第242—243页。

⑦　《汉书》卷30《艺文志》，北京：中华书局，1962年，第1778页。

要》1卷、《新撰玉房秘诀》9卷、《养生术》1卷、《养身经》1卷、《养生要术》1卷、《郊子说阴阳经》1卷等。[①]显然，上述著作非道士莫属。所以葛洪说："古之初为道者，莫不兼修医术，以救近祸焉。"[②]他又说："道家之所至秘而重者，莫过乎长生之方也。"[③]而这恰恰就是孙思邈医学思想的实质。

其实，"十道九医"还有一层意思，那就是"医易同源"[④]，或云"医易相通"[⑤]。一方面，《易经》为中医学的形成提供了思维方法；另一方面，中医学的产生和发展又为道家"援医入道"及"援仙儒医"创造了条件。孙思邈说："不知《易》者，不足以言太医。"[⑥]成就一位"大医"固然需要很多条件，但从理论修养看，最重要的条件有两个：一是"必须谙《素问》、《甲乙》、《黄帝针经》明堂流注、十二经脉、三部九候、五藏六腑、表里孔穴、本草药对、张仲景、王叔和、阮河南、范东阳、张苗、靳邵等诸部经方"；二是"须妙解阴阳禄命、诸家相法，及灼龟五兆，《周易》六壬，并须精熟"[⑦]。在此，像"阴阳禄命""诸家相法"一类术数，整体上应当给予否定，但在某些方面，它们也有可以借鉴之处，我们应历史地看和辩证地看。例如，"诸家相法"包括各种面相、手相等方法，而在具体的临床实践中，医者能否通过人体皮肤颜色或纹理等改变来判断体内脏器官或组织机能的病变，现代医学已经做了肯定的回答，毋须论辩。

学界一般认为，《备急千金要方》成书于高宗永徽三年（652），这时孙思邈已过古稀之年，而《千金翼方》撰成于唐永淳元年（682），他更处于垂暮之年。那么，从孙思邈初入医道至《备急千金要方》成书，在这70余年的时间里，他无论从事炼丹，还是采药或疗疾，无时不在实践着其"助之以济人"的宏愿。对此，孙思邈曾做了这样的总结，他说：

> 所以青衿之岁，高尚兹典，白首之年，未尝释卷。至于切脉诊候、采药合和、服饵节度、将息避慎，一事长于己者，不远千里伏膺取决。至于弱冠，颇觉有悟，是以亲邻中外有疾厄者，多所济益，在身之患，断绝医门。[⑧]

孙思邈不仅求知的欲望十分强烈，而且医术高超，具有"大医"风范。

（1）佛教与"大医"品质的铸就。据载，孙思邈除了在太白山隐居外，还在峨眉山隐居。宋人范成大在《吴船录》中说："（中峰）院有普贤阁，回环十七峰绕之。背倚白崖峰。右傍最高而峻挺者，曰呼应峰。下有茂真尊者庵，人迹罕至。孙思邈隐于峨眉，茂真在时，常与孙相呼、相应于此。"[⑨]又，《酉阳杂俎》载："孙思邈隐终南石室，与宣律师互

① 《隋书》卷34《经籍志三》，第1049—1050页。

② （晋）葛洪：《抱朴子内篇》卷15《杂应》，《诸子集成》第12册，第68页。

③ （晋）葛洪：《抱朴子内篇》卷14《勤求》，《诸子集成》第12册，第60页。

④ 盖建民：《道教与传统医学融通关系论析》，《哲学研究》2002年第4期，第73页。

⑤ 程雅君：《医易相通的三重内涵》，《云南社会科学》2009年第3期，第109页。

⑥ （明）孙一奎：《医旨绪余》卷上《诊三焦包络》，金沛霖主编：《四库全书子部精要》上册，天津、北京：天津古籍出版社、中国世界语出版社，1998年，第1095页。

⑦ （唐）孙思邈撰，（宋）林亿等校正：《备急千金要方》卷1《序例·大医习业》，蔡铁如主编：《中华医书集成》第8册《方书类一》，第1页。

⑧ （唐）孙思邈撰，（宋）林亿等校正：《备急千金要方》序，蔡铁如主编：《中华医书集成》第8册《方书类一》，第7—8页。

⑨ （宋）范成大撰，孔凡礼点校：《吴船录》，《范成大笔记六种》，北京：中华书局，2002年，第198页。

参玄旨"①。这就表明，与佛道名流"互参玄旨"构成了孙思邈隐居生活的重要内容，由《峨眉山志》所记可知，茂真尊者为隋朝道士，"曰游神水，夜宿呼应"②。宣律师即道玄律师，他曾两入终南山：一次是从唐武德七年（624）到武德九年（626）；另一次是从贞观十六年（642）至贞观十九年（645）。可见，孙思邈与佛教缘分不浅，有学者认为佛教对《备急千金要方》的影响非常明显，如大慈救苦之心就对孙思邈的医德观产生了重要影响。佛教自东汉明帝时传入中国，它通过与儒、道的不断碰撞和融合，遂开始了自身的嬗变，尤其是伴随着"佛教的中国民间化、通俗化以及佛教僧尼日常生活的民族化趋向"③，后来以隋唐佛教宗派的出现为标志，佛教基本上完成了中国化的历史进程。孙思邈生活在这样的文化场景里，他的医学著作极有可能会被打上佛教思想的深刻烙印。

（2）炼丹与疗疾实践。关于孙思邈炼丹之处，宋明时期的方志中有不少记载，如《吴船录》载，峨眉牛心寺，"寺对青莲峰，有白云、青莲二阁最佳。牛心本孙思邈隐居，相传时出诸山，寺中人数见之。小说亦载招僧诵经，施与金钱，正此山故事。有孙仙炼丹灶，在峰顶，及淘珠泉在白云峡最深处。去寺数里，水深不可涉。独访丹灶。灶傍多奇石，祠堂后一石尤佳，可以箕踞宴坐，名玩丹石"④。《蜀中广记》又载："（通江县）旧志载孙思邈濯药于县东十里，石涧之畔，名为孙氏池亭。石灶、丹臼尚存。"⑤另，湖南浏阳有两处唐孙思邈炼丹的地方：一处在洞阳山；另一处在孙隐山下。《太平广记》本传亦有孙思邈"好饵金石药"⑥之说，可见，孙思邈酷爱炼丹有据可考。因此，蔡景峰在《孙思邈》一书中专门对其炼丹事迹做了通俗阐释。归结起来，孙思邈的炼丹实践主要有以下三个方面：

（1）合成火药。《丹经内伏硫黄法》一文记录了孙思邈等人所发明的原始火药配方。其变化的过程，面临各种危险。所以，邓广铭特别指出："炼丹家因为把硝石、硫黄合在一起炼制，有许多烧毁房子或损伤身体的记载。"⑦冯家昇亦说："这个方子有硫黄，有硝，又有具少量炭气的三个皂角子，很能起火药的作用。皂角子的炭气似稍少，但有生熟炭三斤的簇煅在口外，如不小心把炭火丢在罐子内，一定起了火药的作用。"⑧当然，对于《丹经内伏硫黄法》是否为孙思邈所作，学界有不同看法，如郭正谊、陈国符等认为《丹经内伏硫黄法》非孙思邈所作。尽管如此，但孙思邈在中国古代火药发展历史中所起的作用是不可否认的。因为《丹经内伏硫黄法》"不全具备原火药的意义，但有它本身的化学意义，它不愧出于大炼丹家和大医药学家孙思邈命名的炼丹原著"⑨。

（2）炼制"太一神精丹"。"太一神精丹"是孙思邈炼丹实验的科学结晶。"太一神精

---

① 转引自（清）毕沅撰，张沛校点：《关中胜迹图志》引，西安：三秦出版社，2004年，第537—538页。
② 弘化社：《四大名山志·峨眉山志》卷8《两茂真》，北京：社会科学文献出版社，2017年。
③ 欧绍华：《佛教传播中的中国化问题管窥》，王志主编：《传播学研究》，长沙：国防科技大学出版社，2002年，第248页。
④ （宋）范成大撰，孔凡礼点校：《吴船录》，《范成大笔记六种》，第203页。
⑤ （明）曹学佺：《蜀中广记》卷25《名胜记第二十五·通江县》，《景印文渊阁四库全书》第591册，第326页。
⑥ （宋）李昉等：《太平广记》卷21《孙思邈传》，第142页。
⑦ 邓广铭：《邓广铭全集》第6卷《辽宋夏金史讲义》，石家庄：河北教育出版社，2005年，第341页。
⑧ 冯家昇：《火药的发现及其传布（其一）》，《史学集刊》1947年第5期，第41页。
⑨ 孟乃昌：《孙真人丹经内伏硫黄法的模拟实验研究》，《太原工业大学学报》1984年第4期，第129页。

丹"的组方共有6味药物，即丹砂、曾青、雌黄、雄黄、磁石各四两，金牙二两半。其研制药物的过程如下：

> 上六味，各捣，绢下筛，惟丹砂、雄黄、雌黄三味，以酽醋浸之，曾青用好酒铜器中渍，纸密封之，日中曝之百日，经忧。急五日亦得，无日，以火暖之；讫，各研令如细粉，以忧酢拌，使干湿得所，内土釜中，以六一泥固际，勿令泄气；干，然后安铁环施脚高一尺五寸，置釜上，以渐放火，无问软硬炭等皆得，初放火，取熟两秤炭各长四寸，置于釜上，待三分二分尽即益，如此三度，尽用熟火，然后用益生炭，其过三上熟火已外，皆须加火渐多，及至一伏时，其火已欲近釜，即便满，就釜下益炭，经两度即罢；火尽极冷，然后出之，其药精飞化凝著釜上，五色者上，三色者次，一色者下，虽无五色，但色光明皎洁如雪最佳；若飞上不尽，更令与火如前；以雄鸡翼扫取，或多或少不定，研如枣膏，丸如黍粒。①

最后所得到的药品"色光明皎洁如雪"，它就是有毒的砒霜，制成的药物形状"丸如黍粒"，此即"太一神精丹"。用于治疗温疟、偏风、癫痫等病症。其服法，在一般情况下，服一丸，吐即差；"若不吐复不差者，更服一丸半；仍不差者，后日增半丸，渐服无有不差"②。在西方，直到1783年才由福勒医师发现用砒霜采取"逐渐增量"法来治疗疟疾。可见，孙思邈所创制的专门用于对剧毒药物逐渐增量的安全用法，在当时世界上无疑处于领先水平③。孙思邈对"太一神精丹"的创制与推广过程，曾有下面一段记述。他说：

> 余以大业年中，数以合和，而苦雄黄、曾青难得。后于蜀中遇雄黄大贱，又于飞乌玄武大获曾青，蜀人不识曾青，今须识者，随其大小，但作蚯蚓屎者即是。如此千金可求，遂于蜀县魏家合成一釜，以之治病，神验不可论。……凡雄黄，皆以油煎九日九夜，乃可入丹，不尔有毒，慎勿生用之，丹必热毒不堪服，慎之。④

"太一神精丹"离不开雄黄，而唐宋时期四川等地的雄黄资源相对贫乏。所以雍正《四川通志》载："宋孙思邈，寓居（峨眉）九老仙人洞，太宗尝梦思邈乞雄黄炼丹，遣中使送至峨眉山。"⑤又，《太平广记》载唐玄宗入蜀后，梦见孙思邈向他请求说："闻此地出雄黄，愿以八十两为赐"⑥。而孙思邈隐居峨眉山是否与此有关，尚待考证。

（3）"抚危拯弱"的医术与医德。由于孙思邈从宋代开始被变为民间神之后，有关他的传说很多，像开棺救人、用葱救儿、蚂蟥吸吮淤血消肿、羊肝治夜盲、葱管导尿、羊靥治瘿瘤、阿是穴的发现等，经常见于各种科普书籍，因而广为流传。民间传说作为一种文

① （唐）孙思邈撰，（宋）林亿等校正：《备急千金要方》卷12《胆腑·万病丸散》，蔡铁如主编：《中华医书集成》第8册《方书类一》，第247—248页。
② （唐）孙思邈撰，（宋）林亿等校正：《备急千金要方》卷12《胆腑·万病丸散》，蔡铁如主编：《中华医书集成》第8册《方书类一》，第248页。
③ 刘炳强：《药王孙思邈与五岩山》，郑州：大象出版社，2009年，第89页。
④ （唐）孙思邈撰，（宋）林亿等校正：《备急千金要方》卷12《胆腑·万病丸散》，蔡铁如主编：《中华医书集成》第8册《方书类一》，第249页。
⑤ 雍正《四川通志》卷38之3《仙释》，《景印文渊阁四库全书》第561册，第224页。
⑥ （宋）李昉等：《太平广记》卷21《孙思邈传》，第142页。

学艺术形式，固然有其夸张或虚拟的成分，但任何艺术作品都是对客观现实的反映，从这个角度讲，民间种种对孙思邈的传说多是有所凭据的，或可说是人们对孙思邈长期医疗实践的一种感性认知方式。下面笔者试以《备急千金要方》为例，略举几则孙思邈所记录的典型病案如下，以期把孙思邈的高超医术和大医风范生动地展现给读者。

第一，水肿治验。孙思邈论水肿说："大凡水病难治，瘥后特须慎于口味。又复病水人多嗜食不廉，所以此病难愈也。代有医者，随逐时情，意在财物，不本性命，病人欲食肉于贵胜之处，劝令食羊头蹄肉，如此者，未见有一愈者。又此病百脉之中气水俱实，治者皆欲令泻之使虚，羊头蹄极补，哪得瘥愈？所以治水药多用葶苈子等诸药。《本草》云：葶苈久服令人大虚。故水病非久虚，不得绝其根本。又有蛊胀，但腹满不肿，水胀，胀而四肢面目俱肿大。有医者不善诊候，治蛊以水药，治水以蛊药，或但见胀满，皆以水药，如此者，仲景所云愚医杀之。"[①]这段论述把医术与医德的关系讲得十分透彻，在孙思邈看来，作为一名良医应当始终把医德放在第一位，而《大医精诚》的思想精髓亦正在于此。在《大医精诚》里，孙思邈批评医者"恃己所长，专心经略财物"的行为，是"非忠恕之道"[②]。所以针对水肿这个病证，孙思邈仍然强调"志存救济"对于挽救患者生命的重要性。正是在这样的思想前提下，他治愈了很多病水患者，积累了丰富的临床经验。例如，"有人患气虚损久不瘥，遂成水肿，如此者众，诸皮中浮水攻面目，身体从腰以上肿，皆以此汤发汗，悉愈方：麻黄四两，甘草二两。上二味，㕮咀，以水五升煮麻黄，再沸去沫，纳甘草，取三升，分三服，取汗愈，慎风冷等"[③]。在临床上导致腹水的原因很多，但有医者用此方来治疗结核性腹膜炎的腹水，收到较好疗效。

第二，丹毒治验。丹毒是由β型链球菌引起的一种皮肤及其网状淋巴管的急性炎症，好发于面颊及四肢，发病急剧，伴有发冷、发烧及全身不适等症状，因发病部位不同，中医有拖头火丹、内发丹毒、流火、腿游风等名称。孙思邈说："丹毒一名天火，肉中忽有赤如丹涂之色，大者如手掌，甚者遍身有痒有肿，无其定色。有血丹者，肉中肿起，痒而复痛，微虚肿如吹状，隐疹起也。有鸡冠丹者，赤色而起，大者如连钱，小者如麻豆粒状，肉上粟粟如鸡冠肌理也，一名茱萸丹。有水丹者，由遍体热起，遇水湿搏之结丹，晃晃黄赤色，如有水在皮中，喜著股及阴处。此虽小疾，不治令人至死。"[④]可见，丹毒在临床上是一种危急病症，如果不及早治疗，往往就会留下严重的后遗症，故历代医家对此都非常重视，治则多用"升麻膏方"。而孙思邈通过临床观察，发现用芸苔菜治疗丹毒，效果颇佳，因而创制了"治诸丹神验方"。孙思邈总结说："以芸苔菜熟捣，厚封之，随手即消。如余热气未愈，但三日内封之，陵醒醒好瘥止，纵干亦封之勿歇，以绝本。余以贞观

---

① （唐）孙思邈撰，（宋）林亿等校正：《备急千金要方》卷21《消渴 淋闭 尿血 水肿》，蔡铁如主编：《中华医书集成》第 8 册《方书类一》，第 414 页。

② （唐）孙思邈撰；（宋）林亿等校正：《备急千金要方》卷1《序例·大医精诚》，蔡铁如主编：《中华医书集成》第 8 册《方书类一》，第 2 页。

③ （唐）孙思邈撰，（宋）林亿等校正：《备急千金要方》卷21《消渴 淋闭 尿血 水肿》，蔡铁如主编：《中华医书集成》第 8 册《方书类一》，第 416 页。

④ （唐）孙思邈撰，（宋）林亿等校正：《备急千金要方》卷22《疗肿痈疽·丹毒》，蔡铁如主编：《中华医书集成》第 8 册《方书类一》，第 436 页。

七年三月八日于内江县饮多，至夜睡中觉四体骨肉疼痛，比至晓，头痛目眩，额左角上如弹丸大肿痛，不得手近，至午时至于右角，至夜诸处皆到，其眼遂闭合不得开，几致殒毙。县令周公以种种药治不瘥。经七日，余自处此方，其验如神，故疏之以传来世云耳。"[1] "芸苔"即油菜，现代研究证明油菜含有丰富的胡萝卜素和维生素，有助于增强人体的免疫力；其所含植物激素，又具有防癌的功效；另，所含膳食纤维，能减少脂类吸收，从而能起到降脂作用；油菜性凉，还有一定的解毒凉血作用等。在临床上，除了孙思邈用油菜茎叶治疗风游丹肿外，人们还用油菜茎叶治疗颏下结核及肠出血等；用油菜籽治疗赤游丹；用油菜籽油治疗肠梗阻、肺痨、失血症、风疮不愈等病症，效果良好。

第三，恶疾大风治验。"恶疾大风"即现代医学所说的麻风病，《黄帝内经》亦称"疠风"，是由麻风分枝杆菌感染引起的一种慢性传染病，主要损害皮肤、黏膜、周围神经、淋巴结、肝、脾等组织器官，晚期可造成畸形或残疾。有资料报道："全世界估计有400万患者因麻风病致残，且每年有75万新发病例。"[2]现在的状况都是如此，若回到孙思邈生活的时代，可以想见，当时对麻风病的防治就更加艰难了。所以孙思邈感慨颇深，他说：

> 恶疾大风，有多种不同。初得虽遍体无异而眉须已落，有遍体已坏而眉须俨然，有诸处不异好人，而四肢腹背有顽处，重者手足十指已有堕落。有患大寒而重衣不暖，有寻常患热，不能暂凉；有身体枯槁者；有津汁常不止者；有身体干痒彻骨，搔之白皮如麸，手下作疮者；有疮痍荼毒，重叠而生，昼夜苦痛不已者；有直置顽钝不知痛痒者。其色亦有多种，有青黄赤白黑，光明枯暗。此候虽种种状貌不同，而难疗易疗皆在前人，不由医者，何则？此病一著，无问贤愚，皆难与语。何则？口顺心违，不受医教，直希望药力，不能求己，故难疗易疗属在前人，不关医药。予尝手疗六百余人，瘥者十分有一，莫不一一亲自抚养，所以深细谙委之。且共语看，觉难共语不受入，即不须与疗，终有触损，病既不瘥，乃劳而无功也。又神仙传有数十人皆因恶疾而致仙道，何者？皆由割弃尘累，怀颖阳之风，所以非止瘥病，乃因祸而取福也。故余所睹病者，其中颇有士大夫，乃至有异种名人，及遇斯患，皆爱恋妻孥，系著心髓，不能割舍，直望药力，未肯近求诸身。若能绝其嗜欲，断其所好，非但愈疾，因兹亦可自致神仙。余尝问诸病人，皆云自作不仁之行，久久并为极猥之业，于中仍欲更作云，为虽有悔言而无悔心。[3]

当时，孙思邈能做到1/10的治愈率，这在那个时代已经是一个非常了不起的成就了。因为自20世纪"40年代之前，由于缺乏正确的认知和有效的药物治疗，麻风病一直被视为不治之症"[4]。从现代各国防治麻风病的实际效果看，如何控制新病人和复发病人

① （唐）孙思邈撰，（宋）林亿等校正：《备急千金要方》卷22《疗肿痈疽·丹毒》，蔡铁如主编：《中华医书集成》第8册《方书类一》，第437页。

② ［美］文森特、［美］维戈里物：《骨科临床病理学图谱》，牛晓辉、黄啸原译，北京：人民军医出版社，2010年，第222页。

③ （唐）孙思邈撰，（宋）林亿等校正：《备急千金要方》卷23《痔漏·恶疾大风》，蔡铁如主编：《中华医书集成》第8册《方书类一》，第464页。

④ 张稚：《创造一个没有麻风的世界》，《中国残疾人》2010年第7期，第58页。

的出现，是未来麻风病防治工作的重要环节和发展方向。孙思邈在诊治麻风病患者的过程，深感"口顺心违，不受医教"的危害。有时候患者与医者相互配合，对于巩固和稳定麻风病的治疗成果具有决定性作用。如果两者不能很好配合，甚至"直望药力，未肯近求诸身"，那么，麻风病的肆虐就是不可避免的。仅此而言，孙思邈对麻风病的治疗，仍具有一定的借鉴价值。

第四，蛊毒治验。据孙思邈记载，人一旦中了蛊毒，"或下鲜血；或好卧暗室，不欲光明；或心性反常，乍嗔乍喜；或四肢沉重，百节酸疼。如此种种状貌，说不可尽。亦有得之三年乃死，急者一月或百日即死"①。蛊毒源自何时何地，不得而知。《左传·昭公元年》载："淫则生内热惑蛊之疾。"②《周礼·秋官司寇》又云"庶氏掌除毒蛊"③，郑玄注："毒蛊，虫物而病害人者。"④与汉代以前人们对"蛊毒"的理解不同，唐代孔颖达疏《左传·昭公元年》所载"惑蛊之疾"云："蛊非尽由淫也，以毒药药人，令人不自知者，今律谓之蛊毒。"⑤由此可知，汉代以后社会上出现了"放蛊"者，而北魏对这种"以毒药药人"的犯罪行为，则处之以极刑。如《魏书·刑法志》规定："为蛊毒者，男女皆斩，而焚其家。"⑥其后隋朝及唐朝皆沿袭北魏的律法，将"蛊毒"列入十恶之重罪，如《唐律疏议》云："诸造畜蛊毒及教令者，绞。"⑦表明蛊毒在隋唐时期的南方不少地区已经十分盛行。据《隋书》记载，南方鄱阳、九江、临川、庐陵、南康、宜春等州郡，"往往畜蛊，而宜春偏甚。其法以五月五日聚百种虫，大者至蛇，小者至虱，合置器中，令自相啖，余一种存者留之，蛇则曰蛇蛊，虱则曰虱蛊，行以杀人"⑧。与此相对，许多医者开始寻找对付蛊毒的医疗方法，如《肘后备急方》《巢氏诸病源候论》《备急千金要方》《千金翼方》《小品方》《集验方》《古今录验》等都载有疗蛊方。当然，至于如何理解蛊毒，目前学界尚有不同认识。如有的学者认为，蛊病"类似寄生虫类疾病、血吸虫病、各种肝硬化腹水、肿瘤等"⑨。相反，有论者指出，把"蛊毒"解释为血吸虫病不妥，因为"蛊毒"泛指一切有害虫媒。实际上，孙思邈疗蛊之法既有针对人为放蛊所致的各种蛊病，又有针对食物中毒、寄生虫病等所致的危急重症，如恙虫病、急慢性血吸虫病、重症肝炎、肝硬化、重症菌痢、阿米巴痢疾等。对此，他讲得非常明白：

> 凡人中蛊，有人行蛊毒以病人者。若服药知蛊主姓名，当使呼唤将去。若欲知蛊主姓名者，以败鼓皮烧作末，以饮服方寸匕，须臾自呼蛊主姓名，可语令去则愈。又有以蛇涎合作蛊药著饮食中，使人得瘕病，此二种积年乃死，疗之各自有药。江南山

---

① （唐）孙思邈撰，（宋）林亿等校正：《备急千金要方》卷24《解毒并杂治·蛊毒》，蔡铁如主编：《中华医书集成》第8册《方书类一》，第474页。

② 《春秋左传·昭公元年》，黄侃校点：《黄侃手批白文十三经》，第315页。

③ 《周礼·秋官司寇》，黄侃校点：《黄侃手批白文十三经》，第107页。

④ （汉）郑玄注，贾公彦疏：《周礼注疏》卷37《庶氏》，（清）阮元校刻：《十三经注疏》，北京：中华书局，1980年，第256页。

⑤ （唐）孔颖达疏：《春秋左传正义》卷41，阮元校刻：《十三经注疏》，第2025页。

⑥ 《魏书》卷111《刑法志》，北京：中华书局，1974年，第2874页。

⑦ （唐）长孙无忌等：《唐律疏议》卷18《贼盗律·造畜蛊毒》，《景印文渊阁四库全书》第672册，第227页。

⑧ 《隋书》卷31《地理志下》，第887页。

⑨ 牛兵占主编：《带您走进〈外台秘要〉》，北京：人民军医出版社，2007年，第109页。

间人有此，不可不信之。①

用现代医学的眼光看，孙思邈对蛊毒的理解有其荒诞的成分，方舟子从这个角度批判蛊毒是一种巫术，是有道理的。②他说："有的毒虫的毒素和蛇毒一样，口服无效，必须是注射才会让人中毒，例如蜘蛛的毒素。也有的毒虫毒素口服也能让人中毒，例如蟾蜍毒素。但是那还不如直接从药店买蟾酥更有效。如果有人中了蛊毒，可能就是吃了蟾酥之类普通动物毒素"③，但若因此就否认"放蛊"的事实存在，则与隋唐的律法条款相违背，难道隋唐律法犹如"蛊毒"一样荒诞不经，肯定不是。因此，孙思邈才创制了"太上五蛊丸""太一追命丸""犀角丸""北地太守酒"等疗蛊名方。其中"北地太守酒"主治"万病蛊毒，风气寒热"，方药组成：乌头、甘草、芎𦜿、黄芩、桂心、藜芦、附子各四两，白薇、桔梗、半夏、柏子仁、前胡、麦门冬各六两。制法："上十三味，七月曲十斤，秫米一斛，如酝酒法，㕮咀药，以绢袋盛之，沉于瓮底。酒熟去糟，还取药滓，青布袋盛之，沉著酒底，泥头，秋七日、夏五日、冬十日。"④服法："空肚服一合，日三，以知为度。药有毒，故以青布盛之。服勿中止，二十日大有病出，其状如漆，五十日病悉愈。"⑤病案：

> 有妇人年五十，被病连年。腹中积聚，冷热不调，时时切痛，绕脐绞急，上气胸满，二十余年。服药二七日，所下三四升即愈。又有女人病偏枯绝产，服二十日，吐黑物大如刀带，长三尺许，即愈，其年生子。又有女人小得癫病，服十八日，出血二升半愈。有人被杖，崩血内瘀，卧著九年，服药十三日，出黑血二三升愈。有人耳聋十七年，服药三十五日，鼻中出血一升，耳中出黄水五升便愈。古方云：熹平二年，北地太守臣光上。然此偏主蛊毒，有人中蛊毒者，服无不愈。极难瘥，不过二七日，所有效莫不备出。曾有一女人年四十余，偏枯羸瘦不能起，长卧床枕，耳聋一无所闻，两手不收已经三年。余为合之，遂得平复如旧。有人中蛊毒而先患风，服茵芋酒伤多，吐出蛊数十枚遂愈。何况此酒而不下蛊也，嘉其功效有异常方，故具述焉。⑥

当然，孙思邈并没有详细解释"蛊术"底理。因此，"蛊毒"与慢性传染病常常混淆一起。而从孙思邈所举出的蛊毒病症状来看，更像是"肝硬化腹水、水肿及并发胃出血之类，也可能是慢性血吸虫病或慢性肝炎所致"⑦。总之，想要真正弄清蛊毒的病理实质，从而揭开"蛊毒"之谜，尚待医学、人类学专家的进一步求证和考验。

---

① （唐）孙思邈撰，（宋）林亿等校正：《备急千金要方》卷 24《解毒并杂治·蛊毒》，蔡铁如主编：《中华医书集成》第 8 册《方书类一》，第 475 页。

② 方舟子：《真的有蛊毒吗？》，《中国青年报》2011 年 8 月 17 日，第 11 版。

③ 方舟子：《真的有蛊毒吗？》，《中国青年报》2011 年 8 月 17 日，第 11 版。

④ （唐）孙思邈撰，（宋）林亿等校正：《备急千金要方》卷 24《解毒并杂治·蛊毒》，蔡铁如主编：《中华医书集成》第 8 册《方书类一》，第 477 页。

⑤ （唐）孙思邈撰，（宋）林亿等校正：《备急千金要方》卷 24《解毒并杂治·蛊毒》，蔡铁如主编：《中华医书集成》第 8 册《方书类一》，第 477 页。

⑥ （唐）孙思邈撰，（宋）林亿等校正：《备急千金要方》卷 24《解毒并杂治·蛊毒》，蔡铁如主编：《中华医书集成》第 8 册《方书类一》，第 477 页。

⑦ 马伯英：《中国医学文化史》，上海：上海人民出版社，1994 年，第 762 页。

（二）《千金要方》的主要内容及思想特色

1.《千金要方》的主要内容

日嘉永二年（1849）江户医学影北宋本，其序云："若今世所传，系明人传刻道藏本，率意劓改，疑误宏多，强分卷帙，极失本真。世亦往往传元版，文字颇正，稍如可观，而仍不免时有疑误，则均未为精善也。独米泽大守上杉氏所藏宋椠一部，较诸元版，笔划端楷，更为清朗。检其缺讳，其为北宋刊本不疑。"①宋代晁公武概括《备急千金要方》的主要内容是："《千金方》三十卷，唐孙思邈撰。思邈博通经传，洞明医术，著用药之方，诊脉之诀，针灸之穴，禁架之法以至导引养生之要，无不周悉。后世或能窥其一二，未有不为名医者，然议者颇恨其独不知伤寒之数云。"②应当说，晁氏在评价《备急千金要方》的价值时，综合考虑了它的优缺点，论断客观公允。但后来南宋另一位文献巨匠陈振孙还是弥补了晁氏所遗漏的一项重要内容，陈氏云："孙思邈撰，自为之序，名曰：《千金备急要方》。以为人命至重，有贵千金，一方济之，德逾于此"③。通观来看，"人命至重"确实体现了孙思邈医学思想的突出特点。

（1）强调医德对于医者诊治疾病的重要性。《备急千金要方·序例》开首即提出了医者应具备的两个基本条件：高尚的医德与精湛的医疗技术。具体地讲，孙思邈提出了五条道德规范，用以约束医者的医疗行为，做到救死扶伤，不计功利。

第一条，医者的知识素质必须全面。孙思邈结合唐代之前中国传统文化的发展实际，认为"凡欲为大医"，除了熟谙《素问》《甲乙经》《黄帝针经》等专业经典外，还必须"涉猎群书"。因为"若不读五经，不知有仁义之道；不读三史，不知有古今之事；不读诸子，睹事则不能默而识之；不读《内经》，则不知有慈悲喜舍之德；不读庄老，不能任真体运，则吉凶拘忌触涂而生，至于五行休王、七耀天文，并须探赜。若能具而学之，则于医道无所滞碍，尽善尽美矣"④。这种知识结构，适合于培养和造就创新型的医疗人才。如众所知，中医学这门学科的形成和发展离不开其他学科的渗透和影响，而从事医学诊疗活动需要辨证求因，这个思维过程需要综合的推理与判断，需要寻思妙理。所以，没有综合思维能力是不能胜任治病救人这个神圣职责的。

第二条，对医术应精益求精，用心精微。宋代理学家二程和朱熹等非常推崇孙思邈的一句话，那就是"胆欲大而心欲小，智欲圆而行欲方"⑤。叶采解释说："胆大则敢于有为；心小则密于察理；智圆则通而不滞；行方则正而不流。"⑥"密于察理"表明医者多从事的是一种需要"胆大而心小"的职业，这种职业决定了医者的品质不能用"至粗至浅之思"去对待"至精至微之事"。因为"今病有内同而外异，亦有内异而外同，故五藏六腑

---

① （唐）孙思邈撰，（宋）林亿等校正：《备急千金要方·影宋本〈备急千金要方〉序》，蔡铁如主编：《中华医书集成》第8册《方书类一》，第2页。

② （宋）晁公武：《郡斋读书后志》卷2《子类·医家类·千金方》，《景印文渊阁四库全书》第674册，第406页。

③ （宋）陈振孙：《直斋书录解题》卷13《医书类·千金方》，《景印文渊阁四库全书》第674册，第757页。

④ （唐）孙思邈撰，（宋）林亿等校正：《备急千金要方》卷1《序例·大医习业》，蔡铁如主编：《中华医书集成》第8册《方书类一》，第1页。

⑤ （宋）程颢、程颐著，王孝鱼点校：《二程集》上册，北京：中华书局，1981年，第108页。

⑥ （宋）朱熹、吕祖谦：《近思录》卷2《为学》集注，《景印文渊阁四库全书》第699册，第23页。

之盈虚，血脉荣卫之通塞，固非耳目之所察，必先诊候以审之。而寸口关尺有浮、沉、弦、紧之乱，俞穴流注有高、下、浅、深之差，肌肤筋骨有厚、薄、刚、柔之异，唯用心精微者始可与言于兹矣。"①在这里，"用心精微"与"心小"义同，不仅指医者医术精良，而且还要求医者具有好学不倦的求知欲望，否则，"心不小则狂妄"②。用孙思邈的话说就是"世有愚者，读方三年，便谓天下无病可治；及治病三年，乃知天下无方可用"③。这种狂妄的人，实际上最愚蠢。

第三条，对待病人就像对待自己的亲人一样，不分年龄大小和高低贵贱，一视同仁。在医疗技术落后的时代，由于人们对疾病尤其是传染性疾病的认识存在许多盲区，甚至误区，所以歧视病人的现象非常严重。《秦律》规定："疠者（即麻风病）有罪，定杀⋯⋯或曰生（活）埋。"④尽管后来有了隔离措施，但"疠者"在精神上和肉体上所遭受的痛苦，常人难以想象，如唐代诗人卢照邻就深受疠病折磨，虽经治疗，效果不佳，最后以投河自尽的方式结束了生命，他生前写下了讲述其患病心理历程和陷于人生困境的骈体名篇《病梨树赋》。孙思邈曾为600多名麻风病人疗疾，包括卢照邻在内，他对患者的痛楚感受颇深，并冒着极大风险在自己家里专门设立了麻风病床。所以他说："凡大医治病，必当安神定志，无欲无求，先发大慈恻隐之心，誓愿普救含灵之苦。若有疾厄来求救者，不得问其贵贱贫富，长幼妍媸，怨亲善友，华夷愚智，普同一等，皆如至亲之想。亦不得瞻前顾后，自虑吉凶，护惜身命，见彼苦恼，若己有之，深心凄怆，勿避崄巇，昼夜寒暑，饥渴疲劳，一心赴救，无作功夫形迹之心。如此可为苍生大医，反此则是含灵巨贼。"⑤孙思邈正是站在患者的思维视角和看问题的立场，提出了上述观点和看法。一句话，一切以病人为中心，既是医者的基本职业道德，同时又是医之为医的本质所在。

第四条，严格规范医者的言行仪表，把心灵美与行为美统一起来。孙思邈说："夫大医之体，欲得澄神内视，望之俨然，宽裕汪汪，不皎不昧，省病诊疾，至意深心，详察形候，纤毫勿失，处判针药，无得参差。虽曰病宜速救，要须临事不惑，唯当审谛覃思，不得于性命之上，率尔自逞俊快，邀射名誉，甚不仁矣。又到病家，纵绮罗满目，勿左右顾眄；丝竹凑耳，无得似有所娱；珍羞迭荐，食如无味；醽醁兼陈，看有若无。"他又说："夫为医之法，不得多语调笑，谈谑喧哗，道说是非，议论人物，炫耀声名，訾毁诸医，自矜己德。偶然治差一病，则昂头戴面，而有自许之貌，谓天下无双，此医人之膏肓也。"⑥在此，孙思邈说到了医者与患者、医者与疾患本身、医者与医者，以及医者与患者周围人群等诸多层面的复杂关系。其要旨是作为一名医者除了接受专业知识的系统学习和

① （唐）孙思邈撰，（宋）林亿等校正：《备急千金要方》卷1《序例·大医精诚》，蔡铁如主编：《中华医书集成》第8册《方书类一》，第1页。
② （宋）朱熹、吕祖谦：《近思录》卷2《为学》集注，《景印文渊阁四库全书》第699册，第23页。
③ （唐）孙思邈撰，（宋）林亿等校正：《备急千金要方》卷1《序例·大医精诚》，蔡铁如主编：《中华医书集成》第8册《方书类一》，第1页。
④ （清）孙楷著，杨善群校补：《秦会要》，上海：上海古籍出版社，2004年，第471页。
⑤ （唐）孙思邈撰，（宋）林亿等校正：《备急千金要方》卷1《序例·大医精诚》，蔡铁如主编：《中华医书集成》第8册《方书类一》，第1页。
⑥ （唐）孙思邈撰，（宋）林亿等校正：《备急千金要方》卷1《序例·大医精诚》，蔡铁如主编：《中华医书集成》第8册《方书类一》，第2页。

对排除疾患一丝不苟的态度外，还要有应对各种社会关系的素质和能力。尤其是医者在日常的临床实践过程中，对每一种疾病都要投入全力，不受外界任何因素的刺激，把抢救生命置于第一位。如果我们把它作为医者的终极价值，那么，在这种终极价值里面就包含着医者敢于担当的责任意识和勇于奉献的牺牲精神。

第五条，不能为了追求经济利益而"过度医疗"。医者首先是一位正常的人，为了维系生命的存在和延续，他必须依靠行医的报酬来养家糊口。所以在孙思邈看来，"医人不得恃己所长，专心经略财物，但作救苦之心，于冥运道中，自感多福者耳。又不得以彼富贵，处以珍贵之药，令彼难求，自衒功能，谅非忠恕之道"①。为了节省患者的治疗费用，孙思邈主张开简易方和尽力用价钱低廉且疗效可靠的药物，这对那些习惯于开大处方和昂贵药物的医者来说，无疑是一剂道德良药。当然，无论过去还是现在，每一位医者都应当清楚地意识到，孙思邈这种较为严厉的规诫，并不是对他们医疗行为本身的否定和批判，而是一种善意的鞭策。

（2）强调"用药之方"的科学性和合理性。《备急千金要方》共载方 5300 首，涉及妇人、少小婴孺、七窍病、风毒脚气、诸风、伤寒、脏腑病等临床诸科，不止博采众方，更亲自验证其疗效。因此，学界将其称作"中国最早的临床百科全书"②。

孙思邈引张湛的话说："夫经方之难精，由来尚矣。"③对于此处所言"经方"的含义，学界有不同的理解④。其实，孙思邈自己说得很清楚："凡欲为大医，必须谙《素问》、《甲乙》、《黄帝针经》明堂流注、十二经脉、三部九候、五藏六腑、表里孔穴、本草药对、张仲景、王叔和、阮河南、范东阳、张苗、靳邵等诸部经方。"⑤显然，"经方"的本义是指隋唐以前医家著作中所载之方剂，不独指张仲景的著作。在孙思邈的视域里，"经方"之难就难在如何使方药适应病症的需要，做到药到病除。所以世医处方一般有两种方法：一是因循古方，结果陷入尴尬境地，既浅薄又无知；二是因时因地，根据病情的需要，化裁古方。人体与环境的关系是一个动态的变化过程，疾病的情形亦复如此。因此，随着时间和地点的不同，处方用药须不断化裁与发展。孙思邈对待张仲景方，就采取了这种态度。例如，小建中汤在《金匮要略方论》中用于治疗"虚劳里急"⑥等症。而孙思邈经过适当化裁之后则用于治疗妇女"产后虚羸不足，腹中疗痛不止，吸吸少气，或苦小腹拘急，痛引腰背，不能饮食"等症，其组方是在原方的基础上去"胶饴"而用当归，且生姜倍量（原方三两），故名"内补当归建中汤"⑦。另外，原方去"胶饴"而加芎䓖和干地

① （唐）孙思邈撰，（宋）林亿等校正：《备急千金要方》卷 1《序例·大医精诚》，蔡铁如主编：《中华医书集成》第 8 册《方书类一》，第 2 页。

② 陈远等主编：《世界百科名著大辞典——自然和技术科学》，济南：山东教育出版社，1992 年，第 828 页。

③ （唐）孙思邈撰，（宋）林亿等校正：《备急千金要方》卷 1《序例·大医精诚》，蔡铁如主编：《中华医书集成》第 8 册《方书类一》，第 1 页。

④ 冯世纶、张长恩主编：《中国汤液经方》，北京：人民军医出版社，2006 年，第 14—20 页。

⑤ （唐）孙思邈撰，（宋）林亿等校正：《备急千金要方》卷 1《序例·大医习业》，蔡铁如主编：《中华医书集成》第 8 册《方书类一》，第 1 页。

⑥ （汉）张仲景：《金匮要略方论》卷上《血痹虚劳病脉证并治》，陈振相、宋贵美：《中医十大经典全录》，第 394 页。

⑦ （唐）孙思邈撰，（宋）林亿等校正：《备急千金要方》卷 3《妇人方中·心腹痛》，蔡铁如主编：《中华医书集成》第 8 册《方书类一》，第 47 页。

黄，即为"内补芎蒡汤"，用于治疗"妇人产后虚羸，及崩伤过多，虚竭，腹中绞痛"①等症。若在原方中去"胶饴"而加当归、续断、麦门冬、吴茱萸及白芷诸味药，则成"大补中当归汤"，用于治疗妇人"产后虚损不足，腹中拘急，或溺血，少腹苦痛，或从高堕下犯内"②等症。又如张仲景的"当归生姜羊肉汤"，用于治疗"寒疝腹中痛，逆冷"③等病症。孙思邈经化裁后，衍变出治疗妇人产后诸病的"羊肉汤""羊肉当归汤""羊肉杜仲汤"④等。可见，孙思邈用药确有通神达变之妙。

孙思邈又说："汉有仓公、仲景，魏有华佗"，他们"用药不过二三"⑤。也就是处方不仅符合科学，而且还要"务在简易"⑥。诚然，因病情需要，孙思邈的处方不乏繁杂的大方，但是那些效果明显的简易方和单方更为其推崇。如当"胸有寒"时，服"瓜蒂散"，"不吐者，少少加，得快吐乃止"⑦。治"卧即盗汗，风虚头痛"，服"牡蛎散"。孙思邈称："止汗之验，无出于此方，一切泄汗服之，三日皆愈，神验。"⑧治"心气不定，吐血衄血"，服"泻心汤"（大黄二两，黄连、黄芩各一两）⑨。其他如"生姜汤""茯苓汤""头风散方""防风散""鬓发堕落，令生长方"等，都是"用药不过二三"的验方。至于单方则有"蒸好大豆一斗，令变色，纳囊中枕之"和"治头项强，不得顾视"⑩；"常煮麻子取汁饮"及"捣葵根汁生服"等，治"大便难"⑪；"研大麻取汁五升，分五服"，治寸白虫，亦治小儿蛔虫⑫等。

与《伤寒论》相比较，《备急千金要方》有两个显著变化：一是变《伤寒论》的一病一方为《备急千金要方》的一病多方；二是大量"复方"的出现。例如，"治胞衣不出

① （唐）孙思邈撰，（宋）林亿等校正：《备急千金要方》卷3《妇人方中·心腹痛》，蔡铁如主编：《中华医书集成》第8册《方书类一》，第47页。

② （唐）孙思邈撰，（宋）林亿等校正：《备急千金要方》卷3《妇人方中·心腹痛》，蔡铁如主编：《中华医书集成》第8册《方书类一》，第47页。

③ （汉）张仲景：《金匮要略方论》卷上《腹满寒疝宿食病脉证治》，陈振相、宋贵美：《中医十大经典全录》，第403页。

④ （唐）孙思邈撰，（宋）林亿等校正：《备急千金要方》卷3《妇人方中·心腹痛》，蔡铁如主编：《中华医书集成》第8册《方书类一》，第46—47页。

⑤ （唐）孙思邈撰，（宋）林亿等校正：《备急千金要方·自序》，蔡铁如主编：《中华医书集成》第8册《方书类一》，第7页。

⑥ （唐）孙思邈撰，（宋）林亿等校正：《备急千金要方·自序》，蔡铁如主编：《中华医书集成》第8册《方书类一》，第8页。

⑦ （唐）孙思邈撰，（宋）林亿等校正：《备急千金要方》卷9《伤寒上·宜吐》，蔡铁如主编：《中华医书集成》第8册《方书类一》，第195页。

⑧ （唐）孙思邈撰，（宋）林亿等校正：《备急千金要方》卷10《伤寒下·伤寒杂治》，蔡铁如主编：《中华医书集成》第8册《方书类一》，第203页。

⑨ （唐）孙思邈撰，（宋）林亿等校正：《备急千金要方》卷13《心脏·心虚实》，蔡铁如主编：《中华医书集成》第8册《方书类一》，第255页。

⑩ （唐）孙思邈撰，（宋）林亿等校正：《备急千金要方》卷13《心脏·头面风》，蔡铁如主编：《中华医书集成》第8册《方书类一》，第266页。

⑪ （唐）孙思邈撰，（宋）林亿等校正：《备急千金要方》卷15上《脾脏上·肉虚实》，蔡铁如主编：《中华医书集成》第8册《方书类一》，第296—297页。

⑫ （唐）孙思邈撰，（宋）林亿等校正：《备急千金要方》卷18《大肠腑·九虫》，蔡铁如主编：《中华医书集成》第8册《方书类一》，第364页。

方"，孙思邈共收集了 8 首民间验方①；"治温，令不相染方"，共开列了 9 首验方②；"治诸漏方"计有 11 首验方③；"治大便难方"则载有 15 首验方④等。一病多方的出现，一方面反映了孙思邈广集民间验方，欲使治病方法多样化，从而方便患者的临床医学新思维；另一方面，通过各地民间验方的收集，有利于方药在更大的空间区域内交流和传播。而"复方"的出现无疑是我国古代医学史上的巨大革新和创造，是孙思邈对祖国医学的重要建树。如"白垩丸"是一首"治女人三十六疾，胞中病，漏下不绝方"⑤，共有 23 味药物（即邯郸白垩、禹余粮、白芷、白石脂、干姜、龙骨、桂心、瞿麦、大黄、石韦、白蔹、细辛、芍药、甘草、黄连、附子、当归、茯苓、钟乳、蜀椒、黄芩、牡蛎及乌贼骨）组成，它实际上是由"大建中汤方""芍药甘草附子汤方""白石脂丸"等处方化裁整合而成，因此，该方的治疗范围更广、功效更加显著。又如孙思邈用"续命汤方"与"紫石汤"复方，治疗"烦闷无知，口沫出，四体角弓，目反上，口噤不得言"⑥的风痫病，收到较好效果。所以有人评价孙思邈"复方"治病法说："大多症情错杂，非一法一方所能应对，当须详细辨证，合法合方，方能奏效。"⑦而"复方"的突出特点在于，它将各种性能不同的药物即"上下、表里、寒热、补泻、通涩等药并用"⑧，使呈现复杂乱象的疑难杂症被各个击破，从而迅速恢复体内脏腑的功能平衡。有时候，鉴于病症的复杂性和多变性，孙思邈往往采用由几十味药物组成的大处方来临床施治，不免有庞杂费解之嫌。

（3）对于"诊脉之诀"的贡献。四诊（望问闻切）合参是中医学的特色，其中"切脉"最难把握，故王叔和才有"脉理精微，其体难辨"⑨之说。尽管在实际生活中，人们有将切脉神化的倾向，但是脉诊确实是中医临床辨证论治的客观依据之一，历来为医家所重。如先秦时期的扁鹊，就"特以诊脉为名耳"⑩。长沙马王堆 3 号汉墓出土有《脉法》及《阴阳脉症候》等医学帛书，晋代王叔和总结了先秦以来脉法的辨证经验，撰有《脉经》一书。因此，孙思邈把熟谙"十二经脉、三部九候"作为"大医"的必备条件之一。他说："夫脉者，医之大业也。既不深究其道，何以为医者哉！"⑪

---

① （唐）孙思邈撰，（宋）林亿等校正：《备急千金要方》卷 2《妇人方上·胞衣不出》，蔡铁如主编：《中华医书集成》第 8 册《方书类一》，第 35 页。

② （唐）孙思邈撰，（宋）林亿等校正：《备急千金要方》卷 9《伤寒上·辟温》，蔡铁如主编：《中华医书集成》第 8 册《方书类一》，第 187 页。

③ （唐）孙思邈撰，（宋）林亿等校正：《备急千金要方》卷 23《痔漏·九漏》，蔡铁如主编：《中华医书集成》第 8 册《方书类一》，第 451 页。

④ （唐）孙思邈撰，（宋）林亿等校正：《备急千金要方》卷 15 上《脾脏上·肉虚实》，蔡铁如主编：《中华医书集成》第 8 册《方书类一》，第 296—297 页。

⑤ （唐）孙思邈撰，（宋）林亿等校正：《备急千金要方》卷 4《妇人方下·月水不通》，蔡铁如主编：《中华医书集成》第 8 册《方书类一》，第 73 页。

⑥ （唐）孙思邈撰，（宋）林亿等校正：《备急千金要方》卷 14《小肠腑·风眩》，蔡铁如主编：《中华医书集成》第 8 册《方书类一》，第 273 页。

⑦ 卢祥之主编：《名中医经验撷菁》，北京：人民军医出版社，2008 年，第 333 页。

⑧ 卢祥之主编：《名中医经验撷菁》，第 333 页。

⑨ （晋）王叔和：《脉经序》，陈振相、宋贵美：《中医十大经典全录》，第 519 页。

⑩ 《史记》卷 105《扁鹊仓公列传》，第 2785 页。

⑪ （唐）孙思邈撰，（宋）林亿等校正：《备急千金要方》卷 28《平脉·平脉大法》，蔡铁如主编：《中华医书集成》第 8 册《方书类一》，第 538 页。

《备急千金要方》卷28《平脉》是专门讲述脉诊原理（二十四脉）的，它由"平脉大法""诊五脏脉轻重法""指下形状""五脏脉所属""分别病形状""三关主对法""五脏积聚""阴阳表里虚实""诊四时相反脉""诊脉动止投数疏数死期年月""扁鹊诊诸反逆死脉要诀""诊百病死生要诀""诊三部脉虚实决死生"等内容构成，既有平脉又有病脉。在孙思邈看来，"良医之道，必先诊脉处方，次即针灸，内外相扶，病必当愈"①。因为脉搏是循环机能的综合表现，所以通过脉诊（如"三部九候"）无疑能对患者的整体状况进行直观的感性把握，或者说通过观察全身各处的脉搏形状，能够得到更全面的诊断体征，这就是历来中医临床治病为什么重视脉诊的原因。孙思邈沿袭了《脉经》寸口三部九候脉诊法，并为脉法的规范与成熟奠定了理论基础。从历史上看，脉诊从遍诊法到三部脉诊法，再到寸口诊法，有一个从分散到逐渐集中的发展演变过程，而孙思邈正处于脉诊由分散向集中转变的枢纽时期。张仲景讲三部脉诊是指通过诊太阳、手的寸口及足的跗阳三个部位的脉象变化，以期探测病情轻重缓急的一种诊断方法。但就临床实践的具体情形看，张仲景更倾向于用寸、关、尺三部诊脉法，所以王叔和与孙思邈重点发展和进一步完善了寸、关、尺三部诊脉法。如孙思邈引王叔和的话说：

> 从鱼际至高骨却行一寸，其中名曰寸口。从寸口至尺名曰尺泽，故曰尺寸。寸后尺前名曰关，阳出阴入，以关为界，如天地人为三界。寸主射上焦，头及皮毛，竟手上部；关主射中焦，腹及腰中部；尺主射下焦，小腹至足下部。此为三部法，象三才天地人，头腹足为三元也。夫十二经皆有动脉，独取寸口，以决五脏六腑死生吉凶之候者，何谓也？然寸口者，脉之大会，手太阴之动脉也。人一呼脉行三寸，一吸脉行三寸，呼吸定息，脉行六寸。人一日一夜凡一万三千五百息，脉行五十度，周于其身。漏水下百刻，荣卫行阳二十五度，行阴亦二十五度为一周。故五十度而复会于手太阴。太阴者，寸口也，即五脏六腑之所终始。故法取于寸口，人有三百六十脉，法三百六十日也。②

此段论述虽然仍然没有摆脱汉代董仲舒"人副天数"的思想羁绊，但是从总体上看，它对健康人体三部脉的位置及生理特点讲得比较清晰和具体。

在临床上，与平脉相对，根据脉位、脉率、脉力、脉形、脉流的流利度及节律等异常变化，人们把那些能够反映疾病的诸种脉象，称之为病脉。孙思邈提出两种判断病脉的方法：一种是"六纲脉"，即"诸浮诸弦，诸沉诸紧，诸涩诸滑，若在寸口，膈以上病；若在关上，胃以下病；若在尺中，肾以下病"③；另一种是"三关主对法"，即寸关尺分部脉象主病，是一种"重在实用的定位测脉别证之法"④。具体言之，则"平寸口脉主对法：手寸口脉滑而迟，不沉不浮，不长不短，为无病，左右同法。寸口太过与不及，寸口之脉

① （唐）孙思邈原著，钱超尘主编，《千金翼方诠注》译注组译注：《千金翼方诠译》，第1556页。
② （唐）孙思邈撰，（宋）林亿等校正：《备急千金要方》卷28《平脉·平脉大法》，蔡铁如主编：《中华医书集成》第8册《方书类一》，第539页。
③ （唐）孙思邈撰，（宋）林亿等校正：《备急千金要方》卷28《平脉·三关主对法》，蔡铁如主编：《中华医书集成》第8册《方书类一》，第545页。
④ 雷自申等主编：《孙思邈〈千金方〉研究》，西安：陕西科学技术出版社，1995年，第177页。

中手短者，曰头痛，中手长者曰足胫痛，中手促上击者，曰肩背痛。寸口脉沉而坚者，曰病在中。寸口脉浮而盛者，曰病在外。寸口脉沉而弱者，曰寒热及疝瘕，少腹痛。……寸口脉实，即生热，在脾肺，呕逆气塞；虚则生寒，在脾胃，食不消化。热即宜服竹叶汤、葛根汤；寒即茱萸丸、生姜汤。寸口脉细，发热呕吐，宜服黄芩龙胆汤；吐不止，宜服橘皮桔梗汤，灸中府。""平关脉主对法：关上脉浮而大，风在胃中，张口肩息，心下澹澹，食欲呕。关上脉微浮，积热在胃中，呕吐蛔虫，心健忘。关上脉滑而大小不均，必吐逆，是为病方欲来，不出一二日，复欲发动，其人欲多饮，饮即注利。如利，止者生，不止者死。……""平尺脉主对法：尺脉浮者，客阳在下焦。尺脉弱者，下焦冷，无阳气，上热冲头面。尺脉弱寸强，胃络脉伤。尺脉偏滑疾，面赤如醉，外热则病。尺脉细微，溏泄下冷利。……"①他的观点如此翔实明晰，言简意赅，为我国脉诊的进一步标准化和规范化奠定了坚实基础。

与王叔和略有不同，孙思邈非常重视脉法对针灸的指导作用，他说："每针常须看脉，脉好乃下针，脉恶勿乱下针也。"②如众所知，针刺疗法相较于中医其他疗法，危险性较高，如何预防意外事故的发生，则成为汉晋以来医家十分关注的课题。如《黄帝内经》初步提出了季节、月、日等时间的针刺禁忌原则，后来《针灸甲乙经》进一步提出了禁针的穴位，例如，"神庭禁不可刺……脐中禁不可刺，五里禁不可刺，伏兔禁不可刺，三阳络禁不可刺"等③。尽管如此，鉴于针刺事故频发，人们的生命健康屡屡遭受来自因医者针刺不慎而带来的严重危害，故唐朝不得不用律法形式来强化针刺疗法的安全意识。如《唐律疏义》规定："诸医为人合药及题疏针刺，误不如本方，杀人者，徒二年半。……其故不如本方，杀伤人者，以故杀伤论。"④正是在这样的社会背景下，孙思邈从医疗实践的层面，提出了许多切实可行的方法来预防针刺事故的发生，如对某些疾病禁止用针刺治疗及注意对针刺意外的积极预防与处理，而将脉法与针灸结合起来恰当运用刺法，即是上述预防针刺事故思想的一个具体体现。

（4）针灸之穴与孙思邈的"针灸会用，针药兼用"及"保健灸法"思想。《备急千金要方》卷29《针灸上》有两篇内容，分别是《明堂三人图》与《仰人明堂图》。对此，孙思邈说：

> 夫病源所起，本于脏腑，脏腑之脉，并出手足，循环腹背，无所不至，往来出没，难以测量。将欲指取其穴，非图莫可备预之要，非灸不精。故《经》曰：汤药攻其内，针灸攻其外，则病无所逃矣。方知针灸之功，过半于汤药矣。……以述《针灸经》一篇，用补私阙。庶依图知穴，按经识分，则孔穴亲疏，居然可见矣。旧明堂图年代久远，传写错误，不足指南，今一依甄权等新撰为定云耳。若依明堂正经，人是

---

① （唐）孙思邈撰，（宋）林亿等校正：《备急千金要方》卷28《平脉·三关主对法》，蔡铁如主编：《中华医书集成》第8册《方书类一》，第545—548页。

② （唐）孙思邈撰，（宋）林亿等校正：《备急千金要方》卷29《针灸上·用针略例》，蔡铁如主编：《中华医书集成》第8册《方书类一》，第576页。

③ （晋）皇甫谧：《黄帝针灸甲乙经》卷5《针灸禁忌》，陈振相、宋贵美：《中医十大经典全录》，第739页。

④ （唐）长孙无忌等：《唐律疏义》卷26《杂律·医合药不如方》，《景印文渊阁四库全书》第672册，第319页。

七尺六寸四分之身，今半之为图，人身长三尺八寸二分，其孔穴相去亦皆半之，以五分为寸，其尺用夏家古尺，司马六尺为步，即江淮吴越所用八寸小尺是也。其十二经脉，五色作之，奇经八脉以绿色为之，三人孔穴共六百五十穴，图之于后，亦睹之便令了耳。……①

除了上述经穴之外，孙思邈在《备急千金要方》中还充实了大量经外奇穴，有人统计约有 190 多个。②其中有的既有名称又有具体位置，如燕口、当阳、寅门、上腭、侠人中、唇里等；有的仅有定位却无名称，如干呕，"灸乳下一寸三十壮"③；短气不得语，"灸手十指头，合十壮"④；"腰痛，灸脚跟上横文中白肉际十壮，良"⑤等。不管怎样，这些经外奇穴大多是对某些疾病有效的刺激点，如孙思邈"针灸黄疸法"的选穴，头部全部取用经外奇穴。孙思邈发现人体在发生脏腑病变的情况下，往往会在人体的特定部位出现压痛点。这些压痛点有时出现在经穴上，有时则出现在经穴之外的奇穴上。为了便于学习掌握，如何命名就成了问题。于是，孙思邈在《黄帝内经》"以痛为腧"思想原则的指导下，第一个创立了"阿是穴"的概念。他说："有阿是之法，言人有病痛，即令捏其上，若里当其处，不问孔穴，即得便快成痛处，即云阿是。灸刺皆验，故曰阿是穴也。"⑥可见，阿是穴与病痛存在一定的对应关系，因而有学者称孙思邈的阿是穴法是一种经络切诊法。

至于如何在人体体表正确取穴，孙思邈提出了手指比量取穴法。他说："人有老少，体有长短，肤有肥瘦，皆须精思商量，准而折之，无得一概，致有差失。其尺寸之法，依古者八寸为尺，仍取病者男左女右手中指上第一节为一寸。亦有长短不定者，即取手大拇指第一节横度为一寸。以意消息，巧拙在人。其言一夫者，以四指为一夫。"⑦在此，孙思邈提出了多种"指寸法"，它们已经成为古今医家针灸取穴的基本方法。当然，随着现代科学的发展，骨度分寸定位法已经成为取穴的金标准，人们发现绝大多数人手指同身寸与骨度规定的分寸有差异，所以指寸法应在骨度分寸的矫正下使用。但是，有学者根据这个结果，主张废止指寸法，无论从历史的角度还是从现实的需要，此论都失之偏颇。

在针灸与中药的关系方面，一方面，孙思邈认为针与灸均有各自的应用范围，他说："其有须针者，即针刺以补泻之，不宜针者，直尔灸之。然灸之大法，但其孔穴与针无忌，即下白针若温针讫，乃灸之，此为良医。其脚气一病，最宜针之，若针而不灸，灸而

---

① （唐）孙思邈撰，（宋）林亿等校正：《备急千金要方》卷 29《针灸上·明堂三人图》，蔡铁如主编：《中华医书集成》第 8 册《方书类一》，第 559 页。

② 陈克正主编：《古今针灸治验精华》，北京：中国中医药出版社，1993 年，第 54 页。

③ （唐）孙思邈撰，（宋）林亿等校正：《备急千金要方》卷 16《胃腑·呕吐哕逆》，蔡铁如主编：《中华医书集成》第 8 册《方书类一》，第 317 页。

④ （唐）孙思邈撰，（宋）林亿等校正：《备急千金要方》卷 17《肺脏·积气》，蔡铁如主编：《中华医书集成》第 8 册《方书类一》，第 339 页。

⑤ （唐）孙思邈撰，（宋）林亿等校正：《备急千金要方》卷 19《肾脏·腰痛》，蔡铁如主编：《中华医书集成》第 8 册《方书类一》，第 378 页。

⑥ （唐）孙思邈撰，（宋）林亿等校正：《备急千金要方》卷 29《针灸上·灸例》，蔡铁如主编：《中华医书集成》第 8 册《方书类一》，第 577—578 页。

⑦ （唐）孙思邈撰，（宋）林亿等校正：《备急千金要方》卷 29《针灸上·灸例》，蔡铁如主编：《中华医书集成》第 8 册《方书类一》，第 576 页。

不针，皆非良医也。"①也就是说，针与灸都是中医外治的重要方法，如果结合运用，就会收到事半功倍的治疗效果。然而，在现代临床的外治方法中，灸法渐废，"只剩下了针，而没有了灸，从而使针灸降低了疗效"②，因此，加强灸法的应用、研究、发掘和整理，迫在眉睫。另一方面，在孙思邈看来，不仅在临床上针与灸相结合，不能顾此失彼，而且更要针灸与中药相结合，在治疗疾病的过程中，因势利导，相互资助，相得益彰。孙思邈说："针灸而药，药不针灸，尤非良医也"，故"知针知药，固是良医"③。如有学者所言，针灸和方药在治病的方式和方法各有特点，两者有各自的适应病症，然而，在中医整体观的范畴内，针灸和方药又有其共性，这是它们可以被纳入一个治疗体系的基础。如用针灸与方药结合法治疗癫狂病，又"治大风经脏，奄忽不能言，四肢垂曳，皮肉痛痒不自知"，孙思邈主张除服用大续命汤外，"更候视病虚实平论之，行汤行针，依穴灸之"④。如果说张仲景开辟了针灸与方药治病的典范，那么，孙思邈则把针灸和方药结合治病推向了一个新的理论高度。

孙思邈还把《黄帝内经》的预防医学观念应用于针灸实践，因而提出了"膏肓灸无所不治"的预防保健针灸思想。"膏肓"是指心脏下部及隔膜上部之间的区域，该区域为针药不至之处，故《左传·成公十年》有"病入膏肓"之论。然而，事物都有两面性，若逆向思维考察，既然"病入膏肓"为不治之患，反过来，利用"膏肓"这个部位能否在人体内构建起一道既病防变和未病先防的健康防线呢？孙思邈做了肯定的回答。《黄帝内经灵枢经·逆顺》篇云："上工，刺其未生者也。"⑤可惜《黄帝内经灵枢经》没有指出具体针刺哪些穴位可以起到治未病的作用。后来张仲景、范汪、葛洪、巢元方等虽然都有用针灸来处理既病防变的论述和临床病例，但缺乏系统性和可操作性。孙思邈则紧紧抓住"膏肓"在人体生理活动过程中的特殊地位，经过临床实践，发现"此灸讫"，能"令人阳气康盛，当消息以自补养"⑥。另外，孙思邈更叙述说："凡人吴蜀地游官，体上常须三两处灸之，勿令疮暂差，则瘴疬、温疟、毒气不能著人也。故吴蜀多行灸法。"⑦甚至明人已有"若要安，膏肓、三里不要干"之说。我们知道，明代汪机反对"灸未生"的传统观念。在他看来，"无病而灸，如破船添钉"，且"夫一穴受灸，则一处肌肉为之坚硬，果如船之有钉，血气到此则涩滞不能行矣"，所以"无病而灸，何益于事"⑧。显然，汪氏的比喻并不准确，其思想认识亦很极端，不足为论。

---

① （唐）孙思邈撰，（宋）林亿等校正：《备急千金要方》卷 30《针灸下·孔穴主对法》，蔡铁如主编：《中华医书集成》第 8 册《方书类一》，第 581 页。

② 王树春、王小新、王延龄：《灸针疗法治疗杂证 4 则》，《辽宁中医药大学学报》2007 年第 3 期，第 168 页。

③ （唐）孙思邈撰，（宋）林亿等校正：《备急千金要方》卷 30《针灸下·孔穴主对法》，蔡铁如主编：《中华医书集成》第 8 册《方书类一》，第 581 页。

④ （唐）孙思邈撰，（宋）林亿等校正：《备急千金要方》卷 8《诸风》，蔡铁如主编：《中华医书集成》第 8 册《方书类一》，第 165 页。

⑤ 《黄帝内经灵枢经》卷 8《逆顺》，陈振相、宋贵美：《中医十大经典全录》，第 236 页。

⑥ （唐）孙思邈撰，（宋）林亿等校正：《备急千金要方》卷 30《针灸下·杂病》，蔡铁如主编：《中华医书集成》第 8 册《方书类一》，第 609 页。

⑦ （唐）孙思邈撰，（宋）林亿等校正：《备急千金要方》卷 29《针灸上·灸例》，蔡铁如主编：《中华医书集成》第 8 册《方书类一》，第 577 页。

⑧ （明）汪机：《针灸问对》卷下《或曰人言无病而灸以防生病何如》，《景印文渊阁四库全书》第 765 册，第 97 页。

（5）"禁咒之法"批判。道教医学与巫术是一对孪生姐妹，你中有我，我中有你。可见，科学发展是一个曲折过程。《后汉书·徐登传》载："徐登者，闽中人也。……善为巫术。又赵炳……能为越方。时遭兵乱，疾疫大起，二人遇于乌伤溪水之上，遂结言约，共以其术疗病……登乃禁溪水，水为不流，炳复次禁枯树，树即生荑"，故他们"但行禁架，所疗皆除"[①]。唐人李贤注："禁架即禁术也。"又"越方，善禁咒也。"[②]晋代葛洪在《抱朴子·至理》篇中亦说："吴越有禁咒之法，甚有明验，多炁耳。"[③]据此，有学者认为，所谓禁咒就是指用炁去改变客观事物的某些状态。[④]于是，关于禁咒与气功的关系，自然就成为学界研究的一个重要课题。比如，席泽宗认为："魏晋时代接受了天道自然的结论，但没有完全否认气类相感……这里说的'感'，就是以气为中介的物与物的相互感应。魏晋时代和王充一样，所否认的，只是远距离发生的天人感应。比如天人之间。在近距离上，气为中介，仍可使物与物发生感应。"[⑤]或云："道士的气禁术和禁咒术实际上就是气功，其咒语的'灵验'实质上是气功之内外气在发挥作用。离开气功之内外气，其咒语就只不过是一种语言游戏罢了。"[⑥]然而，从理论的层面讲，对于气功治病的内在机理还有待深入研究和剖析。自先秦以来，禁咒之法一直是道教医学的重要内容，因而《北史·由吾道荣传》才有道家之"符水禁咒"[⑦]之称。孙思邈倾心禁咒法，在《备急千金要方·伤寒方下》有"温疟"一节，载有二符"治疟符"。通观分析，孙思邈的"治疟符"实则是一种心理疏导法，它使受到温疟威胁的社会群体尽可能减少精神恐慌，借此来提高人体免疫力，从而抑制温疟的扩散。这样，合理的心理疗法被披上了神秘外衣，甚至被推向荒诞的境地。如"客忤"是"小儿神气嫩弱，忽有非常之物，或未经识见之人，偶然触而见之，其客气与儿神气相忤以生病"，症见"吐下青黄白色，水谷解离，腹痛夭矫，面颜变易，五色不常，状似惊痫"[⑧]。现代医学认为小儿客忤是一种常见病，轻者不药可愈，重者虽治难愈，治宜安神定志。而孙思邈用"咒客忤法"治疗，其法："取一刀横著灶上，解儿衣，发其心腹讫，取刀持向儿咒之唾，辄以刀拟向心腹，唾唾曰煌煌日，出东方，背阴向阳。葛公葛公，不知何公，子来不视，去不顾，过与生人忤。梁上尘，天之神；户下土，鬼所经。大刀镮犀对灶君，二七唾客愈。儿惊，唾唾唾如此。二七唾唾，每唾以刀拟之，咒当三遍乃毕，用豉丸如上法，五六遍讫，取此丸破视，其中有毛，弃丸道中，客忤即愈矣。"[⑨]这种巫术用于治疗客忤，荒唐可笑，于病无补。对此，我们必须进行揭露和批判。从这个角度说，"信巫不信医"[⑩]，病不治也。此处所讲的"医"是指用科学

---

① 《后汉书》卷 82 下《徐登传》，北京：中华书局，1965 年，第 2742 页。
② 《后汉书》卷 82 下《徐登传》，第 2742 页。
③ （晋）葛洪：《抱朴子》卷 1《至理》，《百子全书》第 5 册，长沙：岳麓书社，1993 年，第 4701 页。
④ 陈永正主编：《中国方术大辞典》，广州：中山大学出版社，1991 年，第 453 页。
⑤ 席泽宗主编：《中国科学技术史·科学思想卷》，北京：科学出版社，2001 年，第 276—277 页。
⑥ 姚周辉：《神秘的符箓咒语——民间自疗法及避凶趋吉法研究》，南宁：广西人民出版社，1994 年，第 92 页。
⑦ 《北史》卷 89《由吾道荣传》，北京：中华书局，1974 年，第 2930 页。
⑧ （宋）佚名编著，黄甡、王晓田点校：《保幼大全》，上海：第二军医大学出版社，2006 年，第 478 页。
⑨ （唐）孙思邈撰，（宋）林亿等校正：《备急千金要方》卷 5《少小婴孺·客忤》，蔡铁如主编：《中华医书集成》第 8 册《方书类一》，第 88—89 页。
⑩ 《史记》卷 105《扁鹊仓公列传》，第 2794 页。

方法治疗疾病的医者。

（6）"导引养生之要"。"防重于治"是孙思邈医学思想的基本内容，它主要由下面七个部分构成：一是"养性"，培养良好的道德素质，是养性的首要条件，孙思邈说："夫养性者，欲所习以成性，性自为善，不习无不利也。性既自善，内外百病皆悉不生，祸乱灾害亦无由作，此养性之大经也。"①二是"撙节"，即饮食起居应与天地自然的运动规律相一致，适度有节，依时摄养，而不是纵情妄行，所以孙思邈说："人之寿夭在于撙节，若消息得所，则长生不死；恣其情欲，则命同朝露也。"②"是以圣人为无为之事，乐恬淡之味，能纵欲快志，得虚无之守。"③具体而言，养性的主要方法有："善摄生者，常少思、少念、少欲、少事、少语、少笑、少愁、少乐、少喜、少怒、少好、少恶。行此十二少者，养性之都契也"④；"须知一日之忌，暮无饱食；一月之忌，晦无大醉；一岁之忌，暮无远行；终身之忌，暮无然烛行房"⑤；"凡居家，常戒约内外长幼，有不快即须早道，勿使隐忍以为无苦。过时不知，便为重病，遂成不救"⑥。三是"按摩"，此处"按摩"讲的是"天竺国按摩"，共有18势，对每一势都有详细介绍，如"两手浅相叉，翻覆向胸……两手据地，缩身曲脊，向上三举"⑦等，这些方法简便易行，且经过长期的生活实践证明，确实有增益健康、延年益寿之功效，故孙思邈总结说："上十八势，但是老人日别能依此三遍者，一月后百病除，行及奔马，补益延年，能食、眼明、轻健、不复疲乏。"⑧四是"调气"，这实际上是一套练功方法，共12种，其目的是想达到这样一种境界："人身虚无，但有游气，气息得理，即百病不生。"⑨当然实现的途径比较烦琐，如无论哪一种调气法，"皆须左右导引三百六十遍，然后乃为之"⑩。五是"服食法"，其原则是："夫人从少至长，体习五谷，卒不可一朝顿遗之。凡服药物为益迟微，则无充饥之验，然积年不

————————

①（唐）孙思邈撰，（宋）林亿等校正：《备急千金要方》卷27《养性·养性序》，蔡铁如主编：《中华医书集成》第8册《方书类一》，第521页。

②（唐）孙思邈撰，（宋）林亿等校正：《备急千金要方》卷27《养性·养性序》，蔡铁如主编：《中华医书集成》第8册《方书类一》，第522页。

③（唐）孙思邈撰，（宋）林亿等校正：《备急千金要方》卷27《养性·养性序》，蔡铁如主编：《中华医书集成》第8册《方书类一》，第522页。

④（唐）孙思邈撰，（宋）林亿等校正：《备急千金要方》卷27《养性·道林养性》，蔡铁如主编：《中华医书集成》第8册《方书类一》，第524页。

⑤（唐）孙思邈撰，（宋）林亿等校正：《备急千金要方》卷27《养性·道林养性》，蔡铁如主编：《中华医书集成》第8册《方书类一》，第526页。

⑥（唐）孙思邈撰，（宋）林亿等校正：《备急千金要方》卷27《养性·居处法》，蔡铁如主编：《中华医书集成》第8册《方书类一》，第527页。

⑦（唐）孙思邈撰，（宋）林亿等校正：《备急千金要方》卷27《养性·按摩法》，蔡铁如主编：《中华医书集成》第8册《方书类一》，第527页。

⑧（唐）孙思邈撰，（宋）林亿等校正：《备急千金要方》卷27《养性·按摩法》，蔡铁如主编：《中华医书集成》第8册《方书类一》，第527页。

⑨（唐）孙思邈撰，（宋）林亿等校正：《备急千金要方》卷27《养性·调气法》，蔡铁如主编：《中华医书集成》第8册《方书类一》，第529页。

⑩（唐）孙思邈撰，（宋）林亿等校正：《备急千金要方》卷27《养性·调气法》，蔡铁如主编：《中华医书集成》第8册《方书类一》，第530页。

已，方能骨髓填实，五谷俱然而自断。"①具体服食步骤为："必先去三虫。三虫既去，次服草药，好得药力；次服木药，好得力讫；次服石药。"②虽然孙思邈为服食者开列了诸多服食处方，如"服麦门冬方""服地黄方""黄精膏""服乌麻""服松脂方""钟乳散"等，但在临床上，上述处方长期服用是否都安全，需要进一步观察。因为像"松脂"一类的药物含铅量较高，常用剂量为 0.3—1.5 克，大量内服吸收后可致肾脏受损，并对神经系统产生共济失调、惊厥、休克等刺激症状③。六是"药藏"，即家中须贮备一定量的药物，以备万一。孙思邈说："且人疴療多起仓卒，不与人期，一朝婴已，岂遑知救，想诸好事者，可贮药藏用，以备不虞。"他又说："至如人或有公私使命，行迈边隅，地既不毛，药物焉出，忽逢瘴疠，素不资贮，无以救疗，遂拱手待毙，以致夭殁者，斯为自致，岂是枉横。何者，既不能深心以自卫，一朝至此，何叹惜之晚哉！故置药藏法，以防危殆云尔。"④接着，孙思邈还讲了一些常用的储药方法，如用瓦器贮"诸杏仁及子等药"，用瓷器"密蜡封之"贮丸散⑤等。七是治未病，如前所述，用针灸刺激人体的某些穴位来调节阴阳平衡，以期达到预防疾病和养生保健的目的。孙思邈主张："善养性者，则治未病之病，是其义也。"⑥因此，在孙思邈看来，动静有常，劳逸结合，是防病于未然的有效手段，他说："虽常服饵而不知养性之术，亦难以长生也。养性之道，常欲小劳，但莫大疲及强所不能堪耳。且流水不腐，户枢不蠹，以其运动故也。"⑦

2.《千金要方》的思想特色

（1）把儒家的贵人思想引入医疗实践的过程之中，提出了"大医精诚"的医者境界。

孙思邈引皇甫隆令的话说："天地之性，惟人为贵；人之所贵，莫贵于生。"⑧对于一个生命个体而言，首先要做到"自爱"。孙思邈认为："若夫人之所以多病，当由不能养性。平康之日，谓言常然，纵情恣欲，心所欲得，则便为之，不拘禁忌，欺罔幽明，无所不作。自言适性，不知过后一一皆为病本。及两手摸空，白汗流出，口唱皇天，无所逮及。皆以生平粗心，不能自察，一至于此。但能少时内省身心，则自知见行之中皆长诸疴，将知四百四病，身手自造，本非由天。及一朝病发，和缓不救。方更诽谤医药无效，

① （唐）孙思邈撰，（宋）林亿等校正：《备急千金要方》卷 27《养性·服食法》，蔡铁如主编：《中华医书集成》第 8 册《方书类一》，第 531 页。

② （唐）孙思邈撰，（宋）林亿等校正：《备急千金要方》卷 27《养性·服食法》，蔡铁如主编：《中华医书集成》第 8 册《方书类一》，第 531 页。

③ 刘新民主编：《中华医学百科大辞海·内科学》第 3 卷，北京：军事医学科学出版社，2008 年，第 920 页。

④ （唐）孙思邈撰，（宋）林亿等校正：《备急千金要方》卷 1《序例·药藏》，蔡铁如主编：《中华医书集成》第 8 册《方书类一》，第 15 页。

⑤ （唐）孙思邈撰，（宋）林亿等校正：《备急千金要方》卷 1《序例·药藏》，蔡铁如主编：《中华医书集成》第 8 册《方书类一》，第 15 页。

⑥ （唐）孙思邈撰，（宋）林亿等校正：《备急千金要方》卷 27《养性·养性序》，蔡铁如主编：《中华医书集成》第 8 册《方书类一》，第 521 页。

⑦ （唐）孙思邈撰，（宋）林亿等校正：《备急千金要方》卷 27《养性·道林养性》，蔡铁如主编：《中华医书集成》第 8 册《方书类一》，第 524 页。

⑧ （唐）孙思邈撰，（宋）林亿等校正：《备急千金要方》卷 27《养性·养性序》，蔡铁如主编：《中华医书集成》第 8 册《方书类一》，第 523 页。

神仙无灵。故有智之人，爱惜性命者，当自思念，深生耻愧。诚勒身心，常修善事也。"①
显然，历代养生学家都把自我节制放在"贵生"实践的首位，然而，人生境遇千差万别，
在无为与有为之间，如何放弃物质追求，淡泊名利，"于名于利，若存若亡；于非名非
利，亦若存若亡"②，对于既有物质需求又有精神需求的一般人类个体而言，实在是太难
了。所以稽康说："养生有五难：名利不去，为一难；喜怒不除，为二难；声色不去，为
三难；滋味不绝，为四难；神虑精散，为五难。"③我们知道，需求是人类社会进步的基本
动力，故马斯洛把人类需求归结为呈层级递进的 5 种类型，即生理需求、保障或安全的需
求、归属或取得他人认可的需求、尊重的需求及自我实现的需求。在这些需求中，包含着
人与人之间为了满足各自需求而产生的种种矛盾与利害冲突，因而在这个不断追求实现或
满足自我需要的过程中，人们难免"驰骋六情，孜孜汲汲追名逐利"，甚至"千诈万巧以
求虚誉"④。然而，孙思邈从医者的职业立场出发，用"仁者爱人"原则要求医者对待患
者应有"仁义之道"⑤，这样就抓住了医患关系的主要矛盾。在孙思邈看来，每位医者都
应当具有"大医"的精神境界，把医术与医德结合起来，行医治病不仅要有精湛的医术，
而且更要有一颗"仁者"的心灵。对此，孙思邈提出了十分具体的要求，内容见前。在这
里，笔者需要强调一点，那就是医者的处境。从现象上看，医者诊治疾病仅仅是一种简单
的医患关系，实际上，医者治病除了医患关系之外，它还是整个社会风气的一个组成部
分。所以大医之心、大医之体和大医之法要想真正变成整个医者群体的自觉行动，尚需
整个社会的物质文化和精神文化都发展到一个比较高的历史阶段，即社会文明高度发达
是成就大医的实现条件。当然，从辩证发展的角度看，"大医"的培育无疑又是一个渐
进的过程。

（2）重视妇科疾病的诊治，主张独立设科。对妇人疾病的重视，是唐代道家医学观念
的一次历史巨变。在唐代之前，人们对妇女疾病的特殊性缺乏系统认识，所以唐太医署分
医学和药学两部分，医学部具体又分医、针、按摩与禁咒四门⑥，其中医科又细分为体疗
（内科）、疮肿（外科）、少小（儿科）、耳目口齿（五官科）及角法（拔罐疗法）等五科。⑦
此时，妇科尚未从内外科中独立出来。考唐太医署设立于武德七年（624）⑧，而《备急千
金要方》成书于唐永徽三年（652）。在此期间，唐代道士中女道士异军突起，甚至她们构
成了盛唐道教文化的一道亮丽景观。唐太宗为了崇道抑佛，贞观十一年（637）诏令"自

---

①　（唐）孙思邈撰，（宋）林亿等校正：《备急千金要方》卷 27《养性·道林养性》，蔡铁如主编：《中华医书集成》第 8 册《方书类一》，第 524 页。

②　（唐）孙思邈撰，（宋）林亿等校正：《备急千金要方》卷 27《养性·养性序》，蔡铁如主编：《中华医书集成》第 8 册《方书类一》，第 521 页。

③　（唐）孙思邈撰，（宋）林亿等校正：《备急千金要方》卷 27《养性·养性序》，蔡铁如主编：《中华医书集成》第 8 册《方书类一》，第 521 页。

④　（唐）孙思邈撰，（宋）林亿等校正：《备急千金要方》卷 27《养性·养性序》，蔡铁如主编：《中华医书集成》第 8 册《方书类一》，第 521 页。

⑤　（唐）孙思邈撰，（宋）林亿等校正：《备急千金要方》卷 1《序例·大医习业》，蔡铁如主编：《中华医书集成》第 8 册《方书类一》，第 1 页。

⑥　《旧唐书》卷 44《职官志三》，第 1876 页。

⑦　《旧唐书》卷 44《职官志三》，第 1876 页。

⑧　《旧唐书》卷 42《职官志一》，第 1783 页。

今以后，斋供行立，至于称谓，其道士女冠，可在僧尼之前"①。据《唐六典》载，唐开元及其以前，"凡天下观总一千六百八十七所"，其中"一千一百三十七所道士，五百五十所女道士"②。这些是在册的官立道观，至于不在册的私人道观，数量当更多。女道士的出现，对道教医学的观念转变起到了关键作用。一方面，唐代女道士是"唐代妇女中颇为自由风流的一群"③；另一方面，关注她们自身的生理与病理变化，并使之成为正在形成中的一门医学专业。我们知道，晋代南岳夫人魏华存所撰《黄庭经》，被称为"女丹之祖经"④。而唐代女道士谢自然撰《太清中黄真经》，主张从身为童女时即修道，以清静无为法得道。后来，胡愔撰《黄庭内景五脏六腑补泻图》，将内丹术引入医学，"可谓黄庭学之一大衍变也"。可见，唐代对女性医学的关注是道教医学发展的必然趋势。

孙思邈在《备急千金要方》里首列《妇人方》上、中、下三篇，对妇科病的特点及其防治进行了全方位的探讨，提出了许多建设性的意见，为宋代陈自明《妇人大全良方》的出现奠定了理论基础。孙思邈说："夫妇人之别有方者，以其胎妊、生产、崩伤之异故也。是以妇人之病，比之男子，十倍难疗。"⑤此处的"生产"是指人口生产，历史唯物主义认为，人口生产是"人类历史的第一个前提"。汉唐时期家族观念非常盛行，环绕维系家族延续和不断被强化的最重要条件即是"继嗣"，因而繁衍后代便成为婚姻的核心内容。《大戴礼记·本命》甚至把"无子"规定为"妇有七去"中的一个条件。实际上，妇女不应为"不育"负全责，孙思邈的可贵之处就在于他强调"妇女不育"是夫妻双方的事情。他明确指出："凡人无子，当为夫妻俱有五劳七伤，虚羸百病所致，故有绝嗣之殃。夫治之法，男服七子散，女服紫石门冬丸，及坐药、荡胞汤，无不有子也。"⑥妊娠之后，如何保证优生？孙思邈介绍了徐之才的"逐月养胎方"，实则是孕期保健卫生，其核心思想是"调心神，和情性，节嗜欲"⑦。孙思邈特别强调："至于产后，大须将慎，危笃之至，其在与斯"，且"妇人产讫，五脏虚羸，惟得将补，不可转泻"⑧。这些原则既重点突出又切合实际，至今在临床上都有重要的指导意义。

孙思邈认为："故今斯方，先妇人、小儿，而后丈夫、耆老者，则是崇本之义也。"⑨在以男人为中心的社会生态里，此论具有一定的反叛性，体现了道学在两性关系问题上与世俗观念的背离。当然，更体现了道家在妇女观方面的独立个性。尊重妇女，落实到唐代

---

① （清）董诰等：《全唐文》卷 6《令道士在僧前诏》，北京：中华书局，1983 年，第 73 页。

② （唐）李林甫等撰，陈仲夫点校：《唐六典》卷 4《祠部郎中》，第 125 页。

③ 高世瑜：《唐代妇女》，西安：三秦出版社，1988 年，第 92 页。

④ 郝勤：《龙虎丹道——道教内丹术》，成都：四川人民出版社，1994 年，第 309 页。

⑤ （唐）孙思邈撰，（宋）林亿等校正：《备急千金要方》卷 2《妇人方上·求子》，蔡铁如主编：《中华医书集成》第 8 册《方书类一》，第 15 页。

⑥ （唐）孙思邈撰，（宋）林亿等校正：《备急千金要方》卷 2《妇人方上·求子》，蔡铁如主编：《中华医书集成》第 8 册《方书类一》，第 16 页。

⑦ （唐）孙思邈撰，（宋）林亿等校正：《备急千金要方》卷 2《妇人方上·养胎》，蔡铁如主编：《中华医书集成》第 8 册《方书类一》，第 20 页。

⑧ （唐）孙思邈撰，（宋）林亿等校正：《备急千金要方》卷 3《妇人方中·虚损》，蔡铁如主编：《中华医书集成》第 8 册《方书类一》，第 37 页。

⑨ （唐）孙思邈撰，（宋）林亿等校正：《备急千金要方》卷 5 上《少小婴孺方·序例》，蔡铁如主编：《中华医书集成》第 8 册《方书类一》，第 77 页。

的道教医学中，就出现了孙思邈优先对妇女健康问题的关注，从而揭开了中医妇科学的崭新一页。

（3）以中西医结合为切点，提倡治疗方法的多元化。永定元年（557），《五明论》传入中国，这是印度佛教科学技术系统地传入中国之始。仅据《隋书·经籍志》记载，当时在中国译出的佛教医学著述计有 10 多种，如《龙树菩萨药方》4 卷、《西域诸仙所说药方》23 卷、《西域波罗仙人方》3 卷、《西域名医所集要方》4 卷、《婆罗门诸仙药方》20 卷、《婆罗门药方》5 卷、《耆婆所述仙人命论方》2 卷等。因此，很多寺院便成为著名的佛经译场。例如，求那跋陀罗与阇那耶舍在长安旧城婆伽寺合译了《五明论》，鸠摩罗什等在长安大寺译出经论 300 多部等。随着佛教医学在长安、洛阳、四川等地寺院的广泛传播，道教医学与佛教医学的融合已经成了历史发展的必然趋势。正是基于这种时代的需要，孙思邈开始把佛教医学中成效明显的医疗方法吸收到他的道教医学体系中来，因而成为中西医结合第一人。

佛教"四大说"与疾病的关系，孙思邈在《备急千金要方》里有比较系统的阐释。他说："经说：地水火风和合成人。凡人火气不调，举身蒸热；风气不调，全身僵直，诸毛孔闭塞；水气不调，身体浮肿，气满喘粗；土气不调，四肢不举，言无音声。火去则身冷，风止则气绝，水竭则无血，土散则身裂。然愚医不思脉道，反治其病，使藏中五行共相克切，如火炽然，重加其油，不可不慎。凡四气合德，四神安和，一气不调，百一病生。四神动作，四百四病同时俱发。又云：一百一病，不治自愈；一百一病，须治而愈；一百一病，虽治难愈；一百一病，真死不治。"①"四大"说既是一种哲学观念，同时又是一种疾病观念，然而，如何将佛教"四大说"与中医的传统医药思想体系相融合，孙思邈采取"百病不离五脏，五脏各有八十一种疾"的方法，用五行配合"四大"，从而实现了二者的贯通。

"净身"本是佛教修行的重要功课之一，故《戒坛经》（亦称《关中创立戒坛图经》）云："五衣表断贪，净身业也。七衣表断嗔，净口业也。大衣田相，长多短少，表圣增凡减。并表断痴，净意业也。"②孙思邈在《备急千金要方》中说："欲疗诸病，当先以汤荡涤五藏六腑。"③具体言之，则"下利脉滑而数，有宿食，当下之……下利脉迟而滑者，实也，利为未止，急下之……下利差，至其年月日时复发者，此为下不尽，更下之愈"④等。尤其是孙思邈在治疗伤寒病的处方中，专门讲述了"发汗""宜吐""宜下""发汗吐下后"等治疗方法。可见，孙思邈积极吸收佛教医学中的"下法"，使之成为其医疗理论体系的一个有机组成部分。

如前所述，孙思邈不仅全盘引入了天竺国婆罗门法的按摩，而且还有选择地引用了佛

---

① （唐）孙思邈撰，（宋）林亿等校正：《备急千金要方》卷 1《序例·诊候》，蔡铁如主编：《中华医书集成》第 8 册《方书类一》，第 4 页。

② （唐）道宣：《关中创立戒坛图经》，南京：金陵刻经处，1962 年。

③ （唐）孙思邈撰，（宋）林亿等校正：《备急千金要方》卷 1《序例·诊候》，蔡铁如主编：《中华医书集成》第 8 册《方书类一》，第 4 页。

④ （唐）孙思邈撰，（宋）林亿等校正：《备急千金要方》卷 15《脾脏·热痢》，蔡铁如主编：《中华医书集成》第 8 册《方书类一》，第 299 页。

教医学中的诸多方药，如大黑膏、消石酒方、万病丸等。不过，在对待外来医学的问题上，孙思邈借鉴外来医学的目的，不是要消灭或取代中医，而是要进一步补充和完善中医；中医是本，外来医学是末，所以千祖望认为孙思邈的"中西结合所用手段，是'用夏变夷'，所以对中医事业的贡献是'固本培基，荣枝茂叶'"①。以此为前提，孙思邈的治疗手段不断趋于多元化。例如，他在《备急千金要方》里除了用民间单方和验方治病外，还开创了用复方治病的先河；孙思邈采用内服、熏、含、涂、漱等多种方法，用药外治牙病②；又"治痔瘙不止方"载："大麻子、胡麻各一升半，上二味，并熬令黄，以三升瓦瓶，泥表上，厚一寸，待泥干，内大麻等令满，以四五枚苇管插口中，密泥之，掘地作灶，倒立灶口，底着瓦器承之，密填灶孔中，地平聚炭瓶四面，著塈垒之，日没，放火烧之，至明旦开取，适寒温，灌痔湿者下部中一合，寻觉咽中有药气者为佳，亦不得过多，多则伤人，隔日一灌之，重者再三灌之，旦起灌至日夕，极觉体中乏力，勿怪也，非但治痔湿，凡百异同疮疥癣并洗涂之"③，应用灌肠法治疗痢疾，孙思邈的拓荒之功不可磨灭；"凡尿不在胞中，为胞屈僻，津液不通，以葱叶除尖头，纳阴茎孔中，深三寸，微用口吹之，胞胀，津液大通便愈"④，西方直到1860年才发明橡皮管导尿术；诸如此类，不胜枚举。在当时，孙思邈从患者的实际病情出发，广采博纳，兼收并蓄，因而创造了很多新的治病处方，如用羊肝治疗眼睛"失明漠漠"⑤；用"新生孩子胞衣，暴干，烧末，傅目眦中"，治疗"目赤及翳"⑥等。有学者在论述孙思邈治疗温热病的方药时，反复强调孙思邈治疗方药主用"除热解毒"，并重视养阴生津。其中像"生地黄煎主热方""大柴胡加葳蕤知母汤""生地黄汤"等，"均为后世医家开启了扶正攻下和滋阴润下的法门。后人治疗温病的许多方药，实多自孙思邈著作中承袭损益而成"⑦。

（三）《千金翼方》的主要内容及思想特色

1.《千金翼方》的主要内容

与《备急千金要方》相比，《千金翼方》不仅晚出，而且是补遗之作。对此，宋人赵希弁说："思邈著《千金方》，复撮集遗，轶以羽翼，其书成一家之学。林亿等谓：首之以药录，次之以妇人、伤寒、小儿、养性、辟谷、退居、补益、杂病、疮痈、色脉、针灸，而禁经终焉者，皆有指意云。"⑧这段概括深得要领，切实凸显了《千金翼方》的特色和思

---

① 刘家全等主编：《中华医药文化研究》，西安：陕西人民出版社，1999年，第225页。

② （唐）孙思邈撰，林亿等校正：《备急千金要方》卷6《七窍病·齿病》，蔡铁如主编：《中华医书集成》第8册《方书类一》，第129—131页。

③ （唐）孙思邈撰，林亿等校正：《备急千金要方》卷15《脾脏·痔湿痢》，蔡铁如主编：《中华医书集成》第8册《方书类一》，第308页。

④ （唐）孙思邈撰，林亿等校正：《备急千金要方》卷20《膀胱腑·胞囊论》，蔡铁如主编：《中华医书集成》第8册《方书类一》，第392页。

⑤ （唐）孙思邈撰，林亿等校正：《备急千金要方》卷6《七窍病·目病》，蔡铁如主编：《中华医书集成》第8册《方书类一》，第112、116页。

⑥ （唐）孙思邈撰，林亿等校正：《备急千金要方》卷6《七窍病·目病》，蔡铁如主编：《中华医书集成》第8册《方书类一》，第114页。

⑦ 颜新主编：《古今名医外感热病诊治精华》，北京：中国中医药出版社，2010年，第18页。

⑧ （宋）晁公武：《郡斋读书后志》卷2《子类·医家类》，《景印文渊阁四库全书》第674册，第406页。

想宗旨。恰如孙思邈在自序中所言："志学之岁，驰百金而徇经方；耄及之年，竟三余而勤药饵。"①其"志学之岁"为15岁，而"耄及之年"是指80—90岁的年龄。可见，孙思邈撰《备急千金要方》是中年时期的著作，内容以讲述"经方"为主，与之不同，《千金翼方》则是其晚年的著作，因"勤药饵"之故，是书以讲述药物为主。下面分四个方面，略加阐释。

（1）系统和全面论述药物的栽种、采集与收藏。在《千金翼方·退居·种造药》一节里，孙思邈择取了枸杞、百合、牛膝、合欢、车前子、黄精、牛蒡、商陆、五加、甘菊、苜蓿、莲子、藕、胡麻苗、地黄、栀子、枳、杏及竹19种药物，讲述其栽种的具体方法。如"种黄精法"云："择取叶参差者是真，取根掰破稀种，一年以后极稠。种子亦得，其苗甚香美，堪吃。"又"种牛蒡法"载："取子，畦中种，种时乘雨即生。若有水，不要候雨也。地须加粪，灼热肥者，旱即浇水……菜中之尤吉，但多种，食苗及根并益人。"②唐代盛行服食之风，一方面，随着道教和佛教养生理论不断向社会各个阶层渗透，尤其是汉代服食丹药的风习在唐代中期遭到越来越多士人的质疑之后，如何寻找一种既养生又安全的服食方法，已经成为时人非常关注的一个重大社会问题；另一方面，因食荤腥受到一定的限制，如开元二十二年（734）十月十三日敕："每年正月、七月、十月三元日起十三日至十五日，并宜禁断宰杀渔猎"③，进而"统治者将道教禁食鱼、肉的教规推广到普通百姓之中"④，这在一定程度上强化了人们追求素食的饮食倾向。于是，采食野菜便成为当时民众饮食生活的重要内容之一。如《唐语林》载："德宗初即位，深尚礼法"，他"召朝士食马齿羹，不设盐酪"⑤。当然，生活口粮的短缺，亦是导致人们普遍种植药材的直接原因之一，因为种植"服食性"药材既可换取粮食，又可自家充饥，如白居易《采地黄者》诗云："岁晏无口粮，田中采地黄。采之将如何，持以易糇粮。"⑥医学实验证明：地黄是一种免疫增强剂，有强心与利尿作用。另外，枸杞含14种氨基酸，有降血糖、降血脂和抗实验性动脉粥样硬化形成的作用，还能抑制脂肪在肝细胞内沉积和促进肝细胞新生。现代医学发现，刺五加具有抗高温、抗低温、抗疲劳、抗癌、降血压、抗放射、保肝、扩张冠脉、抗动脉粥样硬化等多种效应，而黄精除了具有降血压、降血糖和防止动脉粥样硬化及肝脏脂肪浸润的作用外，还能抑制伤寒杆菌、金黄色葡萄球菌等。可见，孙思邈所择前述诸多"种造"药物，确实具有抗老延寿的作用，且大都可以长久服食。

除"种造药"之外，牢牢把握野生药物的采药时节至关重要，因为"凡药皆须采之有时日，阴干暴干，则有气力。若不依时采之，则与凡草不别，徒弃功用，终无益也"⑦。

---

① （唐）孙思邈原著，钱超尘主编，《千金翼方诠译》译注组译注：《千金翼方诠译·〈千金翼方〉序》，第1页。
② （唐）孙思邈原著，钱超尘主编，《千金翼方诠译》译注组译注：《千金翼方诠译》卷14《退居·种造药》，第934—935页。
③ （宋）王溥：《唐会要》卷41《断屠钓》，《景印文渊阁四库全书》第606册，第543页。
④ 张萍：《唐代饮食文化中的道教色彩》，《兰州大学学报（社会科学版）》2000年第2期，第110页。
⑤ （宋）王谠：《唐语林》卷1《德行》，北京：中华书局，1957年，第3页。
⑥ （唐）白居易：《采地黄者》，严杰编选：《白居易集》，南京：凤凰出版社，2006年，第112页。
⑦ （唐）孙思邈原著，钱超尘主编，《千金翼方诠译》译注组译注：《千金翼方诠译》卷1《药录纂要·采药时节》，第4页。

据考证,《千金翼方》所载的药物总数为 852 味。[①]其中对 232 味本草药物明确了它们的采取时节及干燥方法,如"甘草,二月、八月采,暴干十日成""车前子,五月五日采,阴""白鲜,四月、五月采,阴"等。不同药物尽管生长发育的时间各不相同,但对于入药的部分而言,其内含的有效成分应当达到最高值,这一点是共通的。为了摸清中药资源的分布特点,孙思邈对 133 个州的代表性药材进行统计,与现代 6 大区的中药资源普查结果基本一致。当然,由于历史环境的变化,唐代的区域性动植物药材资源与现代的区域性动植物药材资源相比,有其特定的内容,如唐代河南道的汝州、许州及泗州均出产以鹿为材源的药物,然而,这些药物早已时过境迁、今非昔比了。又比如,"龙骨"为古代哺乳动物像三趾马、犀类、鹿类、牛类、象类等的骨骼化石,而唐代的河东道蒲州、并州以出产龙骨或白龙骨知名,说明当时山西省的西南部和今山西阳曲以南及文水以北的汾水中游地区,是鹿类、牛类、象类等动物分布较集中的区域,可惜由于人们长时期的滥捕滥杀,这种动物生态景观今已不见。从这个角度,孙思邈的"药出州土"为人们研究我国动植物药材资源的历史变迁,提供了极有价值的文献资料。

(2)为了方便医者和患者,孙思邈初步划定了处方的药物范围。虽然孙思邈之前已出现了数百家有关经验方药的医籍[②],但是如何方便医者和患者,在遇到常见疾病的情况下,快速择取药物,组方施治,在孙思邈之前尚未见专门论述。针对这种情况,为了满足人们日常处方用药的客观需要,做到"临事处方,可得依之取诀"[③],孙思邈编撰了"用药处方"一篇,共"聊举"了防治唐代的常见病证和多发病证 65 种,即"治风"等。对于上述病症,孙思邈均划定了一个处方用药的范围,以便人们根据自己的实际情况灵活运用。以"胸胁满"为例,在临床上导致此证的疾患不止一种,如伤寒太阳病、伤寒阳明病及妇人中风等都会出现"胸胁满"的病症,然而,不管何种疾患所致"胸胁满"症,处方用药一般不超出下面 25 味草药:

> 方解石、兰草、杜若、莎草、竹叶、厚朴、枳实、干姜、前胡、玄参、紫菀、枸杞、桔梗、芫花、茯苓、芫花、旋复花、射干、乌头、半夏、恒山、人参、菊花、细辛及柴胡。[④]

譬如:"伤寒十三日不解,胸胁满而呕,日晡所发潮热而微利,此本当柴胡(汤)。"其组方为:"柴胡,二两十六铢;黄芩、人参、甘草(炙)、生姜,各一两,切;半夏,一合,洗;大枣,四枚,掰;芒硝,二两。"[⑤]如医家所言,胸胁满是临床腹诊的关键内容,通常是指从胸到两胁严重的胀感并伴有抵抗和压痛,它有两种症型:真性胸胁满与假性胸胁满。前者是指真皮、结缔组织的浆液性炎症,为全身性间叶系统炎症的局部表现;后者

---

① 尚志钧:《本草人生——尚志钧本草论文集》,北京:中国中医药出版社,2010 年,第 236 页。

② 鲁兆麟等主编:《中医各家学说》,北京:中国中医药出版社,2000 年,第 32 页。

③ (唐)孙思邈原著,钱超尘主编,《千金翼方诠译》译注组译注:《千金翼方诠译》卷 1《药录纂要·用药处方》,第 21 页。

④ (唐)孙思邈原著,钱超尘主编,《千金翼方诠译》译注组译注:《千金翼方诠译》卷 1《药录纂要·用药处方》,第 25 页。

⑤ (唐)孙思邈原著,钱超尘主编,《千金翼方诠译》译注组译注:《千金翼方诠译》卷 9《伤寒上·太阳病用柴胡汤法》,第 508 页。

是指与精神、神经相关联的腹肌紧张症状①。日本学者有地滋通过实验证明："运用大量抗原肝内注射，诱发慢性炎症造模，将佐剂关节炎注射酶蛋白的抗原发生的结缔组织增生症候群，看做是胸胁苦满，并投与小柴胡汤、大柴胡汤，显示了明显抑制作用。"②此外，柴胡加龙骨牡蛎、四逆散、柴胡桂枝汤、柴胡桂枝干姜汤等，也是防治胸胁苦满的代表方。考张仲景《金匮要略方论》中"大柴胡汤方"的药物组成为："柴胡，半斤；黄芩，三两；芍药，三两；半夏，半升，洗；枳实，四枚，炙；大黄，二两；大枣，十二枚；生姜，五两。"③而"小柴胡汤方"的药物组成则是："柴胡，半斤；黄芩，三两；人参，三两；甘草，三两；半夏，半斤；生姜，三两；大枣，十二枚。"④显然，孙思邈对"胸胁满"病症的用药处方，没有照搬张仲景的大、小柴胡汤方，而是从患者的病情出发，巧妙地化裁古方，推陈出新，通过变通而广其用。诚如清人张璐所说："历观《千金》诸方，每以大黄同姜、桂任补益之用，人参协消、黄佐克敌之功。"⑤前举孙思邈的"柴胡汤方"就明显地体现了这个用药处方特点。

（3）从野生药物向家种药物的转变，不断发现药物的新功用。《千金翼方》有两项内容，颇引人注目：一项是天然药物，包括卷 2 "玉石部上品"（22 味）等；另一项是"有名未用"者 196 味。与天然药物相对，孙思邈在卷 14 "退居"篇中专列"种造药"一节，具体内容见前。从经济学的角度看，尽管唐代有较为完整的医学机构与医学教育制度，同时各州还设立了"病坊"，而对于那些贫病者，他们甚至"可以从国库中得到药费"，但是广大乡村缺医少药的现象仍然十分严重，其主要表现是：巫术盛行，由于"唐代地方医疗资源的薄弱、医学水平以及人们认识的局限，使得人们对于信仰疗法的效验深信不疑"⑥；普通民众在国家医疗资源配置中所占比例很小；医疗费用较高；存在大量百姓自救现象，这是因为唐代"最好的医疗资源被统治阶级所垄断，而广大老百姓的医疗只能靠为数不多的民间医生，更多时候靠自己采摘中药进行自救"⑦，即使唐朝经常以"榜示"的形式把药方公布于众，也多是因为政府"无力设置庞大医疗机构满足平民医疗需求，故而以这种手段鼓励民众自救"⑧。

当然，对于广大患者的需求而言，推广种植中草药仅仅是面上的工作，更为关键的是如何在传统药物已经认知的功能和用途之上进一步挖掘和发现其新的内在功用。孙思邈就非常注重对传统药物进行新功效的开发与利用，如"治脚气常作谷白皮粥防之法即不发

① 李赛美：《日本伤寒论研究述略》，熊曼琪主编：《伤寒论》，北京：人民卫生出版社，2000 年，第 1084 页。
② 李赛美：《日本伤寒论研究述略》，熊曼琪主编：《伤寒论》，第 1084 页。
③ （汉）张仲景：《金匮要略方论》卷上《腹满寒疝宿食病脉证治》，陈振相、宋贵美：《中医十大经典全录》，第 402 页。
④ （汉）张仲景：《金匮要略方论》卷上《呕吐哕干利病脉证治》，陈振相、宋贵美：《中医十大经典全录》，第 422 页。
⑤ （明）张璐：《千金方衍义》，彭怀仁主编：《中医方剂大辞典》第 3 册，北京：人民卫生出版社，1994 年，第 1029 页。
⑥ 陈雯：《唐代求医行为研究·摘要》，四川师范大学 2009 年硕士学位论文，第 2 页。
⑦ 赵芳军：《唐代宫廷医疗制度研究》，《河北经贸大学学报（综合版）》2008 年第 3 期，第 91 页。
⑧ 于赓哲：《试论唐代官方医疗机构的局限性》，杜文玉主编：《唐史论丛》第 9 辑，西安：三秦出版社，2007 年，第 129 页。

方"①,对于孙思邈所讲的"脚气"是否就是我们今天医学界认定的维生素 B_1 缺乏症,学界尚有争议,但主流观点持肯定态度。实际上,孙思邈描述脚气的发病特点是:"发初得先从脚起,因即胫肿,时人号为脚气。"又"凡脚气病,皆由感风毒所致"②。这些病证特点确实与维生素 B_1 缺乏症相符合,既然如此,那么"谷白皮粥"能否治疗脚气病呢?答案是肯定的。"谷白皮"有人理解为谷皮,已有学者指出这种理解的不当之处。况且孙思邈在开处方时,反复强调"谷白皮五升,切,勿取斑者有毒"③。如果是普通米糠,那就谈不到"切"这个环节了。所以"谷白皮"即是指谷树(亦称"构树")的白皮,经药理分析,它的果实中含有维生素 B_1、皂苷及油脂等。其内服新鲜茎皮的白汁,对治疗水肿有效。另,孙思邈所讲的"谷白皮粥"除了"谷白皮"外,还加入了米。此处的"米"当指带壳的小米,因它含有丰富的色氨酸,故能有效地防治脚气病。再如,瘿病在先秦即见于文献,《庄子·内篇·德充符》中有"瓮盎大瘿说齐桓公"④的记载,其中"大瘿"是指患有甲状腺肿大的病人。晋代以前,医者治疗瘿病采用割除法,效果不理想。故《三国志·魏书》引《魏略》的话说:"'贾逵'与典农校尉争公事,不得理,乃发愤生瘿,后所病稍大,自启愿欲令医割之",对此曹操曾为之担忧,因为时人有"十人割瘿九人死"⑤的传言。这个故事说明用割除法来治疗瘿病,存活的概率非常低。于是,自晋代以后,医家开始探讨用内治法来祛除瘿患,如葛洪在《肘后救卒方》中云:"疗颈下卒结囊,渐大,欲成瘿,海藻酒方。"⑥至孙思邈撰《千金翼方》时,除了继续沿用海藻、海蛤及昆布等含碘药物外,又发现了用"鹿厌"(亦作"鹿靥",即鹿的甲状腺)治疗瘿病的新方法:"取鹿厌酒渍令没,火炙干,内于酒中,更炙令香,含咽汁,味尽更易,尽十具,即愈。"随着医学科学的发展,许多中药的新功能不断被发现,并应用于临床,社会越发展,中医药的价值就越充分地展现出来。用孙思邈的话说,中医药既可以济物摄生,又可以穷微尽性⑦,这是中医药屹立于世界医药之林而大放异彩的真正魅力所在。

(4)荟萃群芳,验于功效,把唐代的方剂学研究推进到一个新的历史高度。《千金翼方》集方 2000 多首,虽然从数量上看,逊色于《备急千金要方》,但其质量却略高一筹,它融合了孙思邈整个方剂思想的精华。

对于妇人方,《备急千金要方》的篇幅为三卷,而《千金翼方》则增为四卷,"一卷泛疗妇人,三卷专论产后"⑧。就集方而言,《备急千金要方·求子》的内容构成是"论六

① (唐)孙思邈原著,钱超尘主编,《千金翼方诠译》译注组译注:《千金翼方诠译》卷 17《中风下·脚气》,第 1056 页。
② (唐)孙思邈撰,(宋)林亿等校正:《备急千金要方》卷 7《风毒脚气·论风毒状》,蔡铁如主编:《中华医书集成》第 8 册《方书类一》,第 146 页。
③ (唐)孙思邈原著,钱超尘主编,《千金翼方诠译》译注组译注:《千金翼方诠译》卷 17《中风下·脚气》,第 1056 页。
④ (清)郭庆藩:《庄子集释·内篇·德充符》,《诸子集成》第 5 册,第 98 页。
⑤ 《三国志·魏书》卷 15《贾逵传》,北京:中华书局,1959 年,第 481 页。
⑥ (唐)王焘:《外台秘要》卷 23《瘿病方》引《肘后》,《景印文渊阁四库全书》第 737 册,第 1 页。
⑦ (唐)孙思邈原著,钱超尘主编,《千金翼方诠译》译注组译注:《千金翼方诠译·〈千金翼方〉序》,第 2 页。
⑧ (唐)孙思邈原著,钱超尘主编,《千金翼方诠译》译注组译注:《千金翼方诠译》卷 5《妇人一·序论》,第 291 页。

首，方十五首，灸法六首，转女为男法三首"①，与之相较，《千金翼方·求子》的内容大为缩减，仅保留了"论一首，方七首"②，其"灸法"和"转女为男法"两项内容被删去。不仅处方更加具有代表性，而且"求子"思想亦更趋理性，尤其是不讲"转女为男法"这种存在严重性别歧视的"变性"药方，显示了孙思邈在"求子"问题更加注重自然选择，尊重人口再生产规律，而非主观人为干预。另外，《备急千金要方·求子》有一论云："夫欲求子者，当先知夫妻本命，五行相生，及与德合，并本命不在子休废死墓中者，则求子必得，若其本命五行相克，及与刑杀冲破，并在子休废死墓中者，则求子了不可得。"③"五行生克"与"求子"本无关系，然而，古人相信"天人感应"，相信命运对"求子"的影响，孙思邈曾经亦对此深信不疑。可是，到孙思邈晚年，他却不再关注那些笼罩在夫妇生理和病理机制之中的各种神学观念，而是注重探讨夫妇之间的内在生育规律。例如，孙思邈说："夫人求子者服药须有次第，不得不知。其次第者，男服七子散，女服荡胞汤，及坐药，并服紫石门冬丸，则无不得效矣。"④在当时的文化生态里，孙思邈此论符合医学科学的基本规律，因为"求子"是夫妇双方的事情，所以在处理这个问题时不能偏执于任何一方，这个思想即使今天看来也仍具有非常重要的现实意义。

除了上面的变化外，《千金翼方》在讨论妇人"产后"的诸多生理与病理问题时，把"产后"妇女的美颜提上了一个重要日程，以别于《备急千金要方》。我们知道，《备急千金要方》讲"面药"不是专门针对女性的，而是兼顾男女两性，共有"方八十一首"⑤，没有"论"。然而，《千金翼方》将"面药"称之为"妇人面药"，并且置于"妇人一"的第六部分，有"论一首，方三十九首"⑥。在"妇人面药论"中，孙思邈说："面脂手膏，衣香澡豆，仕人贵胜，皆是所要，然今之医门极为秘惜，不许子弟泄漏一法，至于父子之间亦不传示。然圣人立法，欲使家家悉解，人人自知。岂使愚于天下，令至道不行，拥蔽圣人之意，甚可怪也。"⑦这是中国古代将"美容药方"推广到民间的最早记述，是孙思邈"华夷愚智，普同一等"⑧思想的具体体现。

张仲景《伤寒论》首创六经辨证，惜因方与证分开编次，故造成"旧法方证，意义幽隐，乃令近智所迷，览之者造次难悟，中庸之士，绝而不思"，遂"使闾里之中，岁致夭

---

① （唐）孙思邈撰，（宋）林亿等校正：《备急千金要方》卷2《妇人方上·求子》，蔡铁如主编：《中华医书集成》第8册《方书类一》，第15页。

② （唐）孙思邈原著，钱超尘主编，《千金翼方诠译》译注组译注：《千金翼方诠译》卷5《妇人一·妇人求子》，第291页。

③ （唐）孙思邈撰，（宋）林亿等校正：《备急千金要方》卷2《妇人方上·求子》，蔡铁如主编：《中华医书集成》第8册《方书类一》，第16页。

④ （唐）孙思邈原著，钱超尘主编，《千金翼方诠译》译注组译注：《千金翼方诠译》卷5《妇人一·妇人求子》，第291页。

⑤ （唐）孙思邈撰，（宋）林亿等校正：《备急千金要方》卷6《七窍病·面药》，蔡铁如主编：《中华医书集成》第8册《方书类一》，第138页。

⑥ （唐）孙思邈原著，钱超尘主编，《千金翼方诠译》译注组译注：《千金翼方诠译》卷5《妇人一·妇人面药》，第312页。

⑦ （唐）孙思邈原著，钱超尘主编，《千金翼方诠译》译注组译注：《千金翼方诠译》卷5《妇人一·妇人面药》，第312页。

⑧ （唐）孙思邈撰，（宋）林亿等校正：《备急千金要方》卷1《序例·大医精诚》，蔡铁如主编：《中华医书集成》第8册《方书类一》，第1页。

枉之痛，远想令人慨然无已"①的后果。于是，孙思邈采取"方证同条，比类相附"②的原则和方法。其中对于"处方"的应用，孙思邈注重主方的随症加减变化，既突出重点又兼顾众症，如由"桂枝汤"通过加减变化而衍生出9首处方。又如由"陷胸汤"通过加减变化而衍生出16首处方等。因此，孙思邈《千金翼方·伤寒上下》两卷成为唐代研究《伤寒论》仅存的著述，而由孙思邈开创的"以方类证"法，后为清代医家柯韵伯、徐大椿等所宗，影响巨大。张仲景与王叔和都说："风则伤卫，寒则伤荣，荣卫俱病，骨节烦疼"③，此论启发了孙思邈，故有"夫寻方之大意，不过三种：一则桂枝，二则麻黄，三则青龙。此之三方，凡疗伤寒，不出之也"④之见。尽管医学界对孙思邈提出的"三方"（指"桂枝汤"、"麻黄汤"及"大青龙汤"）之说，尚有异议，如张志聪说："须知风寒皆为外邪，先客皮毛，后入肌腠，留而不去则入于经，留而不去则入于府，非必风伤卫而寒伤荣也。"张氏的批评亦不无道理，但是，从当时的医学发展实际看，孙思邈主要是针对唐代医者因"莫测其致"而"疗伤寒，惟大青、知母等诸冷物投之，极与仲景本意相反"⑤的现象而发，故有拨云见日之功。所以后来经成无己、许叔微、方中行、喻嘉言等人的阐释，逐步形成了伤寒研究领域"百花园"中的"三纲鼎立"学派。

对于小儿疾病，孙思邈晚年颇有心得。仔细比对，虽然《千金翼方》与《备急千金要方》在阐述少儿医学方面的内容多有重复之处，但两者的思想意识还是有较大的差异和变化。如《备急千金要方·初生出腹》中有这样的记载："生儿宜用其父故衣裹之，生女宜以其母故衣，皆勿用新帛为善。不可令衣过厚，令儿伤皮肤，害血脉，发杂疮而黄。"⑥同样一件事情，《千金翼方·养小儿》则仅仅强调"儿新生不可令衣过厚热……皆当以故絮衣之，勿用新帛也"⑦，不再讲男女之别，从而淡化了人们在潜意识里对男女性别的偏见与歧视。《千金翼方》描述了胎儿在子宫内10个月的发育过程："凡儿在胎，一月胚，二月胎，三月有血脉，四月形体成，五月能动，六月诸骨具，七月毛发生，八月脏腑具，九月谷入胃，十月百神备，则生矣。生后六十日瞳子成，能咳笑应和人；百五十日任脉成，能自反复；百八十日髋骨成，能独坐；二百一十日掌骨成，能扶伏；三百日髌骨成，能立；三百六十日膝膑成，能行也。若不能依期者，必有不平之处。"⑧有学者把孙思邈的胎

---

① （唐）孙思邈原著，钱超尘主编，《千金翼方诠译》译注组译注：《千金翼方诠译》卷9《伤寒上·序论》，第453页。

② （唐）孙思邈原著，钱超尘主编，《千金翼方诠译》译注组译注：《千金翼方诠译》卷9《伤寒上·序论》，第453页。

③ （晋）王叔和：《脉经》卷7《病可发汗证》，陈振相、宋贵美：《中医十大经典全录》，第589页。

④ （唐）孙思邈原著，钱超尘主编，《千金翼方诠译》译注组译注：《千金翼方诠译》卷9《伤寒上·序论》，第453页。

⑤ （唐）孙思邈原著，钱超尘主编，《千金翼方诠译》译注组译注：《千金翼方诠译》卷9《伤寒上·序论》，第453页。

⑥ （唐）孙思邈撰，林亿等校正：《备急千金要方》卷5《少小婴孺·初生出腹》，蔡铁如主编：《中华医书集成》第8册《方书类一》，第79页。

⑦ （唐）孙思邈原著，钱超尘主编，《千金翼方诠译》译注组译注：《千金翼方诠译》卷11《小儿·养小儿》，第748页。

⑧ （唐）孙思邈原著，钱超尘主编，《千金翼方诠译》译注组译注：《千金翼方诠译》卷11《小儿·养小儿》，第745页。

儿发育观与现代胚胎学的论述作比较，发现两者符合度较高，因而孙氏的胎儿发育观"实为现代胚胎学之先声"①。如果说《备急千金要方·少小婴孺方》更多关注的是先天的胎儿教育的话，那么，《千金翼方·小儿》篇则明显偏重后天的成长教育。孙思邈认为："中庸养子十岁以下，依礼小学，而不得苦精功程，必令儿失心惊惧，及不得苦行杖罚，亦令儿得癫痫，此事大可伤悼。但不得大散大漫，令其志荡，亦不得称扬聪明，尤不得诽毁小儿。十一以上，得渐加严教。此养子之大经也。"②少儿的成长与其生活环境紧密相连，因此，孙思邈发展心理思想的核心就是帮助少儿营建适合于全面发展的生活环境，作为父母张弛有节非常重要，既要尊重少儿的人格，顺应其心理发展的阶段性规律，又要不失时机地对其不合规范的各种行为加以引导，把表扬与鞭策结合起来，从而塑造具有健全人格和积极人生态度的新生力量，为将来成人之后更好地发挥他们的创造潜力夯实基础。从这个角度看，"孙思邈首次将家庭教育引进医学专著中，提倡养教并行的方法，值得我们进一步研究和开拓"③。当然，少儿不断增强体质的过程，同时也是与各种疾病作斗争的过程。因此，孙思邈从少儿疾病的形成机理和特点出发，主张防微杜渐，调养、护理与治疗并举，如"儿初生落地，口中有血即当去之。不去者，儿若吞之，成癖病死"④。现在，胎儿娩出后立即清理呼吸道已经成为新生儿护理的基本方法了。而对"落地不作声"症状较轻的窒息婴儿，孙思邈不单注重方法的科学性，而且更加留意操作过程的每一个微小细节。比如，《备急千金要方·少小婴孺方》载一法云："儿生落地不作声者，取暖水一器灌之，须臾当啼。"⑤对此表述，《千金翼方·小儿》篇则修改为："治儿生落地不作声法：取暖水一盆灌浴之，须臾即作声。"⑥显然，后者的阐释更具体，更易于操作。一般而言，初生儿窒息多因气候寒冷或产程过长，导致小儿生气闭塞，不能啼哭。所以用暖水灌浴能使小儿的气道迅速被疏通，从而出现第一次呼吸。孙思邈反复强调："小儿始生即当举之，举之迟晚，则令中寒腹中雷鸣。先浴之然后乃断脐。断脐当令长至足跌，短则中寒令腹中不调，当下痢。若先断脐后浴之，则令脐中水，中水则发腹痛。"⑦这实际上是为娩出儿的第一次呼吸作准备，"举之"即将娩出儿轻轻举起来，快速把其气道里的污血、羊水等杂物清除掉，避免当产儿吸气时，误将上述杂物吸入而引起吸入性肺炎。这些小儿护理法有利于初生儿尽快适应新的生活环境，为其建立正常的生理运动机能提供了安全而科学的保证。为防治小儿佝偻病和上呼吸道感染，孙思邈建议："小儿始生，肌肤未成，不可暖衣。暖衣则令筋骨缓弱。宜时见风日，若不见风日，则令肌肤脆软，便易中伤"，又"天

---

① 苗晋：《试论孙思邈对儿科学的贡献》，《陕西中医学院学报》1982 年第 3 期，第 30 页。

② （唐）孙思邈原著，钱超尘主编，《千金翼方诠译》译注组译注：《千金翼方诠译》卷 11《小儿·小儿杂治》，北京：学苑出版社，1995 年，第 786 页。

③ 苗晋：《试论孙思邈对儿科学的贡献》，《陕西中医学院学报》1982 年第 3 期，第 32 页。

④ （唐）孙思邈原著，钱超尘主编，《千金翼方诠译》译注组译注：《千金翼方诠译》卷 11《小儿·养小儿》，第 745 页。

⑤ （唐）孙思邈撰，（宋）林亿等校正：《备急千金要方》卷 5《少小婴孺·初生出腹》，蔡铁如主编：《中华医书集成》第 8 册《方书类一》，第 79 页。

⑥ （唐）孙思邈原著，钱超尘主编，《千金翼方诠译》译注组译注：《千金翼方诠译》卷 11《小儿·养小儿》，第 746 页。

⑦ （唐）孙思邈原著，钱超尘主编，《千金翼方诠译》译注组译注：《千金翼方诠译》卷 11《小儿·养小儿》，第 746 页。

和暖无风之时，令母将儿于日中嬉戏。数令见风日，则血凝气刚，肌肉牢密，堪耐风寒，不致疾病"①。通过适当的"光疗"与"冷疗"，能够增强小儿自身的免疫力，从而提高其抗病能力，有利于其健康和茁壮地成长。至于在诊治小儿疾病方面，孙思邈根据小儿的病理和生理特点，对少儿多发病和常见病诸如痫病、发热、客忤、伤食、口疮、遗尿、蛔虫等，主张针药结合，内外同治，驱邪与扶正并举，为宋代以后儿科走向专科化以及儿科医学体系的建立创造了理论条件。②

在内科杂病方面，《备急千金要方》采用按脏腑归类的方法，将各种杂病分别归于肝脏、胆腑、心脏、小肠腑、脾脏、胃腑、肺腑、大肠腑、肾脏、膀胱腑之下，约有 60 类病症，而《千金翼方》则直接以病症分类，共选择了 15 类，即霍乱、疟疾、黄疸、吐血、胸中热、压热、虚烦心闷、消渴、淋病、水肿、寒冷、饮食不消、痰饮、癖积及杂疗等，重点突出，可以说基本涵盖了当时内科临床常见的各种疑难杂症。以霍乱为例，《千金翼方》略去了"论"而着重讲方药，其所择方剂不仅有剂型的改变，而且所选处方更加精练和实用。如《备急千金要方》的"治中汤"③，《千金翼方》则改变为"理中圆"④。另，主霍乱面（心）烦的"厚朴汤"、治霍乱吐痢呕逆的"龙骨汤"及治哕的"橘皮汤"等，均不见于《备急千金要方》，应系孙思邈晚年所创名方，如陶弘景的"厚朴汤"计有厚朴、桂心、枳实和生姜四味药物⑤，主治霍乱腹痛，而孙思邈的"厚朴汤"则由厚朴、高良姜和桂心三味药物组成⑥，主治霍乱而烦，两者的功效亦发生了变化。对于"黄疸"的病机，孙思邈认为："凡遇时行热病，多必内瘀着黄。"⑦后世医家以孙思邈的黄疸病机思想为原则，在医疗实践中不断总结提高，逐渐形成了"黄疸淤血说"。对于"虚劳"的认识，孙思邈见解独特，他认为："疾之所起，生自五劳。五劳既用，二脏先损。心肾受邪，脏腑俱病。"⑧所以孙思邈在治疗因虚劳而致的烦悸失眠症时，用大酸枣汤⑨（此方是在《金匮要略》"酸枣仁汤"的基础上略作变化而成），以水火既济为处方目标，注重调理脏腑气机。对水肿预后，孙思邈提出了"五不治"观，即"一、面肿苍黑是肝败不治；二、掌肿无纹理是心败不治；三、腹肿无纹理是肺败不治；四、阴肿不起是肾败不治；

---

① （唐）孙思邈原著，钱超尘主编，《千金翼方诠译》译注组译注：《千金翼方诠译》卷 11《小儿·养小儿》，第 748 页。

② 关于这方面的系统论述，参见朱锦善主编：《儿科心鉴》第 3 卷，北京：中国中医药出版社，2007 年，第 531—572 页。

③ （唐）孙思邈撰，（宋）林亿等校正：《备急千金要方》卷 20《膀胱腑·霍乱》，蔡铁如主编：《中华医书集成》第 8 册《方书类一》，第 397 页。

④ （唐）孙思邈原著，钱超尘主编，《千金翼方诠译》译注组译注：《千金翼方诠译》卷 18《杂病上·霍乱》，第 1073 页。

⑤ （宋）苏颂撰，尚志钧辑校：《本草图经》，合肥：安徽科学技术出版社，1994 年，第 361 页。

⑥ （唐）孙思邈原著，钱超尘主编，《千金翼方诠译》译注组译注：《千金翼方诠译》卷 18《杂病上·霍乱》，第 1074 页。

⑦ （唐）孙思邈原著，钱超尘主编，《千金翼方诠译》译注组译注：《千金翼方诠译》卷 18《杂病上·黄疸》，第 1087 页。

⑧ （唐）孙思邈原著，钱超尘主编，《千金翼方诠译》译注组译注：《千金翼方诠译》卷 15《补益·叙虚损论》，第 945 页。

⑨ （唐）孙思邈原著，钱超尘主编，《千金翼方诠译》译注组译注：《千金翼方诠译》卷 18《杂病上·虚烦心闷》，第 1127 页。

五、脐满肿反者是脾败不治"①。可见，水肿后期病程转变复杂，往往会导致五脏俱败的严重后果，而如何防止上述危象的出现就成了医家处方用药的关键所在。有基于此，孙思邈根据水肿的部位及其转变规律，制定了一套治疗水肿的用药方案，他说：

> 第一之水，先从面目肿遍一身。名曰"青水"。其根在肝，大戟主之。第二之水，先从心肿。名曰"赤水"。其根在心，葶苈主之。第三之水，先从腹肿。名曰"黄水"。其根在脾，甘遂主之。第四之水，先从脚肿，上气而咳。名曰"白水"。其根在肺，藁本主之。第五之水，先从足跗肿。名曰"赤水"。其根在肾，连翘主之。第六之水，先从面至足肿。名曰"玄水"。其根在胆，芫花主之。第七之水，先从四肢起，腹满大，身尽肿。名曰"风水"。其根在胃，泽漆主之。第八之水，先四肢小肿，其腹肿独大。名曰"石水"。其根在膀胱，桑根白皮主之。第九之水，先从小肠满。名曰"果水"。其根在小肠，巴豆主之。第十之水，乍盛乍虚，乍来乍去。名曰"气水"。其根在大肠，赤小豆主之。右十病，皆药等分，与病状同者则倍之。白蜜和。先食，服一丸如小豆，日三。欲下病者，服三十圆。弱者，当以意节之。②

之后，《外台秘要》及《古今录验方》等医书都录有此"十水丸方"。明代朝鲜金礼蒙等所撰《医方类聚》亦载有"治水肿，十水丸方"③。后此书传入日本，可见，"十水丸"在中、日、朝鲜等国家医界享有盛誉。经现代临床验证，"十水丸"（或散）对治疗肝硬化确实有一定疗效。④其他如治疗温热病热入血分的"犀角地黄汤"（今改作"水牛角地黄汤"），治疗脚气毒遍、内外烦热及瘴疫毒的"紫雪方"⑤等，至今仍为临床所广泛运用。

色诊主要是观察颜色与光泽的综合表现，由于气血与人体各个器官和组织联系密切，而人体内部的脏腑功能一旦发生病理性变化，往往会随着气血的流动，彰然于皮肤之表，遂成为某种病变的先兆，所以"善为医者，必须明于五色"⑥。而《黄帝内经灵枢经·邪气脏腑病形》阐述得更明确："十二经脉，三百六十五络，其血气皆上于面而走空窍。"⑦这样，面部便成为人体脏腑生理和病理变化的测量器，观察其某一局部色差即可推知相应脏腑的疾病变化。故孙思邈说："人有盛衰，其色先见于面部。"⑧

关于面部特定区域色泽变化与相应脏腑之间的病变关系，孙思邈引扁鹊的话说："按明堂察色，有十部之气，知在何部，察四时五行王相，观其胜负之变色。入门户为凶，不

①（唐）孙思邈原著，钱超尘主编，《千金翼方诠译》译注组译注：《千金翼方诠译》卷19《杂病中·水肿》，第1144—1145页。

②（唐）孙思邈原著，钱超尘主编，《千金翼方诠译》译注组译注：《千金翼方诠译》卷19《杂病中·水肿》，第1148页。

③　盛增秀、陈勇毅、王英重校：《医方类聚重校本》第6分册，北京：人民卫生出版社，2006年，第450页。

④　李紫楠：《千金十水丸治肝硬变的疗效》，《江西中医药》1956年第10期。

⑤（唐）孙思邈原著，钱超尘主编，《千金翼方诠译》译注组译注：《千金翼方诠译》卷18《杂病上·压热》，第1124页。

⑥（唐）孙思邈原著，钱超尘主编，《千金翼方诠译》译注组译注：《千金翼方诠译》卷25《色脉·诊气色法》，第1499页。

⑦《黄帝内经灵枢经》卷1《邪气脏腑病形》，陈振相、宋贵美：《中医十大经典全录》，第169页。

⑧（唐）孙思邈原著，钱超尘主编，《千金翼方诠译》译注组译注：《千金翼方诠译》卷25《色脉·诊气色法》，第1499页。

入为吉。白色见冲眉上者肺有病，入阙庭者夏死；黄色见鼻上者脾有病，入口者春夏死；青色见人中者肝有病，入目者秋死；黑色见颧上者肾有病，入耳者六月死；赤色见颐者心有病，入口者冬死。所谓门户者阙庭，肺门户；目，肝门户；耳，肾门户；口，心脾门户。若有色气入者皆死。"①当然，临证辨色尚需结合四诊，进行综合分析判断，不可一叶障目不见泰山，因为面部某一区域的色泽变化，既可反映一脏或一腑的疾患，同时又可根据其色泽变化的多样性，而诊断许多部位的疾病，体现了"一"与"多"的辩证关系。例如，"鼻头色青者，腹中冷，若痛者，死；鼻头色微黑者，有水气；色白者，无血；色黄者，胸上有寒；色赤者，为风；色青者，为痛；色鲜明者，有留饮"②。所以对于面诊，一方面，我们要识别色泽与对应脏腑的一对一关系；另一方面，我们还要注意面部色泽变化的多变性与复杂性。

在针灸方面，《千金翼方》较《备急千金药方》主要增补了穴位命名的意义及临床治验。如孙思邈说："凡诸孔穴名不徒设，皆有深意。故穴名近于木者属肝，穴名近于神者属心，穴名近于金玉者属肺，穴名近于水者属肾。是以神之所藏亦各有所属。穴名府者，神之所集；穴名门户者，神之所出入；穴名舍宅者，神之所安；穴名台者，神所游观。穴名所主，皆有所况。"③取象比类是中国古代传统的思维方法，具体到腧穴的命名，则因人体气血经络分布的位置、形态、功能等不同，而出现了法人、法天、法地和法物的类自然万物名称，像类山、泉、沟、谷、墟、泽等地貌的"丘墟穴""水沟穴""合谷穴""太渊穴"等；类天象的"璇玑穴""太白穴""上星穴"等；类门、宫、庭、阙、房、仓、窗等建筑物体的"库房穴""神庭穴""地仓穴""府舍穴"等；类动植物的"鹤顶穴""鱼际穴""攒竹穴""禾髎"等；类风、寒、雷、云等气象的"云门穴""风池穴""温留穴""气户穴""光明穴"等；类阴阳五行的"阴包穴""委阳穴""少商穴""角孙穴"等；类藏象的"肝俞穴""神门穴""气海穴""目窗穴"等；类人体部位的"横骨穴""大椎穴""腕骨穴""大胯穴"等；类人事的"风市""中府""通里"等。④随着针灸学的国际化发展趋势日益增强，腧穴命名不仅具有重要的医学意义，因为它有助于加深初学者对穴位的记忆和临床应用⑤，而且它已经成为世界文化遗产的一个组成部分，现在"中国针灸"已经正式被联合国教科文组织保护非物质文化遗产政府间委员会列入"人类非物质文化遗产代表作名录"。

孙思邈对针灸治验非常重视，善于观察，勤于总结，他在《千金翼方》里记录了许多有效的针灸处方。一是用十三鬼穴治疗癫狂，孙思邈说："凡百邪之病，源起多途，其有种种形相示表。癫邪之端而见其病，或有默然而不声，或复多言而谩语，或歌或哭，或笑

---

① （唐）孙思邈原著，钱超尘主编，《千金翼方诠译》译注组译注：《千金翼方诠译》卷 25《色脉·诊气色法》，第 1510 页。

② （唐）孙思邈原著，钱超尘主编，《千金翼方诠译》译注组译注：《千金翼方诠译》卷 25《色脉·诊气色法》，第 1513 页。

③ （唐）孙思邈原著，钱超尘主编，《千金翼方诠译》译注组译注：《千金翼方诠译》卷 28《针灸下·杂法》，第 1691 页。

④ 关于腧穴命名的主要研究成果请参见吴绍德等：《陆瘦燕针灸论著医案选》，北京：人民卫生出版社，2006 年，第 64—71 页。

⑤ 苏维霞编著：《神志病名医秘验绝技》，北京：人民军医出版社，2006 年，第 102 页。

或吟，或眠坐沟渠，啖食粪秽，或裸露形体，或昼夜游走，或嗔骂无度，或是飞蛊精灵手乱目急，如斯种类癫狂之人。今针灸与方药，并主治之。"①经现代临床观察和治疗证实，"十三鬼穴"对治疗狂症及癫症患者，确有效果。二是治疗风邪或风痰所致的眩晕灸法："以绳横度口至两边，既得度口之寸数，便以绳一头更度鼻，尽其两边两乳间。得鼻度之寸数，中屈之取半，合于口之全度，中屈之。先觅头上回发，当回发中灸之。以度度四边左、右、前、后，当绳端而灸。前以面为正，并依年壮多少。一年凡三灸，皆须疮差（瘥）又更灸之，壮数如前。"②用"回发五处穴"灸法治疗风眩症（近似于现代医学所说的外感后眩晕、直立性蛋白缺乏、梅尼埃病、高血压及低血糖等病症），虽然始自南朝的徐嗣伯，但把这一方法发扬光大者却是孙思邈。对于中风，孙思邈除了用药物如小续命汤、大续命汤、西州续命汤及大八风汤等治疗外，尤其推崇用"灸七穴法"。他说："防御风邪，以汤药针灸蒸熨，随用一法皆能愈疾。至于火艾，特有奇能，虽曰针汤散皆所不及，灸为其最要……其灸法，先灸百会，次灸风池，次灸大椎，次灸肩井，次灸曲池，次灸间使各三壮，次灸三里五壮，其炷如苍耳子大。必须大实作之，其艾又须大熟，从此以后，日别灸之，至随年壮止。"③由于艾灸治疗中风需要大剂量持续施灸，且为化脓灸，尽管试验证明此法的确有活血化瘀的作用，但是现代临床运用较少，所以如何科学利用灸法治疗中风，充分发挥此法的优势和特色，已经成为目前中医临床亟待解决的重要课题。

2.《千金翼方》的主要思想特色

《千金翼方》的思想创新特色比较鲜明，林亿等在《校正千金翼方后序》中说："夫疾病之至急者有三：一曰伤寒，二曰中风，三曰疮痈。是二种者，疗之不早，或治不对病，皆死不旋踵。孙氏撰《千金方》，其中风疮痈可谓精至。而伤寒一门，皆以汤散膏丸类聚成篇，疑未得其详矣。又著《千金翼方》三十卷。辨论方法见于千金者十五六。惟伤寒谓大医汤药虽行百无一效。乃专取仲景之论。以太阳方证比类相附三阴三阳宜忌霍乱发汗吐下后阴易劳复病为十六篇。分上下两卷，亦一时之新意。此于千金为辅翼之深者也。"④除在伤寒"太阳方证"颇具"一时之新意"外，孙思邈在医学思维与发展模式、方药取材与动物保护等方面，亦都具有"一时之新意"。下面略作阐述。

1）以"健康"为中心的医学思维与发展模式

人活得不仅要有数量，而且更要有质量，这是自《黄帝内经》以来，古今医家一直都在认真思考、探索和积极践行的重大课题。《黄帝内经素问·生气通天论篇》云："阴平阳秘，精神乃治；阴阳离决，精气乃绝。"⑤这个医学命题至少包含两层意思：一是人体健康的标准是"阴平阳秘"；二是引起疾病的机理是"阴阳离决"。由于远古时代，在落后生产

① （唐）孙思邈原著，钱超尘主编，《千金翼方诠译》译注组译注：《千金翼方诠译》卷27《针灸中·小肠病》，第1647页。

② （唐）孙思邈原著，钱超尘主编，《千金翼方诠译》译注组译注：《千金翼方诠译》卷27《针灸中·小肠病》，第1640页。

③ （唐）孙思邈原著，钱超尘主编，《千金翼方诠译》译注组译注：《千金翼方诠译》卷17《中风下·中风》，第1051页。

④ （唐）孙思邈原著，钱超尘主编，《千金翼方诠译》译注组译注：《千金翼方诠译·校正千金翼方后序》，第1797页。

⑤ 《黄帝内经素问》卷1《生气通天论篇》，陈振相、宋贵美：《中医十大经典全录》，第11页。

力的历史环境里，人们对人体的生理和病理现象尚未形成正确的科学认识，而疾病则往往被视为脱离于人体自身的一种神秘力量所使然，因此，"祝由"一类的巫术大行其道。对此，《黄帝内经素问·移精变气论篇》载："古之治病，惟其移精变气，可祝由而已。今世治病，毒药治其内，针石治其外。"[1]实际上，"祝由"在远古时代不单是医者，更是神者，享有很高的社会地位。如在卜辞里，"巫"都是神名。[2]当时，"巫师与王室结合，巫术也和城郭、战车、刑具一样成了统治阶级的工具"[3]。虽然战国时期的扁鹊将医术与巫术区别开来，在一定程度上削弱了巫术对医学发展的影响，但是，历代医家仍自觉或不自觉地把巫术作为其医疗方法的必要补充而保留下来。如西汉医学帛书《五十二病方》就记载着许多用巫术治病的方法。后来，经过张仲景、华佗、王叔和等医家的积极推动，逐步确立了医学的科学地位。同时，以治疗疾病为中心的医学模式亦渐形成。如《伤寒论》与《金匮要略方论》即围绕疾病处方用药，而基本上不关心"健康"本身的问题。另外，《脉经》与《黄帝针灸甲乙经》虽亦复如此，但需留意，王叔和与皇甫谧毕竟已经开始主动探求人体生理运动的基本规律了，他们为孙思邈医学思维模式的转变创造了理论条件。如前所述，道教医学家杨上善在《黄帝内经太素》中将"摄生"置于其医学思想之首，而孙思邈的"健康"医学思维模式是否直接受到杨氏医学思想的影响，尚待考证。

仅从《千金方》的篇章结构看，明确论述"健康"的内容并不多，但是如果我们把《千金方》的诸篇内容连贯起来观察和分析，那么，就会发现孙思邈绝不是为了炫耀己能和彰显个性去孤立地谈论"健康"问题，而是将"健康"看作是医学发展的目标和方向，从而将其贯彻到人类生命的各个时期和阶段，由内（食疗）而外（美容），由少到老，无论男女老幼，都一视同仁，不忽视生活在社会各个阶层的每一类人群，不舍弃每一种有益于人类健康的方式和方法。

第一，少儿健康。《备急千金要方》对于孕期妇女的保健详于《千金翼方》，反过来，对于初生儿的保健则情形刚好相反，后者详于前者。孙思邈提示人们："儿新生不可令衣过厚热"[4]；"凡乳母乳儿，当先以手极挼散其热，勿令乳汁奔出。令儿咽辄夺其乳，令得息息已复乳之。如是，十反五反，视儿饥饱节度，知一日之中几乳而足，以为常。又常捉去宿乳"[5]。母乳喂养婴儿，用以增强婴儿的免疫力，所以"母乳"对于其幼儿是"最优质的营养"，而"自然界的定律每一种动物的乳汁是最适合该种动物婴儿使用的"[6]。孙思邈虽然没有现代医学的概念，但是他主张"小儿生满三十日乃当哺之"，因为"若三十日乃哺者，令儿无疾"[7]。所谓"哺"是指用食物喂幼儿，其具体喂幼儿的方法是："儿生十

---

① 《黄帝内经素问》卷4《移精变气论篇》，陈振相、宋贵美：《中医十大经典全录》，第24页。
② 常玉芝：《商代宗教祭祀》，北京：中国社会科学出版社，2010年，第150页。
③ 张明华：《中国古玉：发现与研究100年》，上海：上海书店出版社，2004年，第33页。
④ （唐）孙思邈原著，钱超尘主编，《千金翼方诠译》译注组译注：《千金翼方诠译》卷11《小儿·养小儿》，第748页。
⑤ （唐）孙思邈原著，钱超尘主编，《千金翼方诠译》译注组译注：《千金翼方诠译》卷11《小儿·养小儿》，第750页。
⑥ 陈淑贞：《婴儿喂食的现时动向》，崔以泰：《医药卫生》第10辑，北京：书目文献出版社，1987年，第100页。
⑦ （唐）孙思邈原著，钱超尘主编，《千金翼方诠译》译注组译注：《千金翼方诠译》卷11《小儿·养小儿》，第749页。

日始得哺如枣核大，二十日倍之，五十日如弹丸大，百日如枣大。若乳汁少不从此法，当用意少少增之。"①至于婴儿何时开始辅食，《幼幼新书》载有"小儿新生三日，应开腹助谷神""儿生十日始哺如枣核""小儿初生七日，助谷神以导达肠胃""婴儿二十日乃哺""小儿五十日可哺"②等多种说法，孙思邈在这个问题上，不免前后矛盾，似与这个问题本身的复杂性有一定关系。鉴于乳母体质的个体差异，乳汁是否足量，因人而异。于是，在不同的历史时期，要求医家为每个时代的婴儿制定与其生长环境相适应的科学辅食时间表，难度很大。但现代医学认为，婴儿添加泥糊状的时间，一般"不能早于4个月"，然而，遇有特殊情况，则应具体情况具体分析。

第二，成年人的健康。一方面，孙思邈承认："年少则阳气猛盛，食者皆甘，不假医药，悉得肥壮。"③另一方面，孙思邈又不得不承认："年少之时，乐游驰骋，情敦放逸，不至于道。"④结果"聚毒攻神，内伤骨髓，外败筋肉，血气将亡，经络便塞，皮里空疏，惟招蠹疾"⑤。因此，孙思邈特别规劝忙忙碌碌的中青年人："苟能节宣其宜适，抑扬其通塞者，可以增寿。一日之忌者，暮无饱食；一月之忌者，暮无大醉；一岁之忌者，暮须远内；终身之忌者，暮常护气。夜饱，损一日之寿；夜醉，损一月之寿；一接，损一岁之寿，慎之。"⑥此处所讲的"一日之忌""一月之忌""一岁之忌""终身之忌"，是一个缓慢积累的过程，而在这个渐变的由浅积深的病变进程中，有一个现代医学所称的"亚健康状态"时期。当然，"从中医疾病的概念来看，亚健康状态已经包括在中医'病'的范围内"⑦了。所以，孙思邈为了在"不违情性之欢，而俯仰可从；不弃耳目之好，而顾眄可行"⑧的前提下实现"增寿"的目的，他主张从"一日之忌"开始，循序渐进，由日到月，由月到年，由年到终身，把健康的生活方式落实到每一天和每一月的日常饮食之中，同时又要注意："人非金石，况犯寒热雾露，既不调理，必生疾疢，常宜服药，辟外气和脏腑也。"⑨这样，把"服药"与科学的生活方式结合起来，坚外实内，防微杜渐，使之体魄强健，寿考年长。

① （唐）孙思邈原著，钱超尘主编，《千金翼方诠译》译注组译注：《千金翼方诠译》卷11《小儿·养小儿》，第749页。

② （宋）刘昉：《幼幼新书》卷4《哺儿法》，北京：人民卫生出版社，1987年，第96页。

③ （唐）孙思邈原著，钱超尘主编，《千金翼方诠译》译注组译注：《千金翼方诠译》卷12《养性·养性禁忌》，第861页。

④ （唐）孙思邈原著，钱超尘主编，《千金翼方诠译》译注组译注：《千金翼方诠译》卷12《养性·养性禁忌》，第861页。

⑤ （唐）孙思邈原著，钱超尘主编，《千金翼方诠译》译注组译注：《千金翼方诠译》卷15《补益·叙虚损论》，第945页。

⑥ （唐）孙思邈原著，钱超尘主编，《千金翼方诠译》译注组译注：《千金翼方诠译》卷12《养性·养老大例》，第829页。

⑦ 严洁、朱兵主编：《针灸的基础与临床》，长沙：湖南科学技术出版社，2010年，第494页。

⑧ （唐）孙思邈原著，钱超尘主编，《千金翼方诠译》译注组译注：《千金翼方诠译》卷12《养性·养性禁忌》，第826页。

⑨ （唐）孙思邈原著，钱超尘主编，《千金翼方诠译》译注组译注：《千金翼方诠译》卷14《退居·服药》，第925页。

第三，老年人的健康。孙思邈说："人年五十以上，阳气日衰，损与日至。"[①]至于"年迈，气力稍微，非药不救"[②]，根据老年人的生理特点，在饮食方面，"惟奶酪酥茶，常宜温而食之"[③]；"常学淡食，至如黄米、小豆，此等非老者所宜食，故必忌之。常宜轻清甜淡之物，大小麦、粳米等为佳"[④]。在身体锻炼方面，孙思邈尤其强调，运动的常规化和"行气之道"的不间断性。他说："非但老人须知服食将息节度，极须知调身按摩，摇动肢节，导引行气。"[⑤]从维护老年人的健康出发，孙思邈提出了服用牛乳"一日勿阙，常使恣意充足为度"[⑥]的主张和养生思想。在此基础上，孙思邈建议用草药喂牛，然后人们使用其乳汁来防治疾病。其"服牛乳方"载："钟乳一斤，上者，细研之如粉；人参三两；甘草五两，炙；干地黄三两；黄芪三两；杜仲三两，炙；苁蓉六两；茯苓五两；麦门冬四两，去心；薯蓣六两；石斛二两。右（上）以一十一味，捣筛为散，以水五升先煮粟，采七升为粥。内散七两，搅令匀和，少冷水，牛渴饮之令足，不足更饮水，日一。余时患渴，可饮清水。平旦取牛乳服之，生熟任意。牛须三岁以上、七岁以下，纯黄色者为上，余色者为下。其乳常令犊子饮之，若犊子不饮者，其乳动气不堪服也。其乳牛净洁养之，洗刷饱饲须如法，用心看之。慎蒜、鱼、生冷、陈臭等物。"[⑦]这一奇特思想不仅有喂养奶牛的方法，而且对其乳汁亦有检验能否使用的标准，即"其乳常令犊子饮之，若犊子不饮者，其乳动气不堪服也"。现代医学证明，对于老年人食用牛乳确实是一种非常健康的生活方式，因为牛奶含有蛋白质、脂肪、碳水化合物、矿物质、维生素和水等六大营养素，对于老年人来说，它是一种具有滋补强壮作用的理想食品。[⑧]

2）基于佛教理念的方药取材与动物保护思想

"天地之性人为贵"[⑨]，是儒家传统文化中的核心思想之一。祖述宪认为："动物入药起源于原始人的动物崇拜，用吞食或涂抹动物脏器或其象征物来增强自身的力量或驱除魔鬼治疗疾病，现今世界上许多原始部落和远隔地区的初民仍然保持这种文化。"[⑩]从这个角度讲，动物入药含有某种巫术的因素。另外，《易经》主张"同声相应，同气相求"[⑪]，这种

---

① （唐）孙思邈原著，钱超尘主编，《千金翼方诠译》译注组译注：《千金翼方诠译》卷 12《养性·养老大例》，第 862 页。

② （唐）孙思邈原著，钱超尘主编，《千金翼方诠译》译注组译注：《千金翼方诠译》卷 12《养性·养老大例》，第 861 页。

③ （唐）孙思邈原著，钱超尘主编，《千金翼方诠译》译注组译注：《千金翼方诠译》卷 12《养性·养老大例》，第 866 页。

④ （唐）孙思邈原著，钱超尘主编，《千金翼方诠译》译注组译注：《千金翼方诠译》卷 12《养性·养老大例》，第 864 页。

⑤ （唐）孙思邈原著，钱超尘主编，《千金翼方诠译》译注组译注：《千金翼方诠译》卷 12《养性·养老大例》，第 867 页。

⑥ （唐）孙思邈原著，钱超尘主编，《千金翼方诠译》译注组译注：《千金翼方诠译》卷 12《养性·养老大例》，第 870 页。

⑦ （唐）孙思邈原著，钱超尘主编，《千金翼方诠译》译注组译注：《千金翼方诠译》卷 12《养性·养老大例》，第 871 页。

⑧ 王竹星主编：《中老年养生宝典》，天津：天津科学技术出版社，2008 年，第 172 页。

⑨ 《汉书》卷 56《董仲舒传》，第 2516 页。

⑩ 祖述宪：《关于传统动物药及其疗效问题》，《安徽医药》2002 年第 3 期，第 1 页。

⑪ 南怀瑾：《易经杂说》，上海：复旦大学出版社，2002 年，第 207 页。

"取象比类"思维即中医"以脏补脏"观的理论依据。因此,《黄帝内经》提倡用动物药治病,而在它所有的 13 首处方中至少有 5 个处方,用了人或动物器官及组织入药。如《黄帝内经素问·腹中论篇》载"乌鲗骨丸"云:"以四乌鲗骨,一藘茹,二物并合之,丸以雀卵,大如小豆,以五丸为后饭,饮以鲍鱼汁,利肠中及伤肝也。"①从处方用药的层面看,《五十二病方》载有动物类药 57 种,《神农本草经》载有动物类药 65 种,《伤寒杂病论》则倡导用鸡肝、獭肝、牛肚、猪茎等动物脏器治疗疾病。至唐代《新修本草》时,其所载的动物类药已多达 128 种。诚然,孙思邈在《千金翼方》中确实照抄了《新修本草》的动植物类药。不过,在临床处方用药的过程中,他因受到佛教医学的影响,主张少用或慎用动物类药。在《备急千金要方·序例》中,孙思邈明确表示"不用生命物为药",因为"杀生求生,去生更远",且"至于爱命,人畜一也"②。在这样的佛教理念之下,孙思邈强调说:

> 乌兽虫鱼之类凡一百一十六种,皆是生命,各各自保爱其身,与人不殊,所以称近取诸身,远取诸物。人自受命即乌兽自爱,固可知也。是以须药者,皆须访觅先死者或市中求之,必不可得,自杀生以救己命。若杀之者,非立方之意也,慎之慎之。③

以此为处方原则,我们发现孙思邈在《千金翼方》中确实很少取动物身上的材质来处方用药。但这是否意味着孙思邈就坚决拒斥将动物类药用于治疗人类的疾病了呢?当然不是,在急需的情况下,医者可以灵活处之,"必不可得,自杀生以救己命"。如主痔神方:"取三具鲤鱼肠,以火炙令香,以绵裹之,内谷道中,一食顷,虫当出,鱼肠数数易之,尽三枚,便差。"又治痔方:"取熊胆涂之,取差止,但发即涂。"④用熊胆治痔,在临床上果真有效吗?祖述先批评说:"迄今没有任何科学理论和临床试验证据,支持犀角、虎骨、麝香、熊胆和象皮等动物药的治疗价值……不论从治疗效果和病人利益,还是从动物保护来说,都不应当或没有必要使用这些动物药。"⑤所以对待历史上的动物入药问题,应当看到它的两面性,既有科学性,又有神学性。随着现代科学的发展,传统医方中的动物药逐渐被其他非动物类药取代,则是客观必然的历史趋势。

3)"医道唯意"思想

对于医学的本质,孙思邈有一段论述。他说:

> 若夫医道之为言,实惟意也。固以神存心手之际,意析毫芒之里。当其情之所得,口不能言;数之所在,言不能喻。⑥

---

① 《黄帝内经素问》卷 11《腹中论篇》,陈振相、宋贵美:《中医十大经典全录》,第 62 页。
② (唐)孙思邈撰,(宋)林亿等校正:《备急千金要方》卷 1《序例·大医精诚》,蔡铁如主编:《中华医书集成》第 8 册《方书类一》,第 6 页。
③ (唐)孙思邈原著,钱超尘主编,《千金翼方诠译》译注组译注:《千金翼方诠译》卷 4《虫鱼部》,第 234 页。
④ (唐)孙思邈原著,钱超尘主编,《千金翼方诠译》译注组译注:《千金翼方诠译》卷 24《疮痈下·肠痔》,第 1476 页。
⑤ 祖述宪:《关于传统动物药及其疗效问题》,《安徽医药》2002 年第 3 期,第 1 页。
⑥ (唐)孙思邈原著,钱超尘主编,《千金翼方诠译》译注组译注:《千金翼方诠译·〈千金翼方〉序》,第 1 页。

这段话表明：第一，中医在处方用药及针灸刺灸等方面，难以制定放之四海而皆准的规则与标准，因而在一定范围内具有主观随意性，这是许多人批评中医的"箭靶"之一。例如，方舟子认为："科学的检验必须是客观的，遵循实证和理性的原则，尽量避免主观的偏差。但是中医却强调主观的'心法'，非理性的'顿悟'，早期著作称为'慧然独悟''昭然独明'，晚期著作则大谈'禅悟'、'心悟'，这显然是玄学的方法。"批评中医缺乏经过实验验证的客观标准，有其合理性，但由此认为中医"顿悟"思维是一种"玄学"的方法，肯定是失之偏颇。第二，临床经验是提高医术的重要途径。由于中医缺乏科学的治疗标准，所以迷信古方和先贤的医学著作，往往不能对症，更谈不上疗效。孙思邈在《大医精诚》里说："世有愚者，读方三年，便谓天下无病可治；及治病三年，乃知天下无方可用。"[1]一方面，中医的经验传承很重要，没有传承就没有中医。但是，传承与创新是中医发展的两个既对立又统一的方面，只有传承没有创新，中医就失去了生命力。反过来，脱离中医传统而谈创新，其创新也就变成了无源之水。因此，对待先贤的著作，孙思邈反对固守成方，只言沿袭，不知变通。另一方面，正因中医看重其经验，所以从先贤的著作中学习处方用药，寻思旨趣，才被视为中医入门的先决条件。孙思邈在论述伤寒病的历史演变过程时，深有感触地说：治疗伤寒仲景特有神功，可惜，"医人未能钻仰"。结果"太医疗伤寒，惟大青、知母等诸冷物投之，极与仲景本意相反。汤药虽行，百无一效"[2]。这个事例说明，先贤的经验是长期临床实践的结晶，甚至有些经验已经上升为系统的理论。比如，张仲景的《伤寒论》就是如此。既然伤寒病的治疗已经形成了系统性较强的理论，那么，无论何时，人们在治疗伤寒病的辨证过程中，就不能脱离《伤寒论》的基本原则和治疗方法。因此，孙思邈感叹道："术数未深，而天下名贤，止而不学，诚可悲夫！"[3]面对医界的上述状况，孙思邈提出了"方虽是旧，弘之惟新"[4]的思想命题。有基于此，孙思邈特别注重对先贤医学著作的收集和整理，他所收集先贤经文医方的范围不单局限于唐代以前的几十位医学名家，如张仲景、陈延之、支法存等，尤其重视收集流传在民间、官府的俗说单方和验方。所以孙思邈《备急千金要方》和《千金翼方》除了医方数量多之外，有些医方的来源时间远在张仲景之前，如《千金翼方·养生服饵》篇载有古医方"周·白水候散"[5]，而《武威汉代医简》里就载有几首"白水候方"。在"服水"篇中，孙思邈对其收集服水医方的过程做了如下客观记录。他说："含灵受气，非水不生；万物禀形，非水不育。大则包禀天地；细则随气方圆。圣人方之以为上善。余尝见真人有得水仙者，不睹其方。武德中龙赍此一卷服水经授余，乃披玩不舍昼夜。其书多有蠹坏，文本

---

① （唐）孙思邈撰，（宋）林亿等校正：《备急千金要方》卷1《序例·大医精诚》，蔡铁如主编：《中华医书集成》第8册《方书类一》，第1页。

② （唐）孙思邈原著，钱超尘主编，《千金翼方诠译》译注组译注：《千金翼方诠译》卷9《伤寒上·序论》，第453页。

③ （唐）孙思邈原著，钱超尘主编，《千金翼方诠译》译注组译注：《千金翼方诠译》卷9《伤寒上·序论》，第453页。

④ （唐）孙思邈原著，钱超尘主编，《千金翼方诠译》译注组译注：《千金翼方诠译》卷9《伤寒上·序论》，第453页。

⑤ （唐）孙思邈原著，钱超尘主编，《千金翼方诠译》译注组译注：《千金翼方诠译》卷12《养性·养性服饵》，第844—845页。

颇致残缺，因暇隙寻其义理，集成一篇，好道君子勤而修之，神仙可致焉。"①可见，他对医方的辑录，不但是收集和整理，更有创新。特别是对先贤医方的应用，孙思邈根据自己的临床实践，多有变易，推陈出新，像治疗妇女产后"虚烦头痛短气欲死心中闷乱不起"的"淡竹茹汤"，组方：生淡竹茹，一升；麦门冬，五合，去心；小麦，五合；大枣，十四枚，一方用石膏；生姜，三两，切，一方用生姜；甘草，炙，一两。考张仲景《金匮要略方论》中载有治疗"妇人脏燥，喜悲伤欲苦"的"甘麦大枣汤"，组方：甘草，三两；小麦，一升；大枣，十枚。显然，前者是在后者的基础上，增加淡竹茹、麦门冬和生姜三味药而成。又如治疗"胃气不足，心气少，上奔胸中，愤闷寒冷，腹中绞痛，吐痢宿汁"的"胃胀汤"，组方：人参，一两；茯苓、橘皮、干姜、甘草（炙），各二两。②而张仲景在《伤寒论》中讨论了"霍乱，头痛，发热，身疼痛"，是"寒多不用水"的病症，建议用"理中丸"治疗，组方：人参、干姜、甘草（炙）、白术，各三两。③可见，前方是在后方的基础上去白术，加橘皮、茯苓而成。此外，像孙思邈自创的"温胆汤""驻车丸""苇茎汤"等医方，亦屡见不鲜。第三，学习中医言传身教固然重要，但用心体悟，不囿于门户之见，尤为关键。张仲景对于伤寒病的治疗，从来不局限于单一的处方剂型，而是根据临床症状和病人体质的差异，灵活应用汤剂、丸剂与散剂。例如，孙思邈在《备急千金要方》里引张仲景的话说："欲疗诸病，当先以汤荡涤五藏六腑，开通诸脉，治道阴阳，破散邪气，润泽枯朽，悦人皮肤，益人气血。水能净万物，故用汤也。若四肢病久，风冷发动，次当用散，散能逐邪，风气湿痹，表里移走，居无常处者，散当平之。次当用丸，丸药者能逐风冷，破积聚，消诸坚癖，进饮食，调和荣卫。能参合而行之者，可谓上工。故曰：医者意也。"④即"意"就是用自己的头脑去辨证施治，而不是照本宣科、生搬硬套先贤的处方经验。所以孙思邈说："善于用意，即为良医。良医之道，必先诊脉处方，次即针灸，内外相扶，病必当愈。"⑤此处所讲的诊治疾病的程序，与现代临床医学的诊疗程序非常相似，先通过各种生理和病理检查，然后处方用药，制定治疗方案，内外兼顾，上下照应，目标是治愈患者。其中"诊脉"实际上还包括察色与听声，故孙思邈说："凡疗病，当察其形气色泽，脉之盛衰，病之新故，乃可疗之。"⑥又切脉"于轻重之间，随人强弱肥瘦，以意消息进退举按之宜"⑦。再者，用药"有单行者，有相须者，有相使者，有

---

① （唐）孙思邈原著，钱超尘主编，《千金翼方诠译》译注组译注：《千金翼方诠译》卷13《辟谷·服水》，第911页。

② （唐）孙思邈原著，钱超尘主编，《千金翼方诠译》译注组译注：《千金翼方诠译》卷15《补益·补五脏》，第982页。

③ （汉）张仲景：《伤寒论·辨霍乱病脉证并治》，陈振相、宋贵美：《中医十大经典全录》，第376页。

④ （唐）孙思邈撰，（宋）林亿等校正：《备急千金要方》卷1《序例·诊候》，蔡铁如主编：《中华医书集成》第8册《方书类一》，第4页。

⑤ （唐）孙思邈原著，钱超尘主编，《千金翼方诠译》译注组译注：《千金翼方诠译》卷26《针灸上·取孔穴法》，第1556页。

⑥ （唐）孙思邈原著，钱超尘主编，《千金翼方诠译》译注组译注：《千金翼方诠译》卷25《色脉·诊脉大意》，第1527页。

⑦ （唐）孙思邈撰，（宋）林亿等校正：《备急千金要方》卷28《平脉·平脉大法》，蔡铁如主编：《中华医书集成》第8册《方书类一》，第539页。

相畏者，有相恶者，有相反者，有相杀者。凡此七情，合和之时用意视之"①等。可以想象，这个过程若不用心专一，就根本无法正确判断病情，更无法对症用药。从这个角度，孙思邈由衷感叹："易（医）道深矣。"②所以，"学者必当屏弃俗情，凝心于此"，然后"和鹊之功因兹可得而致也"③。

二、孙思邈医药学思想的历史地位

（一）将"天人合一"立为其医学思想的基础

"天人合一"是中国传统文化的核心，无论《周易》还是《黄帝内经》，都把"天人合一"视为其整个思想体系的灵魂。例如，《黄帝内经素问·生气通天论篇》说："夫自古通天者生之本，本于阴阳。"④把生命的存在与天地阴阳联系在一起，表明人与自然界是统一的整体，这样，《黄帝内经》便形成了"人与天地相应"的"天人合一"医学理论。据此，王庆其认为："中医学是以'天人合一'为理论核心，专门探讨人体生命活动规律及其防治疾病、维护健康的科学。"关于《黄帝内经》的医学思想特色，请参见刘常林的《内经的哲学和中医学的方法》一书，以及王庆其、李柄文、申秀云、尹冬青等人的相关论著，兹不赘述。

当然，我们必须强调，孙思邈的"天人合一"思想与先秦儒家的"天人合一"思想一脉相承，在这样的文化生态之中，孙思邈的"天人合一"观无疑是儒家哲学思想在唐代医学领域不断渗透、发酵和升华的思想结晶。

《旧唐书》本传载，孙思邈常说："吾闻善言天者，必质之于人；善言人者，亦本之于天。天有四时五行，寒暑迭代，其转运也，和而为雨，怒而为风，凝而为霜雪，张而为虹霓，此天地之常数也。人有四支五藏，一觉一寐，呼吸吐纳，精气往来，流而为荣卫，彰而为气色，发而为音声，此人之常数也。阳用其形，阴用其精，天人之所同也。及其失也，蒸则生热，否则生寒，结而为瘤赘，陷而为痈疽，奔而为喘乏，竭而为燋枯，诊发乎面，变动乎形。推此以及天地亦如之。"⑤那么，"天"是什么？孙思邈非常肯定地指出，天就是指自然界的各种变化。他说："（天地）变化之迹无方，性命之功难测，故有炎凉寒燠、风雨晦冥、水旱妖灾、虫蝗怪异。四时八节，种种施化不同；七十二候，日月运行各别。终其暑度，方得成年，是谓岁功毕矣。"他又说："天无一岁不寒暑……故有天行温疫病者，即天地变化之一气也，斯盖造化必然之理，不得无之。"⑥这样，经过孙思邈的进一步解释，"天"或"地"被具体化为一种物质性的运动之气，而且气的运动遵循着一定的

---

① （唐）孙思邈撰，（宋）林亿等校正：《备急千金要方》卷1《序例·用药》，蔡铁如主编：《中华医书集成》第8册《方书类一》，第5页。
② （唐）孙思邈原著，钱超尘主编，《千金翼方诠译》译注组译注：《千金翼方诠译·〈千金翼方〉序》，第2页。
③ （唐）孙思邈撰，（宋）林亿等校正：《备急千金要方》卷28《平脉·平脉大法》，蔡铁如主编：《中华医书集成》第8册《方书类一》，第538页。
④ 《黄帝内经素问》卷1《生气通天论篇》，陈振相、宋贵美：《中医十大经典全录》，第10页。
⑤ 《旧唐书》卷191《孙思邈传》，第5095页。
⑥ （唐）孙思邈撰，（宋）林亿等校正：《备急千金要方》卷9《伤寒上·伤寒例》，蔡铁如主编：《中华医书集成》第8册《方书类一》，第183页。

自然规律。按照气的运动特点来划分，天地之气被分成多种类型：一是"正气"，即"四时"运行的常态表现形式，以"和顺"为特点，如"春气温和，夏气暑热，秋气清凉，冬气冰冽，此四时正气之序也"①。二是"反常之气"，这种气候不是按照正常的四时运行秩序依次出现，而是与四时之气相悖反，夏行冬气，或冬行夏气，故"凡时行者，是春时应暖而反大寒，夏时应热而反大冷，秋时应凉而反大热，冬时应寒而反大温，此非其时而有其气"②。三是"时气"，即含有传染性病毒（各种微生物）的致病物质，由于唐朝科学技术发展的程度还无法正确解释产生"瘟疫"的致病因素，故将其笼统地称作"时气"，孙思邈在《千金翼方·禁瘟疫时行》中载录了多首"禁时气瘟疫病法"，当然都是与巫术有关的方法，关于"禁术"的评价详见后论。四是"蒸气"，即地下蒸发而出的各种气流，故孙思邈说："夫风毒之气，皆起于地，地之寒暑风湿，皆作蒸气。"③五是"暴气"，即具有灾害性质的气象，如大热、大寒等，孙思邈说："四时代谢，阴阳递兴。此之二气更相击怒，当是时也，必有暴气。夫暴气者，每月之中必有。卒然大风、大雾、大寒、大热。"④

人在自然界中，虽为最贵，但"一体之盈虚消息，皆通于天地，应于物类"⑤。具体地讲，即"天气通于肺，地气通于嗌，风气应于肝，雷气动于心，谷气感于脾，雨气润于肾"⑥。也就是说，人同万物一样，属于自然生态系统中的一个环节，它与天地万物既相互联系又相互作用，于是，随着天地万物的运动变化，人体必然会随之发生适应性变化。如果人体一旦不能适应天地万物的运动变化，那么，病患就随之而产生。就人类体质而言，"凡人禀形，气有中适，有躁静，各各不同"⑦。同天地之气的变化类型一样，人体既然"本之于天"，"上部为天，肺也；中部为人，脾也；下部为地，肾也"⑧，且"眼目应日月，五藏法五星，六腑法六律，以心为中极。大肠长一丈二尺，以应十二时；小肠长二丈四尺，以应二十四气；身有三百六十五络，以应一岁"⑨，我们就不难推想，人体之气亦可以分成许多种类。从上面的引述看，孙思邈在讨论天人关系问题时，不免牵强附会，然而，古人在理解天人关系的客观性时，用"天人相应"或"人副天数"的方式比用其他

① （唐）孙思邈撰，（宋）林亿等校正：《备急千金要方》卷9《伤寒上·伤寒例》，蔡铁如主编：《中华医书集成》第8册《方书类一》，第183页。
② （唐）孙思邈撰，（宋）林亿等校正：《备急千金要方》卷9《伤寒上·伤寒例》，蔡铁如主编：《中华医书集成》第8册《方书类一》，第183页。
③ （唐）孙思邈撰，（宋）林亿等校正：《备急千金要方》卷7《风毒脚气·论风毒状》，蔡铁如主编：《中华医书集成》第8册《方书类一》，第146页。
④ （唐）孙思邈撰，（宋）林亿等校正：《备急千金要方》卷22《疔肿痈疽·疔肿》，蔡铁如主编：《中华医书集成》第8册《方书类一》，第421页。
⑤ （唐）孙思邈原著，钱超尘主编，《千金翼方诠译》译注组译注：《千金翼方诠译》卷12《养性·养性禁忌》，第827页。
⑥ （唐）孙思邈撰，（宋）林亿等校正：《备急千金要方》卷11《肝脏·筋极》，蔡铁如主编：《中华医书集成》第8册《方书类一》，第224页。
⑦ （唐）孙思邈撰，（宋）林亿等校正：《备急千金要方》卷28《平脉·平脉大法》，蔡铁如主编：《中华医书集成》第8册《方书类一》，第539页。
⑧ （唐）孙思邈撰，（宋）林亿等校正：《备急千金要方》卷1《序例·诊候》，蔡铁如主编：《中华医书集成》第8册《方书类一》，第3页。
⑨ （唐）孙思邈撰，（宋）林亿等校正：《备急千金要方》卷1《序例·治病略例》，蔡铁如主编：《中华医书集成》第8册《方书类一》，第3页。

任何方式都更适合于他们的思维习惯和接受能力。因而孙思邈的医学思想不可能脱离他所生活时代的整个文化传统，另外，当时唐朝思想界还没有形成以"天人交相胜"为基音的声响局面。在这种历史背景下，"天人相应"便成为理解人类一切活动的主要思维模式。

依照孙思邈的论述，人体之气大致可分为：

（1）"和气"。人体各个脏腑的组织和功能是一个有机统一的整体，它们相互协调，相互依赖，共同构成一个"四气合德，四神安和"①的生命运动状态。孙思邈说："人者，禀受天地中和之气，法律礼乐，莫不由人。"②既然"由人"，在孙思邈看来，就应当顺应自然界的变化，依时摄养。如"春三月，此谓发陈。天地俱生，万物以荣。夜卧早起，广步于庭，被发缓形，以使志生""夏三月，此谓蕃秀。天地气交，万物华实。夜卧早起，毋厌于日。使志无怒，使华英成秀，使气得泄，若所爱在外，此夏气之应，养长之道也""秋三月，此谓容平。天气以急，地气以明。早卧早起，与鸡俱兴。使志安宁，以缓秋刑。收敛神气，使秋气平。毋外其志，使肺气清，此秋气之应，养收之道也""冬三月，此谓闭藏。水冰地坼，无扰乎阳。早卧晚起，必待日光。使志若伏若匿，若有私意，若已有得，去寒就温，毋泄皮肤，使气亟夺，此冬气之应，养藏之道也"③。因此，气和则精神和，反之，"乱于和气者，病也"④，甚至"一气不调，百一病生"⑤。

（2）"精气"。它主要有两层含义：一是指自然界所有无形的和处于不断运动的物质；二是特指气中的精微部分，是一种无形可见的极细微物质，如"药之精气一切都尽，与朽木不殊"⑥，句中的"药之精气"即是指药材中所含的精微物质。而气的出入升降运动就构成了宇宙万物的新陈代谢，从而维持生命的正常活动。就人类的生命活动来说，精气既是构成人体的物质基础，同时又是生理活动的原动力。所以气化运动失常是造成人体功能障碍的根本原因。对此，孙思邈说："阴阳调和，二气相感，阳施阴化，是以有娠……但妊娠二月，名曰始膏，精气成于胞里。"⑦此"精气"与人体"元气"意思相同，故"所谓五脏者，藏精气而不泻"⑧。其中肾脏系"生来精灵之本"，而"生之来谓之精，精者，肾

① （唐）孙思邈撰，（宋）林亿等校正：《备急千金要方》卷1《序例·诊候》，蔡铁如主编：《中华医书集成》第8册《方书类一》，第4页。

② （唐）孙思邈撰，（宋）林亿等校正：《备急千金要方》卷1《序例·治病略例》，蔡铁如主编：《中华医书集成》第8册《方书类一》，第3页。

③ （唐）孙思邈撰，（宋）林亿等校正：《备急千金要方》卷27《养性·养性序》，蔡铁如主编：《中华医书集成》第8册《方书类一》，第522页。

④ （唐）孙思邈撰，（宋）林亿等校正：《备急千金要方》卷26《食治·序论》，蔡铁如主编：《中华医书集成》第8册《方书类一》，第506页。

⑤ （唐）孙思邈撰，（宋）林亿等校正：《备急千金要方》卷1《序例·诊候》，蔡铁如主编：《中华医书集成》第8册《方书类一》，第4页。

⑥ （唐）孙思邈撰，（宋）林亿等校正：《备急千金要方》卷1《序例·合和》，蔡铁如主编：《中华医书集成》第8册《方书类一》，第13页。

⑦ （唐）孙思邈撰，（宋）林亿等校正：《备急千金要方》卷2《妇人方上·求子》，蔡铁如主编：《中华医书集成》第8册《方书类一》，第18页。

⑧ （唐）孙思邈撰，（宋）林亿等校正：《备急千金要方》卷12《胆腑·胆腑脉论》，蔡铁如主编：《中华医书集成》第8册《方书类一》，第232页。

之藏也"①。因此，孙思邈所说的精气是指由父母之精所化生，并与后天水谷精气和自然清气结合而形成的精、血、津、液等阴气，以及卫气、宗气、营气、脏腑之气、经脉之气等阳气。如孙思邈在《备急千金要方·三焦虚实》中说："夫血与气异形而同类，卫气是精，血气是神，故血与气异名同类焉。而脱血者无汗，此是神气；夺汗者无血，此是精气。故人有两死，而无两生，犹神精之气隔绝也。"②

（3）"神气"。它包含的内容比较多：①"神"在五脏中与心关系密切，"心者神之舍"③，由于心主身之血脉，故广义的神系指主宰整个人体生命活动的原动力，而狭义的神则主要是指人的精神、意识、思维活动等。因此，孙思邈说："神者，五脏专精之本也，为帝王，监领四方。"④这是指广义的神，它具有主宰生命活动的作用；另，小儿初生，须要时刻注意护理，"令儿心神智慧无病也"⑤，此为狭义的神，主要指人的精神意识活动。②神气与精气相互为用，一方面精气的相互作用形成神气，故"有生之来谓之精，两精相搏谓之神"⑥，又"五藏六腑之精气，皆上注于目"，所以"目者五藏六腑之精也，营卫魂魄之所营也，神气之所生也"⑦；另一方面，神气又是精气充盈于五脏六腑的动力，是生命的主宰，所以说："妊娠十月，五脏俱备，六腑齐通，纳天地气于丹田，故使关节人神皆备，但俟时而生"，或云："妊娠一月始胚，二月始膏……九月谷气入胃，十月诸神备，日满即产矣。"⑧③水谷精气亦称"神气"，孙思邈明言："神者，水谷精气也。"⑨有时孙思邈还把"水谷精气"称作"谷神"⑩，体现了后天营养对维系生命活动的重要性。④指存养于人体内的精纯元气，如孙思邈在《千金翼方·养性》篇中把"啬神"列为养性的第一大要，此处所说的"神"即是指存养于人体之内的"精纯元气"。⑤指人的精神气息及情志状态，如孙思邈在论述"候痫法"时说："气发于内，必先有候，常宜审察

---

① （唐）孙思邈撰，（宋）林亿等校正：《备急千金要方》卷 19《肾脏·肾脏脉论》，蔡铁如主编：《中华医书集成》第 8 册《方书类一》，第 367 页。

② （唐）孙思邈撰，（宋）林亿等校正：《备急千金要方》卷 20《膀胱腑·三焦虚实》，蔡铁如主编：《中华医书集成》第 8 册《方书类一》，第 394 页。

③ （唐）孙思邈撰，（宋）林亿等校正：《备急千金要方》卷 6《七窍病·目病》，蔡铁如主编：《中华医书集成》第 8 册《方书类一》，第 111 页。

④ （唐）孙思邈撰，（宋）林亿等校正：《备急千金要方》卷 13《心脏·心脏脉论》，蔡铁如主编：《中华医书集成》第 8 册《方书类一》，第 250 页。

⑤ （唐）孙思邈撰，（宋）林亿等校正：《备急千金要方》卷 5《少小婴孺·初生出腹》，蔡铁如主编：《中华医书集成》第 8 册《方书类一》，第 79 页。

⑥ （唐）孙思邈撰，（宋）林亿等校正：《备急千金要方》卷 13《心脏·心脏脉论》，蔡铁如主编：《中华医书集成》第 8 册《方书类一》，第 250 页。

⑦ （唐）孙思邈撰，（宋）林亿等校正：《备急千金要方》卷 6《七窍病·目病》，蔡铁如主编：《中华医书集成》第 8 册《方书类一》，第 111 页。

⑧ （唐）孙思邈撰，（宋）林亿等校正：《备急千金要方》卷 2《妇人方上·养胎》，蔡铁如主编：《中华医书集成》第 8 册《方书类一》，第 24 页。

⑨ （唐）孙思邈撰，（宋）林亿等校正：《备急千金要方》卷 16《胃腑·胃腑脉论》，蔡铁如主编：《中华医书集成》第 8 册《方书类一》，第 312 页。

⑩ （唐）孙思邈撰，（宋）林亿等校正：《备急千金要方》卷 5《少小婴孺·初生出腹》，蔡铁如主编：《中华医书集成》第 8 册《方书类一》，第 80 页。

其精神，而采其候也。"①而"察其形貌、神气、色泽"，乃是疗病的基本程序和技能。这里，"精神"或"神气"就是指人的神志与肌情状态。⑥指一种能致病的怪异之气，如对于"客忤"，孙思邈认为是由"乳母及父母，或从外还，衣服经履鬼神粗恶暴气，或牛马之气"②所致。另，"凡小儿所以有魃病者，是妇人怀娠，有恶神导其腹中胎，妒嫉他小儿令病也"③。在此，"恶神"实际上就是一种能致病的怪异之气。

（4）"五脏六腑之气"。①"胃气"，指胃中的水谷之气及其功能与表现。孙思邈对"胃气"非常重视，他说："夫人受气于谷，谷入于胃乃传于五藏六腑，五藏六腑皆受气于胃。"④表明"胃气"作为"后天之本"，人体只有依赖脾胃消化、吸收水谷精微，才能供给维持生命活动的基本营养物质。而人们在诊脉过程中往往以有无胃气看作是疾病预后吉凶的重要标准，其依据就在于此。故孙思邈说："凡四时脉皆以胃气为本，虽有四时王相之脉，无胃气者难差也。"⑤②"肾气"，指肾精所化之气，有广义与狭义之分：广义的肾气是指肾脏（包括肾阴和肾阳）的功能活动；狭义的肾气仅仅指中起固摄、封藏作用的那部分肾脏功能活动。孙思邈说："肾藏精，精舍志……肾气上通于耳，下通于阴也。左肾壬，右肾癸，循环玄宫，上出耳门，候闻四远，下回玉海，挟脊左右，与脐相当，经于上焦，荣于中焦，卫于下焦，外主骨，内主膀胱。"⑥关于肾脏的功能和作用，孙思邈认为"凡肾脏象水"⑦，"肾者主阴，阴水也，皆生于肾"⑧。据此原理，孙思邈提出了"服水"养生法，具体方法略。在孙思邈看来，"夫天生五行，水德最灵"，因为"含灵受气，非水不生；万物禀形，非水不育。大则包禀天地；细则随气方圆，圣人方之以为上善"⑨。当然，在临床上，孙思邈更多的是在狭义的层面理解"肾气"，如肾气丸"治虚劳，肾气不足，腰痛阴寒，小便数，囊冷湿，尿有余沥，精自出，阴痿不起"⑩，此处诸症，均系肾气的固摄、封藏作用不足的临床表现。③"心气"，诸如心搏强弱、节律、频

---

① （唐）孙思邈撰，（宋）林亿等校正：《备急千金要方》卷5《少小婴孺·惊痫》，蔡铁如主编：《中华医书集成》第8册《方书类一》，第83页。

② （唐）孙思邈撰，（宋）林亿等校正：《备急千金要方》卷5《少小婴孺·客忤》，蔡铁如主编：《中华医书集成》第8册《方书类一》，第87页。

③ （唐）孙思邈撰，（宋）林亿等校正：《备急千金要方》卷5《少小婴孺·客忤》，蔡铁如主编：《中华医书集成》第8册《方书类一》，第89页。

④ （唐）孙思邈原著，钱超尘主编，《千金翼方诠译》译注组译注：《千金翼方诠译》卷25《色脉·诊脉大意》，第1517页。

⑤ （唐）孙思邈撰，（宋）林亿等校正：《备急千金要方》卷28《平脉·诊四时相反脉》，蔡铁如主编：《中华医书集成》第8册《方书类一》，第553页。

⑥ （唐）孙思邈撰，（宋）林亿等校正：《备急千金要方》卷19《肾脏·肾脏脉论》，蔡铁如主编：《中华医书集成》第8册《方书类一》，第367页。

⑦ （唐）孙思邈撰，（宋）林亿等校正：《备急千金要方》卷19《肾脏·肾脏脉论》，蔡铁如主编：《中华医书集成》第8册《方书类一》，第367页。

⑧ （唐）孙思邈撰，（宋）林亿等校正：《备急千金要方》卷19《肾脏·肾脏脉论》，蔡铁如主编：《中华医书集成》第8册《方书类一》，第370页。

⑨ （唐）孙思邈原著，钱超尘主编，《千金翼方诠译》译注组译注：《千金翼方诠译》卷13《辟谷·服水》，第911页。

⑩ （唐）孙思邈撰，（宋）林亿等校正：《备急千金要方》卷19《肾脏·补肾》，蔡铁如主编：《中华医书集成》第8册《方书类一》，第385页。

率及心脏传导、气血循环等属于心阳菜单现的现象，都系"心气"的范畴。在生理上，"心气通于舌，舌非窍也，其通于窍者，寄见于耳。左耳丙，右耳丁，循环炎宫，上出唇，口知味，荣华于耳，外主血，内主五音"①。在临床上，心肾相交，"夫心者，火也，肾者，水也，水火相济"，两脏既相制又相济和相助，共同维持正常的生命活动。反之，"心气虚则悲不已，实则笑不休。心气虚则梦救火，阳物得其时则梦燔灼；心气盛则梦喜笑及恐畏；厥气客于心，则梦丘山烟火"②。④"肝气"，指肝藏血和主疏泄所表现出来的各种生理功能活动，从生理学的角度看，"肝气通于目，目和则能辨五色矣；左目甲，右目乙，循环紫宫，荣华于爪；外主筋，内主血"③。在临床上，"肝气虚则恐，实则怒"④。⑤"肺气"，即由肺主宣发肃降、通调水道和主气、司呼吸，以及朝百脉而主治节等功能活动所表现出来的生理现象。孙思邈说："肺气通于鼻，鼻和则能知香臭矣，循环紫宫，上出于颊，候于鼻下，回肺中，荣华于发，外主气，内主胸。"⑤在临床上，"肺气虚则鼻息利少；气实则喘喝胸凭仰息"⑥。⑥"脾气"，系指由脾主运化、主升清及主统血等功能所表现出来的生理现象及其赖以产生的精微物质。在生理方面，"脾气通于口，口和则能别五谷味矣。故云口为戊，舌唇为己，循环中宫，上出颐颊，次候于唇，下回脾中，荣华于舌，外主肉，内主味"⑦。在临床上，"脾气虚，则梦饮食不足；得其时，则梦筑垣盖屋。脾气盛，则梦歌乐，体重，手足不举"⑧。⑦"胆气"，指胆储存与排泄胆汁的生理功能。孙思邈说："胆腑者，主肝也，肝合气于胆。胆者，中清之腑也"，而"凡胆、脑、髓、骨、脉、女子胞，此六者，地气之所生也，皆藏于阴而象于地，故藏而不泻"⑨。在临床上，孙氏特别强调："饮酒当风，邪入胃经；胆气妄泄，目则为青；虽有天数，不可复生。"⑩

其他尚有阴气、阳气、卫气、营气等，限于篇幅，不再一一叙论。

---

① （唐）孙思邈撰，（宋）林亿等校正：《备急千金要方》卷 13《心脏·心脏脉论》，蔡铁如主编：《中华医书集成》第 8 册《方书类一》，第 250 页。

② （唐）孙思邈撰，（宋）林亿等校正：《备急千金要方》卷 13《心脏·心脏脉论》，蔡铁如主编：《中华医书集成》第 8 册《方书类一》，第 250 页。

③ （唐）孙思邈撰，（宋）林亿等校正：《备急千金要方》卷 11《肝脏·肝脏脉论》，蔡铁如主编：《中华医书集成》第 8 册《方书类一》，第 218 页。

④ （唐）孙思邈撰，（宋）林亿等校正：《备急千金要方》卷 11《肝脏·肝脏脉论》，蔡铁如主编：《中华医书集成》第 8 册《方书类一》，第 218 页。

⑤ （唐）孙思邈撰，（宋）林亿等校正：《备急千金要方》卷 17《肺脏·肺脏脉论》，蔡铁如主编：《中华医书集成》第 8 册《方书类一》，第 325 页。

⑥ （唐）孙思邈撰，（宋）林亿等校正：《备急千金要方》卷 17《肺脏·肺脏脉论》，蔡铁如主编：《中华医书集成》第 8 册《方书类一》，第 325 页。

⑦ （唐）孙思邈撰，（宋）林亿等校正：《备急千金要方》卷 15《脾脏·脾脏脉论》，蔡铁如主编：《中华医书集成》第 8 册《方书类一》，第 286 页。

⑧ （唐）孙思邈撰，（宋）林亿等校正：《备急千金要方》卷 15《脾脏·脾脏脉论》，蔡铁如主编：《中华医书集成》第 8 册《方书类一》，第 286 页。

⑨ （唐）孙思邈撰，（宋）林亿等校正：《备急千金要方》卷 12《胆腑·胆腑脉论》，蔡铁如主编：《中华医书集成》第 8 册《方书类一》，第 231—232 页。

⑩ （唐）孙思邈撰，（宋）林亿等校正：《备急千金要方》卷 28《平脉·扁鹊华佗察声色要诀》，蔡铁如主编：《中华医书集成》第 8 册《方书类一》，第 551 页。

综上所述，关于"气场"与人体的关系，我们可以作如是观：一是不能忽视内气（即储存在人体之内的气）的存在，因为内气本身也是一个有机系统，作为系统要素的各个部分如心气、肝气、脾气等，它们既各自独立又相互依赖，从而通过动态平衡，共同维系着人体各个脏腑和组织之间的生理功能活动，所以孙思邈认为："四百四病，身手自造，本非由天。"①从这个角度，孙氏又进一步提出了"气息得理，即百病不生。若消息失宜，则诸疴竞起"②的思想。这个思想值得重视，随着现代医学模式由传统的重视疾病向重视健康转变，关注人体自身的健康已经成为未来医学发展的一个重要方向。虽然孙思邈所强调的养性观，不可避免被打上了时代的烙印，但是在今天看来，它里面确实含有许多积极合理的医学思想因素，如"调气法"即气功疗法，经临床反复验证，对防治疾病确有一定效用。二是强调人体应当顺应"外气"的变化规律，不能任意逆之。孙思邈说："天气不和，疾疫流行。"③他又说："（人）犯寒热雾露，既不调理，必生疾病"④。三是提出了社会医学的思想，孙思邈说："人生天地之间，命有遭际，时有否泰，吉凶悔吝，苦乐安危，喜怒爱憎，存亡忧畏，关心之虑，日有千条，谋身之道，时生万计，乃度一日。"⑤这说明疾病不仅与人体内部的各个脏腑和组织机能的失衡有关，同时还与自然界的环境变化有关，更与社会生存环境因素的变化相因果。可见，认识疾病必须"同时考虑生物的，心理和行为的，以及社会的各种因素的综合作用"。

（二）主张治疗手段的多样化

孙思邈是我国古代第一位深入民间、虚心向民众及同行请教医道与医术、广泛收集校验秘方的医学家。在《备急千金要方》和《千金翼方》两书中，孙思邈究竟讲述了多少种医疗手段，难以精确统计。不过，孙氏治疗疾病的手段大致可分为外治、内治与禁咒巫术三类。

1. 外治疗法

张并璇和杨建宇认为，孙思邈所使用的外治疗法主要有灸法、针刺疗法、按摩疗法、气功疗法、溻浴法、涂敷法、灌法、贴法、熏法、纳入法、吹粉法、佩袋法、含咽法、导尿法、烙法、药枕法及封法17种。如果再细分，则按摩疗法又可分急性腰痛多人导引法、捉发踏肩牵引法、颞颌关节复位法、阴挺推纳复位法、脱肛仰按复位法、倒产摩腹法、酒醉摇转法及蛔心痛持续按法等。其中具有创新意义的医疗方法主要有以下六种。

（1）导尿法。《备急千金要方·膀胱腑》载："膀胱病者，少腹偏肿而痛，以手按之，

① （唐）孙思邈撰，（宋）林亿等校正：《备急千金要方》卷27《养性·道林养性》，蔡铁如主编：《中华医书集成》第8册《方书类一》，第524页。

② （唐）孙思邈撰，（宋）林亿等校正：《备急千金要方》卷27《养性·调气法》，蔡铁如主编：《中华医书集成》第8册《方书类一》，第529页。

③ （唐）孙思邈撰，（宋）林亿等校正：《备急千金要方》卷9《伤寒上·辟温》，蔡铁如主编：《中华医书集成》第8册《方书类一》，第186页。

④ （唐）孙思邈原著，钱超尘主编，《千金翼方诠译》译注组译注：《千金翼方诠译》卷14《退居·服药》，第925页。

⑤ （唐）孙思邈撰，（宋）林亿等校正：《备急千金要方》卷9《伤寒上·伤寒例》，蔡铁如主编：《中华医书集成》第8册《方书类一》，第183页。

则欲小便而不得"①，此为临床上常见的癃闭症，治法除一般用药之外，孙思邈创造了"导尿术"，其法曰："以葱叶除尖头，纳阴茎孔中，深三寸，微用口吹之，胞胀，津液大通便愈。"②元代改葱叶为鸟的羽毛管，在工具的利用上更近了一步。显然，我国古代的导尿术比法国发明的橡皮管导尿早1200多年。③

（2）创用类似现代医学的血清疗法。《备急千金要方·少小婴孺》载"治小儿疣目方"，其法曰："以针及小刀子决目四面，令似血出，取患疮人疮中汁、黄脓傅之，莫近水三日，即脓溃根动自脱落。"④此处应用血清脓汁的方法与后世的血清疗法十分相似⑤，因此，有学者认为，孙思邈创造的这种"以毒攻毒"法治疗小儿疣目的独特方法，"几乎同人痘接种没什么根本的区别，而那却是公元7世纪的事，这不会不给天花预防法的探索者以启示"⑥。

（3）用烙铁烧烙肿物与止血。《千金翼方·喉病》载"治咽中肿垂肉不得食方"云："先以竹筒内口中，热烧铁从竹中柱之，不过数度，愈。"⑦这里所说的"肿垂肉"即是位于消化道与呼吸道交会处的扁桃体，当扁桃体炎性肿大时，会引起吞咽困难，而孙思邈用烧热的烙铁来烙患处，经临床验证，此法"具有将原本已发炎肿大的腺体萎缩消肿，消除炎症，同时，烙铁的热传导作用，刺激了扁桃腺，并提高了扁桃腺自身的免疫功能，使之不易再发炎"。又《千金方》"疗酒醉牙齿涌血出方"载："烧钉赤，炷血孔中，即止。"⑧此即烧烙止血法，在临床上，烧烙止血术以其效果可靠和器械简便而不断得到肯定与发展。

（4）改进了灌肠法。对于"治疳湿不能食，身重心热，脚冷，百节疼痛"，孙思邈用灌肠法将方药"以水一斗八升，煮取四升，分为二分。一度灌一分，汤如人体，然后著麝香猪胆一枚，即灌，灌了作葱豉粥食之，后日更将一分如前灌之"⑨。此为从口中直接灌，还有用导管灌药的方法来治疗疳痢不止者。其法："（大麻子，胡麻各一升半）熬令黄，以三升瓦瓶，泥表上，厚一寸，待泥干，内大麻等令满，以四五枚苇管插口中，密泥之，掘地作灶，倒立灶口，底着瓦器承之，密填灶孔中，地平聚炭瓶四面，著墼垒之，日没，放火烧之，至明旦开取，适寒温，灌疳湿者下部中一合，寻觉咽中有药气者为佳，亦不得过多，多则伤人，隔日一灌之，重者再三灌之，旦起灌至日夕，极觉体中乏力，勿怪

①　（唐）孙思邈撰，（宋）林亿等校正：《备急千金要方》卷20《膀胱腑·膀胱腑脉论》，蔡铁如主编：《中华医书集成》第8册《方书类一》，第390页。
②　（唐）孙思邈撰，（宋）林亿等校正：《备急千金要方》卷20《膀胱腑·胞囊论》，蔡铁如主编：《中华医书集成》第8册《方书类一》，第392页。
③　毛光骅：《祖国医学的急救法历史源长》，《安徽中医学院学报》1985年第1期。
④　（唐）孙思邈撰，（宋）林亿等校正：《备急千金要方》卷5《少小婴孺·痫疳瘰疬》，《中华医书集成》第8册《方书类一》，第103页。
⑤　迮文远主编：《计划免疫学》，上海：上海科学技术文献出版社，1997年，第3页。
⑥　李经纬、张志斌主编：《中医学思想史》，长沙：湖南教育出版社，2003年，第518页。
⑦　（唐）孙思邈原著，钱超尘主编，《千金翼方诠译》译注组译注：《千金翼方诠译》卷11《小儿·喉病》，第819页。
⑧　（唐）王焘：《外台秘要方》卷22《牙齿杂疗方》，《景印文渊阁四库全书》第736册，第739页。
⑨　（唐）孙思邈撰，（宋）林亿等校正：《备急千金要方》卷15《脾脏·疳湿痢》，蔡铁如主编：《中华医书集成》第8册《方书类一》，第308页。

也，非但治疮湿，凡百异同疮疥癣并洗涂之。"①灌法之外，尚有吹法：将方药治下筛，"以竹管内大孔中酸枣许，吹纳下部中，日一，不过三，小儿以大豆许"②。在治疗"三十年气痔"方法中，孙思邈创立了用一种类似于现代注射器③进行注射药物的"射灌法"。其法云："（豉心半升，生椒一合）以水二升，煮取半升，适寒温，用竹筒缩取汁。令病者侧卧，手擘大孔射灌之，少时当出恶物。"④句中"缩"字，有人考证应是"㕮（咀）"字的俗写，为吸吮之义。⑤

（5）最早记述了下颌关节脱位的复位方法。《千金翼方·齿病》载"治失欠颊车脱臼开张不合方"云："以一人捉头，着两手指牵其颐，以渐推之，令复入口中。安竹筒如指许大，不尔啮伤人指。"⑥此条史料的意义，如果放在当时下颌关节复位方法的历史演进过程之中，就会更加彰显中国古代科学技术发展的渐变性特点及其科学思想发展与创新的关系。如《备急千金要方·口病》载"治失欠、颊车磋开张不合方"云："一人以手指牵其颐，以渐推之，则复入矣。推当疾出指，恐误啮伤人指也。"⑦从"当疾出指"到"安竹筒如指许大"于患者口中，此口内整复技术的改进，在临床上颇有效果，因而一直沿用至今。

（6）倡导外科手术疗法。中国古代的外科手术疗法因受儒家"身体发肤，受之父母，不敢毁伤"思想的禁锢，发展非常缓慢。比如，自华佗实行剖开腹背切除胃肠等手术之后，直到隋朝之前，我国古代的外科手术几乎没有更进一步的发展。孙思邈不拘泥于儒家思想所限，他在诊治五官科疾病时，常常使用手术方法，收到明显疗效。据《千金翼方》"小儿生辄死治之法"载："当候视儿口中悬痈前上腭上有赤胞者，以指摘取决令溃，以少绵拭去。勿令血入咽，入咽杀儿，急急慎之。"⑧又"小儿初出腹有连舌，舌下有膜如石榴子中隔，连其舌下后，喜令儿言语不发不转也。可以爪摘断之，微有出血无害，若出血不止，可烧发作灰末，傅之，血便止也。"⑨

当然，其他像穴位封闭法、点眼洗眼法、罨包法、龋齿填塞法、井水投药法等新的医学技术和方法，俯拾即是，不胜枚举，我们在此恕不一一详述。

---

① （唐）孙思邈撰，（宋）林亿等校正：《备急千金要方》卷15《脾脏·疹湿痢》，蔡铁如主编：《中华医书集成》第8册《方书类一》，第308页。

② （唐）孙思邈撰，（宋）林亿等校正：《备急千金要方》卷15《脾脏·疹湿痢》，蔡铁如主编：《中华医书集成》第8册《方书类一》，第308页。

③ 廖育群、傅芳、郑金生：《中国科学技术史·医学卷》，北京：科学出版社，1998年，第250页。

④ （唐）孙思邈撰，（宋）林亿等校正：《备急千金要方》卷17《肺脏·肺痈》，蔡铁如主编：《中华医书集成》第8册《方书类一》，第347页。

⑤ 沈澍农：《中医古籍用字研究》，北京：学苑出版社，2007年，第203页。

⑥ （唐）孙思邈原著，钱超尘主编，《千金翼方诠译》译注组译注：《千金翼方诠译》卷11《小儿·齿病》，第814页。

⑦ （唐）孙思邈撰，（宋）林亿等校正：《备急千金要方》卷6《七窍病·口病》，蔡铁如主编：《中华医书集成》第8册《方书类一》，第123页。

⑧ （唐）孙思邈原著，钱超尘主编，《千金翼方诠译》译注组译注：《千金翼方诠释》卷11《小儿·养小儿》，第753页。

⑨ （唐）孙思邈撰，（宋）林亿等校正：《备急千金要方》卷5《少小婴孺·初生出腹》，蔡铁如主编：《中华医书集成》第8册《方书类一》，第80页。

2. 内服疗法

（1）饮食疗法。孙思邈在论述食治与药治的关系问题时，他非常明确地指出："夫为医者，当须先洞晓病源，知其所犯，以食治之；食疗不愈，然后命药。"①在孙思邈的医学思想体系里，他继承和发展了《黄帝内经》的"医食同源"理论，并提出了许多新的主张和见解。他说："安身之本，必资于食；救疾之速，必凭于药。不知食宜者，不足以存生也。"②讲求"食宜"不完全是一个医学问题，在古代它更是一个社会问题。当多数人还在为其基本的生存问题而奔波劳碌，甚至朝不保夕的时候，"食宜"对他们简直就是一种奢侈的想法。与之不同，那些少数有闲者，他们在满足了基本的物质生活所需之后，自然会转向以食养生，对他们而言，当然可以谈论"食啖鲜肴，务令简少，鱼肉、果实，取益人者而食之"③的"食宜"问题。回到医学上来，孙思邈的"食宜"思想确实有助于人们更深刻地把握生命的意义。人活得不但要有数量，更要有质量和效率。从这样的层面看，孙氏无疑把人们对待生命的观念，从关注疾病向前推动了一步，即尤其关注饮食。他不是从简单的饥饱视角来认识人们的饮食，而是将其视为防治疾病的物质前提。正是由此出发，孙思邈得出了"所有资身，在药菜而已。料理如法，殊益于人"④的命题。所以"食宜"本身实际上是一个"料理如法"的过程，有鉴于此，孙思邈指出："枸杞、甘菊、术、牛膝、苜蓿、商陆、白蒿、五加，服石者不宜吃。商陆以上药，三月已前，苗嫩时采食之，或煮、或葅、或炒、或腌，悉用土苏、咸豉汁加米等色为之，下饭甚良，蔓菁作葅最佳。不断五辛者，春秋嫩韭，四时采薤，甚益。……白粳米、白粱、黄粱、青粱米，常须贮积支料一年。炊饭煮粥亦各有法，并在《食经》中。绿豆、紫苏、乌麻，亦须宜贮，俱能下气。……若得肉，必须新鲜。似有气息则不宜食，烂脏损气，切须慎之，戒之，料理法在《食经》中。"⑤从目前所见北魏崔浩的《食经》看，其内容多是强调食物的药用价值，而入隋唐之后，则更强调食物的营养价值与美味香色，如谢讽的《食经》载有"永加王烙羊""含春侯新治月华饭""北齐武成王生羊脍"等属于王侯贵族的饮馔，把王侯贵族的饮馔推向民间，它从一个侧面反映了隋唐时期饮食文化发展的新趋势。孙思邈适应了这种饮食文化发展的客观要求，并与当时的医学发展实际相结合，他把食疗与药疗统一起来，从而形成了一套系统的食疗理论体系。其要点有六个方面：第一，"节饮食"，具体地讲，就是"先饥而食，先渴而饮；食欲数而少，不欲顿而多，则难消也。常欲令如饱中饥，饥中饱耳"⑥。按照孙氏的"饮食"原则，一日两餐、三餐，抑或多餐，究竟哪个饮食习惯更加

---

① （唐）孙思邈撰，（宋）林亿等校正：《备急千金要方》卷26《食治·序论》，蔡铁如主编：《中华医书集成》第8册《方书类一》，第507页。

② （唐）孙思邈撰，（宋）林亿等校正：《备急千金要方》卷26《食治·序论》，蔡铁如主编：《中华医书集成》第8册《方书类一》，第506页。

③ （唐）孙思邈撰，（宋）林亿等校正：《备急千金要方》卷26《食治·序论》，蔡铁如主编：《中华医书集成》第8册《方书类一》，第507页。

④ （唐）孙思邈原著，钱超尘主编，《千金翼方诠译》译注组译注：《千金翼方诠译》卷14《退居·饮食》，第926页。

⑤ （唐）孙思邈原著，钱超尘主编，《千金翼方诠译》译注组译注：《千金翼方诠译》卷14《退居·饮食》，第926—927页。

⑥ （唐）孙思邈撰，（宋）林亿等校正：《备急千金要方》卷27《食治·道林养性》，蔡铁如主编：《中华医书集成》第8册《方书类一》，第525页。

合理，没有统一的标准，因人而异。第二，提倡淡食与熟食。此处的"淡"是个量词，意即平淡，不易太过，如"食五味，必不得暴嗔，多令人神惊……又饮酒不欲使多"①等。"多食酸则皮槁而毛夭，多食苦则筋急而爪枯，多食甘则骨痛而发落，多食辛则肉胝而唇褰，多食咸则脉凝泣而色变。"②另"常须少食肉，多食饭，及少菹菜，并勿食生菜、生米、小豆、陈臭物……一切肉惟须煮烂"③等。其中"菹菜"即腌菜，很多调查发现，吃制作不当的腌菜、泡菜、酸菜等食物，与食道癌、胃癌的高发确实存在关联。第三，饭后走步或摩腹运动，孙思邈说："饱食即卧，乃生百病"，所以"每食讫，以手摩面及腹，令津液通流。食毕当行步踌躇，计使中数里来，行毕使人以粉摩腹上数百遍，则食易消，大益人"④，或"中食后，还以热手摩腹，行一二百步，缓缓行，勿令气急"⑤。饭后不要剧烈运动，因为那样做有百害而无一利。正确的方法应当如孙氏所说，做一些轻微的散步、按摩腹部等适量活动，因为这些活动会导致四肢肌肉的供血量增加，从而减少胃肠道的供血量，减缓食物的消化与吸收；能防止脂肪在体内的蓄积等。第四，饮食调理宜五脏，如孙思邈引岐伯的话说："春七十二日省酸增甘以养脾气；夏七十二日省苦增辛以养肺气；秋七十二日省辛增酸以养肝气；冬七十二日省咸增苦以养心气；季月各十八日省甘增咸以养肾气。"⑥其他像"五脏不可食忌法""五脏所宜食法""五味动病法""五味所配法""五脏病五味对治法"，他都有非常精辟的论述。第五，开脏器疗法的先河，前已述及，孙思邈在"有情与无情相感"⑦医学观的指引下，一方面，不主张食用动物药材；另一方面，他在具体的处方用药过程中，为了病情的需要，他又自觉地把一些有特效的动物药材用于治疗疾病，如用于治骨髓疼痛、风经五脏的"虎骨酒"⑧，用含有"羊髓"和"牛髓"的"羌活补髓丸"治疗髓虚、脑痛不安及胆腑中寒症等。按："有情"指动物药材中具有补益精血的药味；"无情"指病邪，而孙思邈是中国古代最早提出"血肉有情"概念的医学家。第六，提出了科学的食物分类方法，孙思邈在"食治"篇中将人们的日常食物分为四类：果实，包括槟榔、蒲桃、梅实、桃核仁等共36种；菜蔬，包括枸杞叶、白冬瓜、苜蓿、韭等59种；谷米，包括大麦、小麦、粳米等30种；鸟兽，包括牛乳、驴肉、鲫鱼等97种。虽然孙思邈所讲到的食物结构，与今天相比，已经发生了很大变化，

① （唐）孙思邈撰，（宋）林亿等校正：《备急千金要方》卷27《食治·道林养性》，蔡铁如主编：《中华医书集成》第8册《方书类一》，第525页。
② （唐）孙思邈撰，（宋）林亿等校正：《备急千金翼方》卷26《食治·序论》，第507页。
③ （唐）孙思邈撰，林亿等校正：《备急千金要方》卷27《食治·道林养性》，蔡铁如主编：《中华医书集成》第8册《方书类一》，第525页。
④ （唐）孙思邈撰，林亿等校正：《备急千金要方》卷27《食治·道林养性》，蔡铁如主编：《中华医书集成》第8册《方书类一》，第525页。
⑤ （唐）孙思邈原著，钱超尘主编，《千金翼方诠译》译注组译注：《千金翼方诠释》卷14《退居·饮食》，第928页。
⑥ （唐）孙思邈撰，（宋）林亿等校正：《备急千金要方》卷27《食治·序论》，蔡铁如主编：《中华医书集成》第8册《方书类一》，第508页。
⑦ （唐）孙思邈撰，（宋）林亿等校正：《备急千金要方》卷7《风毒脚气·诸散》，蔡铁如主编：《中华医书集成》第8册《方书类一》，第158页。
⑧ （唐）孙思邈撰，（宋）林亿等校正：《备急千金要方》卷7《风毒脚气·诸散》，蔡铁如主编：《中华医书集成》第8册《方书类一》，第157页。

尤其是菜蔬和谷米方面，现在的品种更加丰富。但是，从总的原则来看，"时至今日，人们对食疗食物的分类也未完全摆脱这种分类方法的影响"，而且"这种分类方法，从生物学和营养学的角度看，也是比较科学的"①。

（2）内服药物法。首先，孙思邈认为："凡人在身感病无穷，而方药医疗有限。"②用有限的医疗资源和手段去救治复杂多变的疾病，没有科学的用药处方是万万不可以的。于是，孙思邈根据唐代药物资源的开发和利用状况，开列了 65 类临床常见病证的用药范围，以供医家在临床处方用药时参考。如"治风"开列了当归、葛根、知母等 76 种中草药，而"补五脏"则开列了人参、五石脂、桔梗等 41 种中草药等。当然，为了充分发挥药材的功效，"用药必依土地"，即地道药材与中药质量关系密切，而中药质量又在一定程度上决定医疗效果。例如"凡草石药皆须土地坚实，气味浓烈。不尔，治病不愈"③。有人研究发现，"微量元素及其含量的差别是地道药材的奥秘所在"④。其次，注重剂型的随症变换。孙思邈指出："夫众病积聚，皆起于虚，虚生百病。积者五藏之所积，聚者六腑之所聚，如斯等疾，多从旧方，不假增损，虚而劳者，其弊万端，宜应随病增减。"⑤因中药性味各有所偏，如何把诸"偏"经过医家处方的调和，达到药性的均衡，从而药到病除，不可"自以意加减，不依方分"⑥。这里，孙思邈强调"医者意也"，既尽可能发挥医者的主观能动性，但同时又不能违背药性自身的生克规律，如"药有相生相杀，气力有强有弱，君臣相理，佐使相持"，若处置不当，则"使诸草石强弱相欺，入人腹中不能治病，更加斗争，草石相反，使人迷乱，力甚刀剑"⑦。另外，不同的病情对剂型的要求也不一样。虽然药物疗效主要取决于药物本身的质量，但是在某种条件下剂型对药物疗效的发挥亦起着关键作用。如用大承气汤治疗肠梗阻，唯内服汤剂效果明显。见于《备急千金要方·合和》篇中的剂型主要有汤剂、丸剂、酒剂、散剂、膏剂等，故孙思邈说："凡药有宜丸者，宜散者，宜汤者，宜酒渍者，宜膏煎者，亦有一物兼宜者，亦有不入汤酒者，并随药性，不得违之。"⑧对各种剂型的制备，孙思邈都提出了严格的操作规则，如"凡煮汤，用微火，令小沸，其水数依方多少，大略二十两药用水一斗煮，取四升，以此为率，

---

① 张民生：《孙思邈食疗思想的学术价值》，刘家全等主编：《中华医药文化研究》，西安：陕西人民出版社，1999 年，第 101 页。

② （唐）孙思邈原著，钱超尘主编，《千金翼方诠译》译注组译注：《千金翼方诠译》卷 1《药录纂要·用药处方》，第 21 页。

③ （唐）孙思邈撰，（宋）林亿等校正：《备急千金要方》卷 1《序例·用药》，蔡铁如主编：《中华医书集成》第 8 册《方书类一》，第 9 页。

④ 于占洋、侯哲主编：《微量元素与保健》，广州：广东科技出版社，1993 年，第 58 页。

⑤ （唐）孙思邈撰，（宋）林亿等校正：《备急千金要方》卷 1《序例·处方》，蔡铁如主编：《中华医书集成》第 8 册《方书类一》，第 5 页。

⑥ （唐）孙思邈撰，（宋）林亿等校正：《备急千金要方》卷 1《序例·合和》，蔡铁如主编：《中华医书集成》第 8 册《方书类一》，第 9 页。

⑦ （唐）孙思邈撰，（宋）林亿等校正：《备急千金要方》卷 1《序例·合和》，蔡铁如主编：《中华医书集成》第 8 册《方书类一》，第 9 页。

⑧ （唐）孙思邈撰，（宋）林亿等校正：《备急千金要方》卷 1《序例·合和》，蔡铁如主编：《中华医书集成》第 8 册《方书类一》，第 11 页。

皆绞去滓，而后酌量也"①。相较于丸、散、膏、酒等剂型，内服汤剂作为最重要的剂型，广泛适用于内、妇、儿、外等临床各科疾病。据《备急千金要方》记载，汤剂有一个从咀嚼药材后入煎制备汤剂，到采用中药粗末煎煮取汁应用的演变过程。孙思邈说："凡汤、酒、膏药，旧方皆云㕮咀者，谓秤毕，捣之如大豆，又使吹去细末，此于事殊不允当。药有易碎难碎，多末少末，秤两则不复均平，今皆细切之较略令如㕮咀者，乃得无末而片粒调和也。"②孙思邈将其称为"煮散"，如"续命煮散"是把药末"以五方寸匕，纳小绢袋子中，以水四升，和生姜三两，煮取二升半"③，内服。此外，尚有治心实热，口干烦渴，眠卧不安的"茯神煮散方"④；治肺与大肠俱实，令人气凭满的"煮散方"⑤；治肾劳热，妄怒，腰脊不可俯仰屈伸的"煮散方"⑥等。应用帛、棉包裹或以绢袋盛药进行煎煮的"袋煮散"汤剂，经孙思邈的阐扬与推崇，至宋代获得迅速发展。在制备丸散剂型时，孙思邈强调应在"无菌"的环境条件下操作。他说："凡诸大备急丸散等药，合和时日，天晴明，四时王相日合之，又须清斋不得污秽，于清净处，不令一切杂人、猫犬、六畜及诸不完具人、女人等见"⑦。此论虽有不当之处，但其主体思想是为了防止所用药材被污染，所以它的科学价值得肯定。最后，将内服药作为手术的替代疗法。《千金翼方·杂病下》载："正（贞）观中有功臣远征，被流矢中其背胂上，矢入四寸，举天下名手出之不得，遂留在肉中，不妨行坐，而常有脓出不止。永徽元年秋，令余诊看，余为处之瞿麦丸方。"⑧

（3）辟谷法。辟谷法有两法：一法是炼炁，达到神炁合一的境界，"炁满不思食"⑨；另一法是服食特定的水或药物，如孙思邈在《千金翼方·辟谷》篇中讲述了辟谷六法，即"服茯苓法""服松柏脂法""服云母法""服松柏实法""服酒膏散法""服水法"。以"服茯苓法"为例，孙思邈说："服茯苓方：茯苓粉，五斤；白蜜，三斤；柏脂，七斤，炼法在后。右三味，合和圆如梧桐子。服十圆，饥者增数服之，取不饥乃止。服吞一丸，不复服谷及他果菜也，永至休粮。饮酒不得，但得饮水。即欲求升仙者，常取杏仁五枚㕮咀，以水煮之为汤，令沸去滓以服药。亦可和丹砂药中令赤服之。又若却欲去药食谷者，取硝

① （唐）孙思邈撰，（宋）林亿等校正：《备急千金要方》卷1《序例·合和》，蔡铁如主编：《中华医书集成》第8册《方书类一》，第12页。

② （唐）孙思邈撰，（宋）林亿等校正：《备急千金要方》卷1《序例·合和》，蔡铁如主编：《中华医书集成》第8册《方书类一》，第12页。

③ （唐）孙思邈撰，（宋）林亿等校正：《备急千金要方》卷8《诸风·论杂风状》，蔡铁如主编：《中华医书集成》第8册《方书类一》，第166页。

④ （唐）孙思邈撰，（宋）林亿等校正：《备急千金要方》卷13《心脏·心虚实》，蔡铁如主编：《中华医书集成》第8册《方书类一》，第255页。

⑤ （唐）孙思邈撰，（宋）林亿等校正：《备急千金要方》卷17《肺脏·肺虚实》，蔡铁如主编：《中华医书集成》第8册《方书类一》，第330页。

⑥ （唐）孙思邈撰，（宋）林亿等校正：《备急千金要方》卷19《肾脏·肾劳》，蔡铁如主编：《中华医书集成》第8册《方书类一》，第372页。

⑦ （唐）孙思邈原著，钱超尘主编，《千金翼方诠译》译注组译注：《千金翼方诠译》卷20《杂病下·备急》，第1228页。

⑧ （唐）孙思邈原著，钱超尘主编，《千金翼方诠译》译注组译注：《千金翼方诠译》卷20《杂病下·金疮》，第1247页。

⑨ 席春生主编：《中国传统道家养生文化经典》上，北京：宗教文化出版社，2004年，第157页。

石、葵子等熟治之，以粥服方寸匕，日一，四日内日再服，药去，稍稍食谷葵羹，太良。"①据分析，茯苓营养价值很高，以 β-茯苓聚糖为主，含有丰富的戊聚糖、葡萄糖、蛋白质、果糖、腺嘌呤、粗纤维、甲壳素、卵磷脂、胆碱、酶、麦角甾醇、硬朊、灰分。另外，还含有三萜类化合物茯苓酸、去氢层孔酸、齿孔酸、块苓酸、松苓酸等有机酸。②可见，把服茯苓与服食杏仁、谷葵羹结合起来，确实可以满足人体基本营养物质所需。在此，孙思邈所讲的"辟谷"有绝谷与少量食谷之分别，这里有一个从量变到质变的过程，如果其中某个环节处理不当，反而会损寿折命。实际上，孙思邈从来没有在辟谷问题上采取绝对主义的态度。比如，孙思邈在讲到"取柏脂法"时说："五月六日，刻其阳二十株，株可得半升，炼服之。欲绝谷者，增之至六两；不绝谷者，一两半。禁五辛、鱼、肉、菜、盐、酱。治百病，久服炼形延年。"③不仅辟谷因根据每个人的体质不同，采用不同的方法，辟谷不是决然断食谷物，而是不以谷物为主食，在必要时可以用谷物作补充，而且古人辟谷还有一个非常现实的原因，防备饥荒之年无谷可食。时代与生活环境古今不同，有人一味效仿古人，那肯定不是科学的态度。

（三）对精神行为病与志意辨证方药理论的贡献

中国古代尽管没有精神病这个词，但是人们对形与神的关系问题争论却很激烈。其论争的焦点是自然界有没有离开人的形体而独立存在的灵魂，汉代桓谭运用取象比类法提出了"烛无，火亦不能独行于虚空"④的见解。当然，这种比类并不科学，因为火是物理现象，与精神现象不同质。尽管如此，桓谭毕竟捍卫了自荀况以来主张"形俱而神生"的唯物主义思想旗帜。毋庸置疑，《黄帝内经素问》与荀况一样，把"形神相俱"作为其建立医学体系的根基，如《黄帝内经素问·上古天真论篇》说："形与神俱，而尽终其天年。"⑤以"形与神俱"思想为原则，《黄帝内经》从实证的立场对人体的各种行为活动做了理论性的总结和概括。如《黄帝内经灵枢经·本神》云："天之在我者德也，地之在我者气也，德流气薄而生者也。故生之来谓之精，两精相搏谓之神，随神往来者谓之魂，并精而出入者谓之魄，所以任物者谓之心，心有所忆谓之意，意之所存谓之志，因志而存变谓之思，因思而远慕谓之虑，因虑而处物谓之智。"⑥与人体器质性病变不同，诸如神、精、意、志等，在正常情况下不会致病，只有在遭受过度刺激的时候，人体本身的生理耐受程度已经无法进行调节，然后才会对人体的脏腑功能产生损害，造成各种内伤性疾病，如思虑过度可致心悸、健忘等症状，而受惊过度则神志慌乱、汗出等症状。所以，《黄帝内经素问》将人的精神、意识和思维活动分为神、魂、魄、意、志五类，而把人的情志活动则分成喜、怒、忧、思、恐五类。具体言之，"心藏神，肺藏魄，肝藏魂，脾藏意，肾藏

---

① （唐）孙思邈原著，钱超尘主编，《千金翼方诠译》译注组译注：《千金翼方诠译》卷13《辟谷·服茯苓》，第880页。

② 严泽湘、严清波、刘建先：《灵芝与茯苓栽培及加工利用》，贵阳：贵州科技出版社，2007年，第72页。

③ （唐）孙思邈原著，钱超尘主编，《千金翼方诠译》译注组译注：《千金翼方诠译》卷13《辟谷·服松柏脂》，第893—894页。

④ 参见舒诚主编：《中外名书奇书趣书禁书博览》，北京：北京燕山出版社，1992年，第540页。

⑤ 《黄帝内经素问》卷1《上古天真论篇》，陈振相、宋贵美：《中医十大经典全录》，第7页。

⑥ 《黄帝内经灵枢经》卷2《本神》，陈振相、宋贵美：《中医十大经典全录》，第177页。

志，是谓五脏所藏"；又"精气并于心则喜，并于肺则悲，并于肝则忧，并于脾则畏，并于肾则恐，是谓五并，虚而相并者也"①。虽然"五脏所藏"或称"五志"与"五并"或称"七情"，从本源上有内外之别，其中"五志"是属于生命体潜在的本能，而"五情"则属于环境与生命体相作用过程中的个体体验，前者具有内向型的特点，后者则具有外显性的特点，但是作为一个整体，它们都构成了中医学精神动作行为理论的基本要素。关于每个要素的内容和特点及其各个要素之间的区别与联系，请参见阎兆君的相关研究成果，兹不详论。

孙思邈对精神病的论述，基本上承续了《黄帝内经》的思想传统，然亦有发展和创新，具体内容已见前述。在此，我们需要强调的是孙思邈对精神行为病与志意辨证方药理论的要点：即他把精神动作行为与人体各个脏腑的功能活动联系起来，以心与小肠辨证为重心，对精神病的病因、病机及治疗方药作了系统而全面的论述，影响深远。例如，孙思邈不但确定了"癫病"的病名，而且对导致"癫病"的原因和机理都有精辟之论。孙思邈认为，精神病有一定的遗传因素，他引《黄帝内经素问·奇病论》的话说："此得之在腹中时，其母有所数大惊也，气上而不下，精气并居，故令子发为癫疾。"②此外，癫病与脏腑功能失调关系密切，如气、火、痰等病理因素往往会造成脏腑主司情志的功能失调，从而导致癫病的发生。孙思邈说："心病烦闷少气，大热，热上汤心，呕咳吐逆，狂语。"③又说："若其人本来不吃，忽然謇吃而好嗔恚，反于常性，此肾已伤，虽未发觉，已是其候，见人未言而前开口笑，还闭口不声，举手栅腹，此肾病声之候也。"④实际上，除了心肾，其他脏器一旦出现了气血虚弱的症状，都有可能形成情志失调的病患。所以"血气少者属于心，心气虚者，其人即畏，合目欲眠，梦远行而精神离散，魂魄妄行，阴气衰者即为癫，阳气衰者即为狂。五脏者，魂魄之宅舍，精神之所依托也。魂魄飞扬者，其五脏空虚也。……肺主津液，即为涕泣出，肺气衰者即泣出。肝气衰者魂则不安，肝主善怒，其声呼。"⑤邪入阴阳导致情志之乱，而发为痉暗。孙思邈说："邪入于阳则为狂，邪入于阴则为血痹。邪入于阳，传即为癫痉；邪入于阴，传则为痛暗。阳入于阴病静，阴入于阳病怒。"⑥

在婴幼儿时期，不良的生活环境常常是造成儿童精神病的重要原因。孙思邈指出："凡乳母者，其血气为乳汁也，五情善恶，悉是血所生也，其乳儿者，皆宜慎于喜怒。"⑦

---

① 《黄帝内经素问》卷 7《宣明五气篇》，陈振相，宋贵美：《中医十大经典全录》，第 41 页。

② （唐）孙思邈撰，（宋）林亿等校正：《备急千金要方》卷 14《小肠腑·风癫》，蔡铁如主编：《中华医书集成》第 8 册《方书类一》，第 275 页。

③ （唐）孙思邈撰，（宋）林亿等校正：《备急千金要方》卷 13《心脏·心脏脉论》，蔡铁如主编：《中华医书集成》第 8 册《方书类一》，第 252 页。

④ （唐）孙思邈撰，（宋）林亿等校正：《备急千金要方》卷 19《肾脏·肾脏脉论》，蔡铁如主编：《中华医书集成》第 8 册《方书类一》，第 369 页。

⑤ （唐）孙思邈撰，（宋）林亿等校正：《备急千金要方》卷 13《心脏·心脏脉论》，蔡铁如主编：《中华医书集成》第 8 册《方书类一》，第 252 页。

⑥ （唐）孙思邈撰，（宋）林亿等校正：《备急千金要方》卷 14《小肠腑·风癫》，蔡铁如主编：《中华医书集成》第 8 册《方书类一》，第 278 页。

⑦ （唐）孙思邈撰，（宋）林亿等校正：《备急千金要方》卷 5《少小婴孺·序例》，蔡铁如主编：《中华医书集成》第 8 册《方书类一》，第 79 页。

此外，儿童精神病还与先天因素有关。对此，孙思邈说："少小所以有痫病及痉病者，皆由脏气不平故也。新生即痫者，是其五脏不收敛，血气不聚，五脉不流，骨怯不成也，多不全育。"①虽然目前医学界对精神病的病因尚不十分明确，但是遗传和环境的影响如受惊吓、遭打骂及天灾人祸的刺激等对儿童心理发育至为关键。

对于精神病的治疗，孙思邈颇为倾心和用力。有人统计，《备急千金要方》与《千金翼方》共载有治疗精神病的方剂 110 多首，针灸治法 740 多条，单验方 120 多首。②如治疗类似现代医学所称心因性抑郁性精神病的"定志小丸"、治疗周期性精神病的"镇心丸"、治疗情感性精神病的"暑蒴丸"、治疗癫病的"大远志圆"及治疗心因性精神障碍的"补心汤"③等。另外，治疗妇产科精神病的菊花汤、竹沥汤、茯神汤，以及治疗儿童风痫的茵芋丸及治疗小儿惊痫百病的镇心丸等，均为后世医家在临床上选方用药提供了经典范例。当然，由于时代的局限，孙思邈相信禁咒在心理治疗方面的作用，客观上起着宣传封建迷信的作用，这是我们应当予以批判和剔除的思想糟粕。

第三节　王焘的医学文献思想

王焘，宋人习称"王道"，约生于武则天天授元年（690），卒于唐至德元年（756），享年 66 岁。陕西眉县人，亦说万年县人。《新唐书·王珪传》称："（王）珪孙焘、旭。"④据考证，王焘不是王珪的孙，而是曾孙，其父亲也非王敬直，而是王茂时。关于王焘的生平事迹，《新唐书》的记述非常简略，今人高文柱钩沉索隐，基本辨明了王焘一生的主要事迹。在唐玄宗开元八年（720）之前，王焘官华原县尉；开元十二年（724），以长安县尉充劝农使判官，巡行天下；开元十三年（725），由长安县尉入迁监察御史；开元十七年（729），迁为户部员外郎；之后，又出任徐州司马、吏部郎中、门下省给事中兼判弘文馆事等职；天宝八年（749），出任彭城太守；天宝十一载（752），转任郯城太守，并于此年撰成《外台秘要方》一书；天宝十四载（755），移为河间太守，率众归颜真卿反安禄山；至德元载（756），史思明围陷河间，王焘很可能也被杀死城中。

王焘的医学著述，可考者主要有《外台秘要方》《外台要略》《外台秘要论石乳方》等。现仅见《外台秘要方》一书传世，余皆散佚。《新唐书》述《外台秘要方》的成书过程说："焘，性至孝，为徐州司马。母有疾，弥年不废带，视絮汤剂。数从高医游，遂穷其术，因以所学作书，号《外台秘要》，讨绎精明，世宝焉。"⑤高文柱考王焘出任徐州司马，约在开元十八年（730）至天宝初年（742）间，在这十余年里，王焘一方面侍奉疾病

---

① （唐）孙思邈撰，（宋）林亿等校正：《备急千金要方》卷 5《少小婴孺·惊痫》，蔡铁如主编：《中华医书集成》第 8 册《方书类一》，第 81 页。
② 雷自申等主编：《孙思邈〈千金方〉研究》，第 142 页。
③ 雷自申等主编：《孙思邈〈千金方〉研究》，第 142—143 页。
④ 《新唐书》卷 98《王珪传》，第 3890 页。
⑤ 《新唐书》卷 98《王珪传》，第 3890 页。

缠身的母亲；另一方面在政事之外，"从高医游"，阐扬医道，此间很可能多次在尚书省任职。故在《外台秘要方序》中，王焘称：

> 余幼多疾病，长好医术，遭逢有道，遂蹑亨衢，七登南宫，两拜东掖，便繁台阁二十余载，久知弘文馆图籍方书等，繇是观奥升堂，皆探其秘要。以婚姻之故，贬守房陵，量移大宁郡。提携江上，冒犯蒸暑，自南徂北，既僻且陋。染瘴婴痾，十有六七，死生契阔。不可问天，赖有经方仅得存者，神效妙用，固难称述。遂发愤刊削，庶几一隅。①

这段话有"七登南宫，两拜东掖"之述，《唐会要》载"尚书都省"下属有六尚书，即吏部、户部、礼部、兵部、刑部和工部。②前揭王焘在尚书任职才见两次，其他六次待考。而王焘医学思想的形成主要是在被贬房陵之后，当然，在此之前，他已经有了相当深厚的医学知识积累与储备。比如，他在任徐州司马期间，曾留心医术，并"数从高医游"。此处的"高医"无可详考，但《旧唐书·张文仲传》载："（张文仲）少与乡人李虔纵、京兆人韦慈藏并以医术知名。……自则天、中宗已后，诸医咸推文仲等三人为首。"③除此之外，当时的名医尚有王冰，曾任唐代太仆令；秦鸣鹤，唐高宗侍医；陈藏器，开元中为京兆府三原县尉；等等。王焘在《外台秘要方序》中说："近代释僧深、崔尚书、孙处士、张文仲、孟同州、许仁则、吴升等等十数家。"④这些医家有的与王焘同时代，有的稍早，那么，在与同时代的医家中，有没有王焘"从游"者呢？《旧唐书·韦抗传》载："抗为京畿按察使时，举奉天尉梁升卿、新丰尉王倕、金城尉王冰、华原尉王焘为判官及支使。"⑤这里，"金城尉王冰"之王冰，即是后来撰写《黄帝内经素问注》的作者。金城县治所在今甘肃兰州市西北西固城，隋名五泉县，唐咸亨二年（671）复名金城县，天宝元年（742）又改回五泉县。前揭韦抗举荐王焘、王冰等为其幕僚的时间是开元八年（720）⑥，当时王焘30岁，但不知王冰年岁几何，估计年岁比王焘略小。两人同为韦抗僚属，相互切磋医道，应是很正常的事情。据张登本考证，《外台秘要方》引用的隋唐文献有66余种，其中有只提人名，而无著述者。例如，张文仲，《外台秘要方》引其方书条文多达302条，所引条文或冠以"张文仲"或"文仲"；苏澄，约生活于高宗、武后时期；许仁则，被引37条；李补阙，史料未见有其所著书目；周处温，生平事迹无从考证等。这些只有人名，没有著作的现象，在《外台秘要方》中比较多见，有两种可能性：一是间接得来；二是直接得来，所谓直接得来就是王焘与其有过求教与求方之类的事实，或者通过直接交流得到其验方。因为当时有很多医家，在某一方面医术很高明，但疏于著述，如果没有传授，往往就会失传。例如，王焘述在述"炼服石英法"时，讲到了此处方

① （唐）王焘：《外台秘要方序》，张登本主编：《王焘医学全书》，北京：中国中医药出版社，2006年，第8—9页。
② （唐）李林甫等撰，陈仲夫点校：《唐六典》卷1《尚书都省》，第6页。
③ 《旧唐书》卷191《张文仲传》，第5099—5100页。
④ （唐）王焘：《外台秘要方序》，张登本主编：《王焘医学全书》，第9页。
⑤ 《旧唐书》卷92《韦安石传附韦抗传》，第2963页。
⑥ 关于韦抗何时任京畿按察使一职，有两说：一说，《旧唐书·韦抗传》称："（开元）八年，……代王晙为御史大夫，兼按察京畿。"另一说，《唐会要》卷75载："景云二年，御史中丞韦抗加京畿按察使。"两者比较，《旧唐书》的可信度较高。

的来源："周司户处温传授，云于叚侍郎处得，甚妙。"①显然，没有王焘之求教，周处温的炼服石英法就有失传的可能。从这个层面看，王焘《外台秘要方》之医学价值丝毫不亚于《备急千金要方》，两者可谓是并蒂奇葩。

一、《外台秘要方》与唐及唐以前医方之集大成

（一）《外台秘要方》与唐以前医方之集大成

透析《外台秘要方》所引录的先秦以来医药文献，有助于我们逐步厘清中医发展的历史脉络。对于流传至今的一些唐代以前的医学经典，如《黄帝内经》《伤寒论》《神农本草经》《脉经》《针灸甲乙经》《肘后备急方》《本草经集注》《诸病源候论》等，因前人研究已很充分，笔者不必一一复述。下面仅将那些虽已失传但却为《外台秘要方》所引录的主要医学文献，稍作评说，以期从中领略王焘医学文献思想之一斑。

（1）《阴阳大论》。《外台秘要方》开篇所引《阴阳大论》一书，对它的性质和归属，至今学界都在争论之中。仅就文献而言，可以肯定，在王焘的视野里，《阴阳大论》与《黄帝内经素问》是两本书，因为《外台秘要方》卷1的前两篇是专论伤寒的，其中第一篇是"诸论伤寒八家合一十六首"，内容以《阴阳大论》冠首，可见其地位之高。继之，第二篇是"论伤寒日数病源并方二十一首"，内容以《黄帝内经素问》冠其首。那么，如何看待这种体例的安排及编者的用心？我们说，王焘是具有历史眼光的医学文献家，他在《外台秘要方序》中确认："昔者农皇之治天下也，尝百药，立九候，以正阴阳之变沴，以救性命之昏札。"②这里，已经将中医文化的本源说清楚了，其思想的源头就是"正阴阳之变沴"。在先秦，阴阳五行家是最活跃的一个学术流派。据《汉书·艺文志》记载，阴阳二十一家，三百六十九篇③；兵阴阳十六家，二百四十九篇，图十卷④；五行三十一家，六百五十二卷⑤。其中五行家与阴阳理论有关者计六家，分别是《泰一阴阳》二十三卷、《黄帝阴阳》二十五卷、《黄帝诸子论阴阳》二十五卷、《诸王子论阴阳》二十五卷、《太元阴阳》二十六卷、《三典阴阳谈论》二十七卷。⑥这些著作由于均已失传，其内容不得而知，但仅从标题来揣测，似与《阴阳大论》有某种关联。吕思勉曾说："百家之学，流异原同。其原惟何？古代未分家之哲学是己；而古代之哲学又原于古代之宗教也。"⑦他又说："（医书言阴阳五行者，莫过《素问》，然以此当黄帝《内经》，说出皇甫谧，殊不足信也。）执此曹之书，而谓古阴阳数术之家其言如是，又失实之谈也。"⑧既然阴阳五行的出现较《黄帝内经素问》为早，那么，《黄帝内经》吸收古阴阳书的思想内容，就是顺理成

---

① （唐）王焘：《外台秘要方》卷37《周处温授叚侍郎炼白石英粉丸饵法并论紫石白石英体性及酒法五首》，张登本主编：《王焘医学全书》，第933页。
② （唐）王焘：《外台秘要方序》，张登本主编：《王焘医学全书》，第7页。
③ 《汉书》卷30《艺文志》，第1734页。
④ 《汉书》卷30《艺文志》，第1760页。
⑤ 《汉书》卷30《艺文志》，第1769页。
⑥ 《汉书》卷30《艺文志》，第1767页。
⑦ 吕思勉：《论学集林》，上海：上海教育出版社，1987年，第32页。
⑧ 吕思勉：《论学集林》，第33页。

章的事情了。从这个视角，高晓山强调说："按照龙伯坚的分期，前期《黄帝内经》所引古代医书至少有《五色》、《脉变》、《揆度》、《奇恒》、《九针》、《针经》、《热论》、《刺法》、《下经》、《本病》、《阴阳》、《阴阳十二官相使》、《上经》、《金匮》、《脉经》、《从容》、《形法》等十七种。"①就像《九针》又称《九卷》《针经》《九灵》《灵枢》《九墟》②为同体异名的不同传本一样，《阴阳大论》会不会也有不同的名称，有待考证。不过，《阴阳大论》应是与《黄帝内经》一起传世的古代医书之一，这一点在学界渐成共识。

本来医药学与阴阳五行观念属于两种不同的思想认知形态，在先秦医学发展过程中，阴阳五行学说是如何慢慢渗透到医学理论之中的，马王堆出土的 14 种医书无疑为我们提供了一个很有价值的参考答案，《五十二病方》不涉气、阴阳、五行理论，然《合阴阳》《十问》《天下至道谈》等房中书却讲到了很多阴阳五行理论，其中《十问》与《黄帝内经》比较接近，表明《十问》为《黄帝内经》所引古医书之一。所以马伯英说："气、阴阳、五行自然哲学是从诸子之论、医学本身、房事养生三方面向医学理论渗溶，并作为催化剂而促进着医学理论的凝聚、升华。"③王焘《外台秘要方》的体例在形式上与《五十二病方》相同，但是两者的内容却有本质的差异，我们知道，《五十二病方》没有理论④，而《外台秘要方》全部是用理论来规范和指导用方与药。唐代医家说："阴阳之道，不可妄宣也；针石之道，不可妄传也。"⑤因此，《阴阳大论》位居全书之首，正说明医学理论的至关重要性。《汉书·艺文志》没有载《阴阳大论》，而有《黄帝内经》十八卷，似表明《阴阳大论》后出，因此，《阴阳大论》首见于张仲景《伤寒卒病论》自序。当时，与《阴阳大论》一起流行的还有《九卷》《八十一难》《胎胪》《药录》等。⑥《阴阳大论》尽管后出，可它所讨论的问题却是比较古老的理论问题。为了医学理论的需要，王焘将《阴阳大论》置于全书之首，一则说明它源流较长，是对先秦阴阳学说的高度概括和总结；二则体现了它对于中医药学发展具有承上启下和纲举目张的作用。

（2）扁鹊及其方书。扁鹊是先秦名医，其著作见于《汉书·艺文志》者有《扁鹊内经》九卷、《外经》十二卷及《泰始黄帝扁鹊俞拊方》二十三卷。⑦没有《黄帝八十一难经》，而同《阴阳大论》相似，《黄帝八十一难经》亦出现在张仲景《伤寒卒病论》自序中，为其编撰《伤寒杂病论》的参考书之一。《旧唐书·经籍志下》载有秦越人（即扁鹊）撰《黄帝八十一难经》一卷。⑧这表明《黄帝八十一难经》成书于秦汉，而且应系"古代医学家采辑包括秦越人佚文在内有关古医经文说而予以解惑答疑，并经秦汉间整理

① 高晓山：《中药药性论》，北京：人民卫生出版社，1992 年，第 16 页。而《史记·扁鹊仓公列传》则记淳于意所读医书有"《脉书》、《上下经》、《五色诊》、《奇咳术》、《揆度阴阳外变》、《药论》、《石神》、《接阴阳》、《禁书》"等。参见《史记》卷 105《扁鹊仓公列传》，第 2796 页
② 张登本：《王焘医学学术思想研究》，张登本主编：《王焘医学全书》，第 1053 页。
③ 马伯英：《中国医学文化史》上，上海：上海人民出版社，2010 年，第 202 页。
④ 马伯英：《中国医学文化史》上，第 201 页。
⑤ （唐）王勃等著，谌东飚校点：《初唐四杰集》卷 4《黄帝八十一难经序》，长沙：岳麓书社，2001 年，第 38 页。
⑥ （汉）张机述，（晋）王叔和撰次，（宋）林亿等校正：《〈伤寒卒病论〉序》，路振平主编：《中华医书集成》第 2 册《伤寒类》，第 2 页。
⑦ 《汉书》卷 30《艺文志》，第 1776—1777 页。
⑧ 《旧唐书》卷 47《经籍志下》，第 2046 页。

和续增而成"①。既然如此，那么，《黄帝八十一难经》就有可能将扁鹊的原来著述中的个别内容遗漏掉。故《外台秘要方》卷38载扁鹊"石发热目赤方"三首，一是"疗令人目明、发不落方。取十月上巳日槐子，去上皮，不限多少于瓶中，封口三七日。初服一枚，再服至二枚，十日十枚。还从一起，甚验"；二是"疗发热，心腹胀满，小便赤，大便难，逆冲胸中，口燥目赤痛方。黄芩、大黄各二两，栀子一两，豉三合，上四味，切，以水三升，煮。取一升二合，去滓，分服"；三是"疗目翳方。干蓝二分，雄黄二分，研。上二味相和，以少许点上。三五度即便瘥"。②此三方不见于现传本《黄帝八十一难经》，原因有二：一是《黄帝八十一难经》为基础理论性著作，在当时，医经与经方是分开的，例如，《汉书·艺文志》载医经七家、二百一十六卷；又载经方十一家，二百七十四卷。二是王焘编撰《外台秘要方》的原则是将医经与经方结合起来，这是中国古代医学文献思想的一个重大创新。然就王焘的编撰思路而言，医经方面的引书主要有《阴阳大论》《黄帝内经素问》《诸病源候论》，而《黄帝八十一难经》没有出现在王焘所引医经的书目里，表明《黄帝内经素问》更具权威性。对扁鹊来说，王焘或许认为他的方术尤其出色，故而选取了扁鹊的上述三首处方。至于上述三首处方的来源，考《隋书·经籍志三》载有《扁鹊陷冰丸方》一卷、《扁鹊肘后方》三卷及《扁鹊偃侧针灸图》三卷。③日本学者冈西为人认为，《扁鹊陷冰丸方》"盖即武宣时方士所作，而托之扁鹊"④。而《扁鹊肘后方》则不同，《史记·扁鹊仓公列传》载："扁鹊者，勃海郡郑人也，姓秦氏，名越人。少时为人舍长。舍客长桑君过，扁鹊独奇之，常谨遇之。长桑君亦知扁鹊非常人也。出入十余年，乃呼扁鹊私坐，间与语曰：'我有禁方，年老，欲传与公，公毋泄。'扁鹊曰：'敬诺。'乃出其怀中药予扁鹊：'饮是以上池之水，三十日当知物矣。'乃悉取其禁方书尽与扁鹊。忽然不见，殆非人也。"⑤准此，张灿玾认为《史记》所载不误，而且不是口授，"而是一种有形的载体。而以扁鹊之为医，名闻天下，随时随地应变，过邯郸为带下医，过洛阳为耳目痹医，入秦为小儿医。不会终身独守《禁方》，定当有所发展，应有方书以传于世"⑥。王焘是文献家，他对世上所传之先秦文献必有甄别，故他引扁鹊的上述三首处方，是较为真实和可信的。

另外，《汉书·艺文志》载有《泰始黄帝扁鹊俞拊方》二十三卷，而《隋书·经籍志》却载《扁鹊肘后方》三卷，此书是否系将《泰始黄帝扁鹊俞拊方》中属于扁鹊的那部分医方单独辑出，形成一部独立的方书，还是另有所传，不得而知。

（3）华佗与《华佗方》。华佗是三国时期的杰出医学家，生前即有诸种著作，可惜，自己却将其付之一炬。事见《三国志·华佗传》云：

> 佗恃能厌食事……太祖（指曹操）大怒，使人往检。……于是传付许狱，考验首

---

① 裘沛然主编：《中国医籍大辞典》上，上海：上海科学技术出版社，2002年，第1页。
② （唐）王焘：《外台秘要方》卷38《石发热目赤方一十首》，张登本主编：《王焘医学全书》，第965页。
③ 《隋书》卷34《经籍志三》，第1046—1047页。
④ ［日］冈西为人：《宋以前医籍考》，第770页。
⑤ 《史记》卷105《扁鹊仓公列传》，第2785页。
⑥ 张灿玾：《张灿玾医论医案纂要》，北京：科学出版社，2009年，第41页。

服。荀彧请曰："佗术实工，人命所县，宜含宥之。"太祖曰："不忧，天下当无此鼠辈耶？"遂考竟佗。佗临死，出一卷书与狱吏，曰："此可以活人。"吏畏法不受，佗亦不强，索火烧之。①

按理说，华佗已经把自己的全部著作烧了，自然不会有著述传世。但是《三国志》又载："广陵吴普、彭城樊阿皆从佗学。普依准佗治，多所全济。"②华佗死后，吴普便成为华佗医学思想的主要传人。《隋书·经籍志三》载："《华佗方》十卷，吴普撰。佗，后汉人。梁有《华佗内事》五卷，又《耿奉方》六卷，亡。"③今天不仅《华佗内事》和《耿奉方》早已亡佚，连《华佗方》也已不见传世。这样，对《华佗方》这本书是否存在过，有学者就提出了疑问，如尚启东先生在《吴普撰〈华佗方十卷〉考证》一文中明确表示《华佗方》仅仅"空其目也"。他说：

> 很可能在书成之后不久即已经亡阙了。《玉函方》、《肘后方》、《范汪方》、《小品方》、《巢氏病源》、《备急方》、《千金方》、《千金翼方》、《外台秘要》、《医心方》等后世医书中，虽然先后收录了一些华佗方及论，但却以相互转录的居多，直录华佗方的极少。而有关吴普的治病方法，几乎无人引录。他们能够亲自见到吴普撰《华佗方十卷》一书的可能性不大。又吴普撰《华佗方十卷》一书，虽被历代经籍志所载，但实则空其目也，随着时间的推移，以至于不存、不载也。④

为了弄清这个问题，我们还是先把后世医家引录《华佗方》的情况，简单胪列如下：

首先，笔者罗列《肘后备急方》的引录情况。

（1）《肘后备急方》卷1载"救卒客忤死方"云："华佗卒中恶、短气欲死。灸足两母指上甲后聚毛中，各十四壮，即愈。未差，又灸十四壮。"⑤

（2）《肘后备急方》卷1载"治尸注鬼注方"云："又有华佗狸骨散、龙牙散、羊脂丸诸大药等，并在大方中。"⑥

（3）《肘后备急方》卷2载华佗"治霍乱已死方"云："捧病人腹卧之，伸臂对以绳度两头，肘尖头依绳下夹背脊大骨穴中，去脊各一寸，灸之百壮。不治者，可灸肘椎，已试数百人，皆灸毕即起坐。佗以此术传子孙，代代皆秘之。"⑦

（4）《肘后备急方》卷3载"华佗五嗽丸"的组方云："炙皂荚、干姜、桂等分。捣，蜜丸如桐子。服三丸，日三。"⑧

（5）《肘后备急方》卷6载"治疗目赤痛暗昧刺诸病"云："令病人自用手两指，擘所

---

① 《三国志》卷29《华佗传》，北京：中华书局，第802—803页。
② 《三国志》卷29《华佗传》，第804页。
③ 《隋书》卷34《经籍志三》，第1041页。
④ 尚启东：《华佗考》，合肥：安徽科学技术出版社，2005年，第168页。
⑤ （晋）葛洪：《肘后备急方》卷1《救卒客忤死方》，蔡铁如主编：《中华医书集成》第8册《方书类一》，第3页。
⑥ （晋）葛洪：《肘后备急方》卷1《治尸注鬼注方》，蔡铁如主编：《中华医书集成》第8册《方书类一》，第7页。
⑦ （晋）葛洪：《肘后备急方》卷2《治卒霍乱诸急方》，蔡铁如主编：《中华医书集成》第8册《方书类一》，第14页。
⑧ （晋）葛洪：《肘后备急方》卷3《治卒上气咳嗽方》，蔡铁如主编：《中华医书集成》第8册《方书类一》，第41页。

患眼，垂空咒之曰，匹匹，屋舍狭窄，不容宿客，即出也。"①

（6）《肘后备急方》卷8载："华他（佗）虎骨膏，疗百病。"②

（7）《肘后备急方》卷8载"屠苏酒辟温法"云："《小品》，正朝屠苏酒法，令人不病温疫。大黄五分，川椒五分，术、桂各三分，桔梗四分，乌头一分，枙楔二分。七物细切，以绢囊贮之，十二月晦日正中时，悬置井中至泥。正晓拜庆前出之，正旦，取药置酒中，屠苏饮之。于东向，药置井中，能迎岁，可世无此病。此华他（佗）法，武帝有方验中。"③

其次，笔者列出《范汪方》《肘后备急方》《小品方》等医书的引录情况。王焘在《外台秘要方》中引录了不少《范汪方》《备急》等医书的经验方，其中有属于《华佗方》的内容。

（1）治疗伤寒的"赤散"。王焘说："赤散，在杂疗中，《范汪方》七味者是也，本出华佗。"④

（2）《肘后备急方》云："华佗常山桂心丸，神良方。……常山、大黄、桂心各四分。上四味，末之，蜜和，平旦服如兔尿，每欲发，服六丸，饮下之。欲服药时，先进少热粥良。忌海藻、菘菜、生葱、生菜。文仲同。"⑤

经黄斌考证，《外台秘要方》所引《肘后备急方》一书，应系王方庆的《随身左右百发百中备急方》。王方庆与张文仲大约同时。⑥

（3）《肘后备急方》云："华佗五嗽丸方。皂荚炙、干姜、桂心，上三物等分，捣，筛，蜜和，丸如梧子。服三丸，酒、饮俱得，日三。忌葱。"⑦

（4）（张）文仲说："华他（佗）治老小下痢，柴立不能食，食不化，入口即出，命在旦夕，久痢神验方。黄连末半鸡子壳许，乱发灰准上，醇苦酒准上，蜜准上，白蜡方寸匕，鸡子黄一枚。上六味，于铜器中，炭火上，先纳苦酒、蜜、蜡、鸡子黄搅调……久困者，一日一夜尽之；可可者，二日尽之。《肘后》同。"⑧

（5）华佗荠苨汤。《外台秘要方》载："华他（佗）：荠苨汤疗石毒卒发者，栗栗如寒，或欲食，或不欲食。若服紫石英发毒者，亦热闷愦愦，喜卧，起止无气力，或寒，皆是腑脏气不和所生，疗之方。荠苨四两，甘草、蓝子各一两，茯苓、黄芩各二两，蔓菁子一升，人参一两，芍药二两。上八味，切，以水一斗，煮蔓菁子……《千金翼》云：若体寒者，倍人参，减黄芩。若气上，倍茯苓，加荠苨一两。"⑨

---

① （晋）葛洪：《肘后备急方》卷6《治目赤痛暗昧刺诸病方》，蔡铁如主编：《中华医书集成》第8册《方书类一》，第76页。

② （晋）葛洪：《肘后备急方》卷8《治百病备急丸散膏诸要方》，蔡铁如主编：《中华医书集成》第8册《方书类一》，第103页。

③ （晋）葛洪：《肘后备急方》卷8《治百病备急丸散膏诸要方》，蔡铁如主编：《中华医书集成》第8册《方书类一》，第106页。

④ （唐）王焘：《外台秘要方》卷1《诸论伤寒八家合一十六首》，张登本主编：《王焘医学全书》，第49页。

⑤ （唐）王焘：《外台秘要方》卷5《疗疟方二十一首》，张登本主编：《王焘医学全书》，第141页。

⑥ 张登本：《王焘医学学术思想研究》，张登本主编：《王焘医学全书》，第1072页。

⑦ （唐）王焘：《外台秘要方》卷9《五咳方四首》，张登本主编：《王焘医学全书》，第237页。

⑧ （唐）王焘：《外台秘要方》卷25《冷痢食不消下方六首》，张登本主编：《王焘医学全书》，第622页。

⑨ （唐）王焘：《外台秘要方》卷38《乳石发动热气上冲诸形候解压方五十三首》，张登本主编：《王焘医学全书》，第953页。

《医心方》录"华佗荠苨汤"出自《小品方》,文云:"荠苨汤,华佗解药毒或十岁或卅岁而发热或燥,燥如寒,欲得食饮,或不用饮食,华佗散法。有石流黄热郁,郁如热浇洗失度……荠苨四两,甘草一两,人参一两,蓝子一两,茯苓一两,夕(芍)药一两,黄芩一两,无(芜)菁子三升。凡八物,切,以水一斗,先煮芜菁子得八升……"①

(6)《录帙》五痓丸。此方见于《外台秘要》卷13《五痓方四首》,系王焘引录的华佗又一医书,权且不论。

在学界,对于《华佗方》是否存在有两种看法:一种观点强调《华佗方》确有其书,且认为"《华佗方》在六朝乃至隋唐时期流传很广,这从许多晋唐方书引有《华佗方》内容可以反映出来"②;另一种观点虽然承认吴普编撰有《华佗方》一书,但否认《华佗方》在晋朝以后流传。学界虽然观点有分歧,但对于《隋书》所录吴普撰《华佗方》一书的事实都不否定。既然如此,那么,问题的焦点就是《华佗方》流传的时段究竟该如何界定。高文柱先生从陈延之《小品方》所录《华佗方》中发现,当时陈延之已经特别声明,他所录的《华佗方》"是《秘阁四部书目录》所载录者"③。据考,《小品方》约成书于公元5世纪下半叶的南朝宋齐间。日本学者小曽户洋推断,《小品方》的成书上限为454年,下限为473年。由此可见,至少在公元5世纪下半叶,《华佗方》还在流传。这样,我们就容易理解当时为什么有那么多引录华佗处方的医书,竟然大都不曾重复,如《范汪方》《小品方》,以及张文仲方书与《肘后备急方》和《千金要方》等。其中葛洪的《肘后备急方》约成书于公元315年,早于《小品方》。如前所述,《小品方》录有"华佗荠苨汤",而《肘后备急方》却不载此方。据考,《范汪方》约成书于347—374年,也早于《小品方》。前举《范汪方》录有《华佗方》之"赤散",却不见于在它前后的《肘后备急方》与《小品方》,这种情况的出现,极有可能是后来的编撰者,已经对比了《华佗方》与那些引录者之间的异同,去同求异,因而形成了"许多晋唐方书引有《华佗方》内容"的局面。尤其对相同的华佗处方,不同的著作在引录时,往往差异比较大。造成这种现象的原因,除了引录者添加了个人的心得之外,多数情况应当是引录者依据《华佗方》的母本,在保证方药组成不变的前提下,对每味药物用量的大小和多少,结合每个时期用药环境的具体条件,适当加以调整。于是,同样是华佗的"华佗荠苨汤",《医心方》与《外台秘要方》的录文差异较大;而同样是华佗的"华佗五嗽丸",但《肘后备急方》的录文与王方庆《随身左右百发百中备急方》的录文却互不相同。

值得注意的是王焘在《外台秘要方》卷1《诸论伤寒八家合一十六首》里引录了华佗一则治疗伤寒病的案例,其文云:"夫伤寒始得,一日在皮,当摩、膏、火灸即愈。若不解者,至二日在肤,可法针,服解肌散发汗,汗出即愈。若不解者,至三日在肌,复一发汗则愈。若不解者,止,勿复发汗也。至四日在胸,宜服藜芦丸,微吐则愈。若病困,藜芦丸不能吐者,服小豆瓜蒂散,吐之则愈。视病尚未醒醒者,复一法针之。藜芦丸,近用

① [日]丹波康赖撰,翟双庆等校注:《医心方》卷20《治服石经年更发方》,北京:华夏出版社,1993年,第341—342页。注:笔者对引文略有改动。

② 高文柱:《跬步集——古医籍整理序例与研究》,北京:中华书局,2009年,第422页。

③ 高文柱:《跬步集——古医籍整理序例与研究》,第421页。

损人，不录之。瓜蒂散，在卷末杂疗中，《范汪方》二味者是也。五日在腹，六日入胃，入胃则可下也。"①

这里出现了两个华佗治疗伤寒病的药方，即"藜芦丸"和"小豆瓜蒂散"。对前者，王焘有个注释，说："藜芦丸，近用损人，不录之。"那么，唐代之前的"藜芦丸"药物组成如何？考《肘后备急方》载有一首处方，没有名称，共由三味药组成："藜芦、皂荚各一两炙，巴豆二十五枚。并捣，熬令黄，依法捣蜜丸如小豆。空心服一丸，未发时一丸，临发时又一丸，勿饮食。"②尽管葛洪没有载明此方的名称与来源，但是从药物组成来看，它应当就是华佗治疗伤寒病的"藜芦丸"。清代杨时泰解释此方的配伍特点说："藜芦用专于吐，而巴豆畏藜芦。后二方猛吐与峻下者，合而入胃，驱痰逐结，使上下之壅气皆通，藜芦亦不吐矣。"③但近世中医名家冉雪峰先生认为："藜芦毒性强烈，擦外皮立见红热，嗅之令人喷嚏不止，内服呕吐大作。中外学理，均云藜芦不可轻用。"④所以冉先生评价张子和创制的"藜芦丸"方时说："此则变其制而小其量，暗合近代新说，俨得经方秘奥。……'肘后'、'千金'疗痰疟，亦有与此同似的藜芦丸。'肘后'用藜芦、皂荚、巴豆三药；'千金'于此三药，再加恒山、牛膝，催吐较本坊过之。……究之用药及方制，尚不如本方之简当稳妥。"⑤可见，《肘后备急方》在上述三个处方中毒性最强，王焘称"近用损人"是符合临床实际的，所以《外台秘要方》没有引录华佗的"藜芦丸"。而是录用了南北朝名医谢士泰《删繁方》里的"藜芦丸"。《删繁方》载："疗胃腑疟者，令人善饥而不能食，四肢胀满、气喘，藜芦丸方。藜芦一两，皂荚一两，去皮子，常山一两，巴豆三十枚，去皮，熬，牛膝一两。上五味，熬藜芦、皂荚，色令黄，合捣为末，蜜丸如小豆。且服一丸，未发前一丸，正发一丸，一日勿食饮。忌野猪肉、芦笋、生葱、生菜、狸肉等。出第六卷中。六腑唯胃有疟，不可别列，故附于后。《千金》同。"⑥此"藜芦丸"较华佗"藜芦丸"，配伍更为合理，同时还注意到了禁忌，这是《华佗方》中所没有的内容。尤其方中加入牛膝后，不仅利于祛瘀，而且还有缓解疼痛的作用。此外，常山能抗疟解热，是治疟之要药。后来，《备急千金要方》也录有"藜芦丸"，药物组成与《删繁方》同，只是巴豆的用量由30枚减为20枚。通过上述勾勒，我们不难看出，王焘对于《华佗方》的选择是以临床效果为前提的。由此可见，王焘在选方时切实体现了他"损众贤之砂砾，掇群才之翠羽"⑦的编纂思想和原则。

（4）范汪与《范汪方》。范汪字玄平，约生于晋永嘉三年（309），卒于晋成安二年（372），东晋顺阳（今河南内乡）人，亦说河南颍阳（今河南许昌）人。《晋书》本传称其"博学多通，善谈名理"⑧。他所编撰的《范汪方》在唐代以前被视为必读方书，影响很

① （唐）王焘：《外台秘要方》卷1《诸论伤寒八家合一十六首》，第48页。
② （晋）葛洪：《肘后备急方》卷3《治寒热诸疟方》，蔡铁如主编：《中华医书集成》第8册《方书类一》，第28页。
③ （清）杨时泰：《本草述钩元》卷10《毒草部》，上海：科技卫生出版社，1958年，第291页。
④ 冉雪峰：《八法效方举隅》，北京：科学技术出版社，1959年，第18页。
⑤ 冉雪峰：《八法效方举隅》，第18—19页。
⑥ （唐）王焘：《外台秘要方》卷5《五脏及胃疟方六首》，第144页。
⑦ （唐）王焘：《外台秘要方序》，张登本主编：《王焘医学全书》，第10页。
⑧ 《晋书》卷75《范汪传》，第1982页。

大。所以王焘《外台秘要方》引录《范汪方》达 30 余卷之多，足见王焘对该方书的重视。

《范汪方》对蛲虫和淋病的治疗，选方较精。王焘《外台秘要方》卷 26《蛲虫方六首》将其列于第一位，代表方有芫花散和巴豆白膏。其芫花散的组方和服法是："芫花、狼牙、雷丸、桃仁去尖、皮，熬，各三分。上四味，捣，散。宿勿食，平旦，以饮服方寸匕，当下虫也。又，巴豆白膏，疗蛲虫方。巴豆一枚，烧令烟断，去心、皮；桃仁四枚，熬令黑，去皮。上二味，合捣，作三丸。大人清旦未食，以浆水服尽，少小服一丸。若不下，明旦更复作服。"[1]蛲虫病是蛲虫寄生人体所致的少儿（成人亦有）常见肠道寄生虫病，以夜间肛门及会阴附近奇痒并见到蛲虫为特征。[2]《史记·扁鹊仓公列传》里已经谈到"蛲瘕"，且有"饮以芫华一撮，即出蛲可数升，病已"[3]的记载。蛲虫的产生与乱吃生冷食物有关，如前举《删繁方》载服用"藜芦丸"期间，"忌野猪肉、芦笋、生葱、生菜、狸肉等"。南北朝对于服药出现了那么多禁忌，这恰好从一个侧面反映了当时人们喜食生冷食物的习惯，如寒食节即是一例。在临床上，蛲虫病又常常伴有异嗜动作的出现，如嚼生茶叶、生米、木炭、泥土等，少儿除了以上异嗜外，对于生的瓜果很感兴趣，当他焦急烦躁时，一见瓜果立刻就吃。[4]治疗蛲虫的中药首选雷丸，如干燥雷丸，研成细末，承认一天三次，每次单独使用 4—6 钱（12—18 克），5—10 岁少儿每次 2—3 钱（6—9 克），5 岁以下小儿每次 1—2 钱（3—6 克）。无任何禁忌，食前饭后均可服药，副作用小，一般在服药两天至一周内，会有大量蛲虫排出。[5]按古代一分约等于 0.3 克，则 3 分约为 0.9 克。芫花有毒，有利水逐饮之功，"能达水饮窠囊隐僻之处"[6]，临床用量 1.5—3 克（0.5 钱—1 钱）。狼牙，是古方用于治疗阴痒虫疮的常用药，如《崔氏方》《备急千金要方》《外台秘要》等，都载有此药。然近代以来，医学界对于狼牙草的有无颇有异议。例如，有人认为狼牙草近世所无，故陈修园等在讲解"狼牙汤方"时主张可用狼毒代之。新加坡中华医药研究院明确指出生狼牙即瑞香狼毒。而王旭东、陈重明、叶橘泉等则认为："古之狼牙草，就是后来的龙牙草（仙鹤草）。"古今狼牙的处方用量多为 3 两即 90 克（汤剂），散剂不定，少则一分即 0.3 克（《太平圣惠方》卷 36《狼牙散》），多则二两即 60 克（《太平圣惠方》卷 73《狼牙散》）。为慎重起见，本书取狼牙生药品种待定的说法。桃仁，具有祛瘀通润作用，因其含苦杏仁甙，故不宜大量服用，过量会引起中毒死亡。这样，整首处方共四味药，总量才 12 分约为 3.6 克，对于少儿来说，属于安全用药范围。至此，我们就明白了王焘为什么要将这首处方放在治疗蛲虫病的第一位，为其首选处方。目的很明显，就是因为它不仅有效，而且安全，完全符合王焘选方的原则和标准。

中国古代医书所说的"淋病"，系指泌尿系统疾病的总称，其中亦囊括了现代淋病。当然，也有学者认为巢元方《诸病源候论》所讲的"五淋"，全与现代的淋病不同，换言

---

① （唐）王焘：《外台秘要方》卷 26《蛲虫方六首》，张登本主编：《王焘医学全书》，第 660—661 页。
② 任现志主编：《中医儿科治法图表详解》，北京：科学技术文献出版社，2011 年，第 98 页。
③ 《史记》卷 105《扁鹊仓公列传》，第 2809 页。
④ 傅东蕃：《蛲虫病的中医疗法》，北京：科学普及出版社，1959 年，第 5 页。
⑤ 傅东蕃：《蛲虫病的中医疗法》，第 14 页。
⑥ （清）黄宫绣著，赵贵铭点校：《本草求真》，太原：山西科学技术出版社，2012 年，第 181 页。

之，性病的淋毒，古代中国是没有的。[①]本书不谈古代淋病与现代淋病的关系，仅就症状而言，王焘谈论的主要为"小便出少起数，少腹弦急，痛引于脐"者。[②]针对以上症状，南北朝的医家可谓荟萃群方，各尽所能。相较之下，《范汪方》因简便有效而备受王焘青睐。例如，在《诸淋方三十五首》中，王焘一共选取了八家的处方，《范汪方》就被选取了9首。其中多为单方，如"取繁蒌草满两手把，以水煮服之，可常作饮，勿不饮也。"[③]繁蒌草，又名鸡肠草、繁缕、五爪龙等，现代临床上常用此草来治疗小便卒淋，用法：鲜繁蒌草90克，干草30克，水煎服。[④]李今庸说："'鸡肠草'即'繁蒌'，既可作食用，作羹作菹皆可，食之'乌髭发'；又可作药用，煮粥或作羹食之'止小便利'，晒干研末或鲜草捣汁外敷治一切恶疮毒肿，古人以之外敷治疗蠼螋溺疮即今之所谓'带状疱疹'有效。"[⑤]又如，"取地麦草，一名地肤草，二七把，以水二升煎之，亦可长服。一法旦渍豉汁饮之，良"[⑥]。对于地肤草治疗淋病的经验，多为临床实践所肯定。如明代医家虞抟在《医学正传》一书中载："予长兄修德翁，年七十，秋间患小便不通，二十余日，百方不效，后得一方，取地肤草捣自然汁服之遂通。虽至微之物，而有回生起死之功，故录于此，以为济利之一助也。"[⑦]由上述处方不难看出，王焘选方除了注重药物的功效外，还讲求药食同源，寓医于食。我们知道，隋唐时期非常重视食疗，当时出现了很多专讲食疗的著作，如孙思邈的《千金食治》等。《黄帝内经太素》说："五谷、五畜、五果、五菜，用之充饥则谓之食，以其疗病则谓之药。"[⑧]这种"药食同源"思想为王焘所继承，并在他的《外台秘要方》中贯彻了这一思想原则。

（5）陈廪丘。生平事迹无考，仅《太平御览》载有下面一则史实，可窥知陈廪丘为晋朝人。《太平御览》载：

> 张苗雅好医术，善消息诊处。陈廪丘得病，连服药发汗，汗不出。众医皆云："发汗不出者死。"自思可蒸之，如中风法，令温气于外迎之，必得汗也。复以问苗，云："鲁有人疲极，汗出卧簟，中冷得病，苦增寒。诸医与散，四日凡八过，发汗，汗不出。"苗乃烧地，布桃叶于上蒸之，即得大汗。便于被下傅粉，身极燥乃起，即愈。廪丘如其言，果差。[⑨]

从这个实例中，可知"桃叶蒸汗法"为陈廪丘和张苗的共同发明，一个出智，一个出力，是两人合作完成的科技创新。《隋书·经籍志》载有《廪丘公论》1卷，王焘在《外台秘要方·诸论伤寒八家合一十六首》中，将陈廪丘列为八家之一，可见其"蒸汗法"意

① 傅再希：《应该认清几种传染病是外洋输入的》，《江西中医药》1959年第10期，第7—8页。
② （唐）王焘：《外台秘要方》卷27《诸淋方三十五首》，张登本主编：《王焘医学全书》，第663页。
③ （唐）王焘：《外台秘要方》卷27《诸淋方三十五首》，张登本主编：《王焘医学全书》，第664页。
④ 潘鸿江：《潮汕青草药彩色全书》第2册，汕头：汕头大学出版社，2002年，第187页。
⑤ 李今庸：《古医书研究》，北京：中国中医药出版社，2003年，第382页。
⑥ （唐）王焘：《外台秘要方》卷27《诸淋方三十五首》，张登本主编：《王焘医学全书》，第664页。
⑦ （明）虞抟：《医学正传》卷6《淋闭》，北京：人民卫生出版社，1965年，第290页。
⑧ （隋）杨上善撰注，萧延平、北承甫校正，王洪图、李云增补点校：《黄帝内经太素》卷2《调食》，北京：科学技术文献出版社，2000年，第23页。
⑨ （宋）李昉等：《太平御览》卷722《方术部三·医二》，第3199页。

义之深远。所以，有人说："《外台》卷一，疗伤寒即引用阮何南蒸法。卷三，天行热病，引支太医桃叶汤熏身法。又引廪丘蒸法。此等熏蒸之法，直至明清的许多医籍中仍有出现。"[1]严世芸讲得更直接："陈氏的伤寒蒸汗法，悟自'蒸中风法'，其效验并得张苗桃叶蒸法为佐证。从而补充了'汗法'的具体方法，故为历代医家所重，金张从正亦以蒸法作为汗法之一，也显然受到陈廪丘的学术影响。"[2]

此外，陈廪丘在治疗三十年痢方面亦积累了不少验方，王焘《外台秘要方》一共选取了他的四首验方。其中尤以"安石榴汤"最著名。王焘引廪丘公的话说：

> 吾患痢三十余年，诸疗无效，唯服此方得愈也。安石榴汤，疗大瘟痢及白滞，困笃欲死，肠已滑，医所不能疗方。干姜二两，生姜倍之；黄柏一两，细切；石榴一枚，小者二枚；阿胶二两，别研，渍之。上四味，切，以水二（三）升，煮。取一升三（二）合，去滓，纳胶令烊，顿服；不瘥，复作。疗老小亦良，人赢者稍稍服之，不必顿尽，须臾复服，石榴须预取之。《肘后》同，并出第二卷中。一方无黄柏，用黄连。[3]

此方在临床上用于治疗慢性阿米巴痢疾正虚邪恋，脾阳虚弱者，效果明显。[4]此方传入日本后，日本汉医稍作改良，变成了"日本汉医方安石榴方"。其药物组成为：赤石脂30克，研细末，一半布包入煎，一半药汤和服，干姜60克，石榴皮15克，阿胶9克，烊化黄柏6克。经临床应用，证明此方确实是治疗五更泻的验方，效果较佳。

伤寒是古代流行性出血热，它一般在冬季发病，死亡率很高。这样，我们就能理解王焘为什么将伤寒列为《外台秘要方》的首位，而对于治疗伤寒病的医家他又从中筛选出八位杰出代表，作为唐代之前伤寒病发展历史的重要标志。虽然就分量来说，张仲景《伤寒论》仍然是《外台秘要方》的重点（见《外台秘要方》卷1《论伤寒日数病源并方二十一首》），但将陈廪丘、范汪等人视为伤寒史上的八家，不应忽略，并引述其治疗伤寒的思想和方法，这在整部《外台秘要方》里为仅见之举。反过来，我们的医学史一讲到古代伤寒病的学术发展史时，往往只见张仲景和王叔和，而不见其他，与王焘相比，倒显得我们的学术视野变狭隘了，这是不应该的。当然，这种状况目前已有所改观，如严世芸主编的《中医学术发展史》已经给了陈廪丘一席之地。从这个层面看，《外台秘要方》虽然表面上讲的是医学文献，但它却深刻地体现了王焘可贵的医史观。

（6）《刘涓子鬼遗方》。刘涓子，晋末人，生平不详。《隋书·经籍志》载有《刘涓子鬼遗方》10卷，龚庆宣撰。此处的"鬼"是指黄父鬼，据龚庆宣《刘涓子鬼遗方序》云：

> 昔刘涓子，晋末于丹阳郊外照射，忽见一物，高二丈许，射而中之，如雷电，声若风雨，其夜不敢前追。诘旦，率门徒子弟数人，寻踪至山下，见一小儿提罐，问何往为？我主被刘涓子所射，取水洗疮。而问小儿曰：主人是谁人？云：黄父鬼。仍将

---

① 周楣声：《灸绳》，青岛：青岛出版社，2006年，第166页。
② 严世芸主编：《中医学术发展史》，上海：上海中医药大学出版社，2004年，第113页。
③ （唐）王焘：《外台秘要方》卷25《数十年痢方一十一首》，张登本主编：《王焘医学全书》，第634—635页。
④ 谭异伦、刘建忠主编：《中国传染病秘方全书》，北京：科学技术文献出版社，2001年，第287页。

小儿相随，还来至门，闻捣药之声。比及遥见三人，一人开书，一人捣药，一人卧尔。乃齐唱叫突，三人并走，遗一卷《痈疽方》并药一臼。时从宋武北征，有被疮者，以药涂之即愈。①

这段记载虽有神秘成分，但也有史实。如《千金翼方·疮痈上》直题"黄父相痈疽论"，而不题"刘涓子相痈疽论"，"从这一点来看，鬼遗方确为黄父鬼遗，前之龚序并非全出杜撰"②。现传本《刘涓子鬼遗方》仅剩五卷，已非全帙，而《外台秘要方》则载录有《刘涓子鬼遗方》多首处方，多与治疗瘘病有关。分九类：治疗鼠瘘，处方 7 首；治疗瘘肿，处方 1 首；治疗瘘病，处方 3 首；治疗狼瘘，处方 1 首；治疗蝼蛄瘘，处方 1 首；治疗蚍蜉瘘，处方 1 首；治疗蛴螬瘘，处方 1 首；治疗浮沮瘘，处方 1 首；治疗转脉瘘，处方 1 首。瘘病（《丹溪心法》亦称"漏"）是南北朝隋唐的一种常见病和多发病，北周医学家姚僧垣《集验方》已经出现了"九瘘"说。可以说，刘涓子积累了很多当时民间治疗诸瘘的验方，因而《备急千金要方》在选取治疗九瘘的处方时，除蜂瘘和瘰疬瘘外（因《刘涓子鬼遗方》中没有这两种瘘病），其他每瘘均有《刘涓子鬼遗方》中的药方，可见其影响之深。瘘病是指主要发生于颈项及腋下淋巴结的一种结核肿溃性疾患，临床症状复杂多变，如除上面所见诸瘘外，《华佗神医秘方》还载有"蛇瘘""蝎瘘""蜣螂瘘""蚯蚓瘘""雀瘘"等。《丹溪心法》更有"析而言之，三十六种，其名目又不同焉"③之说。其中"鼠瘘"即西医所说的淋巴结结核溃烂，章太炎《治鼠瘘方》云："鼠瘘者亦云马刀，其厚腋下肿，病在足少阳。"④王焘首选刘涓子的一首治鼠瘘简便单方："死蜣螂烧作灰。右一味苦酒和涂之，数过即愈，先以盐汤洗。"⑤这首验方，后来被《古今录验》《备急千金要方》《圣济总录》《中国膏药药膏糁药全书》等方剂经籍所收录，显见它的功效已为临床医学所认可。特别是《中国膏药药膏糁药全书》将其推为治疗鼠瘘的一种经典敷膏⑥，《刘涓子鬼遗方》为酒膏，《圣济总录》则变为醋膏，这在治疗鼠瘘的方法上也是一个创新。王焘所看重的恐怕正是刘涓子方的这一特点，不仅简便有效，而且具有创新意义。另外，狼瘘是指瘰疬破溃后脓水流出不止，形成窦道，久不收口。西医则是指颈部淋巴结炎形成溃疡及瘘管。临床常以拔毒与生肌、内服与外用相结合进行施治，刘涓子所用验方是"空青散"或云"空青商陆散"，为内服药，其药物组成是："空青，研，二分；猬脑，三分，干之；独活，一分；猬肝，一具，干之；芎䓖，半两；女妇草，一分；黄芩、鳖甲熬、斑猫……干姜……当归、茴香、矾石烧、地胆，各一分；蜀椒，三十粒，汗。上十五（十六）味，作散，下筛。酒服方寸匕，日三，十五日即止。忌生血物、苋菜。"⑦这首处方后来被《古

---

① （南齐）龚庆宣：《刘涓子鬼遗方序》，（晋）刘涓子撰，（南齐）龚庆宣编，于文忠点校：《刘涓子鬼遗方》，北京：人民卫生出版社，1986 年，第 7 页。
② 江幼李：《道家文化与中医学》，福州：福建科学技术出版社，1997 年，第 370 页。
③ （元）朱震亨：《丹溪心法》卷 2《漏疮二十七·附录》，鲁兆麟等点校：《中国医学名著珍品全书》中卷，沈阳：辽宁科学技术出版社，1995 年，第 253 页。
④ 吴忻佐：《章太炎的未刊手稿〈治鼠瘘方法〉》，《医古文知识》1989 年第 2 期。
⑤ （唐）王焘：《外台秘要方》卷 23《九瘘方三十五首》，张登本主编：《王焘医学全书》，第 582 页。
⑥ 孟宪武主编：《中国膏药药膏糁药全书》，沈阳：辽宁科学技术出版社，1996 年，第 1135 页。
⑦ （唐）王焘：《外台秘要方》卷 23《九瘘方三十五首》，张登本主编：《王焘医学全书》，第 584 页。

今录验》《备急千金要方》《太平圣惠方》《普济方》《中华本草》等方书所载录，至今仍在临床加减化裁（近代以来医家已很少用猬脑与猬肝）应用。《千金方衍义》有一段方解，论说精当。其文云：

> 狼漏之毒根于肝、而用空青商陆散，首取空青利窍通津，佐以商陆利水导气，然在始病元气未漓者，庶为合宜。更取猬肝、猬脑入肝追毒，斑蝥、地胆攻坚破血，矾石涤除腐秽，一皆瞑眩之药，其余芎、归、芩、独、鳖甲、茴香、椒、姜之属，药虽稍平不过，为空青等味之助力。其用蓍草，其义未详。①

王焘在选用治疗诸瘘处方时，应当说经过了反复的比较和考验，他之所以选用刘涓子的那么多处方，绝不是因为刘涓子本身是一位军医，而是因为他富有治疗诸瘘的实践经验，并且诸方都具有明显的疗效，因而具有可验性和权威性。像上面的"蛴螬膏"和"空青商陆散"，就是典型的实例。可见，王焘对前代名医验方的选取是有所侧重的，在治疗诸瘘方面，王焘推崇《刘涓子鬼遗方》，正反映了《刘涓子鬼遗方》在诸瘘外治方面确实已经达到了相当水平，体现了我国两晋南北朝以前外科学在漏疮治疗与药物剂型方面的不断进取和开拓。

（7）《小品方》。《小品方》的作者陈延之，生卒年月和生平事迹都不详。但从《外台秘要方》所选取《小品方》的处方内容看，陈延之应当是专长于妇科和儿科的医学大家。如《外台秘要方》卷33载录了《小品方》中24首与妊娠病和临产病有关的处方，即安胎当归汤方、安胎止痛汤方、胶艾汤、苎根汤、地肤大黄汤、猪苓汤、疗横产方、疗胞衣不出四方等。其中，"疗横产及侧或手足先出方。可持粗针刺儿手足，入二分许，儿得痛惊转即缩，自当回顾"②。王焘一般不主张用针刺治病，可是，在"横产方四首"中，他却将针刺列为治疗横产病的首选，说明任何治法都是随着临床病情的实际情况变化而变化的，在临床上没有一成不变的处方和疗法。又如，《外台秘要方》卷36载有小儿诸疾有关的处方计12首，包括疗小儿咳嗽四方、疗少儿小热痢的栀子丸方、疗小儿热渴痢二方、疗小儿齿不生二方、疗小儿伤寒衄血的五味麦门冬汤方、疗小儿疝气阴癥的白头翁方、疗小儿误吞物的温中汤方等。其中"疗少小齿落不生方"云："取牛尿中大豆二七枚，小开头皮，小许，以次注齿根，数度，即当生。"③首先承认"少儿齿不生方"的原因比较复杂，用14枚"牛尿中大豆"来治疗，似乎缺乏科学依据。但是，牛尿可以治病并非异闻。经检验，牛尿中所含营养成分主要有水分92%—95%，有机质2.3%，氮0.6%—1.2%，钾1.3%—1.4%。印度科学家称，牛尿是一种"生物增强剂"，它能够减少病人服用抗生毒和抗癌药物的剂量，以及产生的副作用。实验证明，新鲜牛尿中含有马尿酸，另外，每100克大豆所含营养成分主要有：水分10.2克、蛋白质36.3克、脂肪18.4克、碳水化合物25.3克、粗纤维4.8毫克、钙367毫克、磷571毫克、铁11毫克、胡萝卜素0.4毫克、维生素$B_1$0.79毫克等。如果大豆在牛尿（呈中性或弱碱性）中浸泡，其大豆苷原

---

① （清）张璐著，王忠云等校注：《千金方衍义》卷23《痔瘘方》，北京：中国中医药出版社，1995年，第491页。
② （唐）王焘：《外台秘要方》卷33《横产方四首》，张登本主编：《王焘医学全书》，第847页。
③ （唐）王焘：《外台秘要方》卷36《小儿齿不生方二首》，张登本主编：《王焘医学全书》，第916页。

含量会随时间的延长而增加。实验证实："大豆种子含有大量的贮藏物质，如蛋白质和脂肪等，其中也包括酶，如蛋白酶、淀粉酶、核酸酶、脂肪酶等。萌发前它们都以结合态贮存于子叶中。当大豆种子吸胀后，部分贮藏物质会变为溶胶。与此同时，酶由结合态转化为游离态而发挥其酶解作用，使籽粒中不溶于水的物质转化为可供种子利用的物质。"①也就是说，大豆经过在牛尿中浸泡，其所含钙、铁、维生素、酶等物质会发生量的变化。而这些物质应当正是小儿牙齿生长所需要的物质，从这个角度看，《小品方》的疗法不无道理。王焘在选方中为何如此看重这些奇方？他肯定不是为了猎奇，因为他在序言中说得很清楚，王焘的选方经过了"出入再三"和"稽考隐秘"②的长期辨析与验证，所以用"牛尿中大豆"来治疗少儿齿落不生疾患，也是他"出入再三"和"稽考隐秘"的结果。虽然王焘当时还不可能把"少儿齿落不生"与生理性缺钙等现象联系起来，但是"牛尿中大豆"含有较丰富的钙，却是事实。可见，王焘在选方时，不在意药方组成的清浊与俗雅，关键看其疗效。如众所知，由于讲求高雅，《唐新修本草》仅载有牛黄、牛乳、牛角髓，不载牛尿，而王焘却将牛尿编入方书用来治病，在唐代，这样的选方用药无疑也是一个巨大的思想突破。

（8）《深师方》。《深师方》的作者是一位僧人，因此，《深师方》又称《僧深师方》，原书已佚。唐代僧人是科技创新的一支主要力量，这一点与宋代略有不同，在宋代，科技创新的主力军已变成儒士，而僧人在科技创新中的地位开始逐渐下降。从《外台秘要方》所引录《深师方》的诸多药方看，《深师方》的成就主要体现在治疗伤寒和疑难杂症方面，其中有些经典医方，至今都在临床上发挥着重要作用。例如，《外台秘要方》卷1载：

> 石膏汤，疗伤寒病已八九日，三焦热，其脉滑数，昏愦，身体壮热，沉重拘挛，或时呼呻而已攻内，休犹沉重拘挛，由表未解，今直用解毒汤则挛急不瘥，直用汗药则毒因加剧，而方无表里疗者，意思以三黄汤以救其内，有所增加以解其外，是故名石膏汤方。石膏、黄连、黄柏、黄芩，各二两；香豉，一升，绵裹；栀子，十枚，擘；麻黄，三两，去节。上七味，切，以水一斗，煮。取三升，分为三升，一日并服，出汗。初服一剂，小汗。其后更合一剂，分两日服。常令微汗出，拘挛烦愦即瘥，得数行利，心开令语，毒折也。忌猪肉、冷水。③

后世以此方为基本方，加减化裁成"三黄石膏汤"（原方加生姜、细茶和大枣），解表清里，治疗流行性感冒、肺炎等持续高热，恶寒，效果较好。④此外，治疗贫血热甚，效果亦甚明显。⑤周凤梧先生云："本方为治表邪未解，里热壅盛之方。外感表证未解，热郁营卫，虽未成实，但三焦俱热，毒火炽盛，故见壮热无汗，身体拘急等表证……可用于重型感冒、流感、斑疹伤寒等热病过程中而见高热无汗者；亦可用于急性传染性肝炎而身热

---

①　穆慧玲等：《大豆浸泡过程中γ-氨基丁酸的变化》，《粮油加工》2010年第9期，第126页。
②　（唐）王焘：《外台秘要方序》，张登本主编：《王焘医学全书》，第10页。
③　（唐）王焘：《外台秘要方》卷1《〈深师方〉四首》，张登本主编：《王焘医学全书》，第56页。
④　王克林、马晓彤主编：《中医药治疗流感的研究与临床》，北京：中国中医药出版社，2011年，第107页。
⑤　万长秀、秦世菊主编：《贫血的中医调补》，武汉：湖北科学技术出版社，2010年，第101页。

发黄，可再加茵陈、龙胆草灯清泄湿热。"①在杂病方面，《深师方》的创法亦甚多，如治疗瘰疬的"鹿靥单方"，属于首创；治疗脾气不调，身重、四肢酸削不收的"健脾汤"，实开补益脾阴方之先河；其"三焦决渎"的水病病机论述，以及用麝香等辛药逐水的方法，都令人耳目一新，别开生面。故《外台秘要方》卷29载录了《深师方》中的28首验方，要者有"五咳嗽方二首""新久咳嗽方三首""卒咳嗽方一首""冷咳方二首""疗咳方二首""积年久咳方七首""咳嗽短气方三首""久咳嗽上气唾脓血及浊涎方三首""咳嗽脓血方二首""久咳嗽脓血方一首""杂疗咳嗽方二首"等。一个僧医，居然引起王焘如此高度重视，反映了王焘的观念世界里并没有歧视僧道的思想倾向，这一点与韩愈、欧阳修等极端排斥佛学的做法相比，就显得王焘更加包容和理性了。比如，欧阳修在编撰《新唐书》时，竟然意气用事，不为僧人立传，他不能用平和与客观的心态去看待和评价唐朝的历史，不免让人失望。韩愈生活的时代距离王焘很近，然而，韩愈对待佛教的态度却是"不塞不流，不止不行。人其人，火其书，庐其居，明先王之道以道之"②，至于此主张的思想史意义，诚如任继愈先生所言："陈寅恪先生认为韩愈反对佛教，重点在于反对道教，道教在唐朝为患更甚于佛教。韩愈虽未公开指斥道教，实际上也抨击了道教。这是陈先生的新解释。如果我们作进一步的探索，我们还会发现韩愈排斥佛教、道教，还包含反对藩镇割据以加强中央集权的意义在内。"③但是，从科学史的角度看，韩愈的主张就不可取了，因为科学发展的本质在于追求真理而对佛教的思想学说亦应具体问题具体分析，认真辨析哪些内容违背了客观事物的发展规律，哪些内容则反映了客观事物的发展规律，不能用简单粗暴的方式将佛教思想一棍子打死。例如，《深师方》虽是僧人编集的验方，却极少符咒、斋醮一类神秘主义的方术，每一首处方都是经得起临床验证的。所以从《深师方》被《外台秘要方》大量载录这一点来讲，王焘站在医学的立场，用唯物和实证的态度对待前人的医方，不因人废方，体现了他尊重医学发展和用药实践及其临床辨证规律的科学精神，同时我们从王焘身上还能够看到不断迸发出来的那一束束闪光的思想火花。

（9）《集验方》。《集验方》的作者姚僧垣，吴兴武康（今浙江钱塘）人，是北周著名医药学家。《周书》本传载："父菩提，梁高平令。尝婴疾历年，乃留心医药。梁武帝性又好之，每召菩提讨论方术，言多会意，由是颇礼之。"④从父子俩的名字中，我们能体会到这个家庭与佛教的因缘。《集验方》久佚，但《外台秘要方》尚保留有其中的部分内容，包括中医内、外、妇、儿诸科，集中了当时北周医方发展的精粹，曾在民间和日本广为流传。《周书》称："僧垣医术高妙，为当世所推。前后效验，不可胜记。声誉既盛，远闻边服。至于诸蕃外域，咸请托之。僧垣乃搜采奇异，参校征效者，为《集验方》十二卷，又撰《行记》三卷，行于世。"⑤结合现传范行准、高文铸辑佚本的内容看，《周书》所言不虚。同《深师方》选取药物的指导思想一样，因受佛教不杀生观念的影响，《集验方》除

①　周凤梧编著：《周凤梧方剂学》，济南：山东科学技术出版社，2005年，第76页。
②　（唐）韩愈撰，（宋）魏仲举集注：《韩愈书启杂文集》卷7《原道》，济南：山东画报出版社，2004年，第95页。
③　任继愈：《天人之际：任继愈学术思想精粹》，北京：人民日报出版社，2010年，第166页。
④　《周书》卷47《姚僧垣传》，北京：中华书局，1997年，第839页。
⑤　《周书》卷47《姚僧垣传》，第843—844页。

个别单方外，复方多为植物药，动物药用得很少，即使用也多是皮、骨、乳、尿、涎及血之类。前揭《小品方》载有用牛尿浸泡大豆治病的案例，而《集验方》则载有一首用黄犍牛尿治疗水肿方，其法云："黄犍牛尿一饮三升，若不觉，更加服之，以得下为度，治老小者宁从少起，饮半，亦可用后方。"①虽然此方已经在《肘后备急方》卷3出现过，但从处方的来源看，很有可能是借鉴了印度佛教僧人治疗水肿病的方法。

对于狂犬病，《肘后备急方》提出了"杀所咬，犬取脑傅之，后不复发"②的科学治疗方法，而《小品方》和《集验方》对狂犬病的病理特点则有了比较深入的认识，反映了当时人们防治狂犬病又有了新的进展。例如，人被狂犬咬了之后，一般有14—90天的潜伏期。被病兽咬伤后，应在第1天、第4天、第9天、第15天、第31天各注射狂犬疫苗1支。与之相类，《外台秘要方》载："凡狂犬咋人，七日辄应一发，过三七日不发则免也。要过百日，乃为大免。每至七日，辄当捣薤汁，饮二三升。"③因为狂犬病的发病多在夏、秋两季，所以用薤白汁或韭汁施救，比较方便。那么，薤白汁或韭汁有预防狂犬病毒的作用吗？狂犬病毒是一种"滤过性病毒"，或称"弹状病毒"，它对酸、碱及季胺类化合物比较敏感。经检验，薤白中含有丰富的大蒜氨酸及亚油酸、油酸、棕榈酸等脂肪酸，可以肯定，大量饮用薤白汁对预防狂犬病是有效的。高文铸先生在辑佚《集验方》时，明言出自《外台秘要方》一书中的内容最多。这说明了什么呢？它说明：第一，《集验方》的影响大，远闻边服，因为是搜集验方，包括民间的、宫廷的和寺院的，且很多处方配伍精当，简便，实用，有效，故《集验方》成为王焘优先选取的对象。第二，佛教医药学将药物分成时药（各种食物、食品）、更药（各种水果、浆、酒）、七日药（酥油、糖、蜜）与尽寿药（根、茎、叶、花、果实、胶、灰、盐、涩）四类；在药物用法上，有汤剂、外敷、灌鼻、饮茶、脂膏、药丸、涂剂、催吐、取汗等10余种剂型和治法。这些治法有的为先秦以来中国传统医药学所少见，如灌鼻、涂剂等，而《黄帝内经》仅有汤、丸、散、酒、膏五种，没有涂剂。《集验方》则载有不少涂剂处方，如"治痈及疖如结实赤热者方"："以水磨半夏，涂之，燥复更涂，得流便消也。山草中可自掘生半夏乃佳。此疗神，勿不信也"④。从《集验方》所述话语中，当时人们对"涂剂"的疗效似乎多有怀疑。又如"治丹发足踝方"载："捣蒜如泥，以厚涂，干即易。"⑤"疗童女交接，阳道违理及他物所伤犯，血出流离不止方……割鸡冠取血涂之。"⑥此外，尚有摩法、指画法等。如"疗人面目身体卒亦，黑丹起如疥状，不疗日剧，遍身即杀人方。煎羊脂以摩之，青羊脂最良。"⑦至于"治逆产方"则有指画法："以手中指取釜底黑煤，交画儿足下，顺出。"⑧像这些治

①　（北周）姚僧垣撰，高文铸辑校：《集验方》卷4《治诸水肿方》，天津：天津科学技术出版社，1986年，第80页。

②　（晋）葛洪：《肘后备急方》卷7《治卒为猘犬所咬毒方》，蔡铁如主编：《中华医书集成》第8册《方书类一》，第88页。

③　（唐）王焘：《外台秘要方》卷40《狂犬咬人方二十二首》，张登本主编：《王焘医学全书》，第1033页。

④　（唐）王焘：《外台秘要方》卷24《痈疽方一十四首》，张登本主编：《王焘医学全书》，第603页。

⑤　（唐）王焘：《外台秘要方》卷30《丹毒方九首》，张登本主编：《王焘医学全书》，第748页。

⑥　（唐）王焘：《外台秘要方》卷34《童女交接他物伤方三首》，张登本主编：《王焘医学全书》，第879页。

⑦　（唐）王焘：《外台秘要方》卷30《赤丹方五首》，张登本主编：《王焘医学全书》，第749—750页。

⑧　（唐）王焘：《外台秘要方》卷33《逆产方一十二首》，张登本主编：《王焘医学全书》，第847页。

法，不论是僧家处方，还是俗家处方，都十分简便有效。王焘将它们辑录在《外台秘要方》里，广为传播，从本质上看，不止有医学价值，更有一定的"弘扬佛法"意义，这与当时整个社会崇尚佛教的文化背景相适应。关于这个问题，须结合《外台秘要方》卷21《〈天竺经〉论眼序一首》及《斜眼生起一首》的内容，进行综合分析，对此，申俊龙在《佛教四大说对传统医学的影响》①一文中有详论，兹不赘言。

(二)《外台秘要方》与唐朝医方之集大成

考《外台秘要方》引录的唐朝医学文献多达43部，涉及42位医学家，接近唐朝以前所引医家的三倍，显示了唐代医学发展的兴盛局面，其中孙思邈已见前论，至于余者，因被引录的内容多寡不一，本书难以面面俱到，故下面只能择要述之。

(1)《古今录验方》。《古今录验方》的作者为唐初的甄权和甄立言兄弟二人。《旧唐书》卷47《经籍志下》载甄权撰《古今录验方》50卷②，而同书《甄权传附甄立言传》却言："甄权，许州扶沟人也。尝以母病，与弟立言专医方，得其旨趣。……撰《脉经》、《针方》、《明堂人形图》各一卷。弟立言，武德中累迁太常丞……撰《本草音义》七卷、《古今录验方》五十卷。"③这种看似矛盾的说法，实际上恰好表明《古今录验方》是甄氏兄弟共同的劳动结晶。从《外台秘要方》引录《古今录验方》的264条内容看，有的卷被引较多，如卷3、卷5、卷8、卷10、卷11等，有的卷被引较少，或未被引，这样就造成了卷16、卷17、卷20、卷22、卷28、卷31、卷32、卷33、卷36—40、卷42及卷44等的缺失现象。这种现象的发生，当然是王焘严格甄别之后的结果，是其去粗取精辑录思想的生动体现，用王焘自己的话说，就是"损众贤之砂砾，掇群才之翠羽"④。那么，王焘究竟保留了《古今录验方》中的哪些"翠羽"呢？据严世芸总结，《古今录验方》中保留有不少当时的效验方，见于《外台秘要方》所载录的，如治疗伤寒的还魂丸、黄龙汤、下气橘皮汤，治疗温病的黄连橘皮汤和漏芦橘皮汤，治疗疟痢的豉心丸、乌梅丸、豆汁犀角煎、地肤散、黄连煎，治疗咳喘的书墨丸、麦门冬丸、羊肺汤，治疗体虚补益气力的调中汤和署预丸，治疗心通病的桂心汤和犀角丸，治疗腰痛的杜仲独活汤、玄参汤、寄生汤、独活续断汤，以及治疗消渴病的花苁蓉丸和治疗肺痈的桔梗汤等。

(2)许仁则的《许仁则方》及《子母秘录》。《通志·艺文志》、《三因极一病证方》卷17《产科论序》及《宋史·艺文志》均载有《子母秘录》10卷，但作者各不相同，《通志》为许仁则，《三因极一病证方》称巢志安撰，而《宋史》又云系张杰著。对此，《宋以前医籍考》说："按此书之撰者。有云许氏、巢氏、张氏，诸家说不一。许氏最初出，惟此书系许氏之原著，而巢张氏修之者欤！又按：在《子母秘录》之文，今可见者，《医心方》有二十五条，《证类本草》有一百四十六条。又《外台秘要》所引许仁则之文，亦有十五条。"⑤考，王焘《外台秘要方》分12卷引录了"许仁则"方88首，其中卷3载录有

① 申俊龙：《佛教四大说对传统医学的影响》，《南京大学学报（哲学·人文·社会科学版）》2001年第3期。
② 《旧唐书》卷47《经籍志下》，第2050页。
③ 《旧唐书》卷191《甄权传附甄立言传》，第5089—5090页。
④ （唐）王焘：《外台秘要方序》，张登本主编：《王焘医学全书》，第10页。
⑤ ［日］冈西为人：《宋以前医籍考》，第315页。

许仁则"天行病方七首""天行瘥后劳发方五首",卷 4 载录有"诸黄方七首",卷 5 载录有"疗疟方四首",卷 6 载录有"疗霍乱方三首""疗呕吐方四首",卷 9 载录有"疗咳嗽方一十二首",卷 14 载录有"疗诸风方七首",卷 19 载录有"疗脚气方三首",卷 25 载录有"痢方七首",卷 26 载录有"疗痔方二首",卷 27 载录有"淋方二首""大便暴闭不通方二首"及"小便数多方四首",卷 29 载录有"疗吐血及堕损方三首",卷 34 载录有"产后方一十六首"。其中"产后方一十六首"应系《子母秘录》的内容,余为《许仁则方》的内容。至于许仁则究竟是唐初的医学家,还是唐中后期的医学家,目前学界还没有形成共识。

在治疗中风方面,许仁则对内热生风之证尤多发挥,明确提出了"本气既羸,偏有所损"①(即风可内生)的观点,他的"生葛根三味汤""薏苡仁等十二味饮""苦参十二味丸""黄连等八味散"等潜降镇摄,一直为后世医家所推崇。故张山雷先生评论说:"中风证治,但读古书续命诸方,每谓古人皆为外感寒风设法,宁不与肝风自煽、气血上菀之旨,背道而驰。然细绎《千金》、《外台》二书,则凉润之剂,亦所恒有,已可见内热生风之证,本是古今所同,而如许仁则之论内风,尤其剀切详明,大开觉悟,固不待河间,丹溪而始知其为内因也。"②以"薏苡仁等十二味饮"为例,"此方凉润之力尤专,而玉竹、麦冬湿润养阴,乌梅柔肝收摄更为滋养肝阴,招纳浮阳而设,以治阴虚于下,阳升于上,更为切近,则无痰者最为合宜"③。王焘选择许仁则的"七首处方","皆为阴虚阳越内风立法"④,它在一定程度上反映了王焘对治疗中风"择善而从"的理论认识和临床体会,在当时,不仅能克服"续命一派"的一偏之见,而且具有积极和切实有用的临床指导价值。对于"肺气嗽"的认识,许仁则说:"肺气嗽者,不限老少,宿多上热,后因饮食将息伤热,则常嗽不断,积年累岁,肺气衰便成气嗽。此嗽不早疗,遂成肺痈。"⑤他又说:"肺气嗽,经久将成肺痿,其状不限四时冷热,昼夜嗽常不断,唾白如雪,细末稠黏,喘息上气,乍寒乍热,发作有时,唇、口、喉、舌干焦;亦有时唾血者,渐觉瘦悴,小便赤,颜色清白毛耸,此亦成蒸。"⑥此乃由劳热熏肺、肺阴大伤所致之虚热型肺痿,故肺痿亦可兼见咳唾脓血之症。可见,许氏对肺痨久嗽演变成肺痿已经有了明确认识。尤其值得一提的是,现代名中医丁学屏先生从许仁则急黄与天行病最重候无甚区别⑦的思想中得到启发,并运用叶天士温热论"入营犹可透热转气,到血直须凉血散血"的理论,用犀角地黄汤、清营汤、清宫饮调服神犀丹等方药治疗重症肝炎,效果良好。因此,王焘在《外台秘要方》卷 9 单列一门"许仁则疗咳嗽方一十二首",表明王焘十分推崇许氏的疗咳嗽方论。从中医内科学术发展史的角度看,多亏王焘把许氏治疗咳嗽病的经验和体会全部载录

---

① （唐）王焘:《外台秘要方》卷 14《许仁则疗诸风方七首》,第 367 页。
② 张山雷:《中风斠诠》,陆拯主编:《近代中医珍本集·内科分册》,杭州:浙江科学技术出版社,1991 年,第 424 页。
③ 张山雷:《中风斠诠》,陆拯主编:《近代中医珍本集·内科分册》,第 430 页。
④ 张山雷:《中风斠诠》,陆拯主编:《近代中医珍本集·内科分册》,第 430 页。
⑤ （唐）王焘:《外台秘要方》卷 9《许仁则疗咳嗽方一十二首》,张登本主编:《王焘医学全书》,第 253 页。
⑥ （唐）王焘:《外台秘要方》卷 9《许仁则疗咳嗽方一十二首》,张登本主编:《王焘医学全书》,第 254 页。
⑦ （唐）王焘:《外台秘要方》卷 4《许仁则诸黄方七首》,张登本主编:《王焘医学全书》,第 135 页。

了下来，才使我们今天能够看到唐代医家在治疗咳嗽病方面所取得的先进临床成就。还有，许仁则论痔说："此病有内痔、有外痔。内但便即有血，外有异：外痔下部有孔，每便血从孔中出。内痔每便即有血，下血甚者，下血击地成孔，出血过多，身体无复血色，有痛者、有不痛者。"①有学者考察的"西医痔"这个名称的来历："当西医传入我国时，医学翻译家认为 Hemorrhoids（出血）和 Piles（球）是症状，并非病名，因而未直译，这些症状类似中医许仁则分的内痔、外痔。于是把二者统一用中医的'痔'意译成病名沿用至今，这样我国又有了西医痔的概念。"②所以，许仁则对我国医学发展的影响是多方面的，而王焘功不可没。诚如张山雷所言："若能于古书之中择善而从，自具只眼，苟非真学识真阅历，亦复谈何容易。"③细细一想，我们把这句话放在王焘身上是最合适不过的。

（3）崔知悌与《崔氏纂要方》及《灸骨蒸法图》。《旧唐书·经籍志下》载有崔知悌所撰的两部书：《崔氏纂要方》10 卷与《骨蒸病灸方》1 卷。④而《宋史·艺文志》则载有《崔氏骨蒸方》3 卷⑤，大概当时宋人已经将《骨蒸病灸方》和《灸骨蒸法图》合辑在一起了。崔知悌，唐高宗时官至户部尚书，许州鄢陵（今河南鄢陵）人。王焘在《外台秘录方》中引录了"崔氏"计有 165 条医方，包括治疗伤寒、天行、黄疸、疟疾、呕吐、心痛、咳嗽、消渴、白癜风等病患，崔知悌除了用中药处方外，尤擅长制作面脂和灸法。

唐朝是一个盛行面脂的时代，王建有诗云："浴堂门外抄名入，公主家人谢面脂。"⑥而据《广志》载："面脂，自魏兴已来始有之。"⑦至唐朝，美容方剂之多达到了高峰。⑧故唐朝有腊日定量赐药脂的惯例，《酉阳杂俎·忠志》载："腊日，赐北门学士，口脂、腊脂，盛以碧镂牙筒。"⑨刘禹锡在《谢历日面脂口脂表》中亦有"腊日面脂、口脂、红雪、紫雪并金花银合二，金棱合二"⑩之说。由此可见，宫廷医家研制美容方剂便成为其重要的医学活动之一。如《外台秘要方》引录了《崔氏纂要方》中的四首美容处方，即"造烟脂法"一首、"造水银霜法"一首和"鹿角桃花粉方"二首。其中"造水银霜法"的组方为："水银、石硫黄、伏龙肝各十两，盐花一两。"制法如下：

> 上四味，以水银别铛熬，石硫黄碎如豆，并别铛熬之，良久水银当热，石硫黄消成水，即并于一铛中和之，宜急倾并，并不急即两物不相入，并讫下火，急搅不得停手，若停手即水银别在一边，石硫黄如灰死亦别在一处。搅之良久，硫黄成灰，不见水银，即与伏龙肝，和搅令调……如覆蒸饼，勿令全遍底，罗讫乃别罗盐末覆之，亦

---

① （唐）王焘：《外台秘要方》卷 26《诸痔方二十八首》，张登本主编：《王焘医学全书》，第 646 页。
② 吴宗辉：《痔的现代诊断与治疗》，成都：西南师范大学出版社，2008 年，第 7 页。
③ 张山雷：《中风斠诠》，陆拯主编：《近代中医珍本集·内科分册》，第 424 页。
④ 《旧唐书》卷 47《经籍志下》，第 2050 页。
⑤ 《宋史》卷 207《艺文志六》，第 5312 页。
⑥ （唐）王建著，王宗堂校注：《王建诗集校注》卷 10《宫词》，郑州：中州古籍出版社，2006 年，第 599 页。
⑦ （宋）高承：《事物纪原》卷 3《面脂》，《景印文渊阁四库全书》，第 920 册，第 79 页。
⑧ 徐泽、蔡虹：《中国美容之秘》，西安：三秦出版社，1990 年，第 7 页。
⑨ （唐）段成式撰：《酉阳杂俎》卷 1《忠志》，北京：中华书局，1988 年，第 2 页。
⑩ 陶敏、陶红雨校注：《刘禹锡全集编年校注》卷 13《谢历日面脂口脂表》，长沙：岳麓书社，2003 年，第 846 页。

厚一分许，即以盆覆锅，以灰盐和土作泥，涂其缝，勿令干裂，裂即涂之，唯令勿泄炭火气，飞之一复时，开之。用火先缓后急，开讫以老鸡羽扫取，皆在盆上，凡一转后，即分旧土为四分……四分凡得四转，及初飞与五转，每一转则弃其土，五转而土尽矣。若须多转，更用新土，依前法飞之，七转而可用之。①

自汉代以降，我国炼丹家已经积累了丰富的汞化学知识，而崔知悌所制作的"水银霜"即是一种俗名为"升汞"的氯化高汞（$HgCl_2$）粉剂。氯化高汞具有较强的杀菌防腐功效，临床上经常用于疮科要药。

考《外台秘要方》引录有崔知悌《灸骨蒸法图》，当与《骨蒸病灸方》为同一部书，或者《灸骨蒸法图》应系《骨蒸病灸方》的"具图形状"②部分，然《外台秘要方》所引图已佚，而《灸骨蒸法图》今见于南宋刘昉等辑撰的《幼幼新书》卷20及南宋严用和所撰的《严氏济生方》卷4中。"骨蒸"即现代的结核病，崔知悌通过长期的临床观察，提出了结核病的"同源学说"。他在《灸骨蒸法图》中论述道：

> 骨蒸病者，亦名传尸，亦谓殗殜，亦称伏连，亦曰无辜。丈夫以癖气为根，妇人以血气为本，无问少长，多染此疾。婴孺之流，传注更苦。其为状也，发干而耸，或聚、或分，或腹中有块；或脑后近下两边有小结，多者乃至五六；或夜卧盗汗，梦与鬼交通，虽目视分明，而四肢无力；或上气食少，渐就沉羸，纵延时日，终于溘尽。③

文中的"腹中有块"即腹膜结核或肠结核，"脑后近下两边有小结"即颈淋巴腺结核或称瘰疬，崔知悌把以上几种结核都归到了骨蒸病中，说明他已经认识到结核与瘰疬同源了。在崔知悌看来，"不论哪个部位的结核病，致病的原因都是导源于结核病菌的作祟"④。而治法以灸为主，他说："余昔忝洛州司马，当三十日灸活一十三人，前后瘥者数过二百。……灸骨蒸及邪，但梦与鬼神交通，无不瘥之法。"⑤其中灸"四花穴"特色鲜明，疗效可靠。该穴的具体取穴方法是：

> 取度两吻小绳子当前双垂绳头所点处，逐脊骨上下中分点两头，如横点法，谓之四花。⑥

此外，《外台秘要方》卷26还引录有"崔氏灸痔法二首"⑦，其取穴法与《灸骨蒸法图》同。

我们知道，王焘在《外台秘要方》序言中明言，他收集前人的各种医方时，独不取针刺方法，可能有两个原因：一是针刺方法尚不完全成熟，尤其是在消毒措施跟不上的情况下，针刺容易引起感染，非但不能治病，反而会加重病情；二是选穴与运针的复杂性，临

---

① （唐）王焘：《外台秘要方》卷32《造水银霜法二首》，张登本主编：《王焘医学全书》，第814—815页。
② （唐）王焘：《外台秘要方》卷13《灸骨蒸法图四首》，张登本主编：《王焘医学全书》，第328页。
③ （唐）王焘：《外台秘要方》卷13《灸骨蒸法图四首》，张登本主编：《王焘医学全书》，第328页。
④ 张友绳：《历代科技人物传》，台北：世界文物出版社，1984年，第82—83页。
⑤ （唐）王焘：《外台秘要方》卷13《灸骨蒸法图四首》，张登本主编：《王焘医学全书》，第328页。
⑥ （唐）王焘：《外台秘要方》卷13《灸骨蒸法图四首》，张登本主编：《王焘医学全书》，第329页。
⑦ （唐）王焘：《外台秘要方》卷26《灸痔法二首》，张登本主编：《王焘医学全书》，第647页。

床操作不太容易，不便普及和推广。与之相较，王焘却大力推广崔知悌的灸骨蒸法，显示了他对灸法的认可程度较高，同时也说明他对用灸法来治疗骨蒸病充满了信心。在王焘的积极倡导和推动下，宋代许多医家都十分重视崔知悌的灸骨蒸法，像《苏沈良方》卷1，称"灸二十二种骨蒸法"，此外，南宋刘昉等的《幼幼新书》、王执中的《针灸资生经》及严用和的《严氏济生方》等，在治疗骨蒸病方面，亦都非常推崇此灸法。明代杨继洲在《针灸大成》一书中说："四花穴，古人恐人不知点穴，故立此捷法，当必有合于五脏俞也。今依此法点穴，果合足太阳膀胱经行背二行膈俞、胆俞四穴。"①直到今天，用灸法治疗骨蒸病依然是中医治疗骨蒸病的重要方法之一。

（4）《延年秘录方》。《旧唐书·经籍志下》载有《延年秘录》12卷，不著撰人。《新唐书·艺文志》与之同，但王尧臣等《崇文总目》卷8《医书类》所载却变成了10卷，又《宋史·艺文志六》载《延年秘录》11卷。据此推知，宋代的《延年秘录》已非全帙了。经检索，《外台秘要方》共引录《延年秘录方》计有96条，其中"令目明方"系取自印度眼医的一首治疗目疾的处方。《外台秘要方》载：

> □□香取黍米一粒纳目眦中，当有水出，并目中习习然引风出，此即明之候也。常以日申时敷之，若似痛，以冷水洗之，即定。以申时敷药者，为其目至日下，便漠漠暗如有物，即以药纳中，泪出以熟帛拭之，以水洗讫，便豁然明也。此香以单主百病，服之益人，胜石乳也。本云：是外国用之，明目甚验。天竺沉香中出此。②

四库本《外台秘要方》作"滤疗香"，范行准先生采信之。明人朱橚等编的《普济方》却作"波津香"，而《神农本草经集注》也有"外国用波津香明目"的说法。故此，究竟何者为是，尚待考证。

相较而言，《延年秘录方》收录了多首美容处方，实用价值较高。如《外台秘要方》卷32载"《延年》：去风，令光润，桃仁洗面方"云：

> 桃仁，五合，去皮。上一味，用粳米饭浆水研之令细，以浆水捣取汁，令桃仁尽即休，微温用，洗面时长用，极妙。③

此方也见于《千金翼方》，是唐代非常流行的养颜秘方。经研究分析，桃仁含苦杏仁苷3.6%，挥发油0.4%，脂肪油45%，油中又含油酸甘油酯和少量亚油酸甘油酯，另含苦杏仁酶等。方中桃仁外用行皮肤凝滞之气血，与粳米浆水配伍，不但能光洁颜面，而且能使面部气血流畅，达到防皱去皱与和悦面色的美容效果。

又，"洗面药方"载：

> 萎蕤、商陆根、栝楼、杜若、滑石各八两，土瓜根、芎䓖、辛夷仁、甘松香各五两，黄瓜楼五枚……木兰皮、零陵香各三两、麝香二两、荜豆二升、冬瓜仁二升……

① （明）杨继洲：《针灸大成》卷9《崔氏取四花穴法》，黄龙祥主编：《针灸名著集成》，北京：华夏出版社，1996年，第988页。
② （唐）王焘：《外台秘要方》卷21《眼暗令名方一十四首》，张登本主编：《王焘医学全书》，第526页。
③ （唐）王焘：《外台秘要方》卷32《面色光悦方五首》，张登本主编：《王焘医学全书》，第795页。

猪蹄三具。上十八味，捣为散，和苹豆以水……又捻作饼，更暴干，汁尽乃止，捣筛为散，稍稍以洗手面，妙。①

这实际上是一种养颜药皂，其功能主要是令手面悦色，也可疗面部黑䵩和疮疱。

《外台秘要方》萃取了许多像"桃仁洗面方"及"洗面药方"这样的美容养颜医方，体现了王焘医学思想的另一面，即在坚持健身康体的前提下，尽力美化自身，从而提高唐代社会各阶层的生活品位和质量，尤其是让更多民众来参与和享受"美"的生活，这恐怕就是王焘推崇《延年秘录方》的真正用意。

（5）张文仲与《随身备急方》。张文仲，洛州洛阳人，为武则天时期的侍御医。《旧唐书·张文仲传》载其有《随身备急方》三卷行，于代，《新唐书·艺文志三》同。而《太平御览·方术部》载："王方庆，太原人也。雅有材度，博学多闻，笃好经方，精于药性，则天令监领尚药奉御张文仲、侍医李虔纵、光禄韦慈藏等撰诸药方，方庆撰《随身左右百发百中备急方》十卷，大行于代。"②此事《旧唐书》也有载，其文云："文仲尤善疗风疾。其后则天令文仲集当时名医共撰疗风气诸方，仍令麟台监王方庆监其修撰。"③麟台（即秘书省）监官从三品，位在侍御医（从六品）之上。可见，"方庆撰《随身左右百发百中备急方》十卷"，仅仅是名义上的，实际撰修者应系张文仲。或可说"所谓张文仲《随身备急方》，似乎与此书（即《随身左右百发百中备急方》）实系一书矣"④。

从《外台秘录方》所引录的134首医方来看，张文仲在治疗伤寒、天行病及风病方面，成就卓著。例如，"疗一切风及偏风方"，其药物组成及服法是：

> 生地黄汁、竹沥、荆沥，以上三味汁，各取一升五合；羌活、防风，各二两；蜀附子，大者一枚，生用，去皮八九破，重一两者有神。上六味，切，纳前三沥汁中，宽火煎。取一升五合，去滓，温分二服……隔三日服一剂，至益佳。忌猪肉、芜荑。⑤

对此方，冉雪峰先生说："此方用羌活防风二复味风药，分量亦重，当系纯为外风立法。附子大者一枚，分量亦重，附子能兴阳，亦能亡阳，苟非下元虚冷，证象十分真确，未可误用。地黄中含铁质，生用捣汁，能沉静循环，润阳明之燥，濡少阴之液。竹沥荆沥，均豁胶结之痰……本方煎法甚妙，以后三种固体药，入前三种液体药内，不但温药方面可减少燥烈，而寒药方面，亦可免却凝泣。"⑥

又如"疗一切风，乃至十年、二十年不瘥者方"，其药物组成及服法是：

> 牛蒡根，细切，一升；生地黄（细切）、牛膝（细切）、枸杞子微碎，各三升。上四味，取无灰酒三升渍药，以疏绢袋盛之。春夏一七日，秋冬二七日，每服皆须空

① （唐）王焘：《外台秘要方》卷32《洗面药方二首》，张登本主编：《王焘医学全书》，第794页。
② （宋）李昉等：《太平御览》卷724《方术部五·医四》，第3206—3207页。
③ 《旧唐书》卷191《张文仲传》，第5100页。
④ 严世芸主编：《中国医籍通考》第2卷，上海：上海中医学院出版社，1991年，第2139页。
⑤ （唐）王焘：《外台秘要方》卷14《张文仲疗诸风方九首》，张登本主编：《王焘医学全书》，第369页。
⑥ 冉雪峰遗著：《中风临证效方选注》，北京：科学技术文献出版社，1981年，第14页。

腹，仍须稍稍令有酒色。①

张山雷先生作"方解"，其文云："此方以生地、杞子滋养阴液，牛蒡根、牛膝宜通经络，药止四味，而朴茂无华，力量浓厚，后人通络绪方，药虽不同，然其理不过如斯。……亦治医者不可不知。"②

以上两首疗风处方，用到今人的体质和病症上，只要用得其法，照样收效良好。王焘推崇张文仲不仅仅是因为他一眼就看透了苏良嗣的风毒病，从而引起武则天的高度重视，更重要的是张文仲对风病机理的深刻把握，它对指导临床实践，意义非同寻常。张文仲说：

> 风有一百二十种，气有八十种，风则大体共同，其中有人性各异，或冷或热……唯脚气、头风、大风、上气，此四色常须服药不绝，自余诸患看发，即依方吃药。夫患者，但春夏三四月，秋八九月，取利一行甚妙。③

这一段引自唐朝吏部侍郎元希声的话深得风病要领，如众所知，风病包括现代的感冒、哮喘等呼吸系统疾病，心绞痛、高血压等心脑血管疾病，以及口角炎、风疹、肩周炎、过敏性皮炎等多种疾病，而中医又有五脏风、脑风、肠风、首风、骨风、膝风、血风、皮风、肌风、目风、胃风等之说。从风病的发病特点来讲，春秋季节是风病的高发期，因为风是春天的主气，而秋燥又容易诱发风病，故有论者云："秋病在肩背，暑汗不出，风袭腠肤，善风疟。"④基于风病外在皮肤、内入五脏六腑，并能引起各种各样疾病的临床特点，张文仲反对"冬药夏用，或秋药冬用"，主张夏药夏用、冬药冬用。当时，这是治疗风病须坚持的用药原则，具有一定的科学性。与《旧唐书·张文仲传》的记载相比较，"庸医不识药之行使，或冬药夏用，或秋药冬用，多杀人"一句话，《旧唐书》却作"庸医不达药之行使，冬夏失节，因此杀人"⑤。显然，王焘的转述更加客观、准确。这表明《外台秘要方》的方药思想尊重了自然界的运动规律，即临床用药既要符合疾病本身的寒热虚实变化，同时又要与四季变化的节律相一致，内外照应，寒热有别，只有这样，用药才能对症，而只有对症，治疗才能收到良效。

（6）《必效方》。《旧唐书·经籍志下》载有《孟氏必效方》10卷，《新唐书·艺文志三》与《旧唐书·经籍志下》所载相同。《外台秘要方》引录《必效方》计有121条，范行准先生认为此《必效方》就是孟诜所撰的《必效方》。《旧唐书》本传载孟诜是汝州梁（今河南临汝）人，"神龙初致仕，归伊阳之山第，以药饵为事"⑥。孟诜组方的特点是没有大处方，多以三五味药相伍，简单方便，疗效明显。例如，"疗一切黄"的茵陈汤及丸方如下：

> 茵陈，四两；大黄，三两；黄芩，三两；栀子，三两，擘。上四味，切，以水五

---

① （唐）王焘：《外台秘要方》卷14《张文仲疗诸风方九首》，张登本主编：《王焘医学全书》，第370页。
② 张山雷：《中风斠诠》，陆拯主编：《近代中医珍本集·内科分册》，第441页。
③ （唐）王焘：《外台秘要方》卷14《张文仲疗诸风方九首》，张登本主编：《王焘医学全书》，第369页。
④ （清）沈金鳌撰，李占永、李晓林校注：《杂病源流犀烛》卷12《六淫门》，北京：中国中医药出版社，1994年，第176页。
⑤ 《旧唐书》卷191《张文仲传》，第5100页。
⑥ 《旧唐书》卷191《孟诜传》，第5101页。

升，煮。取三升，分为三服，空肚服之。不然，捣、筛，蜜和为丸，饮服二十丸，稍稍加至二十五丸，日二三，量病与之。重者作汤，胜服丸，日一服。忌羊肉、酒、面、热物等。以瘥为限。小便黄色及身黄者并主之。①

此方系在《伤寒论》茵陈蒿汤的基础方上加"黄芩"而成，从而使原处方中的三味药变成了四味药。经临床验证，三味茵陈汤用于治疗湿热发黄证，效果较好。既然如此，那么，孟诜所推荐的处方为什么还要加入黄芩一味药呢？中医把黄疸分为阳黄、阴黄与急黄三种类型，其中"阳黄"又分热重于湿和湿重于热两种情形。这样，对于阳黄就需要在临床上分证治疗，因而处方各异。前者常用三味茵陈汤，后者则常用茵陈五苓散。对此，有学者撰文分析说，温热黄疸有主热、主湿、主虚等诸家学说。诸家学说中以主热和主湿两说，影响最著。《外台秘要方》引《诸病源候论》的观点，认为："此由寒湿在表，则热蓄于脾胃，腠理不开，瘀热与宿谷相搏，郁蒸不得消，则大、小便不通，故身体面目皆变黄色。"②王焘选方即以《诸病源候论》为依据，然而，他没有选取张仲景的"茵陈蒿汤"，而是选取了孟诜的"茵陈汤及丸方"，关键在于后者是经过临床证实，其效果可靠：此方"蒋九处得。其父远使得黄，服此极效"③。考孟诜的处方既不偏重热也不偏重湿，而是双管齐下，湿热并重。因为茵陈清热退黄，黄芩则清湿热，大黄逐邪泄热，栀子泄热除烦，方中加入黄芩的功用显而易见，在清热的同时兼顾祛湿利水。

又如治疗脚气病的"椒袋方"，孟诜说：在治疗过程中，患者"可取冷饭吃三五口，以鹿脯下，勿食猪、羊肉，鱼及臭秽，又不得食粳米。如须和羹，可以苏和，兼生姜合皮吃，面饼、蒜葱、酱豉、醋等并得食"④。由于脚气病是缺乏维生素 B_1 所造成的疾病，而维生素 B_1 又往往存在于谷皮中，所以"食粳米"容易导致脚气病。通常情况下，多吃"面饼、蒜葱、酱豉、醋等"含有维生素 B_1 的食物，可以补充体内维生素 B_1，确实有防治脚气病的功效。

由以上两个案例可以看出，王焘选取医方不重"名"，而重"效"。例如，对于《伤寒论》茵陈蒿汤与《必效方》茵陈汤及丸方的选取，就是如此。张仲景的"茵陈蒿汤"是治疗湿热发黄证或黄疸病阳黄的代表方，后世医家如成无己、方有执、柯韵伯、张锡纯等都有精彩论说，确实，无论从临床应用，还是从药理实验和分析的角度看，张仲景的茵陈蒿汤，其利胆疗效显著。不过，鉴于临床病情的复杂性，张仲景的茵陈蒿汤主要适用于治疗热重于湿型黄疸，而对湿重于热型黄疸，效果不佳。如前所引，孟诜称他推荐的茵陈汤及丸方"疗一切黄"，也就是说它兼顾了阳黄的两类病症特点，故其适用于治疗湿热并重型黄疸。王焘虽然不能区分阳黄的类型，但他注重解决唐代医家在临床上所遇到的实际问题，尽量推广既简便有效同时又适应证比较宽泛的医方，体现了他"发愤刊削，庶几一隅"⑤的选方思想与原则。

---

① （唐）王焘：《外台秘要方》卷4《诸黄方一十三首》，张登本主编：《王焘医学全书》，第127页。
② （唐）王焘：《外台秘要方》卷4《诸黄方一十三首》，张登本主编：《王焘医学全书》，第126页。
③ （唐）王焘：《外台秘要方》卷4《诸黄方一十三首》，张登本主编：《王焘医学全书》，第127页。
④ （唐）王焘：《外台秘要方》卷18《脚气服汤药色目方一十九首》，张登本主编：《王焘医学全书》，第457页。
⑤ （唐）王焘：《外台秘要方序》，张登本主编：《王焘医学全书》，第9页。

（7）《近效方》。《外台秘要方》有《近效方》和《近效极要方》两种书名，撰者不详，卷数也不详。宋代唐慎微的《证类本草》和陈自明的《妇人大全良方》，元代王好古的《医垒元戎》和危亦林的《世医得效方》以及明代朱橚的《普济方》和李时珍的《本草纲目》等，都曾将《近效方》作为重要的参考书籍加以引录，然上述诸医却不见引录《近效极要方》之实例，表明《近效方》和《近效极要方》应系两部书。《近效方》载录有一首"良验茵陈汤方"，用于治疗"发黄，身、面、眼悉黄如金色，小便浓如煮黄柏汁者，众医不能疗"①。其药物组成和服法是：

> 茵陈，四两；黄芩，二两；栀子，三两；升麻，三两；大黄，三两；龙胆，二两；枳实，二两，炙；柴胡，四两。上八味，切，以水八升，煮。取二升七合，分温三服。若身绝羸，加生地黄一升，栀子加至七两，去大黄；如气力不羸犹下者，依前著大黄取验。忌如药法，不瘥，更作，以瘥为限，不过三四剂，瘥，隔三五日一剂。《经心录》同，李謩处得此方，神良。②

与前揭孟诜的茵陈汤及丸方相较，本方偏重热重于湿型，西医称之为急性黄疸性肝炎，治疗可用"良验茵陈汤方"。从该处方的来源讲，《备急千金要方》有治内黄方，药物组成少枳实一味，当然，药物的剂量亦有变化。然敦煌《医方残卷》P.2662 载有一首茵陈汤，与《备急千金要方》的治内黄方完全相同。《必效方》的茵陈汤及丸方与《伤寒论》的茵陈汤方，仅一味药之差，而《近效方》的茵陈汤与《备急千金要方》的治内黄方，又是一味药之差，是偶然的巧合吗？绝对不是，它反映了唐朝医家在应用前贤医方时，时刻注意根据临床实际，不是固守成方，而是随症状变化，包括剂量的变化与药味的增减。王焘在《外台秘要方》大量选录唐代医家的验方，那些验方多数都是在前贤的医方上化裁而来，且收效良好。实际上，这里面渗透着经方与时方的关系问题。

关于经方与时方的关系问题，医学界已有讨论，本书不作详考。按照本书的内容，取张仲景方即经方的观点，与之相对，张仲景之后的医方则为时方。时方之所以在唐代盛行，主要是古今疾病已经发生了变化，不仅出现了新的病情，而且即使相同的疾病，其症状也出现了新的变化。可见，固守经方不能解决新问题，所以通权达变的时方，在客观上满足了当时临床的实际需要，而《近效方》就是在这样的历史背景下出现的。王焘推崇时方，在一定意义上体现了他通变重效和辨证选方的指导思想。

以此为前提，《外台秘要方》选取了《近效方》多首治疗消渴病的验方，"《近效》祠部李郎中消渴方"解释消渴病形成的病因病机说："消渴者，原其发动，此则肾虚所致，每发即小便至甜，医者多不知其疾。"③这个观点影响很大，宋代严用和《济生方》说："消渴之疾，皆起于肾。"④明代赵献可《医贯》又说："治消之法，无分上中下，总是下焦命门火不归元，游于肺则为上消，游于胃则为中消，先治肾为急。"⑤可见，肾虚是造成消

---

① （唐）王焘：《外台秘要方》卷4《黄疸遍身方一十一首》，张登本主编：《王焘医学全书》，第131页。
② （唐）王焘：《外台秘要方》卷4《黄疸遍身方一十一首》，张登本主编：《王焘医学全书》，第131页。
③ （唐）王焘：《外台秘要方》卷11《〈近效〉祠部李郎中消渴方二首》，张登本主编：《王焘医学全书》，第293页。
④ （南宋）严用和：《严氏济生方》卷4《消渴论治》，北京：中国医药科技出版社，2012年，第72页。
⑤ （清）臧达德：《履霜集》卷1《虚痨消渴论》，上海：上海科学技术出版社，1986年，第10页。

渴病的先天因素，是内因。当然，除了内因，引起消渴病还有多种后天因素，即外因，如生活失节、体质不强、情志所伤等。《近效方》分析说：

> 按《洪范》：稼穑作甘。以物理推之，淋饧、醋、酒、作脯法，须臾即皆能甜也。足明人食之后，滋味皆甜，流在膀胱。①

以上论说是符合临床实际的，也是对《黄帝内经》关于消渴病理论的进一步具体化。《黄帝内经素问·奇病论》云："夫五味入口，藏于胃，脾为之行其精气，津液在脾，故令人口甘也，此肥美之所发也，此人必数食甘美而多肥也，肥者令人内热，甘者令人中满，故其气上溢，转为消渴。"②

过食肥甘厚味易酿生内热，而肾为水火之脏，若水火偏胜，则津液枯槁，导致肺不能润，从而出现燥热症状。治则清热肃肺，益肾固精。如《近效方》载："消渴，肝、肺热，焦枯消瘦，或寒热口干，日夜饮水，小便如脂不止，欲死方。水飞铁粉，三大两，绝燥者，别研入；鸡肫腔，五枚，阴干，末入；牡蛎，二大两，熬，别研如粉入；黄连，三大两，去毛。上四味，捣、筛三五度，炼蜜和丸。饮汁下如梧子大五十丸。重者不过食时，轻者手下瘥，勿传。忌猪肉。"③方中铁粉的主要功效是平肝镇心，故许叔微《普济本事方》说："铁粉非但化涎镇心，至如摧抑肝邪特异，若多恚怒，肝邪太盛，铁粉能制伏之。"④鸡肫腔即鸡内金，温补肾阳、固摄缩尿之功较著。牡蛎则有潜阳补阴和重镇安神之效，助以黄连清热燥湿，同力夯实护阴保津之础基。后来，此方被收入《圣济总录》，遂成为后世医家治疗消渴病的经典医方之一。凡此种种，我们深切感到王焘，虽然说是一位儒医，在临床上未必有妙手回春的医术，但他对医理的体悟却独具慧眼，远远超出了同时代的诸多医家。例如，《必效方》是唐代医家临床经验的集合，而如何能将疗效显著的医方选取出来，并成为后世医家临床处方用药的指南，没有精穷奥蕴的医学造诣，恐怕不能使真正的良方传世。

（8）《广济方》。与《备急千金要方》《古今录验方》不同，《广济方》是由唐朝政府组织医官集体编纂而成，它反映了唐代方剂学发展的整体水平。如众所知，唐玄宗在平息了太平公主发动的叛乱之后，纳谏从善，采取了一系列强基固本的措施，使唐王朝的社会政治逐步清明，社会经济和科技文化事业都出现了繁荣兴旺局面，史称开元盛世。开元十一年（723）七月，唐玄宗颁布"诸州医学博士敕"，"宜令天下诸州，各置职事医学博士一员，阶品同于录事。每州写本草及《百一集验方》，与经史同贮"⑤。这些验方由各地政府统一辑录和管理，它为《广济方》的编纂奠定了基础。可惜，《广济方》从何时开始编纂，史书阙载。不过，《旧唐书·玄宗本纪上》载，开元十一年（723）九月己巳，"颁上

① （唐）王焘：《外台秘要方》卷11《〈近效〉祠部李郎中消渴方二首》，张登本主编：《王焘医学全书》，第293页。
② 《黄帝内经素问》卷13《奇病论篇》，陈振相、宋贵美：《中医十大经典全录》，第71页。
③ （唐）王焘：《外台秘要方》卷11《虚劳小便白浊如脂方四首》，张登本主编：《王焘医学全书》，第288—289页。
④ （宋）许叔微，刘景超等校注：《普济本事方》卷2《心小肠脾胃病》，北京：中国中医药出版社，2007年，第21页。
⑤ （宋）宋敏求编，洪丕谟、张伯元、沈敖大点校：《唐大诏令集》卷114《医方》，上海：学林出版社，1992年，第544—545页。

撰《广济方》于天下，仍令诸州各置医博士一人"①。《通典·职官十五》记载与之同，并明言"《广济方》五卷"②。《新唐书·艺文志三》也载"玄宗《开元广济方》五卷"③，《通志·艺文略》同。天宝五载（746）八月，唐玄宗在"榜示《广济方》敕"中称："朕顷者所撰《广济方》，救人疾患，颁行已久，计传习亦多。犹虑单贫之家，未能缮写，闾阎之内，或有不知。倘医疗失时，因至夭横，性命之际，宁忘恻隐！宜命郡县长官，就《广济方》中逐要者，于大板上件录，当村坊要路榜示。仍委采访使句当，无令脱落。"④综合上述史料，初步可以推知，《广济方》是在开元十一年（723）前即由唐玄宗亲自领导完成。至于《广济方》的详细内容，请参见《广济方研究》一书⑤，此不赘述。下面仅以"吃力迦丸"为例，简单阐述一下王焘对《广济方》的所思和所得。

《外台秘要方》共载录《广济方》216条，排在《备急千金要方》《诸病源候论》《古今录验方》之后，位居第四，想见王焘对此书的重视程度。鉴于《广济方》的权威性和有效性，王焘往往将其排在各种医方的首位，如《外台秘要方》卷13的"骨蒸方一十七首""疬气骨蒸方三首""瘦病方五首""伏连方五首""遁尸方三首""鬼魅精魅方八首"等。其中治疗"传尸、骨蒸、殗殜、肺痿、疰忤、鬼气，卒心痛，霍乱吐痢，时气鬼魅瘴疟，赤白暴痢，瘀血月闭，痃癖丁肿，惊痫鬼忤中人，吐乳狐狸"的"吃力迦丸方"，已经流传一千多年，直到今天仍然是临床救急的良方。《外台秘要方》载其方药组成及服法说：

> 吃力迦……青木香、丁子香、安息香、白檀香……犀角，各一两；薰陆香、苏合香、龙脑香，各半两。上十五味，捣、筛极细，白蜜煎去沫，和为丸。……千金不传。冷水暖水临时斟量。忌生血肉。腊月合之有神，藏于密器中，勿令泄气出，秘之。忌生血物、桃李、雀肉、青鱼、酢等。⑥

从社会医学的角度看，当人们还不清楚传染病的医学本质时，通常会冠以"鬼魅精魅"等外在的神秘力量，认为"凡人有为鬼物所魅，则好悲而心自动，或心乱如醉，狂言惊怖，向壁悲啼"⑦，这种对疾病的认识在很大程度上与人们普遍的恐惧心理有关。然而，通过长期的临床实践，医家逐渐发现了特定药物和"鬼魅精魅"之间有一种相克关系，所以就出现了"（将药物）蜡纸裹，绯袋盛，当心带之，一切邪鬼不敢近"的防治疾病方法。

首先，疫鬼是人们头脑中的一种假想物，令人恐惧，所以唐人有佩带绛囊以驱魔的风俗。而像"腊月合之有神，藏于蜜器中，勿令泄气出，秘之"，显然又有道教秘术的因素。在唐初，道医受到限制，而开元年间由于唐玄宗狂热迷信道教，道医活动十分频繁，

---

① 《旧唐书》卷8《玄宗本纪上》，第186页。
② （唐）杜佑著，颜品忠等校点：《通典》卷33《职官十五》，长沙：岳麓书社，1995年，第484—485页。
③ 《新唐书》卷59《艺文志三》，第1572页。
④ （宋）宋敏求：《唐大诏令集》卷114，北京：商务印书馆，1959年，第595页。
⑤ 王永庆等编著：《广济方研究》，哈尔滨：黑龙江科学技术出版社，1990年。
⑥ （唐）王焘：《外台秘要方》卷13《鬼魅精魅方八首》，张登本主编：《王焘医学全书》，第342—343页。
⑦ （唐）王焘：《外台秘要方》卷13《鬼魅精魅方八首》，张登本主编：《王焘医学全书》，第342页。

如道士刘知古"开元中，天灾流行，疾疫者十有八九，上（唐玄宗）召知古治之"①；又如"韦讯，道号慈藏，善医术，常带黑犬随行，施药济人。元宗重之，擢官不受，世仰为药王，医家多祀之"②。在这样的文化环境里，《广济方》不能不被打上道医的烙印。而王焘在《外台秘要方》里多录有道医的方药，当然不是故意将医方神秘化，而是在他看来，这些处方是有临床效果的，所以他才将这些看似神秘的医方，加以宣传和推广，目的仍在于惠民和仁民，进而使广大城乡居民蠲除病魔，远离瘟疫。

其次，"若将药物放入绛囊之中，或者将之燃烧，从卫生角度来看，药物散发出气味，也许能够洁净空气，达致消毒的效果，或者能够驱赶蚊虫，因而减少蚊虫传播病菌，达到辟温效果。"③由此可见，王焘在选取医方时，确实显示了他对医学有其个人见解。诚如有学者所言："如果仅以抄录前代医著来看《外台秘要方》，很可能会忽略许多隐藏在字里行间的有别于前代医著的重要讯息。在以往研究中，王焘常常被视为不懂医术者，他与张文仲、孙思邈在身份上有所不同，对医术的某些看法也有异于孙思邈，这些都是很容易被忽略，以致未能看清楚王焘的真貌"④。

二、王焘的主要医学思想及其与唐朝中前期政治生态的关系

（一）王焘的主要医学思想概述

《外台秘要方》讨论了中医伤寒病、天行病、温病及黄疸、疟病、霍乱及呕吐、心痛及寒疝、痰饮、咳嗽、肺痿、消渴、痃气、骨蒸、中风等诸多方面，既有论又有方，不仅是转录前人的医方和医论，而且蕴涵着王焘本人丰富的医学思想及其对疾病的认识，它是继《备急千金要方》之后，唐代又一部集医学大成的巨著。不过，因赵友琴、从飞、李经纬等对王焘的医学成就已有深刻而全面阐释，下面笔者仅择要述之。

1. 不由天命的疾病观

人的生老病死固然有一定规律，但"咸有定分"和"不由天命"的矛盾斗争却始终伴随着中国古代医学的历史发展。早在先秦时期，扁鹊就提出了著名的"病有六不治"观，其中"信巫不信医"⑤是造成病不治的罪魁祸首之一。巫医认为疾病是邪魔鬼祟兴风作浪的结果，因此，治病的方法就是驱邪送祟。这种消极对待疾病的态度实际就是一种天命论，相反，中医临床学家面对不同的疾病，辨证施治、立方处药，则是真正"夺神功，改天命"⑥的积极举措。现在的问题是人为什么会生病，生病是"天命"还是"自命"？王焘做了科学回答。他在《外台秘要方序》中说：

① 《三洞群仙录》卷1《高道传》，《道藏》第32册，第238页。
② 《医术名流列传·唐》，（清）陈梦雷等：《古今图书集成医部全录》第12册《总论》卷507，北京：人民卫生出版社，1962年，第139页。
③ 范家伟：《从医书看唐代行旅与疾病》，荣新江主编：《唐研究》第7卷，北京：北京大学出版社，2001年，第219页。
④ 范家伟：《王焘〈外台秘要方〉与唐代医者》，《中古时期的医者与病者》，上海：复旦大学出版社，2010年，第183页。
⑤ 《史记》卷105《扁鹊仓公列传》，第2794页。
⑥ （晋）郭璞著，郑同校：《青囊海角经》，北京：华龄出版社，2017年，第182页。

客有见余此方，曰：嘻，博哉！学乃至于此邪。余答之曰：吾所好者寿也，岂进于学哉？至于遁天倍情，悬解先觉，吾常闻之矣。投药治疾，庶几有瘳乎！又谓余曰：禀生受形，咸有定分，药石其如命何？吾甚非之，请论其目。夫喜怒不节，饥饱失常，嗜欲攻中，寒温伤外，如此之患，岂由天乎？夫为人臣、为人子，自家刑国，由近兼远，何谈之容易哉？则圣人不合启金滕，贤者曷为条玉版？斯言之玷，窃为吾子羞之。客曰：唯唯。①

这段话谈到了两个问题：第一，神仙方术与医术的关系。《汉书·艺文志》载有神仙十家，而对于神仙家的实质，班固这样评论说："神仙者，所以保性命之真，而游求于其外者也。聊以荡意平心，同死生之域，而无怵惕于胸中。……孔子曰：'索隐行怪，后世有述焉，吾不为之矣。'"②神仙方术的本意是追求养生，仅此而言，似无可厚非，然而，神仙方术一旦进入实践层面，往往离经叛道，误入"索隐行怪"之歧途，所以站在这样的立场，孔子反对神仙方术。王焘从儒家"孝"的伦理观出发，强调"不明医术者，不得为孝子"，因而注重"医"的功利和实效。可见，王焘这种务实的医学思想与"索隐行怪"的神仙方术，格格不入。所以他说"遁天倍情，悬解先觉，吾常闻之矣"，仅仅是"常闻"而已，换言之，"常闻"而"不常见"，表明神仙方术多是现实生活中不可能存在的虚像。与之相较，"投药治疾"，实实在在，反而能保性养命，延年益寿。第二，疾病的发生与人的后天失养关系密切。人与自然的关系，涉及的层面比较多，单就疾病来说，当自然界的六气变成致病因素时，"六气"就转化为"六淫"。"六淫"系外感疾病中常见的病因，至于"喜怒不节"容易诱发失神狂乱、目赤头痛等内伤，而"饥饱无常"则更容易造成气机升降失调，气血壅塞不通而成疾。所以"嗜欲攻中，寒温伤外"导致人体脏腑不能安和，疾病丛生。从这个意义上说，"投药治疾"的目的就是扶正祛邪，因为"不遣形体有衰，病则无由入其腠理"③，用《黄帝内经素问》的说法，即"正气存内，邪不可干"④。

2. 对温病学的开拓

中医外感病有伤寒与温病的分界。秦汉时期，从《黄帝内经》到《伤寒论》，诸医家都将伤寒看作一切外感热病的病因，长期占据着主导地位。一直到南北朝时期，成书《小品方》才开始区分伤寒病与温热病的差异。王焘支持《小品方》的观点，他不再固守张仲景对伤寒病的认识，而是引《小品方》的话说：

古今相传，称伤寒为难疗之病，天行、温疫是毒病之气，而论疗者不别伤寒与天行、温疫为异气耳。云伤寒是雅士之辞，云天行、温疫是田舍间号耳，不说病之异同也。考之众经，其实殊矣。⑤

---

① （唐）王焘：《外台秘要方序》，张登本主编：《王焘医学全书》，第 10—11 页。
② 《汉书》卷 30《艺文志》，第 1780 页。
③ （汉）张机：《金匮要略方论》卷上《脏腑经络先后病脉证》，路振平主编：《中华医书集成》第 2 册《金匮类》，第 1 页。
④ 《黄帝内经素问·刺法论篇》，陈振相、宋贵美：《中医十大经典全录》，第 150 页。
⑤ （唐）王焘：《外台秘要方》卷 1《诸论伤寒八家合一十六首》，张登本主编：《王焘医学全书》，第 50 页。

王焘又引宋侠《经心方》论伤寒：

> 伤寒病错疗祸及，如反覆手耳。……其病有相类者，伤寒、热病、风温、湿病、阴毒、阳毒、热毒、瘟疫，天行节气，死生不同，形候亦别，宜审详也。①

在此，热病和瘟疫显然是一种性质与伤寒不同的疾病。《外台秘要方·温病门》引《诸病源候论》说："有病温者，乃天行之病耳。"②这种温病不具有传染性。《诸病源候论》说："（瘟疫）皆因岁时不和，温凉失节，人感乖候之气而生病，则病气转相染易，乃至灭门，延及外人"③。《古今录验方》《备急千金要方》《延年秘录》《广济方》等均有同论，而王焘将其归入"辟温方"或"辟温令不相染方"之下，表明他本人认同瘟病相对独立的一面。结合敦煌医学文献记载，"凡得时行病及伤寒瘟疫之疾，皆是热病"④。可以说，当时唐代医家正在形成新的温病思想与概念。与现代医学对温病特点的认识相比，如温病是由感受外邪所致，温病多具有传染性，病变具有一定规律，临床表现比较复杂，发病急，且证候以热象偏重、易于内陷生变为要害，等等，王焘在《外台秘要方》中几乎都有引述。例如，王焘引《救急方》云："疗天行热气头痛，骨肉酸疼，壮热等疾。若初病，一日在毛发，二日在皮肤，三日在肌肉，必未得取利，且宜进豉尿汤方。"⑤又引《删繁方》说："疗天行毒热，通贯脏腑，沉鼓骨髓之间，或为黄疸、黑疸、赤疸、白疸、谷疸、马疸等疾，喘息须臾而绝，瓜蒂散方。"⑥再者，《删繁方》："疗天行三日外至七日不歇，肉热，令人更相染著，大青消毒汤方。"⑦

细心琢磨王焘对温热方论的引述，不仅补前贤所未备，而且有后启来者之功。例如，巢元方说："冬月天时温暖，人感乖候之气，未即发病，至春又被积寒所折。毒气不得泄，至夏遇热，其春寒解，冬温毒始发出于肌肤，斑烂隐疹如锦文也。"⑧症见"咳，心闷，呕，但吐清汁。"⑨可惜，巢元方没有给出治疗的处方。王焘遂将陈延之《小品方》的"葛根橘皮汤"，以及《古今录验方》中的"黄连橘皮汤"和"漏芦橘皮汤"补上，这样就使得"冬温未即病，至夏得热，冬温毒始发出"的诊治有法可依。此外，王焘在《外台秘要方》卷3"天行热痢及诸痢方"载录了深师"疗天行毒病，酷热下痢"的"七物升麻汤方"。其方药组成为："升麻、当归、黄连（去毛）、甘草（炙）、芍药、桂心、黄柏，各半两。"⑩考刘完素在《素问病机气宜保命集》中所制的"下血调气"名方——"芍药汤"，其方药组成为："芍药二两，当归、黄连各半两，槟榔二钱，木香二钱，甘草二钱炙，大黄三钱，黄芩半两，官桂一钱半。"⑪后者以前者为本，而前者立法严谨，处方平正，运思

① （唐）王焘：《外台秘要方》卷1《诸论伤寒八家合一十六首，张登本主编：《王焘医学全书》，第51页。
② （唐）王焘：《外台秘要方》卷4《温病论病源一十首》，张登本主编：《王焘医学全书》，第119页。
③ （唐）王焘：《外台秘要方》卷4《辟温令不相染方二首》，张登本主编：《王焘医学全书》，第122页。
④ 张侬：《敦煌石窟秘方与灸经图》，兰州：甘肃文化出版社，1995年，第53页。
⑤ （唐）王焘：《外台秘要方》卷3《天行病发汗等方四十二首》，张登本主编：《王焘医学全书》，第102页。
⑥ （唐）王焘：《外台秘要方》卷4《诸黄方一十三首》，张登本主编：《王焘医学全书》，第126页。
⑦ （唐）王焘：《外台秘要方》卷3《天行病发汗等方四十二首》，张登本主编：《王焘医学全书》，第98页。
⑧ （唐）王焘：《外台秘要方》卷4《温病发斑方七首》，张登本主编：《王焘医学全书》，第123页。
⑨ （唐）王焘：《外台秘要方》卷4《温病发斑方七首》，张登本主编：《王焘医学全书》，第123页。
⑩ （唐）王焘：《外台秘要方》卷3《天行热痢及诸痢方四首》，张登本主编：《王焘医学全书》，第112页。
⑪ （金）刘完素：《素问病机气宜保命集》卷中《泻痢论》，北京：人民卫生出版社，2005年，第81页。

巧构。"方中以当归、芍药调和营血，配甘草缓急止痛；升麻清热解毒，升清阳而止泻；黄连、黄柏苦寒燥湿，并解肠中热毒而止痢；用肉桂是为'反佐'，能防连、柏苦寒败胃，并能鼓舞脾胃生发之气，温行气血。"①

再有，王焘在"天行咳嗽五首"中引录了《广济方》"疗天行肺热咳嗽，喉有疮"的"地黄汤方"。其方药组成为："生地黄，切，一升；升麻、玄参、芍药、柴胡……各八分；贝母，六分；竹叶，切，一升；白蜜，一合。"②清代郑梅涧在此方基础上，更创制了治疗阴虚白喉的"养阴清肺汤"，临床上沿用至今。其方药组成是："大生地，二钱；麦冬，一钱二分；生甘草，五分；元参，钱半；贝母，八分，去心；丹皮，八分；薄荷，五分；炒白芍，八分。"③本方的配伍特点为："清热解毒与凉血养阴并用，气血兼治；滋补肾水与宣肺止咳共方，金水相生。"④归本溯源，"养阴清肺汤"取用自《广济方》的"地黄汤方"，而王焘无疑是沟通两者之间相互交接和联系的重要桥梁与媒介。

3. 王焘与针拔白内障手术

眼睛在印度佛教中地位神圣，有"五眼"（肉眼、天眼、慧眼、法眼和佛眼）之说，而肉眼的特点是透彻晶莹，它一旦被遮蔽，便会妨碍妙观的实现。所以谢道人《天竺经·论眼序》说："盖闻乾坤之道，唯人为贵；在身所重，唯眼为宝；以其所系，妙绝通神；语其六根，眼最称上。是以疗眼之方，无轻易尔。"⑤在此观念的指引下，印度眼科医术非常发达，其中手术疗法颇具特色，尤其是"金针拨障术"居于当时世界眼科手术的最前列。据北魏译《大般涅槃经》载："善男子，如百盲人为治目，故造诣良医。是时，良医即以金錍决其眼膜，以一指示问言：'见不？'盲人答言：'我犹未见。'复以二指、三指示之，乃言少见。"⑥又据《南史·梁宗室下》记载："鄱阳忠烈王恢字弘达，太祖第九子也。……后又目有疾，久废视瞻。有北渡道人慧龙得治眼术，恢请之。既至，空中忽见圣僧。及慧龙下针，豁然开朗，咸谓精诚所致。"⑦另，《北史·张元传》亦载："及（张）元年十六，其祖丧明三年。元恒忧泣，昼夜读佛经，礼拜以祈福祐。后读《药师经》，见'盲者得视'之言。遂请七僧，然七灯，七日七夜转《药师经》行道。每言：'天人师乎！元为孙不孝，使祖丧明。令以灯光普施法界，愿祖目见明，元求代暗。'如此经七日，其夜梦见一老翁，以金錍疗其祖目，于梦中喜跃，遂即惊觉。乃遍告家人。三日，祖目果明。"⑧这两则史例虽然添加了一些玄秘的成分，但是从字里行间分析，"道人慧龙得疗眼术"和"（张元）夜梦见一老翁，以金錍疗其祖目"与印度疗眼僧医之间应当存在某种客观联系。可以肯定地说，当时印度的眼科"金针拨障术"已经传入中国。至于"金錍"这种眼科器械，《大日经疏》卷9介绍说："佛为汝决除无智膜，犹如世医王善用于金筹。西

① 刘怡等编著：《中国佛教医方集要》，厦门：鹭江出版社，1996年，第48页。
② （唐）王焘：《外台秘要方》卷3《天行咳嗽方五首》，张登本主编：《王焘医学全书》，第108页。
③ （清）郑梅涧：《重楼玉钥》卷上《又论喉间发白治法及所忌诸药》，余瀛鳌主编：《中国科学技术典籍通汇：医学卷》第4分册，郑州：河南教育出版社，1994年，第846页。
④ 顿宝生主编：《方剂学》，西安：西安交通大学出版社，2011年，第215页。
⑤ （唐）王焘：《外台秘要方》卷21《〈天竺经〉论眼序一首》，张登本主编：《王焘医学全书》，第517页。
⑥ （宋）慧严等：《大般涅槃经》卷8《如来性品第四之五》，《大正新修大藏经》第12册，第652页。
⑦ 《梁书》卷22《太祖五王》，北京：中华书局，1973年，第350—351页。
⑧ 《北史》卷84《孝行》，第2834页。

方（印度）治眼法，以金为箸，两头圆滑中细，犹如杵形可长四五寸许。用时以两头涂药，各用一头内一眼之中涂之。"①王焘在《外台秘要方》卷21中引录了谢道人"出眼疾候一首"，其文云："若眼无所因起，忽然膜膜，不痛不痒，渐渐不明，久历年岁，遂致失明。令观容状，眼形不异，唯正当眼中央小珠子里，乃有其障，作青白色，虽不辨物，犹知明暗三光，知昼知夜，如此之者，名作脑流青盲，都未患时，忽觉眼前时见飞蝇黑子，逐眼上下来去，此宜用金篦决。一针之后，豁若开云，而见白日，针讫宜服大黄丸，不宜大泄，此疾皆由虚热兼风所作也。"②显然，这是从临床案例总结出来的治疗经验，没有掺杂任何玄虚的因素，它表明王焘的时代，针拔白内障手术早已为僧俗眼科医家所熟练掌握。例如，谢道人"住齐州，于西国胡僧处授（金针拨障术）"③。又如，杜牧的弟弟杜颛患有白内障，大概在开成二年（837）至开成四年（839）有医者石公集为其治疗眼疾。于是，杜牧记录了当时石公集的诊过程和方法。石公集说："是状也，脑积毒热，脂融流下，盖塞瞳子，名曰内障。法以针旁入白睛穴上，斜拨去之，如蜡塞管，蜡去管明，然今未可也。后一周岁，脂当老硬如白玉色，始可攻之。某世攻此疾，自祖及父、母，所愈者不下二百人，此不足忧。"④尽管后来"石生施针，九月再施针，俱不效"⑤，但是他的祖父擅长金针拨障术，其时距离王焘所处时代不远。由于金针拨障术在当时是一项风险系数较高的眼科手术，故有手术成功者，也有手术失败者。上面石公集的手术就失败了，失败的原因主要是石公集没有分清楚白内障手术的禁忌证，即"凡内障脂凝有赤脉缀之者，……针不可施"⑥。还有某胡医曾用"金针拨障术"为鉴真治疗眼疾，"眼遂失明"。⑦既然"金针拨障术"存在这么大的风险，王焘为何还要极力宣传和传播这种手术疗法呢？

首先，王焘深受佛教思想的影响。这是由唐代特定的政治生态所决定的，王焘生活其中，必然会被打上那个时代的文化烙印，关于这个问题，留待后面详论，此处不作细述。

其次，"金针拨障术"较针刺法可靠。我们知道，王焘不主张针刺法，却热情于印度眼科的"金针拨障术"，令人费解。然而，细细一想，王焘这样做，定有他的道理。在《外台秘要方序》中，王焘说出了他为什么不把针刺法载录书中的理由，"吾闻其语矣，未遇其人也"。⑧反过来，对于"金针拨障术"则是不仅"闻其语"，而且"遇其人"，上面提到的"谢道人"即是王焘所遇到的医者之一。在当时，王焘接触到的患者多是达官贵人，这个事实使他对针刺法与"金针拨障术"的感觉经验带有一定的局限性，因为唐朝的统治阶层中不乏反对针刺疗法者。如《旧唐书·高宗本纪下》载，永淳二年（683）十一月，

① （唐）沙门一行阿阇梨记：《大毗卢遮那成佛经疏》卷9《入漫荼罗具缘品第二之余》，《大正新修大藏经》第39册，第669页。

② （唐）王焘：《外台秘要方》卷21《出眼疾候一首》，张登本主编：《王焘医学全书》，第518页。

③ （唐）王焘：《外台秘要方》卷21《出眼疾候一首》，张登本主编：《王焘医学全书》，第517页。

④ （唐）杜牧著，陈允吉校点：《杜牧全集》卷16《上宰相求湖州第二启》，上海：上海古籍出版社，1997年，第155页。

⑤ （唐）杜牧著，陈允吉校点：《杜牧全集》卷16《上宰相求湖州第二启》，第156页。

⑥ （唐）杜牧著，陈允吉校点：《杜牧全集》卷16《上宰相求湖州第二启》，第156页。

⑦ ［日］真人元开著，汪向荣校注：《唐大和尚东征传》，北京：中华书局，1979年，第74页。

⑧ （唐）王焘：《外台秘要方序》，张登本主编：《王焘医学全书》，第12页。

"上苦头重不可忍，侍医秦鸣鹤曰：'刺头微出血，可愈。'天后帷中言曰：'此可斩，欲刺血于人主首耶！'上曰：'吾苦头重，出血未必不佳。'即刺百会，上曰：'吾眼明矣。'"①这则史料有三点值得注意：第一，虽然秦鸣鹤用针刺疗法使唐高宗"眼明"，可惜当时王焘还年少，不曾目睹其人其事；第二，朝廷中像天后那样质疑针灸疗效者，应该不少，即使唐高宗只是被迫无奈的情况下，也是以"吾苦头重，出血未必不佳"的试试心态来让侍医刺百会穴；第三，治疗眼疾有多种方法，而针刺法与"金针拨障术"比较常用。不过，由于两者的适用范围不同，所以假若不是对症治疗，很可能适得其反，本来治明反而治瞎。如前举鉴真的眼疾，季羡林先生认为："这里治的不是白内障，不必用金篦。是否是针刺？不得而知。"②毕竟"金针拨障术"是一种手术性质的医术，只要对症治疗，那么。成功的概率就比较高。因此，到唐代中后期，士大夫阶层很多人都十分推崇"金针拨障术"，如杜甫、白居易、刘禹锡、李商隐等都留下了赞颂"金针拨障术"的诗篇，由此可见一斑。从这个层面看，王焘对"金针拨障术"治病案例的载录，对推动唐代眼科手术疗法的进步，产生了积极影响。

4. 王焘对按摩法的宣传与推广

在中国古代，儒家思想对中医学的发展产生了正负两个方面的影响：对于负影响学界已经讨论了很多，笔者不拟一一重复。在这里，只将与本书论题相关的内容略作阐释。儒家认为："身体发肤，受之于父母，不敢毁伤，孝之始也。"③唐朝孝道倡兴，如《旧唐书·经籍志上》甲部经类共计 12 家，即《易》类一、《书》类二、《诗》类三、《礼》类四、《乐》类五、《春秋》类六、《孝经》类七、《论语》类八、谶纬类九、经解类十、诂训类十一、小学类十二④，其中《孝经》排在《论语》之前，显示了它的地位非同一般。《唐律》不单继承了秦汉将"不孝"入律的传统，更将"不孝"的范围扩大化和完备化。此外，唐开元十年（722）唐玄宗注《孝经》颁行天下。通过唐玄宗的起承转合，《孝经》对西夏、金、元等孝文化的发展产生了重要影响。当然，从维护孝道的立场出发，唐朝士人的医学观念仅仅停留在《内经》藏象五行及经络学说的整体观上，而不去追求人体解剖学的细节，结果导致中国古代解剖学的发展不完备，同时外科手术的发展也受到一定限制。在这样的背景之下，按摩学的发展格外受到推崇。如《唐六典》卷 14《太常寺》规定："按摩博士一人，从九品下；按摩师四人，按摩工十六人，按摩生十五人。按摩博士掌教按摩生以消息导引之法，以除人八疾：一曰风，二曰寒，三曰暑，四曰湿，五曰饥，六曰饱，七曰劳，八曰逸。凡人支、节、府、藏积而疾生，导而宣之，使内疾不留，外邪不入。若损伤折跌者，以法正之。"⑤从事按摩教学医疗工作的人数非常多，然而，在按摩过程中，不能出现"损伤折跌"事故，否则"以法正之"。可见，按摩不能触犯孝道，不能毁伤身体。相对于针刺法与"金针拨障术"，按摩的风险系数很低，这对于广大医生和患

---

① 《旧唐书》卷 5《高宗本纪下》，第 111 页。

② 季羡林：《印度眼科医术传入中国考》，季羡林：《皓首学术随笔·季羡林卷》，北京：中华书局，2006 年，第 74 页。

③ 韦渠编著：《国粹菁华》上册，上海：上海古籍出版社，2011 年，第 216 页。

④ 《旧唐书》卷 46《经籍志上》，第 1966 页。

⑤ （唐）李林甫等撰，陈仲夫点校：《唐六典》卷 14《太常寺》，第 411 页。

者来说，都是颇受欢迎的传统医术。以此为前提，王焘对唐代之前按摩医术的发展进行了较为全面的整理和研究。

（1）载录了各种不同的按摩手法。隋唐时期，按摩十分盛行，甚至出现了中药按摩膏。《诸病源候论》在每篇之末，都附有按摩导引之法。不同的病变部位，施行按摩手法各异。如《外台秘要方》载张文仲"疗咽喉舌诸方"云："爪耳下张口解间突处（指下颌关节），痛爪勿止，两、三食久即得咽喉开"。①又《随身左右百发百中备急方》载："病人卧，急爪其跖心，随所近左右，以瘥为良。"②这是按摩医术中的"爪法（指掐法）"，"用爪法治疗咽喉诸疾，既可近取，又可远取，咸收其功"。③遇有气塞不通以成噎的病况，王焘载录了《必效方》的"鳌捺法"："主噎方，鳌捺大推（椎）尽力则下，仍令坐之。"④日本山脇和尚解释说："鳌捺，盖以饼鳌按之也。"⑤但周信文认为：以饼鳌按之，似难操作，"很可能是一种模仿锹形的三指按法。这是一条脊柱按压法的较早文献"⑥。治疗瘰疬辅助以捏脊推拿和拔罐法，效果较好。如《外台秘要方》卷13载张文仲治疗骨蒸的按摩与拔罐法云：

> 患瘯蝶等病必瘦，脊骨自出，以壮丈夫屈手头指及中指，夹患人脊骨，从大椎向下尽骨极，楷复向上，来去十二三回。然以中指于两畔处极弹之，若是此病，应弹处起作头，多可三十余头，即以墨点上记之。取三指大青竹筒，长寸半，一头留节，无节头削令薄似剑。……令恶物出尽，乃即除，当目明身轻也。⑦

如果出现霍乱转筋的情况，就用手拗脚趾法。如《外台秘要方》录《必效方》的手法云："主霍乱脚转筋及入腹方。以手拗所患脚大母指。灸，当脚心下急筋上，七壮。"⑧这是一种通过拉伸肌肉使紧张的小腿后部肌群得以松弛的解痉方法。王焘在《外台秘要方》中载录了一则取自《崔氏纂要方》的用膏摩小腹部来治疗"子死腹中"法："疗妊身热病，子死腹中，欲出之方。乌头，一枚。上一味，细捣，水三升，煮取大二升，稍稍摩脐下至阴下，胎当立出。"⑨此则史料是目前已知载录按摩催产的最早文献，类似的膏摩方在《外台秘要方》中载有30首（张），反映了唐代膏摩法的盛传和流行状况。

（2）从"卒腹痛"到"真心痛"，按摩手法的嬗变。用按摩法治疗卒腹痛，已见于《肘后备急方》。《肘后备急方》卷1"治卒腹痛方"载："使病人伏卧，一人跨上，两手抄举其腹，令病人自纵重轻举抄之，令去床三尺许，便放之，如此二七度止。拈取其脊骨皮，深取痛引之从龟尾至顶乃止。未愈，更为之。"又"令卧枕高一尺许，挂膝使腹皮踧气入胸，令人抓其脐上三寸便愈。能干咽吞气数十遍者弥佳。此方亦治心痛，此即伏气"⑩。

---

① （唐）王焘：《外台秘要方》卷22《咽喉舌诸疾方七首》，张登本主编：《王焘医学全书》，第565页。
② （唐）王焘：《外台秘要方》卷22《咽喉舌诸疾方七首》，张登本主编：《王焘医学全书》，第565页。
③ 杨秀惠编著：《点穴疗法》，北京：中国中医药出版社，1995年，第2页。
④ （唐）王焘：《外台秘要方》卷8《诸噎方一十二首》，张登本主编：《王焘医学全书》，第229页。
⑤ （唐）王焘：《外台秘要方》卷8《诸噎方一十二首》，张登本主编：《王焘医学全书》，第229页。
⑥ 周信文主编：《推拿手法学》，上海：上海科学技术出版社，2000年，第16页。
⑦ （唐）王焘：《外台秘要方》卷13《骨蒸方一十七首》，张登本主编：《王焘医学全书》，第326页。
⑧ （唐）王焘：《外台秘要方》卷6《霍乱转筋方一十四首》，张登本主编：《王焘医学全书》，第167页。
⑨ （唐）王焘：《外台秘要方》卷33《子死腹中欲令出方一十五首》，张登本主编：《王焘医学全书》，第848页。
⑩ （晋）葛洪：《肘后备急方》卷1《治卒腹痛方第九》，蔡铁如主编：《中华医书集成》第8册，第10页。

这是治疗卒腹痛（即急性胃痛病）的两种按摩方法，其中第二种尤为王焘所重。在《外台秘要方》第7卷，王焘除载录了《张文仲方》的"疗卒腹痛方"（与《肘后备急方》同）外，还载录有《古今录验方》治疗真心痛的方法。一种版本（主要是程衍道经余居刊本）的记载为：

> 真心痛证，手足青至节，心痛甚者，旦发夕死，夕发旦死，疗心痛，痛及已死方。高其枕，柱其膝，欲令腹皮蹙柔，瓜其脐上三寸胃管有顷，其人患痛短气，欲令人举手者，小举手问痛差，缓者止。[1]

还有一种版本（主要是高文铸校本），与前面的记载不同，其文云：

> 真心痛证，手足青至节，心痛甚者，旦发夕死，夕发旦死。疗心痛，痛及已死方。高其枕，柱其膝，欲令腹皮蹙柔，灸其脐上三寸胃管有顷。其人患痛短气，欲令人举手者，小举手，问痛瘥缓者止。[2]

文中所说的"真心痛"近似于现代临床上常见的心绞痛与冠心病。可是，两种版本一字之差，疗法却大异。那么，哪种版本的说法更实用呢？由于"真心痛"的抢救贵在神速，从急救的角度讲，当然是"抓腹法"更便捷、更实用。然而，从临床效果看，灸法则更科学。《古今录验方》沿袭了《肘后备急方》的"脐上三寸"之说，按照晋代的计量单位，此"脐上三寸"恰好是中脘穴（晋代一寸合今2.45厘米）。不过，《肘后备急方》取穴的方法是"柱其膝，欲令腹皮蹙柔"，这样一来，《肘后备急方》的"脐上三寸"就不是中脘穴，而是膻中穴了。经临床验证，膻中穴是治疗心绞痛的关键灸穴之一。

这里，张文仲的"疗卒腹痛方"："令病人卧，枕高一尺许，柱膝，便腹皮踧，气入胸，令人爪其脐上三寸，便愈。能干咽吞气数十过者，弥佳。亦疗心痛"[3]。方法与《古今录验方》的"杂疗心痛"方似曾相识，但两者所治疗的疾病性质截然不同。张文仲方治的是胃脘痛，而《古今录验方》治的则是"真心痛"。由于两者的疼痛部位都在胃脘部，所以在临床上极易混淆。有学者认为《古今录验方》治法，表明上与《张文仲方》的治法相同，但"主症却从'卒腹痛'改为类似于现代急性心肌梗死合并循环衰竭的'真心痛'，无疑是目前所能发现的按摩治疗心肌梗死的最早的文献记载"[4]。问题是学界对用按摩治疗真心痛的可靠性还在探讨之中，如有学者认为从《古今录验方》所述症状看，"这种真心痛类似现代医学的心绞痛或急性心肌梗塞，用手法治疗是一种大胆的尝试，有待进一步研究"[5]。

（二）王焘医学思想与唐朝中前期政治生态的关系

唐代官医数量众多，这里的官医有两层含义：一是通过官办医学教育机构培养出来的

① 何清湖主编：《中华传世医典》第5册《外台秘要》，长春：吉林人民出版社，1999年，第202页。
② （唐）甄权撰，谢盘根辑校：《古今录验方》，北京：中国医药科技出版社，1996年，第281页。
③ （唐）王焘：《外台秘要方》卷7《卒腹痛方七首》，张登本主编：《王焘医学全书》，第192页。
④ 邵铭熙主编：《实用推拿学》，北京：人民军医出版社，1998年，第795页。
⑤ 韦贵康、张志刚主编：《中国手法诊治大全》，北京：中国中医药出版社，2001年，第6页。

医生；二是通过师徒相授而成为一代名医。关于唐代官医的研究，学界成果较丰硕，主要有于赓哲的《唐代疾病、医疗史初探》、范家伟的《中古时期的医者与病者》及程锦的《唐代医疗制度研究》等，下面笔者仅就《外台秘要方》与唐代官医的关系略作阐释。

从王焘《外台秘要方》引录隋唐的医方书看，多数医方书都为官医所著。如巢元方系隋朝的太医令，他的《诸病源候论》被王焘引录多达343条，仅次于《备急千金要方》。《经心录》的著者宋侠系唐朝著名医药学家，官至药藏监。《古今录验方》的著者甄氏兄弟，其中甄权之弟甄立言官至太常丞，而甄权后被授以朝散大夫。余瀛鳌在《〈古今录验方〉辑校本序》中说：

> 甄权及其弟立言，因其母病而矢志于医，精于方治、针灸及脉诊。通过长期临证实践，享誉医林，名重朝野。后世多知孙思邈是历史上著名的长寿医家（享年101岁），鲜闻甄权之高寿与荣宠尤胜于孙氏。公元643年，当时甄权已是103岁"寿越期颐"之年，唐太宗李世民亲临甄府祝寿，询其饮食、药性等情况，并赐其寿杖、衣物。这在古代堪称"史无前例"，也反映了甄氏不仅精于医药，其于养生、保健，尤有心得。①

崔知悌曾任户部尚书，他的《崔氏纂要方》对结核病诊治，颇有心得。张文仲为尚药奉御，武则天时奉命撰写治疗风气诸病的医书。薛侍郎为武则天时的显宦，对乳石丹药有较深研究。吏部侍郎元希声撰《行药备急方》，是唐朝以诗文闻名的医家。苏敬官至右监门府长史骑都尉，善治脚气等。纵观唐代太宗、高宗、玄宗三朝的政治，奉道教为国教。以此为轴心，道教不断向社会生活的各个领域渗透，医学更不例外。以《外台秘要方》为例，可考的道士医家就有孙思邈、体玄子、苏游等。道家讲求长生之术，服食药石为其延年的重要途径。在唐代，服食药石不能仅仅认为是一种延年的手段，更是一种政治。例如，《贞观政要》载，贞观五年（631）唐太宗对侍臣曰："治国与养病无异也。病人觉愈，弥须将护，若有触犯，必至殒命。治国亦然。天下稍安，尤须兢慎，若便骄逸，必至丧败。"②又，"贞观十七年，太子右庶子高季辅上疏陈得失。特赐钟乳一剂，谓曰：'卿进药石之言，故以药石相报'"③。在唐太宗的倡导下，士大夫服食药石成为一种时尚，此即唐代的"药石政治"。因此，在这样的政治文化环境里，王焘《外台秘要方》亦无不兴致勃勃于药石医方辑录。考《外台秘要方》有两卷（即卷37和卷38）是专门载录"乳石"医方的，其中有"薛侍郎服乳石体性论一首""李补阙研炼钟乳法一首""曹公草钟乳丸法二首""崔尚书乳煎钟乳饵法二首""东陵处士炼乳丸饵并补乳法二首""周处温授段侍郎炼白石英粉丸饵法并论紫石白石英体性及酒法五首""同州孟使君饵石法一首""张文仲论服石法要当达人常性五乖七急八不可兼备不虞药并论二十三条"等，如此众多的官僚醉迷于炼制药石，这在中国古代历史上是少有的事情。有学者以《医人医国：医学对唐代司法的影响》为题，讨论了唐代医学与法律的关系问题。其主要内容有"禁止鞭背：太宗观医图引发的司法改革""'三复五复奏'：源自李好德张蕴古连环案的医学促成""刑讯、囚

---

① 余瀛鳌：《未病斋医述》，北京：中医古籍出版社，2012年，第350页。
② （唐）吴兢编著，王贵标点：《贞观政要》卷1《政体第二》，长沙：岳麓书社，1991年，第19页。
③ （唐）吴兢编著，王贵标点：《贞观政要》卷2《纳谏第五》，第78页。

管、行刑：司法制度折射医学关怀""保辜、厌魅、医法等：一些法律制度的司法实践需
要医学的配合""风行的'割股疗亲'：医学挑战司法""迷信抑或清醒：统治者的医学养
生和治病观念直接影响司法秩序""民间市场：利用医学迷信的犯罪及其对司法官员的医
学考验""从官方到民间：医学广泛影响唐代司法的若干成因""医学影响的折扣或边界：
医学偶然、迷信与专制根源的强化"等。唐代《龙筋凤髓判》载有下面一则案例：

> 太医令张仲善处方，进药加三味，与古方不同，断绞不伏，云病状合加此味，仰
> 正处分。

> 判词：五情失候，多生心腹之灾；六气乖宜，必动肌肤之疾。绝更生之药，必借
> 良医；乏返魂之香，诚资善疗。张仲业优三世，方极四难，非无九折之能，实掌万人
> 之苦。郭玉诊脉，妙识阴阳；文挚观心，巧知方寸。仙人董奉之灵杏，足愈沈疴；羽
> 客安期之神枣，攻兹美疢。华佗削胃，妙达古今；仲景观肠，誉闻寰宇。圣躬述谴，
> 谨按名方，肃奉龙颜，须穷鹊术。岂得不遵古法，独任新情？弃俞跗之前规。失仓公
> 之旧轨。若君臣相使，情理或通；若畏恶相刑，科条无舍。进劾断绞，亦合甘从；处
> 方即依，诚为若屈。刑狱之重，人命所悬。宜更裁决，毋失权衡。①

这则案例的政治和法律蕴意学界多有阐释，本书想补充的是通过这则案例，我们可以
看到，王焘《外台秘要方》为什么每方都标明出处和来源，诚然，"'各题名号，标记卷
第'和'尾注同书，借存古籍'，这也是《外台秘要方》编纂方法的显著特征"②。不过，
我们绝不忽视在当时整个医方皆"遵古法"的政治文化背景下，医方有"古法"可循，就
迫切要求查考医方的出处，即它究竟为何时的医家所创制与应用。书中绝无王焘自己独创
的处方，这恐怕主要还是为了防止节外生枝，给自己和他人惹来麻烦。试想"太医令张仲
善处方，进药加三味，与古方不同"，就被判处"绞刑"，一般医家就更不敢随意改变古方
了。还有，《新唐书·刑法志》云："太宗尝览《明堂针灸图》，见人之五藏皆近背，针灸
失所，则其害致死，叹曰：'夫棰者，五刑之轻；死者，人之所重。安得犯至轻之刑而或
致死？'遂诏罪人无得鞭背。"③背部之穴，"针灸失所，则其害致死"，那么，前胸之穴位
及头部之穴位，又何尝不是"针灸失所，则其害致死"呢！尽管王焘没有明言他的"重灸
轻针"思想与唐太宗的上述意旨有关联，但在《外台秘要方》卷4《〈明堂〉序》有一段
话，表明他的"重灸轻针"思想确实与唐太宗"针灸失所，则其害致死"的观念存在某种
内在联系。《明堂》序云：

> 经脉阴阳，各随其类，故汤药攻其内，以灸攻其外，则病无所逃，知火艾之功，
> 过半于汤药矣。其针法古来以为深奥，今人卒不可解。《经》云：针能杀生人，不能
> 起死人。若欲录之，恐伤性命，今并不录《针经》，唯取灸法。其穴墨点者，禁之不
> 宜灸；朱点者，灸病为良。具注于《明堂图》人并可览之。④

① 杨一凡、徐立志主编：《历代判例判牍》，北京：中国社会科学出版社，2005年，第220页。
② 张登本主编：《王焘医学全书》，第1050页。
③ 《新唐书》卷56《刑法志》，第1409页。
④ （唐）王焘：《外台秘要方》卷39《〈明堂〉序》，张登本主编：《王焘医学全书》，第974页。

此《明堂图》，即唐太宗"尝览《明堂针灸图》"，两者是一张图。这个实例表明，王焘深知唐太宗对于针刺的态度，他当然不敢违背圣旨，载录《针经》于《外台秘要方》中。我们站在今天的视角，会发现王焘医学思想中的许多缺陷和不足，如宋代孙兆说："（王焘）取灸而不取针，亦医家之蔽也。"①但那些缺点和不足，有些是他自身的原因，有些不以他的个人意志为转移，因而是他所不能改变的。唐代佛教的政治势力很大，尤其从武则天开始，"武则天与奸僧结纳，以白马寺僧薛怀义为新平道行军总管，封沙门法朗等九人为县公，赐紫袈裟银鱼袋，于是沙门封爵赐紫始于此矣"②。其对唐代社会文化的发展影响至深。以《外台秘要方》为例，王焘即接受了印度佛教的"四大假合说"。《外台秘要方》卷21引谢道人的话说：

> 夫眼者，六神之主也，身者，四大所成也。地水火风，阴阳气候，以成人身八尺之体。骨肉肌肤，块然而处，是地大也，血泪膏涕，津润之处，是水大也。生气温暖，是火大也。举动行来，屈伸俯仰，喘息视瞑，是风大也。四种假合，以成人身。③

在王焘看来，印度佛教的"四大假合说"与中国传统医学的"人生有形，不离阴阳"④观，可以有机地结合起来。他载录"谢道人"的话，当然不能理解为简单地载录，因为在载录的过程中，经过了王焘的思维过滤与筛选，所以这个过程已经是一个思想的再创造过程了，它在客观上体现了谢道人和王涛两个人的所思和所想。正是从这个角度，马忠庚说："王焘的'四大假合'说与孙思邈的'四大和合'说有所不同，他在继承传统医学关于阴阳的功能性认识的基础上，使中医传统的阴阳论变成了四大阴阳说。因此，他的理论更具有佛教色彩，表明佛教思想对传统医学理论的影响加深了。"⑤

唐代医学体系可分为四个部分：医师、针师、按摩师、咒禁师。其中"咒禁博士掌教咒禁生以咒禁祓除邪魅之为厉者。有道禁，出于山居方术之士；有禁咒，出于释氏。以五法神之：一曰存思，二曰禹步，三曰营目，四曰掌决，五曰手印；皆先禁食荤血，斋戒于坛场以受焉。"⑥对此，于赓哲分析说："虽然咒禁符印疗法在唐代医人当中仍然有市场，医疗活动中亦常见咒禁符印疗法的应用，但是主流医家已经对巫术疗法持消极态度，许多医学家对于咒禁符印疗法日渐生疏，其著作中的巫术疗法所占比重也很小，可以说，唐代咒禁术在操用人群范围上比起前代更加缩小。"⑦以《外台秘要方》为例，全书40卷，收载医方6000多条，而咒禁和符印疗法仅为25条，占0.4%，具体言之，见于难产和小儿疾病的有9条，毒虫猛兽有9条，疟疾和骨蒸有4条，疣目有3条。那么，不管条目多少，王焘毕竟为咒禁和符印疗法留下了供其生存的空间，严格说来，这是与他的实证思想格格不入的。现在的问题是：一个以实证为选录医家验方的医学家，怎么会相信那些咒禁

① （宋）孙兆：《校正外台秘要方卷序》，张登本主编：《王焘医学全书》，第4页。
② 汤用彤：《隋唐佛教史稿》，南京：江苏教育出版社，2007年，第19页。
③ （唐）王焘：《外台秘要方》卷21《叙眼生起一首》，张登本主编：《王焘医学全书》，第517—518页。
④ 《黄帝内经素问》卷8《宝命全形论篇》，陈振相、宋贵美：《中医十大经典全录》，第43页。
⑤ 马忠庚：《佛教与科学——基于佛藏文献的研究》，北京：社会科学文献出版社，2007年，第283—284页。
⑥ （唐）李林甫等撰，陈仲夫点校：《唐六典》卷14《太常寺》，第411页。
⑦ 于赓哲：《唐代疾病、医疗史初探》，北京：中国社会科学出版社，2011年，第114页。

和符印疗法呢？前面讲过，唐代中前期的政治生态完全是由佛、道两教来掌控的，而咒禁"有道禁，出于山居方术之士；有禁咒，出于释氏"，可见，咒禁恰好被摆放在了唐代中前期政治生态的中心区域，在当时的历史条件下，王焘完全将咒禁和符印疗法排斥在他的《外台秘要方》之外，是不现实的，我们也不能那样过高地苛求于他，因为任何人都生活在他所处的那个特定时代之中，这就是唯物史观所讲的历史局限性。

本 章 小 结

隋唐医学教育开始由家传和师徒传授转向学校教育，出现了规范化和标准化的官修医药学宝典，如《四海类聚方》《新修本草》《明堂针灸图》等。唐太医署下设医科、针科、按摩科、咒禁科、药园五个系，各科学生均需要研习《明堂》《针经》《本草》《脉经》这些基础课程，从而使唐代医学家的整体知识水平在前朝的基础上又有了进一步提高。

巢元方的《诸病源候论》载录各种病症1700多条，它突破了"千般疾病，不越三条"的病因学说，提出了"六淫"致病、"七情"致病、饮食劳逸不当致病，以及先天因素和病理产物等致病的新思想，发展了对疠气、寄生虫、毒邪的认识，尤其是巢元方的毒邪理论为后世毒气学说的形成与发展奠定了坚实基础。《诸病源候论》通过大量临床实践和病理分析，比较系统地论述了各种疾病的病源与病候，"不拘守阴阳五行框架"[①]，重视实证，故被列为"医门七经"之一，标志着中医病因学、证候学理论的建立。

孙思邈博极医原，广采众方，撰有《千金要方》和《千金翼方》两部早期临床医学百科全书。他不仅重视医术，更注重医德，主张"华夷愚智，普同一等"，是我国医德思想的开创者。在医学领域，孙思邈创造了许多个第一，如首创"阿是穴"、首创采用砷剂治疗疟疾病、首个应用动物肝脏治疗眼病、首个提出复方治病等。其著作成书后，陆续传入朝鲜、日本等国家，对世界医药学的发展产生了重要影响。

王焘的《外台秘要方》集唐代之前医学文献之大成，创造了注引文献表明原始出处的体例，遂"成为后世医籍辑佚之渊薮"[②]，王焘也由此被誉为我国古代整理医学文献的大师。在编撰特色方面，王焘主张"医与方之并重"，《外台秘要方》不仅把前人的理论研究和治疗方药前面系统地结合起来，而且载方6000余首，保存了大量唐代以前的医学文献，至今在祖国医学界仍然占据着重要地位。

医学思想的发展当然离不开科学精神和批判意识。例如，孙思邈尽管非常推崇张仲景，但他并不固守其成见，力主"方证辨证"而非"六经辨证"。对于延续已久的服食求仙之风，巢元方分析了"寒食"的流弊，孙思邈则彻底否定了服石的作用，痛斥这种行为的荒谬和愚昧。

① 席泽宗主编：《中国科学技术史·科学思想卷》，北京：科学出版社，2001年，第308页。
② 中国学术名著提要编委会：《中国学术名著提要·隋唐五代编》，上海：复旦大学出版社，2019年，第307页。

第二章　地理学家的科技思想

唐代文化海纳百川，鉴真东渡，玄奘西游，义净举帆南海，在他们身上不仅仅体现着中国古人那种无所畏惧和勇往直前的探险精神，更是开阔了人们的地理视野，成就了那个历史时期唐朝在国际上的巅峰地位，形成了以唐朝为中心的国际体系，从而开创了丝绸之路历史的新局面。

第一节　唐玄奘的行记及其地理思想

唐代佛教之盛，造就了一种前所未有的宏大气象，"取我所需，尽为我用"①已成为当时朝野之士的共同价值取向。诚如王国维所言："佛教之东，适值吾国思想调敝之后，当此之时，学者见之，如饥者之得食，渴者之得饮，担簦访道者，接武于葱岭之道，翻经译论者，云集于南北之都，自六朝至于唐室，而佛陀之教极千古之盛矣。此为吾国思想受动之时代。"②尽管此论不无可商榷之处，如"受动之时代"究竟始于唐还是宋，学界有不同认识，但是从总体看来，王国维的论断是符合历史事实的，而唐玄奘的《大唐西行记》即是这段"佛陀之教极千古之盛"历史的有力见证。

玄奘，俗名陈祎，原籍陈留（今河南开封东南），后徙居洛州缑氏（今河南偃师），精通佛教经、律、论三藏，是中国历史上最有影响的佛经翻译家之一。释印顺依《大唐故三藏玄奘法师行状》考定玄奘的主要生平事迹如下：①玄奘生于隋仁寿二年③（602）；②玄奘于隋大业八年（612）出家，时年11岁；③玄奘在唐武德五年（622）受具足戒，时年21岁；④贞观元年（627）八月西行，时年26岁；⑤贞观二年（628），表谢高昌王，时年27岁；⑥贞观十八年（644），还抵于阗，表奏，时年45岁，西游已17年；⑦贞观十九年（645）春，返至长安，时年44岁；⑧显庆二年（657），至洛阳，改葬父母，时年56岁；⑨显庆二年（657）秋，表请入少林寺译经；⑩显庆五年（660），初译《般若经》于玉华宫，时年59岁；⑪麟德元年（664）二月，卒，时年63岁。与《大慈恩寺三藏法师传》《续高僧传》《开元释教录》《玄奘法师行状》等相比，《旧唐书》对玄奘的事迹记载非

---

①　徐杰舜、周耀明：《汉族风俗文化史纲》，南宁：广西人民出版社，2001年，第196页。

②　王国维：《论近年之学术界》，《王国维学术经典集》，南昌：江西人民出版社，1997年，第96页。

③　由于《大慈恩寺三藏法师传》对玄奘的生卒年记载前后不一致，因而造成学界在玄奘生卒年问题上的分歧，主要有"仁寿三年""开皇十六年""开皇十九年""开皇二十年"等诸说。参见梁启超：《中国佛教研究史》，北京：中国社会科学出版社，2008年，第312—330页；杨廷福：《玄奘生平简谱》，《玄奘论集》，济南：齐鲁书社，1986年，第106—133页。

常简略，且云"显庆六年卒，是年五十六"，亦颇为梁启超所诟病，认为"此说纰缪特甚"①。但《旧唐书》一语破的，道出了玄奘游历西域的主要动机。那就是面对佛教经说已经出现了乱象丛生的局面，如果不能正本清源，佛教传播就有可能走形变样，到头来会严重阻碍佛教的中国化历史进程。所以玄奘"尝谓翻译者多有讹谬，故就西域，广求异本以参验之"②。然而，唐朝对出入境的管理极为严格，申请到出境的"公验"并不是一件容易的事情，故玄奘"诣阙陈表，有司不为通引"，他只能"思闻机候"。直到贞观元年（627），"关内"（亦称"关中"，指函谷关或潼关以西王畿附近）闹饥荒，人们出境的限制才有所松弛。当时，为了减轻政府财政的压力，朝廷鼓励灾民自救。于是，唐太宗诏令"道俗随丰四出"③。玄奘借机由长安出发，"径往姑藏，渐至敦煌"④。《旧唐书》称其"贞观初，随商人往游西域"⑤。贞观四年（630），玄奘历经千难万险，才进入印度学习和研究佛经，到返回长安。他先后用了 17 年时间，亲历了 100 多个国家，行程 2 万多千米，收集了 657 部佛经，这一惊天地、泣鬼神的历史创举，深深感动了唐太宗，更激发了他对异国风土人情和历史地理的兴趣。因此，贞观十九年（645）二月，唐太宗在洛阳宫敕令玄奘："佛国遐远，灵迹法教，前史不能委详，师既亲睹，宜修一传，以示未闻。"⑥玄奘受命，继而由其口述，弟子辩机为之整理，于贞观二十年（646）七月修成《大唐西域记》。玄奘云："所闻所履，百有二十八国……今所记述，有异前闻。虽未极大千之疆，颇穷葱外之境，皆存实录，匪敢雕华。谨具编裁，称为《大唐西域记》，凡一十二卷。"⑦由于《大唐西域记》，使得印度古史的重构成为可能，因而它在世界历史和宗教文化中的重要性不言而喻。

一、《大唐西域记》与唐代的地理观

（一）《大唐西域记》的科学价值与思想意义

《大慈恩寺三藏法师传》卷 6 载："窃以章亥之所践籍，空陈广袤，夸父之所陵历，无述土风。班超侯而未远，张骞望而非博。"⑧这段评说把玄奘游历印度之前的几个历史人物，或说开拓西域交通和中西文化交流的几个重要历史阶段，都一一陈显于此。历史事实确系如此，传说时代的章亥和夸父，其事迹难以考证，不必深究，而张骞和班超开拓西域之功，却是早已为史学界所公认。《汉书·张骞传》载："（张）骞身所至者，大宛、大月氏、大夏、康居，而传闻其旁大国五六，具为天子言其地形，所有。"⑨对于班超慰抚西

① 梁启超：《中国佛教研究史》，北京：中国社会科学出版社，2008 年，第 314 页。

② 《旧唐书》卷 191《玄奘传》，北京：中华书局，1975 年，第 5108 页。

③ （唐）道宣：《续高僧传》卷 4《唐京师大慈恩寺释玄奘传》，（南朝·梁）慧皎等：《高僧传合集》，上海：上海古籍出版社，1991 年，第 128 页。

④ （唐）道宣：《续高僧传》卷 4《唐京师大慈恩寺释玄奘传》，（南朝·梁）慧皎等：《高僧传合集》，第 128 页。

⑤ 《旧唐书》卷 191《玄奘传》，第 5108 页。

⑥ （唐）慧立、彦悰著，孙毓棠、谢方点校：《大慈恩寺三藏法师传》，北京：中华书局，1983 年，第 129 页。

⑦ （唐）慧立、彦悰著，孙毓棠、谢方点校：《大慈恩寺三藏法师传》，第 134—135 页。

⑧ （唐）慧立、彦悰著，孙毓棠、谢方点校：《大慈恩寺三藏法师传》，第 134—135 页。

⑨ 《汉书》卷 61《张骞传》，北京：中华书局，1962 年，第 2689 页。

域，使其"五十余国悉皆纳贡内属焉"的拓疆之举，汉和帝在诏书中说："往者匈奴独擅西域，寇盗河西，永平之末，城门昼闭。先帝深愍边萌婴罗寇害，乃命将帅击右地，破白山，临蒲类，取车师，城郭诸国震慑响应，遂开西域，置都护。而焉耆王舜、舜子忠独谋悖逆，恃其险隘，覆没都护，并及吏士。先帝重元元之命，惮兵役之兴，故使军司马班超安集于阗以西。超遂逾葱领，迄县度，出入二十二年，莫不宾从。"①其中尤以张骞"凿空"西域，在科学史上影响最大。在张骞之前，中国的丝织品虽然已经传入中亚、西亚、南亚及欧洲地中海沿岸，但是从政治、军事、商业以及科技文化的层面讲，张骞"凿空"西域，则是沟通欧亚大陆的"丝绸之路"的真正开端，揭开了汉朝对外关系的新篇章。因此，首次提出"丝绸之路"这个概念的德国地质学家李希霍芬说：所谓"丝绸之路"是指从公元前114年到公元127年，中国与河中（指中亚的阿姆河与锡尔河之间的地带）地区及中国与印度之间，以丝绸贸易为媒介的这条西域交通路线，正是张骞所"凿空"的这条中西交通路线。

对张骞出使西域的科学价值和思想意义，《史记·大宛列传》云："（大）宛左右以蒲陶为酒，富人藏酒至万余石，久者数十岁不败。俗嗜酒，马嗜苜蓿。汉使取其实来，于是天子始种苜蓿、蒲陶肥饶地。及天马多，外国使来众，则离宫别观旁尽种蒲萄、苜蓿极望。"②物质层面的意义如此，在思想文化层面，则有与佛教的初步接触。关于这个问题，翦伯赞已有明确的主张，他认为："张骞曾经在西域接触过佛教。"③另陶喻之在《张骞政治外交与佛教关系刍论》一文中，亦有详细论述。不过，有一个问题需要在此作一申述，那就是见于敦煌莫高窟第323窟北壁壁画的"张骞出使西域图"，此为佛教史迹画，创作于初唐。一般学者认为此图是佛家的附会，非真实的历史。然而，《魏书·释老志》载："及开西域，遣张骞使大夏还，传其旁有身毒国，一名天竺，始闻有浮屠之教。哀帝元寿元年，博士弟子秦景宪受大月氏王使伊存口授《浮屠经》。中土闻之，未之信了也。"④对此，汤用彤认为《释老志》所言为"虚妄"之语，此说影响巨大。实际上，魏收并非主观臆想，而是史有所凭。如《三国志·魏书》裴注云："昔汉哀帝元寿元年，博士弟子景卢受大月氏王使伊存口受《浮屠经》。"⑤因译名不同，景卢亦作"秦景宪""秦景""景匮"。据此，梁启超说："中国人知有佛典，自此始，顾未有译本也。"⑥苏渊雷也持同见："佛教正式输入，时当一世纪末，地经西域大月氏诸国。"⑦仅此而言，唐法琳《辩正论》卷6谓引《魏略》及《西域传》曰："前汉哀帝时秦景使月氏，国王令太子口授于景，所以浮屠经教，前汉早行"，绝非虚言，因为人们对新事物的认识，总是一个由不知到知，由一个不自觉的知到自觉的知的过程。前揭《魏书》云"中土闻之，未之信了"即是明证，它表

①　《后汉书》卷47《班超传》，北京：中华书局，1965年，第1582页。
②　《史记》卷123《大宛列传》，北京：中华书局，1959年，第3173—3174页。
③　翦伯赞：《翦伯赞全集》第2卷《中国史纲》，石家庄：河北教育出版社，2008年，第565页。
④　《魏书》卷114《释老志》，北京：中华书局，1974年，第3025页。
⑤　《三国志》卷30《魏书·东夷传》，北京：中华书局，1959年，第859页。
⑥　梁启超：《翻译文学与佛典》，梁启超著，吴松等点校：《饮冰室文集点校》第5集，昆明：云南教育出版社，2001年，第2942页。
⑦　苏渊雷编著：《玄奘》第3辑《学术选进》，重庆：胜利出版社，1946年，第5页。

明当时汉代内地民众尚未从观念上接受"浮屠"这个外来的宗教学说。因此,《后汉书·西域传》便有了下面的议论:"至于佛道神化,兴自身毒,而二汉方志莫有称焉。张骞但著地多暑湿,乘象而战。"①有人据此而否认张骞与佛教曾有接触,实际上,"佛教"这个概念确实是后出,而"佛教"在西汉则称"浮屠"。同"科学"是近代才出现的概念一样,由于中国古代没有"科学"这个概念,于是有人就据此否定中国古代有科学。然而,事实并非如此。张骞出使西域目的虽然不是为了宗教,但他对西域诸国的佛教信仰是熟知的,甚至他还主动融入其中。特别是张骞"凿空"丝绸之路后,汉朝"因益发使抵安息、奄蔡、牦轩、条支、身毒国。而天子好宛马,使者相望于道,一辈大者数百,少者百余人,所赍操,大放博望侯时"②。在这"发使"队伍中,"身毒"是其所抵的目的地之一。由于当时西域诸国盛行佛教,他们不与佛教接触,简直不可想象。后来,张骞说服汉朝天子欲从西南道通身毒,可惜因"闭氐、筰",而"终莫得通"③,实为一件憾事。至于当时欲通身毒的动机,则是基于以下的政治用意:"诚得而以义属之,则广地万里,重九译,致殊俗,威德遍于四海。"④在这个"广地"的扩张进程中,佛教思想的传播也就变成了一种客观的历史趋势。而《后汉书》云:"明帝梦见金人,长大,顶有光明,以问群臣。或曰:'西方有神,名曰佛,其形长丈六尺而黄金色。'帝于是遣使天竺问佛道法,遂于中国图画形像焉。"⑤应当是当时民间佛教发展热潮,在汉明帝头脑中的一种折射与反映。因为《后汉书》载有楚王英"尚浮屠之仁祠"⑥的记载,它表明至少在东南沿海一带的民间社会里,已经具备了一定的佛教信仰基础。当然,汉明帝则通过帝王之手,极大地刺激了佛教在中国社会的发酵,同时更强化了佛教向普通民众各个社会生活层面的渗透。

隋唐与汉代相比,佛教发展进入了鼎盛期,如"开皇元年,高祖普诏天下,任听出家",结果"天下之人,从风而靡,竞相景慕,民间佛经,多于六经数十百倍"⑦。因此,唐初尽管有朝臣主张罢废佛教,但李氏父子最终还是保留了佛教,唐太宗甚至认为:"今李家据国,李老在前;若释家治化,则释门居上。"⑧这种倾向对佛教在唐朝的发展十分有利,于是,应"治化"所需,大批外来僧人涌入中土,其中天竺僧人占主导地位,如《高僧传》(包括《续高僧传》与《宋高僧传》)共载唐代外来僧42人,而来自天竺者30人。因此,季羡林把唐初这段历史时期看作是"中印交通史上的高峰"⑨,而这些僧人到唐朝的主要任务就是"传译佛经"。故唐代诗人有"如今汉地诸经本,自过流沙远背来"⑩的赞

---

① 《后汉书》卷88《西域传》,第2931页。
② 《汉书》卷61《张骞传》,第2694页。
③ 《汉书》卷61《张骞传》,第2690页。
④ 《汉书》卷61《张骞传》,第2690页。
⑤ 《后汉书》卷88《西域传》,第2922页。
⑥ 《后汉书》卷42《光武十王列传》,第1428页。
⑦ 《隋书》卷35《经籍志》,北京:中华书局,1973年,第1099页。
⑧ (唐)道宣:《集古今佛道论衡》丙卷《太宗幸弘福寺立愿重施叙佛道先后第八》,《大正新修大藏经》第52册,台北:新文丰出版有限公司,1983年,第386页。
⑨ 季羡林:《玄奘与〈大唐西域记〉》,(唐)玄奘、辩机原著,季羡林等校注:《大唐西域记校注》,北京:中华书局,1985年,第89页。
⑩ (唐)刘言史:《病僧二首》,陈贻焮主编:《增订注释全唐诗》第3册,北京:文化艺术出版社,2001年,第735页。

叹。随着"译经"的大量出现，一方面，唐朝僧众大开眼界，增加了对佛教的感性认识；另一方面，却是人们一旦深入"圣典"之中去寻根问底，问题就出现了。因译者"各擅宗途"，结果给唐朝僧众造成了"莫知适从"的局面。这样，就迫使玄奘不得不"誓游西方以问所惑"①。关于这个问题，学界已经形成了非常一致的认识，笔者不拟再作讨论。

在《大唐西域记》里，玄奘共讲述了 138 个国家、地区和城邦的见闻，科学地概括了印度次大陆的自然地理特点和人文社会风貌，所以有人称它是一部"世界地理志"，在中印两国科学发展史上占有极其重要的地位。

1.《大唐西域记》的科学价值

《大唐西域记》共 12 卷，而从第 2 卷"印度总述"起到第 11 卷"二十三国"止，可以说是记述印度诸国自然和人文地理的方志，计有 88 个国家，分属北印度、中印度、东印度、南印度和西印度五个区域，总称"五印度"。玄奘在《大唐西域记》卷 2《印度总述·释名》中说："详夫天竺之称，异议纠纷，旧云身毒，或云贤豆，今从正音，宜云印度。"②此名称一直沿用至今，在玄奘看来，"印度"这个名称与"月"有关，"良以其土圣贤继轨，导凡御物，如月照临。由是义故，谓之印度"③。实际上，"缘印度二字，起源于印度人之发现印度河，名之曰 Sindhu，乃大水之意"④。所以季羡林赞同义净对玄奘的批评，认为玄奘的说法是错误的。⑤尽管如此，玄奘根据龟兹语所译"印度"一词，却为后世广泛接受。

玄奘记述印度疆域的特点云："五印度之境，周九万余里，三垂大海，北背雪山。北广南狭，形如半月。……时特暑热，地多泉湿。北乃山阜隐轸，丘陵舄卤；东则川野沃润，畴垄膏腴；南方草木荣茂；西方土地硗确。"⑥由于中国古代叙述地理位置，习惯用"方位四至"，而今人则以北中南三部来划分印度的地势，虽然两者的叙述方式不同，但其主要的地理特点却大体吻合，如现在称印度"处于热带与副热带之间……北部以有印度及恒河两大河流贯其间，川野沃润，畴陇膏腴，地在北纬二十四度以北，为副热带，属大陆性气候，频阇耶山以南，已入热带，高度自一千五百尺至三千尺以上，陵谷纵横，草木荣茂"⑦。如果再具体一点，那么，"北部和东北部边境是崎岖不平的山地；中部横贯着一个宽阔延长的平原……南部为一广大高原地带，其西南沿海森林茂盛；西北部有些地方是沙漠和半干燥地区，土壤较为贫瘠。印度气候属热带季风气候，暖热而雨水丰盛。这与玄奘当时的勾划基本相同"⑧。可见，玄奘对印度半岛的疆土形状、自然景观以及气候特点的描述是准确的。但是，说印度"周九万余里"，缺乏根据，不实。⑨故《法苑珠林》38 引

① （唐）慧立、彦悰著，孙毓棠，谢方点校：《大慈恩寺三藏法师传》，第 10 页。
② （唐）玄奘、辩机原著，季羡林等校注：《大唐西域记校注》卷 2《印度总述》，第 161 页。
③ （唐）玄奘、辩机原著，季羡林等校注：《大唐西域记校注》卷 2《印度总述》，第 162 页。
④ 竹筠：《印度古代之民族与宗教哲学》，《今日中国》1944 年第 2 期。
⑤ （唐）玄奘、辩机原著，季羡林等校注：《大唐西域记校注》卷 2《印度总述》，第 163 页。
⑥ （唐）玄奘、辩机原著，季羡林等校注：《大唐西域记校注》卷 2《印度总述》，第 164 页。
⑦ 严懋德：《印度纵横谈》，《大众》1944 年第 17 期。
⑧ 陆心贤等编著：《地学史话》，上海：上海科学技术出版社，1979 年，第 51 页。
⑨ 杜而未：《儒佛道之信仰研究》，台北：学生书局，1983 年，第 98 页。

作"周万九千里"①，此数值则与今印度国土的周长约略相当。

在《岁时》一节，玄奘具体描述了"六时"的嬗变与分布特点："正月十六日至三月十五日，渐热也；三月十六日至五月十五日，盛热也；五月十六日至七月十五日，雨时也；七月十六日至九月十五日，茂时也；九月十六日至十一月十五日，渐寒也；十一月十六日至正月十五日，盛寒也。如来圣教，岁为三时。正月十六日至五月十五日，热时也；五月十六日至九月十五日，雨时也；九月十六日至正月十五日，寒时也。或为四时，春夏秋冬也。"②印度的气候没有四季之分，仅见热时、雨时和寒时之分，与现代气候学的划分一致。所以"一千三百多年前，玄奘对印度季节划分就能有如此科学的记载，是很不简单的"③。

在建筑方面，"至于宅居之制，垣郭之作，地势卑湿，城多叠砖，暨诸墙壁，或编竹木。室宇台观，板屋平头，泥以石灰，覆以砖墼。诸异崇构，制同中夏。苫茅苫草，或砖或板。壁以石灰为饰，地涂牛粪为净，时花散布，斯其异也。诸僧伽蓝，颇极奇制。隅楼四起，重阁三层。榱栭栋梁，奇形雕镂；户牖垣墙，图画众彩。黎庶之居，内侈外俭。陝室中堂，高广有异；层台重阁，形制不拘。门辟东户，朝座东面"④。如众所知，笈多王朝是印度古典文化的顶峰时期，继之而起的哈夏王朝则是笈多王朝的延续，同时又是印度古典艺术的最后时期。而玄奘游历印度的那15年，恰好是哈夏王朝统治时期。此时，以"众生平等"为宗旨思维佛教逐渐走向衰落，相反，以主张"种姓"制度为特色的婆罗门教则通过融入佛教的诸多内容和形式，并加以改头换面，进而完成了向印度教转变的历史条件。《大唐西域记》卷2《印度总述·族姓》载，在当时，"若夫族姓殊者，有四流焉：一曰婆罗门，净行也，守道居贞，洁白其操。二曰刹帝利，王种也，奕世君临，仁恕为志。三曰吠奢，商贾也，贸迁有无，逐利远近。四曰戍陀罗，农人也，肆力畴垄，勤身稼穑。凡兹四姓，清浊殊流，婚娶通亲，飞伏异路，内外宗枝，姻媾不杂"⑤。此"族姓"亦称"种姓"，是印度教产生与发展的社会基础。到笈多王朝时，随着社会分工的进一步发展，从吠奢和戍陀罗两个种姓集团内又分化出许多不同职业的"迦提"，而"旃荼罗"则是"社会地位最低下、最受歧视的一个迦提"⑥。对这个"族姓"在印度的受歧视状况，玄奘这样记述说："屠、钓、倡、优、魁脍、除粪，旌厥宅居，斥之邑外，行里往来，僻于路左。"⑦在这种社会背景下，他们的住宅被边缘化和低贱化，"并皆草屋"⑧，因而被打上深深的阶级烙印，或可说那种情状仅仅是印度种姓制度的客观外显，自不必细

① （唐）玄奘、辩机原著，季羡林等校注：《大唐西域记校注》卷2《印度总述·疆域》，第164页。
② （唐）玄奘、辩机原著，季羡林等校注：《大唐西域记校注》卷2《印度总述·岁时》，第169页。
③ 陆心贤等编著：《地学史话》，第51页。
④ （唐）玄奘、辩机原著，季羡林等校注：《大唐西域记校注》卷2《印度总述·邑居》，第174页。
⑤ （唐）玄奘、辩机原著，季羡林等校注：《大唐西域记校注》卷2《印度总述·族姓》，第197页。
⑥ 仝晰纲主编：《历史学考研词典》，济南：山东人民出版社，2010年，第284页。
⑦ （唐）玄奘、辩机原著，季羡林等校注：《大唐西域记校注》卷2《印度总述·邑居》，第173—174页。
⑧ （唐）慧超：《往五天竺国传·五天竺风俗》记述当时的城郭形制，有三个等级："寺及王宅。并皆三重作楼。从下第一重作库。上二重人住。诸大首领等亦然。屋皆平头。砖木所造。自外口并皆草屋。"此"草屋"系指一般平民的住宅。参见（唐）慧超原著，张毅笺释：《往五天竺国传笺释》，北京：中华书局，2000年，第30页。

论。整个城郭建筑的布局是"方城广峙"，和"曲径盘迂"①，以"寺及王宅"为其城郭建筑的精华。其主要特征如下：一是"地涂牛粪为净"，因为牛在婆罗门教和印度教中被视为神圣，因此，牛粪是最圣洁之物。不仅"在净室和讲堂中，以牛粪铺地"，而且"在举行祭祀的地方必须铺上一层牛粪"②。二是"榱桷栋梁，奇形雕镂；户牖垣墙，图画众彩"③，印度教崇拜神格化的自然神如梵天、毗湿奴和湿婆神等，由于神的观念渗透到了社会生活的各个方面，因此，体现在建筑装饰方面，就是以繁复的雕刻造型为形式，充满神秘主义的想象力。三是"板屋平头"及"苫茅苫草，或砖或板"，《往五天竺国传》称之为"屋皆平头，砖木所造"④。这种房屋结构在吐蕃亦甚流行，故《旧唐书·吐蕃传上》载："屋皆平头，高者至数十尺。"⑤当然，印度的"板屋平头"与吐蕃的"屋皆平头"在建筑材质方面不同，后者用的是土、石与木，而前者则是砖、土坯与木。玄奘记：印度的室宇台观，"板屋平头，泥以石灰，覆以砖墼"，这与该地区"地势卑湿"的气候环境相适应，所以"这种房屋的结构完全是适应当地夏天热而冬天温和无霜的气候，生态环境决定了各民族的住房不需要抵御风寒的厚墙，也不需要防风的屋顶"⑥。四是"内侈外俭"，由此特点可以想见印度建筑注重室内装饰的居室理念，即"列柱表面采用精雕细刻的装饰和几何纹样。墙面以浮雕、半圆形雕塑和壁画为主。室内装饰和陈设艺术以丰满、华丽和厚重为特征，不惜人工的精巧雕饰为其突出的艺术特色"⑦，而玄奘则有"随其所好，刻雕异类，莹饰奇珍"⑧之说。如摩揭陀国"菩提树东有精舍，高百六七十尺，下基面广二十步余步，垒以青砖，涂以石灰。层龛皆有金像，四壁镂作奇制，或连珠形，或天仙像，上置金铜阿摩落迦果"⑨。此为"今日佛陀伽耶大塔之始基也……今佛陀伽耶大塔，为一塔寺合一之建筑，上层为塔，下层为寺，全体以石建造。高一百八十尺。寺为长方形建筑……塔之四壁，皆是大小佛像。寺塔有梯，可达其顶，其四周有石雕小窣堵波，成列为栏。寺顶四角之小塔，亦皆各有佛像，大塔内部，亦有佛殿"⑩。这种石塔，与中国的木结构建筑相比，不仅形式美观，而且结构坚固，因此，这种楼阁式石塔对中国佛塔建筑产生了较大影响。

在衣服方面，"其所服者，谓骄奢耶衣及氎布等。骄奢耶者，野蚕丝也。芻摩衣，麻之类也。頦钵罗衣，织细羊毛也。褐剌缡衣，织野兽毛也。兽毛细软，可得缉绩，故以见

---

①　（唐）玄奘、辩机原著，季羡林等校注：《大唐西域记校注》卷2《印度总述·邑居》，第173页。

②　（唐）玄奘、辩机原著，季羡林等校注：《大唐西域记校注》卷2《印度总述·邑居》，第175页。

③　（唐）玄奘、辩机原著，季羡林等校注：《大唐西域记校注》卷2《印度总述·邑居》，第174页。

④　（唐）慧超原著，张毅笺释：《往五天竺国传笺释》，北京：中华书局，2000年，第30页。

⑤　《旧唐书》卷196上《吐蕃传》，第5220页。

⑥　张江华、揣振宇、陈景源：《雅鲁藏布江大峡谷生态环境与民族文化考察记》，北京：中国藏学出版社，2007年，第160页。

⑦　文健主编：《建筑与室内设计的风格与流派》，北京：清华大学出版社、北京交通大学出版社，2007年，第79页。

⑧　（唐）玄奘、辩机原著，季羡林等校注：《大唐西域记校注》卷2《印度总述·邑居》，第174页。

⑨　（唐）玄奘、辩机原著，季羡林等校注：《大唐西域记校注》卷8《摩揭陀国上·菩提树及其事迹》，第672—673页。

⑩　常任侠：《印度古佛迹巡礼》，《常任侠文集》卷3，合肥：安徽教育出版社，2002年，第251页。

珍而充服用"①。以野蚕丝制成的衣服，称之为骄奢耶（亦称"高世耶"）衣。慧琳《音义》卷二十五引《五分律》载，骄奢耶"野蚕所作绵，捻织为衣"②。而《饰宗记》述："高世耶者，即是野蚕之名。此蚕不养，自生山泽。西国无桑，多于酢果树上，而食其叶。其形皓白，粗如拇指，长二三寸，月余便老，以叶自裹，内成其茧，大如足指，极为坚硬。屠人探之，取热成绢。其绢极牢，体不细滑。"③在此，学界常常为下面的问题所困扰：古希腊罗马文献如《政事论》中所说的"蚕丝"与"脂那"究竟是指印度还是中国？与传统的观念不同，列维认为《政事论》所说的"脂那"为邻近"雪山之国，而非华夏的中国"④。谭世宝更直接推断："《政事论》所说的成捆的 kāu séya 野蚕丝绢的产地 cīna 肯定是印度西域的雪山之国而非华夏的中国。"⑤当然，这个问题目前还没有最终定论。对于"沙门法服"，玄奘云："唯有三衣及僧却崎、泥缚些那。三衣裁制，部执不同。或缘有宽狭，或叶有大小。僧却崎覆左肩，掩两腋，左开右合，长裁过腰。泥缚些那既无带襻，其将服也，集衣为褶，束带以绦。褶则诸部各异，色亦黄赤不同。"⑥所谓"三衣"是指安陀会、郁多罗和僧伽黎，总称"袈裟"。其中，"安陀会是五条布缝成的衷衣；郁多罗是七条布缝成的外衣；僧伽黎是九条乃至二十五条布缝成的大衣"⑦。"大衣"又称"聚时衣"，是集会或外出时的衣装。一般地讲，"三衣"均为方形，每一条布块长短不一，它们合在一起，仿佛田相，"表示僧众可为众生作福田"⑧。"僧却崎"衣为偏衫，"即是掩腋衣也，古名覆髆，长盖右臂，定匪真仪，向使掩右腋而交搭左臂，即是全同佛制"⑨。除此之外，至于衣服的颜色和式样，则各派略有不同。用玄奘的话说，就是"褶则诸部各异，色乃黄赤不同"。

在馔食方面，"凡有馔食，必先盥洗，残宿不再，食器不传"，又"馔食既讫，嚼杨枝而为净"⑩。由于印度气候"夏天热而冬天温"，吃剩的食物隔夜容易变质，所以就形成了"残宿不再"的良好卫生习惯，这样可以减少食物中毒的概率。医学研究认为，吃剩的饭菜，在经长时间放置之后，很容易产生对人体有害的亚硫酸钾、硫氢氨钠等有害物质。此外，有些疾病可以通过"食器"传染，如现代医学所说的甲型肝炎、肺结核等，因此，从疾控的角度讲，不共享饮食器具，确实是健康安全保障的重要手段之一。关于饭后"嚼杨枝"的习俗，其意义有二：一是牙具的演变，以杨枝为重要的标志物，有学者认为，中国

---

① （唐）玄奘、辩机原著，季羡林等校注：《大唐西域记校注》卷 2《印度总述·衣饰》，第 176 页。
② 丁福保编纂：《佛学大辞典》，北京：文物出版社，1984 年，第 1308 页。
③ （唐）义净：《南海寄归内法传》卷 2，《大正新修大藏经》第 54 册，第 213 页。
④ 谭世宝：《关于"China"、"cane"等西文的中国名称的源流探讨》，《澳门历史文化探真》，北京：中华书局，2006 年，第 432 页。
⑤ 谭世宝：《关于"China"、"cane"等西文的中国名称的源流探讨》，第 433 页。
⑥ （唐）玄奘、辩机原著，季羡林等校注：《大唐西域记校注》卷 2《印度总述·衣饰》，第 176 页。
⑦ 周叔迦：《汉族僧服考略》，《现代佛学》1956 年第 4 期。
⑧ 李春元等：《千古之迷——世界文化史 500 疑案》，郑州：中州古籍出版社，1996 年，第 519 页。
⑨ （唐）义净：《根本说一切有部百一羯磨》卷 10，《中华大藏经·汉文部分》第 41 册，北京：中华书局，1990 年，第 505 页。
⑩ （唐）玄奘、辩机原著，季羡林等校注：《大唐西域记校注》卷 2《印度总述·馔食》，第 181 页。

古代牙具的演变，经过了"从杨枝到齿木""从齿木到牙刷"等几个阶段[①]；二是杨枝本身具有防止牙病的作用，如东汉安世高译《佛说温室洗浴众僧经》等，都载有杨枝洁齿和护齿的功效，同时也是居士修持的项目之一。故《释氏要览》说："嚼杨枝有五利：一口不臭，二口不苦，三除风，四除热，五除痰癊。"[②]可见，古代印度人的饮食卫生习惯，符合当代医学科学的健康理念。

在农业生产方面，印度各地的土壤状况不同，有肥沃性与盐碱性土壤之分，其中以肥沃性土壤为主，如屈露多国"土地沃壤，谷稼时播，花果茂盛，卉木滋荣"[③]，秣菟罗国"土地膏腴，稼穑是务"[④]，萨他泥湿伐罗国"土地沃壤，稼穑滋盛"[⑤]，婆罗吸摩补罗国"土地沃壤，稼穑时播"[⑥]，骄赏弥国"土称沃壤，地利丰植，粳稻多，甘蔗茂"[⑦]，劫比罗伐窣堵国"土地良沃，稼穑时播"[⑧]，战主国"土地膏腴，稼穑时播"[⑨]，吠舍厘国"土地沃壤，花果茂盛"[⑩]，弗栗恃国"土地膏腴，花果茂盛"[⑪]，瞻波国"土地垫湿，稼穑滋盛"[⑫]，羯罗拏苏伐剌那国"土地下湿，稼穑时播"[⑬]，耽摩栗底国"土地卑湿，稼穑时播，花果茂盛"[⑭]等。可见，印度农业从德干高原到东部的森林地区，旱田农业和水田农业特色鲜明。因为印度河—恒河平原的冲积土壤，富含有机质，而德干高原山脚下、河流边的黑壤，积累了丰富的有机质，特别肥沃。此外，像"垫湿""卑湿"一类的低温土壤，在印度农业中占有一定比例。当然，印度南部也分布着一些盐碱性土壤，不适宜种植农作物，如秣罗矩吒国"土田舄卤，地利不滋"[⑮]，跋禄羯呫婆国"土地咸卤，草木稀疏，煮海为盐，利海为业"[⑯]，阿吒厘国"土地沙卤，花果稀少"[⑰]等。所以整个印度，除西部土地比较硗确和南部分布着一些盐碱地外，大都土地肥沃，气候温热，极适宜农作。从农作物的种植结构看，谷类作物主要有宿麦、粳稻、谷等，故玄奘说："土宜所出，稻麦尤多。"[⑱]如磔迦国"宜粳稻，多宿麦"[⑲]，有学者认为"宿麦"即冬小麦。波理夜呾罗国

① 宋红：《中国人使用牙刷考》，白化文主编：《周绍良先生纪念文集》，北京：北京图书馆出版社，2006年，第356—360页。
② （宋）法云：《翻译名义集》卷3《林木》，《大正新修大藏经》第54册，第1102页。
③ （唐）玄奘、辩机原著，季羡林等校注：《大唐西域记校注》卷4《屈露多国》，第372页。
④ （唐）玄奘、辩机原著，季羡林等校注：《大唐西域记校注》卷4《秣菟罗国》，第379页。
⑤ （唐）玄奘、辩机原著，季羡林等校注：《大唐西域记校注》卷4《萨他泥湿伐罗国》，第388页。
⑥ （唐）玄奘、辩机原著，季羡林等校注：《大唐西域记校注》卷4《婆罗吸摩补罗国》，第407页。
⑦ （唐）玄奘、辩机原著，季羡林等校注：《大唐西域记校注》卷5《骄赏弥国》，第466页。
⑧ （唐）玄奘、辩机原著，季羡林等校注：《大唐西域记校注》卷6《劫比罗伐窣堵国》，第506页。
⑨ （唐）玄奘、辩机原著，季羡林等校注：《大唐西域记校注》卷7《战主国》，第581页。
⑩ （唐）玄奘、辩机原著，季羡林等校注：《大唐西域记校注》卷7《吠舍厘国》，第587页。
⑪ （唐）玄奘、辩机原著，季羡林等校注：《大唐西域记校注》卷7《弗栗恃国》，第607页。
⑫ （唐）玄奘、辩机原著，季羡林等校注：《大唐西域记校注》卷10《瞻波国》，第786页。
⑬ （唐）玄奘、辩机原著，季羡林等校注：《大唐西域记校注》卷10《羯罗拏苏伐剌那国》，第807页。
⑭ （唐）玄奘、辩机原著，季羡林等校注：《大唐西域记校注》卷10《耽摩栗底国》，第805页。
⑮ （唐）玄奘、辩机原著，季羡林等校注：《大唐西域记校注》卷10《秣罗矩吒国》，第857页。
⑯ （唐）玄奘、辩机原著，季羡林等校注：《大唐西域记校注》卷11《跋禄羯呫婆国》，第898页。
⑰ （唐）玄奘、辩机原著，季羡林等校注：《大唐西域记校注》卷11《阿吒厘国》，第907页。
⑱ （唐）玄奘、辩机原著，季羡林等校注：《大唐西域记校注》卷2《印度总述·物产》，第214页。
⑲ （唐）玄奘、辩机原著，季羡林等校注：《大唐西域记校注》卷4《磔迦国》，第352页。

"宜谷稼，丰宿麦，有异稻，种六十日而收获焉"①，摩揭陀国"有异种稻，其粒粗大，香味殊越，光色特甚，彼俗谓之供大人米"②。这种优良稻即今日的"巴特那米"，"为高贵之食用品，品质极其优良，香味为土民所爱"③。大麦在古印度种植比较普遍，如垩酰掣呾逻国"宜谷麦，多林泉"④，秣底补罗国"宜谷麦，多花果"⑤等。结合玄奘在《大唐西域记》卷 2《印度总述·物产》中所言："至于奶酪、膏酥、秒糖、石蜜、芥子油、诸饼麨，常所膳也。"⑥有论者分析说：

> 印度在古时拟以大麦为主，故印度的尺度，即以一指节称"七宿麦"（见《大唐西域记》）。大概因为大麦耐寒，较小麦易于栽培之故，梵语大麦为"耶伐"（Yava），但包括一切谷及谷粉。例如爪哇，当上古印度人初入境之时即称之为"耶伐吠巴"（Yavadvip）意为产麦类之岛，今日爪哇之音，即由此转讹而成。而对小麦，则转称为"高陀麦"（Godhuma），玄奘《大唐西域记》所谓"土宜所出，稻麦尤多"，"诸饼面所常膳也"。可见古代印度混食麦米粉饼，今日尚有所谓糌粑（Chapattis）即以小麦粉调成的烧饼，常附以糖或乳酪。大约上古以大麦为主，其后渐改以小麦为主。但至今酷寒的西北及北部，还以大麦为多，丰沃地区则植小麦。"⑦

农业生产离不开灌溉，虽然玄奘没有记载印度古代的大型水利灌溉工程，但是印度从孔雀王朝起，就开始修建大型水利工程，却是事实。如位于现在古贾拉特邦的卡提阿瓦半岛上的"苏达尔珊"（意为"美丽之湖"）工程，即由孔雀王朝的开国君主旃陀罗笈多命当地的省督实施修建。⑧不过，由于国家分裂，各地王朝无力修建大型水利灌溉工程，故多为水井或蓄水池等小型灌溉设施。如印度西部地区河流水量受季风控制，人们多以在山岩上凿蓄水池的方式来贮存雨季的雨水，既可饮用又可适量用于灌溉。印度南方的泰米尔地区水利灌溉便利，于是，"蓄水池、引水源、水闸、导流坝、水井等各种水利设施组成完整的水利系统，构成鱼米之乡的地貌"⑨。如瞿毗霜那国"花林池沼，往往相间"⑩，羯若鞠阇国，亦称"曲女城"，位于恒河与卡里河的河流之处，故"花林池沼，光鲜澄镜"⑪，拘尸那揭罗国有准陀故宅，"宅中有井，将营献供，方乃凿焉"⑫，摩揭陀国"往菩提树，建大精舍，穿大水池，兴诸供养"⑬等。七世纪的印度诸国，凿建"池沼"，其功能亦大

---

① （唐）玄奘、辩机原著，季羡林等校注：《大唐西域记校注》卷 4《波理夜呾罗国》，第 376 页。
② （唐）玄奘、辩机原著，季羡林等校注：《大唐西域记校注》卷 8《摩揭陀国》，第 619 页。
③ 潘公昭：《今日的印度》，上海：中国科学图书仪器公司，1947 年，第 216 页。
④ （唐）玄奘、辩机原著，季羡林等校注：《大唐西域记校注》卷 4《垩酰掣呾逻国》，第 412 页。
⑤ （唐）玄奘、辩机原著，季羡林等校注：《大唐西域记校注》卷 4《秣底补罗国》，第 396—397 页。
⑥ （唐）玄奘、辩机原著，季羡林等校注：《大唐西域记校注》卷 2《印度总述·物产》，第 214 页。
⑦ 潘公昭：《今日的印度》，第 216—217 页。
⑧ 刘忻如：《印度古代的水利灌溉和专制王权》，施治生、刘欣如主编：《古代王权与专制主义》，北京：中国社会科学出版社，1993 年，第 223 页。
⑨ 刘忻如：《印度古代的水利灌溉和专制王权》，施治生、刘欣如主编：《古代王权与专制主义》，第 238 页。
⑩ （唐）玄奘、辩机原著，季羡林等校注：《大唐西域记校注》卷 4《瞿毗霜那国》，第 410 页。
⑪ （唐）玄奘、辩机原著，季羡林等校注：《大唐西域记校注》卷 5《羯若鞠阇国》，第 423 页。
⑫ （唐）玄奘、辩机原著，季羡林等校注：《大唐西域记校注》卷 6《拘尸那揭罗国·准陀故宅》，第 538 页。
⑬ （唐）玄奘、辩机原著，季羡林等校注：《大唐西域记校注》卷 8《摩揭陀国上·菩提树及其事迹》，第 674 页。

体如此。

在动植物方面，迦湿弥罗国"出龙种马及郁金香、火珠、药草"①。其中"龙种马"尤为神奇，据《北史·隋本纪下》记载，隋炀帝曾于大业五年（609）秋七月丁卯，"置马牧于青海渚中，以求龙种，无效而止"②。公元五世纪，吐谷浑可汗慕利延远征于阗、女国（今西藏阿里地区）、罽宾（今克什米尔地区）等地，引入鲜卑马与祁连马及波斯草马与鲜卑马杂交而培育出优良马种"龙种马"和"青海骢"。故《魏书·吐谷浑传》载："青海周回千余里，海内有小山，每冬冰合后，以良牝马置此山，至来春收之，马皆有孕，所生得驹，号为龙种，必多骏异。吐谷浑尝得波斯草马，放入海，因生骢驹，能日行千里，世传青海骢者是也。"③在此，生活在克什米尔地区的"龙种马"与青海境内的"龙种马"究竟是一种什么关系，目前尚不清楚。依照《隋书》"置马牧于青海渚中，以求龙种"的做法，我们推测，在当时很可能在青海一带地区偶尔有从克什米尔地区过来的"龙种马"，但数量非常有限，因此，西域马种与当地草原马交配的机会不多，这应是隋炀帝求龙种马"无效而止"的根本原因。又有半笯嗟国"庵没罗果、乌淡跋罗、茂遮等果，家植成林，珍其味也"④。庵没罗果即余甘子，原产印度、中国、斯里兰卡和马来西亚。《本草图经》云："庵摩勒，余甘子也，生岭南、交、广、爱等州。"《本草衍义》又说："佛经中所谓庵摩勒果者是此（指余甘子），盖西（印）度亦有之。"⑤然而，玄奘在《秣菟罗国》则记庵没罗果"虽同一名而有两种，小者生青熟黄，大者始终青色"⑥，它表明庵没罗果实际上是指两种果树："大者始终青色"即青果，就是我们通常说的"橄榄"，印度人称之为"庵没罗果"；"小者生青熟黄"即杧果，所以学界有将庵没罗果译为"杧果"者。乌淡跋罗，梵文为 udumbara，亦作乌昙跋罗果、优昙跋罗等，义净说其果实像李子。因"其花为隐于花托之中，人眼难见其花"⑦，故成语"昙花一现"中的"昙花"即是指优昙跋罗花，因优昙跋罗花为雌雄异花，花常隐于花托内，难得一见，所以人们对它的"一现"便产生了种种臆想。茂遮，梵文 moca，季羡林认为"即辣木"，芮传明则译作"甘蕉"。据陈明研究，梵文"coco"，音译为"招者""招遮""招梨"，《翻梵语》以为它是甘蕉；又梵语"moco"，音译为"毛者"或"毛遮"，玄奘译为"茂遮"，有两种解释：义净说它是巴蕉子，用少量的胡椒粉末涂在该果上，用手挤压，果子就会变成水，这与《翻梵语》的解释"酢甘蕉"相同；《医理精华词汇》记载木棉树的汁液与毛遮浆汁同义，而在印度的本土药物中毛遮的学名即英译"木棉树"⑧。本文从"甘蕉"说，即茂遮是"成熟芭蕉的果实"⑨。般橠娑果，梵文 panasa，又称波罗蜜、木波罗等，常绿乔木，果实硕大，内有数

---

① （唐）玄奘、辩机原著，季羡林等校注：《大唐西域记校注》卷 3《迦湿弥罗国》，第 321 页。

② 《北史》卷 12《隋本纪下》，北京：中华书局，1974 年，第 453 页。

③ 《魏书》卷 101《吐谷浑传》，第 2240—2241 页。

④ （唐）玄奘、辩机原著，季羡林等校注：《大唐西域记校注》卷 3《半笯嗟国》，第 348 页。

⑤ （宋）唐慎微：《重修政和经史证类备用本草》卷 13《木部中品·庵摩勒》引《本草图经》及《本草衍义》，第 331 页。

⑥ （唐）玄奘、辩机原著，季羡林等校注：《大唐西域记校注》卷 4《秣菟罗国》，第 379 页。

⑦ 恒强校注：《长阿含经》卷 4《游行经》，北京：线装书局，2012 年，第 83 页。

⑧ 陈明：《佛教律藏药物分类及其术语比定》，湛如主编：《华林》第 1 卷，北京：中华书局，2001 年，第 162 页。

⑨ 吴礼权：《修辞心理学》，昆明：云南人民出版社，2002 年，第 291 页。

十个淡黄色果囊，原产于印度，隋唐时传入中国，名为"频那挲"，宋代改称"波罗蜜"①。玄奘述：

> 般檬娑果既多且贵，其果大如冬瓜，熟则黄赤，剖之，中有数十小果，大如鹤卵；又更破之，其汁黄赤，其味甘美。或在树枝，如众果之结实；或在树根，若茯苓之在土。②

唐代段成式在《酉阳杂俎》中称："婆那娑树，出波斯国，亦出拂林，呼为阿蔀亸。树长五六丈，皮色青绿，叶极光净，冬夏不凋，无花结实。其实从树茎出，大如冬瓜，有壳裹之，壳上有刺，瓤至甘甜可食。核大如枣，一实有数百枚，核中仁如粟黄，炒食之甚美。"③

在《大唐西域记》卷10《迦摩缕波国》篇中，玄奘还记录了另外一种异果，即椰子树，梵文 nārikela，玄奘译为那罗鸡罗果，《大唐西域记》卷2《总述·物产》则译作"那利蓏罗果"。他说："般檬娑果、那罗鸡罗果，其树虽多，弥复珍贵。"④迦摩缕波国，梵文 kāmarūpa，《新唐书》与《旧唐书》译作"伽没路"，称"其俗开东门以向日。王玄策至，其王发使贡以奇珍异物及地图，因请老子像及《道德经》"⑤。可见，该国与唐朝的文化交流比较频繁。而椰子直到今天仍然是"印度人的生活中是不可缺少的农产品，尤其是在南方西海岸的喀拉拉邦，它是许多居民的主要经济来源"⑥。

还有一种植物名"羯尼迦树"（或迦尼迦树），这种植物生长在摩揭陁国上茅宫城周围，"遍诸蹊径，花含殊馥，色烂黄金，暮春之月，林皆金色"⑦。

在金属制造方面，"凡诸戎器，莫不锋锐，所谓矛、楯、弓、矢、刀、剑、钺、斧、戈、殳、长稍、轮索之属，皆世习矣"⑧。矿产多"金、银、鍮石、白玉、火珠"⑨，如磔迦国"出金、银、鍮石、铜、铁"⑩，屈露多国"出金、银、赤铜及火珠、雨石"⑪，设多图卢国"多金银，出珠珍"⑫，秣菟罗国出黄金⑬等。与印度多产金银的矿物资源相适应，不论城市还是精舍，金银铸器非常盛行。如曲女城有行宫，"出一金像，虚中隐起，高余三尺，载以大象，张以宝幰"⑭；曲女城西北窣堵波，"有精舍，高百余尺，石基

① 刘克锋、石爱平主编：《观赏园艺植物识别》，北京：气象出版社，2010年，第185页。
② （唐）玄奘、辩机原著，季羡林等校注：《大唐西域记校注》卷10《奔那伐弹那国》，第790页。
③ （唐）段成式撰，方南生点校：《酉阳杂俎·前集》卷18《木篇》，北京：中华书局，1981年，第178页。
④ （唐）玄奘、辩机原著，季羡林等校注：《大唐西域记校注》卷10《迦摩缕波果》，第794页。
⑤ 《旧唐书》卷198《天竺传》，第5308页。
⑥ 吴闻：《印度的椰子生产》，《南亚研究》1992年第2期，第78页。
⑦ （唐）玄奘、辩机原著，季羡林等校注：《大唐西域记校注》卷9《摩揭陁国下·上茅宫城（旧王舍城）》，第718页。
⑧ （唐）玄奘、辩机原著，季羡林等校注：《大唐西域记校注》卷2《印度总述·兵术》，第200页。
⑨ （唐）玄奘、辩机原著，季羡林等校注：《大唐西域记校注》卷2《印度总述·物产》，第217页。
⑩ （唐）玄奘、辩机原著，季羡林等校注：《大唐西域记校注》卷4《磔迦国》，第352页。
⑪ （唐）玄奘、辩机原著，季羡林等校注：《大唐西域记校注》卷4《屈露多国》，第372页。
⑫ （唐）玄奘、辩机原著，季羡林等校注：《大唐西域记校注》卷4《设多图卢国》，第375页。
⑬ （唐）玄奘、辩机原著，季羡林等校注：《大唐西域记校注》卷4《秣菟罗国》，第379页。
⑭ （唐）玄奘、辩机原著，季羡林等校注：《大唐西域记校注》卷5《羯若鞠阇国·曲女城》，第441页。

砖室。其中佛像，众宝庄饰，或铸金银，或镕输石"①，婆罗疟司国的鹿野伽蓝，"大垣中有精舍，高二百余尺，上以黄金隐起，作庵没罗果。石为基阶，砖作层龛，翕币四周，节级百数，皆有隐起黄金佛像"②，摩揭陀国菩提树东有精舍，"层龛皆有金像……外门左右各有龛室，左则观自在菩萨城像，右则慈氏菩萨像，白银铸成，高十余尺"③；又，那烂陀僧伽蓝"次东二百余步，垣外有铜立佛像，高八十余尺，重阁六层"④等。印度的金银器物造型、纹饰及铸造工艺不断通过丝绸之路传入唐朝，如印度的摩羯纹常见于唐代的金银器上；波斯萨珊王朝和印度金银器常用的凸纹装饰工艺，对唐初金银器装饰工艺产生了较大影响；佛舍利崇拜及其瘗埋舍利的葬具银椁、金棺、玉棺等。它们"不但有力地促进了我国金银器制造的发展，而且改变了人们的生活、行为与观念"⑤。

2.《大唐西域记》的思想史意义

玄奘在记述印度七世纪的教育特色时说："开蒙诱进，先导十二章。七岁之后，渐授《五明大论》。一曰声明，释诂训字，诠目流别；二工巧明，伎术机关，阴阳历数；三医方明，禁咒闲邪，药石针艾；四谓因明，考定正邪，研核真伪；五曰内明，究畅五乘，因果妙理。"⑥"五明"构成了印度科学文化的理论体系，既有宗教又有科学，甚至许多科学思想被深深地打上了宗教神学的烙印，而这个思想特点在《大唐西域记》中亦有突出表现。

第一，被神化的自然现象。玄奘《大唐西域记》云："其婆罗门学四《吠陀论》：一曰寿，谓养生缮性；二曰祠，谓享祭祈祷；三曰平，谓礼仪、占卜、兵法、军阵；四曰术，谓异能、伎数、禁咒、医方。"⑦一般认为，四《吠陀》包括《梨俱吠陀》《夜柔吠陀》《婆摩吠陀》《阿闼婆吠陀》，而玄奘却言"寿、祠、平、术"。于是，学界给出了各种各样的解释，而比较流行的看法是："一，阿由，此云方命，亦曰寿，谓养生缮性；二，殊夜（应作夜殊），谓祭祀祈祷；三，婆磨，谓礼仪、占卜、兵法、军阵；四，阿达婆，谓异能、技数、禁咒、医方。"⑧其中"梨俱"为何变作"阿由"即"阿优儿"，汤用彤引印度达士古布塔的解释说："《阿优儿吠陀》是治病养身的，《阿达婆吠陀》是禁咒除害的，二者都是保护人身的。至于《阿优儿吠陀》，它的地位有时看得很高，推尊在别的吠陀之上，说它也是一个吠陀——圣典，有时列为第五，有时说它是'付吠陀'，有时说是'吠陀分'，与《式叉论》六吠陀分相等，有时说它是'付吠陀分'。至于唐玄奘的说法，我们还不知其来源。"⑨所以季羡林把它看作是《大唐西域记》提出来的新问题之一，认为这些新问题"比已经解决的问题还更要重要，还更有意义"⑩。在这里，我们至少可以肯定，

① （唐）玄奘、辩机原著，季羡林等校注：《大唐西域记校注》卷5《羯若鞠阇国·曲女城附近诸佛迹》，第445页。

② （唐）玄奘、辩机原著，季羡林等校注：《大唐西域记校注》卷7《婆罗疟斯国·鹿野伽蓝》，第561—562页。

③ （唐）玄奘、辩机原著，季羡林等校注：《大唐西域记校注》卷8《摩揭陀国上·菩提树及其事迹》，第672—673页。

④ （唐）玄奘、辩机原著，季羡林等校注：《大唐西域记校注》卷8《摩揭陀国下·伽蓝附近诸迹》，第761页。

⑤ 吴丰立：《唐代金银器达世界最高水平　高宗车金贿重臣》，《广州日报》2008年5月24日。

⑥ （唐）玄奘、辩机原著，季羡林等校注：《大唐西域记校注》卷2《印度总述·教育》，第185—186页。

⑦ （唐）玄奘、辩机原著，季羡林等校注：《大唐西域记校注》卷2《印度总述·教育》，第188页。

⑧ （唐）玄奘、辩机原著，季羡林等校注：《大唐西域记校注》卷2《印度总述·教育》，第190页。

⑨ 汤用彤：《汤用彤全集》第7卷《康复札记》，石家庄：河北人民出版社，2000年，第18页。

⑩ 季羡林：《关于〈大唐西域记〉》，《西北大学学报（哲学社会科学版）》1980年第4期。

《阿闼婆吠陀》"虽然主要记录的是巫术、神话，但也夹杂着一些科学特别是天文学、医学思想的萌芽……我们从这部书中可以看到印度科学思想最早的形态"①。

在劫比罗伐窣堵国东南三十余里，"有小窣堵波。其侧有泉，泉流澄镜。是太子与诸释引强挍能，弦矢既分，穿鼓过表，至地没羽，因涌清流。时俗相传，谓之箭泉。夫有疾病，饮沐多愈。远方之人，持泥以归，随其所苦，渍以涂额，灵神冥卫，多蒙痊愈"②。泉水能治病并非奇谈，唐代魏征于贞观六年（632）记麟游县西天台山九成宫有一甘泉，饮之者"既可蠲兹沉痼，又将延彼遐寿"③。唐代名相常衮则在大历二年（767）更记述西京栎阳县有一水泉，于平地涌出，"其气香洁，其味甘醇……积年之疾，一饮皆愈，絜瓶而至，重研相望，日以万计，酌而不竭"④。对于这样的泉水，人们却给它披上了佛教的外衣，如言太子"至地没羽，因涌清流"，则完全是附会，毫无现实根据。在摩揭陁国的毗布罗山"西南崖阴，昔有五百温泉，今者数十而已，然犹有冷有暖，未尽温也。其泉源发雪山之南无热恼池，潜流至此。水甚清美，味同本池。流经五百枝小热地狱，火热上炎，致斯温热。泉流之口，并皆雕石，或作师子白象之首，或作石筒悬流之道，下乃编石为池。诸方异域，咸来此浴，浴者宿疾多差"⑤。又"杖林西南十余里，大山阳有二温泉，其水甚热，在昔如来化出此水，于中浴焉。今者尚存，清流无减，远近之人，皆来就浴，沈痾宿疹，无不除差"⑥。关于温泉治病，东汉张衡已有生动描述："六气淫错，有疾厉兮；温泉汩焉，以流秽兮；蠲除苛慝。"⑦此后，北魏郦道元、北周庾信等，在他们的著述中也都有温泉治病的记载。尤其是唐朝李世民对陕西华清池温泉治病体验深切："朕以忧劳积虑，风疾屡婴，每濯患于斯源，不移时而获损。"⑧因此，陈藏器把温泉作为一种药物收入《本草拾遗》里，并对温泉的成因进行了探讨。他说："下有硫黄，即令水热。硫黄主诸疮病，水亦宜然。水有硫黄臭，故应愈诸风冷为上，当其热处，大可燖猪羊。"⑨与之相较，印度人认为温泉是由"火热上炎"的结果，较"硫质说"，显然更加进步，亦与现代温泉火山成因说基本一致。当然，说杖林"二温泉"为如来"化出"，纯系印度人的信仰释然，其宗教意义远远大于其科学意义。因为《增一阿含经·序品》云："释师出世寿极短，肉体虽逝法身在。"⑩实际上，前面的附会也可看作是"法身常在"的思想体现之一。

① 黄心川：《印度的吠陀经——读恩格斯关于宗教定义的一些体会》，《世界宗教研究》1982 年第 2 期。

② （唐）玄奘、辩机原著，季羡林等校注：《大唐西域记校注》卷 6《劫比罗伐窣堵国·自在天祠及箭泉》，第 521—522 页。

③ （唐）魏征：《九成宫醴泉铭》，中国人民政治协商会议陕西省宝鸡市委员会文史资料委员会：《宝鸡胜迹楹联诗选》，内部资料，1991 年，第 40 页。

④ （唐）常衮：《中书门下贺醴泉表》，周绍良主编：《全唐文新编》卷 416，长春：吉林文史出版社，2000 年，第 4878 页。

⑤ （唐）玄奘、辩机原著，季羡林等校注：《大唐西域记校注》卷 9《摩揭陁国下·毗布罗山》，第 729 页。

⑥ （唐）玄奘、辩机原著，季羡林等校注：《大唐西域记校注》卷 9《摩揭陁国下·杖林附近诸迹》，第 713 页。

⑦ （汉）张衡：《温泉赋》，华清池管理处：《华清池志》，西安：西安地图出版社，1992 年，第 311 页。

⑧ （唐）李世民：《温泉铭并序》，华清池管理处：《华清池志》，第 312 页。

⑨ （唐）陈藏器撰，尚志钧辑释：《〈本草拾遗〉辑释》卷 2《玉石部·温汤》，合肥：安徽科学技术出版社，2002 年，第 42 页。

⑩ （东晋）瞿昙僧伽提婆译：《增一阿含经》卷 1《序品》，《大正新修大藏经》第 2 册，第 549 页。

对于尼波罗国"小水池"所出现的投物为火现象，玄奘记述说："都城东南有小水池，以人火投之，水即焰起。更投余物，亦变为火。"①此"小水池"即阿耆婆池，尽管与后来王玄策《西国行传》所记相比稍显简略，但基本内容却都说清楚了。据此，季羡林推测该池"似为一温度极高之温泉"②。潘公昭则释为"天然瓦斯"，他说：

> 关于印度天然瓦斯的记载，最古要算我国的《大唐西域记》，玄奘法师在这书中说："尼波国都城东南，有小池，人以火投之，水即焰起，更投余物，亦变为火。"由此可知为天然瓦斯，虽未详其为曼顿瓦斯与石油瓦斯，而考证喜马拉雅山麓存在广大的石油地带一事，则可推定其为石油瓦斯，唐代所谓尼波国"都城"，即为今日接近尼泊尔首都"加德满都"的巴旦（Patan），依现行印度地质关，此区皆为古生层，但以尼泊尔国的地质测量尚未充分，或第三纪的露出。又康格拉（Kangra）县巴拉姆浦区（Palampur）以东数英里（约十四公里）有庇奇拿特（Baijnath）之印度教寺院，据说这寺院内有自古至今长明不熄之火，每秋大祭时，印度各省信徒前往庙拜的无虑三万以上，实际上也是石油瓦斯。③

由上述"更投余物，亦变为火"及《释迦方志》卷上和《续高僧传·玄奘传》等称"火龙"判断，认为"小水池"实即石油瓦斯燃烧现象与喜马拉雅山南麓起伏的丘陵地带多油田分布的地质特点相一致。当然，佛教典籍把这种石油瓦斯的燃烧现象与"慈氏佛冠"联系起来，无非是利用古代人们对石油瓦斯无知的历史背景而将慈氏神化为具有超人法力的"至尊"，事实上，正是由于人们的某种无知才使无数善男信女对慈氏神像顶礼膜拜。马克思指出："社会发展的结果必定会促使宗教消亡，而在社会发展方面起重要作用的是教育。"④

第二，佛教传说中的原始科学思想。季羡林曾说："研究印度历史的中外学者都承认，古代印度的历史几乎全部都隐没在一团迷雾中，只有神话，只有传说。"⑤玄奘《大唐西域记》就充分体现了这个历史特点，而通过那些生动的神话传说，我们可以初步识别印度古代科学思想产生和发展的一些历史轨迹。

如玄奘在叙述印度七世纪的刑法特点时说："欲究情实，事须案者，凡有四条：水、火、称、毒。水则罪人与石，盛以连囊，沈之深流，校其真伪。人沉石浮则有犯，人浮石沉则无隐。火乃烧铁，罪人踞上，复使足蹈，既遣掌案，又令舌舐，虚无所损，实有所伤。懦弱之人不堪炎热，捧未开花，散之向焰，虚则花发，实则花焦。称则人石平衡，轻重取验，虚则人低石举，实则石重人轻。毒则以一羖羊，剖其右髀，随被讼人所食之分，杂诸毒药置右髀中，实则毒发而死，虚则毒歇而苏。"⑥此中考验虚实的断案依据，即所谓

---

① （唐）玄奘、辩机原著，季羡林等校注：《大唐西域记校注》卷7《尼波罗国·小水池》，第615页。
② （唐）玄奘、辩机原著，季羡林等校注：《大唐西域记校注》卷7《尼波罗国·小水池》，第615页。
③ 潘公昭：《今日的印度》，第235—236页。
④ 中共中央马克思恩格斯列宁斯大林著作编译局：《马克思恩格斯全集》第45卷，北京：人民出版社，1985年，第715页。
⑤ 季羡林：《玄奘与〈大唐西域记〉》，（唐）玄奘、辩机原著，季羡林等校注：《大唐西域记校注》，第126页。
⑥ （唐）玄奘、辩机原著，季羡林等校注：《大唐西域记校注》卷2《印度总述·刑法》，第203页。

之"神判"，当然十分荒唐，但它确实在古代印度奴隶制时代非常流行。例如，《摩奴法典》第 115 条规定："火不烧其人的人，水不使其漂在水面的人，灾祸不迅即突然袭击的人，应该被认为是宣誓真诚的人。"①如众所知，神判（在没有证人的案件中采用）的本质是依靠神的启示来判断是非曲直，它的存在和运行与古人的认识水平低下，以及刑侦技术手段落后的历史状况相适应，一方面，人们已有的科学知识尚不足以用来判断是与非、真实与虚假；另一方面，从法官审判的角度看，他们又急切追求证据真实，并据之做出"公正"判决。在这种困境之下，神明裁判无疑代表着"真实与公正"。正因为如此，所以"神明裁判不适用于婆罗门与刹帝利"②。不过，我们由此可以追溯科学思想的发展历史，即源自从偶然性向必然性的推进，其中必然性就是对自然规律的认识。在这个历史过程中，科学的思想意识会逐渐取代宗教神学的教条和臆说。

在那揭罗曷国（在今阿富汗境内）中，有一小石岭佛影窟，"门径狭小，窟穴冥暗，崖石津滴，磎径余流。昔有佛影，焕若真容，相好具足，俨然如在。近代已来，人不遍睹，纵有所见，仿佛而已"③。对于这种光学现象，日本学者足立喜六经过实地考察后解释说："石窟在石山之绝壁，西南向，入口狭小，内深，有不完全之采光窗，斜阳射入，津滴内壁，故投映影像。"④把自然现象神学化之后，人们常常又情不自禁地陷入另一种宗教审美体验之中。与一般的自然美不同，这种亦幻亦真的影像，通过人的感官而进入其心灵深处，在一种崇敬和感慕的意识生态里，唤起对圣灵的敬仰和膜拜。于是，玄奘说："至诚祈请，有冥感者，乃暂明视，尚不能久。"⑤从这个意义上，"佛影"本身已经演变为"感悟佛之神道的中介"⑥。至于这种"至诚祈请"的状态，玄奘确有一番深切体会。《大慈恩寺三藏法师传》载：

> 法师入，信足而前，可五十步，果触东壁。依言却立，至诚而礼，百余拜一无所见。自责障累，悲号懊恼，更至心礼诵《胜鬘》等诸经、诸佛偈颂，随赞随礼，复百余拜，见东壁现如钵许大光，倏而还灭。悲喜更礼，复有盘许大光，现已还灭。益增感慕，自誓若不见世尊影，终不移此地。如是更二百余拜，遂一窟大明，见如来影皎然在壁，如开云雾忽瞩金山，妙相熙融，神姿晃昱，瞻仰庆跃，不知所譬。佛身及袈裟并赤黄色，自膝已上相好极明，华座已下稍似微昧，左右及背后菩萨、圣僧等影亦皆具有。见已，遥命门外六人将火入烧香。比火至，欻然佛影还隐，急令绝火，更请方乃重现。六人中五人得见，一人竟无所睹。如是可半食顷，了了明见，得申礼赞，

① ［印度］《摩奴法典》第 8 卷第 115 条，［法］迭朗善译、马香雪转译，北京：商务印书馆，1982 年，第 180 页。

② 张培田主编：《外国法律制度简史》，北京：中国人民大学出版社，2008 年，第 38 页。

③ （唐）玄奘、辩机原著；季羡林等校注：《大唐西域记校注》卷 2《那揭罗曷国·小石岭佛影窟》，第 224 页；法显在《佛国记》中讲得更具体：石室"搏山西南向，佛留影此中。去十余步观之，如佛真形，金色相好，光明炳着，转近转微，仿佛如有。诸方国王遣工画师模写，莫能及。彼国人传云，千佛尽于此留影。"参见章巽：《法显传校注》，上海：上海古籍出版社，1985 年，第 47 页。

④ ［日］足立喜六：《法显传考证》，何健民、张小柳合译，上海：商务印书馆，1937 年，第 110 页。

⑤ （唐）玄奘、辩机原著；季羡林等校注：《大唐西域记校注》卷 2《那揭罗曷国·小石岭佛影窟》，第 224 页。

⑥ 陈道贵：《从佛教影像看晋宋之际山水审美意识的嬗变——以庐山慧远及其周围为中心》，陶新民、孙以昭主编：《中国古代文学论集》，北京：人民文学出版社，2001 年，第 137 页。

供散华香讫，光灭尔乃辞出。①

　　把发生在特定自然条件下的光学现象，用佛教神学加以附会，从而变成佛教神秘主义的一种表现形式，这是佛教科学思想产生和发展的基本特点之一。在玄奘看来，佛影不仅能够显影于山石之上，而且"只要诚心观想，还可以相应地显现于一切自然外物之中。从某种程度来讲，佛影等同于佛的法身，即至高无上之理"②。可见，玄奘的"佛影"说受到了晋代谢灵运"依然托想"和慧远"触象而寄"观念的深刻影响。有学者解释说："佛影从天竺文化更借助幽室中想象的佛影，变成山光云色变幻之际更具感性文化色彩的佛影，成为阳光之下的'真实的幻象'。"显然，这种观念一方面受到了"东晋士人以视觉厌饫山川之美风光的影响"，另一方面又受到了"中土以名山为道教灵场和神仙之境观念的影响"③。

　　在健驮逻国（今巴基斯坦的白沙瓦城），玄奘目睹了大窣堵波（指佛塔）周近诸佛像的庄严与神圣。他说："大窣堵波东面石陛南，镂作二窣堵波，一高三尺，一高五尺，规摹形状，如大窣堵波。又作两躯佛像，一高四尺，一高六尺，拟菩提树下加趺坐像。日光照烛，金色晃曜。阴影渐移，石文青绀。闻诸耆旧曰：数百年前，石基之隙有金色蚁，大者如指，小者如麦，同类相从，啮其石壁，文若雕镂。厕以金沙，作为此像，今犹现在。"④"金色蚁"是真实存在的，不过，据斯文·赫定介绍，在沙漠地带，生活着一种黄色的蚂蚁，俗称"食金蚁"，"马蜂一般大小，翅膀退化，爬行迅速，碰到什么吃什么，树根、庄稼、木材，甚至钢铁它都吃，尤其喜欢吃沙砾中的黄金。它们筑巢在沙漠底层，啃食岩石像吃豆腐一样"⑤。从玄奘所记"啮其石壁"的特征来判断，《大唐西域记》中讲到的"金色蚁"，应当就是斯文·赫定所说的"食金蚁"。如此看来，金色蚁啃食石壁这件事情并非玄奘臆造，而是在自然界中确有其蚁种。另外，健驮逻国的佛教造像对中国古代佛教艺术的发展产生了重要影响，如"云冈石刻有二元素，其一为健驮罗，其二为中国神韵"⑥，而吐鲁番哈拉和卓曾出土了健驮罗分身瑞像实物⑦等。再有，"大窣堵波西南百余步，有白石佛像，高一丈八尺，北面而立，多有灵相，数放光明。时有人见像出夜行，旋绕大窣堵波。近有群贼欲入行盗，像出迎贼，贼党怖退，像归本处，住立如故。群盗因此改过自新，游行邑里，具告远近"⑧。这里有两种自然现象值得注意：一是"数放光明"的"白石"，二是"像出夜行"的佛像。关于发光石的记载，在古代文献里屡见不鲜。从科学的角度看，某些含有杂质的莹石及冰晶石等，当受到阳光的照射或者受热时，那些杂

　　①　（唐）慧立、彦悰著，孙毓棠、谢方点校：《大慈恩寺三藏法师传》，第38—39页。
　　②　马晓坤：《趣闲而思远：文化视野中的陶渊明·谢灵运诗境研究》，杭州：浙江大学出版社，2005年，第227页。
　　③　[新加坡]萧驰：《大乘佛教之受容与晋宋山水诗学》，李国章、赵昌平主编：《中华文史论丛》总第72辑，上海：上海古籍出版社，2003年，第75页。
　　④　（唐）玄奘、辩机原著，季羡林等校注：《大唐西域记校注》卷2《健驮逻国·大窣堵波周近诸佛像》，第241页。
　　⑤　陈芳烈主编：《无限风光在险峰——探险家的故事》，济南：泰山出版社，2009年，第11页。
　　⑥　童寯：《童寯文集》第3卷，北京：中国建筑工业出版社，2001年，第100页。
　　⑦　季羡林主编：《敦煌学大辞典》，上海：上海辞书出版社，1998年，第156页。
　　⑧　（唐）玄奘、辩机原著，季羡林等校注：《大唐西域记校注》卷2《健驮逻国·大窣堵波周近诸佛像》，第243页。

质中有一些元素的电子非常活泼，会逃离原来位置，转移到其他地方去，并在转移的过程中放出光芒，尤其是夜晚，这些电子又返回到原来位置，此时人们就能很容易看到它们发出的光芒。由于古代人类还不能科学地解释石头发光现象，因此，便称之为"灵相"。至于"像出夜行"的现象，则是一种类似于海市蜃楼的光学幻影。只不过古代印度人不能给出其科学的解释，于是，才附会了种种神学的荒诞之论，然而，在科学知识尚不发达的历史背景下，不知真相的人们又往往被其神秘主义的说辞所误导和迷惑。

在乌仗那国，"有窣堵波高八十余尺。是如来昔为帝释，时遭饥岁，疾疫流行，医疗无功，道死相属。帝释悲愍，思所救济，乃变其形为大蟒身，僵尸川谷，空中遍告。闻者感庆，相率奔赴，随割随生，疗饥疗疾。其侧不远有苏摩大窣堵波。是如来昔日为帝释，时世疾疫，愍诸含识，自变其身为苏摩蛇，凡有啖食，莫不康豫"①。我们当然不能说"如来"曾系一个巫医，但是"变其形为大蟒身"或"自变其身为苏摩蛇"，却无论如何也掩盖不住那种远古蛇崇拜习俗的留存与孑遗。蛇象征着救护人类的巨大能力。所以古罗马画家、艺术家的作品中，几乎都有描绘健康之神手拿杯子喂蛇的场面。就欧洲医学的起源来讲，可分为两派：一派以希波克拉底为代表，崇尚科学精神；另一派则以医神阿斯叩雷彼为代表的巫术，然而希波克拉底却是医神阿斯叩雷彼的后代。印度人认为蛇通人性，因此，蛇被印度教教徒奉为神，各地都盛行祭蛇节，并建有很多蛇神庙。唐代柳宗元在《捕蛇者说》中记载："永州之野产异蛇，黑质而白章，触草木尽死，以啮人，无御之者。然得而腊之以为饵，可以已大风、挛踠、瘘、疠，去死肌，杀三虫。"②其中"大风"又称"疠风"，是一种以侵犯皮肤、神经系统及内脏为特征的严重慢性传染病。由此可知，蛇在防治"疾疫流行"中的特异作用，确实不可低估，值得进一步研究。

摩揭陀国鹫峰山上有砖精舍，其"东北石洞中，有大磐石，是如来晒袈裟之处，衣文明彻，皎如雕刻"③。同书摩揭陀国菩提树南门外有一晒衣石④，另婆罗疤斯国有三龙池，有晒衣石，"其文明彻，焕如雕镂"⑤。此外，乌仗那国阿波逻罗龙泉有"如来濯衣石，袈裟之文焕焉如镂"⑥。袈裟为似黑之色，如泥色、青褐色、木蓝色及赤黑色等，因为僧人避免用青、黄、赤、白、黑五种正色和绯、红、紫、绿、碧五间色，故梵文"袈裟"（Kasāya）的意思是"不正色"，或坏色，即破坏了正色的颜色。在自然界中，袈裟石屡见不鲜。如山东邹城峄山"南天门西，下百余米，矗立一大石，西南向，表面呈褐黄色小方块，块块相连，酷似僧侣袈裟"⑦。玄奘所言印度古诸国出现的"晒衣石"和"濯衣

---

① （唐）玄奘、辩机原著，季羡林等校注：《大唐西域记校注》卷 3《乌仗那国·萨裒杀地僧伽蓝等及佛本生故事》，第 283 页。

② 郭预衡主编：《唐宋八大家散文总集》卷 1《韩愈·柳宗元》，石家庄：河北人民出版社，1995 年，第 872 页。

③ （唐）玄奘、辩机原著，季羡林等校注：《大唐西域记校注》卷 9《摩揭陀国下·鹫峰及佛迹》，第 728 页。

④ （唐）玄奘、辩机原著，季羡林等校注：《大唐西域记校注》卷 9《摩揭陀国上·南门外遗迹》，第 684 页。

⑤ （唐）玄奘、辩机原著，季羡林等校注：《大唐西域记校注》卷 7《婆罗疤斯国·三龙池及释迦遗迹》，第568 页。

⑥ （唐）玄奘、辩机原著，季羡林等校注：《大唐西域记校注》卷 3《乌仗那国·阿波逻罗龙泉及佛遗迹》，第277 页。

⑦ 冯广鉴、张奎玉编著：《峄山奇观》，济南：山东友谊出版社，1996 年，第 81 页。

石"，亦同此理。

大小窣堵波（即塔）是《大唐西域记》中出现最多的印度佛教建筑之一，如那揭罗曷国"城东二里有窣堵波，高三百余尺，无忧王之所建也"①，"次南小窣堵波，是昔掩溷之地，无忧王避大路，遂僻建焉"②，"城西南十余里有窣堵波，是如来自中印度凌虚游化，降迹于此，国人感慕，建此灵基。其东不远有窣堵波，是释迦菩萨昔值然灯佛于此买花"③。健驮逻国迦腻色迦王大窣堵波，是在高三尺的小窣堵波基础上，"周小窣堵波，更建石窣堵波，欲以功力弥覆其上，随其数量，恒出三尺。若是增高，逾四百尺。基趾所峙，周一里半。层基五级，高一百五十尺。方乃得覆小窣堵波。王因喜庆，复于其上更起二十五层金铜相轮，即以如来舍利一斛而置其中，式修供养"④等。仅仅从表面上看，用于瘗埋舍利的塔，说白了只是一座坟墩。但实际上，窣堵波则是用凝固的方式来客观地表达佛教认识世界和理解世界的基本理念与思想，诚如英国学者 M. 奥康奈尔所说的那样："佛塔不但象征佛以及他最后摆脱轮回，而且也象征宇宙。虽然佛塔在外观上有很多变化，但是典型的佛塔包括穹顶，象征'世界蛋'（创世的原始象征）和子宫，而佛塔里面的舍利子象征生命的种子。通常，穹顶建在方形的基座上，而基座连着四个基本点，象征地球支撑天穹。"⑤可见，佛塔是一种象征宇宙生命力的特殊标志，从耸立在陕西西安市南郊大雁塔的造型看，似有男根崇拜的意象。《老子》讲宇宙的生成是"道生一，一生二，二生三，三生万物"的过程，为了化抽象为具体，《太平经》认为宇宙开天辟地的本根是元气，"元气恍惚自然，共凝成一，名为天也；分而生阴，而成地，名为二也。因为上天下地，阴阳相合施生人，名为三也"⑥。在《增一阿含经》里，"一"变成"光音天"（即色界二禅的第三天），"光音天"在宇宙"成"（成、住、坏、空四个阶段）的过程中，形成了许多星球，包括太阳、地球和月亮。由于地球的吸引力，诱得生活在"光音天"的众男女来到地球上。因为这些男女中有贪恋地球的甘泉，于是变成凡人在地球上居住下来，他们从男女情爱到夫妻，逐渐进入"住"的阶段。把地球人理解为外星人的产物，是佛教关于人类起源的一个独特解释。在对待男女性别的问题上，佛教虽然要求僧众超脱"欲界"，反对沉迷于"淫欲"，认为"于女色等，所缠缚故，于诸善法，多生障碍"⑦，但是从本质上看，佛教主要是想通过禁止邪淫而保护正当的男女关系，一种干净的爱情生活，因为"生命必由生殖而来"⑧。

印度古代的宇宙观，从整体上看比较落后，充满了神话色彩。如玄奘说："索诃世

①　（唐）玄奘、辩机原著，季羡林等校注：《大唐西域记校注》卷2《那揭罗曷国·城附近诸遗迹》，第222页。
②　（唐）玄奘、辩机原著，季羡林等校注：《大唐西域记校注》卷2《那揭罗曷国·城附近诸遗迹》，第222页。
③　（唐）玄奘、辩机原著，季羡林等校注：《大唐西域记校注》卷2《那揭罗曷国·城附近诸遗迹》，第224页。
④　（唐）玄奘、辩机原著，季羡林等校注：《大唐西域记校注》卷2《健驮逻国·卑钵罗树及迦腻色迦王大窣堵波》，第239页。
⑤　［英］M. 康奈尔、L. 艾瑞：《象征符号插图百科——辨析象征符号的意义运用和影响的权威指南》，余世燕译，汕头：汕头大学出版社，2009年，第43页。
⑥　王明：《太平经合校》，北京：中华书局，1980年，第78页。
⑦　引自传印法师主编：《中华律藏》第57卷《近现代高僧学者讲律》，北京：国家图书馆出版社，2009年，第334页。
⑧　圣严法师：《佛教的男女观》，《律制生活》，北京：华夏出版社，2010年，第221页。

界，三千大千国土，为一佛之化摄也。今一日月所临四天下者，据三千大千世界之中，诸佛世尊，皆此垂化，现生现灭，导圣导凡。"[1]如果说此处讲得尚显粗疏的话，那么，释道宣在《释迦方志》中所勾画的宇宙轮廓就清晰多了。道宣说："索诃世界铁轮山内所摄国土，则万亿也。何以知之？如今所住，即是一国。国别一苏迷卢山，即经所谓须弥山也，在大海中，据金轮表，半出海上八万由旬，日月回簿于其腰也。"[2]据此，日本学者井口常范在《天文图解》一书中绘制了一幅"须弥山图"。

该图显示须弥山耸立在大地中央，它被多层陆地和大海包围着，其外围环绕着圆形的陆地，此陆地又为环形大海所围绕，如此递相环绕向外延展，共有七层大陆和七层大海[3]，每层与每层之间的高度相差"由旬"[4]。玄奘又说："据三千大千世界中，下极金轮，上侵地际。"[5]因三千大千世界包含小千、中千和大千三种"千"，而宇宙则又是由无数个"三千大千世界"所构成，所以理解佛教的宇宙观，其主要着眼点还是构成三千大千世界的最基本单元——"小世界"。每个"小世界"结构都一样，它是以须弥山为中心，外郭以铁围山，透过大海，矗立在地轮上，循此而下，分别是金轮、火轮和风轮。风轮之外即为虚空，须弥山上下膨大，中央窄小，太阳与月亮位于山腰。在须弥山的山根有七重金山（亦作"七层大陆"）和七重香水海环绕着，"每一重海都间隔一重山，在第七重金山外有咸海，咸海之外有大铁围山。在咸海四方有四大洲，即东胜神洲、南赡部洲、西牛货洲和北俱卢洲，也称四天下。每洲旁各有两中洲，数百小洲而为眷属。如是九山、八海、日月、四洲、六欲天、上覆以初禅三天，就构成了一小世界"[6]。

究竟如何评价佛教"一小世界"思想，这是一个有争议的话题。一方面，"一切宗教都不过是支配着人们日常生活的外部力量在人们头脑中的幻想的反映，在这种反映中，人间的力量采取了超人间的力量的形式"[7]；另一方面，宗教又是"无情世界的感情"[8]。因此，对佛教思想进行简单的否定，是不能令人信服的。比如，佛教与道德的问题、佛教与科学的问题、佛教与心理学的问题等，都是需要不断深入研究和探讨的重要课题。

第三，佛教戒律与古代的动物保护思想。玄奘在《大唐西域记》卷9《摩揭陀国下·雁窣堵波》中说："小乘渐教也，故开三净之食。而此伽蓝遵而不坠。其后三净，求不时获。"[9]所谓"三净食"是指"非我杀，非为我杀，非我见杀"的三种肉食[10]，或云：

① （唐）玄奘、辩机原著，季羡林等校注：《大唐西域记校注》卷1《序论》，第34—35页。
② （唐）道宣著，范祥雍点校：《释迦方志》卷上《统摄篇》，北京：中华书局，1983年，第6页。
③ 路甬祥主编：《走进殿堂的中国古代科技史》上，上海：上海交通大学出版社，2009年，第76页。
④ 曲安京：《〈周髀算经〉新议》，西安：陕西人民出版社，2002年，第101页。
⑤ （唐）玄奘、辩机原著，季羡林等校注：《大唐西域记校注》卷8《摩揭陀国上·金刚座》，北京：中华书局，1985年，第668页。
⑥ 阿难等结集，印信法师编著：《图解阿含经》，西安：陕西师范大学出版社，2008年，第126页。
⑦ 中共中央马克思恩格斯列宁斯大林著作编译局：《马克思恩格斯选集》第3卷，北京：人民出版社，1972年，第354页。
⑧ 中共中央马克思恩格斯列宁斯大林著作编译局：《马克思恩格斯选集》第1卷，第2页。
⑨ （唐）玄奘，辩机原著，季羡林等校注：《大唐西域记校注》卷9《摩揭陀国下·雁窣堵波》，北京：中华书局，1985年，第770页。
⑩ 西安市政协文史资料委员会：《西安文史资料》第28辑《西安佛寺道观》，西安：陕西人民出版社，2009年，第129页。

"不见为我杀，不闻为我杀，不疑为我杀，一也。及自死，二也。鸟残含，三也。"①

释迦牟尼圆寂后，佛教分裂为大乘佛教与小乘佛教，其中大乘佛教自称继承了释氏的衣钵，开始偶像崇拜，这一派在印度佛教中占主导地位。由于"三净食为小乘教所开，大乘教不尔"，与小乘佛教的"三净食"不同，"大乘教，根本禁止食肉"②，所以玄奘才在《大唐西域记·屈支国》中特别明示："（屈支国）伽蓝百余所，僧徒五千余人，习学小乘教说一切有部。经教律仪，取则印度，其习读者，即本文矣。尚拘渐教，食杂三净。"③我们知道，戒日王在七世纪统治北印度时期，积极采取保护牲畜，以及象、狮子、狐狼、猿猴等"毛群"动物的措施，促进了畜牧业和农业的发展。据《大唐西域记》记载，戒日王"令五印度不得啖肉，若断生命，有诛无赦"④。又印度佛教规定："鱼、羊、獐、鹿，时荐肴胾。牛、驴、象、马、豕、犬、狐、狼、师子、猴、猿，凡此毛群，例无味啖。啖者鄙耻，众所秽恶。"⑤大乘佛教传入中国后，为了劝诫世人不杀生食肉，梁武帝曾作《断酒肉文》，尊《涅盘经》"一切肉悉断"，他警告僧众"若复有饮酒、啖肉不如法者，弟子当依王法治问"⑥，遂用皇权的力量使不杀生食肉成为僧众正式的戒律。唐代僧徒奉行大乘戒律，食肉多病报，已成深入僧众的修行常识。如托名道安《劝善文赞》云："相劝莫食众生肉，猪羊惜命叫声悲。"⑦当然，玄奘倡导"敬畏生命"则是从动物的灵性与传奇角度来立言，直接用动物的灵性来叩击和考验人类的良心，从而唤起人们尊重和保护动物的生态意识。

大象在印度佛教里地位很特殊，在这里，象代表着佛性。如众所知，佛教传入中国，因系大象驮经而来，故有"象架古驱"之说。而白象则是众神之王因陀罗的坐骑，佛陀之母摩耶夫人曾梦见在她怀孕之时有一头六肢白象进入了她的子宫。在印度，人们崇拜大象，与古代这里以大象为主要交通工具的历史有关。因为大象"具有用鼻子和四肢清除荆棘之路的能力"，故它又被称为"除障者"⑧。据玄奘说，迦摩缕波国之东南，"野象群暴，故此国中象军特盛"⑨。此外，大象的佛化本身还具有劝善和励志的伦理价值，而这同样也是科学研究所具备的道德素质。爱因斯坦曾把科学、道德、宗教、艺术等看作是互为枝节的一棵大树，他们不仅在内容上相互联系和相互作用，而且在终极目标上彼此相通，趋向一致，因为"所有这些志向都是为着使人类的生活趋于高尚，把它从单纯的生理

---

① （清）俞正燮：《癸巳存稿》，沈阳：辽宁人民出版社，2003年，第394页。

② 东初：《龟兹国之佛教》，张国领，裴孝曾主编：《龟兹文化研究（二）》，乌鲁木齐：新疆人民出版社，2006年，第19页。

③ （唐）玄奘、辩机原著，季羡林等校注：《大唐西域记校注》卷1《屈支国》，第54页。

④ （唐）玄奘、辩机原著，季羡林等校注：《大唐西域记校注》卷5《羯若鞠阇国·戒日王世系及即位治绩》，第429页。

⑤ （唐）玄奘、辩机原著，季羡林等校注：《大唐西域记校注》卷2《印度总述·物产》，第214页。

⑥ （南朝·梁）梁武帝：《断酒肉文》，严可均：《全上古三代秦汉三国六朝文》第7册《全梁文》，石家庄：河北教育出版社，1997年，第81页。

⑦ 朱凤玉：《敦煌文献中的佛教劝善诗》，白化文主编：《周绍良先生纪念文集》，北京：北京图书馆出版社，2006年，第510页。

⑧ ［英］比尔：《藏传佛教象征符号与器物图解》，向红茄译，北京：中国藏学出版社，2007年，第66页。

⑨ （唐）玄奘、辩机原著，季羡林等校注：《大唐西域记校注》卷10《迦摩缕波国·东境风土》，第799页。

上的生存的境界提高，并且把个人导向自由"①。对此，张世英进一步分析说："按照'人与世界融合为一'的在世结构，真理与价值、科学与伦理就有了内在联系的前提，科学的自由思考就能在伦理道德上是向善的。"②

蝙蝠在欧洲和印度的文化地位各不相同，欧洲受到伊索寓言的影响，认为蝙蝠既不类鸟又不类兽，所以被看作是一种"骑墙的象征"而不喜欢它。印度对待蝙蝠的态度与欧洲人截然不同，玄奘在《大唐西域记·健驮逻国》中说：

> 曩者南海之滨有一枯树，五百蝙蝠于中穴居。有诸商侣止此树下，时属风寒，人皆饥冻，聚积樵苏，蕴火其下。烟焰渐炽，枯树遂燃。时商侣中有一贾客，夜分已后，诵《阿毗达磨藏》，彼诸蝙蝠虽为火困，爱好法音，忍而不去，于此命终。随业受生，俱得人身，舍家修学，乘闻法声，聪明利智，并证圣果，为世福田。近迦腻色迦王与胁尊者招集五百贤圣于迦湿弥罗国，作《毗婆沙论》，斯并枯树之中五百蝙蝠也。③

这里，佛化蝙蝠固然是一种附会，但从佛教或科学的立场看，通过这种形式激发僧众对蝙蝠的好奇，从而去更好地保护它，以及更深入地认识它和了解它，这客观上有利于鸟类科学的发展。所以《大唐西域记》中处处可见圣鸟的踪迹，如"昔毗卢择迦王前伐诸释……其一释种，既出国都，跋涉疲弊，中路而止。时有一雁飞趣其前，既以驯狎，因即乘焉"④，迦毕试国"神王冠中鹦鹉鸟像，乃奋羽惊鸣，地为震动"⑤等。有人说：印度的科学有一个非常重要的特点，那就是"始于宗教，终于宗教"⑥。所以对于上述佛化的鸟类，我们不妨从科学的视角去品味，当会有一番新意。如对野生大雁的驯化即是一个经济动物学研究的课题⑦，还有研究证明："早期飞鹅来自驯化的大雁。"⑧

通过佛教本生故事，能够强化信徒的动物保护意识。在某种意义上，行政法规和宗教戒律具有同等的约束力。印度从中古至今，由《吠陀经》至《梵书》，再到《奥义书》，在佛教"众生平等"观念的引导下，不杀生灵遂成为印度各派宗教普遍遵从的一条教规。因此，各种动物如老虎、豹、叶猴、长臂猿、犀牛等在印度得到了比较全面的保护。在《大唐西域记·摩揭陁国下》中，玄奘讲述了一个保护鸟类资源的故事。他说：

> 伽蓝东有窣堵波，无忧王之所建也。昔佛于此，为诸大众一宿说法。时有罗者，

---

① 许良英、赵中立、张宣三编译：《爱因斯坦文集》第3卷，北京：商务印书馆，1979年，第149页。
② 张世英：《境界与文化：成人之道》，北京：人民出版社，2007年，第58页。
③ （唐）玄奘、辩机原著，季羡林等校注：《大唐西域记校注》卷2《健驮逻国·婆罗睹逻邑及波你尼仙》，第265页。
④ （唐）玄奘、辩机原著，季羡林等校注：《大唐西域记校注》卷3《乌仗那国·蓝勃卢山龙池及乌仗那国王统传说》，第290页。
⑤ （唐）玄奘、辩机原著，季羡林等校注：《大唐西域记校注》卷1《迦毕试国·质子伽蓝》，第142页。
⑥ 世界文明史，世界风物志联合编译小组：《世界文明史》8《印度文化圈》，台北：地球出版社有限公司，1978年，第201页。
⑦ 高文玉主编：《经济动物学》，北京：中国农业科学技术出版社，2008年，第287—290页。
⑧ 李桥江：《丝绸之路植物与动物探秘》，乌鲁木齐：新疆美术摄影出版社；乌鲁木齐：新疆电子音像出版社，2008年，第74页。

于此林中网捕羽族，经日不获，遂作是言："我惟薄福，恒为弊事。"来至佛所，扬言唱曰："今日如来于此说法，令我网捕都无所得，妻孥饥饿，其计安出？"如来告曰："汝应蕴火，当与汝食。"如来是时化作大鸽，投火而死。罗者持归，妻孥共食。其后重往佛所，如来方便摄化，罗者闻法，悔过自新，舍家修学，便证圣果。因名所建为鸽伽蓝。①

尽管这种保护鸟类的方式被涂上了浓重的佛教色彩，但是从长远的眼光看，它对印度生态环境的不断改善和鸟类种群的增加，意义巨大。如布坤数鹏这个鸟类新种的发现，即是这种鸟类有灵思想或称神祇意识对印度生物科学发展的一种回报和恩赐。当然，印度在现代社会经济的发展过程中，也面临山地资源开发与"破坏当地原始野生动植物的生活环境，并使有些物种在当地灭绝"②的危险，那么，如何在既不破坏生态环境又不影响经济增长的条件下，保持印度社会的健康发展，确实是对印度传统宗教文化的一大考验。

（二）《大唐西域记》所反映的唐代地理观

无论是盖天说还是宣夜说，都承认宇宙有一个中心，宣夜说认为地球孤居于天之中，而盖天说则认为北极是天地的中心。在这样的古宇宙论视野里，许多文明国家都试图把本民族生活居住的区域看作是地球的中心，于是，当不同文明相互接触和碰撞之后，到底如何看待地球的中心就变成了一个无可回避的重要话题。

在佛教未传入中国之前，中国先民一直以为中国是地球的中心，这种地理优越感使古代的帝王相信："王者受命创始，建国立都，必居中土。所以总天地之和，据阴阳之正，均统四方，以制万国者也。"③按照这种思维方式，儒家便有了"夏夷之辨"，而"夏夷之辨"则又成为中国古代王道理论的础石，如《尚书》的"王道"与《春秋》的"尊王攘夷"，即系出于此。故《唐律疏议》曰："中华者，中国也。亲被王教，自属中国，衣冠威仪，习俗孝悌，居身礼义，故谓之中华。"④以此为基准，中国古代把"天下"分为九个州，并且与宣夜说和盖天说相适应，人们根据各自的观察尺度和认知视角分别来确立九州岛岛的中心。如《河图括地象》认为九州岛的中心是"昆仑山"，《吕氏春秋》《淮南子》等文献则认为是"神树扶桑"。不过，有学者考证，实际上，"建木（都广）、黑水、昆仑（弱水）处于同一地理范围"⑤。而昆仑作为"维系圣俗两界的纽带"，它可分几个层次："昆仑之丘，或上倍之，是谓凉风之山，登之而不死；或上倍之，是谓悬圃之山，登之乃灵，能使风雨；或上倍之，乃维上天，登之乃神，是谓太帝之居。"⑥于是，在中国古代圣哲们所建构的宇宙模型中，昆仑山居于宇宙的中心，它以山岳、植物或天柱为标志，是中国道教诞生的圣地。无独有偶，道教的教主老聃，本名李耳，与唐朝的开国君主同出一

---

① （唐）玄奘、辩机原著，季羡林等校注：《大唐西域记校注》卷9《摩揭陁国下·鸽伽蓝》，第772页。

② 迪谷：《印度水坝将使一些稀有动物绝迹》，《中国科教创新导刊》1996年第8期。

③ （宋）李昉等：《太平御览》卷156引刘向《五经要义》，《景印文渊阁四库全书》第894册，台北：商务印书馆，1986年，第536页。《荀子·大略》亦说："欲近四旁，莫如中央，故王者必居天下之中，礼也。"

④ （唐）长孙无忌等撰，刘俊文点校：《唐律疏议》卷3《名例释文》，北京：中华书局，1983年，第626页。

⑤ 杜勤：《"三"的文化符号论》，北京：国际文化出版公司，1999年，第89页。

⑥ （汉）刘安：《淮南子》卷4《地形训》，《百子全书》第3册，长沙：岳麓书社，1993年，第2838页。

系，如李世民在贞观十一年（637）的一道诏书中称："朕之本系，起自柱下（老子）。"①
"柱下"，指老子曾传为周朝柱下史。由于这个缘故，老子被唐朝统治者尊奉为唐王室的祖
先，而备受推崇。这样，昆仑山与唐王室就具有了非同寻常的关系。与宗教神话所言"昆
仑山"不同，唐朝的昆仑山则成为一座具体地理山脉的名称，如唐李泰等著《括地志》
云："昆仑山在肃州酒泉县南八十里。《十六国春秋》云后魏昭成帝建国十年（前）凉张骏
酒泉太守马岌上言：'酒泉南山即昆仑之体，周穆王见西王母，乐而忘归，即谓此山。有
石室、王母堂，珠玑镂饰，焕若神宫。'"②《元和郡县图志》卷40《陇右道下》，亦有类
似记载。据考，此处的昆仑山，实为祁连山。那么，唐朝的著作家为什么如此仙化昆仑山
呢？究其原因，当然与唐朝人的自信有关。如前所述，昆仑山是世界的中心，只有占据了
世界的中心位置，才有可能成为真正的王者，然而在不断扩张的地理实践中，想要确立真
正的世界中心，其实并不容易。因为印度佛教亦有属于另外一个神话体系（即"阎浮世
界"）的昆仑山，以及"中国"称号，如《出曜经》说："佛兴出世要在阎浮利地，生于中
国不在边地。所以生此阎浮利地者，东西南北亿千阎浮利地，此间阎浮利地最在其中。土
界神力胜余方，余方刹土转不如此。"③

在这里，"中心"与"边缘"的观念，类似夏与夷之分界。按照《出曜经》的说法，
印度系世界的中心，而唐朝则位于世界的边缘。所以受到佛教"中心论"的影响，唐代道
宣宣称：

> 惟夫法王所部，则大千之内摄焉。若据成都，则此洲常为所住故。此一洲则在苏
> 迷山南之海中也。水陆所经，东西二十四万里，南北二十八万里。又依《论》说，三
> 边等量二千由旬，南边三由旬半。是则北阔而南狭，人面象之。又依凡记，人物所
> 居，则东西一十一万六千里。南北远近，略亦同之。所都定所，则以佛所生国迦毗罗
> 城应是其中，谓居四重铁围之内。故经云：三千日月万二千，天地之中央也。佛之威
> 神，不生边地，地为倾斜故，中天竺国如来成道树下，有金刚座，用承佛焉。据此为
> 论，约余天下，以定其中。若当此洲，义约五事，以明中也。所谓名、里、时、水、
> 人为五矣。④

引文中所谓"此洲"是指南赡部洲。玄奘在《大唐西域记·序论》中言："苏迷卢
山，四宝合成，在大海中，据金轮上，日月之所照回，诸天之所游舍，七山七海，环峙环
列。山间海水，具八功德。七金山外，乃咸海也。海中可居者，大略有四洲焉。东毗提诃
洲，南赡部洲，西瞿陁尼洲，北拘卢洲。"⑤在佛教的视域内，南赡部洲"是一个大陆岛，
包括印度及周围地方。这个大陆岛传统上是一个倒转的三角形，中国是位在东北部的一个

---

① （宋）宋敏求编，洪丕谟、张伯元、沈敖大点校：《唐大诏令集》卷113《道释·道士女冠在僧尼之上诏》，上
海：学林出版社，1992年，第537页。
② （唐）李泰等著，贺次君辑校：《括地志辑校》，北京：中华书局，1980年，第225页。
③ （前秦）竺佛念：《出曜经》卷20，《大正新修大藏经》第4册，第717页。
④ （唐）道宣：《释迦方志》卷上《中边论》，《大正新修大藏经》第51册，第948—949页。
⑤ （唐）玄奘、辩机原著，季羡林等校注：《大唐西域记校注》卷1《序论》，第35页。

小国，而不是在三角形的中央"①。

在道宣看来，"言赡部者，中梵天音，唐言译为轮王居处"，他说："上列四主，且据一洲，分界而王，以洲定中。轮王为正，居中王边，古今不改。此土诸儒，滞于孔教，以此为中，余为边摄，别指洛阳以为中国，乃约轩辕五岳以言，未是通方之巨观也"②。从疆域上来看，传统的中心观确实不能适应唐朝统治者的实际需要了，因为唐朝的疆域较前代已经有了新的拓展，如太宗时"东极海，西至焉耆，南尽林州南境，北接薛延陀界"③；开元盛世时则"东至安东，西至安西，南至日南，北至单于府"，其中与汉代相比，"东不及而西过之"④。此"西"是指安西都护府，治所在龟兹，辖葱岭以西及巴尔喀什湖以东以南的广大地区。与之相适应，重新确立世界的中心位置很有必要。值此之际，佛教的世界中心观在唐代僧俗阶层开始传播，尤其是道宣还打着昆仑山的招牌，认为昆仑山是阎浮利地的中心。他说："窃以四海为壑水趣所极也。阎浮洲中有大香山，即昆仑之别名也。此山独高，洲中最极。山南有池名阿耨达，此名无热恼也，具八功德，大龙所居，名为水府。方出一河，以注四海。所以水随高势以赴下流，彼高此下，中边定矣。"⑤对此，尚永琪解释说："按这些佛教地理家的说法，整个青藏高原的山系因为其高，是周边河流水源所出之地，所以就是'地中'。由此，我们可以发现，华夏地理知识中的昆仑'地首'的观念同佛教地理家的昆仑'地中'观念，都是基于对'昆仑'所在的这个地域的绝对高度及其在亚洲大陆水源所出的独特地理特征认识的基础上产生的。"⑥考虑到佛教在唐朝的地位比较特殊，信众芸芸。故为了调和和折中印度佛教与华夏信仰的"昆仑中心论"，唐朝人提出了两个"昆仑说"，一说即祁连山；另一说即葱岭迤东的大山。⑦如《括地志》载："天竺在昆仑山南，大国也……阿耨达山，亦名建末达山，亦名昆仑山。恒河出其南吐师子口，经天竺入达山。妫水今名为浒海，出于昆仑西北隅吐马口，经安息、大夏国入西海。黄海出东北隅吐牛口，东北流经滥泽，潜出大积石山，至华山北，东入海。其三河去山入海各三万里。此谓大昆仑，肃州谓小昆仑山也"⑧。可见，佛教地理学对唐代地理观的深刻影响，是显而易见的。所以玄奘说：

> 则赡部洲之中地者，阿那婆答多池也，在香山之南，大雪山之北，周八百里矣。金、银、琉璃、颇胝饰其岸焉。金沙弥漫，清波皎镜。八地菩萨以愿力故，化为龙王，于中潜宅，出清冷水，给赡部洲。是以池东面银牛口，流出殑伽河，绕池一匝，入东南海；池南面金象口，流出信度河，绕池一匝，入西南海；池西面琉璃马口，流出缚刍河，绕池一匝，入西北海；池北面颇胝师子口，流出徙多河，绕池一匝，入东

---

① ［美］余定国：《中国地图学史》，姜道章译，北京：北京大学出版社，2006年，第205页。
② （唐）道宣：《释迦方志》卷上《中边论》，《大正新修大藏经》第51册，第950页。
③ 《新唐书》卷37《地理志一》，第960页。
④ 《新唐书》卷37《地理志一》，第960页。
⑤ （唐）道宣：《释迦氏谱》，《大正新修大藏经》第50册，第87页。
⑥ 尚永琪：《3—6世纪僧人的流动与地理视域的拓展——对华夷观念变迁与"昆仑中心论"产生的地理学考察》，陈尚胜主编：《儒家文明与中国传统对外关系》，济南：山东大学出版社，2008年，第80页。
⑦ 芈一之：《芈一之民族历史研究文集》，北京：民族出版社，2008年，第55页。
⑧ 《史记》卷117《司马相如列传》，第3061—3062页。

北海。或日潜流地下出积石山，即徙多河之流，为中国之河源云。①

对于"香山"的解释，主要有昆仑山、葱岭及冈底斯山三说。《大唐西域记》载："葱岭者，据赡部洲中，南接大雪山，北至热海、千泉，西至活国，东至乌铩国，东西南北各数千里。崖岭数百重，幽谷险峻，恒积冰雪，寒风劲烈。多出葱，故谓葱岭，又以山崖葱翠，遂以名焉。"②此与前面的说法吻合，故"香山"即"葱岭"。至于"大雪山"，《卫藏通志》载："冈底斯山即大雪山地。阿哩（里）地方之东北，周一百四十余里，峰峦陡绝，积雪如悬崖，山顶百泉聚流，至麓即伏，实诸山之祖脉，梵书所谓阿耨达山也。"③而饶宗颐考证："Kailāsah 山在印度文献中据称亦位于印土之中央。其名初见于《大战书》（Mahabrata，案即史诗《摩诃婆罗多》，III，503 及 1697）"，"此山在喜马拉雅山脉，梵文 Hima-laya 义为雪山"，而"Kailāsah 即冈底斯山，亦即雪山，中国人称为昆仑者也"④。此说甚是，故学界多宗之。⑤

综上所述，我们不难发现，唐初道佛之争及唐太宗崇道抑佛的本意，不只局限于道教的先祖老子与唐王室同出一系，实际上，在广阔的历史背景下，唐人的世界中心意识及由此而产生的优越感，才是唐朝统治者崇道的根本动因。从这个角度看，玄奘与其说是到印度取经，倾慕佛教文化，倒不如把他看作是盛唐的使者，更为贴切。例如，拘摩罗王在招请玄奘时，宾主有一段对话，其言谈话语间无不流露出东土大唐的强势国风与兴盛气象：

> 拘摩罗王曰："虽则不才，常慕高学，闻名雅尚，敢事延请。"（玄奘）曰："寡能褊智，猥蒙流听。"拘摩罗王曰："善哉！慕法好学，顾身若浮，逾越重险，远游异域，斯则王化所由，国风尚学。今印度诸国多有歌颂摩诃至那国《秦王破阵乐》者，闻之久矣，岂大德之乡国耶？"曰："然。此歌者，美我君之德也。"拘摩罗王曰："不意大德是此国人，常慕风化，东望已久。山川道阻，无由自致。"曰："我大君圣德远洽，仁化遐被，殊俗异域，拜阙称臣者众矣。"拘摩罗王曰："覆载若斯，心冀朝贡。……"⑥

像"大君""大德"这些仰慕大唐风化之语，出自拘摩罗王之口，它表明在玄奘身上，拘摩罗王看到确实是大唐的"圣德"与"仁化"。可见，唐朝开拓西域既有地理学的意义，同时又有"外化异邦"的政治用意。

---

① （唐）玄奘、辩机原著，季羡林等校注：《大唐西域记校注》卷 1《序论》，第 39 页。
② （唐）玄奘、辩机原著，季羡林等校注：《大唐西域记校注》卷 12《葱岭》，第 964 页。
③ 《西藏研究》编辑部：《西藏志·卫藏通志》，西藏人民出版社，1982 年，第 204 页。
④ 饶宗颐：《论释氏之昆仑说》，《大陆杂志》1973 年第 4 期，第 3 页。
⑤ 萧兵认为："玄奘《大唐西域记》的序言描述过以冈底斯山为原型的赡部洲中地。"参见萧兵：《楚辞与神话》，南京：江苏古籍出版社，1987 年，第 475 页。
⑥ （唐）玄奘、辩机原著，季羡林等校注：《大唐西域记校注》卷 10《迦摩缕波国·拘摩罗王招请》，第 797—798 页。

二、玄奘的探险精神及其历史启示

（一）玄奘的探险精神

玄奘西行求法有两个不利条件：一是朝廷限制出蕃，据《大慈恩寺三藏法师传》载："时国政尚新，疆场未远，禁约百姓不许出蕃。"①故玄奘至凉州（今甘肃武威），凉州都督李大亮因"既奉严敕，防禁特切"而"逼还京"②，幸得慧威法师的帮助，玄奘"昼伏夜行，遂至瓜州"；然而，玄奘刚到瓜州，朝廷的访牒也随之而至，牒文云："有僧字玄奘，欲入西蕃，所在州县宜严候捉。"③不过，当瓜州州吏李昌了解了玄奘的情况后，他并没有遵照牒文，将其"候捉"，而是私作主张，毅然将其放行。二是道道险阻，无数次考验着玄奘的意志。如在偷渡玉门关之前，有胡翁向玄奘讲述："西路险恶，沙河阻远，魑魅热风，遇无免者。徒侣众多，犹数迷失，况师单独，如何可行？愿自料量，勿轻性命。"玄奘回答说："贫道为求大法，发趣西方，若不至婆罗门国，终不东归。纵死中途，非所悔也！"④不独如此，由于玄奘等属于非法出境，加之从玉门关到伊吾国，中间既有多道险关又有长达数百里的"沙河"。面对此"绝命之境"，胡翁退缩了。他的退缩理由是："前途险远，又无水草，唯五烽下有水，必须夜到偷水而过，但一处被觉，即是死人。不如归还，用为安稳"；又说："家累既大而王法不可忤也。"⑤这都是实话，家有妻儿老小，一旦被擒捉，自己丢了性命还不说，再牵连那么多骨肉亲情，这风险太大，胡翁怕担待不起，因而提出止步回还，人各有志，出处异趣，玄奘亦不拦，两人就此分手，自是玄奘"孑然孤游沙漠矣"⑥。有人说："沙漠中只有存在或者消逝，仅此而已。"⑦然而，玄奘能够走出"上无飞鸟、下无走兽"⑧，"中无水草"⑨的莫贺延碛，确实是个奇迹。当时，莫贺延碛地貌复杂多变，恐怖景象犹如人间地狱。"是时四顾茫然，人鸟俱绝。夜则妖魑举火，灿若繁星，昼则惊风拥沙，散如时雨。虽遇如是，心无所惧，但苦水尽，渴不能前。是时四夜五日无一滴沾喉，口腹干燥，几将殒绝，不复能进"⑩，"至第五夜半，忽有凉风触

---

① （唐）慧立、彦悰著，孙毓棠、谢方点校：《大慈恩寺三藏法师传》卷1《起载诞于缑，终西届于高昌》，第12页。

② （唐）慧立、彦悰著，孙毓棠、谢方点校：《大慈恩寺三藏法师传》卷1《起载诞于缑，终西届于高昌》，第12页。

③ （唐）慧立、彦悰著，孙毓棠、谢方点校：《大慈恩寺三藏法师传》卷1《起载诞于缑，终西届于高昌》，第12页。

④ （唐）慧立、彦悰著，孙毓棠、谢方点校：《大慈恩寺三藏法师传》卷1《起载诞于缑，终西届于高昌》，第13页。

⑤ （唐）慧立、彦悰著，孙毓棠、谢方点校：《大慈恩寺三藏法师传》卷1《起载诞于缑，终西届于高昌》，第14页。

⑥ （唐）慧立、彦悰著，孙毓棠、谢方点校：《大慈恩寺三藏法师传》卷1《起载诞于缑，终西届于高昌》，第14页。

⑦ 莱扎提·朱马什：《走进西北沙漠》，《伊犁晚报》2008年4月1日。

⑧ （梁）释僧佑撰，苏晋仁、萧炼子点校：《出三藏记集》，北京：中华书局，1995年。

⑨ （唐）慧立、彦悰著，孙毓棠、谢方点校：《大慈恩寺三藏法师传》卷1《起载诞于缑，终西届于高昌》，第12页。

⑩ （唐）慧立、彦悰著，孙毓棠、谢方点校：《大慈恩寺三藏法师传》卷1《起载诞于缑，终西届于高昌》，第17页。

身，冷快如沐寒水。遂得目明，马亦能起。体既苏息，得少睡眠……经数里，忽见青草数亩，下马恣食。去草十步欲回转，又到一池，水甘澄镜彻，下而就饮，身命重全，人马俱得苏息……即就草池一日停息，后日盛水取草进发，更经两日，方出流沙到伊吾（今哈密）矣"①。从此，玄奘才真正踏上游历西域的行程。

（1）从阿耆尼国到羯若鞠阇国，玄奘在去程时所遇险境，主要有凌山、大沙碛、铁门、大雪山、阿路猱山、酰罗山、达丽罗川等。①凌山有两说：一指今新疆乌什县的别迭里山；一指今新疆温宿县北的木扎尔特冰山。②此山在"葱岭北原，水多东流矣。山谷积雪，春夏合冻，虽时消泮，寻复结冰。经途险阻，寒风惨烈，多暴龙，难凌犯。行人由此路者，不得赭衣持瓠大声叫唤，微有违犯，灾祸目睹。暴风奋发，飞沙雨石，遇者丧没，难以全生"③。②窣堵利瑟那国（今塔吉克斯坦）的大沙碛，"绝无水草，途路弥漫，疆境难测，望大山，寻遗骨，以知所指，以记经途"④。③羯霜那国的铁门，亦称中亚铁门，以与安西都护府治内焉耆附近的铁门相区别。中亚铁门在今乌兹别克斯坦共和国沙赫尔夏勃兹南部 90 千米拜松山中的布兹加勒山口。《大唐西域记》载："铁门者左右带山，山极峻峭，虽有狭径，加之险阻，两旁石壁，其色如铁。既设门扉，又以铁锢，多有铁铃，悬诸户扇，因其险固，遂以为名。"⑤④揭职国的大雪山，"山谷高深，峰岩危险，风雪相继，盛夏合冻，积雪弥谷，蹊径难涉。山神鬼魅，暴纵妖祟。群盗横行，杀害为务"⑥。⑤迦毕试国的阿路猱山，《大唐西域记》述："（此山）崖岭峭峻，岩谷杳冥。其峰每岁增高数百尺，与漕矩咤国翅那呬罗山仿佛相望，便即崩坠。"⑦对阿路猱山出现的"岁增高数百尺"及"便即崩坠"，学界有一种解释认为，根据地质学家观测，喜马拉雅山仍在不断增高，而它的增高是以岩石和泥土的"叠罗法"所形成。因此，"当层层加码时，下面的岩石承受上面的压力逐渐加大，这必然存在一个极限，一旦达到这一极限，底下的岩石就要'粉身碎骨'，高山也将土崩瓦解"⑧。玄奘的描述虽然不太严谨，如每岁"增高数百尺"，与科学观测的事实不符，但他的基本认识具有超前性，值得重视。⑥乌仗那国懵揭厘城的酰罗山，即今伊拉姆山，是一座将斯瓦特河与布内尔分隔开来的最为显眼的山峰，"谷水西派，逆流东上。杂花异果，被涧缘崖。峰岩危险，溪谷盘纡，或闻喧语之声，或闻音乐之响。方石如榻，宛若工成，连延相属，接布崖谷"⑨。此山有许多奇特的地质物

---

① （唐）慧立、彦悰著，孙毓棠，谢方点校：《大慈恩寺三藏法师传》卷 1《起载诞于缑，终西届于高昌》，第17 页。

② 参见李健超：《唐代凌山地理位置考》，《汉唐两京及丝绸之路历史地理论集》，西安：三秦出版社，2007 年，第 417 页。本书从凌山即别迭里山说。

③ （唐）玄奘、辩机原著，季羡林等校注：《大唐西域记校注》卷 1《跋禄迦国·凌山及大清池》，第 67 页。

④ （唐）玄奘、辩机原著，季羡林等校注：《大唐西域记校注》卷 1《窣堵利瑟那国·大沙碛》，第 87 页。

⑤ （唐）玄奘、辩机原著，季羡林等校注：《大唐西域记校注》卷 1《羯霜那国·铁门》，第 98 页。

⑥ （唐）玄奘、辩机原著，季羡林等校注：《大唐西域记校注》卷 1《揭职国·大雪山》，第 128 页。

⑦ （唐）玄奘、辩机原著，季羡林等校注：《大唐西域记校注》卷 1《迦毕试国·雷蔽多伐剌祠城山及阿路猱山》，第 146 页。

⑧ 科普小组主编：《中国学生成长必读书·地理探奇》，长春：吉林电子出版社，2006 年，第 96 页。

⑨ （唐）玄奘、辩机原著，季羡林等校注：《大唐西域记校注》卷 3《乌仗那国·酰罗山》，第 278 页。

理现象，如"或闻喧语之声，或闻音乐之响"，被视作"如来在昔为闻半颂之法"①。诚如斯坦因所说："今天人们对此山的迷信崇拜，反映了玄奘所提到的一个传说"②。那么，这个"传说"有没有地质物理的依据呢？我们知道，新疆哈密鸣沙山因共鸣放大，即"沙山群峰之间形成了壑谷，是天然的共鸣箱，流沙下泻时发出的摩擦声或放电声引起共振，经过天然共鸣箱的共鸣，放大了音量，形成巨大的回响声"③，因而有"会唱歌的山"之称。由此观之，酰罗山中那神秘的声音与歌曲声，很可能与这里的特殊地质构造有关。

⑦乌仗那国瞢揭厘城东北的达丽罗川，《大唐西域记》称："途路危险，山谷杳冥，或覆缅索，或牵铁锁。栈道虚临，飞梁危构，橡杙蹑蹬，行千余里，至达丽罗川"④。此为今克什米尔地区印度河上游的河谷飞梁栈道，主要有索桥、铁链桥、栈阁、木梁桥等5种桥阁形式，履危涉险，其惊心动魄的程度确实不止"倚梯"和"悬度"而已。故岑仲勉解释"县度"之号谓："自 Bunji 迤东至印度河折南流处，凡有险阻，皆可称之。"⑤有鉴于此，故北魏神龟元年（518）比丘惠生奉使西域："从钵卢勒国向乌场国，铁锁为桥，悬虚而度，下不见底，旁无挽捉，倏忽之间，投躯万仞，是以行者望风谢路耳。"⑥而北印度峡谷地区悬桥的出现，对我国悬桥的发生与发展带来了不小影响。

（2）从漕矩咤国到瞿萨旦那国，玄奘在归程时所遇险境，主要有婆罗犀那大岭、葱岭、波谜罗川、大流沙等。①婆罗犀那大岭，即今阿富汗东北部的卡瓦克山口，此处靠近高7900米的米尔峰，它是攀登帕米尔高原的必经之路。玄奘记述其地理特点是："岭极崇峻，危隥敧倾，蹊径盘迂，岩岫回互。或入深谷，或上高崖，盛夏合冻，凿冰而度。行经三日，方至岭上。寒风凄烈，积雪弥谷，行旅经涉，莫能仁足。飞隼翱翔，不能越度，足趾步履，然后翻飞，下望诸山，若观培塿。赡部洲中，斯岭特高。其巅无树，惟多石峰，攒立丛倚，森然若林。"⑦这是我国古代第一次对帕米尔高原的文献记载，因而玄奘也就成为我国古代第一个对帕米尔高原具有登攀体验和具体认识的旅行家。②葱岭即帕米尔高原，先秦亦称"舂山"，系古丝绸之路南道与中道的会合之处，由于它的险峻和严酷，故被称作"云端上的路"，然而，古波斯语"帕米尔"的意思却是"平坦的屋顶"。据《汉书·西域传》载，从东土到罽宾，须"历大头痛、小头痛之山，赤土、身热之阪，令人身热无色，头痛呕吐，驴畜尽然"⑧。这是高原反应的一种表现形式，由于古人没有这方面的医学知识，所以就更增加了对翻越葱岭的敬畏与恐慎。而玄奘克服了寒冷、饥饿、高原反应等一系列恶劣环境条件，终于翻越了这座"可怕的天然障壁"。玄奘在《大唐西域记》中说："葱岭者，据赡部洲中，南接大雪山，北至热海、千泉，西至活国，东至乌铩

① （唐）玄奘、辩机原著，季羡林等校注：《大唐西域记校注》卷3《乌仗那国·酰罗山》，第278页。
② ［英］奥雷尔·斯坦因：《重返和田绿洲》，刘文琐译，桂林：广西师范大学出版社，2000年，第26页。
③ 王宏主编：《融入科学玩出精彩：旅游中的科学点击》，北京：光明日报出版社，2007年，第103页。
④ 唐寰澄：《中国科学技术史·桥梁卷》，北京：科学出版社，2000年，第497页。
⑤ 岑仲勉：《汉书西域传地理校释》上，北京：中华书局，1981年，第99页。
⑥ （北魏）杨衒之：《洛阳伽蓝记》卷5《城北》，《野史精品》第1辑，第891页。
⑦ （唐）玄奘、辩机原著，季羡林等校注：《大唐西域记校注》卷12《弗栗恃萨傥那国·婆罗犀那大岭》，第960页。
⑧ 《汉书》卷96上《西域传·罽宾》，第3887页。

国，东西南北各数千里。崖岭数百重，幽谷险峻，恒积冰雪，寒风劲烈。多出葱，故谓葱岭，又以山崖葱翠，遂以名焉。"①此处所说的大雪山即前揭今之兴都库什山，热海即今吉尔吉斯斯坦的伊色克湖，千泉则在今哈萨克斯坦江布尔以东明布拉克一带。②③商弥国的波谜罗川，关于此国的恶劣环境，《大唐西域记》云："山神暴恶，屡为灾害，祀祭后入，平吉往来。若不祈祷，风雹奋发。"③进入其国，必须借助神力，这体现了古人对这里所谓"山神暴恶"现象的极端恐惧。从商弥国东北，"逾山越谷，经危履险，行七百余里，至波谜罗川"④。玄奘对波谜罗川的景致描述十分具体生动：

> 东西千余里，南北百余里，狭隘之处不逾十里，据两雪山（香山与大雪山——笔者注）间，故寒风凄劲，春夏飞雪，昼夜飘风。地碱卤，多砾石，播植不滋，草木稀少，遂致空荒，绝无人止。

> 波谜罗川中有大龙池，东西三百余里，南北五十余里，据大葱岭内，当赡部洲中，其地最高也。水乃澄清皎镜，莫测其深，色带青黑，味甚甘美。潜居则鲛、螭、鱼、龙、鼋、鼍、龟、鳖，浮游乃鸳鸯、鸿雁、驾鹅、䴔、鸭。诸鸟大卵，遗㲉荒野，或草泽间，或沙渚上。池西派一大流，西至达摩悉铁帝国东界，与缚刍河合而西流，故此已右，水皆西流。池东派一大流，东北至佉沙国西界，与徙多河合而东流，故此已左，水皆东流。⑤

文中的"大龙池"即今之佐尔库里湖（或称萨雷阔勒），"达摩悉铁帝国"在今阿富汗东北部的瓦罕峡谷，"缚刍河"即喷赤河，为阿姆河的上源，阿姆河流过小帕米尔、大帕米尔，然后顺兴都库什山而下，再西北流，至古花剌子模三角洲，从南入咸海⑥，"佉沙国"在今新疆喀什一带；"徙多河"上源有二：一为塔巴敦巴什河；二为派依克河，两条河在克孜库尔干相会，接着折而北流，至塔什库尔干县城掉头向东，注入葱岭南河。如果我们把玄奘的记载与《慈恩传》的叙述结合起来，那么，波谜罗川尤其是"大龙池"景观的神奇与大自然造化之美妙，就更加令人心旷神怡了。

在中国古代地理学史上，玄奘的记述不仅首次明确了帕米尔的地理概念，指出帕米尔仅仅是葱岭的一个组成部分，而且"它对帕米尔地区的气候、水文、地貌、动物、植物、土壤等地理要素的描述，也为帕米尔历史地理的研究提供了重要的资料"⑦。

④尼壤城的大流沙，维吾尔语为"险峻的沙丘"，它位于塔克拉玛干沙漠的腹心，有人将其称为"死亡之海"。法显曾说："沙河中多有恶鬼、热风，遇则皆死，无一全者。上无飞鸟，下无走兽。遍望极目，欲求度处，则莫之所拟，唯以死人枯骨为标帜。"⑧而斯

---

① （唐）玄奘、辩机原著，季羡林等校注：《大唐西域记校注》卷12《活国·葱岭》，第964页。
② 吕一燃主编：《中国近代边界史》上，成都：四川人民出版社，2007年，第424页。
③ （唐）玄奘、辩机原著，季羡林等校注：《大唐西域记校注》卷12《商弥国》，第980页。
④ （唐）玄奘、辩机原著，季羡林等校注：《大唐西域记校注》卷12《商弥国·波谜罗川》，第981页。
⑤ （唐）玄奘、辩机原著，季羡林等校注：《大唐西域记校注》卷12《商弥国·波谜罗川》，第981—982页。
⑥ 王治来：《中亚通史·古代卷》上，北京：人民出版社，2010年，第2页。
⑦ 钮仲勋：《我国古代对中亚的地理考察和认识》，北京：测绘出版社，1990年，第50页。
⑧ （东晋）法显：《佛国记》，孙家洲卷主编：《中华野史》第1卷《先秦至隋朝卷》，济南：泰山出版社，2000年，第802页。

文·赫定所发现的楼兰古文书中则有"绝域之地,遐旷,险无涯"的残诗断句。即使今天,这里的"干热风"和"沙暴"仍时有发生。法显用"多有恶鬼"来形容沙漠的恐怖景象,难怪当他穿过大沙漠之后,不禁发出了"所经之苦,人理莫比"①之叹,令人毛骨悚然。玄奘的经历亦如法显,故《大唐西域记》记述"尼壤城"和"大流沙"的险恶环境说:

> 尼壤城,周三四里,在大泽中。泽地热湿,难以履涉。芦草荒茂,无复途径。唯趣城路,仅得通行,故往来者莫不由此城焉。而瞿萨旦那以为东境之关防也。从此东行,入大流沙。沙则流漫,聚散随风,人行无迹,遂多迷路。四远茫茫,莫知所指,是以往来者聚遗骸以记之。乏水草,多热风。风起则人畜昏迷,因以成病。时闻歌啸,或闻号哭,视听之间,恍然不知所至,由此屡有丧亡,盖鬼魅之所致也。②

据科学研究,玄奘所谓"鬼魅之所致",实际上都是"大流沙"本身的一种变化。因为第一,这里气候极端干燥,绝大部分地带是寸草不生,没有生命的世界;第二,其流动沙丘占沙漠面积的85%,经实测,沙漠腹地的沙丘年移动1—2米,而沙漠边缘地带则年移动至少10米,多者达100米以上;第三,沙漠地貌构成复杂,这里一半的沙漠属于金字塔沙丘、复合型沙垄和穹状沙丘等巨大沙丘复合体,多见惊涛骇浪,能够在这样的沙海里活下来,真是不幸中的万幸。

对于这次前后17年历险求法的体验,其中的千辛与万苦,以及与死神的搏斗,我们常人很难想象,所以《大慈恩寺三藏法师传》序称玄奘"万古风猷,一人而已"③,非常恰当。如果说在中世纪的几百年里,人们将亚洲地区的不同文明连接起来,而"这种连接在唐代的时候达到了高峰"④,那么,毫无疑问,玄奘就是站立在此高峰上的一位巨人。

(二)玄奘现象的历史启示

有关玄奘去程与归程的线路考察与研究,学界已有许多成果,如周连宽的《大唐西域记史地研究丛稿》可说是目前解释玄奘去程与归程线路方面之最完备著作。总结玄奘西游的历史经验,我们发现除了玄奘本人的坚定意志之外,唐朝的强盛及各兄弟民族友人对他的支持和帮助,是其探险成功的重要条件。

(1)不畏艰险的科学作风和献身精神。当然,玄奘的科学作风和献身精神是建立在超凡的自信心、勇气和智慧基础之上,而正是在这些积极的心理品质驱动下,玄奘才敢于冒着生命危险,决然踏上西游印度的艰难历程。少年玄奘在出家时,即有"远绍如来,近光遗法"⑤的宏大志愿。后来,他准备结伴西游,并向唐王朝正式递呈了陈表。他的理由是:"昔法显、智严亦一时之士,皆能求法导利群生,岂使高迹无追,清风绝后?大丈夫会当

---

① (东晋)法显:《佛国记》,孙家洲卷主编:《中华野史》第1卷《先秦至隋朝卷》,第802页。
② (唐)玄奘、辩机原著,季羡林等校注:《大唐西域记校注》卷12《尼壤城·大流沙以东行程》,第1030—1031页。
③ (唐)慧立、彦悰著,孙毓棠、谢方点校:《大慈恩寺三藏法师传》序,第2页。
④ [意]唐云:《当代女"马克·波罗"的中国日志》,陈坚等译,北京:中国国际广播出版社,2011年,第3页。
⑤ (唐)慧立、彦悰著,孙毓棠、谢方点校:《大慈恩寺三藏法师传》卷1《起载诞于缑,终西届于高昌》,第5页。

继之。"①可惜，陈表未获准许。得到这个消息，遂出现了"诸人咸退，唯法师不屈"的尴尬局面。此时，玄奘傲然独立、不屈不挠的品格使他内心产生了摆脱尘网束缚的信心与勇气。所以玄奘"既方事孤游，又承西路艰险，乃自试其心，以人间众苦种种调状，堪任不退。然始入塔启请，申其意志，愿乞众圣冥加，使往还无梗"②。像上述这些情感化行为，固然有宗教心理的因素在内，但是在古代，我们很难找到纯粹的科学观念，而更多的情形则是科学观念与巫术及宗教思想掺杂一起。如《大唐慈恩寺三藏法师传》载："贞观三年秋八月，将欲首途，又求祥瑞。乃夜梦见大海中有苏迷卢山，四宝所成，极为严丽。意欲登山，而洪涛汹涌，又无船筏，不以为惧，乃决意而入。忽见石莲华涌乎波外，应足而生，却而观之，随足而灭。须臾至山下，又峻峭不可上。"③此梦尽管是一种心理现象，但它无疑为玄奘的西游确立了理想和目标。从行为科学的角度看，则此目标变成了鼓舞他舍生忘死，克服千难万险，到天竺求法的精神动力。当然，到天竺求法本身也是一次伟大的地理探险活动。如前所述，通过"隐伏沙沟，至夜方发"④的方式，偷越"西境之襟喉"⑤——玉门关，又以"不惮艰危，誓往西方遵求遗法"⑥感动了守护五烽的烽官。然而，每烽之间"各相去百里，中无水草"⑦，所以每过一烽，就如同过鬼门关，都是一次刻骨铭心的生死考验。比如，当玄奘在避开第五烽而直接从第四烽前往野马泉的过程中，不料"时行百余里，失道，觅野马泉不得"，此时，玄奘感觉口渴，"下水欲饮"，没想到"袋重，失手覆之"，这样，"千里之资一朝斯罄，又路盘回不知所趣，乃欲东归还第四烽。行十余里，自念我先发愿，若不至天竺终不东归一步"，"于是旋辔，专念观音，西北而进"⑧。《大唐慈恩寺三藏法师传》记述当时的危难情形说：

> 是时四顾茫然，人鸟俱绝。夜则妖魑举火，烂若繁星，昼则惊风拥沙，散如时雨。虽遇如是，心无所惧，但苦水尽，渴不能前。是时四夜五日无一滴沾喉，口腹干燋，几将殒绝，不复能进，遂卧沙中默念观音，虽困不舍。⑨

最后，他终于走出流沙，到了伊吾。尽管对于玄奘的此次脱险，《大唐慈恩寺三藏法

① （唐）慧立、彦悰著，孙毓棠、谢方点校：《大慈恩寺三藏法师传》卷1《起载诞于缑，终西届于高昌》，第10页。

② （唐）慧立、彦悰著，孙毓棠、谢方点校：《大慈恩寺三藏法师传》卷1《起载诞于缑，终西届于高昌》，第10页。

③ （唐）慧立、彦悰著，孙毓棠、谢方点校：《大慈恩寺三藏法师传》卷1《起载诞于缑，终西届于高昌》，第10—11页。

④ （唐）慧立、彦悰著，孙毓棠、谢方点校：《大慈恩寺三藏法师传》卷1《起载诞于缑，终西届于高昌》，第15页。

⑤ （唐）慧立、彦悰著，孙毓棠、谢方点校：《大慈恩寺三藏法师传》卷1《起载诞于缑，终西届于高昌》，第12页。

⑥ （唐）慧立、彦悰著，孙毓棠、谢方点校：《大慈恩寺三藏法师传》卷1《起载诞于缑，终西届于高昌》，第15页。

⑦ （唐）慧立、彦悰著，孙毓棠、谢方点校：《大慈恩寺三藏法师传》卷1《起载诞于缑，终西届于高昌》，第12页。

⑧ （唐）慧立、彦悰著，孙毓棠、谢方点校：《大慈恩寺三藏法师传》卷1《起载诞于缑，终西届于高昌》，第17页。

⑨ （唐）慧立、彦悰著，孙毓棠、谢方点校：《大慈恩寺三藏法师传》卷1《起载诞于缑，终西届于高昌》，第17页。

师传》归结为"志诚通神"①，得到了菩萨暗中相助，无疑带有明显的佛教色彩，应予扬弃，但是玄奘不惧艰危和那种"每临大事而有静气"的超常定力，却是地理探险者所必须具备的心理素质。所以玄奘在还归于阗后，曾主动向朝廷修表，"陈己昔往婆罗门国求法"的过程和此次探险的收获及意义。他在上表中称："贞观三年四月，冒越宪章，私往天竺。践流沙之浩浩，陟雪岭之巍巍，铁门巉险之涂，热海波涛之路"②，在中国古代丝路探险史上玄奘的求法历程不仅耸立了一座丰碑，而且更创造了一个时代。

（2）高超的智慧赢得万众敬仰，是玄奘成功的基本保障。玄奘对佛法的爱好与天赋，从他出家与其兄同住东都净土寺时开始，就逐渐显露出来了。《大唐慈恩寺三藏法师传》载："时寺有景法师讲《涅盘经》，执卷伏膺，遂忘寝食。又学严法师《摄大乘论》，爱好愈剧。一闻将尽，再览之后，无复所遗。众咸惊异，乃令升座覆述，抑扬剖畅，备尽师宗。美闻芳声，从兹发矣。"③后来，他"更听基、暹《摄论》、《毗昙》及震法师《迦延》，敬惜寸阴，励精无怠，二三年间，究通诸部。时天下饥乱，唯蜀中丰静，故四方僧投之者众，讲座之下常数百人，法师理智宏才皆出其右，吴、蜀、荆、楚无不知闻，其想望风徽，亦犹古人之钦李、郭矣"④。当然，玄奘的知识结构并不只限于佛教典籍，儒家和道家经典亦为其所耽乐，故其"兼通《书》、《传》，尤善《老》、《庄》"⑤。武德五年（622），玄奘在成都受具足戒，趋于圆足，正式取得比丘、比丘尼之资格，"坐夏学律，五篇七聚之宗，一遍斯得"⑥。然而，玄奘并没有至此止步，而是"更思入京询问殊旨"⑦，不断地学习，不断地提出新问题，确立新目标，提升新境界。他"至相州，造休法师，质难问疑。又到赵州，谒深法师学《成实论》。又入长安，止大觉寺，就岳法师学《俱舍论》。皆一遍而尽其旨，经目而记于心"⑧。正是这次"遍谒众师"的过程，使他产生了新的疑难，即"详考其义，各擅宗途，验之圣典，亦隐显有异，莫知适从"⑨，于是，玄奘为了求得疑难的解决，"乃誓游西方以问所惑"⑩。玄奘的这个意愿通过丝绸之路上来来往往的商侣，不胫而走，"以是西域诸城无不预发欢心，严洒而待"⑪。

在高昌国，玄奘受到国王麹文泰的热情欢迎和崇敬。对此，麹文泰有一段十分忱挚的表白。《大唐慈恩寺三藏法师传》载其话云："朕与先王游大国，从隋帝历东西二京及燕、

---

① （唐）慧立、彦悰著，孙毓棠、谢方点校：《大慈恩寺三藏法师传》卷1《起载诞于缑，终西届于高昌》，第17页。
② （唐）慧立、彦悰著，孙毓棠、谢方点校：《大慈恩寺三藏法师传》卷5《起尼干占归国，终至帝城之西漕》，第123页。
③ （唐）慧立、彦悰著，孙毓棠、谢方点校：《大慈恩寺三藏法师传》卷1《起载诞于缑，终西届于高昌》，第6页。
④ （唐）慧立、彦悰著，孙毓棠、谢方点校：《大慈恩寺三藏法师传》卷1《起载诞于缑，终西届于高昌》，第7页。
⑤ （唐）慧立、彦悰著，孙毓棠、谢方点校：《大慈恩寺三藏法师传》卷1《起载诞于缑，终西届于高昌》，第8页。
⑥ （唐）慧立、彦悰著，孙毓棠、谢方点校：《大慈恩寺三藏法师传》卷1《起载诞于缑，终西届于高昌》，第8页。
⑦ （唐）慧立、彦悰著，孙毓棠、谢方点校：《大慈恩寺三藏法师传》卷1《起载诞于缑，终西届于高昌》，第8页。
⑧ （唐）慧立、彦悰著，孙毓棠、谢方点校：《大慈恩寺三藏法师传》卷1《起载诞于缑，终西届于高昌》，第9页。
⑨ （唐）慧立、彦悰著，孙毓棠、谢方点校：《大慈恩寺三藏法师传》卷1《起载诞于缑，终西届于高昌》，第10页。
⑩ （唐）慧立、彦悰著，孙毓棠、谢方点校：《大慈恩寺三藏法师传》卷1《起载诞于缑，终西届于高昌》，第10页。
⑪ （唐）慧立、彦悰著，孙毓棠、谢方点校：《大慈恩寺三藏法师传》卷1《起载诞于缑，终西届于高昌》，第12页。

代、汾、晋之间，多见名僧，心无所慕。自承法师名，身心欢喜，手舞足蹈，拟师至止，受弟子供养以终一身。令一国人皆为师弟子，望师讲授，僧徒虽少，亦有数千，并使执经充师听众。伏愿察纳微心，不以西游为念。"①可见，玄奘的影响已经超越了寺院，而深入到了西域诸国的王室。当然，玄奘对曲文泰的厚意，表示心领，却不能接受。他说："王之厚意，岂贫道寡德所当。但此行不为供养而来，所悲本国法义未周，经教少阙，怀疑蕴惑，启访莫从，以是毕命西方，请未闻之旨"，所以此举"只可日日坚强，岂使中途而止"②。曲文泰不听，则非要"屈留法师"，甚至以"或定相留，或送师还国"③非此即彼的取舍来要挟玄奘。无奈之下，玄奘不得不采用绝食手段与之相抗，"水浆不涉于口三日……至第四日，王觉法师气息渐惙，深生愧惧"④，最后终于放行。

在屈支国，玄奘第一次遇到了来自不同教派的挑战。当时，玄奘来到阿奢理儿寺，而住寺木叉毱多"理识闲敏，彼所宗归，游学印度二十余载"，最善《声明》，"王及国人咸所尊重，号称独步"⑤。佛教声明学旨在阐扬声明念唱的要义，它确实与华夏偏重文字的学术传统不同。故宋人郑樵曾说：

> 梵人别音，在音不在字，华人别字，在字不在音。故梵书甚简，只是数个屈曲耳，差别不多，亦不成文理，而有无穷之音焉。华人苦不别音，如切韵之学，自汉代以前人皆不识，实自西域流入中土。所以韵图之类，释子多能言之，而儒者皆不识起例，以其源流出于彼耳。华书制字极密，点画极多，梵书比之，实相辽邈。故梵有无穷之音，而华有无穷之字。梵则音有妙义，而字无文彩；华则字有变通，而音无锱铢。梵人长于音，所得从闻入，故曰："此方真教体，清净在音闻。我昔三菩提，尽从闻中入。"有"目根功德少，耳根功德多"之说。华人长于文，所得从见入，故天下以识字人为贤智。不识字人为愚庸。⑥

关于梵人的"无穷之音"，意义有二：一是汉末梵人的"反切"流入华夏，其音节不再是一个整体，而是出现了以字为核心对音节的分析；二是以音声为特征的"咒术"，或称"陀罗尼"。如唐阿地瞿多在《陀罗尼集经》序言中说："若夫陀罗尼印坛法门者，斯乃众经之心髓，引万行之导首，宗深秘密，非浅识之所知。义趣冲玄，匪思虑之能测。密中更密，无得称焉。"⑦经考，佛教"咒术"在《大唐西域记》中被视为"医方明"的基本内

---

① （唐）慧立、彦悰著，孙毓棠、谢方点校：《大慈恩寺三藏法师传》卷1《起载诞于缑，终西届于高昌》，第19页。

② （唐）慧立、彦悰著，孙毓棠、谢方点校：《大慈恩寺三藏法师传》卷1《起载诞于缑，终西届于高昌》，第19—20页。

③ （唐）慧立、彦悰著，孙毓棠、谢方点校：《大慈恩寺三藏法师传》卷1《起载诞于缑，终西届于高昌》，第20页。

④ （唐）慧立、彦悰著，孙毓棠、谢方点校：《大慈恩寺三藏法师传》卷1《起载诞于缑，终西届于高昌》，第20页。

⑤ （唐）慧立、彦悰著，孙毓棠、谢方点校：《大慈恩寺三藏法师传》卷2《起阿耆尼国，终羯若鞠阇国》，第26页。

⑥ （宋）郑樵：《通志略·六书略·论华梵下》，徐寒主编：《中华私家藏书》34，北京：中国工人出版社，2001年，第19428页。

⑦ （唐）阿地瞿多译：《陀罗尼集经·序》，《大正新修大藏经》第18册，第785页。

容之一①，而印度佛教医学则比较普遍地使用咒语，特别是隋唐医官系统所设立的"咒禁博士"即获得了佛教禁咒的技术支持②。所以对佛教咒术应从历史的角度进行分析批判，既要看到它在特定历史时期的实际运用和医学价值，又要认清它的神秘主义思想本质。通过不断扬弃，并用科学手段使其"音声之谜"不再是一个"谜"。从这个角度看，木叉毱多"号称独步"当之无愧，但问题是他由此走向了极端，认为"此土《杂心》、《俱舍》、《毗婆沙》等一切皆有，学之足得，不烦西涉受艰辛也"③，就未免有点儿夜郎自大了。尤其是当玄奘问及《瑜伽论》的问题时，木叉毱多竟然口出狂言"真佛弟子者，不学是也"④，而被问及是否解《婆沙》论时，木叉毱多则不留余地，答"我尽解"。结果玄奘就论中提了几个具体问题，木叉毱多或"发端即谬"，或误释百出，形色"极惭"⑤。经过此番较量，玄奘更加赢得王室和道俗的尊敬，"至发日，王给手力、驼马，与道俗等倾都送出"⑥。

在迦湿弥罗国的阇耶因陀罗寺，僧称法师讲授《俱舍论》《顺正理论》《因明》《声明论》，"境内学人无不悉集"，玄奘"随其所说，领悟无遗，研幽击节，尽其神秘。彼公欢喜，欢赏无极，谓众人曰：'此支那僧智力宏赡，顾此众中无能出者'"⑦。斯言一出，有许多学僧"既见法师为大匠褒扬，无不发愤难诘法师，法师亦明目酬酢，无所塞滞，由是诸贤亦率惭服"⑧。局面一旦打开，玄奘获益量多，他在此"停留首尾二年，学诸经、论"，包括十万颂《邬波弟铄论》、释《素呾缆藏》《毗奈耶毗婆娑论》、释《毗奈耶藏》《阿毗达摩毗婆娑论》及释《阿毗达摩藏》，"凡三十颂，九十六万言"⑨。

在摩揭陀国的那烂陀寺，玄奘"钻研诸部及学梵书，凡经五岁"⑩。法师"在寺听《瑜伽》三遍，《顺正理》一遍，《显扬》、《对法》各一遍，《因明》、《声明》、《集量》等论各二遍，《中》、《百》二论各三遍。其《俱舍》、《婆沙》、《六足》、《阿毗昙》等已曾于迦湿弥罗诸国听讫，至此寻读决疑而已"⑪。

在钵伐多国，玄奘"因停二年，就学正量部《根本阿毗达磨》及《摄正法论》、《教实

---

① （唐）玄奘、辩机原著，季羡林等校注：《大唐西域记校注》卷2《印度总述·教育》，第186页。
② 朱瑛石：《"咒禁博士"源流考——兼论佛教对隋唐行政法的影响》，荣新江主编：《唐研究》第5卷，北京：北京大学出版社，1999年，第147—160页。
③ （唐）慧立、彦悰著，孙毓棠、谢方点校：《大慈恩寺三藏法师传》卷2《起阿耆尼国，终羯若鞠阇国》，第26页。
④ （唐）慧立、彦悰著，孙毓棠、谢方点校：《大慈恩寺三藏法师传》卷2《起阿耆尼国，终羯若鞠阇国》，第26页。
⑤ （唐）慧立、彦悰著，孙毓棠、谢方点校：《大慈恩寺三藏法师传》卷2《起阿耆尼国，终羯若鞠阇国》，第26页。
⑥ （唐）慧立、彦悰著，孙毓棠、谢方点校：《大慈恩寺三藏法师传》卷2《起阿耆尼国，终羯若鞠阇国》，第26—27页。
⑦ （唐）慧立、彦悰著，孙毓棠、谢方点校：《大慈恩寺三藏法师传》卷2《起阿耆尼国，终羯若鞠阇国》，第44页。
⑧ （唐）慧立、彦悰著，孙毓棠、谢方点校：《大慈恩寺三藏法师传》卷2《起阿耆尼国，终羯若鞠阇国》，第44页。
⑨ （唐）慧立、彦悰著，孙毓棠、谢方点校：《大慈恩寺三藏法师传》卷2《起阿耆尼国，终羯若鞠阇国》，第45页。
⑩ （唐）慧立、彦悰著，孙毓棠、谢方点校：《大慈恩寺三藏法师传》卷3《起阿逾陀国，终伊烂拏国》，第77页。
⑪ （唐）慧立、彦悰著，孙毓棠、谢方点校：《大慈恩寺三藏法师传》卷3《起阿逾陀国，终伊烂拏国》，第74页。

论》等"。在低罗择迦寺有出家大德名般若跋陀罗，"善自宗三藏及《声明》、《因明》等"；另有胜军论师，"幼而好学，先于贤爱论师所学《因明》，又从安慧菩萨学《声明》《大小乘论》，又从戒贤法师学《瑜伽论》，援至外籍群言、四《吠陀》典、天文、地理、医方、术数，无不究览根源，穷尽枝叶。既学该内外，德为时尊……法师就之，首末二年，学《唯识决择论》《意义理论》《成无畏论》《不住涅盘论》《十二因缘论》《庄严经论》，及问《瑜伽》《因明》等疑已"①。在那烂陀寺，"时戒贤论师遣法师为众讲《摄大乘论》、《唯识决择论》。时大德师子光先已为四众讲《中》、《百论》，述其旨破《瑜伽》义。法师妙闲《中》、《百》，又善《瑜伽》，以为圣人立教，各随一意，不相违妨，惑者不能会通，谓为乖反，此乃失在传人，岂关于法也。愍其局狭，数往征诘，复不能酬答，由是学徒渐散，而宗附法师。法师又以《中》、《百论》旨唯破遍计所执，不言依他起性及圆成实性，师子光不能善悟，见《论》称'一切无所得'，谓《瑜伽》所立圆成实等亦皆须遣，所以每形于言。法师为和会二宗，言不相违背，乃著《会宗论》三千颂。《论》成，呈戒贤及大众，无不称善，并共宣行。师子光惭赧，遂出往菩提寺，别命东印度一同学名旃陀罗僧诃来相论难，冀解前耻。其人既至，惮威而默，不敢致言，法师声誉益甚"②。

通过以上引述，不难看出，玄奘西去求法的过程，一方面是学习和交流的过程；另一方面又是决难破疑和扩大思想影响的过程，而这两个过程都与玄奘本身的"智力宏赡"密切相关，换句话说，在玄奘身上，体现着东西两种具有不同文化背景的思想体系开始走向融合。所以如果没有"智力宏赡"这个先决条件，那么，玄奘求法的意义将会大打折扣。恰如论者所言，玄奘的成功，可以概括为一句话，那就是玄奘"以坚定的意志和独一无二的智慧征服了丝绸之路"③。

（3）唐朝的强盛为玄奘游历印度提供了坚实的物质基础。玄奘从贞观三年（629）到贞观十九年（645）返回长安，历时17年。在此期间，唐朝的疆域不断扩大，特别是从贞观四年（630）四月，唐朝削平了东突厥汗国，于是，"西北诸蕃咸请上尊号为'天可汗'"④。在此形势之下，同年9月，原臣属于西突厥的伊吾归附唐朝。接着，高昌、龟兹、于阗、焉耆等国也先后遣使致贡。如前所述，玄奘西游印度所选择的时机正好是西域诸国纷纷要求归附唐朝之际，诚如玄奘在《大唐西域记·序论》中所言："我大唐御极则天，乘时握纪，一六合而光宅，四三皇而照临。"⑤这些话并不都是溢美之词，事实上，从玄奘的亲身经历来看，西域诸国对玄奘西游这件事的重视在一定程度上确实体现了唐朝"一六合而光宅"的历史状态。如在素叶城，突厥叶护可汗"为法师设一铁交床，敷褥请坐。须臾，更引汉使及高昌使人入，通国书及信物，可汗自目之甚悦，令使者坐。命陈酒

---

① （唐）慧立、彦悰著，孙毓棠、谢方点校：《大慈恩寺三藏法师传》卷4《起瞻波国，终迦摩缕波国王请》，第95—96页。
② （唐）慧立、彦悰著，孙毓棠、谢方点校：《大慈恩寺三藏法师传》卷4《起瞻波国，终迦摩缕波国王请》，第97—98页。
③ 金铁木：《一代宗师玄奘》，北京：中国民主法制出版社，2009年，第132页。
④ 《旧唐书》卷3《太宗本纪下》，第39页。
⑤ （唐）玄奘、辩机原著，季羡林等校注：《大唐西域记校注》卷1《序论》，第32页。

设乐，可汗共诸臣使人饮，别索蒲萄浆奉法师"①。汉使与玄奘一同出现在突厥叶护可汗的帐中，且"可汗共诸臣使人饮"，即表明了唐朝在突厥叶护可汗心目中的特殊位置。又如在羯若鞠阇国，戒日王向玄奘描述他印象中的大唐："尝闻摩诃至那国有秦王天子，少而灵鉴，长而神武。昔先代丧乱，率土分崩，兵戈竞起，群生荼毒，而秦王天子早怀远略，兴大慈悲，拯济含识，平定海内，风教遐被，德泽远洽，殊方异域，慕化称臣。氓庶荷其亭育，咸歌《秦王破阵乐》。闻其雅颂，于兹久矣。"②最后他感叹道："盛矣哉，彼土群生，福感圣主！"③闻其言，我们能够感受到戒日王对大唐文化的向慕，其中《秦王破阵乐》仅仅是大唐绚烂文化的一个突出代表。拘摩罗王下面的一段表白则颇能说明当时西域诸国与大唐之间的文化联系，拘摩罗王说：

> 善哉！慕法好学，顾身若浮，逾越重险，远游异域，斯则王化所由，国风尚学。今印度诸国多有歌颂摩诃至那国《秦王破阵乐》者，闻之久矣。④

可惜，他"常慕风化，东望已久。山川道阻，无由自致"，但"覆载若斯，心冀朝贡"⑤。这样的政治信息，正好符合唐太宗统一西域诸国的愿望。而玄奘奉诏撰写《大唐西域记》的政治目的亦在于此，有论者指出：一方面，由于《大唐西域记》的政治意义及丰富的历史地理内容，打开了唐太宗更加宽阔的眼界，从而唐太宗越来越器重玄奘；另一方面，在《大唐西域记》的影响下，唐太宗彻底改变了他以往对待佛教"非意所遵"的态度。⑥

（4）没有各族人民的支持和帮助，玄奘即使有三头六臂，也不可能完成独自一人西游印度的历史壮举。先说人力的帮助，如在凉州，"彼有慧威法师，河西之领袖，神悟聪哲，既重法师辞理，复闻求法之志，深生随喜，密遣二弟子，一曰慧琳、二曰道整，窃送向西"⑦；在高昌，为了愍玄奘"西游茕独"，高昌王曲文泰"度沙弥四人以为侍伴"⑧；在迦湿弥罗国，其王"给书手二十人，令写经、论。别给五人供承驱使"⑨；在迦湿弥罗国，其王"遣一大臣将百余人，送法师度雪山，负刍草粮食资给"⑩；在安呾罗缚婆国，

---

①　（唐）慧立、彦悰著，孙毓棠、谢方点校：《大慈恩寺三藏法师传》《起阿耆尼国，终羯若鞠阇国》，第 28 页。

②　（唐）玄奘、辩机原著，季羡林等校注：《大唐西域记校注》卷 5《羯若鞠阇国·玄奘会见戒日王》，第 436 页。

③　（唐）玄奘、辩机原著，季羡林等校注：《大唐西域记校注》卷 5《羯若鞠阇国·玄奘会见戒日王》，第 437 页。

④　（唐）玄奘、辩机原著，季羡林等校注：《大唐西域记校注》卷 10《迦摩缕波国·拘摩罗王招请》，第 797—798 页。

⑤　（唐）玄奘、辩机原著，季羡林等校注：《大唐西域记校注》卷 10《迦摩缕波国·拘摩罗王招请》，第 798 页。

⑥　高扬：《玄奘与〈大唐西域记〉》，陕西人民出版社文艺编辑部编：《汉唐文史漫论》，西安：陕西人民出版社，1986 年，第 175 页。

⑦　（唐）慧立、彦悰著，孙毓棠、谢方点校：《大慈恩寺三藏法师传》卷 1《起载诞于缑，终西届于高昌》，第 12 页。

⑧　（唐）慧立、彦悰著，孙毓棠、谢方点校：《大慈恩寺三藏法师传》卷 1《起载诞于缑，终西届于高昌》，第 23 页。

⑨　（唐）慧立、彦悰著，孙毓棠、谢方点校：《大慈恩寺三藏法师传》卷 2《起阿耆尼国，终羯若鞠阇国》，第 43 页。

⑩　（唐）慧立、彦悰著，孙毓棠、谢方点校：《大慈恩寺三藏法师传》卷 5《起尼干占归国，终至帝城之西漕》，第 115 页。

"叶护遣卫送，共商侣东行"①等。在物质方面，高昌王曲文泰为玄奘"制法服三十具。以西土多寒，又造面衣、手衣、靴、袜等各数事。黄金一百两，银钱三万，绫及绢等五百匹，充法师往返二十年所用之资。给马三十匹，手力二十五人"②；在返回迦湿弥罗国时，"其王遣使迎请，法师为象行辎重不果去"，在信度大河上，"经像及同侣人并坐船而进，法师乘象涉渡……时遣一人在船看守经及印度诸异华种，将至中流，忽然风波乱起，摇动船舫，数将覆没，守经者惶惧堕水，众人共救得出，遂失五十夹经本及华种等，自余仅得保全"③，后来，"为失经本，更遣人往乌长那国抄写迦叶臂耶部三藏"④；贞观十九年（645），唐太宗在长安弘福寺"安置法师于西域所得大乘经二百二十四部，大乘论一百九十二部，上座部经、律、论一十五部，大众部经、律、论一十五部，三弥底部经、律、论一十五部，弥沙塞部经、律、论二十二部，迦叶臂耶部经、律、论一十七部。法密部经、律、论四十二部，说一切有部经、律、论六十七部，因论三十六部，声论一十三部，凡五百二十夹，六百五十七部"⑤。这笔财富得来不易，对其价值，我们今天用何等语言来表达，都显无力。这是一个需要勇气付出和需要用智慧去创造历史辉煌的时代，玄奘用他的执着、顽强、矢志不移的精神谱写了人类文明史上最壮丽的篇章。玄奘热爱佛学，更热爱他的祖国，把奉献与付出、历险与求知结合起来，在科学探索的过程中既敢于质疑又勇于解疑，将独立思考寓于思维交锋之中，唯其如此，他才被人们称作是"中国的脊梁"⑥。

第二节　李吉甫的地理学思想

李吉甫，字弘宪，赵郡（今河北赞皇县）人，为一代名相，是我国古代著名的地理学家。据《旧唐书》本传载，李吉甫"年二十七，为太常博士，该洽多闻，尤精国朝故实，沿革折衷，时多称之"⑦。当然，李吉甫首先是一位政治家，然后才是一位学者。他一生虽然时有沉浮，但对国家的改革和发展，却矢志不渝，尽心竭力。例如，《旧唐书》称其"性聪敏，详练物务，自员外郎出官，留滞江淮十五余年，备详闾里疾苦。及是为相，患方镇贪恣，乃上言使属郡刺史得自为政。叙进群材，甚有美称"⑧。又"在扬州，每有朝

① （唐）慧立、彦悰著，孙毓棠、谢方点校：《大慈恩寺三藏法师传》卷5《起尼干占归国，终至帝城之西漕》，第116页。
② （唐）慧立、彦悰著，孙毓棠、谢方点校：《大慈恩寺三藏法师传》卷1《起载诞于缑，终西届于高昌》，第21页。
③ （唐）慧立、彦悰著，孙毓棠、谢方点校：《大慈恩寺三藏法师传》卷5《起尼干占归国，终至帝城之西漕》，第114页。
④ （唐）慧立、彦悰著，孙毓棠、谢方点校：《大慈恩寺三藏法师传》卷5《起尼干占归国，终至帝城之西漕》，第115页。
⑤ （唐）慧立、彦悰著，孙毓棠、谢方点校：《大慈恩寺三藏法师传》卷6《起十九年春正月入西京，终二十二年夏六月谢御制经序并答》，第127页。
⑥ 钱文忠：《钱文忠语录·风化的传统基石》，北京：新星出版社，2010年，第118页。
⑦ 《旧唐书》卷148《李吉甫传》，第3992页。
⑧ 《旧唐书》卷148《李吉甫传》，第3993页。

廷得失，军国利害，皆密疏论列。又于高邮县筑堤为塘，溉田数千顷，人受其惠"①。再有，元和六年（811）为相，而元和八年（813）十月，李吉甫即建议恢复宥州建置。他说："国家旧置宥州，以宽宥为名，领诸降户。天宝末，宥州寄理于经略军，盖以地居其中，可以总统蕃部，北以应接天德，南援夏州。今经略遥隶灵武，又不置军镇，非旧制也。"②一个州郡的废与置关乎国家政治和军事的大局，关乎边疆形势的相互牵制与社会稳定，所以在复置宥州的上奏中，李吉甫陈述了州郡设置与唐朝军政大局的关系，这个思想基点便成了他编纂《元和郡县图志》的重要指南。《旧唐书》载，李吉甫"分天下诸镇，纪其山川险易故事，各写其图于篇首，为五十四卷，号为《元和郡国图》"③。对于这部划时代的地理总志，学界评价甚高。如《四库全书总目》称："舆记图经，隋唐志所著录者，率散佚无存，其传于今者，惟此书为最古，其体例亦为最善，后来虽递相损益，无能出其范围。"④

一、厚今薄古与"最为可据"的《元和郡县图志》

（一）《元和郡县图志》的编纂与天下形势

在唐朝的 22 位帝王中，唐玄宗在位时间最长，但发生于天宝年间的安史之乱，导致唐朝政治和军事形势开始逐渐转入衰落。对此，李吉甫深有感触。他说："天宝之季，王途暂艰，由是坠纲解而不纽，强侯傲而未肃。逮至兴运，尽为驱除。故蜀有阻隘之夫，吴有凭江之卒，虽完保聚，缮甲兵，莫不手足裂而异处，封疆一乎四海，故鄜、卫风偃，朔塞砥平，东西南北，无思不服。"⑤《十七史商榷》释："蜀谓刘辟，吴谓李锜。平蜀在元和元年，平吴在二年。表中但举此两事，余平叛皆不及，进书时淮蔡未平故也。"⑥也就是说，当时唐宪宗对割据的藩镇局面，并未从根本上彻底改变，他的"一乎四海"仅仅是名义上的。

在国家统一和分裂的历史斗争中，李吉甫坚决支持唐宪宗的削藩军事行动。一方面，"刘辟反，帝（唐宪宗）命诛讨之，计未决，吉甫密赞其谋，兼请广征江淮之师，由三峡路入，以分蜀寇之力。事皆允从，由是甚见亲信"⑦。又李锜在浙西，李吉甫"度李锜必反，劝帝召之，使者三往，以病解，而多持金啖权贵，至为锜游说者。吉甫曰：'锜。庸材，而所蓄乃亡命群盗，非有斗志，讨之必克。'帝（唐宪宗）意决。复言：'昔徐州乱，尝败吴兵，江南畏之。若起其众为先锋，可以绝徐后患。韩弘在汴州，多惮其威，诚诏弘子弟率兵为掎角，则贼不战而溃。'从之。诏下，锜众闻徐、梁兵兴，果斩锜降"⑧。另一

---

① 《旧唐书》卷 148《李吉甫传》，第 3994 页。
② 《旧唐书》卷 148《李吉甫传》，第 3996 页。
③ 《旧唐书》卷 148《李吉甫传》，第 3997 页。
④ （清）永瑢等：《四库全书总目》卷 68《史部二十四·地理类一》，北京：中华书局，1965 年，第 595 页。
⑤ （唐）李吉甫撰，贺次君点校：《元和郡县图志》，北京：中华书局，1983 年，第 2 页。
⑥ （清）王鸣盛：《十七史商榷》，北京：中国书店，1937 年，第 1006 页。
⑦ 《旧唐书》卷 148《李吉甫传》，第 3993 页。
⑧ 《新唐书》卷 146《李吉甫传》，第 4740 页。

方面，李吉甫从"汉祖入关，诸将争走金帛之府，惟萧何收秦图书，高祖所以知山川厄塞，户口虚实。厥后受命汜水，定都洛阳，留侯演委辂之谋，田肎贺入关之策，事关兴替，理切安危，举斯而言，断可识矣"①的历史经验中，深刻认识到"版图地理"的重要性。他说："久而伏思，方得所效，以为成当今之务，树将来之势，则莫若版图地理之为切也。"②

可见，李吉甫编纂《元和郡县图志》的目的，不单单是"饰州邦而叙人物，因丘墓而征鬼神"，更要详叙"丘壤山川，攻守利害"，以便实现"佐明王扼天下之吭，制群生之命，收地保势胜之利，示形束壤制之端"③的政治目标，从而恢复中央的权威。

考《元和郡县图志》以关内、河南、河东、河北、山南、淮南、江南、剑南、岭南、陇右十道分篇，颇有"祖宗之耿光寝而复耀"④之志义。此"祖宗"即唐太宗，据《旧唐书·地理志一》载："自隋季丧乱，群盗初附，权置州郡，倍于开皇、大业之间。贞观元年，悉令并省。始于山河形便，分为十道：一曰关内道，二曰河南道，三曰河东道，四曰河北道，五曰山南道，六曰陇右道，七曰淮南道，八曰江南道，九曰剑南道，十曰岭南道……至十四年平高昌，又增二州六县。自北珍突厥颉利，西平高昌，北逾阴山，西抵大漠。其地东极海，西至焉耆，南尽林州南境，北接薛延陀界。"⑤如众所知，"论唐代疆域者，每称开元之时为极盛"⑥，那么，李吉甫在编纂《元和郡县图志》时为什么不近取开元时的"十五道"疆域区划，而是舍近求远于贞观时的"十道"疆域区划呢？

这与当时的特定历史环境有关。唐初开边，疏于边防的军事力量薄弱，致使中央无力稳定边疆局面。为此，唐政府开始在边镇设立节度使，位高势强，权力越来越重。到唐玄宗时，全国已经出现了10个节度使，其中仅安禄山一人就占了3个。安史之乱后，藩镇崛起，形势严峻。如杜牧在《战论》中指出：

> 河北视天下犹珠玑也，天下视河北犹四支也。珠玑苟无，岂不活身；四支苟去，吾不知其为人。何以言之？夫河北者，俗俭风浑，淫巧不生，朴毅坚强，果于战耕。名城坚垒，客薜相贯；高山大河，盘互交锁。加以土息健马，便于驰敌，是以出则胜，处则饶，不窥天下之产，自可封殖，亦犹大农之家，不待珠玑然后以为富也。天下无河北则不可，河北既虏，则精甲锐卒利刀良弓健马无有也。卒然夷狄惊四边，摩封疆，出表里，吾何以御之？是天下一支兵去矣。河东、盟津、滑台、大梁、彭城、东平，尽宿厚兵，以塞虏冲，是六郡之师……周秦单师，不能排辟，于是尽铲吴、越、荆楚之饶，以啖兵戎，是天下四支财去矣。⑦

---

① （唐）李吉甫撰，贺次君点校：《元和郡县图志》，第1页。
② （唐）李吉甫撰，贺次君点校：《元和郡县图志》，第2页。
③ （唐）李吉甫撰，贺次君点校：《元和郡县图志》，第2页。
④ （唐）李吉甫撰，贺次君点校：《元和郡县图志》，第2页。
⑤ 《旧唐书》卷38《地理志一》，第1384页。
⑥ 顾颉刚、史念海：《中国疆域沿革史》，北京：商务印书馆，2004年，第135页。
⑦ （唐）杜牧著，陈允吉校点：《杜牧全集》卷5《战论》，上海：上海古籍出版社，1997年，第58—59页。

对此，李吉甫亦有同论。他在元和二年（807）上《元和国计簿》中说："总计天下方镇四十八，州府二百九十五，县千四百五十三。其凤翔、鄜坊、邠宁、振武、泾原、银夏、灵盐、河东、易定、魏博、镇冀、范阳、沧景、淮西、淄青等十五道七十一州不申户口外……每岁赋税倚办止于浙江东、西、宣歙、淮南、江西、鄂岳、福建、湖南八道四十九州，一百四十四万户，比天宝税户四分减三。"①

藩镇的出现，已成既定事实。李吉甫必须客观地面对它，然而，"高祖、太宗之制，兵列府以居外，将列卫以居内，有事则将以征伐，事已各解而去。兵者，将之事也，使得以用，而不得以有之"②。所以为了使诸镇"不得以有兵"，李吉甫出任宰相一年多，便换掉了 36 个镇的节帅，这在一定程度上消弱了藩镇的势力。《新唐书·李吉甫传》又载："元和二年，杜黄裳罢宰相，乃擢吉甫中书侍郎、同中书门下平章事。吉甫连塞外迁十余年，究知闾里疾苦，常病方镇强恣，至是为帝（唐宪宗）从容言：'使属郡刺史得自为政，则风化可成。'帝然之，出郎吏十余人为刺史。"③通过提高刺史权力的措施来抑制藩镇对地方政权的把控，同时，"州刺史不得擅见本道使，罢诸道岁终巡句以绝苛敛"④，从而加强了中央与州刺史的直接联系。在这样的历史背景之下，无论是作为自然区划还是作为行政区划⑤的"道"当然是越少越好。因此，李吉甫以唐初十道为纲，以四十七镇为目，架构了《元和郡县图志》特色鲜明的内容体系和规模。

先说"十道"。贞观十二年（638），魏王李泰开始奏请主持编纂唐代第一部官修地理学《括地志》，并于贞观十五年（641）正月三日"功毕，表上之，诏令付秘阁，赐泰物万段"⑥。《括地志·序录》载："贞观十三年大簿，凡州三百五十八……凡县一千五百五十一，至十四年西克高昌，又置西州都护府及庭州并六县，通前凡三百六十州，依叙之为十道也。"⑦此后，成书于贞元十七年（801）的《通典·州郡门》载："大唐因循旧制，一为郡县，又为天下为十五部。"⑧其十五部的名称是：京畿、都畿、关内、河南、河东、河北、陇右、山南东、山南西、剑南、淮南、江南东、江南西、黔中、岭南。这"十五部"，即玄宗开元二十一年的"十五道"。然而，《通典·州郡门》的叙述方式并没有按照"十五部"或"十五道"划分州县，而是将颛顼所创制的"九州"⑨，与唐初的"十道"相调和。

---

① 《资治通鉴》卷 237《唐纪五十三》，上海：上海古籍出版社，1988 年，第 1630 页。
② 《新唐书》卷 64《方镇表一》，第 1759 页。
③ 《新唐书》卷 146《李吉甫传》，第 4739—4740 页。
④ 《新唐书》卷 146《李吉甫传》，第 4739 页。
⑤ 翁俊雄认为："在开元二十一年，全国实分为十六道。不过，这十六道与唐初十道一样，只是'置采访使，检查非法'，而采访使往往是临时委派，没有常设机构，并非一级行政机构。"参见翁俊雄：《唐后期政区与人口》，北京：首都师范大学出版社，1999 年，第 10 页。
⑥ 《旧唐书》卷 76《濮王泰传》，第 2653 页。《唐会要》卷 36《修撰》载："（贞观）十五年正月三日，魏王泰上《括地志》五十卷，上嘉之，赐物一万段，其书宣付秘阁。初，泰好学，爱文章，司马苏勖劝泰表请修撰，诏许之。于是大开馆宇，广召时俊，遂奏引著作郎萧德言、秘书郎顾允、记室参军蒋亚卿、功曹参军谢偃等，人物辐辏，门庭若市。泰稍悟过盛，欲其速成，于是分道诸州，披检疏录，凡四年而成。"
⑦ （唐）李泰等著，贺次君辑校：《括地志辑校》，北京：中华书局，1980 年，第 2—5 页。
⑧ （唐）杜佑著，颜品忠等校点：《通典》卷 172《州郡门》，长沙：岳麓书社，1995 年，第 2355 页。
⑨ （唐）杜佑著，颜品忠等校点：《通典》卷 172《州郡门》，第 2331 页。

在唐代，陈子昂揭橥崇古的旗帜，至贞元、元和年间，儒学复古思潮兴起，影响所及诗文、史学、绘画等无不被当时的复古思潮所浸润和渗透。一方面，杜佑在《通典·食货门》主张恢复井田、《通典·乐典》推崇古乐等；另一方面，他又反对"滞儒常情，非今是古"①。在他看来，"秦始皇荡平九国，宇内一家，以田氏篡齐，六卿分晋，由是臣强君弱，终成上替下陵，所以尊君抑臣，置列郡县，易于临统，便俗适时"②。此处的"便俗适时"思想为李吉甫所继承，《元和郡县图志》摒弃了《通典·州郡门》的"古九州"外衣，直接以唐初十道为框架，这既体现了区划为政治服务的历史地理观念，同时又表明他对以往地理志的编纂者"尚古远者或搜古而略今"③思想意识的不满和匡正。

次言"四十七镇"。《通典·州郡二》载："大唐武德初，改郡为州，太守为刺史，其边镇及襟带之地，置总管府以领军戎。至七年，改总管府为都督府。"又"自因隋季分割州府，倍多前代。贞观初，并省州县，始于山河形便，分为十道"④。把"山河形便"与"边镇及襟带之地"结合起来，即为《元和郡县图志》的编纂目的。考《括地志·序略》"十道"共设置了 43 个都督府，其中关内道有 6 个。这些都督府皆占据当时各形势要害之地或国内要区，具有十分重要的军事战略意义。因此，唐初沿用曹魏时期的总管府，专司都督诸州军政，不涉民事。另外，又为诸州总管加号使持节。于是，"永徽以后，凡都督带使持节者始称节度使，未带者不称之……然此仅诸镇官衔之名称，非有地域之限制也"⑤。安史之乱后，唐朝为了怀柔降将和奖励出征战士，每皆授以节度之号，向日施于边庭的制度转而滥用于内地。这些节度使"据土地，擅使号，大者连州十数，小者亦兼三四，除授转让类皆不请命于中央，而境内置官行政尤多一任己意，故其初虽为边关军事制度，至是已实际成为内地之行政区域。"⑥据《元和郡县图志》统计，当时全国共有四十七镇，亦即有四十七个节度（观察）使。李吉甫说：《元和郡县图志》的编纂"起京兆府，尽陇右道，凡四十七镇，成四十卷"⑦。

至于"四十七镇"的分布，则关内道 8 个、河南道 7 个、河北道 7 个、河东道 3 个、山南道 3 个、淮南道 1 个、江南道 8 个、剑南道 2 个、岭南道 5 个、陇右道 3 个。

尽管当时陇右道已经被吐蕃占领，但李吉甫还是从维护国家领土统一和完整的角度，将唐初的"十道"作为《元和郡县图志》的理论框架，这样，李吉甫就把陇右道看作"十道"的有机组成部分，寓意唐朝疆域金瓯无缺。而杜佑《通典·州郡门》的"古九州"寓意与之相同。

再看内容与特色。我国历史地理学的编纂始于《汉书·地理志》，之后，《通典·州郡门》继承和发展了这一传统，它将唐朝的疆域政区沿革，从天宝末一直上溯至远古黄帝时

① （唐）杜佑著，颜品忠等校点：《通典》卷 74《礼三十四·宾一》，第 1033 页。
② （唐）杜佑著，颜品忠等校点：《通典》卷 74《礼三十四·宾一》，第 1033 页。
③ （唐）李吉甫：《元和郡县图志序》，（唐）李吉甫撰，贺次君点校：《元和郡县图志》，第 2 页。
④ （唐）杜佑著，王文锦等点校：《通典》卷 172《州郡门》，第 2343 页。
⑤ 顾颉刚、史念海：《中国疆域沿革史》，北京：商务印书馆，2004 年，第 138 页。
⑥ 顾颉刚、史念海：《中国疆域沿革史》，第 139 页。
⑦ （唐）李吉甫撰，贺次君点校：《元和郡县图志》，第 2 页。

期，从而打破了历代正史地理志只记本朝或稍往上追溯的局限性。①至于《通典·州郡门》的内容和特色，有研究者概括为三点：第一，它在历史人文地理史料方面，涵盖了经济地理学、交通地理学、地名史、区域风俗史、地方名胜古迹等许多方面，这为我们全面了解唐代以前（包括唐前期）的中国社会文化形态的发展和演变提供了重要史料。第二，在自然地理方面，《通典·州郡门》比较详细地著录了各地山、川、湖泊的分布，为我们考察中国自然地理环境的变化提供了重要、翔实的依据。第三，《通典·州郡门》记录了许多特殊的自然地理现象，比如临邛县的"火井"、朝邑县的"苦泉"、麟桂县的"漓水"等，它为我们具体考察中国地貌演变及古生物发展和自然资源分布提供了可贵的史料参考。与之相较，《元和郡县图志》除了在历史人文地理史料和自然地理方面，考述更为翔实之外，还创造了图志的编纂体例。比如，同是相州，《元和郡县图志》和《通典·州郡门》的编纂体例与所述内容就区别很大。

（1）《通典·州郡门》述相州的内容见下：

> 相州。殷王河亶甲居相，即其地也。春秋时属晋，战国时属魏，后属赵。秦兼天下，为邯郸郡地。汉为魏郡，后汉因之。魏武王建都于此。魏氏都在邺县。晋亦为魏郡。后赵石季龙、前燕慕容儁并都之。皆都于邺。冉闵为慕容儁所灭，慕容暐为符坚所灭也。后魏道武置相州，取河亶甲居相之义。东魏静帝初迁都于此，改置魏尹及置司州牧。北齐又都焉，改为清都郡，置尹。后周武帝平高纬也。后周置相州及魏郡。自故邺移居安阳城也。隋初郡废，炀帝初州废，复置魏郡。自北齐之灭，衣冠士人多迁关内，唯技巧商贩及乐户移实郡郭，由是人情险诐，至今好为诉讼也。大唐为相州，或为邺郡。②

（2）《元和郡县图志》叙述相州的历史地理，钩索微沉，纲目条制，颇出新意。具体内容如下：

> 相州，邺郡。望。开元户七万八千。乡一百五十一。元和户三万九千。乡二十九。
> 　《禹贡》冀州之域。又为殷盘庚所都，曰殷墟，项羽与章邯盟于洹水南殷墟是也。春秋时属晋。战国时属魏，魏文侯使西门豹守邺是也。秦兼天下，为上党、邯郸二郡之地。汉高帝分置魏郡，理邺。后汉末，冀州理之，韩馥为冀州牧，居邺。其后袁绍、曹操因之。建安十七年，册命操为魏公，居邺。黄初二年，以广平、阳平、魏三郡为"三魏"，长安、谯、许、邺、洛阳为"五都"。石季龙自襄国徙都之，仍改太守为魏尹。慕容儁平冉闵，又自蓟徙都之，仍置司隶校尉。
> 　符坚平邺，以王猛为冀州牧，镇邺。后魏孝文帝于邺立相州。初，孝文帝幸邺，访立州名……隋大业三年，改相州为魏郡。武德元年，复为相州。后或为总管，或为都督。
> 　州境：东西二百一十四里。南北一百六十九里。
> 　八到：西南至上都一千四百四十里。西南至东都五百八十里。北至磁州六十五

---

① 杨文衡主编：《世界地理学史》，长春：吉林教育出版社，1994 年，第 273 页。
② （唐）杜佑著，颜品忠等校点：《通典》卷 178《州郡门八》，第 2460—2461 页。

里。东北至洺州一百八十里。东取临洺县北至邢州二百六十五里。东至魏州二百一十里。西至潞州三百五十里。东南至滑州一百三十里。

贡赋：开元贡：纱，凤翮席，胡粉，知母。赋：绵，绢，丝。

管县十：安阳，邺，成安，内黄，尧城，洹水，临漳，临河，汤阴，林虑。

安阳县，紧。郭下。本七国时魏宁新中邑，秦昭襄王拔之，改名安阳。汉初废，以其地属汤阴县。晋于今理西南三里置安阳县，属魏郡，后魏并入汤阴。隋开皇十年置安阳县，属相州。皇朝因之。

韩陵山，在县东北十五里。东魏丞相高欢破尔朱兆众于此山。

洹水，西南自林虑县界流入。虑，音闾。

邺县，紧。二。南至州四十里。本汉旧县，属魏郡。晋以怀帝讳，改邺为临漳县，石季龙徙都之，复改为邺县。冉闵及慕容隽泪东魏、高齐并都于此，其县名直至隋氏不改，皇朝因之。

浊漳水，在县北五里。西门豹为邺令，引漳水以富魏之河内。后史起为邺令，又引漳水溉邺，人歌之曰："邺有贤令，号为史公，决漳水兮灌邺旁，终古舄卤生稻粱。"今天谷井堰，即其遗址也。

故邺城，县东五十步。本春秋时齐桓公所筑也，自汉至高齐，魏郡邺县并理之。今按魏武帝受封于此，至文帝受禅，呼此为邺都。

西门豹祠，在县西十五里。

魏武帝西陵，在县西三十里。

……

洹水，在县北四里。

丹朱墓，在县东一里。

洹水县，上。三。西南至州一百二十里。本汉内黄县地，晋于此置长乐县，属魏郡。后魏省，孝文帝复置长乐县，高齐省入临漳县。周武帝分临漳置洹水县，因洹水流入，即以为名，属魏郡。隋开皇三年割属相州，皇朝因之。

洹水，西自尧城县界流入。

……

武德二年，重置黎州，县属焉。贞观十七年废黎州，以县属相州。

黄河，南去县五里。

汤阴县，上。二。北至州四十里。本七国时魏汤阴邑也，汉以为县，属河内郡，县有荡水，因取名焉。晋属魏郡，后魏省。隋开皇六年重置汤阴县，属相州，十六年改属黎州。武德四年，分安阳置汤源县，属卫州，六年改属相州，贞观元年改为汤阴，从汉旧名。

荡水，西去县三十五里。[1]

由上述引文可以看出，《元和郡县图志》的体例严谨，立制规范，确实是一部承前启

---

[1] （唐）李吉甫撰，贺次君点校：《元和郡县图志》卷16《河北道一·相州》，第451—456页。

后的地理总志，难怪乎《四库全书总目》将其"冠地理总志之首"①。就内容而言，李吉甫对政区变迁的考述明显详于《通典·州郡门》，"在有益资政思想的指导下，对户乡贡赋，乃至州境八到，记述得都十分明白具体，是极为宝贵的历史、经济、地理资料"②。对各县境内的山川、河渠、陂泽、湖堰、山脉等地理景象，记述甚详。像位于邺县的天谷井堰，内黄县的黄泽、永济渠，洹水县的鸬鹚陂，林虑县的林虑山等，均不见载于《通典·州郡门》。

（二）《元和郡县志》的主要地理思想与成就

1. 突出形势要害，便于军事的攻守与进退

李吉甫编纂《元和郡县图志》的主要目的在于绘制全国各镇的地理形势图，"每镇皆图在篇首，冠于叙事之前"③，以备军事之用。可惜，镇图在北宋亡佚，所以《直斋书录解题》将《元和郡县图志》改称为《元和郡县志》。④

地形是军事地图的重要构成要素，也是将帅用兵的必要条件。李吉甫在编纂《元和郡县图志》时格外地突出了各镇州县境内的地形特点，并且将那些主要的山川河泽作为其地形标志。例如，对于邢州的地形特点，《元和郡县图志》主要记述了龙冈县的土山、石井冈、夷仪岭，钜鹿县的大陆泽，平乡县的浊漳水、落漠水，尧山县的泜水等。通过李吉甫的记述，人们很快就掌握了邢州的地形特点，尤其是对个别有重要军事意义的地形，记述尤详。如位于钜鹿县的大陆泽，李吉甫述："大陆泽，一名钜鹿，在县西北五里。《禹贡》曰：'恒、卫既从，大陆既作。'按泽东西二十里，南北三十里，葭芦荻莲鱼蟹之类，充牣其中。泽畔又有碱泉，煮而成盐，百姓资之。"⑤这样就把大陆泽的面积、水域特点及经济价值，讲得非常清楚。在军事上，地形可分为六类：有通者，有挂者，有支者，有隘者，有险者，有远者。不同的地形，对于用兵的意义不同。比如，《管子·地图》说："凡兵主者，必先审知地图。辕辕之险，滥车之水，名山、通谷、经川、陵陆、丘阜之所在，苴草、林木、蒲苇之所茂，道里之远近，城郭之大小，名邑、废邑、困殖之地，必尽知之。地形之出入相错者，尽藏之。然后可以行军袭邑，举措知先后，不失地利，此地图之常也。"⑥如果仔细对照，我们就会发现，李吉甫的《元和郡县图志》基本上也是以此为指南。至于《管子·地图》所讲到的内容，《元和郡县图志》大致都有，这个事实表明了李吉甫也是从军事学的角度来编纂《元和郡县图志》的。因此，李吉甫叙述每一藩镇，严格依照军事地图的要求，一一标清其山谷、经川、陵陆、丘阜之所在与苴草、林木、蒲苇之所茂等。不妨再以郑州为例⑦，约略述之。

州境：东西一百七十六里，南北二百里。

---

① （清）永瑢等：《四库全书总目》卷 68《史部二十四·地理类一》，第 595 页。

② 翟忠义、马来平主编：《科学名著赏析·地理卷》，第 39 页。

③ （唐）李吉甫：《元和郡县图志序》，（唐）李吉甫撰，贺次君点校《元和郡县图志》，第 2 页。

④ （宋）陈振孙：《直斋书录解题》卷 8《地理类》，第 239 页。

⑤ （唐）李吉甫撰，贺次君点校：《元和郡县图志》卷 15《河东道四》，第 428 页。

⑥ （周）管仲：《管子》卷 10《地图》，《百子全书》第 2 册，长沙：岳麓书社，1993 年，第 1332—1333 页。

⑦ （唐）李吉甫撰，贺次君点校：《元和郡县图志》卷 8《河东道四》，第 202—206 页。

八到：西至上都一千一百四十里，西至东都二百八十里，东至汴州一百四十里，南至许州一百八十六里，东北至滑州三百里，北至黄河八十里。

管县七：管城，荥阳，荥泽，原武，阳武，新郑，中牟。

其山谷有管城县的梅山，荥泽县的广武山、敖山，新郑县的陉山；河流有荥阳县的京水、索水，荥泽县和原武县的黄河，新郑县的溱水、洧水；陂泽堤渠有管城县的圃田泽、李氏陂，荥泽县的荥泽、金堤，阳武县的汴渠，中牟县的圃田泽；名邑有管城县的故市城、武强城、祭城、邴城，荥阳县的小索城、京县故城，荥泽县的东广武城、西广武城、敖仓城，阳武县的南棣城、北棣城，新郑县的溱州府城、鄶城等。可以想象，像山川、冈峦、直泽，以及陂堤、城邑、渠堰、桥梁等这些地貌与地物，因其特色突出，所以只要在地图上对它们加以标识，那么，进退之道，掌指缕分，即使人们没有亲临其地，也会蓝图在胸，这就是李吉甫编纂"图志"的主要目的。

2. 对特殊地物的描述，凸显了人在自然界中的能动作用

地物系指地面上的物体，它是构成地形的重要组成部分。军事实际上就是处理人与自然关系的一门艺术。利用地形，将士兵的能动性发挥到极致，是军事指挥家的最高境界。有很多人工地物像渠道、陂堤、桥梁等，既有民用功能，同时又有军事作用。例如，青州益都县广固城：

在县西四里。晋永嘉五年，东莱牟平人曹嶷为刺史所筑，有大涧，甚广固，故谓之广固。初，南燕慕容德议所都，尚书潘聪曰："青、齐沃壤号东秦，土方二千里，四塞之固，负海之饶，可谓用武之国。广固者，曹嶷之所营，山川阻峻，足为帝王之都。"德从之。及义熙五年，宋武帝征慕容超于广固也，城侧有五龙口，险阻难攻，兵力疲弊，河间人玄文说裕曰："昔赵攻曹嶷，望风者以为滝水带城，非可攻拔；若塞五龙口，城当必陷。石季龙从之，嶷请降。后五日，大雨震雷，复开，徙舟峰阳。舟阆之乱，段龛据之，慕容恪攻围数月，不克，又塞五龙口，龛遂降。后无几，又震开之。今旧基犹存，宜谨修筑。"裕从之。超及城中男女，皆患脚弱，病者大半，超遂出奔，为晋所擒[1]。宋武帝刘裕攻陷广固城，与慕容超及城中男女皆患脚弱之间，究竟是一种什么关系，待考。这里，我们重点强调的是广固城这个地物的军事价值。又如，河中府解县"通路自县东南逾中条山，出白径，趋陕州之道也。山岭参天，左右壁立，间不容轨，谓之石门，路出其中，名之白径岭焉。"[2]

诚如论者所言："熟知这些地形特殊的交通孔道，对于满足军事、通商、行路等不同需要的人们无疑是有所帮助的。"[3]

经考，《元和郡县图志》记载的特殊地物，大致分为以下几类：

（1）陂堰。唐代因地制宜修筑了不少塘、陂、堰等水利工程，这些工程主要用于农田

① （唐）李吉甫撰，贺次君点校：《元和郡县图志》卷10《河南道六》，第272—273页。

② （唐）李吉甫撰，贺次君点校：《元和郡县图志》卷12《河东道一》，第328页。

③ 李文才：《试论〈元和郡县图志〉的成就及特点》，《江苏科技大学学报（社会科学版）》2006年第1期，第4页。

灌溉，当然，在战时也有军事用途。如同州朝邑县的通灵陂，"开元初，姜师度为刺史，引洛水及堰黄河以灌之，种稻田二千余顷"①。另会州会宁县黄河堰，"开元七年，河流渐逼州城，刺史安敬忠率团练兵起作，拔河水向西北流，遂免淹没"②。

（2）湖、海、泊、池、泽。由于唐朝幅员辽阔，地貌、地物及各种元素非常复杂，水域大小不一，地质构造不尽相同，如"每春夏积水，秋冬漏竭"的漏泽、"亢旱，盐即凝结；如逢霖雨，盐则不生"的女盐池、"阳旱不耗，阴霖不溢"的天池等。因此，如何选取湖、海、泊、池、泽作为重要的地物标志，无疑是一项十分艰巨的运筹工程，如有的湖、海、泊、池、泽既是有形的水体，同时又是诸州县之间的分界线。这样，为了确定湖、海、泊、池、泽的规模及特点，就需要进行实地勘验，调查研究，从而使唐朝统治者对全国各藩镇所占有的重要湖、海、泊、池、泽做到心中有数，以便在必要的时候充分利用这些地形和地物，用兵自如，取得军事指挥上的主动权。

（3）关塞道阪及桥梁。关于唐代关塞问题，安介生在《略论先秦至唐代关塞格局构建的时空进程》一文中有详论，笔者在此不拟重述。③一般而言，关塞和津渡多位于险要之地或交通咽喉，军事意义比较突出，故《旧唐书》称设关的目的主要是"限中外，隔华夷，设险作固，闲邪正禁者也"④。有基于此，唐朝在关塞处筑城守卫，而在津渡处架设桥梁，以便交通。据《新唐书·地理志》载，全国共设有143处关隘，所以学界称"唐代应被视为全国性的关隘体系全面建成或初见规模的时代"⑤。至于津渡也设有官吏，专司其职，规定诸津令、丞，"掌天下津济舟梁"⑥。

今存本《元和郡县图志》仅载68关，与《新唐书·地理志》所载151关相比⑦，不足其二分之一。细究原因，主要有二：一是欧阳修考述的是终唐一代的关塞，而李吉甫考述的仅仅系唐元和八年（813）之前的关塞情况；二是李吉甫的着眼点在于军事与国防，而欧阳修的着眼点在于一般的地理或经济地理记述。例如，太阳故关，《新唐书·地理志》作"大阳故关"，其述文云："大阳故关，即茅津，一曰陕津，贞观十一年造浮梁。"⑧与《元和郡县图志》的记述显然不同。又如，《新唐书·地理志》描述蒲坂关云：河中府河西县，"有蒲津关，一名蒲坂。开元十二年铸八牛，牛有一人策之，牛下有山，皆铁也，夹岸以维浮梁。十五年自朝邑徙河渎祠于此"⑨。这种记述更注重其文化价值，而非军事价值。

虽然《元和郡县图志》仅仅记载了11架桥梁，但是他们却意义重大，如升仙桥至今

① （唐）李吉甫撰，贺次君点校：《元和郡县图志》卷2《关内道二》，第38页。
② （唐）李吉甫撰，贺次君点校：《元和郡县图志》卷4《关内道四》，第97页。
③ 安介生：《略论先秦至唐代关塞格局构建的时空进程》，中国地理学会历史地理专业委员会《历史地理》编辑委员会：《历史地理》第22辑，上海：上海人民出版社，2007年，第145—163页。
④ 《旧唐书》卷43《职官志二》，第1839页。
⑤ 安介生：《略论先秦至唐代关塞格局构建的时空进程》，中国地理学会历史地理专业委员会《历史地理》编辑委员会：《历史地理》第22辑，第157页。
⑥ 《新唐书》卷48《百官志三》，第1277页。
⑦ 安介生：《略论先秦至唐代关塞格局构建的时空进程》，中国地理学会历史地理专业委员会《历史地理》编辑委员会：《历史地理》第22辑，第160页。
⑧ 《新唐书》卷38《地理志二》，第985页。
⑨ 《新唐书》卷39《地理志三》，第1000页。

仍是成都北上的必经之地。① 又如，杜甫有诗云："下临千仞雪，却背五绳桥。"② 清仇兆鳌注："(《元和郡县志》) 绳桥，在茂州西北，架大江上。今按绳桥以篾索五条，布板其上，架空而度。山在桥外，故却 (即后之意) 转与桥相背。"③ 绳桥是唐代西川道上重要的交通方式，与军事关系密切，故清人李心衡在《金川琐记》一书中说："赴金川必渡汶川索桥，军兴时，建于两金川者不少，后皆撤去。"又说："凡索桥所在，必水势险恶，既不可运方舟，又皆石壁危仄，高出千寻上，水复湍急，不能施桥礅。《后汉书》注所谓溪谷不通，以绳索相引而度也。其制两岸植椿千百，镇巨石于其上，绹以长绳，络以板片，两旁用巨索约身如栏楯。人行其上，随足倾陷，如履泥淖中，一至中间，随风簸荡，势更敧危。"④ 由此可见，李吉甫尽管没有将当时西川的所有蔑索桥一一载录下来，但汶川索桥颇具代表性。所以《元和郡县图志》载："周武帝立定笮镇。凡言笮者，夷人于大江水上置藤桥谓之'笮'，其定笮、大笮皆是近水置笮桥处。"⑤ 从记载看当时剑南道有很多"笮桥" (竹索桥) 或称"索桥"，而他们的共同特点是"挂而中垂"，故只"可度人，不可度马也"⑥。至于这些蔑索桥为什么不都记录下来，原因是李吉甫关注的重点是军事要道，至于那些属于人们生产和生活不可或缺的蔑索桥，对于他来说，便显得不甚重要了。

3. 厚今薄古，注重历史地理的实用性和现实性

从荀子倡导厚今薄古思想以来，厚今薄古遂成为部分主流思想家著书立说的一条重要原则，如司马迁、王充、李吉甫等。我们知道，孔子以"述而不作，信而好古"⑦ 为其治学的准则，然而，孔子并不是绝对的"好古主义"者，因为他同时又说："周监于二代 (夏商)，郁郁乎文哉！吾从周。"⑧ 显见，孔子更重视和关怀现实社会的发展。从这个层面，范文澜认为："《春秋》记载二百四十年的事情，按照公羊家的说法，《春秋》分三世：所见世相当于孔子和他父亲的年代，可以说是当时的现代史。所闻世相当于孔子祖父的年代，所传闻世相当于孔子曾祖高祖父的年代，可以说是当时的近代史。"⑨ 因此，中国古代的历史思想以"厚今"为最重要的传统，是主流。如汉代以降，以"厚今"为特色的地理书、郡书及都邑簿逐渐兴盛起来，在此基础上，综合性较强的地方志也开始出现，像《越绝书》《华阳国志》《荆楚岁时记》《区宇图志》等，特别是隋朝《区宇图志》的编撰，直接为《元和郡县图志》的诞生提供了范本。据《隋书·经籍志》载："隋大业中，普诏天下诸郡，条其风俗物产地图，上于尚书。故隋代有《诸郡物产土俗记》一百五十一卷，《区宇图志》一百二十九卷，《诸州图经集》一百卷。"⑩ 从地理志的角度看，《区宇图志》

---

① 王兴、王时磊编著：《磁州窑画枕上的故事》，北京：文物出版社，2008 年，第 57 页。

② (清) 仇兆鳌：《杜甫全集》卷 14《寄董卿嘉荣十韵》，长春：时代文艺出版社，2001 年，第 1236 页。

③ (清) 仇兆鳌：《杜甫全集》卷 14《寄董卿嘉荣十韵》，第 1236 页。

④ (清) 李心衡：《金川琐记》卷 5《蔑索桥》，《丛书集成新编》第 96 册《史地类》，台北：新文丰出版社，1985 年，第 287—288 页。

⑤ (唐) 李吉甫撰，贺次君点校：《元和郡县图志》卷 32《剑南道中》，第 824 页。

⑥ (明) 徐弘祖著，卫建强等校注：《徐霞客游记·滇游日记九》，石家庄：河北人民出版社，1998 年，第 975 页。

⑦ (春秋) 孔子：《论语》卷 8《述而第七》，《诸子集成》第 1 册，第 134 页。

⑧ (春秋) 孔子：《论语》卷 3《八佾第三》，《诸子集成》第 1 册，第 56 页。

⑨ 范文澜：《历史研究必须厚今薄古》，《范文澜集》，北京：中国社会科学出版社，2001 年，第 216 页。

⑩ 《隋书》卷 33《经籍志二》，第 988 页。

的最突出变化就是使地理志的编撰由"厚古"转向了"厚今",这是由隋朝"普诏天下诸郡,条其风俗物产地图"的现实需要决定的。与之不同,此前的地理志基本上都属于私人著述,限于各种原因,他们多依靠先前的文献记录来编写地理志,不免为"厚古"的史料所局限,或可说因受个人的政治和经济等多方面条件所局限,他们无法走遍诸郡,从而详备各地自然和人文的第一手资料,故只能从文献到文献。正如《隋书》所载:"齐时,陆澄聚一百六十家之说,依其前后远近,编而为部,谓之《地理书》。"①此处"聚一百六十家之说"即体现了私人编撰"地理志"的特色,当然,也是造成他们形成"厚古"思想的历史原因和客观前提。在此前提之下,李吉甫称:

> 古今言地理者凡数十家,尚古远者或搜古而略今,采谣俗者多传疑而失实,饰州邦而叙人物,因丘墓而征鬼神,流于异端,莫切根要。②

尽管《括地志》被视为官修地理书的开始③,但是它的实用性和现实性却稍逊色于《元和郡县图志》。例如,同是描述兖州曲阜县城,《元和郡县图志》记述非常简洁:"曲阜,在县理鲁城中,委曲长七八里。今按:季子台及大庭氏库及县理城,并在其上。"④然而,《括地志》的记述则不同,它专设"城郭"一项,故对曲阜城本身的描述十分详尽。其文云:

> 县治石城,在鲁城中。后魏孝武帝永熙三年鲁郡太守慕容献所作。外城即鲁城也。其城即神农黄帝、少昊颛顼之都,又为春秋鲁国都之曲阜者也,复有大庭氏之库焉……
>
> 第三外城即郭城,鲁侯伯禽之所筑也。白褒《鲁国地理记》曰:"鲁城东西十二里,南北八里,周旋卅里。洙泗二水经其西北。鲁诸公葬于城中。兼有亳社之地也。"……杜预注云:"鲁城南,东门也。次西第二曰杜门,亦曰章城,南东门也。次西第二曰杜门,亦曰章门。次西第三曰高门,本名稷门,《春秋左氏传》僖公廿年,《经书》:新作南门。《传》曰:书不时也。"杜预注云:"鲁城南门也,本名稷门,僖公更高大之。今犹与诸门不同,故名高门。"又庄公廿二年:"《传》曰:圉人荦有力能投盖于稷门之外。"杜预注云:"稷门,鲁城南门,僖公见高大改名高门是也。"……⑤

通过比较,不难看出,《括地志》"厚古薄今"的倾向比较明确,它代表了传统地理志的编撰特点:唯重史料,繁琐考据。相反,《元和郡县图志》却省略了大量对前朝史料的征引,只是强调了曲阜城现今的位置和规模,并在此基础上,重点突出了季子台和大庭氏库这两处文化古迹的位置。整个叙述详略得当,厚今薄古,使人对曲阜的认识更加清晰和

① 《隋书》卷33《经籍志二》,第988页。
② (唐)李吉甫:《元和郡县图志》序,(唐)李吉甫撰,贺次君点校:《元和郡县图志》,第2页。
③ 林天蔚:《方志学与地方史研究》,台北:南天书局,1995年,第21页。
④ (唐)李吉甫撰,贺次君点校:《元和郡县图志》卷10《河南道六》,第269页。
⑤ 金程宇:《东京大学史料编纂所藏〈括地志〉残卷(影印)及跋》,张伯伟:《域外汉籍研究集刊》第2辑,北京:中华书局,2006年,第503—507页。

务实。当然，对"故城"的叙述，李吉甫除了对其城址进行简明扼要的载录之外，有时还对其"攻守利害"的军事战略方面作进一步的详述，以期加深对这些故城的理解和认识。

为了现实的需要，李吉甫在《元和郡县图志》里对理解郡县很有意义的"州境""贡赋""人口"等信息进行了细致的记述，这是《括地志》所没有载录的项目。如对兖州上述几个重要数据的统计，李吉甫依据《元和国计簿》，作了较为细致的记载。他说："兖州，鲁郡。中都督府。开元户六万七千三百九十七。元和户。乡一百三十三。"①至于州境："东西三百三十一里。南北三百五十三里。"八到："西南至上都一千八百九十五里。西南至东都九百八十里。西南至宋州四百里。东至沂州三百八十里。西至曹州三百七十里。西北至郓州一百九十里。东南至徐州三百四十里。正北微东至齐州二百三十里。"贡、赋："开元贡：镜花绫二十匹，防风二十斤，紫石英二十五两。赋：绫，绢，绵。"②当然，这些数据作为"地图"的关键要素，必定在绘制兖州地图时，都有明确的标志。可惜，李吉甫所绘制的地图今已不存。如众所知，唐前期建有比较完备的计账制度，按照《唐六典》的记载，当时，"每一岁一造计帐；三年一造户籍"③。这种制度对于人口与户数进行动态的控制与管理，具有重要的实际意义。尤其是它为唐朝统治者及时掌握和了解全国各州郡的民情，从实际出发，制定符合各地民众利益的农业、手工业发展政策，提供了客观依据。

城镇的兴废是个不断发展变化的历史过程。为了明确唐代以前历朝历代所修建的城镇到唐元和年间是否还存在，李吉甫在《元和郡县图志》中专门设立了"故城"一项，对其进行有的放矢的考察。据王颖统计，《元和郡县图志》共载录了约 440 个故城。在王颖看来，所谓"故城"应是前朝修建的，到唐代时已被废弃的城。而李吉甫花费大量笔墨详尽记述这些已被废弃的城镇，究竟有何价值和现实意义？毫无疑问，通过记载这些已被废弃的故城，能使人们从整体上进一步认识和了解那些曾经出现过的分布于全国各地不同区段的故城，虽已废弃却无论怎样都不能忽视它们的"现实"军事地位，以及它们在国防战略上的重要性。因为"当初这些城市的兴起绝大多数是出于统治需要，无论是富庶之乡的，还是集中在交通线路近旁的，或是分布在边疆的故城，体现的都是国家对城市附近地区的一度控制，这是先秦至隋的城市特点。即如此，在先秦至隋阶段遭废弃的城也自然也多是政权力量出于政治军事的需要造成的"。

从兵器制造的角度，有力控制重要矿产和冶炼场所，对于保证封建统治者顺利进行军事战争至关重要。所以李吉甫在《元和郡县图志》中非常重视全国各地矿产和冶炼场址的记载，详细内容请参见张剑光著《唐五代江南工商业布局研究》一书的相关章节及黄盛璋所撰《唐代矿产分布与发展》一文，在此，笔者只做重点介绍，不再一一列举。

（1）铜。宣州南陵县利国山，在县西一百一十里，出铜，供梅根监；南陵县铜井山，在县西南八十五里，出铜；宣州当涂县赤金山，在县北二十里，出好铜与金类。

（2）银。河南府伊阳县银矿窟，在县南五里，今每岁税银一千两；莱州昌阳县有黄银

---

① （唐）李吉甫撰，贺次君点校：《元和郡县图志》卷 10《河南道六》，第 263 页。
② （唐）李吉甫撰，贺次君点校：《元和郡县图志》卷 10《河南道六》，第 264 页。
③ （唐）李林甫等撰，陈仲夫点校：《唐六典》卷 3《尚书户部》，第 74 页。

坑，在县东一百四十里，隋开皇十八年（598），牟州刺史辛公义于此坑冶铸，得黄银献之，大业末，贞观初，更沙汰得之；太原府交城县有少阳山，在县西南九十五里，其上多玉，其下多赤银，高二百丈，周回二十里。

（3）铁。太原府交城县有狐突山，在县西南五十里，出铁矿；太原府盂县有原仇山，在县北三十里，出人参、铁矿；蔚州飞狐县三河冶，"旧置炉铸钱，至德以后废。元和七年（812），中书侍郎平章事李吉甫奏：'臣访闻飞狐县三河冶铜山约数十里，铜矿至多，去飞狐钱坊二十五里，两处同用拒马河水，以水斛销铜，北方诸处，铸钱人工绝省，所以平日三河冶置四十炉铸钱，旧迹并存，事堪覆实。今但得钱本，令本道应接人夫，三年以来，其事即立，救河东困竭之弊，成易、定援接之形。制置一成，久长获利。'诏从之。其年六月起工，至十月置五炉铸钱，每岁铸成一万八千贯。时朝廷新收易、定，河东道久用铁钱，人不堪弊，至是俱受利焉。"①邢州沙河县有黑山，在县西四十里，出铁等。

无论是生产和生活，还是国防与用兵，山川地理都是最基础的环节。因此，孙武说："夫地形者，兵之助也。"②诸葛亮甚至认为：

> 不知战地而求胜者，未之有也。山林土陵，丘阜大川，此步兵之地；土高山狭，蔓衍相属，此车骑之地；依山附涧，高林深谷，此弓弩之地；草浅土平，可前可后，此长戟之地；芦苇相参，竹树交映，此枪矛之地也。③

所以李吉甫用军事战略家的眼界去详细记述全国各地最要害的各种山川地形，例如，河南府洛阳县有洛水，其"在县西南三里。西自苑内上阳之南弥漫东流，宇文恺筑斜堤束令东北流。当水冲，捺堰九折，形如偃月，谓之月陂，今虽渐坏，尚有存者"④。偃师县有北邙山，其"在县北二里，西自洛阳县界东入巩县界。旧说云北邙山是陇山之尾，乃众山总名，连岭修互四百余里"⑤。缑氏县更有：

> 缑氏山，在县东南二十九里。王子晋得仙处。
>
> 辕辕山，在县东南四十六里。《左传》"栾盈过周，王使候出诸辕辕"。注曰："缑氏县东南有辕辕关，道路险隘，凡十二曲，将去复还，故曰辕辕。"后汉河南尹何进所置八关，此其一也。
>
> 鄂岭坂，在县东南三十七里。《晋八王故事》曰："范阳王保于鄂坂。"后于其上置关。
>
> 洛水，西自洛阳县界流入。
>
> 曹城，在县东一里。曹操与袁术相拒，筑城于此。
>
> 袁术固，一名袁公坞，在县西南十五里。宋武《北征记》曰："少室山西有袁术固，可容十万众。一夫守隘，万夫莫当。"

---

① （唐）李吉甫撰，贺次君点校：《元和郡县图志》卷14《蔚州》，第407页。
② （春秋）孙武：《孙子》卷下《地形》，《百子全书》第2册，第1131页。
③ （汉）诸葛亮：《心书·地势》，《百子全书》第2册，第1195页。
④ （唐）李吉甫撰，贺次君点校：《元和郡县图志》卷5《河南道一》，第131页。
⑤ （唐）李吉甫撰，贺次君点校：《元和郡县图志》卷5《河南道一》，第132页。

公路垒，在县南三里。袁术与曹公相拒处。

钩镶故垒，在县东北七里。《宋书》"司马休之从宋公西征，营于柏谷坞西"，即此垒。相连如锁，因以为名也。①

这样，通过《元和郡县图志》的记述，我们大体对河南府缑氏县的地形条件便有了直观的感性认识。如果战事一旦发生，将帅就可以胸有成竹，运筹帷幄，用兵于千里之外，并在充分利用地形优势的条件下，争取赢得战争的主动权，以收克敌制胜之效。

二、从宰相地理学家看唐朝政治与科学的关系

李吉甫经历了安史之乱，从维护唐朝中央统治的角度出发，他深刻阐释了安史之乱给唐朝中央政治所造成的极大危害。他无不痛心地说：

天宝之季，王途暂艰，由是坠纲解而不纽，强侯傲而未肃。逮至兴运，尽为驱除，故有蜀有阻隘之夫，吴有凭江之卒，虽完保聚，缮甲兵，莫不手足裂而异处。封疆一乎四海，故廓、卫风偃，朔塞砥平，东西南北，无思不服。②

所谓"强侯"即分布在全国的诸多割据政权，自安史之乱以后，唐王朝基本上受制于这种藩镇跋扈局面，真有"手足裂"之痛感。

由于安史之乱与唐王朝逐渐走向衰亡的关系，史学界已经研究得很深入了。另外，有关李吉甫及其家族与唐朝中后期政治变化的关系，陈寅恪撰《唐代政治史论稿》、李文才撰《试析唐代赞皇李氏之门风——以李栖筠、李吉甫、李德裕政风之比较为中心》、傅绍磊撰《唐代后期政治与士风文风研究》等，均有视角不同的观察与考论，细致而周详，笔者不拟多言。在此，仅以《元和郡县图志》为例，试就唐朝中后期政治与科学技术发展的关系问题，略作阐释。

1. 政治盛衰对农田水利事业的影响

安史之乱是唐朝政治由盛而衰的转折点，这种衰亡的过程可以从社会、经济、科技、文化、教育、军事等多个方面反映出来，其中受安史之乱的影响，唐朝的农田水利长期失修，或被势力之家侵占与毁坏，从而使全国各地的农业生产发展遭到严重破坏。比如，郑白渠系秦代郑国渠与汉代白渠的合称，为关中地区的大型引泾灌溉工程。《元和郡县图志》"京兆府醴泉县"条下载：

醴泉县，次赤。东南至府一百二十里。本汉谷口县地，在九嵕山东仲山西，当泾水出山之处，故谓之谷口。《沟洫志》云："白渠首起谷口，尾入栎阳，袤二百里，溉田四千五百余顷。人得其饶，歌曰：田于何所？池阳谷口。郑国在前，白渠起后。举臿成云，决渠为雨。泾水一石，其泥数斗。且溉且粪，长我禾黍。衣食京师，亿万之口。"谓此也。③

---

① （唐）李吉甫撰，贺次君点校：《元和郡县图志》卷5《河南道一》，第133页。

② （唐）李吉甫撰，贺次君点校：《元和郡县图志》，第2页。

③ （唐）李吉甫撰，贺次君点校：《元和郡县图志》卷1《关内道一》，第8页。

史学界公认唐代贞观开元盛世，将唐朝的政治经济以及科学文化推向了封建社会的一代高峰。[①]农业生产呈"稻米流脂粟米白，公私仓廪俱丰实"[②]和"左右藏库，财物山积，四方丰稔，百姓殷富，管户一千余万，米一斗三四文"[③]的景象，粮食充盈，物价低廉稳定，家给户足，人口持续增加[④]，社会安定，文化繁荣，确实值得人们称颂。当然，如果我们探析形成开元盛世的社会原因，那么，由于角度不同，回答可能是多元的，但基本的原因却是大兴水利，即修渠筑堰，开河引水，建闸蓄泄，如唐高祖武德七年（624）开凿龙门渠、唐玄宗开元七年（719）修造通灵渠等，从而出现了"以京畿之地关中为中心，向四周辐射"[⑤]的水利发展特点。一方面，唐玄宗颁行了《开元水部式》，不断加强渠堰管理和维修，依法治水，严格渠水量的控制与分配[⑥]，充分调动灌区民众的生产积极性；另一方面，唐政府采取强有力措施，疏通旧渠道，尽力恢复或扩大传统渠堰的灌溉效率。如唐玄宗开元元年（713）疏决三辅渠（汉代修造）、唐代宗大历十二年（777）开通郑白渠的多条支渠等，尤其是唐德宗贞元年间新开三白渠，形成了纵横交错及覆盖泾阳、高陵、云阳、栎阳、三原、富平等6县，横穿多条天然河流的郑白渠灌溉体系，也是当时比较完整的低坝引水枢纽。

从整体看，郑白渠的引泾渠系工程分三部分：郑国渠、三白渠以及渠首洪口石堰。

关于郑国渠，《元和郡县图志》载："焦获薮亦名瓠口。《尔雅》十薮，周有焦获，《诗》云'猃狁匪茹，整居焦获'，即谓此也。按韩水工郑国说秦，令凿泾水，自仲山西抵瓠口为渠，即所谓郑、白二渠是也。"[⑦]

汉代的白渠至唐初，已经大多淤废不通，唐德宗贞元年间新开三条支渠，即太白渠，在泾阳县东北10里；中白渠，"首受太白渠，东流入高陵县界"[⑧]；南白渠，"首受中白渠水，东南流，亦入高陵县界"[⑨]。据《新唐书·地理志一》载，华州下邽县，"东南二十里有金氏二陂，武德二年引白渠灌之"[⑩]。其渠首洪口石堰，名"石翣"，共设6个闸门，故《宋史·河渠志四》载泾阳县民杜思渊的说："泾河内旧有石翣以堰水入白渠，溉雍、耀田，岁收三万斛。其后（指安史之乱以后）多历年所，石翣坏，三白渠水少，溉田不足，

① 陈明光：《唐代财政史新编》，北京：中国财政经济出版社，1999年，第150页；张骅：《大秦一统——秦郑国渠》，西安：三秦出版社，2003年，第78页；唐群：《大唐盛世——开元史话》，西安：三秦出版社，2004年，第6页；等。

② （唐）杜甫：《忆昔二首》，（唐）杜甫著，吴庚舜等选注：《杜甫诗选》，济南：山东大学出版社，1999年，第147页。

③ （唐）郑綮：《开天传信记》，《四库全书》第1042册《子部》348《小说家类》，上海：上海古籍出版社，1987年，第841页。

④ 据《资治通鉴》卷217《唐纪》载，天宝十三载（754）唐代的户数增至900多万，"是岁户部奏天下郡三百二十一，县千五百三十八，乡万六千八百二十九，户九百六万九千一百五十四，口五千二百八十八万四百八十八。有唐户口之盛极于此。"参见《资治通鉴》卷217《唐纪》，上海：上海古籍出版社，1987年，第1475页。

⑤ 张骅：《大秦一统——秦郑国渠》，第78页。

⑥ （唐）李林甫等撰，陈仲夫点校：《唐六典》卷23《都水监》，第599页载："凡京畿之内渠堰陂池之坏决，则下于所由，而后修之。每渠及斗门置长各一人，至溉田时，乃令节其水之多少，均其灌溉焉。"

⑦ （唐）李吉甫撰，贺次君点校：《元和郡县图志》卷2《关内道二》，第28页。

⑧ （唐）李吉甫撰，贺次君点校：《元和郡县图志》卷2《关内道二》，第28页。

⑨ （唐）李吉甫撰，贺次君点校：《元和郡县图志》卷2《关内道二》，第28页。

⑩ 《新唐书》卷37《地理志一》，第964页。

民颇艰食。"①又北宋至道元年（995）大理寺丞皇甫选等经过对三白渠实地考察之后，亦深有感触地说："泾河中旧有石堰，修广皆百步，捍水雄壮，谓之'将军翣'，废坏已久。"②"渠口旧有六石门，谓之'洪门'，今亦隤圮。"③

可惜，由于史料阙载，"将军翣"的具体结构不详。但对"将军翣"的功能，《玉海·唐三白渠》引《白氏六帖水部式》云："京兆高陵清白二渠交口置斗门堰，清水三分入白渠，二分入清渠。"④由于受渠水多少的影响，上述 6 县的渠溉，往往同时进行，这关乎渠水资源的分配，所以分别设有限口或称限闸，来调节渠水。故《长安图志》有以下说法："照得三限、彭城两处，盖五县分水之要。北限入三原、栎阳、云阳；中限入高陵、三原、栎阳；南限入泾阳。至分水时宜令各县正官一员，亲诣限首，眼同分用，庶无偏私。"⑤当然，三限口的设置与管理，早在唐代就出现了。例如，《唐会要》载："贞元四年六月二十六日，泾阳县三白渠限口，京兆尹郑叔则奏，六县分水之处，实为要害，请准诸堰例，置监及丁夫守当。敕旨：依。"⑥

因此，安史之乱前三白渠的渠系工程具体分布如下：

> 自仲山泾河峡谷石门洪堰引水至泾阳县城北三限口以上为总干渠，渠上开设斗门 28 个，前四斗与礼泉分溉田亩，以后诸斗灌泾阳田；三限口设闸分为太白、中白、南白三条干渠；太白渠上开设斗门 5 个，灌三原、富平田，太白渠至邢村设堰，引清、冶水入太白渠，堰下分为二渠，北为务高渠开斗门 23 个，南为平皋渠设有斗门 8 个；中白渠在汉堤洞附近从北岸支分一渠名狂渠，后废，在南岸开斗门 3 个，北岸开斗门 4 个，流至高陵县西北 30 里县界设有彭城闸，彭城闸北限为中白渠正流，设斗门 23 个，分水灌三原、栎阳田，下游后又支分为洪沙渠、宁玉渠，后废；南限曰中南渠设斗门 22 个，至磨子桥又分为二渠，一为高望渠，设斗门 12 个，一为隔南渠设斗门 12 个，至张市里再支分为二渠，北为析波渠设斗门 5 个，南为昌连渠设斗门 3 个；南白渠设斗门 5 个专灌泾阳县田。以上计有干渠 3 条，分支渠 11 条，斗门 176 个（包括三条后废分渠斗门），还有若干处泄水、退水设施。⑦

上述渠道、闸门等有安史之乱后修建的，但主要部分都完成于安史之乱前。可见，在安史之乱前，郑白渠的灌溉效益非常明显，是构成开元盛世的重要物质基础。然而，安史之乱后，豪强霸占灌区上游的渠水，广置碾硙，农业水利遭受严重破坏，致使下游灌区农田无水可溉，形成"私开四窦，泽不及下。泾田独肥，他邑为枯"⑧的局面。所以长庆二

① 《宋史》卷 94《河渠志四》，第 2345 页。

② 《宋史》卷 94《河渠志四》，第 2347 页。

③ 《宋史》卷 94《河渠志四》，第 2346 页。

④ （宋）王应麟：《玉海》卷 22《唐三白渠》，扬州：广陵书社，2003 年，第 435—436 页。

⑤ （元）李好文：《长安图志》卷下《泾渠图说·洪堰制度》，华觉明主编：《中国科学技术典籍通汇·技术卷》第 3 分册，郑州：河南教育出版社，1994 年，第 83 页。

⑥ （宋）王溥：《唐会要》卷 89《疏凿利人》，北京：中华书局，1955 年，第 1620 页。

⑦ 张骅：《大秦一统——秦郑国渠》，第 81—82 页。

⑧ 刘禹锡：《高陵令刘君遗爱碑》，周绍良主编：《全唐文新编》卷 609《刘禹锡》，长春：吉林文史出版社，2000 年，第 6891 页。

年（822），刘仁师修造了刘公四渠（中白渠、中南渠、高望渠和隅南渠），使下游的高陵县得灌溉之利。至于分布在渠系上的碾硙，由于尽为权势之家所有，唐王朝已无力拆毁，相反，宝历二年（826）七月唐敬宗却敕令"其水任百姓溉灌，勿令废碾硙之用"[1]，从法律层面明确保护碾硙用水。这样，安史之乱后，由于唐朝中央政权衰落，地方财政多为藩镇控制，此现实迫使"中央政府为开辟财源，从抑制大官僚地主兼并水利，掠夺农民，变为与官僚地主联合向农民榨取。唐前期所制定的水利管理法规，已被破坏殆尽"[2]。

2. 改革盐法与李吉甫对唐代盐场的重点观照

李吉甫生活在安史之乱后的肃宗、代宗、德宗、顺宗和宪宗五朝，此时正是唐朝逐步走向衰亡的历史阶段，其社会经济日渐凋敝，税源枯竭，由是"人不堪命，皆去为盗贼"[3]，这就是当时民众生活的真实写照。食盐是人们日常生活中不可缺少的重要物质之一，所以为了加强对盐业生产和流通的控制与管理，汉武帝实行盐专卖法。隋唐有相当长的一段时期允许官民自由采盐与贩卖，开元以后，越来越多的朝臣认识到"盐铁之利，甚裨国用"[4]。于是，唐玄宗始征盐税，遂成为唐朝中央政府的一项重要财源。

肃宗乾元元年（758）三月，为了筹措军饷，第五琦效仿颜真卿征收盐利以供军的做法，由私销变官卖。故《旧唐书·第五琦传》载：

> 于是创立盐法，就山海井灶收榷其盐，官置吏出粜。其旧业户并浮人愿为业者，免其杂徭，隶盐铁使，盗煮私市罪有差。[5]

因为第五琦初变盐法，尽管在某些方面还不完善，但它毕竟"蕴涵着变革唐朝财政体系的深远意义"[6]。此后，刘晏继续推行盐法变革，完善盐的专卖制度。

有鉴于此，李吉甫在《元和郡县图志》考述了元和时期唐朝重要的产盐区及其盐场，体现了他对盐业发展与国民经济之关系的关注。

（1）池盐。《元和郡县图志》记载的主要盐池有：

灵州回乐县温泉盐池，在县南 183 里，周回 31 里。[7]温泉盐池亦称惠安堡盐池，唐神龙元年（705）设温池县，故《唐会要》云：温泉盐池，"置榷税官一员、推官两员、巡官两员、胥吏三十九、防池官健及池户百六十五户"[8]。据统计，此盐池的采盐工及管理人员共 209 人，年产盐 15 万石。[9]

灵州怀远县有盐池 3 所，隋废。红桃盐池，盐色似桃花，在县西 320 里。武平盐池，在县西北 12 里。河池盐池，在县东北 145 里。[10]

---

① （宋）宋敏求撰，辛德勇、郎洁点校：《长安志》卷 15《漢陵》，西安：三秦出版社，2013 年，第 469 页。

② 顾浩主编：《中国治水史鉴》，北京：中国水利水电出版社，1997 年，第 140—141 页。

③ 《新唐书》卷 149《刘晏传》，第 4798 页。

④ 《旧唐书》卷 185 下《姜师度传》，第 4816 页。

⑤ 《旧唐书》卷 123《第五琦传》，第 3517 页。

⑥ 陈明光：《唐代财政史新编》，北京：中国财政经济出版社，1991 年，第 172—173 页。

⑦ （唐）李吉甫撰，贺次君点校：《元和郡县图志》卷 4《关内道四》，第 94 页。

⑧ （宋）王溥：《唐会要》卷 88《盐铁使》，第 1611 页。

⑨ 盐池县县志编纂委员会：《盐池县志》，银川：宁夏人民出版社，1986 年，第 184 页。

⑩ （唐）李吉甫撰，贺次君点校：《元和郡县图志》卷 4《关内道四》，第 95—96 页。

灵州温池县，"神龙五（元）年置，县侧有盐池"①。此处所讲到的"盐池"，学界主要有三种观点：第一种观点认为，"县侧有盐池"之"盐池"应为"温池"②。第二种观点认为，不确定，因为"从地望来看，温池县侧盐池当为温泉池，待考"③。第三种观点认为，盐池即惠安堡，理由是"《嘉庆灵州志迹》记载：'温池废县……属灵州。县侧有盐池，五代时废。今惠安堡，北至州（指灵州）一百八十里，产盐。'废温池县后，原来的温池县城便被直呼为'盐池'或'小盐池'。"④

陕州安邑县盐池，"在县南五里，即《左传》'郇，瑕氏之地，沃饶近盐'，是也。今按：池东西四十里，南北七里，西入解县界。"⑤这段话见于成公六年（前585）记事，可见安邑县池盐的开采历史比较早。而对于安邑盐池的采盐技术，《水经注》详释如下：

> 《（汉书）地理志》曰：盐池在安邑西南。……今池水东西七十里，南北十七里，紫色澄渟，潭而不流。水出石盐，自然印成，朝取夕复，终无减损。惟山水暴至，雨潦激潦奔洑，则盐池用耗。故公私共堨水径，防其淫滥，谓之盐水，亦谓之为堨水。《山海经》谓之盐贩之泽也。泽南面层山，天岩云秀，地谷渊深，左右壁立，间不容轨，谓之石门，路出其中，名之曰径，南通上阳，北暨盐泽。池西又有一池，谓之女盐泽，东西二十五里，南北二十里，在猗氏故城南。《春秋》成公六年，晋谋去故绛，大夫曰：郇、瑕，地沃饶近盐。服虔曰：土平有溉曰沃，盐，盐池也。土俗裂水沃麻，分灌川野，畦水耗竭，土自成盐，即所谓咸鹾也，而味苦，号曰盐田，盐盬之名，始资是矣。⑥

北魏时期，安邑盐池已经开始采用人工灌种的"畦种法"了。至唐代，畦盐技术渐趋成熟。故唐朝张守节在《史记正义》中说："河东盐池是畦盐。作'畦'，若种韭一畦。天雨下，池中咸淡得均，即畎池中水上畦中，深一尺许（坑），日暴之五六日则成，盐若白矾石，大小如双陆及棋，则呼为畦盐。"⑦

唐朝崔敖更述畦种法的具体工艺过程如下：

> 旱理其埠，水营其高。五夫（幅）为塍，塍有渠；十井为沟，沟有路；臬之为畦，酾之为门。渍以浑流，灌以殊源。⑧

形成了一整套制盐工艺设施，主要包括塍、沟、井、路、渠等。这种工艺的特点是通过晒制将池水中的硭硝除去，并从卤水中析出食盐单独结晶。

河中府解县，"盐池，在县东十里"。"女盐池，在县西北三里。东西二十五里，南北

① （唐）李吉甫撰，贺次君点校：《元和郡县图志》卷4《关内道四》，第96页。
② （清）顾炎武撰，谭其骧等点校：《肇域志·宁夏中卫》，上海：上海古籍出版社，2004年，第1556页。
③ 杜建录：《西夏经济史》，北京：中国社会科学出版社，2002年，第161页。
④ 白述礼：《大明庆靖王朱栴》，银川：宁夏人民出版社，2008年，第67页。
⑤ （唐）李吉甫撰，贺次君点校：《元和郡县图志》卷6《河南道二》，第160页。
⑥ （北魏）郦道元撰，谭属春、陈爱平校点：《水经注》卷5《河水》，长沙：岳麓书社，1998年，第99页。
⑦ 《史记》卷129《货殖列传》，第3259—3260页。
⑧ （唐）崔敖：《大唐河东盐池灵庆公神祠碑》，周绍良主编：《全唐文新编》卷614，第6948页。

二十里。盐味少苦，不及县东大池盐。俗言此池亢旱，盐即凝结；如逢霖雨，盐则不生。今大池与安邑县池总谓之两池，官置使以领之，每岁收利纳一百六十万贯"①。显然，河中府的"两池"是唐代最为著名的池盐产区，同时也系唐代最大的内陆盐湖，面积约为130平方千米，分十个盐场，年产量约80万石。

（2）海盐。《元和郡县图志》记载的主要海盐场如下：

莱州昌阳县，有盐官。②

杭州盐官县，有盐官。③

扬州海陵县盐监，"煮盐六十万石，而楚州盐城，浙西嘉兴、临平两监所出次焉，计每岁天下盐利，当租赋三分之一"④。

楚州盐城县，"州长百六十里，在海中。州上有盐亭百二十三所，每岁煮盐四十五万石"⑤。

由文献记载知，海水煮盐始自东夷族宿沙氏。如《鲁连子》说："连宿沙瞿子善煮盐，使煮溃沙，虽十宿不能得也。"⑥《说文》释盐："古者宿沙初作煮海盐。"⑦至于如何煮海盐？李吉甫没有说。北宋苏颂在《图经本草》一书中介绍了唐宋时期人们煮海盐的基本工艺过程，他说：

> 东海、北海、南海盐者，今沧、密、楚、秀、温、台、明、泉、福、广、琼、化诸州官场煮海水作之，以给民食者，又谓之泽盐，医方所谓海盐是也。其煮盐之器，汉谓之牢盆，今或鼓铁为之，或编竹为之，上下周以蜃灰，广丈深尺，平底，置于灶，皆谓之盐盘。《南越志》所谓织篾为鼎，和以牡蛎也。然后于海滨掘地为坑，上布竹木，覆以蓬茅，又积沙于其上。每潮汐冲沙，卤碱淋于坑中。水退则以火炬照之，卤气冲火皆灭，因取海卤注盘中煎之，顷刻而就。⑧

从上文中可以看出，煮海盐一般分五步：修建灶地、刮取咸土、淋沙制卤、莲子验卤和煮卤成盐。第一步修建灶地，即在一块高地上经过除草、耕犁、平整，然后在地边挖一坑，叫作"卤井"。第二步刮取咸土，其方法是当灶地（亦称"盐亭"）经过海水多次吞吐之后，上面会吸附和富集大量海盐，待天晴时，盐农便用人力或畜力拉动刮刀，将表层咸土刮取起来，堆积或平摊在草上，形成一个个高2尺方1丈的"溜"，此为"卤溜"。第三步淋沙制卤，常用的方法是在"卤溜"的底下安上芦管或挖槽渠，与"卤井"接通，然后，靠人工提舀海水往"卤溜"顶部慢慢浇下，这样，饱含在"卤溜"内的卤水，就会从"卤溜"底部渗入"卤井"中。第四步用莲子估测"卤井"中盐的浓度，方法是拿十枚石

---

① （唐）李吉甫撰，贺次君点校：《元和郡县图志》卷12《河东道一》，第328页。
② （唐）李吉甫撰，贺次君点校：《元和郡县图志》卷11《河南道七》，第308页。
③ （唐）李吉甫撰，贺次君点校：《元和郡县图志》卷25《江南道一》，第604页。
④ （唐）李吉甫撰，贺次君点校：《元和郡县图志》，第1074页。
⑤ （唐）李吉甫撰，贺次君点校：《元和郡县图志》，第1075页。
⑥ （宋）李昉：《太平御览》卷865《饮食二十三·盐》，第3839页。
⑦ （汉）许慎：《说文解字》卷12《文三·盐》，第247页。
⑧ （宋）唐慎微：《重修政和经史证类备用本草》卷4《玉石部中品·食盐》，第106页。

莲，放在"卤井"上，如果莲子全都浮起，说明是上等卤水，就可全部收盐；如果有一半浮起，就勉强可半收盐。浮起不足一半，则需要重新刮取咸土。第五步熬煮成盐，在熬煮前，"先砌好灶，挂好篾盘，再将卤液加入盘中，盘角用石灰封住，盘中加少量皂角，用猛火熬煎。结晶后，乘热收取。一昼夜可煎五盘"[1]。

（3）井盐。唐代的井盐集中在剑南东川与剑南西川两地，据《元和郡县图志》记载：

邛州蒲江县有"盐井，距县二十里。"[2]

简州阳安县"阳明盐井，在县北十四里。又有牛鞞等四井，公私仰给。"[3]

资州内江县有"盐井二十六所，在管下。"[4]

巂州昆明县有"盐井，在县城中。今按取盐先积柴烧之，以水洒土，即成黑盐。"[5]

梓州永泰县有"大汁盐井，在县东四十二里。又有小汁盐井、歌井、针井。"[6]

绵州盐泉县有"阳下盐井，在县西一里。"[7]

遂州蓬溪县有"盐井一十三所。"[8]

普州安居县有"盐井四所。"[9]

荣州公井县有"盐井十所，又有大公井，故县镇因取为名。"[10]

陵州仁寿县有"陵井，纵广三十丈，深八十余丈。益部盐井甚多，此井最大。以大牛皮囊盛水，引出之役作甚苦，以刑徒充役。"[11]

除上述之外，黔中道、山南道、陇右道等也有不少盐井，在此从略。从陵州仁寿县陵井的采卤方式看，唐代四川的井盐制作还很原始和简单。其井盐生产尚处于大口浅井阶段，至于陵井的结构。沈括《梦溪笔谈》载："陵州盐井，深五百余尺，皆石也，上下甚宽广，独中间稍狭，谓之'杖鼓腰'。旧自井底用柏木为干（井架），上出井口；自木干垂缏而下，方能至水，井侧设大车绞之。岁久井干摧败，屡欲新之，而井中阴气袭人，入者辄死，无缘措手，惟候有雨入井，则阴气随雨而下，稍可施工，雨晴复止。后有人以一木盘满中贮水，盘底为小窍醡水，一如雨点，设于井上，谓之'雨盘'，令水下终日不绝，如此数月，井干为之——新，而陵井之利复旧。"[12]这种柏木锁叠的固井技术，唐代已经出现，否则开采"纵广三十丈，深八十余丈"的巨大盐井是不可想象的。取卤水用"大牛皮囊"，非常艰辛。据《新唐书·地理志六》载，遂州蓬溪县"有化盐池"[13]。有学者考证，

---

① 胡岳鹏主编：《慈溪史脉》，杭州：浙江古籍出版社，2010 年，第 33 页。

② （唐）李吉甫撰，贺次君点校：《元和郡县图志》卷 31《剑南道上》，第 782 页。

③ （唐）李吉甫撰，贺次君点校：《元和郡县图志》卷 31《剑南道上》，第 783 页。

④ （唐）李吉甫撰，贺次君点校：《元和郡县图志》卷 31《剑南道上》，第 785 页。

⑤ （唐）李吉甫撰，贺次君点校：《元和郡县图志》卷 32《剑南道中》，第 825 页。

⑥ （唐）李吉甫撰，贺次君点校：《元和郡县图志》卷 33《剑南道下》，第 844 页。

⑦ （唐）李吉甫撰，贺次君点校：《元和郡县图志》卷 33《剑南道下》，第 851 页。

⑧ （唐）李吉甫撰，贺次君点校：《元和郡县图志》卷 33《剑南道下》，第 853 页。

⑨ （唐）李吉甫撰，贺次君点校：《元和郡县图志》卷 33《剑南道下》，第 858 页。

⑩ （唐）李吉甫撰，贺次君点校：《元和郡县图志》卷 33《剑南道下》，第 861 页。

⑪ （唐）李吉甫撰，贺次君点校：《元和郡县图志》卷 33《剑南道下》，第 862 页。

⑫ （宋）沈括著，侯真平校点：《梦溪笔谈》卷 13《权智》，长沙：岳麓书社，1998 年，第 109 页。

⑬ 《新唐书》卷 42《地理志六》，第 1089 页。

这种化盐池应是浸取黑灰渣盐的榿池或坑池，主要作用是把黑灰盐装入榿坑，然后用淡卤水来浸滤出黑灰中的盐分，从而节省燃料，提高出盐的效率，且成盐甘白而咸。① 不过，这项先进的浓缩卤水技术，在唐代还不普遍，如巂州昆明县的盐井，生产的成品盐系"墨盐"，而不是白盐。这个事实表明当时四川地区的有些盐井依然沿袭传统的制盐法："先将柴薪烧成炭，以卤水泼炭，这样，水气可随热炭而蒸发，盐分存留于炭的表面，刮取下来，因而盐与炭相混，当然是黑的，杂质很多。"② 这种在井盐生产过程中所出现的先进与落后技术并存现象，体现了唐代科学技术发展的曲折性和复杂性，当然也是中国古代科学技术发展的一个客观规律。

3. 平定"安史之乱"与李吉甫的国防科技思想

平定"安史之乱"不能纯粹归结为兵器的威力，但兵器确实起到了关键作用，如《新唐书》载，李嗣业在与安禄山的叛军对阵时，他"袒持长刀，大呼出阵前，杀数十人，阵复整。步卒二千以陌刀、长柯斧堵进，所向无前"③。又，"阚稜，伏威邑人也。貌魁雄，善用两刃刀，其长丈，名曰'拍（陌）刀'，一挥杀数人，前无坚对"④。可见，用兵与强兵是加强军事力量建设的两个重要方面，不能顾此失彼，而性能良好的兵器与技术装备无疑是强化军队战斗力的重要因素之一。据《唐六典》记载，唐朝军队的制式铁兵器主要类型如下：

> 箭之制有四：一曰竹箭，二曰木箭，三曰兵箭，四曰弩箭。刀之制有四：一曰仪刀，二曰鄣刀，三曰横刀，四曰陌刀。枪之制有四：一曰漆枪，二曰木枪，三曰白枪，四曰朴头枪。……器用之制有八：一曰大角，二曰蠹，三曰钺斧，四曰铁蒺莉，五曰棒，六曰钩，七曰铁盂，八曰水斗。⑤

其中，"陌刀，长刀也，步兵所持，盖古之断马剑"⑥。钺斧以铁为之，《六韬》云："武王军中有大柯斧，刃广八寸，重八斤，名为天钺。"⑦ 众所周知，兵器的杀伤威力主要取决于三个因素：制作材料、长短程度与锋刃是否尖利。有基于此，李吉甫在《元和郡县图志》中非常重视各地铜铁矿的分布⑧，尤其重视那些具有特殊质料的铁矿分布，反映了他国防科技思想的内在特征。例如，邛州临溪县有"孤石山，在县东十九里。有铁矿，大如蒜子，烧合之成流支铁，甚刚，因置铁官"⑨。此文出自《华阳国志·蜀志》，这是质料相当好的铁矿。故《史记·货殖列传》载：

---

① 廖品龙：《历史上的井盐产制状况略考》，自贡市盐业历史博物馆：《四川井盐史论丛》，成都：四川省社会科学院，1985年，第78页。

② 廖品龙：《历史上的井盐产制状况略考》，自贡市盐业历史博物馆：《四川井盐史论丛》，第77页。

③ 《新唐书》卷138《李嗣业传》，第4617页。

④ 《新唐书》卷92《阚稜传》，第3801页。

⑤ 《唐六典》卷16《武库令》，第461—462页。

⑥ 《唐六典》卷16《武库令》，第461页。

⑦ 《唐六典》卷16《武库令》，第463页。

⑧ 有学者统计：《元和郡县图志》共载有产金地7处（另有麸金产地5处），产银地8处，产铁地18处，产铜地15处，产铅地2处，产锡地3处，李吉甫对铜铁矿产的重视，由此可见一斑。参见创修良主编：《中国史学名著评介》第1卷，济南：山东教育出版社，2006年，第592页。

⑨ （唐）李吉甫撰，贺次君点校：《元和郡县图志》卷31《剑南道上》，第782页。

蜀卓氏之先，赵人也，用铁冶富。秦破赵，迁卓氏。卓氏见房略，独夫妻推辇，行诣迁处。诸迁房少有余财，争与吏，求近处，处葭萌。唯卓氏曰："此地狭薄。吾闻汶山之下，沃野，下有蹲鸱，至死不饥。民工于市，易贾。"乃求远迁。致之临邛，大喜，即铁山鼓铸，运筹策，倾滇蜀之民，富至僮千人。①

又有"程郑，山东迁房也，亦冶铸，贾椎髻之民，富埒卓氏，俱居临邛"②。

邛州的铁矿与他处者不同，这里的铁矿石以菱铁矿结核或大量铁、锰结核的形式存在，储量丰富，成本低，除被冶炼钢铁外，还具有广泛的工业应用前景。据《邛崃土壤》说：这里的"田质上部为棕黄色粘（黏）土层，组织致密，透水性差，土层深厚，略含粉砂，心土层有大量铁、锰结核，并有铁盘层出现"③。此与"有铁矿，大如蒜子"的记载相符。我们知道，冶铜所需火力低 500℃，然冶铁则需要 1000℃。既然"烧合之成流支铁"（指矿石熔化后可以根据模型铸成各种不同形式的铁器）④，就表明不仅邛州燃料丰富，而且炉工已经熟练地掌握了用鼓风囊提高炼铁炉温度的立冶鼓铸技术。据统计，《元和郡县图志》共记载了 18 处产铁地，而仅山南道和剑南道就有 7 处，占了当时全国产铁地的 1/3 强。具体地讲，计有：

利州绵谷县，"穿山，一名胡头山，出好铁，旧置铁官"⑤。

涪州涪陵县，"开池，在县东三十里。出钢铁，土人以为文刀"⑥。

邛州临邛县出铁，史料见前。

巂州台登县，"铁石山，在县东三十五里。山有砮石，火烧成铁，极刚力"⑦。

荣州威远县，"铁山，在县西北四十里"⑧。

陵州始建县，"铁山，在县东南七十里。出铁，诸葛亮取为兵器。其铁刚利，堪充贡焉"⑨。

昌州永川县，"大铁山，在县东南八十里"⑩。

在上述产铁地中，多以"火烧成铁，极刚力"为特点，甚至有当年"诸葛亮取为兵器"的记载。李吉甫是一位很严谨的地理学家，他的话都有根有据，言之凿凿。如 1978 年徐州铜山县出土了一把钢剑，其铭文曰："建初二年蜀郡西工官王愔造，五十炼□□□孙剑□。"⑪经检测，这把钢剑实际上经过了 60 炼⑫，其"精而炼之"的方法有两种："可

① 《史记》卷 129《货殖列传》，第 3277 页。
② 《史记》卷 129《货殖列传》，第 3278 页。
③ 吕庆华：《货殖思想论略》，北京：中国言实出版社，2009 年，第 179 页。
④ 余明侠：《诸葛亮评传》下，南京：南京大学出版社，1996 年，第 402 页。
⑤ （唐）李吉甫撰，贺次君点校：《元和郡县图志》卷 22《山南道三》，第 565 页。
⑥ （唐）李吉甫撰，贺次君点校：《元和郡县图志》卷 30《江南道六》，第 739 页。
⑦ （唐）李吉甫撰，贺次君点校：《元和郡县图志》卷 32《剑南道中》，第 824 页。
⑧ （唐）李吉甫撰，贺次君点校：《元和郡县图志》卷 33《剑南道下》，第 861 页。
⑨ （唐）李吉甫撰，贺次君点校：《元和郡县图志》卷 33《剑南道下》，第 863 页。
⑩ （唐）李吉甫撰，贺次君点校：《元和郡县图志》卷 33《剑南道下》，第 868 页。
⑪ 袁庭栋：《巴蜀文化志》，成都：巴蜀书社，2009 年，第 71 页。
⑫ 袁庭栋：《巴蜀文化志》，第 71 页。

以是同一块料反复折迭锻打，也可以先把相同成分的料或不同成分的料打成若干小块，再迭在一起，反复折迭锻打。"①此间"淬火"过程对"淬冷介质"即水有特别严格的要求，难怪《诸葛亮别传》有下面的记载：

> 亮尝欲铸刀而未得，会蒲元为西曹掾，性多巧思，因委之于斜谷口，熔金铸器，特异常法，为诸葛铸刀三千口。刀成，自言：汉水钝弱，不任淬用，蜀江爽烈，是谓大金之元精，天分其野。乃命人于成都取江水至，元取以淬刀，言杂涪水不可用。取水者犹捍言不杂。元以刀画水云："杂八升，何故言不杂？"取水者叩头服，云："实于涪津渡负倒覆水，惧怖，遂以涪水八升益之。"于是咸共惊服，称为神妙。刀成，以竹筒密纳铁珠满中，举刀断之，应手虚落，若雏水刍，称绝当世，因曰神刀。②

诸葛亮是杰出的军事家，他用兵如神，为奠基蜀国"三分天下"的功业立下了不朽伟绩。用兵如神的诸葛亮十分重视强兵，他的强兵策略是："习兵革之器，明赏罚之理……设守御之备，强征伐之势，扬士卒之能。"③其中"习兵革之器"系诸葛亮强兵的重要一策，在他看来，用精良的兵器武装士卒，是战胜敌人的关键法宝。所以诸葛亮在《作钢铠教》中说："敕作部皆作五折钢铠，十折矛以给之。"④不仅如此，他还亲自研制"木牛流马""连弩""元戎"等军械用于实战。联系唐朝"安史之乱"后的军事形势，李吉甫将剑南道的铁资源和诸葛亮"取为兵器"联系起来，应是寓含深意。我们不妨再回到《元和郡县图志》的序言上来，李吉甫在《元和郡县图志》序中说，他编撰此书的主要目的之一就是在"完保聚，缮甲兵"的前提下，"制群生之命，收地保势胜之利"⑤。此"地保势胜"固然不能离开山川地利，但更要紧的是如何把"地利"转变为克敌制胜的物质条件，包括武器装备、后勤保障等。在这里，像铜、铁、盐等矿物资源，若是为唐朝中央政府所用，而不是被藩镇把控，那么建立强大的唐王朝，实现"祖宗之耿光寝而复耀"⑥的目标，才有真正的现实可能性。

本 章 小 结

佛教发展到唐代已经进入鼎盛期，一方面唐朝政治开明，经济繁荣，社会生产获得了空前发展；另一方面，随着文化的进一步开放，在东汉传入中国的佛教，经过几个世纪的发展和演变，终于在唐朝上层统治者的支持和鼓励下，不仅完成了中国化的过程，而且形成了独

---

① 谭良啸：《揭秘蒲元神刀——优质"淬火"水与"七十二涑（炼）"》，《成都大学学报（社会科学版）》2009年第6期，第55页。
② （三国）诸葛亮著，段熙仲、闻旭初编校：《诸葛亮集·故事》卷4《制作篇》，北京：中华书局，2014年，第205—206页。
③ 马黎丽、诸伟奇编著：《诸葛亮全集》，合肥：安徽文艺出版社，2012年，第175页。
④ （三国）诸葛亮著，段熙仲、闻旭初编校：《诸葛亮集·文集》卷2《军令》，第35页。
⑤ （唐）李吉甫：《元和郡县图志序》，（唐）李吉甫撰，贺次君点校：《元和郡县图志》，第2页。
⑥ （唐）李吉甫：《元和郡县图志序》，（唐）李吉甫撰，贺次君点校：《元和郡县图志》，第2页。

立的思想体系,出现了众多真正中国化的佛教宗派,其经典教义赢得了士大夫阶层的信奉。其中法象唯识宗的开山唐玄奘共译出大小乘经典文献 74 部 1335 卷,他所译《成唯识论》成为法象唯识宗的立宗文本①,而《大唐西域记》则叙述了他游历印度 18 年中所见和所闻的 138 个城邦、地区、国家的情况,在丝绸之路文化交流史上占有非常重要的地位。

然而,安史之乱成为唐朝由盛到衰的转折点,面对藩镇割据所造成的严重后果,李吉甫坚持中央集权,为此,他继承汉魏以来疆域地理志和图记、图经的体例,并加以发展,将唐代政治、经济、地理等要素汇于一体,撰成《元和郡县图志》。如众所知,李吉甫、李德裕父子两世皆为宰相,在唐代中后期复杂的党争关系中,李吉甫往往被宋朝史家视为弄权害政的罪魁,实际上,李吉甫一生坚持同强藩巨镇斗争,所以"李党的政策具有进步性"②。正是为了社会的稳定和国家的统一,李吉甫才编撰了《元和郡县图志》。在科学史上,《元和郡县图志》"一改过去地理学家厚古薄今,传疑失实,莫切根要的毛病,而以厚今薄古,实事求是,讲求实用的原则来编著……全书以四十七个方镇为纲,叙述全国政区的建置沿革、山川险要、人口物产,以备唐宪宗制驭各方藩镇之用"③。旨在为了辅助中央更加有力地控制藩镇,所以从本质上讲《元和郡县图志》应是一部带有浓厚军事色彩的全国地理总志。

---

① 李向平:《汉语佛藏及其文化关怀》,傅惠生英译,上海:上海外语教育出版社,2019 年,第 66 页。

② 胡如雷:《唐代牛李党争研究》,《历史研究》1979 年第 6 期,第 19、25 页。

③ 陈光崇主编:《中国通史》第 6 卷下《中古时代·隋唐时期》,上海:上海人民出版社,2015 年,第 1549 页。

第三章　天文历算学家的科技思想

隋唐天文历法成就卓著，隋朝刘焯创立的《皇极历》采用三次差内插法计算日月视差运动速度，唐代算历博士王孝通的《缉古算经》在世界上最早提出三次方程式及其解法，李淳风编定和注释十部算经，僧一行创立不等间距二次差内插法公式，这些都是促使中国古代历法走向成熟的标志。

第一节　刘焯"博学通儒"的历法思想

刘焯，字士元，信都昌亭人也。《隋书》本传称其"犀额龟背，望高视远，聪敏沈深，弱不好弄"①。虽然模样丑陋，但他通今博古，才识过人，是隋朝著名的经学大师。因此，《隋书》给了他很高的学术评价。《隋书》说："刘焯道冠缙绅，数穷天象，既精且博，洞幽究微，钩深致远，源流不测，数百年来，斯人而已。"②可见，刘焯首先是一位经学家，然后才是科学家。这是由当时科学本身的附属地位所决定的，自《后汉书》开始为科技人物立传以后，科技类专家就被冠以"方术"或"艺术"之名，位在经学之下，如《礼记·乐记下》云："德成而上，艺成而下。"③尤其是隋文帝推行"开科取士"政策④，此后，经学便开始成为读书人进入仕途的敲门砖，无数士子趋之若鹜。刘焯生逢其时，他的才学正好派上用场。《隋书》本传载：

> （刘焯）少与河间刘炫结盟为友，同受《诗》于同郡刘轨思，受《左传》于广平郭懋当，问《礼》于阜城熊安生，皆不卒业而去。武强交津桥刘智海家素多坟籍，焯与炫就之读书，向经十载，虽衣食不继，晏如也。遂以儒学知名，为州博士。刺史赵煚引为从事，举秀才，射策甲科。⑤

经学里面包含着很多天文、数学、地理等自然科学的内容，如北周甄鸾撰《五经算术》，所讲内容就是关于《尚书》《周易》《诗经》《论语》《孝经》《周礼》《左传》中的数学、历法和乐律等问题。可以肯定，刘焯在"刘智海家素多坟籍，焯与炫就之读书，向经

---

① 《隋书》卷 75《刘焯传》，北京：中华书局，1973 年，第 1718 页。
② 《隋书》卷 75《刘焯传》，第 1726 页。
③ 李学勤主编：《十三经注疏·礼记正义》，北京：北京大学出版社，1999 年，第 1119 页。
④ 开皇七年（587）春正月乙未，"诸州岁贡三人。"《隋书》卷 1《高祖纪上》，第 25 页。
⑤ 《隋书》卷 75《刘焯传》，第 1718 页。

十载",其所读"坟籍"有相当一部分属于科技类著述,关于这一点完全可以从《隋书·经籍志》所载南北朝时期的乐律、天文、历数等书目中看出来,如在乐律方面,主要有梁武帝的《乐社大义》10 卷等①;在天文方面,主要有甄鸾重述的《周髀》1 卷,祖暅的《天文集占》10 卷等②;在历数方面,主要有甄鸾的《周天和年历》1 卷及《七曜术算》2 卷,以及何承天的《宋元嘉历》2 卷等③;至于刘焯具体研读的科技书目,目前我们不得而知。但是,隋初重经尚文的风气,为刘焯的学术积累创造了比较良好的文化氛围,同时也为他日后在历法、乐律方面有所成就奠定了非常重要的物质基础。于是,当刘焯"射策甲科"后,即"与著作郎王劭同修国史,兼参议律历,仍直门下省,以待顾问"④。刘焯正直、耿介、有才学,在历法和乐律方面都有杰出贡献。正因如此,刘焯才遭到朝中一帮妒贤嫉能的小人排挤,仕途坎坷,官运多舛。后"为飞章所谤,除名为民。于是优游乡里,专以教授著述为务,孜孜不倦。贾、马、王、郑所传章句,多所是非。《九章算术》、《周髀》、《七曜历书》十余部,推步日月之经,量度山海之术,莫不核其根本,穷其秘奥。著《稽极》十卷,《历书》十卷,《五经述议》,并行于世"⑤。刘焯远离官场后,摆脱了许多烦琐政务的纠缠,还有那些身在"围城"中让人有时厌烦的各种应酬,"结庐在人境,而无车马喧"⑥,所以他能够静下心来,著书立说,传承智慧,反而成就了一番轰轰烈烈的成绩。对刘焯的现实境况而言,丢了官固然是一种损失、一种不幸,但是对中华民族的科学文明传承来说,它却为刘焯的学术创新和思想原创提供了新的契机。从此,刘焯用自己的后半生来伏案耕耘,创制《皇极历》,获得了一系列高精度的天文数据,标志着中国历法走向成熟。⑦可惜,由于守旧势力从中作梗,《皇极历》"被驳不用"⑧,这是令人痛心的时代悲剧,也是当时隋朝纲纪败乱和权力腐败的必然结果。而刘焯不能遭逢明时,更无以大伸其志,除了其个人方面的原因外,也与整个隋朝官场淫乱奢靡之风日渐漫延的历史背景有关,再加上刘焯桀骜不屈、特立独行的性格,这实际上已经注定了一代儒宗"惆怅而独悲"的人生结局。

一、《皇极历》与刘焯的主要历法成就

(一)刘焯对《张宾历》的批评

北周虽存在时间不长,仅 20 余年,但它由于在天文历法上采用较为开明的政策,所以历法出现了短暂的繁荣景象,并为隋朝历法的推陈出新创造了必要条件。故太史上士马

---

① 《隋书》卷 32《经籍志一》,第 926—927 页。
② 《隋书》卷 34《经籍志三》,第 1018—1021 页。
③ 《隋书》卷 34《经籍志三》,第 1022—1025 页。
④ 《隋书》卷 75《刘焯传》,第 1718 页。
⑤ 《隋书》卷 75《刘焯传》,第 1718—1719 页。
⑥ (晋)陶潜:《饮酒·结庐在人境》,王力主编:《古代汉语》第 4 册,北京:中华书局,1999 年,第 1401 页。
⑦ 郭书春主编:《中国科学技术史·数学卷》,北京:科学出版社,2010 年,第 301 页。
⑧ 《隋书》卷 75《刘焯传》,第 1719 页。

显在大象元年（579）上《丙寅元历》（即《大象历》）的奏书中说：

> 大周受图膺录，牢笼万古，时夏乘殷，斟酌前代，历变壬子（指《正光历》），元用甲寅（指《甲寅元历》）。高祖武皇帝索隐探赜，尽性穷理，以为此历虽行，未臻其妙，爰降诏旨，博访时贤，并敕太史上士马显等，更事刊定，务得其宜。然术艺之士，各封异见，凡所上历，合有八家，精粗踳驳，未能尽善。去年冬，孝宣皇帝乃诏臣等，监考疏密，更令同造。谨案史曹旧簿及诸家法数，弃短取长，共定今术。开元发统，肇自丙寅，至于两曜亏食，五星伏见，参校积时，最为精密。①

对董峻、郑元伟所编制的《甲寅元历》，鲁实先和曲安京两位先生均有深入研究。在此，我们只要剥去马显奏书中的个别溢美之词，就不难发现，其奏文的基本结论应当说能经得起历史考验。如"高祖武皇帝索隐探赜，尽性穷理"，符合历史事实。他推崇儒教，禁止佛道二教，向三老"馈以乞言"②，在史学界传为美谈。为了制定《周历》，周武帝"博访时贤"，不断进行历法改革。我们知道，武成元年（559），庾季才等所造历法，有学者将其称之为"明克让历"③，它是北周第一次历法改革成果。对这部历法，《隋书》之叙述比较简要。其文说：

> 西魏入关，尚行李业兴《正光历》法。至周明帝武成元年，始诏有司造周历。于是露门学士明克让、麟趾学士庾季才，及诸日者，采祖暅旧议，通简南北之术。④

这部历法的详细内容，因史书阙载，难以深究。但陈美东认为："从'采祖暅旧议'一说可以推知，北周历必采用了祖冲之大明历的不少内容，是一部融南北历法为一体的作品，似无疑问。这在当时南北天文历法的交流和融合上，应是一件重大的事情。"⑤然而，在该历具体实行过程中，人们很快发现它差谬太多，卒难行用。故《隋书》云："自斯已后，颇睹其谬，故周、齐并时，而历差一日。克让儒者，不处日官，以其书下于太史。"⑥于是，周武帝执政之后，采用甄鸾所撰《天和历》，是为北周第二次历法改革成果，惜《天和历》的术文已失传。《隋书》载：

> 及武帝时，甄鸾造《天和历》。上元甲寅至天和元年丙戌，积八十七万五千七百九十二算外。章岁三百九十一，蔀法二万三千四百六十，日法二十九万一百六十，朔余十五万三千九百九十一，斗分五千七百三十一，会余九万三千五百一十六，历余一十六万八百三十，冬至斗十五度，参用推步。终于宣政元年。⑦

可见，《天和历》的闰法与《大明历》的闰法相同。我们知道，改革闰法和引进岁差

---

① 《隋书》卷17《律历志中》，第419—420页。
② 《周书》卷15《于谨传》，第249页。
③ 刘洪涛：《古代历法计算法》，天津：南开大学出版社，2003年，第616页。
④ 《隋书》卷17《律历志中》，第418—419页。
⑤ 陈美东：《中国科学技术史·天文学卷》，北京：科学出版社，2003年，第305页。
⑥ 《隋书》卷17《律历志中》，第419页。
⑦ 《隋书》卷17《律历志中》，第419页。

是《大明历》的两大创法①，诚如陈美东所批评的那样，"甄鸾似未真正理解祖冲之所用闰周的革命性含义"，故其"仅仅遵用此值，但却背离了祖冲之的初衷"②，然而，无论怎样，甄鸾在推进当时历法变革方面所做出的努力应当肯定。

显然，周武帝对《天和历》并不满意。因此，他又推动了北周的第三次历法改革，其成果就是前面所讲的《大象历》。《大象历》本身虽然没有特别之处，但由它引发的隋初历法之争却具有重大的历史意义。当时，"术艺之士，各封异见，凡所上历，合有八家"，至于"八家"的具体名字是谁，《隋书》没有说明，无法稽考。不过，隋初杂学大师颜之推在《颜氏家训》中揭露了"术艺之士，各封异见"的症结所在。他说：

> 前在修文令曹，有山东学士与关中太史竞历，凡十余人，纷纭累岁，内史牒付议官平之。吾执论曰："大抵诸儒所争，四分并减分两家尔。历象之要，可以晷景测之。今验其分至薄蚀，则四分疏而减分密。疏者则称政令有宽猛，运行致盈缩，非算之失也；密者则云日月有迟速，以术求之，预知其度，无灾祥也。用疏则藏奸而不信，用密则任数而违经。且议官所知，不能精于讼者，以浅裁深，安有肯服？既非格令所司，幸勿当也。"举曹贵贱，咸以为然。③

文中把北周末年的"竞历"划分为两派：山东学士派与关中太史派。显然，关中太史派是官方的正统派，山东学士派则为官方的非正统派。前者主要有刘晖，后者主要有刘焯、刘孝孙等人。

隋文帝禅代北周，顺应了历史发展的客观需要，有其进步意义。特别是废除九品中正制度，建立以考试选士的科举制，如明经、秀才、进士诸科，当时均已设立，对隋唐形成"蒸蒸日上"的文化景象产生了巨大影响。像刘焯、刘孝孙等北周遗臣依然能够活跃在隋朝的天文学领域，实得益于隋文帝相对开放的文化政策。前面讲过，周武帝采取的文化政策是扶持儒教，抑制佛道二教，隋文帝则一反抑制佛道二教而变为崇尚佛道二教，常惊讶于神异之事。这个政策转向不可避免地滋生了一大批投机钻营的道士，隋文帝不仅将通道观与玄都观合并，为道教发展搭建了国家级的研究平台，而且还为道士孙昂和吕师立观。如《隋书·来和传》载："道士张宾、焦子顺、雁门人董子华，此三人，当高祖龙潜时，并私谓高祖曰：'公当为天子，善自爱。'及践阼，以宾为华州刺史，子顺为开府，子华为上仪同。"④一方面，道教经过北周统治者的打压萎缩不振，因而迫切需要一种新的政治力量来扶持；另一方面，隋文帝也试图通过道教谶纬为其政权统治披上"君权神授"的外衣。从而使道教具备了比较广泛的社会基础。那么，面对如此深厚的文化土壤，隋文帝就绝对不能轻视它，而且有加以利用的必要。因此，隋文帝公然宣称隋朝是"祇奉上玄，君

① 张培瑜等：《中国古代历法》，北京：中国科学技术出版社，2008，第 407 页。
② 陈美东：《中国科学技术史·天文学卷》，第 305 页。
③ （南朝·梁）颜之推原著，肖慧译注：《颜氏家训·省事第十二》，乌鲁木齐：新疆青少年出版社，2005 年，第 140 页。
④ 《隋书》卷 78《来和传》，第 1774 页。

临万国"①。故其"深信佛、道、鬼神"②。"上玄"即道教所说的"天志",在此,隋文帝的主要用意是用道教思想来神化他的统治权力,而他"雅好符瑞"③的真实动机亦在于此。当然,我们关心的是当道教的谶纬思想与隋文帝的统治权力相互交融之后,隋朝的政治和科学将会呈现一个什么样的面貌?道教是不是成了阻碍隋朝科学发展的一股惰性力量?在回答上述问题之前,我们有必要先看一下隋朝历法是如何从历家之手转移到道士之手的。《隋书·律历志中》载:

> 时高祖作辅,方行禅代之事,欲以符命曜于天下。道士张宾,揣知上意,自云玄相,洞晓星历,因盛言有代谢之征,又称上仪表非人臣相。由是大被知遇,恒在幕府。及受禅之初,擢宾为华州刺史……宾等依何承天法,微加增损,四年二月撰成奏上。高祖下诏曰:"张宾等存心算数,通洽古今,每有陈闻,多所启沃。毕功表奏,具已披览。使后月复育,不出前晦之宵,前月之余,罕留后朔之旦。减朓就朒,悬殊旧准。月行表里,厥途乃异,日交弗食,由循阳道。验时转算不越纤毫,迩听前修,斯秘未启。有一于此,实为精密,宜颁天下,依法施用。"④

可见,道教不仅影响了隋文帝的执政理念,而且还对隋代天文学的发展产生了重大影响。张宾不过是一个政治投机分子,但他却以道士的身份成为隋初修撰历法的领军人物,备受隋文帝恩宠。《张宾历》亦称《开皇历》,参与编制的人员多达 16 名,成分复杂,然其特点就是道教色彩非常浓厚。如开皇年间,"时荧惑入太微,犯左执法。术者刘晖私言于颍曰:'天文不利宰相,可修德以禳之。'颍不自安,以晖言奏之。上厚加赏慰"⑤。从这个实例中,不难窥知,刘晖是一个以星占为职业的人,在一定意义上,亦可将其称作道士。刘祐也"以阴阳术数知名"⑥。此外,卢贲还以修历为纽带,形成了一个野心勃勃的政治集团。《隋书·卢贲传》载:"时高颍、苏威共掌朝政,贲甚不平之。柱国刘昉时被疏忌,贲因讽昉及上柱国元谐、李询、华州刺史张宾等,谋黜颍、威,五人相与辅政。"⑦卢贲系推动隋文帝建立隋朝的中坚,位高权重。按理说,隋文帝应当倚重他才是,但恰恰相反,隋文帝这样评价他:"微刘昉、郑译及贲、柳裘、皇甫绩等,则我不至此。然此等皆反覆子也。当周宣帝时,以无赖得幸,及帝大渐,颜之仪等请以宗王辅政,此辈行诈,顾命于我。我将为治,又欲乱之。故昉谋大逆于前,译为巫蛊于后。如贲之徒,皆不满志。任之则不逊,致之则怨,自难信也,非我弃之。众人见此,或有窃议,谓我薄于功臣,斯不然矣。"⑧可见在当时的历史条件下,隋文帝为了推动官制改革,实行"功臣正宜授勋官,不可预朝政"⑨的政策,这使那些功臣勋将往往很不适应,他们居功自傲,阻碍改革

---

① 《隋书》卷 1《高祖纪上》,第 17 页。
② 《资治通鉴》卷 179《隋纪三》,上海:上海古籍出版社,1987 年,第 1189 页。
③ 《隋书》卷 2《高祖纪下》,第 55 页。
④ 《隋书》卷 17《律历志中》,第 420—421 页。
⑤ 《隋书》卷 41《高颍传》,第 1182 页。
⑥ 《隋书》卷 78《萧吉传》,第 1777 页。
⑦ 《隋书》卷 38《卢贲传》,第 1142 页。
⑧ 《隋书》卷 38《卢贲传》,第 1143 页。
⑨ 《资治通鉴》卷 179《隋纪三》,第 1186 页。

的步伐，所以两者之间发生冲突是不可避免的。可以想象，让如此一帮有政治野心的人来领导修撰历法，想要创造高水平的科研业绩是不可能的，所以钱宝琮认为《开皇历》"粗疏简陋和《大象历》不相上下"[①]。

开皇四年（584），张宾等修撰的《开皇历》正式颁行。颁历是一项十分严肃的事情，况且由《大象历》所引发的历争还没有结果，值此之际，在没有广泛听取各方面意见的前提下，仓促颁行《开皇历》确实不妥。果不其然，《开皇历》刚一颁行，刘焯等人很快就发现了《开皇历》的诸多缺陷，"言学无师法"[②]。《隋书·律历志中》载录了刘焯等人所提出的六点批评意见。

第一，"何承天不知分闰之有失，而用十九年之七闰"[③]。关于这个问题，学界有不同认识：一种意见认为这一条意见稍欠针对性，因为"张宾历用 429 岁 158 闰，可以表示为（$19 \times 22+11=$）429 岁，设（$7 \times 22+4=$）158 闰。各家闰周皆可用（$7n+4$）闰/（$19n+11$）岁来表示。其中 n 为正整数。历代闰周中以祖冲之大明历的 391 岁 144 闰（$n=20$）最为准确，其他历法都嫌设闰稍多。"[④]另一种意见则认为："北凉采用赵𣇅元始历，已打破了十九年七闰的旧规，采用六百年二百二十一闰的闰月周期。何承天以为改变闰月，使算法变繁，应'随时迁革，以取其合'，仍用十九年七闰法……恢复十九年七闰法是何承天的失误"[⑤]。不管怎么说，无论是刘焯"稍欠针对性"也好，还是何承天本身的失误也罢，我们都需要回到当时的具体历史情景中去考量和评判"十九年七闰法"的是非功过。隋代虽然在政治上实现了南北之一统，但在学术上南北依然泾渭分明。比如，宋代章如愚在《群书考索》一书中说："南朝之历则以何承天为宗，而北朝则依赵𣇅、祖冲之以为据，此南北历之大旨也。"[⑥]那么，张宾为什么非要取《元嘉历》为法，而不是《大明历》呢？尽管这个问题不好回答，但有迹象表明，它似与隋朝末期的那场历争有关。因为参加修撰《开皇历》者，既有北周《大象历》的制定者马显，又有北齐《甲寅元历》（未用）的制定者之一郑元伟，而张宾之所以舍弃北朝历法的传统，而采用南朝的《元嘉历》，显然，他考虑更多的是历法本身的政治意义，因为北周历法多宗《大明历》，为了与之不同，故《开皇历》取法《元嘉历》。张宾是个玩弄政治权术的投机家，仅就《开皇历》的特殊性来说，"依何承天法"本身亦体现着隋朝一统南北的政治寓意。此外，《元嘉历》在中国古代天文历法史上确实有其独特的贡献，如利用月食测定冬至日度、实测中星以定岁差、改平朔为定朔、创立"调日法"以及近距取元法等。总之，站在统治阶级的立场看，张宾等选择《元嘉历》作为制定《开皇历》的范本有其合理性，但刘焯站在当时学术前沿对《开皇历》所作的"不知分闰之有失"的批评亦是正当的，因为《开皇历》复活"十九年七闰法"不能不说是隋唐历法发展史上的一次倒退。

① 钱宝琮：《从春秋到明末的历法沿革》，《历史研究》1960 年第 3 期，第 54 页。
② 《隋书》卷 17《律历志中》，第 423 页。
③ 《隋书》卷 17《律历志中》，第 423 页。
④ 张培瑜等：《中国古代历法》，第 432 页。
⑤ 刘洪涛：《古代历法计算法》，第 241 页。
⑥ （宋）章如愚：《群书考索》卷 54《历数门·历类》，《景印文渊阁四库全书》第 936 册，第 708 页。

第二，"宾等不解宿度之差改，而冬至之日守常度"①。在立标测影的时代，为了不断提高测量太阳周年运动位置的准确度，人们就把日影最长的冬至作为历谱推算的基本点。而古代测定冬至日时刻一般有两种方法：推算与实测。因这两种方法经常结合在一起使用，故笔者在此不做分述。

已知后汉四分历回归年（自本年冬至到下一年冬至的时间间隔）为 365.25 日，据此，晋代之前的历算学家都主观地认为，太阳在其轨道上的运行理应是日行 1 度，天周与岁周不分。这样，回归年的天数与周天度数就是相等的。实际上，回归年的天数与周天度数并不相等，回归年的天数往往小于周天度数。即使同是冬至日，太阳在星空的位置亦有变化，如先秦历算学家认为冬至时太阳在星空处于牵牛初度，而刘歆在编制《三统历》时测得冬至日太阳的位置在"进退于牵牛之前四度五分"②，后来贾逵也得到了同样的观测结果，可惜，他们都没有进一步思考和追问造成这种差异的原因。东晋天文学家虞喜发现："尧时冬至日短星昴，今二千七百余年，乃东壁中，则知每岁渐差之所至。"③且"五十余年，日退一度。"④于是，他提出了"天为天，岁为岁"⑤的观点，第一次明确了岁周不等于天周的概念。后来，祖冲之算得岁差"率四十五年九月却一度"⑥，并将这个结果大胆引入《大明历》，为我国历法改进揭开了崭新篇章，然却被戴法兴扣上了"诬天背经"⑦的帽子。所以，从此以后，一直到唐初，太史局的历算学家都不敢妄自谈论岁差的问题。前面讲过，张宾等人制定《开皇历》保守思想很重，他们在岁差问题上当然不能接受《大明历》的革新主张。与此相反，刘焯则注重吸收前人的先进思想成果，敢于破旧立新，他在《皇极历》中也引入了岁差，取"七十五年而退一度"⑧。这个估值尽管还不精确，但它已经比较接近现代的岁差常数，"约每 72.0 年移 1°"⑨。岁差的发现及被应用于历法，不只具有解放思想的意义，它还对我国古代天文学的发展产生了极强的系统效应。对此，陈遵妫有一段精彩评论，他说：

> 虞喜首先发现岁差，祖冲之、刘焯用它来造历，于是恒星年和太阳年才有分别。他们这一发现，实开中国天文学史的新纪元。祖暅之曾经实测纽星去极的度数来证明岁差的事实。古人以北极为不动，自从岁差发现以后，才知道北极也有移动。因为北极的移动，所以极星也古今不同。⑩

第三，"连珠合璧，七曜须同，乃以五星别元"⑪。确定历元，是古代天文学家制定历

---

① 《隋书》卷 17《律历志中》，第 423 页。
② 《汉书》卷 21 下《律历志下》，第 1007 页。
③ 《宋史》卷 74《律历志七》，第 1689 页。
④ 《宋史》卷 74《律历志七》，第 1689 页。
⑤ 《新唐书》卷 27 上《历志三》，第 600 页。
⑥ 《宋史》卷 74《律历志七》，第 1689 页。
⑦ 《宋书》卷 13《律历志下》，第 305 页。
⑧ 《宋史》卷 74《律历志七》，第 1689 页。
⑨ 赵庄愚：《从星位岁差论证几部古典著作的星象年代及成书年代》，中国天文学史整理研究小组：《科技史文集》第 10 辑，上海：上海科学技术出版社，1983 年，第 69 页。
⑩ 陈遵妫：《中国天文学史》第 3 册，上海：上海人民出版社，1984 年，第 833 页。
⑪ 《隋书》卷 17《律历志中》，第 423 页。

法的一件大事，陈遵妫指出："一部中国历法史，几乎可以说是上元的演算史。"①在中国古代历法发展史上，上元与历取朔望月及回归年常数组成了一部历法常数系统的三要素，特色鲜明。"连珠合璧，七曜须同"要求上元必须具备日月五星同时会聚于冬至点、太阳和月亮相会于黄白交点、冬至点位于虚宿之中等诸多条件，这样推算出来的理想上元就需要求解某个复杂的一次同余式组，且莫说当时的计算条件落后，即使今天，求解上元也不是一件容易的事情。因为考虑的条件越多，其同余方程的解就越繁难。

那么，如此复杂的数学计算，究竟对历法制定有多大的实际意义呢？孙小淳认为："理想的上元可以将历法神秘化，以附会君权神授的神秘主义统治思想，所以总是有人埋头于繁重的计算，以求理想上元。随着天文观测的精密化，求出的上元积年数字越加庞大。元魏时期的起正光历积处数突破了百万……本来列上元是为推算方便，但事实上至此已成为历法推算的桎梏。"②既然如此，我们就需要对刘焯的批评进行必要的反思。因为当时人们在求上元的运算过程中，为了避免计算趋于繁复而开始了逐步简化其算法的有益探索。如《元嘉历》独创"五星各自为元"法，即对每个行星分别给出其近距的后元，以与先前的五星和日月同元法相区别。从历理讲，《元嘉历》的方法更符合实际，计算过程也比较简便。然而，当时在如何认识"五星各自为元"法的问题上，戴法兴与祖冲之的观点截然不同。戴法兴认为："《景初》所以纪首置差，《元嘉》兼又各设后元者，其并省功于实用，不虚推以为烦也。"③仅就本题所论，戴氏的见解比较公允。但是，祖冲之却批评说："（《元嘉历》）'日月五星，各自有元，交会迟疾'，亦并置差，裁合朔气而已。条序纷互，不及古意。今设法，日月五纬，交会迟疾，悉以上元岁首为始。则合璧之曜，信而有征，连珠之晖，于是乎在，群流共源，实精古法。"④这些话显然失之偏颇，而他自己所讲的"设法"三事，亦非必需。⑤按照祖冲之的"设法"，《大明历》取"上元甲子至宋大明七年癸卯，五万一千九百三十九年算外"⑥，刘焯《皇极历》取"甲子元，距大隋仁寿四年甲子，积一百万八千八百四十算"⑦。甚至《开皇历》所取上元积年的数字更大，为"四百一十二万九千一，算上"⑧。可见，《开皇历》在确定历元问题上不无瑕疵，但刘焯批评它"以五星别元"却有点勉强，因为"以五星别元"在天文计算上是可取的方法。

第四，"宾等唯知日气余分恰尽而为立元之法，不知日月不合，不成朔旦冬至"⑨。从今天的立场看，以《三统历》为肇始的上元积年算法，并不是制定历法所必需的条件，所以它是形式大于内容。诚如李东生所言："刘歆在《三统历》中加入了计算'积年'的内

① 陈遵妫：《中国天文学史》第 3 册，第 1391 页。
② 郭书春、李家明主编：《中国科学技术史·辞典卷》，北京：科学出版社，2011 年，第 307 页。
③ 《宋书》卷 13《律历志下》，第 306 页。
④ 《宋书》卷 13《律历志下》，第 290 页。
⑤ 张培瑜等：《中国古代历法》，第 407 页。
⑥ 《宋书》卷 13《律历志下》，第 291 页。
⑦ 《隋书》卷 18《律历志下》，第 461 页。
⑧ 《隋书》卷 17《律历志中》，第 421 页。
⑨ 《隋书》卷 17《律历志中》，第 423 页。

容，开创了不好的先例，使得后代许多历法只注重于演算积年，重复地作这种繁杂无用的数学游戏，直到元代郭守敬才在历法中断然抛弃这一方法，可见其影响之久远了。"①当然，说上元积年算法是一种"繁杂无用的数学游戏"，未必适当，比如，钱宝琮认为《孙子算经》"物不知数"的解法不是虚造的，很可能是依据当代天文学家的上元积年算法写出来的。王渝生也说："魏晋南北朝时期历法中关于上元积年的计算方法当与中国传统数学中孙子问题的解法有内在的联系。"②在这里，刘焯针对《开皇历》的上元算法，指出了其只顾"日气余分恰尽"而"不知日月不合，不成朔旦冬至"的常识性错误。且不说《开皇历》是否存在如刘焯所讲的严重错误，因为《开皇历》的术文今已不存，我们无从考索，即使存在那也是另有其因。诚如前述，《开皇历》确实水平不高，例如，它否定岁差的存在，不采用定朔法等，都是《开皇历》的致命缺陷，但在数学方法上求"日气余分恰尽"也不失为确立上元的一种理想方法，如《三统历》就是如此。现在的问题是《开皇历》并没有考虑日月运行的不均匀性，因而用平朔而不用定朔，这就限制了其历法精度的提高。所以从这个角度看，刘焯批评《开皇历》的缺陷是正确的。

第五，"宾等但守立元定法，不须明有进退"③。《开皇历》只重视理论数值的推算，而忽略了日月五星的实际运动规律，因而多误差不实之处，推验日食也多疏远。如《开皇历》的回归年长度值精度虽然比较高，但它"是以朔望月长度有较大的误差为代价的"④。从历史上看，早在东汉时期，贾逵就已经认识到月球在椭圆轨道上运动有快慢之分。他说："月行当有迟疾，不必在牵牛、东井、娄、角之间，又非所谓朓、侧匿，乃由月所行道有远近出入所生，率一月移故所疾处三度，九岁九道一复。"⑤之后，北齐天文学家张子信经过长期观测，"专以浑仪测候日月五星差变之数"，终于发现了太阳和五星视运动的不均匀现象，即"日行在春分后则迟，秋分后则速"⑥；又"五星见伏，有感召向背"⑦。对于这些先进的天文学成果，《开皇历》没有及时吸收，仍循古蹈旧，体现了该历的保守倾向十分严重。与此相反，刘焯在制定《皇极历》时则充分考虑了日月及五星视运动的不均匀性问题。所以《隋书·律历志中》说："后张胄玄、刘孝孙、刘焯等，依此差度，为定入交食分及五星定见定行，与天密会，皆古人所未得也。"此"差度"为定朔法的应用创造了条件，因此，在《皇极历》中，刘焯"第一次同时采用日行和月行速度的不均匀性理论，用以推算五星位置和日、月食起讫时刻及食分等。用定朔法代替平朔法，这在我国历法史上是一个重大的突破"⑧。

第六，"宾等唯识转加大余二十九以为朔，不解取日月合会准以为定"⑨。考《元嘉

① 李东生编著：《中国古代天文历法》，北京：北京科学技术出版社，2009年，第96页。
② 王渝生：《中国算学史》，上海：上海人民出版社，2006年，第228页。
③ 《隋书》卷17《律历志中》，第423—424页。
④ 陈美东：《论我国古代年、月长度的测定（上）》，中国天文学史整理研究小组：《科技史文集》第10辑，第13页。
⑤ 《后汉书·律历志中》，第3030页。
⑥ 《隋书》卷20《天文志中》，第561页。
⑦ 《隋书》卷20《天文志中》，第561页。
⑧ 张奎元、王常山：《中国隋唐五代科技史》，北京：人民出版社，1994年，第11页。
⑨ 《隋书》卷17《律历志中》，第424页。

历》推正月朔及各月朔日的算法共两个步骤：（1）推所求年正月朔日名。自所入纪的纪首日名起算，大余算外即所求年正月朔日名。（2）推其余各月朔日名。即大余加 29 日得次月大余（满 60 则除去之），小余加 399 为次月小余，次月小余满 9 法化为整日入大余①。

以上为刘洪涛在《古代历法计算法》一书中给出的"朔法"，也即刘焯所指"唯识转加大余二十九以为朔"，此处的"朔"是指"平朔"。关于"取日月合会准以为定"，《旧唐书》载有王孝通的一段话，说得比较清楚："平朔、定朔，旧有二家；平望、定望，由来两术。然三大三小，是定朔、定望之法；一大一小，是平朔、平望之义。且日月之行，有迟有疾，每月一相及，谓之合会，故晦朔无定，由人消息。"②用清代学者阮元的话说就是："自前朔至后朔，中积二十九日五十三刻有奇，（古法一日分百刻）此平朔也。若日行盈，月行迟，则日月相合，必在平朔之后，日行缩，月行疾，则日月相合，必在平朔之前。求得平朔，而后以盈缩迟疾加减之，所谓定朔是也。"③可见，刘焯是针对《开皇历》用平朔而不用定朔之弊来发难的，言之凿凿，鞭辟入里。

所以，在刘焯看来，《开皇历》与《元嘉历》相比较，"若乃验影定气，何氏所优，宾等推测，去之弥远。合朔顺天，何氏所劣，宾等依据，循彼迷踪。盖是失其菁华，得其糠秕者也"④。这样一部"得其糠秕"和"学无师法"的历法竟然被颁行天下，甚至隋文帝还称其"实为精密"，而他和刘孝孙等人在开皇三年（583）奉敕修撰的远在《开皇历》之上的先进历法却得不到官方认可，想来此举简直是对刘焯、刘孝孙等人的莫大羞辱。正是在这样的特定历史环境中，刘焯据理力争，坚持用新思想、新成果来改革传统历法。开皇二十年（600），刘焯在先前历法的基础上，经过进一步完善，撰成了具有划时代意义的《皇极历》，进献朝廷。可惜，由于保守派的阻扰，刘焯至死都不曾看到自己一生苦心编制的《皇极历》被正式颁用，只能抱憾终生，但不论怎样，《皇极历》毕竟是"当时最好的历法"，它的一系列彪炳史册的科学创新，是"我国古代历法体系得到进一步完善的标志"⑤。

（二）刘焯的主要天文历法成就

《皇极历》所取得的一系列杰出成就，使唐朝天文学家李淳风大为折服，他不仅在编制《大衍历》时采纳和应用了《皇极历》的许多数据和计算日月及五星视运动的方法，而且在修撰《隋书·律历志》时，还破天荒地著录了《皇极历》。据此，学界对《皇极历》的研究已经取得了大量成果，如李俨的《中算家的内插法研究》⑥等，故笔者在此仅综合先辈的已有研究成就，简要叙述如下。

1. 推经朔术、推每日迟速术及朔弦望定日术

经朔，亦即平朔，它是月球与太阳的黄经度相等之时刻，或者说是月亮平黄经与太阳

---

① 刘洪涛：《古代历法计算法》，第 245 页。
② 《旧唐书》卷 79《傅仁均传》，第 2712 页。
③ （清）阮元等撰，彭卫国、王原华点校：《畴人传汇编》卷 13《唐一》，扬州：广陵书社，2008 年，第 140 页。
④ 《隋书》卷 17《律历志中》，第 424 页。
⑤ 陈美东等编著：《简明中国科学技术史话》，北京：中国青年出版社，2009 年，第 279 页。
⑥ 李俨：《中算家的内插法研究》，北京：科学出版社，1957 年，第 23—34 页。

平黄经相重合的时刻，而人们把这个时刻设定在每月初一日，这就是经朔。由于日月运行的不均匀性，在实际天象中，每月初一日月球与太阳的黄经度并不一定相等，或早或晚，或迟或速，于是刘焯在《皇极历》中导入了定朔的方法，其目的就是对平朔进行日月运动不均匀性的修正，进而得到符合天象的真实"朔"，即月亮真黄经与太阳真黄经相重合的时刻。

（1）《皇极历》"推经朔术"。其术文云："置入元距所求年，月率乘之，如岁率而一，为积月，不满为闰衰。朔实乘积月，满朔日法得一，为积日，不满为朔余。旬周去积日，不尽为日，即所求年天正经朔日及余。"[1]

刘焯给出的基本参数有上元积年 1 008 840，算外；月率或章月 836；岁率或章岁 676；朔日法 1242；朔实 36 677；朔策 29.530 595 813；旬周 60。故上面的术文分为三步：第一步，求积月。第二步，求积日。第三步，求朔日干支。

学界一般认为，刘焯的"推经朔术"与前代历家的求平朔并无二致，仅从概念来讲，确实如此，但曲安京认为，在历法实践中，"由于朔望月常数稍大于 29.5 日，因此，按照日月的平黄经重合时刻来定义平朔，要大约经过 32 个'一大一小'相间的历月之后，便会出现一次二连大月的情形"[2]。所以"经朔似乎应该是太阳的平黄经与月亮的真黄经重合的时刻"[3]。这样，回过头去重新审视《宋史》载臧元震所讲的一番话就是有道理的。臧元震说："盖历法有平朔，有经朔，有定朔。一大一小，此平朔也；两大两小，此经朔也；三大三小，此定朔也。"[4]可见，经朔是从平朔到定朔变动过程的一个中间环节，它的思想意义就是既显示了古人对月亮运行规律认识的渐进性，同时又在平朔问题上打开了一个缺口。这在当时的特定历史背景下，无疑是一种进步，因为它毕竟旨在推动隋唐历法由平朔向定朔转化。

（2）《皇极历》"推每日迟速数术"。这里应用了内插法，其术文云：

> 见求所在气陟降率，并后气率半之，以日限乘而泛总除，得气末率。又日限乘二率相减之残，泛总除，为总差。其总差亦日限乘而泛总除，为别差。率前少者，以总差减末率，为初率乃别差加之；前多者，即以总差加末率，皆为气初日陟降数。以别差前多者日减，前少者日加初数，得每日数。所历推定气日随算其数，陟加、降减其迟速，为各迟速数。其后气无同率及有数同者，皆因前末，以末数为初率，加总差为末率，及差渐加初率，为每日数，通计其秒，调而御之。[5]

从刘焯的解题思路来看，上文所述"推每日迟速数"的运算过程大致可分成四步：第一步，求气末陟降率。第二步，求总差。第三步，求别差。第四步，求每日数。

纪志刚在考察刘焯二次内插法的原理构造时，深入探讨了此术与《九章算法》均输章"五尺金棰"之间的渊源关系。在纪氏看来，"刘焯推求每日迟速数的算法，层次分明，

① 《隋书》卷 18《律历志下》，第 462 页。
② 曲安京：《中国数理天文学》，北京：科学出版社，2008 年，第 327 页。
③ 曲安京：《中国数理天文学》，第 327 页。
④ 《宋史》卷 82《律历志十五》，第 1951 页。
⑤ 《隋书》卷 18《律历志下》，第 466—467 页。

环环相扣，构成了一个完整的算法程序"①，而刘焯二次内插法无疑成为形成中国古典数学机械化和构造性特点的经典范例之一。

（3）《皇极历》"求朔弦望定日术"。运算过程可分为三步，第一步"求平会加减限数"，也就是计算不满一日部分的月亮改变量。其具体算法是：

> 各以月平会所入之日加减限，限并后限而半之，为通率；又二限相减，为限衰。前多者，以入余减终法，残乘限衰，终法而一，并于限衰而半之；前少者，半入余乘限衰，亦终法而一，（减限衰）。皆加通率，入余乘之，日法而一，所得为平会加减限数。②

第二步，求"朓朒"，也就是"变率"。其具体算法是：

> 其限数又别从转余为变余，朓减、朒加本入余。限前多者，朓以减与未减，朒以加与未加，皆减终法，并而半之，以乘限衰；前少者，亦朓朒各并二入余，半（之），以乘限衰；皆终法而一，加于通率，变余乘之，日法而一。③

依刘洪涛解释，"转余"是指入转数中的日余分，而"变余"则是加在"本入余之上的（朓减、朒加）"④，实际上，这是《皇极历》为减少误差而给出的一种修正方法。

第三步，求"月亮改正"及"朔弦望定日余"。其术文云：

> 所得以朓减、朒加限数，加减朓朒积而定朓朒。乃朓减、朒加其平会日所入余，满若不足进退之，即朔弦望定日及余。⑤

即月亮改正（定朓朒）=朓朒积±平会加减限数±限变值（变余段的修正值）。式中各项数量的意义是：朓朒积表示入转整日产生的增量，平会加减限数则表示不足1日的畸零分所产生的增量，而限变值为变余产生的增量。经过对"平会加减限数"进行二次修正以后，这样，定朔时刻就等于平朔时刻加上因太阳运动不均匀性引起的平朔到定朔的改正值与因月亮运动不均匀性引起的平朔到定朔的改正值之和。

2. 求每日刻差术

太阳运动的非均匀性给每日刻差的计算也带来了数学方法的变革，因为在刘焯之前，对于刻漏长度的计算，人们往往是"先列出自冬至起，每个节气初日的昼夜漏刻长度数值表。若求任一时日的昼夜漏刻长度，可应用该表数值，以线性内插法推算"⑥，而刘焯则将非均匀性的运动引入每日昼夜漏刻长度的计算，因此，他把每日昼夜漏刻长度看作是等差性的匀变化量（即非线性变化），首创了等差级数的表述和计算方法。据《隋书·律历志下》载：

---

① 纪志刚：《南北朝隋唐数学》，石家庄：河北科学技术出版社，2000年，第230页。
② 《隋书》卷18《律历志下》，第474页。
③ 《隋书》卷18《律历志下》，第474页。
④ 刘洪涛：《古代历法计算法》，第522页。
⑤ 《隋书》卷18《律历志下》，第474页。
⑥ 曲安京、纪志刚、王荣彬：《中国古代数理天文学探析》，西安：西北大学出版社，1994年，第303页。

每气准为十五日，全刻二百二十五为法。其二至各前后于二分，而数因相加减，间皆六气；各尽于四立，为三气。至与前日为一，乃每日增太；又各二气，每日增少；其末之气，每日增少之小，而末六日，不加而裁焉。二（望）至前后一气之末日，终于十少；二气初日，稍增为十二半，终于二十太，三气初日，二十一，终于三十少；四立初日，三十一，终于三十五太；五气亦少增，初日三十六太，终四十一少；末气初日，四十一少，终于四十二。每气前后累算其数，又百八十乘为实，各泛总乘法而除，得其刻差。随而加减夜刻而半之，各得入气夜（之）半（定）刻。其分后十五日外，累算尽日，乃副置之，百八十乘，亏总除，为其所因数。以减上位，不尽为所加也。不全日者，随辰率之。[①]

可见，刘焯将二十四节气划分为两个变化时段："盈泛"段（从秋分后到春分前）与"亏总"段（从春分后到秋分前）。其中每个气段的增差规律不同，如从二至到四立各分 3 气，从二至到二分则各分 6 气。细言之，二至与至前 1 日为 1，然后分别向春分和秋分两个方向运行，头 3 气每日增太（2/3），接着第 4 气和第 5 气各增少（1/3），至二分的最后 1 气开始时每日增加"少之小"（1/4），到最后 1 日，转而减"少之小"（1/4）。

经过校算，人们发现刘焯上面的算式存在一个问题，主要是对两气漏刻衔接并不理想[②]，至于为何会出现这种情况，究竟是由于术文自身的原因，还是由于我们对术文的复原有误，目前尚不能肯定。不过，我们必须承认，以等差级数求和替代线性内插确实是数学方法上的巨大进步，因为"它与等间距二次差内插法一样，能较好地反映昼夜漏刻长度变化的客观状况，也是一种提高计算精度的较好数学方法"[③]。

3. 推黄道术

推黄道术即求黄赤道差。如众所知，黄道就是太阳在天空中视运动的线路，它与天球相交成一个大圆，如图 3-1 所示。在中国天文赤道坐标系的视野里，测定黄道度往往由赤道度来推算。

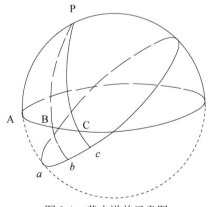

图 3-1　黄赤道差示意图

① 《隋书》卷 18《律历志下》，第 470 页。
② 曲安京、纪志刚、王荣彬：《中国古代数理天文学探析》，第 65 页。
③ 金秋鹏主编：《中国科学技术史·人物卷》，北京：科学出版社，1998 年，第 230 页。

A、*B*、*C* 为赤道圈，P 为天北极，*a*、*b*、*c* 为黄道圈，其中 *a* 为冬至点（中国古代历法家测量黄道度系从冬夏二至点算起），*b*、*c* 为黄道上的两个点。*b* 点的黄道度数为弧度 *ab* 的度数，*c* 点的黄道度数为弧度 *ac* 的度数。从天北极 P 引三条线段，分别连接 *a*、*b*、*c* 各点，是为赤经圈，并交赤道于 *A*、*B*、*C* 各点。于是，弧度 *AB* 的度数即是 *b* 的赤道度数，弧度 *AC* 的度数即是 *c* 点的赤道度数。而弧度 *ab* 的度数减去弧度 *AB* 的度数就等于 *b* 点的黄赤道差，弧度 *ac* 的度数减去弧度 *AC* 的度数就等于 *c* 点的黄赤道差。据史料所载，张衡在《浑天仪图注》中介绍了用模型量度的方法来求黄赤道差，后来刘洪首次将其引入《乾象历》。对此，刘焯不仅继承了刘洪的算法，而且还有所创新。严敦杰曾评论说：中国古代求黄赤道差，到刘焯为之一变，其变化脉络分两种情况，"一种情况是用原有方法在数据上提高一步，如纪元历之于大衍历；一种情况是由于客观上的要求而改变方法的，如皇极历和授时历，（皇极历和授时历在测算方法上都具有革命性）"[1]。据《隋书·律历志下》记载，刘焯在张衡和刘洪算法的基础上别出心裁，他给出的算法是：

> 准冬至所在为赤道度，后于赤道（西）四度为限。初数九十七，每限增一，以终百七。其三度少弱，平。乃初限百九，亦每限增一，终百一十九，春分所在。因百一十九每（限）损一，又终百九。亦三度少弱，平。乃初限百七，每限损一，终九十七，夏至所在。又加冬至后法，得秋分、冬至所在数。各以数乘其限度，百八而一，累而总之，即皆黄道度也。度有分者，前（后）辈之，宿有前却，度亦依体，数逐差迁，道不常定，准令为度，见步天行，岁久差多，随术而变。[2]

具体如图 3-2 所示。

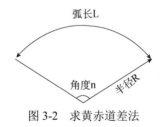

图 3-2　求黄赤道差法

下面笔者根据严敦杰和刘洪涛等学界前辈的研究成果，特将刘焯术文所明示的数据列表 3-1[3]如下。

表 3-1　《皇极历》黄道度增减表与黄赤道道差（冬至到春分）

初末数	限数	赤道度	黄道增度	黄赤道差	与理论值之差
（冬至）97	1	4°	0°	$-\dfrac{97}{450}$ （由上面的公式求得，下同）	−0.12（由球面直角三角公式求得，下同）
98	2	8°	1°	$-\dfrac{195}{450}$	−0.23

① 严敦杰：《中国古代的黄赤道差计算法》，《科学史集刊》1958 年第 1 期。
② 《隋书》卷 18《律历志下》，第 477 页。
③ 表 3-1 吸收了陈美东等学者的校勘成果，特此说明。

续表

初末数	限数	赤道度	黄道增度	黄赤道差	与理论值之差
99	3	12°	2°	$-\dfrac{294}{450}$	-0.33
100	4	16°	3°	$-\dfrac{394}{450}$	-0.40
101	5	20°	4°	$-1\dfrac{45}{450}$	-0.46
102	6	24°	5°	$-1\dfrac{147}{450}$	-0.49
103	7	28°	6°	$-1\dfrac{250}{450}$	-0.48
104	8	32°	7°	$-1\dfrac{354}{450}$	-0.44
105	9	36°	8°	$-2\dfrac{9}{450}$	-0.35
106	10	40°	9°	$-2\dfrac{115}{450}$	-0.22
107	11	44°	10°	$-2\dfrac{222}{450}$	-0.04
		$3°强\left(3\dfrac{140}{450}\right)°$，故有 $44°+$ $\left(3\dfrac{140}{450}\right)°=$ $\left(47\dfrac{140}{450}\right)°$	平		
109	1	$4°+\left(47\dfrac{140}{450}\right)°$	10°	$-2\dfrac{115}{450}$	-0.26
110	2	$8°+\left(47\dfrac{140}{450}\right)°$	11°	$-2\dfrac{9}{450}$	-0.42
111	3	$12°+\left(47\dfrac{140}{450}\right)°$	12°	$-1\dfrac{354}{450}$	-0.52
112	4	$16°+\left(47\dfrac{140}{450}\right)°$	13°	$-1\dfrac{250}{450}$	-0.58
113	5	$20°+\left(47\dfrac{140}{450}\right)°$	14°	$-1\dfrac{147}{450}$	-0.60
114	6	$24°+\left(47\dfrac{140}{450}\right)°$	15°	$-1\dfrac{45}{450}$	-0.57
115	7	$28°+\left(47\dfrac{140}{450}\right)°$	16°	$-\dfrac{394}{450}$	-0.50
116	8	$32°+\left(47\dfrac{140}{450}\right)°$	17°	$-\dfrac{294}{450}$	-0.41

续表

初末数	限数	赤道度	黄道增度	黄赤道差	与理论值之差
117	9	$36°+\left(47\dfrac{140}{450}\right)°$	18°	$-\dfrac{195}{450}$	−0.29
118	10	$40°+\left(47\dfrac{140}{450}\right)°$	19°	$-\dfrac{97}{450}$	−0.15
119	11	$44°+\left(47\dfrac{140}{450}\right)°$	20°	0	0

对于表 3-1 中的数据，刘焯反复强调，切不可生搬硬套，而应"度亦依体"，也就是说黄道度必须以实测为前提，一定要尊重科学事实，把黄道度建立在日月运动变化的真实状态上。在刘焯看来，任何算法都不是纯粹主观性的产物，因为"数逐差迁"，所谓"数"系指人们对客观事物之间各种数量关系的认识，而"差迁"则是指人们对客观事物之间各种数量关系的认识与日月运动变化的真实状态之间总是处在一种不断修订差异的更新过程之中，这就是刘焯"见步天行"和"随术而变"思想的本质特点。一方面，应用各种数学方法所获得的天度"数"是否能够符合天体运动的客观实际，它能不能正确反映天体运动变化的状态和规律，还需要把它放在实际的天体观测实践中去加以验证；另一方面，天体运动的实际过程千变万化，而人们对它的认识也必然会不断更新，所以为了使我们所获得的天度"数"越来越逼近真实天体的运行状态，就必须不断推动计算方法的变革，如张衡的黄赤道计算法是把每一限黄赤道差都看作一个常数，而刘焯则把每一限黄赤道差数值看作是一个等差数列，所以后者比前者更接近太阳运行的实际状态。因此，求新求变，从粗疏步步趋向精确，既不能一成不变，更不能沿讹踵缪，这就是刘焯制历思想的准则与精髓。

4. 推月道所行度术

刘焯为此创立了"坐标变换法"，亦称"黄白道差计算法"。实际上，它是一种用来计算黄道宿度和白道宿度之间变换的表格，首见于刘焯《皇极历》。其内容是：

> 准交定前后所在度半之，亦于赤道四度为限，初十一，每限损一，以终于一。其三度强，平。乃初限数一，每限增一，亦终十一，为交所在。即因十一，每限损一，以终于一。亦三度强，平。又初限数一，每限增一，终于十一，复至交半，返前表里。仍因十一增损，如道得后交及交半数。各积其数，百八十而一，即道所行每与黄道差数。[1]

根据上述术文，"各积其数，百八十而一"中的"其数"应指"初末数"与"限度"或赤道度，据此，算得月亮运行的黄白道差度表如表 3-2 所示。

表 3-2 黄白道差（交半后至交半前）计算法及其精度表

初末数	限数	赤道度	黄道增度	黄白道差	与理论值之差
11（交半）	1	4°	−1°	$\dfrac{11}{45}$	−0.04

---

[1] 《隋书》卷18《律历志下》，第478页，引文里的部分内容依《中国古代历法》校勘。

初末数	限数	赤道度	黄道增度	黄白道差	与理论值之差
10	2	8°	−2°	$\frac{21}{45}$	−0.07
9	3	12°	−3°	$\frac{30}{45}$	−0.09
8	4	16°	−4°	$\frac{38}{45}$	−0.09
7	5	20°	−5°	1	−0.10
6	6	24°	−6°	$1\frac{6}{45}$	−0.10
5	7	28°	−7°	$1\frac{11}{45}$	−0.10
4	8	32°	−8°	$1\frac{15}{45}$	−0.10
3	9	36°	−9°	$1\frac{18}{45}$	−0.11
2	10	40°	−10°	$1\frac{20}{45}$	−0.13
1	11	44°	−11°	$1\frac{21}{45}$	−0.14
		$3°弱\left(2\frac{128}{135}\right)°$，则 $44°+\left(2\frac{128}{135}\right)°=\left(46\frac{128}{135}\right)°$	平		
1	1	$4°+\left(46\frac{128}{135}\right)°$	1°	$1\frac{20}{45}$	−0.17
2	2	$8°+\left(46\frac{128}{135}\right)°$	2°	$1\frac{18}{45}$	−0.18
3	3	$12°+\left(46\frac{128}{135}\right)°$	3°	$1\frac{15}{45}$	−0.20
4	4	$16°+\left(46\frac{128}{135}\right)°$	4°	$1\frac{11}{45}$	−0.21
5	5	$20°+\left(46\frac{128}{135}\right)°$	5°	$1\frac{6}{45}$	−0.21
6	6	$24°+\left(46\frac{128}{135}\right)°$	6°	1	−0.22
7	7	$28°+\left(46\frac{128}{135}\right)°$	7°	$\frac{38}{45}$	−0.19
8	8	$32°+\left(46\frac{128}{135}\right)°$	8°	$\frac{30}{45}$	−0.16

续表

初末数	限数	赤道度	黄道增度	黄白道差	与理论值之差
9	9	$36°+\left(46\frac{128}{135}\right)°$	9°	$\frac{21}{45}$	−0.12
10	10	$40°+\left(46\frac{128}{135}\right)°$	10°	$\frac{11}{45}$	−0.07
11	11	$44°+\left(46\frac{128}{135}\right)°$	11°	0	−0.02

5. 日月交食推算法

中国古代对日月交食的推算，刘焯是一个转捩型人物，因为他建立了一整套推算交食的科学方法且成就突出。比如，刘焯在吸收北齐张子信发现太阳运动不均匀性成果的基础上，创立了同时考虑日、月运动不均匀影响的定朔计算方法；此外，他还提出了交食初亏与复圆时刻的计算方法以及日食食甚时刻的新概念和具体数值等。陈美东认为这些自主创新的科研成就，"结束了中国古代交食研究的粗放时期，标志着交食研究精细化、数学化和科学化新时期的到来"[1]。

1）求入交定日的算法

刘焯对日月运动不均匀条件下"入交定日"（即定望时刻月亮到交点的距离）的推算，主要考虑了两种情形：一是计入日行迟速数的"求经朔望入交常日"；二是计入日、月行迟速及朓朒数的"求定朔望入交定日"。

> 以交率乘定朓朒，交数而一，所得以朓减、朒加常日余，即定朔望所入定日（及）余。其去交如望差以（下）、交限以上者月食，月在里者日食。[2]

与"定朔望所入定日〔及〕余"相连，还有"日定朔望所入会日及余"。其算法是：

> 以交数乘月入气朔望所平会日迟（速）速定数，交率而一，以速加、迟减其入平会日余，即所入常日余。亦以定朓朒，而朓减、朒加其常日余，即日定朔望所入会日及余。[3]

在这里，刘焯求入交定日算法，"既考虑了日、月运动不均匀的影响，又虑及了黄白交点退行的因素，具有十分准确和清晰的天文概念"，所以上面的"定朔望所入定日〔及〕余"算式和"日定朔望所入会日及余"算式已从根本上解决了交食推算的最重要参量定朔（或定望）时月亮、太阳与黄白交点之时距的严密性问题，因而对交食推算精度的提高具有重要的意义。[4]

---

① 陈美东：《刘焯交食推算法——中国古代交食研究新时期的标志》，黄盛璋主编：《亚洲文明》第 2 集，合肥：安徽教育出版社，1992 年，第 217 页。

② 《隋书》卷 18《律历志下》，第 485 页。

③ 《隋书》卷 18《律历志下》，第 485 页。

④ 陈美东：《刘焯交食推算法——中国古代交食研究新时期的标志》，黄盛璋主编：《亚洲文明》第 2 集，第 218 页。

2）求月入交去日道术

由于刘焯的"求月入交去日道术"（分段插值的方法）是依据其"月行入交表"来设计的，所以我们不妨先将"月行入交表"（亦称"阴阳历"，在唐代边冈首先使用公式计算法之前，历算学家都需要利用它来计算月亮的极黄纬）引录于此，详见表 3-3。

表 3-3　月去日道度增损表

入交日[①]	去交衰[②]	衰积[③]
1 日	进 14	衰始
2 日（余 198 以下，食限）[④]	进 13	14
3 日	进 11.5	27
4 日	进 9.5	38.5
5 日	进 7	48
6 日	进 4	55
7 日	进 2 $\begin{matrix}4进强\\1退弱\end{matrix}$ 5 分 退 1	59
8 日	退 2	60 $\begin{matrix}60又1分\\1分当日退\end{matrix}$
9 日	退 5	58
10 日	退 8	53
11 日	退 10.5	45
12 日	退 12.5	34.5
13 日（余 555 以上，食限）。	退 135	22
14 日 注：此为交限点，准确数是 $555\frac{473.5}{5923}$。	退 14 小 $\begin{matrix}3退强\\2进弱\end{matrix}$	8.5

据此，刘焯给出了"月入交去日道"的算法，其术文说：

　皆同其数，以交余为秒积，以后衰并去交衰，半之，为通数。进则秒积减衰法，以乘衰，交法除，而并衰以半之；退者，半秒积以乘衰，交法而一；皆加通数，秒积乘，交法除，所得以进退衰积，十而一为度，不满者求其强弱，则月去日道数。[⑤]

关于上述算法的详细论述，刘洪涛在《古代历法计算法》一书中有详论[⑥]，兹不赘述。

① 即月亮从黄白道交点起运行的日数，因月亮出入黄道各 1 次，每交日数约 13 日。
② 为月距日道的极黄纬数，它是"衰积"的一阶差分，表示本日与次日初始时刻月亮极黄纬之差。
③ 表示本日初始时刻月亮的极黄纬，是入交以来到本日之前去交衰的累积数。
④ "余 198 以下，食限"是指望差数 $1\frac{197\frac{4205.5}{5923}}{1242}$ 日，小于此数往往会发生月偏食。
⑤ 《隋书》卷 18《律历志下》，第 486 页。
⑥ 刘洪涛：《古代历法计算法》，第 564—566 页。

3）推日应食不食与日不应食而食术

《皇极历》以文字形式给出的日应食不食与日不应食而食表，是迄今已知关于这方面研究内容的最早文献。在《皇极历》中，刘焯列出了 7 种日不应食而食和 9 种日应食不食的判别条件，"都定性地与月亮视差对日食影响的原理相符合，这是对张子信当年发现的极重要的补充和发展"[①]。

第一，推应食不食术。术文说：

> 朔先后在夏至十日内，去交十二辰少；二十日内，十二辰半；一月内，十二辰大（太）；闰四月、六月，十三辰以上，加南方三辰。若朔在夏至二十日内，去交十三辰，以加辰申半以南四辰；闰四月、六月，亦加四辰；谷雨后、处暑前，加三辰；清明后、白露前，加巳半以西、未半以东二辰；春分、（秋分）前（后），加午一辰。皆去交十三辰半以上者，并或不食。[②]

第二，推不应食而食术，术文说：

> 朔在夏至前后一月内，去交二辰；四十六日内，一辰半，以加二辰；又一月内，亦一辰半，加三辰。及加四辰，与四十六日内加三辰；谷雨后、处暑前，加巳少后、未太前；清明后、白露前，加二辰；春分后、秋分前，加一辰。皆去交半辰以下者，并得食。[③]

以上就是刘焯所给出的某一固定地点日应食不食与日不应食而食的判据，为了直观起见，我们不妨用表 3-4 将术文的内容排列于下。[④]

表 3-4 《皇极历》推日应食不食与日不应食而食数据表

序号	去交辰（°）	节气	加辰（距午正前后刻）
1	$12\frac{1}{4}$ 辰（13.45°）[⑤]	夏至 10 日内	加三辰（8.3—12.5）
2	$12\frac{1}{2}$ 辰（13.73°）	夏至 20 日内	加三辰（8.3—12.5）
3	13 辰（14.27°）	夏至 20 日内	加四辰（12.5—16.7）
4	$12\frac{3}{4}$ 辰（14.00°）	夏至 1 月内	加三辰（8.3—12.5）
5	13 辰以上（14.27° 以上）	闰 4 月、6 月	加三辰（8.3—12.5）
6	$13\frac{1}{2}$ 辰以上（14.82° 以上）	闰 4 月、6 月	加四辰（12.5—16.7）
7	$13\frac{1}{2}$ 辰以上（14.82° 以上）	谷雨后、处暑前	加三辰（8.3—12.5）

---

① 张广军编著：《刘焯》，北京：中国国际广播出版社，1998 年，第 26 页。
② 《隋书》卷 18《律历志下》，第 486 页。引文有修改，并经陈美东校勘。
③ 《隋书》卷 18《律历志下》，第 486—487 页。
④ 参见陈美东：《刘焯交食推算法——中国古代交食研究新时期的标志》一文中的相关内容。
⑤ "十二辰少"=13.45°，下同。

续表

序号	去交辰（°）	节气	加辰（距午正前后刻）
8	$13\frac{1}{2}$辰以上（14.82°以上）	清明后、白露前	加二辰（4.2—8.3）
9	$13\frac{1}{2}$辰以上（14.82°以上）	春分、秋分前后	加一辰（0—.2）
10	2辰（2.20°）	夏至1月内	加二辰（4.3—8.3）
11	$1\frac{1}{2}$辰（1.65°）	夏至1月内	加三辰（8.3—12.5）
12	$1\frac{1}{2}$辰（1.65°）	夏至46日内	加二辰（4.2—8.3）
13	1辰（1.10°）	夏至46日内	加三辰（8.3—12.5）
14	$\frac{1}{2}$辰以下（0.55°以下）	谷雨后、处暑前	加巳少后、未太前（8.3—10.4）
15	$\frac{1}{2}$辰以下（0.55°以下）	清明后、白露前	加二辰（4.2—8.3）
16	$\frac{1}{2}$辰以下（0.55°以下）	春分、秋分前后	加一辰（0—4.2）

　　应食或不应食是指依据食限推算而得的结论，如众所知，望、朔是月食和日食的必要条件。不过，在通常情况下，唯有望朔时日月都运行到距黄白交点的某一距离限度之内后，交食才有可能出现，这个距离限度就被称作食限（图3-3）。图3-3中Ω表示太阳、月亮黄白交点，M为月亮，S为太阳，月亮与太阳运行到同一黄经圈上，黄道与白道两平面重合，此即合朔，这是日食发生的条件，而月食则发生在日月相望之时，即太阳与月亮分居两个黄白交点或其附近。一般而言，只要合朔时月亮和太阳距离黄白交点不超过一定的界面，尤其是小于15.9°时，均可发生日食（或者日偏食）。若大于15.9°（最小食限），小于18.5°时，则可能发生日食；若大于18.5°时，则必定无日食。至于月食，10°以内的望则必定发生月食。因此，发生日食的两个条件是：月球处在朔的位置（每月农历初一）；太阳与交点的距离在日食限之内。同理，发生月食的条件是：月球处于望的位置（每月农历十六前后）；月亮还须运行到黄道与白道的交点附近。然而，由于视差、节气、观测地点、黄白交点西退移动以及月亮位置等因素的变化，或者说，日月尽管黄经相等，可是日轮和月轮却没有重叠，在这样的情况下，应食不食现象就会时有发生。在《皇极历》中，刘焯主要考虑了月亮南北位置（如合朔月在黄道北出现交食的概率较大，相反，在黄道南则常常会出现虽交而不食的现象）、合朔时刻以及节气等对交食的影响。在刘焯之前，北魏的张子信已经发现由于地面观测与地心计算所造成的差异，尽管合朔发生在食限之内，但地面上的观测者却不能看到日食的现象。这是因为月球的视位置总是远离天顶，当月球从升交点向降交点运行（其轨道由南向北运动，月在内道）的这段时间，月球位于黄道北，这时视位置（地面观测）看上去比推算的结果（地心计算）更接近黄道，所以此时即使推算值还未进入食限，但日食可能早已发生了。相反，当月球从降交点向升交点运行

（其轨道由北向南运动，即月在外道）的这段时间，月球位于黄道南，这时月球视位置看上去比推算的结果更远离黄道，此时即使推算值已经进入食限，日食仍有可能不会发生。

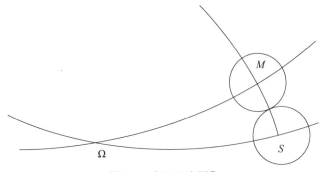

图 3-3　食限示意图[1]

此外，关于月球的天顶距与月亮位置及其距午正时刻之间的关系，陈美东有一段非常精当的阐释。他说：

> 朔发生在离夏至和午正较近时，月亮的天顶距（Z）较小，而月亮视差则是月亮天顶距的大小成正比。对于月在内道而言，当 Z 增大时，交食易于发生，去交度亦应相应增大，则可能发生应食不食的情况。……同上理，对于月在外道，当 Z 增大时，交食更难发生，去交度应相应减小，才可能发生不应食而食的情况。[2]

4）日月食食分计算法

我们知道，月全食发生的过程分初亏（偏食开始）、食既（全食开始）、食甚（地球上观测到的亏蚀最大）、生光（全食结束）及复圆（偏食终了，日食的过程结束）5 个阶段。其中"食分"就是在一次日食或月食过程中，太阳面与月球面被遮掩的最大程度，而日、月食的食分则分别以食甚时太阳或月球直径的被食部分与其整个直径的比值来表示。在我国，曹魏尚书郎杨伟在《景初历》中首先创立了推算日月食食分和初亏方位角的方法，他认为去交度与蚀的关系是："去交度十五以上，虽交不蚀也；十以下是蚀，十以上亏蚀微少，光暈相及而已。亏之多少，以十五为法。"[3]刘焯在此基础上，对日月食食分的计算又分别做了进一步改进。[4]

第一，推月食多少术，亦即月食食分计算法。《皇极历》给出的具体算法是：

> 望在分后，以去夏至气数三之；其分前，又以去分气数倍而加分后者；皆又以十加去交辰（倍）而并之，减其去交余，为不食定余。乃以减望差，残者九十六而一，不满者求其强弱，亦如气辰法，以十五为限，命之，即各月食多少。[5]

第二，推日食多少术，亦即日食食分计算法。《皇极历》给出的具体算法是：

①　中国天文学史整理研究小组编著：《中国天文学史》，北京：科学出版社，1981 年，第 132 页。
②　金秋鹏主编：《中国科学技术史·人物卷》，第 237 页。
③　《宋书》卷 12《律历志中》，第 242 页。
④　刘焯将日月食食分分开计算，其中日食分又分月在黄道南与月在黄道北两种情形。
⑤　《隋书》卷 18《律历志下》，第 487 页。

月在内者，朔在夏至前后二气，加南二辰，增去交余一辰太；加三辰，增一辰少；加四辰，增太。三气内，加二辰，增一辰；加三辰，增太；加四辰，增少。四气内，加二辰，增太；加（三）辰及五气内，加二辰，增少。自外所加辰，立夏后、立秋前，依本其气内加四辰，五气内加三辰，六气内加二辰。六气内加二辰者，亦依平。自外所加之北诸辰，各依其去立夏、立秋、白露数，随其依平辰，辰北每辰以其数三分减去交余；雨水后、霜降前，又半其去分日数，以加二分去二立之日，乃减去交余；其在冬至前后，更以去霜降、雨水日数三除之，以加霜降雨水当气所得之数，而减去交余，皆为定不食余。以减望差，乃如月食法。月在外者，其去交辰数，若日气所系之限，止一而无等次者，加所去辰一，即为食数。若限有等次，加别系同者，随所去交辰数而返其衰，以少为多，以多为少，亦加其一，以为食数。皆以十五为限，乃以命之，即各日之所食多少。①

5）日月食初亏和复圆时刻计算法

《皇极历》"推日月食起讫辰术"记载了计算日月食初亏和复圆时刻的方法，其术文云：

准其食分十五分为率，全以下各为衰。十四分以上，以一为衰，以尽于五分。每因前衰每降一分，积衰增二，以加于前，以至三分。每积增四。二分每增四，二分增六，一分增十九，皆累算为各衰。三百为率，各衰减之，各以其残乘朔日法，皆率而一，所得为食衰数。其率全，即以朔日法为衰数，以衰数加减食余，其减者为起，加者为讫，数亦如气。②

6）推日食所在辰术

"推日食所在辰"系指用传统数学方法所算得的定朔辰刻数，由于月球视差的存在，定朔辰刻数与日食食甚时刻往往不同步，两者之间有一个差值，这个差值就是时差改正值。刘焯在制定《皇极历》时，为了提高预测日食的精度，最先给出了计算时差改正值的算法。他的基本方法是：

置定余，倍日限，克（衍字——引者注）减之，月在里，三乘朔辰为法，除之，所得以艮巽坤乾为次。命艮（衍字——引者注）算外，不满法者半法减之，无可减者为前，所减之残为后，前则因余，后者减法，各为其率。乃以十加去交辰，三除之，以乘率，十四而一，为差。其朔所在气二分前后一气内，即为定差。近冬至，以去寒露、惊蛰，近夏至，（以去）清明、白露气数，倍而三除去交辰，（谓）增之。近冬至，艮巽以加，坤乾以减；近夏至，艮巽以减，坤乾以加其差为定差。乃艮以坤加，巽以乾减定余。月在外，直三除去交辰，以乘率，十四而一，亦为定差。艮坤以减，巽乾以加定余，皆为食余。③

---

① 《隋书》卷18《律历志下》，第487—488页。
② 《隋书》卷18《律历志下》，第489—490页。
③ 《隋书》卷18《律历志下》，第488—489页。

6. 五星位置推算的新方法

同日月运动的不均匀性一样，五星运动也是不均匀的，其运行轨道不是圆形，而是椭圆形。张子信将其称为五星的"感召向背"及"好迟恶疾"[①]。这样，在张子信的发现之后，人们开始通过增加必要的改正值，而使五星动态表更接近观测结果。据《皇极历》所载，刘焯定见时刻的推算方法是：定见时刻=平见±行星改正±太阳改正。其中"平见"是指根据运动均匀性所推算的数值，刘焯"推星平见术"说：

> 各以伏半减积半实[②]，乃以其数去之；残返减数，满气日法为日，不满为余，即所求年天正冬至后平见日余。金、水满晨见伏日者，去之，晨平见。求平见月日：以冬至去定朔日、余，加其后日及余，满复日又去，起天正月，依定大小朔除之，不尽算外日，即星见所在。求后平见，因前见去其岁一、再，皆以残日加之，亦可。其复日，金水准以晨夕见伏日，加晨得夕，加夕得晨。[③]

平见日所推算的数值误差较大，为此，人们引入了日行迟疾数。刘焯将引入日行迟疾数引起的误差，称之为定日。其求常见日的方法是：

> 以转法除所得加减者，为日；其不满，以余通乘之，为余；并日，皆加减平见日、余，即为常见日及余。[④]

若考虑太阳运动不均匀的影响，则常见日加上日行快慢引起的误差，就得到了"定见日"。其具体方法是：

> 以其先后已通者，先减、后加常见日，即得定见日余。[⑤]

至于"求星见所在度"，刘焯给出的计算方法是：

> 置星定见、其日夜半所在宿度及分，以其日先后余，分前加、分后减气日法，而乘定见余，气日法而一所得加夜半度分，乃以星初见去日度数，晨减、夕加之，即星初见所在宿度及分。[⑥]

这样，与《大业历》相比，《皇极历》不仅把"定日余"的计算更加细化了，而且也使"定日余"的精度提高了一个等级。

二、为何被压抑：刘焯现象的原因探析

（一）儒学与佛、道之间的矛盾斗争

刘焯是隋朝非常优秀的历算学家，但《隋书》及《北史》都将其列入了《儒林列

---

① 《隋书》卷20《天文志中》，第561页。

② "积半实"应为"积实"，系指上元以来至所求年前一年天正冬至前的积日分数。

③ 《隋书》卷18《律历志下》，第497页。

④ 《隋书》卷18《律历志下》，第497页。

⑤ 《隋书》卷18《律历志下》，第497页。

⑥ 《隋书》卷18《律历志下》，第497—498页。

传》，发人深思。作为儒家的刘焯和作为科学家的刘焯，在唐代历史学家的视野里，具有截然不同的象征意义。《隋书·儒林列传》序论云：

> 儒之为教大矣，其利物博矣！笃父子，正君臣，尚忠节，重仁义，贵廉让，贱贪鄙，开政化之本源，凿生民之耳目，百王损益，一以贯之。虽世或污隆，而斯文不坠，经邦致治，非一时也。涉其流者，无禄而富，怀其道者，无位而尊。故仲尼顿挫于鲁君，孟轲抑扬于齐后，荀卿见珍于强楚，叔孙取贵于隆汉。……及高祖暮年，精华稍竭，不悦儒术，专尚刑名，执政之徒，咸非笃好。暨仁寿间，遂废天下之学，唯存国子一所，弟子七十二人。炀帝即位，复开庠序，国子郡县之学，盛于开皇之初。征辟儒生，远近毕至，使相与讲论得失于东都之下，纳言定其差次，一以闻奏焉。于时旧儒多已凋亡，二刘拔萃出类，学通南北，博极今古，后生钻仰，莫之能测。所制诸经义疏，搢绅咸师宗之。[1]

"儒之为教"与"开政化之本源"，道出了儒家的历史使命。反思中国古代王朝的兴衰，"大一统政治"总是以儒家学说为其理论基础。所以自晋室分崩之后，释、道张扬，甚至被奉为正统，儒学旁落，因而隋文帝"厚赏诸儒"，继之，出现了"中州儒雅之盛，自汉、魏以来，一时而已"的盛况，实在令唐朝历史学家振奋和鼓舞，故给予了他极高的历史评价，如李延寿称："至若刘焯，德冠搢绅，数穷天象，既精且博，洞究幽微，钩深致远，源流不测。数百年来，斯一人而已。"[2]

刘焯有深厚的儒学造诣，是隋朝难得的经学家。《北史》和《隋书》本传均载其有《五经述义》传世，可惜到五代刘昫等编撰《旧唐书·经籍志上》时，就仅见刘焯撰《尚书义疏》20卷了，其他四经述义，均已散佚。至《宋史·艺文志》时，除了孔颖达《尚书正义》20卷外，刘焯的《尚书义疏》早已失传。后来清人马国翰《玉函山房辑佚书》有幸从孔颖达《尚书正义》中辑有《尚书刘氏义疏》一卷，从而使后人对刘焯的经学思想有一个大致了解。

不过，对于刘焯经学著作的失传，刘炫有不可推卸的责任，此其一。孔颖达《尚书正义序》云：

> 但古文经虽然早出，晚始得行，其辞富而备，其义弘而雅，故复而不厌，久而愈亮。江左学者，咸悉祖焉。
>
> 近至隋初，始流河朔，其为正义者，蔡大宝、巢猗、费甝、顾彪、刘焯、刘炫等。其诸公旨趣多或因循，帖释注文，义皆浅略，惟刘焯、刘炫，最为详雅。然焯乃织综经文，穿凿孔穴，诡其新见，异彼前儒，非险而更为险，无义而更生义。窃以古人言语，惟在达情，虽复时或取象，不必辞皆有意。若其言必托数，经悉对文，斯乃鼓怒浪于平流，震惊飙于静树，使教者烦而多惑，学者劳而少功。过犹不及，良为此也。炫嫌焯之烦杂，就而删焉。虽复微稍省要，又好改张前义，义更太略，辞又过华，虽为文笔之善，乃非开奖之路。义既无义，文又非文，欲使后生若为领袖，此乃

---

[1] 《隋书》卷75《儒林列传》，第1705—1707页。
[2] 《北史》卷82《刘焯传》，第2771页。

炫之所失，未为得也。①

孔颖达《毛诗正义序》又说：

> 焯、炫等负恃才气，轻鄙先达，同其所异，异其所同，或应略而反详，或宜详而更略。准其绳墨，差忒未免，勘其会同，时有颠踬。今则削其所烦，增其所简，唯意存于曲直，非有心于爱憎。②

一定程度上讲，孔颖达对刘焯治经路径的批评和经学著作的取舍也起到了阻断刘焯经学思想传播的作用，此其二。

其三，随着佛、道的复兴，儒学在客观上遇到了前所未有的挑战。梁启超说："隋代儒家，不论南北，都主调和儒佛。即如徐遵明、刘焯诸大经师，对佛教不大理会，要是理会，必定站在调和的地位，颜之推、王通就是很好的代表。自两汉至六朝，儒学变迁，其大概情形如此。"③严格说来，"调和儒佛"仅仅是"徐遵明、刘焯诸大经师"治学的一个方面，譬如，刘焯的"义疏"文体，即源于佛教的科判之学。④而佛经义疏科判的显著特点就是"繁复"⑤，正是由于刘焯"义疏"之繁复，所以刘炫和孔颖达才多次将刘焯"义疏"的内容进行删繁就简，反而失去了刘焯经学思想的特色。除此之外，我们更要看到佛、儒之间的冲突。在当时，儒、佛之间的融合并不是主流，因为冲突是矛盾的主要方面，只不过两者的冲突较为缓和而已。周武帝不止一次举行儒、佛、道的辩论大会，其中建德三年（574）五月十六日的那一场佛、道辩论大会颇引人瞩目。因为道教一方的主要辩手是道士张宾，后来屡次打压刘焯《皇极历》的正是此人，但这一次辩论的结果是张宾被诘问得无言答对，十分难堪。尽管如此，佛教也没有成为赢家，因为周武帝在第二天即下诏禁断佛、道二教。故少林寺刻《唐嵩岳少林寺碑》载其事说："周武帝，建德中纳元嵩之说，断释老之教，率土伽蓝，咸从废毁。"⑥文中提到的"元嵩"即卫元嵩，《续高僧传》载：

> 释卫元嵩，益州成都人，少出家，为亡名法师弟子。聪颖不偶，尝以夜静侍傍曰："世人汹汹，贵耳贱目，即知皂白其可得哉？"名曰："汝欲名声，若不佯狂，不可得也。"嵩心然之。遂佯狂漫走，人逐成群，触物擒咏。周历二十余年，亡名入关移住野安。……即上废佛法事，自此还俗。周祖纳其言，又与道士张宾密加扇惑。帝信而不猜，便行屏削。⑦

① （汉）孔安国传，（唐）孔颖达正义：《尚书正义》尚书正义序，上海：上海古籍出版社，2007年，第1—2页。

② （唐）孔颖达：《毛诗正义序》，曾亦主编：《中国社会思想史读本》，上海：上海人民出版社，2007年，第22页。

③ 梁启超：《古书真伪及其年代》，《梁启超全集》第10册，北京：北京出版社，1999年，第4971页。

④ 张伯伟：《佛经科判与初唐文学理论》，南京大学文艺理论教研室：《现代性视野中的文学理论》上，南京：南京大学出版社，2006年，第308页。

⑤ 张伯伟：《佛经科判与初唐文学理论》，南京大学文艺理论教研室：《现代性视野中的文学理论》上，第308页。

⑥ 无谷、刘志学：《少林寺资料集》，北京：书目文献出版社，1982年，第426页。

⑦ （唐）道宣：《续高僧传》卷25《卫元嵩传》，《大正新修大藏经》第50卷，第657页。

关于周武帝废佛一事，学界议论甚多，详细内容请参见余嘉锡《卫元嵩事迹考》[1]及杨耀坤"周武帝之灭佛"[2]等有关研究成果。

开皇三年（583），由儒士苏威等与道士张宾及僧人彦琮参加的一场辩论会，辩论的主题是《老子化胡经》的真伪。僧人彦琮撰《辩教论》，斥老子化胡说。又作《通极论》破世诸儒，不信因果。[3]当时佛教地位特殊，仁寿元年（601）六月十三日，隋文帝曾下诏明确表示："朕归依三宝，重兴圣教，思与四海之内，一切人民，俱发菩提，共修福业，使当今见在，爰及来世，永作善因，同登妙果。"[4]《隋书·经籍志》载："开皇元年，高祖普诏天下，任听出家，仍令计口出钱，营造经像。而京师及并州、相州、洛州等诸大都邑之处，并官写一切经，置于寺内；而又别写，藏于秘阁。天下之人，从风而靡，竞相景慕，民间佛经，多于六经数十百倍。"[5]这种状况绝不是一两个儒士所能改变的，所以刘焯在隋朝的处境十分艰难，他屡次遭受佛道二教的排挤，有其历史的必然性。

前揭梁启超断言，刘焯虽然"对佛教不大理会"，但"要是理会，必定站在调和的地位"，不免绝对。笔者以为，按刘焯的性格，他"要是理会，未必站在调和的地位"，向佛教妥协。如众所知，隋炀帝时，佛教徒以抗旨不遵来向儒教示威，表明其不向儒家礼教妥协的态度。《法苑珠林》云："出家人法，不向国王礼拜，不向父母礼拜，不向六亲礼拜，不向鬼神礼拜。"[6]显然，在伦理观上，儒与佛的对立、分歧与冲突非常严重。对于僧人不拜君王的"陈规"，隋炀帝自然不满意，他在大业三年（607）曾以律令格式令强制僧人敬拜帝王，试图将皇权凌驾于教权之上，然"僧竟不行"。《广弘明集》载其事云：

> 隋炀帝大业三年新下律令格式，令云："诸僧道士等有所启请者，并先须致敬，然后陈理。"虽有此令，僧竟不行。时沙门释彦琮不忍其事，乃著《福田论》以抗之，意在讽刺。言之者无罪，闻之者以自诫也。帝后朝见，诸沙门并无致敬者。大业五年，至西京郊南，大张文物。两宗朝见，僧等依旧不拜。下敕曰："条令久行，僧等何为不致敬？"时明赡法师对曰："陛下弘护三宝，当顺佛言。经中不令拜俗，所以不敢违教。"又敕曰："若不拜敬，宋武时何以致敬？"对曰："宋武虐君，偏政不敬，交有诛戮。陛下异此，无得下拜。"敕曰："但拜。"僧等峙然，如是数四令拜，僧曰："陛下必令僧拜，当脱法服着俗衣，此拜不晚。"帝夷然，无何而止。明日设大斋法祀，都不述之。后语群公曰："朕谓僧中无人，昨南郊对答，亦有人矣。"尔后至终，毕无拜者。其黄巾士女，初闻令拜，合一李众，连拜不已。帝亦不齿问之。[7]

北朝不乏反佛的儒学之士，如张普惠、刘昼、杨衒之等。其中章仇子陀抬着棺木，伏阙上书，痛斥佛教："背君叛父，不妻不夫，而奸荡奢侈，控御威福，坐受加敬，轻欺士

① 余嘉锡：《卫元嵩事迹考》，《余嘉锡论学杂著》，北京：中华书局，1963年，第235—264页。
② 杨耀坤：《中国魏晋南北朝宗教史》，北京：人民出版社，1994年，第212—214页。
③ 汤用彤：《隋唐佛教史稿》，南京：江苏教育出版社，2007年，第187页。
④ （唐）道宣：《广弘明集》卷17《立舍利塔诏》，《景印文渊阁四库全书》第1048册，第487页。
⑤ 《隋书》卷35《经籍志四》，第1099页。
⑥ （唐）释道世著，周叔迦、苏晋仁校注：《法苑珠林校注》卷89《忏悔部第四》，北京：中华书局，2003年，第2566页。
⑦ （唐）道宣：《广弘明集》卷25《福田论序》，《景印文渊阁四库全书》第1048册，第633页。

俗。"①这种激烈的反佛言论，在隋朝不复出现，这是不是表明隋朝的儒学之士都向佛教妥协了呢？当然不是。刘焯没有与佛教僧众直接交锋，原因比较复杂，在隋朝几次儒、道、佛的大辩论中，始终没有发现刘焯的身影，既然他有"论难锋起，皆不能屈"②的辩才，那为什么又不能出现在隋朝最重要的儒、道、佛大辩论的现场，实在令人不解。尽管如此，但有一点可以肯定，相对于刘焯，在任何"论难锋起"的场合，"皆不能屈"不仅适用于儒士，更适用于道士和僧人。可惜，隋朝统治者没有给刘焯提供这样的机会。

（二）杰出人物的个性特征与封建官僚"权威化"政治的冲突

对于科研成果的评价，中国古代虽然依托于相应的职能部门，但最终的裁判权却要归属皇帝及其少数近臣。这样，科研成果能否为社会所承认，皇帝的态度至关重要。在这样的特殊政治背景下，向皇帝及其个别近臣献媚，便成了诸多科学家在当时政治体制下为自己科研成果争得一席之位的生存常态。无论你适应还是不适应，意识到了还是没有意识到，这种政治环境都是客观存在的，而政治环境在某种程度上决定着不同个体的学术生命。

刘焯与文中子王通有着基本相同的学术经历和知识底蕴，不主一家，择善而从。据《隋书》本传载，刘焯"少与河间刘炫结盟为友，同受《诗》于同郡刘轨思，受《左传》于广平郭懋当，问《礼》于阜城熊安生，皆不卒业而去。武强交津桥刘智海家素多坟籍，焯与炫就之读书，向经十载，虽衣食不继，晏如也"③。当罢职回乡之后，刘焯"于是优游乡里，专以教授著述为务，孜孜不倦。贾、马、王、郑所传章句，多所是非。《九章算术》、《周髀》、《七曜历书》十余部，推步日月之经，量度山海之术，莫不核其根本，穷其秘奥。著《稽极》十卷，《历书》十卷，《五经述议》，并行于世"④。文中子王通与刘焯相似，从小就"有四方之志，盖受《书》于东海李育，学《诗》于会稽夏琠，问《礼》于河东关子明，正《乐》于北平霍汲，考《易》于族父仲华，不解衣者六岁"⑤。当自己的才华不被朝廷赏识（即"公卿不悦"）时，文中子毅然退居汾阳，独善其身。特别巧合的是，刘焯与文中子王通均多少与蜀王杨秀及废太子杨勇的命运有些瓜葛。

据考，杨秀出镇于蜀有两个时间段：从开皇元年（581）九月至约开皇三年（583）；从开皇十二年（592）后不久直至仁寿二年（602）七月被贬为庶民。⑥王通于仁寿二年（602）初至七月曾官蜀州司户、蜀王侍读⑦，也许是在杨秀被贬为庶民之后，王通自己捉摸朝廷可能不会牵累于他，再一想，没准还会得到朝廷的重用，于是他在仁寿三年（603）"诣阙献《太平十二策》"⑧，本想一展宏图，结果却遭到冷遇，看来王通的仕途受蜀王事

① （唐）道宣：《广弘明集》卷7《叙列代王臣滞惑解》，《景印文渊阁四库全书》第1048册，第311页。
② 《北史》卷82《刘焯传》，第2762页。
③ 《隋书》卷75《刘焯传》，第1718页。
④ 《隋书》卷75《刘焯传》，第1718—1719页。
⑤ 李小成：《中说校释》，北京：科学出版社，2017年，第146页。
⑥ 黄清发：《王通生平著述新证——以新出〈王勖墓志〉为中心》，《晋阳学刊》2012年第3期，第25页。
⑦ 黄清发：《王通生平著述新证——以新出〈王勖墓志〉为中心》，《晋阳学刊》2012年第3期，第25页。
⑧ （宋）司马光：《资治通鉴》卷179《隋纪》，北京：当代中国出版社，2001年，第1338页。

件的影响很大，从此，王通决意不仕。与王通不同，刘焯于开皇二十年（600）至仁寿二年（602）为蜀王杨秀做事则完全是被迫。当时，"废太子勇闻而召之，未及进谒，诏令事蜀王，非其好也，久之不至。王闻而大怒，遣人枷送于蜀，配之军防。其后典校书籍"①。

相对于刘焯的仕心不死和不避锋芒与利害的处事方法，文中子王通说话办事则显得更加老练和圆滑。据司马光《资治通鉴》载，王通"罢归"之后：

> 遂教授于河、汾之间，弟子自远至者甚众，累征不起。杨素甚重之，劝之仕，通曰："通有先人之弊庐足以蔽风雨，薄田足以具饘粥，读书谈道足以自乐。愿明公正身以治天下，使时和岁丰，通也受赐多矣，不愿仕也。"或谮通于素曰："彼实慢公，公何敬焉？"素以问通，通曰："使公可慢，则仆得矣；不可慢，则仆失矣；得失在仆，公何预焉！"素待之如初。弟子贾琼问息谤，通曰："无辩。"问止怨，曰："不争。"通尝称："无赦之国，其刑必平；重敛之国，其财必削。"又曰："闻谤而怒者，谗之囮也；见誉而喜者，佞之媒也；绝囮去媒，谗佞远矣。"②

"无辩"与"不争"，淡泊名利，是王通的立身之要。在当时险恶的政治环境里，皇权争夺，兄弟相残，道之不行，故王通冷观世变、以待将来的人生态度，不失为一种生存的良策。刘焯则不然，争强好胜是他外向性格的主要表现。所以《隋书》本传载：

> 与著作郎王劭同修国史，兼参议律历，仍直门下省，以待顾问。俄除员外将军。后与诸儒于秘书省考定群言，因假还乡里，县令韦之业引为功曹。寻复入京，与左仆射杨素，吏部尚书牛弘，国子祭酒苏威，国子祭酒元善，博士萧该、何妥，太学博士房晖远、崔宗德，晋王文学崔赜等于国子共论古今滞义，前贤所不通者。每升座，论难锋起，皆不能屈，杨素等莫不服其精博。③

被杨素所赏识，这注定了刘焯以后的人生悲剧，并使他最终成为隋朝政治斗争的牺牲品。当然，刘焯处处不避锋芒的为人方式，又很容易招惹同行的妒恨，给他的仕途攀升增大了难度。《隋书》本传载，刘焯"后因国子释奠，与炫二人论义，深挫诸儒，咸怀妒恨，遂为飞章所谤，除名为民"④。通过这样的辩论，刘焯逐渐养成了一种独立思考和求新求异的学术风格。对此，孔颖达总结为"同其所异，异其所同"⑤八个字，可谓精辟之论。

刘焯在历法、算学、音律等多方面都取得了杰出成就，就与他不轻易苟同前人的观点，善于观察和分析事物的客观运动状态，崇尚批判性思维的个性因素密切相关。如《隋书·律历志中》载：

> 张宾所创之历既行，刘孝孙与冀州秀才刘焯，并称其失，言学无师法，刻食不

---

① 《隋书》卷 75《刘焯传》，第 1719 页。
② （宋）司马光：《资治通鉴》卷 179《隋纪》，第 1338 页。
③ 《隋书》卷 75《刘焯传》，第 1718 页。
④ 《隋书》卷 75《刘焯传》，第 1718 页。
⑤ （唐）孔颖达：《毛诗正义序》，曾亦主编：《中国社会思想史读本》，上海：上海人民出版社，2007 年，第 22 页。

中，所驳凡有六条。①

关于“所驳凡有六条”已见前述，这里重点强调的是刘焯的批判性思维，实根源于他对已有学术成果的质疑能力和求异能力。张宾是隋文帝的宠臣，在他周围网罗着一帮势力人物，所以这次对张宾历的批判和质疑，反而被扣上了“妄相扶证”的罪名，他终因不敌对手，“竟以他事斥罢”②。后来，张宾死，刘孝孙乘机又向朝廷上书驳《张宾历》。可是，由于刘晖从中阻梗，“事寝不行”。不过，刘晖怕刘孝孙继续闹事，试图压服之，故史载：“仍留孝孙直太史，累年不调，寓宿观台。”刘孝孙不服，于是“抱其书，弟子舆榇，来诣阙下，伏而恸哭。执法拘以奏之。高祖异焉，以问国子祭酒何妥。妥言其善，即日擢授大都督，遣与宾历比校短长。先是信都人张胄玄，以算术直太史，久未知名。至是与孝孙共短宾历，异论锋起，久之不定”③。至开皇十四（594）七月，隋文帝诏令参问日食事，经过测验，张胄玄和刘孝孙“所克”，符合率较《张宾历》为高，遂引起隋文帝的重视，打算起用刘孝孙制定新历。可惜天命不佑，刘孝孙没过多久便病死了，令人惋叹。好像命运故意捉弄刘焯，刘孝孙死了，命运之神“偏袒”了张胄玄，结果是历史又给刘焯开了一个不大不小的玩笑。《隋书·律历志中》载：

> 孝孙卒，杨素、牛弘等伤惜之，又荐胄玄。上（指隋高祖）召见之，胄玄因言日长影短之事，高祖大悦，赏赐甚厚，令与参定新术。刘焯闻胄玄进用，又增损孝孙历法，更名《七曜新术》，以奏之。与胄玄之法，颇相乖爽，袁充与胄玄害之，焯又罢。至十七年，胄玄历成，奏之。上付杨素等校其短长。刘晖与国子助教王頍等执旧历术，迭相驳难，与司历刘宜，援据古史影等，驳胄玄……④

前有张宾、刘晖等人阻挠，后有张胄玄、袁充等人反对，为什么刘焯的科研道路上总有阻哓。公允地讲，诚如《刘焯》的作者所言：“张胄玄在消化、吸收前人和当时天文历法成就的基础之上，经过认真的观测与独立的研究，自成一家之言，也是一位有作为的天文学家。当然，他的总体成就，还是远远比不上同时代的刘焯的。”⑤可是，一位“久未知名”的人物，却被声名远扬的刘焯抢先占领了国家历法的制高点，由于史料阙载，我们无法考证刘焯因何在张宾死后没有与刘孝孙继续并肩为捍卫历法的科学性而斗争。倒是在刘孝孙最艰难的时候，“久未知名”的张胄玄勇敢地站出来了。也许是由于刘孝孙和张胄玄都“直太史”，都有被刘晖等压制的感受和经历，然而，这丝毫不能成为刘焯没能继续与刘孝孙并肩战斗的理由。因为刘焯既然能“闻胄玄进用”，就说明他获得朝廷各种重要信息的渠道是通畅的。照理说，刘孝孙直太史已有些年头，况且他抬棺诣阙，动静也很大，在当时算是一件要闻，刘焯不可能没有耳闻，他真不应该袖手旁观。结果张胄玄摘得了胜利果实，也合乎情理，无可厚非。相比之下，反而显得刘焯心胸有些狭窄了。为了挤掉张

① 《隋书》卷17《律历志中》，第423页。
② 《隋书》卷17《律历志中》，第428页。
③ 《隋书》卷17《律历志中》，第429页。
④ 《隋书》卷17《律历志中》，第429页。
⑤ 张广军编著：《刘焯》，第40—41页。

胄玄，仓促之下，应对不及，于是就"增损孝孙历法"以奏之。且不说《七曜新术》的性质是不是剽窃，仅就"与胄玄之法，颇相乖爽"而言，刘焯的准备就尚不充分。《隋书·律历志下》载：

> 开皇二十年，袁充奏日长影短，高祖因以历事付皇太子，遣更研详著日长之候。太子征天下历算之士，咸集于东宫。刘焯以太子新立，复增修其书，名曰《皇极历》，驳正胄玄之短。太子颇嘉之，未获考验。焯为太学博士，负其精博，志解胄玄之印，官不满意，又称疾罢归。[①]

应当承认，如果不是刘焯意气用事，而且非要"解胄玄之印"的话，那么，刘焯可能会出现另外一种结局。刘焯把学术问题与个人恩怨纠结在一起，把本来并不复杂的事情复杂化了，因此，刘焯花费多年心血修制的《皇极历》，丧失了一次很有可能取代张胄玄《大业历》的绝好机会。如果不是刘焯的执拗和偏激，那么，即使在太学博士（正六品）的位子上，他也照样能获得更多的人脉资源，这与刘焯远离权力中心，一门心思搞自己的学问，从而使自己陷于被动与孤立，是不可同日而语的。

刘焯罢归之后，却又被废太子勇召见。于是就有了"未及进谒，诏令事蜀王"之难，直到"王以罪废，焯又与诸儒修定礼律，除云骑尉"[②]。

刘焯确实是杰出的创新人才，《皇极历》自不待言，此次"与诸儒修定礼律"，他即提出了一种新的律制。不过，对于"刘焯律"，王子初讲过一段十分中肯的话，它对于我们正确理解刘焯的科学贡献很有帮助，故此特引录于下：

> 在迄今为止的有关刘焯律的研究中，都只注意到刘焯律制的本身。有一个十分重要的问题始终未引起重视，即刘焯为什么要提出他的新律？……若将目光仅局限于刘焯律本身，只能导致一个简单否定的结论。因为……在理论上，他误将"长度的等差"作为"音程的等比"，在物理学原理上是完全错误的。在实践上，刘焯律也是行不通的。……刘焯之所以要提出他的新律，根本原因在于，他看到了旧有三分损益律无法克服的内在矛盾：最后一律仲吕不能回归本律黄钟；从而导致旋宫转调中律数无限扩张的问题。[③]

只要我们把刘焯律看作是从三分损益率到十二平均律探索过程中的一次创新，那么，就不难看出，刘焯"是何承天—朱载堉之间的一座重要桥梁；是十二平均律理想从成熟到最终实现的必经实验场"[④]。

当然，如何让自己的科研成果走出书斋，被当时社会所认知和接受，这里面还有很多学问。显然，对于这门学问，刘焯并不谙练，甚至他还有一定的社交障碍。所以有研究者认为："其于开皇二十年因《皇极历》受太子嘉许，后为太学博士，却负气辞官，本就已得罪太子广，然称疾罢归后却又从废太子之召……在此太子新立时，刘焯舍太子而顾废太

---

①　《隋书》卷 18《律历志下》，第 459 页。
②　《隋书》卷 75《刘焯传》，第 1719 页。
③　王子初：《残钟录》，上海：上海音乐学院出版社，2004 年，第 96 页。
④　王子初：《残钟录》，第 98 页。

子之所为，亦必为太子广所恶也。"①

下面的事例充分证明，刘焯的确常常会把"最单纯的关系"搞得"问题丛生"。前揭刘焯回到朝廷"除云骑尉"，这时，刘焯完全可以用一种新的姿态向皇太子宣扬自己的《皇极历》。可是，他却延续了自己的思维模式，毅然"言胄玄之误"②。这次刘焯共揭露了张胄玄历的6条致命伤，其中第3条讲到了张胄玄历实际上是剽窃了刘焯的研究成果，有理有据，令人信服。可问题是对于皇太子来说，他不是想挑起新的矛盾和冲突，而是希望在一种相对"和谐"的氛围中推进历法的改革。对此，《隋书·律历志下》载：

> 胄玄以开皇五年，与李文琮，于张宾历行之后，本州贡举，即赍所造历拟以上应。其历在乡阳流布，散写甚多，今所见行，与焯前历不异。玄前拟献，年将六十，非是忽迫仓卒始为，何故至京未几，即变同焯历，与旧悬殊。焯作于前，玄献于后，舍己从人，异同暗会。且孝孙因焯，胄玄后附孝孙，历术之文，又皆是孝孙所作，则元本偷窃，事甚分明。恐胄玄推讳，故依前历为驳，凡七十五条，并前历本俱上。③

我们相信刘焯所说的事实，但现实问题是如何让皇太子接受《皇极历》，而不是一味对张胄玄进行人身攻击，进而给皇太子出难题。然而，特别有意思的是："焯又造历家同异，名曰《稽极》。"④早知现在，何必当初。所以当刘焯完成了《稽极》之后，朝廷才有同情他的臣僚向隋炀帝献言，说"刘焯善历，推步精审，证引阳明"，于是，隋炀帝"下其书与胄玄参校"⑤。结果"互相驳难，是非不决，焯又罢归"⑥。至大业四年（608），"驾幸汾阳宫，太史奏曰：'日食无效。'帝召焯，欲行其历。袁允方幸于帝，左右胄玄，共排焯历，又会焯死，历竟不行"⑦。刘焯的悲剧是封建社会政治制度下的必然产物，这一点是毋庸置疑的，但是，就刘焯这个个案而言，他自身的原因也是造成他的科研成果不被统治者认同的重要因素之一。

第二节 王孝通的代数学思想

王孝通生卒年，仅据其在武德九年（626）所作的《上缉古算经表》称"迄将皓首"来推断，他大约生于北周建德六年（577），而卒于唐贞观初年（627），享年51岁，具体待考。王孝通"长自闾阎，少小学算"⑧，《旧唐书》载参与校勘傅仁均《戊寅历经》的隋

① 李坤：《刘焯生平考》，石志生、秦进才主编：《冀州历史文化论丛》，石家庄：河北人民出版社，2010年，第358页。
② 《隋书》卷18《律历志下》，第459页。
③ 《隋书》卷18《律历志下》，第460页。
④ 《隋书》卷18《律历志下》，第461页。
⑤ 《隋书》卷18《律历志下》，第461页。
⑥ 《隋书》卷18《律历志下》，第461页。
⑦ 《隋书》卷18《律历志下》，第461页。
⑧ （唐）王孝通撰并注，郭书春校点：《缉古算经》，郭书春、刘钝校点：《算经十书（二）》，沈阳：辽宁教育出版社，1998年，第1页。

朝旧臣就有王孝通，其官为算历博士。有人将"算历博士"等同于"算学博士"①，严格来讲未必确当。因为算历博士归属太史局，官职从八品上②，而算学博士则归属国子寺，官职从九品下。③考《隋书·百官志中》"国子寺"下置有四门学（主要招收低级官员子弟和平民子弟）博士，官职正七品上。至于算学则置于"四门学"之后，其博士"掌教文武官八品已下及庶人子之为生者"④。那么，王孝通的"算历博士"究竟是从八品上还是从九品下呢？《旧唐书·历志一》在"武德九年五月二日"之后对参与校勘《戊寅历经》者有个排位，依次是："校历人前历博士臣南宫子明；校历人前历博士臣薛弘疑；校历人算历博士臣王孝通。"⑤既然王孝通的名次在历博士之后，就表明他的官职应与算学博士相当，为从九品下，这是博士官职中最低一等了。可见，王孝通虽然干历博士的事，但是只能享受算学博士的待遇。有鉴于此，在完成校订《戊寅历经》之后，王孝通被唐高祖升任为太史丞，官职为从七品下，这使王孝通无比感激。于是，他在《上缉古算经表》中称："伏蒙圣朝收拾，用臣为太史丞。比年已来，奉敕校勘傅仁均历，凡驳正术错三十余道，即付太史施行。"⑥可以想象，王孝通在隋朝太史局并不得志，所以当唐高祖为他营造了如此优厚的科研环境后，其科研热情被激发出来。由此，王孝通从武德九年（626）初开始，用了不到一年的时间就撰成了《缉古算经》，这是唯一一部被选为算经十书的唐代数学专著。由于王孝通《上缉古算经表》已是唐太宗贞观元年（627），所以上文所说"用臣"则系暗指唐高祖。也就是这一年，王孝通去世，至于去世的原因，不得而知。

一、《缉古算经》与开带从立方法

（一）《缉古算经》的传本与主要内容

1.《缉古算经》的传本

唐显庆元年（656），国子监设立算学，形成以 10 部古典数学著作为中心内容的教学和研究体系。《缉古算经》被规定为算学生的必修课程之一，其难度仅次于《缀术》，学习三年。北宋元丰七年（1084），秘书省刻"十部算经"，因当时《缀术》已经失传，实际刊刻的仅为 9 种。至南宋宁宗嘉定六年（1213），鲍瀚之将收集到的"十部算经"（用《数术记遗》代《缀术》）加以翻刻。明末南宋刻本《缉古算经》散佚，幸亏当时章邱李开先家藏有一本南宋刻本孤传。后清代常熟毛扆求得一部末后 4 道勾股题已烂脱的影宋抄本《缉古算经》，并在康熙二十三年（1684）依此钞成汲古阁本，为现传各版本之母本，如《四库全书》本、《天禄琳琅丛书》本等，现藏中国台北故宫博物院。清乾隆三十八年（1773），曲阜孔继涵以戴震的校订本为主，将汲古阁所藏影宋抄本《缉古算经》刻入微波榭《算经十书》。

---

① 刘晓菲主编：《世界重大发现与发明大全集》，北京：中国华侨出版社，2010 年，第 413 页。
② （唐）李林甫等撰，陈仲夫点校：《唐六典》卷 10《秘书省》，北京：中华书局，2014 年，第 303 页。
③ （唐）李林甫等撰，陈仲夫点校：《唐六典》卷 21《国子监》，第 562 页。
④ （唐）李林甫等撰，陈仲夫点校：《唐六典》卷 21《国子监》，第 563 页。
⑤ 《旧唐书》卷 32《历志一》，第 1168 页。
⑥ （唐）王孝通撰并注，郭书春校点：《缉古算经》，郭书春、刘钝校点：《算经十书（二）》，第 1 页。

清代中期，研究《缉古算经》之风盛行。由于久经传抄，《缉古算经》原本出现脱破之处，因而许多题已经残缺不全，加之原书艰奥难懂，给《缉古算经》的传播造成了极大困难。于是，嘉庆八年（1803），时任扬州知府的张敦仁，聘请李锐、焦循、汪莱等数学名家一起校定《缉古算经》，并撰成《缉古算经细草》3 卷，他们"根据最后三题残存的文字，通过细致的数学计算补足了题目、答案和术文"①。当然，张敦仁等人的演草，"完全不理会王孝通的'自注'，他也没有校补'自注'中脱落的文字"②，似有不妥和可商榷之处。所以，李潢另辟新径，用《九章算术》中的传统方法解释《缉古算经》，撰成《缉古算经考注》2 卷，勘误补阙王孝通《缉古算经》传本七百余字，据《清史稿·畴人传二》称，李潢"尝因古《算经十书》中，《九章》之外最著者，莫如王孝通之《缉古》。唐制开科取士，独《缉古》四条限以三年，诚以是书隐奥难通。世所传之长塘鲍氏、曲阜孔氏、罗江李氏各刻本，又悉依汲古阁毛影宋本，只有原术文而未详其法，且复传写脱误。虽经阳城张氏以天元一术推演细草，但天元一术创自宋、元时人，究在王氏后，似非此书本旨。爰本《九章》古义，为之校正，凡其误者纠之，缺者补之，著《考注》二卷。以明斜袤广狭截割附带分并虚实之原，务如其术乃止"③。之后，在李潢考注的基础上，陈杰著《缉古算经细草》1 卷、《缉古算经注》2 卷及依微波谢本抄录的《缉古算经经文》1 卷等，另外，揭廷锵撰有《缉古算经考注图草》2 卷。1932 年，北平故宫博物院将汲古阁本算经收入"天禄琳琅丛书"。

1963 年，中华书局刊行了钱宝琮据戴震和孔继涵校勘的《算经十书》，其中对《缉古算经》校改有 20 多处。1982 年，白尚恕以钱宝琮校本《算经十书》及钱宝琮《王孝通〈缉古算经〉第二题、第三题术文疏证》为蓝本，参照诸家之说，著有《王孝通〈缉古算经〉校证》一文，发表于《科技史文集》8《数学史专辑》，重点对第二、三、四、五、七、八及第十问进行了详实的考证和注释，用功颇深。

1998 年，郭书春在前人已有成果的基础上，对《缉古算经》重新校勘，作为《算经十书》的一种，由辽宁教育出版社刊行，本文所采用的《缉古算经》一书即为郭氏校勘本。

2.《缉古算经》的主要内容

王孝通在《上缉古算经表》中称《缉古算经》共"二十术"，这"二十术"又可划为四个组成部分。

第一，关于历法的问题。仅第一问"假令天正十一月朔、夜半"，此题可能是针对《皇极历》而设。王孝通精通历法，他曾两次对傅仁均编制的《戊寅历》进行驳议：一次发生在武德六年（623）。本来在武德三年（620），《戊寅历》已经出现"正月望及二月、八月朔，当蚀，比不效"④的现象，但考虑到历法与政治的关系比较密切，在当时，顾及皇帝的颜面较《戊寅历》的误差更重要。因为新历颁行还不到两年，就出现了这么大的误差，实在令唐高祖难堪。所以历算学家对《戊寅历》的驳议便被史官压下来了，直到武德

① 张贵新：《〈缉古算经〉初考》，《古籍整理研究学刊》1987 年第 3 期，第 37 页。
② 李兆华主编：《中国数学史大系》第 8 卷《清中期到清末》，北京：北京师范大学出版社，2000 年，第 14 页。
③ 赵尔巽等：《清史稿》卷 507《畴人传二》，北京：大众文艺出版社，1999 年，第 4565 页。
④ 《新唐书》卷 25《历志一》，第 534 页。

六年（623），"中书令封德彝奏历术差谬"[①]，唐高祖才意识到再继续遮掩《戊寅历》的差误已经不可能了，于是唐高祖"敕吏部郎中祖孝孙考其得失……又太史丞王孝通执《甲辰历法》以驳之"[②]。所谓《甲辰历》即前揭张宾的《开皇历》，因《开皇历》颁行于开皇四年（584），是年为甲辰年，故《开皇历》又名《甲辰历》。较之《甲辰历》，傅仁均《戊寅历》则"祖述胄玄，稍以刘孝孙旧议参之"[③]。也就是说，《戊寅历》实际上是综合了《大业历》和《皇极历》的先进成果。所以《戊寅历》不仅"较《大业历》有所进步，甚至有不比后来的《麟德历》逊色之处"[④]。例如，《戊寅历》采用同时考虑日月运动不均匀影响的定朔法，显然吸收了刘焯《皇极历》的正确主张，因为《大业历》的定朔法仅仅考虑了月亮运动不均匀的影响。可见，在当时，《甲辰历》在整体上已经落后于《大业历》和《皇极历》，因此，王孝通在没有获得更先进历算方法的前提下，要驳倒傅仁均就十分困难。事实亦确系如此。据《新唐书·历志一》载，王孝通驳议《戊寅历》的论据是：

> "日短星昴，以正仲冬。"七宿毕见，举中宿言耳。举中宿，则余星可知。仁均专守昴中，执文害意，不亦谬乎？又《月令》仲冬"昏东壁中"，明昴中非为常准。若尧时星昴昏中，差至东壁，然则尧前七千余载，冬至昏翼中，日应在东井。井极北，去人最近，故暑；斗极南，去人最远，故寒。寒暑易位，必不然矣。又平朔、定朔，旧有二家。三大、三小，为定朔望；一大、一小，为平朔望。日月行有迟速，相及谓之合会。晦、朔无定，由时消息。若定大小皆在朔者，合会虽定，而蔀、元、纪首三端并失。若上合履端之始，下得归馀于终，合会有时，则《甲辰元历》为通术矣。[⑤]

这段话的要义是否定岁差和采用平朔。显然，王孝通的主张违背了日月运动的实际，更背离了中国古代历法前进的主线，是应否定的。对此，傅仁均做了较为有力的回应，他说：

> 宋祖冲之立岁差，隋张胄玄等因而修之。虽差数不同，各明其意。孝通未晓，乃执南斗为冬至常星。夫日躔宿度，如邮传之过，宿度既差，黄道随而变矣。《书》云："季秋月朔，辰弗集于房。"孔氏云："集，合也。不合则日蚀可知。"又云："先时者杀无赦，不及时者杀无赦。"既有先后之差，是知定朔矣。《诗》云："十月之交，朔月辛卯。"又《春秋传》曰："不书朔，官失之也。"自后历差，莫能详正。故秦、汉以来，多非朔蚀。宋御史中丞何承天微欲见意，不能详究，乃为散骑侍郎皮延宗等所抑。孝通之语，乃延宗旧说。……此乃纪其日数之元尔。或以为即夜半甲子朔冬至者，非也。冬至自有常数，朔名由于月起，月行迟疾匪常，三端安得即合。故必须日

---

① 《旧唐书》卷 79《傅仁均传》，第 2711 页。
② 《旧唐书》卷 79《傅仁均传》，第 2711—2712 页。
③ 《新唐书》卷 25《历志一》，第 536 页。
④ 陈美东：《中国科学技术史·天文学卷》，第 347 页。
⑤ 《新唐书》卷 25《历志一》，第 534—535 页。

月相合与至同日者，乃为合朔冬至耳。①

即在保持定朔法与岁差法不变的前提下，傅仁均仅对《戊寅历》中"疏阔"之处做些调整，可惜关于采用定朔后出现连续小月或连续大月的情况却始终没有解决，看来祖孝孙并不是一位平庸之辈，尤其是对定朔法与岁差法的间接肯定，对于唐初以后确立定朔在历法中的地位起到了积极作用。

另一次发生在武德九年（626）。唐高祖"诏大理卿崔善为与孝通等较定，善为所改凡数十条"②。对这次校定的结果，《旧唐书·历志一》有详细载录。尽管王孝通等人已经意识到了《戊寅历》本身所存在的问题，但他们当时又找不到有效的解决方法提高历法的精度。因此，"祖孝孙、李淳风立理驳之，仁均条答甚详，故法行于贞观之世。高宗时，太史奏旧历加时寖差，宜有改定。乃诏李淳风造《麟德历》"③。

之所以出现上述现象，祖孝孙、王孝通等人思想保守固然是一个重要因素，但《戊寅历》本身确实有它独特的优势，并且当时别的历法还暂时无法取代它，"其有所中，淳风亦不能逾之"④。事实上，同傅仁均一样，王孝通也试图对唐初历算方法有所突破，尽管他没有找到比《皇极历》内插法更先进的数学方法，但王孝通对求解三次方程的研究也是一项具有世界意义的科学成就。从这个史例不难看出，科学思想的发展是一个曲折和复杂的演进过程。我们如果用简单的态度看待王孝通，就会得出比较偏颇的认识。

所以对《缉古算经》出现的这道天文算题，我们应当将其置于唐初整个历法论争的历史大背景下去考量，否则就很难对它形成一种比较客观和公允的认识。

第二，关于工程中的土方体积问题。包括第二问"假令太史造仰观台"、第三问"假令筑堤"、第四问"假令筑龙尾堤"、第五问"假令穿河"、第六问"假令四郡输粟"及第八问"假令刍薨"，共计有6题，以水利工程为主。如众所知，像大运河的开凿、农田水利建设遍及全国各地，都是前所未有的建设成就，据专家统计，仅唐朝前期就有192项水利工程，具体分布是：关内道17项、河南道36项、河东道17项、河北道56项、陇右道1项、山南道6项、淮南道6项、江南道22项、剑南道29项、岭南道9项。⑤这些工程必然会对土方计算提出更高的要求，以"假令穿河"题为例，王孝通在第一术自注中说："覆堤为河，彼注甚明。高深稍殊，程功是同，意可知也。"⑥一般河堤形状为上窄下宽，这是为了防止河堤被冲垮。王孝通对此有深刻认识，所以当水流对河道长期冲击而形成上宽下狭和南深北浅的形状后，正好适合用筑堤（王孝通称之为"漘"）的方式进行加固。所谓"漘"，陈杰释："似羡道而长。"⑦因此，受上述地势所限，所筑之堤呈羡除状，上平下斜，上狭下广。尽管学界对王孝通所设计的第二问"上宽下狭"的羡道以及"第四问"

---

① 《新唐书》卷25《历志一》，第535页。
② 《新唐书》卷25《历志一》，第536页。
③ 《旧唐书》卷32《历志一》，第1152页。
④ 《新唐书》卷25《历志一》，第536页。
⑤ 宁可主编：《中国经济通史·隋唐五代》，北京：经济日报出版社，2007年，第30页。
⑥ （唐）王孝通撰并注，郭书春校点：《缉古算经》，郭书春、刘钝校点：《算经十书（二）》，第10页。
⑦ （清）陈杰：《缉古算经图解》，转引自白尚恕：《王孝通〈缉古算经〉校证》，自然科学史研究所数学史组：《科技史文集》第8辑，上海：上海科学技术出版社，1982年，第97页。

龙尾堤等颇有微词，但是人们对第五问"假令穿河"在隋唐数学史上的地位却给予了积极肯定。

第三，关于仓房和地窖的问题。包括第七问"假令亭仓"，第九问"假令圆囤"至第十四问"假令有粟二万六千三百四十二石四斗"，共 7 个问题。同前面的第二类问题一样，此类问题也是隋唐农业生产繁荣发展的生动体现和客观反映。隋朝有着富实的仓储库藏，《通典》记载："隋氏西京太仓，东京含嘉仓、洛口仓，华州永丰仓，陕州太原仓，储米粟多者千万石，少者不减数百万石。"① 《资治通鉴》又载，隋大业二年（606）九月，"置洛口仓于巩东南原上，筑仓城，周回二十余里，穿三千窖，窖容八千石。"同年十二月，"置回洛仓于洛阳北七里，仓城周回十里，穿三百窖"。而已发掘出来的含嘉仓，探出粮窖达 259 个，其中大窖可储粮 1 万多石。此外，尚有偃师河阳仓、华州广通仓（后名永丰仓）、卫州黎阳仓等。开皇五年（585），长孙平向隋文帝上奏："请令诸州百姓及军人劝课当社，共立义仓，收获之日，随其所得，劝课出粟及麦，于当社造仓窖储之。即委社司，执帐检校，每年收积，勿使损败。若时或不熟，当社有饥馑者，即以此谷振给。""自是诸州储峙委积。"② 至开皇十六年（596），仓窖设置进一步从州扩大到县，诏"秦、渭、河、廓、豳、陇、泾、宁、原、敷、丹、延、绥、银等州社仓，并于当县安置"③。唐贞观初，"天下州县，始置义仓"④。可见，当时仓窖的需求量既广且大，这种对储积粮食的迫切需要客观上对于工程数学知识和计算技能必然会提出更高的要求，与之相应，仓窖工程实践也必然会遇到较从前更为复杂的新问题。在《缉古算经》成书之后，唐代在隋朝粮仓的基础上，于开元二年（714）在河中府龙门县增置了龙门仓⑤；此外，开元十八年（730）在河口又增置了武牢仓，其仓位于汜河与黄河交汇处等。大历四年（769）更置汜口仓，此时唐朝已经建立了比较完备的漕运储藏体系，"这些粮仓大者储米千万石，次者亦数百万石，均由中央政府直接掌管"⑥，它们对于维护唐朝的政治稳定和都城军民的物质保障起到了重要作用。

经考察，"隋唐时期的官仓储粮，无论从文献上记载或是考古上的发现，都证明除少数情况外，大多都是采用窖藏形式"⑦。这从一个侧面证明，《缉古算经》的仓窖内容具有十分深厚的现实基础。只是王孝通所选择的仓窖规模都较小而已。对于隋唐仓窖的形制，王孝通取"口小、底大"的圆形袋状或方形覆斗状⑧，而考古发掘的情况则与《缉古算经》的假设正好相反，其仓窖的形制是"底小、口大"，周壁中部略呈弧形外鼓的圆形缸状。⑨

从含嘉仓已发掘出的 6 个仓窖形制来看，窖的口径一般大于底径 1 倍左右。其具体情

① （唐）杜佑著，颜品忠等校点：《通典》卷 7《食货七·丁中》，长沙：岳麓书社，1995 年，第 81 页。
② （唐）杜佑著，颜品忠等校点：《通典》卷 12《食货十二·轻重》，第 152 页。
③ （唐）杜佑著，颜品忠等校点：《通典》卷 12《食货十二·轻重》，第 152 页。
④ （唐）杜佑著，颜品忠等校点：《通典》卷 12《食货十二·轻重》，第 152 页。
⑤ 《新唐书》卷 39《地理志三》，第 1001 页。
⑥ 沧清：《略谈隋唐时期的官仓制度》，《考古》1984 年第 4 期，第 361 页。
⑦ 沧清：《略谈隋唐时期的官仓制度》，《考古》1984 年第 4 期，第 364 页。
⑧ （唐）王孝通撰并注，郭书春校点：《缉古算经》，郭书春、刘钝校点：《算经十书（二）》，第 16、17 页。
⑨ 河南省博物馆、洛阳市博物馆：《洛阳隋唐含嘉仓的发掘》，《文物》1972 年第 3 期，第 51 页。

况如表 3-5 所示。[①]

表 3-5　粮窖形制统计表　（单位：米）

粮窖编号	上层窖底形制	下层窖底形制	口径	上层底径	下层底径	深度
19	平底		12.4	6.28		8.25
50	平底		11.8	7		6
58	圆底	圆底	8.4	4.25	3.4	6.70
160	平底	圆底	11.1	8.6		6.2
182	圆底		13.5	10.5		7
234	圆底	平底	11.3	8.22	7	7.5

可见，无论是《缉古算经》"口小、底大"的仓窖形制，还是隋唐实际仓窖的"底小、口大"形制，其数学形式大同小异，它们在本质上具有一致性。因此，隋唐时期所建造的仓窖，无疑都经过了周密的数学运算和细致规划。这就是《缉古算经》为什么被选入算经十书的价值所在，它不仅具有广泛的用场，而且体现了中国古代算学直接与实际问题相联系，侧重于为现实社会服务的重要特征和实用功能。从这个意义上来说，王孝通不单"解决了当时的社会需要，也为后来天元术的建立打下了基础，成为后来'天元术'的重要先声"[②]。或可说，"《缉古算经》是一本与现实需要紧密结合……继承传统数学体系的精当教科书"[③]。

当然，对于大型的仓窖而言，"底小、口大"的形制更符合力学原理。因为这种形制的仓窖"一方面可以防止窖壁塌陷，另方面便于镶砌壁板和保持壁板的坚固"，尤其是它"可以使窖内所储粮食的压力，通过壁板分散在土窖的周壁上，减轻下层壁板的负荷量"[④]。

第四，关于解勾股形问题。吴文俊说："在古代，我国与希腊形成了都以度量性为主但各有内容特色的不同几何体系。"[⑤]首先，勾股定理的发现是我国古代几何学所取得的重要成就之一，公元前 1 世纪成书的《九章算术》和《周髀算经》都讲到了"勾股各自乘，并之为弦实。开方除之，即弦"[⑥]的定理，赵爽甚至创造性地应用"青朱黄图形出入移补法"证明了上述定理。其次，刘徽和祖冲之在赵爽成就的基础上，把割圆术推进到一个崭新的历史高度，取得了准确到小数点后 7 位的圆周率数值。另外，祖冲之父子还发明了"开差幂""开差方""开立圆术"等。依此为前提，王孝通《缉古算经》最后 6 个问题（从第十五问至第二十问）是利用勾股定理列出三、四次方程，前四题为已知勾、弦幂或股、弦幂以及勾、弦较或股、弦较，求勾、股、弦之长；后二题为已知股、弦幂或勾、弦幂以及勾、股长，求股、勾之长。由此可见，与隋唐之前数学著作中解勾股形的方法相

① 河南省博物馆、洛阳市博物馆：《洛阳隋唐含嘉仓的发掘》，《文物》1972 年第 3 期，第 52 页。

② 韩雪涛：《好的数学　方程的故事》，长沙：湖南科学技术出版社，2012 年，第 84 页。

③ 李烈炎、王光：《中国古代科学思想史要》，北京：人民出版社，2010 年，第 640 页。

④ 河南省博物馆、洛阳市博物馆：《洛阳隋唐含嘉仓的发掘》，《文物》1972 年第 3 期，第 53 页。

⑤ 吴文俊：《数学概况及其发展》，《现代科学技术简介》编辑组：《现代科学技术简介》，北京：科学出版社，1978 年，第 229 页。

⑥ （三国·魏）刘徽注，郭书春校点：《九章算术》卷 9《勾股》，郭书春、刘钝校点：《算经十书（一）》，第 95 页；（三国·吴）赵爽注，刘钝、郭书春校点：《周髀算经》卷上，郭书春、刘钝校点：《算经十书（一）》，第 3 页。

比，《缉古算经》新增了已知勾、股、弦三事中二者的差或积，然后求勾、股、弦的内容。其中第二十问，是四次方程的一个特例，即双二次方程，式子为 $x^4+bx^2=0$，因式中没有奇次幂，所以可通过两次开平方求解。[1]

（二）《缉古算经》的开带从立方法及其思想成就

《九章算术》有一道开带从平方的算题，其题云："今有邑方不知大小，各中开门。出北门二十步有木。出南门一十四步，折而西行一千七百七十五步见木。问邑方几何？答曰：二百五十步。"[2]

后来，祖冲之将《九章算术》的开带从平方推进到"开差立"（开带从立方法）的新阶段。所谓"开差立"是指已知长方柱体的体积和长、阔、高的差，用开立方法求它的一边。

由于《缀术》早已失传，目前所见到的关于三次方程数值解法及其应用的最早文献则是王孝通的《缉古算经》。其中有关二次方程、三次方程及四次方程的数量统计，仅三次方程就达 25 个之多，这充分显示了汉代以降几何问题代数化解法发展到隋唐时期，已经达到了一个非常成熟的水平。

下面简要阐释如下：

（1）假令穿河，袤一里二百七十六步，下广六步一尺二寸；北头深一丈八尺六寸，上广十二步二尺四寸；南头深二百四十一尺八寸，上广八十六步四尺八寸。运土于河西岸造堤，北头高二百二十三尺二寸，南头无高；下广四百六尺七寸五厘，袤与河同。甲郡二万二千三百二十人，乙郡六万八千七十六人，丙郡五万九千九百八十五人，丁郡三万七千九百四十四人。自穿、负、筑，各人程功常积三尺七寸二分。限九十六日役河堤俱了。四郡分共造堤，其河自北头先给甲郡，以次与乙、丙、丁，合均赋积尺。问逐郡各给斜、正袤、上广及深，并堤上广各多少？答曰：堤上广五丈八尺二寸一分。甲郡正袤一百四十四丈，斜袤一百四十四丈三尺，上广二十六丈四寸，深一十一丈一尺六寸。乙郡正袤一百一十五丈二尺，斜袤一百一十五丈四尺四寸，上广四十丈九尺二寸，深一十八丈六尺。丙郡正袤五十七丈六尺，斜袤五十七丈七尺二寸，上广四十八丈三尺六寸，深二十二丈三尺二寸，丁郡正袤二十八丈八尺，斜袤二十八丈八尺六寸，上广五十二丈八寸，深二十四丈一尺八寸。[3]

又，王孝通的术文云：

> 如筑堤术入之。覆堤为河，彼注甚明。高深稍殊，程功是同，意可知也。以程功乘甲郡人，又以限日乘之，四之，三而一，为积。又六因，以乘袤幂。以上广差乘深差为法，除之，为实。又并小头上、下广，以乘小头深，三之，为垣头幂。又乘袤幂，以法除之，为垣方。三因小头上广，以乘正袤，以广差除之，为都廉，从。开立

---

① 郭书春主编：《中国科学技术史·数学卷》，第 228 页。

② （三国·魏）刘徽注，郭书春校点：《九章算术》卷 9《勾股》，郭书春、刘钝校点：《算经十书（一）》，第 101 页

③ （唐）王孝通撰并注，郭书春校点：《缉古算经》，郭书春、刘钝校点：《算经十书（二）》，第 9—10 页。

方除之，即得小头为甲袤。求深、广，以本袤及深广差求之。以两头上广差乘甲袤，以本袤除之，所得加小头上广，即甲上广。以小头深减南头深，余，以乘甲袤，以本袤除之，所得加小头深，即甲深。又正袤自乘，深差自乘，并，而开方除之，即斜袤。若求乙、丙、丁，每以前大深，广为后小深、广，准甲求之，即得。[①]

至于求潸上广，王孝通给出的方法是：

> 以程功乘总人，又以限日乘之，为积。六因之，为实。以正袤除之，又以高除之。所得，以下广减之，余，又半之，即潸上广。[②]

有学者认为，王孝通"使用如此繁杂的计算，使人不解"[③]。实际上，用堤都积术来求此河的体积并不容易，因为按照已知条件，无疑王孝通所采用的方法更简便。诚然，用堤都积术来求甲郡所穿河的体积在逻辑上比较严谨，似乎更科学一些，但是中国古代数学的重要特征在于实用。这恐怕就是王孝通批评祖暅之《缀术》"刍亭、方亭之问于理未尽"的重要理由之一。科学既是现实的，又是历史的，如果我们仅仅局限于现代数学理论的视域，而不顾及隋唐数学发展的历史实际，那么，我们对王孝通批评祖暅之《缀术》这一案例就很难获得正确的认识与公正的评价。

（2）假令四郡输粟，斛法二尺五寸。一人作功为均，自上给甲，以次与乙、丙、丁。其甲郡输粟三万八千七百四十五石六斗，乙郡输粟三万四千九百五石六斗，丙郡输粟二万六千二百七十石四斗，丁郡输粟一万四千七十八石四斗。四郡共穿窖，上袤多于上广一丈，少于下袤三丈，多于深六丈，少于下广一丈。各计粟多少均出丁夫。自穿、负、筑，冬程人功常积一十二尺，一日役毕。问窖上、下广、袤、深，郡别出人及窖深、广各多少？

答曰：

> 窖上广八丈，上袤九丈，下广一十丈，下袤一十二丈，深三丈。甲郡八千七十二人，深一十二尺，下袤一十丈二尺，广八丈八尺。乙郡七千二百七十二人，深九尺，下袤一十一丈一尺，广九丈四尺。丙郡五千四百七十三人，深六尺，下袤一十一丈七尺，广九丈八尺。丁郡二千九百三十三人，深三尺，下袤一十二丈，广一十丈。[④]

题中云"斛法二尺五寸"，系指 1 石的容积为 2.5 立方尺。先求窖深、广及袤，其术文曰：

> 以斛法乘总粟为积尺。又广差乘袤差，三而一，为隅阳幂。乃置截上广，半广差加之，以乘截上袤，为隅头幂。又半袤差乘截上广，以隅阳幂及隅头幂加之，为方法。又置截上袤及截上广，并之，为大广。又并广差及袤差，半之，以加大广，为廉

① （唐）王孝通撰并注，郭书春校点：《缉古算经》，郭书春、刘钝校点：《算经十书（二）》，第 10 页。
② （唐）王孝通撰并注，郭书春校点：《缉古算经》，郭书春、刘钝校点：《算经十书（二）》，第 10 页。
③ 白尚恕：《王孝通〈缉古算经〉校证》，白尚恕：《中国数学史研究——白尚恕文集》，北京：北京师范大学出版社，2008 年，第 96 页。
④ （唐）王孝通撰并注，郭书春校点：《缉古算经》，郭书春、刘钝校点：《算经十书（二）》，第 10—11 页。

法，从。开立方除之，即深。各加差，即合所问。①

具体可用图 3-4 表示。

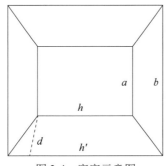

图 3-4　穿窖示意图

然后，求均给积尺受广、袤、深，其术文云：

> 如筑台术入之。以斛法乘甲郡输粟，为积尺。又三因，以深幂乘之，以广差乘袤差而一，为实。深乘上广，广差而一，为上广之高。深乘上袤，袤差而一，为上袤之高。上广之高乘上袤之高，三之，为方法。又并两高，三之，二而一，为廉法，从。开立方除之，即甲深。以袤差乘之，以本深除之，所加上袤，即甲下袤。以广差乘之，本深除之，所得加上广，即甲下广。若求乙、丙、丁，每以前下广、袤为后上广、袤，以次皆准此求之，即得。若求人数，各以程功约当郡积尺。②

在上述引文中，王孝通之所以舍弃刍童公式不用，主要是因为：第一，用刍童公式来求解，计算过程更繁难，在当时的历史条件下，应用起来不方便；第二，王孝通创造的"新术"确实具有运算速度快且准确的特点，易于推广。同样刍亭、方亭等体积也可以这样计算，后来祖暅之的《缀术》失传了，而王孝通的《缉古算经》却被保留了下来，这恰好证明王孝通所创造的方法更容易为广大民众所接受。关于这个问题留待后面再详议，此不赘言。

（3）假令太史造仰观台，上广、袤少，下广、袤多。上、下广差二丈，上、下袤差四丈，上广袤差三丈，高多上广一十一丈。甲县差一千四百一十八人，乙县差三千二百二十二人。夏程人功常积七十五尺，限五日役台毕。羡道从台南面起，上广多下广一丈二尺，少袤一百四尺，高多袤四丈。甲县一十三乡，乙县四十三乡，每乡别均赋常积六千三百尺，限一日役羡道毕。二县差到人共造仰观台，二县乡人共造羡道，皆从先给甲县，以次与乙县。台自下基给高，道自初登给袤。问台道广、高、袤，及县别给高、广、袤各几何？答曰：台高一十八丈，上广七丈，下广九丈，上袤一十丈，下袤一十四丈。甲县给高四丈五尺，上广八丈五尺，下广九丈，上袤一十三丈，下袤一十四丈。乙县给高一十三丈五尺，上广七丈，下广八丈五尺，上袤一十丈，下袤一十三丈。羡道高一十八丈，上广三丈六尺，下广二丈四尺，袤一十四丈。甲县乡人给高九丈，上广三丈，下广二丈四尺，袤

---

① （唐）王孝通撰并注，郭书春校点：《缉古算经》，郭书春、刘钝校点：《算经十书（二）》，第 11 页。
② （唐）王孝通撰并注，郭书春校点：《缉古算经》，郭书春、刘钝校点：《算经十书（二）》，第 11—12 页。

七丈。乙县乡人给高九丈，上广三丈六尺，下广三丈，袤七丈。①

这是一座由长方棱台与羡道两部分构成的仰观台，其长方棱台如图3-5所示。

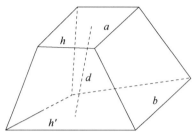

图3-5　长方棱台示意图

第一，求长方棱台的下广及上下袤、高。其术文云：

> 以程功尺数乘二县人，又以限日乘之，为台积。又以上、下袤差乘上、下广差，三而一，为隅阳幂。以乘截高为隅阳截积。又半上、下广差，乘斩上袤，为隅头幂。以乘截高为隅头截积。并二积，以减台积，余为实。以上、下广差并上、下袤差，半之，为正数。加截上袤，以乘截高，所得增隅阳幂，加隅头幂，为方法。又并截高及截上袤与正数，为廉法，从。开立方除之，即得上广。各加差，得台下广及上下袤、高。②

第二，求均给积尺受广袤。其术文曰：

> 以程功尺数乘乙县人，又以限日乘之，为乙积。三因之，又以高幂乘之，以上、下广差乘袤差而一，为实。又以台高乘上广，广差而一，为上广之高。又以台高乘上袤，袤差而一，为上袤之高。又以上广之高乘上袤之高，三之，为方法。又并两高，三之，二而一，为廉法，从。开立方除之，即乙高。以减本高，余即甲高。此是从下给台甲高。又以广差乘乙高，以本高而一。所得加上广，即甲上广。又以袤差乘乙高，如本高而一。所得加上袤，即甲上袤。其甲上广、袤即乙下广、袤。台上广、袤即乙上广、袤。其后求广、袤有增损者，皆放此。此应六因乙积，台高再乘，上、下广差乘袤差而一。又以台高乘上广，广差而一，为上广之高。又以台高乘上袤，袤差而一，为上袤之高。以上广之高乘上袤之高为小幂二。因下袤之高为中幂一。凡下袤、下广之高即是截高与上袤与上广之高相连并数。然此有中幂定有小幂一，又有上广之高乘截高为幂一。又下广之高乘下袤之高为大幂二。乘上袤之高为中幂一。其大幂之中又有小幂一，复有上广、上袤之高各乘截高，为中幂各一。又截高自乘为幂一。其中幂之内有小幂一，又上袤之高乘截高为幂一。然则截高自相乘为幂二，小幂六。又上广、上袤之高各三，以乘截高为幂六。令皆半之，故以三乘小幂。又上广、上袤之高各三，今但半之，各得一又二分之一，故三之二而一。诸幂

① （唐）王孝通撰并注，郭书春校点：《缉古算经》，郭书春、刘钝校点：《算经十书（二）》，第2—3页。
② （唐）王孝通撰并注，郭书春校点：《缉古算经》，郭书春、刘钝校点：《算经十书（二）》，第3页。

乘截高为积尺。[1]

如果向上延伸仰观台四边相交于一点，则从相似三角形对应边成比例的定理，分别求得乙县和甲县人所造仰观台的上、下广及上、下袤。

第三，求羡道广、袤、高。其术文云：

> 以均赋常积乘二县五十六乡，又六因为积。又以道上广多下广数加上广少袤，为下广少袤。又以高多袤加下广少袤，为下广少高。以乘下广少袤为隅阳幂。又以下广少上广乘之，为鳖隅积。以减积，余，三而一，为实。并下广少袤与下广少高，以下广少上广乘之，为鳖从横廉幂。三而一，加隅阳幂，为方法。又以三除上广多下广，以下广少袤、下广少高加之，为廉法，从。开立方除之，即下广。加广差，即上广；加袤多上广于上广，即袤；加高多袤，即道高。[2]

由于王孝通没有说明羡道的具体位置，故学界有台内置羡道（图3-6）、台外置羡道（图3-7）及另置羡道示意图（图3-8）等多种意见。郭世荣等认为："羡道本是东西方向贴在台体上的。"[3]

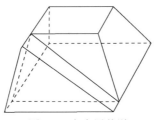

图3-6　台内置羡道

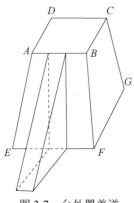

图3-7　台外置羡道

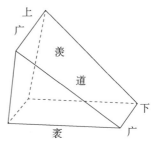

图3-8　羡道示意图

第四，求羡道均给积尺，甲县受广、袤。其术曰：

> 以均赋常积乘甲县一十三乡，又六因为积。以袤再乘之，以道上、下广差乘台高为法而一，为实。又三因下广，以袤乘之，如上、下广差而一，为都廉，从。开立方

① （唐）王孝通撰并注，郭书春校点：《缉古算经》，郭书春、刘钝校点：《算经十书（二）》，第3—4页。
② （唐）王孝通撰并注，郭书春校点：《缉古算经》，郭书春、刘钝校点：《算经十书（二）》，第4页。
③ 郭世荣：《〈缉古算经〉造仰观台题新解》，《自然科学史研究》1994年第2期。

除之，即甲袤。以广差乘甲袤，本袤而一，以下广加之，即甲上广。又以台高乘甲袤，本袤除之，即甲高。[1]

以上是《缉古算经》有关工程中的土方体积算题，就其内容而言，它们是用三次方程来求解工程实践中所遇到的比较复杂的土方施工与管理问题。这些问题在《缀术》中实际上都已经有了公式解法，不过，王孝通认为根据隋唐土方工程实践的发展和数学思维水平的提高，尤其是在当时筹算工具还十分落后的历史条件下，人们迫切需要一种比公式解法更加便捷的求算途径来减少运算过程的繁复。于是，王孝通应用《九章算术》中的分析相加法，找到了求解三次方程的便捷途径，为中国古代科学思想史的发展做出了突出贡献。

白尚恕在《王孝通〈缉古算经〉校证》一文中质疑《缉古算经》第四问"假令穿河"题，为什么在"已知河的南北两头上、下广、深、河长，以及各郡人数，即可利用第三问所列求堤都积术求得河的体积"，"再由河积乘以甲郡人数，除以四郡总人数，便可求得甲郡所穿河的体积"的情况下，舍弃公式算法，而采用"以程功乘甲郡人，又以限日乘之，四之，三而一，为积"，以求甲郡所穿的河积？在白尚恕看来，"由于这种算法并非必要，因而经文'自穿、负、筑，各人程功常积三尺七寸二分。限九十六日役河漘俱了。四郡共分造漘'三十二字可删。王孝通虽然编著了一些用三次方程所解的应用问题，但他对于已知条件的多少和计算方法之间的逻辑关系没有足够的注意，以致编写一些相依条件"[2]。

从《缀术》公式法的角度来批评王孝通的"分析相加法"，固然有其合理性，况且用现代数学的眼光看，公式法本身较分析相加法更抽象和科学有效。不过，这里需要补加一个条件，即在采用阿拉伯数字和符号运算的条件下，公式法优越于分析相加法。相反，在采用算筹工具进行大数运算时，分析相加法显然要优越于公式法。

现在看似简单的问题，在当时却让筹算者难以应对，因为在当时"筹算乘除法都要排列上、中、下三层算筹。乘法运算时，需列乘数于上、下两层，而乘积列于中层；除法运算时，需列除数于中层，除数于下层，除得的商数列在上层；这显然过于繁复"[3]。所以王孝通把复杂多变的运算公式进一步分解为几个相对独立的算术单元与构件，这样一来，从形式上看，虽然其解题步骤显得烦琐了一些，但具体的操作技术却更简便了。因此，从筹算的效果看，王孝通的分析相加法不仅有利于加快运算速度，准确性也有所提高，更为重要的是三次方程中各项系数的意义都十分清楚。对此，刘洪涛说：

《几何原本》采用由公理、定理进行演绎推理的方法解决几何问题，《九章》迥然不同，它是把复杂形体进行适当分割，成为基本的、简单构件，如面积中的三角形，正、长方形；体积中的鳖臑、阳马、堑堵等。只要简单形体的计算法是已知的，经过有限次加减就能算出复杂形体来。……这种方法在其他学科也被广泛使用着，成为一

① （唐）王孝通撰并注，郭书春校点：《缉古算经》，郭书春、刘钝校点：《算经十书（二）》，第4—5页。
② 白尚恕：《王孝通〈缉古算经〉校证》，白尚恕：《中国数学史研究——白尚恕文集》，第96页。
③ 姚远：《西安科技文明》，西安：西安出版社，2002年，第185页。

种主要的方法论倾向，有人称它为分析相加法。[1]

《缉古算经》与之不同，王孝通的求解方法是把仰观台分解为隅阳幂（指仰观台四角某图形的面积）、隅阳截积、隅头幂、隅头截积等相对简单的构件，然后求出三次方程各项系数。可见，王孝通在《缀术》之外，寻找解决土方体积的便捷计算方法，具有思维创新的价值指向，其科学思想史的意义显而易见。

二、问题意识：《九章算术》在天文历法和工程实践中的应用

（一）从《九章算术》到《缀术》的算术成就与缺陷

《九章算术》确立了中国古代数学发展的方向，并逐渐固化为一种算术思维范式，影响深远。故王孝通在评价《九章算术》的主要成就时说：

> 昔周公制礼有九数之名。窃寻九数即《九章》是也。其理幽而微，其形秘而约；重句聊用测海，寸木可以量天，非宇宙之至精，其孰能与于此者。[2]

这里所谓"理"与"形"的关系，实际上是《九章算术》的基本范畴，其中"形"是指几何形式，如方形、圆形、三角形、梯形、环形、弓形等；"理"则是指隐藏在几何图内部的一般数量关系以及筹算规律，如数值解方程的方法、开平方、开立方、"盈不足"算法、体积计算、截球体的表面积计算等。因此，《九章算术》中"理"与"形"相互关系可以用"形变理通"四个字来概括，即阐释"理"和"形"的关系不应局限于某一框架内，而是应当注重变通与转化。一方面，"形变"表明任何几何图形都是可变的，如前举《缉古算经》第二问"假令太史造仰观台"一题，就包含着等腰梯形和三角形的变换，所以解题的思路应当多元化；另一方面，数学知识与方法在本质上具有同一性，也就是说不管采用何种数学方法来解决问题，最终所得到的结果应是一致的，如王孝通在解决土木工程中所用的"分析相加法"与《缀术》所用的体积公式计算法，结果并无二致。只有这样，我们才能对数量本质和图形的关系有一个深刻理解。在勾股定理的应用方面，"重句聊用测海，寸木可以量天"切实体现了中国古代先贤的高超数学智慧。如众所知，从《周髀算经》测日高到刘徽的"重差术"，形成了我国几何独特风格的相似勾股形理论或出入相补原理。[3]当然，汉代《九章算术》所说的"九章"，依郑玄的说法，分别是方田、粟米、差分、少广、商功、均输、方程、赢不足、旁要，"今有重差、夕桀、勾股也"[4]。关于"旁要"与"重差"的关系，李继闵明确指出："东汉的重差、勾股是由更古老的旁要术而来。"[5]魏晋时期刘徽在注《九章算术》时，将"重差"附在《九章算术》后，遂有刘徽注《九章算术》10卷。唐代将其独立成单行本，并确定为《算经十书》之一，又因书

---

① 刘洪涛编著：《中国古代科技史》，天津：南开大学出版社，1991年，第481—482页。

② （唐）王孝通撰并注，郭书春校点：《缉古算经》，郭书春、刘钝校点：《算经十书（二）》，第1页。

③ 李继闵：《算法的源流——东方古典数学的特征》，北京：科学出版社，2007年，第153页。

④ （宋）李昉等：《太平御览》卷750《工艺部七·数》，第3327页。

⑤ 转引自李继闵：《算法的源流——东方古典数学的特征》，第152页。

中第 1 题是"测望海岛",故名《海岛算经》。吴文俊认为:"以《海岛算经》诸题公式之复杂,以及测量方式之奥妙,如果没有一个深邃的思想作为指导,是很难得出这些公式来的。"①此论与王孝通"非宇宙之至精,其孰能与于此者"的认识不谋而合。

《九章算术》的内容经汉代张苍删补之后,其面目便发生了变化。因此,王孝通说:"汉代张苍删补残缺,校其条目,颇与古术不同。"②看来王孝通完全认同刘徽在《九章算术注序》中的说法:"按周公制礼而有九数,九数之流,则《九章》是矣。往者暴秦焚书,经术散坏。自时厥后,汉北平侯张苍、大司农中丞耿寿昌皆以善算命世。苍等因旧文之遗残,各称删补。故校其目则与古或异,而所论者多近语也。"③

学界对于张苍有没有删补《九章算术》的问题,曾有争议,如戴震、钱宝琮等就都否认张苍删补《九章算术》的事实,然而,随着湖北江陵张家山 247 号墓出土秦汉之际成书的《算数书》,人们经过比较研究之后,发现《算数书》与《九章算术》有一些相同的算题,但两者表述的文字却有所不同,前者古朴,后者浅近,可见,张苍用"近语"删补《九章算术》是确实无疑的。至于补充的内容,唐朝贾公彦疏郑注云:"方田已下,皆依《九章算术》而言。云'今有重差、夕桀、勾股也'者,此汉法增之。"④而郭书春认为:"张苍收集历代的或当时的算术题目补充到各章中,其中有的是为已有的术文增添新的例题,有的则是一些新的题目新的方法。"⑤

经张苍和耿寿昌删补之后的《九章算术》即成为刘徽注此书的蓝本。刘徽注《九章算术》的理论成就巨大:他将极限的概念和无穷小分割的方法引入数学证明,创立了"割圆术";他首先开创了采用不断增加圆内接正多边形的边数,来计算圆周率的科学方法;提出了推证直线型立体的体积算法——"刘徽原理",即由一个堑堵分成的阳马和鳖臑,其体积之比为 2:1;他运用直角三角形的性质建立并推广重差术,尤其是在加强数学原理的说服力和应用性方面,刘徽利用模型、例题、图形来论证或推演相关算法,形成了具有中国古典算学特色的数理风格等。因此,王孝通盛赞道:

> 魏朝刘徽笃好斯言,博综纤隐,更为之注。徽思极毫芒,触类增长,乃造重差之法,列于终篇。虽即未为司南,然亦一时独步。自兹厥后,不继前踪。⑥

对刘徽的评价如此之高,相较之下,王孝通对祖冲之父子的数学成就却基本上持否定态度。他说:"贺循、徐岳之徒,王彪、甄鸾之辈,会通之数无闻焉耳。但旧经残驳,尚有阙漏。自刘已下,更不足言。其祖暅之《缀术》,时人称之精妙。曾不觉方邑进行之术全错不通,刍亭、方亭之问于理未尽。臣今更作新术,于此附伸。"⑦这段话常为学界所诟

---

① 吴文俊:《我国古代测望之学重差理论评介——兼评数学史研究中某些方法问题》,自然科学研究所数学史组:《科技史文集》第 8 辑,第 18 页。

② (唐)王孝通:《上缉古算经表》,郭书春、刘钝校点:《算经十书(二)》,第 1 页。

③ (三国·魏)刘徽:《九章算术注序》,郭书春、刘钝校点:《算经十书(一)》,第 1 页。

④ (汉)郑玄注,(唐)贾公彦疏:《周礼注疏》第 1 册,济南:山东画报出版社,2004 年,第 378 页。

⑤ 郭书春:《张苍与〈九章算术〉》,郭书春:《郭书春数学史自选集》,济南:山东科学技术出版社,2018 年,第 23 页。

⑥ (三国·魏)刘徽:《九章算术注序》,郭书春、刘钝校点:《算经十书(一)》,第 1 页。

⑦ (三国·魏)刘徽:《九章算术注序》,郭书春、刘钝校点:《算经十书(一)》,第 1 页。

病，尤以郭书春的批评最为严厉。那么，我们究竟应当如何看待王孝通的"狂妄"？这里需要一分为二地评析。一方面，南北朝时期数学人才辈出，如北魏张丘建，北凉赵㪍，北魏殷绍、元延明，南朝宋何承天、皮延宗、祖冲之，南朝梁祖暅之等，他们在刘徽研究《九章算术》的基础上，进一步将分数四则运算法、开平方法及开立方方法推向了一个新的历史高度，取得了一系列重要成就，如《张丘建算经》对各种等差数列问题和某些不定方程问题的求解；又如祖冲之定圆周率 3.141 592 6<π<3.141 592 7，此计算结果是世界上最早出现的关于圆周率的七位小数值，同时，祖冲之父子还解决了球体积的计算问题，并在《缀术》中提出了"幂势既同，则积不容异"①的"祖暅原理"。所以王孝通说"自兹（刘徽）厥后，不继前踪"不符合南北朝数学发展的历史实际，他的认识显然是错误的。另一方面，尽管南北朝数学发展成就巨大，是中国古代数学发展的一个高峰期，但这绝不等于说《五经算术》《五曹算经》《缀术》已经穷尽了《九章算术》的方法和原理。唐人长孙无忌在评价《缀术》的历史地位时曾说：

> 古之九数，圆周率三，圆径率一，其术疏舛。自刘歆、张衡、刘徽、王蕃、皮延宗之徒，各设新率，未臻折衷。宋末，南徐州从事史祖冲之，更开密法，以圆径一亿为一丈，圆周盈数三丈一尺四寸一分五厘九毫二秒七忽，朒数三丈一尺四寸一分五厘九毫二秒六忽，正数在盈朒二限之间。密率，圆径一百一十三，圆周三百五十五。约率，圆径七，周二十二。又设开差幂，开差立，兼以正圆参之。指要精密，算氏之最者也。所著之书，名为《缀术》，学官莫能究其深奥，是故废而不理。②

从认识论的角度看，同样是《缀术》，长孙无忌和王孝通的结论却大相径庭，一边是"指要精密，算氏之最者也"，极尽赞美之语，而另一边则说"方邑进行之术全错不通"。那么，谁说的正确呢？当然，长孙无忌的评价更接近事实，这是目前学界公认的和已为人们所接受的一种说法。但这并不意味着王孝通所说的情况就不存在了。事实上，长孙无忌与王孝通立论的视角不同。长孙无忌强调的是圆周率，认为它是《缀术》的思想精华，而祖冲之求解圆周率的方法似乎是"设开差幂，开差立，兼以正圆参之"。反过来，王孝通立论的依据则是"方邑进行之术"和"刍亭、方亭之问"，它们与"圆周率"没有直接关系。我们知道，圆周率是圆的周长与其直径之比。祖冲之在刘徽割圆术的基础上，算出了正 12 280 边形的周长，这个过程需要无数次乘方和开方。可以说，祖冲之父子对与圆相关体积的计算已经达到了十分完美的境界。用直线求曲线，得出圆周率的最佳数值，同理，能不能用曲线求直线的方法算出方亭的体积呢？在理论上是可行的，只不过它是把简单的问题复杂化了。长孙无忌认为《缀术》的特色是"设开差幂，开差立，兼以正圆参之"，里面是不是包含着用圆来求方的数学方法，不得而知。所以王孝通从实用数学的角度看，认为在"方邑进行之术"中"兼以正圆参之"，不但颇费周折，恐怕也很难得出正确的结论。笔者相信，王孝通批评《缀术》绝不是有意诋毁《缀术》的科学价值，恰恰相反，他是很急切地想把《缀术》的杰出成就推广应用到隋唐社会的工程实践之中。正是在

---

① （三国·魏）刘徽注，郭书春校点：《九章算术》，郭书春、刘钝校点：《算经十书（一）》，第 42 页。
② 《隋书》卷 16《律历志上》，第 387—388 页。

这种指导思想之下,王孝通才发现了《缀术》本身所存在的问题。其中,《缀术》应当涉及许多不规则方亭和刍亭的算题。王孝通可能不满意《缀术》对不规则方亭和刍亭算题的解法,所以才"伏寻《九章》商功篇有平地役功受袤之术,至于上宽下狭、前高后卑,正经之内阙而不论。致使今代之人不达深理,就平正之间同欹邪之用"①。经过昼思夜想的艰苦探索,王孝通终于找到了解决不规则方亭和刍亭算题的正确方法。对此,周瀚光等分析说:

> 《缉古算经》全书共 20 题。第 1 题是天文历法中产生的算术问题,第 2—14 题是立体几何问题,一般都设有以下两类问题:第一类:已知立体的体积及其上下底面边长和高的差,求该立体的底面边长和高;第二类:将各边已知的立体图形分割为若干部分,已知各部分体积,求各部分的边、高。②

以《缉古算经》第 8 问"假令刍甍"为例,引文见前。周瀚光等认为:

> 与别的立体问题不同,本题只设有第二类问题,而事实上王孝通完全能够解决它的第一类问题。因此,王孝通说祖暅的"刍甍、方亭之问于理未尽"必是因为它们仅仅是关于刍甍和方亭的第一类问题,而缺少第二类问题。在《缉古算经》中,王孝通对于第二类问题的解法都加了注释,而对第一类问题的解法则从不加注。这就更进一步证明了:解第二类问题乃是前所未有的事,完全是王孝通的创造,是他所说的"新术";而第一类问题的解法则在他以前的《缀术》中已经有过了,这与《缉古算经》的第一个写作目的亦相一致。③

尽管"刍亭、方亭之问于理未尽"问题有了答案,可是"方邑进行之术全错不通"的问题依然令人疑惑。郭书春在《是〈缀术〉"全错不通",还是王孝通"莫能究其深奥"?》一文中,从否定王孝通,到否定李淳风,进而扩展到否定整个隋唐时期的数学成就,认为"隋唐时期没有出现过一位可以与其前张苍、刘徽、祖冲之,其后贾宪、秦九韶、李冶、朱世杰等比肩的数学家,也没有创作过一部可以与其前《九章算术》、《九章算术注》、《缀术》,其后《黄帝九章算经细草》、《数书九章》、《测圆海镜》、《详解九章算法》、《算学启蒙》、《四元玉鉴》等等量齐观的数学著作"④。此话就有点重了,比如,北宋大观三年(1109),礼部、太常寺请给宋代以前的著名数学家"画像两庑",并"加赐五等爵"。当时与刘徽、祖冲之一起被加爵的隋唐数学家有"隋萧吉临湘伯,临孝恭新丰伯,张胄玄东光伯……隋耿询湖熟子,刘焯昌亭子,刘炫景城子,唐傅仁均博平子,王孝通介休子,瞿昙罗居延子,李淳风昌乐子,王希明琅邪子,李鼎祚赞皇子,边冈成安子"等。⑤而清代李锐高度评价王孝通的数学成就,他认为:"算书以《缉古》为最深。太史造

---

① (唐)王孝通:《上缉古算经表》,郭书春、刘钝校点:《算经十书(二)》,第 1 页。
② 周瀚光、戴洪才主编:《六朝科技》,南京:南京出版社,2003 年,第 63 页。
③ 周瀚光、戴洪才主编:《六朝科技》,第 64 页。
④ 郭书春:《是〈缀术〉"全错不通",还是王孝通"莫能究其深奥"?》,李迪主编:《数学史研究》第 7 辑,第 20 页。
⑤ 《宋史》卷 105《礼志八》,第 2552 页。

仰观台以下十九术，问数奇残，入算繁赜，学之未易通晓。惟以立天元术御之，则其中条理秩然，无可疑惑。"①阮元又说："孝通《缉古》，实后来立天元术之所本也。"②李约瑟这样评价三次方程的意义："三次方程（就是说方程中包含了 x^3）首次出现在公元 625 年的唐代（公元 618—906 年），此时数学在上述一个静态过程之后又有进步。方程应工程、建筑和测量人员的实际需要而产生。这也是李淳风（7 世纪晚期）的时代，他也许是中国历史数学著作最伟大的注释家。"③沈康身又说："我国传统数学在宋元时代发展到顶峰，但追根溯源，是与唐代数学教育分不开的。"④因此，隋唐数学"远绍九章历算的遗规，配合两汉象数的发展，受到隋、唐之际，阿拉伯算数的影响，对于三角、立方、几何等算数的成绩，已有相当的成就"⑤，这是公允之论。实际上，就唐代数学教育对日本、朝鲜数学发展的影响而言，无论魏晋，还是宋元，都无法与唐朝比拟。

李经文在反省中国古代微积分思想发展的历史教训时说："刘徽的最大功绩在于实践，他求出了圆内接 3072（即 $6×2^9$ 边形的面积），导出圆周率为 3927/1250，化成小数是 3.1416。继刘徽之后，南北朝的祖冲之，又用割圆术把 π 算到小数点后第 7 位，即 $3.141\,592\,6 < \pi < 3.141\,592\,7$。刘、祖二位是伟大的实践家，可惜在理论上没有作出更多的贡献。"⑥从这个角度看，王孝通把刘、祖的数学实践精神进一步发扬光大，推动了唐宋实用数学的迅猛发展，其功绩不可磨灭。

（二）《九章算术》在天文历法和工程实践中的应用

敦煌《算经》序文云："夫算者……推方圆，合规矩，均尺丈，制法度，立权衡，平斛升，剖毫厘，析黍参"，故"言人不解算者，如天无日月，地无源泉，人无眼识"⑦。这是唐代民众对算术作用的认识和理解，"把数学看得如此之重要，在中国数学史上实属罕见"⑧。有人专门考察了敦煌莫高窟壁画中的几何作图与投影制图，认为"莫高窟壁画不但是极其珍贵的艺术宝库，它也是数学历史发展重要文献"⑨。可见，唐代应用数学主要是几何学的发展已经达到了一个新的历史高度。

1.《九章算术》在天文历法中的应用

王孝通于武德六年（623）和武德九年（626）两次参加对《戊寅元历》的校正，并在此期间撰写了《缉古算经》一书。由于两《唐书》阙载，王孝通"驳正术（指《戊寅元历》）错三十余道"⑩，具体内容不得而知。今考《缉古算经》第一问是一道"求天正朔夜

① （清）阮元：《畴人传》卷 3《唐》，本社古籍影印室：《中国古代科技行实会纂》，北京：北京图书馆出版社，2006 年，第 452 页。
② （清）阮元：《畴人传》卷 3《唐》，本社古籍影印室：《中国古代科技行实会纂》，第 452 页。
③ ［英］李约瑟原著，［英］柯林·罗南改编：《中华科学文明史》上，上海交通大学科学史系译，上海：上海人民出版社，2010 年，第 243 页。
④ 沈康身主编：《中国数学史大系》第 4 卷《西晋至五代》，第 227 页。
⑤ 南怀瑾：《禅与道概论》，台北：老古文化事业公司，1983 年，第 270 页。
⑥ 李经文：《数学分析纵横谈》，北京：气象出版社，1996 年，第 44—45 页。
⑦ 沈康身主编：《中国数学史大系》第 4 卷《西晋至五代》附编二《敦煌遗书选（数学）》，第 484 页。
⑧ 李迪：《中国数学通史·上古到五代卷》，南京：江苏教育出版社，1997 年，第 395 页。
⑨ 沈康身主编：《中国数学史大系》第 4 卷《西晋至五代》，第 352 页。
⑩ （唐）王孝通：《上缉古算经表》，郭书春、刘钝校点：《算经十书（二）》，第 1 页。

半之时月所在度"的算题,里面包含有王孝通校正《戊寅元历》的部分数据,可补史书的不足。王孝通在自注中说:

> 推朔夜半月度,旧术要须加时日度。自古先儒虽复修撰改制,意见甚众,并未得算妙,有理不尽,考校尤难。臣每日夜思量,常以此理屈滞,恐后代无人知者。今奉敕造历,因即改制,为此新术。旧推日度之术已得朔夜半日度,仍须更求加时日度,然知月处。臣今作新术,但得朔夜半日度,不须加时日度,即知月处。此新术比于旧术,一年之中十二倍省功,使学者易知。①

"日度"系指太阳在黄道上的视运动度数(赤道度分数),"月度"则是指月亮在天空运行的度数和位次(宿度分),合朔时日月同度,由于"天正朔日夜半日所在度"是已知的,所以题中没有给出王孝通如何求日所在度,大概与传统求法无别。考《大明历》有"推朔日夜半月所在度",刘焯《皇极历》亦有"推月而与日同度术",但其计算步骤比较复杂,请参见刘洪涛《古代历法计算法》第八章第二节及第十二章第一节的相关内容。我们这里把祖冲之"推朔日夜半月所在度"的公式转引如图3-9所示。

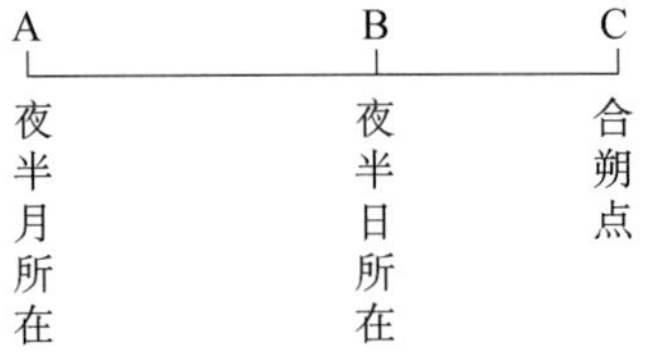

```
A              B              C
夜             夜             合
半             半             朔
月             日             点
所             所
在             在
```

$$夜半月度 = 夜半日度 - \frac{朔小余}{日法} \times 月速 + \frac{朔小余}{日法} \times 日速$$

图3-9 "推朔日夜半月所在度"的公式

需要说明的是,祖冲之和刘焯在推求朔日夜半月所在度时,都引入了岁差的概念,因此,他们的计算都较为烦琐和复杂。由于史料所限,我们不能确定王孝通所言"此新术比于旧术,一年之中十二倍省功"是否针对《大明历》和《皇极历》而说的,但《大明历》和《皇极历》在计算"天正朔夜半之时月所在度"时,其实都需要"加时日度"(包括岁差),而王孝通不承认岁差。从这个角度讲,王孝通的"新术"不是依靠实测数据,而是依靠理论推算,因此,他的"新术"准确性不高,这与王孝通相对保守的历法观念有关。其算题如下:

> 假令天正十一月朔、夜半,日在斗十度七百分度之四百八十。以章岁为母,朔月行定分九千,朔日定小余一万,日法二万,章岁七百,亦名行分法。今不取加时日度。问天正朔夜半之时月在何处?……答曰:在斗四度七百分度之五百三十。术曰:推朔夜半月度新术不须加时日度,有定小余乃可用之。以章岁减朔月行定分,余以乘朔日定小余,满日法而一,为先行分。不尽者,半法已上收成一,已下者弃之。若先行分满日行分而一,为度分,以减朔日夜半日所在度分。若度分不足减,加往宿度。

① （唐）王孝通撰并注,郭书春校点:《缉古算经》,郭书春、刘钝校点:《算经十书(二)》,第1页。

其分不足减者，退一度为行分而减之。余即朔日夜半月行所在度及分也。①

这道算题的意义其实不在于王孝通所给出的章岁、日法等历法数据，因为既然是"假令"，那么，题设的各种数据就多半是虚的，不能作为客观数据来取用。问题是王孝通在自注中特别强调："今按《九章》均输篇有犬追兔术，与此术相似。"②然而，今传本《九章算术》却并无此题，由此可见，李淳风注释《九章算术》时，肯定对汉晋时期流传的版本进行了一定程度的删节。王孝通引录《九章算术》"犬追兔术"题云：

犬走一百步，兔走七十步。今兔先走七十五步，犬始追之。问几何步追及？答曰：二百五十步追及。彼术曰：以兔走减犬走，余者为法。又以犬走乘兔先走为实。实如法而一，即得追及步数。③

此外，把《九章算术》的方法引入历算，将算术与历法直接结合起来，从《缉古算经》的这种编纂体例看，是一个创新，后来秦九韶的《数书九章》首卷为"大衍术"，其中载有"古历会积"题，即受到了《缉古算经》的影响。

2.《九章算术》在工程实践中的应用

关于《缉古算经》与《九章算术》的关系，王孝通在《上缉古算经表》中说："伏寻《九章》商功篇有平地役功受袤之术，至于上宽下狭、前高后卑，正经之内阙而不论。"④"补阙"固然是《缉古算经》的重要目的，但在内容上注意吸收魏晋南北朝时期关于圆周率的先进研究成果，以进一步推动圆周率在工程实践中的实际应用。例如，《缉古算经》有关于"圆囷"或"圆窖"的算题共计 6 道，其中只有一道算题的圆周率采用的是《九章算术》的 π 值，而其余 5 道则都采用了祖冲之的"约率"（亦为"粗率"）。这反映了王孝通对待传统数学思想的一种比较理性的历史态度，既有继承又有突破。如众所知，《九章算术》被尊为算经之首，刘徽在《九章算术注·序》中说："按周公制礼而有九数，九数之流，则《九章》是矣。"⑤在此，"周公制礼"主要是指《周礼》，而《周礼·地官·大司徒》载，大司徒"以乡三物教万民"⑥，其中就有"六艺"，包括礼、乐、射、御、书、数。在经学思维占统治地位的汉唐时期，崇古已经形成一种相对稳定的学术心理。有学者认为，经学思维方式的基本特征是"在观念上把圣人、经典视为绝对权威和最高价值尺度"⑦。一方面，王孝通很清楚，魏晋时期的数学家刘徽在用极限思想和无穷小分割证明了《九章算术》圆面积公式"半周半径相乘得积步"之后，曾明确指出把圆周长与直径之比确定为 3，显然在实际的运算中会产生很大错误。于是，他经过求圆内接正 96 边形的面积及圆内接正 192 边形的面积，得到的圆周率数值为 3.14。后来，又求得内接正 3072

① （唐）王孝通撰并注，郭书春校点：《缉古算经》，郭书春、刘钝校点：《算经十书（二）》，第 1 页。

② （唐）王孝通撰并注，郭书春校点：《缉古算经》，郭书春、刘钝校点：《算经十书（二）》，第 1 页。

③ （唐）王孝通撰并注，郭书春校点：《缉古算经》，郭书春、刘钝校点：《算经十书（二）》，第 1 页。

④ （唐）王孝通：《上缉古算经表》，郭书春、刘钝校点：《算经十书（二）》，第 1 页。

⑤ （三国·魏）刘徽注，郭书春校点：《九章算术注·序》，郭书春、刘钝校点：《算经十书（一）》，第 1 页。

⑥ 《周礼·地官·大司徒》，黄侃校点：《黄侃手批白文十三经》，第 28 页。

⑦ 边家珍：《经学传统与中国古代学术文化形态》，北京：人民出版社，2010 年，第 125 页。

边形面积时，其周周率为 π=3.1416。另一方面，《九章算术》毕竟"其理幽而微"[①]，它的思想成果代表了那个时代的先进科学水平，所以 π=3 也有其历史的正当性。正是在这种"崇古"与"突破"的矛盾运动中，王孝通仅仅在一道算题中用到了"周三径一"的圆周率，给予其"经典"思想以适当地位，而多数算题则应用了祖冲之的"约率"。这里有一个问题：王孝通为什么不用刘徽的圆周率和祖冲之的"密率"，而是选择性地应用了祖冲之的"约率"？从历史上看，刘徽发现了《九章算术》"周三径一"的粗疏，并且用割圆术找到了解决圆周率问题的科学方法，功莫大焉。然而，相较于"周三径一"，刘徽的圆周率虽然精确到了两位和四位，并取得了当时世界上圆周率最精确的数据，但是，由于圆周率系一个永远除不尽的无穷小数，所以到南北朝时期，祖冲之很快就超越了刘徽，因为祖冲之已经把圆周率的数值精确到了小数点后面的第七位，给出 π 的不足近似值 3.141 592 6 和过剩近似值 3.141 592 7。同时，祖冲之又算出了两个近似的分数"密率"与"约率"。有学者评论说："祖冲之发明的'约率'和'密率'，不但在实际生活中简单实用，而且是圆周率的最佳分数。约率是分母不超过百位数的所有近似值分数中的最佳逼近值；密率也是分母不超过千位数的所有近似分数中的最佳逼近值。"[②]而对于祖冲之的"约率"，唐朝人李籍[③]在《九章算术音义》中认为："圆田之率有三：一曰古率，周三径一是也；二曰徽率，周一百五十七径五十是也；三曰密率，周二十二径七是也。"[④]对于唐朝人的这种认识，我们今天回过头看，确实有点儿可笑。不过，唐朝社会经济发展与应用数学的推广关系密切，如水利工程的大量兴建，其数量和规模均超过了以前各代的总和；像连筒、辘轳、筒车、水轮等灌溉工具的普遍推广等，都需要既简便又准确的圆周率。显然，在上述三个圆周率之中，祖冲之的"约率"（唐人亦称密率）基本上能满足唐朝社会经济发展的实际需要。而王孝通、李籍等推崇祖冲之的"约率"，其根本原因就在于此。

此外，祖冲之的"约率"，与古希腊阿基米德求出的圆周率数值相同。唐朝人是否意识到了两者之间的这种关系，不得而知。可是，王孝通、李籍等如此推崇祖冲之的"约率"，很可能还有尚待我们进一步探讨的更多理由和原因。

《九章算术》商功章共载有 28 道算题，是专门解决土木工程中所遇到的各种体积和容积的计算问题。前面讲过，《九章算术》商功章选题的特点是注重规则，至于不规则形状的几何算题，限于当时的算术水平，基本上都被排除了。所以王孝通才有"至于上宽下狭、前高后卑，正经（指《九章算术》）之内阙而不论"的感慨，是自然界和社会实践中缺少非规则形状的现实存在吗？当然不是。比如，筑龙尾堤就是典型一例。关于此题的真实性，已见前述。这里不妨以《九章算术》商功章"今有穿渠"题为例，再做阐释。"今有穿渠"题云：

> 今有穿渠，上广一丈八尺，下广三尺六寸，深一丈八尺，袤五万一千八百二十四

---

① （唐）王孝通：《上缉古算经表》，郭书春、刘钝校点：《算经十书（二）》，第1页。
② 邢春如、刘心莲、李穆南主编：《古代发明与发现》上，沈阳：辽海出版社，2007年，第57页。
③ 郭书春：《李籍〈九章算术音义〉初探》，《自然科学史研究》1989年第3期。
④ （唐）李籍：《九章算术音义》，（三国·魏）刘徽：《九章算术》，上海：上海古籍出版社，1990年，第100页。

尺。问积几何？答曰：一千七万四千五百八十五尺六寸。①

对此类算题，戴念祖有一段颇有见地的科学分析。他说：

> 在修筑堤坝中，往往遇上穿山渠。在山中穿凿渠道，其上下四面无疑经受得住静水压力，其关键是要避免流水冲击、山土崩塌，以致堵塞渠道。因此，穿山渠的横截面必须是倒梯形。也就是，其上广要大于下广。在古代数学著作中，有关的算题也是极为合理的。②

王孝通在应用"今有穿渠"题时，尤其侧重分析他在具体工程实践中的特殊性和复杂性。尽管从算术的角度看，"可以说缉古算经中的方法仍未能超出九章算术、刘徽和祖氏父子所已经取得的范围"③，但是，当我们把视野扩展到一个更广阔的思维背景之下来重新审视王孝通的数学思想时，就不难发现，王孝通的"假令穿河"等算题实际上还有着更加深刻的意义。因为我们所生活的自然界并不仅仅以规则的形式呈现自身，不规则也是自然界普遍存在的物质现象。因此，美国计算机专家曼德罗特所创立的"分形几何"，就是一门专门研究不规则图形的学科，而"分形"一词则是用来描述自然界各种各样景物的复杂形状。诚然，我们不能说王孝通是分形几何的创始人，可是他将"平正之间"与"欹邪之用"区别开来，并从《九章算术》的规则几何中找到了解决不规则几何问题的方法，这个过程无疑包含着分形几何的思想萌芽。如果说，"从研究常量到研究变量，从研究规则的几何形状到研究不规则的几何形体，是人类对自然界认识的一大飞跃"④，那么，王孝通的"于平地之余，续狭斜之法"⑤，便是一种探索不规则几何形体的自觉努力，更是"从研究规则的几何形状到研究不规则的几何形体"这个几何理论认识过程的一个重要环节。

《九章算术》勾股章的内容可分为四类：勾股整数、勾股互求、勾股两容、相似勾股性质。通观来看，《九章算术》主要讨论了已知勾股形的勾及股弦差与股及勾弦差求股、弦的算法，或者已知勾股形的勾及股弦和与股及勾弦和求股、弦的算法。还有已知弦及勾股差或并求勾、股的算法；已知勾弦差、股弦差求勾、股、弦的算法等。可惜，缺乏将勾、股、弦之积作为求勾、股、弦条件的算题。而《缉古算经》在这方面的研究则取得了重大突破，从而拓展了《九章算术》勾股理论的应用范围。例如，王孝通的算题云：

> 假令有勾股相乘幂七百六、五十分之一，弦多于勾三十六、十分之九。问三事各多少？答曰：勾十四、二十分之七，股四十九、五分之一，弦五十一、四分之一。术曰：幂自乘，倍多数而一，为实。半多数为廉法，从。开立方除之，即勾。⑥

---

① （三国・魏）刘徽注、郭书春校点：《九章算术》，郭书春、刘钝校点：《算经十书（一）》，第45页。
② 戴念祖：《以物理学观点评中国古代数学著作》，王士平、李艳平、刘树勇：《细推物理——戴念祖科学史文集》，北京：首都师范大学出版社，2008年，第199页。
③ 杜石然：《数学・历史・社会》，沈阳：辽宁教育出版社，2003年，第400页。
④ 云连英主编：《微积分应用基础》，北京：高等教育出版社，2011年，第28页。
⑤ （唐）王孝通：《上缉古算经表》，郭书春、刘钝校点：《算经十书（二）》，第1页。
⑥ （唐）王孝通撰并注，郭书春校点：《缉古算经》，郭书春、刘钝校点：《算经十书（二）》，第17页。

至于如何求得上述方程，王孝通在"自注"中说：

> 勾股相乘幂自乘，即勾幂乘股幂之积。故以倍勾弦差而一，得一句与半差相连，乘勾幂为方。故半差为廉法，从。开立方除之。[1]

刘钝评论王孝通建立该三次方程的意义说："上例中三次方程之得以建立，全赖作者熟悉勾股算术中的恒等关系并能借用其中的术语进行叙述。因而当古代的开方术被发展成解一般数值方程的增乘开方法的时候，数学实践就对列方程的一般技术提出了新的要求，天元术也就应运而生了。"[2]

诚然，同历史上的其他科学家一样，王孝通也有其思想局限。比如，他在天文学方面反对采用定朔，在数学方面未能给出列方程的一般方法以及对方程计算仅取正根等，都反映了他研究工作的不足。但是瑕不掩瑜，王孝通在数学史上所取得辉煌成就，将不断成为激励我们继续攀登世界科学高峰的强大精神动力。诚如日本数学史家三上义夫所言："三次方程式，在阿剌（拉）伯算学上，乃甚显著之事，然中国成立三次方程式，乃在阿剌（拉）伯之前；而由术文推得之方程式解法，亦与发达于阿剌（拉）伯者全不同也。"[3]再看王孝通对自己的著作更是非常自信，甚至自信的有点儿狂妄。他在《上缉古算经表》中夸口说："请访能算之人考论得失，如有排其一字，臣欲谢以千金。"[4]对于王孝通这种颇有个性的豪言壮语，确实让人难以接受。不过，这里涉及一个对于"传统知识"的继承与创新关系。就王孝通而言，学界目前争论最大的就是刘徽注《九章算术》和《缀术》与《缉古算经》的关系问题。有一种观点强调："刘氏之注，极精至巧，会而通之，已足括孕此书（指《缉古算经》）。"[5]似乎用刘徽注《九章算术》可以取代《缉古算经》，显然，这种科学史上的浅薄与短见是不足为训的。在王孝通之前，《缀术》在球体积和圆周率的计算方面可谓成绩卓著。现在的问题是：《缀术》是否完美无缺？换言之，王孝通能否批评《缀术》的缺点和不足？对于《缀术》的失传，那主要是由于历史原因造成的，我们不能归罪于少数几个数学家。有人主张王孝通指责《缀术》"方邑进行之术全错不通"是由于他"莫能究其深奥"[6]。这纯属主观臆断，我们知道，《九章算术》所见有关"方邑"算题的解法，均采用了勾股算法，而与求圆的面积无关。因为《缀术》失传，其内容不得而知，至于在求解方邑算题时，《缀术》是否采用了求圆面积的方法，亦无法确定。如果真出现了这种局面，王孝通从实用的立场批评《缀术》"全错不通"就不无道理。然而，这并不表明《缀术》在纯理论方面就没有可取之处了。

① （唐）王孝通撰并注，郭书春校点：《缉古算经》，郭书春、刘钝校点：《算经十书（二）》，第17—18页。

② 刘钝：《大哉言数》，沈阳：辽宁教育出版社，1993年，第211页。

③ [日]三上义夫：《中国算学之特色》，林科棠译述，上海：商务印书馆，1934年，第34页。

④ （唐）王孝通：《上缉古算经表》，郭书春、刘钝校点：《算经十书（二）》，第1页。

⑤ （清）焦循：《加减乘除释》，郭书春主编：《中国科学技术典籍通汇·数学卷》第4分册，郑州：河南教育出版社，1993年，第1335页。

⑥ 郭书春：《是〈缀术〉"全错不通"，还是王孝通"莫能究其深奥"？》，李迪主编：《数学史研究》第7辑，第23页。

第三节 李淳风的历算学思想

李淳风，岐州雍县人，生于隋仁寿元年（601），卒于咸亨元年（670），享年69岁。他"幼俊爽，博涉群书，尤明天文、历算、阴阳之学"①。青年时期即展露出卓越的历算才华，并引起唐太宗的高度关注。据《新唐书》载："贞观初，与傅仁均争历法，议者多附淳风，故以将仕郎直太史局。"②又《旧唐书》说李淳风不仅造浑仪，而且"论前代浑仪得失之差，著书七卷，名为《法象志》以奏之。太宗称善，置其仪于凝晖阁，加授承务郎"③。贞观十五年（641），除太常博士，从七品上。贞观二十二年（648），迁太史令，从五品下。此间，曾撰《晋书》和《五代史》之天文志、律历志及五行志，并预言"唐三世之后，则女主武王代有天下"④。

唐高宗麟德元年（664），李淳风编撰《麟德历》，首创了较为严格的每日日中晷影长度计算法。⑤对此，《旧唐书》载："龙朔二年，改授秘阁郎中⑥。时《戊寅历法》渐差，淳风又增损刘焯《皇极历》，改撰《麟德历》奏之，术者称其精密。"⑦另，"太史监候王思辩表称《五曹》、《孙子》十部算经理多踣驳。淳风复与国子监算学博士梁述、太学助教王真儒等受诏注《五曹》、《孙子》十部算经。书成，高宗令国学行用"⑧。"十部算经"即《九章算术》《海岛算经》《孙子算经》《五曹算经》《张丘建算经》《夏侯阳算经》《周髀算经》《缀术》《缉古算经》《五经算术》⑨，毫无疑问，李淳风注"十部算经"是中国古代数学教育史上的一件大事，它为唐代明算科的确立奠定了基础。所以学界普遍认为："自从隋代建立了国子寺之后，到唐代才逐渐形成了一定的数学教育制度。这种制度既影响着中国宋代的数学教育，也影响着一些邻国的数学教育。"⑩

李淳风著述颇丰，仅可考者就有10余种，除上述已录者外，尚有《乙巳占》10卷、《十二宫入式歌》1卷、《立观经》1卷、《释周髀》1卷、《一行禅师葬律秘密经》10卷、《周易玄悟》3卷、《诸家秘要》3卷、《行军明时秘诀》1卷、《悬镜经》10卷、《五行元统》1卷，以及《典章文物志》和《秘阁录》等，可见，李淳风是一个思想比较复杂的科学家。这就需要我们用矛盾分析的方法，在其复杂的诸多矛盾中抓住主要矛盾。以此为原则，我们不难发现，李淳风对中国古代科学发展的杰出贡献是其矛盾的主要方面，是他整

---

① 《旧唐书》卷79《李淳风传》，第2717页。
② 《新唐书》卷204《李淳风传》，第5798页。
③ 《旧唐书》卷79《李淳风传》，第2718页。
④ 《旧唐书》卷79《李淳风传》，第2718页。
⑤ 陈美东：《中国科学技术史·天文学卷》，第356页。
⑥ 《唐六典》卷10《秘书省》"太史局"条目下注："龙朔二年，改为秘书阁局，令改为秘阁郎中；咸亨元年复旧。"
⑦ 《旧唐书》卷79《李淳风传》，第2719页。
⑧ 《旧唐书》卷79《李淳风传》，第2719页。
⑨ （唐）李林甫等撰，陈仲夫点校：《唐六典》卷21《国子监》，第563页。
⑩ 中外数学简史编写组：《中国数学简史》，济南：山东教育出版社，1986年，第232页。

个文化思想的主流，其成就光照历史星空，因而杨维桢所言"其知天穷数，可为淳风、一行"①，是经得起历史检验的不易之论。

一、李淳风的历算学思想及其成就

（一）《法象志》与《晋书》及《隋书》天文律历志中的历学思想及其成就

1. 李淳风的黄道浑仪法与《法象志》

我国古代的浑仪有三种类型：赤道坐标系、黄道坐标系与地平坐标系。赤道坐标系的浑仪以"浑天说"为理论依据，它是中国古代浑仪制作的主导类型。②对此，张衡在《浑天仪图注》一文中说：

> 浑天如鸡子，天体圆如弹丸，地如鸡子中黄，孤居于内天，天大而地小。天表里有水，天之包地，犹壳之裹黄。天地各乘气而立，载水而浮。周天三百六十五度四分度之一，又中分之，则一百八十二度八分之五覆地上，一百八十二度八分之五绕地下，故二十八宿半见半隐。其两端谓之南北极，北极乃天之中也，在正北，出地上三十六度。然则北极上规径七十二度，常见不隐。南极，天地之中也，在南，入地三十六度。南极下规七十二度，常伏不见。两极相去一百八十二度半强。天转如车毂之运也，周旋无端，其形浑浑，故曰浑天也。③

依此制造的浑天仪，属于赤道坐标系，其结构如图 3-10 所示④。

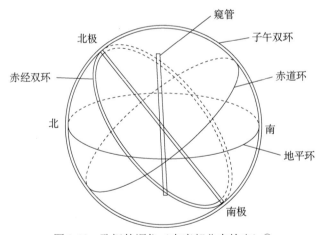

图 3-10 孔挺的浑仪（支座部分未绘出）⑤

① （元）杨维桢：《说郛序》，黄霖、韩同文选注：《中国历代小说论著选》上，南昌：江西人民出版社，2000年，第 87 页。

② 详细内容参见李鉴澄：《中国古代浑仪结构的演变》，北京天文馆：《李鉴澄先生百岁华诞志庆集》，北京：中国水利水电出版社，2005 年，第 198—214 页。

③ （唐）瞿昙悉达：《唐开元占经》卷 1《天地名体·天体浑宗》，《景印文渊阁四库全书》第 807 册，第 171 页。

④ 崔振华、徐登里编著：《中国天文古迹》，北京：科学普及出版社，1979 年，第 41 页。

⑤ 宣焕灿：《天文学史》，北京：高等教育出版社，1992 年，第 26 页。

其一，把地球看作是天球的中心，作一大圆（想象为天球），将地球的自转轴无限延伸，则与天球相交于两点，即北天极与南天极，而通过北、南天极的这条假想轴线就称作天轴。其二，若把地球的赤道扩展到天球上，与地球的自转轴垂直，其所在平面与天球的交线就成为天赤道，它把天球平分为南、北两个半球。其三，用赤纬和赤经来确定天体位置。其中赤纬表示某天体在天赤道南北方向的角距离，用度、分、秒表示，从赤道算起至北、南天极各 90 度，赤道以北为正，以南为负。赤经表示通过天球两极与某个天体的大圆，在天赤道上所截出来的点与春分点的角距离，用时、分、秒表示。[①]优点是这两个坐标值都不随天体周日视运动的变化而变化。

进入唐代，浑仪虽然经过南北朝的改进，但是"官无黄道游仪，无由测候"[②]。如前赵天文学家孔挺铸造了一架铜浑仪，其结构为二重，一重为固定的六合仪，另一重是游旋的四游仪，与两汉以前的铜浑仪相比，孔挺首次加上了单横规（即地平仪）；另外，北魏时解兰、晁崇又铸造了一台铁浑仪，《隋书·天文志上》载："其制并以铜铁，唯志星度以银错之。南北柱曲抱双规，东西柱直立，下有十字水平，以植四柱。十字之上，以龟负双规。其余皆与刘曜仪大同。"[③]也就是说，北魏铁仪除了增加了用来校正仪器的平准"十字水跌"外，一切与孔挺所造铜浑仪并无差异。换言之，当时浑仪在结构上缺少"三辰仪"（即黄道游仪）。于是，李淳风评论说：

> 今灵台候仪，是魏代遗范，观其制度，疏漏实多。臣案《虞书》称，舜在璇玑玉衡，以齐七政。则是古以混天仪考七曜之盈缩也。《周官》大司徒职，以土圭正日景，以定地中。此亦据混天仪日行黄道之明证也。……故贾逵、张衡各有营铸，陆绩、王蕃递加修补，或缀附经星，机应漏水，或孤张规郭，不依日行，推验七曜，并循赤道。今验冬至极南，夏至极北，而赤道当定于中，全无南北之异，以测七曜，岂得其真？黄道浑仪之阙，至今千余载矣。[④]

看来李淳风对新浑仪的制造充满了信心，于是，贞观初"太宗因令淳风改造浑仪，铸铜为之，至七年造成"[⑤]。从设计到铸造完成，前后花费了 7 年时间，过程比较漫长，可见其改造的复杂性和难度。《旧唐书》对李淳风所造浑仪有较为详细的记载：

> 其制以铜为之，表里三重，下据准基，状如十字，末树鳌足，以张四表焉。第一仪名曰六合仪，有天经双规（双环即子午环）、（金）浑纬规（又称阴纬环，即地平环）、金常规（即赤道环），相结于四极之内，备二十八宿、十干、十二辰，经纬三百六十五度。第二名三辰仪，圆径八尺，有璇玑规（即赤道环）[⑥]、黄道规、月游规（即白道规），天宿矩度，七曜所行，并备于此，转于六合之内。第三名四游仪，玄枢

① 王敬魁：《密云往事》，北京：中国城市出版社，1997 年，第 5 页。
② 《旧唐书》卷 35《天文志上》，第 1294 页。
③ 《隋书》卷 19《天文志上》，第 518 页。
④ 《旧唐书》卷 79《李淳风传》，第 2717—2718 页。
⑤ 《旧唐书》卷 35《天文志上》，第 1293 页。
⑥ 李志超认为：僧一行所造黄道游仪没有此环，而李鉴澄认为有。笔者从李鉴澄说。

为轴，以连结玉衡、游筒而贯约规矩；又玄枢北树北辰，南距地轴，傍转于内；又玉衡在玄枢之间而南北游，仰以观天之辰宿，下以识器之晷度。时称其妙。①

由于李淳风在浑仪中增加了"黄道规"，故又称"浑天黄道仪"，实际上仍然是一个赤道坐标装置，如图 3-11 所示。

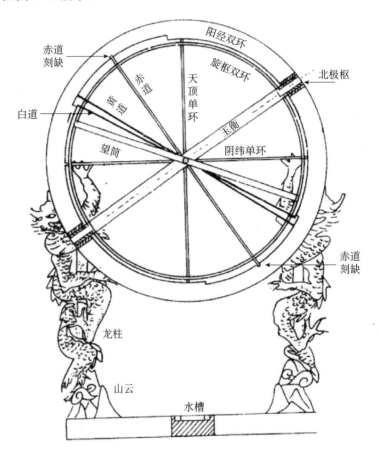

图 3-11　李志超所复原的僧一行《黄道游仪图》

这是李志超所复原的僧一行《黄道游仪图》，两者结构大体相同，只是李淳风浑仪结构中没有"天顶单环"，而僧一行《黄道游仪》中取消了天常环（赤道环），所以沈括说僧一行"黄道游仪"是"因淳风之法而稍附新意"②。至于李淳风浑天黄道仪在中国古代浑仪发展史上的地位，李鉴澄通过编制"我国历代主要浑仪的结构表"，非常直观地展示了"李淳风浑仪"与"前代浑仪"的不同及其结构创新。故此，笔者特转引于兹，以飨读者。③我国历代主要浑仪结构表如表 3-6 所示。

①　《旧唐书》卷 79《李淳风传》，第 2718 页。
②　《宋史》卷 48《天文志一》，第 956 页。
③　李鉴澄：《中国古代浑仪结构的演变》，北京天文馆：《李鉴澄先生百岁华诞志庆集》，第 211 页。

表 3-6　我国历代主要浑仪结构表

创造者或使用者姓名	仪器名称	朝代	公元年代	仪器有多少重	六合仪（固定的）				三辰仪（游旋的）				四游仪（游旋的）		资料来源
					天常环	天经或阳经环	阳纬或地纬	天顶环	璇玑规或三辰仪	赤道环	黄道环	白道环	游规	窥管	
	璇玑或璇玑玉衡	先秦		一重									双规	玉衡	《新仪象法要》
耿寿昌	圆仪	西汉	前52年	二重	单环	双环							双环	玉衡	《续汉书》《隋书·天文志》《新仪象法要》
傅安、贾逵	黄道铜仪	东汉	103年	二重	单环	双环					单环		双环	玉衡	《续汉书》
孔挺	铜仪	前赵	323年	二重	单环	双环规	单横规						双规	衡长8尺孔径1寸	《隋书·天文志》
晁崇、解兰	铁仪或铁浑仪	后魏	412年	二重	单规	双规	单规						双规	管长8尺	《隋书·天文志》《旧唐书·天文志》《新唐书·天文志》《魂人传》
李淳风	黄道浑仪	唐	633年	三重	单环	双环	单环		有	单环	单环	单环	双环	玉衡	《旧唐书·天文志》《新唐书·天文志》

从表 3-6 中不难看出，李淳风浑仪首次将浑仪分为六合仪、三辰仪和四游仪三重，影响巨大，后来历代浑仪如僧一行的黄道游仪、韩显符的铜候仪、周琮等人的皇祐浑仪、沈括的浑仪、苏颂的元祐浑仪等，甚至现在南京紫金山天文台复制的古浑仪，都是仿造李淳风浑仪，其"原理和基本结构都与李淳风浑仪相似，只是把规环或其他零件、部件增减一些罢了"①。如众所知，李淳风浑仪共设计了 11 个环圈，为中国古代浑仪中环圈最多者。就李淳风浑仪所取得的成就而言，以三辰仪的创新最多和最集中。

第一，三辰仪由璇玑规（赤道环）、黄道规、月游规（白道规）组成，其中璇玑规用来测量恒星，黄道规用来测量太阳，月游规用来测量月球。在结构上，璇玑规与黄道规结合一起，或者说是在璇玑规上安装上黄道规，璇玑环上刻着二十八宿的距度，黄道规依春分点的位置牢牢固定。因此，只要利用四游仪将璇玑环和星空中二十八宿的赤道位置对准，那么，黄道规与天球上的黄道也就自然对准了。由于三辰仪安装在六合仪与四游仪之间能绕极轴旋转，于是就解决了汉太史黄道铜仪所遇到的难题：即如何将仪器上的黄道规调到与天空中不断变化着的黄道相对应位置。

第二，创设了月游规。月亮运行轨道经常变化，因而黄道与白道的交点也经常移动，大致 249 个交点月在黄道上移动一圈。为了适应这种变化以提高观测天文测算的精度，李淳风就在能够移动的黄道规上钻了 249 对小孔，每移动一对孔就意味着过了一个交点月，

① 李鉴澄：《中国古代浑仪结构的演变》，北京天文馆：《李鉴澄先生百岁华诞志庆集》，第 83 页。

从而使月游规与天象相应。

然而，李淳风的浑仪设计由二重变为三重，使浑仪的结构趋于复杂化，故僧一行有"用法颇杂"①之叹。因为环圈过多一则增加制作成本，二则各个环圈之间相互遮荫，影响观测效果。所以从宋代之后，浑仪开始逐渐向简化方向发展。

李淳风在制作完成上述浑仪之后，为了系统总结汉代以来人们制作浑仪的经验教训，撰著了《法象志》7卷，惜已失传。不过，《旧唐书·天文志上》揭示，《法象志》的中心内容，就是李淳风在本传中所说的那段话，引文见前。此外，僧一行又说："近秘阁郎中李淳风著《法象志》，备载黄道浑仪法，以玉衡旋规，别带日道，傍列二百四十九交，以携月游，用法颇杂，其术竟寝。"②由此可知，《法象志》的体例与宋代苏颂撰写的《新仪象法要》相似，若此，则从体例上讲，《新仪象法要》显然受到了《法象志》的影响。

2.《晋书》及《隋书》天文、律历、五行志中的历学思想与成就

盛世修史，明时修志，这是中国史学发展的重要特征。在古代统治者封为正史的二十四史中，唐代共修了8部，即《南史》《北史》《梁书》《陈书》《北齐书》《晋书》《周书》《隋书》。其中除前两部为私人撰著外，其余皆为官修。唐太宗贞观三年（629）开始撰修梁、陈、齐、周、隋历史，至贞观十年（636）修成。可惜仅有纪传，而没有志，体系不完整。于是，唐太宗在贞观十五年（641）令李淳风等续修五代史中的史志部分，至唐高宗显庆元年（656）完成，前后用了16年时间，名《五代史志》（后称《隋志》），计10志30卷。与此同时，李淳风还参与了《晋书》的修撰工作，同《隋书》一样，具体负责《天文志》《律历志》和《五行志》三志的修撰。下面分别述之。

1）《晋书》及《隋书》天文志的主要思想与成就

《晋书·天文志》分上、中、下三篇，被李约瑟称为"天文学知识的宝库"③。又《明史·天文志》载：

> 自司马迁述《天官》，而历代作史者皆志天文。惟《辽史》独否，谓天象昭垂，千古如一，日食、天变既著本纪，则天文志近于衍。其说颇当。夫《周髀》《宣夜》之书，安天、穷天、昕天之论，以及星官占验之说，晋史已详，又见《隋志》，谓非衍可乎。论者谓天文志首推晋、隋，尚有此病，其他可知矣。④

可见，《晋书·天文志》的地位比较特殊，因为《史记》有"天官书"，而《汉书》有"天文志"，可是《三国志》却是有传无志，如果唐修史书肯定了这种编撰体例，那么，中国古代科技史的地位将受到严重削弱。从这个意义上说，李淳风撰写"三志"的学术贡献是巨大的。

首先，《晋书·天文志》的主要成就可概括如下。

第一，中国在晋代以前的宇宙理论内容十分丰富，学说纷呈，可惜，在《晋书》编修

---

① 《旧唐书》卷35《天文志上》，第1295页。
② 《旧唐书》卷35《天文志上》，第1295页。
③ ［英］李约瑟：《中国科学技术史》第4卷《天学》第1—2分册，《中国科学技术史》翻译小组译，北京：科学出版社，1975年，第73页。
④ 《明史》卷25《天文志一》，北京：中华书局，1984年，第339页。

之前，历代史家却疏于进行系统整理，因此，除了《周易》和道家的宇宙学说之外，关于天文学家本身所提出的宇宙生成与发展学说，几乎无人问津。而《晋书·天文志》则系统记载了晋代之前天文学家的宇宙学说，它比较完整地保存了中国早期探讨宇宙形成和发展的思想史料，文献价值甚高。李淳风说：

> 古言天者有三家，一曰盖天，二曰宣夜，三曰浑天。汉灵帝时，蔡邕于朔方上书，言"宣夜之学，绝无师法。《周髀》术数具存，考验天状，多所违失。惟浑天近得其情，今史官候台所用铜仪则其法也。立八尺员体而具天地之形，以正黄道，占察发敛，以行日月，以步五纬，精微深妙，百代不易之道也。官有其器而无本书，前志亦阙"。①

又，"成帝咸康中，会稽虞喜因宣夜之说作《安天论》……虞喜族祖河间相耸又立穹天论……自虞喜、虞耸、姚信皆好奇徇异之说，非极数谈天者也。至于浑天理妙，学者多疑。汉王仲任据盖天之说，以驳浑仪"②。

由于李淳风是一个浑天说的信奉者和实践者，他当然不会对汉代王仲任的批评置之不理，所以《晋书·天文志》用大量篇幅载录了丹阳葛洪对王仲任批评的回应。最后得出结论说："此则浑天之理，信而有征矣。"③

第二，详析日晕之结构。李淳风说：

> 鐻，日旁气，刺日，形如童子所佩之鐻。……日戴者，形如直状，其上微起，在日上为戴。戴者，德也，国有喜也。一云，立日上为戴。青赤气抱在日上，小者为冠，国有喜事。青赤气小而交于日下为缨，青赤气小而圆，一二在日下左右者为纽。青赤气如小半晕状，在日上为负。负者得地为喜。又曰，青赤气长而斜倚日旁为戟。青赤气圆而小，在日左右为珥，……又日旁如半环，向日为抱。青赤气如月初生，背日者为背。又曰，背气青赤而曲，外向为叛象，分为反城。璚者如带，璚在日四方。青赤气长而立日旁为直，……气形三角，在日四方为提，青赤气横在日上下为格。气如半晕，在日下为承。承者，臣承君也。又曰，日下有黄气三重若抱，名曰承福，人主有吉喜，且得地。青白气如履，在日下者为履。日旁抱五重，战顺抱者胜。日一抱一背，为破走。……日旁有气，圆而周市，内赤外青，名为晕。④

第三，对晋代之前天文学发展成就的系统总结。从内容编排看，《晋书·天文志上》列有"天体"等9个目类；《晋书·天文志中》列有"七曜""杂星气""史传事验"3大目类，其中"杂星气"目类下又有"瑞星""妖星""客星""流星""云气""杂气"等7个子目，"史传事验"目类下亦有"天变""日蚀""月变""月奄犯五纬""五星聚合"5个子目。诚如陈久金所言，仅从编目看，《晋书·天文志》除包括《史记》《汉书》《后汉书》三书《天文志》的传统内容外，"还包括天体理论、仪象、盖图、地中、晷影、漏刻

---

① 《晋书》卷11《天文志上》，第278页。
② 《晋书》卷11《天文志上》，第279—281页。
③ 《晋书》卷11《天文志上》，第284页。
④ 《晋书》卷12《天文志中》，第330—332页。

等天文理论和观测的内容，这就大大加强了它的科学内容和涉及的范围，对于天文学的发展起到了直接的促进作用"①。当然，李淳风的主要成就不只在编目方面，实际上，他对具体内容的阐释和辑录方面同样可圈可点。例如，《晋书·天文志》的全天恒星名录，以陈卓星图为依据，而陈卓"总甘、石、巫咸三家所著星图，大凡二百八十三官，一千四百六十四星，以为定纪"②。据统计，《史记·天官书》记录了约 545 或 566 颗恒星；《汉书·天文志》记录了 783 颗恒星。与之比较，《晋书·天文志》所记录的恒星数约为《汉书·天文志》恒星数的两倍、《史记·天官书》恒星数的 3 倍。此外，李淳风用三垣二十八宿划分全天星空，形成具有中国特色的恒星记录体系，奠定了后世编修正史《天文志》全天恒星记录的基础。《晋书·天文志中》"妖星"目下共记录了 21 种可能会带来各种灾祸的星象，彗星名列首位，李淳风在描述彗星的形状特点时说："慧体无光，傅日而为光，故夕见则东指，晨见则西指。在日南北，皆随日光而指。顿挫其芒，或长或短，光芒所及则为灾。"③在此，他明确了彗尾指向总是背着太阳的原因和规律，这在中国文献中是第一次，在西方直到 16 世纪才出现上述认识，较李淳风晚了 900 多年。

另外，《隋书·天文志》虽然与《晋书·天文志》多重复和多余之弊病，但是总体而言，它在《晋书·天文志》的基础上增加了南北朝时期的许多天文学内容，记录了当时天文学家所取得的重要成果。经归纳，《隋书·天文志》的成就概括如下。

第一，详细记述了前赵孔挺新造浑仪的结构尺寸，保存了唐代以前浑仪制造的资料，具有很高的学术价值。内容见前，此不赘述。

第二，第一次记载了姜岌对大气消光现象的观测和解释。《隋书·天文志上》引姜岌的话说：

> 夫日者纯阳之精也，光明外曜，以眩人目，故人视日如小。及其初出，地有游气……地气不及天，故一日之中，晨夕日色赤，而中时日色白。地气上升，蒙蒙四合，与天连者，虽中时亦赤矣。日与火相类，火则体赤而炎黄，日赤宜矣。然日色赤者，犹火无炎也。光衰失常，则为异矣。④

关于这段记载的物理学意义，薛道远在《大气吸收、消光和蒙气差现象在我国的发现》一文中做了比较详细的阐释。他说：

> 姜岌在当时虽然没有用"游气"的作用，直接来解释星象视密度的变化，但他用来解释了太阳颜色和视形状的变化现象，而且他的解释是符合现代的大气吸收与消光理论的。由此，我们可以推测姜岌在当时确实是发现了大气吸收和消光现象。这乃是我国天文学史上的一项重要发现。……还需提一下的是，姜岌曾谈到游气的作用，会使太阳变得又红又大。关于游气使太阳变红这一点完全是事实，那是由于大气吸收和消光作用的结果。至于说使太阳变大那完全是一种错觉。实际上，由于大气的折射较

---

① 陈久金主编：《中国古代天文学家》，北京：中国科学技术出版社，2008 年，第 215 页。

② 《晋书》卷 11《天文志上》，第 289 页。

③ 《晋书》卷 12《天文志中》，第 323 页。

④ 《隋书》卷 19《天文志上》，第 513—514 页。

差作用，使太阳变扁了，尤其是太阳初升或将落时，由于大气折射较差的影响，使太阳变成了椭圆状。[①]

第三，首次记载了张子信对太阳视运动不均匀性的发现。《隋书·天文志中》称：

> 至后魏末，清河张子信，学艺博通，尤精历数。因避葛荣乱，隐于海岛中，积三十许年，专以浑仪测候日月五星差变之数，以算步之，始悟日月交道，有表里迟速，五星见伏，有感召向背。言日行在春分后则迟，秋分后则速。合朔月在日道里则日食，若在日道外，虽交不亏。月望值交则亏，不问表里。又月行遇木、火、土、金四星，向之则速，背之则迟。五星行四方列宿，各有所好恶。……启蛰、立夏、立秋、霜降四气之内，晨夕去日前后三十六度内，十八度外，有木、火、土、金一星者见，无者不见。[②]

在当时，张子信十分清晰地阐释了太阳周年视运动的不均匀性现象，"日行在春分后则迟，秋分后则速"，地球在自转的同时围绕太阳逆时针公转，由于日地距离（受太阳引力大小不同）及太阳没有位于椭圆轨道中心的缘故，从春分到秋分，这段时期经过远日点，公转速度逐渐由快变慢，耗时就长；反之，从秋分到春分，这段时期经过近日点，公转速度逐渐由慢变快，耗时就短，这便是造成冬季时短而夏季时长的原因。认识到太阳周年视运动的不均匀性对编制历法，乃至进一步提高推算日月食的精确度意义重大。从《隋书》载"后张胄玄、刘孝孙、刘焯等，依此差度，为定入交食分及五星定见定行，与天密会，皆古人所未得也"[③]的历算成就看，这个发现确实使编算历法工作前进了一大步。

同理，张子信发现五星运动也不均匀。他说："五星见伏，有感召向背"，"与常数并差，少者差至五度，多者差至三十许度"，"其辰星之行，见伏尤异。晨应见在雨水后立夏前，夕应见在处暑后霜降前者，并不见。"对此，陈久金有精到的分析。兹引要点如下。

一是晋代之前人们编制的五星动态表，因为采取行星在若干个会合周期中各不同阶段所经时间、运动速度等数据的平均值，所以它同某一特定会合周期的行星动态在客观上存在一定偏差。其偏差多少由行星和地球在它们运行轨道上所处的位置来决定。

二是张子信认为上述偏差的多少与五星所处恒星间的位置存在密切关系。可惜，由于科学发展水平的局限，他还不了解造成五星运动不均匀性的原因，因此，才用"感召""好恶"之类概念加以说明，反映了天人合一观念对他的深刻影响。此外，张子信把水星（辰星）晨、夕见的推迟，跟水星在其运动轨道上所处的不同位置联系了起来，颇有道理。

文中所言"合朔月在日道里则日食，若在日道外，虽交不亏。月望值交则亏，不问表里"，是专门讨论视差（属于定性描述）的历史文献。在张子信看来，"日食发生与否，除以合朔时是否入食限为断外，还与这时日、月所处的相对位置有关"，不过，张子信"并不知道造成这种状况的真正原因，他只是从观测与推验古今日食的大量经验性资料中，发

---

① 薛道远：《大气吸收、消光和蒙气差现象在我国的发现》，自然科学史研究所主编：《科技史文集》第3辑，上海：上海科学技术出版社，1980年，第78页。
② 《隋书》卷20《天文志中》，第561页。
③ 《隋书》卷20《天文志中》，第561页。

现了这一现象，并做出了合乎科学道理的结论"①。

第四，明确指出"千里寸差"与实际观测不吻合。"日影千里差一寸"源于古人测量地域远近的需求，《周礼》据此得出了"地中"的概念。于是，人们把"日影千里差一寸"和"地中"观念结合起来，通过勾股术来测算日高天远。《周髀算经》最早记载了测算日高天远的勾股术，同时，盖天说和浑天说（如张衡、王蕃等）都接受了"千里寸差"之说，以之作为天文测算的数理基础。然而，南朝的天文学在实际测量的过程中，得出了六百里差一寸和二百五十里差一寸的不同结果，"千里寸差"遇到了挑战。对此，李淳风在《隋书·天文志上》中记述尤详。他说：

> 又《考灵曜》、《周髀》、张衡《灵宪》及郑玄注《周官》，并云："日影于地，千里而差一寸。"案宋元嘉十九年壬午，使使往交州测影。夏至之日，影出表南三寸二分。何承天遥取阳城，云夏至一尺五寸。计阳城去交州，路当万里，而影实差一尺八寸二分。是六百里而差一寸也。又梁大同中，二至所测，以八尺表率取之，夏至当一尺一寸七分强。后魏信都芳注《周髀四术》，称永平元年戊子，当梁天监之七年，见洛阳测影……以此推之，金陵去洛，南北略当千里，而影差四寸。则二百五十里而影差一寸也。况人路迂回，山川登降，方于鸟道，所校弥多，则千里之言，未足依也。其揆测参差如此，故备论之。②

李淳风"千里之言，未足依也"，成为后来僧一行领导天文大地测量的理论先导。正是僧一行的测验结果才最终否定了"千里寸差"之说。从此，"千里寸差"观念被人们抛弃，它彻底地退出了天文学的历史舞台。

2）《晋书·律历志》《隋书·律历志》的主要思想与成就

首先，《晋书·律历志》全部载录了东汉刘洪的《乾象历》，以补《宋书·律历志》的不足。沈约早在永明六年（488）即撰成《宋书》100卷，其《律历志》虽然总结了自黄帝至南朝宋之长时段的历法沿革，但是除详载了《景初历》《元嘉历》两部历法之外，对其他历法的记载则比较简略。如沈约对《乾象历》的介绍不足百字，其文云："光和中，毂城门候刘洪始悟《四分》于天疏阔，更以五百八十九为纪法；百四十五为斗分，造《乾象法》，又制迟疾历以步月行。方于《太初》《四分》，转精微矣。"③钱宝琮认为："《乾象历》创法很多，确比四分历法精密。"④可见，《宋书》对《乾象历》科学价值的认识显然与其在中国古代历法史上的地位不相称。所以李淳风在"洪术为后代推步之师表"⑤的观念指导下，全部载录了《乾象历》的内容。

其次，《隋书·律历志》载有祖冲之圆周率的内容，特别是在《缀术》失传之后，它便成为后人研究祖冲之圆周率思想的重要史料。《隋书·律历志上》云：

① 陈久金主编：《中国古代天文学家》，第190页。
② 《隋书》卷19《天文志上》，第525—526页。
③ 《宋书》卷12《律历志中》，第231页。
④ 钱宝琮：《从春秋到明末的历法沿革》，中国科学院自然科学史研究所：《钱宝琮科学史论文选集》，北京：科学出版社，1983年，第447页。
⑤ 《晋书》卷12《律历志中》，第503页。

古之九数，圆周率三，圆径率一，其术疏舛。自刘歆、张衡、刘徽、王蕃、皮延宗之徒，各设新率，未臻折衷。宋末，南徐州从事史祖冲之，更开密法，以圆径一亿为一丈，圆周盈数三丈一尺四寸一分五厘九毫二秒七忽，胐数三丈一尺四寸一分五厘九毫二秒六忽，正数在盈胐二限之间。密率，圆径一百一十三，圆周三百五十五。约率，圆径七，周二十二。①

圆周率的密率为 355/113，约率 22/7。有学者评价说："祖冲之用'盈胐二限'来限定一个尚未完全确定的数的取值范围是一种创见，盈胐二限的平均值是 3.141 592 65，将 π 准确到小数第 8 位。这在当时是世界上最佳的结果。'密率'355/113 更是数学史上的卓越成就。在外国一直到 16 世纪才由德国的奥托（Otto）等获得这一结果，但比祖冲之已经晚了一千多年。"②

3）《晋书·五行志》《隋书·五行志》的主要思想与成就

《晋书·五行志》和《隋书·五行志》载有非常重要的自然灾害和自然异常现象，它们为我国古代环境变迁史和社会文化史的研究提供了直接的历史资料。

首先，《晋书·五行志》所记载的主要自然灾害和自然异常现象，粗略分类如下。

第一，天象。对太阳黑子的记录共有 6 次，如众所知，晋代是太阳黑子活动最为频繁的历史时期，因而《晋书·五行志》就成为记载太阳黑子现象最多的历史文献。另，对陨石的记录亦有 6 次，分别发生在寿光、温、肥乡、凉州及河阳等地③。

第二，地质象，包括有山崩、地裂、地陷、"地涌血"、地生毛及"地火地光"等。山崩有二十二次记录，李淳风引刘歆的话说："国主山川，山崩川竭，亡之征也。"④ 如 "魏元帝咸熙二年二月，太行山崩，此魏亡之征也。其冬，晋有天下"⑤。又 "惠帝元康四年，蜀郡山崩，杀人"⑥。诸如此类，通过山崩来喻示 "君道崩坏"⑦，反映了李淳风载录山崩现象的真实动机。

重大的地裂现象有两次记录：一次发生在晋元康四年（294），"八月，居庸地裂，广三十六丈，长八十四丈，水出，大饥"⑧。另一次发生在永嘉三年（309），"七月戊辰，当阳地裂三所，广三丈，长三百余步。"⑨

地陷，有四次记录：三次发生在河南，即太康五年（284）"五月丙午，宣帝庙地陷"。"（太康）八年七月，大雨，殿前地陷，方五尺，深数丈，中有破船"⑩。又 "孝怀帝永嘉元年二月，洛阳东北步广里地陷，有苍白二色鹅出"⑪。文中"宣帝庙"和"太庙殿"均

---

① 《隋书》卷 16《律历志上》，第 387—388 页。
② 薛秀谦主编：《大学文科数学》，徐州：中国矿业大学出版社，2003 年，第 32 页。
③ 《晋书》卷 28《五行志中》，第 853 页。
④ 《晋书》卷 29《五行志下》，第 898 页。
⑤ 《晋书》卷 29《五行志下》，第 898 页。
⑥ 《晋书》卷 29《五行志下》，第 899 页。
⑦ 《晋书》卷 29《五行志下》，第 898 页。
⑧ 《晋书》卷 29《五行志下》，第 899 页。
⑨ 《晋书》卷 29《五行志下》，第 899 页。
⑩ 《晋书》卷 29《五行志下》，第 898—899 页。
⑪ 《晋书》卷 28《五行志中》，第 864 页。

在河南洛阳，据《宋书·五行》载："晋武帝太康五年五月，宣帝庙地陷梁折。八年正月，太庙殿又陷，改作庙，筑基及泉。其年九月，遂更营新庙，远致名材，杂以铜柱。陈勰为匠，作者六万人。至十年四月，乃成。十一月庚寅，梁又折。按地陷者，分离之象，梁折者，木不曲直也。孙盛曰：于时后宫殿有孽火，又庙梁无故自折。先是帝多不豫，益恶之。明年，帝崩，而王室频乱，遂亡天下。"[①]诚然，把晋王室频乱与太庙殿的地沉现象联系起来，是荒谬的。不过，地陷对建筑物的影响很大。王嘉荫从科学史的角度分析说：

> 陈勰可以说知道一些工程地质东西，殿基深入到地下水面。但在下沉的地方基础仍然是不稳定的。[②]

"地涌血"现象发生在元康五年（295），"三月，吕县有流血，东西百余步，此赤祥也"[③]。目前，学界对于"地涌血"现象的发生机制还不是十分清楚，但"将它归因于地壳及低层大气物理化学场的某种变化还是恰当的"[④]。可以肯定，"这些红色液体来自地下，只是在地应力作用下上溢，它们和一般水的差别仅仅在其成份（分）不同"[⑤]。

地生毛现象有 9 次记录，如"成帝咸康初，地生毛，近白祥也。孙盛以为人劳之异也"[⑥]。这是正史中记载"地生毛"现象之最早者，又"安帝隆安四年四月乙未，地生毛，或白或黑"[⑦]。这些或白或黑的大面积"毛象"，有学者认为与地壳运动有关："是地壳运动过程中某些物质上溢，一出地表或已大量弥漫于空气之中在电场力的作用下快速或较缓慢凝结而成的。由于物质成分不同或其他杂质的参与，出现了不同的颜色或性质的某些差异。"[⑧]

第三，地震象，主要包括一般地震、地震山崩、地震地陷及地震雨异物等自然现象。

一般地震载录有 83 次（不包括伴有山崩、地陷、溢水等现象者），发生地震的频率比较高。有些记录对于研究地震的发生很有意义，如"魏明帝青龙二年十一月，京都（今洛阳市东北）地震，从东来，隐隐有声，摇屋瓦"[⑨]。又穆帝永和九年八月，"丁酉，京都地震，有声如雷。十年正月丁卯，地震，声如雷，鸡雉皆鸣响"[⑩]。像地发雷声及"鸡雉皆鸣"等都是重要的震前预兆，而洛阳由于处在地震带上，魏晋时期这里地质构造活动频繁，故地震多发，共有 6 次记录。其中惠帝元康四年（294）十月，"京都地震"，同年十二月，"京都又震"[⑪]。三个月内两次地震，它对晋朝政局变化产生了影响。

地震山崩发生在太兴元年（318）二月，"庐陵、豫章、武昌、西阳地震山崩"[⑫]。同

① 《宋书》卷 30《五行一》，第 881 页。
② 王嘉荫编著：《中国地质史料》，北京：科学出版社，1963 年，第 88 页。
③ 《晋书》卷 28《五行志中》，第 866 页。
④ 徐好民：《地象概论——自然之谜新解》，北京：北京图书馆出版社，1998 年，第 35 页。
⑤ 徐好民：《地象概论——自然之谜新解》，第 37 页。
⑥ 《晋书》卷 28《五行志中》，第 855 页。
⑦ 《晋书》卷 28《五行志中》，第 855 页。
⑧ 徐好民：《地象概论——自然之谜新解》，第 62 页。
⑨ 《晋书》卷 29《五行志下》，第 893 页。
⑩ 《晋书》卷 29《五行志下》，第 896 页。
⑪ 《晋书》卷 29《五行志下》，第 895 页。
⑫ 《晋书》卷 29《五行志下》，第 899 页；《晋书》卷 29《五行志下》，第 896 页"地震"篇写作"十二月"。

卷"地震篇"记作"庐陵、豫章、武昌、西陵地震"。考"西阳"和"西陵"是一种隶属关系，所以两者都对，因为西陵县属西阳郡所辖。又太兴二年（319）五月己丑，"祁山地震，山崩，杀人"①。地震是地球内力急剧增加的外在表现，由于在重力作用下大量山石沿山坡快速滑落，就形成了山崩，它往往会给农业生产及居民生命带来严重后果。

第四，气象，主要包括奇寒、春秋寒、冬雷、大旱、暴雨大雨、久雨、大雹、冬春雹、雷暴、大雪、霜灾、黄黑雾、大风、陆龙卷、黄赤气及天火、天光等现象。在此主要介绍奇寒、春秋寒、大雪等异常低温气象，至于其他气象方面的异常现象，因篇幅所限，从略。

元兴二年（403），"十二月，（南京）酷寒过甚"②。此罕见低温现象无疑系特定历史时期异常寒冷气候所导致的物理效应之一。有学者指出，魏晋南北朝时期，我国正值一个气候异常期。因为从公元初就开始下降，至4世纪和5世纪达到最低点，气温约下降了2.5—3℃，平均气温较今天低1.5℃。

当然，异常寒冷现象不仅发生在冬季，而且还发生在春秋季节。据《晋书·五行志》载：

咸宁三年（277）八月，"平原、安平、上党、泰山四郡霜，害三豆。是月，河间暴风寒冰，郡国五陨霜伤谷"③。

太康元年（280）三月，"河东、高平霜雹，伤桑麦"④。

太康二年（281）三月甲午，"河东陨霜，害桑。五月丙戌，城阳、章武、琅邪（陨霜）伤麦"⑤。

太康五年（284）九月，"南安大雪，折木"⑥。

太康六年（285）三月戊辰，"齐郡临淄、长广不其等四县，乐安梁邹等八县，琅邪临沂等八县，河间易城等六县，高阳北新城等四县陨霜，伤桑麦"⑦。

太康八年（287）四月，"齐国、天水二郡陨霜"⑧。

元康六年（296）三月，"东海陨雪，杀桑麦"⑨。

元康七年（297）七月，"秦、雍二州陨霜，杀稼也"⑩。

有学者研究，上述陨霜之地，都在北纬32°—38°，这些地区在春秋两季陨霜或降雪表明那个时期气候比较寒冷，因而与普通年份相比，引起了季节出现许多新变化：如从3世纪后期至4世纪中期，初霜期常在秋分后、寒露前，较普通年份霜降结霜提前一个多节气；此期的终霜日期迟至谷雨后、立夏前，甚至出现夏日陨霜。较常年推迟了2个多节

---

① 《晋书》卷29《五行志下》，第896页。
② 《晋书》卷29《五行志下》，第876页。
③ 《晋书》卷29《五行志下》，第873页。
④ 《晋书》卷29《五行志下》，第873页。
⑤ 《晋书》卷29《五行志下》，第873页。
⑥ 《晋书》卷29《五行志下》，第874页。
⑦ 《晋书》卷29《五行志下》，第874页。
⑧ 《晋书》卷29《五行志下》，第874页。
⑨ 《晋书》卷29《五行志下》，第874页。
⑩ 《晋书》卷29《五行志下》，第874页。

气；初雪提早到秋分后、立冬前。可见，这个历史时期是中国寒期。①

第五，水象，主要包括黄河决溢等。自王景治河之后，三国时期及晋代的黄河决溢灾害较少发生。仅以《晋书·五行志》为例，只两见：一见是魏黄初四年（223）六月，"大雨霖，伊洛溢，至津阳城门，漂数千家，杀人"②；另一见是晋泰始七年（271）六月，"大雨霖，河、洛、伊、沁皆溢，杀二百余人"③。所以杜省吾说："王景修渠筑堤利于漕运，同时亦利于黄河。规划方案之理论根据是由这三百年来（纪元前215年到纪元70年）对黄河斗争而获得之经验，此后东汉、三国、六朝隋唐千年中，安其成功而无大患，记载之少势所然也。"④

第六，植物象，多见于重华。如建兴元年（252）九月，"桃李华"⑤。景元三年（262）十月，"桃李华"⑥。元康二年（292）二月，"巴西郡界草皆生华，结子如麦，可食"⑦。在正常气候条件下，中原地区桃李开花在二月。然上述史料明确记载晚秋至冬季，仍见"桃李华"，说明在3世纪晚期，我国南方曾有过一段较现在暖湿的历史时期。

第七，动物象，主要包括蝗虫、青虫、鸡性变等。魏黄初三年（222）七月，"冀州大蝗，人饥"⑧。又"泰始十年六月，蝗"⑨。"永宁元年，郡国六蝗。"⑩ "永嘉四年五月，大蝗，自幽、并、司、冀至于秦雍，草木牛马毛鬣皆尽。"⑪ "太兴元年六月，兰陵合乡蝗，害禾稼。乙未，东莞蝗虫纵广三百里，害苗稼。七月，东海、彭城、下邳、临淮四郡蝗虫害禾豆。八月，冀、青、徐三州蝗，食生草尽，至于二年。"⑫ "（大兴）二年五月，淮陵、临淮、淮南、安丰、庐江等五郡蝗虫食秋麦。是月癸丑，徐州及扬州江西诸郡蝗，吴郡百姓多饿死。"⑬蝗虫的生活习性是喜旱不喜湿，因此，干旱之年易闹蝗灾。由史书的记载可知，蝗灾对魏晋时期社会的危害很大。对此，傅筑夫论述说：

> 尽管中国历史上灾害的总数大得惊人，但却没有一个时代能与两晋和南北朝时期相比，在这一时期内，各种严重的水、旱、虫、蝗等自然灾害是连年不断，仅据各朝正史所载粗略计之（按各朝关于灾荒记录，系始273—586年），在三百一十三年当中，计有水灾一百八十三次，旱灾一百七十七次，蝗灾五十四次，虫灾三十二次，共四百四十六次（不包括风灾和雹灾），另有瘟疫五十二次。发生自然灾害的次数如此之多，实是惊人，已不仅年年有灾，而且常常是一年数灾。每次灾害都造成极其严重

① 庄天山：《"日隙于地"的实质和它的科学意义》，中国天文学史整理研究小组：《科技史文集》第16辑，上海：上海科学技术出版社，1992年，第188页。

② 《晋书》卷27《五行志上》，第812页。

③ 《晋书》卷27《五行志上》，第813页。

④ 杜省吾：《黄河历史述实》，郑州：黄河水利出版社，2008年，第31页。

⑤ 《晋书》卷28《五行志中》，第857页。

⑥ 《晋书》卷28《五行志中》，第857页。

⑦ 《晋书》卷28《五行志中》，第857页。

⑧ 《晋书》卷29《五行志下》，第880页。

⑨ 《晋书》卷29《五行志下》，第881页。

⑩ 《晋书》卷29《五行志下》，第881页。

⑪ 《晋书》卷29《五行志下》，第881页。

⑫ 《晋书》卷29《五行志下》，第881页。

⑬ 《晋书》卷29《五行志下》，第881页。

的后果。①

据《晋书·五行志下》载，永宁元年（301）十月，"南安、巴西、江阳、太原、新兴、北海青虫食禾叶，甚者十伤五六"②。青虫，是蛾或蝶的幼虫，有大透翅天蛾、红天蛾等，以叶片为食，有时会片叶不剩，是害虫，故有学者称："那些以农作物和园艺树木等为食草的青虫，一旦泛滥成灾，就会给农业生产带来巨大的损失。"③

鸡性变是生物学和医学方面时常会出现的异常现象，与人事无关。首先，《晋书·五行志》载录了不少"鸡性变"的实例，有一定的科学价值。如隆安元年（397）八月，"琅邪王道子家青雌鸡化为赤雄鸡，不鸣不将"④。又如元兴二年（403），"衡阳有雌鸡化为雄，八十日而冠萎"⑤。关于鸡性变问题，有专家解释说：它是"由于母鸡的性腺功能中途转变而造成的"，其具体转变机制是："鸡的性腺（包括睾丸和卵巢）在胚胎发育时期是由皮质和髓质两部分构成的，前者发育为卵巢，后者发育为睾丸。母鸡体内只有左侧一个卵巢正常发育，右侧一个则很小，正常情况下不发育，由于它缺乏皮质，因此就存在着变成一个睾丸的可能性。通常，也就是当左边卵巢存在时，能分泌雌激素阻止右侧性腺的发育；但若卵巢发生疾病或损伤，因而分泌的雌性激素减少时，右侧性腺即失去了抑制，其原来的髓质即发育为睾丸，分泌雄性激素，所以雌鸡在这种情况下全身羽毛变成鲜艳的颜色，同时鸡冠长大。"⑥其次，李淳风将"鸡性变"视为"鸡祸"，认为"雌化为雄，臣陵其上"⑦，是完全没有根据的臆说，应予批判。

此次，《隋书·五行志》所记载的主要自然灾害和自然异常现象，为了避免与《晋书·五行志》重复，这里只讲不载录于《晋书·五行志》者，分类如下。

第一，天象中的"天鸣鼓"，正史中以《隋书·五行志》"鼓妖"目下记载最多，计有5次。即普通元年（520）九月，"西北隐隐有声如雷，赤气下至地"；中大通六年（534）十二月，"西南有声如雷"；天保四年（553）四月，"西南有声如雷"；太建二年（570）十二月，"西北有声如雷"；建德六年（577）正月，"西方有声如雷"⑧。王嘉荫将其看作是陨石在坠落地球过程中通过与大气摩擦所产生的一种声响⑨，所以学界认为古人通常把陨石坠落时的爆炸声，就称之为"鼓妖"或"天鸣鼓"⑩。

第二，地质象中的物自移、山鸣及黑赤眚等现象。据载，梁中大同元年（546）正月，"送辟邪二于建陵。左双角者至陵所。右独角者，将引，于车上振跃者三，车两辕俱折。因换车。未至陵二里，又跃者三，每一振则车侧人莫不耸奋，去地三四尺，车轮陷入土三

---

① 傅筑夫：《中国封建社会经济史》第3卷，北京：人民出版社，1984年，第80—81页。

② 《晋书》卷29《五行志下》，第890页。

③ ［日］有泽重雄文、［日］月本佳代美图：《实用趣味实验图鉴》，蔡山帝等译，南宁：接力出版社，2003年，第132页。

④ 《晋书》卷27《五行志上》，第828页。

⑤ 《晋书》卷27《五行志上》，第828页。

⑥ 柳建昌：《性转变问题上的儒法斗争》，《动物学杂志》1975年第3期。

⑦ 《晋书》卷27《五行志上》，第827页。

⑧ 《隋书》卷23《五行志下》，第650页。

⑨ 王嘉荫编著：《中国地质史料》，北京：科学出版社，1963年，第67页。

⑩ 杨蔚华、禤锐光、李林林：《我国古代陨石坠落的周期和空间分布》，《地球化学》1983年第1期。

寸"①。又河清四年（565），"殿上石自起，两两相击"②。再者，建德元年（572），"濮阳郡有石像，郡官令载向府，将刮取金。在道自跃投地，如此者再。乃以大绳缚着车壁，又绝绳而下"③。山鸣发生在开皇十四年（594）正月，"廓州连云山，有声如雷"④。对此，王嘉荫解释说：山鸣当然是构造运动的一种表现，但它与地震关系不密切，而"与地裂关系倒是还密切些"⑤。太建五年（573）六月，"西北有黑云属地，散如猪者十余"⑥。又太建十四年（582）三月，"御座幄上见一物，如车轮，色正赤。寻而帝患，无故大叫数声而崩"⑦。此处的"黑云"亦称为"黑眚"，是一种有毒的气体，据研究，它是"在地壳活跃时段沿某些构造薄弱带冒出的气体。我们知道高空的水汽是可以凝聚成各种形状大小不一的云块，而所谓黑眚白眚不过就是低空飘荡的小规模的云块、雾块、烟块罢了。由于它们具强烈的毒性和电性，能给人体或人的生活环境造成明显的破坏，理所当然引起人们的惊慌，迫使人们寻求对策"⑧。

第三，地震泉涌。《隋书·五行志下》载，北周建德二年（573），"凉州（今甘肃武威）地频震。城郭多坏，地裂出泉"⑨。此次地震位置为北纬37.9°、东经102.6°，地震震级为5.5级，地震烈度为7度。

第四，气象中的雨木冰、异味雾、风霾、昼晦、雨土雨沙及雨雪等现象。这里，只述雨木冰和异味雾。据载，天保二年（551），"雨木冰三日。初，清河王岳为高归彦所谮，是岁以忧死"⑩。又武平元年（570）冬，"雨木冰；明年二月，又木冰。时录尚书事和士开专政。其年七月，太保、琅邪王俨矫诏杀之"⑪。因气候寒冷过甚，雨水降在树枝上随即结冻成冰。古人认为，木属阳，冰属阴，"雨木冰"为阴阳滞塞不通之象，故李淳风记录它，深有"天象示警"之意。

异味雾见于祯明三年（589）正月朔旦，"云雾晦冥，入鼻辛酸"⑫。近似于现代的"酸雨"或酸性降水，即它是酸性化学物质随着雨、雪、雾、冰雹等迁移到地面的过程，而上述记载表明，发生在祯明三年的那次"酸性降水"事件，显系一种"湿沉降"。据分析，酸雨中主要有硝酸、硫酸等强酸，还有少量的有机酸。如众所知，现代酸雨的形成多是人为地向大气中排放大量酸性物质所造成。至于造成上面"酸性降水"的原因，史书没有记载，或许它跟地震有关。

---

① 《隋书》卷22《五行志中》，第643页。
② 《隋书》卷22《五行志中》，第643页。
③ 《隋书》卷22《五行志中》，第643页。
④ 《隋书》卷23《五行志下》，第650页。
⑤ 王嘉荫编著：《中国地质史料》，第91页。
⑥ 《隋书》卷23《五行志下》，第653页。
⑦ 《隋书》卷23《五行志下》，第648页。
⑧ 徐好民：《地象概论——自然之谜新解》，第133—134页。
⑨ 《隋书》卷23《五行志下》，第664页。
⑩ 《隋书》卷22《五行志上》，第629页。
⑪ 《隋书》卷22《五行志上》，第628页。
⑫ 《隋书》卷23《五行志下》，第656页。

（二）《乙巳元历》与《麟德历》的历学思想及其成就

1. 《乙巳元历》的历学思想及其成就

《乙巳元历》是李淳风早期的重要历法著作，惜其久佚，以至于天文史学界的许多先辈竟不知道李淳风还有这样一部历法著作。有幸的是刘金沂从《乙巳占》中辑出 30 条有关《历象志》和《乙巳元历》的内容，虽然资料有些零散，但大体上能够反映出《乙巳元历》的思想内容，并能窥其概貌。下面笔者依据刘金沂的研究成果，略作阐释。《乙巳占》所录《乙巳元历》的主要内容有以下六个方面：

（1）"淳风按：王藩所论冬夏二至，春秋二分日度交黄道所在，并据刘洪《乾象（历）》所说，今则并差矣！黄道与日相随而交，据今正（贞）观三年己丑岁，则冬至日在斗十二度，夏至在井十五度，春分日在奎七度，秋分日在轸十五度，每六十年余差一度矣。"[①]

（2）"余近造《乙巳元历》术实为绝妙之极，曰夜法度，诸法皆同一母，以通众术，今列之，以推天度，日月五星行度皆用焉。"[②]

（3）"上元乙巳之岁十一月朔甲子冬至夜半，日月如合璧，五星如连珠，俱起北方虚宿之中，合朔冬至已来，至今大唐正（贞）观三年己丑之岁，积七万九千二百四十五年，算上矣。日行一度，即是日法一千三百四十分，一年行三百六十五度一千三百四十分度之三百二十八，每岁不周天十三分矣。欲求当时冬至日所在度者，置上元乙巳以来积算尽所求年减一，以岁分四十八万九千四百二十八乘之，为岁别日行积分，以岁分四十八万九千四百二十八乘之，为岁别日行积分，以周天分四千八万九千四百四十一去之，余不满法者以度法除之，为度余。"[③]

（4）"日，日行一度；月，日行十三度一十三百四十分度之四百九十四分，此平行之大率也。"[④]

（5）"推月朔，置上元乙巳以来岁朔积分（在日度中），以月法三万九千五百七十一，以法去之，余以日法约之，为闰大余；不尽，为闰小余。减冬至小余，不足减，减大余，加日法，乃减之大余，不足减加六十，乃减之，余为所求天正十一月大小余，命以甲子算外，则天正朔日也。"[⑤]

（6）"求朔日夜半月所在度者，置朔日加时日所在度减去朔小余，则朔日夜半月所在度矣。求次日加时夜半月度，加十三度一千三百四十分之四百九十四分，满日法从度，度

---

① （唐）李淳风：《乙巳占》卷 1《天数第二》，薄树人主编：《中国科学技术典籍通汇・天文卷》第 4 分册，第 464 页。

② （唐）李淳风：《乙巳占》卷 1《天数第二》，薄树人主编：《中国科学技术典籍通汇・天文卷》第 4 分册，第 464 页。

③ （唐）李淳风：《乙巳占》卷 1《天数第二》，薄树人主编：《中国科学技术典籍通汇・天文卷》第 4 分册，第 468 页。

④ （唐）李淳风：《乙巳占》卷 2《月占第七》，薄树人主编：《中国科学技术典籍通汇・天文卷》第 4 分册，第 476 页。

⑤ （唐）李淳风：《乙巳占》卷 2《月占第七》，薄树人主编：《中国科学技术典籍通汇・天文卷》第 4 分册，第 477 页。

满宿去之，命以次宿，算外，则次日夜半月所在度及分矣，此皆平行也。"①

由上引史料，我们不难看出，李淳风《乙巳元历》完成于唐贞观三年（629），但没有颁行，当时施行的历法是武德二年（619）颁行的《戊寅元历》。在《乙巳元历》中，"诸法皆同一母"是中国古代历法计算的一项重要变革，有学者这样评论说："前此各历法在用分数表述天文数据时，都采用不同数据取不同分母的方法，这固然有利于准确地表述有关数据，但在应用不同数据进行有关问题的计算时，不得不作通分的处理，给计算带来诸多不便。李淳风在《乙巳元历》中，则创用了通用分母的方法，而且对有关天文数据的分析并不局限于只能取整数，亦可用分数表述。这样，既达到便于计算又可保证准确表述有关数据的双重效果。"②如李淳风设日法为 1340 分，以此作分母，来计算有关天文数值，非常方便。对所有天文数据的余数用同一分母进行运算，确实简便快捷，故为《麟德历》所沿用，后世历法则纷纷效仿，影响很大。

李淳风承认岁差的客观存在，除上引"淳风按"是专门讨论岁差问题外，《乙巳元历》又说"日行一度，即是日法一千三百四十分，一年行三百六十五度一千三百四十分度之三百二十八，每岁不周天十三分矣。"自从虞喜在咸和五年（330）独立发现岁差现象之后，祖冲之首先将其引入《大明历》。继之，隋朝刘焯《皇极历》不单算出每 75 年差 1 度的岁差值，更提出了"黄道岁差"这个正确概念。唐初《戊寅元历》亦考虑了岁差，可惜，随着汉代经学思想的复苏，董仲舒"天不变，道亦不变"③的观念开始渗透到历法领域，于是，李淳风在《乙巳历》中坚持的正确观念，到《麟德历》时却发生了截然相反的变化。至于当时李淳风为何会发生如此逆转性的思想变化，笔者将在后文进行专门讨论。在此，我们着重谈谈李淳风的"天球弧度"概念。《乙巳元历》载：

> 又有北极去地三十六度，则天之正高在地中阳城之上。以四维循规去地亦九十一度一千三百四十分度之四百二十分小分四分之一矣。以三十六度减之，余五十五度一千三百四十分度之四百二十分小分四分之一，夏至日黄道在北极南六十七度一千三百四十分度之四百二十小分四分之一，是正北子地一百三度一千三百四十分度之四百二十分有奇矣。以天顶去四维各九十一度一千三百四十分度之四百二十分小分四分之一减之，余一十二度矣。是夏至日在天顶南一十二度。他悉仿此求之，皆可知也。④

从上面的引文中可以看出，李淳风描述的弧度概念十分清晰。若用现代几何学的符号表示，则引文中的弧度可用图 3-12 表示。

---

① （唐）李淳风：《乙巳占》卷 2《月占第七》，薄树人主编：《中国科学技术典籍通汇·天文卷》第 4 册，第 477 页。

② 陈美东：《中国科学技术史·天文学卷》，第 353 页。

③ 《汉书》卷 56《董仲舒传》，第 2519 页。

④ （唐）李淳风：《乙巳占》卷 1《天数第二》，薄树人主编：《中国科学技术典籍通汇——天文卷》第 4 册，第 465 页。

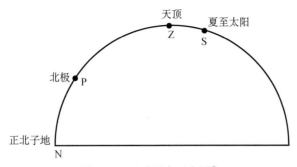

图 3-12　天球弧度示意图①

　　这种天球弧度思想建立，对于确定星球在天球上的运动距离具有重要意义。因此，僧一行在《大衍历·步轨漏术》中也采用了这种计量方法。

　　2. 从对《戊寅元历》的"批评"看李淳风思想的退变

　　《戊寅元历》虽然有不少的疏误与缺陷，如预推日、月食不准及取赤道岁差值不精等，但总体来说，《戊寅元历》的成就是主要的，它是一部特色鲜明的历法。例如，取2.39度为太阳中心差最大值，对僧一行制定《大衍历》产生了重要影响；首次采用同时考虑日月运动不均匀性影响的定朔法；充实和发展了自《景初历》以来的多历元法；算得五星会合周期的绝对值平均误差为 5.3 分钟，精度略次于《大业历》等。②如前所述，冬至点作为一年的起始，历来为制定历法者所重，因为受地轴运动影响，冬至点缓慢西移，遂造成回归年与恒星年的不同步现象。这个现象实际上早在刘歆编制《三统历》时就出现了，只是当时人们还不能正确理解，甚至认为"太阳从冬至起的一周天，就是一周岁"③。因此，在制定历法时是否考虑岁差的存在，直接影响到历法本身的可靠性和准确性。

　　傅仁均在制定《戊寅元历》时，继承了《大明历》《大业历》的赤道岁差思想，并认为赤道岁差值每 55.51 年差 1 度。李淳风在《乙巳历》里虽然也承认岁差的存在，但因原著已佚，目前我们从《乙巳占》所辑录的佚文中不能获得其具体的岁差值。《戊寅元历》是以傅仁均和崔善为等人为主修撰的一部重要历法，它颁行于武德二年（619）。这部历法的突出成就是废平朔而改用定朔，它也是中国历法史上最后一部采用闰周制的历法。《旧唐书·历志一》载："高祖受隋禅，傅仁均首陈七事，言戊寅岁时正得上元之首，宜定新历，以符禅代，由是造《戊寅历》。祖孝孙、李淳风立理驳之，仁均条答甚详，故法行于贞观之世。"④确实，因《戊寅元历》自身缺点和唐朝拘泥于经说等方面的原因，《戊寅元历》从颁行伊始，人们对它的批评就没有中断。如"（武德）三年正月望及二月、八月朔，当蚀，比不效。武德六年，诏吏部郎中祖孝孙考其得失。孝孙使算历博士王孝通以《甲辰历》法诘之。"⑤又《旧唐书·傅仁均传》云："贞观初，有益州人阴弘道又执孝通旧说以驳之，终不能屈。李淳风复驳仁均历十有八事，敕大理卿崔善为考二家得失，七条改

　　① 刘金沂：《李淳风的〈历象志〉和〈乙巳元历〉》，《自然科学史研究》1987 年第 2 期，第 162 页。
　　② 陈美东：《中国科学技术史·天文学卷》，第 345—347 页。
　　③ 《中国测绘史》编辑委员会：《中国测绘史》第 1 卷（先秦—元代），北京：测绘出版社，2002 年，第 113 页。
　　④ 《旧唐书》卷 32《历志一》，第 1152 页。
　　⑤ 《新唐书》卷 25《历志一》，第 534 页。

从淳风，余一十一条并依旧定。"①

由此可知，李淳风对《戊寅元历》的批评，始于贞观元年（627）。可惜，李淳风"驳仁均历十有八事"的具体内容今已不详，然《新唐书·历志三》却载有李淳风驳仁均历一事。李淳风说：

> 《汉志》降娄初在奎五度，今历日蚀在降娄之中，依无岁差法，食于两次之交。②

对于李淳风的批评，僧一行在大衍历《历议》中已经作出了回应。僧一行认为，在"岁差"问题上，李淳风的批评是错误的，因为"刘歆等所定辰次，非能有以睹阴阳之赜，而得于鬼神，各据当时中节星度耳。歆以《太初历》冬至日在牵牛前五度，故降娄直东壁八度。李业兴《正光历》，冬至在牵牛前十二度，故降娄退至东壁三度。及祖冲之后，以为日度渐差，则当据列宿四正之中，以定辰次，不复系于中节。淳风以冬至常在斗十三度，则当以东壁二度为降娄之初，安得守汉历以驳仁均耶？"③

我们知道，科技史家经常谈到经学与科学的关系问题，但经学思维有不利于科学发展的一面。唐代初期，为了建立统一的国家意识形态，唐太宗诏令孔颖达主持编纂《五经正义》，儒家经学开始走向复兴。与之相继，李淳风于显庆六年（661）受诏编定和注释《算经十书》，其中就有《五经算术》，经学对自然科学的影响，由此可见一斑。所以从当时唐代经学发展的整个大环境就可以看出李淳风拘泥于《三统历》不敢舍经而求天象运行的真实情况了。事实上，傅仁均《戊寅元历》能否被认可，也以是否与经学原典记载相一致为其考验的标准。④

在此，"依无岁差法"实际上就表明了李淳风的态度，即李淳风开始怀疑甚至反对《戊寅元历》采用岁差法，这一点体现了他在天文历法方面的保守思想。李淳风又说：

> 若冬至昴中，则夏至秋分星火、星虚，皆在未正之西。若以夏至火中，秋分虚中，则冬至昴在巳正之东。互有盈缩，不足以为岁差证。⑤

他利用《尧典》四仲中星的内在矛盾，进而否定岁差的存在，这是李淳风用经学旧说否认日月运行客观性和真实性的典型实例。在采用平朔还是定朔问题上，李淳风同样保守。据《唐会要》载：

> （贞观）十四年十一月甲子朔旦冬至。初，太史令傅仁均，定历以癸亥为朔旦。诏下公卿八座详议。公卿以下奏曰：伏见李淳风表称，"古历分日，起于子半，勘得今岁十一月当甲子合朔冬至。故太史令傅仁均欲苟异张冑元法，减余稍多，子初为朔，遂差三刻，用乖天正。"又南宫子明薛赜等并云："子初及半，日月未离，淳风子午之法，推校春秋已来晷度薄蚀，事皆符合。"奉敕付所司，及公卿详加考定，谨与国子祭酒孔颖达等一十一人，尚书八座，参议得失。惟仁均定朔，事有微差，淳风推

校，理尤精密，请从淳风议。①

这段话有两个知识点需要略作解释：一是"古历分日，起于子半"，这是李淳风时辰观的具体表现之一。古人将一日分为十二时辰，"子时"即现代的晚11点至1点，故"子半"就是晚上12点，而"子初"则系指从晚11点至12点。二是"淳风子午之法"，《新唐书》作"淳风之法"②，实为李淳风编撰的《乙巳元历》。③也就是说，李淳风《乙巳元历》用平朔法算得贞观十四年（640）十一月甲子合朔冬至，而傅仁均《戊寅元历》则用定朔法算得贞观十四年（640）十一月癸亥朔甲子冬至。本来这两部历法没有直接干系，恰在此年冬至，唐太宗准备亲祀南郊。古人认为"国莫大于祀，祀莫大于天"④，故此，"甲子合朔冬至"被视为"天正"的最佳点。李淳风等仍以"用乖天正"作为否定《戊寅元历》的依据，王制莫大于正朔，"天正"即周正之义，换言之，就是周历以子月（农历十一月）为正月，其初一为周历元日。这样，《戊寅元历》所采用的定朔法自然就不能被那些接受"平朔法"的天文学家所理解。

傅仁均在《戊寅元历》中，强调的主要内容是采用定朔。他说："立迟疾定朔，则月行晦不东见，朔不西朓。"⑤前面所言"李淳风复驳仁均历十有八事"，其中一事应当包括对"定朔"的看法。在傅仁均看来，"月有三大、三小，则日蚀常在朔，月食常在望"⑥。这种连大月和连小月的现象，莫非斯在《春秋、周、殷历法考》⑦一文中有专论，兹不复述。王孝通诘难傅仁均说："平朔、定朔，旧有二家。三大、三小，为定朔望；一大、一小，为平朔望。日月行有迟速，相及谓之合会。晦、朔无定，由时消息。若定大小皆在朔者，合会虽定，而蔀、元、纪首三端并失。"⑧显然，"蔀、元、纪"已经成为阻碍推行定朔法的桎梏。接着，李淳风又说："仁均历有三大、三小，云日月之蚀，必在朔望。十九年九月后，四朔频大。"⑨出现四月连大，它肯定超出了传统观念所能接受的范围，故"仁均之术，于古法有违"⑩。而这种局面使李淳风、孔颖达等人感到非常不安，于是，诏令傅仁均改回重用平朔。对此，席泽宗评论说："在知道了太阳和月亮运动速度的不均匀性以后，还主张用大小月相间的'平朔'法，而不使用更符合天象的'定朔'法，显然是保守思想在作怪。"⑪

3.《麟德历》的历学思想及其成就

当然，李淳风的思想变化是比较复杂的。在傅仁均《戊寅元历》不能解决"四月连

① （宋）王溥：《唐会要》卷42《历》，第750页。
② 《新唐书》卷25《历志一》，第536页。
③ 刘金沂：《李淳风的〈历象志〉和〈乙巳元历〉》，《自然科学史研究所》1987年第2期。
④ 《金史》卷28《礼志一》，第694页。
⑤ 《新唐书》卷25《历志一》，第534页。
⑥ 《新唐书》卷25《历志一》，第534页。
⑦ 莫非斯：《春秋周殷历法考》，《燕京学报》1936年第20期。
⑧ 《新唐书》卷25《历志一》，第535页。
⑨ 《新唐书》卷25《历志一》，第536页。
⑩ （宋）王溥：《唐会要》卷42《历》，第750页。
⑪ 席泽宗：《中国天文学史的几个问题》，科学史集刊编辑委员会：《科学史集刊》第3期，北京：科学出版社，1960年，第57页。

大"时,李淳风批评其"定朔法"。在他看来,不是"定朔法"本身不对,而是傅仁均没有能力解决因"定朔"而出现的四大三小问题。有鉴于此,唐高宗诏令李淳风编撰《甲子元历》,并于麟德二年(665)颁行,故称《麟德历》,它是唐代一部比较精密的历法。

《麟德历》重用定朔,但李淳风为避免出现四大三小的情形,采取了一些变通的方法,主要是用进朔之法予以调整,他将"合朔加时在晚间的日子改称晦日,而以次日为历书朔日"[①]。这样,便使第三个小月改成大月,或将朔日往上退一天,使第四个大月改为小月。[②]与此同时,《麟德历》还通过设立共同分母的方式,废除了古章(冬至与朔同在一日的周期)、蔀(冬至交节时刻和合朔同在一日夜半的周期)、纪(蔀首之日的纪日干支相同的周期)、元(纪首之年的纪日干支相同的周期)之法及闰周[③],推动了宋元历法水平不断向上发展,尤其在推算日月食方面更是上升到了一个新的历史时期。故此,阮元评述道:

> 盖会通其理,固与古不殊而运算省约,则此为最善,术家遵用,沿及宋元。而《三统(历)》、《四分(历)》以来,章、蔀、纪、元之法,于是尽废。斯其立法巧捷,胜于古人之一大端也。[④]

1)检律候术气日表及其五种算法

如众所知,《麟德历》虽本于《皇极历》,但也有新的创造。例如,在计算每日日中暑影长度方面,李淳风创造了用二次差内插法推求每日日中暑影的方法。《旧唐书》称之为"求次日中影术"。故《旧唐书·历志一》载:"初,隋末刘焯造《皇极历》,其道不行。淳风约之为法,时称精密。"[⑤]又有注云:"后汉及魏宋历,冬至日中影一丈二尺,夏至一尺五寸,于今并短。各须随时影校其陟降,及气日中影应二至率。他皆仿此。前求每日中影术,古历并无,臣等创立斯法也。"[⑥]为此,李淳风给出了"检律候术气日表",经李俨校证,其具体情况如表 3-7 所示。

表 3-7 检律候术气日表[⑦]　　　　　　　　　　　　　　(单位:尺)

节气	律名	日中影	陟降率	节气	律名	日中影	陟降率
冬至	黄钟	12.75	陟 0.47	夏至	蕤宾	1.49	降 0.15
小寒		12.28	陟 1.13	小暑		1.64	降 0.34
大寒	大吕	11.15	陟 1.53	大暑	林钟	1.98	降 0.51
立春		9.62	陟 1.55	立秋		2.49	降 0.81
雨水	太簇	8.07	陟 1.53	处暑	夷则	3.30	降 0.94
惊蛰		6.54	陟 1.21	白露		4.24	降 1.09

① 张培瑜等:《中国古代历法》,第 470 页。
② 卿希泰主编:《中国道教史》第 2 卷,成都:四川人民出版社,1996 年,第 308 页。
③ 姚远:《西安科技文明》,第 165—166 页。
④ (清)阮元:《畴人传》卷 13《李淳风》,本社古籍影印室:《中国古代科技行实会纂》,第 457—458 页。
⑤ 《旧唐书》卷 32《历志一》,第 1152 页。
⑥ 《旧唐书》卷 33《历志二》,第 1181 页。
⑦ 李俨:《中算家的内插法研究》,北京:科学出版社,1957 年,第 42 页。

续表

节气	律名	日中影	陟降率	节气	律名	日中影	陟降率
春分	夹钟	5.33	陟 1.09	秋分	南吕	5.33	降 1.21
清明		4.24	陟 0.94	寒露		6.54	降 1.53
谷雨	姑洗	3.30	陟 0.81	霜降	无射	8.07	降 1.55
立夏		2.49	陟 0.51	立冬		9.62	降 1.53
小满	仲吕	1.98	陟 0.34	小雪	应钟	11.15	降 1.13
芒种		1.64	陟 0.15	大雪		12.28	降 0.47

以表 3-7 为基础，李淳风创立了计算一年内每日日中影长的五种方法。[①]

第一种方法是"求恒气初日影泛差术"。其术文云：

> 见所求气陟降率，并后气率，半之，十五而一，为泛末率。又二率相减，余，十五而一，为总差。前少，以总差减泛末率；前多，以总差加泛末率。加减泛末率讫，即为泛初率。其后气无同率（指芒种、大雪二气），因前末率即为泛初率。以总差减初率，余为泛末率。[②]

第二种方法是"求恒气初日影定差术"。其术文云：

> 十五除总差，为别差。（半之）为限（差）。[③]前少者，以限差加泛初末率；前多者，以限差减泛初末率。加减泛初末率讫，即为定初末率，即恒气初日影定差。[④]

第三种方法是"求次日影差术"。其术为：

> 以别（定）差，前少者加初日影定差，前多者减初日影定差。加减初日影定差讫，即为次日影定差。以次积累岁，即各得所求。每气皆十五日为限。其有皆以十六除取泛末率及总差别差。[⑤]

第四种方法是"求恒气日中影定数术"。其术文云：

> 置其恒气小余，以半总减之，余为中后分。不足减者反减半总，余为中前分。置前后分，影定差乘之，总法而一，为变差。冬至后，午前以变差减气影，午后以变差加气影。夏至后，午前以变差加气影，午后以变差减气影。冬至一日，有减无加。夏至一日，有加无减。加减讫，各其恒气日中定影。[⑥]

在通常情况下，恒气时刻并非都在日中。由于二至影长变化不同，其"变差"符号的

[①] 以下内容参见李俨、纪志刚、郭书春等学者的相关研究成果。
[②] 《旧唐书》卷33《历志二》，第1180页。
[③] 曲安京、纪志刚、王荣彬：《中国古代数理天文学探析》，第51页。
[④] 《旧唐书》卷33《历志二》，第1180页。
[⑤] 《旧唐书》卷33《历志二》，第1180页。
[⑥] 《旧唐书》卷33《历志二》，第1180页。

选择，如表3-8所示。①

表 3-8   不同的"变差"符号

节气	$f(t_0+1340)-f(t_0)$	$t-t_0$	变差
冬至后	−	午前　−	+
		午后　+	−
夏至后	+	午前　−	−
		午后　+	+

第五种方法是"求次日中影术"。其术文云：

迭以定差陟减降加恒气日中定影，各得次日中影。②

这即是刘焯的二次内插公式。

2）黄道去极度数值表与求每日并屈伸数术

黄道去极度，又称太阳去极度，系指赤极 P 到黄道上某一点 S 的弧度（f），如图3-13所示。东汉《四分历》用浑仪测定了二十四节气的太阳去极度，它是我国最早和最完整的太阳实测记录。此后，除《景初历》列有黄道去极度数值表外，其他历法都不去问津了，而《麟德历》在东汉《四分历》和《景初历》的基础上，则通过晨前刻、屈伸率及发敛差，进一步跟黄道去极度联系起来，从而能够比较客观地反映太阳视赤纬的真实变化情况。

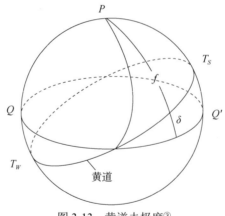

图 3-13   黄道去极度③

图3-13中 δ 为太阳赤纬值，也系黄道去极度的余角，T_W 为冬至，T_S 为夏至。李淳风依下法求得每日太阳视赤纬的数值：

置刻差，三十而一为度。不满三（十）约为分。申（伸）减屈加其气初黄道度，

①　曲安京、纪志刚、王荣彬：《中国古代数理天文学探析》，第 52 页。
②　《旧唐书》卷 33《历志二》，第 1181 页。
③　纪志刚：《南北朝隋唐数学》，第 290 页。

即每日所求。①

李淳风利用此算式求得黄道去极度数值，并列出了二十四节气太阳视赤纬表，内容如表 3-9 所示。

表 3-9　麟德历黄道去极度数值表

节气	晨前刻	黄道去极度	屈伸率	发敛差
冬至	30 刻	115 度 3 分	1.3 分	0.16 分
小寒	29 刻 54 分	113 度 1 分	3.7 分	0.16 分
大寒	29 刻 18 分	110 度 7 分	6.1 分	0.22 分
立春	28 刻 33 分	107 度 9 分	9.4 分	0.09 分
启蛰	27 刻 30 分	102 度 9 分	10.75 分	0.07 分
雨水	26 刻 18 分	97 度 3 分	11.8 分	0.03 分
春分	25 刻 4 分	91 度 3 分	12.25 分	0.03 分
清明	23 刻 54 分	85 度 3 分	11.8 分	0.07 分
谷雨	22 刻 42 分	79 度 7 分	10.75 分	0.09 分
立夏	21 刻 39 分	74 度 7 分	9.4 分	0.23 分
小满	20 刻 54 分	70 度 9 分	6.1 分	0.16 分
芒种	20 刻 18 分	68 度 5 分	3.7 分	0.16 分
夏至	20 刻	67 度 3 分	1.3 分	0.16 分

表 3-9 中屈伸率，从冬至到芒种为"伸"，从夏至到大雪为"屈"。发敛差：从冬至到雨水为"益"，从春分到芒种为"损"，自夏至到白露为"益"，自秋分到大雪为"损"②。可见，求每日黄道去极度的关键在于求出每日刻差以及每日晨前定刻。李淳风把求上述两个数值的方法称为"求每日并屈申（伸）数术"，其术文云：

> 每气准为一十五日，各置其气屈申（伸）率。每以发敛差损益之，差满十从分，分满十从率一，即各每日屈申（伸）率。各累计屈申（伸）率为刻分，乃以一百八十乘刻分，泛差十一乘纲纪而除之，得为刻差，满法为刻。随气所在，以申（伸）减屈加不见漏而半之，为晨前定刻。③

黄道去极度恰好与"二十四节气太阳视赤纬表"中小寒初日黄道度 114 度 1 分吻合。陈美东取 24 个历测值与理论值之差的绝对平均数（△）作为衡量精度的统一标准，结果发现东汉《四分历》太阳视赤纬测算的误差△为 0.70°，非常粗疏，而《麟德历》的△值

---

① 《旧唐书》卷 33《历志二》，第 1196 页。
② 《旧唐书》卷 33《历志二》，第 1193—1195 页；纪志刚：《南北朝隋唐数学》，第 290—291 页。
③ 《旧唐书》卷 33《历志二》，第 1195—1196 页。

则降至 0.13°，已经达到我国古代太阳视赤纬测算的较高水平。[1]李淳风之所以能够取得如此先进的测算数值，与他制造黄道浑仪和对《戊寅元历》疏漏的批评密切相关。例如，《戊寅元历》就没有"二十四节气太阳视赤纬表"，这是傅仁均历法的重大缺陷。李淳风制造的黄道浑仪，《旧唐书》本传及《乙巳占》卷 1 都有记载，尤以《乙巳占》的记载为详，引文见前。我们反复强调李淳风"驳仁均历十有八事"，尽管最后仅采信其中的"七条"，但是事物都要从两方面看，从表面上看，李淳风所驳的对象是《戊寅元历》，实质上却是对他自己历法水平的一次考验。他驳《戊寅元历》的目的不仅仅是为了出风头，而是想通过不断提高自己的专业素质，来继续推进唐代历法研究的精确水平。这样，李淳风不得不想方设法去克服《戊寅元历》的缺陷。例如，在应用"二十四节气太阳视赤纬表"求任何一日太阳视赤纬的算法，李淳风采用了 $f = c \pm \dfrac{q}{30}$ 的公式，这个公式的意义在于，它"不再把太阳视赤纬在两节气间的变率视为线性变化，而是以等差级数表述之，这就能较好地反映太阳视赤纬变化的真实情况"[2]。又比如，为了解决太阳在春分和秋分前后运动速度不一致的问题，李淳风在计算刻差 q 时，引进了较小的进纲和较大的退纪两个数值。[3]这些事实说明，李淳风在制作"二十四节气太阳视赤纬表"的过程中，注重汲取《戊寅元历》测算方法所出现的失误，是他能够取得上述先进测算数值的重要因素之一。

3）对"月去黄道度"的测算

"月去黄道度"，即月球位置距离黄道南北的度数，首见于刘洪《乾象历》。在《乾象历》中，刘洪创造性地测定了黄白交角，依此，他给出了月行"阴阳历"表，而用该表可推算任一时刻月球与黄道的度距。其表中，有"衰""损益率""兼数"三项内容。另外，他还提出了"前限"与"后限"的概念。[4]《宋书·律历志下》载《元嘉历》的"求月去日道度"术文如下：

> 置入阴阳历余乘损益率，如通法而一，以损益兼数为定，定数十二而一为度，不尽三而一，为少、半、太。又不尽者，一为强，二为少弱，则月去日道数也。[5]

刘焯《皇极历》的"月去黄道度"表，计有"入交日""去交衰""衰积"三项内容，《麟德历》亦复如之，然名称略有变动，分别为"交日"、"去交差"和"差积"。李淳风《麟德历》"求月入交去日道远近术"曰：

> 置所入日差，并后差半之，为通率。进，以入日余减总法，以乘差，总法而一，并差以半之。退者，半入余，以乘差，总法而一，[以差减]。皆加通率，为交定率。乃以入余乘定，总法[而一]。乃进退差积，满十为度，不满为分，即各其日月去日道度数。[6]

---

① 陈美东：《古历新探》，第 182 页。
② 陈美东：《古历新探》，第 168 页。
③ 陈美东：《古历新探》，第 168 页。
④ 《晋书》卷 17《律历志中》，第 515—516 页。
⑤ 《宋书》卷 13《律历志下》，第 299 页。
⑥ 《旧唐书》卷 33《历志二》，第 1199 页。

这是刘焯等间距二次差内插公式在颁行历法中的第一次应用，它在我国古代历法发展史上具有十分重要的意义。①

此外，李淳风测算日应食不食或不应食而食的方法，以及对于日食食分大小的改正之法，也都有合理的思想。详细内容请参见张培瑜等所著的《中国古代历法》一书的相关章节，兹不赘述。

二、《乙巳占》与李淳风思想的时代局限

（一）《乙巳占》的主要思想成就

《乙巳占》约写成于唐显庆元年（656）稍后，是李淳风后期的一部重要的天文星占学著作，它的主要内容是讲星占、气占和风占。《新唐书·艺文志》载李淳风《乙巳占》12 卷②，而南宋陈振孙《直斋书录解题》卷 12 却仅载《乙巳占》10 卷。③对此，清人陆心源解释说：

> （今本前九卷）每卷约万余言，惟第十卷几及三万言，或后人合三卷为一卷，故与《唐志》不符。④

又清人黄丕烈亦说："《乙巳占》一书，《曝书亭集》跋仅云七卷，竹垞以为非完书，而陈氏《书录解题》作十卷，惟钱遵王《读书敏求记》所载与之合。钱云始自《天象》，终于《风气》，凡为十卷，则首尾固全备矣。"⑤

还有一说，即《玉海》卷 3 载："《乙巳占》十卷，贞观中太史令李淳风撰，始于天象，终于风气。序云五十卷，今合为十卷。"⑥后人对此往往不以为然，可是，敦煌P.2536V 号文书的发现，改变了人们的传统看法。经考证，该文书首残尾全，内容为《乙巳占》中的一部分，然篇目不一致。如本卷写"月食在中外官占第十八"，但传世本却为"月蚀五星及列宿中外官占第十四"。对此，比较合理的解释是 50 卷本《乙巳占》在流行过程中存在合并的可能。在合并时，还在"中外官占"前加上了"五星及列宿"字样，很显然，这也是合并留下的痕迹。⑦

相对于北宋"禁天文卜相等书，私习者斩"⑧的严刑峻法⑨，唐代虽然也有"私习天

① 张培瑜等：《中国古代历法》下，北京：中国科学技术出版社，2007 年，第 704 页。
② 《新唐书》卷 59《艺文志三》，第 1544 页。
③ （宋）陈振孙著，徐小蛮、顾美华点校：《直斋书录解题》卷 12《历象类》，上海：上海古籍出版社，2003年，第 364 页。
④ （清）陆心源：《重刻乙巳占序》，薄树人主编：《中国科学技术典籍通汇·天文卷》第 4 分册，第 455 页。
⑤ （清）黄丕烈著，屠友祥校注：《荛圃藏书题识》，上海：上海远东出版社，1999 年，第 293 页。
⑥ （宋）王应麟：《玉海》卷 3《天文书下》，扬州：广陵书社，2003 年，第 53 页。
⑦ 张弓主编：《敦煌典籍与唐五代历史文化》下，北京：中国社会科学出版社，2006 年，第 877 页。
⑧ 《宋史》卷 4《太宗本纪》，第 57 页。
⑨ 杨晓红：《宋代民间信仰与政府控制》，成都：西南交通大学出版社，2010 年，第 146 页。

文"之罪名，但仅仅才判"徒二年"①，况且在审案的实际过程中，判官多能体察个案的特殊性，对某些"私习天文者"并不是判处"徒两年"刑，而是网开一面，较为宽容。如《龙筋凤髓判》载张鷟对"私习天文者"杜淹的审判结果，张鷟称："淹之少子，雅爱其书，习张衡之浑仪，讨陆续之元象。父为太史，子学天文，堂构无堕，家风不坠。私家不容辄蓄，史局何废流行。准法无辜，按宜从记。"②又比如，"定州申望都县冯文私习天文，殆至妙绝，被邻人告言，追（冯）文至，云私习有实，欲得供奉。州司将科其罪，（冯）文兄遂投甀，请追弟试。敕付太史，试讫，甚为精妙，未审若为处分"。当时的判官崔瓘据此认为："按其所犯，合处深刑，但以学擅专精，志希供奉，事颇越于常道，律当遵于异议。即宜执奏，伏听上裁。"③这两个判例很能说明问题，唐朝对待"私习天文"罪往往区分不同情形，而对那些具有真才实学的"私习"者，"律当遵于异议"。正是在这样的文化环境里，唐代才出现了《开元占经》和《乙巳占》这两部集大成的天文学著作。

李淳风在《乙巳占序》中说：

> 斯道（指历象日月）实天地之宏纲，帝王之壮事也。至于天道神教，福善祸淫，谴告多方，鉴戒非一。故列三光以垂照，布六气以效祥……是乃或前事以告祥，或后政而示罚，莫不若影随形，如声召响，凶谪时至，谴过无差，休应若臻，福善非谬，居远察迩，天高听卑，圣人之言，信其然矣。④

如果我们揭去其神秘面纱，《乙巳占》中确有不乏闪光的科学思想火花。下面择要述之：

1. 星占部分的合理思想及其成就

（1）从科技文献的角度看，《乙巳占·天占》提出了"但有关涉理可存者，并不弃之"⑤的文献思想。如何对待前人的"天占"研究成果，李淳风的态度非常明确，那就是"非敢隐之"⑥。星占学历史悠久，如《夏书》说："辰不集于房，瞽奏鼓，啬夫驰，庶人走。"⑦辰，系指日月交会，由于当时日月交会没有进入正常位置，所以人们惊恐万分，并为"救日"而四处奔走。可见，异常天象给古人造成的恐惧心理是巨大的。《左传·昭公十七年》载："冬，有星孛于大辰西。"于是，申须就预言"今除于火，火出，必布焉"⑧。当然，这些预言绝不是空穴来风，而是建立在一定星占理论之上的内容。李淳风在《乙巳占》中载录了下列25部星占著作：

---

① ［日］仁井田升：《唐令拾遗》，栗劲等编译，长春：长春出版社，1989年，第783页载："诸玄象器物、天文图书、苟非其任不得与焉。"《唐律疏议》卷3《职制律·私有天象仪器》云："诸玄象器物、天文图书、谶书、兵书、七曜历、《太一》、《雷公式》，私家不得有，违者徒二年。私习天文者亦同。"参见钱大群译注：《唐律译注》，南京：江苏古籍出版社，1988年，第109页。

② （唐）张鷟撰，田涛、郭成伟校注：《龙筋凤髓判》卷4《太史一条》，北京：中国政法大学出版社，1995年，第154页。

③ （唐）崔瓘：《对私习天文判》，（清）董诰等：《全唐文》卷459《崔瓘》，太原：山西教育出版社，2002年，第2781页。

④ （唐）李淳风：《乙巳占序》，薄树人主编：《中国科学技术典籍通汇·天文卷》第4分册，第456—457页。

⑤ （唐）李淳风：《乙巳占》卷1《天占》，薄树人主编：《中国科学技术典籍通汇·天文卷》第4分册，第465页。

⑥ （唐）李淳风：《乙巳占》卷1《天占》，薄树人主编：《中国科学技术典籍通汇·天文卷》第4分册，第466页。

⑦ 《春秋左传·昭公十七年》，黄侃校点：《黄侃手批白文十三经》，第374页。

⑧ 《春秋左传·昭公十七年》，黄侃校点：《黄侃手批白文十三经》，第375页。

《黄帝（星占）》《巫咸（星占）》《石氏》《甘氏》……《洪范》《五行大传》《五经纬图》《天镜占》《白虎通占》《海中占》《京房易祆（妖）占》《易传对异占》《陈卓占》《郗萌占》《韩杨占》……《天文录占》……《大象集占》《刘表荆占》《列宿占》《五官占》《易纬春秋佐易期占》《尚书纬》《诗纬》《礼纬》……《灵宪》。①

据考，《黄帝星占》和《巫咸星占》为后人伪托之作。除此之外，《石氏星占》和《甘氏星占》尽管《汉书·艺文志》不载，但《天文志》却兼载二家之说。况且《三国志》裴松之注引管辂的话说："欲得与鲁梓慎、郑裨灶、晋卜偃、宋子韦、楚甘公、魏石申共登灵台，披神图，步三光，明灾异，运蓍龟，决狐疑，无所复恨也。"②另，《隋书·经籍志三》载"梁有《石氏（天文占）》《甘氏天文占》各八卷"③，与李淳风的记载一致。汉代星占非常活跃，出现了一大批星占家和星占著作，如西汉刘向的《洪范》、京房的《京房易祆（妖）占》、东汉的《郗萌占》以及张衡的《灵宪》等。虽然自西晋以降，历朝统治者都禁止民间私习天文，星占渐被视为皇帝垄断之学，然而，从李淳风载录的星占书目看，像南朝齐梁时期的祖暅《天文录占》、北魏孙僧化的《大象集占》等，都是比较有影响的星占著作。而据有的学者研究，南北朝后期"星占的学术传承，既有家族的家学传承，又有非家族的师徒相授"④。表明民间私习天文的现象普遍存在，隋唐亦复如此，有禁而不止。一方面李淳风通过开列书录，使人们认识到星占学源远流长，历代不绝传承者，强调了它延续和发展的学术生命力；另一方面，星占学的发展对历代封建统治者的政治决策尤其是皇帝个人的行为有一种潜在的约束力，而人间的法律则对皇帝不起作用，因为皇帝的权力位于法律之上，这就成了很多士人冒着犯禁的危险私习星占学的真实动因。所以唐朝的皇帝与各方星占家关系密切。例如，《旧唐书》载，道士薛颐"尝密谓秦王曰：'德星守秦分，王当有天下，愿王自爱。'秦王乃奏授太史丞，累迁太史令。贞观中，太宗将封禅泰山，有彗星见，颐因言'考诸玄象，恐未可东封'。会褚遂良亦言其事，于是乃止"⑤。又比如，秦王李世民曾密访王远知，当被告知"方作太平天子，愿自惜也"之后，李世民有"眷言风范，无忘寤寐"之语，足见占言对他的影响至深。⑥关于这方面的内容，可参见赵贞《唐宋星占与帝王政治》一书。

在这里，我们需要明确的是李淳风一再强调星占的政治意义，他说："夫天地者，万物之父母也。覆载育养，左右无方，况人禀最灵之性，君为率上之宗，天见人君得失之迹也，必报吉凶，故随其所在，以见变异。天有灾变者，所以谴告人君觉悟之，令其悔过慎思虑也。行有玷缺，气逆于天，精气感出，变见以诚之。"⑦由于统治者的重视，太史局的星占家就要仔细观察和记录各种天象的异常变化，而《乙巳占》里便保存着大量这方面的原始资料。在科学与占卜界限尚不分明的历史时期，星占学比较曲折地推动了古代天文学

① （唐）李淳风：《乙巳占》卷1《天占》，薄树人主编：《中国科学技术典籍通汇·天文卷》第4分册，第466页。
② 《三国志·魏书·方技传》卷29《管辂传》，第827页。
③ 《隋书》卷34《经籍志三》，第1019页。
④ 汤绍辉：《南北朝后期的星占学术》，复旦大学2012年硕士学位论文。
⑤ 《旧唐书》卷191《薛颐传》，第5089页。
⑥ 《旧唐书》卷192《王远知传》，第5125页。
⑦ （唐）李淳风：《乙巳占》卷1《天占》，薄树人主编：《中国科学技术典籍通汇·天文卷》第4分册，第466页。

的发展，这一点是毋庸置疑的。故李淳风说：

> 垂景之象，所由非一，占人管见，异矩别规。至如开基阐业，以济民俗，因河洛而表法，择贤达以授官，则轩辕、唐虞、重黎、羲和，其上也；畴人习业，世传常数不失，其所守妙赜可称，巫咸、石氏、甘公、唐昧、梓慎、禅灶，其隆也；博物达理，通于彝训，综核根源，明其大体，箕子、子产，其高也；抽秘思，述轨模，探幽冥，改弦调，张平子、王兴元，其枝也；沉思通幽，曲穷情状，缘枝反斡，寻源达流，谯周、管辂、吴范、崔浩，其最也；托神设教，因变敦奖，亡身达节，尽理辅谏，谷永、刘向、京房、郎顗之，其盛也；短书小记，偏执一途，多说游言，获其半体，王朔、东方朔、焦贡、唐都、陈卓、刘表、郄萌，其次也；委巷常情，人间小惠，意唯财谷，志在米盐，韩杨、钱乐，其末也；参同异、会殊途，触类而长，拾遗补缺，蔡邕、祖暅、孙僧化、庾季才，其博也；窃人之才，掩蔽胜己，谄谀先意，谗害忠良，袁充，其酷也；妙赜幽微，反招嫌忌，忠告善道，致被伤残，郭璞，其命也。①

在上述星占家中不乏杰出的天文学家，重黎、羲和、石氏、甘公自不待言，其他像陈卓、蔡邕、祖暅、庾季才也都是十分有影响力的天文学家。诚如传教士利玛窦所说："他们（指古代天文学家）把注意力全部集中于我们的科学家称之为占星学的那种天文学方面，他们相信我们地球上所发生的一切事情都取决于星象。"②这话未免绝对，但历代统治者格外关注星象的变化却是事实。因此，我国古代建立了十分完备的皇家天象档案，它成了我们今天进一步认识和研究宇宙星体演变规律的最可珍视的原始资料。

（2）对几种异常天象的观察和解释。第一，日食。唐人刘𫗧在《隋唐嘉话》中记载着一个史例，他说：

> 太史令李淳风校新历成，奏太阳合日蚀当既（指日全食），于占不吉。太宗不悦，曰："日或不蚀，卿将何以自处？"曰："有如不蚀，则臣请死之。"及期，帝候日于庭，谓淳风曰："吾放汝与妻子别。"对以尚早一刻，指表影曰："至此蚀矣。"如言而蚀，不差毫发。③

此"新历"当指《乙巳元历》。如前所述，傅仁均《戊寅元历》正是因为预报日食不准而备遭非议。所以敢于跟皇帝立生死状来预测日食的时刻，如果没有充分的底气和扎实的历算功夫，是无论如何都不可能建立起这般自信的。日食是一种按照一定规律不断发生的自然现象，其发生的主要条件是：朔月时，月球必须正穿过黄道；地球在月影之内；太阳和月球具有大致相同的视角大小；月球处于黄道与白道交点附近的某一范围之内。早在战国时期，石申就认为日食是日月相互遮掩而产生的。他说："日月以二月、八月出房南，过其度其冲日月以晦蚀。出房北，过其度其冲日月以朔蚀。"④现在看来，石申的解释

---

① （唐）李淳风：《乙巳占序》，薄树人主编：《中国科学技术典籍通汇·天文卷》第4分册，第457页。
② [意]利玛窦、金尼阁：《利玛窦中国札记》，何高济、王遵仲、李申译，北京：中华书局，1983年，第32页。
③ （唐）刘𫗧：《隋唐嘉话》卷中，金锋主编：《中华野史·唐朝卷》，济南：泰山出版社，第3页。
④ （唐）瞿昙悉达：《开元占经》卷9《日占五·候日蚀》，《景印文渊阁四库全书》第807册，第245页。

尚不完善，但他认为"过其冲"（即日月必须在黄白道的一个交点处或在其附近）是日食发生的条件，"这一认识为日食原因的理论探索奠定了最重要的基石"①。后来，西汉刘向《五经通义》更明确指出说："日蚀者，月往蔽之。"②而这个观点遂成为指导汉代以后星占家解释日食原因的基本理论依据，影响巨大。所以李淳风在此基础上，对日食的成因做了下面的解释：

> 夫日依常度蚀者，月来掩之也，臣下蔽君之象。日行迟，一日行一度，一月行二十九度余；月行疾，二十七日半一周天，二十九日余而追及日。及日之时，与日同道，而在于内映日，故蚀其象。大臣与君同道，逼迫其主，而掩其明。又为臣下蔽上之象，人君当防慎权臣内戚在左右擅威者。③

先避开文中的"天人感应"思想不谈，仅就李淳风对日食成因的解释而言，应该说是正确的。首先，日食发生在朔日前后，"月行疾，二十七日半一周天，二十九日余而追及日"；其次，日食发生在白道和黄道的交点附近，即"及日之时，与日同道，而在于内映日"。当然，因为月球比地球小，月球运转到太阳和地球中间，三者位于同一条直线或近似于一条直线上时，当且仅当处在月球本影里的观察者，才能看到日全食。

第二，对日珥和日冕的描述。日珥是指在太阳色球上，人们看到许多不断腾起的火焰。因为这些火焰就像贴附在太阳边缘的耳环，故名。那么，古代典籍中有没有日珥的记录呢？有学者持否定态度，他们认为历史典籍中的"珥"记载皆"非太阳日珥"④。我们知道，日珥的运动非常复杂，即使今天，我们对日珥的运动特征及其形成的原因也没有满意的解释。由于日珥一般只有在日全食的时候才能观察到，所以这也往往成为否定论者的借口。事实上，古人对异常天象的观察，远远超出了我们的想象。虽然从西方科技史的角度看，真正确认太阳本身具有红色火焰是1860年1月18日发生日全食时，人们拍摄到了第一张红色喷焰照片，但古人在日全食时观测到日珥是完全有可能的。据刘次沅统计，中国古代常规日食记录774次，其中唐朝记录数为105次，较第二位的北朝90次，多15次。又据李勇等学者统计，中国古代正史有31次日全（环）食记录，唐代以前为20次，唐朝5次。其中在中国能够看到的日全食，以南北朝和隋朝为例，兴安三年（454）8月10日，见食地为建康；普通三年（522）6月10日，见食地为建康；太清二年（548）6月19日，见食地为曲阜；保定二年（562）10月14日，见食地为长安；开皇二十年（600）9月20日，见食地为曲阜。例如，李淳风在《乙巳占》中描述说："日蚀而傍有似白兔、白鹿守之者。"⑤"凡日蚀之，时或有云气风冥晕珥，似有群乌守日。"⑥

---

① 陈美东：《中国古代天文学思想》，北京：中国科学技术出版社，2007年，第440页。
② （唐）瞿昙悉达：《开元占经》卷9《日占五·日薄蚀》，《景印文渊阁四库全书》第807册，第246页。
③ （唐）李淳风：《乙巳占》卷1《日蚀占》，薄树人主编《中国科学技术典籍通汇·天文卷》第4分册，第474页。
④ 王玉民：《历史典籍中"日珥"记载考证》，《自然科学史研究》2008年第4期。
⑤ （唐）李淳风：《乙巳占》卷1《日蚀占》，薄树人主编《中国科学技术典籍通汇·天文卷》第4分册，第475页。
⑥ （唐）李淳风：《乙巳占》卷1《日蚀占》，薄树人主编《中国科学技术典籍通汇·天文卷》第4分册，第475页。

像"白云""白兔""群鸟"这些形容词，是中国古代先民对日珥形状的直观描述，有的学者将其看作是"日珥记录"①。若从侧面看，有的日珥形象便被古人想象成鸟或兔。李淳风尽管没有目睹日珥的壮观景象，因为在他生活的那段历史时期，中国境内没有发生日全食，但李淳风从历史文献所载录下来的占例里，却隐藏着古人对日珥的观测实录。日珥的形态复杂多变，有火舌、圆环、拱桥、浮云、喷泉、篱笆等形状，主要存在于日冕中。当日全食发生时，地球上的观测者可以看到太阳大气层主要由两部分组成：色球区与日冕区。日冕是太阳大气层的最外层，日全食时有白云从日面边缘向四面冲出，这种太阳大气的活动现象，通常称为日冕。如李淳风说："日蚀而晕，傍珥，白云来去掩映。"②这便是古人观测到的日冕，因为日全食时，黑暗的太阳周围会出现一簇簇白色羽毛，就像白云一样，所以物理学家叶式辉在 1980 年 2 月 16 日观测了云南日全食之后，有一段感言，特别生动而形象。他说：

> 随着色球层的消逝，全食阶段来到了。这时隐而不见的太阳四周，浮现出一大片青白色的日冕，皎洁，淡雅，十分可爱。我从事天文工作近 30 年，还是第一次亲眼见到这种令人神往的图画。③

第三，对彗星（主要即哈雷彗星）运行规律的初步探索。在中国古代，彗星被视为灾星，故《乙巳占》卷八用三节来谈论彗星的异常变化，足见李淳风对彗星的重视。李淳风说："长星，状如帚；孛星圆，状如粉絮。孛孛然，皆逆乱凶孛之气，状虽异为殃一也。"④尽管李淳风本义并非指彗星是由气状物质所构成，但从气的角度去阐释彗星，有其合理因素，因为彗星的"帚状尾巴"⑤确实是一种气体，当彗星在靠近太阳的时候，面对太阳的一面被熔解成气体和尘埃。随后，太阳风把这些气体不断推动到彗星的后面，于是，就变成了长尾巴。粗看其形状，有头尾两部，实则由彗发、彗核、彗尾等部分构成。彗发即彗星头部外层，状如朦胧的云雾，李淳风描述为"粉絮"，质地透明，故有"孛孛然"之谓，《晋书·天文志》云："芒气四出曰孛。"⑥其中大者视径如月球，形式为圆球性或椭球形。⑦可见，李淳风对彗星形状的描述，基本上是正确的。

李淳风又说：

> 彗孛出行历二十八宿。留舍出见，百日不去，三年应之。五十日已上，五年应之。二百日已上，七年应之，灾深。⑧

---

① 冯时：《中国天文考古学》，北京：中国社会科学出版社，2007 年，第 338 页。
② （唐）李淳风：《乙巳占》卷 1《日蚀占》，薄树人主编：《中国科学技术典籍通汇·天文卷》第 4 分册，第 475 页。
③ 盛文林主编：《人类在天文学上的发现》，北京：北京工业大学出版社，2011 年，第 76—77 页。
④ （唐）李淳风：《乙巳占》卷 8《彗孛占》，薄树人主编：《中国科学技术典籍通汇·天文卷》第 4 分册，第 547 页。
⑤ 关于彗星尾巴的形态，长沙马王堆汉墓出土的《彗星占》，绘有真图，可以参考。
⑥ 《晋书》卷 12《天文志中》，第 323 页。
⑦ 刘世楷：《天文学》，第 312 页。
⑧ （唐）李淳风：《乙巳占》卷 8《彗孛占》，薄树人主编：《中国科学技术典籍通汇·天文卷》第 4 分册，第 547 页。

彗星的运行轨迹比较复杂。据刘世楷先生研究，彗星的轨道有三种：椭圆形、双曲线形和抛物线形。其中离心率大于 1 的彗星，被人们观测到一次后便不再复现。相反，离心率小于 1 的彗星，都有一个运行周期。有周期的彗星为顺行，而无周期的彗星则为逆行。有周期的彗星，又分短周期彗星与长周期彗星。周期小于 10 年者为短周期彗星，大于 10 年者为长周期彗星。按照彗星的运行周期及轨迹，一般又分木星族彗星、土星族彗星、海王星族彗星及天王星族彗星。比如，哈雷彗星是周期为 76.0197 年的逆行的海王星族彗星，恩克彗星则是周期为 3.2836 年的顺行的木星族彗星。[①]在人们的观测视线之内，彗星停留的时间长短不一，有大于 50 天的，有大于 100 天，还有大于 200 天的。科学家发现，在 20 世纪中期，147P/库什达－穆拉马特苏（Kushida-Muramatsu）彗星被木星束缚为一颗临时卫星，这颗彗星停留在一个不规则对称轨道中长达 12 年时间。例如，《汉书·五行志第七下之下》载："汉成帝元延元年七月辛未，有星孛于东井，践五诸侯，出河戍北率行轩辕、太微，后日六度有余，晨出东方。十三日夕见西方，犯次妃、长秋、斗、填，蜂炎再贯紫宫中。大火当后，达天河，除于妃后之域。南逝度犯大角、摄提，至天市而按节徐行，炎入市，中旬而后西去，五十六日与苍龙俱伏。"[②]这次彗星在人们的视野内停留了 56 天，依据《汉书》的记载，按照二十八宿图能够大致绘出彗星的运行轨迹。由于中国古代对彗星的观测记录是以二十八宿为背景的，因此，占测家常常将彗星与二十八宿相联系。如"慧出毕觜之间，小而长，状如长竿，上有垒垒"；又"魏陈留咸熙二年五月，彗星见王良，长丈余，色白，东南指，十二日灭"[③]。如此等等，李淳风对历代文献所载彗星的观测记录，用心颇深。可惜，他的心不在如何发现彗星运动的规律方面，而是把眼光集中到了它们与人事的感应及种种影响上，结果科学的因素被大大削弱了。这与他在撰写《晋书·天文志》时对彗星规律的认识相比，《乙巳占》的描述就逊色多了。《晋书·天文志》彗星目下有一条注，文曰："史臣案，彗体无光，傅日而为光，故夕见则东指，晨见则西指。在日南北，皆随日光而指。顿挫其芒，或长或短，光芒所及则为灾。"[④]此"史臣"即撰写《晋书·五行志》的作者李淳风。所以学界认为彗星尾巴常背太阳规律的发现，应为世界之首。[⑤]而在陈久金先生看来，"如果没有多次观测作基础，很难提出这种见解"[⑥]。

　　第四，关于候气法的记载。候气法（又称"埋管飞灰"）的记载已见于《后汉书·律历志》和《北史·信都芳传》，而《隋书·律历志上》则载有信都芳以管候气的方法，可惜失之简略。与之相较，《续汉书·律历志》所载又太复杂和繁难，不易操作。如《后汉书·律历志》载：

①　刘世楷：《天文学》，第 314—315 页。

②　《汉书》卷 27《五行志第七下之下》，第 1518 页。

③　（唐）李淳风：《乙巳占》卷 8《彗孛占》，薄树人主编：《中国科学技术典籍通汇·天文卷》第 4 分册，第 548—550 页。

④　《晋书》卷 12《五行志》，第 323 页。

⑤　庄威凤主编：《中国古代天象记录的研究与应用》，北京：中国科学技术出版社，2009 年，第 415 页。而陈遵妫将其视为晋朝的观测记录，不确，应为唐代的彗星观测记录，参见陈遵妫：《中国天文学史》，上海：上海人民出版社，1980 年，第 224 页。

⑥　陈久金、杨怡：《中国古代天文与历法》，北京：中国国际广播出版社，2010 年，第 48 页。

候气之法，为室三重，户闭，涂衅必周，密布缇缦。室中以木为案，每律各一，内庳外高，从其方位，加律其上，以葭莩灰抑其内端，案历而候之。气至者灰（去）[动]。其为气所动者其灰散，人及风所动者其灰聚。殿中候，用玉律十二。惟二至乃候灵台，用竹律六十。候日如其历。①

由于节气的变化，大气温度和湿度不同，弦线或管的发音会发生相应变化，同时衡器一端的炭重量也会发生相应变化，因为炭有吸湿性，如果仅此为止，那么，上面的说法就是科学的。然而，如果认为置于木案上或埋进土里的管，其管的一端放有葭莩灰（指芦苇中薄膜烧成的灰烬），当节气发生变化时，管内的灰就会随之离散或飞出管内，这种说法没有任何科学依据。北齐的信都芳重复了上述实验，几经失败方才成功，可惜他的实验方法不详。《隋书·律历志》倒是记载了他发明的"候气轮扇"。其文云：

又为轮扇二十四，埋地中，以测二十四气。每一气感，则一扇自动，他扇并住，与管灰相应，若符契焉。②

这种类似于"永动机"的轮扇设计无法完成"每一气感，则一扇自动，他扇并住"的测试目的。即使如此，唐宋时期汲汲于此者仍大有人在。如唐代的李淳风、韦壮、刘禹锡等都与"葭灰之气"有关，而出土的《唐阎公夫人〈段氏墓志〉》更有"元和六年律中夷则廿六日"的乐律记月，据考，十二律与十二个月相配，意在以律管吹灰候气。③宋代汪宗臣又词云"候应黄钟动，吹出白葭灰"④等。可见，候气法当时在社会上十分盛行。李淳风比较详细地记载了唐人候气的方法，他说：

截十二竹及铜为律管，口径三分，各如其长短，埋于室中，实地依十二辰次之，上与地平，以葭莩灰实律中，以罗縠覆上，律气至吹灰，动縠小动为和，大动为君弱臣强，不动为君严暴之应也。⑤

为了寻找"历元"或"律元"，我国古代先民发明了"候气法"，即如李淳风所言："至冬至日交节之时分，其中长九寸之律管必有葭灰喷出，届时即为冬至时刻，该管即为黄钟律管，管长即为黄钟尺。同理，若其余十一支律管尺寸无误，同样现象将于二十四节气中另十一气时发生。"⑥用现代的科学原理解释"候气法"的思想实质，则李淳风所讲的"律管飞灰"并非没有道理。因为：

地球上北半球的冬至点正好是（太阳）公转轨道上的近日点；北半球的夏至点则为远日点。由于这个道理，地球与太阳之间的距离，实际上是处于一种周而复始的变

---

① 《后汉书·律历志上》，第3016页。

② 《隋书》卷16《律历志上》，第394页。

③ 张岩：《唐阎公夫人〈段氏墓志〉疏证》，西安碑林博物馆：《碑林集刊》第11集，西安：陕西人民美术出版社，2006年，第135页。

④ （宋）汪宗臣：《水调歌头·冬至》，萧枫主编：《唐诗宋词全集》，北京：中国文史出版社，2001年，第439页。

⑤ （唐）李淳风：《乙巳占》卷1《日蚀占》，薄树人主编：《中国科学技术典籍通汇·天文卷》第4分册，第469—470页。

⑥ 高兴主编：《音乐的多维视角》，北京：文化艺术出版社，2004年，第259页。

化循环之中。……因此我们知道，地球与太阳之间的距离的变化，必将导致引力和引力场的变化。同理，地球这个天体的物理场，也随着公转中位置距离的变化而周而复始地变化，并且终将在其内部的某个方面显现出来。如果从振动和波的角度看，设地球为一个受迫振动的系统，它的振幅的大小应直接和周期性变化的太阳引力相关。……引力的周期性变化，引起组成地球这个物质系统组合的各个子系统的振幅也呈现出周期性的变化。从波的原理看，从不同质量物质系统发出的不同振动频率的波，通过在自然界中的叠加和衍射，会以新的振动频率传播。由于各子系统之振幅能量的周期性消长，导致自然界中的各种振动频率也呈现出某种规律性的变化。如果自然界中周期性变化着的某种频率与律管本身的固有频率接近或者重合时，律管的内部就会发生共振现象。此刻，律管中的轻灰就在这种现象中散除了。古人便以为候得了"真元之气"。

古人不知万有引力一说，但从朴素的观察归纳中，发现了万物消长之规律有着年复一年的雷同性，因而在当时的历史条件下，把它归之为阴阳二气的消息（阴气灭曰消，阳气灭曰息）。而最能体察阴阳二气消息的，正是用来候气定音高的律管。从这个意义上说，律管却是天文观察中一件最普通且实用的工具。从科学的角度看，这仅仅是一个普通的物理现象，而古人却在当时的历史条件下，给它加上了种种神秘的说法。[①]

2. 风占部分的合理思想及其成就

（1）候风器。《乙巳占》卷10《候风法》记述了两种风向仪的制作方法及相应的使用场合，科学价值较高。李淳风说：

> 凡候风者，必于高迥平原，立五丈长竿，以鸡羽八两为葆，属于竿上，以候风，风吹羽葆，平直则占。亦可于竿首作盘，盘上作木乌三足，两足连上而外立，一足系羽下而内转，风来乌转，回首向之，乌口衔花，花旋则占之。淳风曰：羽必用鸡，取其属巽，巽者号令之象。鸡有知时之效。羽重八两，以仿八风。竿长五丈，以仿五音。乌象日中之精，故巢居而知风，乌为先首。《淮南子》曰：天欲风，巢居先翔。古书云：立三丈五尺竿于西方，以鸡羽五两系其端，羽平应占。然则知长短轻重，取于合宜。竿不必过长，但以出众中不被隐蔽为限，有风即动，便可占候。羽毛必五两已上，八两已下。但以羽轻则易平，重则难举。常住安居，宜用乌候；军旅权设，宜用羽占。羽葆之法：先取鸡羽中破之，取其多毛处，以细绳逐紧夹之，长短三四尺许，属于竿上，其扶摇、独鹿、四转、五复之风，各以形状占之。[②]

用风信器观测风向，至少在殷墟卜辞中就出现了。东汉张衡曾制作过"相风铜乌"，《三辅黄图》引《述征记》载："长安宫南有灵台，高十五仞，上有浑仪，张衡所制。又有

---

① 高兴主编：《音乐的多维视角》，第260—261页。

② （唐）李淳风：《乙巳占》卷10《候风法》，薄树人主编：《中国科学技术典籍通汇·天文卷》第4分册，第570—571页。

相风铜乌,遇风乃动。"①可能因为"相风铜乌"笨重,故对轻风或微风反应不敏感。所以三国以后开始改铜乌为木乌。如《宋书》载魏明帝景初中,洛阳地震,"又震西城上候风木飞乌"②。至北朝时,人们就已经注意到风信器的选择和观测方法了。庾季才《灵台秘苑》载:"其法于高迥平坦之地,立五丈竿……乌一衔花旋即占之。"③与李淳风的记载相同,表明此法在南北朝时期即已风行。其中"以鸟羽候风"除了能具体观测风向外,还能用羽毛飞起的高度来测定风力大小,可见,在当时这是一种比较先进的测风仪器了。④

(2)"风所从来二十四处"。风向是李淳风候风法的核心内容之一,所以他非常重视。前有京房风角推五音风所发远近,但比较抽象。为了清晰起见,李淳风强调"风所从来二十四处,皆须明知发止,审别支干及以八卦所在,发时早晚,来从何处,息在何时,迥在何日、何辰,皆须审明知之"⑤。如何满足上述诸多要求呢?李淳风给出的解决方法如下:

> 凡候风之体,须明知八卦,审识支干,或上或下,或高或卑,必晓此义,然后可验,必无乖越。若失在毫末,差深千里。今设八方之法:八干,甲、乙、丙、丁、庚、辛、壬、癸;四卦,乾、坤、艮、巽。八干、四卦、十二辰惣有二十四分,皆立方,迭相冲破,即是风所从来。审视发止,乃可占验。凡风从戌上来者须抵辰,自辛至者须直乙,发乾上来者必须抵巽,如此交冲,始知来处,以辩辰卦而入于占。迥风卒而圆转扶摇,有如羊角向上轮转。有自上而向下,有从下而升上,或平条长直,或磨地而起。⑥

风向就是风吹来的方向,它显示气流运动的特征。地球的气圈内有对流层,它在中纬度地区厚约 12 千米,由于地球自转的影响,气流运行状况较为复杂。在气象学里,气流的水平运动称之为风,而风总是随时改变着方向和速度,尤其是在近地面,因受乱流条件变化的作用,风的日变化显著。通常条件下,地面风向转变对于天气变化具有明显的指示作用,军事、农业、交通运输等与之关系密切。具体判别风向的方法,李淳风在上面的术文中已经讲得很清楚了。实际上,现在的风向表示法(图 3-14、图 3-15),与李淳风的"风所从来二十四处"法非常相似,由此足见李氏对风向方位的划分比较符合地面气流变化的实际。当然,李淳风对风向方位的划分,是建立在汉代以来人们对风所形成的认识经验之上,只不过他使其更加系统化和明晰化了。

---

① 陈直校证:《三辅黄图校证》卷5《台榭》,西安:陕西人民出版社,1980年,第106页。

② 《宋书》卷33《五行志四》,第966页。

③ (北周)庾季才原撰,(宋)王安礼等重修:《灵台秘苑》卷5《风》,《景印文渊阁四库全书》第807册,第39—40页。

④ 金秋鹏:《中国古代造船与航海》,北京:中国国际广播出版社,2011年,第146—147页。

⑤ (唐)李淳风:《乙巳占》卷10《占风远近法》,薄树人主编:《中国科学技术典籍通汇·天文卷》第4分册,第572页。

⑥ (唐)李淳风:《乙巳占》卷10《占风远近法》,薄树人主编:《中国科学技术典籍通汇·天文卷》第4分册,第572页。

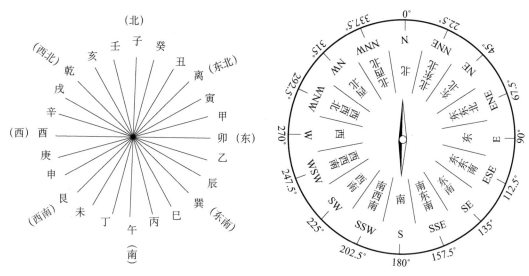

图 3-14　李淳风所区分之风向方位示意图　　图 3-15　风向的 16 个方位

（3）对风力的分级。在《乙巳占·占风远近法》里，李淳风依树木受风的影响程度，把地面上的风分为 8 级：

> 凡风动叶，十里；鸣条，百里；摇枝，二百里；堕叶，三百里；折小枝，四百里；折大枝，五百里；一云折木飞砂石，千里，或云伐木施千里，又云折木千里；拔木树及根，五千里。[①]

如果算上"以风来清凉温和尘埃不起者为和风"[②]，以及无风，就变成了 10 级，与现代的蒲福风级比较接近。具体内容如表 3-10 所示。

表 3-10　《乙巳占》与现代蒲福风级对照表

风级	名称	风速范围		陆上地物特征	
		蒲福（千米/小时）	李淳风（距离远近）	蒲福	李淳风
0	无风	≤0.1		静烟直上	
1	软风	1—3	10 里	烟能表示风向	风动叶
2	轻风	4—7	100 里	树枝有微响	鸣条
3	微风	8—12		旌旗展开	
4	和风	13—18		能吹起落叶、灰尘	
5	清劲风	19—24	200 里	有叶小枝摇动	摇枝
6	强风	25—31		举伞困难	
7	疾风	32—38	300 里	全树摇动	堕叶
8	大风	39—46	400 里	小树枝被刮断	折小枝

[①]（唐）李淳风：《乙巳占》卷 10《占风远近法》，薄树人主编：《中国科学技术典籍通汇·天文卷》第 4 分册，第 571 页。

[②]（唐）李淳风：《乙巳占》卷 10《五音风占》，薄树人主编：《中国科学技术典籍通汇·天文卷》第 4 分册，第 574 页。

续表

风级	名称	风速范围		陆上地物特征	
		蒲福（千米/小时）	李淳风（距离远近）	蒲福	李淳风
9	烈风	47—54	500 里	屋顶受损	折大枝
10	狂风	55—63	1000 里	大树刮断或连根拔起	折木飞砂石
11	暴风	64—75	5000 里	陆上少见	拔木树及根
12	飓风	75		摧毁力极大	

除此之外，《乙巳占》在气象学方面的其他合理思想，尚待进一步研究和挖掘。

（二）《乙巳占》的思想局限性

由《乙巳占》的主要用途可知，李淳风的着眼点在于"占"，这样他将天地之间出现的种种异常现象，都和世间的人或事挂钩，并做出了各种各样的推测，这在科学上是不可取的。例如，李淳风在《乙巳占·日月旁气占》中说：

> 夫气者万物之象，日月光明照之使见。是故天地之性，人最为贵，其所应感亦大矣。人有忧乐喜怒诚诈之心，则气随心而见。日月照之以形其象，或运数当有，斯气感占召，人事与之相应，理若循环矣。[①]

此论成为李淳风编撰《乙巳占》的主导思想。天人感应与君权神授紧密地结合在一起，一方面，君权被披上了神圣不可侵犯的神秘外衣，另一方面，君主的一切都被置于上天的监视与惩戒之威下。于是，君主畏惧天谴，而天象之异亦就给很多儒臣提供了献言进策的时机。因此，像《乙巳占》之类的东西，无论在朝廷还是民间，它们本身具有那么持久的吸引力，一定有其存在的合理性，这一点我们不应否认。例如，李淳风在《乙巳占·修德》中说：

> 刘向、京房对灾异多云，人君赋敛重数、徭役烦多、黜退忠良、进用谗佞、骄奢淫泆，荒于禽色，酣酒嗜音，雕墙峻宇，诛戮直谏，残害无辜，听邪言，不遵正道，疏绝宗戚，异姓擅权，无知小人，作威作福，则天降灾祥，以示其变，望其修德以攘之也。不修德以救，则天裂地动，日月薄蚀，五星错度，四序愆期，云雾昏冥，风寒惨裂，兵饥疾疫，水旱过差，遂至亡国丧身，无所不有。其救之也，君治以道，臣谏以忠，进用贤良，退黜谗佞，恤刑缓狱，存孤育寡，薄赋宽徭，矜赡无告，散后宫积旷之女，配天下鳏独之男，齐七政于天象，顺四时以布令，舆人之诵必听，刍荛之言勿弃，行束帛以贲丘园，进安车以搜岩穴，然后广建贤戚，蕃屏皇家，盘石维城，本枝百世，然则此灾可消也，国可保也，身可安也。颂太平者，将比肩于市里矣。击壤行歌者，岂一老夫哉！[②]

---

① （唐）李淳风：《乙巳占》卷1《日月旁气占》，薄树人主编：《中国科学技术典籍通汇·天文卷》第4分册，第471页。

② （唐）李淳风：《乙巳占》卷3《修德》，薄树人主编：《中国科学技术典籍通汇·天文卷》第4分册，第503页。

然而，在现实社会里，真正的"天"是老百姓，而不是所谓的"日月星辰"及"云气土异"等物象。李淳风谈及了许多"修德禳灾"的道理，可惜实际作用不大。一句话，李淳风《乙巳占》中包含很多宿命论的思想，我们应当对其进行批判，剔去糟粕。道理很简单，天道不能决定人的命运。对此，司马迁有一段感言：

> 羽非有尺寸，乘势起陇亩之中，三年，遂将五诸侯灭秦，分裂天下，而封王侯，政由羽出，号为"霸王"，位虽不终，近古以来未尝有也。及羽背关怀楚，放逐义帝而自立，怨王侯叛己，难矣。自矜功伐，奋其私智而不师古，谓霸王之业，欲以力征经营天下，五年卒亡其国，身死东城，尚不觉寤而不自责，过矣。乃引"天亡我，非用兵之罪也"，岂不谬哉！①

还有一点，李淳风《乙巳占》虽然从史学的角度看，似乎也在探讨历史的必然性问题，似乎也想借助占测的力量来确立史学存在的价值，可惜，方法错了。英国历史学家沃尔什说："历史学家并不满足于简单地发现过去的事实：他们至少是企求着不仅要说发生了什么事，而且也要表明它是何以发生的。历史学并不单单是有关过去事件的朴素记录，而且还是我以后将称之为是'有意义的'记录——把各种事件都联系起来的叙述。"②据此分析，李淳风尽管做到了"把各种事件都联系起来的叙述"，然而却是死板的和僵死的联系，根本不是本质的联系和必然的联系。仅以彗星的记录为例，李淳风收集彗星运行的资料十分丰富，非常遗憾的是他没有从科学的角度对它们加以整理研究，与之不同，英国科学家哈雷对彗星的观测资料做了大量的分析，并应用牛顿力学原理，不仅测定了彗星的运行轨道，而且还成功预言其回归。相形之下，李淳风则仍然停留在经验的阶段，还无法实现从经验上升为理论的历史跨越。因此，有学者说："中国虽然有悠久而系统的哈雷彗星记录，但没有人进行整理研究，只是一些原始资料，而正是哈雷做了这样的工作，因此，该彗星被命名为哈雷彗星是当之无愧的。"③

第四节　僧一行的历法思想

僧一行，俗名张遂，魏州昌乐（今河南濮阳市南乐县）人④，唐代著名的佛学家和科学家，享年45岁，可谓英年早逝。他"少聪敏，博览经史，尤精历象、阴阳、五行之学"，有"后生颜子"之称。僧一行不阿权贵，铮铮铁骨，故"武三思慕其学行，就请与结交，一行逃匿以避之"⑤。不久，他"出家为僧，隐于嵩山，师事沙门普寂。睿宗即位，敕东都留守韦安石以礼征，一行固辞以疾，不应命。后步往荆州当阳山，依沙门悟真

---

① 《史记》卷7《项羽本纪》，第338—339页。
② ［英］沃尔什：《历史哲学——导论》，何兆武、张文杰译，桂林：广西师范大学出版社，2001年，第9页。
③ 盛文林主编：《人类在天文学上的发现》，第38页。
④ 一作河北巨鹿人。
⑤ 《旧唐书》卷191《僧一行传》，第5112页。

以习梵律"①。从僧一行的成长经历看,他的思维比较复杂,既有阴阳五行之易学因素,又有以"五明"为学习内容的梵律基质。所以僧一行科学思维的建立,确实与其长期的易学和佛学思维训练存在一定的必然联系。

僧一行曾从道士尹崇处借得一部《太玄经》,并撰有《大衍玄图》及《义决》1卷,可惜这些著作今已不传。由《周易·系辞上》"大衍之数五十,其用四十有九"②知,僧一行的《大衍玄图》属于"大衍术"的范畴。考,"大衍术"在汉代被视为筮法,以与《易》义相区别。因此,《汉书·艺文志》将"大衍术"归于"蓍龟类",而不是"易类",并且在"蓍龟类"列出《大筮衍易》28卷一书。③《汉书》对于"蓍龟"的意义,已提升到了一个极高的层面,它说:"是故君子将有为也,将有行也,问焉而以言,其受命也如响,无有远近幽深,遂知来物。非天下之至精,其孰能与于此!"④而"一行"的寓意亦源于此,如果我们仅仅局限于"蓍龟"来理解僧一行的思想,就未免矮化了"大衍术"的科学价值。如众所知,扬雄《太玄经》是一部"探讨整个世界(天地人)的根本性规律(玄),以及个人顺应这个规律以立身处世避祸趋福之问题"⑤的著作,既然要研究每个人的生存和发展问题,就必须考察人与天地之间的关系问题,以天、地、人相互关联为其宇宙框架模式和哲学思想。所以,从这个层面讲,《太玄经》包含着非常深刻的天文学思想。故东汉科学家张衡"耽好《玄经》",并称《太玄经》乃"汉家得天下二百岁之书也"⑥。僧一行研读《太玄经》基本上仍延续着张衡的脉路,只不过是僧一行根据隋唐易学的发展特点,而赋予《太玄经》以图像的形式。至于具体的图像形式,因原著已佚,我们不得而知。然据一些学者研究:"扬雄为了说明他的'玄'的思想是与天文的'混天说'以及当时的历法和月历紧密关联的,故而他把81首分为729赞,每两赞主(对应)一昼夜,其一共对应表述364天半的时间;同时又加上'倚'、'赢'两赞的时间,而凑成一年为365又1539分日之385(即365又385/1539日)。这正好与当时的《三统历》相合。"⑦

毋庸置疑,僧一行的天文成就已经远远超过了《太玄经》,究其原因,除了僧一行自身的天赋之外,还得益于以下四个方面的社会因素:一是唐朝的社会生产力较西汉有了较大进步,特别是"开元盛世"使唐朝的综合国力达到了一个新的历史高度,恰如杜甫在《忆昔》第二首诗中所言"忆昔开元全盛日,小邑犹藏万家室,稻米流脂粟米白,公私仓廪具丰实"⑧,甚至开元、天宝年间出现了"耕者益力,四海之内,高山绝壑,耒耜亦满。人家粮储,皆及数岁,太仓委积,陈腐不可校量"⑨的现象,物质基础雄厚,物价较为低廉平稳。二是儒、道、释并举刺激了文化繁荣,从汉武帝的"独尊儒术"到唐太宗的儒、道、释并举,一方面反映了中国历史在不断更新中发展的客观趋势;另一方面更体

① 《旧唐书》卷191《僧一行传》,第5112页。
② 《周易》,黄侃校点:《黄侃手批白文十三经》,第41页。
③ 《汉书》卷30《艺文志》,第1770页。
④ 《汉书》卷30《艺文志》,第1771页。
⑤ 商宏宽:《周易自然观》,太原:山西科学技术出版社,2008年,第185页。
⑥ 《后汉书》卷59《张衡列传》,第1897页。
⑦ 张延生:《易理数理:象数易学数学及其应用》,北京:团结出版社,2009年,第101页。
⑧ (唐)杜甫:《忆昔二首》,萧枫主编:《唐诗宋词元曲》,北京:线装书局,2002年,第417页。
⑨ (唐)元结:《问进士第三》,(清)董诰等:《全唐文》卷380,第3860页。

现了唐朝多元文化的空前融通，故开元年间有数以万计的外国使节、商人、僧侣和留学生居住在长安。三是社会安定，吏治清明，所以史称："唐开元二十八年，天下无事，海内雄富，行者适万里，不持寸刃，不赍一钱。"① 四是唐玄宗量才任官，为智者提供了用武之地，"开元五年，玄宗令其族叔礼部郎中洽赍敕书就荆州强起之。一行至京，置于光太殿，数就之，访以安国抚人之道，言皆切直，无有所隐"②。这样的境遇对于僧一行才气的发挥具有非常重要的意义，如果没有唐玄宗的支持，就不可能有僧一行实测子午线的活动，也就不可能成就《大衍历》的辉煌。故《旧唐书》本传载："时《麟德历经》推步渐疏，敕一行考前代诸家历法，改撰新历，又令率府长史梁令瓒等与工人创造黄道游仪，以考七曜行度，互相证明。于是一行推《周易》大衍之数，立衍以应之，改撰《开元大衍历经》。"③

　　作为一位僧人，僧一行能够把唐代的天文历法推进到又一个新的历史高度，这本身就是一个奇迹。在唐代，佛教与道教一样，都在各自的清规戒律里，保存了与自然界的和谐与统一。同时，由于回答宇宙起源与万物生成和变化的途径及模式的不同，佛、道就用各自的思想范型来建构他们自己的天体学说，并在此基础上形成了各具特色的历法体系。以僧一行这一个案为例，他的天文历法思想的来源是多方面的，既有唐代以前历法传统的积淀，又有印度佛教历法的影响和渗透，同时还有道教历法如《二十八宿旁通历》的浸入与滋润等。所以我们剖析僧一行的历法思想必须进行综合考察，尤其要注重佛教对僧一行历法思想影响的探究和分析。

一、从《大日经疏》到《大衍历》：科学思维的途径

　　僧一行的著述比较丰富，见于《旧唐书》本传计 7 种：《大衍玄图》及《义决》1 卷、《大衍论》3 卷、《摄调伏藏》10 卷、《天一太一经》1 卷、《太一局遁甲经》1 卷、《释氏系录》1 卷、《开元大衍历经》52 卷等。《宋高僧传·唐中岳嵩阳寺一行传》则载："睿宗、玄宗并请入内集贤院，寻诏住兴唐寺。所翻之经，遂著《疏》（即《大日经疏》——引者注）七卷，又《摄调伏藏》六十卷、《释氏系录》一卷、《开元大衍历》五十二卷。其历编入《唐书·律历志》，以为不刊之典。"④ 另《释门正统》又有《易论》12 卷、《五音地理经》15 卷、《心机算术》1 卷、《括遁甲十六局》1 卷、《六壬连珠歌》1 卷及《六壬髓经》1 卷。《续藏经》辑录有僧一行撰写的《宿曜仪轨》1 卷、《七曜星辰别行法》1 卷和《北斗七星护摩法》1 卷等。从其著作的分量来看，佛教著述最重。下面笔者主要以《大日经疏》为例，试对僧一行的佛学思想略作阐释。

　　（一）僧一行的学佛经历

　　僧一行有"读书不再览"的天赋和惊人的记忆力，而这种天赋使他卓然于世，成为一代密教宗师。为了讲述方便，笔者不妨将《宋高僧传》里的相关内容转录于兹：

①　胡国兴编著：《读史札记》，兰州：甘肃人民出版社，2002 年，第 17 页。
②　《旧唐书》卷 191《僧一行传》，第 5112 页。
③　《旧唐书》卷 191《僧一行传》，第 5112 页。
④　（宋）赞宁撰，范祥雍点校：《宋高僧传》卷 5《唐中岳嵩阳寺一行》，北京：中华书局，1987 年，第 92 页。

（大概21岁时）因遇普寂禅师大行禅要，归心者众，乃悟世幻，礼寂为师，出家剃染。所诵经法，无不精讽。寂师尝设大会，远近沙门如期必至，计逾千众。时有征士卢鸿，隐居于别峰，道高学富，朝廷累降蒲轮，终辞不起。大会主事先请鸿为导文，序赞邑社。……自是三学名师，罕不谘度。因往当阳，值僧真，纂成《律藏序》，深达毗尼。然有阴阳谶纬之书，一皆详究，寻访算术，不下数千里。知名者往询焉。

又于金刚三藏学《陀罗尼秘印》，登前佛坛，受法王宝，复同无畏三藏译《毗卢遮那佛经》，开后佛国。其传密藏，必抵渊府也。[①]

《酉阳杂俎》亦说："一行因穷大衍，自此访求师资，不远数千里。尝至天台国清寺，见一院，古松数十步，门有流水。一行立于门屏间，闻院中僧于庭布算，其声蔌蔌。既而谓其徒曰：'今日当有弟子求吾算法，已合到门，岂无人道达耶？'即除一算，又谓曰：'门前水合却西流，弟子当至。'一行承言而入，稽首请法，尽受其术焉。"[②]

如果说上述记载稍嫌混乱的话，那么，日本僧人成尊在《真言付法纂要抄》中对僧一行学佛经历的记述，其条理和思路就清晰多了。成尊说：

沙门一行，金刚智三藏之法化也。二十一，遇荆洲（州）景禅师出家。从嵩山大照禅师，谘受禅法，契悟无生一行三昧，因以名焉。开元八年，金刚智东渐之后，始开道场，亲受灌顶。十二年，于无畏三藏译《毗卢舍那经》，并制义疏。扣炉真言，禅师之功也。又奉敕述《大衍历》，并《开元历》，先贤所误，皆以正之。借学九流，皆尽幽旨，研穷两部，共为疏主。凡内外经书，目历便诵。律部经论所有要文，撰为《调伏藏》十卷，兼自注解。是故东都圣上，侍以师礼，累代居内，日益钦敬。[③]

不过，从上面的史料看，有些问题各家记述前后不一致，甚至存在相互抵牾。

首先，关于僧一行的出家，《旧唐书》云，僧一行为了逃避武三思的纠缠，而"出家为僧，隐于嵩山，师事沙门普寂"。《宋高僧传》及《释门正统》与《旧唐书》的说法相同，但《真言付法纂要抄》却说僧一行"遇荆洲（州）景禅师出家"，日本天台宗创建者最澄在《内证佛法相承血脉谱》里，亦载有同样的故事。那么，究竟哪种说法接近实际呢？据《旧唐书》记载，开元五年（717），"玄宗令其族叔礼部郎中洽赍敕书就荆州强起之"。此"荆州"是指河北荆州当阳山，因为"荆州"有两见：一见是"荆洲（州）景禅师"，另一见则是"往当阳，值僧真"。虽同是当阳山，但两者相隔时间比较远。如唐代开元二十三年（735）进士李华在《故左溪大师碑》文中说："又宏景禅师得天台法，居荆州当阳，传真禅师，俗谓兰若和尚（慧真）是也。"[④]宏景禅师又称恒景禅师，《宋高僧传》

① （宋）赞宁撰，范祥雍点校：《宋高僧传》卷5《唐中岳嵩阳寺一行》，第91、92页。
② （唐）段成式撰，方南生点校：《酉阳杂俎》前集卷5《怪术》，北京：中华书局，1981年，第58页。
③ ［日］成尊：《真言付法纂要抄》，《大正新修大藏经》第77卷，第417—418页。
④ （唐）李华：《故左溪大师碑》，周绍良主编：《全唐文新编》卷319，长春：吉林文史出版社，2000年，第3629页。

有"唐荆州玉泉寺恒景传"。其传云："（恒景）贞观二十二年敕度，听习三藏，一闻能诵，如说而行。初就文纲律师隶业毗尼，后入覆舟山玉泉寺，追智者禅师习《止观门》……自天后、中宗朝，三被召入内供养为受戒师。以景龙三年奏乞归山，敕允其请……至先天元年九月二十五日卒于所住寺，春秋七十九。"①据此推断，弘景禅师的"传唱禅法"经历大致分为三个时段：从贞观二十二年（648）到天授元年（690），弘景主要居住在当阳山玉泉寺及龙兴精舍，"听习三藏"和"习止观门"，苦行精进；从天授二年（691）至景龙二年（708），以居长安为主，在京传法，参与译事；从景龙三年（709）到先天元年（712），又回到当阳山玉泉寺，弘扬天台宗教学法门，并逐渐形成"禅台律净诸宗兼学并弘的特色"②。考《旧唐书》有"睿宗即位，敕东都留守韦安石以礼征，一行固辞以疾"③之说。此条史料证明当时僧一行出家在嵩山，而不在当阳山。也就是说，僧一行与宏景禅师相遇，只有在景龙三年与景龙四年之间。如众所知，无论天台宗还是密宗，僧一行早年与宏景禅师相遇都是一件非常重要的事件，可是，为什么唐宋汉籍史书（包括正史与佛史）皆不见此记载。相反，日本的遣唐僧所撰佛教史书却不约而同地认为僧一行"遇荆洲景禅师出家"。只要仔细比对，就会发现，日本人的说法是相互矛盾的。比如，《真言付法纂要抄》云僧一行"二十一，遇荆洲景禅师出家"，前揭宏景禅师还故乡当阳山的时间是在景龙三年，而僧一行"二十一"岁，有两种算法：一种以《释门正统》"寿五十五"计，已知僧一行卒于开元十五年（727），则僧一行"二十一"岁值延载元年（694）；一种以《旧唐书》"年四十五"计，则僧一行"二十一"岁值长安四年（704）。毫无疑问，这两个时间段，宏景禅师主要居住在长安，而不在当阳山。所以《真言付法纂要抄》及《内证佛法相承血脉谱》的说法不准确，而造成这个错误说法的原因，可能与其突出"真言宗"和天台宗各自的"血脉谱"有关。因为它们系专门追溯"真言宗"与"天台宗"相承血脉的著作，在史料选择方面有其局限性，存在诸多附会的成分。

其次，关于僧一行向国清寺无名高僧学习算法的问题，以上诸家记载均未详言，且其说互异。如《酉阳杂俎》和《旧唐书》都说僧一行向天台山国清寺高僧学习算法，是为了"穷大衍"，而僧一行奉敕编纂《大衍历》是在开元九年（721）。当时"太史频奏日蚀不效，诏沙门一行改造新历"④。而据严敦杰考证，僧一行实际编纂《大衍历》则是在开元十三年（725）。⑤在此期间，僧一行有向天台山国清寺高僧学习算法的可能。然《宋高僧传》却云："（僧一行）因往当阳，值僧真，纂成《律藏序》，深达毗尼。然有阴阳谶纬之书，一皆详究。寻访算术，不下数千里，知名者往询焉。末至天台山国清寺。"⑥据此推断，僧一行向天台山国清寺高僧学习算法的时间，或在当阳期间，或在离开当阳之后，难以确定。又《酉阳杂俎》把僧一行向天台山国清寺高僧学习算法放在了其师事普寂之后⑦，

---

① （宋）赞宁撰，范祥雍点校：《宋高僧传》卷5《唐荆州玉泉寺恒景传》，第90—91页。
② 心皓法师：《天台教制史》，厦门：厦门大学出版社，2007年，第182页。
③ 《旧唐书》卷191《僧一行传》，第5112页。
④ 《旧唐书》卷35《天文志上》，第1293页。
⑤ 严敦杰：《一行禅师年谱——纪念唐代张遂诞生一千三百周年》，《自然科学史研究》1984年第1期，第39页。
⑥ （宋）赞宁撰，范祥雍点校：《宋高僧传》卷5《唐中岳嵩阳寺一行》，第91页。
⑦ （唐）段成式撰，方南生点校：《酉阳杂俎》前集卷5《怪术》，第58页。

给人的印象好像是僧一行离开嵩山之后，即向天台山国清寺高僧学习算法。因此，学界对这件事情的说法，众说纷纭。严敦杰在《一行禅师年谱》里，没有对此事发表评论。日本学者长部和雄考订向天台山国清寺高僧学习算法，应在僧一行出家之前。吴慧则断定在僧一行从当阳山到被召入长安前即开元五年（717）的这段时间。综合《宋高僧传》和《旧唐书》等史籍，笔者认为吴慧的推断较为合理。因为：一是僧一行有很深的"阴阳谶纬"情结，故《旧唐书》称其"少聪敏，博览经史，尤精历象、阴阳、五行之学"①，且当时又正值其求知欲望最强烈和最迫切的时期。对此，《释门正统》载："（僧一行）从禅僧普寂剃落，卢鸿乙谓寂：'此子非君所能模范，当纵其东。'请南询，所至倒屣，西竺贝叶，阴阳谶纬，靡不穷究。传密教于金刚无畏，结集毗卢遮那经疏，登坛灌顶，受喻伽五部法。因求历学，远至国清。"②此处所说的"请南询，所至"，当指当阳山。也就是说僧一行一到当阳山就燃烧起了他强烈的求知欲望，这是促使他向天台山国清寺高僧学算的主要动机。二是当阳山距离天台山较长安距离天台山要近得多，来往也较方便，这是僧一行向天台山国清寺高僧学习算法的地理条件。三是在开元九年奉敕修历之前，僧一行必然已经具备深厚的历算素养，而历算素养的形成绝非在短期内所能成就，它需要一个比较漫长的积累过程。如果从开元四年（716）僧一行徒步往当阳山算起③，那么，到开元九年，中间隔有5年时间。此间僧一行不仅在天台山国清寺学到了大衍术，而且其历算水平早已为僧道界所公认。故《宋高僧传》云："末至天台山国清寺见一院，古松数十步，门枕流溪，淡然岑寂。行立于门屏，闻院中布算，其声蔌蔌然。僧谓侍者曰：'今日当有弟子自远求吾算法，计合到门，必无人导达耶？'即除一算子。又谓侍者曰：'门前水合却西流，弟子当至。'行承其言而入，稽首请法，尽授其决焉，门前水复东流矣。自此声振遐迩，公卿籍甚。玄宗闻之，诏入"④。

这样，我们大致厘清了僧一行学佛的经历，具体可分为五步：

第一步，神龙元年（705），在嵩山嵩阳寺向普寂禅师学禅法。关于普寂禅师的禅法要旨，唐朝李邕在《大照禅师塔铭》一文中说："当真说实行，自证潜通，不染为解脱之因，无取为涅盘之会。"⑤依"自力"而"渐修"证悟，体现了中国禅宗的分支仍然遵循着禅宗的一般旨趣。⑥普寂在向弘景禅师修习律宗的过程中，忽然开示，深刻体悟出一个"经教"的宝贵方法，那就是"文字是缚，有无是边"，因而应"以正戒为墙，智常为座"⑦，"不应眩曜"而"旁求僻陋"，特别是"心无所存，背无所倚"⑧。既不迷信教条，又要坚守戒律，不炫耀己能，不狂妄自大，戒禅并行，这确实是一种高尚的精神境界。从思想史的角度看，它对于扭转魏晋玄学所造成的那股追求个人享乐的颓废风气，是有积极作用

① 《旧唐书》卷 191《僧一行传》，第 5112 页。

② （宋）宗鉴集：《释门正统》卷 8，藏经书院：《卍续藏经》第 130 册《中国撰述·礼忏部·史传部》，台北：新文丰出版公司，1983 年，第 923 页。

③ 严敦杰：《一行禅师年谱——纪念唐代张遂诞生一千三百周年》，《自然科学史研究》1984 年第 1 期，第 36 页。

④ （宋）赞宁撰，范祥雍点校：《宋高僧传》卷 5《唐中岳嵩阳寺一行》，第 91—92 页。

⑤ （唐）李邕：《大照禅师塔铭》，周绍良主编：《全唐文新编》卷 262，第 2958 页。

⑥ 卢升法、何青：《佛光禅髓——东方哲学的圆融精神》，北京：华夏出版社，1995 年，第 34 页。

⑦ （唐）李邕：《大照禅师塔铭》，周绍良主编：《全唐文新编》卷 262，第 2957 页。

⑧ （唐）李邕：《大照禅师塔铭》，周绍良主编：《全唐文新编》卷 262，第 2957 页。

的。另外，它主张解脱文字的束缚，对僧一行破除门户之见，产生了重要影响。从普寂"纵其游学"①到僧一行"转益多师"②，表明他的头脑里没有既定的思维范式和观念遮障，唯有在创新的过程中广记博闻，处处求师问教，究极天人，所以最终成就了一代宗师的辉煌。

第二步，开元四年（716）在当阳山向惠真禅师"习梵律"。长部和雄认为："一行从惠真处学习了律宗，恐怕也是从此处学习了玉泉派的天台宗。"③考惠真禅师为玉泉系天台第五祖，据李华《荆州南泉大云寺故兰若和尚碑》记载，惠真 13 岁剃度，"因舍儒学，专精大乘"，16 岁时遍学经律，并从义净处学习梵本律藏，后著《毗尼孤济蕴》及《菩提心记》等书，接天台、律宗两家血脉。其立教之宗是"以律断身嫌，戒降心过，应舍而常在，无行而不息，离心色则净，皆净则离，离则无生，内外中间，无非实际，要因四摄，成就五身，始以上观悟入"④。其强调戒律对修持的重要性，既有"离心色则净，皆净则离，离则无生"的北宗渐修思想，同时又统之以"内外中间，无非实际"的天台中道实相和止观修习，体现了惠真主张戒律与天台并重的佛教理念，给僧一行以深刻影响。如《内证佛法相承血脉谱》载：僧一行"每研精一行三昧，因以名焉。"⑤神秀在申明自己的禅法渊源时，明确指出："依文殊说般若经，一行三昧。"⑥南朝梁扶南国三藏曼陀罗仙所译《文殊师利所说摩诃般若波罗蜜经》对"一行三昧"的解释是：

> 佛言：法界一相，系缘法界，是名一行三昧。若善男子、善女人，欲入一行三昧；当先闻般若波罗蜜，如说修学，然后能入一行三昧；如法界缘，不退、不坏、不思议，无碍、无相。……念一佛功德无量无边，亦与无量诸佛功德无二。不思议佛法，等无分别；皆乘一如，成最正觉；悉具无量功德、无量辩才，如是入一行三昧者，尽知恒沙诸佛法界，无差别相。阿难所闻佛法，得念总持；辩才智慧，于声闻中虽为最胜；犹住量数，则有限碍。若得一行三昧，诸经法门，一一分别，皆悉了知，决定无碍；昼夜常说，智慧辩才，终不断绝。若比阿难，多闻辩才；百千等分，不及其一。⑦

有论者认为"一行三昧"的核心就是"念佛名"与"净心"，而"这二者，就是教授修持的方便"⑧。前揭普寂亦讲"住心看净"，可见玉泉系天台宗的师徒传承，确实本乎一脉。不过，我们更看重它对僧一行的影响，恰如有的学者所言，如果"依《楞伽经》，诸佛心第一"属于"传统保守部分"的话，那么，"依文殊说般若经，一行三昧"就是属于"革新进去部分"⑨。仅从科学思维的角度看，讲求静坐、定心及不取相的修行方式，有利

---

① （宋）赞宁撰，范祥雍点校：《宋高僧传》卷 5《唐中岳嵩阳寺一行》，第 91 页。
② 吴慧：《僧一行生平再研究》，《圆光佛学学报》2009 年第 14 期，第 95 页。
③ ［日］长部和雄：《一行禅师の研究》，神户：神户商社大学经济研究所，1944 年，第 9 页。
④ （唐）李华：《荆州南泉大云寺故兰若和尚碑》，周绍良主编：《全唐文新编》卷 319，第 3625 页。
⑤ ［日］最澄：《内证佛法相承血脉谱》，《佛教大师全集》，成都：巴蜀书社，2020 年。
⑥ （唐）净觉集：《楞伽师资记》，《大正新修大藏经》第 85 卷，第 1290 页。
⑦ （南朝·梁）曼陀罗仙译：《文殊师利所说摩诃般若波罗蜜经》卷下，《大正新修大藏经》第 8 册，第 731 页。
⑧ 释印顺：《中国佛教论集》，北京：中华书局，2010 年，第 65 页。
⑨ 潘桂明、吴忠伟：《中国天台宗通史》，南京：江苏古籍出版社，2001 年，第 248 页。

于思维的高度集中，长期进行这种思维训练，对科技创新会有帮助。所以在没有新的思维方法之前，佛教的静坐与定心修持，对激发复杂性的科学研究是有一定积极意义的。

第三步，从开元四年（716）到开元五年（717），僧一行除了在当阳山向惠真禅师"习梵律"外，还前往天台山向无名高僧学习"大衍"算法。对此，《旧唐书》载：

> 初，一行求访师资，以穷大衍，至天台山国清寺，见一院，古松十数，门有流水，一行立于门屏间，闻院僧于庭布算声，而谓其徒曰："今日当有弟子自远求吾算法，已合到门，岂无人导达也？"即除一算。又谓曰："门前水当却西流，弟子亦至。"一行承其言而趋入，稽首请法，尽受其术焉，而门前水果却西流。道士邢和璞尝谓尹愔曰："一行其圣人乎？汉之洛下闳造历，云：'后八百岁当差一日，必有圣人正之。'今年期毕矣，而一行造《大衍》正其差谬，则洛下闳之言信矣，非圣人而何？"①

由于这段史料没有标明具体时间，故长部和雄认为僧一行向天台山国清寺布算僧人学习算法这件事情发生在其出家之前。而吴慧则将僧一行向布算僧人学习算法的时间确定在开元四年至开元五年之间，在没有新的史料被披露之前，笔者认为吴说更为合理。现在的问题是：僧一行为什么在向惠真禅师"习梵律"的过程中，忽然跑到天台山国清寺去学习大衍算法？换言之，僧一行学习大衍算法的真正动机是什么？如前所述，僧一行在出家前曾对《太玄经》有所研求，并"由是大知名"②。这段特殊经历对其一生的影响至关重要，可是，嵩山嵩阳寺普寂禅师和当阳山玉泉寺的惠真禅师，他们两人都曾发生过弃儒入释的大转折，这种相同的经历，绝不是巧合。故李邕《大照禅师塔铭》载："（普寂）博总经籍，殚极天人，以为洪范九畴，周易十翼，虽奥旨元邈，然大略回疑。不若别求法缘，幽寻释教。"③与此类似，李华《荆州南泉大云寺故兰若和尚碑》云："（惠真）六岁发言，辄谐经义。七岁诵书，日记万言。默诵法华经安乐行品，因舍儒学，专精大乘。"④我们知道，僧一行尽管潜心佛法，但他始终没有放弃对儒家经典的研求。于是，就有了《宋高僧传》下面的一段记载："（僧一行）因往当阳，值僧真，纂成《律藏序》，深达毗尼。然有阴阳谶纬之书，一皆详究，寻访算术，不下数千里。"⑤如果《宋高僧传》的记载属实，那么，这里就出现了一个问题：普寂与惠真皆由弃儒入释；僧一行却是反其道而行之，由佛入儒道。所以从"因往当阳，值僧真"到出现"有阴阳谶纬之书，一皆详究，寻访算术"，其间应当还有故事，可惜《宋高僧传》没有详说。在刘师培看来，"周秦以还，图箓遗文渐与儒道二家相杂。入道家者为符箓，入儒家者为谶纬。董（仲舒）、刘（向）大儒，竞言灾异，实为谶纬之滥觞"⑥。阴阳谶纬生于两汉，像马融、蔡邕、郑玄、何休等都非常精通谶纬之学。至唐代，阴阳谶纬仍然被推崇，不仅《旧唐书》和《新唐书》中都

① 《旧唐书》卷191《方伎列传》，第5113页。
② 《旧唐书》卷191《方伎列传》，第5112页。
③ （唐）李邕：《大照禅师塔铭》，周绍良主编：《全唐文新编》卷262，第2957页。
④ （唐）李华：《荆州南泉大云寺故兰若和尚碑》，周绍良主编：《全唐文新编》卷319，第3624页。
⑤ （宋）赞宁撰，范祥雍点校：《宋高僧传》卷5《唐中岳嵩阳寺一行》，第91页。
⑥ 刘师培：《国学发微》，《刘师培全集》第1册，北京：中共中央党校出版社，1997年，第481页。

有"经纬"与"谶纬"之目，即使《九经正义》也仍遵信阴阳谶纬。受到这种思想风气的熏陶，僧一行当然希望自己通过精通天文术数而能够对他所遇到的特定社会现象及其政治事件等做出预言。如《大唐传载》载："沙门一行，开元中尝奏玄宗云：'陛下行幸万里，圣祚无疆。'故天宝中幸东都，庶盈万数及上幸蜀，至万里桥，方悟焉。"①这种偶然言中的历史事件纯属巧合，却被古代的小说家神化为一种谶纬迷信。我们必须承认，阴阳谶纬多为荒诞不经之论，里面掺杂着很多思想糟粕，因此，对它的本质应进行无情批判。然而，作为一种社会意识，它在唐代有其存在的合理性和现实依据。如果再往小说一点，阴阳谶纬里面也包含着少量有用的天文、历法、地理知识等②，而这些积极因素就构成了唐代科学思想肌体的一条支脉。僧一行虽然主观上学习算法未必是为了唐朝天文历法的发展，但在客观上他的算法却将唐朝天文历法推向了一个新的历史高峰。

第四步，开元八年（720）向来唐朝传授密藏的南天竺高僧及中国密教初祖金刚智学习《陀罗尼秘印》。③《佛祖统纪》载："（开元）七年，西天三藏金刚智，循南海至广州，来京师召见，敕居慈恩寺。智传龙树瑜伽密教，所至必结坛灌顶度人，祷雨禳灾，尤彰感验。"④可见，密教的"祷雨禳灾"术与阴阳谶纬有可通约之处，这对僧一行来说，是一次难得的学习机会。所以释智升在《续古今译经图记》中说："（金刚智）幼而出家，游诸印度。虽内外博达，而偏善搃持于此一门，罕有其匹。随缘游化，随处利生。闻大支那佛法崇盛，遂泛舶东逝，达于海隅。开元八年中方届京邑，于是广弘秘教，建曼荼罗，依法作成，皆感灵瑞。沙门一行钦斯密法，数就咨询，智一一指陈，复为立坛灌顶，一行敬受斯法，请译流通"⑤。除了"钦斯密法"，僧一行是否还同金刚智探讨了一些天文历法问题。陈美东认为："不排除一行与金刚智交流天文历法问题的可能性。"⑥这里有两点理由：一是"天台宗历来重视的密教、天文、历算"⑦。历史的发展有其曲折性甚或矛盾性，经常呈螺旋式上升的状态。因此，王仲尧在《走进瑰丽世界：易学与佛教》一书中，特别有一章名为"密教、《周易》与天文学：一行之'不思议'境"。王氏在回答僧一行究竟是科学家还是密教大师这个很难回答的疑问时，考察了"天文学"在中国古代的真正内涵。于是，他通过考察后发现："对当时人来说，'天文'是用以指仰观天象以占知人事吉凶的学问。"⑧因此，把古代天文学与现代天文学的概念区别开来，对于理解僧一行的矛盾人格和认知冲突是十分重要的。因为在我们看来是认知冲突的问题，而发生在僧一行身上，则既合情又合理，它并不是一件不可思议的事情。我们反复强调，古代科学的发展形态非常复杂，其

① 无名氏：《大唐传载》，（唐）刘肃等撰，恒鹤等校点：《大唐新语（外五种）》，上海：上海古籍出版社，2012年，第188页。

② 无名氏：《大唐传载》，（唐）刘肃等撰，恒鹤等校点：《大唐新语（外五种）》，第188页。

③ （宋）赞宁撰，范祥雍点校：《宋高僧传》卷5《唐中岳嵩阳寺一行》，第92页。

④ （宋）释志磐：《佛祖统纪》卷40，扬州：江苏广陵古籍刊印社，1992年，第1669页。

⑤ （唐）释智升：《续古今译经图记》，《碛砂大藏经》第96册，北京：线装书局，2005年，第28页。

⑥ 陈美东：《中国科学技术史·天文学卷》，北京：科学出版社，2003年，第367页。

⑦ ［美］海克·马蒂尔斯：《江户时代的中国占卜术书之传播与马场信武》，王勇主编：《书籍之路与文化交流》，上海：上海辞书出版社，2009年，第248页。

⑧ 王仲尧：《走进瑰丽世界：易学与佛教》，北京：中国书店，2001年，第239页。

中"天文学与星占学有密不可分的关系，这也是古代全世界各民族的普遍现象"①。二是僧一行主观上有强烈的星占倾向，如《宋高僧传》载，一行"心慈爱，终夕不乐。于是运算毕，召净人戒之曰：'汝曹挈布囊于某坊闲静地，午时坐伺，得生类投囊，速归。'明日，果有狝猴引狎七个，净人分头驱逐，狝母走矣，得豚而归。行已备巨瓮，逐一入之，闭盖，以六乙泥封口，诵胡语数契而止。投明，中官下诏入问云：'司天监奏昨夜北斗七座星全不见，何耶？'对曰：'昔后魏曾失荧惑星，至今帝车不见。此则天将大儆于陛下也。夫匹夫匹妇不得其所，犹陨霜天旱，盛德所感，乃能退之。感之切者其在葬枯骨乎！释门以慈心降一切魔，微僧曲见，莫若大赦天下。'玄宗依之。其夜占奏北斗一星见，七夜复初，其术不可测也"②。当然，这种异能有些夸大，但僧一行对恒星的或隐或见能作预测，可能是事实。也就是说，僧一行的星占是与他本身对天象观测的实践密切相连的，其诸多占验实际上都建立在他的一系列周密观测的基础之上，只不过是被披上了神秘的外衣罢了。

第五步，开元十二年（724）"同无畏三藏译《毗卢遮那佛经》"③。无畏三藏是著名的"开元三大士"（善无畏、金刚智及不空）之一，史学界称其为"入唐弘扬密教的第一人"④。其俗弟子李华在《玄宗朝翻经三藏善无畏赠鸿胪卿行状》一文中说："以开元四年景（丙）辰，大赍梵夹，来达长安。初于兴福寺南塔院安置。次后五年丁巳岁，于菩提寺译《虚空藏菩萨能满诸愿最胜心陀罗尼求闻持法》一卷，沙门悉达译语，沙门无著缀文笔受。其和上所将梵夹，有敕并令进入内，缘比（此）未得广译诸经……沙门一行先未曾译者，至十二年随驾入洛，于大福先寺安置，沙门一行，请三藏和尚，译《大毗卢遮那成佛神变加持经》一部七卷。其经具足梵文，有十万颂，今所出者，撮其要耳。沙门宝月译语，一行笔受丞旨，兼删缀词理，文质相半，妙谐深趣。"⑤《开元释教录》卷9所记与此类同，表明译《大毗卢遮那成佛神变加持经》一部七卷，是以僧一行为主导。《大毗卢遮那成佛神变加持经》即《大日经》，既是密宗所依据的主要经典，同时又是日本佛教真言宗的主要经典之一。惜原本"有十万颂"，今已不可考。所以，经过僧一行"撮要"的译本，是否反映了原本的面貌，目前亦已成了一个疑案。于是，有学者干脆把它"视为依一行意愿所作的编译"⑥。那么，僧一行的意愿是什么？这是首先需要弄清楚的一个问题。我们知道，在密宗的经典里，真言与咒语是最主要的传教方式⑦，而从8世纪传入中国的纯正密宗，以"开元三大士"译出的经典为其"思想支柱"，在此期间，僧一行通过笔受金刚智《曼殊室利五字心陀罗尼》和《观自在瑜伽法要》及翻译《大毗卢遮那成佛神变加持经》，已经对密教的思想内容、修行实践以及密法奥秘都有了比较深刻的认识和理解。

---

① 王仲尧：《走进瑰丽世界：易学与佛教》，第 240 页。
② （宋）赞宁撰，范祥雍点校：《宋高僧传》卷 5《唐中岳嵩阳寺一行》，第 93 页。
③ （宋）赞宁撰，范祥雍点校：《宋高僧传》卷 5《唐中岳嵩阳寺一行》，第 92 页。
④ 夏广兴：《密教传持与唐代社会》，上海：上海人民出版社，2008 年，第 47 页。
⑤ （唐）李华：《玄宗朝翻经三藏善无畏赠鸿胪卿行状》，《大正新修大藏经》第 50 册，第 290 页。
⑥ 杜继文：《汉译佛教经典哲学》下，南京：江苏人民出版社，2008 年，第 429 页。
⑦ 郭朋：《中国佛教思想史》中册《隋唐佛教思想》，福州：福建人民出版社，1994 年，第 485 页；薛菁：《闽都文化述论》，北京：中国社会科学出版社，2009 年，第 101 页。

他尽可能根据唐朝开元时期社会发展的实际和他自己对中国古代传统文化的理解，从而有条件地对《大毗卢遮那成佛神变加持经》的内容进行删改和解说，以匡正其谬。

（二）僧一行的佛教著述及其对其科学思想的影响

据严敦杰考证，僧一行在开元十年（722）撰写了《七曜星辰别行法》1卷、《梵天火罗九曜》1卷、《北斗七星护摩法》1卷及《宿曜仪轨》1卷等书，"系受密教后所著"①。开元十一年（723），他撰写《释氏系录》1卷（已佚）。开元十二年（724），他在洛阳译《大毗卢遮那成佛神变加持经》7卷。开元十五年（727），僧一行在临终前完成了《大日经疏》20卷草稿，遂成为其佛学思想的集大成之作，当然也是唐代密教的筑基之作。

1.《大日经疏》与僧一行的佛学思想

《大日经疏》始撰于开元十三年（725），可是，直到僧一行临终前，它仍然是一种尚待继续整理的草稿。所以僧一行临终时不无遗憾地说："此经幽宗，未及宣衍，有所遗恨，良时难会信矣。夫经中文有隐伏，前后相明，事理互陈，是佛方便，若不师授，未寻义释，而能游入其门者，未之有矣。"于是，他流下的遗愿是"再请三藏（即无畏三藏）详之"②。此与崔牧《大日经序》的说法一致。由于《大日经疏》的最终书稿，是经僧一行的弟子整理出版，故世上流行的版本不仅名称不同，而且卷数亦有差别。比如，日本现存有两种版本：一是弘法携回的二十卷本（即东密本），二是慈觉携回的十四卷本（即台密本）。不过，从通观的视角看，各版本的中心思想和基本内容却并无实质性的不同。

首先，《大日经疏》包含有无畏三藏的思想，这是由密教本身"文义秘密，难以简单晓之示人"③的师徒口耳相传特色决定的。诚如温古所言："此经仍为笔受译语，比丘宝月练诸教相，善解方言非禅师不能扣其幽关，非三藏莫能扬其至赜。"因此之故，僧一行"又请三藏解释其义，随而录之，无言不穷，无法不尽"④。前面讲过，密宗尤为重视修行实践，然而，像灌顶、诵咒、供养等仪轨，教外僧俗根本无法知晓，如无畏三藏著有《摄大毗卢遮那成佛神变加持经入莲花胎藏海会悲生曼荼罗广大念诵仪轨》3卷及《大毗卢遮那经广大仪轨》3卷，即是"师资相承之本，秘密传受，而不公之于世者"⑤。如在《大日经疏》第6卷中记有无畏三藏系统之阿阇梨所传曼荼罗⑥；在第13卷中记述了无畏三藏结手印时的注意事项；在第17卷中记有源自无畏三藏的密教十重戒；另疏文中保存了无畏三藏所传的图位等。因此，从这个角度讲，我们说《大日经疏》确实是僧一行整理无畏三藏的讲授口诀而成⑦。

①　严敦杰：《一行禅师年谱——纪念唐代张遂诞生一千三百周年》，《自然科学史研究》1984年第1期，第37页。

②　（唐）释温古：《毗卢遮那成佛神变加持经义释序》，藏经书院：《卍续藏经》第36册《中国撰述·大小乘释经部》，第507页。

③　王建光：《中国律宗通史》，南京：凤凰出版社，2008年，第23页。

④　（唐）释温古：《毗卢遮那成佛神变加持经义释序》，藏经书院：《续藏经》第36册《中国撰述·大小乘释经部》，第507页。

⑤　[日]尾祥云：《曼荼罗之研究》，吴立民主编：《威音文库译述（二）》，上海：上海古籍出版社，2005年，第235页。

⑥　[日]尾祥云：《曼荼罗之研究》，吴立民主编：《威音文库译述（二）》，第236页。

⑦　齐欣、玉辉：《苦旅佛缘》，北京：大众文艺出版社，2005年，第68页。

其次，僧一行既传承了无畏三藏弘传的胎藏界密法，又吸收了由金刚智弘传的金刚界密法中的一些成果，从而形成了自己的密教思想特色。关于金刚智与僧一行的关系，已见前述。《宋高僧传》载：

> 自开元七年，（金刚智）始届番禺，渐来神甸，广敷《密藏》，建曼拿罗，依法制成，皆感灵瑞。沙门一行钦尚斯教，数就谘询，智一一指授，曾无遗隐。一行自立坛灌顶，遵受斯法，既知利物，请译流通。十一年，奉敕于资圣寺翻出《瑜伽念诵法》二卷、《七俱胝陀罗尼》二卷，东印度婆罗门大首领直中书伊舍罗译语，嵩岳沙门温古笔受。十八年，于大荐福寺又出《曼殊室利五字心陀罗尼》《观自在瑜伽法要》各一卷，沙门智藏译语，一行笔受，删缀成文。①

《瑜伽念诵法》即《金刚顶瑜伽中略出念诵经》，印度僧伊舍罗译语，僧一行笔受。②考《宋高僧传》《旧唐书》及《释门正统》等文献，均载僧一行圆寂于开元十五年（727），故上述故事称僧一行在开元十八年（730）笔受金刚智所译语的《曼殊室利五字心陀罗尼》和《观自在瑜伽法要》，不确，应为"东印度婆罗门大首领直中书伊舍罗译语，嵩岳沙门温古笔受"。这样，通过与无畏三藏合作翻译《大日经》（胎藏界），以及与金刚智合作翻译《金刚顶瑜伽中略出念诵经》（金刚界），僧一行便得到了两位密宗大师的不同传承。虽然金胎两部为密教最根本之二面，但两界实为一体，互具不二，智住理内，理住智中。因此，持松说："胎藏界从众生烦恼欲处起，金刚界从佛果智上起。因此，胎藏为生界本有，属理，故诸尊住在莲花内的月轮中。莲花表理，月轮表智，智住理内，表示不二。金刚界为佛界修生，属智，故诸尊住在月轮内莲花中。理住智内，也是不二。因此金胎两部是色心理智互具不二的。为了说明的便利，所以分成两部。"③从这个层面上，《大日经疏》往往引证《金刚顶经》，因而"开了金胎并行互释的传统"。下面我们拟对《大日经疏》的主要思想略作阐释：

第一，"性同虚空即同于心，性同于心即同菩提。"④《大日经疏》开卷即言"入真言门住心品"，可见"心"这个概念对于密宗立教的重要性。僧一行说："众生自心，即是一切智智。"⑤又说："万法唯心，心之实相即是一切种智。"⑥心体很大，故说："如来心王，诸佛住而住其中。"⑦

第二，"即身成佛"。在《大日经疏》卷1里，"平等"两个字出现的频率较高，如"平等种子""平等法性""平等遍一切处""平等智身"等。僧一行说："以平等身、口、

---

① （宋）赞宁撰，范祥雍点校：《宋高僧传》卷2《唐洛阳广福寺金刚智传》，第6页。

② ［日］谦田茂雄：《简明中国佛教史》，郑彭年译，上海：上海译文出版社，1986年，第234页。

③ 持松：《金胎两部》，中国佛教协会：《中国佛教》第4辑，北京：知识出版社，1989年，第423页。

④ （唐）沙门一行阿阇梨：《大毗卢庶那成佛经疏》卷1《入真言门住心品》，《大正新修大藏经》第39册，第589页。

⑤ （唐）沙门一行阿阇梨：《大毗卢庶那成佛经疏》卷1《入真言门住心品》，《大正新修大藏经》第39册，第579页。

⑥ （唐）沙门一行阿阇梨：《大毗卢庶那成佛经疏》卷7《入漫荼罗具缘品第二之余》，《大正新修大藏经》第39册，第656页。

⑦ （唐）沙门一行阿阇梨：《大毗卢庶那成佛经疏》卷1《入真言门住心品》，《大正新修大藏经》第39册，第580页。

意秘密加持，为所入门。谓以身平等之密印，语平等之真言，心平等之妙观，为方便故。逮见加持受用身，如是加持受用身，即是毗卢遮那遍一切身，遍一切身者，即是行者平等智身。"①其至在密宗的教义里，"一切众生皆入其中"，因此，"平等法门，则此经之大意也"②。在此，"身、口、意"三密，佛与众生实无本质的分别，所以"当知阿字门，即是一切世间之大救护也……十方诸佛以法身同所加持，诸有修行之者，以此真言故，即能作诸佛事，乃至普现色身，为一切众生界开示佛之智慧，如佛能作是事，此阿字门亦能如是作之，当此彼体即同一切佛身也"③。

第三，中观思想。佛教中观思想源自约 3 世纪的印度高僧龙树，后来鸠摩罗什在长安将其《中论》《十二门论》等著作译成汉语，遂成为三论宗所依据的重要经典。针对佛教"一切有部"，龙树提出了"众因缘生法，我说即是无，亦为是假名，亦是中道义，未曾有一法，不从因缘生，是故一切法，无不是空者"④的主张。当然，"空"不是否定一切，而是说"空和假名是同一缘起法的两个方面，是密切地相互联系的，因为是空才有假设，因为是假设才是空。这样在看法上既要不执着有（实有），也不执着空（虚无的空）"⑤。这就是龙树中观论的核心思想，僧一行在《大日经疏》里多次应用中观论来阐释《大日经》的微言大义。

僧一行通过将"法界"与"心界"贯通起来的方式，不仅肯定了人类认识的主观能动性，而且更宣示了自然规律的不灭性。对此，僧一行做了下面的论证。他说："所谓若法本来不生则无造作，若无造作，则如虚空无相；若如虚空无相，即无有行；若无所行，则无有合，若无有合则无迁变，乃至若无因者当知法本不生。"⑥文中的"法"可以理解为自然规律，从这个角度看，密教理论确实有其合理性的一面。所以恩格斯在《自然辩证法》一书中指出："辩证的思维——正因为它是以概念本身的本性的研究为前提——只对于人才是可能的，并且只对于在较高发展阶段上的人（佛教徒和希腊人）才是可能的。"⑦关于佛教的一些理论问题，请参见索达吉堪布《佛教科学论》一文，笔者不想在此过多重复。

中观论不仅把思维辩证法提高到了一个"较高发展阶段"，而且还用以描述人类本身的历史发展过程。例如，对于人类的历史发展，僧一行这样记述说："劫初时，人皆化生，以念为食，身光自然安乐无碍，然以不知心实相故，稍贪著地肥，由食味多少，色貌随异，是非胜负之心，犹此而生，以有憍慢心故。福利衰减地肥隐没，乃至地肤林藤亦复不现，次食自然粳米……造种种五阴之身，自非一切智人，则不能究其条末，诸阿阇梨，

---

① （唐）沙门一行阿阇梨：《大毗卢庶那成佛经疏》卷 1《入真言门住心品》，《大正新修大藏经》第 39 册，第 583 页。

② （唐）沙门一行阿阇梨：《大毗卢庶那成佛经疏》卷 1《入真言门住心品》，《大正新修大藏经》第 39 册，第 583 页。

③ （唐）沙门一行阿阇梨：《大毗卢庶那成佛经疏》卷 12《转字轮漫荼罗行品第八》，《大正新修大藏经》第 39 册，第 710 页。

④ ［印度］龙树菩萨造：《中论》卷 4《观四谛品》，《大正新修大藏经》第 30 册，第 33 页。

⑤ 方立天：《佛教哲学》，北京：中国人民大学出版社，1986 年，第 176 页。

⑥ （唐）沙门一行阿阇梨：《大毗卢庶那成佛经疏》卷 7《入漫荼罗具缘真言品第二之余》，《大正新修大藏经》第 39 册，第 656 页。

⑦ ［德］恩格斯：《自然辩证法》，北京：人民出版社，2015 年，第 101 页。

所以为此喻者。"①与道家和儒家的人类起源及其演变的历史过程相比,僧一行的佛教历史观触及了人类生存与发展的物质基础与自然环境变迁问题。

2.《易纂》与僧一行的易学思想

僧一行没有完整的易学著作流传下来,因此,关于他的易学思想我们仅能根据散见于各种史籍中的片言只语,对其作粗线条的梳理和描述。

(1)《困学纪闻》载:"一行《易纂》引孟喜《序卦》曰:'阴阳养万物必讼而成之,君臣养万民亦讼而成之。'"②

(2)《群书考索》云:"唐僧一行《易纂》引孟喜《序卦》文辞与今易不同,然则今之《序卦》等恐非夫子全文或出于经师,未可知也。"③

(3)《苏轼易传》引僧一行释"是故四营而成《易》,十有八变而成卦,八卦而小成"的话说:

> 十有八变而成卦,八卦而小成,则十八变之间,有八卦焉,人莫之思也。变之初,有多少,其变一也,不五则九;其二与三也,不四则八;八与九为多,五与四为少。多少者,奇耦之象也。三变皆少,则干之象也,干所以为老阳而四数,其余得九,故以九名之;三变皆多,则坤之象也,坤所以为老阴而四数,其余得六,故以六名之;三变而少者一,则震坎艮之象也,震坎艮所以为少阳而四数,其余得七,故以七名之;三变而多者一,则巽离兑之象也,巽离兑所以为少阴而四数,其余得八,故以八名之,故七、八、九、六者,因余数以名阴阳,而阴阳之所以为老少者,不在是而在乎三变之间,八卦之象也。④

从马国翰所辑《易纂》的条目看,僧一行解易多以天文"比象"。例如,释"小畜"卦,僧一行云"月近望"⑤。考唐传汉代《周易》多作"月几望",如《周易口诀义》载:"小畜"卦"上九,既雨既处,尚德载。妇贞厉,月几望。君子征凶。"⑥三国吴经学家虞翻释:"'几',近也。坎月离日,上已正,需时成坎。与离相望,兑西震东,日月象对,故月'几望'……与归妹、中孚'月几望'义同也。"⑦果真如此吗?答案是否定的。例如,楚竹书《周易》"中孚"云:"六四,月既望,马必亡,无咎。"⑧马王堆汉墓帛书《周易》亦作"月既望",与现传本《周易》作"月几望"⑨差异较大。而僧一行《易纂》"中孚"采用孟喜的观点则作"月既望",与楚竹书及汉帛书的内容一致,证明僧一行的说法

① (唐)沙门一行阿闍梨:《大毗卢庶那成佛经疏》卷2《入真言门住心品之余》,《大正新修大藏经》第39册,第600页。
② (宋)王应麟:《困学纪闻》卷1《易》,《景印文渊阁四库全书》第854册,第154页。
③ (宋)章如愚:《群书考索》卷1《六经门·易类》,《景印文渊阁四库全书》第936册,第7页。
④ (清)马国翰:《易纂》,《续修四库全书》1201《子部·杂家类》,上海:上海古籍出版社,2002年,第78—79页。
⑤ (清)马国翰:《易纂》,《续修四库全书》1201《子部·杂家类》,第77页。
⑥ (唐)史征:《周易口诀义》卷1《上经一》,《景印文渊阁四库全书》第8册,第18页。
⑦ (唐)李鼎祚:《周易集解》卷3《小畜》,《景印文渊阁四库全书》第7册,第653页。
⑧ 濮茅左:《楚竹书〈周易〉研究:兼述先秦两汉出土与传世易学文献资料》下,上海:上海古籍出版社,2006年,第580页。
⑨ 《周易·中孚》,黄侃校点:《黄侃手批白文十三经》,第36页。

是正确的。对此，刘师培说："盖《易·中孚》'月几望'，孟氏《易》'几'作'既'，以既望为十六日。"①目前，学界关于"既望"的解释比较一致，如《尚书·诏告》云："惟二月既望"，张闻玉释："二月十六日既望。"②亦有学者释："每月十六至二十二、三日，阴历称为'既望'。"③如果我们把"既望"理解为每月十六日，那么，前揭"几望"就应当是每月十四日。故有学者释"月几望"说："出嫁日期选在阴历十四日，大吉。"④事实上，宋人经常用"几望"和"既望"来表示日期。如陆游《剑南诗稿序》云："淳熙十有四年腊月几望"⑤，而同书"跋"则又有"嘉定十三年十二月既望"⑥的记载。此外，《幼幼新书》李庚序又有"绍兴二十年九月几望"⑦的记载。所以对于"月几望"这个概念，有学者认为："'月亮几乎圆时'，往往是'阴历'每月的十五日前后的'月圆'时期。"⑧即一般认为"月望"为每月十五日，而"既望"为每月十六日，"几望"则为每月十四日。⑨

对于"归妹以须"的"须"，僧一行释："须亦贱女也，天文有须女。"⑩考郑康成云："须有才智之称，天文有须女，屈原之姊名女须，姊一作妹。"⑪苏轼说："古者谓贱妾为须，故天文有须女。"⑫僧一行与苏轼的解释一脉相承，实际上，还有一说认为："须乃女巫之称。"⑬当然，上述观点究竟孰是孰非，学界迄今并未形成一致意见，笔者不论。其实，仔细观察，无论是"贱女"抑或是"有才智之称"，都仅仅才说了一半，完整的意思应当是"有才智的女奴"或下女⑭。故《周礼·春官·大宗伯》云："守祧，奄八人。女祧，每庙二人，奚四人。"郑氏注："远庙曰祧。女祧，女奴有才智者。"⑮至于"天文有须女"，《史记·天官书》载："南斗为庙……婺女。"⑯《索隐》"务女"引《广雅》云："'须女谓之务女'是也，一作婺。"《正义》亦云："须女四星，亦婺女，天少府也。南斗、牵牛、须女皆为星纪，于辰在丑，越之分野，而斗牛为吴之分野也。须女，贱妾之称，妇职之卑者，主布帛裁制嫁娶。"⑰须女亦称"女宿"。

陈久金在释"女宿"的象征意义时说："女宿四星，如一个立起来的等腰梯形……就

① 张先觉：《刘师培书话》，杭州：浙江人民出版社，1998 年，第 73 页。
② 张闻玉：《铜器历日研究》，贵阳：贵州人民出版社，1999 年，第 128 页。
③ 王毅编著：《倒错的世界——中国巫术》，沈阳：沈阳出版社，1997 年，第 41 页。
④ 金灵子：《周易画传》，北京：中央编译出版社，2010 年，第 391 页。
⑤ （宋）陆游：《剑南诗稿序》，《陆游集》第 1 册，北京：中华书局，1976 年，第 1968 页。
⑥ （宋）陆游：《剑南诗稿跋》，《陆游集》第 1 册，第 1969 页。
⑦ 严世芸主编：《中国医籍通考》第 3 卷，上海：上海中医学院出版社，1992 年，第 4041 页。
⑧ 张延生：《易象及其延伸》上，北京：团结出版社，2006 年，第 244 页。
⑨ 段逸山对"望日为农历每月十五日，几望为十四日，既望为十六日"的理解有所质疑，参见《望日》（《中医药文化》2007 年第 5 期）一文。笔者认为，段氏的认识是片面的，因为"几望"是代表一个具体的日期。正是为了避免两者的混淆，所以僧一行才改"几"为"近"，而"近望"唯有"每月十四日"。
⑩ （清）马国翰：《易纂》，《续修四库全书》1201《子部·杂家类》，第 78 页。
⑪ （汉）郑玄撰，（宋）王应麟编：《周易郑康成注》，《景印文渊阁四库全书》第 7 册，第 141 页。
⑫ （宋）苏轼：《苏氏易传》卷 5《归妹》，杨世文、李勇先、吴雨时：《易学集成（一）》，成都：四川大学出版社，1998 年，第 514 页。
⑬ 陈子展撰述：《楚辞直解》，上海：复旦大学出版社，1996 年，第 446 页。
⑭ 萧兵：《楚辞与神话》，南京：江苏古籍出版社，1987 年，第 290 页。
⑮ 萧兵：《楚辞与神话》，第 290 页。
⑯ 《史记》卷 27《天官书》，第 1310—1311 页。
⑰ 《史记》卷 27《天官书》，第 1311 页。

如天帝统治下的普通男女臣民，他们耕种着天田，生产着粮食和离珠等服饰，还要为天帝服劳役。"①

学界普遍承认，僧一行继承和发展了《周易》象数学的思想，故而宗汉代的孟喜和京房。在西汉，解易有三派：以孟喜和京房为代表的卦气说、以费直为代表的义理易学和以道家黄老之学为代表的阴阳易学，其中卦气说系汉易的主流学派，对汉代学术影响至广。在此，所谓卦气说就是将先秦以来的卦爻资料和天文知识通过阴阳升降而相互配合，用以解释一年的四季变化。具体言之，就是将《周易》六十四卦配以四时、十二个月、二十四节气、七十二候，并用六十四卦爻的不同排列和格局符示所蕴含的阴阳消长来说明时令的变换与季节的更替。所以王充在评论孟京"卦气"思想的特点时说："《易》京氏布六十四卦于一岁中，六日七分，一卦用事。卦有阴阳，气有升降。阳升则温，阴升则寒。由此言之，寒温随卦而至，不应政治也。"②可见，王充肯定了"卦气"说的合理因素，"因为它是以阴阳升降说明一年四季的寒温的变异"③。其中构成孟喜"卦气说"的主要内容有四正卦、六日七分、七十二候及十二消息卦。可惜，孟喜所著《易章句》已经失传，它的部分内容仅见于僧一行编写的《卦议》里。下面是僧一行介绍孟、京卦气说的片段：

> 十二月卦出于《孟氏章句》，其说《易》本于气，而后以人事明之。京氏又以卦爻配期之日，坎、离、震、兑，其用事自分、至之首，皆得八十分日之七十三。颐、晋、井、大畜，皆五日十四分，余皆六日七分，止于占灾眚与吉凶善败之事。至于观阴阳之变，则错乱而不明。自《干象历》以降，皆因京氏。惟《天保历》依《易通统轨图》。自入十有二节、五卦、初爻，相次用事，及上爻而与中气偕终，非京氏本旨及《七略》所传。按郎顗所传，卦皆六日七分，不以初爻相次用事，齐历谬矣。又京氏减七十三分，为四正之候，其说不经，欲附会《纬》文《七日来复》而已。④

文中"十二月卦"，亦称"十二消息卦"，或谓"十二辟卦"。至于京房卦气说，与孟喜的卦气说相比，其主要特点是：第一，"以卦爻配期之日"，即用六十四卦三百八十四爻配一周年的日数，是谓"六日七分"。但在孟喜那里，"坎、离、震、兑"四正卦仅表示二至和二分节气的到来，而不表示具体的时日，可是，京房却将"坎、离、震、兑"四正卦用来主管冬至、夏至、春分和秋分四个节气，且每气所管天数均为一日八十分之七十三。相应地，颐、晋、井、大畜四卦皆主管五日十四分，而剩余的革、同人、临、损等五十六卦则皆主管六日七分。有学者指出，京房定"坎、离、震、兑"四正卦每卦一日减八十分之七日（即减七分），得八十分之七十三日，故四正卦共主三日又八十分之五十二日。⑤京房的这种规定，从理论上可能出于下面的考虑：一是通过这种约定，以合一年三百六十五日又四分之一日⑥，因为"余五十六卦"按照每卦"六日七分"算，得三百四十日又八十

① 陈久金：《泄露天机——中西星空对话》，北京：群言出版社，2005 年，第 217 页。
② （汉）王充：《论衡·寒温篇》，《诸子集成》第 11 册，第 142 页。
③ 冯友兰：《三松堂全集》第 7 卷《中国哲学史新编试稿》，郑州：河南人民出版社，2000 年，第 756 页。
④ 《新唐书》卷 27 上《历三上》，第 598—599 页。
⑤ 李浚川、萧汉明主编：《医易会通精义》，北京：人民卫生出版社，1991 年，第 78 页。
⑥ 李浚川、萧汉明主编：《医易会通精义》，第 78 页。

分之九日，而"坎、离、震、兑"与"颐、晋、井、大畜"八卦共约二十四日，实为三百六十四日又八十分之八日①，近于一年三百六十五日又四分之一。显然，依孟喜的卦气说，当"坎、离、震、兑"不表示具体的时日时，每卦"六日七分"合一年三百六十五日又八十分之二十五日。两者相较，京房的卦气说反而不如孟喜卦气说精确，所以京房卦气说一定还另有用途；二是京房不仅考虑到了六十四卦，而且还要附和三百八十四爻的性质，如前揭六十四卦按每卦主"六日七分"算，得一年为三百八十九日又八十分之六日，若减去"坎、离、震、兑"所主日数之和，则得到三百八十五日又八十分之一日，近于三百八十四爻。②从这个角度看，这种配法"目的不在于说明气象历法本身的变化规律，而是为了比附人事，用来占验阴阳灾异，实质上是一种新的占法，其理论基础就是汉代占统治地位的天人感应论"③。又"因为一年的准确的日数为三百六十五又四分之一，与六十四卦三百八十四爻的数目不相符合，二者本来是不可以强配的"④。可见，经学思维与科学思维是两种不同的思维方式。而在经学思维占统治地位的历史背景下，科学思维往往被人为缩小和边缘化了。也就是说，在科学思维看来非常荒谬的事情，经学思维却认为合情合理、十分正常。例如，南宋的法医学家宋慈在《洗冤集录》中说："人有三百六十五节，按一年三百六十五日"⑤，显而易见，"人有三百六十五节"是错的，宋慈未尝不知晓，可是《内经》有言在先"岁有三百六十五日，人有三百六十五节"⑥。诚如僧一行所说"至于观阴阳之变，则错乱而不明"而"京氏减七十三分，为四正之候，其说不经，欲附会《纬》文《七日来复》而已"。不过，京房的"卦气说"并非一无是处，僧一行在批评了京房"卦气说"及《天保历》和《正光历》（首次以七十二候谱历，每候为 5.072 837 日⑦）等诸多谬误之后，特别做了以下修正：

> 当据孟氏，自冬至初，中孚用事，一月之策，九六、七八，是为三十。而卦以地六，候以天五，五六相乘，消息一变，十有二变而岁复初。坎、震、离、兑，二十四气，次主一爻，其初则二至、二分也。坎以阴包阳，故自北正，微阳动于下，升而未达，极于二月，凝涸之气消，坎运终焉。……而天泽之施穷，兑功究焉。故阳七之静始于坎，阳九之动始于震，阴八之静始于离，阴六之动始于兑。故四象之变，皆兼六爻，而中节之应备矣。⑧

实际上，这是僧一行经过否定之否定后（孟京卦气说→《正光历》→孟京卦气图）所

① 所以有学者指出："与孟喜不同的是，京房以六十四卦三百六十四爻纪一年的日数。"参见陆玉林、唐有伯：《中国阴阳家》，北京：宗教文化出版社，1996 年，第 73 页。
② 五星于占卜意义重大，京房很可能注意到五星的会合周期问题：木星为 398.807 日、火星为 779.898 日、土星为 378.058 日、金星为 583.860 日、水星为 115.878 日，参见李烈炎、王光：《中国古代科学思想史要》，北京：人民出版社，2010 年，第 392 页。
③ 余敦康：《汉宋易学解读》，北京：华夏出版社，2006 年，第 20 页。
④ 余敦康：《汉宋易学解读》，第 21 页。
⑤ （宋）宋慈：《洗冤集录》卷 3《验骨》，何清湖、周慎主编：《中华医书集成》第 22 册，北京：中国古籍出版社，1995 年，第 12 页。
⑥ 《黄帝内经灵枢经》卷 10《邪客》，陈振相、宋贵美：《中医十大经典全录》，第 253 页。
⑦ 李烈炎、王光：《中国古代科学思想史要》，第 392 页。
⑧ 《新唐书》卷 27 上《历三上》，第 599 页。

编制的卦气图，"一年从冬至起，而卦气起中孚，即中孚卦初爻当冬至日"①。

以上所述，仅仅系《卦气说》的表象，就其思维特征而言，僧一行与汉代象数家并没有本质性的区别。那么，汉代卦气说在两晋南北朝沉寂了一段历史时期之后，为什么在唐代再一次兴盛起来？这是一个十分有趣的问题。首先，在西汉和唐朝的后期，它们在政治上基本是外戚或宦官擅权，呈主弱臣强的阴盛阳衰之势。其次，在西汉和唐朝的前期，它们又都推行休养生息的政策，社会经济的恢复和发展比较迅速，所以出现了盛世局面，如西汉"宣帝中兴"与唐朝的"开元盛世"。自然，按照阴阳盛衰的变化规律，"中兴"之后必然会转入衰落，而这个历史过程恰好为卦气说找到了适宜其快速生长的土壤和环境。考孟喜与京房的卦气说兴起于汉宣帝时期，此时西汉的政治经济开始由盛转衰；僧一行的卦气说则形成于唐玄宗所开创的"盛世"时期，然而，物极必反，接着而来的却是导致唐朝由盛转衰的安史之乱。可见，孟喜与僧一行所处的历史环境，决定了两者在时代的命运方面具有彼此相通的机缘，而居安思危亦就构成他们共同的思想基础。有学者指出：

撇开孟喜易学对于前人思想的继承性不言，单将其与文本《周易》经传相比观，我们不难看出其在融旧铸新基础上所具有的高度原创性品格，在孟喜卦气说的独特学理脉络下，作为《易》符号系统的六十四卦系列，成了天道得以具体展现的年复一年四时接续之交替、阴阳二气之消息、节气物候之迁变、万物万象之生化的涵摄符示者。

《说卦传》"万物出乎震"一段文字，开示了一种由八卦涵摄符示的时空一体、互诠互显、物在其中的动态流转型立体宇宙图式。此段文字及其所开示的这种图式，无疑可视为卦气说的雏形。在此图式中，坎、震、离、兑四卦位于四方正位上，值四时之正，是为四正卦；艮、巽、坤、乾四卦位于四方偏位上，值四时交替之际，是为四维卦。以此为基础，孟喜卦气说中，四正卦具有了全新之意涵和显赫之地位。②

在社会动乱时期，战争是造成民众生活不安定的最大威胁和祸源。与之相较，在社会稳定时期，伴随着农业生产的发展，人们则又转而把自然灾害看作是导致民心离散的主要原因。据初步统计，西汉的自然灾害中蝗灾约有 12 次，唐朝约为 16 次；黄河决溢西汉 5 次，唐朝 14 次；大旱西汉 4 次，唐朝 33 次；震灾西汉 4 次，唐朝 2 次；大地震西汉 4 次，唐朝 7 次，尤其值得注意的是唐朝发生大地震恰恰始自唐开元二十二年（734），正值"开元盛世"的巅峰。《新唐书·五行志》载，开元二十二年"二月壬寅，泰州地震，西北隐隐有声，坼而复合，经时不止，坏庐舍殆尽，压死四千余人"③。如果从自然灾害的数量看，那么，唐朝远远多于西汉。例如，在地质灾害方面，山崩西汉 1 次，唐朝 3 次；地裂西汉无记录，而唐朝 3 次，其中开元十七年（729），"四月五日，大风震电，蓝田山开百余步"④；地陷西汉 1 次，唐朝 3 次，而史书记录最早的一次发生在开元八年（720）；涌山西汉无记录，唐朝 3 次；山移西汉无记录，唐朝 1 次；地火地光西汉 2 次，唐朝 6

① 卢央：《易学与天文学》，北京：中国书店，2003 年，第 190 页。
② 王新春：《哲学视野下的汉易卦气说》，《周易研究》2002 年第 6 期。
③ 《新唐书》卷 35《五行志二》，第 907 页。
④ 《旧唐书》卷 37《五行志》，第 1351 页。

次等。如何解释这些地质灾异现象，在近代地质学没有诞生之前，中国古代还不可能用区域构造特征和构造运动来说明各种灾异性的地质变化，而是多用天人感应说来认识它们。当然，不论是天象变化，还是地质及气象变化，在卦气说看来，都不是无缘无故地发生，它们一定与当时的特定人事活动存在某种关联。于是，《汉书·京房传》载，京房的卦气说，"长于灾变，分六十四卦，更直日用事。以风雨寒温为候，各有占验"①。而僧一行更是精通"阴阳、五行之学"②。而"五行之学"的重要内容之一即是占验人事，尤其是占验有关朝代兴衰的大事件，是谓"五际"。故《汉书·翼奉传》注引《诗内传》的话说："五际，卯、酉、午、戌、亥也。阴阳终始际会之岁，于此则有变改之政也。"③可见，卦气说的兴盛与历史时期多发的自然灾害密切相关。由此而言，卦气说并不神秘，它其实也是对社会存在的一种客观反映，特别是由于卦气说建立对自然现象的理性认识之上，甚至亦是人们试图寻找控制或减少自然灾害发生次数与危害程度的一种努力，所以它本身无疑包含着一定的科学内容，值得我们用历史唯物主义的观点和方法来取其精华，去其糟粕。

3. 《大衍历》与僧一行的科学思想

前揭开元五年（717），唐玄宗"令其族叔礼部郎中洽赍敕书就荆州强起之。一行至京，置于光太殿"④。"光太殿"，《太平广记》作"光大殿"，其文云："玄宗诏（一行）于光大殿改撰历经，后又移就丽正殿。"⑤《玉海》卷 161 亦引《集贤注记》的话说："一行初奉诏于光大殿改换历经，后移在丽正殿与学士参校历术。"⑥故有学者认为"光大殿"与"光太殿"可能同指一殿，在古文中，大音太，甚至有的文献如《长安宫城图》，《玉海》卷 48、卷 159 等还作"光天殿"⑦。"丽正殿"，又名"丽正殿书院"。据《新唐书》卷 47 载："开元五年，乾元殿写四部书，置乾元院使，有刊正官四人，以一人判事；押院中使一人，掌出入宣奏，领中官监守院门；知书官八人，分掌四库书。六年，乾元院更号丽正修书院，置使及检校官，改修书官为丽正殿直学士。八年，加文学直，又加修撰、校理、刊正、校勘官。十一年，置丽正院修书学士；光顺门外，亦置书院。十二年，东都明福门外亦置丽正书院。十三年，改丽正修书院为集贤殿书院。"⑧由上述记载可知，开元六年（718）"乾元院更号丽正修书院"，而"开元九年，《麟德历》署日蚀比不效，诏僧一行作新历"⑨。故此，僧一行移居"丽正殿"的时间当在开元九年。因为丽正书院为唐皇室编、校、典藏图书之所，故这里汇集了唐朝一流的学界耆宿和学术资源，而《大衍历》的编撰实在是得益于这种得天独厚的科研氛围。对此，《新唐书》卷 27 上载："十五年，（《大衍历》）草成而一行卒，诏特进张说与历官陈玄景等次为《历术》七篇、《略例》一

① 《汉书》卷 75《京房传》，第 3160 页。
② 《旧唐书》卷 191《方伎列传》，第 5112 页。
③ 《汉书》卷 75《翼奉传》，第 3173 页。
④ 《旧唐书》卷 191《僧一行传》，第 5112 页。
⑤ （宋）李昉等：《太平广记》卷 215《一行传》，第 1647 页。
⑥ （宋）王应麟：《玉海》卷 10 唐开元大衍历，扬州：广陵书社，2003 年，第 185 页。
⑦ 杨鸿年：《隋唐宫廷建筑考》，西安：陕西人民出版社，1992 年，第 130 页。
⑧ 《新唐书》卷 47《百官二》，第 1212—1213 页。
⑨ 《新唐书》卷 27 上《历志三上》，第 587 页。

篇、《历议》十篇，玄宗顾访者则称制旨。"①可见，《大衍历》是集体智慧的结晶。然而，根据《唐会要》卷 42 的记载，僧一行生前已经大致完成"《（开元大衍历）经章》十卷，《长历》五卷，《历议》十篇，《立成法天竺九历》二卷，《古今历书》二十四卷，《凡例奏章》一卷，凡五十二卷。"②而《玉海》卷 10 所录则与此略有不同，为"《开元大衍历》一卷，又《历议》十卷，又《历立成》十二卷，《历草》二十四卷，又《七政长历》三卷"③。说明在修撰《大衍历》的过程中，僧一行起着主导、枢纽和奠基作用。因此，见于《旧唐书》卷 34《历志三》、《新唐书》卷 27《历志三》和《新唐书》卷 28《历志四》的内容仅仅是僧一行历法著述体系中的一部分或称核心部分，其余部分则失传，所以僧一行历法著述的全貌已无从知晓了。

《旧唐书·历志三》所载《开元大衍历经》即"历术"七章的内容如下：

第一章"大衍步中朔"，包括历法常数、推天正中气、求次气、推天正合朔、求次朔及弦望、推没日、推灭日等。虽然有学者批评僧一行在概念的描述方面尚带有神秘的术数色彩，比如将"通法"改作"大衍通法"，以及把"周天"改称"揲法"④等，但其主流思想却是先进的和科学的，它体现了唐代在历法方面的最新科学成就。依此，推天正中气法："以策实乘入元距所求积算，命曰中积分。盈大衍通法得一，为积日。不盈者，为小余。爻数去积日，不尽日为大余。数从甲子起算外，即所求年天正中气冬至日及小余也。"⑤文中"入元距所求积算"系指最初的历元到所要推演之年所积累结算的年数，《旧唐书·历志三》载僧一行的积算结果是："演纪上元阏逢困敦之岁，距今开元十二年甲子岁，岁积九千六百六十六万一千七百四十算。"⑥在此，"演纪上元"为僧一行所创，其后唐宋历法多效仿它。当时，"演纪上元"是采取用"上验往古，年减一算；下求将来，年加一算"原则所得的"积算"。

第二章"大衍步发敛术"，包括"推七十二候""推六十卦""推五行用事""推发敛去朔""推发敛加时"等内容，此部分应用卦气说于一年四季的节气变化之中，以明确五行金、木、水、火、土用事。至于该章所涉及的诸多"发敛术"，《新唐书》和《旧唐书》都有比较详细的记录，兹不赘述。如"推七十二候"云："各因中节大小余命之，即初候日也。以天中之策及余秒加之，数除如法，即次候日。又加，得末候日。凡发敛，皆以恒气。"⑦以春分为例，自初日即二月二十四日起算历 5.072 84 日，相当于"玄鸟至"的物候；再经过 5.072 84 日，则变为"雷乃发声"的物候（次候）；然后，更累历 5.072 84 日，是为"始电"的物候（末候）。

第三章"大衍步日躔术"，包括"定气""求每日先后定数""推二十四气定日""推平朔四象""求朔弦望经日入朓朒""推日度""求黄道日度""求次定气""求定气初日夜半

① 《新唐书》卷 27 上《历志三上》，第 587 页。
② （宋）王溥：《唐会要》卷 42《历》，《景印文渊阁四库全书》第 606 册，第 557 页。
③ （宋）王应麟：《玉海》卷 10《唐开元大衍历》，第 185 页。
④ 李迪：《唐代天文学家张遂（一行）》，上海：上海人民出版社，1964 年，第 63 页。
⑤ 《旧唐书》卷 34《历志三》，第 1232 页。
⑥ 《旧唐书》卷 34《历志三》，第 1231 页。
⑦ 《旧唐书》卷 34《历志三》，第 1234 页。

日所在度"等，此章重点是求太阳运动不均匀性的修正值，也就是依照不同节气列出太阳实际运行的度数比平均值快或慢的值，亦称"日躔表"（即日行盈缩，首见于刘焯《皇极历》）。在此，"躔"是指太阳的运行轨道。自僧一行之后，"中人以日躔为推步之宗"[1]。故张百熙说："盖不求日躔，不知为何年日月，固无以施其测验之术也，步日躔者，必以太阳平行为根，而黄道斜交赤道之差度，以日轨之高下知之，此中西之公论也。而日行迟速不等，则'二至'之景长短攸殊，亦以日轨近天离地之远近知之，此测算家之各以法求也。"[2]具体如图 3-16 所示。

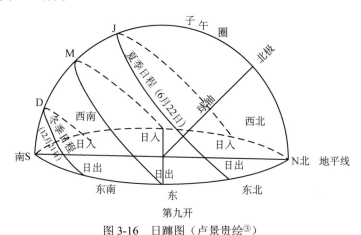

图 3-16　日躔图（卢景贵绘[3]）

为了求太阳在黄道上的位置及其变化，僧一行给出了乾实、周天度、岁差三个基本数据。至于如何求各定气的时间长度，僧一行所用的公式是："以盈缩分盈减、缩加三元之策。"[4]所谓盈缩分系指相邻两节气之间太阳平行度分与实行度分之差，由于计算盈缩分需用二次内插法（李俨称之为"自变数不等间距二次内插法"[5]），具体算法请参见曲安京《中国历法与数学》第五章"内插法"[6]，笔者无需重述。不过，《旧唐书》卷 34 录有由僧一行改正的"日躔表"，张培瑜等根据《新唐书》卷 28 上"日躔表"的数值，经仔细校正后，列表如 3-11 所示[7]。

表 3-11　"日躔表"数值

定气	辰数	盈缩分	先后数	损益率	朓朒积
冬至	173.3	盈 2353	先端	益 176	朒初
小寒	175.3	盈 1845	先 2353	益 138	朒 176
大寒	177.1	盈 1390	先 4198	益 104	朒 314

① 番禺市地方志编纂委员会办公室：《番禺县续志》点注本，广州：广东人民出版社，2000 年，第 530 页。
② 番禺市地方志编纂委员会办公室：《番禺县续志》点注本，第 530 页。
③ 卢景贵：《高等天文学》，上海：中华书局，1937 年，第 11 页。
④ 《新唐书》卷 28 上《历志四上》，第 645 页。
⑤ 李俨：《中算家的内插法研究》，第 43 页。
⑥ 曲安京：《中国历法与数学》，第 233—296 页。
⑦ 张培瑜等：《中国古代历法》，第 498 页。

续表

定气	辰数	盈缩分	先后数	损益率	朓朒积
立春	178.8	盈 976	先 5588	益 73	朒 418
雨水	180.3	盈 588	先 6564	益 44	朒 491
惊蛰	181.8	盈 214	先 7152	益 16	朒 535
春分	183.5	缩 214	先 7366	损 16	朒 551
清明	184.9	缩 588	先 7152	损 44	朒 545
谷雨	186.5	缩 976	先 6564	损 73	朒 491
立夏	188.1	缩 1390	先 5588	损 104	朒 418
小满	189.9	缩 1845	先 4198	损 138	朒 314
芒种	191.9	缩 2353	先 2353	损 176	朒 176
夏至	191.9	缩 2353	后端	益 176	朓初
小暑	189.9	缩 1845	后 2353	益 138	朓 176
大暑	188.1	缩 1390	后 4198	益 104	朓 314
立秋	186.5	缩 976	后 5588	益 73	朓 418
处暑	184.9	缩 588	后 6564	益 44	朓 491
白露	183.5	缩 214	后 7152	益 16	朓 535
秋分	181.8	盈 214	后 7366	损 16	朓 551
寒露	180.3	盈 588	后 7152	损 44	朓 545
霜降	178.8	盈 976	后 6564	损 73	朓 491
立冬	177.1	盈 1390	后 5588	损 104	朓 418
小雪	175.3	盈 1845	后 4198	损 138	朓 314
大雪	173.3	盈 2353	后 2353	损 176	朓 176

有了表 3-11 内的数据，就很容易求出"各气的长度"，如小雪盈缩分为盈 1845；以常气分 46 264.24 分减 1845 分等于 44 419.24 分，再除以每日 3040 分，则小雪定气分为 14.611 592 分。依此，大雪定气分＝（46 264.24 分−2353 分）÷3040 分＝14.444 486 分，其他类推。

第四章"大衍步月离术"，包括"推天正经朔入转""求次朔入转""求朔弦望入朓朒定数""求朔弦望定日及余""推定朔弦望夜半日所在度""推月九道度""推月九道平交入气""求平交入气朓朒定数""求平交入转朓朒定数""求正交入气""求正交加时黄道宿度""求正交加时月离九道宿度""推定朔弦望加时月所在度""推定朔夜半入转""求每日月转定度""求朔弦望定日前夜半月所在度""求次日夜半月度""推月晨昏度"等，同"日躔术"相类，本章的重点是求解月亮不均匀运动所造成的朔弦望等的修正值。其基本数据有四：转终分为 6 701 279；转终日 27.554 60 日；转法（指月的逐日转分）为 76，即月离表中转分的分母；转秒法为 80，即转终日秒数的分母。因《新唐书·历志四》和《旧唐书·历志三》载录求上述各值的术文，另王应伟《中国历法通解》及张培瑜等

《中国古代历法》均从数理的角度对僧一行"大衍步月离术"的内容做了详细解析，笔者不必在此弄斧班门。不过，为了使读者对僧一行求解月亮不均匀运动改正值的思想过程，有一个初步了解，我们不妨以"推天正经朔入转"为例，略述如下：

推天正经朔入转：以转终分去朔积分，不尽，以秒法乘，盈转终分又去之，余如秒法一而入转分。不尽为秒。入转分满大衍通法，为日。[1]

张培瑜等用图 3-17 来示意僧一行"推天正朔入转"日的方法：

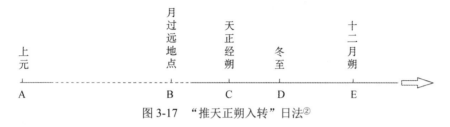

图 3-17　"推天正朔入转"日法[2]

图 3-17 中 AC 为朔积分，系指从上元到所求年前天正十一月经朔之前积日的通法分；C 为所求年冬至前朔日，人们称之"天正经朔"或"天正朔"；转终系指转终日数的通法乘以秒法分。

第五章"大衍步轨漏"，包括"求每日消息定衰""推戴日之北每度晷数""求阳城日晷每日中常数""求每日中晷定数""求每日夜半漏定数""求晨初余数""求每日昼夜漏及日出入所在辰刻""求每日黄道去极定数""求每日距中度定数""求每日昏明及每更中宿度所临""求九服所在每气初日中晷常数"等，重点求解阳城日晷、漏刻、黄道去极度及距中星度这四项与太阳位置变化关系比较密切的轨漏数值。

关于僧一行的"步轨漏术"，王应伟、张培瑜、陈美东、王荣彬等均有研究。下面笔者仅以"求每日消息定衰"为例，将学界的相关研究成果略作表述。《旧唐书》卷 34《历志三》记载其术文云：求每日消息定衰，"各置其气消息衰，依定气日数，每日以陟降率陟减降加其分，满百从衰，不满为分。各得每日消息定衰及分。其距二分前后各一气之外，陟降不等，各每以三日为一限，损益如后"[3]。又《新唐书》卷 28 上《历志四》载："置消息定衰，满象积为刻，不满为分。各递以息减、消加其气初夜半漏，得每日夜半漏定数。"[4]根据王荣彬解释，"消息衰"是指每节气的初日夜半漏与次日夜半漏之差，而"陟降率"则是指每节气初日与次日"消息衰"的差[5]。在术文中，"消息定衰"系指任一日的消息衰。所以"步漏术"的关键就是求得"每节气的初日夜半漏"。

第六章"大衍步交会术"，包括"推天正经朔入交""求次朔入交""求望""求定朔夜半入交""求朔望入交常日""求朔望入交定日""求月交入阴阳历""求四象六爻每度加减分及月去黄道定数""求朔望夜半月行入阴阳度数""求朔望夜半月行入四象度数""求朔

① 《旧唐书》卷 34《历志三》，第 1243 页。
② 张培瑜等：《中国古代历法》，第 507 页。
③ 《旧唐书》卷 34《历志三》，第 1253 页。
④ 《新唐书》卷 28 上《历志四上》，第 660 页。
⑤ 王荣彬：《中国古代插值法的发展与完善》，曲安京、纪志刚、王荣彬：《中国古代数理天文学探析》，第 304 页。

望夜半月行入六爻度数""求月蚀分""求月蚀所起""求月蚀用刻""求每日差积定数""求蚀差及诸限定数""求阴阳历的蚀或蚀""求日蚀分""求日蚀所起""求日蚀用刻""求日月蚀甚所在辰""求亏初复末""求九服所在蚀差"等。从术语来看，所谓"步交会术"就是求日月食的方法，"交会"即黄道与白道的交会点，如图3-18所示。

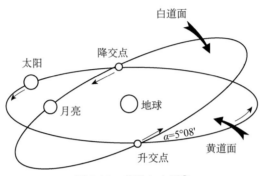

图 3-18 黄道与白道①

由日月运行的规律可知，日食总是发生在新月望日，而月食则总是发生在满月朔日。同前揭"步日躔术"一样，"步交会术"尤其注重用不等间距二次内插法来求日月食，故学界将此方法称作"张遂内插法"。不独僧一行特别看重日月食的计算，力求提高其精确性，即使后代历算学家也无不在计算日月食方面绞尽脑汁，因为测验历法的疏密程度主要是看其日月食的推算结果是否精确。

在"大衍步交会术"中，僧一行第一次提出了阴历食限与阳历食限的概念。②因为月道（即白道）与日道（即黄道）相交两点，把天球一分为二，其中僧一行将日道以南的半球，称之为"阳历"；与之相对，日道以北的半球，则为"阴历"（图3-19）。结合前面的"黄道与白道"图，王应伟强调："求月交入阴阳历，必视其朔望入交定日及余，若在中日（即交点的上半月）以下，则月过降交点后，尚未行至升交点，所以是月入阳历，入交定日在中日以上，则月已行过升交点而入日道以北的半圆周，于是应减去在升交点以前日数，而得月入阴历日数。"③

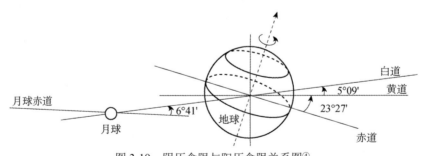

图 3-19 阴历食限与阳历食限关系图④

① 李福俊：《知识万年历》，呼和浩特：内蒙古人民出版社，1999年，第258页。
② 张培瑜等：《中国古代历法》，第532页。
③ 王应伟：《中国古历通解》，沈阳：辽宁教育出版社，1998年，第268页。
④ 刘全稳、赵金洲、陈景山：《地球原动力》，北京：地质出版社，2001年，第26页。

至于如何判断合朔时月入食限[1]，《大衍历》所用数据载："阴历：蚀差，一千二百七十五；蚀限，二千五百二十四；或限，三千六百五十九。阳历：蚀限，一百三十五；或限，九百七十四。"[2]其中，"求蚀差及诸限定数"云："各置其差、限，以蚀朔所入气日下差积，阴历减之，阳历加之，各为蚀定差及定限。"[3]据此，张培瑜等给出了《大衍历》判断食限的方法：

> 当以入交定日（计算去交）和上元时月过降交点得出月在黄道北，而且去交定分（入交定日化为距最近交点之日分值）＞食定差时，为阴历食；月在黄道南，是为"阳历食"；月在黄道北，并且去交定分＜食定差时，类同阳历食。阴历食用阴历食定限，阳历食及类同阳历食用阳历食定限，此时只要去交定分＜食定限，日食发生[4]。

第七章"大衍步五星术"，包括"推五星平合""求平合入四象""求平合入六爻""求四象六爻每算损益及进退定数""求平合入进退定数""求常合""求定合""求定合度""求定合月日""求定合入爻""求变行初日入爻""求变行初日入进退定数""求变行日度率""求变行日度定率""求定合后夜半星所在度""求每日差""求差行初末日行度及分""求差行次日行度及分""径求差行余日行度及分""求星行黄道南北"等。在整个太阳系中，从地球上看，五星（即岁星、荧惑、镇星、太白及辰星）都在黄道附近运动，其速度疾徐不一，有合、顺行（自西向东）、留、退行（向西）等多种形式[5]，它们与太阳运动的关系较月球与太阳运动的关系更为复杂，故系统推算五星均匀运动位置的方法直到汉代《太初历》时才逐步形成。继此之后，北齐张子信更发现了五星运动的不均匀性，从而推算五星运动位置的方法越加精密，如僧一行在求行星视运动过程中每过一度的行星近点运动的修正值时，使用了三次内插的近似公式，这是目前所见到的最早使用三次内插法的事例。

当然，对计算五星位置来说，给出五星动态表（即五星在一个会合周期内顺行、逆行、留、伏的弧段及日数等的历表）是战国后期特别是《太初历》以降，各家历法的传统。《大衍历》所载"五星动态表"分文字表述（见《新唐书·历志四下》）与表格描述（《旧唐书·历志三》）两种方式，而《旧唐书·历志三》所见表格形式的"五星动态表"则是"中国古代最早见的表格式五星动态表"[6]。在《大衍历》之后，除唐末《正元历》之外，其他诸家历法均采用了表格式五星动态表，可见其影响之深远。此外，《大衍历》对五星运动分别给出 8 段（木星）、10 段（火星）、8 段（土星）、14 段（金星）、12 段（水星）之分，且每个段目又具体分为"变行日中率""变行度中率""差行损益率""变行度常率""变行乘数、变行除数"等 5 项内容。为了清晰起见，笔者以《旧唐书·历志三》所载《大衍历》"五星动态表"中的"荧惑"为例，将其 10 段目的 5 种数据转录于

---

[1] 食限分阴历食限和阳历食限：阴历食限是指冬至时黄道以北的食限，而阳历食限则是指冬至时黄道以南的食限。
[2] 《旧唐书》卷 34《历志三》，第 1263—1264 页。
[3] 《旧唐书》卷 34《历志三》，第 1264 页。
[4] 张培瑜等：《中国古代历法》，第 533 页。
[5] 注：从太阳上看，五星的运动都是从西向东顺行，只是速度有疾徐之差别。
[6] 张培瑜等：《中国古代历法》，第 17 页。

兹，如表 3-12 所示。

表 3-12　《大衍历》五星动态表之"荧惑"

	变行目	合后伏	前疾	前迟	前留	前退	后退	后留	后迟	后疾	合前伏
荧惑	变行日中率（日）	$71\frac{725}{760}$	214	60	13	31	31	13	60	214	$71\frac{736}{760}$
	变行度中率（度）	$54\frac{735}{760}$	136	25		$8\frac{472}{760}$	$8\frac{473}{760}$		25	36	$54\frac{736}{760}$
	差行损益率（分）	$-\frac{7}{5}$	$-\frac{4}{9}$	-4		$\frac{5}{6}$	$-\frac{5}{6}$		$+4$	$\frac{4}{9}$	$\frac{7}{5}$
	变行度常率（度）	$38\frac{201}{760}$	$113\frac{596}{760}$	$31\frac{685}{760}$	$6\frac{693}{760}$	$16\frac{367}{760}$	$16\frac{267}{760}$	$6\frac{693}{760}$	$31\frac{685}{760}$	$113\frac{696}{760}$	
	变行乘数、变行除数	乘数127；除数30	乘数130；除数31	乘数330；除数54	乘数203；除数54	乘数203；除数48	乘数203；除数48	乘数203；除数48	乘数203；除数54		乘数127；除数30

　　张培瑜等指出两点：第一，表 3-11 中所示皆为平均运动，所以僧一行在计算五星的会合周期时，先取动态表之起点，做两项中心差（由于行星绕日与太阳绕地都是椭圆，因而产生了两种中心差）改正，然后再从起点出发，对整个表做出中心差改正[①]；第二，对"五星动态表"做纵横向栏设置，由僧一行开其端。与刘焯和张胄玄试图对"五星动态表"本身进行改正的思维方法相比较，僧一行则"保持了五星动态表的相对稳定性"，他"将五星运动不均匀性的改正表达为对五星入各不同时段的时日的改正，不对五星动态本身做调整变动。显然，后世绝大多数历家肯定了一行的思路与方法，这是因为一行的思路与方法要比刘焯、张胄玄等人的思路与方法来得简明与有效。一行的思路和方法经由后继者，特别是宋行古的总结与提高，遂成定型，对后世产生了决定性的影响"[②]。我们知道，以地球的运动轨道（主要是视运动）为基准，其轨道之外有火星、木星和土星，而其轨道之内则有水星和金星，人们通常把五星中的火星、木星和土星，称之为"外行星"，与之相对，水星和金星则称之为"内行星"。就对五星会合周期来讲，《大衍历》所得数值与现代值相比，其"外行星"的数值较"内行星"的数值要精确，如《大衍历》算得木星为 398.875 日，现代值为 398.884 日，两者相差 0.009 微秒；火星为 779.935 日，现代值为779.937 日，相差 0.002 微秒；土星为 378.092 日，现代值为 378.092 日，两者一致。可是，金星和水星的情形就不一样了，如《大衍历》算得金星为 583.892 日，现代值为583.922 日，两者相差 0.03 秒；水星为 115.881 日，现代值为 115.878 日，两者相差 0.003微秒。这说明行星距离太阳远近不同，其运行速度区别很大，所以僧一行"保持了五星动态表的相对稳定性"，是其值得肯定的思想成就，但他毕竟忽略了"五星运动"本身的差异，而严格说来，五星中每个行星的运动状态以及每次周期运动多少总是有所不同，这样

---

① 张培瑜等：《中国古代历法》，第 545—546 页。

② 张培瑜等：《中国古代历法》，第 21 页。

就造成了僧一行在个别行星尤其是对"内行星"的会合周期计算方面，反而不及张胄玄《大业历》精确的后果，如《大业历》算得水星的会合周期为115.879日，而《大衍历》则为115.881日，现代值为115.878日；金星的会合周期：《大业历》为583.922日，《大衍历》为583.892日，现代值为583.922日。然而，正如《中国天文学史》所说，《大衍历》"（1）把平见日、常见日、定见日分别改用平合日、常合日和定合日，即从以'始见'为周期的起点，改用'合'为周期的起点。（2）由平合日求常合日的改正数不再像《大业历》那样粗略，而用具有正弦函数性质的表格和含有三次差的内插法计算，虽然手续很繁杂，公式也不完全正确，然而较《大业》等历确实前进了一步"[1]。

此外，《新唐书·历志》所载《开元大衍历经》即"历议"12篇，包括卷27上"历议"10篇及卷27下"略例"2篇，其主要内容有以下十二个方面：

第一篇"历本议"。"本"是指《大衍历》的思想本源于天地大衍之数。僧一行说："一策之分十九，而章法生；一揲之分七十六，而蔀法生。一蔀之日二万七千七百五十七，以通数约之，凡二十九日余四百九十九，而日月相及于朔，此六爻之纪也。以卦当岁，以爻当月，以策当日，凡三十二岁而小终，二百八十五小终而与卦运大终，二百八十五，则参伍二终之合也。数象既合，而遁行之变在乎其间矣。"[2]于是，僧一行在"历本议"中讨论了"朔余""气余""章率""蔀率""元率"等概念。接着，僧一行还对诸多天文术语做了解释。他说：

> 积算曰演纪，日法曰通法，月气曰中朔，朔实曰揲法，岁分曰策实，周天曰乾实，余分曰虚分。气策曰三元，一元之策，则天一遁行也。月策曰四象，一象之策，则朔、弦、望相距也。五行用事，曰发敛。候策曰天中，卦策曰地中，半卦曰贞悔。旬周曰爻数，小分母曰象统。日行曰躔，其差曰盈缩，积盈缩曰先后。……迟疾有衰，其变者势也。月逶迤驯屈，行不中道，进退迟速，不率其常。过中则为速，不及中则为迟。积迟谓之屈，积速谓之伸。阳，执中以出令，故曰先后；阴，含章以听命，故曰屈伸。日不及中则损之，过则益之。月不及中则益之，过则损之。尊卑之用睽，而及中之志同。观晷景之进退，知轨道之升降。轨与晷名舛而义合，其差则水漏之所从也。总名曰轨漏。中晷长短谓之陟降。景长则夜短，景短则夜长。积其陟降，谓之消息。游交曰交会，交而周曰交终。交终不及朔，谓之朔差。交中不及望，谓之望差。日道表曰阳历，其里曰阴历。五星见伏周，谓之终率。以分从日谓之终日，其差为进退。[3]

第二篇"中气议"。如众所知，太阳在黄道上每转动30度即为一中气（即处于相应宫次的中点），共有冬至、大寒、雨水、春分、谷雨、小满、夏至、大暑、处暑、秋分、霜降、小雪12个中气。在历史上，我国先民至少从春秋时期开始，就通过用土圭测日影的方法来确定冬至时刻，从而计算太阳的公转周期，以定出一年的长度和季节，特别是通过测得相邻两次冬至时刻来确定岁实，这样测定冬至时刻就成了我国古代历法工作者的重要

① 中国天文学史整理小组编著：《中国天文学史》，北京：科学出版社，1981年，第159页。
② 《新唐书》卷27上《历志三上》，第589—590页。
③ 《新唐书》卷27上《历志三上》，第590—591页。

课题。如《左传·僖公五年》载:"春王正月辛亥朔,日南至。公既视朔,遂登观台以望。而书,礼也。凡分、至、启、闭,必书云物,为备故也。"①其中"日南至"就是冬至,"登观台以望"是指观看太阳照射在表上投下的影子,因冬至影长,夏至影短,故测定冬至影长比测定夏至影长要精确,这是古人为什么把冬至作为一个天文年度起算的主要原因之一。当然,为了准确测定冬至的时刻,人们除采用日晷来观测太阳影子的变化之外,还使用浑仪等测角仪器来测定太阳在恒星间的位置。战国时期《古四分历》所测之冬至点在牵牛初度②,东汉贾逵在章帝元和二年(85)发现,冬至时太阳的位置不在牵牛初度,而是在斗二十一度又四分之一,表明东汉天文学家已经认识到冬至点的位置不是固定不移而是有变化的。晋代虞喜把这种变化,称作"岁差"。因此,僧一行在"中气议"中说:"历气始于冬至,稽其实,盖取诸晷景。"③在这样的背景下,便出现了天周(太阳在众星间运行一周天)与岁周(从冬至到次年冬至)不相符的现象,如"《殷历》南至常在十月晦,则中气后天也。《周历》蚀朔差《经》或二日,则合朔先天也"④。如何减少岁周与天周不符的矛盾,人们想到了置闰,即用闰年的方法使历年的平均长度约等于一个太阳年(天周)。故《左传·文公六年》载:"闰月,不告朔,非礼也。闰以正时,时以作事,事以厚生,生民之道,于是乎在矣。"⑤据一些学者考证,至少到春秋中期人们就已经掌握了十九年七闰的方法⑥。西汉《太初历》规定,每个中气都须固定在一个月里,然而由于一个朔望月往往较两个中气之间的时间间距短约1日,所以从历元始每经过32个月之后,就会出现一个没有中气的月份,此月即为上一个月的闰月,这样就改变了"归余于终"的古法。《周髀算经》下卷云:"置章月二百三十五,以章岁十九除之。"⑦在此,"章岁十九"即人们把"十九年"称为章岁,置闰的七年称为"章闰"。十九年的月数加上七个闰月,计有235个月,称作"章月",而"十九年七闰"则称作"闰周"。尽管"在历法规定以无中气月为闰月之后,闰周的制定是多余的",但人们还是比较保守地"用改良闰周来调整回归年数和朔望月数的比率"⑧。例如,祖冲之《大明历》改"十九年七闰"为"三百九十一年一百四十四闰",从而使岁周与天周更加接近。当然,从西汉到唐初,中国古代历法体系已经逐步成熟,出现了许多新的概念和数据,据僧一行统计,仅冬至与夏至的测算就有"31事"⑨。以"斗分"为例,僧一行说:"汉会稽东部尉刘洪以《四分》疏阔,由斗分多。更以五百八十九为纪法,百四十五为斗分,减余太甚,是以不及四十年而加时渐觉先天。"⑩所谓"斗分"是指回归年长度数值日中尾数部分的分子,因《四分历》

① 《春秋左传·僖公五年》,黄侃校点:《黄侃手批白文十三经》,第 59 页。
② 参见潘鼐:《中国恒星观测史》,上海:学林出版社,2009 年,第 36 页。
③ 《新唐书》卷 27 上《历志三上》,第 591 页。
④ 《新唐书》卷 27 上《历志三上》,第 592 页。
⑤ 《春秋左传·文公六年》,黄侃校点:《黄侃手批白文十三经》,第 113 页。
⑥ 张闻玉:《古代天文历法论集》,贵阳:贵州人民出版社,1995 年,第 231 页。
⑦ (三国·吴)赵爽:《周髀算经》卷下,上海:上海古籍出版社,1990 年,第 53 页。
⑧ 钱宝琮:《从春秋到明末的历法沿革》,中国科学院自然科学史研究所:《钱宝琮科学史论文选集》,北京:科学出版社,1983 年,第 455 页。
⑨ 《新唐书》卷 27 上《历志三上》,第 594 页。
⑩ 《新唐书》卷 27 上《历志三上》,第 593 页。

测得冬至日在斗 21 1/4，其奇零部分就被称作"斗分"。后来，刘洪认识到《四分历》"疏阔"，实源于斗分过大。于是，他在《乾象历》中减少斗分，算得岁实 1 回归年 $=365\frac{145}{589}$ 日，式中"145"即为"斗分"，不过，仍维持"十九年七闰"。可惜，岁周与天周还是未能符合。僧一行总结造成这种状况的原因说："大抵古历未减斗分，其率自二千五百以上。《乾象》至于《元嘉历》，未减闰余，其率自二千四百六十以上。《玄始》《大明》至《麟德历》皆减分破章，其率自二千四百二十九以上。"[1]文中所言"减分破章"系指自《玄始历》之后，历家为了求得岁周与天周相一致，采取既减少斗分，同时又改变"十九年七闰"法，因而使历法更加精密。

第三篇"合朔议"。何谓"合朔"？僧一行解释说："日月合度谓之朔。无所取之，取之蚀也。"[2]可见，"合朔"的核心就在于日月交食。在僧一行看来，"《春秋》日蚀有甲乙者三十四，《殷历》、《鲁历》先一日者十三，后一日者三；《周历》先一日者二十二，先二日者九。其伪可知也"[3]。在理论上，限于历史的局限，僧一行以《春秋》为标准，看先秦诸家历法推算日蚀是否与《春秋》所记相符合，从而判断其真伪，虽然不无瑕疵，但是他大体上比较客观地反映了当时的历史事实。如孔颖达《尚书正义》云："古时真历遭战国及秦而亡。汉存《六历》，虽详于五纪之论，皆秦汉之际假托为之。"[4]而为了一味与《春秋》所记的日月交食相合，诸多历算学家使用各种历术以求之，结果是顾此失彼，仍不理想。对此，僧一行总结说："新历本《春秋》日蚀，古史交会加时及史官候簿所详，稽其进退之中，以立常率。然后以日躔、月离、先后、屈伸之变，偕损益之。故经朔虽得其中，而躔离或失其正；若躔离各得其度，而经朔或失其中，则参求累代，必有差矣。三者迭相为经，若权衡相持，使千有五百年间朔必在昼，望必在夜，其加时又合，则三术之交，自然各当其正，此最微者也。若乾度盈虚，与时消息，告谴于经数之表，变常于潜遁之中，则圣人且犹不质，非筹历之所能及矣。"[5]既然"筹历原则上不能完全描述日行"[6]，那么，找到差错的根源才是正途。从历法史上看，僧一行认为"昔人考天事，多不知定朔"[7]。事实上，在黄道仪发明之后，东汉末人们即发现了月球运动的不均匀性，如贾逵说："今史官推合朔、弦、望、月食加时，率多不中，在于不知月行迟疾意。永平中，诏书令故太史待诏张隆以《四分法》署弦、望、月食加时。隆言能用《易》九、六、七、八爻知月行多少。今案隆所署多失。臣使隆逆推前手所署，不应，或异日，不中天乃益远，至十余度。梵、统以史官候注考校，月行当有迟疾，不必在牵牛、东井、娄、角之间，又非所谓朓、侧匿，乃由月所行道有远近出入所生，率一月移故所疾处三度，九岁九道一

---

① 《新唐书》卷 27 上《历志三上》，第 593 页。
② 《新唐书》卷 27 上《历志三上》，第 594 页。
③ 《新唐书》卷 27 上《历志三上》，第 594 页。
④ （宋）王应麟：《汉艺文志考证》卷 9《天文》，二十五史补编委会：《史记两汉书三史补编》第 3 册，北京：北京图书馆出版社，2005 年，第 242 页。
⑤ 《新唐书》卷 27 上《历志三上》，第 595—596 页。
⑥ 席泽宗主编：《中国科学技术史·科学思想卷》，北京：科学出版社，2001 年，第 322 页。
⑦ 《新唐书》卷 27 上《历志三上》，第 596 页。

复，凡九章，百七十一岁，复十一月合朔旦冬至，合《春秋》《三统》九道终数，可以知合朔、弦、望、月食加时。"[1]此处所谓"月所行道有远近出入所生"，已经隐约猜测到了月球运行轨道是一个椭圆，其"疾处"系指月球轨道近地点，而依"九岁九道一复"计算[2]，一近点月近地点应向前推进 3.0612 度，则近点月长度值为 27.550 81 日[3]。可惜，李梵与苏统没有将近点月长度值计算出来。东汉后期的刘洪在《乾象历》中最先提出了计算月球位置的方法"月行三道术"云："会数（47）从天地凡数（55），乘余率（29）自乘，如会数而一，为过周分。以从周天（215 130），月周（7874）除之，历日数也。"[4]由此可见，在继承《麟德历》"总法"的前提下，僧一行设"通法"统一岁实和朔策的分母，无疑是《大衍历》的积极成果之一。

第四篇"没灭略例"。推"没""灭"算法，始于东汉《四分历》。在"没"与"灭"这两个概念的理解上，僧一行与古历略有不同。对此，《新唐书·历志三》载："古者以中气所盈之日为没，没分偕尽者为灭。《开元历》以中分所盈为没，朔分所虚为灭。综终岁没分，谓之策余。终岁灭分，谓之用差。"[5]除此之外，张培瑜等对《大衍历》推没、灭日的算法亦有详细阐释，兹不赘述。

第五篇"卦候议"。七十二候是我国黄河流域中下游地区先民用于农业生产的历书，以五天为一候，一年三百六十天正好七十二候，而系统记载物候历的最早文献是《逸周书·时训解》。故僧一行说："七十二候，原于周公《时训》。"[6]学界多将《逸周书》的成书时间定于春秋后期至战国，如果这个结论成立，那么《诗经》实际上已经载有"七十二候"的各种"候应"了。我们知道，《诗经》是收录从西周初年到春秋中期约 500 年的诗歌总集。如《诗经·豳风·七月》说："春日载阳，有鸣仓庚。"[7]每到"惊蛰"时节，黄鹂就会发出婉转悦耳的鸣叫，所以古物候历就把"鸣仓庚"作为"惊蛰"节气第二候的"候应"。又"四月秀葽，五月鸣蜩"[8]，"秀葽"系指"苦菜秀"，它是"小满"节气一候的"候应"；"鸣蜩"系指五月的"蝉始鸣"，为"夏至"节气二候的"候应"等。后来，《吕氏春秋·十二纪》则载有"蛰虫始振""始雨水""东风解冻""鱼上冰""桃李华"等物候现象。因此，从《诗经》到《礼记·月令》及《吕氏春秋·十二纪》，再到《逸周书·时训解》，比较清晰地反映了我国古代七十二候的发展演变过程。至正光元年（520）颁行《正光历》，历算学家将七十二候引入历法，并提出了"推七十二候术"，其每候日数为 5.072 826 7 日。僧一行依据汉易卦气说的思想成果，"以六十卦公辟侯卿，推行七十二

① 《后汉书》志第二《律历中》，第 3030 页。

② 日本学者薮内清说："按现代天文学的精确值，近地点的进动为八．八五年移行一周，'九岁九道一复'，大致上是正确的。"参见［日］薮内清：《汉代改历及其思想背景》，刘俊文主编：《日本学者研究中国史论著选译》第 10 卷《科学技术》，杜石然等译，北京：中华书局，1992 年，第 51 页。

③ 钱宝琮：《从春秋到明末的历法沿革》，中国科学院自然科学史研究所：《钱宝琮科学院史论文选集》，第 449 页。

④ 《晋书》卷 17《律历中》，第 510 页；陈美东：《古历新探》，沈阳：辽宁教育出版社，1995 年，第 235 页。

⑤ 《新唐书》卷 27 上《历志三上》，第 598 页。

⑥ 《新唐书》卷 27 上《历志三上》，第 598 页。

⑦ 高亨注：《诗经今注》，上海：上海古籍出版社，1980 年，第 199 页。

⑧ 高亨注：《诗经今注》，第 200 页。

候，证之《（夏）小正》、《时训（解）》等书更周密"[1]。

第六篇"卦议"。关于此书的卦气思想已见前述。在本篇中，僧一行重点考察了《孟氏章句》给南北朝历法修撰者带来的诸多乱局。僧一行说："十二月卦出于《孟氏章句》，其说《易》本于气，而后以人事明之。京氏又以卦爻配期之日，坎、离、震、兑，其用事自分、至之首，皆得八十分日之七十三。颐、晋、井、大畜，皆五日十四分，余皆六日七分，止于占灾眚与吉凶善败之事。至于观阴阳之变，则错乱而不明。自《乾象历》以降，皆因京氏。惟《天保历》依《易通统轨图》。自入十有二节、五卦、初爻，相次用事，及上爻而与中气偕终，非京氏本旨及《七略》所传。按郎顗所传，卦皆六日七分，不以初爻相次用事，齐历谬矣。又京氏减七十三分，为四正之候，其说不经，欲附会《纬》文《七日来复》而已。"[2]此段评论主要讲了三点内容：第一，用《易经》卦象配十二月，始自汉代孟喜的《孟氏章句》，因而亦是孟喜借以解说《周易》理论和建立筮法体系的基本方法之一；第二，京房为了占卜的需要，他在推进卦气说的同时，又造成了某些历算方面的混乱，如京房取 73/80 日作为二分二至的直日[3]；第三，"协图谶"[4]是北齐《天保历》的突出特点，这个特点导致《天保历》所推算出来的数值与天周之间出现了比较严重的差错。对此，在僧一行之前，董峻与郑元伟等已经质疑和诘难了。在董峻看来，《天保历》"妄诞穿凿，不会真理"，结果"使日之所在，差至八度，节气后天，闰先一月。朔望亏食，既未能知其表里，迟疾之历步，又不可以傍通。妄设平分，虚退冬至，虚退则日数减于周年，平分妄设，故加时差于异日"[5]。当然，《天保历》以及后来因《天保历》而发生的"更制新法"之争，在客观上"推动了此后中国天文历算的科学发展，为唐代巨鹿高僧一行编修《大衍历》，提供了诸多颇有价值的思路与数据"[6]。

此外，在本议中，僧一行保存了京房"卦气说"的一些内容，引文见前。徐凤先据此提出了不同于前人的看法，尤其是她揭示了京房《易传》二十四节气卦气说的真正构造基础，确实发前人之未发。其主要结论是："《易传》中将二十四节气配以六子卦，是按一种纳音方式排列的，并不是没有道理的别出心裁，它的结构非常严整，过去没有被认识到。这种分配方法经过八卦纳甲纳十二支和六十甲子纳音两次转换，不易发现"[7]。可见，京房"卦气说"的思想价值尚待进一步发掘。

第七篇"日度议"。这是一篇关于太阳视运动与冬至日测定之间关系的专论，洋洋万余言，其主要论点有三：第一，承认岁差现象，僧一行说："古历，日有常度，天周为岁终，故系星度于节气。其说似是而非，故久而益差。虞喜觉之，使天为天，岁为岁，乃立差以追其变，使五十年退一度。"[8]其后，祖冲之把"岁差"应用到《大明历》的制订之

① （清）冯道立著；谭德贵等点校：《周易三极图贯》，北京：九州出版社，2008 年，第 153 页。
② 《新唐书》卷 27 上《历志三上》，598—599 页。
③ 卢央：《易学与天文学》，北京：中国书店，2003 年，第 188 页。
④ 《隋书》卷 17《律历中》，第 417 页。
⑤ 《隋书》卷 17《律历中》，第 417—418 页。
⑥ 赵福寿主编：《邢台通史》上卷，石家庄：河北人民出版社，2003 年，第 508 页。
⑦ 徐凤先：《京房〈易传〉中的卦气与纳音》，文集编委会主编：《追寻中华古代文明的踪迹——李学勤先生学术活动五十年纪念文集》，上海：复旦大学出版社，2002 年，第 197 页。
⑧ 《新唐书》卷 27 上《历志三上》，598—599 页。

中，刘焯《皇极历》亦复如此，体现了中国古代历法的先进性。然而，李淳风《麟德历》却不承认"岁差"现象，僧一行在实测的基础上，肯定了"岁差"的存在，并在《大衍历》中专门设了一个参数"岁差"，尽管《大衍历》所算得的岁差数值较《皇极历》为疏，却较《麟德历》为优，更为重要的是自《大衍历》之后，再也没有人怀疑岁差的存在了。第二，论定各历史时期的冬至日度，为了清晰起见，我们不妨在此引入何妙福所作"二十八宿图"（图3-20）。

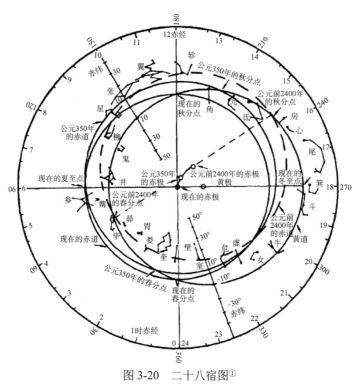

图 3-20　二十八宿图①

僧一行提出："自帝尧演纪之端，在虚一度。及今开元甲子，却三十六度，而乾策复初矣。日在虚一，则鸟、火、昴、虚皆以仲月昏中，合于《尧典》。"②由于各家历法在推算中星方面，主要依靠观测昏旦夜半中星的方法来测定，然限于漏壶的精度较低，因而各家所推算的冬至日度互不相同且差异较大。如战国初期天文学家将冬至点定在牵牛初度，证明当时以牵牛初度为测定冬至点的中星；西汉《三统历》则把测定冬至点的中星移至斗宿等。可见，汉代之前的中星测量尚不完备。这与中国古代没有"黄极"的观念有关，所以人们总是从冬至点等赤道上的移动来考虑岁差问题。东晋太元九年（384），姜岌利用月食时日月的对冲关系，求得冬至度为斗十七度。此冬至日度尽管偏大，但姜岌所创"以月食冲知日度"的方法，却"为后代治历者宗"③。此后，祖冲之在编制《大明历》时，求

①　何妙福：《岁差在中国的发现及其分析》，中国天文学史整理研究小组：《科技史文集》第1辑，上海：上海科学技术出版社，1978年，第23页。

②　《新唐书》卷27上《历志三上》，第600页。

③　《新唐书》卷27上《历志三上》，第616页。

得冬至日在斗十一度①。梁大同九年（543），虞䢍等奏："姜岌、何承天俱以月蚀冲步日所在。承天虽移岌三度，然其冬至亦上岌三日。承天在斗十三四度，而岌在斗十七度。其实非移。祖冲之谓为实差，以推今冬至，日在斗九度，用求中星不合。自岌至今，将二百年，而冬至在斗十二度。然日之所在难知，验以中星，则漏刻不定。汉世课昏明中星，为法已浅。今候夜半中星，以求日冲，近于得密。而水有清浊，壶有增减，或积尘所拥，故漏有迟疾。臣等频夜候中星，而前后相差或至三度。大略冬至远不过斗十四度，近不出十度。"一行应用姜岌的方法，测定冬至日度为赤道斗十度。第三，批判了李淳风否定岁差及保守冬至日度在斗十三度的错误思想。僧一行认为："自姜岌、何承天所测，下及大同，日已却差二度。而淳风以为晋、宋以来三百余岁，以月蚀冲考之，固在斗十三四度间，非矣。"②据此，僧一行认为："经籍所载，合于岁差者，淳风皆不取，而专取于《吕氏春秋》"③，所以李淳风的"冬至不移"④主张是站不住脚的。

第八篇"日躔盈缩略例"。本篇主要讨论日行迟疾的问题，日行是匀速还是非匀速，古人有两种认识：在北齐张子信之前，人们普遍认为太阳以匀速转动每天绕地一周，周期为365.25日；北齐张子信发现了太阳周年视运动的不均匀性，隋朝刘焯将张子信的发现引入《皇极历》，并用《日躔表》来记录太阳周年视运动的不均匀性改正数值，"其影响所及不仅是提高了太阳本身的推求精度，而且也把历法其他部分的推算精度提上了一个新台阶"⑤。当然，刘焯对太阳周年视运动的不均匀性描述，尚存在一定失误。例如，僧一行说："焯术于春分前一日最急，后一日最舒；秋分前一日最舒，后一日最急。舒急同于二至，而中间一日平行。其说非是。当以二十四气晷景，考日躔盈缩而密于加时。"⑥而经过新的观测之后，僧一行发现："日南至，其行最急，急而渐损，至春分及中而后迟。迨日北至，其行最舒，而渐益之，以至秋分又及中而后益急。急极而寒若，舒极而燠若，及中而雨旸之气交，自然之数也。"⑦实际上，这段记述反映了地球围绕太阳作椭圆形旋转运动时，在一年中的不同位置所表现出来的快慢变化规律。其中"日南至，其行最急"是指太阳视运动速度以冬至点为最快，所以《大衍历》以冬至点为近日点。僧一行用观测数据证明："每个节气在周天上的度数相同，而时间间隔是不相等的。"⑧与之相反，刘焯认为太阳视运动速度的快慢"只表现为四个大间距不同，而每一大间距内的各小段时间却分别相等的看法确实是不符合事实的"⑨。

第九篇"九道议"。"九道"是指月球的运行轨道，僧一行解释说：《洪范传》云：'日有中道，月有九行。'中道，谓黄道也。九行者，青道二，出黄道东；朱道二，出黄道南；白道二，出黄道西；黑道二，出黄道北。立春、春分，月东从青道；立夏、夏至，月

---

① 《新唐书》卷27上《历志三上》，第616页。
② 《新唐书》卷27上《历志三上》，第617页。
③ 《新唐书》卷27上《历志三上》，第611页。
④ 《新唐书》卷27上《历志三上》，第614页。
⑤ 江晓原、钮卫星：《中国天学史》，上海：上海人民出版社，2005年，第122—123页。
⑥ 《新唐书》卷27下《历志三下》，第621页。
⑦ 《新唐书》卷27下《历志三下》，第621页。
⑧ 胡道静、周瀚光主编：《十大科学家》，上海：上海古籍出版社，1991年，第83—84页。
⑨ 李迪：《唐代天文学家张遂（一行）》，第50页。

南从朱道；立秋、秋分，月西从白道；立冬、冬至，月北从黑道。汉史官旧事，九道术废久，刘洪颇采以著迟疾阴阳历，然本以消息为奇，而术不传。"[1]王先谦云："日道独黄，月行青、朱、白、黑道，各兼黄道而言，故又谓之九道也。"[2]由于在僧一行之前，完整记录"九道术"的史料阙失，因而后人便有了各种猜测。明代王圻父子编撰的《三才图会》绘制了一幅"日月冬夏九道之图"，李约瑟在《中国之科学与文明》第 5 册"天文学"中收录了此图。

王圻父子的"九道图"，显然不能令后代的科学史家满意。故钱宝琮提出了汉代九道术来源于"盖天说"的观点，他说："月亮在一个近点周（约 27.55 日）内从离地最近点到最远点，又回复到最近点，每日的'月道'有变迁。主张盖天说的天文家很可能仿照用七衡六间表示一年中日道变迁的方法，画出一张九道八间图来表示一近点周内'月道'的变化……《后汉书·律历志》记载天文学家李梵、苏统、宗整、冯恂、刘洪等研究'月行迟疾'各有各的'九道术'，可作'月有九行'是指在一近点周中有九条'月道'的旁证。"[3]如果钱老的推论不错，那么，"月有九行"在平面上的几何投影就是"一张九道八间图"，反过来讲，"九道八间图"亦可视为"月有九行"的平面几何投影。用盖天说表示，如图 3-21 所示。

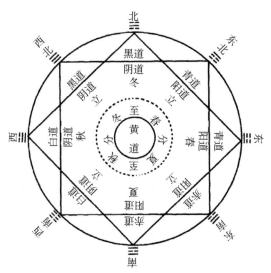

图 3-21　易学与盖天说关系示意图

当然，僧一行应用古代的黄道坐标、赤道坐标及白道坐标来推算月行迟疾，提出了一套新的黄道、赤道与白道宿度变换的计算方法，换言之，就是通过月行的黄道宿度或极黄经来算出相应的白道宿度。僧一行在《九道议》中说：

> 黄道之差，始自春分、秋分，赤道所交前后各五度为限。初，黄道增多赤道二十四分之十二，每限损一，极九限，数终于四，率赤道四十五度而黄道四十八度，至四

① 《新唐书》卷 27 下《历志三下》，第 622 页。
② （清）王先谦：《汉书补注》，光绪二十六年（1900）虚受堂刊本。
③ 钱宝琮：《盖天说源流考》，中国科学院自然科学史研究所：《钱宝琮科学史论文选集》，第 393 页。

立之际，一度少强，依平。复从四起，初限五度，赤道增多黄道二十四分之四，每限益一，极九限而止，终于十二，率赤道四十五度而黄道四十二度，复得冬、夏至之中矣。[①]

按：春分为升交点，秋分为降交点，则上文如表 3-13 所示。[②]

表 3-13　黄赤道换算的度数之差表

黄道增多	初限	二限	三限	四限	五限	六限	七限	八限	九限	
	$\dfrac{12度}{24}$	$\dfrac{11度}{24}$	$\dfrac{10度}{24}$	$\dfrac{9度}{24}$	$\dfrac{8度}{24}$	$\dfrac{7度}{24}$	$\dfrac{6度}{24}$	$\dfrac{5度}{24}$	$\dfrac{4度}{24}$	
	九限	八限	七限	六限	五限	四限	三限	二限	初限	赤道增多

对"月道之差"，僧一行的算法是：

始自交初、交中，黄道所交亦距交前后五度为限。初限，月道增多 黄道四十八分之十二，每限损一，极九限而止，数终于四，率黄道四十五度而月道 四十六度半，乃一度强，依平。复从四起，初限五度，月道差少黄道四十八分之四，每限益一，极九限而止，终于十二，率黄道四十五度而月道四十三度半，至阴阳历二交之半矣。凡近交初限增十二分者，至半交末限减十二分，去交四十六度得损益之平率。[③]

具体如表 3-14 所示。[④]

表 3-14　黄白道换算的度数之差表

白道增多	初限	二限	三限	四限	五限	六限	七限	八限	九限	
	$\dfrac{12}{48}$度	$\dfrac{11}{48}$度	$\dfrac{10}{48}$度	$\dfrac{9}{48}$度	$\dfrac{8}{48}$度	$\dfrac{7}{48}$度	$\dfrac{6}{48}$度	$\dfrac{5}{48}$度	$\dfrac{4}{48}$度	
	九限	八限	七限	六限	五限	四限	三限	二限	初限	黄道增多

显然，表 3-13 是以黄道为基准进行变换。与"黄道之差"相比，此处每一限平均增减 1/48 度。用几何图形表示，则僧一行的"黄白道换算的度数之差"如图 3-22 所示。

僧一行又说："以四象考之，各据合朔所交，入七十二候，则其八道之行也。以朔交为交初，望交为交中。若交初在冬至初候而入阴历，则行青道。又十三日七十六分日之四十六，至交中得所冲之宿，变入阳历，亦行青道。若交初入阳历，则白道也。故考交初所入，而周天之度可知。若望交在冬至初候，则减十三日四十六分，视大雪初候阴阳历而正其行也。"[⑤]对这段术文，曲安京给出了新的阐释。下面仅以"月行白道"为例，将曲先生

---

① 《新唐书》卷 27 下《历志三下》，第 623 页。
② 陈遵妫：《中国天文学史》中，上海：上海人民出版社，2006 年，第 517 页。
③ 《新唐书》卷 27 下《历志三下》，第 623 页。
④ 陈遵妫：《中国天文学史》中，第 517 页。
⑤ 《新唐书》卷 27 下《历志三下》，第 624 页。

绘制的一幅图进行罗列，如图 3-23 所示。

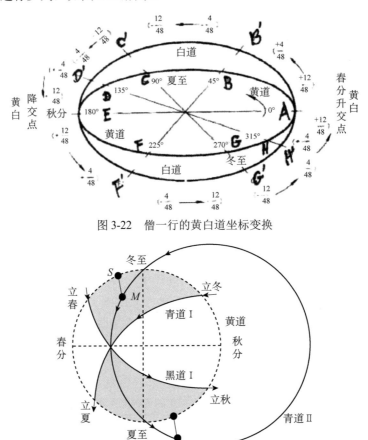

图 3-22　僧一行的黄白道坐标变换

图 3-23　冬在阴历、夏在阳历，月行青道图①

曲安京自己对图 3-23 的解释是："当合朔之际，月亮 M 处于阴历，即在黄道之内，此时的月亮轨道，就被涂成青色，这就叫'凡合朔所交，冬在阴历，月行青道'；又当合朔之际，月亮 M' 处于阳历，即在黄道之外，此时的月亮轨道，就被涂成青色，这就叫'凡合朔所交，夏在阳历，月行青道'。"②截至目前，此为最接近僧一行术文原旨的解释。

第十篇"晷漏中星略例"。僧一行说："日行有南北，晷漏有长短。然二十四气晷差徐疾不同者，句股使然也。直规中则差迟，与句股数齐则差急。随辰极高下，所遇不同，如黄道刻漏。此乃数之浅者，近代且犹未晓。今推黄道去极，与晷景、漏刻、昏距、中星四术返覆相求，消息同率，旋相为中，以合九服之变。"③晷，即晷景，指每天正午在圭面上所出现的由太阳投射所形成的表影。漏，即漏刻，我国自商代后期把一日分作 100 刻之

①　曲安京：《九道术的几何模型》，黄留珠、魏全瑞主编：《周秦汉唐文化研究》第 4 辑，西安：三秦出版社，2006 年，第 52 页。

②　曲安京：《九道术的几何模型》，黄留珠、魏全瑞主编：《周秦汉唐文化研究》第 4 辑，第 52 页。

③　《新唐书》卷 27 下《历志三下》，第 625 页。

后，一直被用作漏刻的计时制度。[①]后来，西周以天文学中广泛应用的十二方位为根据，又将一昼夜分为 12 时辰[②]，即太阳的视运动，一昼夜正好走完 12 时辰。从汉代开始，天文学家逐渐尝试把百刻制与十二时辰制相结合，结果不甚理想，直到隋朝张胄玄提出将 1刻 60 等份后，两者的结合才有了突破。据《旧五代史·马重绩传》载："漏刻之法，以中星考昼夜为一百刻，八刻六十分刻之二十为一时，时以四刻十分为正，此自古所用也。"[③]与僧一行的"晷漏中星略例"对照，可知唐代不仅普遍采用秤漏，而且"以中星考昼夜"。其"中星"系指晨昏时刻正处于南中天的星，如《麟德历》有晷漏中星表。

在唐代，僧一行《大衍历》的漏刻制为立象积 480，辰 8 刻 160 分，昏、明 2 刻 240分。用刘金沂的话说，就是"日出前 2.5 刻为昼漏的起点，日没后 2.5 刻为夜漏的起点。一天分 100 刻，又分十二辰，故 1 辰=8 1/3 刻，一辰又分初、正二段，故每段为半辰=4 1/6刻，一天的起点是夜半，为子正，而十二辰从子初算起"[④]。如唐代的几漏就非常形象和直观地显示了"晷漏中星"与十二辰的关系，如图 3-24 所示。

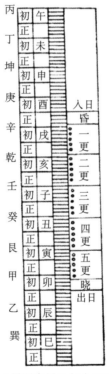

图 3-24 "晷漏中星"与十二辰的关系[⑤]

至于从数理方面如何推求黄道去极、晷景、漏刻及昏距中星之间的内在数量关系，请

① 华同旭：《中国漏刻》，合肥：安徽科学技术出版社，1991 年，第 26 页。
② 学界有不同观点：清人赵翼在《陔余丛考》中说："一日十二时始于汉。"而中国天文学史整理研究小组认为一天分十二个时辰制度始于西周。中国天文学史整理研究小组编著：《中国天文学史》，第 117 页。
③ 《旧五代史》卷 96《马重绩传》，北京：中华书局，1976 年，第 1281 页。
④ 刘金沂、赵澄秋：《中国古代天文学史略》，石家庄：河北科学技术出版社，1990 年，第 98 页。
⑤ 华同旭：《中国漏刻》，第 101 页。

参见两《唐书·历志》中的"步轨漏术"。

第十一篇"日蚀议"。古人在潜意识里对日食就有一种恐惧心理，故历代天文学家总是从"天人感应"的角度去认识和阐释日食现象。僧一行亦不例外，他说：一方面，"古之太平，日不蚀，星不孛，盖有之矣"；另一方面，"若过至未分，月或变行而避之；或五星潜在日下，御侮而救之；或涉交数浅，或在阳历，阳盛阴微则不蚀；或德之休明，而有小眚焉，则天为之隐，虽交而不蚀。此四者，皆德教之所由生也"。[1]当然，僧一行的日食思想并未仅仅停留在"天人感应"的层面，而是通过观察和分析前代保留下来的天象资料，结合仪器测验反复求算，以期使历法与天体的真实运动相符合。他说："较历必稽古史，亏蚀深浅、加时朏朒阴阳，其数相叶者，反复相求，由历数之中，以合辰象之变；观辰象之变，反求历数之中。"[2]所以，一方面，日食或交食预报本身体现着皇帝是否顺应天变的意志，因之给予相应的警示或褒奖；另一方面，日食或交食预报又是检验历法疏密优劣的客观标准。这样，僧一行就陷入了下面的两难境地："使日蚀皆不可以常数求，则无以稽历数之疏密。若皆可以常数求，则无以知政教之休咎。"[3]这种矛盾特征使僧一行历法思想的发展受到限制，因而僧一行的《大衍历》不能不留给后人许多遗憾。

第十二篇"五星议"。五星运动同日食一样，在僧一行的视域里，亦呈现出相互矛盾的特性。僧一行说："夫日月所以著尊卑不易之象，五星所以示政教从时之义。故日月之失行也，微而少；五星之失行也，著而多。"[4]然而，僧一行毕竟是一位天文学家，他看到了五星运动变化的客观性和必然性，于是"上下相距，反复求求"[5]，如对火星与土星会合周期的推算，僧一行所取数值较前辈更加精确。[6]

二、僧一行的主要科学成就及其历史局限

（一）僧一行的主要科学成就

僧一行为了提高《大衍历》所需各种天文数据的精度，他先后在子午线测量、浑仪制作及历算方法等方面进行了积极探索，取得了一系列领先当时世界水平的重要科技成就。不过，由于学界对此多有研究，成果颇丰，所以笔者在这里仅择其要而述之。

1. 制造黄道游仪

在僧一行之前，李淳风曾鉴于"灵台候仪是后魏遗范"，故而改造浑仪，并于贞观七年（633）完成。之后，其"所造浑仪，太宗令置于凝晖阁以用测候，既在宫中，寻而失其所在"[7]。因此，当开元九年（721）僧一行提出"请太史令测候星度"的建议时，有司

① 《新唐书》卷27下《历志三下》，第625—626页。
② 《新唐书》卷27下《历志三下》，第627页。
③ 《新唐书》卷27下《历志三下》，第627页。
④ 《新唐书》卷27下《历志三下》，第634页。
⑤ 《新唐书》卷27下《历志三下》，第634页。
⑥ 李东生：《论我国古代五星会合周期和恒星周期的测定》，《自然科学史研究》1987年第3期。
⑦ 《旧唐书》卷35《天文志上》，第1293页。

马上回话说："承前唯依赤道推步，官无黄道游仪，无由测候。"①于是，为了解决测候仪器问题，僧一行与梁令瓒一起在丽正书院先造了一台"游仪木样"，经演示，"日道月交，莫不自然契合"②，效果良好。然后，僧一行上奏依此木样正式建造铜铁黄道游仪，用以观测日、月、星辰的位置及其运行状况。制造此仪从开元九年（721）开始，至开元十一年（723）完成③，前后约用了 3 年时间。其详细结构见于《新唐书·天文志》，其文云：

> 其黄道游仪，以古尺四分为度。旋枢双环，其表一丈四尺六寸一分，纵八分，厚三分，直径四尺五寸九分，古所谓旋仪也。南北科两极，上下循规各三十四度。表里画周天度，其一面加之银钉。使东西运转，如浑天游旋。中旋枢轴，至两极首内，孔径大两度半，长与旋环径齐。玉衡望筒，长四尺五寸八分，广一寸二分，厚一寸，孔径六分。衡旋于轴中，旋运持正，用窥七曜及列星之阔狭。外方内圆，孔径一度半，周日轮也。阳经双环，表一丈七尺三寸，里一丈四尺六寸四分，广四寸，厚四分，直径五尺四寸四分，置于子午。左右用八柱，八柱相固。亦表里画周天度，其一面加之银钉。半出地上，半入地下。双间挟枢轴及玉衡望筒，旋环于中也。阴纬单环，外内广厚周径，皆准阳经，与阳经相衔各半，内外俱齐。面平，上为天，下为地。横周阳环，谓之阴浑也。平上为两界，内外为周天百刻。天顶单环，表一丈七尺三寸，纵广八尺，厚三分，直径五尺四寸四分。直中国人顶之上，东西当卯酉之中，稍南使见日出入。令与阳经、阴纬相固，如鸟壳之裹黄。南去赤道三十六度，去黄道十二度，去北极五十五度，去南北平各九十一度强。赤道单环，表一丈四尺五寸九分，横八分，厚三分，直径四尺五寸八分。……黄道单环，表一丈五尺四寸一分，横八分，厚四分，直径四尺八寸四分。日之所行，故名黄道。太阳陟降，积岁有差。月及五星，亦随日度出入。古无其器，规制不知准的，斟酌为率，疏阔尤甚。今设此环，置于赤道环内，仍开合使运转，出入四十八度，而极画两方，东西列周天度数，南北列百刻，可使见日知时。……古亦无其器，今设于黄道环内，使就黄道为交合，出入六度，以测每夜月离，上画周天度数，度穿一穴，拟移交会。皆用钢铁。游仪，四柱为龙，其崇四尺七寸，水槽及山崇一尺七寸半，槽长六尺九寸，高广皆四寸，池深一寸，广一寸半。龙能兴云雨，故以饰柱。柱在四维。龙下有山云，俱在水平槽上。皆用铜。④

因李志超和陈久金两位先生有专文讨论僧一行的黄道游仪问题，关于黄道游仪本身的结构问题，兹不赘述。据李迪研究，这台黄道游仪的最突出特点是"黄道单环"的创置，因为黄赤交点随地轴方位的改变而每年沿黄道向西移动约 50″，即使这个 50″也会随时间发生微小变化，如果仪器设计不当，这些变化就不易发觉，进而就会影响观测质量，而"黄道单环"由于不固定，且能与赤道环"开合"，故观测者只要依靠黄道环就能读出所需

① 《旧唐书》卷 35《天文志上》，第 1294 页。
② 《旧唐书》卷 35《天文志上》，第 1294 页。
③ 《新唐书》卷 31《天文志一》，第 806 页。另《旧唐书·天文志上》称"开元十三年"制成，系张冠李戴，即将制造水运浑天仪的时间误为制造黄道游仪的时间，而南宋王应麟《玉海》卷 4《天道·仪象》则作"开元十二年"，应是传写有误。
④ 《新唐书》卷 31《天文志一》，第 807—809 页。

数字来见日知时，十分准确，遂成为"当时世界上最先进的仪器"①，其主要部件尺寸如表 3-15 所示。所以借助黄道游仪的先进功能以及下面的水运浑天仪，僧一行观察了 150 多颗恒星的位置，并于经过与汉代所测位置作比较，发现了恒星的移动现象。

表 3-15　黄道游仪主要部件尺寸　　　　　　　　　　（单位：尺）

层次	层名	部件名称	对应的天文基本圈	记载中的尺寸					计算尺寸		
				内径	宽	厚	周长	内周长	外径	周长	内周长
外层	六合仪	阳经双环	子午圈	5.44	0.40	0.04	17.30	14.64	5.52	17.34	17.09
		阴纬单环	地平圈	5.44	0.40	0.04	17.30	14.64	5.52	17.34	17.09
		天顶单环	平行于卯酉圈的小圈	5.44	0.08	0.03	17.30		5.50	17.28	
中层	三辰仪	赤道单环	天赤道	4.90	0.08	0.03	14.59		4.96	15.58	
		黄道单环	黄道	4.84	0.08	0.04	15.41		4.92	15.46	
		白道月环	白道	4.76	0.08	0.03	15.15		4.82	15.14	
里层	四游仪	旋枢双环	赤经圈	4.59	0.04	0.03	14.61		4.65	14.61	
		玉衡望筒	长：4.58，宽：0.12 厚：0.10，孔径：0.6								

2. 制作水运浑天仪

根据有关资料分析，水运浑天仪的制造始于开元十一年（723），终于开元十三年（725），历时约两年。《旧唐书·天文志上》载，黄道游仪完成之后，唐玄宗"又诏一行与梁令瓒及诸术士更造浑天仪"②，"至十三年造成"③。从浑仪自身的发展演变历史来看，僧一行等人所制造的水运浑天仪，实际上是张衡漏水转浑天仪的改进型。当然，它经过僧一行、梁令瓒等仪器制造家的巧妙构思，实现了科学与艺术的有机结合，已经达到出神入化的境界，令人叹为观止。

此浑仪"铸铜为圆天之象，上具列宿赤道及周天度数。注水激轮，令其自转，一日一夜，天转一周。又别置二轮络在天外，缀以日月，令得运行。每天西转一币，日东行一度，月行十三度十九分度之七，凡二十九转有余而日月会，三百六十五转而日行币。仍置木柜以为地平，令仪半在地下，晦明朔望，迟速有准。又立二木人于地平之上，前置钟鼓以候辰刻，每一刻自然击鼓，每辰则自然撞钟。皆于柜中各施轮轴，钩键交错，关锁相持。既与天道合同，当时共称其妙。铸成，命之曰水运浑天俯视图，置于武成殿前以示百僚"④。可见，此水运浑天仪呈规律地演示日、月、星象的运转，其中太阳不仅每昼夜回转一周，而且还沿黄道环日行一度；同理，月球不仅每昼夜回转一周，而且每 27 天沿白

---

① 胡道静，周瀚光主编：《十大科学家》，第 74 页。
② 《旧唐书》卷 35《天文志上》，第 1295 页。
③ 《旧唐书》卷 35《天文志上》，第 1294 页。
④ 《旧唐书》卷 35《天文志上》，第 1295—1296 页。

道环移动一周。这样，日、月每29天多相合一次。尤为奇妙的是此台浑仪因使用了擒纵机构，并附有自动报时装置，即两个木人，一个负责每刻自动击鼓，另外一个负责每辰自动撞钟，遂成为世界上第一个具有计时功能的真正意义上的天文钟，后来它更被推崇为"技术时代"的重要标志。例如，美国人文主义技术哲学的开山鼻祖刘易斯·芒福德就曾说过："工业时代的关键机械不是蒸汽引擎，而是钟表。"①尽管人们对时间的钟表化有各种各样议论，但是有一点是肯定的，那就是"钟表"在客观上促进了社会生活朝着秩序化的方向发展，而人类的精神境界和道德风貌亦必然会在更高的文明阶段上来展现自身。

3. 创制复矩

《旧唐书·天文志上》载："沙门一行因修《大衍图》……自丹穴以暨幽都之地，凡为图二十四，以考日蚀之分数，知夜漏之短长。"②然而，僧一行为了"测量用角度表示的地平高度"③，所创制的"复矩"即测量北极高度的仪器，究竟是个什么样子？因史料阙载，没有直接图样可资参考。不过，我国天文史研究工作者还是在《周髀算经》及《新唐书》等相关内容的启发下，绘制了一幅"复矩"结构图（图3-25）。

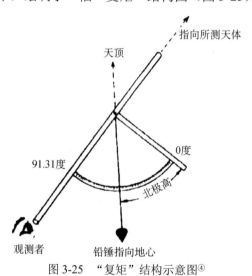

图3-25 "复矩"结构示意图④

在图3-25中，复矩的直角顶点系有一只重锤，另外在其直角处还安装着一个由0度到91.31度（以圆周为365.25度计）的量角器。操作的时候，将复矩的一个特定边指向北极，使之恰好位于人的视点与北极的连线上。这样，人们通过重锤线便能够在量角器上直

① Lewis Mumford，*Technics and Civilization*，New York：Harcourt，Brace and Company，1934，p.14.
② 《旧唐书》卷35《天文志上》，第1307页。
③ 中国科学院陕西天文台天文史整理研究小组：《我国历史上第一次天文大地测量及其意义——关于张遂（僧一行）的子午线测量》，《天文学报》1976年第2期，第210页。
④ 中国科学院陕西天文台天文史整理研究小组：《我国历史上第一次天文大地测量及其意义——关于张遂（僧一行）的子午线测量》，《天文学报》1976年第2期，第210页。

接读出北极的地平高度数值来①。

4. 测量子午线长度

唐开元十二年（724），僧一行与太史监南宫说、太史官大相元太等组织了一次大规模的天文测量活动，从最北的铁勒（今蒙古人民共和国乌兰巴托附近）到最南的林邑（今越南河内），共选择了 23 处测量点，内容包括测量二至和二分以及北极高度与昼夜长短等。经过实地测量，并"以句股校阳城中晷"，僧一行得出了南北两地相差 351 里 80 步和极高差 1 度的结论，从而证明"王畿千里，影差一寸，妄矣"②。

根据《唐会要》所载内容，以《新唐书·天文志一》和《旧唐书·天文志上》校之，其具体测量数据如表 3-16 所示。③

表 3-16　二至和二分以及北极高度与昼夜长短实测数据表

地名	夏　　至	冬　　至	春秋二分	北极高度	校　注
安南	3 寸 3 分	7 尺 9 寸 4 分	2 尺 9 寸 3 分	26 度 6 分	极高，《唐会要》所载误，以《旧唐书》校之。
铁勒	4 尺 1 寸 3 分	2 丈 9 尺 2 寸 6 分	5 尺 8 寸 7 分	52 度	
蔚州	2 尺 2 寸 9 分	1 丈 5 尺 8 寸 9 分	6 尺 6 寸 2 分半	40 度	准《新唐书》
林邑	5 寸 7 分	6 尺 9 寸	2 尺 8 寸 5 分	17 度 4 分	极高，《唐会要》所载误，以新旧《唐书》校之。
朗州	7 寸 7 分	1 丈 5 尺 3 寸	4 尺 4 寸 7 分	29 度 5 分	
襄州			4 尺 8 寸（春分）		
蔡州	1 尺 3 寸 6 分	1 丈 2 尺 3 寸 8 分	5 尺 2 寸 8 分	33 度 8 分	极高，《唐会要》所载误，以《新唐书》校之。
许州	1 尺 4 寸 4 分	1 丈 2 尺 5 寸	5 尺 3 寸 7 分	34 度 3 分	
扶沟	1 尺 4 寸 4 分	1 丈 2 尺 5 寸	5 尺 3 寸 7 分	34 度 3 分	
鄗城	1 尺 4 寸 9 分	1 丈 2 尺 7 寸 1 分	5 尺 4 寸 5 分	34 度 7 分	
汴州	1 尺 5 寸 3 分	1 丈 2 尺 8 寸 5 分	5 尺 5 寸	34 度 8 分	
滑州	1 尺 5 寸 7 分	1 丈 3 尺	5 尺 5 寸 6 分	35 度 3 分	
太原			6 尺		

由《新唐书·天文志一》记载可知，自滑台（极高 35 度 3 分）始，白马向南 198 里 179 步到汴州浚仪大岳台（极高 34 度 8 分）；由浚仪大岳台，向南 167 里 281 步到扶沟（极高 34 度 3 分）；由扶沟，向南 160 里 110 步到上蔡武津（极高 33 度 8 分）。④可见，按唐制 300 步为 1 里，5 尺为 1 步，则从滑台到上蔡，相距 526 里 270 步，极高差 35 度 3 分−33 度 8 分＝1 度 5 分，故 526 里 270 步÷1 度 5 分≈351 里 80 步，即 351 里 80 步差 1

①　中国科学院陕西天文台天文史整理研究小组：《我国历史上第一次天文大地测量及其意义——关于张遂（僧一行）的子午线测量》，《天文学报》1976 年第 2 期，第 210 页。
②　《新唐书》卷 31《天文志一》，第 813 页。
③　曲安京给出了 13 个测量地点东、夏至至太阳的天顶距及当地的地理纬度数值，参见曲安京：《中国历法与数学》，第 350—351 页。
④　《新唐书》卷 31《天文志一》，第 813 页。

度。关于僧一行在开元十二年十一月通过对阳城晷景来测算冬至时刻的精度,《新唐书·历志三上》云:"以癸未极长,较其前后所差,则夜半前尚有余分。新历大余十九,加时九十九刻。"[1]即公元 724 年 12 月 18.99 日,此数与理论值密合。[2]另外,由日影长算出的黄赤交角分别为:白马 23°39′33″,浚义 23°38′54″,扶沟 23°38′52″,上蔡 23°44′14″,平均差为 23°4′13.″25。与用纽康公式所推算出开元十二年的黄赤交角 23°36′19.″098 相比较,两者相差今为 4′,足见其观测的精密。[3]至于僧一行测量子午线长度的科学史意义及思想价值,有论者指出:第一,它以实测数据彻底推翻了汉代流行的"寸差千里"的错误观念,与此同时,测影使者"大相元太在交州对南天星的新发现,对于居住北半球的人们认识整个天球具有重要意义"[4];第二,"通过测量和计算,得出了比较精确的子午线一度的弧长";第三,"通过这次测量所证实的南北各地昼夜不同的情况,使天文学家们改进了历法,第一次采用了各地不同的漏刻,并经测验校正,'二至各于其地,下水漏以定当处昼夜刻数',使制订出的'大衍历'更科学、更精确、更符合实际";第四,"这次测量为后来发展起来的天文大地测量学奠定了科学的基础"[5]。

5. 准正切函数表

中国古代的天文表基本上都是以差分表的形式出现,其主要目的是构造相应的插值函数。在所有的差分表中,尤以僧一行的"每度晷影差分表"成就最为显著。僧一行在前揭《大衍历·步晷漏术》中构建了一份由 0 度至 80 度的每度八尺之竿影长与太阳天顶距对应数表(用文字形式来表达),历算学家亦称"准正切函数表"或"正切函数表"[6]。

在球面三角学中,太阳天顶距和八尺之竿午中影长的关系比较固定,表现为一种正切函数,设太阳天顶距为 T,八尺之竿影长为 L,如图 3-26 所示。

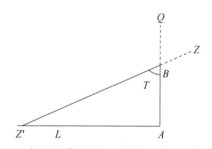

图 3-26　太阳天顶距和八尺之竿午中影长的关系图

① 《新唐书》卷 27 上《历志三上》,第 592 页。
② 陈美东:《中国科学技术史·天文卷》,第 378 页。
③ 中国科学院陕西天文台天文史整理研究小组:《我国历史上第一次天文大地测量及其意义——关于张遂(僧一行)的子午线测量》,《天文学报》1976 年第 2 期,第 212 页。
④ 《唐会要》卷 42《测景》,《景印文渊阁四库全书》第 606 册,第 560 页载:"测影使者大相元太云:'交州望极缓出地三十余度,以八月自海中南望老人星殊高,老人星下环星粲然,其明大者甚众,史不载,莫辨其名,大率去南极二十度已上,其星皆见,乃古浑天家以为常没地中,伏而不见之所也。'"
⑤ 中国科学院陕西天文台天文史整理研究小组:《我国历史上第一次天文大地测量及其意义——关于张遂(僧一行)的子午线测量》,《天文学报》1976 年第 2 期。
⑥ 刘金沂、赵澄秋:《唐代一行编成世界上最早的正切函数表》,《自然科学史研究》1986 年第 4 期;张培瑜等认为:"实际上,严格地说此表并非纯正的正切函数表,而是为了解决特定的天文学问题而编制的数值表格。"(张培瑜等:《中国古代历法》,第 88 页)

僧一行对图 3-26 的推算结果，载于《新唐书·历志四上》。其文云：

> 南方戴日之下，正中无晷。自戴日之北一度，乃初数千三百七十九。自此起差，每度增一，终于二十五度，计增二十六分。又每度增二，终于四十度，（增五十六分）。又每度增六，终于四十四度，增六十八（八十分）。（又起四十五度，增一百四十八分）。又每度增二，终于五十度，（增一百五十八分）。又每度增七，终于五十五度，（增一百九十三分）。又每度增十九，终于六十度，增百六十（二百八十八分）。（又起六十一度，增四百四十八分）。又每度增三十三，终于六十五度，（增五百八十分）。又每度增三十六，终于七十度，（增七百六十分）。又每度增三十九，终于七十二度，（增八百三十八分）。又度增二百六十。又度增四百四十。又度增千六十。又度增千八百六十。又度增二千八百四十。又度增四千。又度增五千三百四十。（至于八十度）。各为每度差。因累其差，以递加初数，满百为分，分十为寸，各为每度晷差。又累其晷差，得戴日之北每度晷数。[①]

术文中"戴日之北"是指从 Z 到 Q 的弧度，即太阳天顶距，也就是太阳从北回归线向北转动之弧度。若"戴日之北"为 1 度，则 8 尺之竿影长 1379。为此，僧一行将 1 度到 72 度之间的弧，分作 9 段，每度所增，正好是三次差分。曲安京曾"重构一行《大衍历》中的正切函数表"[②]，分绝对误差、相对误差等 8 栏，因其篇幅较长，兹不赘录。然曲安京发现在僧一行的"正切函数表"中包含有高达 5 次的差分表，令人瞩目。郭书春在《中国科学技术史·数学卷》里引录了曲安京的发现，同时亦表明僧一行在历法测算方面确有超迈千古的睿智博通[③]。

6. 不等间距的内插法

不等间距内插法的发明是僧一行最重要的数学成就之一，在僧一行之前，历算学家都将太阳在黄道上的位置变化看作是一个匀速不变的常数，这与太阳运动的实际状况不符，因而造成历日预报的不准确。僧一行经过实测，发现太阳运动是不等速的。因此，他在制定《大衍历》时，采用"定气"来求太阳经行度数。这样，就出现了自变量不等间距的内插法公式。如《新唐书·历志四》之"步日躔术"云：

> 以盈缩分盈减、缩加三元之策，为定气所有日及余。乃十二乘日，又三其小余，辰法约而一，从之，为定气辰数。不尽，十之，又约为分。以所入气并后气盈缩分，倍六爻乘之，综两气辰数除之，为末率。又列二气盈缩分，皆倍六爻乘之，各如辰数而一；以少减多，余为气差。至后以差加末率，分后以差减末率，为初率。倍气差，亦倍六爻乘之，复综两气辰数除，为日差。半之，以加减初末，各为定率。以日差至后以减、分后以加气初定率，为每日盈缩分。乃驯积之，随所入气日加减气下先后数，各其日定数。[④]

---

① 《新唐书》卷 28 上《历志四上》，第 659—660 页；陈美东：《中国科学技术史·天文卷》，第 385 页。
② 曲安京：《中国历法与数学》，第 336—339 页。
③ 郭书春主编：《中国科学技术史·数学卷》，第 317 页。
④ 《新唐书》卷 28 上《历志四上》，第 645 页。

下面用图 3-27 来解释术文：

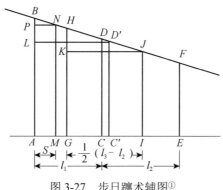

图 3-27 步日躔术辅图[①]

因此，这个数学方法的建立"既是天文学的贡献，也是数学史上的创举"[②]。

（二）僧一行思想的历史局限

首先，僧一行存在的思想矛盾主要是宗教与科学的矛盾。《宋高僧传》称他"于金刚三藏学《陀罗尼秘印》"，又"同无畏三藏译《毗卢遮那佛经》"，"其传《密藏》，必抵渊府也"[③]。虽然，密宗的教理是否与科学思维有部分重合的问题，目前学界尚有争议，但从本质上看，宗教思维与科学思维毕竟各有源流，尤其是两者分化之后，这个特征就更加明显。如佛教思维多"参悟"，而科学思维多实证，一虚一实，认识宇宙万物的理路差别就很大。此外，科学研究强调主客二分，而宗教思维则以"天人感应"为特点。显然，僧一行是以"天人感应"为视点来观察和理解宇宙万物的生成与变化的，难免存在迷信成分。以《五音地理经》[④]或称《地理经》为例，《郡斋读书志》卷 14 载，此书为僧一行所撰，"以人姓五音，验八山，三十八将吉凶之方。其学今世不行"[⑤]。宋代《地理新书》卷6 载有"五音三十八将内从外从位"墓法，唐朝人非常讲究"五音墓法"，这可从敦煌写本有不少"五音墓法"文献[⑥]的事实中得到证实。据《旧唐书》本传载："时又有黄州僧泓者，善葬法。每行视山原，即为之图，张说深信重之。"[⑦]惜宋以后《五音地理经》已佚，其内容多保留在王洙等所编撰的《地理新书》里。宿白考证说："仁宗时王洙等人奉敕编纂之书，必曾因袭一行之说，或就一行书有所增删，故彼此内容、立论相似，且沿其书名而不改也。"[⑧]关于"五音墓法"的基本内容，敦煌"五姓方面吉凶"的写本记载得比较具体，如"商姓金行"说：

① 内容参见钱宝琮：《中国数学史》，李俨、钱宝琮：《李俨钱宝琮科学史全集》第 5 卷，第 116 页；王渝生：《中国算学史》，第 303—304 页。

② 黄志洵编著：《古今中外名作选摘——人类重要思想集粹》，北京：文化艺术出版社，1991 年，第 50 页。

③ （宋）赞宁撰，范祥雍点校：《宋高僧传》卷 5《唐中岳嵩阳寺一行传》，第 92 页。

④ 《新唐书》卷 59《艺文志三》第 1558 页。

⑤ （宋）晁公武撰，孙猛校证：《郡斋读书志校证》，上海：上海古籍出版社，1990 年，第 615 页。

⑥ 金身佳编著：《敦煌写本宅经葬书校注》目录，北京：民族出版社，2007 年，第 1—3 页。

⑦ 《旧唐书》卷 191《僧一行传》，第 5113 页。

⑧ 宿白：《白沙宋墓》，1957 年，第 87 页。

丑，大墓；未，小墓；葬其地，绝世，大凶。绝世在南，金位火，名大灭门，大祸，凶。五刑在东方，出刑戮人。大德在北方，世禄长远，大（吉）。五福在四季，世禄延长，大吉。重阴在西方，少利多害，不宜子孙及财物平。宜葬壬、癸、亥、子，大吉。出公卿上。辰、戌、乾、巽，小吉。①

葬地的方位居然能影响到子孙后代的功名利禄，这是一种从汉代流行起来的"地人感应论"②，相信神灵的存在，它是中国古代堪舆术的基本理论前提。实际上，唐代吕才曾理直气壮地批判"地人感应论"的妄说："官爵弘之在人，不由安葬所致。"③依此为原则，吕才无情地揭露了"五音墓法"的欺骗性。他说："今之丧葬吉凶，皆依五姓便利。古之葬者，并在国都之北，域兆既有常所，何取姓墓之义？赵氏之葬，并在九原；汉之山陵，散在诸处。上利下利，蔑尔不论；大墓小墓，其义安在？及其子孙富贵不绝，或与三代同风，或分六国而王。此则五姓之义，大无稽古；吉凶之理，何从而生？"④在这个问题上，僧一行是一位顽固的"地人感应论"者，它影响了僧一行在中国古代地理学上的历史地位。

同样的思维方式，亦被僧一行带入了天文观测和历法研究，他"把科学的缺陷作为神学的根据"。如《新唐书·历志三下》载："（开元）十三年十二月庚戌朔，于历当蚀太半，时东封泰山，还次梁、宋间，皇帝彻膳，不举乐，不盖，素服，日亦不蚀。时群臣与八荒君长之来助祭者，降物以需，不可胜数，皆奉寿称庆，肃然神服。"而对这次"当食不食"的天象，僧一行不是归咎于历算的不准确，在他看来，"虽算术乖舛，不宜如此，然后知德之动天，不俟终日矣"。⑤所以，僧一行认为："（日食）若皆可以常数求，则无以知政教之休咎"⑥。将日食发生与否与封建王朝政治的明暗联系起来，从而赋予它神学的意义，自欺欺人，这是中国古代传统历法思想的突出特色，僧一行自然不能例外。故僧一行在解释"日不食，星不孛"现象时，他认为："若过至未分，月或变行而避之；或五星潜在日下，御侮而救之；或涉交数浅，或在阳历，阳盛阴微则不蚀；或德之休明，而有小眚焉，则天为之隐，虽交而不蚀。此四者，皆德教之所由生也。"⑦这种把天体运行的自然法则与人间祸福联系在一起，甚至主张帝王的主观意志能够改变天体运行的规律，严重影响了《大衍历》的科学性和客观性，所以"《大衍历》行用以后不久，预报日食就频频失误，正是一行日食论缺欠的必然结果"⑧。

事实上，僧一行绝非简单的"天人感应"论者，根据史书记载，僧一行有劳动鬼神的异能，他能够通过巫术的方式去影响天体的隐现，从而移除灾祸。如段成式在《酉阳杂俎》卷1《天咫》条下面记载着一则事例：

僧一行，博览无不知，尤善于数，钩深藏往，当时学者莫能测。幼时家贫，邻有

① 金身佳编著：《敦煌写本宅经葬书校注》，第 260 页。
② 中国科学院自然科学史研究所地学史组主编：《中国古代地理学史》，北京：科学出版社，1984 年，第 37 页。
③ 《旧唐书》卷 79《吕才列传》，第 2725 页。
④ 《旧唐书》卷 79《吕才列传》，第 2725 页。
⑤ 《新唐书》卷 27 下《历志三》，第 626 页。
⑥ 《新唐书》卷 27 下《历志三》，第 627 页。
⑦ 《新唐书》卷 27 下《历志三》，第 625—626 页。
⑧ 陈美东：《中国科学技术史·天文学卷》，第 380 页。

王姥，前后济之数十万。及一行开元中承上敬遇，言无不可，常思报之。寻王姥儿犯杀人罪，狱未具，姥访一行求救。一行曰："姥要金帛，当十倍酬也。明君执法，难以情求。如何？"王姥戟手大骂曰："何用识此僧！"一行从而谢之，终不顾。一行心计浑天寺中工役数百，乃命空其室内，徙大瓮于中。又密选常住奴二人，授以布囊。谓曰："某坊某角有废园，汝向中潜伺，从午至昏，当有物入来，其数七，可尽掩之，失一则杖汝。"……至便殿，玄宗迎问曰："太史奏昨夜北斗不见，是何祥也，师有以禳之乎？"一行曰："后魏时，失荧惑。至今，帝车不见，古所无者，天将大警于陛下也。夫匹妇匹夫不得其所，则陨霜赤旱。……莫若大赦天下。"玄宗从之。又其夕，太史奏北斗一星见，凡七日而复。成式以此事颇怪，然大传众口，不得不著之。①

这则事例虽有附会与夸张，但僧一行"发展了密教星占中的禳灾术"，却是肯定无疑的事情。《大正新修大藏经》第21册收录了僧一行著《北斗七星护摩法》，其开篇云："至心奉启，北极七星，贪狼巨门，禄存文曲，廉贞武曲，破军尊星，为（某甲）灾厄解脱，寿命延长，得见百秋。今作护摩，唯愿尊星，降临此处，纳受护摩，刑死厄籍，记长寿札，投华为座。"②这与《北斗七星护摩秘要仪轨》的宗旨相一致，如《北斗七星护摩秘要仪轨》开宗明义："谓北斗七星者，日、月、五星之精也。囊括七曜照临八方，上曜于天神，下直于人间，以司善恶而分祸福。群星所朝宗，万灵所俯仰。若人有能礼拜供养，长寿福贵；不信敬者，运命不久。"③可见，以北斗七星为对象的星占术在唐代非常盛行，而《北斗七星护摩法》则又是研究《七耀密历》的基本文献之一。④从这个层面来审视僧一行的历法思想，其局限性不言而喻。

其次，观测工具与历算的矛盾。唐代的观测仪器难以满足历算的需要，对僧一行来说，这是影响推测星体运动位置是否准确的关键所在。所以当开元九年（721）唐玄宗诏僧一行负责制订新历时，他马上就想到了观测仪器的问题。《新唐书·天文志一》载："一行受诏，改治新历，欲知黄道进退，而太史无黄道仪。"⑤于是，僧一行与梁令瓒等一起制造了"黄道游仪""覆矩""水运浑天仪"等天文观测仪器。诚然，上述仪器为《大衍历》的编撰提供了大量新的观测数据，但是我们又不得不承认，当时观测仪器的制作技术在许多细节上还无法达到观测所需要的精度，甚至在仪器的关键技术设计方面，尚存在一定缺陷。如黄道游仪"没有考虑到岁差的改变，而使春分点和秋分点在黄道环上按等速移动，自然不符合事实"⑥；又"测定时刻用的昼夜百刻标志不是放在与天赤道相平行的固定圆环上（黄道游仪中没有这样的环），而是放在水平安置的阴纬单环上，'如此，

① （唐）段成式，方南生点校：《酉阳杂俎》前集卷1《天咫》，第9—10页。
② （唐）僧一行：《北斗七星护摩法》，《大正新修大藏经》第21册，第458页。
③ 唐大兴善寺阿阇梨述：《北斗七星护摩秘要仪轨》，《大正新修大藏经》第21册，第424—425页。
④ ［俄］萨莫秀克：《西夏王国的星宿崇拜——圣彼得堡艾尔米塔什博物馆黑水城藏品分析》，《敦煌研究》2004年第4期。
⑤ 《新唐书》卷31《天文志一》，第806页。
⑥ 李迪：《唐代天文学家张遂（一行）》，第23页。

辰刻不能无谬'"①等。至于水运浑天仪更是"无几而铜铁渐涩，不能自转，遂收置于集贤院，不复行用"②。所以，张培瑜在仔细分析了《大衍历》中的"准正切函数表"的诸栏数据之后，得出如下结论：戴北日度≤55度时，各区段的平均误差在0.01—0.06尺，测算数据最为准确；当55度<戴北日度≤65度时，各区段的平均误差在0.12—0.16尺，其偏差开始加大；当65度<戴北日度≤74度时，各区段的平均误差在0.07—0.24尺，其偏差进一步加大；当75度≤戴北日度≤81度时，各区段的平均误差在0.23—1.56尺，其偏差大增，已不可用。③造成这种误差的原因固然不能完全归咎于仪器，但僧一行所制作的观测仪器本身尚存在着一些设计方面的缺陷，则无疑是一个不可忽视的客观因素。

最后，"易著"思维的模糊性与历算方法日趋精确之间的矛盾。从汉代《太初历》确立了五星在一个会合周期内的动态表之后，历代天文学家都在不断提高其测算精度。总体的发展趋势是："随着时代的进步，五星会合周期和恒星周期的测定越来越精确了。"④可是，对于《大衍历》而言，还需要具体分析。从李东升编制的一张隋唐时期"五星会合周期和恒星周期的数值表"⑤可知，《大衍历》在测算五星会合周期与恒星周期的精确性方面，除了火星的会合周期，《大业历》的误差为−15.1分，《大衍历》为−0.9分，《大衍历》精确于《大业历》外，其他所有数值均不及隋朝的《大业历》。那么，与《大业历》相比，《大衍历》为什么会出现如此多的误差呢？刘洪涛有一段解释切中要害。他说："如计算历日的参数：岁实（或朔策）、章闰、食周等等应由实测而来，其它由以上推算而来，即历算学应以观测为基础。一行却牵合易数，成了神秘的脱离实际的东西。这一点与《三统历》相同，可见《大衍历》继承了《三统历》的消极方面。"⑥还有学者指出："一行还把所谓的大衍之数作为历法必须与它吻合的又一个根本原则。对于一系列天文数据必须由神秘的大衍之数的简单加减乘除来推演而定，这在实际上影响了由实测而来的天文数据的本来精度，动摇了《大衍历》的客观基础，给《大衍历》蒙上了一层神秘的、主观随意行的色彩。"⑦一方面，我们肯定僧一行较前人取得了不少更加精确的天文数值，比如一行测得黄赤交角为23.9度，这是当时最好的数值，而且他创造的很多数学方法，在推算日月交食、五星位置、食差、准正切函数表等方面都起着关键作用；另一方面，我们亦得承认僧一行因局限于"易著"思维的模糊性，不求甚解之处亦在在有之，如一行的九服晷长、漏刻及食差计算法毕竟还是一种近似的算法。⑧另外，"《大衍历》中求各种天文数据奇零部分的共同分母通法（即日法），原来是从《周易》之数导出的"，"一行不但用《周易》来

①　陈久金主编：《中国古代天文学家》，第259页。
②　《旧唐书》卷35《天文志上》，第1296页。
③　张培瑜等：《中国古代历法》，第90页。
④　徐振韬、蒋窈窕：《五星聚合与夏商周年代研究》，北京：世界图书出版公司北京公司，2006年，第8页。所谓"五星会合周期"是指"行星连续两次与太阳相合的时间间隔"；而"五星的恒星周期"则是指"行星与某颗恒星或是黄道上某个特定点两次具有同一黄经所需的时间间隔"（同前，第6页）。
⑤　徐振韬、蒋窈窕：《五星聚合与夏商周年代研究》，第10页。
⑥　刘洪涛：《中国古代科技史》，天津：南开大学出版社，1991年，第471页。
⑦　张广军编著：《一行》，北京：中国国际广播出版社，1998年，第39页。
⑧　陈美东：《中国科学技术史·天文学卷》，第390页。

附会天文数据，同时也用来附会历法中的专有名词"，因此，"以《易》中名词来附会代替习用的天文历法名词，这就使人很难理解，名数诡异"①。如前所述，僧一行在实测地球子午线的过程中，他只要再向前迈一步，就完全有可能提出球形大地的思想。然而，僧一行却止步不前了。对此，人们尽管可以给出各种不同的解释，但是僧一行被"易蓍"思维的模糊性束缚了头脑，无论如何都是铁的事实。

第五节　瞿昙悉达的中印历法思想

瞿昙悉达，唐朝京兆籍印度人②。张翃《唐故银青光禄大夫司天监瞿昙公墓志铭并序》称，瞿昙悉达曾为唐朝"银青光禄大夫、太史监、江宁县开国男、食邑五百户、赠汾州刺史"③。在唐代，"太史监"为正三品官员。可见其地位之尊贵。据《开元占经》卷1记载：

> 后魏太史令晁崇修浑仪以观星象，按其仪以永兴四年岁次困敦④创造，传至后魏末，入齐往周，随至于大唐，历年久远，仪盖日以倾坠。太史者，历正也。自景云二年⑤奉敕重令修造，使银青光禄大夫、检校将作少监杨务廉与银青光禄大夫行太史令瞿昙悉达、正议大夫行太史令李仙宗、试太史令殷知易、荆州都督兼秘书监兼右卫率薛玉、银青光禄大夫检校秘书监吴师道、正议大夫行秘书少监阎朝隐等，首末共营，各尽其思。至先天二年岁次赤奋若⑥成。⑦

又据《新唐书·历志四下》载："《九执历》者，出于西域。开元六年，诏太史监瞿昙悉达译之。"⑧此外，他还编纂了《开元占经》，具体年代不详。在唐代历法发展史上，关于《九执历》与《大衍历》的关系，《新唐书·历志三上》做了部分歪曲的解说，引文见后，一讹来者，造成了很坏影响。对此，陈久金、钮卫星及吴慧等学者，都用专文进行拨正与澄清，还原了历史以本真之面相。因为承认《大衍历》吸收了《九执历》的先进历算成果，不仅丝毫无损于僧一行的伟大形象，反而会增加其更多的闪光点。

---

① 陈久金主编：《中国古代天文学家》，第 233 页。
② 据陈久金判断："大约早在南北朝时，其祖先就已由印度移居中国了。"参见陈久金：《瞿昙悉达和他的天文工作》，《自然科学史研究》1985 年第 4 期。
③ （唐）张翃：《唐故银青光禄大夫司天监瞿昙公墓志铭并序》，周绍良主编：《全唐文新编》卷 330，第 3768 页。
④ "岁次"是指每年木星所值的星次与其干支；"困敦"则是十二支中"子"的别称，如《尔雅·释天》云："（太岁）在子曰困敦"。
⑤ 原文为"景云三年"，考唐代睿宗李旦没有"景云三年"的年号，疑系"景云二年"之误。
⑥ "赤奋若"系指十二支中的"丑"。
⑦ （唐）瞿昙悉达：《开元占经》卷 1《天体浑宗》，《景印文渊阁四库全书》第 807 册，第 182 页。
⑧ 《新唐书》卷 28 下《历志四下》，第 691 页。

一、《九执历》与"奇诡"的印度历法

（一）《九执历》的编译

何谓"九执"？僧一行有一个解释，他说："执有九种，即是日、月、火、水、木、金、土七曜，及与罗睺、计都，合为九执。"[①]他又说："梵语名蘗哩何，翻为《九执》。正相会一处，天竺历名正著时。"[②]关于"罗睺"与"计都"的天文学意义，钮卫星有两篇专文讨论。钮氏认为："九执的概念是随密教传入中国而输入的，而且在更多的情况下，只被当做一种星占学符号对待。"[③]僧一行为密教信徒，后来成为密宗之祖，他与密教情缘极深。当然，密教在唐代之盛，已经渗入其社会肌体的每一部分，瞿昙悉达很难置身教外。据《辽史·礼志六》载："二月八日为悉达太子生辰……悉达太子者，西域净梵王子，姓瞿昙氏，名释迦牟尼。以其觉性，称之曰'佛'。"[④]另，《一切经音义》释："瞿昙氏具云瞿答摩。言瞿者，此云地也；答摩，最胜也。谓除天以外，在地人类，此族最胜，故云地最胜也。"[⑤]再往前追述，《佛说十二经》更载："昔阿僧只劫时，菩萨为国王，其父母早丧亡，让国持与弟，舍国行求道。遥见一婆罗门，姓瞿昙，菩萨因从婆罗门学道。婆罗门答菩萨言：解体所著王者衣服，编发结莎为衣，如吾所服受吾瞿昙姓。于是菩萨受服衣被体，瞿昙姓。洁志入于深山，林薮、险阻，坐禅念道。"[⑥]所以从"瞿昙"姓的源流来看，称瞿昙悉达的祖父瞿昙逸原是"印度婆罗门僧人"，不无道理。果如是，瞿昙悉达的名字就具有了标志性的意义，因为他信仰婆罗门教（后来变为印度教），而不是密教。现在有一个问题：密教与婆罗门教有无区别？如果有区别的话，那么，两者的区别在哪儿？金山穆韶阿阇黎说："真言密教所说之常住，与婆罗门教，及诸外道所说梵天常住及大我之相，大有区别。彼等所说之常住，系在心外。密教所说之常住系在心内。密教之常住，系普遍不二之常住，与诸外道所说之常住，截然不同也。"尽管公元6世纪之后，出现了印度教与密教的结合即印度教密教，但是深受婆罗门教观念影响的瞿昙悉达能否接受密教的教义和仪轨，恐怕难说。如众所知，笈多王朝时期伴随印度教的兴起，希腊天文学传入印度。这样印度教的天文学迅速希腊化，出现了一批优秀的历法著作，如阿耶波多的《阿耶波提亚》（5世纪）、伐罗诃密希罗的《五大历数全书汇编》（6世纪）及婆罗门笈多的《增订婆罗门历数全书》（7世纪）等。在《阿耶波提亚》里，阿耶波多用诗体语言或者说偈颂形式表述了他的天文学和数学思想，包括"天文表集"、"算术"（内容以讲解正弦函数和圆周率为特色）、"球"及"时间的度量"等内容。他认为地球不仅围绕太阳公转，而且

---

① （唐）沙门一行阿阇梨：《大毗卢遮那成佛经疏》卷4《入漫荼罗具缘真言品第二之余》，《大正新修大藏经》第39册，第618页。
② （唐）沙门一行阿阇梨：《大毗卢遮那成佛经疏》卷7《入漫荼罗具缘真言品第二之余》，《大正新修大藏经》第39册，第653页。
③ 钮卫星：《从"罗、计"到"四余"：外来天文概念汉化之一例》，《上海交通大学学报（哲学社会科学版）》2010年第6期，第49页。
④ 《辽史》卷53《礼志六》，第878页。
⑤ （唐）慧琳：《一切经音义》卷21，《大正新修大藏经》第54册，第438页。
⑥ （晋）迦留陀迦译：《佛说十二游经》，《大正新修大藏经》第4册，第146页。

绕轴自转；他科学地解释了日食与月食的成因，同时还能准确预测日食与月食发生的时间；此外，阿耶波多还"确认重力是地球表面物体在地球自转之时不被抛出的原因，并提出了'上'与'下'的观念具有环境可变性，认为'上'与'下'取决于人在地球上所处的位置，从而颠覆了天体'高高在上'的地位"[①]。《五大历数全书汇编》尤以《苏利耶悉檀多》（即《太阳手册》）最著名，书中介绍了诸如本轮、均轮以及太阳的地平视差等希腊天文学概念；出现了用实心小原点"·"表示的"0"符号；同时，该书还讲解了太阳、月球与地球的直径推算方法以及分至点、行星运动和太阳观测仪器等问题。《增订婆罗门历数全书》除了讨论日月食、月相及行星位置的测定外，还讨论了引力问题，可惜没有形成科学原理。可见，在公元 4 世纪到 7 世纪，印度天文学已经发展到一个很高的水平，尽管由于各种原因，印度天文学的优势在后来没有得到进一步的发展，但是它对中国中古时期[②]天文学尤其是星占学发展的影响是不可否定的。当然，这种影响不是对中国古代传统天文体系的影响，而主要是对印度天文学中某些具体算法和观念的借鉴。例如，《隋书·经籍志》载有 7 部介绍印度天文历算的书籍，其中天文类 4 种：即《婆罗门天文经》《婆罗门竭伽仙人天文说》《婆罗门天文》《摩登伽经说星图》；历数类 3 种：即《婆罗门算法》《婆罗门阴阳算历》《婆罗门算经》等。唐朝初期，西域诸国不断向唐朝进献天文书籍与天文学家，以满足唐朝对印度天文学的实际需要。如开元七年（719）有罽宾国和吐火罗国分别向唐朝进献"天文经"与"天文师"，便是突出的史例。而瞿昙氏家族从瞿昙罗（665）开始，到瞿昙撰（776）终止，历高宗、武则天、中宗、玄宗、肃宗等朝，起伏跌宕，先后领导唐朝天文机构长达 110 年之多，史无前例。这个家族以传授印度天文学为主，与唐朝佛教"好异者望真谛而争归，始波涌于闾里，终风靡于朝廷"的传播情势相适应，高宗朝出现了"太史瞿昙罗上《经纬历法》九卷，诏令与《麟德历》相参行"[③]的现象。武则天时，瞿昙罗又修撰《光宅历》，惜因政治上的原因，未及颁行而废止。它反映了来自西方的印度思想文化与中国传统道、儒思想文化既相吸收又相排斥的矛盾状态。瞿昙悉达系瞿昙罗之子，开元六年受命翻译《九执历》，并"每年《大衍》与《麟德》《九执》同进以用，术不同也"[④]。同瞿昙罗上《经纬历法》一样，瞿昙悉达受命翻译《九执历》亦需要放置在唐朝推行"三教共弘"政策的大背景下去考量。一方面，"佛儒道三教分立，成为唐朝三百年来安定社会的主要思想支柱"[⑤]，其间印度历法的译行，符合唐朝统治者的政治需要，况且当时信仰佛教的庶民远在道、儒之上，时人有"天下观一千六百八十七，道士七百七十六，女官九百八十八；寺五千三百五十八，僧七万五千五百二十四，尼五万五百七十六"[⑥]的记载，于是才出现了唐玄宗"诏太史监瞿昙悉达译之"的事情；另一方面，三教之间还有利益冲突，特别是儒教对于佛教的浸浸日盛颇感不安。因此，玄宗朝多有反对佛教迷信者，如韦嗣立、姚崇等。姚崇在《令诸子侄各守其分》中告

---

① 刘建、朱明忠、葛维钧：《印度文明》，福州：福建教育出版社，2008 年，第 251 页。
② 主要指中国古代的魏晋南北朝至隋唐五代时期。
③ （宋）王溥撰：《唐会要》卷 42《历》，第 751 页。
④ （宋）王应麟：《玉海》卷 10《唐九执历》，第 189 页。
⑤ 任继愈：《唐代三教中的佛教》，《皓首学术随笔·任继愈卷》，北京：中华书局，2006 年，第 113 页。
⑥ 《新唐书》卷 48《百官志三》，第 1252 页。

诫其子孙们："夫释迦之本法，为苍生之大弊，汝等各宜警策，正法在心，勿效儿女子曹，终身不悟也。"①当然，由于佛教的泛滥已经直接影响到唐朝政权的稳定，故唐玄宗在姚崇等朝臣的支持下，多次发布诏令，限制佛教的发展，如开元二年（714）唐玄宗依照儒家孝道颁布《令僧尼道士女冠拜父母敕》②，同年又禁创建佛寺和命毁除化度寺"无尽藏"（即寺院高利贷）院等③。在这个过程中，我们应注意以下两个问题。

第一，在反对佛教的官僚群体里，来自太史局的太史令傅奕独树一帜。太史局是掌管天文历法的中央机构，唐武德四年（621），傅奕向唐高祖上书《减省寺塔废僧尼益国利民事十一条》。他以"治合李老之风，虞夏汤姬，政符周孔之教"为总纲，对佛教口诛笔伐，直斥"胡佛邪教"④。这种观念对唐代修订历法产生了非常重要的影响，考瞿昙悉达的父亲瞿昙罗曾任唐朝太史令，并先后撰行《经纬历法》和《光宅历》，说明当时印度历法在唐朝天文学中居于优势地位。因此，有学者称"唐代几度修历（麟德历、大衍历），基本不脱印度天文历法的影响"⑤。然而，唐玄宗令僧一行修《大衍历》，却将印度历法家排除在外，这与唐高宗诏李淳风和印度天文学家迦叶孝威一起修撰《麟德历》的作法截然不同，甚至还废止了中原历法和印度历法并行的局面。由于史料阙载，我们不便妄断个中缘由，不过，它应与唐玄宗从政治上排斥"显教"大乘的指导思想有关。

第二，从原则上讲，密教是大乘佛教派生物，但是在宇宙的生成方面，密教主张"世界起源于阴阳交合……没有其他原因"⑥；在修持方面，自6、7世纪开始印度密教即以"真言"标榜其教法，并出现了《佛顶轮王经》《苏悉地经》《苏婆呼经》等密典。随后，经无畏三藏等传译，传入中国。"真言派"特别讲究修持和成就法，它以《大毗卢遮那成佛经》为依据，要求每位密教阿阇梨都要"懂得和掌握各种世间的知识、技艺"⑦。显然，密教的这两种倾向都比较适合唐玄宗的政治需要，一则与传统佛教的禁欲观不同；另一则密教成就法中的占星、点药、坛法等，更多地呈现出道教色彩，它与唐玄宗的"崇道抑佛"政策相关，所以僧一行的《大衍历》虽然吸收了印度历法的一些成果，但主要还是用《周易》的传统范式来定调立名。因此，限于这种特殊的文化思维，僧一行在修撰《大衍历》时，没有邀请瞿昙氏家族的人员参加确实事出有因。因为按照历朝的惯例，瞿昙氏家族在唐朝的太史局里占有重要位置，他们不仅参与唐朝的历法修撰，而且还单独编制历法与中原历法并用。到僧一行时，这种规矩被打破了。因为《大衍历》既没有印度天文学家参与，原先《九执历》与《麟德历》并用的状态又被改变，它从一个侧面反映了瞿昙氏家族的地位正在发生微妙变化，这种变化是当时唐朝太史局内部佛、道、儒三者之间相互矛盾斗争的一种结果。故《新唐书·历志三》载：

---

① 《旧唐书》卷96《姚崇传》，第3028页。
② （宋）宋敏求编，洪丕谟、张伯元、沈敖大点校：《唐大诏令集》，上海：学林出版社，1992年，第539页。
③ 张遵骝：《隋唐五代佛教大事年表》，范文澜：《唐代佛教》附，重庆：重庆出版社，2008年，第146页。
④ （唐）道宣：《广明弘集》卷11《箴傅奕上废省佛僧表》，吴玉贵、华飞主编：《四库全书精品文存》第7卷，第374—375页。
⑤ 王小甫、范恩实、宁永娟编著：《古代中外文化交流史》，北京：高等教育出版社，2006年，第170页。
⑥ ［印］德·恰托巴底亚耶：《顺世论：古代印度唯物主义研究》，王世安译，北京：商务印书馆，1992年，第60页。
⑦ 吕建福：《中国密教史》修订版，北京：中国社会科学出版社，2011年，第50页。

开元九年，《麟德历》署日蚀比不效，诏僧一行作新历，推大衍数立术以应之，较经史所书气朔、日名、宿度可考者皆合。十五年，草成而一行卒，诏特进张说与历官陈玄景等次为《历术》七篇、《略例》一篇、《历议》十篇，玄宗顾访者则称制旨。明年，说表上之，起十七年颁于有司。时善算瞿昙撰者，怨不得预改历事，二十一年，与玄景奏：“《大衍》写《九执历》，其术未尽。”太子右司御率南宫说亦非之。诏侍御史李麟、太史令桓执圭较灵台候簿，《大衍》十得七、八，《麟德》才三、四，《九执》一、二焉。乃罪说等，而是否决。[①]

瞿昙撰为瞿昙悉达之子，时任太史局司历官员。他在瞿昙悉达和僧一行过世后，公然挑起“僧一行剽窃《九执历》的成果，却又排斥瞿昙氏家族的人员参与修撰《大衍历》”等诸多事端，遂成了中国古代天文学史上的一桩公案或云“历法诉讼案”[②]。实际上，《大衍历》与印度历法的矛盾，仅仅是佛道儒三者之间矛盾斗争的表象，真正的原因恐怕还在于争夺太史局领导权的问题。可以想象，如果太史局太史令不是桓执圭而是瞿昙撰，那结果很可能就成了另一个样子。瞿昙撰也许不明白在唐代制定历法既是一个科学问题，同时又是一个政治问题，甚至在某种程度上讲，后者重于前者。所以这场本来属于学术范围的争论，没有想到竟演变为一场政治斗争，由于唐玄宗插手，瞿昙撰被调离京城，任郿州三川府左果毅，连带支持瞿昙撰的太子右司御率南宫说及历官陈玄景等均受到了比较严厉的处分，这个事件无论从哪个角度说都在客观上阻碍了唐代天文学的跃进与发展。

（二）《九执历》的主要内容及其成就

《九执历》篇幅不长，内容却很丰富，包括序论、算字法、天竺度法、推积日及小余章、推中日章、推中月章、推高月章、推月藏章、推日藏章、推定日章、推定月章、推昼刻及夜刻章、推月域章、推日域章、推宿刻章、推宿断章、推节刻章、推节断章、推均分章、推阿修章、叙日月蚀法、推间量府章、推月间量章、推月间量法、推月量法、推食经刻法、推月规法、推食甚法、推食刻位（法）、蚀行法、推日量法、推日食法、推日上星驷法和段法等，计有 19 章 13 法 1 论。据目前所知，学界注解和研究《九执历》者首推清朝武陵山人顾观光的《九执历解》，次为徐有壬的《开元占经推步》，惜其手稿没有刊印，然后是常福元的《九执历补》。日本著名科技史家薮内清的《〈九执历〉研究》，代表了 20 世纪 70 年代国外研究《九执历》的最高水平。1994 年，中国科学院自然科学史研究所陈久金在前人研究成果的基础上，完成《九执历校注》，迄今为止，陈氏的注本训义尤洽，无所疑感，可谓大陆学界研究《九执历》的抗鼎之作。

瞿昙悉达在《九执历》序论中说：“《九执历》法，梵天所造，五通仙人承习传授……盖以其国人多好道，苟非其气，虽曰子弟，终不传也。”[③]道出瞿昙氏编译《九执历》的动

① 《新唐书》卷 27 上《历志三上》，第 587 页。
② 关于这场公案的过程和性质，请参见陈久金：《中国古代天文学家》，北京：中国科学技术出版社，2008 年，第 224—225 页。
③ （唐）瞿昙悉达：《开元占经》卷 104《九执历》，《四库术数类丛书》第 5 册，上海：上海古籍出版社，1991 年，第 933 页。

机，因为虽曰承诏受命，但时为太史监的瞿昙悉达本人在下面的运作更为关键。从上述序论来看，瞿昙氏深谙统治者的心理，如众所知，"藏往知来"既是历法的重要功能，同时又是皇帝理政的"秘技"，特别是历法的"知来"功能尤为历代皇帝所看重，甚至将它作为判断历法疏密的首要标准。《九执历》集合了古印度历法的精髓，所以瞿昙悉达才有"削除繁冗，开明法要，修仍旧贯，缉缀新经"①之举。由于"修仍旧贯"之"旧"究竟指哪些印度古历书，目前学界的认识尚有分歧，但国内学者多倾向于薮内清的看法，《九执历》的内容主要来源于婆罗门学派《五大历数书汇编》和夜半学派的《历法甘露》。

1. 算字法

《九执历》用汉字"一、二、三、四、五、六、七、八、九、点"标识印度十个数字，至于当时印度数字是个什么样子，没有记载。不过从印度数字自身的发展演变路径来看，我们对瞿昙氏所省去的印度数字，大概亦能看出个究竟（图 3-28）。

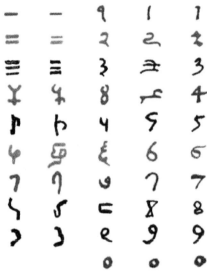

图 3-28　印度不同历史阶段的数字演变

自左向右，第 1 列为公元前 300—400 年的印度数字；第 2 列为公元 400—600 年的印度数字；第三列（即中间一列）为公元 700—1100 年的印度数字；第 4 列为公元 900—1200 年的印度数字；第 5 列为 16 世纪的印度数字。按：瞿昙悉达主要生活于公元 7 世纪，当时印度数字的书写见图 3-28 中间一列。其书写特点是："其字皆一举礼而成。"所谓"一举礼而成"就是指一笔写成，而对于"空位"则用"一点"来表示，即"凡数至十，进入前位，每空位处恒安一点"②。为什么印度数字中的"圆圈"在瞿昙氏的《九执历》中变成了"圆点"，这完全是为了迎合当时唐朝汉字的书写习惯。

2. 天竺度法

瞿昙悉达说："天竺度法，三百六十，确符管律，更无奇剩。"③显然，取周天 360 度

---

① （唐）瞿昙悉达：《开元占经》卷 104《九执历》，《四库术数类丛书》第 5 册，第 933 页。
② （唐）瞿昙悉达：《开元占经》卷 104《九执历》，《四库术数类丛书》第 5 册，第 934 页。
③ （唐）瞿昙悉达：《开元占经》卷 104《九执历》，《四库术数类丛书》第 5 册，第 934 页。

与中国传统历法用 365.25 度，两者的差异比较大。究其原因，同其各自在观天测地时所采用的数学方法有关。无论中国还是印度，其先民都将我们头顶上的天空，假想成一个圆，这一点是一致的。然而，如果求解圆内天体的运动轨迹，中国古代的历算家开出了一条不同于印度古代历算家的路径。如《周髀算经》载商高论勾股定理说："数之法出于圆方。圆出于方，方出于矩，矩出于九九八十一。"[①] 此言道出了中国古代求曲面体体积的理论范型——以方求圆法，以后刘徽的"割圆术"及沈括的"会圆术"等，都是由此派生出来。中国古代以地球为中心，日、月围绕地球运转，其中人们把太阳围绕地球旋转一周的时间称作一年，为了测度日月五星运动位置的需要，人们又将一年的日数作为周天度数，这样就有了"黄道"的概念。汉初颁行《颛顼历》规定一年为 365.25 日，这个日数自然也就成了周天度数，而此历即四分历。印度《爱达罗氏梵书》规定一年为 360 日，因而一周天为 360 度，此为六十进制的度分关系，至于它是否成了佛教十八层天的理论依据，即将周天一分为二成 180 度，每段 10 度，尚待进一步研究。但埃及历法有"古典占星学十度分区"的概念。然而，可以肯定的是印度历法把黄道（即太阳环绕地球所经过的视运动轨迹或环状天区）上的区间均等地划分为十二段，每一段 30 度，且恰好有一颗具有神性的恒星作标志，共有十二个星座，它们分别是白羊座、金牛座、双子座、巨蟹座、狮子座、处女座、天秤座、天蝎座、人马座、摩羯座、宝瓶座和双鱼座，称为十二宫，太阳在每宫居留的时间为一个月。当然，在占星家眼里，它们很自然就成了衡量人类命运的尺度。这样，印度历法使用黄道坐标体系（兼有巴比伦与埃及色彩）来确定日月五星的位置，用以占卜。与此不同，中国古代则以赤道二十八宿为基准来推求日月星辰的位置变化。两者各成体系，对于两者的差异，学界有两种倾向：一种倾向是否定中国天文学的独立起源，认为中国天学西源说；另一种倾向是把"独特性"理解为"优他性"，如张建芳《独特的古代中国天文学》一文即是如此。我们承认，中国古代天文学确实在测算精度方面取得了领先于当时世界水平的辉煌成就，然而采用黄道坐标体系与采用赤道坐标体系仅仅是选择什么样的历算模型，难分伯仲，关键是看何者的数学方法更科学。为了说明这个问题，就必须把印度历法与中国历法两者都置于历史发展的过程之中去判别其地位和作用。在唐代，僧一行创造了"不等间距内插法"，将测算太阳运行位置的精度大为提高，可喜可贺。不过，瞿昙悉达在《九执历》中介绍了见于印度历法的"弧度单位"及"球面三角法"或谓"准正弦函数表"等，而它们都是非常先进的天文学成果，如刘操南认为："运用三角函数计算黄赤大距，这比中国原来取经于勾股之法，要方便和精确得多。"[②]

3. 推积日及小余

自西汉《三统历》始，"积日"亦称"积年"，其在一段较长的历史时期内是中国古代历法的组成要素之一。印度《阿耶波提亚》有上元积年的算法，很可能受到了中国古代历书的影响。由于"积年"的起点，通常以"日月合璧，五星联珠"为理想的天象时刻，具体推算时需要考虑的条件比较复杂，如一般需要求解多达 9 项的一次同余式组，其相应的

---

① （三国·魏）赵爽注：《周髀算经》，上海：上海古籍出版社，1990 年，第 4 页。
② 刘操南：《天文学说西学东渐考》，《历算求索》，杭州：浙江大学出版社，2000 年，第 385 页。

数学运算工作亦就会变得越来越繁重①，所以瞿昙悉达说："上古积年，数太繁广，每因章首，遂便删除，务从简易，用舍随时。"②舍繁从简，符合唐代历法发展的实际，如《大衍历》的上元积年数为 96 961 740 年，如此庞大的年数，在没有计算机的条件下，其运算之难度可想而知。更何况费了好大劲才求出来的上元积年，对于制定历法实际上已经没有多少意义，但在瞿昙氏看来，它毕竟还有占卜的价值。这样，瞿昙氏就从唐朝历算的现实状况出发，结合印度历法的特点，提出了计算上元积年的一种简易方法，即"近距历元法"。他说："今起明庆二年丁巳岁二月一日，以为历首，至开元二年甲寅岁，置积年五十七算。"③即以罗马《儒略历》公元 657 年 3 月 20 日为历元，到开元二年（714），积年数为 57 年。因为在印度的黄道十二宫体系里，以春分点为起算点，所以《九执历》的"近距历元法"采用"春分"（恰为周天 360 度处，同时又是周天 0 度处）而不用"冬至"（在周天 270 度处）。

4. 推中日

"中日"系指太阳的平黄经，顾观光释："中历命日为度，则太阳日行一度；梵历定天周为三百六十度，无余分，则太阳日行不及一度，积九百日而不及十三度，故以十三乘积日，九百除之，为没度也。以此没度与积日相减，则积日尽变为积度，计一岁亦正得三百六十度，故以三百六十除之，即复得积年数也。余不满三百六十者，即所求日之平行度矣。"④

5. 推中月

"中月"系指月亮的平黄径，它由月球与太阳的黄经差加在太阳平黄经的相、度、分上而得到。其术文云："置小余，重张位，下位二十五除之。得者加上位，加讫，以六十除之，得度。不尽为分，其度分列为位，又置自入月已来所经日，以十二乘之，以三十除之，得相。不尽为度，以其相及度，与前所列度及分并之，又与中日并之，置为中月位。"⑤将此"与中日并之"，即为月亮平黄经。不难看出，"积日，实数也；小余，虚境也。以实数乘十二，度则少，度下之零分，故借小余以求零分，而虚境亦变为实数，此用法之巧也"⑥。

6. 推高月

"高月"系指月球远地点的黄经，其术文云："置积日，以九除之，得度。余以六十乘之。依前除之，得分。其度以三百六十除弃之，余以三十除之，得相。不尽为度，其相及度兼分，列为位。又置积日，以六十除之，得分。以其分并前所列分位，恒加差（十）一相十三度四十五分，置为高月位。"⑦

① 具体算法见曲安京：《东汉到刘宋时期历法上元积年计算》，《天文学报》1991 年第 4 期。
② （唐）瞿昙悉达：《开元占经》卷 104《九执历》，《四库术数类丛书》第 5 册，第 934 页。
③ （唐）瞿昙悉达：《开元占经》卷 104《九执历》，《四库术数类丛书》第 5 册，第 934 页。
④ （清）顾观光：《九执历解》，薄树人主编：《中国科学技术典籍通汇·天文卷》第 2 分册，第 843—844 页。
⑤ （唐）瞿昙悉达：《开元占经》卷 104《九执历》，《四库术数类丛书》第 5 册，第 935 页。
⑥ （清）顾观光：《九执历解》，薄树人主编：《中国科学技术典籍通汇·天文卷》第 2 分册，第 844 页。
⑦ ［日］薮内清：《〈九执历〉研究——唐代传入中国的印度天文学》，《科学史译丛》1984 年第 4 期，第 8 页。

7. 推月藏

"月藏"是指月球的近地角，其术："置中月，以高月减之，（如不足减于中月，相位上更加十二相，减之），减讫，置为月藏位。"[1]

8. 推日藏

"日藏"是指太阳的近点角，其术："置中日，减二相二十度，（如不足减于中日，相位上更加十二相，减之也，他皆仿此），减讫，置为日藏位。"[2]

9. 推定日

"定日"是指太阳的真黄经，其求法为："日段六：第一段，三十五；第二段，三十二；第三段，二十七；第四段，二十二；第五段，十三；第六段，五。右（上）一段每管十五度，两段管一相。凡在六段，用管三相。术曰：置日藏，若相及度位俱定（空），唯有分者，置分，以第一段三十五乘之，以九百除之，得分。（凡此分满六十，成一度），恒视日藏位，（相定〈空〉及一、二、三、四、五相者，命曰羟首；六、七、八、九、十及十一相者，命曰秤首。又凡在梵历，相定〈空〉是一相法，一相度是二相法，二相度是三相法也，他皆仿此）。得羟首，即以此度分，损中日位；得秤首，即以此分，益中日位，（以度损益度，以分损益分）。如是损益讫，置为定日位。"[3]文中"羟首"系指白羊宫的第一点，其日藏范围在 0°—180°；"秤首"则系指天秤宫的第一点，其日藏范围在 180°—360°。

在求太阳的真黄经时，印度历法采用了三角函数，这是中国传统历法中所没有的历算方法和思想，可惜没有引起唐代统治者的足够重视。虽然《大衍历》部分吸收了《九执历》的历算方法，但并不彻底，于是才有"《大衍》写《九执历》，其术未尽"的历史公案。其实，在"尽"与"未尽"之间，隐藏着究竟是沿袭传统还是颠覆传统的问题，在思想上佛教的观念在唐朝已经深入民心，它几乎渗透了除天文数理科学之外的所有领域。然而，从西汉《三统历》之后直到唐朝，中国基本上形成了独特的天文学体系，在这个体系里中，历算学家有其测算天体运动位置的固有模式和思维范畴，换言之，用西方历法来改良中国传统的历算方法，在实践中可能行得通，倘若用西方历法完全变革或颠覆中国传统历法，则无论如何没有人敢冒此风险，僧一行没有这个胆量，郭守敬同样也没有这个胆量。至于影响唐朝天文学家不能完全接受印度先进历算方法的其他社会原因，请参见《〈九执历〉分度体系及其历史作用管窥》一文，笔者在此不作详论。

10. 推定月

具体推算方法参照"推定日"，故略。

11. 推昼夜刻

中印昼夜刻的划分不同，印度分一昼夜为 60 刻，一刻分为 60 分，因此，一昼夜为 3600 分。然而，中国古代却划分一昼夜为 100 刻，若按照印度的标准，则一昼夜仅为 36 分。瞿昙悉达在《九执历》中记述说：

---

[1] （唐）瞿昙悉达：《开元占经》卷 104《九执历》，《四库术数类丛书》第 5 册，第 935 页。
[2] （唐）瞿昙悉达：《开元占经》卷 104《九执历》，《四库术数类丛书》第 5 册，第 935 页。
[3] （唐）瞿昙悉达：《开元占经》卷 104《九执历》，《四库术数类丛书》第 5 册，第 935 页。

刻段三：第一段，一百六十；第二段，一百三十二；第三段，五十四。右（上）一段每管一相，凡在三段，用管三相……术曰：置定日，若相空即置其度，通作分，以第一段一百六十乘之，以一千八百除之，得分。（其分满六十成一刻），其分一（百）六十除之得刻，不尽为分，恒加三十刻置为夜刻分位，又恒别置六十刻，以所置刻及减之，减余刻及分，置为短刻分位。（凡春分后昼渐长，夜渐短，其长刻昼也，短刻夜也。春分段首也，秋分后夜渐长，昼渐短，其长刻夜也，其短刻昼也，秋分称首也）。其长刻及其短刻及分合置为全昼全夜刻位，其全昼全夜刻及分并各半之，置为半昼半夜位。（置定日，若有一相，直弃一相，即列第一段一百六十为上位。余通作分。以第二段一百三十二乘之。以一千八百余除之，自余命用。并亦准前。置定日，若有二相，亦直弃二相，并列第一段第二段二百九十二为上位。余通作分。以第三段五十四乘之。以一千八百除之。自余命用。并亦准前。）①

据薮内清的解释，列表3-17如下。

表3-17　《九执历》推昼夜刻数据表

λ	周日（单位：刻）	弧（单位：分）	差数（单位：分）	段
0	30	0		
			160	1
30	32	40		
			132	2
60	34	52		
			54	3
90	35	46		

根据印度的纬度求法，用表3-16给出的数据，求得该地点的纬度是33°41′。显然，这个地点应为唐朝的都城长安，它反映了通过瞿昙氏改造后的《九执历》同《大衍历》一样，其功能都是为唐朝统治者的政治理想服务，它不可能游离于中国传统政治文化之外，而唯我独尊地造成一种世外桃源的天文景观。

12. 推月域

"月域"系指月球每月的真运动或月亮的周日运动，它包括了以分为单位的日实行。其解法："置今日定月，以昨日定月减之，余通作分。"②

13. 推日域

太阳与月球的实际运行之差，即为"日域"。计算时须参照太阳在各相期间的真黄经，如表3-18所示（注：每一相为30度）。

表3-18　以分计算的太阳每日运动表

太阳经度	相	值	太阳经度	相	值
0 或 360	1	57	90	4	58
30	2	57	120	5	59
60	3	57	150	6	60

---

① （唐）瞿昙悉达：《开元占经》卷104《九执历》，《四库术数类丛书》第5册，第936页。
② （唐）瞿昙悉达：《开元占经》卷104《九执历》，《四库术数类丛书》第5册，第936页。

续表

太阳经度	相	值	太阳经度	相	值
180	7	61	270	10	60
210	8	61	300	11	59
240	9	61	330	12	58

14. 推月间量

"月间量"系指去交度的正弦，而"段法"的含义则是指正弦表。在此，瞿昙氏给出了一张正弦函数表。[1]其文云：

> 段法：（凡一段管三度四十五分，每八段管一相，总有二十四段，用管三相，其段下侧注者，是积段并成之数）。第一段，二百二十五；第二段，二百二十四，并四百四十九；第三段，二百二十二，并六百七十一；第四段，一百一十九，并八百九十；第五段，二百一十五，并一千一百五；第六段，三百一十，并一千三百一十五。第七段，二百五，并一千五百二十；第八段，一百九十九，并一千七百一十九；第九段，一百九十一，并一千九百一十；第十段，一百八十三，并二千九十三；第十一段，一百七十四，并二千二百六十七；第十二段，一百六十四，并二千四百三十一；第十三段，一百五十四，并二千五百八十五；第十四段，一百四十三，并二千七百二十八；第十五段，一百三十一，并二千八百五十九；第十六段，一百一十九，并二千九百七十八；第十七段，一百六，并三千八十四；第十八段，九十三，并三千一百七十七；第十九段，七十九，并三千二百五十六；第二十段，六十五，并三千三百二十一；第二十一段，五十一，并三千三百七十二；第二十二段，三十七，并三千四百九；第二十三段，二十二，并三千四百三十一；第二十四段，七，并三千四百三十八。[2]

按照上述引文所述，笔者将《九执历》所给出的正弦函数列表 3-19 如下。

表 3-19　《九执历》准正弦函数表

段数	S（《九执历》值）	S′（现代值）	Δ＝S－S′	α	sinα
1	225	224.9	+0.1	3.75°	0.065 44
2	449	448.7	+0.3	7.5°	0.130 60
3	671	670.7	+0.3	11.25°	0.195 17
4	890	889.8	+0.2	15°	0.258 87
5	1105	1105.1	−0.1	18.75°	0.321 41
6	1315	1315.7	−0.7	22.5°	0.382 48
7	1520	1520.6	−0.6	25.25°	0.442 12
8	1719	1719.0	0	30°	0.500 00
9	1910	1910.1	−0.1	33.75°	0.555 56
10	2093	2092.9	+0.1	37.5°	0.608 78

---

① 陈美东：《中国科学技术史·天文学卷》，第 363 页。注：此表数值已经陈美东改正。
② （唐）瞿昙悉达：《开元占经》卷 104《九执历》，《四库术数类丛书》第 5 册，第 939 页。

续表

段数	S（《九执历》值）	S′（现代值）	Δ=S−S′	α	sinα
11	2267	2266.8	+0.2	41.25°	0.659 39
12	2431	2431.0	0	45°	0.707 10
13	2585	2584.8	+0.2	48.75°	0.751 89
14	2728	2727.5	+0.5	52.5°	0.793 48
15	2859	2858.6	+0.4	56.25°	0.831 58
16	2978	2977.4	+0.6	60°	0.866 20
17	3084	3083.4	+0.6	63.75°	0.897 03
18	3177	3176.3	+0.7	67.5°	0.924 08
19	3256	3255.5	+0.5	71.25°	0.947 06
20	3321	3320.9	+0.1	75°	0.965 96
21	3372	3371.9	+0.1	78.75°	0.980 80
22	3409	3408.6	+0.4	82.5°	0.991 56
23	3431	3430.6	+0.4	86.25°	0.997 96
24	3438	3438.0	0	90°	1.000 00

毋庸置疑，这张表是《九执历》思想的精髓，其数值的精确度甚高，历来为中国天文史学家所重。过多的赞誉不必重复，而陈美东下面的一段话令人深思："应该说，九执历的准正弦函数表是一种相当先进的数学用表，是一种相当先进的数学方法的应用。可是，这一数学方法和表格，并未引起中国历算家的注意，不但在唐代，而且直到明代末年以前均如此。这大约是得到相当充分发展的中国传统的代数学方法的排他性造成的，当然又是保守思想在作祟的结果。"[1]

15. 推月间量

月球的黄纬即"月间量"，其算法是："置间量命，以四乘之，置为初位。又列置四万三千四十一，以月域除之，得者（假令除得五十一，即以五十一除初位）。以除初位得度，不尽，六十乘之，依前除之，得分，置为月间量位。"[2]

16. 推月量

"月量"系指月视直径，术文曰："置月域，以二乘之，以四十九除之，得度不尽，以六十乘之，依前除之，得分，置是月量位。"[3]

17. 推阿修量

印度历家把地影直径称作"阿修量"，《九执历》载其算法云："置月域，以五乘之，以四十八除之，得度，不尽以六十乘之，依前除之，得分，置为阿修量位。"[4]

18. 推阿修及全位、半位

"阿修"是指黄白道的升交点黄经，其算法云："置阿修量，与月量并之，为全位。又

① 陈美东：《中国科学技术史·天文学卷》，第363页。
② （唐）瞿昙悉达：《开元占经》卷104《九执历》，《四库术数类丛书》第5册，第939页。
③ （唐）瞿昙悉达：《开元占经》卷104《九执历》，《四库术数类丛书》第5册，第940页。
④ （唐）瞿昙悉达：《开元占经》卷104《九执历》，《四库术数类丛书》第5册，第940页。

半之，为半位。"①

19. 推蚀经刻

所谓"蚀经刻"，瞿昙氏的解释是：日月食"初亏至复满所经刻数"②。实际上，就是指月食的持续时间。具体解法为："置量自相乘，又置半位亦自相乘，置半位相乘讫。数减之，减余以开方，除之。得者以六十乘之。又以日域除之，得刻。不尽又乘，又除，得分。其刻及分二乘之。"③

20. 随方眼

此即求月球的黄纬视差法。学界多认为僧一行《大衍历》中的"九服食差"算法受到了《九执历》"随方眼法"的启发。瞿昙悉达记其法云："置为后命，月域乘之，以五万一千五百六除之，所得为度。余以六十乘之，依前除之，所得分，所得度及分，恒视间量府。"④

以上思想成就仅仅是《九执历》中比较有特色的一部分内容，而不是全部内容。至于如何认识和评价《九执历》的历法思想，陈美东从两个方面与中国传统历法做了比照分析：第一，在某些方面《九执历》具有中国传统历法无可比拟的先进性，如《九执历》明确提及大地为球形的论说；在计算交食食分等问题时，"《九执历》则明确给出了因日、月与地球直线距离变化造成的'月量'——月亮视直径和'阿修量'大小的计算法。《九执历》的这一方法的应用，自然较中国传统历法先进"⑤等。第二，中国传统历法较《九执历》亦有明显的优势，具体表现在："《九执历》所取回归年长度值逊于中国传统历法，恒星月、近点月、恒星年等长度的误差都在1200秒以上，其准确度远低于中国传统历法。"⑥然而，在当时的历史背景下，唐朝毕竟出现了西学东渐的新的文化发展趋势，而《九执历》作为一部具有古希腊—古印度天文学特色的历法，"它带来了与中国传统历法完全不同的天文学思想与方法"⑦。

二、《开元星占》与中国古代昭示"天机"的星占思想

（一）《开元星占》与域外天文学思想

前已述及，《开元星占》的性质是一部荟萃中西天文学知识的百科全书，它体现了编撰者"中西融通"的学术视角和文化构想，在中国古代天学发展史上占有十分重要的地位。此书不但保存了大量现已失传的古文献史料，而且还记录了许多域外天文学成就，特别是印度古历法思想，成为我们认识和理解印度古历法的一面镜子。

1. "梁武帝的盖天说模型"与印度佛教的宇宙观

《开元占经》卷1载"梁武帝的盖天说模型"云：

---

① （唐）瞿昙悉达：《开元占经》卷104《九执历》，《四库术数类丛书》第5册，第940页。
② （唐）瞿昙悉达：《开元占经》卷104《九执历》，《四库术数类丛书》第5册，第940页。
③ （唐）瞿昙悉达：《开元占经》卷104《九执历》，《四库术数类丛书》第5册，第940页。
④ （唐）瞿昙悉达：《开元占经》卷104《九执历》，《四库术数类丛书》第5册，第942页。
⑤ 陈美东：《中国科学技术史·天文学卷》，第362页。
⑥ 陈美东：《中国科学技术史·天文学卷》，第363页。
⑦ 陈美东：《中国科学技术史·天文学卷》，第363—364页。

地之形体，四大海之外有金刚山，一名铁围山。金刚山北又有黑山，日月循山而转周回四面，一昼一夜围绕环匝。于南则现在北则隐，冬则阳降而下，夏则阳升而高；高则日长，下则日短。寒暑昏明，皆由此作。夏则阳升，故日高，而出山之道远；冬则阳降，故日下，而出山之道促。出山远则日长，出山促则日短。二分则合高下之中，故半隐半见，所以昼夜均等，无有长短。日照于南，故南方之气燠，日隐在北，故北方之气寒。南方所以常温者，冬月日近南而下，故虽冬而犹温，夏则日近北而高，故虽夏犹不热。北方所以常寒者，日行绕黑山之南，日光常自不照，积阴所聚，……西方亦复如是，冬则转下，所隐亦多，朝至于辰，则出金刚之上，夕至于申，则入金刚之下。金刚四面略齐，黑山在北，当北弥峻，东西连峰，近前转下，所以日在北而隐，在南而现。夫人目所望，至远则极，二山虽有高下，皆不能见三辰之体，理系阴阳。或升或降，随时而动，至于天气清妙，无所不周，虽自运动无间，日月星辰，迟疾各异，暑度多少不系乎天，金刚自近天之南，黑山则近天之北极，虽于金刚为偏，而南北为一。①

这一段梁武帝在长春殿集群臣讲义，专论"新盖天说"，发前人之未发，有开智醒民之功，遂成中国中古天学史上一件颇值得关注的大事。那么，如何评价梁武帝的新盖天说思想，学界的认识颇不一致。《隋书·天文志》云："梁武帝于长春殿讲义，别拟天体，全同《周髀》之文，盖立新义，以排浑天之论而已。"②把"新盖天说"与浑天说对立起来，用非此即彼的形而上学思维方式来评判是非失之偏颇。因为人们的思想除了非此即彼的思维方式之外，尚有亦此亦彼的辩证思维方式。所以陈寅恪认为，是论"明为天竺之说，而武帝欲持此以排浑天，则其说必有以胜于浑天，抑又可知也。隋志既言其全同盖天，即是新盖天说，然则新盖天说乃天竺所输入者。寇谦之、殷绍从成公兴、昙影、法穆等受周髀算术，即从佛教受天竺输入之新盖天说，此谦之所以用其旧法累年算七曜周髀不合，而有待于佛教徒新输入之天竺天算之学以改进其家世之旧传者也"③。然而，1981 年版的《中国天文学史》在谈及这个问题时，站在政治的立场批判梁武帝的"新盖天说"是"开历史倒车"，因为"浑天说比起盖天说来，是一个巨大的进步"④。江晓原在研究中发现，《周髀算经》中的宇宙模式与梁武帝所主张的古代印度宇宙模型重合度极高。然而，梁武帝所主张的宇宙模式却是印度的，由此推论"《周髀算经》中的宇宙模式很可能正是来自印度的"⑤。不过，关于《周髀算经》的理论来源，目前尚不能定论，因为中国远古时期的许多文化现象至今都还没有搞清楚，里面是否隐藏着有关《周髀算经》《周易》等古代文献的更多历史线索，不是没有可能性。但是，江晓原等学者毕竟从文化的视角而不是从政治的视角，把远古以来的中国科学文明放置在一个相互联系和相互作用的"地球文化圈"中

① （唐）瞿昙悉达：《开元占经》卷 1《天体浑宗》，《景印文渊阁四库全书》第 807 册，第 185—186 页。
② 《隋书》卷 19《天文志》，第 507 页。
③ 陈寅恪：《陈寅恪集·金明馆丛稿初编》，北京：生活·读书·新知三联书店，2001 年，第 132 页。
④ 中国天文学史整理研究小组：《中国天文学史》，第 164 页。
⑤ 江晓原、钮卫星：《天学史上的梁武帝（上）》，《中国文化》1998 年第 15 期；江晓原：《〈周髀算经〉与域外天学》，《自然科学史研究》1997 年第 3 期。

去梳理其内在的发展脉络和逻辑演进的历史根据，将历史与逻辑统一起来，这种分析科学史现象的方法值得肯定。

首先，中国古代历史上像梁武帝这样专门从科学史的立场倡导西学的帝王屈指可数，除了清朝的康熙皇帝，恐怕还没有其右者。梁武帝尽管也有猜疑心重和忌惮开国元勋等心理，甚或后来成为昏聩颠顸的亡国之君，但是从文化史的层面看，他善纳谏言，提拔人才，尊儒重教，广聚坟籍，其思想主流顺应了历史发展的潮流，故而曾有"治定功成，远安迩肃"①之治绩，在中国古代科学文化史上占有一定地位，如"《大明历》确比《元嘉历》优越，但为当朝宠臣戴法兴所阻，未得施行。梁武帝时，他的儿子祖暅两次建议用《大明历》。太史官从天监八年十一月到九年七月，测候气朔交会及七曜行度，都是《大明历》比《元嘉历》精密，决定于次年正月起施行《大明历》，至于陈亡，《大明历》用七十七年。"在天文学方面，江晓原称梁武帝是"一个懂天学的帝王"②等。据《梁书》本纪载：

> （梁武帝）文思钦明，能事毕究，少而笃学，洞达儒玄。虽万机多务，犹卷不辍手，燃烛侧光，常至戊夜。造《制旨孝经义》《周易讲疏》……凡二百余卷，并正先儒之迷，开古圣之旨。王侯朝臣皆奉表质疑，高祖皆为解释。修饰国学，增广生员，立五馆，置《五经》博士。天监初，则何佟之、贺玚、严植之、明山宾等覆述制旨，并撰吉凶军宾嘉五礼，凡一千余卷，高祖称制断疑。于是穆穆恂恂，家知礼节。大同中，于台西立士林馆，领军朱异、太府卿贺琛、舍人孔子祛等递相讲述。皇太子、宣城王亦于东宫宣猷堂及扬州廨开讲，于是四方郡国，趋学向风，云集于京师矣。兼笃信正法，尤长释典，制《涅盘》《大品》《净名》《三慧》诸经义记，复数百卷。听览余闲，即于重云殿及同泰寺讲说，名僧硕学、四部听众，常万余人。又造《通史》，躬制赞序，凡六百卷。天情睿敏，下笔成章，千赋百诗，直疏便就，皆文质彬彬，超迈今古。诏铭赞诔，箴颂笺奏，爰初在田，洎登宝历，凡诸文集，又百二十卷。六艺备闲，棊登逸品，阴阳纬候，卜筮占决，并悉称善。又撰《金策》三十卷。……不正容止，不与人相见，虽亵观内竖小臣，亦如遇大宾也。历观古昔帝王人君，恭俭庄敬，艺能博学，罕或有焉。③

我们在此之所以不厌其烦地褒奖梁武帝，其实是想弄清一件事情。那就是梁武帝推行"新盖天说"的动机是什么？在印度，"盖天宇宙结构模型"可追溯到《往世书》，甚至还可追溯到约公元前1000年的吠陀时代。按道理说，梁武帝的儒学修养不可谓不深厚，他一方面"正先儒之迷，开古圣之旨"；另一方面"修饰国学，增广生员，立五馆，置《五经》博士"，可见，儒学思想传统已经渗入他的骨髓。然而，曹道衡从心理史学的角度分析了梁武帝由崇儒、道到佞佛的行为转变过程，言之有理。他说："梁武帝早年的所作所为显然是完全有悖于当时统治着中国思想界的三种主要思想体系的。梁武帝既深受儒、道

---

① 《梁书》卷3《武帝本纪下》，第97页。
② 江晓原：《梁武帝：一个懂天学的帝王的传奇人生》，《新发现》2013年第1期。
③ 《梁书》卷3《武帝本纪下》，第96—97页。

二家影响，当时亦已初步接受了佛教思想，而在永明末至天鉴初这十年时间内，他的许多行为却与这三派思想完全背道而驰。这个原因是很好理解的。因为作为一个军阀和政客的梁武帝，在当时激烈的政治冲突中，为了追求现实的利益，他必然会背弃那些虚无渺茫的宗教教义和道德信念。"可是，梁武帝毕竟亦是有血有肉的人，因此，他的"内心也常常存在着一定的矛盾"，换言之，像"梁武帝这样深受儒道佛三家影响的人……当他因现实的利害而置封建道德于不顾，做出一些暴行或策划某些阴谋之后，内心往往存在恐惧，期望鬼神的宽恕或想依靠皈依佛门的手段，来求免去罪孽"。由于"儒、道二家虽然也讲报应，讲鬼神索命，但还没有谈到免罪的问题，而佛教则公开宣扬信佛可以免去一切罪孽的问题"①，这样，梁武帝晚年出现佞佛的行为现象就顺理成章了。在《净业赋》里，梁武帝对自己前半生的所作所为做了一番检讨之后，说出了下面一段总结性，同时亦颇有哲理性的话。他说："人生而静，天之性也；感物而动，性之欲也。有动则心垢；有静则心净。外动既止，内心亦明，始自觉悟，患累无所由生也。"②从前述梁武帝所构造的"新盖天宇宙结构模型"来看，印度天文学中确实包含着像梁武帝之类帝王内心所希求的东西，如佛教的"盖天说"凸显了山与海水这些属于宇宙万物中静的方面或性质，而中国传统的"盖天说"却突出了天与太阳这些属于宇宙万物中动的方面或性质。前揭"新盖天宇宙结构模型"中的金刚山实际上具有遮障的作用，或者说具有抑制动的作用，这正是梁武帝内心所祈求的一种能够除"杀害障"和"恶障"③的道德核心力。考唐代几朝皇帝如唐太宗、唐高宗、唐玄宗等，都有类似于梁武帝早年的政治经历，所以他们亦都与佛教有不解之缘，而瞿昙氏家族最活跃的时期恰在唐朝的这几代帝王之间。此非偶然，其间一定具有某种历史的必然性。

其次，中国传统文化的排他性和同化作用使得外来文化往往陷于一种进退两难的困境之地。梁武帝的"新盖天宇宙结构模型"是外来的东西，尽管他借帝王之力，轰动一时，但是难以为历史学家所认可和接受。例如，《梁书》《隋书》等均不载其"新盖天宇宙结构模型"，若不是《开元星占》对印度文化的偏爱，梁武帝的"新盖天宇宙结构模型"真实面貌早已消失得无影无踪了。同样，《九执历》的命运亦复如此。像瞿昙罗所撰《经纬历》及《光宅历》，其运道就远不如《九执历》万幸，我们今天所能见到的史书，只能眼见其名而不能亲睹其真实面目了。托马斯·库恩的《科学革命的结构》一书，亦给上述问题开辟了一条继续深入探索的思维路径。实际上，在中国古代，学术没有其独立性，它总是受制于特定历史环境下的政治文化。

2.《九执历》：新的天文思想和观念之输入

关于这个问题，详见前面的论述。在此，笔者特将张国补等学者讲过的一段话，转引于兹，仅供读者参考：

《九执历》引进了当时比较先进的西方天文学的许多概念和计算方法。例如，它引进了从 0 至 9 的 10 个印度数字，皆一笔写成，书写方便；它引进了周天 360 度和

① 曹道衡：《论梁武帝与梁代的兴亡》，《齐鲁学刊》2001 年第 1 期，第 48—49 页。
② （明）梅鼎祚：《释文纪》卷 20，《景印文渊阁四库全书》第 1401 册，第 164 页。
③ （明）梅鼎祚：《释文纪》卷 20，《景印文渊阁四库全书》第 1401 册，第 164 页。

60 进位的圆弧度量单位，以整度驭零分，运算便利；它引入以日、月视径和地影径推交食的方法，更有推月视径大小变化的方法，也就更为精密；它在推算交食时引进了黄平象限的概念，指出地平经纬随方而变迁，日随方眼，用以判断各地不同食分，这是中国天文学家尚未认识到的；它所用的太阳远地点的位置在夏至前 10 度，黄白交点的运动周期 6794 日，以及月行迟疾大差 4 度 56 分，日行盈缩大差 2 度 14 分，都比当时汉历精密。①

（二）《开元星占》与各种异常天象的记载

毋庸置疑，《开元星占》是一部星占学专著，其内容可分三部分：第一部分，从第 3 卷的"天占"一直到第 64 卷的"日辰占邦"；第二部分，从第 71 卷的"流星占"到第 102 卷的"雷霆占"；第三部分，从第 111 卷的"八谷占"到第 120 卷的"龙鱼虫蛇占"。总计 103 卷，占整个内容的 86%，可谓唐代之前古代中国的占卜术大全，因为其所占的对象，不独是天体，还有地象及动植物象等，这就是《开元星占》为什么秘而不传的原因所在。我们知道，天人关系是中国古代文化的轴心，正如子贡所言"夫子之文章，可得而闻也；夫子之言性与天道，不可得而闻也"②，其"天道"的神秘性由此可见一斑。

星占学包含了对客观对象的真实记录，甚至用今天的科学标准衡量，有些记录确实反映了客观事物之间的相互联系和相互作用，因而具有重要的科学价值。例如，有些异常天象的发生与其天体内某种物质活动的特殊状态相关联，所以透过这些天体现象，人们就可以深入到天体运动的本质中去更加全面和更加理性地认识我们所赖以生存的宇宙。正是从这个层面，江晓原才有"作为科学资料的星占学"③之称。对此，学界同仁已经形成共识。尽管如此，而如何更好地取其精华、去其糟粕，使其露出庐山真面目仍然是我们目前面临的重要学术课题。下面仅以行星与恒星类占象为例简述之。

行星与恒星这一类占象内容非常丰富，篇幅很大，从卷 18 一直到卷 71，另外尚有"客星占"8 卷（自卷 78 至卷 84），约占《开元星占》总卷数的 52%。随着近几年灾害学研究的持续升温，像《开元占经》《乙巳占》《灵台秘苑》等占星学典籍，开始引起学界的高度关注，甚至有学者从灾害预测学的角度认为在古代中国"拥有共同文化传统的封闭系统内，一切天文科学方面的成就，便都成为了古人推测灾害祥异的工具和手段"④。而《开元星占》因保存了唐初之前中国古代大量的天文观测资料备受学人关注，如江晓原的《古代中国的行星星占学——天文学、形态学和社会学的初步考察》等，鉴于学界这方面的研究成果颇为丰富，故本书不再一一列举。

在古代，星占属于国家行为，可见封建社会的意识形态有其特殊的政治功能。因此，

---

① 张国补等：《擅长印度天文历算的瞿昙悉达》，王渝生主编：《中华骄子：天文泰斗》，北京：龙门书局，1995 年，第 59 页。

② 《论语正义》卷 6《公冶长》，《诸子集成》第 1 册，第 98 页。

③ 江晓原：《科学史：是科学还是历史？——以天文学史及星占学为例》，《上海交通大学学报（哲学社会科学版）》2007 年第 6 期，第 45 页。

④ 石涛：《北宋的天象灾害预测理论与机构设置》，《山西大学学报（哲学社会科学版）》2006 年第 2 期，第 86 页。

中国古代的星占,既是一门神秘的天学,同时更是一门被封建统治者高度垄断的君主政治学。司马迁总结说:"日变修德,月变省刑,星变结和。凡天变,过度乃占。国君强大,有德者昌;弱小,饰诈者亡。太上修德,其次修政,其次修救,其次修禳,正下无之。"① 所以当我们用历史的眼光去阐释《开元星占》中的天学思想时,就不能脱离上述这个传统政治文化的大背景。

(1)"五星"与五行思维作为一种巫术范式被汉代经学家模式化之后,对"五星"的观测和占象就成为历代天文学家孜孜不倦的探求目标。从《开元星占》引录的文献看,以"巫咸星占"为最早。如卷 20"岁星与太白相犯"载巫咸的话云:"太白(即金星)犯木星为饥,期三年。"② "太白与木星合,有白衣之会。"③ 又卷 21"荧惑与填星相犯一"载巫咸曰:"荧惑犯填星,兵大起。"④ 按照五行的生克关系,"太白犯木星"的灾害表现型为金克木。那么,"金克木"与自然灾害之间有何联系呢?《汉书·五行志》云:"咎征:曰狂,恒雨若;僭,恒阳若;舒,恒奥若;急,恒寒若;霿,恒风若。"⑤ 如果将其推演到五星,则"金克木"的天象在地球上的表现就是寒奥交织的干旱气候,此即星占术的推类比象思维。故《荆州占》云:"太白犯岁星为旱。"⑥ 同理,荧惑即火星,填星即土星,"荧惑与填星相犯"实际上就是"火克土",从古代五行与灾害的对应关系讲,"火克土"表现为阳与风并作的灾害气候,故文耀钩云:"填星与火合则大旱。"⑦ 至于"岁星与辰星(即水星)相犯",灾害气候则表现为"水泉涌出,期三年"⑧。当然,用今天的科学原理分析,这些星占方法仅仅是一种粗疏的经验型类比思维,缺乏科学性。不过,人类思维是一个不断从低级向高级发展的历史过程,在这个历史过程中上述星占思维有其存在的合理性。

(2)五星运动与地球灾害之间的星占关系。木、金、水、火、土这五颗行星,以恒星为背景,由于在人的观测视野里比较明亮,它们的运动规律相对于其他行星,易于辨认,因此自从《甘石星经》以后,历代天文学家都把五星作为重要的星占对象之一。与日月运动不同,五星的视运动比较复杂,既有"顺""逆""留",又有"疾迟"和"见伏",其中"五星均有逆行,这是天文学家经过长期观测后的一个重要发现"⑨,所以对五星视运动轨迹的占象预测实践在客观上促进了中国古代行星运动理论的发展。

第一,岁星(木星)运动与灾害之间的星占关系。中国古代很早就发现了岁星 12 年一周期的运动规律,如《甘石星经》云:"岁星,凡十二岁而周,皆三百七十日而夕,入于西方三十日,复晨出于东方,视其进退左右以占其妖祥。"⑩《史记·天官书》又说:

① 《史记》卷 27《天官书》,第 1351 页。
② (唐)瞿昙悉达:《开元星占》卷 20《五星占三·岁星与太白相犯三》,《四库术数类丛书》第 5 册,第 330 页。
③ (唐)瞿昙悉达:《开元星占》卷 20《五星占三·岁星与太白相犯三》,《四库术数类丛书》第 5 册,第 331 页。
④ (唐)瞿昙悉达:《开元星占》卷 21《五星占四·荧惑与填星相犯一》,《四库术数类丛书》第 5 册,第 333 页。
⑤ 《汉书》卷 27 中《五行志中之上》,第 1351 页。
⑥ (唐)瞿昙悉达:《开元星占》卷 20《五星占三·岁星与太白相犯三》,《四库术数类丛书》第 5 册,第 330 页。
⑦ (唐)瞿昙悉达:《开元星占》卷 21《五星占四·荧惑与填星相犯一》,《四库术数类丛书》第 5 册,第 333 页。
⑧ (唐)瞿昙悉达:《开元星占》卷 20《五星占三·岁星与辰星相犯四》,《四库术数类丛书》第 5 册,第 332 页。
⑨ 具体内容请参考唐泉:《中国古代对行星视运动规律的认识》,《咸阳师范学院学报》2011 年第 6 期。
⑩ (唐)瞿昙悉达:《开元星占》卷 23《岁星占一·岁星行度二》,《四库术数类丛书》第 5 册,第 344 页。

"岁星，出东，行十二度，百日而止，反逆行八度，百日复东行。"[1]岁星即木星围绕太阳旋转，是太阳系中体积最大的一颗能发光发热的行星。因此，有科学家认为未来木星有可能演变为一颗恒星。经实测，木星的公转速度为4332.71天，大气组成中氢占90%，氦占10%。从视运动的角度看，木星相对于地球，公转速度有时快或有时慢，于是就有了"顺"与"逆"的视运动现象。当木星的运行速度慢于地球的公转速度时，它就出现了与地球公转方向相反的情形。可见，"岁星"的进退是造成其顺行或逆行的主要原因。若以二十八宿为背景，则岁星一年历两宿或三宿，于是，就形成了二十八宿与十二次的对应关系。故《荆州占》云："岁星，岁行一次，居二十八宿，与太岁应，十二岁而周天，太阴居维辰，岁星居维宿二，太阴居仲辰，岁星居仲宿三。"[2]此处"太阴"指太岁或岁阴，为一假想天体，与岁星的运动方向相反，而与十二辰的方向一致，其与十二次和十二分野及二十八宿的关系（表3-20），《春秋纬》载："太阴在亥，岁星居角、亢；太阴在子，岁星居氐、房、心；太阴在丑，岁星居尾、箕；太阴在寅，岁星居斗、牵牛；太阴在卯，岁星居须女、虚、危；太阴在辰，岁星居营室、东壁；太阴在巳，岁星居奎、娄；太阴在午，岁星居胃、昴、毕；太阴在未，岁星居觜、参、伐；太阴在申，岁星居东井、舆鬼；太阴在酉，岁星居柳、九星、张；太阴在戌，岁星居翼、轸；运之常也。"[3]

表 3-20　十二辰与十二次、二十八宿及十二分野的对应关系表

十二辰	寅(岁阴左行在寅);	卯	辰	巳	午	未	申	酉	戌	亥	子	丑	自东向西左行
	丑(岁星右转居丑)	子	亥	戌	酉	申	未	午	巳	辰	卯	寅	
十二次	星纪	玄枵	娵訾	降娄	大梁	实沈	鹑首	鹑火	鹑尾	寿星	大火	析木	自西向东右行
二十八宿	斗、牵牛	女、虚、危	室、壁	奎、娄	胃、昴、毕	觜、参	井、鬼	柳、星、张	翼、轸	角、亢	氐、房、心	尾、箕	
十二分野	吴越	齐	卫	鲁	赵	魏	秦	周	楚	郑	宋	燕	

当然，这种对天区的划分，绝不仅仅是为了观测五星的运动状态，更主要的还是卜占与其对应地上区域的灾变，这是十二野分区最突出的政治功能。这样，我们便明白了《甘石星经》为什么在西汉以降不得在世上流传的真正原因。《开元星占》载录了甘氏在论述岁星占卜意义时的话，这些星占思想一直为后代星占家所尊。甘氏说：

　　岁星处一国，是司岁十二名摄提格之岁。摄提格在寅，岁星在丑，以正月与建、斗、牵牛、婺女。晨出于东方为日；十二月夕入于西方，其名曰监德；其状苍苍，若有光；其国有德，乃热黍稷；其国无德，甲兵侧侧；其失次；将有天应，见于舆鬼，

其岁早水，而晚旱。

单阏之岁，摄提格在卯，岁星在子，与虚危，晨出夕入，其状甚大，有光，若有小赤星附于其侧，是谓同盟。两国或昌或亡，死者不在其乡，其失次，见于张，其名曰降入，周王受其殃，国斯反服，甲兵恻恻，其岁大水。

执徐之岁，摄提在辰，岁星在亥，与营室、东壁，晨出、夕入，其名为搏谷。其国有德，必数其状；其失次、见于轸，其名曰青章、其国不利，治兵将有大丧，其岁早旱而晚水。

大荒落之岁，摄提在巳，岁星在戌，与奎、娄、胃，晨出夕伏，其名曰路嶂，其状熊，色有光，其国兵，其君增地，其失次，见于亢，其名曰清明；其下出贼、死主，是岁不可西北征，利东南；东南无军，有乱民，将有兵作于其旁，执杀其主。

……

困敦之岁，摄提在子，岁星在卯、与氐、房，晨出夕入，其名为天泉，其状玄色，甚明；江池其昌，不利起兵，其失次见于昂，其名曰赤章，其国有丧，不在其王，在水而昌。

赤奋若之岁，摄提在丑，岁星在寅，与心、尾、箕，晨出夕入，其名为天昊，黯然黑色、甚明侯王有庆，其失次见于参，其名洋；有国其虚，其岁早水。[①]

把岁星运动与地球上某种政治事件或社会现象联系起来，纯系妄说，不足为信。然而，仅就甘德时期（前4世纪）人们对岁星的观测水平来说，上面"单阏之岁……若有小赤星附于其侧"，表明当时天文工作者已经凭借人目观测到了木卫二，而在西方直到1610年伽利略才用借助望远镜观测到木星的卫星。当然，岁星的运动变化是否对地球气候产生某种程度的影响，目前科学界还没有确切和一致的结论。也许正因为这个缘故，我们才更不能轻率地将其一棍子打死。从学理上讲，多数研究者承认如下事实：太阳系是一个巨系统，其中系统内的各个部分都相互作用和相互联系，所以木星对地球气候的影响是显而易见的。比如，方壮乐通过对20世纪50年代以来肇庆地区若干异常气候的分析，发现太阳系中木星、土星、火星和天王星等的运动状态与肇庆地区若干异常气候的变化之间可能存在一定联系。

第二，火星（荧惑）运动与灾害之间的星占关系。火星是与地球环境最相近的行星之一，其球体直径为6786千米，约为地球的1/2；每24.37小时自转一周，公转周期约为687地球日。此外，它的自转轴倾角（25度）与地球（23.5度）十分相近，本身不能发光，故有白天和黑夜的交替。不过，火星公转的椭圆轨道比地球椭圆轨道要扁，所以四季变化显著，寒热温差较大。还有类似地球的板块构造以及高山、峡谷、平原和高原等地貌特征。由于古人不能理解在以二十八宿为背景的星际空间里，从地球上望去，火星的视运动为什么有时自东向西运行（逆行），有时又自西向东运行（顺行），而处在顺行和逆行的转折位置时（驻留），看上去却静止不动，如图3-29所示。加之其本身亮度亦经常变化，时而明亮、时而昏暗，因此就产生了"荧荧火光，离离乱惑"的疑问。

---

① （唐）瞿昙悉达：《开元星占》卷23《岁星占一·岁星行度二》，《四库术数类丛书》第5册，第345—347页。

据图 3-29 所示，因火星轨道在地球的外侧，当它们围绕太阳运转时，相互之间的位置经常变化，一般在合日时，即太阳位于火星和地球之间时，火星在天球上的投影呈顺行状态；反之，在冲日时，平均 780 天发生一次，即地球在太阳和火星之间时，火星在天球上的投影呈逆行状态。我国在先秦时期，就观测到了火星的迟疾顺逆运行状态。如石申说："荧惑行率变百五十六日而行八十三度。"[1]甘德亦说："荧惑之东行也，急则一日一夜行七寸半，其益此则行疾，疾则兵聚于东方；荧惑之西行疾，则兵聚于西方。"[2]此处的"行率"是指火星"一见"之日行度数与所需日数的比的连分数值，由《三统历》可知，火星"一见"："七百八十日千五百六十八万九千七百分，凡行星四百一十五度八百二十一万八千五分。通其率，故曰日行万三千八百二十四分度之七千三百五十五。"[3]

可见，"荧惑行率变百五十六日而行八十三度"为《三统历》的"五步"术（即推算五星行步的方法）所继承。至于火星的迟疾与地球上人类社会特定事件的发生，当然都是星占家的联想，两者之间没有内在的必然关系。为了论述问题的方便，我们特引录吕子方所绘火星运行轨迹如图 3-30 所示。

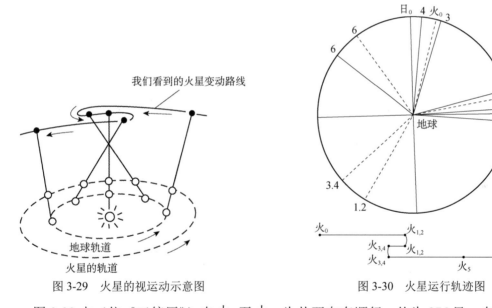

图 3-29　火星的视运动示意图　　　　图 3-30　火星运行轨迹图

图 3-30 中（依《三统历》）自火$_0$至火$_{1,2}$为从西向东顺行，约为 276 日；自火$_{1,2}$至火$_{1,2}$为驻留，约为 10 日；自火$_{1,2}$至火$_{3,4}$为从东向西逆行，约为 62 日；自火$_{3,4}$至火$_{3,4}$为驻留，约为 10 日；自火$_{3,4}$至火$_5$为从西向东顺行，约为 276 日；自火$_5$至火$_6$为伏，约为 146 日，总计约 780 日。古代星占家注意到荧惑的运行状态异常，有时会对地球气候产生一定影响。一方面，说"（君）主行重赋敛夺民时、大宫室高台榭事，则荧惑逆行，霜露肃杀五谷，民多病，瘟疫扰轸"[4]，很明显，前者属于人事，而后者属于自然规律，两者

① （唐）瞿昙悉达：《开元星占》卷 30《荧惑占一・荧惑行度二》，《四库术数类丛书》第 5 册，第 397 页。
② （唐）瞿昙悉达：《开元星占》卷 30《荧惑占一・荧惑行度二》，《四库术数类丛书》第 5 册，第 397 页。
③ 《汉书》卷 21 下《律历志下》，第 1000 页。
④ （唐）瞿昙悉达：《开元星占》卷 30《荧惑占一・荧惑盈缩失行五》，《四库术数类丛书》第 5 册，第 401 页。

之间没有因果联系；另一方面，古人认为荧惑"变其常北行客三舍……为旱"①，又"荧惑春夏而失道，南行疾为旱"②等，此间是否存在因果关系，目前学界尚在探究之中。不过，无论如何，在地球旱涝灾害频发的条件下，我们仅仅将责任归咎于工业化的过度发展以及世界经济对地球资源的过度消费，显然不是解决问题的唯一途径和办法。人们不禁要问：当世界工业化的进程停止之时，地球上的旱涝灾害就可以避免了吗？答案是否定的，因为在远古时期，干旱和洪水就已经成为人类最大的祸患。于是，随着星地关系研究的不断深入，越来越多的学者开始关注太阳系行星运行对地球气候的影响问题。尽管对这个问题，学界的认识尚有分歧。但通过对这个问题的研究，进而推动人们把太阳系行星运动状态的研究水平提高到一个更高的层面，不正说明展开对星地关系的广泛研究实际上是一个很有价值的课题吗？况且越来越多的证据显示：火星运动状态或多或少对地球气候产生直接或间接影响。如金秀良等在《火星冲日与兴安盟地区干旱及气候预测》一文中经过科学分析，得出了以下结论③。

（1）火星冲日年份兴安盟地区春季、夏季易发生干旱。

（2）兴安盟地区夏季发生多雨洪涝的年份是在非冲日年份，即降水量偏多阶段是发生在两个火星冲日之间。

（3）冲日时期的前4个月和后4个月及当月是兴安盟地区发生干旱时期，干旱时段共有9个月。

（4）若火星冲日发生在10月以前，则兴安盟地区春季或夏季或春夏连续干旱，概率为100%。

（5）兴安盟地区冬季降水量偏多及发生白灾的年份是冬季处在冲日后的第5—8个月或者处在冲日前的第5—8个月内。

（6）夏季干旱的发生多数是冲日日期出现在10月份之前，这个时期正好是火星地球之间距离缩短，相互靠近时期，由于火星地球的引力效应增长而发生的，否则，干旱概率较小。

第三，土星（填星）运动与灾害之间的星占关系。土星是一颗"类木行星"，它距离太阳14.4千米，绕太阳公转一周需29.5年，平均速度约为每秒9.64千米。如果以二十八宿为天球背景，则土星大约一年经过一宿，故名"填星"。故《五行传》载："填星以上元甲子岁十一月朔旦冬至夜半甲子时，与日月五星俱起于牛前五度，顺行二十八宿右旋，岁一宿，二十八宿而周天。"④《淮南子》又说：填星"日行二十八分度之一，岁行十二（应为十三——引者注）度百一十二分度之五，二十八岁而周天。"⑤至于对填星顺逆运行状态的观测，《春秋纬》载："填星出百二十日，而逆西行，西行百二十日，东行九十日⑥，见

① （唐）瞿昙悉达：《开元星占》卷30《荧惑占一·荧惑盈缩失行五》，《四库术数类丛书》第5册，第402页。
② （唐）瞿昙悉达：《开元星占》卷30《荧惑占一·荧惑盈缩失行五》，《四库术数类丛书》第5册，第402页。
③ 金秀良、唐红艳、幺文：《火星冲日与兴安盟地区干旱及气候预测》，《内蒙古气象》2003年第1期。
④ （唐）瞿昙悉达：《开元星占》卷38《填星占一·填星行度二》，《四库术数类丛书》第5册，第477页。
⑤ （唐）瞿昙悉达：《开元星占》卷38《填星占一·填星行度二》，《四库术数类丛书》第5册，第477页。
⑥ （西汉）司马迁著，林小安等注译：《全注全译史记》中册，天津：天津古籍出版社，1995年，第1185页。

三百三十日而入，入三十日复出东方"①从《春秋纬》推得土星的会合周期为360日，而在此之前的《五星占》已经推得土星的会合周期为377日，较360日更接近于今测值。瞿昙氏为什么舍精取粗，是没有看到《五星占》传本，还是迷信《史记·天官书》，我们不得而知。对此，席泽宗评论说：

> 《五星占》中土星的会合周期为三七七日，恒星周期为三十年，前者只比今测值三七八.〇九日小一.〇九日，后者比今测值二九.四八年大〇.五四年，在它之后的《淮南子·天文训》和《史记·天官书》也比它落后，关于会合周期，《淮南子》没有提，《史记》认为是三百六十天。关于恒星周期，它们都是还停留在"岁镇行一宿，二十八岁而周"的水平上，到《汉书·律历志》才又提高到二九.七九年。②

可见，《开元星占》并不重视天文观测本身，而是把着眼点放在了"占验"的辑录和采集上，反映了唐代星占的局限性和在史料选择方面所暴露出来的严重缺陷。同前述"火星"及"木星"的情形一样，我们在考量《开元星占》的价值时，应把迷信的东西与相对合理甚至科学的因素区分开来，而对于后者我们应当理性看待，取其精华。如众所知，土星极半径与赤道半径的比值为0.874，是太阳系中最扁的一颗行星。由于土星上不断发生巨大风暴，在"蝴蝶效应"作用下，这些风暴所产生的能量是否会对地球气候产生不同程度的影响，目前学界还没有明确的说法。美国科学家科波克又说：

> 大部分科学家认为地球从太阳吸收的光能总量变化甚小，在几百年内不会对地球的气候产生影响。相比而言，几千年、几百万年以来由轨道变更引发的地球与太阳距离的变化则更为重要。这种轨道变化主要受木星和土星对地球的引力变化的影响，并导致地球对太阳能的接受在季节和地理分布上发生变化，尽管全球范围内太阳辐射总量基本保持不变。科学家认为太阳能的这种地理分布是冰川期及夹杂其间的温暖期产生的主要原因。③

当我们有了这样的感性认识之后，再回过头来看《开元星占》有关土星对地球气候影响的记录，或许就不至于对《开元星占》辑录的相关占卜产生荒诞不经的感想了。如甘德占云："填星失次而上二舍、三舍是谓大盈……乃大水。"④郗盟更占："填星逆行有白衣之会，逆行一舍为水。"⑤那么，土星逆行究竟与地球上特定区域发生洪水灾害有没有关系，这确实是一个有待继续深入研究的科学问题。

第四，金星（太白）运动与灾害之间的星占关系。前述火星、木星和土星相对于地球属于外行星，而金星和水星则属于内行星，跟地球的关系更为密切。金星距太阳10 821

① （西汉）司马迁著，林小安等注译：《全注全译史记》中册，第1185页。
② 席泽宗：《五星占提要》，薄树人主编：《中国科学技术典籍通汇·天文卷》第1分册，第80页。
③ ［美］科波克：《气候变迁》，王永译，北京：外语教学与研究出版社，2004年，第8页。
④ （唐）瞿昙悉达：《开元星占》卷38《填星占一·填星盈缩失行五》，《四库术数类丛书》第5册，第480页。
⑤ （唐）瞿昙悉达：《开元星占》卷38《填星占一·填星盈缩失行五》，《四库术数类丛书》第5册，第480—481页。

万千米（均值），绕太阳公转一周需 583.92 天，公转速度为每秒 35 千米，与地球的自转相反，金星自东向西逆向自转，因此，在金星上看到的太阳是西升东落。由于金星亮度为 -4.4 等，人们在地球很容易用肉眼观测到它的运行轨迹，所以早在战国时代，楚国的天文学家石申夫就发现了金星的逆行运动。他描述说：

"太白出东方，高三舍，命曰明星，柔；上又高三舍，命曰太嚣，刚。其出东方也，行星九舍，为百二十三日而反。反又百二十日，行星九舍，入，又伏行百二十三日，行星十二舍。昏出西方也，高三舍，命曰太白，柔；上又三舍，命曰太嚣，刚。其出西方也，行星九舍，为百二十三日而反，反又百二十日，行星九舍而入，入又伏，行星二舍，为日十五日，晨东方，出营室，入角；出角入毕，出毕入箕，出箕入柳，出柳入营室。其出西方也，出营室入角，尽如出东方之数。"[①]陈久金注意到这则史料的天文史学价值，并与两汉时期观测金星运动状态的成果相比较，然后得出如下结论："石氏金星动态的资料，是至今所能见到的最古老的观测结果"[②]，而像"柔""刚""反""伏""明星""太嚣""太白"等"位于不同状态时金星的特殊星名"，"为我们提供了中国早期天文学家所认识的金星动态的特殊信息"[③]。

抛开《开元星占》"太白占"中的联想比附的不实成分，其中有关金星对地球气候的影响占测，有一定的合理性。如《开元星占》引《海中占》云："太白逆行，天鸣地坼，岁多暴风大水，庶民负子而逃，孕多死，麦豆不收。"[④]以"金星凌日"为例，科学研究表明，当金星运行到太阳与地球之间时，金星首先截留了一部分原本输向地球的太阳辐射能。这样，"'金星凌日'，作为远离热力学平衡态物体的一个'小扰动'，会使地球表层系统产生巨大的涨落，造成大气环流状态异常，使地球表面局部地区产生气候反常和降水突变"[⑤]。如果说得再具体一点，栾巨庆的分析就颇值得重视了。他以"行星对雨带的影响"为视角，比较详细地阐释了金星运行状态给地球上相应区域带来的气候异常变化。栾巨庆说：

金星、水星是内行星，尤其是金星下合离地球近，其质量比水星大，对地球天气的影响更值得注意。当金星或水星"下合"时（图 3-31），它们处于地球和太阳之间，与地球距离最近，而且金星在"下合"前后的三个月内在天球某一区域徘徊，这样便给地球某一"对应区"的天气以巨大影响，往往使"对应区"反复出现低压、气旋、静止峰、准静止峰，形成连阴降雨。尤其是在"下合"之后，太阳虽然前进了，但雨带不仅仍然在"行星对应区"内停留，而且雨量将增大。如果这段时间有其它行星的影响加入，"对应区"内降水量会更大。[⑥]

---

① （唐）瞿昙悉达：《开元星占》卷 45《太白占一·太白行度二》，《四库术数类丛书》第 5 册，第 515 页。
② 陈久金主编：《中国古代天文学家》，第 16 页。
③ 陈久金主编：《中国古代天文学家》，第 17 页。
④ （唐）瞿昙悉达：《开元星占》卷 46《太白占二·太白盈缩失行一》，《四库术数类丛书》第 5 册，第 522 页。
⑤ 金朝海、吴凤忠编著：《天外探秘》，桂林：广西师范大学出版社，2005 年，第 98 页。
⑥ 栾巨庆：《星体运动与长期天气地震预报》，北京：北京师范大学出版社，1988 年，第 15 页。

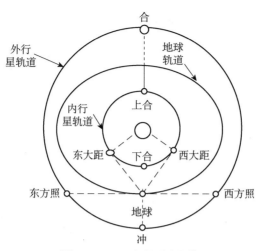

图 3-31 日心行星动态图[①]

第五，水星（辰星）运动与灾害之间的星占关系。水星距太阳 5790 万千米（均值），是太阳系中距离太阳最近的行星，同时也是太阳系中运转速度最快的行星，它绕太阳公转一周只需 88 天，自转周期却需 58.646 天。对于水星的逆行运动，战国时期的天文学家甘德描述说："辰星是正四时，春分效娄，夏至效舆鬼，秋分效亢，冬至效牵牛。其出东方也，行星四舍，为日四十八日，其数二十日而反，入于东方。其出西方也，行星四舍，（为日）四十八日，其数二十日而反入于东方。"[②]

在星际空间中，无论是恒星还是行星，其亮度与颜色的变化情况比较复杂，如恒星距离地球观测者远近以及恒星本身光源的强度大小，此外当星体内爆发了某种异常事件时，也会引起亮度和颜色的改变等。

为了叙述方便，我们不妨将天空中主要恒星的亮度和颜色状况列表 3-21 如下。

表 3-21　主要恒星的亮度和颜色状况表

名称	符号	视星等（亮度级）	距离（秒差距）	绝对星等（光度级）	颜色	距离（光年）
天狼	大犬 α	−1.45	2.7	+1.5	蓝白	8.7
参宿四	猎户 α	0.4—0.9	约 200	−6.1——5.6	红	500
毕宿五	金牛 α	0.9	16.2	−0.6	红	65.12
北河三	双子 β	1.1	10	+1	红	35
天枢星	大熊座 α	1.79	21.5	0.29	橙	70
角宿一	室女座 α	1.04	84	−3.46	蓝	275
北极星	小熊座 α	2.1	99	−2.9	白	323
织女星	天琴 α	0.03	8	0.53	白	26.4
天狼星	大犬座 α	−1.47	2.6	+1.5	白，红	8.6
老人星	船底座 α	−0.72	95	−5.22	青白	310
心宿二	天蝎 α	0.92	159	−5.08	红	520

---

① 栾巨庆：《星体运动与长期天气地震预报》，第 10 页。
② （唐）瞿昙悉达：《开元星占》卷 53《辰星占一·辰星行度二》，《四库术数类丛书》第 5 册，第 571 页。

古代星占家非常重视恒星颜色的变化，据《开元星占》所引文献，唐代以前人们用肉眼识别出来的恒星颜色，主要有以下9个。

心宿二（天蝎 α），赤色，如石申夫说："心三星帝座，大星者，天子也。心者，木中火，故其色赤。"[①]那么，心宿二的颜色会变黑吗？《尔雅》载："心星直，心星变色，黑，大人有忧，民血流。"[②]在古代北方，"黑"亦称"青色"。如众所知，任何恒星都经历下面的演化阶段和序列：

$$星云 \rightarrow 主序星 \rightarrow 红巨星 \rightarrow 白矮星 \rightarrow 中子星 \rightarrow 黑洞$$

主序星阶段的恒星颜色有白色、黄色、蓝色等，红巨星的颜色偏红，而白矮星的颜色偏蓝，黑洞由于不发光，故颜色为黑色，或恒星形成时期的颜色亦呈"黑色"。因此，说"心星变色"没问题，但心宿二变成黑色，有些匪夷所思。如果再把心宿二的变色与"大人有忧"联系起来，那就完全是一种妄想和附会了。

角宿一（室女 α）与角宿二（室女 ζ），前者为黄色，后者为青色。如《黄帝占》载："角星，左苍右黄，正色也，吉；其色白也，凶。"[③]如前所述，"主序星的颜色自红始，经过橙，入于黄"[④]。中国古代没有橙色的概念，而蓝色星多为年轻的恒星，温度最高。此外，从恒星的形成开始，一直到红巨星，颜色由深蓝色，依次变为蓝色、蓝白色、白色、黄色，《黄帝占》谓角宿二的颜色呈"青色"，据《荀子·劝学》云："青，取之于蓝而青于蓝。"故知这里的"青色"是指深蓝色（或靛青色）。今测角宿一的颜色为蓝白色，表明此为年轻的恒星。我们若把《黄帝占》所说的颜色与今测颜色加以对比，就不难发现角宿星的古今温度降低了不少，它正在变成一颗白矮星。至于《开元星占》所录角星"出阳多旱，出阴多雨"[⑤]的预测是否妄言，现在还不能过早下结论。

牵牛星（河鼓二，或天琴座 α）的基本色为银白色，也有人称作"略带黄色的亮星"[⑥]。20 世纪 70 年代后期，科学家曾观测到牵牛星的 3 颗伴星，但后来发现这 3 颗伴星（或是红巨星，或褐巨星）很有可能是出现在牵牛星附近的不相关恒星。石申夫说："牛星不明其常色，其岁五谷不成，牛多灾凶。"[⑦]郗萌又占曰："牵牛主大豆，始出色黄，豆贱也；赤，豆虫也；色青，豆贵。"[⑧]牵牛星颜色的变化，是由于自身温度不断下降所致，抑或是在它附近偶尔出现正在形成中的恒星，目前天文物理学界尚在进一步研究之中，其内在机制尚不甚明了。

须女宿，又称婺女宿，有须女星（宝瓶座 α），虚宿一（宝瓶座 β）及宝瓶座 ζ，宝瓶座 R（米拉变星）等。因其亮星不多，故古代天文学家对女宿颜色的变化十分敏感，且赋予其各种占卜意义。如郗萌占曰："须女，主麻。其色白者，麻为；色黄，不为；色青，

① （唐）瞿昙悉达：《开元星占》卷 60《东方七宿占一·心宿五》，《四库术数类丛书》第 5 册，第 604 页。
② （唐）瞿昙悉达：《开元星占》卷 60《东方七宿占一·心宿五》，《四库术数类丛书》第 5 册，第 604—605 页。
③ （唐）瞿昙悉达：《开元星占》卷 60《东方七宿占一·角一》，《四库术数类丛书》第 5 册，第 602 页。
④ [美] P. 克劳德：《天地人——宇宙的简史》，黄开年等译，北京：地质出版社，1986 年，第 18 页。
⑤ （唐）瞿昙悉达：《开元星占》卷 60《东方七宿占一·角一》，《四库术数类丛书》第 5 册，第 602 页。
⑥ 王修明、沈旭卫、陆敏奇编著：《地理课外活动》，上海：上海教育出版社，1987 年，第 38 页。
⑦ （唐）瞿昙悉达：《开元星占》卷 61《北方七宿占二·牵牛占二》，《四库术数类丛书》第 5 册，第 607 页。
⑧ （唐）瞿昙悉达：《开元星占》卷 61《北方七宿占二·牵牛占二》，《四库术数类丛书》第 5 册，第 608 页。

麻虫。"①抛开"须女"与麻的联想成分不论，须女所出现的白、黄、青三种颜色，很有可能是古人把在须女附近出现的其他恒星颜色，误认为是须女的颜色，如海王星是一颗海蓝色的行星，它虽然是在 1846 年才被发现，但中国古代的天文学家是否曾经在宝瓶座的边缘上观测过它，还真不好说。

舆鬼宿，亦称巨蟹座，它由 4 颗小星构成一个四边形，黄道从中穿过，在 4 颗小星的里面有很多恒星组成的巨蟹座蜂巢星团（或称 M44 鬼星团）。石申夫说："鬼，东北一星，主积马；东南一星，主积兵；西南一星，主积布帛；西北一星，主积金玉。此四星有变则占其所主也。中央色白，如粉絮者，所谓积尸气也。"②此处所说的"积尸气"指的就是巨蟹座蜂巢星团，其亮度为 3.1 星等，发出青白色光亮，犹如一团鬼火，故名。《玉历》占云："舆鬼为天尸，朱雀颈中星如粉絮，鬼为疫害。"③可以肯定，"疫害"与巨蟹座蜂巢星团的运动没有直接联系。不过，由于巨蟹座蜂巢星团是个游动星团，目前正离地球远去。因此，它在几千年前的青白色光亮，很容易使人们与"鬼火"④联系起来，给人造成一种恐怖气氛。

摄提星，亦称牧夫座，位于大角星两侧，左右各三星，呈鼎足状排列，故石申夫说："摄提六星夹大角。"⑤牧夫 α 即大角，是一颗 K2Ⅲ型的橙色巨星，它由于人类的"牧夫星"猜想而引起国外科学界的高度关注。石申夫说：大角"若有他色，青忧，赤兵，黑疾，白丧。"⑥文中的四种颜色被石氏视为"异常色"，实际上，恒星的颜色是会发生变化的。如前所述，恒星的光亮与其表面温度的高低有关，一般来说，幼年阶段的恒星温度最高，发出蓝光或蓝白色光，中年阶段发出黄色或橙色光，老年阶段温度降低发出红色光，乃至黑色光。石氏并不清楚恒星的颜色与其成长年龄之间存在一定的对应关系。实际上，青、白、黄、赤、黑都是恒星的正常颜色，从这个角度看，石氏时期人们很可能既观测到牧夫座内某颗新星的爆发，同时又观测到牧夫座内某颗老星的坍塌，乃至变成黑洞。

招摇星，即牧夫座 γ，为盾牌座 δ 型的脉动变星，其光度变化在 3.03 等至 3.07 等之间，目前发现此类变星有 10 颗。《荆州占》云："招摇色青，有忧；赤白而明者，天子有怒；黄白光泽，天下安静；小而黑，军破国亡。"又云："色黑为弱。"⑦可见，古人以为招摇星的正色是黄色，是预示"天下安静"的吉祥之光。这种比附可以理解，因为恒星在发射黄色光芒的时候，表明它正处于比较稳定的中青年时期，就像太阳系中的太阳一样。然而，"色青"表明恒星的新生，是其一生中力量最强大的时期，星占家用恒星形成期所爆发出来的巨能，警示帝王应励精图治，以免为其他新生的势力所取代，其良苦用心亦值得

---

① （唐）瞿昙悉达：《开元星占》卷 61《北方七宿占二·须女占二》，《四库术数类丛书》第 5 册，第 608 页。
② （唐）瞿昙悉达：《开元星占》卷 63《南方七宿占二·舆鬼占二》，《四库术数类丛书》第 5 册，第 619 页。
③ （唐）瞿昙悉达：《开元星占》卷 63《南方七宿占二·舆鬼占二》，《四库术数类丛书》第 5 册，第 619 页。
④ 鬼火亦称磷火，是有机体分解所产生（产生于有机体腐烂过程之中）的气体与空气中的氧气发生化学反应的结果，这就是坟地传说有"鬼火"的真实原因。
⑤ （唐）瞿昙悉达：《开元星占》卷 65《石氏中官占一·摄提占一》，《四库术数类丛书》第 5 册，第 632 页。
⑥ （唐）瞿昙悉达：《开元星占》卷 65《石氏中官占一·大角占二》，《四库术数类丛书》第 5 册，第 633 页。
⑦ （唐）瞿昙悉达：《开元星占》卷 65《石氏中官占一·招摇占四》，《四库术数类丛书》第 5 册，第 635 页。

一思。至于"色黑为弱",从恒星演变的视角看,恒星发展到坍塌期,核聚变反应的燃料已经耗尽,故其表面温度降至最低点,然恒星质量却由质量足够大而微缩成一个超级致密天体,它的体积趋向于零,相反密度变得无穷大。所以恒星"色黑"既有变弱的一面,同时又有变强的一面。当然,在中国古代人们能够通过肉眼观测,发现"色黑"是恒星变弱的一种颜色外显,在当时这无疑是一个了不起的天文发现。

玄戈星,亦称"天锋""天戈""元戈"等,即牧夫座λ。牧夫座λ是一颗银白色的A型主序矮星,视星等+4.18。关于A型主序矮星的特点,戴文塞概括为5点:第一,稀土族元素和更重的化学元素比一般恒星多;第二,磁场比一般恒星强大;第三,自转速度比同谱的恒星小得多;第四,光度比同一光谱型的主序星大些,表面温度稍微高些;第五,小部分A型特殊星的光谱作周期性变化,其中一部分的光度、表面温度和磁场强度作同一周期变化。与此相联系,牧夫座λ的颜色变化似跟牧夫座的其他恒星不同,如石申夫说:"玄戈星赤,天下有兵。"[1]中国古代没有"橙色",此处的"赤"应为"橙",它对应的恒星表面温度在3700—4900℃,而黄白色的恒星表面温度则在6100—7600℃。依常陈一的光亮特点,光度大而表面温度低,反过来亦成立。玄戈光度大时,其表面温度并不高。这确实是一个反常现象,至于形成这种反常现象的内在机理,尚待天体物理学家的进一步探索和揭示。

综上所述,《开元星占》保存了唐代以前大量的天文古籍文献史料,如《甘石星经》的内容仅见于此书,它在我国古代科技发展历史上的重要地位是显而易见的。由于思维方法和文化背景的古今差异,《开元星占》中确实包含着不少非科学的思想成分,对此,我们必须加以剔除和批判。与此同时,《开元星占》还有许多值得继续深入研究的地方,比如恒星和行星的运动状态及外观面貌的突变与地球气候变化之间的关系问题,大气中水分的不同存在方式与灾害预警的问题等。这些问题直到今天,都是科学界探讨的热点和焦点问题。如果我们把《开元星占》看作是人类在极其漫长的科学探秘过程中的一个环节,那么,我们今天的科学发展同样会把它看作是一级继续向上回旋登攀的重要石基。

本 章 小 结

从学科专业的角度讲,唐代荟萃了那个时代的众多科技精英,他们对中国古代科学发展的贡献,可以说基本上适应了唐代这个大国科技的客观需要,不仅成就可观,而且对东亚古代科学发展产生了深远的历史影响。

按照何丙郁的解释,中国古代数学有"内学"和"外学"之分,其中"内学"又称"术数",研究抽象数理逻辑;"外学"研究具体数量关系,相当于现在的数学。唐代的"内学"发达,李淳风、僧一行等都是著名的术数家,如僧一行是世界上最早采用科学方法实测地球子午线长度的科学家,"在实测中他认识到,在小范围有限的空间里得到的认

---

[1] （唐）瞿昙悉达:《开元星占》卷65《石氏中官占一·玄戈占五》,《四库术数类丛书》第5册,第635页。

识，不能任意向大范围甚至无际的空间推演，这是我国科学思想史的一大进步"①。当然，相比于"内学"，"外学"所取得的成就更加突出，刘焯在《皇极历》中首创等间距二次内插法，对后世历法产生了巨大影响。王孝通则在《缉古算经》一书中第一次提出并解决了求三次方程正根的代数方法，所以"《缉古算经》代表了隋唐时代我国古代数学研究的主要方向和主要成就"②。此外，瞿昙悉达作为中印天算交流的重要人物，他编译的《九执历》越来越受到学界的重视，特别是他所编撰的《开元占经》被称为"我国唐代以前天文历法类资料的府库"③，它"所收集的各种资料达四百余种，其中绝大部分都在后来失传了。其价值之高是难以估测的"④。

---

① 宗瑞仙主编：《人文社会科学概要》，济南：山东人民出版社，2016年，第67页。
② 曲安京主编：《中国古代科学技术史纲·数学卷》，第66页。
③ 中国学术名著提要编委会：《中国学术名著提要·隋唐五代编》，上海：复旦大学出版社，2019年，第294页。
④ 中国学术名著提要委员会：《中国学术名著提要·隋唐五代编》，第294页。

第四章　农学家的科技思想

隋唐两代实行均田制，农民的生产积极性有所提高，大量荒地被开垦出来，与此同时，沟通五大水系的大运河修建完成，以其规模宏大和设计高超而闻名千古，特别是在唐朝中后期，南方水利工程建设明显超过北方，体现了经济重心开始逐渐由北向南转移。随着农业经济的不断发展，一批农学著作应运而生，其中陆羽的《茶经》、陆龟蒙的《耒耜经》及韩鄂的《四时纂要》，可谓唐代众多农学著作的代表。

第一节　陆羽的茶学思想

陆羽，字鸿渐，复州竟陵人。《新唐书》称其"不知所生，或言有僧得诸水滨，畜之。既长，以《易》自筮，得《蹇》之'渐'，曰：'鸿渐于陆，其羽可用为仪。'乃以陆为氏，名而字之"①。还有一说："景陵龙兴（盖）寺僧，姓陆，于堤上得一初生儿，收育之。遂以陆为氏。"②从唐宋所载录的传记看，陆羽应系一名弃婴。至于其父母为什么要抛弃他，《全唐文·陆文学自传》载：

> （他）有仲宣、孟阳之貌陋，相如、子云之口吃，而为人才辩笃信，褊躁多自用意。朋友规谏，豁然不惑。凡与人宴处，意有所适，不言而去。人或疑之，谓生多瞋。及与人为信，纵冰雪千里，虎狼当道，而不愆也。③

陆羽形成如此复杂的性格，可能与他特殊的生长经历有关。陆羽非常聪明，唐人赵璘赞誉他"聪俊多能，学赡辞逸，诙谐纵辩"④，但与同龄人相比，他具有极强的叛逆心理。因此，就出现了下面师徒二人的争辩场景：

> 始三岁惸露，育乎竟陵大师积公之禅院，自幼学属文，积公示以佛书出世之业。子答曰："终鲜兄弟，无复后嗣，染衣削发，号为释氏，使儒者闻之，得称为孝乎？羽将授孔圣之文，可乎？"公曰："善哉子为孝，殊不知西方染削之道，其名大矣。"公执释典不屈，子执儒典不屈。公因矫怜无爱，历试贱务。扫寺地，洁僧厕，践泥污

① 《新唐书》卷196《陆羽传》，北京：中华书局，1975年，第5611页。
② （唐）赵璘：《因话录》卷3《商部下》，金锋主编：《中华野史·唐朝卷》，济南：泰山出版社，2000年，第575页。
③ （清）董诰等：《全唐文》卷433《陆文学自传》，北京：中华书局，1983年，第4420页。
④ （唐）赵璘：《因话录》卷3《商部下》，金锋主编：《中华野史·唐朝卷》，第575页。

墙，负瓦施屋，牧牛一百二十蹄。[①]

尽管竟陵禅师想方设法，欲迫使陆羽潜入佛门，耽心释典，但终了也不见成效。反而加剧了陆羽的叛逆心理，于是，陆羽"因倦所役，舍主者而去。卷衣诣伶党"[②]。最后，竟陵禅师实在没有办法，只好"从尔所欲"[③]，可怜其一片苦心。当然，陆羽的叛逆是一种成长过程中的叛逆，随着年龄的增长和思想的逐渐成熟，这种叛逆心理会慢慢发生变化。《全唐文·陆文学自传》载：

> 上元初，结庐于苕溪之滨，闭关对书，不杂非类，名僧高士，谈宴永日。常扁舟往来山寺，随身惟纱巾藤鞋，短褐犊鼻，往往独行野中。诵佛经，吟古诗，杖击林木，手弄流水，夷犹徘徊，自曙达暮，至日黑兴尽，号泣而归。故楚人相谓，陆子盖今之接舆也。[④]

与少年时期的情形相比，上元元年（760）以后，陆羽的心理发生变化。此时，陆羽已经 27 岁，他由拒斥佛籍到"结庐于苕溪之滨"，自觉"诵佛经"，其心灵究竟因何被触动，使他最终决意归心佛门，不得而知。不过，竟陵禅师之死，对陆羽心灵的强烈震撼却有据可证。唐人李肇《唐国史补》卷中载：

> 羽少事竟陵禅师智积，异日在他处闻禅师去世，哭之甚哀，乃作诗寄情，其略云："不羡白玉盏，不羡黄金罍。亦不羡朝入省，亦不羡暮入台。千羡万羡西江水，竟向竟陵城下来。"[⑤]

陆羽哭得动情，不仅是因为竟陵禅师对他有养育之恩，更重要的是对他嗜茶人生的影响。我们不难想象，当时陆羽对其恩师的愧疚之心难以言表，一切都已过去，陆羽剩下的唯有用茶艺去回报竟陵禅师的在天之灵了。"千羡万羡西江水，竟向竟陵城下来"，此"西江水"与竟陵禅师传授给陆羽的煮茶技艺关系密切。据考，龙盖寺（又称"西塔寺"）早在东晋高僧支遁居住此寺始，就形成了煮茶的传统，到竟陵禅师时，饮茶之风更盛。[⑥]北宋画家董逌在《陆羽点茶图》跋中说：

> 竟陵大师积公嗜茶久，非渐儿煎奉不向口。羽出游江湖四五载，师绝于茶味。代宗召师入内供奉，命宫人善茶者烹以饷，师一啜而罢。帝疑其诈，令人私访，得羽，召人。翌日，赐师斋，密令羽煎茗遣之，师捧瓯喜动颜色，且尝且啜，一举而尽。上使问之，师曰："此茶有似渐儿所为者。"帝由叹师知茶，出羽见之。[⑦]

这则史料未必全部属实但它所反映的唐代饮茶之风，盛行于寺院和宫廷却是事实。而陆羽"亦不羡朝入省，亦不羡暮入台"的人生志向，自始至终没有改变，如唐代宗曾"诏

---

① （清）董诰等：《全唐文》卷 433《陆文学自传》，第 4420 页。
② （清）董诰等：《全唐文》卷 433《陆文学自传》，第 4421 页。
③ （清）董诰等：《全唐文》卷 433《陆文学自传》，第 4421 页。
④ （清）董诰等：《全唐文》卷 433《陆文学自传》，第 4420 页。
⑤ （唐）李肇：《唐国史补》卷中《陆羽得姓氏》，金锋主编：《中华野史·唐朝卷》，第 590 页。
⑥ 姚国坤编著：《茶圣·〈茶经〉》，上海：上海文化出版社，2010 年，第 9 页。
⑦ （宋）董逌：《广川画跋》卷 2《陆羽点茶图》，（唐）陆羽：《茶经》，北京：新世界出版社，2014 年，第 233 页。

拜羽太子文学，徙太常寺太祝，不就职"①。为了推广饮茶，陆羽总结前辈尤其是他自己多年的煮茶经验，并在遍访名山大川调研茶事的基础上，撰写了《茶经》一书。史称："羽嗜茶，著《经》三篇，言茶之原、之法、之具尤备，天下益知饮茶矣。时鬻茶者，至陶羽形置炀突间，祀为茶神。"②

一、《茶经》与唐代的茶文化

（一）唐代之前的茶艺

1. 茶事两变

饮茶是中华民族悠久的历史文化之一，陆羽《茶经》专辟一节来考述这个问题。言必称三皇五帝，这是儒家的思维范式，在儒家看来，三皇五帝就是中华民族文明之源和传统文化之根，同时，三皇五帝又是儒家推行"圣王"政治的理想模式。陆羽把茶事的起源归于炎帝神农氏③，显然融入了儒家的情结。陆羽说："茶之为饮，发乎神农氏，闻于鲁周公。齐有晏婴，汉有扬雄、司马相如，吴有韦曜，晋有刘琨、张载、远祖纳、谢安、左思之徒，皆饮焉。滂时浸俗，盛于国朝，两都并荆渝间，以为比屋之饮。"④

从茶事的历史演变看，至少有两变：

第一变，茶由药物变成侈侈性礼品和祭品。《本草》载："神农尝百草，日遇七十二毒，得茶而解之。"⑤尽管现在传世的《神农本草经》没有上述记载，但经陶弘景等考证，《神农本草经》中的"苦菜"指的就是茶。《神农本草经》载："苦菜：味苦，寒。主五脏邪气，厌谷，胃痹。久服，安心益气，聪察少卧，轻身耐老。一名茶草，一名选。生川谷。"⑥《尔雅·释草》云："茶，苦菜。"⑦又《神农食经》云："茶茗久服，令人有力、悦志。"⑧诚然，对"神农"这个远古人物，尽管未必真有其人，但是他作为先民自觉应用草木的根、茎、叶等部位来防治各种疾病的神话人物，发生在他身上的事情则是客观存在的。"尝"即咀嚼的意思，它表明茶叶的上述药用功能，正是通过人们在不断咀嚼茶叶的过程中发现的。

到周朝，茶被列入贡品。据《华阳国志·巴志》载：

> 武王既克殷，（以）封其宗姬于巴，爵之以子。……其地东至鱼复，西至僰道，北接汉中，南极黔、涪。土植五谷，牲具六畜。桑、蚕、麻、纻、鱼、盐、铜、铁、丹、漆、茶、蜜、灵龟、巨犀、山鸡、白雉、黄润、鲜粉，皆纳贡之。其果实

① 《新唐书》卷196《陆羽传》，第5611页。
② 《新唐书》卷196《陆羽传》，第5612页。
③ （唐）陆羽撰，沈冬梅校注：《茶经校注》卷下《七之事》，北京：中国农业出版社，2006年，第44页。
④ （唐）陆羽撰，沈冬梅校注：《茶经校注》卷下《六之饮》，第40页。
⑤ 张瑞贤主编：《中医必读百部名著·本草卷》，北京：华夏出版社，2007年，第163页。
⑥ （清）黄奭：《神农本草经》卷1《苦菜》，陈振相、宋贵美：《中医十大经典全录》，北京：学苑出版社，1995年，第288页。
⑦ 《尔雅·释草》，黄侃校点：《黄侃手批白文十三经》，上海：上海古籍出版社，1983年，第20页。
⑧ （唐）陆羽撰，沈冬梅校注：《茶经校注》卷下《七之事》，第45页。

之珍者：树有荔芰，蔓有辛蒟，园有芳蒻、香茗、给客橙、葵。①

当时巴国不仅采摘山谷野生茶，而且开始在茶园中培育贡茶。故《周礼·地官司徒》载："掌茶，下士二人，府一人，史一人，徒二十人。"②又说："掌茶：掌以时聚茶，以共丧事；征野疏材之物，以待邦事，凡畜聚之物。"③可见，茶事在周朝已经是邦国祭祖、先帝或重臣在举行丧礼时一项非常重要的大礼了，并有专门的官吏掌管。对先秦有无茶饮，学界有两种意见：一种认为"先秦尚无茗饮之事"，其证据是顾炎武《日知录》卷 7"茶"条目下所说的一句话："自秦人取蜀而后，始有茗饮之事。"④另一种以陆羽为代表，主张饮茶源于神农时代。此外，有学者对顾炎武的话，给出了与前者截然不同的解读：顾炎武的话"并不是说，饮茶是从秦以后才有的，而是指秦灭巴蜀后，饮茶风气才传入中原，渐成风尚。在此之前，茶的源发地巴蜀已有将茶作为饮料饮用，但就整个中国来说，并不普遍，当时大部分人还是把茶作为食物食用或作为药物饮用"⑤。笔者同意先秦已有茶饮的看法，不过，三国之后饮茶才在南方各地的上层社会中逐渐兴盛起来。

第二变，从奢侈性礼品和祭品到饮品。茶起初是作为药物被利用的，根据先秦时期贵族阶层的饮食习惯，酒的消费量极大。如《尚书·酒诰》载："群饮，汝勿佚，尽执拘以归于周，予其杀。"⑥这是一条禁酒令，它用以扼杀聚众饮酒之风。此外，对饮酒的条件加以限制："无彝酒……饮惟祀，德将无醉。……尔大克羞耇惟君，尔乃饮食醉饱"⑦。关于禁酒的理由，《史记·卫康叔世家》载周公申告康叔的话："纣所以亡者以淫于酒，酒之失，妇人是用，故纣之乱自此始。"⑧周公从关乎国家存亡的高度来认识淫酒的危害性，于是提出了禁酒、限酒和节酒的主张。用法律的形式禁酒，虽然具有强制性，但毕竟是一种被动的措施。前揭茶有一个重要的药用功能，那就是"其饮醒酒，令人不眠"。既然茶能"醒酒"，那么，以茶代酒就是一种值得肯定和推广的积极"禁酒"举措了。故《晏子春秋》载："婴相齐景公时，食脱粟之饭，炙三弋、五卯，茗菜而已。"⑨晏婴是齐国的名相，生活简朴，以茶菜为食。因此，陆羽把晏婴和周公看作是周朝饮茶历史上的两位代表人物。三国时期，吴国的孙皓"每飨宴，坐席无不率以七胜为限，虽不尽入口，皆浇灌取尽，（韦）曜饮酒不过二升，皓初礼异，密赐茶荈以代酒"⑩。晋朝以降，饮茶已经在士大夫阶层逐渐兴盛起来了。例如：

《晋书》载："桓温为扬州牧，性俭，每宴饮，唯下七奠拌茶果而已。"⑪

① （晋）常璩撰，刘琳校注：《华阳国志校注》卷 1《巴志》，成都：成都时代出版社，2007 年，第 4—6 页。
② 《周礼·地官司徒》，黄侃校点：《黄侃手批白文十三经》，第 25—26 页。
③ 《周礼·地官司徒》，黄侃校点：《黄侃手批白文十三经》，第 47 页。
④ 转引自马开梁：《读书札记三题》，云南大学历史系：《史学论丛》第 5 辑，昆明：云南大学出版社，1993 年，第 288 页。
⑤ 刘清荣：《中国茶馆的流变与未来走向》，北京：中国农业出版社，2007 年，第 7 页。
⑥ 《尚书·周书·酒诰》，黄侃校点：《黄侃手批白文十三经》，第 44 页。
⑦ 《尚书·周书·酒诰》，黄侃校点：《黄侃手批白文十三经》，第 43 页。
⑧ 《史记》卷 37《卫康叔世家》，第 1590 页。
⑨ （唐）陆羽撰，沈冬梅校注：《茶经校注》卷下《七之事》，第 45 页。
⑩ （唐）陆羽撰，沈冬梅校注：《茶经校注》卷下《七之事》，第 45 页。
⑪ （唐）陆羽撰，沈冬梅校注：《茶经校注》卷下《七之事》，第 45 页。

刘琨《与兄子南兖州刺史演书》云："前得安州干姜一斤、桂一斤、黄芩一斤，皆所须也。吾体中愦闷，常仰真茶，汝可置之。"[1]

《异苑》载："剡县陈务妻，少与二子寡居，好饮茶茗。"[2]

《广陵耆老传》载："晋元帝时有老姥，每旦独提一器茗，往市鬻之，市人竞买，自旦至夕，其器不减，所得钱散路傍孤贫乞人。"[3]

由上所述，随着饮茶习俗在士大夫、僧道等社会各阶层之间的盛行，制茶、煮茶工艺及饮茶过程也开始变得考究起来。当我们进一步追问晋南北朝为何盛行饮茶之风时，自然会与那个时代的清谈习气联系起来。清谈的形式颇有点儿像今天的社交性聚会，那些文人墨客终日饮酒助兴，恐怕很多人都吃不消，而饮茶既饮而不醉，又能令人不眠，非常适合清谈的需要。所以西晋文学家张孟阳有诗云："芳茶冠六清，溢味播九区。"[4]

2. 制茶与煮茶工艺

陆羽《茶经》之前，记载制茶工艺的文献非常零散，也很少见。茶叶的食用方式不同，制作方法亦有别。秦汉之前，人们多将茶叶当作菜来食用，如《晏子春秋》中的"茗菜"，又如云南德昂族、景颇族至今尚保留着"腌茶"的食俗。其"腌茶"的做法是：先将采回的鲜茶叶用清水洗净，并在竹篷上摊凉，待水分散失一部分后，稍加搓揉，加上适量精盐和辣椒拌匀，装入竹筒或罐子内，然后用木棒舂实，盖紧筒或罐口。两三个月后，茶叶有点变黄，即可食用。秦汉以后，人们吃茶的方式渐渐增多，既有把茶叶煮成粥或羹来食用者，同时又有煮茶饮用者。如傅咸《司隶教》载："闻南市有蜀妪作茶粥卖，为廉事打破其器具，后又卖饼于市。而禁茶粥以困蜀姥，何哉？"[5]在这里，"茶粥"是如何煮成的，学界有多种说法，其中比较符合实际的观点是："把蒸好的茶叶放在臼中碾碎，之后制成团子，和米、姜、盐、橘皮、香料、牛奶一起煮，有时还有洋葱！"[6]另外，关于魏晋时期煮制茶粥的方法，《广雅》是这样记载的："荆、巴间采叶作饼，叶老者，饼成，以米膏出之。欲煮茗饮，先炙令赤色，捣末置瓷器中，以汤浇覆之，用葱、姜、橘子芼之。其饮醒酒，令人不眠。"[7]这种煮茶法一直延续到唐代。从目前云南各族的饮茶习俗看，有些民族至今还流行"烧茶"或"烤茶"的饮茶习惯，如滇南的傣族和佤族喜欢吃"烧茶"，其做法是：采一芽五六叶的成熟新梢，直接在明火上烘烤，叶子焦黄后入壶熬煮。而云南拉祜族、白族、佤族的烤茶则非常有特色：它将特制的小瓦罐烤烫，加入茶叶置火上干烤，当茶叶发黄、茶梗发泡时，冲入开水熬沸后饮用。[8]当然，这已经不是原始的"茶粥"，而是变成茶饮了。其实，只要在煮茶前，加入"葱、姜、橘子芼之"，就成了茶粥或茶羹，"芼之"的意思即是做成羹。故郭璞《尔雅注》云：茶茗生益州，"树小似栀

① （唐）陆羽撰，沈冬梅校注：《茶经校注》卷下《七之事》，第 46 页。
② （唐）陆羽撰，沈冬梅校注：《茶经校注》卷下《七之事》，第 47 页。
③ （唐）陆羽撰，沈冬梅校注：《茶经校注》卷下《七之事》，第 48 页。
④ （唐）陆羽撰，沈冬梅校注：《茶经校注》卷下《七之事》，第 46 页。
⑤ （唐）陆羽撰，沈冬梅校注：《茶经校注》卷下《七之事》，第 46 页。
⑥ ［日］冈仓天心：《说茶》，张唤民译，天津：百花文艺出版社，1996 年，第 18 页。
⑦ （唐）陆羽撰，沈冬梅校注：《茶经校注》卷下《七之事》，第 45 页。
⑧ 盖文主编：《茶艺与调酒》，北京：旅游教育出版社，2007 年，第 47 页。

子，冬生，叶可煮作羹饮"①。有学者认为："这种混煮成羹的茶饮料，在西晋的文献中又被称作'茶粥'。"②羹与粥名称不同，实质是一回事。

陆羽总结唐代之前的饮茶煮制过程说："饮有粗茶、散茶、末茶、饼茶者，乃斫、乃熬、乃炀、乃舂，贮于瓶缶之中，以汤沃焉，谓之痷茶。或用葱、姜、枣、橘皮、茱萸、薄荷之等，煮之百沸，或扬令滑，或煮去沫。"③实际上，陆羽讲的就是混煮成羹的茶粥，它是唐代之前的主导茶饮料。这种茶粥不仅老人喜欢品茗，而且小孩尤其爱喝。对此，左思《娇女诗》描述得尤其形象生动："吾家有娇女，皎皎颇白皙。小字为纨素，口齿自清历。有姊字惠芳，眉目粲如画。驰骛翔园林，果下皆生摘。贪华风雨中，倏忽数百适。心为茶荈剧，吹嘘对鼎𬊤。"④

当然，除了混煮，也有清煮者。如晋代杜育的《荈赋》云：

> 灵山惟岳，奇产所钟。瞻彼卷阿，实曰夕阳。厥生荈草，弥谷被岗。承丰壤之滋润，受甘露之霄降。月惟初秋，农功少休，结偶同旅，是采是求。水则岷方之注，挹彼清流，器泽陶简，出自东隅。酌之以匏，取式公刘。惟兹初成，沫沉华浮，焕如积雪，晔若春敷。若乃淳染真辰，色□青霜。□□□□，白黄若虚。调神和内，倦解慵除。⑤

从茶叶的生长环境、采茶时节、煮茶之水，到饮茶之器、茶汤的效果等，将制茶的工艺流程都讲得非常清楚，已具备了现代茶艺的取水、择器、冲泡、观色等要素，甚至连茶道精神也有了，因而受到陆羽的重视，其在"五之煮"篇中便引用了上面"焕如积雪，晔若春敷"的诗句，可见，"陆羽《茶经》中的煮茶技艺是在继承晋代以来的品茗艺术成就而形成的"⑥。

（二）《茶经》的茶学思想及其科学成就

茶叶的生产与制作是一个十分讲究的工艺过程，包括诸多环节，其中任何一个环节出了问题，直接影响饮茶的品位和质量，而《茶经》的科学价值不仅在于它对茶叶生产每一个细节的重视，而且更在于它对茶艺本身的思想升华，尤其是对茶道精神的提倡。

1. 茶叶的生长环境与茶叶质量

《茶经》卷上《一之源》讲述了茶树的生长环境。中国西南地区是茶树的原产地，目前学界用大量植物形态学、生物化学、地质学及考古学的事实证明了这一点，其他如"印度说""东南亚说""二元说"尚缺乏有力证据，不足为信。陆羽说："茶者，南方之嘉木也。一尺、二尺乃至数十尺。其巴山峡川，有两人合抱者，伐而掇之。其树如瓜芦，叶如栀子，花如白蔷薇，实如栟榈，蒂如丁香，根如胡桃。"⑦

由茶树的形态来划分，可分为乔木型（高3米以上）、小乔木型（介于乔木型与灌木

---

① （唐）陆羽撰，沈冬梅校注：《茶经校注》卷下《七之事》，第47页。
② 阮浩耕、江万绪主编：《茶艺》，杭州：浙江科学技术出版社，2005年，第16页。
③ （唐）陆羽撰，沈冬梅校注：《茶经校注》卷下《六之饮》，第40页。
④ （唐）陆羽撰，沈冬梅校注：《茶经校注》卷下《七之事》，第46页。
⑤ 杜育：《荈赋》，韩格平等校注：《全魏晋赋校注》，长春：吉林文史出版社，2008年，第461页。
⑥ 陈文华：《中国茶文化学》，北京：中国农业出版社，2006年，第102页。
⑦ （唐）陆羽撰，沈冬梅校注：《茶经校注》卷上《一之源》，第1页。

型之间）和灌木型（高 1.5—3 米）三种类型，而我国"巴山峡川"的野生茶树多为乔木型，有的植株可高达 10 米以上。茶树叶状如栀子，两叶对生，叶缘有细锯齿；花像白蔷薇，色青白如瓷器；成熟的茶果为蓝黑色，因所包含种子数目的不同而呈圆形、肾状球形、三角形和四方形等。

茶树在不同的生长环境中，优劣差异较大。陆羽发现："其地，上者生烂石，中者生砾壤，下者生黄土。"[①]这里，对"烂石""砾壤""黄土"的土壤性质，吴觉农有一段比较经典的解释。他说：

> 从字面上看，"烂石"显然是风化比较完全的土壤，也可以说是现在茶区群众所谓的生土，这种壤土，适于茶树生长发育；"砾壤"是指含砂粒多，黏性小的砂质壤土；至于"黄土"，可以认为是一种质地黏重，结构差的土壤。

> 由于土壤是由矿物质、有机质、水分（土壤溶液）、空气、土壤生物（包括微生物）等物质所组成的，因此，要正确地理解"烂石"和"砾壤"的含义以及陆羽何以分别称之为"上者"和"中者"，这除了应考虑土壤中粗细不同的矿物质颗粒，更重要的还应考虑其有机质和土壤生物的含量，也就是含有机质和土壤生物多的，可以理解为陆羽所说的土壤中的"上者"，少于"烂石"含量的"砾壤"，可以理解为他所说的"中者"，含量更低的"黄土"，则称为"下者"[②]。

决定茶叶质量优劣的除地理条件、土壤之外，还有阳光，包括空气湿度、日照和气温等。陆羽说："阳崖阴林，紫者上，绿者次；笋者上，牙者次；叶卷上，叶舒次。阴山坡谷者，不堪采掇，性凝滞，结瘕疾。"[③]根据茶树的自然生长条件，其最适环境是向阳山坡且多树木隐蔽。有学者从茶叶的形态强调："三四张未开展的嫩叶作笋箨状紧包生长茁壮的茶芽，确比一二张嫩叶，即开展生长瘦弱的茶芽，制成的茶叶质量好。"[④]至于"紫者上"，用现代科学手段检测，今天已很难说"紫者上"了。因为茶叶中花青素含量占干物 0.01%左右，而紫色茶芽叶中的含量则高达 0.5%—1%。我们知道，花青素对茶叶的品质有一定影响，通常条件下，"茶叶中花青素的形成与积累，和茶树生长发育状态与环境条件密切相关，较强的光照和较高的气温，茶叶中花青素含量较高，茶的芽叶呈红紫色。红紫色芽叶制成的绿茶品质较差，叶底常出现靛蓝色，味苦涩，汤色褐绿，品质不好，制成红茶，汤色叶底乌暗，品质亦不佳"[⑤]。

但唐人确实对"紫茶"情有独钟。如《太平广记》卷 237 "同昌公主"条载，上每赐馔，"其茶则有绿花、紫英之号"[⑥]。又如唐朝张籍在《和韦开州盛山茶岭》诗中说："紫芽连白蕊，初向岭头生。"[⑦]那么，我们与唐朝人为什么在"紫芽茶"的认识上会出现文化

① （唐）陆羽撰，沈冬梅校注：《茶经校注》卷上《一之源》，第 1 页。
② 吴觉农主编：《茶经述评》，北京：中国农业出版社，2005 年，第 26—27 页。
③ （唐）陆羽撰，沈冬梅校注：《茶经校注》卷上《一之源》，第 1—2 页。
④ 张志澄编著：《阳羡茶录》，1988 年，第 79 页。
⑤ 安徽农学院主编：《茶叶生物化学》，北京：农业出版社，1980 年，第 94 页。
⑥ （宋）李昉等：《太平广记》卷 237《同昌公主》，北京：中华书局，1961 年，第 1826 页。
⑦ （清）彭定求等：《全唐诗》卷 386《张籍·茶岭》，北京：中华书局，1960 年，第 4347 页。

差异呢？主要原因就是我们讲品质，而唐朝人讲营养。

"野者上，园者次。"既可从栽培管理的角度看，同时又可从地形的角度讲。因此，吴觉农认为：

第一，在科技发展水平相对落后的历史背景下，笼统地讲野生茶优于种植茶，符合当时的历史实际。

第二，这种认识与陆羽长期采制野生茶的科学实践有关。

第三，说明地形与茶叶品质关系密切，野生茶多生长于高山、深山，那里云雾多，湿度大，漫射光多等，这样的生态环境有利于茶叶有效物质的积累，与之相反，人工种植的茶园多位于坡地或低山，其生态环境对茶叶的生长稍逊于高山、深山。①

2. 制作、加工和熬煮茶叶的器具

茶叶的生产在唐代已经形成体系，这是茶艺成熟于唐代的重要条件。《茶经·二之具》共介绍 15 种茶器，而《茶经·四之器》则介绍了 28 种茶器，共计 43 种。这些茶器的专业功能和用途各不相同，一方面它们反映了唐代手工业发展的水平和成就；另一方面也体现了饮茶本身的科技含量有了显著提高，标志着专用茶具的确立。从科技思想史的角度看，陆羽既强调茶的"俭德"层面，同时又高度重视茶具对品茶的影响和作用，在品茶的整个过程中，把"德"与"器"以及茶道与茶艺有机统一起来，将"器"与艺看作是实现"俭德"和道的重要手段，"道德"寓于"器艺"之中，两者不可分割，这无疑是对《周易·系辞上》"形而上者谓之道，形而下者谓之器"②思想的重要发展。

（1）籯，即笼筐类竹器，系采茶、盛茶的器物。它"以竹织之，受五升，或一斗、二斗、三斗者，茶人负以采茶也。"③据考，唐代有背在肩上和系在腰间两种竹籯，哪种更方便，要看是采摘野生茶叶还是园中茶叶。如果到高山或深山去采摘野生茶叶，当然是背籯更方便。

（2）灶与釜，要求："灶，无用突者。釜，用唇口者。"④"突"系烟囱之意，"无突"就是不用烟囱。然而，蒸茶叶用的锅（铜制或铁制）却要口边沿向外反出。灶与锅的这种组合，至少有两个优点：一是结实、耐用，相对封闭；二是有利于火力集中在锅底。不过，从唐陆龟蒙《茶灶》诗所描述的情形推断，茶灶虽然不用烟囱，但灶与锅之间的接缝多数情况下并不太严密。故陆诗云："无突抱轻岚，有烟映初旭。盈锅玉泉沸，满甑云芽熟。"⑤"有烟映初旭"不单是灶口有烟，灶的四周也应有袅袅青烟冒出。

（3）甑，一种用木或瓦做成的圆桶形蒸笼。它的结构是："腰而泥，篮以箅之，篾以系之。始其蒸也，入乎箅；既其熟也，出乎箅。釜涸，注于甑中。……散所蒸牙笋并叶，畏流其膏。"⑥

---

① 吴觉农主编：《茶经述评》，第 28—30 页。

② 《周易·系辞上》，黄侃校点：《黄侃手批白文十三经》，第 44 页。

③ （唐）陆羽撰，沈冬梅校注：《茶经校注》卷上《二之具》，第 11 页。

④ （唐）陆羽撰，沈冬梅校注：《茶经校注》卷上《二之具》，第 11 页。

⑤ 《陆龟蒙诗集》卷 4《茶灶》，齐豫生、夏于全主编：《中国古典文学宝库》第 16 辑，延吉：延边人民出版社，1999 年，第 184 页。

⑥ （唐）陆羽撰，沈冬梅校注：《茶经校注》卷上《二之具》，第 11 页。

与灶与锅的外在结构不同，锅与甑之间的接缝需要用泥密封，同时整个甑的外部都用泥来包裹严实，使之不漏气，这样有利于迅速提高水蒸气的温度。在锅沿（即唇口）与甑之间架上竹篦，然后在竹篦的上面搁放篮状的"箅"，"箅"中装上所要蒸的茶叶。等到茶叶蒸熟后，取出"箅"，并用榖木制成的叉状物翻动所蒸茶叶，以免汁液流失。当锅里的水快要干了，就从甑口添注。可见，陆羽的整个设计细致周到，非常合理。另外，"蒸青法的发明，是制茶技术史上一大进展"①。

（4）成型工具：杵臼、规、承、檐和芘莉。陆羽在《茶经·三之造》中明确指出制茶有7道工序："采之，蒸之，捣之，拍之，焙之，穿之，封之。"②其中"捣之"的工具是"杵臼"，此过程促使茶汁流出黏附于茶叶表面。在"捣之"与"拍之"之间还有一道"装模"的工序，用具是"规"。"规"亦称"模"，"以铁制之，或圆，或方。或花"③。"拍之"的工具用"承"与"檐"，"承"就是砧台，"以石为之。不然，以槐桑木半埋地中，遣无所摇动"④。"檐"亦即"襜"，系铺在砧台上面的布，便于快速更换做好的茶模，"以油绢或雨衫、单服败者为之。以檐置承上，又以规置檐上，以造茶也。茶成，举而易之"⑤。在"拍之"之后与"焙之"之前，还需要"出模""列茶""穿孔"三道程序。前面所说"茶成，举而易之"实际上就是"出模"，而"列茶"的器具是"芘莉"，它是一种网状篮盘，人们把捣拍后的茶饼摊晾在上面，其制作方法是："以二小竹，长三赤，躯二赤五寸，柄五寸。以篾织方眼，如圃人土箩，阔二赤以列茶也。"⑥

（5）干燥工具：棨、扑、焙、贯与棚。"穿孔"的工具叫"锥刀"，也称"棨"，"柄以坚木为之"⑦。"解茶"就是将穿孔的茶饼串起来进行搬运，其工具叫"扑"或称"鞭"，"以竹为之"⑧。接着进入烘茶程序，它由焙、贯与棚三部分组成。

焙，"凿地深二尺，阔二尺五寸，长一丈。上作短墙，高二尺，泥之"⑨。

贯，"削竹为之，长二尺五寸。以贯茶焙之"⑩。

棚，"一曰栈。以木构于焙上，编木两层，高一尺，以焙茶也。茶之半干，升下棚；全干，升上棚"⑪。对于文中后半句的含义，吴觉农这样解释："烘茶温度要先高后低，即经自然干燥后的饼茶，初上烘时，搁在棚的下层，烘到干了，就移升到上层"⑫。

（6）计数和封藏工具：穿与育。穿的计量，有江东和峡中区域之分别："江东以一斤为上穿，半斤为中穿，四两五两为小穿。峡中以一百二十斤为上穿，八十斤为中穿，五十

① 吴觉农主编：《茶经述评》，北京：中国农业出版社，2005年，第82页。
② （唐）陆羽撰，沈冬梅校注：《茶经校注》卷上《三之造》，第17页。
③ （唐）陆羽撰，沈冬梅校注：《茶经校注》卷上《二之具》，第11页。
④ （唐）陆羽撰，沈冬梅校注：《茶经校注》卷上《二之具》，第11—12页。
⑤ （唐）陆羽撰，沈冬梅校注：《茶经校注》卷上《二之具》，第12页。
⑥ （唐）陆羽撰，沈冬梅校注：《茶经校注》卷上《二之具》，第12页。
⑦ （唐）陆羽撰，沈冬梅校注：《茶经校注》卷上《二之具》，第12页。
⑧ （唐）陆羽撰，沈冬梅校注：《茶经校注》卷上《二之具》，第12页。
⑨ （唐）陆羽撰，沈冬梅校注：《茶经校注》卷上《二之具》，第12页。
⑩ （唐）陆羽撰，沈冬梅校注：《茶经校注》卷上《二之具》，第12页。
⑪ （唐）陆羽撰，沈冬梅校注：《茶经校注》卷上《二之具》，第12页。
⑫ 吴觉农主编：《茶经述评》，第60页。

斤为小穿。"①穿的材料因地制宜，"江东、淮南剖竹为之。巴川峡山，纫谷皮为之"②。
"育"类似于现代的烘箱，主要目的是防止茶饼受潮发霉，因为在梅雨季节，南方气候潮湿，如果没有必要的干燥措施，像茶饼这样的物品，在保存期间就很容易发霉变质。所以陆羽设计了一种储藏茶饼的木箱（图4-1），其结构为："以木制之，以竹编之，以纸糊之。中有隔，上有覆，下有床，旁有门，掩一扇。中置一器，贮煻煨火，令煴煴然。江南梅雨时，焚之以火。"③

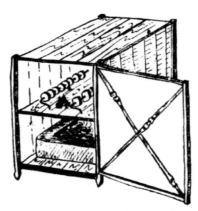

图 4-1　储藏茶饼的木箱结构图④

（7）烧火用具：风炉、灰承、筥、炭挝与火策。风炉的结构，陆羽没有详细说明，只是说："风炉以铜铁铸之，如古鼎形，厚三分，缘阔九分，令六分虚中，致其杇墁。凡三足……置墆埠于其内，设三格。"⑤这样，就造成了学者之间的认识出现分歧。吴觉农解释说：

　　陆羽所说的风炉，造型特殊，基本上和古代的鼎的形状相似，有三足两耳，用铜、铁铸造，但远较古鼎轻巧，可以放在桌上。炉内有六分厚的泥壁，用以提高炉温。炉中安装炉床，置放炭火。炉身开窗洞通风，上有三个支架（格），放煮茶的鍑。⑥

沈冬梅所理解的陆羽风炉则是："它是一个大致直身的圆筒形，底有三足，口缘较宽，内有涂泥作炉膛，炉身每两足之间开一窗，共三窗，炉底部亦开一窗，内置炉算子——墆埠，以为承炭、通风、漏烬之所。"同时，沈冬梅对吴氏等推测陆羽风炉安装有"双耳提手"这个结构提出不同意见："且不言陆羽并未设计风炉提手，即使此炉有提手，对于专一烧火的炉而言，提手应在炉身对应的两侧，提手在口沿上会妨碍鍑等食器在炉上的放置，根本不合理。"⑦

---

① （唐）陆羽撰，沈冬梅校注：《茶经校注》卷上《二之具》，第12页。
② （唐）陆羽撰，沈冬梅校注：《茶经校注》卷上《二之具》，第12页。
③ （唐）陆羽撰，沈冬梅校注：《茶经校注》卷上《二之具》，第12页。
④ 吴觉农主编：《茶经述评》，第62页。
⑤ （唐）陆羽撰，沈冬梅校注：《茶经校注》卷中《四之器》，第20页。
⑥ 吴觉农主编：《茶经述评》，第123页。
⑦ 沈冬梅：《风炉考——〈茶经·四之器〉图文考之一》，程启坤、邓云峰主编：《第九届国际茶文化研讨会暨第三届崂山国际茶文化节论文集》，杭州：北京：浙江古籍出版社，2006年，第154页。

实际上，关于风炉的结构，关键还要结合陆羽对相关器具的设计形式来确定。

首先，陆羽对风炉所用材质做了以下补充："其炉，或锻铁为之，或运泥为之。"[1]人们不能只注意铸铁型鼎式炉，还要留意用泥盘的炉。而"泥制的风炉不可能达到《茶经》作者所设计的要求，更不能那么精致古雅"[2]，泥制的风炉如此，锻铁制作的风炉是否就能达到《茶经》作者所设计的要求呢？也未必。例如，陆龟蒙《茶鼎》诗云："新泉气味良，古铁形象丑。"[3]皮日休《茶鼎》诗说："立作菌蠢势，煎为潺湲声。"[4]"菌蠢"指像灵芝的形态一样，贯休又有"深炉烧铁瓶"[5]之诗句。这些颇为形象的诗句反映了唐代茶鼎的一般形状，而陆羽所设计的茶鼎则仅仅是一种体现其茶道精神的理想模型。

其次，煮茶器具——鍑。陆羽设计的形状是："以生铁为之。……方其耳，以正令也。广其缘，以务远也。长其脐，以守中也。脐长，则沸中；沸中，则末易扬；末易扬，则其味淳也。"[6]既然鍑的底部要求"脐长"，且"脐"部微微向下凹，那么，为了安全和稳当起见，风炉的上部设计三个鍑托是必要的。由此可见，一些学者认为陆羽设计的茶鼎有两耳是不准确的；当然，否定茶鼎上有鍑托也与实际不符。至于茶鍑的容量和大小，吴觉农认为，茶鍑的深度最多不过六七寸，水容量约为三四升或四五升，所以这种茶鍑的体积很小，与之相配，鼎形风炉亦很小。[7]唯其如此，我们才能理解"立作菌蠢势"的唐代茶鼎。

（8）烤茶、碾茶及量茶用具。烤茶用具为竹夹，"以小青竹为之，长一尺二寸。令一寸有节，节已上剖之，以炙茶也。彼竹之筱，津润于火，假其香洁以益茶味，恐非林谷间莫之致。或用精铁熟铜之类，取其久也"[8]。因饼茶在存放期间会自然吸收水分，所以在碾茶之前，必须要将茶炙烤，一是去其水分，二是通过炙烤逼出茶叶本身的香味。于是，人们为了让茶饼不冒热气，同时又有茶香散发出来，作为炙烤所需的火候就十分关键。烤好的茶饼趁热放在特制的纸囊里，其纸囊"以剡藤纸白厚者夹缝之。以贮所炙茶，使不泄其香也"[9]。茶碾，根据唐代出土实物分析，主要结构由碾槽和碾轮两部分组成。其外形多为长方体，上表面系一个凹槽，下表面系基座。陆羽说："碾，以橘木为之，次以梨、桑、桐、柘为之。内圆而外方。内圆备于运行也，外方制其倾危也。内容堕而外无余木。堕，形如车轮，不辐而轴焉。长九寸，阔一寸七分。堕径三寸八分，中厚一寸，边厚半寸，轴中方而执圆。其拂末以鸟羽制之。"[10]

碾出的茶末装入茶罗里，经过筛选后，再存放到罗合内备用。罗合的制作方法是：

① （唐）陆羽撰，沈冬梅校注：《茶经校注》卷中《四之器》，第 21 页。
② 宋涛主编：《茶道》，北京燕山出版社，2008 年，第 70 页。
③ （唐）陆龟蒙：《茶鼎》，陈贻焮主编：《增订注释全唐诗》第 4 册，北京：文化艺术出版社，2001 年，第 535 页。
④ 《皮日休诗集》卷 4《茶鼎》，齐豫生、夏于全主编：《中国古典文学宝库》第 16 辑，延吉：延边人民出版社，1999 年，第 55 页。
⑤ （唐）贯休：《桐江闲居十二首》，（清）彭定求等：《全唐诗》卷 830，第 9356 页。
⑥ （唐）陆羽撰，沈冬梅校注：《茶经校注》卷中《四之器》，第 21 页。
⑦ 吴觉农主编：《茶经述评》，第 126 页。
⑧ （唐）陆羽撰，沈冬梅校注：《茶经校注》卷中《四之器》，第 22 页。
⑨ （唐）陆羽撰，沈冬梅校注：《茶经校注》卷中《四之器》，第 22 页。
⑩ （唐）陆羽撰，沈冬梅校注：《茶经校注》卷中《四之器》，第 22 页。

"（罗）用巨竹剖而屈之，以纱绢衣之。其合以竹节为之，或屈杉以漆之。高三寸，盖一寸，底二寸，口径四寸。"① 量茶用具为"则"，亦即"茶匕"，用以量取茶末。陆羽叙述说："则，以海贝、蛎蛤之属，或以铜、铁、竹匕策之类。则者，量也，准也，度也。凡煮水一升，用末方寸匕。若好薄者，减之，嗜浓者，增之，故云则也。"②

（9）饮茶用具——碗。随着饮茶风俗渐渐遍及大江南北，瓷碗的大量需求刺激了许多瓷窑的出现，据李知宴《唐代瓷窑概况与唐瓷的分期》一文介绍，唐代瓷器烧造地域非常广阔，白瓷、青瓷成为两大瓷系的主流，开拓了我国制瓷工艺的新纪元。其中烧造白瓷的窑址主要有河北省内丘和临城的邢窑、曲阳窑，河南省的巩县窑、荥阳翟沟窑、鹤壁集窑、密县西关窑、登封曲河窑及辉县窑等，江西省的景德镇窑，广东省广州窑，四川省的大邑窑；烧造青瓷的窑址遍及全国各地，据考古发现，唐代70%以上的窑址都烧青瓷，但以越窑为代表。唐代的瓷碗常见有两种样式：腹壁直且深，平底加圆饼状足；腹壁小且浅，侈口，唇沿尖薄，腹微曲，平底加实足。③关于瓷碗与饮茶的关系，陆羽认为：

> 碗，越州上，鼎州次，婺州次，岳州次，寿州、洪州次。或者以邢州处越州上，殊为不然。若邢瓷类银，越瓷类玉，邢不如越一也；若邢瓷类雪，则越瓷类冰，邢不如越二也；邢瓷白而茶色丹，越瓷青而茶色绿，邢不如越三也。晋杜育《荈赋》所谓："器泽陶简，出自东瓯。"瓯，越也。瓯，越州上，口唇不卷，底卷而浅，受半升已下。越州瓷、岳瓷皆青，青则益茶。茶作白红之色。邢州瓷白，茶色红；寿州瓷黄，茶色紫；洪州瓷褐，茶色黑：悉不宜茶。④

如众所知，唐朝的贡品中有瓷器，这是前所未有的现象。如《新唐书·地理志》载，邢州钜鹿郡土贡瓷瓷，越州会稽郡土贡瓷器。既然是"南青北白"都是贡品，就表明两者各有特色，陆羽仅仅从瓷器与茶色的变化比较两者的优劣，未必妥当。对此，李纪贤在《唐陆羽〈茶经〉之"邢不如越"辨》一文中已有详论，此不必多讲。不过，越州青瓷以"秘色"瓷独冠一时，却是公认的事实。唐代诗人陆龟蒙《秘色越器》有"九秋风露越窑开，夺得千峰翠色来"⑤的诗句。稍后，徐寅《贡余秘色茶盏》诗更云："捩翠融青瑞色新，陶成先得贡吾君。巧剜明月染春水，轻旋薄冰盛绿云。古镜破苔当席上，嫩荷涵露别江濆。中山竹叶醅初发，多病那堪中十分。"⑥尽管"秘色"有青黄和青绿两种色泽，但"青绿"最为唐代文人墨客所推崇，因此，陆羽把它视为茶碗中的上品。由于次于越窑的唐代鼎州窑，迄今尚未发现窑址，故可不论。婺州窑烧制的茶碗，釉色青中发黄，或呈黄褐色，翠绿色的釉很少。岳州窑烧制的茶碗，釉色虽以青绿为多，可惜有的器物胎釉结合

---

① （唐）陆羽撰，沈冬梅校注：《茶经校注》卷中《四之器》，第22页。

② （唐）陆羽撰，沈冬梅校注：《茶经校注》卷中《四之器》，第22页。

③ 李知宴：《唐代瓷窑概况与唐瓷的分期》，杨新主编：《故宫博物院七十年论文选》，北京：紫禁城出版社，1995年，第553—555页。

④ （唐）陆羽撰，沈冬梅校注：《茶经校注》卷中《四之器》，第24页。

⑤ （唐）陆龟蒙：《秘色越器》，夏于全集注：《唐诗宋词全集》第2部《唐诗》卷386《陆龟蒙》，北京：华艺出版社，1997年，第1296页。

⑥ （唐）徐寅：《贡余秘色茶盏》夏于全集注：《唐诗宋词全集》第2部《唐诗》卷438《徐寅》，第1467页。

得不好，影响了它的色泽和品质。[①]

收藏在宁波市博物馆的唐代越窑青瓷茶托和茶碗中，茶碗高 4.5 厘米，口径 11.7 厘米，茶托高 3.5 厘米，口径 14.6 厘米，两者通体一色青釉，口敞侈，均呈五瓣莲花形。由于这一套托和碗是唐代的瓷品，于是，就产生了一个问题：唐代人喝茶时，碗下面究竟有没有托？陆羽没有解释这个问题，宋人程大昌在《演繁露》中记载："托始于唐，前世无有也。崔宁女饮茶，病盏热烫指，取楪子融蜡，象盏足大小，而环结其中，置盏于蜡，无所倾倒。因命工髹漆为之，宁喜其为，名之曰托。"[②]程氏的史料录自唐人李匡乂的《资暇集》，但他由此做出了错误的结论。茶托始于东晋而非唐代，对此，学界基本上已经形成共识。如沙子塘 2 号墓出土的东晋茶托，是目前已知较早的茶托。这样带托碟的茶具在南昌、吉安等南朝古墓中也多有发现。可见，"茶杯和托碟配套的茶具，诞生于东晋，流行于南北朝"[③]。

3. 饼茶的加工工序

（1）采茶的时节。我国产茶的地区，分布范围较广，气候条件各不相同，因而采茶的时节有先有后，不便统一。如福建建溪茶在惊蛰（在阴历正月或二月）前后开采，浙江绍兴兰亭花坞茶在谷雨（阴历二月中）以前开采，位于江苏宜兴与浙江长兴交界的洞山罗囗茶则立夏（在阴历四月）开采。因此，陆羽根据唐朝产茶地区的气候情况，提出各地的采茶时节一般在二月、三月、四月之间。当然，现在我国多数地区的采茶时节已经分春、夏、秋三季，陆羽的说法早已失去意义了。

（2）采摘标准。从茶叶的生长环境来说，分"生烂石沃土"与"发于藜薄之上"两种情况，各自采摘的具体标准是："茶之笋者，生烂石沃土，长四五寸，若薇蕨始抽，凌露采焉。茶之牙者，发于藜薄之上，有三枝、四枝、五枝者，选其中枝颖拔者采焉。"[④]对于前者，尽管当新枝梢长到四五寸时，纤维素增多加大了捣杵的难度，然而正是由于反复捣杵才使茶梗和茶叶中的有效成分被逼出来；对于后者，根据芽叶枝梢强弱，有选择地先采摘比较强壮的枝梢，留下生长较弱的枝梢，待其生长强壮时再采摘，这有利于茶树的发育，同时对提高茶叶的质量也有利。现在认为，凌露采摘的茶叶影响茶叶质量，可是，唐朝人非常热衷于采摘带露水的茶叶，例如，皎然就说："喜见幽人会，初开野客茶。日成东井叶，露采北山芽。文火香偏胜，寒泉味转嘉。投铛涌作沫，著碗聚生花。"[⑤]那么，这是不是说陆羽的采茶标准错了呢？恐怕不能那样理解，诚如吴觉农所言："《茶经》之所以这样提，可能是当时蒸青杀青对鲜叶附着水分的控制，不像后来炒青杀青要求得那样严格，时代不同，提法不同，这是很自然的事。"[⑥]

事实上，各地采摘茶叶的最佳时辰也不一致。如台湾有在朝露消失后采摘乌龙名种茶的习惯，而福建省安溪县茶农则认为在晴天的下午 2—5 时且微有北风条件下，采摘的茶

① 陈绶祥主编：《中国美术史·隋唐卷》，济南：齐鲁书社、明天出版社，2000 年，第 261 页。
② （宋）程大昌撰，许逸民校点：《演繁露校注》卷 15《托子》，北京：中华书局，2018 年，第 1034 页。
③ 《杯碟配套茶具的由来》，《中国茶叶》1982 年第 2 期，第 39 页。
④ （唐）陆羽撰，沈冬梅校注：《茶经校注》卷上《三之造》，第 16—17 页。
⑤ 夏于全集注：《唐诗宋词全集》第 3 部《唐诗》卷 522《皎然》，第 1688 页。
⑥ 吴觉农主编：《茶经述评》，第 77 页。

叶才是上品。所以庄晚芳在 20 世纪 30 年代曾以红茶为例，从理论上分析说："（当）茶芽含水分最小时，所采摘为最良，但茶芽所含水分与制茶品质相关之程度究竟如何，则未有人研究。"[1]自 20 世纪中期以后，随着生物化学的兴起，植物生理学始进入一个新的历史发展阶段。在此情形之下，植物体内有机物质如蛋白质、核酸等的形成与转化机理，逐步得到了科学解释。茶学专家经过科学试验证实，蛋白质和咖啡碱的含量是茶叶嫩度与品质的重要标志，而在水分相对充足的条件下，有益于含氮化合物的合成，并能提高茶叶蛋白质及咖啡碱的含量。有研究表明，茶树新梢的含水量与蛋白质含量总体上呈正相关，见图 4-2。

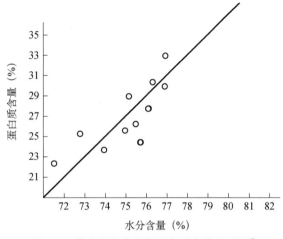

图 4-2 茶叶所含水分与蛋白质含量关系图[2]

有资料表明，茶叶所含水分在一天中的不同时段差别较大，其中从清晨 5：30 至8：30 这个时段，茶叶所含水分最多。按照上面的试验结果，露茶在一天中的蛋白质含量最多，与之相应，茶叶品质也是最好的。因为"在这种情况下就有助于蛋白质的形成，其代谢产物咖啡碱的含量也较高。相反，对茶叶品质有不良影响的纤维素等较少，因而嫩度高、品质好"[3]。依此而论，陆羽倡导"凌露采茶"不是没有科学道理。

至于不能采摘茶叶的气候条件，陆羽也分两种情况："其日有雨不采，晴有云不采"，对"晴有云不采"，学界有异议，但"有云"的情况比较复杂，像积雨云、高层云、层积云等，都有可能出现降雨过程。即使不降雨，阴天采摘回来的茶叶，在陆羽看来，也有损茶叶的质量，所以他明确表示："阴采夜焙，非造也。"[4]宋代也有"采茶之法，须是侵晨，不可见日"[5]之说。直到近代，仍有茶庄规定："摘茶一般不在阴天。因为，在阴天摘茶，茶叶的质量要差些。"[6]不过，现在茶农采茶已经没有晴天和阴天之区别了。

① 庄晚芳：《茶叶采摘问题的商讨》，《庄晚芳茶学论文选集》，上海：上海科学技术出版社，1992 年，第 87 页。
② 潘根生、王正周编著：《茶树栽培生理》，上海：上海科学技术出版社，1986 年，第 162 页。
③ 潘根生、王正周编著：《茶树栽培生理》，第 162 页。
④ （唐）陆羽撰，沈冬梅校注：《茶经校注》卷下《六之饮》，第 40 页。
⑤ （宋）无名氏：《北苑别录》，《饮食起居编》，上海：上海古籍出版社，1993 年，第 31 页。
⑥ 黄国材口述，林诚代笔：《江门茶叶行业的历史》，江门市政协文史组：《江一文史资料》，内部资料，1981年，第 35—36 页。

（3）制造茶饼的工艺过程。陆羽特别强调造茶必须在晴天进行，他说：

晴，采之，蒸之，捣之，拍之，焙之，穿之，封之，茶之干矣。①

为了保证茶叶的品质和真味，造茶需要一气呵成，其劳动强度是很大的。如唐朝诗人袁高在《茶山诗》中写道："黎甿辍农桑，采掇实苦辛。一夫且当役，尽室皆同臻。扪葛上敧壁，蓬头入荒榛。终朝不盈掬，手足皆鳞皴。……选纳无昼夜，捣声昏继晨。众工何枯槁，俯视弥伤神。"②如果说此诗描写的是贡茶的造茶情形，与一般造茶之艰难背景还不尽相同的话，那么郑遨《茶诗》说："嫩芽香且灵，吾谓草中英。夜臼和烟捣，寒炉对雪烹。惟忧碧粉散，常见绿花生。最是堪珍重，能令睡思清。"③诗中描写了从采茶到煮茶和酌茶的整个过程，昼则采茶，夜则蒸茶、捣茶、拍茶、焙茶、碾末，然后再煮茶和酌茶。一边是茶工的劳苦，另一边则是饮茶者的清逸，两者形成了鲜明的对比。当然，在经过焙茶的工序之后，如果不是当下煮茶，就需要穿茶和封茶，以备存放，而以上这些工序均要求在一天内完成。所以宋人说："夫造茶，先度日晷之短长，均工力之众寡，会采择之多少，使一日造成，恐茶过宿，则害色味。"④用陆羽的说法就是"宿制者则黑，日成者则黄"⑤。即茶饼呈黄色较茶饼呈黑色品质优，显然陆羽主张造茶应一日成，而不要过夜成。

但上面的造茶工序尚不完美，因为在造茶实践中，陆羽发现单单经过蒸茶工序即进入拍茶工序，造出来的茶仍然带有苦涩味。于是，他在"蒸茶"与"拍茶"两道工序之间增加了一道榨汁工序，陆羽将其称为"出膏"。他说："出膏者光，含膏者皱。"⑥"出膏"就是榨汁，去掉茶叶中的苦味，其具体操作方法，唐朝诗人李咸用云："倾筐短甑蒸新鲜，白纻眼细匀于研。"⑦把刚刚蒸出来的茶叶裹在白纻里用力揉压，宋人因之叫作"压黄"。由于时代变换，学界对"出膏"这道工序究竟有无必要提出了不同看法，如陈椽认为压黄"损失一部分茶汁，失掉茶叶真味"⑧，是一种不合理的制茶工艺。然而，刘朴兵却提出了不同意见，他说："对现代茶叶制作而言，压黄是不合理的，但对于唐宋饼茶制作而言，压黄又是合理的。因为今人饮用散条形茶叶的方式是泡茶，其精华在于茶汁，茶叶泡过数次后便作为废物倒掉了，而唐宋时期人们把饼茶加工成茶末或茶粉，无论是唐代流行的煎茶法，还是宋代流行的点茶法，其最终结果都是把茶全部吃到肚子里。"⑨笔者赞同刘氏的看法，对压黄这道工序的合理性与否，确实应根据当时的历史背景和人们的饮食习惯来判断。

① （唐）陆羽撰，沈冬梅校注：《茶经校注》卷上《三之造》，第 17 页。
② （唐）袁高：《茶山诗》，武汉大学中文系古典文学教研室选注：《新选唐诗三百首》，北京：人民文学出版社，1980 年，第 238 页。
③ （唐）郑遨：《茶诗》，庄昭选注：《茶诗三百首》，广州：南方日报出版社，2003 年，第 120 页。
④ （宋）赵佶：《大观茶论·制造》，阮浩耕、沈冬梅、于良子点校注释：《中国古代茶叶全书》，杭州：浙江摄影出版社，1999 年，第 91 页。
⑤ （唐）陆羽撰，沈冬梅校注：《茶经校注》卷上《三之造》，第 17 页。
⑥ （唐）陆羽撰，沈冬梅校注：《茶经校注》卷上《三之造》，第 17 页。
⑦ 夏于全集注：《唐诗宋词全集》第 3 部《唐诗》卷 396《李咸用》，第 1332 页。
⑧ 陈椽编著：《茶业通史》，北京：农业出版社，1984 年，第 82 页。
⑨ 刘朴兵：《唐宋饮食文化比较研究》，北京：中国社会科学出版社，2010 年，第 216 页。

对于品质优良的茶叶，陆羽从形状方面确认属于"茶之精腴"者，计有六种："胡人靴者，蹙缩然；犎牛臆者，廉襜然；浮云出山者，轮囷然；轻飙拂水者，涵澹然。有如陶家之子，罗膏土以水澄泚之。又如新治地者，遇暴雨流潦之所经。此皆茶之精腴。"[①]与之相对，属于"茶之瘠老"者有两种："有如竹箨者，枝干坚实，艰于蒸捣，故其形籭簁然。有如霜荷者，茎叶凋沮，易其状貌，故厥状委悴然。此皆茶之瘠老者也。"[②]陆羽主张感官审评茶叶质量不能仅仅局限于观色或看外形，更不可考察茶叶的一个或几个要素，而是要综合、全面地从各个方面作出较为客观的优劣等级。他总结说："或以光黑平正言嘉者，斯鉴之下也；以皱黄坳垤言佳者，鉴之次也；若皆言嘉及皆言不嘉者，鉴之上也。"[③]也就是说，只有饮茶者共同认可的茶叶才是真正的优质茶，同理，只有饮茶者都不认可的茶叶才是真正的劣质茶。因此，茶的好坏因原料和制法的差别，不可作硬性规定，也不能依靠几个评茶人的主观感受来决定，而是要靠实际经验和多数人的意见。对此，王泽农有一段评论，他说："茶叶的感官审评，以实物为对照，称'标准样'，只有对比的概念，没有计量的概念。多年来一直探索的理化审评，就是努力试用高精度的仪器，寻求茶叶等级的物理和化学属性的计量标准。从当前情况来看，感官审评还是国际上对茶叶等级品级品评最通用的方法。"[④]

4. 从文化的视角阐释煮茶技艺

唐代煮茶不仅仅是一种技艺，而且更是一种心理审美过程，这是陆羽编撰《茶经》的思想文化实质和精髓。陆羽在《茶经·五之煮》中对煮茶的过程进行了详尽阐释，主要环节有捣茶、炙茶、碾末、煮水、煎茶和酌茶。其具体步骤如下：

（1）捣茶。这是一个力气活儿，因为刚采摘回来的嫩茶叶，尤其是带梗的嫩梢，经水汽蒸过之后，趁热忭捣，常常出现"叶烂而牙笋存焉"的情形，甚至"假以力者，持千钧杵亦不之烂，如漆科珠……及就，则似无穰骨也"。然而，一旦经过炙烤，"则其节若倪倪，如婴儿之臂耳"[⑤]。

（2）炙茶。炙茶的器具见前，这一环节的目的是将存放着的茶饼中的水分逼出来，同时还要烤出茶叶本身的香味，如果不得要领，就会出现"凉炎不均"的现象。所以陆羽总结炙茶的技术要领说："凡炙茶，慎勿于风烬间炙，熛焰如钻，使凉炎不均。持以逼火，屡其翻正，候炮出培塿，状虾蟆背，然后去火五寸。卷而舒，则本其始又炙之。若火干者，以气熟止；日干者，以柔止。"[⑥]其技术要求开始时"特以逼火，屡其翻正"；之后，当"炮出培塿，状虾蟆背"时，则需要"去火五寸"，继续缓缓烘烤；等已经卷凸出来的"培塿"逐渐复平后，再次夹到近火处炙烤。如果是曾经用焙干的茶饼，待炙烤到散发出茶叶香时就停止；如果是日光晒干的茶饼，则待烤到茶叶柔软时就停止。

陆羽强调，炙烤茶饼需用木炭，在没有木炭的条件下，可用硬柴，像桑、槐、桐、枥

---

① （唐）陆羽撰，沈冬梅校注：《茶经校注》卷上《三之造》，第17页。
② （唐）陆羽撰，沈冬梅校注：《茶经校注》卷上《三之造》，第17页。
③ （唐）陆羽撰，沈冬梅校注：《茶经校注》卷上《三之造》，第17页。
④ 中国茶叶学会：《王泽农选集》，杭州：浙江科学技术出版社，1997年，第426页。
⑤ （唐）陆羽撰，沈冬梅校注：《茶经校注》卷下《五之煮》，第34页。
⑥ （唐）陆羽撰，沈冬梅校注：《茶经校注》卷下《五之煮》，第34页。

等木。至于"其炭,曾经燔炙,为膻腻所及,及膏木、败器不用之。"原注:"膏木为柏、桂、桧也。败器,谓朽废器也。"①实践证明,用有油腻和异味的燃料炙烤茶饼,必会使茶香变味,影响茶的品质。

(3)碾末。先把炙好的茶饼用纸囊包好,等放凉了以后,将其碾成末。陆羽说:

> 承热用纸囊贮之,精华之气无所散越,候寒末之。②

茶饼应碾成颗粒状,不能碾成片状。唐代李群玉有诗云:"碾成黄金粉,轻嫩如松花。"③松花呈均匀的小圆粒、细末状,而"其屑如细米"指的正是这种茶末,系煮茶的最佳食材。在唐人看来,只有把茶饼碾成像松花一样的细末状,茶的香气才能尽显,难怪徐铉有"碾后香弥远"④的诗句。

(4)煮水。水质与煮茶的关系非常密切,明人钟惺提出了"水为茶之神"的命题,准确地概括了茶与水相亲相融的内在联系。选用品质好的水,能升华茶的香气,亲和茶的真味。故明人张大复说:"茶性必发于水,八分之茶,遇水十分,茶亦十分矣;八分之水,试茶十分,茶只八分耳。"⑤那么,什么样的水质最适合用来煮茶呢?陆羽告诉我们:

> 其水,用山水上,江水次,井水下。其山水,拣乳泉、石池慢流者上;其瀑涌湍漱,勿食之,久食令人有颈疾。又多别流于山谷者,澄浸不泄,自火天至霜郊以前,或潜龙蓄毒于其间,饮者可决之,以流其恶,使新泉涓涓然,酌之。其江水取去人远者。井取汲多者。⑥

就水质的纯净度而言,"其山水,拣乳泉、石池慢流者上",也就是说,从岩洞里钟乳石上滴下的,并经过石池砂石的净化和过滤,缓慢流出来的泉水,是最宜煮茶的水。有学者评论:"平心而论,陆羽对水的见解比较通达,他推崇泉水,又主张饮用缓缓流动的活水,经钟乳山石的矿化,含有多种微量元素,这是很有科学道理的,矿泉水之风靡全球,其意亦在此。另外,泉水较为清爽,少杂质,少污染,透明度高,故水质最好。"⑦当然,泉水也有不适宜煮茶者,如"瀑涌湍漱""澄浸不泄"等,其他像含有硫磺的温泉及被瘴气污染的泉水也不适和煮茶。在陆羽之后,唐人张又新在《煎茶水记》一文中,经过仔细对比,按照宜茶的水质,把全国各地的名泉排位如下:

> 庐山康王谷水帘水第一;无锡县惠山寺石泉水第二;蕲州兰溪石下水第三;峡州扇子山下有石突然,泄水独清冷,状如龟形,俗云虾蟆口水第四;苏州虎丘寺石泉水第五;庐山招贤寺下方桥潭水第六;扬子江南零水第七;洪州西山西东瀑布水第八;唐州柏岩县淮水源第九;庐州龙池山岭水第十;丹阳县观音寺水第十一;扬州大明寺

① (唐)陆羽撰,沈冬梅校注:《茶经校注》卷下《五之煮》,第34页。
② (唐)陆羽撰,沈冬梅校注:《茶经校注》卷下《五之煮》,第34页。
③ (唐)李群玉:《龙山人惠石廪方及团茶》,夏于全集注:《唐诗宋词全集》第2部《唐诗》卷342,第1157页。
④ (唐)徐铉:《和门下殷侍郎新茶二十韵》,夏于全集注:《唐诗宋词全集》第3部《唐诗》卷470,第1549页。
⑤ (明)张大复:《梅花草堂笔谈·试茶》,王英编校:《明人日记随笔选》,上海:南强书局,1935年,第15页。
⑥ (唐)陆羽撰,沈冬梅校注:《茶经校注》卷下《五之煮》,第34—35页。
⑦ 王友三主编:《吴文化史丛》下,南京:江苏人民出版社,1996年,第456页。

水第十二；汉江金州上游中零水第十三；归州玉虎洞下香溪水第十四；商州武关西洛水第十五；吴淞江水第十六；天台山西南峰千丈瀑布水第十七；郴州圆泉水第十八；桐庐严陵滩水第十九；雪水第二十。此二十水予尝试之，非系茶之精粗，过此不之知也。夫茶烹于所产处无不佳也，盖水土之宜。离其处水功其半，然善烹洁器，全其功也。①

（5）煎茶。这个环节最见功力，水须三沸。其中对水温的控制条件是：

> 其沸如鱼目，微有声，为一沸。缘边如涌泉连珠，为二沸。腾波鼓浪，为三沸已上，水老不可食也。初沸，则水合量调之以盐味，谓弃其啜余。……第二沸出水一瓢，以竹筴环激汤心，则量末当中心而下。有顷，势若奔涛溅沫，以所出水止之，而育其华也。②

如果水温控制不好，会影响茶汤的香味。陆羽认为在煮水鍑边缘出现"涌泉连珠"现象时，为煮茶的最佳状态，应争分夺秒，快速投入茶末和盐。倘若稍不留神，水则"腾波鼓浪"，便错过了煮茶的最好时机。故唐人温庭筠亦说："茶须缓火炙，活火煎。活火谓炭之有焰者。当使汤无妄沸，庶可养茶。"③关于煮茶的最佳时机究竟是"二沸"还是"三沸"？学界有两种意见，一种意见认为是"二沸"，此系比较流行的看法；另一种则认为是"三沸"，如杨东甫说："投茶叶的良机，是到汤第三沸，被称为'老汤'之时。"④按：有人断"腾波鼓浪，为三沸已上，水老不可食也"句，为"腾波鼓浪，为三沸已上，水老不可食也"。⑤显然，水沸腾到"腾波鼓浪"，二氧化碳基本上消耗到头了，"已上"是一种什么状态，实在令人费解。有专家指出："开过了头的水，随着沸腾时间的持续，不断排除溶解于水中的气体，使水变为无刺激性，用这种开水泡茶，常有滞钝的感觉，也不利于茶味。特别是有些河水、井水都含有亚硝酸盐，这样的水在锅里煮沸的时间长了，水分蒸发很多，剩下来的水，里面亚硝酸盐的含量就高了。同时，水中一部分硝酸盐也因为受热被还原成亚硝酸盐，这样，亚硝酸盐的含量就更高了。亚硝酸盐是一种有害的物质，喝下有害物质含量高的水，当然是不好的，有时甚至容易中毒。"⑥所以在"二沸"之后，陆羽为了防止"腾波鼓浪"的老汤现象发生，他建议"二沸"汤的时候，先舀出一瓢水来，备用。然后投放茶末与盐，不再添加其他辅料。一旦出现"势若奔涛溅沫"时，马上将备用的水倒进鍑里，压制水势，陆羽把这个过程称之为孕育"沫饽"。接着，把鍑从炉子上拿下来，置于"交床"上，等待向碗中酌茶。也就是说烧水到二沸是煮茶的良机，在二沸与三沸之间是指煎茶的过程。可见，"烧水"与"煎茶"对水沸的要求是不一样的。

---

① （唐）张又新：《煎茶水记》，（唐）陆羽等撰，鲍思陶纂注：《茶典》，济南：山东画报出版社，2004年，第36—37页。
② （唐）陆羽撰，沈冬梅校注：《茶经校注》卷下《五之煮》，第35页。引文标点，略有改动。
③ （唐）温庭筠：《采茶录》，杨东甫主编：《中国古代茶学全书》，桂林：广西师范大学出版社，2011年，第35页。
④ （唐）温庭筠：《采茶录》，杨东甫主编：《中国古代茶学全书》，第31页。
⑤ （唐）陆羽撰，沈冬梅校注：《茶经校注》卷下《五之煮》，第35页。
⑥ 宋涛主编：《茶道》，北京：北京燕山出版社，2008年，第90页。

（6）酌茶。当"沫饽"（指漂在茶汤上面的那层浮沫）出现之后，便可以饮酌了。其具体程序是："第一煮水沸，而弃其沫，之上有水膜，如黑云母，饮之则其味不正。其第一者为隽永，或留熟盂以贮之，以备育华救沸之用。诸第一与第二、第三碗次之。第四、第五碗外，非渴甚莫之饮。凡煮水一升，酌分五碗。乘热连饮之，以重浊凝其下，精英浮其上。如冷，则精英随气而竭，饮啜不消亦然矣。"①水刚沸的时候，茶汤中会漂起一层像黑云母一样的片膜，味道不正，应当去掉。然后，从去掉"水膜"的茶汤中舀出一瓢汤，这瓢汤一般不喝，而是留着备增味和止沸之用。因此，真正的酌饮是从第二瓢汤开始。一鍑水最好煮五碗茶，再多就不要喝了。其水量要求："凡煮水一升，酌分五碗。"这样，"碗数少至三，多至五。若人多至十，加两炉。"②在《茶经·六之饮》里，陆羽对饮茶的人数和煮茶的碗数都有详细规定。他说："夫珍鲜馥烈者，其碗数三；次之者，碗数五。若坐客数至五，行三碗；至七，行五碗；若六人以下，不约碗数，但阙一人而已，其隽永补所阙人。"③

由此可见，煮茶不仅享受着茶叶本身的香美，而且更重要的是对生命境界或生理愉悦过程的体验。如众所知，佛家把一碗茶看作一种生命境界，所以饮茶的过程也是其提高心境和修炼人生的过程。如释皎然有诗云："一饮涤昏寐，情思爽朗满天地。再饮清我神，忽如飞雨洒轻尘。三饮便得道，何须苦心破烦恼。"④

5. 唐代的茶叶产区与茶叶等级

陆羽走访了唐代不少茶叶产区，同时，为了编撰《茶经·七之事》的需要，他查阅了大量的历史典籍。此外，在与茶友的交往中，他偶尔也会喝到自己不曾走访的偏远地区的一些上品茶。综合以上信息，陆羽以实地考察和亲身体验为前提，重点记述了当时全国八道四十三州的产茶情况及其茶叶等级，对我们从整体上理解和把握唐代茶叶的经济地理，很有帮助。

除了五大茶区之外，唐代产茶的重要区域尚有黔中茶区、江南茶区、岭南茶区等。可惜，因受体力和交通等方面因素的限制，陆羽未能一一进行实地考察，所以他才有下面的记述："黔中，生思州、播州、费州、夷州。江南，生鄂州、袁州、吉州。岭南，生福州、建州、韶州、象州。其思、播、费、夷、鄂、袁、吉、福、建、韶、象十一州未详。往往得之，其味极佳。"⑤尽管如此，我们还是不得不承认，陆羽对茶叶生产的自然地理区划及全国茶叶生产的等级评价思想，符合唐朝茶叶生产的客观实际，具有一定的科学性和实用性。当然，随着科学技术的进步，有些区域的茶叶等级还会发生逐渐走高的历史变化。所以陆羽对全国茶叶生产的等级评价不是固定的和静止不变的，而是随着历史的发展变化而变化。例如，陆羽《茶经》将苏州茶列为"浙西茶区"的四等品，然而，明代屠隆《茶说》却称，江苏虎丘茶，"最号精绝，为天下冠"⑥。此外，明人张谦德在《茶经·茶

---

① （唐）陆羽撰，沈冬梅校注：《茶经校注》卷下《五之煮》，第35—36页。
② （唐）陆羽撰，沈冬梅校注：《茶经校注》卷下《五之煮》，第36页。
③ （唐）陆羽撰，沈冬梅校注：《茶经校注》卷下《六之饮》，第41页。
④ （唐）皎然：《饮茶歌诮崔石使君》，夏于全集注：《唐诗宋词全集》第3部《唐诗》卷525，第1698页。
⑤ （唐）陆羽撰，沈冬梅校注：《茶经校注》卷下《八之出》，第82页。
⑥ （明）屠隆：《茶说》，杨东甫主编：《中国古代茶学全书》，第232页。

产》中讲得更直接："品第之，则虎丘最上；阳羡真□、蒙顶石花次之；又其次则姑胥天池、顾渚紫笋、璧涧明月之类是也。"①虽然屠隆和张谦德不免仁者见仁，智者见智，甚或带有一定的主观色彩，但是他们上述对"虎丘茶"的高度评价，除与明朝饮茶方式的改变有关外，江苏茶的质量已有很大提高，却亦是客观存在的事实。如清初张潮在《岕茶汇钞》所写的序言中说：

> 茶之为类不一，岕茶为最，岕之为类不亦一，庙后为佳。其采撷之宜，烹啜之政，巢民已详之矣，予复何言，然有所不可解者，不在今之茶，而在古之茶也。古人屑茶为末，蒸而范之成饼，已失其本来之味矣。至其烹也，又复点之以盐，亦何鄙俗乃尔耶。夫茶之妙在香，苟制而为饼，其香定不复存。茶妙之在淡，点之以盐，是且与淡相反。吾不知玉川之所歌、鸿渐之所嗜，其妙果安在也。②

当然，陆羽"之所嗜"确实有其特殊的时代背景和文化生态。

二、出入儒道禅：陆羽茶学思想形成的场景

（一）陆羽茶学中的儒家思想

陆羽自幼就有极深的儒学情结，这在前面的论述中已经做过解释。现在的问题是陆羽究竟从儒家经籍中汲取了什么思想营养呢？

首先，儒家推崇礼制，陆羽把茶礼作为茶学的重要内容之一。《说文解字》说："礼，履也，所以事神致福也。"③可见，礼是源于约束和调节人们各种社会行为的习惯法。当然，这些习惯法"产生于人们的日常生活，是人们日常生活中的准则"④。明确这一点，是认识陆羽茶礼实质的基本前提。

在孔子之前，人们非常强调礼的外在形式，即规则，亦云"义"或"仪"⑤。如《周礼》对"冠礼""婚礼""丧礼""乡饮酒礼""祭礼""军礼""宾礼"等，都有非常烦琐的程式和规定，其中考虑物质的因素比较多。以"乡饮酒礼"为例，《诗经·豳风·七月》云："朋酒斯飨，曰杀羔羊，跻彼公堂。称彼兕觥，万寿无疆！"⑥用物质享受作为"礼仪"的外在形式有其必要性，因为它们承载着人们内心的一种道德情感。但仅仅局限于"礼仪"的外在形式，则又会折损"礼"之为"礼"的内在价值，正是从这层意义上，陆羽提出了"礼云礼云，玉帛云乎哉？乐云乐云，钟鼓云乎哉"⑦的思虑和疑问。在孔子看来，礼的内涵除了物质性的存在之外，更重要的是还有隐藏在物质深层的那些非物质的存在，而人们只有把那些非物质的存在——抽象出来，才能说真正理解了礼的社会意义和观

---

① （明）张谦德：《茶经》上篇《论茶》，陈彬藩、余悦、关博文主编：《中国茶文化经典》，北京：光明日报出版社，1999 年，第 323 页。
② （清）冒襄：《岕茶汇钞·小引》，阮浩耕、沈冬梅、于良子点校注释：《中国古代茶叶全书》，第 492 页。
③ （汉）许慎：《说文解字》，北京：中华书局，1963 年，第 7 页。
④ 曾宪义、马小红：《礼与法：中国传统法律文化总论》，北京：中国人民大学出版社，2012 年，第 198 页。
⑤ 阎合作：《〈论语〉说》，郑州：河南人民出版社，2006 年，第 194 页。
⑥ 刘悦霄编著：《国学精华读本》，呼和浩特：内蒙古人民出版社，2006 年，第 79 页。
⑦ 《论语·阳货》，黄侃校点：《黄侃手批白文十三经》，第 36 页。

念价值。所以孔子又说："人而不仁，如礼何！人而不仁，如乐何！"①相对于"礼"，"仁"就是一种非物质的内在本质，那么，"仁"的本质究竟是"爱人"还是"修己"呢？学界有不同认识，笔者倾向于下面的观点：

> 孔子的人生理想是"修己"以"安人"、"安百姓"，从而使自己超凡入圣而臻于人生的极致境界。从这一人生理想的具体内容来看，"爱人"的心地及其躬行实践，固然不可或缺；但若从其内部逻辑结构来看，"修己"作为基础与前提，无疑更具有根本意义。这也就是说，孔子首先应是一位不懈追求理想人格的"修己"主义者，而不是一位"爱人"主义者；"爱人"不过只是其理想人格的重要内容之一而已。②

显然，孔子极大地丰富和扩大了礼的内涵，注重其形式与内容的有机统一。我们知道，陆羽生活的时代，恰值唐代儒学的复盛之际。③看来，陆羽当年与竟陵大师关于儒佛何者更有价值的争论，有其特殊的历史背景。在某种程度上，它体现了唐代儒学潮流的上涨之势。陆羽发现，饮茶的过程可以与儒家的"修己"体验联系在一起。于是，他从茶具和茶器入手，对每一件器具的制作都制定了相应标准，仅此而言，没有标准化就没有茶礼。至于陆羽的标准是否客观，那是另外一个问题。前面讲过，"礼"实际上就是一种规则，或者说是一种规则体系，陆羽《茶经》非常重视茶叶的质量等级，这既是茶叶制作过程的内在要求，同时又是建立茶叶标准化的客观体现和必然结果。

其次，举贤任能成为陆羽茶礼的内在诉求。只要仔细品味陆羽的茶学思想，就会发现他特别注重在人与人的关系中树立茶礼的理念。陆羽强调人们饮茶时，"碗数少至三，多至五。若人多至十，加两炉"④。这里，饮茶不应当成为一个人的享乐，因为它不是在自我封闭的状态中去孤芳自赏，而是一种在开放的心态里进行相互之间的情感交流。从这个层面看，茶礼是儒家"乡饮酒礼"的自然延伸，是"乡饮酒礼"发展到唐代之后所出现的一种"乡饮"新形式。我们知道，先秦时期各诸侯国有乡饮荐学的酒俗。当时，各地乡学，"三年业成，考其德行，察其道艺，而兴其贤者、能者以升于君，将升之时，乡大夫为主人，与之饮酒，而后升之，谓之乡饮。科举时代，士子将应乡试，地方官设宴以待之，谓之宾兴"⑤。《周礼·地官司徒·乡大夫》载："三年则大比，考其德行道艺，而兴贤者、能者，乡老及乡大夫帅其吏，与其众寡，以礼礼宾之。厥明，乡老及乡大夫群吏，献贤能之书于王，王再拜受之，登于天府，内史贰之。退而以乡射之礼五物询众庶，一曰和，二曰容，三曰主皮，四曰和容，五曰兴舞。此谓使民兴贤，出使长之；使民兴能，入使治之。"⑥对这段话，有两点主旨非常明确：第一，乡间选士的对象是一般民众，这是"乡饮酒礼"在古代长期相沿不衰的社会基础；第二，以"兴贤者、能者"为主要目标。

---

① 《论语·八佾》，黄侃校点：《黄侃手批白文十三经》，第 4 页。

② 丁冠之等主编：《儒家道德的重建》，济南：齐鲁书社，2001 年，第 59 页。

③ 萧公权：《中国政治思想史》上，北京：商务印书馆，2011 年，第 394—395 页。

④ （唐）陆羽撰，沈冬梅校注：《茶经校注》卷下《五之煮》，第 36 页。

⑤ 刘盼遂撰，长葛县志编纂委员会标注：《长葛县志（民国十九年）》，郑州：中州古籍出版社，1987 年，第355—356 页。

⑥ 《周礼·地官司徒·乡大夫》，黄侃校点：《黄侃手批白文十三经》，第 32 页。

虽然隋唐科举事业的发展还有种种不尽如人意的地方，但自武则天之后，科举逐渐向民间的"贤者、能者"倾斜，已经成为历史发展的滚滚潮流。陆羽崇尚贤能者，他在《茶经·七之事》中列举了大量道德高尚儒士的事迹，如鲁周公旦，齐相晏婴，南北朝的江统、刘孝绰等。这些人物借茶事来弘扬儒家的传统美德，遂成为后世统治者推行教化政策的楷模。所以唐代兴盛各式各样的茶会、茶宴，确实含有深层的移风易俗之文化背景，如"钱起，字仲文，与赵莒为茶宴，又尝过长孙宅与朗上人作茶会"①。又如唐文宗"尝召学士于内庭，论讲经史，较量文章，宫人以下侍茶汤饮馔"②。在陆羽所交往的五六十个茶友（仅据《全唐诗》统计）中，俱以德行和雅操为首要，如李约"雅度玄机，萧萧冲远，德行既优，又有山林之致。琴道、酒德、诗调皆高绝，一生不近粉黛。性喜接引人物，不好俗谈"③。其他如颜真卿、刘长卿、孟郊等，都是彪炳史册的贤达之士，像"器质天资，公忠杰出，出入四朝，坚贞一志"④的颜真卿，晚年与茶和陆羽结缘，并助陆羽在杼山妙喜寺筑茶亭，他宦游辕门茶乡，留下了"流华净肌骨，疏沦涤心原"的著名"月夜啜茶联句"⑤。还有"苦吟诗人"孟郊，他的诗"思苦奇涩"⑥，从兴元元年（784）至贞元元年（785），孟郊与陆羽、皎然等在湖州聚为诗会。贞元二年（786），当陆羽在信州首县（今江西上饶市）修建山居的时候，孟郊以《题陆鸿渐上饶新开山舍》相赠，其中"乃知高洁情，摆落区中缘"⑦，既是对陆羽人品的赞赏，同时又是对他窘困人生的自我观照。孔子论颜回说："贤哉，回也！一箪食，一瓢饮，在陋巷，人不堪其忧，回也不改其乐。贤哉，回也！"⑧这就是"孔颜乐处"，淡泊明志，超然物外，张世英将其称为儒家"人生境界中之上乘者"⑨。孟郊亦系如此，他从"孔颜乐处"得到的不单是品茗的乐趣，更有做人的境界。

再次，提倡"俭德"与和合。陆羽说："茶之为用，味至寒，为饮，最宜精行俭德之人。"⑩"俭德"一词最早见于《尚书·商书·太甲上》，其文云："慎乃俭德，惟怀永图。"⑪"俭德"指节俭的品德，它与"奢侈"相对，是儒家崇尚的一种正确生活观。故《尚书·周官》又说："位不期骄，禄不期侈，恭俭惟德，无载尔伪。"⑫孔子把俭朴作为士大夫立身的基本道德准则，尽管节俭的人看起来固陋，但相比于骄纵的德奢侈来说，节俭无疑是一种美德。他说："奢则不孙，俭则固，与其不孙也，宁固。"又，"饭疏食，饮

①　（清）陆廷灿：《续茶经》卷下《茶之事》，洛启坤、张彦修主编：《中华百科经典全书》第16册，西宁：青海人民出版社，1999年，第4657页。

②　（清）陆廷灿：《续茶经》卷下《茶之事》，洛启坤、张彦修主编：《中华百科经典全书》第16册，第4657页。

③　（唐）赵璘：《因话录》卷2《商部》，《笔记小说大观》第1册，扬州：江苏广陵古籍刻印社，1983年，第91页。

④　《旧唐书》卷128《颜真卿传》，第3597页。

⑤　（唐）颜真卿：《联句》，（清）彭定求等：《全唐诗》卷788《联句·颜真卿》，第8882页。

⑥　《新唐书》卷176《孟郊传》，第5265页。

⑦　（唐）孟郊著，郝世峰笺注：《孟郊诗集笺注》卷5《居处》，石家庄：河北教育出版社，2002年，第222页。

⑧　《论语·雍也》，黄侃校点：《黄侃手批白文十三经》，第10页。

⑨　张世英：《新哲学讲演录》，桂林：广西师范大学出版社，2008年，第148页。

⑩　（唐）陆羽撰，沈冬梅校注：《茶经校注》卷上《一之源》，第2页。

⑪　《尚书·商书·太甲上》，黄侃校点：《黄侃手批白文十三经》，第19页。

⑫　《尚书·周官》，黄侃校点：《黄侃手批白文十三经》，第60页。

水，曲肱而枕之，乐亦在其中矣。不义而富且贵，于我如浮云"①。陆羽生活的时代虽然与孔子不同，可是，"饭疏食，饮水"的生活理念却是一致的。更进一步说，陆羽倡导饮茶，实在是将孔子"饭疏食，饮水"的生活理想加以具体化的一种举措，意义非常重大。陆羽在《茶经·七之事》中列举了大量唐代之前的俭德人物，如晋代的桓温，以推行"庚戌土断"而著称于史，据《晋书》载："桓温为扬州牧，性俭，每宴饮，唯下七奠拌茶果而已。"②魏晋时期，官场上的奢侈之风盛行，夸豪斗富、挥金如土的现象非常普遍，以至于傅咸上奏晋武帝"奢侈之费，甚于天灾"③，警告统治者"奢侈"之风于国于民的危害。与追求物质享乐的生活方式不同，当时有一种士人，他们毅然挣脱了官场上觥筹交错和推杯换盏的人生桎梏，从喧嚣到宁静，到远离城市的山水田园里寻找人生的乐趣。于是，"清谈之风与尚茶之风两相契合之后，便形成了茶道审美文化之中的清谈的茶风"。因此，"魏晋南北朝时代，则成为我国茶道文化发展史上的一个开创时期；同时，亦是中国茶道美学由昔日某种自发状态而走上自觉状态的形成时代"④。由于茶树生长的区域特点，当时饮茶之风主要兴盛于南方社会各阶层。如《桐君录采药录》载："西阳、武昌、庐江、晋陵好茗，皆东人作清茗。"⑤入唐之后，北方饮茶的习俗也逐渐开始形成，更因陆羽而大盛。据封演《封氏闻见录》记载："楚人陆鸿渐为《茶论》，说茶之功效并煎茶炙茶之法，造茶具二十四事以'都统笼'贮之。远近倾慕，好事者家藏一副。有常伯熊者，又因鸿渐之论广润色之，于是茶道大行，王公朝士无不饮者。……按此古人亦饮茶耳，但不如今溺之甚，穷日尽夜，殆成风俗，始于中地，流于塞外。"⑥晚唐杨华在《膳夫经手录》里又载："至开元、天宝之间，稍稍有茶；至德、大历遂多，建中以后盛矣。"⑦北宋人李觏在《富国策十》中说："茶非古也，源于江左，流于天下，浸淫于近代。君子小人靡不嗜也，富贵贫贱无不用也。"⑧由上述史料不难看出，唐末五代以来盛行于大江南北的饮茶之俗，尤其是将茶叶赋予文化的诠释，确实跟陆羽的茶艺和茶道思想关系密切。尽管里面有夸张，但把茶与伦理联系起来，确实把饮茶提升到了一个新的境界，从粗俗到高雅，从物欲到心境，在节制中生活，天人和合。像鍑的寓意"正令""务远""守中"⑨，即体现了儒家立身的根本。诚如日本学者冈仓天心所说："诗人陆羽从饮茶的仪式中看出了支配整个世界的同一个和谐和秩序。"⑩

（二）陆羽茶学中的道学思想

有学者解释唐朝饮茶风俗之所以兴盛的社会原因，主要有四：一是兴起于佛教的

---

① 《论语·述而》，黄侃校点：《黄侃手批白文十三经》，第 12 页。
② （唐）陆羽撰，沈冬梅校注：《茶经校注》卷下《七之事》，第 45 页。
③ 《晋书》卷 47《傅咸传》，北京：中华书局，1974 年，第 1324 页。
④ 凯亚：《三味茶寮文集》，南宁：江苏人民出版社，2009 年，第 75 页。
⑤ （唐）陆羽撰，沈冬梅校注：《茶经校注》卷下《七之事》，第 49 页。
⑥ （唐）封演撰，赵贞信校注：《封氏闻见记校注》卷 6《饮茶》，北京：中华书局，2005 年，第 51—52 页。
⑦ （宋）晁载之：《续谈助》卷 5 引《膳夫经手录》，上海：商务印书馆，1939 年。
⑧ （宋）李觏撰，王国轩点校：《李觏集》卷 16《富国策十》，北京：中华书局，2011 年，第 154 页。
⑨ （唐）陆羽撰，沈冬梅校注：《茶经校注》卷中《四之器》，第 21 页。
⑩ ［日］冈仓天心：《说茶》，张唤民译，天津：百花文艺出版社，2003 年，第 26 页。

发展与繁荣，二是与当时的科举制度关系密切；三是与唐代诗风大盛有关；四是与朝廷直接提倡有关。①也有学者从下面五个方面来探讨唐代首开饮茶之风习的原因：茶本身特性是茶文化兴盛的物质基础；宗教因素让饮茶从物质层面上升到精神层面；政治因素为茶文化的确立提供制度保障；士族社会向平民社会的体制变迁加快了茶文化的盛行；文化导向因素进一步提升茶文化的内涵。②此外，还与唐朝政府颁布的禁酒令有关③等。实际上，还有一个原因也很重要，那就是服食丹药之中毒危害对唐朝士大夫传统养生观念的冲击，以及唐朝道士对汉代以来人们片面依赖药物养生方法的质疑和反思，因而促使他们在自然界中去寻找新的更加安全可靠的养生途径。早在唐代之前，有先见的道士就已经认识到了饮茶与修道的关系。比如，汉代壶居士在《食忌》一书中说："苦茶久食，羽化。"④陶弘景《杂录》又载："苦茶轻身换骨，昔丹丘子、黄山君服之。"⑤丹丘子在《茶经》里多次出现，显见此人在陆羽心目中的分量。如《茶经·四之器》说："永嘉中，余姚人虞洪入瀑布山采茗，遇一道士，云：'吾，丹丘子，祈子他日瓯牺之余，乞相遗也。'"⑥《茶经·七之事》更载："仙人丹丘子，黄山君……。"⑦那么，"丹丘子"究竟何许人也？汉代传说的仙人丹丘子，已不可考。然晋代永嘉时期的丹丘子却实有其人。根据《茶经·七之事》引晋代道士王浮在《神异记》中的记载，余姚人虞洪入瀑布山采茗，受丹丘子指点，"令家人入山，获大茗焉"⑧。再结合陆羽《茶经·八之出》的记载："余姚县生瀑布泉岭曰仙茗，大者殊异。"⑨初步可证，《神异记》所述之事应该并非虚构。

道士以茶茗为修身养性的大道，助其羽化飞升。陆羽在《茶经·七之事》中引《宋录》记事云："新安王子鸾、豫章王子尚诣昙济道人于八公山，道人设茶茗。子尚味之曰：'此甘露也，何言茶茗。'"⑩"甘露"经科学证实，仅仅是蚜虫的排泄物，具有一定的滋补作用，古人将其奉为延年益寿的"圣药"。把"茶茗"与"甘露"相媲美，固然有神化道士所食之物的因素，但肯定茶茗对于修身养性的重要性，却是确定的事实。在与陆羽交往的道士群体里，不乏清谈煮茗的高手，如李约"所居轩屏几案，必置古铜怪石，法书名画，皆历代所宝。座间悉雅士，清谈终日，弹琴煮茗，心略不及尘事也"⑪。卢仝更将饮茶与修道联系起来，认为"五碗肌骨清，六碗通仙灵。七碗吃不得也，唯觉两腋习习清风生"⑫。在卢仝看来，饮茶之妙在于它能净化心灵。顾况，自号华阳真逸，著有《茶赋》。陆龟蒙，号天随子，作《奉和袭美茶具十咏》，人称"此诗非深于茶事不能到

① 何哲群：《唐代茶文化的形成与兴盛》，《辽宁行政学院学报》2008 年第 3 期。
② 贾跃迁、宝贡敏、朱建清：《再论唐代茶文化兴盛的表象与成因》，《茶叶科学》2009 年第 1 期。
③ 张星海主编：《茶叶加工与评审技术》，杭州：浙江科学技术出版社，2009 年，第 2 页。
④ （唐）陆羽撰，沈冬梅校注：《茶经校注》卷下《七之事》，第 47 页。
⑤ （唐）陆羽撰，沈冬梅校注：《茶经校注》卷下《七之事》，第 49 页。
⑥ （唐）陆羽撰，沈冬梅校注：《茶经校注》卷中《四之器》，第 23 页。
⑦ （唐）陆羽撰，沈冬梅校注：《茶经校注》卷下《七之事》，第 44 页。
⑧ （唐）陆羽撰，沈冬梅校注：《茶经校注》卷下《七之事》，第 46 页。
⑨ （唐）陆羽撰，沈冬梅校注：《茶经校注》卷下《八之出》，第 81 页。
⑩ （唐）陆羽撰，沈冬梅校注：《茶经校注》卷下《七之事》，第 48 页。
⑪ （元）辛文房：《唐才子传》卷 4《李约》，北京：京华出版社，2000 年，第 157 页。
⑫ （唐）卢仝：《走笔谢孟谏议寄新茶》，萧枫选编：《唐诗宋词全集》第 8 卷，西安：西安出版社，2000 年，第 128 页。

也"①，或者说它"艺术地描绘了唐代诸方面茶事，是一部用诗写成的'茶经'"②。

有趣的是唐代"鬻茶者，至陶羽形置炀突间，祀为茶神"③，20 世纪 50 年代，河北唐县出土了一件唐末五代邢窑烧制的白瓷陆羽塑像，陆羽头戴花瓣状高冠，上身着紧袖交领衣，下身着裳（裙），双腿趺坐，面如稚童，逸气氤氲，风骨明秀。④在此，"茶神"陆羽为什么被人们塑造成一位道士形象，而不是儒士或禅者的形象呢？这恐怕与道教在唐代的特殊地位有关。我们知道，前揭丹丘子之所以被陆羽推崇为"仙人"，并使他与服食丹药的术士如郭虚舟、刘知古、乐真人等区别开来，必定有他的特殊用意。对此，皎然在《饮茶歌送郑容》诗中讲得很明白："丹丘羽人轻玉食，采茶饮之生羽翼。名藏仙府世莫知，骨化云宫人不识。"⑤羽化成仙是无数王公贵族和帝王将相的梦想，魏文帝曹丕有诗云："与我一丸药，光耀有五色。服药四五日，身体生羽翼。轻举乘浮云，倏忽行万亿。"⑥但"羽化成仙"的途径不同，后果亦不一样。在唐代，有许多士人和贵族，因大量服食丹药而逝世，故白居易痛心地写下了"退之（韩愈）服流黄，一病讫不痊。微之（元稹）炼秋石，未老身溘然。杜子（杜牧）得丹诀，终日断腥膻。崔君（崔云亭）夸药力，经冬不衣绵。或疾或暴天，悉不过中年"⑦的诗句，所以"服食求神仙，多为药所误"⑧之警示，绝非危言耸听。祈求长生，却适得其反，如此愚蠢之举，竟然有那么多社会名流执迷不悟。岂不咄咄怪事，其实并不奇怪，这跟唐朝道教的特殊地位有关。唐太宗在贞观十一年（637）下诏书说："朕之本系，出于柱史（老子姓李），今鼎祚克昌，既凭上德之庆，天下大定，亦赖无为之功。宜有改张，阐兹玄化。自今以后，斋供行立，至于称谓，其道士女冠，可在僧尼之前。庶敦本之俗，畅于九有；尊祖之风，贻诸万叶。"⑨尽管在唐朝的不同阶段，佛道地位有所起伏，但在多数情况下，还是道教处于至高无上的地位。因此，道士的社会威信和影响力明显要大于儒家隐士。比如，下面的史例就很能说明问题，据《封氏闻见记》载：

> 御史大夫李季卿宣慰江南，至临淮县馆，或言伯熊善茶者，李公请为之。伯熊着黄被衫、乌纱帽，手执茶器，口通茶名，区分指点，左右刮目。茶熟，李公为歠两杯而止。既到江外，又言鸿渐能茶者，李公复请为之。鸿渐身衣野服，随茶具而入。既坐，教摊如伯熊故事，李公心鄙之。茶毕，命奴子取钱三十文酬煎茶博士。鸿渐游江介，通狎胜流，及此羞愧，复著《毁茶论》。伯熊饮茶过度，遂患风气，晚节亦不劝人多饮也。⑩

① 陈伯海主编：《唐诗汇评》下，杭州：浙江教育出版社，1995 年，第 2732 页。
② 韦纬组主编：《中华茶文化博览》，南宁：广西民族出版社，2004 年，第 15 页。
③ 《新唐书》卷 196《陆羽传》，第 5612 页。
④ 王然主编：《中国文物大典》第 2 卷，北京：中国大百科全书出版社，2009 年，第 83 页。
⑤ （唐）皎然：《饮茶歌送郑容》，（清）彭定求等：《全唐诗》卷 821，第 9262 页。
⑥ （三国·魏）曹丕：《折杨柳行》二解，唐满先编注：《建安诗三百首详注》，南昌：百花洲文艺出版社，1996 年，第 55—56 页。
⑦ （唐）白居易著，顾学颉校点：《白居易集》卷 29《思旧》，北京：中华书局，1979 年，第 664 页。
⑧ 余冠英选注：《乐府诗选·驱车上东门行》，北京：人民文学出版社，1954 年，第 54 页。
⑨ 吴云、冀宇编辑校注：《唐太宗集·令道士在僧前诏》，西安：陕西人民出版社，1986 年，第 318—319 页。
⑩ （唐）封演撰，赵贞信校注：《封氏闻见记校注》卷 6《饮茶》，第 51—52 页。

御史大夫李季卿对两位茶艺高手表现出两种截然不同的态度，这个"传奇"现象颇值得我们玩味。常伯熊以道士的身份在御史大夫李季卿面前展示茶艺，而陆羽则是以儒士的身份在御史大夫李季卿面前展示茶艺。结果两种场景出现了：前者"区分指点，左右刮目"，后者却是"教摊如伯熊故事，李公心鄙之"。那么，当时御史大夫李季卿为何会如此鄙视陆羽，难道是陆羽的茶艺比不上常伯熊，好像又不是，既然"教摊如伯熊故事"，就说明两人的茶艺不相上下。所以问题的关键在于两人当时的身份呈现不相同，因而给御史大夫李季卿造成了两种不同的视觉印象和心理反射。李季卿主要生活于唐玄宗至唐代宗时期，此时道教势力仍不断膨胀，一些朝官不敢小觑道士亦在情理之中。而儒家隐士陆羽当时借助道士之力，推广饮茶之俗于唐代各个社会阶层，也是识时务之举。诚如前述，道士丹丘子从"轻玉食"转向"饮茶"，不是说他的宗教观念发生了转变，实际上，唐代的道士始终相信"饮茶"能够"羽化"，这个信念推动茶饮打开了道教文化的市场。据颜真卿《张志和碑铭》载，道士张志和深得唐肃宗宠信，于是，"肃宗尝赐奴、婢各一，元（玄，避玄宗之讳）真配为夫妇。名夫曰渔僮，妻曰樵青。人问其故，曰：'渔僮使捧钓收纶，芦中鼓枻；樵青使苏兰薪桂，竹里煎茶'"[1]。又如淄州刺史王圆、山人王昌宇等在大历十四年（779）二月二十七日同登泰山，当时，"真君道士卜皓然，万岁道士郭紫微，各携茶果徂候于回马岭，因憩于王母池，登临之兴无所不至"[2]。不难想见，如果没有道士的茶果伺候，王圆等同登泰山的兴致必然会大打折扣。

当然，唐代道教对陆羽茶道的影响，还体现在陆羽对风炉的设计上。据《茶经·四之器》载，鼎形风炉的三足分别书三行21字，一足云"坎上巽下离于中"，一足云"体均五行去百疾"，一足云"圣唐灭胡明年铸"。徐晓林从儒家的视角对上面21字做了精辟的阐释，笔者不拟重复。陆羽说："巽主风，离主火，坎主水，风能兴火，火能熟水，故备其三卦焉。"[3]首先，陆羽把风炉设计成三足鼎形，象征天地人三才，老子说："一生二，二生三，三生万物。"[4]从这个角度看，风炉本身就是一个化生万物的小宇宙，这样，煮茶的过程犹如宇宙人生的相互交融和渗入，天人一体，自然和谐。有学者称："中国茶道特别重视'天人合一'。以天、地、人为'三才'，天道、地道、人道三位一体，构成了中国茶文化的三大理论支柱和美学基础。从这个意义上说，'茶道'以人为本，是天道、地道、人道的'三位一体'。"[5]其次，水火之二物在道家的炼丹实践中，地位非常特殊，两者的组合在《易》卦中形成两卦：既济与未济。"既济"卦的卦象是坎上离下，此卦告诫人们成功时不要忘乎所以，无论做什么事情，都要保持节制和适度，即"水在火上，既济，君

①　（唐）颜真卿：《张志和碑铭》，乔象钟、徐公持、吕薇芬选编：《中国古典传记》，上海：上海文艺出版社，1982年，第405页。

②　（清）唐仲冕编撰，孟昭水校点集注：《岱览校点集注》上《王圆凳题名》，济南：泰山出版社，2007年，第391页。

③　（唐）陆羽撰，沈冬梅校注：《茶经校注》卷中《四之器》，第21页。

④　（周）李耳撰，（魏）王弼注：《老子道德经·四十二章》，《百子全书》第5册，第4438页。

⑤　蔡镇楚、曹文成、陈晓阳：《茶祖神农》，长沙：中南大学出版社，2007年，第67页。

子以思患而豫防之"①。"未济"卦的卦象是离上坎下,此卦告诫人们任何事情没有终点,只有继续,继续,再继续。因此,取得阶段性的成就,且不可沾沾自喜,而是要戒骄戒躁。相反,当你在工作中遇到了挫折和困难,则应想方设法去解决,要意志坚定,一往无前。最后,"未济"的卦辞说:"饮酒濡首,亦不知节也。"②意思是说:"小有成就即沉沦于酒色,而且不知有所节制者一切都将毁掉。"③纵观《茶经》一书,陆羽所倡导的"茶道",用两个字来概括就是"节制",柏拉图说:"人自己的灵魂里有一个较好的部分(指理智)和较坏的部分(指情欲)。如果一个人天性较好的部分控制其较坏的部分,那么,这个人就是自制的或是自己的主人。"④而茶之养性,难道不是以灌注"自制的人"为其最高境界和最终目的的吗?

(三)陆羽茶学中的禅宗思想

陆羽在《茶经·四之器》中直接将禅家的滤水和贮水两种器具作为茶艺的二十四器来推广使用,反映了他对禅茶的重视。佛家讲究"净明",它要求意念保持纯粹澄清,使本身及本心一尘不染,不受物欲所动。而漉水囊的作用是把水中的杂质去掉,从而保持水的洁净与圣洁。"其囊,织青竹以卷之,裁碧缣以缝之,纽翠钿以缀之。以作绿油囊以贮之,圆径五寸,柄一寸五分。"⑤茶不仅是"性俭"⑥,而且"令人不眠"⑦,故为修禅者所推崇。据《艺术传》载:"燉煌人单道开,不畏寒暑,常服小石子。所服药有松、桂、蜜之气,所饮茶苏而已。"⑧又如"宋释法瑶,姓杨氏,河东人。元嘉中过江,遇沈台真,请真君武康小山寺,年垂悬车,饭所饮茶"⑨。饮茶与修禅的关系日益密切,甚至到了茶禅一体的境界。如《洛阳伽蓝记》载,北魏时期,洛阳景宁寺条规"菰稗为饭,茗饮作浆"⑩。另百丈禅师怀海在其制定的《百丈清规》中,把上香上茶看作是僧众必修的功课,从此,"佛家茶仪正式出现"⑪。据学者研究,元代《敕修百丈清规》比较全面地保留着唐代《百丈清规》的内容,计9章91节,其中4章25节涉及禅堂茶礼,具体内容略,茶事活动非常频繁。

陆羽自幼生长在寺院,他对禅茶的彻悟,是其写作《茶经》的内在动力。《茶经》对茶礼要求十分严格,他甚至提出了"城邑之中,王公之门,二十四器阙一,则茶废矣"⑫的主张。茶礼虽然并不源自寺院,但寺院却将茶礼推广于唐代社会的各个阶层,影响深

① 《周易·既济》,黄侃校点:《黄侃手批白文十三经》,第37页。
② 《周易·未济》,黄侃校点:《黄侃手批白文十三经》,第38页。
③ 徐礼集:《易经对现代人启示》,上海:上海三联书店,2011年,第280页。
④ 王海明:《伦理学导论》,上海:复旦大学出版社,2009年,第187页。
⑤ (唐)陆羽撰,沈冬梅校注:《茶经校注》卷中《四之器》,第23页。
⑥ (唐)陆羽撰,沈冬梅校注:《茶经校注》卷下《五之煮》,第36页。
⑦ (唐)陆羽撰,沈冬梅校注:《茶经校注》卷下《七之事》,第50页。
⑧ (唐)陆羽撰,沈冬梅校注:《茶经校注》卷下《七之事》,第48页。
⑨ (唐)陆羽撰,沈冬梅校注:《茶经校注》卷下《七之事》,第48页。
⑩ 尚荣译注:《洛阳伽蓝记》卷2《城东》,北京:中华书局,2012年,第180页。
⑪ 王玲:《中国茶文化》,北京:中国书店,1992年,第163页。
⑫ (唐)陆羽撰,沈冬梅校注:《茶经校注》卷下《九之略》,第102页。

远。故《封氏闻见记》载："开元中，泰山灵岩寺有降魔师大兴禅教，学禅务于不寐，又不夕食，皆许其饮茶。人自怀挟，到处煮饮，从此转相仿效，遂成风俗。"[①]这种"人自怀挟，到处煮饮"风俗实际上包含着茶礼的形式和内容，因为以茶待客是"最广为人知的礼仪性利用方式"[②]。如李白在上元元年（760）作《答族侄僧中孚赠玉泉仙人茶》诗，以谢其族侄中孚禅师在南京栖霞寺赠李白"仙人掌茶"。又如皎然与陆羽，以茶会友，谈禅论道，"他们在湖州所倡导的崇尚节俭的品茗习俗对唐代后期茶文化的影响甚巨，更对后代茶艺、茶文学及茶文化的发展产生莫大的作用"[③]。总之，"通过茶的媒介作用，唐代士大夫与佛教寺院中僧人的文字和思想因缘日益加深，茶道成为佛教僧人吸引士大夫和待客交友的一种手段"[④]。

随着陕西法门寺地宫出土唐僖宗时期的成套金银茶具，人们越来越感到陆羽所言茶具与茶礼的关系非同一般。不仅茶器的制作有比较严格的礼式要求，而且茶器的使用也很讲究，茶礼超越了世俗，逐渐走向程式化和规范化，从这个层面说，"社会各阶层、各文化集团都饮茶，茶的烹点方法都一样，能够给人留下印象的不是茶自身，而是茶的文化特征，具体地说就是茶的礼仪规法"[⑤]。可以想象，一旦"茶的礼仪规法"普遍地被社会各阶层接受之后，那么，人们的精神面貌就必然会潜移默化地不断提升，标清倡真，由物质层面上升到精神层面，再由精神层面上升到性灵层面。

第二节　陆龟蒙"农夫日以耒耜"的农学思想

陆龟蒙，字鲁望，时谓江湖散人、天随子、甫里先生，自比涪翁、渔父、江上丈人，吴郡（今江苏苏州）人。《唐摭言》说：甫里先生"居于姑苏，藏书万余卷。诗篇清丽，与皮日休为唱和之友，有集十卷，号曰《松陵集》，中和初，遘疾而终。"[⑥]"中和初"即881年，至于其生年，一说生于唐文宗开成元年（836）。[⑦]依此，则陆龟蒙仅仅活了46岁。陆龟蒙生活在已经是日薄西山的晚唐时期，社会矛盾渐趋白热化，农民起义此起彼伏，昭示唐王朝行将灭亡。在这样的历史背景下，陆龟蒙不为当时的权贵势力所接纳。据《新唐书》本传载："（陆龟蒙）举进士，一不中，往从湖州刺史张抟游，抟历湖、苏二州，辟以自佐。尝至饶州，三日无所诣。刺史蔡京率官属就见之，龟蒙不乐，拂衣去。"[⑧]

① （唐）封演撰，赵贞信校注：《封氏闻见记校注》卷6《饮茶》，第51页。
② 关剑平：《心术并行，禅茶双修——论茶礼在佛教中的意义》，宁波茶文化促进会、宁波七塔禅寺组：《茶禅东传宁波缘——第五届世界禅茶交流大会文集》，北京：中国农业出版社，2010年，第75页。
③ 徐晓村主编：《中国茶文化》，北京：中国农业大学出版社，2005年，第159页。
④ 张国刚：《佛学与隋唐社会》，石家庄：河北人民出版社，2002年，第270页。
⑤ 关剑平：《心术并行，禅茶双修——论茶礼在佛教中的意义》，宁波茶文化促进会、宁波七塔禅寺组：《茶禅东传宁波缘——第五届世界禅茶交流大会文集》，第77页。
⑥ （五代）王定保：《唐摭言》卷10《韦庄奏请追赠不及第人》，西安：三秦出版社，2011年，第159页。
⑦ 陈启智：《中国儒学史·隋唐卷》，北京：北京大学出版社，2011年，第709页。
⑧ 《新唐书》卷196《陆龟蒙传》，第5612—5613页。

陆龟蒙不失儒者的尊严和傲骨，他毅然摈弃了贵族式的寄食生活，而自耕于甫里。①陆龟蒙这样描述自己的田园生活：

> 有地数亩，有屋三十楹，有田奇十万步，有牛不减四十蹄，有耕夫百余指。而田污下，暑雨一昼夜，则与江通色，无别己田他田也。先生由是苦饥，困仓无斗升蓄积。乃躬负畚锸，率耕夫以为具；且每岁波虽狂，不能跳吾防，溺吾稼也。或讥刺之。先生曰："舜霉瘠，大禹胼胝；彼非圣人耶？吾一布衣尔！不勤劬，何以为妻子之天乎？且与蚤虱名器，崔鼠仓庾者何如哉？"②

学界对陆龟蒙的认识不一，有人说，"如果说陆龟蒙是唐代一位杰出的农学家，不如说陆龟蒙是一位卓越的文学家"，所以"其作品的主旨不是研究农业技术，而是针对社会问题发出的感慨"，因此，"陆龟蒙的作品是文学作品，不是农学研究论文"③。在这里，我们先不说陆龟蒙是什么家，因为他给自己一个很明确的定位："贫而不言利。问之，对曰：利者，商也；今既士矣，奈何乱四人之业乎？且仲尼孟轲氏所不许。"④也就是说，陆龟蒙以儒士自居，然而，儒士自秦汉以降，逐渐分成以下几种类型："帝制化的儒家"，以迎合宰制性的帝制为其思想特征，如汉代的董仲舒；庄禅化的儒士，常以"穷"与"隐"为言说，如南朝的陶弘景；杨朱化的儒士，以"寻娱乐以待死"为立生之价值，实乃一些"仰禄之士"，如宋代的夏竦；皓首穷经的"学问儒"，他们为知识而知识，不关注世事，如明代的刘宗周。⑤很显然，倘若非要给陆龟蒙归类，则他应当归入"庄禅化的儒士"一类。于是，陆龟蒙便有了下面的说法："平居以文章自怡。虽幽忧疾病中，落然无旬日生计，未尝暂辍点窜涂抹者。"⑥限于其生活环境与隐者视野，陆龟蒙的文章确实多以他的"甫里田园"为背景，讽刺时政，忧国忧民。但是，这仅仅是其思想世界的一部分，只要我们细细品味他的文章，就不难发现，陆龟蒙非常关注南方的农业灾害，这不仅仅因为一旦灾害发生，他便面临"困仓无升斗蓄积"之苦，更重要的是在灾害发生之后，彻底暴露了晚唐统治者的政治腐朽与没落。由是，陆龟蒙才发出了"失驭之民，化为盗；关梁急征，商不得行"⑦的慨叹。

宋人龚明之在《中吴纪闻》中说："甫里在长洲县东南五十里，乃江湖散人陆龟蒙字鲁望躬耕之地。散人庙食于此，一方之人至今想其高风，常夸示于四方，以为荣焉。《唐书》云散人乃唐相元方七世孙，又自号天随子，著《笠泽丛书》若干卷。"⑧关于"甫里"与陆龟蒙晚唐南方农业灾害思想的关系，留待后面再作讨论。这里，我们着重谈谈《笠泽丛书》的版本问题。《四库全书总目》说：

---

① （唐）陆龟蒙：《笠泽丛书》卷1《甫里先生传》，《景印文渊阁四库全书》第1083册，第233页。
② （唐）陆龟蒙：《笠泽丛书》卷1《甫里先生传》，《景印文渊阁四库全书》第1083册，第233页。
③ 黄仲先等：《柑橘文化》，北京：中国农业出版社，2012年，第109页。
④ （唐）陆龟蒙：《笠泽丛书》卷1《甫里先生传》，《景印文渊阁四库全书》第1083册，第233页。
⑤ 李欧：《儒士与侠气》，《广东社会科学》2011年第6期。
⑥ （唐）陆龟蒙：《笠泽丛书》卷1《甫里先生传》，《景印文渊阁四库全书》第1083册，第233页。
⑦ （唐）陆龟蒙：《笠泽丛书》卷3《禽暴》，《景印文渊阁四库全书》第1083册，第255页。
⑧ （宋）龚明之：《中吴纪闻》卷3《甫里》，王稼句编纂点校：《苏州文献丛钞初编》上，苏州：古吴轩出版社，2005年，第65页。

此集为龟蒙自编，以其丛胜细碎，故名丛书。以甲、乙、丙、丁为次，后又有《补遗》一卷。宋元符间蜀人樊开始序而梓之。政和初，昆陵朱衮复行校刊，止分上、下二卷及补遗为三，此本为元季龟蒙裔孙德原重镌，既依蜀本，厘为四卷，而序仍昆陵本作三卷者，字偶误也。[①]

而对于清代《笠泽丛书》的版本流传，王欣夫有较完备的详考。他说：

《笠泽丛书》清代所传刊本以雍正辛亥江都陆钟辉水云渔屋本、校本以嘉庆中海宁吴骞校宋蜀本及旧抄各本为最善。先是有吴门顾氏梗碧筠草堂本雕印最精，即为维扬书贾翻刻以冒真，字体较瘦而少锋颖。故碧筠原本首有楷刻仿帖五行以为别……陆本据跋谓获元至元本开雕，实则依碧筠初印本重刻，校正处乃挖嵌增易，显然可见，核之多与宋蜀本合。兔床有七校本，所用底本亦碧筠本，而得宋蜀本校之，其尤著者"纪锦裙"作"纪锦裾"。其本同时人多相传录，黄荛圃借录者归陆东萝，戈顺卿从东萝借临，并录其父小莲意校于书眉。咸丰戊午，甫里许息崌又据临于东山草堂本上，此本乃其弟公望于同治六年再临于影写陆本上。惟陆木既将碧筠本挖嵌增易，所用底本不同……别录附入卷首，并从顾湘舟《五百名贤祠石刻》摹其画象而自为之赞，又据《唐文粹》录附逸诗十首于后，于鲁望是集可谓尽心也矣。[②]

一、《笠泽丛书》与陆龟蒙对南方农业灾害的认识

唐代松江甫里，即今江苏苏州的角直镇。这里，河流纵横、水网交织，湖、荡、池、潭星罗棋布。《元和郡县图志》载，苏州松江，"在县南五十里，经昆山入海。《左传》云'越伐吴，军于笠泽'，即此江"[③]。陆龟蒙将其丛书取名为"笠泽丛书"，即寓意于此。不过，据学者对唐代自然灾害发生的频次统计，水灾与旱灾都很严重。如邓拓《中国救荒史》云，唐代289年间，共发生灾害493次，其中旱灾125次、水灾115次、风灾63次、地震52次、雹灾37次、蝗灾34次、霜雪27次、歉饥24次、疫灾16次。又袁祖亮在《隋唐五代灾害群发频次表》中说，唐代总共记录发生灾害654次，其中水灾163次、旱灾139次、冷冻灾害77次、地质灾害78次、风灾50次、雹灾42次、虫灾38次、沙尘19次、海洋灾害12次、其他灾害36次。[④]两者统计结果虽略有出入，但唐代发生灾害的特点却基本一致。毫无疑问，灾害的频发对陆龟蒙的生活影响巨大，以至于他把记述农业灾害作为"笠泽丛书"的主要组成部分。例如，《水国诗》《小雪后书事》《迎潮送潮辞》《禽暴》《刈稂歌》等，都从不同角度记录了唐朝甫里所发生的各种自然灾害，或涝或旱，或虫或雪。我们透过陆龟蒙的字里行间，便能真切地感受到隐含于其中的复杂情感，当然，里面也包含有陆龟蒙积极应对自然灾害的客观信息和防范措施。

① （清）永瑢等：《四库全书总目》卷151《集部·别集类四》，北京：中华书局，1965年，第1300页。
② 王欣夫遗稿，徐鹏整理：《唐集书录十四种》，复旦大学中国语言文学系古典文学教研室、复旦大学中国语言文学研究所文学批评史研究室：《中国古典文学丛考》第一辑，上海：复旦大学出版社，1985年，第91页。
③ （唐）李吉甫撰，贺次君点校：《元和郡县图志》卷25《江南道一》，第601页。
④ 张涛、项永琴、檀晶：《中国传统救灾思想研究》，北京：社会科学文献出版社，2009年，第132页。

（一）水灾与"波虽狂不能跳吾防溺吾稼"

前引《甫里先生传》里记载着陆龟蒙曾经遭遇水灾的可怕情形，可惜，对于他积极应对水灾的措施，陆龟蒙没有细说，只是很简略地讲了一下他防治水涝灾害的成效，即"由是岁波虽狂，不能跳吾防，溺吾稼也"。考，陆龟蒙在另一篇《迎潮送潮辞》序中则明确又说：

> 余耕稼所在，松江南旁，田庐门外，有沟通浦溆，而朝夕之潮至焉，天弗雨则轧而留之，用以涤濯灌溉，及物之功甚钜。[①]

这是一则关于唐朝在太湖流域开发潮田与利用潮灌的珍贵史料。[②]据《六朝事迹编类》考证："《舆地志》：潮沟，吴大帝所开，以引江潮。《建康实录》云：其北又开一渎，北至后湖，以引湖水。今俗呼为运渎。其实自古城西南行者，是运渎；自归善寺门前东出自青溪者，名潮沟。其沟向东已湮塞。西则见通运渎。按《实录》所载，皆唐事。距今数百年，其沟日益湮塞，未详所在。"[③]当时，潮沟是否用于农田灌溉，史籍阙载。历史明确记载长江下游流域出现潮田的时间是梁大同六年（540），当时以南沙县设长熟县，至于为何命名常熟？光绪《常昭合志稿》载："吾邑于两大同六年更名常熟。初未著其所由名，或曰高乡，濒江有二十四浦，通潮汐，资灌溉，而旱无忧。低乡田皆筑圩，是以御水，而涝亦不为患。故岁常熟而县以名焉。"[④]唐代后期是太湖流域塘浦圩田初步形成规模的历史时期，此时为了解决北方人口大量南迁江淮地区的生计，人们不断围海造田，兴修水利。如顾况《送宣歙李衙推八郎使东都序》说："天宝末，安禄山反，天子去蜀，多士奔吴为人海"[⑤]，正是对这一问题的真实写照，据李伯重统计，当时苏州的重要水利工程有苏州嘉禾的嘉禾水利系统，广德年间修复；苏州常熟的元和塘（亦即"云和塘"），兴建于元和四年（809）；苏州海盐的海盐水利系统，修复于长庆年间；苏州常熟的盐铁塘，大和年间疏导；苏州海盐的汉塘，兴建于大和七年（833）；苏州昆山的大虞浦，兴修于天祐年间等。[⑥]而陆龟蒙属于私人修建的小型水利工程，似与当时整个唐代长江下游流域的兴建塘浦，以利水田农业的发展有关。陆龟蒙说自己修建的农田具有良好的排水功能，故当遇到水涝时，即有"不能跳吾防，溺吾稼"之功效。可见，陆龟蒙不仅"田庐门外，有沟通浦溆"，而且还开辟有圩田或曰湖田。"湖田"一词最早见于《宋书》，当时是为了解决山阴县"民多田少"问题，由政府倡导允许那些"无赀之家"依靠自己的能力去围湖造田。对此，《宋书》载刘宋大明元年（457），"山阴县土境褊狭，民多田少，灵符表徙无赀之家于余姚、鄞、鄮三县界，垦起湖田……并成良业"[⑦]。唐代湖田的开辟，经济背景与刘宋时

① （唐）陆龟蒙：《笠泽丛书》卷3《迎潮送潮辞并序》，《景印文渊阁四库全书》第1083册，第259页。
② 宋正海：《潮起潮落两千年——灿烂的中国传统潮汐文化》，深圳：海天出版社，2012年，第62页。
③ （宋）张敦颐撰，王进珊校点：《六朝事迹编类》，南京：南京出版社，1989年，第44页。
④ 光绪《常昭合志稿》卷9《水利志》，南京：江苏古籍出版社，1991年，第111页。
⑤ （唐）顾况：《送宣歙李衙推八郎使东都序》，周绍良主编：《全唐文新编》卷529《顾况》，长春：吉林文史出版社，2000年，第6152页。
⑥ 李伯重：《唐代江南农业的发展》，北京：北京大学出版社，2009年，第59—60页。
⑦ 《宋书》卷54《孔季恭传附弟灵符传》，北京：中华书局，1974年，第1533页。

山阴县所出现的情况十分相似，但其规模和数量都超过了南朝，如润州丹阳的练湖，“案图经，周回四十里，比被丹徒百姓筑堤横截一十四里，开渎口泄水，取湖下地作田”①。杭州的钱塘湖，“湖中有无税田约十数顷，湖浅则田出，湖深则田没，田户多与所由计会，盗泄湖水，以利私田”②。章孝标有诗云：“何言禹迹无人继，万顷湖田又斩新。”③显然，陆龟蒙修造的农田亦系一种湖田，宋代又称圩田。关于圩田的结构，沈括说：“夫丹阳、石臼诸湖，圩之北藩也。其绵漫三四百里，当水发时，环圩之壤皆湖也。如丹阳者尚三四。其西则属于大江，而规其二十里以为圩。”④简言之，“圩田就是在浅水沼泽地带或河湖淤滩上围堤筑圩，把田围在中间，把水挡在堤外；围内开沟渠，设涵闸，有排有灌。太湖地区的圩田更有自己的独特之处，即以大河为骨干，五里七里挖一纵浦，七里十里开一横塘，在塘浦的两旁，将挖出的土就地修筑堤岸，形成棋盘式的塘浦圩田”⑤。有了“棋盘式的塘浦圩田”，就基本上能够保证近湖的农田“岁波虽狂，不能跳吾防，溺吾稼”。可见，陆龟蒙对唐代圩田所体现出来的显著成效，其概括和总结既形象又生动。

最后，还有一个问题：将“朝夕之潮”用以涤濯灌溉，水稻能适应吗？我们知道，海水苦咸，盐度约为3.5%，而一般农作物连0.1%的盐度都无法适应。看来，“朝夕之潮”肯定不是≥0.1%的海水。那么，陆龟蒙所说的“朝夕之潮”是什么样的海水呢？毋庸置疑，是“朝夕之潮”中的淡水。宋正海解释说：“这是因为古代人民在长期的抗旱斗争中，已发现在河流感潮河段，由于淡水的注入和潮汐的作用，海水盐度不高且有着明显的时空变化，因此根据潮汐涨落情况，可掌握海水盐度时空动态，得到淡水灌溉。”⑥

（二）旱灾与陆龟蒙的《记稻鼠》及《刈穫歌》

唐代后期的旱灾发生频率较高，据《新唐书·五行志》记载：

> 开成二年春、夏，旱。四年夏，旱，浙东尤甚。
>
> 会昌五年春，旱。六年春，不雨；冬，又不雨，至明年二月。
>
> 大中四年大旱。
>
> 咸通二年秋，淮南、河南不雨，至于三年六月。九年，江淮旱。十年夏，旱。十一年夏，旱。
>
> 广明元年春、夏，大旱。
>
> 中和四年，江南大旱，饥，人相食。
>
> 景福二年秋，大旱。⑦

---

① （唐）刘晏：《奏禁隔断练湖状》，周绍良主编：《全唐文新编》卷370《刘晏》，第4279页。

② （唐）白居易：《钱塘湖石记》，周绍良主编：《全唐文新编》卷676《白居易》，第7642页。

③ （唐）章孝标：《上浙东元相》，陈贻焮主编：《增订注释全唐诗》第3册，第1045页。

④ （宋）沈括：《万春圩图记》，曾枣庄、刘琳主编：《全宋文》卷1690《沈括七》，成都：巴蜀书社，1994年，第320页。

⑤ 武汉水利电力学院《中国水利史稿》编写组：《中国水利史稿》中册，北京：水利电力出版社，1987年，第144页。

⑥ 宋正海：《潮起潮落两千年——灿烂的中国传统潮汐文化》，第67页。

⑦ 《新唐书》卷35《五行志二》，第917—918页。

《长兴县志》又载："（唐乾符六年），旱：吴兴（今浙江湖州）三月不雨至七月，田鼠食稻殆尽。"①显然，这条史料来源于陆龟蒙的《记稻鼠》，其文云：

> 乾符己亥岁，震泽之东日吴兴，自三月不雨至于七月。当时污坳沮洳者埃壒尘勃，濯楫支派者入，庳屡无所污。农民转远流渐稻本，昼夜如乳赤子，欠欠然救渴不暇。仅得菢拆穗结，十无一二焉。无何，群鼠夜出，啮而僵之，信宿食殆尽。虽庐守版击，驱而骇之，不能胜。②

这次旱灾的损失极其惨重，而更加惨重的是腐朽的晚唐政府不顾吴兴灾民的死活，"当是，而赋索愈急，棘戒（械）束榜棰木肌体者无壮老"③。另外，陆龟蒙还有一篇记述遭遇大旱灾的散文名为《刈穫歌》，可惜没有载明年月。陆龟蒙说：

> 自春徂秋天弗雨，廉廉早稻才遮亩。芒粒稀疏熟更轻，地与禾头不相拄。我来愁筑心如堵，更听农夫夜深语。凶年是物即为灾，百阵野凫千穴鼠。平明抱杖入田中，十穗萧然九穗空。④

这段诗文至少含有以下两个关于江南稻作农业的信息：一是早稻的生长期，一般早稻的整个生长期为100—130天，成熟较晚者以120—130天计。⑤李伯重认为，至秋才熟肯定是成熟较迟的早稻。具体地说，此早稻亦属于蝉鸣稻一类。⑥二是鸟兽对稻谷的侵害，大旱之年，觅食的野凫和稻鼠泛滥，故有"百阵野凫千穴鼠"之情状。游修龄分析说：联系到前述《记稻鼠》的惨景，可知当时鼠害的普遍性，"鼠害随处发生，年年都有，只是有些年份和地区偏重。南宋绍兴丙寅夏秋间，岭南州县多不雨，广之清远、韶之翁源、英之真阳，三邑苦鼠害。虽鱼鸟蛇皆化为鼠，数十成群，禾稼为之一空"⑦。野凫即野鸭，是凫的一种，喜欢结群活动，秋季脱换飞羽，在迁徙过程中常集结数百或千余只的群体，以小鱼、小虾以及植物的种子、谷物为食。⑧尤其是在大旱之年，野鸭的食物减少，从而往往成群危害垂成的稻粱，陆龟蒙愤而将其称为"禽暴"。他说：

> 冬十月，予视获于甫里，旱苗离离，年无以揩，忧伤盈怀，夜不能寐，往往声类暴雨而疾至者，一夕凡数四，明日讯其畊日：凫鹥也。其曹蔽天而下，盖田所当之禾必竭穗而后去。⑨

可见，旱灾是一个值得深入研究的课题。

---

① 长兴县志编纂委员会：《长兴县志》，上海：上海人民出版社，1992年，第105页。
② （唐）陆龟蒙：《笠泽丛书》卷2《记稻鼠》，《景印文渊阁四库全书》第1083册，第247页。
③ （唐）陆龟蒙：《笠泽丛书》卷2《记稻鼠》，《景印文渊阁四库全书》第1083册，第247页。
④ （唐）陆龟蒙：《笠泽丛书》卷3《刈穫歌》，《景印文渊阁四库全书》第1083册，第253页。
⑤ 李伯重：《唐代江南农业的发展》，第150页。
⑥ 李伯重：《唐代江南农业的发展》，第151页。
⑦ 游修龄、曾雄生：《中国稻作文化史》，上海：上海人民出版社，2010年，第311页。
⑧ 崔钟雷主编：《动物世界》，南京：凤凰出版社，2011年，第122页。
⑨ （唐）陆龟蒙：《笠泽丛书》卷3《禽暴》，《景印文渊阁四库全书》第1083册，第254页。

（三）整地技术——"象耕鸟耘"

关于水稻的起源，目前学界尚未取得一致结论。考古发现证实，浙江萧山跨湖桥遗址、浙江余姚河姆渡遗址及桐乡罗家角遗址出土有距今 7000 多年前的古稻谷，尤其是湖南道县玉蟾岩遗址发现了距今 1 万多年前的古栽培稻，这就表明传说时代的舜禹，确实已经开始了原始的稻作农业。故《水经注·浙江水》载：

> 昔大禹即位十年，东巡狩，崩于会稽，因而葬之。有鸟来为之耘，春拔草根，秋啄其秽，是以县官禁民不得妄害此鸟，犯则刑无赦。[1]

有学者撰文认为：

> 余姚有舜耕历山、禹藏秘图的传说，余姚的方志中记载着大量的与舜相关的余姚地名的种种说法。1973 年河姆渡遗址的发现和发掘，证实 7000 年前河姆渡先民已在余姚劳动生息，有关虞舜耜耕农业、制造陶器、饲养家畜……直至划桨行舟、缫丝织布、挖土凿井、象牙雕刻、吹奏骨哨等创造发明的传说都可以在河姆渡文化中找到实物资料。[2]

那么，"舜耕历山"的原始耕作方式究竟是什么样？古籍中所说的"象耕鸟耘"系历史的真实吗？王充在《论衡·书虚篇》中说：

> 《传书》言："舜葬于苍梧，象为之耕；禹葬会稽，鸟为之田，盖以圣德所致，天使鸟兽报祐之也。"世莫不然；考实之，殆虚言也。夫舜禹之德，不能过尧。葬于冀州，或言葬于崇山。冀州鸟兽不耕，而鸟兽独为舜禹耕，何天恩之偏驳也？或曰："舜禹治水，不得宁处，故舜死于苍梧，禹死于会稽。勤苦有功，故天报之；远离中国，故天痛之。"夫天报舜禹，使鸟田象耕，何益舜禹？天欲报舜禹，宜使苍梧、会稽常祭祀之。……实者，苍梧多象之地，会稽众鸟所居。《禹贡》曰："彭蠡既潴，阳鸟攸居。"天地之情，鸟兽之行也。象自蹈土，鸟自食苹。土蹶草尽，若耕田状，壤靡泥易，人随种之，世俗则谓为舜禹田。[3]

与王充的解释不同，陆龟蒙从唐代农耕生产实践中悟得："象耕鸟耘，并非象鸟去参与整地，而是对精耕细作的一种形象说法。"[4]他说：

> 吾观耕者行端而徐，起坺欲深，兽之形魁者无出于象，行必端，履必深，法其端深，故曰象耕。耘者，去莠，举手务疾而畏晚，鸟之啄食务疾而畏夺，法其疾畏，故曰鸟耘。[5]

---

[1] （北魏）郦道元：《水经注》卷 40《浙江水》，长沙：岳麓书社，1998 年，第 584 页。
[2] 劭九华：《河姆渡文化和舜耕历山》，《史学研究新视野——中国古代史分册》，济南：山东大学出版社，1997 年，第 19 页。
[3] （汉）王充：《论衡·书虚篇》，《诸子集成》第 11 册，第 37 页。
[4] 游修龄、曾雄生：《中国稻作文化史》，第 229 页。
[5] （唐）陆龟蒙：《笠泽丛书》卷 3《象耕鸟耕辩》，《景印文渊阁四库全书》第 1083 册，第 254 页。

如果从水田耕作的角度看，陆龟蒙所说并非没有道理。水田耘耕不同于旱田，而"象耕鸟耘"很可能是精耕细作农业的起始点。所以游修龄认为先民起初是利用这种由鹿、象、鸿雁造成的泥泞沼泽地播种稻谷，但到底受到面积的限制，后来得到象、鸟的启发，进一步利用他们饲养的水牛，模仿"象耕鸟耕"，驱赶牛群在积水的田块中来回踩踏，把杂草压入土中腐烂，起了绿肥作用，土壤踩成泥浆，便可播下稻谷。这就是越人发明的"踏耕"或"蹄耕"，也称"牛踩田"①。曾雄生更加明确地指出：

> 在农业出现之前，人类是不会为了从事农业而制造农具的，而只能依靠现有的条件，进行简单而又自发的种植。因此，农业起源阶段可能是这样一种情形，即采集和渔猎者在采集和渔猎的过程中，发现一些土地经动物的践踏觅食之后，变得疏松，或水土交融，没有杂草。在不借助于任何整地农具的情况下，把采集来的部分种子撒上，任其自然生长。又通过狩猎对其加以保护，以便集中采集，从而开始了植物的驯化。这可能是农业起源的第一个阶段，后来，采集渔猎者为了扩大种植，便开始驯化动物来践踏土地或谷物脱粒。如随着水稻的垦种，以草食为主的水牛已经被驯化为主要用于耕作的牲畜。从这个意义上来说，某些动物被驯化的原因之一便是动物踩踏农业。这便是农业起源的第二个阶段。最后的阶段便是模拟动物践踏觅食的机理，制造出各种农具。如鹤嘴锄、马鹿锄之类，从事整地除草等项事宜。这就标志着无农具的动物踩踏农业的结束。②

实际上，前揭王充的解释可视为曾雄生所讲的"农业起源的第二个阶段"，而陆龟蒙所解释的"象耕鸟耘"则可视为曾雄生所讲的"农业起源的最后阶段"，即利用各种农具从事农业生产的阶段。为此，陆龟蒙专门撰写了介绍唐代农器的《耒耜经》，对江东犁记述尤详，细论见后。

在此，我们应特别注意陆龟蒙所提出的"吾观耕者行端而徐，起坡欲深"之说。其中"端"的出现引起了编写《中国农学史》专家组的高度重视，他们认为："最能表现唐代耕作技术上得进步的，是对于耕地，提出'端'的要求。所谓'端'，主要包含两个意思：一是耕地的宽度、深度保持一致；二是耕起的土坡，整齐均匀；这是个重要的技术问题。因为不这样，就可能有些地方因犁沟不端而漏耕，也可能有些地方因深浅不一而降低了耕地的质量；这些，对作物的生长发育，都是不利的。唐人在这方面有着如此的研究，正也说明技术上得一大进步。"③

（四）雪与冬小麦在江南地区的推广

唐朝中后期的气候转冷，这是学界比较公认的研究结论。④与此气候变化相适应，

---

① 游修龄、曾雄生：《中国稻作文化史》，第 229 页。
② 曾雄生：《没有耕具的动物踩踏农业——另一种农业起源模式》，《农业考古》1993 年第 3 期，第 96 页。
③ 中国农业科学院、南京农学院中国农业遗产研究室编著：《中国农学史（初稿）》，北京：科学出版社，1984 年，第 16 页。
④ 张德二：《关于唐代季风、夏季雨量和唐朝衰亡的一场争论——由中国历史气候记录对 Nature 论文提出的质疑》，《科学文化评论》2008 年第 1 期。

我国的冬小麦种植由北向南逐步推广到长江下游流域地区，如陆龟蒙在《小雪后书事》诗中说：

> 时候频过小雪天，江南寒色未曾偏。枫汀尚忆逢人别，麦垅唯凭欠雉眠。①

在此，"江南"所指的地域范围主要包括今安徽、江苏南部、浙江北部，即唐开元时的江南东道的润、常、苏、杭、越、明等州以太湖平原为核心的地区。②具体而言，江南地区的苏州、润州、越州等在唐朝中后期已经普遍种植冬小麦。比如，许浑在描写润州种植小麦的诗中云："簟凉初熟麦，枕腻乍经梅。"③白居易亦有描写苏州种植小麦的诗："去年到郡时，麦穗黄离离。今年去郡日，稻花白霏霏。"④这首诗表明江南地区已经出现稻麦复作制，这是唐代的新事物。⑤对此，学界尚有争议。例如，李根蟠、韩茂莉等坚持认为直到北宋时期江南一些地区才出现关于稻麦两熟的明确记载。⑥然而，胡如雷、李伯重等对唐代中后期已经出现稻麦复种制持肯定态度。胡如雷说：

> 唐朝小麦和水稻的种植日益普遍，复种指数空前提高，产生了两年三熟和一年两熟的现象，正是在这一基础上，正税征收改为一年两限或三限。⑦

李伯重针对《唐会要·内外官职田》的奏文又进一步评论说：

> 北方气候较冷，冬小麦无论如何不能在十二月下种，所以这个补充规定是针对南方而定的。南方冬小麦原来播种多在九月三十日以前，原因是有专门的种麦之田，种植之法与北方大同小异。现其播种期推后三个月，当是由于大田里已经种植了水稻，暂时腾不出田地来在九月三十日以前播麦。唐代江南水稻，一般在八九月成熟，成熟收获后，还须翻晒土地，又需要一些时间。因此，若是在稻田种麦，一般要到九十月才行（明清江南的情况，即是如此）。"今条"中宿麦田以十二月三十日为断，大概是顾及各地节候有前后，须留一个余地。因此"今条"所提到的六月三十日为断的田和以十二月三十日为断的麦田，实即同一块田——一块实行了稻麦复种的田。⑧

从《新唐书·五行志》的记载来看，唐代中后期南方出现的雪灾现象比较多发，如"长庆元年二月，海州海水冰，南北二百里，东望无际"⑨。又"会昌三年，春寒，大雪，

---

① （唐）陆龟蒙：《笠泽丛书》卷4《小雪后书事》，《景印文渊阁四库全书》第1083册，第267页。

② 秦明君：《试论唐代江南粮食生产发展的原因》，《湖北大学学报（哲学社会科学版）》1993年第5期。

③ （唐）许浑：《闲居孟夏即事》，陈贻焮主编：《增订注释全唐诗》第3册，第1338页。

④ （唐）白居易，丁如明、聂世美校点：《白居易全集》卷21《答刘禹锡白太守行》，上海：上海古籍出版社，1999年，第315页。

⑤ 《唐会要》卷92《内外官职田》载："大中元年十月，屯田奏，应内外官请职田，陆田限三月三十日，水田限四月三十日，麦田限九月三十日，已前上者入后人，已后上者入前人。伏以令式之中，并不该闰月，每遇闰月，交替者即公牒纷纭。有司即无定条，莫知所守。……宿麦（指冬小麦）限十二月三十日。已前上者入新人，已后上者并入旧人。今亦请至前件月遇闰即以十五日为定式。所冀给受有制，永无诉论。敕曰：五岁再闰，固不在刊；二稔职田，须有定式。自此以后，宜依屯田所奏，永为例程。"

⑥ 韩茂莉：《中国历史农业地理》中，北京：北京大学出版社，2012年，第438—441页。

⑦ 胡如雷：《隋唐五代社会经济史论稿》，北京：中国社会科学出版社，1996年，第371页。

⑧ 李伯重：《唐代江南农业的发展》，第89页。

⑨ 《新唐书》卷36《五行志三》，第936页。

江左尤甚,民有冻死者"①。类似的记载亦见于"笠泽丛书",陆龟蒙有诗云:"雪下孤村浙浙鸣,病魂无睡洒来清。"②他又云:"雪侵春事大(太)无端,舞急微还近腊寒。"③事物都有两面性,江南地区出现春寒或多雪天固然有不利于人们日常生活的方面,但对冬小麦的生长却较为有利。所以陆龟蒙在《小雪后书事》一诗中说:"怜翁意绪相安慰,多说明年是稔年。"④尽管里面有不得已的无奈,但是从大局来看,"瑞雪兆丰年"对于已经种植冬小麦的江南地区而言,似不无道理。

(五)耕牛与江南农业经济的增长

土地、农具与耕牛是唐代农业发展的基本生产资料,唐人甚至有"耕所资在牛,牛废则耕废"之说。⑤有关史料显示,唐代中后期北方许多地区都出现了耕牛不足的现象,如《旧唐书》载,夏州"属牛疫,无以营农,(王)方翼造人耕之法,施关键,使人推之,百姓赖焉"⑥。《旧唐书》又载,贞元二年(786)"上以关辅禄山之后,百姓贫乏,田畴荒秽,诏诸道进耕牛,待诸道观察使各选拣牛进贡,委京兆府劝课民户,勘责有地无牛百姓,量其地著,以牛均给之。其田五十亩已下人,不在给限。(袁)高上疏论之:'圣慈所忧,切在贫下。有田不满五十亩者尤是贫人,请量三两家共给牛一头,以济农事。'疏奏,从之"⑦。从这个角度讲,唐代中后期北方农业的逐渐衰落,与耕牛的缺乏不无关系。反过来,经济重心南移,整个江东地区的农业经济迅速崛起,成为当时全国最为富庶之地。从生产资料的层面考察,则耕牛成群,农器先进,是不可忽视的动力因素,高适有诗云:"牛壮日耕十亩地,人闲常扫一茅茨。"⑧耕牛的使用大大地解放了劳动力,不仅生产效率得到了提高,而且农家的闲时也增多了。

由于牛耕的普遍出现,故"江东诸州,业在田亩,每一岁善熟,则旁资数道"⑨。又"三吴者,国用半在焉"⑩。有人认为,前揭陆龟蒙所说的"象耕鸟耘",便是对牛耕水田的一种形象比喻。其"耕如象行"即"要求耕田必须像大象行走一样'既端且深'的要求。深,即深耕。端,则是要求平直,这可能是针对水田生产的实际所提出来的,因为水田耕作多在水面以下,耕作的过程中,如果失去平直,往往会出现漏耕的现象,而这漏耕的部分他日势必影响到部分植株的正常生长"⑪。

① 《新唐书》卷36《五行志三》,第936页。
② (唐)陆龟蒙:《笠泽丛书》卷1《自遣诗》,《景印文渊阁四库全书》第1083册,第234页。
③ (唐)陆龟蒙:《笠泽丛书》卷1《自遣诗》,《景印文渊阁四库全书》第1083册,第235页。
④ (唐)陆龟蒙:《笠泽丛书》卷4《小雪后书事》,《景印文渊阁四库全书》第1083册,第267页。
⑤ 《新唐书》卷118《张廷贵传》,第4262页。
⑥ 《旧唐书》卷185上《王方翼传》,第4803页。
⑦ 《旧唐书》卷153《袁高传》,第4088页。
⑧ (唐)高适:《寄宿田家》,(唐)高适著,孙钦善校注:《高适集校注》,上海:上海古籍出版社,1984年,第52页。
⑨ (唐)权德舆:《论江淮水灾上疏》,周绍良主编:《全唐文新编》卷486《权德舆》,第5776页。
⑩ (唐)杜牧:《唐故银青光禄大夫检校礼部尚书御史大夫充浙江西道都团练观察处置等使上柱国清河郡开国公食邑二千户赠吏部尚书崔公行状》,(唐)杜牧撰,陈允吉校点:《樊川文集》,上海:上海古籍出版社,1978年,第210页。
⑪ 杜石然主编:《中国科学技术史·通史卷》,北京:科学出版社,2003年,第397页。

鉴于牛耕在水田农业中的重要地位，民户养牛的现象随处可见。比如《三水小牍》载：

> 卫庆者，汝坟编户也，其居在温泉，家世游惰，至庆乃服田。尝戴月耕于村南古项城之下，倦憩荒陌，忽见白光焰焰起于垅亩中，若星流，庆掩而得之，遂藏诸怀。晓归视之，乃大珠也。其径寸五分，莹无纤翳，乃衣以缣囊，缄之漆匣，会示博物者，曰："此合浦之宝也，得蓄之，纵未责而当富矣。"庆愈宝之，常置于卧内。自是家产日滋，饭牛四百蹄，垦田二千亩，其丝枲他物称是，十年间郁为富家翁。至乾符末，庆忽疾。①

如前所述，陆龟蒙自称"有田奇（畸）十万步，有牛不减四十蹄，有耕夫百余指"②。饲养"四十蹄"（即 10 头）牛，按照"占有 40 亩左右土地的农民完全可以养活一头耕牛"③来计算，占有 400 亩耕牛，养活 10 头牛是没有问题的。所以，陆龟蒙有《放牛歌》云：

> 江草秋穷似秋半，十角吴牛放江岸。邻肩抵尾乍依隈，横去斜奔忽分散。荒陂断堑无端入，背上时时孤鸟立。日暮相将带雨归，田家烟火微茫湿。④

此"十角"即"十二蹄角之省，古计牛四蹄两角为一头，合计有零数即取成数"⑤。因为是在自己的田庄内放牛，这两头牛应当是陆龟蒙的私产。为了保护耕牛，修建牛舍是必要的。至于修建牛舍的具体规模，可根据实际情况而定。而陆龟蒙为自家牛所修建的牛舍比较宽敞，他说：

> 四牸三牯，中一去乳。天霜降寒，纳此室处。老农拘拘，度地不亩。东西几何，七举其武（步）；南北几何，丈二加五（等于一丈七尺），偶楹当间，载尺入土。太岁在亥，余不足数。上缔蓬茅，下远官府。耕耰何时，饮食得所。或寝或卧，免风免雨。宜尔子孙，实我仓庾。⑥

陆龟蒙深深认识到饲养耕牛的重要性，所以他才有"宜尔子孙，实我仓廪"的思想意识。也就是说，保护好牛子牛孙，使其不断地繁殖，绵绵延延，为的是稻谷满仓，人丁兴旺。当然，按照谢成侠的计算，五尺为步（武），其"丈二加五"相当于 35×17＝595 平方尺的面积，"既立有成对的柱子，这就能分成三间。'载尺入土'一语，未必是柱子埋入土中，因柱子入土在建筑上是不适宜的，在江南更不相宜，这样的牛舍还要求至少须养四头母牛，三头牸牛（恐包括阉牛）"⑦。

---

① （唐）皇甫枚：《三水小牍》卷上《卫庆耕田得大珠》，北京：中华书局，1958 年，第 9 页。
② （唐）陆龟蒙：《笠泽丛书》卷 1《甫里先生传》，《景印文渊阁四库全书》第 1083 册，第 233 页。
③ 张安福：《唐代农民家庭经济研究》，北京：中国社会科学出版社，2008 年，第 30 页。
④ （唐）陆龟蒙：《笠泽丛书》卷 3《放牛歌》，《景印文渊阁四库全书》第 1083 册，第 253 页。
⑤ 罗竹风主编：《汉语大词典》第 1 卷上，上海：上海辞书出版社，2008 年，第 821 页。
⑥ （唐）陆龟蒙：《笠泽丛书》卷 3《祝牛宫辞并序》，《景印文渊阁四库全书》第 1083 册，第 255—256 页。
⑦ 谢成侠编著：《中国养牛羊史》，北京：农业出版社，1985 年，第 78 页。

（六）顾渚山与陆龟蒙的茶园

位于浙江长兴县的顾渚山，海拔 300 多米，云翻峰涌，大涧中流，风细竹软，乱石飞滚，难怪作家张加强情不自禁地将其称为"一座超然的山"①，并用 24 个字来概括其特色：山之异、山之怡、山之灵、山之精、山之气、山之幽、山之韵、山之远。②清钱大昕述：

> 顾志山，去县西北十七里，高一百八十丈，周十二里，多产紫笋茶。唐时置贡茶院于此，每岁进奏，役工三万，累月方毕。院侧有清风楼，绝壁峭立，大涧中流，乱石飞走，日明月峡，茶生其间，尤为绝品。张文规诗：清风楼下草初苗，明月峡中茶始生。陆羽尝置茶园，作《顾渚山记》二篇。有枕流、息躬、金沙诸亭；又有忘归亭，俯瞰太湖；又有木瓜堂。今俱废。③

实际上，唐代除了陆羽在顾渚山置茶院外，皎然、皮日休、陆龟蒙等亦曾置茶园于此。据《甫里先生传》载：

> 先生嗜茶荈，置园于顾渚山下。山在吴兴郡，岁贡茶之所。岁入茶租十许，簿为瓯牺之实。自为品第书一篇，继《茶经》《茶诀》之后。《茶经》陆羽撰，《茶诀》皎然撰。南阳张又新尝为水说，凡七等。其二曰惠山寺石泉。无锡县华山。其三曰虎丘寺石井，其六曰吴松（江），是三水距先生远不百里，高僧逸人时致之助其好。④

关于陆龟蒙茶园之所在，明人熊明遇考："今人多以阳羡即罗岕，岕有茶不上百年，山不数陇，似于阳羡有名之时未合。按志乘，唐、宋、元贡顾渚茶，颇郑重，毗陵、吴兴二刺史亲为开园。考唐诗，有'牡丹花笑金钿动，传奏吴兴紫笋来'之句，陆龟蒙茶园亦在焉。意者顾渚即古所谓阳羡产茶处耶？今人谓义兴为阳羡，顾渚、罗岕俱在义兴南，只隔一岭二山，东西相距八十里而遥。"⑤当年，皮日休与陆龟蒙有唱和顾渚山的《茶中十咏》，其中皮日休《茶中杂咏》云："闲寻尧氏山，遂入深深坞。种荈已成园，栽葭宁计亩！石洼泉似掬，岩罅云如缕。好是初夏时，白花满烟雨。"⑥陆龟蒙奉和云："茗地曲隈回，野行多缭绕。向阳就中密，背涧差还少。遥盘云髻慢，乱簇香篝小。何处好幽期，满岩春露晓。"⑦从诗中可以看出，"晚唐时期江南的茶园，确乎是实行密植的园圃化的专业茶园，不再是零散种植"⑧。当然，如何种茶，陆龟蒙的经验是"向阳就中密，背涧差还少"，即在阳崖阴林和烂石处种植茶树，因为这里可以充足吸收其生长所需的"漫射光"。在阳崖上长出来的茶芽，柔嫩如玉。故陆龟蒙在《茶笋》一诗中说：

---

① 张加强：《旷世风雅——顾渚山传》，上海：上海人民出版社，2007 年，第 1 页。
② 张加强：《旷世风雅——顾渚山传》，第 3—6 页。
③ （清）邢澍等修，钱大昕等：《长兴县志·顾渚山》，清嘉庆十年（1805）刻本。
④ （唐）陆龟蒙：《笠泽丛书》卷 1《甫里先生传》，《景印文渊阁四库全书》第 1083 册，第 233—234 页。
⑤ （明）熊明遇：《罗岕茶疏》，李广德主编：《湖州茶文》，杭州：浙江古籍出版社，2008 年，第 80—81 页。
⑥ （唐）皮日休：《茶中杂咏·茶坞》，牛达兴、雷友山、黄祖生主编：《湖北茶文化大观》，武汉：湖北科学技术出版社，1995 年，第 100 页。
⑦ （唐）陆龟蒙：《甫里集》卷 6《和茶具十咏·茶坞》，《景印文渊阁四库全书》第 1083 册，第 315—316 页。
⑧ 李伯重：《唐代江南农业的发展》，第 95—96 页。

所孕和气深，时抽玉笴短。轻烟渐结华，嫩蕊初成管。寻来青霭曙，欲去红云暖。秀色自难逢，倾筐不曾满。①

"和气"乃天地阴阳之气和合，经过一定时期的内化孕育，慢慢抽出了玉色般的茶芽，晶莹柔嫩，然后在山间云雾中长成带嫩茎的芽梢。这样，顾渚山茶芽就具有了汲日月之精华的灵气和韵味，它给人以一种"因旺盛生命力而带来的丰盈充实之美"②。

陆龟蒙嗜茶，不仅会种，更会煮和饮。于是，陆龟蒙说饮茶包括以下三道工序。

（1）茶灶，"无突抱轻岚，有烟映初旭。盈锅玉泉沸，满甑云芽熟。奇香袭春桂，嫩色凌秋菊。炀者若吾徒，年年看不足"③。"甑"系一种蒸茶的器具，而用"蒸"来破坏酶的作用，使鲜茶叶在加工过程中保持固有色泽，这是一个划时代的创举。④"突"即烟囱，"无突"系指没有烟囱的灶，这是为了集中锅灶内的热能，利于茶的色香味俱全。

（2）茶焙，"左右捣凝膏，朝昏布烟缕。方圆随样拍，次第依层取，山谣纵高下，火候还文武。见说焙前人，时时炙花脯"⑤。这里是讲从捣、拍到焙的制茶工序，其中"拍"是指把捣成膏状的芽叶置于铁制的模子里压成或方或圆的饼状。当然，在拍茶的过程中往往把多个模子堆叠起来使用。"焙"就是将拍成各种形状的茶饼放在焙窟上进行干燥，因为这是奉和皮日休的《茶焙》诗，而皮日休的《茶焙》描述了"焙茶"工序的设施，其诗云："凿彼碧岩下，恰应深二尺。泥易带云根，烧难凝石脉。初能燥金饼，渐见干琼液。九里共杉林，相望在山侧。"⑥可见，烘茶的设施应依山而建，而在烘茶过程中控制火候最为关键，其技术要领是"火候还文武"，即不要过小也不要过大，过小则水分多，过大则容易焦。

（3）煮茶，"闲来松间坐，看煮松上雪。时于浪花里，并下蓝英末。倾余精爽健，忽似氛埃灭"⑦。陆龟蒙用"松上雪"来煮茶，将雪水烧至起了浪花时，投入已经研制好的茶末。而饮茶能够洗尘心、除俗念，保生尽年，并引导人们去追求那种超然尘世之外的生命至境。

（七）敬畏生命：陆龟蒙对动物和植物习性的观察与描述

在陆龟蒙的思想意识里，动物有其可恨的一面，如《禽暴》中的凫鹥，"盖田所当之禾，必竭穗而后去"⑧；同时，动物又有其可爱的一面，如《祝牛宫辞》中的耕牛。从"笠泽丛书"的诗文看，陆龟蒙对江南各种动物和植物习性的观察与描述，已经构成其田园生活的重要环节，他热爱大自然的一山一水、一草一木、一虫一鸟，其字里行间蕴含着他十分复杂的生命情怀。

---

① （唐）陆龟蒙：《甫里集》卷6《和茶具十咏·茶笋》，《景印文渊阁四库全书》第1083册，第316页。
② 朱海燕：《中国茶美学研究：唐宋茶美学思想与当代茶美学建设》，北京：光明日报出版社，2009年，第29页。
③ （唐）陆龟蒙：《甫里集》卷6《和茶具十咏·茶灶》，《景印文渊阁四库全书》第1083册，第316页。
④ 仇仲谦：《饮茶闲笔》，南宁：广西教育出版社，1991年，第19页。
⑤ （唐）陆龟蒙：《甫里集》卷6《和茶具十咏·茶焙》，《景印文渊阁四库全书》第1083册，第316页。
⑥ （唐）皮日休：《茶中杂咏·茶焙》，牛达兴、雷友山、黄祖生主编：《湖北茶文化大观》，第101页。
⑦ （唐）陆龟蒙：《甫里集》卷6《和茶具十咏·煮茶》，《景印文渊阁四库全书》第1083册，第316页。
⑧ （唐）陆龟蒙：《笠泽丛书》卷3《禽暴》，《景印文渊阁四库全书》第1083册，第254页。

1."橘之蠹"的变态现象与《蠹化》

蝴蝶是一种变态昆虫,对此,陆龟蒙在《蠹化》一文中有详细描述。他说:

> 橘之蠹,大如小指,首负特角,身蹙蹙然,类蝤蛴而青。翳叶仰啮,饥蚕之速,不相上下。人或枨触之,辄奋角而怒,气色桀骜。一旦视之,凝然弗食弗动;明日复往,则蜕为蝴蝶矣!力力拘拘,其翎未舒。襜黑韝苍,分朱间黄。腹填而椭(堕),緌纤且长。如醉方寤,羸枝不扬。又明日往,则倚薄风露,攀缘草树,耸空翅轻,瞥然而去。或隐葱隙,或留箑端,翩旋轩虚,飔曳纷拂,甚可爱也。须史犯蟊网而胶之,引丝环缠,牢若桎梏。人虽甚怜,不可解而纵矣![1]

这段话是说橘树上得蠹虫,形体像人的小指大小,头上长着突出的角,躯体蜷缩,就像天牛的幼虫,足短身长,青色。它们藏在叶子下面,仰着头啮吃橘树叶,犹如饥饿的蚕吃桑叶一样快,人一旦用木棒触动它,就立刻竖起角来,毫不驯服。过几天后,它们忽然变得不食也不动。隔一天再去看,它们都蜕变为蝴蝶了。刚蜕掉臃肿的外壳,这些蝴蝶行动迟缓,腰黑翅绿,然翅膀还没有伸展开来。身上分布着朱红色,间杂着黄色。肚子鼓起呈椭圆形,触须细长。好像醉酒后酣眠许久才醒来,身体虚软得不能抬起来。可是,再过一天去看,它们倚靠清风细露,抓着东西在草木上爬行,耸入天空,轻拍翅膀,一瞬间不见了踪影。有时候隐藏在草丛间,有时候滞留在竹箑上,轻快旋转,在天空中飞扬盘旋。飘扬摇曳,散漫拂动,十分可爱。用现代昆虫学知识来解释,"橘之蠹"指的是柑橘凤蝶,其幼虫以啮吃橘树叶或花椒叶为主,长成后蜕皮为蝶。而从陆龟蒙的描述中,我们至少获得以下三点认识。

第一,风蝶幼虫体型较大,"大如小指"与现代观察所见橘黄凤蝶成虫翅展 90—110 毫米的体型比较一致。

第二,陆龟蒙观察到了凤蝶类幼虫前胸具有臭角的形态特点。我们知道,许多昆虫都有一种自我保护的生理功能。而风蝶类幼虫一旦遇到攻击,就会从前胸前缘中央突然翻出臭角,同时放出臭气。

第三,凤蝶的幼虫蜕皮前,须经过 5 次"眠",而"眠"期的主要生理特点就是"凝然弗食弗动"。这样,经过"眠"期,凤蝶的幼虫才会变成蛹,然后有蛹而羽化为蝴蝶。[2]

2. 动物的白化现象与《告白蛇文》

现代生物遗传学揭示,动物的白化是色素基因即酪氨酸聚合物突变的表现结果,因为"遗传基因的突变使动物体内的酪氨酸酶缺乏或无活力,而没有酶的催化,综合黑色素的生化反应就不能进行。而细胞中黑色素的多少又决定着动物的皮肤、毛发、眼球等颜色,所以动物体内由于缺乏这种正常的色素,就会出现白化"[3]。当然,学界对动物的白化问题还在作进一步的深入研究。在古代,人们常常将白色动物与"成仙"联系在一起,这就更增添了白色动物的神秘成分。自唐至明清,白蛇的传说家喻户晓,影响颇为深远。据

---

① (唐)陆龟蒙:《笠泽丛书》卷 2《蠹化》,《景印文渊阁四库全书》第 1083 册,第 248 页。
② 蝴蝶与蝴蝶文化编委会:《蝴蝶与蝴蝶文化》,北京:北京燕山出版社,2010 年,第 71 页。
③ 姚大均编著:《动物趣谈》第 7 册,南京:江苏少年儿童出版社,1981 年,第 277 页。

考，唐朝谷神子的《博异志》是最早记载白蛇传奇的古典文献。其《李黄》一文记述说：

> 元和二年，陇西李黄……因调选次，乘暇于长安东市。瞥见一犊车，侍婢数人于车中货易。李潜目车中，因见白衣之姝，绰约有绝代之色。……李已渐觉恍惚，只对失次。谓妻曰："吾不起矣。"口虽语，但觉被底身渐消尽。揭被而视，空注水而已，惟有头存。家大惊慑，呼从出之仆考之，具言其事。及去寻旧宅所在，乃空园。有一皂荚树，树上有十五千（钱），树下有十五千（钱），余了无所见。问彼处人，云："往往有巨白蛇在树下，便无别物。"姓袁者，盖以空园为姓耳。①

于是，白蛇在民间逐渐被神化为一种恐怖的形象。对此，陆龟蒙却用生理变异的视角去分析蛇的白化现象，用科学驳斥迷信，在当时这是非常难能可贵的思想品质。陆龟蒙在《告白蛇文》中说：

> 田庐西北偏，有古丘焉。高可四望，予将升之，以眺远舒郁。农民遮言曰："不可。是丘有蛇，巨如井缶而白，忤之能为祟，不利人多矣，宜无往。"予取酒沃其丘，告之曰："生而白者，犬、鸡、牛、马而已。其余则老而后白。狼、狐、兔、鹿、鸟雀、燕、雉、龟、蛇之类是也。人老而毛发皓白，耗眊昏倒，不能记子孙名字，形朽神溃，以至于死。物老而鳞毫羽甲尽白，白而后有灵。非一圣贤存乎上，德光被光于下，则不为之出；出必人奉之以献，不敢隐匿。惟蛇不在瑞典，虽然，神而且灵尚矣。故汉之兴，神姥谓之白帝子，得非天命？志怪者必曰自然。多穴老坟，窍大木，要野盰盘肩□酒之享，作小儿女子，寒暑昏眩，淫巫倚之。弹丝瞋目，歌舞其妭，恒骇其惑，考鼓用币，僭冒其上。岁时奔走，畏在人后。疾病不治，饥寒不辞，悉尔辈之为也。古者铸鼎象物也，使民知神奸。若之奸，吾知之矣，况旅吾之地，由我进退。蛰以时出，无越昆虫之职，无杂鬼神之事。吾宫居，若野处，各有分齐，不相害。然斩巘通巅，为暇日凭藉之所，则不当与人争也。如不用吾言，吾当吁天霆，断裂首尾。然吾诚不移，无易尔为。"②

我们尽管不能说陆龟蒙是一位彻底的唯物主义者，但是他所提出的"蛰以时出，无越昆虫之职，无杂鬼神之事""各有分齐，不相害"思想，与现代动物保护主义的生态伦理思想较为一致。

3. 织丝与《蚕赋》

与普通纺织业的起源不同，我国丝织业的起源经过了如下阶段：首先，远古先民把原始桑林中的蚕视为通天的引路神，而桑树也就成了通天的工具。例如，浙江余姚河姆渡遗址出土蚕纹象牙小盅，山西夏县西阴村出土的半个蚕壳等，都可看作是原始蚕灵崇拜的文化遗存。而殷商甲骨文中有祭祀蚕神的记载，如有一片卜辞的内容是："贞元示五牛，蚕示三牛，十三月。"③文中的"蚕示"即蚕神，祭祀蚕神时需要供奉三牛。所以有学者认

---

① （唐）谷神子：《博异志·李黄》，罗宗阳：《历代笔记小说选》，南昌：江西人民出版社，1984年，第115—117页。

② （唐）陆龟蒙：《笠泽丛书》卷3《告白蛇文》，《景印文渊阁四库全书》第1083册，第255页。

③ 浙江大学编著：《中国蚕业史》上，上海：上海人民出版社，2010年，第39页。

为："至迟在新石器时代中期，人们开始对蚕桑有意识地加以保护并护养，以免人们的通天之路因自然环境的恶劣或天敌的侵袭而被阻。古老的蚕室就是护养蚕的场所。同时，人们把蚕吐丝而成的茧子视作是羽化的基地，于是就开始了对茧丝的利用，利用的最初目的是祭祀鬼神，或作尸服，或作祭服，或作礼器。这样的情况从新石器时代一直持续至商代或西周，此时，丝绸的起源已经完成。但它的普遍的经济性利用，可能要迟至春秋战国时期。"①

从殷商到唐代中期，我国丝绸的原料生产、纺纱缫丝、织造、印染刺绣，以及图案等都形成了独特的传承体系。尤其是自唐代中期之后，随着经济重心的南移，蚕桑生产亦转移至南方。正是在这样的历史背景下，陆龟蒙开始思考丝织问题，他发现在现实社会中，养蚕的人却往往不能享受绫罗绸缎的富贵。相反，那些身穿绫罗绸缎者，又往往不养蚕。这种现象若用现代的哲学理论讲，则属于劳动异化的思想范畴。陆龟蒙在《蚕赋》一文中说：

> 荀卿子有《蚕赋》，杨泉亦为之，皆言蚕有功于世，不斥其祸于民也。余激而赋之，极言其不可，能无意乎？诗人硕鼠之刺，于是乎在。古民之衣，或羽或皮。无得无丧，其游熙熙。艺麻缉纑，官初喜窥。十夺四五，民心乃离。逮蚕之生，茧厚丝美。机杼经纬，龙鸾葩卉。官诞益馋，尽取后已。呜呼！既豢而烹，蚕实病此。伐桑灭蚕，民不冻死。②

在此，陆龟蒙看到了"逮蚕之生，茧厚丝美。机杼经纬，龙鸾葩卉。官诞益馋，尽取后已"的社会现实。尽管在陆龟蒙看来，蚕丝作为一种异己力量已经成为愈益折磨养蚕者的可怕"魔鬼"，所谓"既豢而烹，蚕实病此"，即明确了这种劳动的异化问题，但是他还不能揭示造成这种社会现象的私有制根源。因为在茧厚丝美和龙鸾葩卉的背后隐藏着一个阶级对另一个阶级的压迫。在当时，陆龟蒙还无法认清这一问题的本质，但他毕竟看到了社会的不平等现实，并且从他的阶级立场出发，指陈时病俗弊，发泄对现实的不满，其进步意义亦应肯定。

（八）尊重生物的损益规律与陆龟蒙的环境保护思想

《周易》六十四中有"损卦"与"益卦"。孔子将此二卦用来分析中国古代文明史的演进规律，他指出："殷因于夏礼，所损益，可知也；周因于殷礼，所损益，可知也。"③那么，人与自然的关系，是否也应按照上面的损益规律来进行不断的调整和变化呢？答案是肯定的。

人与自然的关系，归根到底是一个生态问题。而自然界中动植物，有"递弱代偿"的演化规律。即"愈原始愈简单的物类其存在度愈高，愈后衍愈复杂的物类其存在度愈低，并且存在度呈一个递减趋势。随着存在度的递减，后衍物种为了保证自身能够稳定衍存，

---

① 何堂坤、赵丰：《中华文化通志·科学技术典·纺织与矿冶志》，上海：上海人民出版社，1998年，第5页。
② （唐）陆龟蒙：《笠泽丛书》卷1《蚕赋》，《景印文渊阁四库全书》第1083册，第238页。
③ （清）刘宝楠：《论语正义》卷2《为政篇》，《诸子集成》第1册，第39页。

就会相应地增加和发展自己续存的能力及结构属性，这种现象就是'代偿'①。而人类为了满足自身"代偿"的需要，就必然会消耗大量的动植物资源。古代先民早就知道，自然界中的动植物不是取之不尽的资源，它们本身也有消耗与补偿的运动规律。如果肆意滥捕或滥伐，一旦超过了动植物本身的代偿能力，就必然会造成严重的生态灾难，危及人类自身的存在。所以《周易·序卦》说："物畜然后可养，故受之以颐；颐者养也，不养则不可动。"②

补养的过程，实质上就是动植物逐步恢复其保证其自身繁衍与维持种群发展所需要的最小数量。正是在这个层面上，夏禹规定："春三月，山林不登斧斤，以成草木之长；川泽不入网罟，以成鱼鳖之长。"③《荀子》亦说："污池渊沼川泽，谨其时禁，故鱼鳖优多，而百姓有余用也；斩伐养长不失其时，故山林不童，而百姓有余材也。"④毛亨《诗传》更进一步指出：

> 太平而后，微物众多。取之有时，用之有道，则物莫不多矣。古者不风不暴，不行火。草木不折，不操斧斤，不入山林。豺祭兽然后杀，獭祭鱼然后渔，鹰隼击然后罻罗设。是以天子不合围，诸侯不掩群，大夫不麛不卵，士不隐塞，庶人不数罟，罟必四寸，然后入泽梁。故山不童，泽不竭，鸟兽鱼鳖皆得其所然。⑤

这种生态保护意识的影响十分深远，自秦汉以降，历代的法律都规定有环境保护的条款，如秦朝的《田律》、汉代的《四时月令五十条》、隋朝的《开皇律》，以及唐代的《唐律疏议》和《唐六典》等。此外，历朝颁布的诏令中，有很多都是关于生态保护的内容，如《汉书·宣帝本纪》载元康三年（前63）夏六月诏："三辅毋得以春夏摘巢探卵，弹射飞鸟，具为令。"⑥又如《宋书·明帝本纪》记载泰始三年（467）八月丁酉诏："古者衡虞置制，蝝蚳不收；川泽产育，登器进御。所以繁阜民财，养遂生德。顷商贩逐末，竞早争新，折未实之果，收豪家之利，笼非膳之翼，为戏童之资。岂所以还风尚本，捐华务实。宜修道布仁，以革斯蠹。自今鳞介羽毛，肴核众品，非时月可采，器味所须，可一皆禁断，严为科制。"⑦陆龟蒙生在唐代的江南水乡，对动植物的保护意识更具有强烈的感受。他在日常生活及农作期间，留心呵护其居地的一草一木、一虫一鸟，因而形成其独特的环境保护思想。

（1）《南泾渔父》与陆龟蒙的取用有节思想。人类的古食谱研究，自20世纪60年代以来发展速度很快，目前颇有成为人类学和考古学主流之势。⑧从考古遗存来分析，"占据

① 宫苏艺：《王东岳：提出万物演化的递弱代偿原理》，《中华读书报》2003年1月22日。目前学界对"递弱代偿原理"存在不同的认识，如韩乐、石谦飞：《论新常态下太原市创新性城市更新——打破"递弱代偿"的悲观论调》，《中共太原市委党校学报》2016年第6期，第25—26页。
② 《周易·序卦》，黄侃校点：《黄侃手批白文十三经》，第54页。
③ 《逸周书》卷4《大聚解第三十九》，《二十五别史》，济南：齐鲁书社，2000年，第38页。
④ （周）荀况：《荀子集解》卷5《王制》，《诸子集成》第1册，第105页。
⑤ （汉）毛亨传：《毛诗正义》卷9之4《鱼丽》，济南：山东画报出版社，2004年，第677页。
⑥ 《汉书》卷8《宣帝本纪》，第258页。
⑦ 《宋书》卷8《明帝本纪》，第161页。
⑧ 胡耀武、杨学明、王昌燧：《古代人类食谱研究现状》，王昌燧主编：《科技考古论丛》第2辑，合肥：中国科学技术大学出版社，2000年，第51页。

人类历史99%以上时间的采集渔猎时期（即旧石器时代），人类的食物原料极其广泛"①。后来，随着农业定居生活的开始，以一定区域环境为食物背景的文明社会逐渐形成了"靠山吃山，靠水吃水"的生活特点，因而人类的食谱就具有了地方特色。如太湖流域系一种平原水网沼泽环境，自古以来渔业资源就比较丰富，因此，捕鱼便成为此地居民的主要生产活动。故《汉书·地理志》载："江南地广，或火耕水耨。民食鱼稻，以渔猎山伐为业，果蓏蠃蛤，食物常足。"②当然，如何合理利用江河湖海里的渔业资源，陆龟蒙根据唐代水产业发展的特点，提出了如下见解：

> 窟穴与生成，自然通壶奥。孜孜戒吾属，天物不可暴。大小参去留，候其孳养报。终朝获渔利，鱼亦未常耗。同覆天地中，违仁辜覆帱。③

诗中"天物不可暴"警示人们不要过度捕捞，比如由于过度捕捞，致使长江刀鱼资源面临彻底消亡的可怕后果。而"大小参去留，候其孳养报"则告诉人们捕捞应取舍有方，不能违背天地万物生灭的平衡法则。尤其是陆龟蒙竭力反对"药鱼"，提倡"种鱼"，以此来保护江南地区的渔业资源，使之得到合理的开发与利用。

（2）《水鸟歌》与陆龟蒙对鸂鶒等水鸟"野逸性"的关怀。鸟的笼养始于何时？目前学界还没有明确答案。然《庄子·至乐》载有一则"鲁侯养鸟"的故事，其文说：

> 昔者，海鸟止于鲁郊。鲁侯御而觞之于庙，奏九韶以为乐，具太牢以为膳。鸟乃眩视忧悲，不敢食一脔，不敢饮一杯，三日而死。此以己养养鸟也，非以鸟养养鸟也。夫以鸟养养鸟者，宜栖之深林，游之坛陆，浮之江湖，食之鳅鲦，随行列而止，逶迤而处。④

在此，"鲁侯御而觞之于庙"有两种可能：笼养或屋养。于是，鲁侯在驯化海鸟的过程中就出现了海鸟的许多不适症，最后导致"鸟乃眩视忧悲，不敢食一脔，不敢饮一杯，三日而死"。遂宣告鲁侯"以己养养鸟"的失败，那么，"以己养养鸟"是否就意味着完全不可取了呢？当然不是，如果从美育的视角看，养鸟可以养心，人们从笼养鸟的过程中得到了生活的满足与快乐，所以笼养鸟就有了意义和价值。然而，鸟毕竟是天上的飞物，它的天性就是不受羁绊、自由自在。陆龟蒙将鸟儿的天性称之为"野逸性"，他说：

> 客有过震泽，得水鸟所谓鸂鶒者贶余，黑襟青胫，碧爪丹噣，色几及项，质甚高而意卑戚，畏人。余极哀其野逸性，又非以能招累者，而囚录笼槛，逼迫窗户，俯啄仰饮，为活大不快，真天地之穷鸟也。⑤

用拘囚笼槛束缚了水鸟的野逸天性，这是一件可悲的事情。因此，陆龟蒙在《水鸟歌》中描写了在"以鸟养养鸟"状态下的水鸟生活情趣。他说：

① 俞为洁：《中国史前植物考古——史前人文植物散论》，北京：社会科学文献出版社，2010年，第18页。
② 《汉书》卷28下《地理志》，第1666页。
③ （唐）陆龟蒙：《笠泽丛书》卷4《南泾渔父》，《景印文渊阁四库全书》第1083册，第261页。
④ （清）郭庆藩：《庄子集解·外篇·至乐》，《诸子集成》第5册，第274页。
⑤ （唐）陆龟蒙：《笠泽丛书》卷1《鸂鶒诗》，《景印文渊阁四库全书》第1083册，第237页。

水鸟山禽虽异名，天工各与双翅翎。……鸥闲鹤散两自遂，意思不受人丁宁。今朝棹倚寒江汀，春锄翡翠参鸬鹚。孤翅侧睨瞥灭没，未是即肯驯檐楹。妇女衣襟便佞舌，始得金笼日提挈。精神卓荦背人飞，冷抱蒹葭宿烟月。①

鸥鹤的意趣，群生遂性，不受世间的絮烦干扰，故其不肯驯檐楹。所以郑板桥在《潍县署中与舍弟墨第二书》中说：

所云不得笼中养鸟，而予又未尝不爱鸟，但养之有道耳。欲养鸟莫如多种树，使绕屋数百株，扶疏茂密，为鸟国鸟家。将旦时，睡梦初醒，尚展转在被，听一片啁啾，如《云门》《咸池》之奏；及披衣而起，颒面漱口啜茗，见其扬翚振彩，倏往倏来，目不暇给，固非一笼一羽之乐而已。大率平生乐处，欲以天地为囿，江汉为池，各适其天，斯为大快。②

陆龟蒙的《水鸟歌》与郑板桥的《潍县署中与舍弟墨第二书》所表达的养鸟思想具有一致性，爱鸟、养鸟确实能陶冶人的性情，但是从爱护和尊重鸟类的天性这个角度看，不主张笼养者无疑更有道理。如有学者认为："笼养野鸟，满足了个人占有欲，剥夺的是鸟儿的自由，违背了生态道德，便导致自然界生态链的断裂，虫灾泛滥。"③因此，"殷勤谢汝莫相猜，归来长短同群活"④，人类与鸟类和谐相处，不仅是陆龟蒙的理想，更是我们生活在地球上所有人的美好愿望。

（九）陆龟蒙与唐代后期下层庶族地主的一般生活境况

唐代后期经费入不敷出，国家财政陷入空前危机。军费和官俸开支的持续增长，导致农户赋税不断加重。尽管两税法和庄田制在客观上缓和了一些社会矛盾，但是诚如南宋郑樵所言："自两税之法行，赋与田不相系，以致横征暴敛，层出不穷"⑤，另据统计，两税法实行后，逃户达到总人数的三分之二⑥，因而下层庶族地主的生活境况便变得越来越糟。以陆龟蒙为例，依前述的田产计算，陆龟蒙无疑属于没有官职和出身的庶族地主。尽管他有"耕夫百余指"（10 指为 1 人）即 10 余人，但陆龟蒙不仅自己要参加劳动，而且还负担着沉重的赋税。对此，陆龟蒙有多篇诗文来描述自己的艰难生活处境。他说：

天随子宅荒少墙，屋多隙地，著图书所，前后皆树以杞菊（即枸杞与野菊）。春苗恣肥，日得以采撷之，以供左右杯案。及夏五月，枝叶老硬，气味苦涩，旦暮犹责儿童拾掇不已。⑦

以杞菊为食，"忍饥诵经"⑧，或许有些夸张，但陆龟蒙生活比较艰辛却是事实，而造

① （唐）陆龟蒙：《笠泽丛书》卷 3《水鸟歌》，《景印文渊阁四库全书》第 1083 册，第 253 页。
② （清）郑燮著，华耀祥、顾黄初译注：《板桥家书译注》，北京：人民文学出版社，1994 年，第 50 页。
③ 王昭荣：《用爱订做的天堂》，香港：天马出版有限公司，2004 年，第 234 页。
④ （唐）陆龟蒙：《笠泽丛书》卷 3《水鸟歌》，《景印文渊阁四库全书》第 1083 册，第 253 页。
⑤ 万国鼎：《中国田制史》，北京：商务印书馆，2011 年，第 236 页。
⑥ 肖瑞峰、方坚铭、彭万隆：《晚唐政治与文学》，北京：中国社会科学出版社，2011 年，第 148 页。
⑦ （唐）陆龟蒙：《笠泽丛书》卷 1《杞菊赋》，《景印文渊阁四库全书》第 1083 册，第 232 页。
⑧ （唐）陆龟蒙：《笠泽丛书》卷 1《杞菊赋》，《景印文渊阁四库全书》第 1083 册，第 232 页。

成这种境况的直接原因，主要不是来自自然灾害，而是来自日益加重的赋税。对此，陆龟蒙在《送小鸡山樵人序》中借樵人顾及之口诉说道：

> 元和中尝从吏部游京师，人言国家用兵，帑金窖粟不足用，当时江南之赋已重矣。迨今盈六十年，赋数倍于前，不足之声闻于天下，得非专地者之欺甚乎？吾有丈夫子五人，诸孙亦有丁壮者，自盗兴以来，百役皆在，亡无所容，又水旱更害吾稼，未即死，不忍见儿孙寒馁之色。虽尽售小鸡之木，不足以濡吾家，况一二买名为偷乎？今子一炀灶不给而责吾之深，吾将欲移其责于天下之守，则吾死不恨矣。①

此种情形不独江南地区大量存在，北方广大地区亦不例外。如《资治通鉴》乾符元年（874）条载：

> 自懿宗以来，奢侈日甚，用兵不息，赋敛愈急。关东连年水、旱，州县不以实闻，上下相蒙，百姓流殍，无所控诉。相聚为盗，所在蜂起。②

陆龟蒙又说：

> 《禹贡》厥田，上下各异，善人为邦，民受其赐。去年西成，野有遗穗。今夏南亩，旱气赤地。遭其丰凶，概敛无二。退输弗供，进诉弗视。号于旻天，以血为泪。孟子有言，王无罪岁。诗之穷辞，以嫉悍吏。③

由于田里的粮食尽被官府敛去，留给农户的唯有饥寒与贫困。所以，陆龟蒙更进一步揭露说：

> 四方贼垒犹占地，死者暴骨生寒饥。归来辄拟荷锄笠，诟吏已责租钱迟。兴师十万一日费，不啻千金何以支。只今利口且箕敛，何暇俯首哀茕嫠。④

二、《耒耜经》及唐代的农具变革

唐代"开元盛世"的出现，与其农具改革关系密切。诚如元结所说："开元天宝之中，耕者益力，四海之内，高山绝壑，耒耜亦满，人家粮储，皆及数岁，太仓委积，陈腐不可校量"⑤。可见，在"人家粮储，皆及数岁"的殷富景象背后，耒耜的作用不可低估。当然，由于统治者的治国理念不同，在古代，有的君主把大量铁原料应用于制造农具，极大地促进了社会经济的迅猛发展，从而迎来国富民强的盛世；然而，有的君主却为了满足自己的私欲，而将铁原料用于铸造宫廷器玩，劳民伤财，结果导致民生凋敝，国力空虚。更有甚者，有些穷兵黩武的君主，为了炫耀武力，专门用铁原料来铸造兵刃，结果导致农具匮乏，严重影响了农业生产的发展。那么，如何理解铁原料与农具发展的关系？

---

① （唐）陆龟蒙：《笠泽丛书》卷2《送小鸡山樵人序》，《景印文渊阁四库全书》第1083册，第249页。
② 《资治通鉴》卷252《唐纪六十八》，第1741页。
③ （唐）陆龟蒙：《笠泽丛书》卷4《彼农诗》，《景印文渊阁四库全书》第1083册，第267页。
④ （唐）陆龟蒙：《笠泽丛书》卷1《散人歌》，《景印文渊阁四库全书》第1083册，第232页。
⑤ （唐）元结：《问进士第三首》，周绍良主编：《全唐文新编》卷380，第4376页。

陆龟蒙借"冶家子"之口分析说：

> "吾祖始铸田器，岁东作，必大售。殷赋重，秉耒耜者一坡不敢起，吾父易之为工器。属宫室台榭侈，其售益倍。民凋力穷，土木中辍，吾易之为兵器。会诸侯伐殷，师旅战阵兴，其售又倍前也。今周用钺斩独夫，四海将奉文理，吾之业必坏，吾亡无日矣。"武王闻之，惧。于是包干戈，劝农事。冶家子复祖之旧。①

这篇短文的主旨是抑武尚农，因为农业是立国之本。然而，恰恰在这个问题上，安史之乱后，藩镇割据，农具生产不被重视，于是，出现了"农人日困，末业日增。一年水旱，百姓菜色，家无满岁之食"②的现象，唐朝的统治者已经渐渐地失去了稳定社会的物质基础。我们知道，唐初的冶铁政策比较宽松。如《唐六典》卷22《少府监》载："凡天下诸州出铜铁之所，听人私采，官收其税。……其西边、北边诸州禁人无置铁冶及采铷，若器用所须，则具名数，移于所由，官供之。"③到德宗兴元元年（784），户部侍郎韩洄奏云："天下铜铁冶，乃山泽利，当归王者，请悉隶盐铁使。"④唐德宗采纳了这项建议，然而仅过了半年，榷铁政策便再也推行不下去了，于是"其垫陌及税间架、竹、木、茶、漆、榷铁等诸色名目，悉宜停罢"⑤。表明禁止私营冶铁政策并不符合实际，因为它严重挫伤了冶工和商人的积极性。之后，唐朝冶铁业发展极快，例如，仅唐宣宗时就增铁山71处，岁率铁532 000斤。⑥在此背景下，唐代的农具生产出现了新的突破，尤其是江东犁的推广，使南方的水田耕作技术形成以耕耙耖三位一体为特点的耕作体系。而陆龟蒙的《耒耜经》即是从农具角度对耕耙耖耕作体系的系统总结，书中讲述了犁、爬、砺礋和碌碡的基本结构、特点与功能，诚如陆龟蒙所说："耕而后有爬（耙），渠疏之义也，散坺去芟者焉。爬（耙）而后有砺礋焉，有碌碡焉。自爬（耙）至砺礋皆有齿，碌碡觚棱而已，咸以木为之，坚而重者良。江东之田器尽于是。"⑦因此，学界称《耒耜经》是"中国有史以来独一无二的一本古农具专志，是专门论述农具的古农书经典著作"⑧。

下面从两个方面对《耒耜经》的主要思想内容略作阐释。

（一）陆龟蒙的"耒耜"观

在我国，耒耜的起源比较早。《周易·系辞下》载："神农氏作，斫木为耜，揉木为耒。耒耨之利，以教天下，盖取诸益。"⑨那么，远古时期的耜耒究竟是什么样子？学界的认识尚有分歧。相比较而言，李根蟠解释更合理。他说：

> 中外民族志表明，耒耜一类直插式农具是从原始人采集、点种用的尖头木棒演变

① （唐）陆龟蒙：《笠泽丛书》卷2《冶家子言》，《景印文渊阁四库全书》第1083册，第246页。
② （唐）李翱：《疏改税法》，周绍良主编：《全唐文新编》卷634，第7166页。
③ 《唐六典》卷22《少府监》，第577页。
④ 《新唐书》卷126《韩洄传》，第4439页。
⑤ （唐）陆贽著，刘泽民校点：《陆宣公集》卷1《奉天改元大赦制》，杭州：浙江古籍出版社，1988年，第4页。
⑥ （清）康基田编著：《晋乘搜略》卷17《唐》，太原：山西古籍出版社，2006年，第1288页。
⑦ （唐）陆龟蒙：《笠泽丛书》卷3《耒耜经》，《景印文渊阁四库全书》第1083册，第259页。
⑧ 周昕：《中国农具史纲及图谱》，北京：中国建材工业出版社，1998年，第152页。
⑨ 《周易·系辞下》，黄侃校点：《黄侃手批白文十三经》，第45页。

而来的。例如四川省甘洛县的藏族（自称"耳苏人"）在营农之初曾使用尖头竹木棒戳土点种，后在尖头木棒上安了扶手，使戳土得劲，由此得到启发，加上一根踏脚横木，手足并用发土，遂成木耒。由于直耒操作费劲而效率低，反复实践后改为弯柄（内角约130°），这就是斜尖耒，耳苏人现在使用的脚犁，即是由它发展而来。……但尖头木棒也可以向另一个方向发展，把下端削成扁平刃，是为锸；如加上踏足横木免责成耜。如西藏珞巴族的青杠木耜，长约120厘米，刃片呈叶形，长约40厘米，宽约15厘米，正面平直，背面圆凸起脊，其上有一踏脚横木，柄端有握手的横梁。①

自神农以降，农具的变革就成了农业生产不断向前发展的重要标尺。因此，陆龟蒙说："耒耜者，古圣人之作也。自乃粒以来至于今，生民赖之。有天下国家者，去此无有也。"②推崇三皇五帝，是儒家学说的重要特征，儒家所推崇的圣人有两个特点：主张以器具为立国的基础和以礼制为构建太平盛世的法宝。实际上，这两个特点在儒家内部所呈现出来的思想倾向是不相同的。例如，《周易·系辞上》说："形而上者谓之道，形而下者谓之器。"③在对待"道"与"器"的关系问题上，孔子倾向于"道"，所以他说："夫易，圣人所以崇德而广业也。"④在这个观念指导下，孔子以周公为榜样，以"克己复礼"为己任。故荀子说："夫学始于诵经，终于习礼。"⑤后来，汉儒对荀子所言"诵经"与"读礼"，又做了进一步的阐释。《汉书》载："河间献王德以孝景前二年立，修学好古，实事求是。从民得善书，必为好写与之，留其真，加全帛赐以招之。繇是四方道术之人不远千里，或有先祖旧书，多奉以奏献王者，故得书多，与汉朝等。是时，淮南王安亦好书，所招致率多浮辩。献王所得书皆古文先秦旧书，《周官》、《尚书》、《礼》、《礼记》、《孟子》、《老子》之属，皆经传说记，七十子之徒所论。其学举六艺，立《毛氏诗》《左氏春秋》为博士。修礼乐，被服儒术，造次必于儒者。山东诸儒多从而游。"⑥此处之《周官》，有学者认为即《周礼》。⑦不过，鉴于《周礼》成书本身在学界仍聚讼不已的事实，笔者不拟多言，仅就《周礼》六篇的流传谈一点粗浅的看法。诚如前述，河间献王德在征集《周礼》的时候，出现了阙篇现象。即阙第六篇《冬官司空》或《事官》，依《经典释文》和《隋书·经籍志》的说法："河间献王开献书之路，时有李氏上《周官》五篇，失《事官》一篇，乃购千金，不得，取《考工记》以补之。"⑧在此，什么缘故造成阙篇及为什么用《考工记》补阙，都是需要深入研究的问题。这里，我们需要留心一个现象：《考工记》比较重视农具的生产和管理，如青铜农具的生产由"段氏"掌管，而木质耒耜制作则由"车人"掌管，此与汉代的重农政策一致。看来，汉儒用《考工记》补入《周礼》确实适合

① 李根蟠：《中国古代农业》，北京：中国国际广播出版社，2010年，第34页。
② 陆龟蒙：《笠泽丛书》卷3《耒耜经》，《景印文渊阁四库全书》第1083册，第258页。
③ 《周易·系辞上》，黄侃校点：《黄侃手批白文十三经》，第44页。
④ 《周易·系辞上》，黄侃校点：《黄侃手批白文十三经》，第40页。
⑤ （清）章学诚，吕思勉评：《文史通义》卷1《内篇·经解上》，上海：上海古籍出版社，2008年，第26页。
⑥ 《汉书》卷53《景十三王传》，第2410页。
⑦ 张言梦：《〈考工记〉在两汉时期的流传及其与〈周礼〉的关系》，范景中、曹意强主编：《美术史与观念史》，南京：南京师范大学出版社，2005年，第26页。
⑧ （唐）陆德明：《经典释文·序录》，上海：商务印书馆，1936年，第464页。

了汉代重农政策的客观需要，自有其历史的必然性。可是，在韩愈看来，儒家的道统"尧以是传之舜，舜以是传之禹，禹以是传之汤，汤以是传之文、武、周公，文、武、周公传之孔子，孔子传之孟轲。轲之死，不得其传焉"①。由此可见，韩愈循着"形而上学"的进路，继承了孔子的"仁义"学说，并确立了儒家在历史上的正统地位。因而儒家学说被固化为一种以"仁义道德"的特质的思想体系，"农器"在这个思想体系里是不受重视的。于是，陆龟蒙用亲身经历讲了下面一段话。他说：

> 饱食安坐，曾不求命称之义，非扬子所谓如禽者耶？余在田野间，一日呼耕甿，就而数其目，恍若登农皇之庭，受播种之法。淳风泠泠，耸竖毛发，然后知圣人之旨趣。朴乎其深哉！孔子谓"吾不如老农"，信也。因书为《耒耜经》，以备遗忘，且无愧于食。②

在这段话里，陆龟蒙严厉地批评了那些"饱食安坐"而不知道怎样种庄稼和不清楚如何使用农具的人。仔细体会，陆龟蒙的批评实际上是针对那些脱离生产实践的儒学教育而发，旨在提倡儒学教育应与农业生产相结合。孔子的教育目标很明确就是为国家培养高级管理人才，学习以礼、乐、射、御、书、数等六艺为主，其他技艺则被视为"小道"。故子夏说："虽小道必有可观者焉，致远恐泥，是以君子不为也。"③用这个标准衡量，农器生产自然属于"小道"。于是，"樊迟请学稼，孔子曰：'吾不如老农。'请学圃，曰：'吾不如老圃。'樊迟出，孔子曰：'小人哉，樊须也！'上好礼，则民莫敢不敬；上好义，则民莫敢不服；上好信，则民莫敢不用情。夫如是，是四方之民襁负其子而至矣，焉用稼？"④难怪子路会遭遇下面的尴尬处境："（子路）遇丈人，以杖荷蓧。子路问曰：'子见夫子乎？'丈人曰：'四体不勤，五谷不分。孰为夫子？'植其杖而芸。"⑤非常巧合的是，子路遇到的"丈人"是一位隐者，而陆龟蒙也是一位隐者，但陆龟蒙却丝毫没有表现出对孔子的藐视之态。不过，陆龟蒙认为，孔子的知识结构是有缺陷的，由于他远离农业劳动，所以他对怎样种庄稼和如何使用农具全然不知。正是在这个层面上，陆龟蒙才决心编写一本专门记述农器的书籍，以示农器同礼义一样，为安邦治国所不可或缺。

（二）对"江东犁"结构与功能的详尽记述

1. "江东犁"的一般结构与功能

陆龟蒙所记载的唐代"江东犁"共由 11 个部件所组成，在《耒耜经》里，陆龟蒙分别详述了它们的名称、尺寸、形状及功用，并成为后人复制"江东犁"的重要依据，陆龟蒙说：

> 冶金而为之者曰犁镵，曰犁壁；斫木而为之者曰犁底，曰压镵，曰策额，曰犁

① （唐）韩愈：《原道》，（清）沈德潜选评，于石校注：《唐宋八家文读本》，合肥：安徽文艺出版社，1998 年，第 4 页。

② （唐）陆龟蒙：《笠泽丛书》卷 3《耒耜经》，《景印文渊阁四库全书》第 1083 册，第 258 页。

③ （清）刘宝楠：《论语正义》卷 22《子张》，《诸子集成》第 1 册，第 402 页。

④ （清）刘宝楠：《论语正义》卷 16《子路》，《诸子集成》第 1 册，第 284 页。

⑤ （清）刘宝楠：《论语正义》卷 21《微子》，《诸子集成》第 1 册，第 393—394 页。

箭，曰犁辕，曰犁梢，曰犁评，曰犁建，曰犁盘。木与金凡十有一事。耕之土曰坺，坺犹块也。起其坺者，镜也；覆其坺者，壁也。草之生必布于坺，不覆之则无以绝其本根。故镜引而居下，壁偃而居上。镜表上利，壁形其圆。负镜者曰底，底初实于镜中，工谓之鳖肉。底之次曰压镜，背有二孔，系于压镜之两旁。镜之次曰策额，言其可以捍其壁也，皆贴然相戴。自策额达于犁底，纵而贯之曰箭。前如程而樛者曰辕；后如柄而高者曰梢。辕有越，加箭，可弛张焉。……则二物跃而出，箭不能止。横于辕之前末曰槃，言可转也。左右系，以樫乎轭也。辕之后末曰梢，中在手，所以执耕者也。辕车之胸，梢取舟之尾，止乎此乎。镜长一尺四寸，广六寸。壁广长皆尺，微楠。底长四尺，广四寸。评底过压镜二尺，策减压镜四寸，广狭与底同。箭高三尺，评尺有三寸。槃增评尺七焉，建惟称绝，辕修九尺，梢得其半。辕至梢中间掩四尺，犁之终始丈有二。[①]

（1）犁镜，铁制，长一尺四寸，约合今 42 厘米；广六寸，约合今 18 厘米，呈等腰三角形。[②]其主要作用是起坺（垡），即切断草根与切开土块，同时将切下的土块送到犁壁上。

（2）犁壁，铁制，长宽各约一尺，约合今 30 厘米，略呈椭圆形，凸边朝外，其主要功用是分土，即向犁沟两侧（准确地说应是向右后方）翻转犁起的土坺，同时将杂草和植物残株埋压土下。另外，还有粉碎土坺的作用，便于深耕。所以"犁壁的发明是犁耕史上的一个重大进步"。[③]

（3）犁底，也称犁床，木制，长四尺，约合今 120 厘米；广四寸，约合今 12 厘米。前端的"鳖肉"嵌入犁镜，主要起稳定犁体与固定犁镜位置的作用。

（4）压镜，木制，距离犁评的长度为二尺，约合今 60 厘米，其主要功用是固定犁壁。然而，学界对压镜的认识分歧较大，如有学者认为不仅"评"字为误加，而且"二尺"的"二"亦为"三"之误。[④]还有学者主张："压镜，宽四寸，长二尺，其作用在于固定犁壁，并紧压犁镜于犁底，因此也有固定犁镜的作用。"[⑤]由于"压镜是安装犁壁的部件，是一个向后倾斜的木托，一般长短与犁壁高度相等"，[⑥]所以"评底过压镜二尺"，即是说"评底"与"压镜"之间的距离为二尺。在此，"评底"不是指"评"和"犁底"两个部件，而是指评的底部。

（5）策额，木制，系压镜与犁壁的支柱，宽 4 寸，约合今 12 厘米；长六寸，约合今 18 厘米。它的主要功用是固定犁壁，防止其摆动。

① （唐）陆龟蒙：《笠泽丛书》卷 3《耒耜经》，《景印文渊阁四库全书》第 1083 册，第 258—259 页。
② 唐代一尺约合现在的 30 厘米。参见国家计量局、中国历史博物馆、故宫博物院主编：《中国古代度量衡图集》，北京：文物出版社，1984 年；王自力、孙福喜著：《唐金乡县主墓》，北京：文物出版社，2002 年，第 99 页；金秋鹏主编：《图说中国古代科技》，郑州：大象出版社，1999 年，第 60 页等。
③ 宋兆麟：《唐代曲辕犁研究》，《中国历史博物馆馆刊》1979 年第 1 期，北京：文物出版社，1979 年，第 63 页。
④ 宋兆麟：《唐代曲辕犁研究》，《中国历史博物馆馆刊》1979 年第 1 期，第 68 页。
⑤ 曾雄生：《江东犁》，宋正海、孙关龙主编：《图说中国古代科技成就》，杭州：浙江教育出版社，2000 年，第 15 页；金秋鹏主编：《图说中国古代科技》，第 60 页。
⑥ 宋兆麟：《唐代曲辕犁研究》，《中国历史博物馆馆刊》1979 年第 1 期，第 68 页。

（6）犁箭，或称犁柱，木制，长三尺，下端贯穿策额与犁底的孔中，上端则贯穿犁辕。这样通过犁箭，犁辕和策额、犁壁、压镜以及犁底等结构相互嵌合，固定为一个整体。

（7）犁辕，木制，长九尺，约合今 270 厘米，是一根中间隆起的长木杠，也是承受牵引力的主要载体，曲辕犁即由此命名。辕的一端贯穿犁梢，另一端则与犁槃相连，在距离犁梢的适当位置凿孔，让犁箭穿过。

（8）犁评，木制，陆龟蒙称："辕之上又有如槽形，亦如箭焉，刻为级，前高而后卑，所以进退，曰评。进之则箭下，入土也深；退之则箭上，入土也浅。"可见，犁评是一个附在犁辕上由高低两阶槽构成的长条形横木，主要用于调节犁耕的深浅。而为了使犁评在犁辕上进退自如，犁评底面比较平滑，扶犁者可根据耕地的深浅需要，随时调控犁评的进退。

（9）犁建，一根插入犁评槽中的木箫（销），大小要求适中，因其横插在犁箭和犁辕的交点上，故它起着固定犁评与犁辕的作用。

（10）犁梢，亦称犁柄，是一个丁字形曲木，其最上端安装有小扶手，名为"中"，长四尺五寸，约合今 135 厘米，梢的中下部凿有一孔，由犁辕穿过，最下部有一榫与犁底相接。"耕地时，耕者手扶犁梢，用来掌握犁身行进时的方向和它的倾斜或端正；当犁身端正时，犁镜破土的断切面较宽，耕起的土坯也就稍宽；犁身略斜，犁镜破土的断切面也就稍窄，耕起的土坯也就较窄。"[①]

（11）犁槃，木制，横于犁辕的前端，紧接地面，能在一定角度内左右转动，"横于辕之前末曰槃，言可转也"。它的主要功用是当牲畜拉动犁辕前行时，一旦出现用力不均匀的情况，犁槃就会适时地转动一定角度以保证耕犁能够直线前行。

2."江东犁"的特殊工作原理

关于"江东犁"的工作原理，学界已经从多个角度做了比较深入的阐释。本书综合学界已有研究成果，稍略分析如下。

江东犁巧妙地利用了曲辕的力学原理，使畜力、犁辕和犁镜以及扶犁者之间，形成了一个最佳控制耕的力臂。所以有人认为"曲辕犁的巨大进步意义就在改直辕为曲辕上"[②]。

首先，直辕犁的受力如图 4-3 所示。

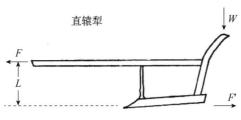

图 4-3　直辕犁受力示意图[③]

---

① 中国农业科学院、南京农学院中国农业遗产研究室编著：《中国农学史（初稿）》，北京：科学出版社，1984年，第 17 页。

② 买群主编：《中外历史知识 400 题（中国古代史部分）》，济南：齐鲁书社，1986 年，第 288 页。

③ 买群主编：《中外历史知识 400 题（中国古代史部分）》，第 288 页。

图中 F 为牲畜拉动耕犁前行的方向（即畜力的水平分力），F' 为耕地的阻力方向。由于直辕的关系，F 与 F' 不在同一条直线上，因此，在耕犁行进中就产生了呈逆时针方向的力矩。如果扶犁者不能平衡这个力矩，耕犁就无法紧接地面前行，这样，扶犁者不得不付出力 W，此种体力消耗是巨大的。与直辕犁的受力不同，曲辕犁的受力如图 4-4 所示。

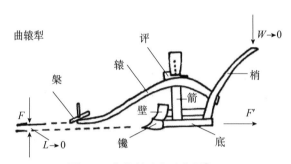

图 4-4　曲辕犁受力示意图①

F 为牲畜拉动耕犁前行的方向，F' 为耕地的阻力方向。由于曲辕的关系，F 与 F' 的作用力线已非常接近，两者所产生的力矩基本上趋于零，也就是说，在这样的受力条件下，扶犁者不需要为平衡力矩而付出巨大的体力。

关于采用曲辕犁与劳动生产率之间的关系，我们不妨将唐代仍采用直辕犁的南诏地区的农耕生产情况，试举两例于此。《蛮书》载："每耕田用三尺犁，格长丈余，两牛相去七八尺，一佃人前牵牛，一佃人持按犁辕，一佃人秉耒。"②桂馥《扎朴》又载："大理耕者，以水牛负犁，一人牵牛，一人骑犁辕，一人推犁。"③在直辕犁的条件下，需要三个劳动力，其中有一个专门向下压耕犁，以保证耕犁紧接地面向前运动。然而，在曲辕犁的条件下，只要两个劳动力就足够了。

其次，犁评、犁建与犁梢的出现，使得耕犁深浅的调节更加自如，规格化程度更高。而对于江东犁深浅调节机制，周昕有非常专业的分析。他绘制了"曲辕犁深浅调节机构原理图"（图 4-5），并且从力学的角度解析说：

> 在设定对犁的牵引力大小、方向、作用点都不变（即犁辕位置不变，因为犁辕是接受外力的零件）的前提下，从下图不难看出：评向前进，工作部位就会移向较低的一级，此时箭的位置就会相对于地面向下移动（即相对于犁辕向下移动），也就是图中的 E 点相对于 xOy（大地）向下移动，显然此时 D 点相对于 OC 线的垂直距离就会增大，也就是犁镵尖端相对于地面变深了。实际上也就是 DEO 线与 Ox 轴的夹角变大了，所以耕地也就深了。反之……评向后退，即向犁工作方向相反的方向位移，它的工作部位移到第二级或第三级，此时箭的位置就相对于地面向上移动，也就是图示的 E 点相对于 xOy（大地）向上移动，显然此时 D′点相对于 OC' 线的垂直距离就会

①　买群主编：《中外历史知识 400 题（中国古代史部分）》，第 289 页。

②　（唐）樊绰撰，向达校注：《蛮书校注》卷 7《云南管内物产》，北京：中华书局，1962 年，第 171 页。

③　（清）桂馥：《扎朴》卷 10《农人耕田》，方国瑜主编：《云南史料丛刊》第 12 卷，昆明：云南大学出版社，2001 年，第 73 页。

减小；也就是犁镜尖端相对于地面变浅了，实际上也就是 $D'E'O$ 线与 Ox 轴的夹角变小了，所以耕地也就浅了。[①]

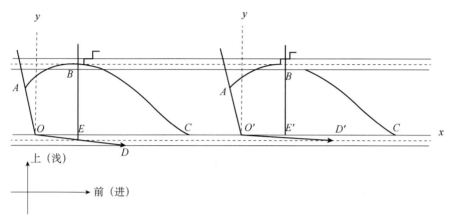

图 4-5　曲辕犁深浅调节机构原理示意图[②]

综上所述，江东犁的深浅调节主要依靠三个结构：犁评、犁建与犁箭。三者的关系是："耕地的深度是由犁箭的长度来决定的，犁箭的长度是被犁评所支配的，犁评又是套在犁箭上的，下有犁辕相依，上有犁建管制。犁箭、犁评和犁建三者既有分工，又有联系，它们是互相约制的。这种复杂而有机的关系只有到了唐代才规格化，并且首先见于文献记录。"[③]

3. 江东犁对中国古代农业进步的意义与历史局限

耕犁的推广极大地促进了中国古代农业的发展，随着耕犁结构的不断完善，从先秦到清代中期，农业亩产量呈逐步增加之势。当然，具体到每个历史阶段，对其粮食亩产的数据计量，因每个人对史料的理解存在差异，因而统计结果互有不同。不过，中国古代粮食亩产量的总体发展趋势是逐步增高的，具体数据见表 4-1。

表 4-1　中国古代粮食亩产及农业劳动生产率统计简表

朝代	粮食产量（市斤/市亩）	劳动生产率（市斤/劳动力）
战国	216	3188
西汉末	264	3578
唐代	334	4524
宋代	309	4175
明代	346	4027
清中叶	367	2262

资料来源：叶茂、兰鸥、柯文武：《传统农业与现代化》，《中国经济史研究》1993 年第 3 期

粮食亩产量从战国到唐代是一个转折点，不管史学界对唐宋亩产量的理解有多少分

[①]　周昕：《中国农具发展史》，济南：山东科学技术出版社，2005 年，第 569 页。

[②]　周昕：《中国农具发展史》，第 569 页。

[③]　宋兆麟：《唐代曲辕犁研究》，《中国历史博物馆馆刊》1979 年第 1 期，第 64 页。

歧，有一点则是人们公认的，那就是江东犁的推广对江南农业生产的发展有着巨大作用，甚至它成为我国古代经济重心南移的重要物质基础。诚如有学者所言：

> 如果说汉代犁箭的发明和牵牛方法的改进节省了牵牛人和掌辕人，大大地解放了人力，那么，唐代曲辕犁的出现，由于犁架变小和牵引方法的改进，使笨重的二牛抬杠发展为一牛挽拉，又大大地节省了畜力，这对推广和发展牛耕有深远的意义。所以，唐代曲辕犁是我国古代犁耕史上的里程碑，是继汉代犁耕发展之后又一次新的突破。①

当然，对我国古代耕犁定型于唐代这个事实，用今天的眼光看，我们应做两方面分析。一方面是它对中国古代农业社会的发展起到了至关重要的作用，意义重大；另一方面是从近代科技生产力的演变规律看，耕犁制度的定型在一定程度上束缚了人们的机械化思维，也就是说，对畜力应用的成功，使得统治者和耕者都不去思考更先进的机械化耕种方式。因此，有学者提出了这样的观点：

> 唐代以后，铁犁牛耕技术稳定下来，可开垦的荒地不断减少，规模扩大增加的产量呈现不断减少的趋势；农艺创新提高产量的空间不断缩小，粮食单产增长速度逐步放慢，粮食总产量的增速开始下降，劳动生产率开始下滑。从统计数据可以看出这一变迁过程。从战国时期开始，农业劳动力人均生产粮食逐步增长，到唐朝时期达到最高点位 4524 斤/人年，其后逐渐下降到清中叶的 2262 斤/人年。宋代以后，我国的工商业得到快速发展，经济增长速度仍然处于领先地位。明朝以后，我国的经济增长速度开始慢于欧美国家，差距逐渐扩大。②

上述问题颇为复杂，笔者仅仅从我国古代对自然界各种动力资源的开发和应用着眼，拟对前面的问题略陈管见。

（1）畜力的应用及牛耕的普遍推广与困境。据《世本作篇》载："胲作服牛。相土作乘马。"③胲和相土相传都是黄帝的大臣，由此推断，至少在原始社会末期，牛与马开始作为交通工具被应用于社会生活领域了。《国语·晋语九》又说："今其子孙将耕于齐，宗庙之牺为畎亩之勤。"④而山西浑源李峪村的晋墓中曾出土了一尊穿有鼻环的铜牛，表明春秋末期牛已被用于耕田。⑤自汉武帝始，二牛三人耦耕成为主要的农耕生产方式，至唐代随着曲辕犁的出现，不仅极大地提高了劳动生产率和耕地的质量，而且使南方水田精耕细作技术形成体系，为我国古代经济重心的南移创造了条件。然而，"自宋以后，在人口压力的推动下，畜力的使用日益式微，在不少地区人力重新取代畜力承担起了生产、生活中最为繁重的部分。到明清之际，原先'动儿犁耙'的江南地区，农家从事农业生产已经出现'犁则有之，未见用耙'的状况，'农家种稻，耕犁之后，先放水浸田，然后集众用铁锗□

---

① 宋兆麟：《唐代曲辕犁研究》，《中国历史博物馆馆刊》1979 年第 1 期，第 71 页。

② 李中强：《未来中国 10·100·1000 年》，北京：中央编译出版社，2012 年，第 49 页。

③ 佚名撰，周渭卿点校：《世本作篇》，《二十五别史》，济南：齐鲁书社，2000 年，第 66—67 页。

④ （春秋）左丘明撰，鲍思陶点校：《国语》卷 15《晋语九》，第 244 页。

⑤ 李天石、王建成主编：《中国古代史教程》，南京：南京师范大学出版社，2011 年，第 80 页。

□土块……用力颇众。'清代时，农业生产中不仅不再用耙，甚至连犁也在大部分的农民家庭中被排挤出了农业生产领域，从而使畜力在这些农民家庭的理性考虑中非理性地、无奈地让位于人力了。而作出这一非理性选择的原因在于当时的这些农民家庭已经丧失了承受耕畜饲养这一风险投资的经济能力。如在吴江县，'牛惟富室畜之，余不能办也'"①。唐代耕犁已经发展到中国封建社会的高峰，而宋代以后人口压力日益沉重，有鉴于这种历史背景，农民在耕作动力应用方式上不但没有进步，反而无奈地返回到利用人力耕田的落后状态。这是颇值得深思的历史问题。

（2）水力的应用与水资源危机。《世本作篇》说："共鼓、货狄作舟。"②共鼓和货狄同为黄帝的大臣，他们发明了水上交通工具——独木舟。《周易·系辞下》载："黄帝、尧、舜垂衣裳而天下治，盖取诸乾、坤，刳木为舟，剡木为楫。"③对水浮力的认识和应用，除了舟之外，还有刻漏。徐坚《初学记》载："漏刻之作，盖肇于轩辕之日，宜乎夏商之代。"④一般而言，漏刻的构件由播水壶、分水壶和受水壶组成。南朝的祖冲之利用水力带动创制了水磨。故《南齐书》载，祖冲之"于乐游苑造水碓磨，世祖亲自监视"⑤。至于当时祖冲之建造的皇家水碓磨到底是个什么样子，史料阙载。幸亏北宋王希孟在《千里江山图》中绘有一座横跨山溪上的水磨，其做法是："先在溪上建砖砌的拦水坝，坝上建屋，下设水轮，引水冲击水轮转动，带动水磨。磨房周围建有附属建筑、大门和篱笆。磨房之后的溪上有水闸，是储水和导水冲水轮用的，从画中还可以看到水闸的金口柱和闸板。"⑥可见，水磨是用水作动力驱动磨盘转动，将谷粒、麦粒碾碎，而北宋的水磨房与唐代的水磨房在营建方面没有实质性的区别，既然需要水流做动力，那么建造水碓或水碨就必然需要建造拦水坝。这样就带来另外一个问题，即水力资源的大量消耗以及碨沙堵塞渠堰。例如，唐代长安的权贵之家"皆缘渠立碨，以害水田"⑦。碾碨在运转过程受到水力的冲击，容易挟带泥沙，久而久之，就会堵塞渠堰。所以唐代《水部式》载："诸水碾碨，若拥水质泥塞渠，不自疏导，致令水溢渠坏，于公私有妨者，碾碨即令毁破。"⑧在唐人看来，"瀑布可以图画，而无济于人，若以溉良田，激碾碨，其功莫若长河之水"⑨。然而，有学者指出，如果用瀑布"溉良田，激碾碨"会带来两个困境：一是"如此一来会使水流到较低之处，难以回头灌溉农田"；二是"若是渠中的水流无法激起碾碨运作，就会在渠中筑塞水堰；当水渠含泥沙量大时，渠道无法涵盖所引水量，这时多出来的水流就会溢出渠岸，不仅对渠岸造成破坏，也是对水资源的一种浪费"⑩。因此，"五代以后特别是

---

① 周祝伟：《畜力与汉唐文明》，《福建省社会主义学院学报》2002年第2期，第24页。

② 佚名撰，周渭卿点校：《世本作篇》，《二十五别史》，第67页。

③ 《周易·系辞下》，黄侃校点：《黄侃手批白文十三经》，第45页。

④ （唐）徐坚：《初学记》卷25引梁《漏刻经》，《景印文渊阁四库全书》第890册，第394页。

⑤ 《南齐书》卷52《祖冲之传》，第906页。

⑥ 傅熹年：《王希孟〈千里江山图〉中的北宋建筑》，傅熹年：《中国古代建筑十论》，上海：复旦大学出版社，2004年，第213—214页。

⑦ 《旧唐书》卷98《李元纮传》，第3073页。

⑧ 《开元水部式残卷》，刘俊文：《敦煌吐鲁番唐代法制文书考释》，北京：中华书局，1989年，第329页。

⑨ （宋）王谠撰，周勋初校证：《唐语林校证》卷3《识鉴》，北京：中华书局，1987年，第261页。

⑩ 于晓文：《从碾碨管理看唐宋水全观念》，台师大历史系、中国法制史学会、唐律研读会主编：《新史料·新观点·新视角——天圣令论集》下，台北：元照出版有限公司，2011年，第370页。

明清以来，水力加工业在原本一度相当发达的关中、河洛地区逐渐衰落，一些地方虽然仍有少量残留，但已远非中古繁荣旧景，亦由于水资源不断趋于匮乏"[1]，对水力的不合理开发和应用，应系造成关中水资源不断匮乏的重要原因。

（3）风力的应用与帆船。风能是一种巨大的能源，商代早已出现了测定风向的仪器。[2]春秋战国时期，风帆已经应用于航船。东汉刘熙释："'帆'，泛也。随风张幔曰帆，使舟疾泛泛然也。"[3]当时，帆幕采用韧性比较高的竹篾为原料做成，故晋代木玄虚《海赋》云："于是候劲风，揭百尺（即百尺帆樯）。维长绡（即帆网），挂帆席。"[4]从一帆到多帆，船舶的载重和航速也在不断提高。所以三国吴人万震在《南州异物志》中记载了四帆船的情形，他说：

> 外徼人随舟大小，或作四帆，前后沓载之，有卢头木叶如牖形，长丈余，织以为帆，其四帆不正，前向皆使邪（斜）移，相聚以取风，吹风后者激而相射，亦并得风力。若急则随宜城减之邪，张相取风气而无高危之虑，故行不避迅风激波，所以能疾。[5]

为了使巨型船舶获得强大动力，唐宋时期船工们根据航行环境，或在一根桅杆上悬挂一二大帆或多帆。一般来说，内陆风较海上风浪小，加之江河两岸有树林、山坡阻挡，削弱了风力，因此，在内河行驶的船舶往往高竖一张方形帆，目的是让上部受风面积增大，利于航行。与之不同，海上风大浪急，出海的船舶如果挂帆过于高大，一旦遇到狂风骤袭，难以及时收帆，会发生桅断船倾的险情，故海船的帆设计应宽而短。这样，风压力中心比较低，桅数量较多，使帆的面积分散于多根桅上，航行中可随时依海上风况变化，灵活增减。[6]如李肇《唐国史补》载："扬子钱塘二江者，则乘两潮发棹，舟船之盛，尽于江西，编蒲为帆，大者八十余幅。"[7]这是内河船的张帆情形。又徐兢《宣和奉使高丽图经》载："大樯高十丈，头樯高八丈。风正则张布帆五十幅，稍偏则用利篷，左右翼张，以便风势。大樯之巅更加小帆十幅，谓之'野狐帆'，风息则用之。"[8]这是海船的张帆情形。

对于唐代一桅一帆的幅度变化，有人算得"一幅通常阔二尺二寸（小尺），八十余幅即帆长十七丈六尺（小丈尺），十分可观"。当然，如此罕见的巨帆，"意味着吃风力大，航速高，在长江及其支流上驶得快，也有利提高船的载重量。帆大与载重量、航速关系密切。当然席帆也有缺点，席帆遇雨水，会因湿胀而增加帆的重量，影响航速"[9]。

张帆出海，需要掌握信风的运动规律。据《唐国史补》载："江淮船溯流而上，常待

---

① 王利华：《古代华北水力加工兴衰的水环境背景》，《中国经济史研究》2005 年第 1 期

② 原鲲、王希麟编著：《风能概论》，北京：化学工业出版社，2010 年，第 13 页。

③ （汉）刘熙：《释名》卷 7《释船》，《景印文渊阁四库全书》第 221 册，第 419 页。

④ （晋）木玄虚：《海赋》，（南朝·梁）萧统编，海荣、秦克标校：《文选》，上海：上海古籍出版社，1998 年，第 84 页。

⑤ （三国·吴）万震：《南州异物志》，骆伟、骆廷辑注：《岭南古代方志辑佚》，广州：广东人民出版社，2002 年，第 48 页。

⑥ 张春辉等编著：《中国机械工程发明史》第 2 编，北京：清华大学出版社，2004 年，第 279—280 页。

⑦ （宋）王谠：《唐语林》卷 8《补遗》，北京：中华书局，1978 年，第 282 页。

⑧ （宋）徐兢：《宣和奉使高丽图经》卷 34《客舟》，长春：吉林文史出版社，1991 年，第 71 页。

⑨ 郑学檬：《中国古代经济重心南移和唐宋江南经济研究》，长沙：岳麓书社，1996 年，第 111 页。

东北风，谓之信风。七八月有上信，三月有鸟信，五月有麦信。"①海船更需要在信风期航行，对此，法显的《佛国记》及陈严肖的《庚溪诗话》等都有记载，此不复述。那么，究竟如何看待唐宋以后中国古代帆船的发展历史及其在世界海洋文明史中的地位？厦门大学吴春明在其博士论文《环中国海古代沉船研究——重建东方帆船与航路的发展史》中提出了一个比较重要的观点，他在论文的"中文提要"中特别强调该文的研究主旨是：

> 树立"海洋社会经济史"的学术观点，从"海洋"本位而不是"陆地"本位去观察与思考问题。由此看到，以东南沿海为中心的源远流长的海洋文明史不再是陆地性农耕文明史的附庸和北方中原经济重心南移的产物，建立在东方帆船技术基础上的航路网络也不再是陆上"丝绸之路"延续和补充，再现了中华文化体系中立足东南、面向海外的海洋文明与立足中原、面向内陆的陆地性农耕文明的对立统一结构。②

如果把中国古代的海洋文明从大陆文明体系中独立出来，那么，中国古代海洋文明体系的形成远远早于欧洲，至少在唐宋时期航海技术就已经非常成熟了，如指南针的应用，平衡舵的出现等。

（4）热力的应用与走马灯。《淮南万毕术》载："艾火令鸡子飞。"其具体做法是："取鸡子，去其汁，燃艾火内空卵中，疾风举之，飞。"③此记载表明，我国早在公元前2世纪就已经出现了微型热气球的飞行试验。尽管用现代的科学实验和计算，证明那蛋壳因为体积太小是飞不起来的，但它却是原始热气球之雏形。由于种种原因，自魏晋以降，研究热气球的人寥寥无几，直到战乱不断的五代，才由莘七娘用松脂助燃，将热气球（竹纸灯笼）送上天空，从而发出信号。后来，元朝的军队在作战过程中经常使用彩色"松脂球"作为相互联络的信号。

另外，据《西京杂记》载：

> （汉）高祖初入咸阳宫，周行库府，金玉珍宝，不可称言。其尤惊异者有青玉五枝灯，高七尺五寸，作蟠螭以口衔灯。灯燃鳞甲皆动，焕炳若列星而盈室。④

此"青玉五枝灯"的原理是利用热气流来推动蟠螭的鳞甲晃悠，遂产生了闪闪发光的灯照效果。后来，唐代工匠在此基础上创制了走马灯，时人亦称"影灯"。据唐佚名的《影灯记》"上元影灯"条载："洛阳人家，上元以影灯多者为上，其相胜之辞曰'千影''万影'。"又"建灯楼"条云："上（指唐玄宗）在东都，遇正月望夜，移仗上阳宫，大陈灯影。"⑤此"影灯"即后世所说的"走马灯"，那么，"影灯"的转动机理何在？唐朝诗人崔液云："神灯佛火百轮张，刻像图形七宝装。"⑥可见，"火""轮""像"三者之间，构成一个相互流转不已的动态画面。具体地讲，"影灯"的结构与装置是：灯笼正中竖一个立

① （宋）高似孙：《纬略》卷6《花信、麦信》引《唐国史补》，《景印文渊阁四库全书》第852册，第322页。
② 吴春明：《环中国海古代沉船研究——重建东方帆船与航路的发展史》，厦门大学2001年博士学位论文，第2页。
③ （宋）李昉等：《太平御览》卷928《羽族部一五·鸟卵》，第4126页。
④ （晋）葛洪：《西京杂记》卷3，北京：中华书局，1985年，第18页。
⑤ （明）陶宗仪：《说郛》卷69下《影灯记》，《景印文渊阁四库全书》第879册，第759页。
⑥ （唐）崔液：《上元夜》，（清）彭定求等：《全唐诗》卷54《崔液》，第307页。

轴,在立轴的上部横置一片叶轮;叶轮的下面靠近立轴根部的位置放一盏灯,当灯被点燃之后,其自身所产生的热空气产生上升力,这时叶轮就会被迫回转,而立轴上的纸剪图像,也随之一起转动。[①]与此同时,灯外的冷空气不断补充进来。于是,里面的叶轮旋转不停,直到灯熄灭为止。欧洲的第一个燃气轮,其构造是:"在烟筒里装上一根立轴,在立轴上部同样也是横装一个叶轮。当下边火炉里的燃气上升的时候,推动叶轮旋转。立轴的下部装有齿轮等传动机构,带动横杆自动旋转,这样就能使得处于炉火上方的肉类等物得到均匀的烘烤。这种燃气轮(烤炉)同我国古代的走马灯在构造上具有异曲同工之妙,而在发明时间上却比我国的走马灯晚了八九百年之久。"[②]

然而,只要我们沉下心来仔细地想一想,唐宋时期出现的走马灯与欧洲第一个燃气轮还是有众多的不同。比如,欧洲燃气轮用来烤肉,而我国的走马灯则是用来玩赏。诚如有学者所说:

> 这些在军事通讯或农产品加工上都是十分有用的工具,本来可以在原有发明创造的基础上加以改进并推广,以利于发展生产,巩固边防,但儒家轻耕战、贱技艺,把发明创造统统纳入儒家的轨道……孔明灯这类热气球的雏型被用来作为皇帝登基时庆典上的点缀;走马灯从发明以来始终是供剥削阶级娱乐的玩具。[③]

上述的话听起来确实发人深思。唐朝除了电力和磁力的开发和应用尚属空白之外,像水力、热力及风力的开发和应用都已经出现了比较良好的发展势头。可惜,这种发展势头并没有进一步向前推进。难道是生产发展没有提出这样的社会需要?肯定不是,我们知道,唐代中后期商品经济开始逐渐活跃起来,与之相适应,"仕之子恒为仕,工商之子世为工商"的传统观念发生转变,人们的社会价值观开始转向财富和金钱。所以白居易说:"夫人之蚩蚩趋利者甚矣,苟利之所在,虽水火蹈焉,虽白刃冒焉"[④]。此时,海洋贸易空前兴盛,如天宝九载(750)鉴真和尚在广州看到珠江上"有婆罗门、波斯、昆仑等舶,不知其数,并载香药珍宝,积载如山,其舶深六七丈。师子国、大石国、骨唐国、白蛮、赤蛮等,往来居住,种类极多"[⑤]。如果承认前述"以东南沿海为中心的源远流长的海洋文明"具有相对独立性,那么,按照历史唯物主义的观点,唐宋之后应当逐渐形成一种与之相适应的商品经济理论,而不是仍然固守着那套建立在小农经济基础上的儒家思想理论。

首先,欧洲经过中世纪的漫长黑夜之后,城市发展遇到了新的挑战,严重饥荒迫使农村人口大量涌入城市,例如,在德国,有的乡村整个被废弃;在英国,许多可耕地变成了牧场,用来养羊。[⑥]而城市的发展与农村的危机,导致城乡矛盾激化,引起社会动乱。在这里,有一个现象颇值得注意,那就是官逼民反的不是那些生活在最底层的贫民,而是那

---

① 《中国通史》编委会主编:《中国通史》第3卷,北京:中国书店出版社,2011年,第1462页。
② 刘兴良等编著:《机械史》,沈阳:辽宁少年儿童出版社,1997年,第42—43页。
③ 武凌山:《我国古代劳动人民对航空科学的贡献》,《航空知识》1975年第1期。
④ 张春林:《白居易全集》卷46《策林二》,北京:中国文史出版社,1999年,第408页。
⑤ [日]真人元开、汪向荣校注:《唐大和上东征传》,北京:中华书局,1979年,第74页。
⑥ 周成华主编:《欧洲简史》,长春:吉林大学出版社,2010年,第59页。

些生活比较宽裕的富民阶层，这一点与唐宋时期的社会特点不同。在十三、十四世纪的欧洲，那些最富裕的农民之所以起来造反，是因为"他们比一无所有的人要丢掉更多的东西。他们掀起暴动并不是受贫困的驱使，而是由于他们的特权受到威胁，因此他们奋起反抗王国财政混乱、毫无道理的捐税、货币贬值、贵族的贪婪和教士的胡作非为。和农村的情况一样，骚乱并不是城市里处境最不利的阶层挑起的"①。但归根到底，"人民是为争取有一个良好和公平的社会而斗争。一般说来，问题就在于正在进行的深刻变革给人一种持久不去的不安全感"②。

其次，商业发展引起国与国之间的政治冲突。为了维护商人的利益，意大利半岛北部的政权掌握在市政官手中，皇帝则变成了一种空架子。另外，"由于激烈的商业竞争，威尼斯、热那亚、佛罗伦萨和米兰未能或不愿实现长久的统一"③。但是随着商人阶层的形成，商人行会的作用越来越重要。"这些商人行会凭借着自己的经济实力，争得了自治权和管辖权。它们发布调整商业活动的自治规则，编辑商人惯例，选择商人担任商人法庭的法官，裁决商人之间发生的纠纷。"而"为了消除差异，以利于商业的发展，在西欧各城市的集市和口岸建立了混合法庭，由外地商人和本地商人会同审理商事纠纷，逐渐使各地的习惯法得到统一，成为适用于各城市的共同商法"④。毫无疑问，唐宋的商业法始终没有争得自己的独立地位。

最后，随着欧洲封建社会生产力的发展，欧洲商品货币经济对黄金的需求量剧增。显然，欧洲本土黄金的开采已经不能满足商品经济发展的客观需要了。于是，"'黄金'一词是驱使欧洲人到亚洲（也是欧洲）探险的咒语，黄金是白人刚踏上一个新发现的海岸时所要的第一件东西"⑤。当然，这种对外贸易扩张除了经济因素外，可能还有宗教扩张的因素。但不管怎样，欧洲近代商品经济发展并促使其封建社会衰变的上述两个因素，在唐宋社会经济的发展进程中都不曾出现。于是，我们有必要重新来审视一下内藤湖南提出的"唐宋变革"论，就内藤湖南来说，他着眼于考察唐代政治、经济与宋代政治、经济的差异⑥，其主体思想已经得到学界认同，在此不多评论。可问题是：如果与欧洲十到十三世纪的变化相比，那么，唐宋时期商人阶层的地位远远没有发展到从封建统治政权那里争得"自治权和管辖权"的阶段。因而像强调以人为中心，强调个人才能和自我奋斗，追求知识和技术，重视实验科学和对自然的探索等，这种"人文主义"的思想与精神，在地主、官僚和商人"三位一体"的政治体制之下，根本就无从谈起。

于是，《耒耜经》不是由唐朝政府组织有关农学专家去编写，而是由一位隐士来撰述。至于唐代中后期所出现的经济变化，封建统治者始终以大国自居，其贸易的主要对象是伊斯兰国家或地区，可以说无论是贸易航线还是贸易物品，都相对稳定且持久，没有遇

---

① 周成华主编：《欧洲简史》，第 61 页。
② 周成华主编：《欧洲简史》，第 62 页。
③ 周成华主编：《欧洲简史》，第 62 页。
④ 柳经纬主编：《商法》上，厦门：厦门大学出版社，2002 年，第 24 页。
⑤ 周成华主编：《欧洲简史》，第 68 页。
⑥ ［日］内藤湖南：《概括的唐宋时代观》，刘俊文主编：《日本学者研究中国史论著选译》第 1 卷，黄约瑟译，北京：中华书局，1992 年，第 11—18 页。

到任何挑战。与此不同，为了争夺亚洲市场，欧洲商人遇到阿拉伯商人的阻挡，由于阿拉伯商人控制着地中海航线，这就迫使欧洲商人不得不寻找新的贸易航线。在此需求之下，欧洲商人形成了非常狂热的探险意识。这种探险意识对科学理论和技术革新提出了更高的要求，于是在欧洲涌现出了一大批为敢于为科学献身的科学家和思想家，如布鲁诺冒着被教会迫害的危险宣传日心说，而富兰克林则冒着生命危险探索雷电的奥秘。诚然，中国古代也有为科学而献身者，如明朝的工匠万虎，为了实现"飞天"梦而献身。可是，这样的科学探险者并不被当时的世俗社会所承认，更得不到封建政府的重视和支持。认识到这一点，耕犁在唐朝定型之后，便再没有发生结构性的变革，也就可以理解了。

第三节　韩鄂的实用农学思想

韩鄂，生卒年不详，大约为唐末或五代初人。明清以来编纂的唐朝丛书中，多有韩鄂撰《岁华纪丽》者，如明俞安期编撰的《唐类函》二百卷中就收录了韩鄂《岁华纪丽》。然据《四库全书总目》及缪启愉考证，《岁华纪丽》的作者韩鄂与《四时纂要》的作者韩鄂不是同一人。①按：《新唐书·艺文志三》载录韩鄂《四时纂要》五卷和《岁华纪丽》二卷。②《玉海》亦有同论：

> 中兴书目（崇文目岁时类），鄂采诸家农书，纪风云之候，录种殖之法，下及方书蓄产之事，皆载天禧中颁其书于诸道。鄂自序曰："遍阅群书，《尔雅》则言其土产；《月令》则序彼时宜；采氾胜种艺之书（二卷），崔寔试谷之法（《四人月令》一卷），韦氏《月录》，伤于简缺；《齐民要术》弊在迂疏（韦行规《保生月录》一卷，贾思勰《要术》十卷）。《（唐）志》又有《岁华纪丽》二卷，《书目》四卷，鄂采经史岁时杂事，述以骈俪之语。"③

由此看来，《四时纂要》和《岁华纪丽》究竟是不是韩鄂一个人的著作，尚待进一步考证。④现在国内所见的《四时纂要》系明代万历十八年（1590）朝鲜李朝一位叫朴宣的人，在蔚山郡下厢面官刻印行版本，依据宋至道二年（996）杭州民间刻本的重刻本或影印本。

一、《四时纂要》与唐代农业发展的主要成就

学界普遍认为："经济发展由两个重要部分组成，一个是在同一产业内，由于生产工具等技术的扩张而引起的经济增长；另一个是由产业结构变化引起的，即一些新兴的产业

---

① （唐）韩鄂原编，缪启愉校释：《四时纂要校释》前言，北京：农业出版社，1981年，第2页。
② 《新唐书》卷59《艺文志三》，第1539页。
③ （宋）王应麟：《玉海》卷12《时令·唐四时纂要》，扬州：广陵书社，2003年，第224页。
④ 关于《四时纂要》的版本及内容的真伪，参见王毓瑚：《一部新发现的古农书——〈四时纂要〉的几个问题》，王广阳等：《王毓瑚论文集》，北京：中国农业出版社，2005年，第67—72页。

迅速兴起，扩张，并不断重新组合资源而达到经济总量的增加和发展。"①关于唐代生产工具的变革，已见前述，即《耒耜经》中讲的江东犁，在唐代江南地区的推广。至于唐代新兴产业的兴起及其产业结构的变化，下面我们结合《四时纂要》的叙述，略作阐释。

（一）粮食作物种植结构的变化

《四时纂要》的内容主要反映渭河及黄河下游一带地区农业生产的情况。②仅从农作物的播种期来看（表4-2），此特点非常鲜明。

表4-2　农书所载南北农作物播种期对照表③

作物	北方农书所载播种期	《四时纂要》播种期	南方农书所载播种期
水稻	三月、四月	三月、四月	正月、二月
麻	夏至前后十日	五月	正月
粟	二月、三月、四月、五月	二月、三月、四月	二月
黍	三月、四月、五月	三月、四月	
大豆	二月、三月、四月、五月、六月	二月、三月	四月
早油麻	三月、四月、五月		三月
晚油麻		五月中旬	
小豆		二月、五月、六月	四月
萝卜、菘	七月		五月
小麦	八月	八月	八月

在唐代中叶以前，粟（亦叫稷、禾、谷等）一直是北方农作物的主要栽培品种，也是平民百姓的主粮，因而被称为"百谷之长"，人们甚至奉"稷"为谷神。④故《汉书·食货志》载："粟者，王之大用，政之本务。"⑤可见，粟的丰歉对于汉代社会政治的影响巨大，其对于封建前期国家经济发展的基础地位更是不言而喻。

若从磁山窖穴遗址出土的粟粉末（推算其储量达10万斤之多）算起，则北方粟作农业距今至少已有七八千年的历史。⑥西汉《氾胜之书》系统总结了北方栽培粟的区种法，在此基础上，《齐民要术》提出："凡谷田，绿豆、小豆底为上，麻、黍、胡麻次之，芜菁、大豆下之。良地一亩，用子五升。薄地三升。谷田必须岁易。"⑦所谓"底作物"实际上就是指种粟时的前作物，一般以栽培绿豆和小豆为上。由上述粟与绿豆、黍等农作物的轮作知，南北朝时期小麦与粟的轮作尚不普遍。

尽管汉武帝在关中地区推广种植冬小麦，逐渐改变了"俗不好种麦"⑧的传统，实行麦禾一年一熟轮作制，但种植比例不高，范围也不广。例如，《氾胜之书》载："区种麦，

① 曹端波：《小农经济与乡村社会变迁——以唐代为中心来考察》，贵阳：贵州大学出版社，2007年，第66页。
② 曾雄生：《中国农学史》修订本，福州：福建人民出版社，2012年，第299页。
③ 曾雄生：《中国农学史》修订本，第302页。
④ 中国社会科学院考古研究所编著：《中国考古学·秦汉卷》，北京：中国社会科学出版社，2010年，第553页。
⑤ 《汉书》卷24上《食货志》，第1133—1134页。
⑥ 佟伟华：《磁山遗址的原始农业遗存及其相关问题》，《农业考古》1984年第1期。
⑦ （北魏）贾思勰：《齐民要术》卷1《种谷第三》，北京：中华书局，1956年，第7页。
⑧ 《汉书》卷24上《食货志》，第1137页。

区大小如上农夫区。禾收，区种。"①对此，学界的理解有分歧。如有学者认为："这是谷子小麦轮作和麦豆秋杂轮作复种的二年三熟制。"②但多数学者认为，虽然"这段记载记述的是粟与小麦的轮作过程，由于没有见到小麦收割后的后作，粟、麦之间的轮作并未构成两年三熟，它们之间的轮作在熟制上为一年一熟制。即一年麦，一年粟，麦后暵地，至来年播种粟。即使一年一熟，关中地区也并非所有地方均能种麦，《氾胜之书》提及粟、麦轮作只在区田之处，而区田又属于'以粪气为美，非必须良田也，诸山陵近邑高危倾阪及丘城上，皆可为区田'。因此实行粟、麦轮作的土地很有可能多非良田，这样的地方对于以肥沃见称的关中来讲并不多，因此粟、麦轮作的范围也有限"③。

直到唐朝前期，粟在整个农业种植结构中仍然居于主导地位。如尚书左丞戴胄在贞观二年（628）四月上奏："水旱凶灾，前圣之所不免，国无九年储蓄，礼经之所明诫。今丧乱已后，户口凋残，每岁纳租，未实仓廪。随即出给，才供当年，若有凶灾，将何赈恤？故隋开皇立制，天下之人，节级输粟，名为社仓，终文皇代，得无饥馑。及大业中年，国用不足，并取社仓之物以充官费，故至末途，无以支给。今请自王公已下，爰及众庶，计所垦田稼穑顷亩，每至秋熟，准其见苗以理劝课，尽令出粟。稻麦之乡，亦同此税，各纳所在，立为义仓。"④在这段奏文，已经出现了"稻麦之乡"，这是唐代农业结构的重大变化。随着稻麦在整个农业种植结构中地位的不断上升，到唐朝中后期，小麦在北方农作物的种植结构中取代粟而居于主导地位，成为北方最为主要的粮食。所以王利华认为："两税法既因麦作发展而得以出现和实施，而两税法的实行反过来又促进了唐代中后期华北麦作的进步发展。从此，麦子终于摆脱了其在社会心理中的'杂种'地位。"⑤

那么，唐朝中后期这种粮食种植结构的变化，究竟对韩鄂编撰《四时纂要》产生了什么影响呢？

《齐民要术》讲"种大小麦"仅仅1200多字，而"种谷"内容最多，约计3000多字。这种大比例的悬殊，其中对"种谷"讲得如此周详，主要是因为粟为百姓的主要食粮。同样的内容，在《四时纂要》里却出现了颠覆性的变化，如"种谷"不过66个字，而"种麦"却超过了200字。之所以《四时纂要》中讲"种麦"的内容没有像《齐民要术》那样达1200多个字，主要是因为韩鄂批评贾思勰《齐民要术》"弊在迂疏"，因此他删其繁芜，在内容上尽量做到简练。即使这样，"种麦"的内容还是多于"种谷"的内容，在比例上"种麦"的内容重于"种谷"的内容。出现这种状况的原因就在于唐朝中后期北方地区的粮食结构已经发生了变化，小麦已经成为主要的粮食，粟的地位退次于小麦之后，至于水稻则逐渐退出北方，慢慢地形成了北麦南稻的粮食格局。与这种农作物的种植结构变化相适应，韩鄂在书中自然就加大了"种麦"的分量。

随着小麦种植面积的不断增加，北方的面食趋于多样化。为了满足人们对面食多样化的需求，面粉加工行业异常火爆。例如，《四时纂要》十二月"杂事"条下云："造竹器、

① 万国鼎：《氾胜之书辑释》，北京：农业出版社，1980年，第112页。
② 郭文韬：《中国传统农业思想研究》，北京：中国农业科技出版社，2001年，第159—160页。
③ 韩茂莉：《中国历史农业地理》上，北京：北京大学出版社，2012年，第343页。
④ 《旧唐书》卷70《戴胄传》，第2533页。
⑤ 王利华：《中古华北饮食文化的变迁》，北京：中国社会科学出版社，2000年，第72页。

碓、磑（石磨）。"①此处所说的"碓、磑"都是加工小麦的器具，这是以前农书中没有出现过的"杂事"，它表明小麦的加工已经成为一件非常普通的事情了。我们知道，在唐代曾经发生过很严重的碾磑与水稻对水利的争夺现象。唐政府先是对建造碾磑进行打压，成效不大，后来碾磑在北方的发展已成必然之势，任何力量都难以阻挡，所以"唐政府碾磑政策一改过去压制之措施，开始采取宽容、利用的政策"，因为它"不得不承认小麦在华北发展的积极性"。这样，唐中叶以后，在北方地区，尤其是关中，碾磑得以兴起，"唐政府不得不接受经济发展的客观要求，承认麦子在北方种植的优越性。由此，碾磑与水稻对水利的争夺以水稻耕种面积的减少，麦子的崛起而告终"②。

（二）经济作物种植结构的变化

（1）茶叶的兴起。陆羽《茶经》对茶的产地、品质、加工、品茗等都做了详细论述，可惜没有讲到如何种植茶叶，而随着茶叶在唐中叶以后兴起，北方渐渐成为茶叶的主要消费市场，尤其是当时的绿茶产业发展到了一个高峰。据唐宣宗大中十年（856）成书的《膳夫经手录》记载："今关西、山东，闾阎村落皆吃之。累日不食犹得，不得一日无茶也。"③在此背景下，《四时纂要》记述了茶树的栽培方法：

> 二月中于树下或北阴之地开坎，圆三尺，深一尺，熟斸，着粪和土。每坑种六七十颗子，盖土厚一寸强。任生草，不得耘。相去二尺种一方。旱即以米泔浇。此物畏日，桑下、竹阴地种之皆可。二年外，方可耘治。以小便、稀粪、蚕沙浇拥（壅）之；又不可太多，恐根嫩故也。大概宜山中带坡峻。若于平地，即须于两畔深开沟垄泄水。水浸根，必死。三年后，每科收茶八两。每亩计二百四十科，计收茶一百二十斤。茶未成，开四面不妨种雄麻、黍、稷等。收茶子：熟时收取子，和湿沙土拌，筐笼盛之，穰草盖，不尔，即乃冻不生，至二月，出种之。④

从陆羽到韩鄂，都认识到了茶树适宜林木多的向阳山坡的生长习性，故陆羽讲"阳崖阴林"或"阴山坡谷"，而韩鄂也讲"宜山中带坡峻"，这些都是唐代茶农种茶的经验，当时已相当先进，水平很高，一直到中华人民共和国成立前夕，都无实质性的改革。⑤但这绝不等于说，我国茶树栽培技术从宋代以后就没有任何发展了。

所以一方面：

> （从《四时纂要》的记述看出）已经形成了包括茶园选择、土壤条件、种子贮藏和催芽方法，播种方式和密度，施肥灌溉以及遮荫措施等一整套茶树栽培技术，为唐朝以后茶树栽培技术的发展奠定了基础。其中茶园选择标准、茶子沙藏催芽法、播种方法（直播法和多子穴播法）和遮荫措施等等栽培技术，不仅一直为宋、元、明、清各朝所沿用，而且至今还有实用价值。……在国际上，也产生了深远影响。……中国

① （唐）韩鄂原编，缪启愉选译：《四时纂要选读》，北京：农业出版社，1984年，第155页。
② 曹端波：《小农经济与乡村社会变迁——以唐代为中心来考察》，第74页。
③ （唐）杨晔：《膳夫经手录·茶》，陈彬藩、余悦、关博文主编：《中国茶文化经典》，第34页。
④ （唐）韩鄂原编，缪启愉选译：《四时纂要选读》，第30页。
⑤ 冯绍隆编著：《茶树密植免耕高产栽培技术》，贵阳：贵州人民出版社，1980年，第10页。

茶树栽培技术，早在唐朝就已传入日本。①

另一方面：

> 我国古代茶树栽培技术的进步尽管缓慢，但每隔一段时间以后，在栽培技术的某些方面，总还是有所突破和发展的。如宋朝在茶叶采摘和茶园除草方面，就较《茶经》和《四时纂要》的记载，更加具体并有所发展；明朝前期，主要在茶园的经营管理方面，后期，突出在茶树育苗和修剪方面，又较过去增添了不少新的内容和创造；清朝，可能由于贸易对名贵茶叶的特需，又在花卉无性繁殖的基础上，创造出了茶树的压条繁殖法。我国古代茶树栽培技术，就是这样不断汇集劳动人民的一点一滴的创造，一步一个脚印地缓慢向前发展的。②

但不管怎样，《四时纂要》把唐朝茶树的栽培技术从经验阶段向理论方向的发展推进了一大步。如茶树栽培的基本理论有"茶树的生物学问题""茶树与外界条件的关系问题""外界条件综合影响的作用问题"等③，对于上述问题，《四时纂要》都有所论述，并得出了一些规律性认识，以后不断被人们应用到茶树栽培技术上，显示了韩鄂在茶树栽培技术方面，已经超出了一般的经验思维范畴，而具有了比较鲜明的理论思维特色。

第一，对茶树生物学问题的初步认识。韩鄂认识到茶树"畏日，桑下、竹荫地种之皆可"，这个认识的形成固然需要一定的茶树栽培实践经验，但更重要的是必须有茶树生理的基本理论基础。我们知道，茶树喜温，但当土温超过35℃时，根系生长速度就会变慢，并逐渐停止生长。在我国茶区内，茶树根系生长的适宜土温为25℃，而当土温上升至5℃时，茶树根系就开始缓慢生长。④因此，韩鄂认为，种植茶树的适宜季节是阴历二月。为了防止强光照射，唐代茶农采取遮阴措施，以利茶树正常生长，同时还能保证茶树进行有效的光合作用。现代研究认为："一定的阳光照射，可以促使茶树茂盛，但是日光太强或者终日在烈日下曝晒，不利于茶树生长和茶叶成分中有机物质的合成，而且叶片容易老梗，降低茶叶质量，如果有林木适当遮阴，就可以避免以上这些不利因素而引起的弊病。"⑤对这一规律性的认识，宋代茶农进一步应用于茶树的种植和管理，并与中国古代传统的阴阳学说相结合，从而形成了"今圃家皆植木，以资茶之阴。阴阳相济，则茶之滋长得其宜"⑥的理论认识。

第二，对茶树与外界条件关系问题的初步认识。茶树生长需要特定的生态环境，如阳光、土壤、水分、修剪、采摘等因素，都会对茶叶的质量产生影响。以土壤为例，茶树喜酸性土壤与温热湿润气候，而陕西南部及河南西南部的丘陵低山地区的土壤，为碳硅质页

---

① 张秉伦、唐耕耦：《试论唐朝茶树栽培技术及其影响》，自然科学史研究所主编：《科技史文集》第3辑《综合辑》，上海：上海科学技术出版社，1980年，第32页。
② 朱自振编著：《茶史初探》，北京：中国农业出版社，1996年，第157页。
③ 骆耀平主编：《茶树栽培学》，第2页。
④ 黄寿波、金志凤编著：《茶树优质高产栽培与气象》，北京：气象出版社，2010年，第4页。
⑤ 张秉伦、唐耕耦：《试论唐朝茶树栽培技术及其影响》，自然科学史研究所主编：《科技史文集》第3辑《综合辑》，第31页。
⑥ （宋）赵佶：《大观茶论·地产》，阮浩耕、沈冬梅、于良子点校注释：《中国古代茶叶全书》，第90页。

岩风化物发育所成的黄棕泥土，其土壤母质呈酸性。[1]另外，茶树有喜铵的特性。由于茶树为叶用作物，对氮的吸收量较大，因此，适当的粪肥（含有铵态氮）对优质高产的茶叶生产意义重大。有研究证实："茶树对铵态氮的吸收与其他作物有所不同。其根系所吸收的铵态氮不仅可以与碳架直接结合加以利用，而且茶树对铵态氮的同化还存在谷酰胺-α-酮戊二酸氨基转化酶系统（GSGOGAT）和谷氨酸脱氢酶系统（GDHD）的两条途径。在正常供氮条件下，主要按前一途径同化铵，然后合成氨基酸。当土壤中铵供应充分时，增加了反应基质，活化了谷氨酸脱氢酶，又开通了第二途径，使合成的谷氨酸又转化成茶氨酸而贮存，成为茶树中的'氮库源'，以供进一步利用。"[2]如众所知，粪肥中的铵态氮并不稳定，一旦暴露在外，很容易挥发，或随雨水流失。因此，韩鄂主张："以小便、稀粪、蚕沙浇拥之；又不可太多，恐根嫩故也。""拥之"即壅之，实际上就是一种堆肥技术。像"小便、稀粪、蚕沙"都是含铵态氮的粪肥，在当时的历史条件下，韩鄂将茶树与适量粪肥建立在一种比较科学的认识水平上，而他为什么不用《齐民要术》中的绿肥，而主张用粪肥？在这里，单凭"经验"两个字恐怕是无论如何都解释不通的。

（2）种植棉花。《四时纂要》春令卷二"三月"有"种木绵法"一条：

> 节进则谷雨前一二日种之，退则后十日内树之。大概必不违立夏之日。又种之时，前期一日，以绵种杂以溺灰，两足十分揉之。又田不下三四度翻耕，令土深厚而无块，则萌叶善长而不病。何者？木绵无横根，只有一直根，故未盛时少遇风露，善死而难立苗。又种之后，覆以牛粪，木易长而多实。若先以牛粪粪之，而后耕之，则厥田二三岁内土虚矣。立苗后，锄不厌多，须行四五度。又法七月十五日于木绵田四隅，掴金铮，终日吹角，则青桃不殒。[3]

这条史料的真伪目前尚存异议。日本学者天野元之助认为："在朝鲜本中可以看到明显是后人掺入的东西，这就是三月条末尾的'种木绵法'一段。"[4]不过，天野氏也承认我国学者万国鼎的看法："唐时两广、云南、四川已种棉织布，北方还没有棉花。此条又是排在三月的最后一条，和一般的排列次序不合，象是后添的。但是元明书中已写作木'棉'，这里还是写作木'绵'，所说栽培技术也比《农桑辑要》的水平低。而且说道七月十五日于木绵田四隅掴金铮，终日吹角，就不会落桃，这种迷信说法，倒是和这书的迷信精神一贯。因此又不象是后人加入的，至少北宋初年的刻本上已有此条。"[5]万国鼎的见解逐渐得到学界的认可，如《中国科学技术史·农学卷》一书评论说：

> 这段文字中讲到了播种期、种子处理、棉田整地、施肥覆盖、中耕以及防止棉桃脱落等等方面。从中可以看出当时的棉花栽培技术已经相当成熟。其中的"掴金铮，终日吹角"等内容，虽然与禳镇有关，但却是古农书中有关音乐作用于作物的一条罕

---

① 吴洵主编：《茶园土壤管理与施肥技术》，北京：金盾出版社，2009年，第4页。

② 吴洵主编：《茶园土壤管理与施肥技术》，第149—150页。

③ （唐）韩鄂：《四时纂要》，范楚玉主编：《中国科学技术典籍通汇·农学卷》第1分册，郑州：河南教育出版社，1995年，第203页。

④ ［日］天野元之助：《中国古农书考》，彭世奖、林广信译，北京：农业出版社，1992年，第52页。

⑤ ［日］天野元之助：《中国古农书考》，彭世奖、林广信译，第52页。

见的记载。①

在此，"捆金铮，终日吹角"是否与消除棉花的虫害有关，有待进一步研究。当然，更有学者从天文术数的角度，对《四时纂要》的种棉法给予积极肯定：

> 中国引种木棉始于唐朝，因此，这里防止木棉落桃的禳镇方法应当是唐人自创的。虽然今天很难理解这种禳镇法的原理，但可以肯定是根据五行生克的模式推演出来的……总之，在唐代学术以归纳总结为主流的背景下，《四时纂要》对前代农书中的天文术数内容作了系统的归纳整理，并且从术数书或民间经验中引入了许多新的术数内容，从这个角度讲，《四时纂要》堪称一部集大成的农书。②

此"木绵"为草棉或非洲棉，适合于在我国新疆、甘肃等西北地区栽培。吐鲁番文书有不少关于白绁价格的记载，表明当时棉布在新疆地区已经是很常见的布料了，此与《梁书·高昌传》的记载一致。郑炳林《晚唐五代敦煌地区种植棉花研究》一文肯定："敦煌文书记载到晚唐五代敦煌地区使用棉布非常普遍，记载棉布种类很多，敦煌文书虽未明确记载其中部分棉布生产于敦煌当地，但从敦煌文书记载到棉布征收方式等情况看，当生产于敦煌当地。"③然而有学者否定唐五代之前敦煌已经种植棉花的历史，其主要论据是"氍"应释为"毛布"，而不是"棉布"④。对此，吴震先生在《关于古代植棉研究中的一些问题》一文做了考证⑤。而唐五代两广、四川种植棉花，已成定论。有人说，既然敦煌地区已经在唐五代种植棉花，为什么没有文献记载呢？因为现实社会中出现的新事物，可能过好长时间之后，才见诸文献，比如，中国古代早在魏晋之前即已种植茶叶了，但直到唐代晚期的《四时纂要》才出现了种植茶叶的记载。这样，理解《四时纂要》为何出现种植棉花的记载，只要人们不过分拘泥于韩鄂《四时纂要》仅仅记录了渭河及黄河下游流域地区的传统认识，问题就迎刃而解。实际上，《四时纂要》的内容也有部分是来自四川或甘肃等地的。

（3）桑、梓树的种植。桑树和梓树在我国的栽培历史十分久远，殷墟甲骨文中已有桑的字形，从嫘祖发现桑能养蚕到《山海经》的"桑神"信仰，桑树在古代先民生活中的神圣地位，自不待言。至于梓树，它是原产我国的树种，既可药用，又是优质木材，故《周礼·考工记》说："攻木之工：轮、舆、弓、庐、匠、车、梓。"⑥把"梓人"作为木工的代称，足以表明梓树在木材加工制造生产生活用品方面的普及性和代表性。⑦《诗经·小

---

① 董恺忱、范楚玉主编：《中国科学技术史·农学卷》，北京：科学出版社，2000 年，第 582 页。

② 王传超：《古代农书中天文及术数内容的来源及流变——以〈四时纂要〉为中心的考察》，《中国科技史杂志》2009 年第 4 期，第 448 页。

③ 郑炳林：《晚唐五代敦煌地区种植棉花研究》，郑炳林主编：《敦煌归义军史专题研究续编》，兰州：兰州大学出版社，2003 年，第 367 页。

④ 刘进宝：《唐五代敦煌棉花种植研究——兼论棉花从西域传入内地的问题》，《历史研究》2004 年第 6 期。

⑤ 吴震：《关于古代植棉研究中的一些问题》，侯世新主编：《西域历史文化宝藏探研——新疆维吾尔自治区博物馆论文集》第 2 辑，乌鲁木齐：新疆人民出版社，2009 年，第 28 页。

⑥ 《周礼·冬官考工记》，黄侃校点：《黄侃手批白文十三经》，第 117 页。

⑦ 陶炎：《梓树古今考》，《鞍山师范学院学报（综合版）》1995 年第 3 期，第 17 页。

雅·小宛》云："维桑与梓，必恭敬止。"①于是，桑与梓又成为中国古代孝文化的象征。而战国时期人们把种桑视为致富的主要手段之一。如《管子·牧民篇》说："养桑麻、育六畜则民富。"②汉魏时期，桑树种植开始从黄河流域逐渐向淮河及长江流域推广。如《后汉书·王景传》载，王景任庐江太守时，"训令蚕织，为作法制，皆著于乡亭"③。养蚕必植桑，又南阳茨充为桂阳太守，"教民种殖桑、柘、麻、纻之属，劝令养蚕织屦，民得利益焉。"④三国时，孙权"广开农桑之业"⑤。北魏太和九年（485）实行均田制，其制规定："男夫一人给田二十亩，课莳余，种桑五十树，枣五株，榆三根。"⑥这项制度一直实行到唐朝中叶，它为唐代丝绸之路的发展提供了重要的政治保障。

梓树因其高大，适宜于奴隶制庄园栽植，故自西汉之后，梓树栽种虽不如桑树广泛，但鉴于其特殊的木材价值，如《齐民要术》称，就其用途而言，"车板、盘合、乐器，所在任用。以为棺材，生于松柏"⑦。而长沙马王堆出土的一号汉墓，其棺材即用梓（楸）木制成，历经 2000 余年，内部木质依然完整鲜艳。有鉴于此，《史记·货殖列传》载："江南出楠、梓、姜、桂"⑧，又"淮北、常山已南，河济之间千树萩（楸）"⑨。说明在汉代，梓和楸（两者为同科树种）还在不少地区栽植。然而魏晋时期，梓树的栽植曾一度出现了低落局面。但自南朝之后，尤其是唐朝的雕版印刷业兴起之后，因梓木可用于印刷刻板，故人们栽植梓楸的积极性又高涨起来。所以《宋书》称江南地区有"鱼盐杞梓之利，充牣八方"⑩。甚至唐末五代时期，四川出现了"杞梓如林，桑麻如织"⑪的景象。

《齐民要术》载有"种桑法"和"种梓法"。与《齐民要术》相比，《四时纂要》的记载更简练，同时也更实用。其"种桑法"曰：

> （正月）收鲁桑椹，水淘取子，曝干。熟耕地，畦种如葵法。土不得厚，厚则不生。待高一尺，又上粪土一遍。当四五尺，常耘令净。来年正月移之。白桑无子，压条种之。才收得子便种亦可，只须于阴地频浇为妙。移桑：正月、二月、三月并得。熟耕地五六遍，五步一株，着粪二三升。至秋初，劚根下，更着粪培土。三年即堪采。每年及时科斫。以绳系石坠四向枝令婆娑，中心亦屈却，勿令直上难采。⑫

这段记载多数内容与《齐民要术》相同，但也有不同。《四时纂要》采用"以绳系石坠四向枝令婆娑，中心亦屈却"法，使桑树的树枝向四边伸展低垂，长成枝叶纷披的树

① 《毛诗·小雅·小宛六章》，黄侃校点：《黄侃手批白文十三经》，第 86 页。
② （周）管仲：《管子》卷 1《牧民·士经》，《百子全书》第 2 册，第 1260 页。
③ 《后汉书》卷 76《王景传》，第 2466 页。
④ 《后汉书》卷 76《卫飒传》，第 2460 页。
⑤ 《三国志》卷 65《吴书·华覈传》，第 1465 页。
⑥ 《魏书》卷 110《食货志》，第 2853 页。
⑦ （后魏）贾思勰：《齐民要术》卷 5《种梓》，《百子全书》第 2 册，第 1881 页。
⑧ 《史记》卷 129《货殖列传》，第 3253—3254 页。
⑨ 《史记》卷 129《货殖列传》，第 3272 页。
⑩ 《宋书》卷 54《沈昙庆传》，第 1540 页。
⑪ 转引自奚椿年：《中国书源流》，南京：江苏古籍出版社，2002 年，第 154 页。
⑫ （唐）韩鄂原编，缪启愉选译：《四时纂要选读》，第 4—5 页。

形。从桑种看，《齐民要术》只讲到了"黑鲁桑"和"黄鲁桑"①。而《四时纂要》则讲到了"白桑"，也是鲁桑的一种。南宋温革《分门琐碎录》载："白桑叶大如掌而厚，得茧厚而坚，丝每倍常。"②可见，在唐代，优良的桑树品种——白鲁桑，已经得到开发，这是唐代栽种桑树技术的一个进步。

梓树因其"贵材"而受到韩鄂的特别重视，仅《四时纂要》就有多处讲到梓树的栽培和管理问题。例如，"正月"条云："以此月下子。明年以此月移之。同桑法也。"③"二月"条又说："移楸：楸无子，亦大树掘坑取栽。两步一树种之。楸，作乐器，亦堪作盘合。堪为棺材，更胜松柏。"④"九月"条更说："收梓实：下旬收梓实：摘角，曝干。秋耕地熟，作垄，漫撒，再涝（耢）。明年春生，有草拔之，勿令芜没。后年五月移之。《杂五行书》云：'舍西种梓或云楸木各五株，令子孙孝顺，消口舌。'此木贵材又易长。"⑤《齐民要术》和《四时纂要》都引录了《杂五行书》的话，意思无非是鼓励民众多种梓（楸）树，至于"令子孙孝顺"仅仅是一种文化象征，并无实质意义。

（4）薯蓣的种植。薯蓣俗称山药，是一年或多年生缠绕性草质藤本，原产我国，以棒形或圆形的地下肉质块茎供食用。经考，薯蓣在先秦又称"薯萸"或"储余"等⑥，如《范子计然》云："薯萸，本出三辅，白色者善。"⑦范子即春秋末期的"商圣"范蠡，说明春秋时期薯蓣已入药用，故《本草经》载："薯蓣一名山芋，味甘温，生山谷，治伤寒中虚羸，补中益气力，长肌肉，除邪气寒热，久服耳目聪明，不饥延年，生嵩高。"⑧《吴氏本草》亦说："薯蓣一名薯薯……始生赤茎，细蔓，五月华白，七月实青黄。"⑨这些记载表明在魏晋之前，人们还没有学会种植薯蓣。至于我国先民在何时学会栽种薯蓣，目前尚没有明确的说法。唐玄宗时期的道士王旻⑩在《山居要术》中详述了种植薯蓣的方法：

> 择取白色根如白米粒成者，预收子。作三五所坑：长一丈，阔三尺，深五尺；下密布砖，坑四面一尺许亦倒布砖，防别入土中，根即细也。作坑子讫，填少粪土。三行下子种。一半土和之，填坑满。待苗，着架。经年已后，根甚粗。一坑可支一年食。⑪

韩鄂在《四时纂要》中引录了上面的种薯蓣法，既然是满足"山居"生活需要的一种食物，它似乎表明唐朝因居住地的差异，而出现了多元化的食物需求。像王旻这样的道士隐居深山，主要就是依靠种植薯蓣、茶、薏米等经济作物来度日和活命的，上文所言"一

---

① （后魏）贾思勰：《齐民要术》卷5《种桑》，《百子全书》第2册，第1873页。
② （宋）温革：《分门琐碎录·农桑·桑》，《续修四库全书·子部·农家类》第975册，上海：上海古籍出版社，1996年，第50页。
③ （唐）韩鄂原编，缪启愉选译：《四时纂要选读》，第5页。
④ （唐）韩鄂原编，缪启愉选译：《四时纂要选读》，第27页。
⑤ （唐）韩鄂：《四时纂要》，范楚玉主编：《中国科学技术典籍通汇·农学卷》第1分册，第220页。
⑥ 详细内容请参见张平真主编：《中国蔬菜名称考释》，北京：北京燕山出版社，2006年，第235—238页。
⑦ （宋）李昉等：《太平御览》卷989《药部六·薯萸》，第4378页。
⑧ （宋）李昉等：《太平御览》卷989《药部六·薯萸》，第4378页。
⑨ （宋）李昉等：《太平御览》卷989《药部六·薯萸》，第4378页。
⑩ 关于王旻与《山居要术》的关系详见张固也《王旻〈山居要术〉新考》一文（《中医药文化》2009年第1期）。
⑪ （唐）韩鄂原编，缪启愉选译：《四时纂要选读》，第25—26页。

坑可支一年食"即证明了这一点。这里有一个问题：薯蓣本来是一种药食，它能不能成为一种主食？王旻《山居录》"种芋"条载："茅山玄靖先生劝余食芋，云：'补中益气无比。'"①可见，当时有不少道士以薯蓣为其主食之一。我们知道，唐代中后期的米荒现象比较严重，如《旧唐书·杜甫传》载，天宝末，"时关畿乱离，谷食踊贵，甫寓居成州同谷县，自负薪采桥，儿女饿殍者数人"②。米粮的短缺，在一定条件下可以用薯蓣、牛蒡一类的根茎充饥。所以韩鄂在《四时纂要》里讲述了大量药用作物的种植方法，其中恐怕就蕴含着解救饥荒的思想成分。例如，《神农本草经》将薯蓣列为上品，认为它"久服耳目聪明，轻身不饥延年"③。此外，榆树皮亦被列为上品，认为它"味甘，平。主大小便不通，利水道，除邪气。久服轻身不饥。其实尤良。一名零榆。生山谷"④。从这个角度看，前举阳城"屑榆为粥"，在谷米短缺的条件下，也不失为一种解饥自救的良法。相比之下，用薯蓣解饥更易被民众所接受。因此，韩鄂又讲述了载于《地利经》的一种种薯蓣法：

> 大者折二寸为根种。当年便得子。收子后，一冬埋之。二月初，取出便种。忌人粪。如旱，放水浇；又不宜苦湿。须是牛粪和土种，即易成。⑤

为了既能发挥薯蓣的药用功效，又能供日常生活食用。韩鄂进一步介绍了造薯蓣面粉的方法：

> 二三月内，天晴日，取薯预洗去土，小刀子刮去外黑皮后，又削去第二重白皮约厚一分已来，于净纸上着，安竹箔上晒。至夜，收于焙笼内，以微火养之。至来日又晒；如阴，即以微火养。以干为度。如久阴，即如火焙干。便成干薯药。入丸散便用。其第二重白皮，依前别晒干，取为面，甚补益。⑥

这是最早有关山药面的记载。山药面熬粥、烙饼、做面条都很可口，营养价值较高。还有，韩鄂又引录了《方山厨录》所记载的一种吃法：

> 去皮，于筹篱中磨涎，投百沸汤中，当成一块。取出，批为炙脔，杂乳腐为卷炙。素食尤珍，入臛用亦得。⑦

如此丰富而讲究的花样吃法，体现了唐朝世俗多彩生活的一面。唐朝文化博大精深，于此可见一斑。有人评价说："唐朝是中国历史上的盛世。唐朝的文化博大精深，全面辉煌，几乎在所有科学文化领域都有重大成就。那时中国确实保持着让西方人望尘莫及的水

---

① 北京图书馆古籍出版编辑组：《北京图书馆古籍珍本丛刊》第61册，北京：书目文献出版社，1988年，第188页。

② 《旧唐书》卷190下《杜甫传》，第5054页。

③ （清）黄奭：《神农本草经》卷1《上经》，陈振相、宋贵美：《中医十大经典全录》，第280页。

④ （清）黄奭：《神农本草经》卷1《上经》，陈振相、宋贵美：《中医十大经典全录》，第285页。

⑤ （唐）韩鄂原编，缪启愉选译：《四时纂要选读》，第26页。

⑥ （唐）韩鄂原编，缪启愉选译：《四时纂要选读》，第26页。

⑦ （唐）韩鄂原编，缪启愉选译：《四时纂要选读》，第26页。

平。"①古人讲"民以食为天",唐朝在扩大食物的来源方面,切实做出了积极努力,对人类的贡献很大。像饮茶的风行、薯蓣的推广等等,初步实现了从药品向食品的转变。所以从这个层面讲,"唐朝时,人们的生活方式有了较大的改进"②,这个结论是符合实际的,也是有大量史料可证的。

(5)牛蒡的种植。牛蒡子又名恶实,属菊科,直根系二年生草本植物,其药用功效最早见载于南朝陶弘景所撰著的《名医别录》里。其文云:"恶实,味辛,平,无毒。主明目,补中,除风伤。根茎,治伤寒、寒热、汗出,中风,面肿,消渴、热中,逐水。久服轻身耐老,生鲁山平泽。又,恶实,一名牛蒡,一名鼠黏草。"③那时,牛蒡还仅仅作为一种中品药物,用于治疗伤寒、寒热、汗出、中风等疾病。到唐朝,它即作为一种"山居"食物开始人工种植。如《四时纂要》载:"种牛蒡:熟耕肥地,令深、平。二月末下子。苗出后耘。旱即浇灌。八月以后,即取根食。若取子,即须留却隔年方有子。凡是闲地,须是种之,不但畦种也。"④牛蒡富含菊糖和人体所需的多种维生素及矿物质,其胡萝卜素含量丰富,蛋白质和钙含量为根茎类蔬菜之首,故有"蔬菜之王"的美誉。⑤唐人对牛蒡有多种吃法,如《食疗本草》载:"(牛蒡)根作脯,食之良",又"细切根如小豆大,拌面作饭煮食,尤良"⑥。

唐末五代时,牛蒡的种植技术传入日本,并被改良成食物。所以美国著名营养保健专家艾尔·敏德尔博士在其所著的《抗衰老圣典》一书中,将牛蒡称为100种最热门有效的抗衰老物质之一,并且盛赞牛蒡的保健价值。他说:"牛蒡的根部受全世界人的喜爱,认为它是一种可以帮助身体维持良好工作状态(从幼年到老年)的温和营养药草。……牛蒡可以每日服用而无任何副作用之虞,且对体内系统的平衡具有复原功效的重要药草。"⑦实际上,魏晋南北朝以降,那些山居隐者最注意身体的营养,例如,《隋书·经籍志》载录了药物养生的方法,像《种植药法》《种神芝》《养生要术》等,《新唐书·艺文志三》又有崔浩《食经》、卢仁宗《食经》、竺暄《食经》、赵武《四时食法》等,这些著述成为唐代山居农学家开展药物养生研究的重要思想来源。诚如曾雄生所说:"山居的隐者,修身养性,需要大量服用某些药物,这些药物单纯依靠采集不敷使用,于是便由采集过渡到自己栽培。尽管药材采集和种植是民间一向有的传统,但掌握一定文化知识的隐士的需要,以及他们对于药物的刻意追求,使得他们有可能对于已有的经验进行总结,并对农学史和药学史产生了一定的影响。"⑧在此,我们应当注意唐代中后期养生观念的一种潜在的变化。但就《隋书》与《新唐书》所载录的养生典籍看,隋朝之前炼食的著述比较多,计有《神仙饵金丹沙秘方》《金丹药方》《太山八景神丹经》《杂神丹方》《太清诸丹集要》等十

---

① 马永明、宋文章编著:《酿酒葡萄栽培与管理》,银川:宁夏人民出版社,2009年,第6页。
② 黄升民、丁俊杰、刘英华主编:《中国广告图史》,广州:南方日报出版社,2006年,第60页。
③ (梁)陶弘景撰,尚志钧辑校:《名医别录》卷2《中品》,北京:中国中医药出版社,2013年,第127页。
④ (唐)韩鄂原编,缪启愉选译:《四时纂要选读》,第28页。
⑤ 李敏编著:《五谷营养方案》,广州:广东经济出版社,2005年,第118页。
⑥ (清)吴其浚:《植物名实图考长编》卷9《恶实》引《食疗本草》,北京:中华书局,1963年,第510页。
⑦ [美]艾尔·敏德尔:《抗衰老圣典》,刘幸珍译,呼和浩特:内蒙古人民出版社,1998年,第44页。
⑧ 曾雄生:《中国农学史》修订本,第282页。

余部①，而《新唐书》则仅见《太清神仙服食经》《太清神丹中经》《太清诸丹药要录》等几部著述了。②服食丹药被山居隐者逐步淡化了，与之相反，更多的山居隐者从采集野生植物药到学会自己种植草药，此种现象的出现不单是一种养生方式的简单转化，在它的后面隐藏着唐朝后期社会变动的诸多因素，例如，伴随农业生产的日趋商品化，中小商人兴贩蔬菜、果品等低值商品，异常活跃。唐懿宗曾诏令："溪洞之间，悉借岭北茶药，宜令诸道一任商人兴贩，不得禁止往来。"③另外，由于战乱，前往山地的民众（逃户）不断增多，这是造成唐代中后期户口锐减的因素之一。如陈子昂在《上蜀川安危事三条》中说："今诸州逃走户，有三万余在蓬渠果合遂等州山林之中，不属州县。"④开垦山地并不容易，因为当时的生产技术比较粗放而落后。故韩鄂在讲述"七月"的农事活动时，特别强调：

> 凡开荒山、泽田，皆以此月茇其草，干，放火烧。至春而开之，则根朽而省工。若林木绝大者……叶死不扇，便任耕种。三年之后，根枯茎朽，烧之则入地尽矣。耕荒必以铁爬漏凑之，遍爬之。漫掷黍穄，再遍耢。明年乃于其中种谷也。⑤

不独种谷，实际上种植牛蒡、决明、枸杞等经济作物亦一样。

（6）枸杞的种植。枸杞原产我国西部丘陵山区，甲骨文中有"杞"字，它不仅是神树的名字，还有以"杞"为国名或姓氏的，反映了远古先民对"杞"树的崇拜。《山海经·南山经》说："虖勺之山，其上多梓、楠，其下多荆、杞。滂水出焉，而东流注于海。"⑥文中的"杞"即指枸杞。枸杞富含维生素、铁等，滋补肝肾，具有祛疾延龄作用，故《神农本草经》说："久服，坚筋骨，轻身不老。"⑦目前，枸杞的种植始于何时，学界尚无定论。孙思邈《千金翼方》载有四种栽培枸杞的方法：

一法："拣好地，熟斸，加粪讫，然后逐长开垄，深七八寸，令宽。乃取枸杞连茎锉长四寸许，以草为索慢束，束如羹碗许大，于垄中立种之。每束相去一尺。下束讫，别调烂牛粪稀如面糊，灌束子上令满，减则更灌。然后以肥土拥之满讫。土上更加熟牛粪，然后灌水。不久即生，乃如剪韭法，从一头起首割之。得半亩，料理如法，可供数人。其割时与地面平，高留则无叶，深剪即伤根，割仍避热及雨中，但早期为佳。"

二法："但作束子作坑，方一尺，深于束子三寸。即下束子讫，著好粪满坑填之，以水浇粪下，即更著粪填，以不减为度。令粪上束子一二寸即得。生后极肥。数锄拥。每月加一粪尤佳。"

三法："但畦中种子，如种菜法，上粪下水，当年虽瘦，二年以后悉肥。勿令长苗，即不堪食，如食不尽，即剪作干菜，以备冬中常使。如此从春及秋，其苗不绝。取甘州者

① 《隋书》卷 34《经籍志三》，第 1048—1049 页。
② 《新唐书》卷 59《艺文志三》，第 1569 页。
③ 《旧唐书》卷 19 上《懿宗本纪》，第 654 页。
④ （唐）陈子昂著，徐鹏校：《陈子昂集》卷 8《上蜀川安危事三条》，北京：中华书局，1960 年，第 174 页。
⑤ （唐）韩鄂原编，缪启愉选译：《四时纂要选译》，第 101 页。
⑥ （晋）郭璞：《山海经》卷 1《南山经》，《百子全书》第 4 册，第 3928 页。
⑦ （清）黄奭：《神农本草经》卷 1《上经》，陈振相、宋贵美：《中医十大经典全录》，第 285 页。

为真，叶厚大者是。有刺叶小者是白棘，不堪服食，慎之。"

四法："枸杞子于水盆按令散讫，暴干斸地作畦。畦中去却五寸土勾作垄，缚草作稕，以臂长短，即以泥涂上令遍，以安垄中。即以子布泥上，一面令稀稠得所，以细土盖上令遍，又以烂牛粪盖子上令遍。又布土一重，令与畦平。待苗出，时时浇溉。及堪采，即如剪韭法。更不要煮炼，每种用二月。初一年但五度剪。不可过此也。"①

韩鄂在《四时纂要》里仅仅转录了《千金翼方》所载种枸杞四法中的第四法，从当时服食的习惯看，唐初人们主要采集枸杞的嫩茎及叶来食用，对枸杞子的食用尚未引起重视。唐朝后期的情况稍稍发生了一些变化，如《四时纂要》载："收枸杞子：九日收子，浸酒饮，不老，不白（发），去一切风。"②不仅用枸杞子浸酒，而且还把枸杞子与牛膝、合欢、决明等一起作成饼子供人食用。《四时纂要》载：

> 干菜脯：枸杞、甘草、牛膝、车前、五茄、当陆、合欢、决明、槐芽，并堪入用。烂蒸、碎捣，入椒、酱，脱作饼子。多作以备一年。③

上述组方不是药品，而是食品。对此，我们可以作多角度的理解和阐释。首先，用"干菜脯"的方式，保证一年之中均有菜吃，这种食物理念是一种创新。其次，唐朝的面饼比较盛行，而菜饼的出现，在一定程度上也是救荒的一种手段。特别是唐朝后期，农业灾害频发，加之畜力不足等因素，迫使农民越来越重视像甘草、牛膝等经济植物的栽培，这些植物不单作菜食，有的也作面食，这样，就极大地扩展了民众的日常食物来源，因而使唐代后期农业生产的种植结构发生了巨大变化。

另外，从种植技术的角度讲，"当时枸杞种植，已由唐初以无性繁殖为主、以种子繁殖为辅，逐步转变为以种子繁殖为主"④。

（三）生物加工技术的发展

在原始生产力条件下，随着农业的发展，粮食有了剩余。因此，如何储存粮食，就成了一门学问。当时，由于窖藏或仓储设备简陋，有时会发生粮食受潮现象，而粮食受潮就会发芽或发霉，另外，吃剩的熟谷物亦会发霉。这些发霉的食物一旦浸入水中，在适当的温度下，便极有可能发酵成酒。这样，有了原始的发酵技术之后，与之相应，醋、豆豉、酱、豆腐等利用原始生物技术加工成的特色风味制品，便陆续登上了中国古代历史的舞台。

韩鄂从儒家"天地之大德曰生"的基本观念出发，提出了"夫有国者，莫不以农为本；有家者，莫不以食为本"⑤的思想。而围绕着"食"的问题，《四时纂要》详述了许多食物加工的方法，这些方法既有对传统食法的继承和发展，又有对唐代所出现的新食物加工技术的总结和阐释，他的意旨是想通过引领新的世俗生活与倡导新的美食理念，把"以食为本"的思想具体化到每一种食物的栽培和加工，它生动体现了其崇尚"形而下"的实

---

① （唐）孙思邈：《千金翼方》卷14《种造药第六》，太原：山西科学技术出版社，2010年，第296—297页。
② （唐）韩鄂原编，缪启愉选译：《四时纂要选读》，第131页。
③ （唐）韩鄂原编，缪启愉选译：《四时纂要选读》，第28页。
④ 杨新才：《枸杞栽培历史与栽培技术演进》，《古今农业》2006年第3期，第51页。
⑤ （唐）韩鄂：《四时纂要序》，（唐）韩鄂原编，缪启愉选译：《四时纂要选读》，第1页。

用主义治学精神，这在当时非常难能可贵。

（1）麦豉的制作方法。豉是一种颗粒状的豆制品，由发酵配盐加工而成。据《楚辞·招魂》载："稻粢穱麦，挐黄粱些。大苦咸酸，辛甘行些。"①此处的"大苦"是指豆豉，既是调味品，又是重要的营养品，它不仅含有人体所必需的八种氨基酸，而且具有明显的解毒作用。从《楚辞·招魂》的内容看，豉被当作祭祀典礼中的供品，显见其在楚民生活中的崇高地位。汉代以降，豉逐渐成为百姓日常生活的基本调味品，并相沿成俗。因为"五味调和，须之而成，乃可甘嗜也"②。故北魏崔浩在《食经》一书中详细记载了做豆豉的方法，韩鄂《四时纂要》除了继续关注和介绍传统的"作豆豉"法和"咸豉"法外，还详述了唐代新出现的"麸豉"法。韩鄂说：

> 麸豉：麦麸不限多少，以水匀拌，熟蒸，摊如人体，蒿艾罨取黄上遍，摊晒令干。即以水拌令浥浥，却入缸瓮中，实捺。安于庭中，倒合在地，以灰围之。七日外，取出摊晒。若颜色未深，又拌，依前法，入瓮中，色好为度。色好黑后，又蒸令热，及热入瓮中，筑，泥却。一冬取吃，温暖胜豆豉。③

对麦麸的加工利用，与唐朝小麦种植面积的不断扩大有密切关系。唐朝医家陈藏器充分肯定了麦面的医学价值，他在《本草拾遗》中说："（小麦面）补虚，实人肤体，厚肠胃，强气力。"④陈藏器曾任陕西京兆府三原县县尉，对唐代长安各阶层民众对面食如炉饼、汤饼、煎饼等的喜好与大量需求深有感触。于是，与唐朝的面食需求相适应，碾硙业发展迅猛。所以日本学者西嶋定生认为小麦在黄河流域的普遍种植是唐代北方碾硙业大规模流行的原因⑤，而小麦在被磨成面粉的过程中，往往会形成面粉的副产品，那就是麦麸。在陈藏器看来，"麸味甘寒无毒，和面作饼，止泄利，调中去热，健人"⑥。从这个角度讲，用麦麸为原料制作麸豉，确实体现了唐朝市民对小麦各部位营养成分的创造性利用，它为我们今天如何更加均衡地利用各种食物的营养提供了非常重要的成功经验。

（2）干制酱黄（面豆黄）的方法。酱是用豆、麦等发酵加工而成的调味品，经考古发现，湖南马王堆出土有各种各样的酱食品，其中就有豆酱。而东汉王充的《论衡》则有"豆酱恶闻雷"⑦的记载，意思是说夏天打雷的天气不能作酱。因为打雷天高温闷热，曲料发酵放热不易散去，会造成烂曲现象。《四民月令》则载有"诸酱"的制作方法："（正月）可作诸酱。……五月，可为酱。上旬䴠（炒）豆，中庚煮之，以碎豆作末都，至六七月之交，分以藏瓜。"⑧文中"末都"指的就是豆酱，后来，北魏贾思勰《齐民要术》卷八"作酱法"更详细记述了唐代之前人们制作豆酱的工艺流程……它的主要特点是采用密封

① （宋）朱熹：《楚辞集注·招魂》，上海：上海古籍出版社，1979 年，第 153 页。
② （汉）刘熙：《释名》卷 4《释饮食》，《景印文渊阁四库全书》第 221 册，第 402—403 页。
③ （唐）韩鄂原编，缪启愉选译：《四时纂要选读》，第 91 页。
④ （宋）唐慎微：《重修政和经史证类备用本草》卷 25《米谷部中品·小麦》，北京：人民卫生出版社，1957 年，第 491 页。
⑤ ［日］西嶋定生：《中国经济史研究》，冯佐哲等译，北京：中国农业出版社，1984 年，第 174 页。
⑥ （宋）唐慎微：《重修政和经史证类备用本草》卷 25《米谷部中品·小麦》，第 491 页。
⑦ （汉）王充：《论衡》卷 23《四讳》，《百子全书》第 4 册，第 3447 页。
⑧ 石声汉校释：《齐民要术今释·作酱法》第 1 分册，北京：科学出版社，1957 年，第 532 页。

制曲法，即利用曲（即黄蒸或黄衣）中微生物产生的酶分解豆类中的蛋白质而制成鲜美的酱，此法的缺点是阻止了喜欢空气的霉菌繁殖，结果使酱的芳香成分有所损失。①

其具体流程可用图 4-6 表示如下：

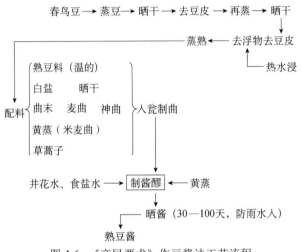

图 4-6 《齐民要术》作豆酱法工艺流程

到唐代人们对上述工艺进行变革，出现了制作面豆黄的新方法。《四时纂要》载其法云：

> 豆黄一斗，净陶三遍，宿浸，漉出，烂蒸。倾下，以面（小麦粉）二斗五升相和拌，令面悉裹却豆黄。又再蒸，令面熟，摊却大气，候如人体，以谷叶布地上，置豆黄于其上，摊，又以谷叶布覆之，不得令大（太）厚。三四日，衣上，黄色遍，即晒干收之。要合酱，每斗面豆黄，用水一斗、盐五升并作盐汤，如人体，澄滤，和豆黄入瓮内，密封，七日后搅之，取汉椒三两，绢袋盛，安瓮中。又入熟冷油一斤，酒一升。十日便熟。味如肉酱。其椒三两月后取出，晒干，调鼎尤佳。②

这种将全部豆与面用于制曲的发酵工艺，即"全料制曲工艺"。此工艺的突出特点是改"密封罨黄"为"通风制曲"，从而结束了先制酱麹后下麹拌豆的传统作酱法。一方面，此新工艺充分强化了微生物的酶解作用；另一方面它也对原料利用率的提高具有积极意义。③所以它"不仅是中国酱制作传统工艺的革新，而且使中国酱油突破直接提取酱汁的'酱清'模式有了技术上的保证"④。

（3）酱油的加热灭菌处理方法。唐代没有"酱油"这个名词，但却出现了通过加热灭菌的方法来储存"咸豉"（实际上就是酱油）的新技术。韩鄂记载说：

> 咸豉：大黑豆一斗，净淘，择去恶者，烂蒸，一依罨黄衣法。黄衣遍即出。簸去

---

① 苟萃华等：《中国古代生物学史》，北京：科学出版社，1989 年，第 166 页。
② （唐）韩鄂原编，缪启愉选译：《四时纂要选读》，第 106—107 页。
③ 赵荣光：《中国酱的起源、品种、工艺与酱文化流变考述》，《饮食文化研究》2004 年第 4 期。
④ 赵荣光：《中国酱油的发明、工艺演进及其文化历史流变》，《饮食文化研究》2005 年第 1 期，第 19 页。

黄衣，用熟水淘洗，沥干。每斗豆用盐五升，生姜半斤切作细条子，青椒一升拣净。即作盐汤如人体，同入瓷器中：一重豆，一重椒、姜，入尽，即下盐水，取豆面深五七寸乃止。即以椒叶盖之，密泥，于日中着。二七日，出，晒干。汁则煎而别贮之，点素食尤美。①

其中"汁则煎而别贮之"，缪启愉认为它的意思是"用作咸豆豉的液汁加以灭菌处理后，贮藏作调味品用，实际就是现在的酱油"②。李约瑟在考察了宋代之前的各种文献典籍之后，明确指出："它是宋代之前文献中关于原始酱油制作方法的最早记载。"③不过，令李约瑟奇怪是：宋人为什么不继续称"汁"与"清"，而是改为"油"，如苏轼在《物类相感志》一书中所说："作羹用酱油煮之妙。"④如众所知，宋人热衷于五行学说，按照五行的性质和特点，水润下，火炎上。而人们在制酱过程中，往往会淋出一部分酱汁，这部分酱汁总是浮在酱面上，具有"炎上"的性质，故称之为"油"。对此，有学者解释说：

> 在制成清酱的基础上，原始地用篘，也就是酒笼，一种篘取酒的工具逼出酱汁。做清酱与做一般豆酱的区别是，要不断地捞出豆渣，加水加盐多熬。逼酱汁时，将酱篘置缸中，等坐实缸底后，将篘中的浑酱不断地挖出来，使之渐渐见底，然后在篘上压一块砖，使之不浮起来。沉淀一夜后，篘中就是纯清的酱汁。用碗缓缓舀出，注进洁净的缸坛，在太阳下再晒半月，就是酱油。⑤

（4）"乳腐"加工制作的方法。乳腐最早载于反映隋朝北方贵族饮馔的《食经》一书里，书中的主要名食有"露浆山子羊羔、千日酱、加乳腐"等。⑥何谓"加乳腐"？由于《食经》没有记载其具体做法，学界有多种解说，如王仁湘的"豆腐"说、王利华的"酸酪"说、陈高华的"干酪"说，以及刘朴兵的"奶豆腐"或"乳饼"说。⑦那么，上述哪种说法符合唐朝"乳腐"的实际呢？韩鄂在《四时纂要》中比较详细地记述了用乳腐腌制薯蓣的制作方法，他说：

> 去皮，于箩篱中磨涎，投百沸汤中，当成一块。取出，批为炙脔，杂乳腐为罨炙。素食尤珍，入臛用亦得。⑧

至于"乳腐"本身如何制作，韩鄂没有细说。按：明代朱权《臞仙神隐书》载：

> 造乳饼法（即乳腐）：以牛乳一斗，绢滤入釜，煎五沸，水解之，用醋点入，如

① （唐）韩鄂原编，缪启愉选译：《四时纂要选读》，第90—91页。
② 转引自熊四智、唐文主编：《中国烹饪概论》，北京：中国商业出版社，1998年，第33页。
③ 黄兴宗著：《李约瑟中国科学技术史》第6卷《生物学及相关技术》第5分册《发酵与食品科学》，韩北忠等译，北京、上海：科学出版社、上海古籍出版社，2008年，第303页。
④ （宋）苏轼：《物类相感志·蔬菜》，林文照主编：《中国科学技术典籍通汇·综合卷》第2分册，第961页。
⑤ 朱伟编著：《考吃》，北京：中国书店，1997年，第33页。
⑥ （宋）洪迈等著，田渊整理校点：《糖霜谱（外九种）》，上海：上海书店出版社，2018年，第302页。
⑦ 刘朴兵：《乳腐与豆腐》，《饮食文艺研究》2005年第3期。
⑧ （唐）韩鄂原编，缪启愉选译：《四时纂要选读》，第26页。

豆腐法，渐渐结成，漉出以帛裹之，用石压成，入盐，瓮底收之。①

以此为依据，前揭诸多说法，唯刘朴兵的解释更接近《臞仙神隐书》的制作特点，当然亦与韩鄂所引《方山厨录》的记载相一致。

（四）嫁接技术的发展

从《齐民要术》之后，果树栽培越来越受到政府的重视。例如，唐朝开元二十五年（737）颁行的均田制规定："诸永业田皆传子孙，不在收授之限：即子孙犯除名者，所承之地不追。每亩可种桑五十根以上，榆枣各十根以上，三年种毕。乡土不宜者，任以所宜树充。"②尽管在具体的监督和执行过程中，可能与均田制的规定有偏差，但是重视栽种树木的意识毕竟已深入人心。所以即使在均田制遭到破坏以后，各地热心于植树造林的官民仍然大有人在。像柳宗元笔下的种树艺人郭橐驼，曾总结自己的种树经验是："凡植木之性，其本欲舒，其培欲平，其土欲故，其筑欲密。既然已，勿动勿虑，去不复顾。其莳也若子，其置也若弃。则其天者全而其性得矣。"③又"贞元中，望苑驿西有百姓王申，手植榆于路旁成林，构茅屋数椽，夏月常馈浆水于行人，官者即延憩具茗"④。正是在这不断栽种树木的实践中，唐朝的种艺技术才有了新的突破。仅从《四时纂要》看，所种树木就有桑、梓、柳、榆、松、柏、白杨等十余种。其中唐朝对树木的嫁接已在《齐民要术》的基础上，进一步认识到嫁接的亲和力问题。如韩鄂说：

右（指正月）取树本如斧柯大及臂大者，皆可接，谓之树砧。砧若稍大，即去地一尺截之；若去地近截之，则地力大壮矣，夹杀所接之木。稍小即去地七八寸截之；若砧小而高截，则地气难应。须以细齿锯截锯，齿粗即损其砧皮。取快刀子于砧缘相对侧劈开，令深一寸，每砧对接两枝。候俱活，即待叶生，去二枝之弱者。所接树，选其向阳细嫩枝如箸大者，长四五寸许；阴枝即小实。其枝须两节，兼须是二年枝方可接。接时微批一头入砧处，插入砧缘劈处，令入五分。其入须两边批所接枝皮处。……春雨得所，尤易活。其实内子相类者，林擒、梨向木瓜砧上，栗向栎砧上，皆活，盖是类也。⑤

文中所说"其实内子相类者"就是指在进化过程中具有亲缘关系的植物，即类缘相同或相近的植物，如栗与栎及林檎、梨与木瓜等，结构近似，形态相类，若在它们之间相互嫁接，则成活率较高。在此，韩鄂明确提出了嫁接应以树木的"类"为标准，而这个接树原理无疑是《四时纂要》对我国古代无性繁殖技术的重要理论贡献。其具体的接树方法是：

① （明）李时珍：《本草纲目》卷50《兽之一·乳腐》引，哈尔滨：黑龙江美术出版社，2009年，第1663页。
② （唐）杜佑著，颜昌忠等校点：《通典》卷2《田制下》，长沙：岳麓书社，1995年，第18页。
③ （唐）柳宗元：《种树郭橐驼传》，（清）吴楚材、吴调侯：《古文观止》，杭州：浙江古籍出版社，2010年，第249页。
④ （唐）段成式：《酉阳杂俎续集》卷2《支诺皋中》，吴玉贵、华飞主编：《四库全书精品文存》第23卷，北京：团结出版社，1997年，第683页。
⑤ （唐）韩鄂原编，缪启愉选译：《四时纂要选读》，第3—4页。

第一步，选砧。"砧"这个词最早见载于《四时纂要》，据梁家勉研究，砧"原义为'忤之质'，即捣衣时承忤的木或石。因嫁接时，特别是插接时，须将准备与接穗相结合的树木，锯成砧盘形，故有此称，以后成为最通用的术语"①。可作"砧木"的条件是"柯大及臂大"者，也就是生长健壮、根系发达、萌芽率高的树木。

第二步，确定嫁接部位。因嫁接部位与砧木大小有关，不能随意为之。韩鄂认为，砧木太大或太小都不适宜，所以他使用了"稍大"和"稍小"两个词汇。然而，究竟如何掌握"稍大"和"稍小"，韩鄂没有细言，但根据现代选择砧木的经验，为了保证"所接树"（即接穗）与砧木的输导平衡，既不要砧小高截，又不能粗砧低截，一般"稍大"和"稍小"的砧木在0.6—2.5厘米。②如果属于"稍大"的砧木，那么，其接木部位应距离地面30.7厘米；如果属于"稍小"的砧木，那么，其接木部位应距离地面约21厘米或25厘米。

第三步，劈砧木。在确定了嫁接部位以后，用细齿锯锯断砧木的树干，然后选择皮厚纹理顺的地方做劈口。下刀时不能用力过猛，以免将砧木劈裂。通常劈口深3厘米左右，"如砧木比接穗粗，劈口可取断面1/3处，如砧木较细，选其长径处"③。

第四步，选择"所接树"。必须是生长2年的树枝，向阳，枝细嫩，像筷子一样粗，有两个芽节，长约12—15厘米。

第五步，削"所接树"。将剪下的"所接树"去掉梢头，并按照保留2—3个芽的原则，将"所接树"截为长约5厘米的小段，然后在距离下芽3厘米之处，向两侧削成楔形斜面，其中芽的正面应厚些，而背面相对要薄些，这样有利于砧木的含夹。

第六步，插"所接树"。用劈接刀的楔部将劈口撬开，将两枝"所接树"分别插入砧木的两边，深约1.5厘米，应留2毫米的削面外露在砧木外，这有利于分生组织的形成。插入时一定使两者的形成层对准，且相互接触应松紧适宜，细意酌度，"即待叶生，去二枝之弱者"，也即保留健壮的那一枝。

第七步，绑缚。插"所接树"完成之后，立刻取宽约1.5厘米的同树树皮一片，将"所接树"与砧缘之间的创口缠住，并用黄泥密封。另外，砧面和"所接树"的枝头也用黄泥密封。然后再用纸裹头和麻绳绑缚。待砧木有叶芽生出，应及时揭去外面的裹纸和封泥。其嫁接要点如图4-7所示。

由上述内容不难看出，韩鄂所讲的嫁接方法，与现代果木的嫁接方法基本一致，它显示了《四时纂要》"接树"篇的理论和方法都达到了中国古代无性繁殖技术发展史的一个高峰，并对后世产生了重要影响。如元代的《种艺必用补遗》和《农桑辑要》及明代的《农政全书》等，都载有《四时纂要》的"接树之法"。此外，韩鄂还应用嫁接技术来培育葫芦新品种，如《四时纂要》"二月"载：

> 二月初，掘地作坑，方四五尺，深亦如之。实填油麻、绿豆秸及烂草等，一重粪土，一重草，如此四五重，向上尺余着粪土，种下十来颗子。待生后，拣取四茎肥好

---

① 梁家勉：《植物嫁接技术在祖国的起源及其发展阶段》，倪根金主编：《梁家勉农史文集》，北京：中国农业出版社，2002年，第276页。

② 陈海江主编：《果树苗木繁育》，北京：金盾出版社，2010年，第70页。

③ 石流：《家庭种植业手册》，武汉：湖北科学技术出版社，1984年，第60页。

者，每两茎肥好者相贴着，相贴处以竹刀子刮去半皮，以刮处相贴，用麻皮缠缚定，黄泥封裹，一如接树之法。……待活后，唯留一茎左（右之误）者，四茎合为一本。待着子，拣取两个周正好大者，余有，旋旋除去食之。一斗种可变为盛一石物大。①

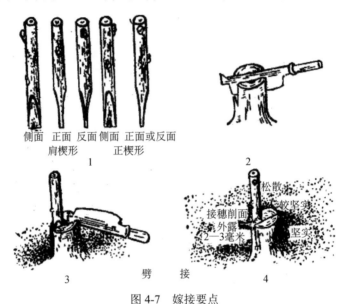

侧面　正面　反面　侧面　正面或反面
　肩楔形　　　　正楔形
　　　　1　　　　　　　　　2

劈　接
　3　　　　　　　　　　　4

图 4-7　嫁接要点
1 为削接穗；2 为劈砧木；3 为插接穗；4 为埋土

这种嫁接法，系在若干葫芦秧中择取一根主干，再依"接树法"去接其他秧而成，显然，它较《氾胜之书》所讲将若干葫芦秧或葫芦、冬瓜秧靠接在一起的"靠接法"，又前进了一大步。

二、观念形态中的唐代北方农家生活

韩鄂的《四时纂要》中掺杂着不少迷信荒诞的内容，常常为学者所诟病。据统计，在《四时纂要》一书中共载有农业生产、农副产品加工制造、医药卫生、器物修造与保管、商业经营、教育文化及占候、择吉、禳镇等共 698 条，其中占候、择吉、禳镇等内容计 348 条，约占全书内容的一半。②然而，这种依月安排的各种活动，是否真实地再现了唐代广大乡村民众的社会生活面貌呢？恐怕不是。除了农业生产必须把握节令，以免延误农时外，其他像器物修造与保管及杂事、禳镇等，实际上都没有严格的时间限制，况且忙忙碌碌的农家生活，未必事事都需要占候、禳镇等。因此，严格说来，《四时纂要》应是韩鄂根据唐朝各种复杂多变的宗教文化特点，为各级地方政府对乡村进行有效管理而编制的一套农家生活方案。其中所叙述的内容有实有虚、有真有假，很多事情还仅仅停留在观念形态的层面，这是我们在研读《四时纂要》时要格外注意的事情。

① （唐）韩鄂原编，缪启愉选译：《四时纂要选读》，第 29—30 页。
② （唐）韩鄂原编，缪启愉校释：《四时纂要校释》，前言第 5 页。

（一）占候与农业生产

占候实际上就是一种气象预测活动，里面尽管包含着部分迷信的成分，但仔细辨析，也不乏合理的因素。诚如邓文宽所说：它那些迷信、半迷信的成分，"因为即令不科学，也是我们祖宗苦苦思索的产物，曾经广泛而深入地影响过我们祖先的思想和生活，今日人们也还不能完全摆脱它们的影子"①。

1. 与占候相关的几个概念

（1）星命月。②亦称太阳月，它以二十四节气中的十二节气（非中气）为每月之始，如立春日为正月的第一天，每个节气十五天，两个节气计三十天，则惊蛰前一日为正月最后一天；依次，则惊蛰日为二月的第一天，至清明前一日为二月最后一天；清明日为三月的第一天，至立夏前一日为三月最后一天；立夏日为四月的第一天，至芒种前一日为四月最后一天；芒种日为五月的第一天，至小暑前一日为五月最后一天；小暑日为六月的第一天，至立秋前一日为六月最后一天；立秋日为七月的第一天，至白露前一日为七月最后一天；白露日为八月的第一天，至寒露前一日为八月最后一天；寒露日为九月的第一天，至立冬前一日为九月最后一天；立冬日为十月的第一天，至大雪前一日为十月最后一天；大雪日为十一月的第一天，至小寒前一日为十一月最后一天；小寒日为十二月的第一天，至立春前一日为十二月最后一天。于是，《四时纂要》说："自立春即得正月节，凡阴阳避忌，宜依正月法。"③

（2）天道行向。《星历考原》说："天道者，天德所在之方也。"④又《乾坤宝典》云："天德者，天之福德也。所理之方，所直之日，可以兴土功，营宫室。"⑤可见，此"天道"是一种观念形态的"臆想"，而非真实的存在。为了弄清"星命月"与天道行向的关系，我们需要与《年神方位图》相比照，如图4-8所示（上南下北，左东右西）。

从术数的角度讲，每个月的天德是固定的，故《六壬直指》说："正丁二坤宫，三壬四辛同，五乾六甲上，七癸八寅逢，九丙十居乙，子巽丑庚中。"也就是说：

正月，天德在丁，天道南行；

二月，天德在坤，天道西南行；

三月，天德在壬，天道北行；

四月，天德在辛，天道西行；

五月，天德在乾，天道西北行；

六月，天德在甲，天道东行；

七月，天德在癸，天道北行；

---

① 邓文宽：《敦煌吐鲁番天文历法研究》，兰州：甘肃教育出版社，2002年，第54页。
② 邓文宽：《敦煌吐鲁番天文历法研究》，第84—85页。
③ （唐）韩鄂原编，缪启愉校释：《四时纂要校释》，第5页。
④ （清）李光地：《御定星历考原》卷3《天道》，谢路军主编，郑同点校：《四库全书术数二集》第3册《太乙金镜式经、御定星历考原》，北京：华龄出版社，2007年，第197页。
⑤ （清）李光地：《御定星历考原》卷3《天德》，谢路军主编，郑同点校：《四库全书术数二集》第3册《太乙金镜式经、御定星历考原·禽星易见》，第197页。

八月，天德在艮，天道东北行；

九月，天德在丙，天道南行；

十月，天德在乙，天道东行；

十一月，天德在巽，天道东南行；

十二月，天德在庚，天道西行。①

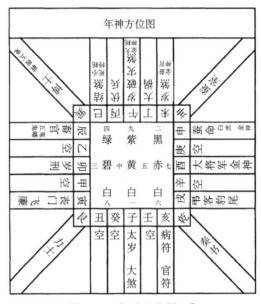

图 4-8　《年神方位图》②

有了上述知识，我们就容易理解《四时纂要》中的"天道"思想了。韩鄂说：正月，"是月天道南行，修造、出行，宜南方吉"③。二月，"是月天道西行，修造、出行，宜西方吉"④。其他依次类推，尽管现在看来，这些说法纯属术数家之言，但是它对于科学发展尚处于经验阶段的唐朝人来说，"天道行向"便具有生活指南的意义了。

（3）昏晓。葛兆光将"昏晓"看作是一个时间分配和生活秩序的问题，并从"思想史"的角度对这一问题已经做了义理精深的分析与论证。⑤考《唐月令》对一年二十四节气与天象的关系包括昏晓问题讲得十分明确，《四时纂要》与其一致，体现了后者对前者的文化沿袭和继承。如《唐月令》载："正月之节，日在虚，昏昴中，晓心中，斗建寅位之初。"⑥而《四时纂要》亦说："（正月节气）昏，昴中；晓，心中。"正月中气则"昏，毕中；晓，尾中。"⑦为了清晰起见，笔者特将《四时纂要》中每个月的昏晓与天象的对应

①　邓文宽：《敦煌历日中的"年神方位图"及其功能》，敦煌研究院：《段文杰敦煌研究五十年纪念文集》，北京：世界图书出版公司北京公司，1996 年，第 257 页。

②　（晋）许真君著，陈泰先编译：《活学活用玉匣记》，北京：中国物资出版社，2010 年，第 154 页。

③　（唐）韩鄂原编，缪启愉校释：《四时纂要校释》，第 5 页。

④　（唐）韩鄂原编，缪启愉校释：《四时纂要校释》，第 45 页。

⑤　葛兆光：《古代中国的历史、思想与宗教》，北京：北京师范大学出版社，2006 年，第 88—108 页。

⑥　刘次沅：《西安碑林的〈唐月令〉刻石及其天象记录》，《中国科技史料》1997 年第 1 期。

⑦　（唐）韩鄂原编，缪启愉校释：《四时纂要校释》，第 5 页。

关系列表 4-3 如下。

表 4-3 《四时纂要》中每个月的昏晓与天象的对应关系列表

节气与中气	昏中	晓中	斗建	气名
正月节气	昴	心	寅初	立春
正月中气	毕	尾	寅中	雨水
二月节气	东井	箕	卯初	惊蛰
二月中气	东井	南斗	卯中	春分
三月节气	柳	南斗	辰初	清明
三月中气	张	南斗	辰中	谷雨
四月节气	翼	牵牛	巳初	立夏
四月中气	轸	须女	巳中	小满
五月节气	角	危	午初	芒种
五月中气	亢	营室	午中	夏至
六月节气	尾	奎	未中	大暑
七月节气	尾	娄	申初	立秋
七月中气	箕	昴	申中	处暑
八月节气	南斗	毕	酉初	白露
八月中气	南斗	东井	酉中	秋分
九月节气	牵牛	东井	戌初	寒露
九月中气	须女	柳	戌中	霜降
十月节气	虚	张	亥初	立冬
十月中气	危	翼	亥中	小雪
十一月节气	营室	轸	子初	大雪
十一月中气	东壁	角	子中	冬至
十二月节气	奎	亢	丑初	小寒
十二月中气	娄	氐	丑中	大寒

（4）黄道。从狭义的层面讲，太阳在天球上周年视运动的轨道就是黄道。为了便于观察和计算，古代先民就将黄道分成十二等份，自西向东依次是星纪、玄枵、娵訾、降娄、大梁、实沈、鹑首、鹑火、鹑尾、寿星、大火、析木。后来，人们又在黄道十二次的基础上，同时结合二十八宿的出现规律，采用十二地支来表示二十八宿与黄道十二次的对应关系，这样就形成了黄道十二辰。其中子与玄枵相对应，丑与星纪相对应，寅与析木相对应，卯与大火相对应，辰与寿星相对应，巳与鹑尾相对应，午与鹑火相对应，未与鹑首相对应，申与实沈相对应，酉与大梁相对应，戌与降娄相对应，亥与娵訾相对应。由于二十八宿出现的时辰不同，如参宿在深夜酉时出现，心宿在清晨卯时出现，具体内容见图 4-9 所示，因此，人们根据吉和善的性质，把黄道六神出现的时日称为"黄道吉日"。《四时纂要》载：

黄道：子为青龙，丑为明堂，辰为金匮，巳为天德，未为玉堂，戌为司命。凡出军、远行、商贾、移徙、嫁娶、吉凶百事，出其下，即得天福；不避将军、大岁、刑祸、姓墓、月建等。若疾病，移往黄道下，即差；不堪移者，转面向之，亦吉。①

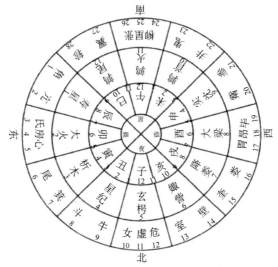

图 4-9 黄道十二辰与二十八宿关系图②

天道与人道各有自己的运动规律，只要按照自然规律办事，使自己的主观意志与外在的客观实际相符合，我们就不会招致灾祸。可见，所谓黄道吉日其实并不神秘，如众所知，人类的生理时钟与身体各组织器官的功能活动紧密相连。如夜晚九时至十一时，是免疫系统运动的时间，这个时段最好多休息，不要劳累，所以《四时纂要》将其列为"黑道六神"之一。与之相反，夜晚十一时至凌晨一时，则是骨髓造血时间，流经肝脏的血液最多，良好的睡眠有利于机体造血功能的进行，因此，《四时纂要》将其列为"黄道六神"之一。又比如，凌晨三时至五时，是呼吸系统运动（即肺排毒）的时间，可是，此时也是人体一天中最危险的时候。据世界卫生组织统计，全球凌晨死亡者在一天的死亡人数中占60%。有大量研究结果证明，大多数人的生物钟在清晨四时（即寅时）处于最低潮，体温最低，脉搏最慢。③另外，早晨的空气质量在一天之中也最差，这是因为"早上大气很稳定，晚间的空气上暖下凉，导致大气垂直对流基本停止，地面受到污染的空气不能上升到高空，而高空清洁的空气也不会下降到地表，近地面污染物浓度越来越高，以至于形成一个锅盖。……它刚好位于人类的呼吸带"④。从这个层面看，《四时纂要》称"寅为天刑"⑤，并非全无道理，只是里面的合理思想，被一层层迷信外衣包裹着。

2. 占候对唐朝农业生产的影响

占候是一种预测，它反映了人们普遍具有趋利避害的心理本质，或许有很多占候内容在今天看来完全是附会，没有科学道理。但是，为了避害，人们会提前采取各种预防措施积极应对，尽量把可能遭受的损失降到最低，这在当时的历史条件下，未免不是一件有意

① （唐）韩鄂原编，缪启愉校释：《四时纂要校释》，第 12 页。
② 张淑媛等：《问不倒的导游——天象》，北京：中国旅游出版社，2012 年，第 77 页。
③ 杨志红：《饮食定生死》，北京：中国言实出版社，2009 年，第 217—218 页。
④ 杨志红：《饮食定生死》，第 218 页。
⑤ （唐）韩鄂原编，缪启愉校释：《四时纂要校释》，第 12 页。

义的事情。关于为何大量的占测内容进入《四时纂要》，王传超认为："由于古人对自然界的认知毕竟较现代有限得多，往往在现象间构建起种种实际上并不存在的联系，诸如'朔日雾，岁饥'等等。而这一点恰为占候、术数类的内容进入农书打开了方便之门。"①下面试对《四时纂要》所出现的晦朔占、占影月等内容，略作阐述。

（1）晦朔占。当月球运行到太阳与地球之间（处于同一平面）时，因月球遮住了太阳照射到地球上的光，此时即阴历的三十日，亦称"晦日"，它是每个月中最暗的一天。同时，随着月球的运行，开始出现新月的第一天，此为"朔日"②。古人非常看重"朔日"，如这一天不管发生了什么事件，史官都要记录，此例相沿成习，遂形成一种传统。受此影响，《四时纂要》便用大量篇幅来讲述"晦朔占"，并对这一天所出现的各种天象变化及其对农业生产的影响进行预测。例如，正月，"朔旦，晴明无云，而温不风至暮，蚕善而米贱；若有疾风盛雨折木发屋，扬沙走石，丝帛贵，蚕败而谷不成。晦与旦风雨者，皆谷贵。朔日雾，岁饥。朔日雷雨者，下田与麦善，禾黍小熟。朔日雨水，猛兽见，狼如狗。朔日立春，民不安"③。二月，"朔日雨，稻恶，枲贵。晦日雨，多疾病"④。这些预测很可能包含有古代先民在长期劳动实践过程中所总结出来的一部分经验成分，如朔旦若发生了"疾风盛雨折木发屋，扬沙走石"的现象，那么，本年则会出现"丝帛贵，蚕败而谷不成"后果。两者之间有无必然联系，这确实有待于我们作进一步的探讨。因为从理论渊源上讲，《四民纂要》"正月朔日"的上述预测思想主要取自《黄帝内经灵枢经·岁露论》，并非韩鄂的臆造。据《黄帝内经灵枢经》载："正月朔日，风从东方来，发屋，扬沙石，国有大灾也。正月朔日，风从东南方行，春有死亡。正月朔日，天和温不风，籴贱，民不病；天寒而风，籴贵，民多病。"⑤又《神农·占篇》云："正月上朔日，风从东来，植禾善。风从南来，植黍善；风从北来，稚（植）禾善。"⑥

下面有一则史例颇能说明问题。《四时纂要》云：七月晦朔占，"朔日风雨，籴贵"⑦。考《旧唐书·五行志》载："贞观十一年七月一日，黄气竟天，大雨。"⑧而《兴平县志》在"大事记"中载有这样一条信息："（贞观十一年）雍州灾荒严重，免除始平、武功、好畤、礼泉等县当年租税。"⑨单从史料的角度看，上述三则文献所言或许有一定的偶然性，但偶然之中有必然，通过"朔日"的气象变化预测当年农业生产的丰歉，是古代先民长期关注自然现象变化与特定农业生产之间相互关系的经验总结，内含一定的合理性。诚如有的专家所言："古人试图通过占候来预测今后的天气走向和农作物的收成。以便更好地安

---

① 王传超：《古代农书中天文及术数内容的来源及流变——以〈四时纂要〉为中心的考察》，《中国科技史杂志》2009年第4期，第450页。
② 李蕃：《日球与月球》，上海：商务印书馆，1930年，第8页。
③ （唐）韩鄂原编，缪启愉校释：《四时纂要校释》，第5页。
④ （唐）韩鄂原编，缪启愉校释：《四时纂要校释》，第45页。
⑤ 《黄帝内经灵枢经》卷12《岁露论》，陈振相、宋贵美：《中医十大经典全录》，第270—271页。
⑥ 《神农·占篇》，寇崇琳编译：《诸子十家选译》，西安：陕西人民出版社，1991年，第279页。
⑦ （唐）韩鄂：《四时纂要》，范楚玉主编：《中国科学技术典籍通汇·农学卷》第1分册，第213页。
⑧ 《旧唐书》卷37《五行志》，第1351页。
⑨ 兴平县地方志编纂委员会：《兴平县志》，西安：陕西人民出版社，1994年，第11页。

排农业生产，做到有的放矢。"①从这个层面看，《四时纂要》中的"晦朔占"确实有一部分积极的思想因素。

（2）月影占。中国古代将农业生产看作是一个很复杂的"文化"系统，其中每个环节因子的异常变化，都有可能对农业生产造成这样或那样的影响。我们知道，圭表是用来测定日影和月影长度的，如《周礼·春官宗伯》载："冬夏致日，春秋致月，以辨四时之叙。"②陈遵妫据此认为："当时已有用土圭测定节气的概念。"③用圭表可以测定子午线、北极出地高度以及一年元长和黄赤道交角等，然而，占卜家却用它来占卜，即通过测量月影的长度，以卜年景的好坏。如《四时纂要》载："（正月）十五夜月中时，立七尺表，影得一丈、九尺、八尺，并涝而多雨；七尺，善；六尺，普善；五尺，下田吉，并有熟处；四尺，饥而虫；三尺，旱；二尺，大旱；一尺，大病，大饥。"④首先，测月影既是一项天文实践活动，同时又是一项政治事务，主要是检验政事的得失。其次，天文学家在长期的测月影实践过程中，试图通过测量月影的长短来寻找一年内气候变化的内在规律，以指导农业生产。由于在经验科学中，测月影与预测气候之间确实存在某种联系。实际上，早在西晋，主张以自然科学为凭依的唯物主义气一元论哲学家杨泉，在其所著的《物理论》一书中就提出了通过测月影长短来占测灾害的方法。他说：

> 正月望夜占阴阳，阳长即旱，阴长即水。立表以测其长短，审其水旱。表长丈二尺：月影长二尺者以下，其大旱；二尺五寸至三尺，小旱；三尺五寸至四尺，调适，高下皆熟；四尺五寸至五尺，小水；五尺五寸至六尺，大水。月影所极，则正面也。立表中正，乃得其定。⑤

那么，我们今天如何回头认识和评价杨泉的这项占测活动？卜风贤说：

> （杨泉）把水旱灾害的发生与月影的长短联系起来，认为在特定的时间（正月望日）月亮运动的变化能够反映或预示未来时间的水旱灾害发生情况。而且，在灾害发生强度的预测方面还明确了所要达到的数量指标，显示其预测的精确度。从他使用的方法看似乎是对年度灾害的预测，以正月望夜的立杆测影数值预测当年可能发生的灾害，属于现代灾害预报中的中长期预报范畴。而灾害预报中趋势预报的时间越长，一般来说精确度也就越低。在此姑且不论其预测灾害的方法是否科学合理，仅就其预报的精确性而言，在一千多年前要达到如此高的预报精度似乎是不可想象的。⑥

辩证联系是自然界的普遍规律，任何一个事物与现象都是整个世界统一联系中的一个环节、部分或成分，反过来，每一个事物均通过自身来体现联系的客观性和普遍性。当然，事物联系的形式有多种，如本质联系与非本质联系、直接联系与间接联系、必然联系

---

① 董恺忱、范楚玉主编：《中国科学技术史·农学卷》，第465页。
② 《周礼·春官宗伯·冯相氏》，黄侃校点：《黄侃手批白文十三经》，第71页。
③ 陈遵妫：《中国天文学史》下，上海：上海人民出版社，2006年，第1223页。
④ （唐）韩鄂原编，缪启愉校释：《四时纂要校释》，第7页。
⑤ （后魏）贾思勰：《齐民要术》卷3《杂说》引《物理论》，《百子全书》第3册，第1859页。
⑥ 卜风贤：《周秦汉晋时期农业灾害和农业减灾方略研究》，北京：中国社会科学出版社，2006年，第276—277页。

与偶然联系及内部联系与外部联系等。对于上述《四时纂要》所载录的"月影占"及其其他占测，我们必然明辨其究竟属于偶然联系还是必然联系。只有这样，韩鄂的农业占测才能真正起到指导农业生产的作用。

与《物理论》相比较，《四时纂要》的测月影方法，精确度降低了不少，略显粗疏。然而问题的关键并不在此，而是像"测月影""占五谷"等内容，在《齐民要术》中仅仅以"杂说"的形式出现，所占篇幅很小，可是，到《四时纂要》时，被《齐民要术》边缘化的东西，却变成了话语中心，这就不是一个简单的学术问题了，而是需要深入探讨的文化课题。如果考虑到经验科学的历史特点，那么，在传统农业生产中，劳动人民的看天经验（土法），也可以看作是一种科学实践。所以有些地区至今都有八月十五测月影占雨水的习俗。如察哈尔右翼中旗有八月十五中秋节观测月影测第二年雨水的传统，其方法是：用砖头立起量，"射1—3寸，下丰收；4—6寸，中丰收；7—9寸，大丰收"[①]。当然，这些观测天气的土法，"经多年来反复验证，绝大部分是正确的，在一定程度上反映了天气变化的规律，这说明了我国劳动人民过去在没有气象科学设备的条件下，靠实践经验已掌握了一些气候变化的基本规律，并能在生产和生活中得到应用"[②]。

其他还有月内占、风占、雷占、雨占、六子占、占八谷万物等，内容都大同小异，也是真伪掺杂，我们在研读《四时纂要》的这部分内容时，一定要以清醒的头脑和批判分析的态度去对待它，既不要盲目迷信，又不能简单抛弃。

（二）家庭饲养、营造、制药等农事活动

1. 牛、马、羊的饲养与疾病防治

（1）唐朝选拣耕牛法与牛疾防治。唐代的农家生活除了前述的耕种和占测之外，还有一项重要的事务，那就是饲养牛马。自春秋战国时期开始使用牛耕之后，牛就成为中国古代农耕社会的主要生产力。至唐朝，随着曲辕犁的逐渐推广，政府从法律层面奖励繁殖耕牛，如《唐律·厩库律》规定："诸故杀官私马牛者，徒一年半。"[③]唐玄宗更颁布《禁屠杀马牛驴诏》，主要针对官府牧场宰杀大牲畜的现象，要求各级政府严格禁断，并委派御史监督、纠弹。[④]这样，就刺激了民间养牛马业的兴盛。据《旧唐书·袁高传》载，唐德宗在贞元二年（786），"以关辅禄山之后，百姓贫乏，田畴荒秽，诏诸道进耕牛，待诸道观察使各选拣牛进贡，委京兆府劝课民户，勘责有地无牛百姓，量其地著，以牛均给之"[⑤]。那么，如何"选拣耕牛"？韩鄂在《相牛经》和《齐民要术》的基础上，根据唐朝农家养牛的具体实践，比较系统地总结了选拣耕牛的方法。他说：

耕牛眼去角近，眼欲得大，眼中有白脉贯瞳子，颈骨长大，后脚股开：并主使

① 孙儒文：《天气谚语与群众看天经验》，中国人民政治协商会议察右中旗委员会文史资料研究委员会：《察右中旗文史资料》第2集，内部资料，1988年，第260页。

② 孙儒文：《天气谚语与群众看天经验》，中国人民政治协商会议察右中旗委员会文史资料研究委员会：《察右中旗文史资料》第2集，第250页。

③ 《唐律疏义·厩库》，李世峰主编：《领导藏书》第7卷，延吉：延边人民出版社，2001年，第468页。

④ 仉小红：《唐五代畜牧经济研究》，北京：中华书局，2006年，第199—200页。

⑤ 《旧唐书》卷153《袁高传》，第4088页。

快。旋毛当眼下，无寿。两角有乱毛起，妨主。初买时牵来牛口开者，凶，不可买。赤牛、黄牛乌眼者，妨主。白头牛白过耳，主群。倚脚不正者病。毛欲得短密，疏长者不耐寒。耳多长毛不耐寒，尿射前脚者快，直下者不快。尾不用至地。头不用多肉。尾骨粗大少毛者有力。角欲得细。身欲得圆。鼻如镜鼻者难牵。口方易饲。筋欲密。鼻欲大而张，易牵仍易使。"阴虹"属颈者，千里牛也。"阴虹"属颈而白尾者，宁戚所饭者。"阳盐"欲广，"阳盐"者，夹尾前两尻上。当"阳盐"中间脊欲得窊，如此者佳；若窊则为双脊，主多力，不窊者则为单脊，少力。①

《四时纂要》对牛疾的防治非常用心，共讲述了七种牛疾的治疗处方，主要有以下三点。

第一，治牛疫方。一法："当取人参细切，水煮取汁，冷，灌口中五升已来，即差（瘥）。"②此方取自《齐民要术》，牛疫的症状主要见于"低头垂耳，食量减少，气喘发惊，涕泗交流，粪便初则燥结，继则泄泻，口内有腐烂斑痕"③，人参的用量为1—2两。④二法："取真安息香于牛栏中烧，如焚香法——如初觉一头，至两头，是疫，即牵出。——令鼻吸其香气，立止。"⑤此法《华佗神方》有载，经现代兽医实践证实，安息香确有治疗牛马发热不食水草的功效。⑥三法："十二月兔头烧作灰，和水五升，灌口中差。"⑦此方《齐民要术》有载，《兽医本草》称兔头可治疗"冷肠泄泻，牛马瘴疫和牛马口疮等症"⑧。

第二，治牛欲死肠腹胀方。"研麻子汁五升，温令热，灌口中，即愈。此治食生豆胀欲死者方，甚妙。"⑨与此不同，《华佗神方》对"治牛欲死肠腹胀方"的描述较为详尽，其载："牛如误食地胆虫，或蚕苣蓿草，腹胀满欲死。急研大麻子取汁，乘热灌入五、六升；即愈。"⑩临床上，大麻子有润燥、滑肠的功效，用"大麻子汁"治疗牛欲死肠腹胀，比较适宜。

第三，牛中热方。《牛经备要医方》分析牛中热的病因说："春有余热，夏有酷热，秋时亢旱，冬时燥烈；或寒，或热，或有暑热，或饮水浊，由外受之，伏于五脏，发而为病。"⑪牛热病的症状因致病因素的不同而略有差异，《齐民要术》所取普适方载："取兔肠肚，勿去屎，以草裹，吞之，不过再三，即愈。"⑫《四时纂要》则改为："取兔腹膍，去

---

① （唐）韩鄂原编，缪启愉校释：《四时纂要校释》，第35—36页。
② （唐）韩鄂原编，缪启愉校释：《四时纂要校释》，第36页。
③ （汉）华佗撰，（唐）孙思邈编集，杨金生、赵美丽、段志贤点校：《华佗神方》卷19《华佗兽医科神方》，北京：中医古籍出版社，2002年，第280页。
④ 《齐民要术》取人参一两，而宋《新编集成牛疫方》为二两。
⑤ （唐）韩鄂原编，缪启愉校释：《四时纂要校释》，第36页。
⑥ 冯洪钱编著：《民间兽医本草》，北京：科学技术文献出版社，1984年，第778页。
⑦ （唐）韩鄂原编，缪启愉校释：《四时纂要校释》，第36页。
⑧ 冯洪钱编著：《民间兽医本草》，第651页。
⑨ （唐）韩鄂原编，缪启愉校释：《四时纂要校释》，第36页。
⑩ （汉）华佗撰，（唐）孙思邈编集，杨金生、赵美丽、段志贤点校：《华佗神方》卷19《华佗兽医科神方》，第280页。
⑪ 于船、张克家主编：《中华兽医精典》，北京：中国农业大学出版社，2003年，第223页。
⑫ （后魏）贾思勰：《齐民要术》卷6《养牛马驴骡》，《百子全书》第2册，第1895—1896页。

粪，以草裹，令吞之，不过再服即差。"①宋人陈元靓《事林广记》所载"治牛中热"方，与《四时纂要》一致，亦主张"去粪"，说明《四时纂要》的办法更易于被兽医所接受，且疗效也较可靠。

其他治疗牛鼻胀方、牛疥方、牛肚胀及嗽方、牛虱方等，均与《齐民要术》同。

（2）唐朝的相马法与马病防治。《齐民要术》载有不少养马的内容，又《隋书·经籍志》收录了多种与治马病有关的书籍，如《伯乐治马杂病经》1卷、《治马经》3卷（亡）、《治马经》4卷、《治马经目》1卷、《治马经图》2卷、《马经孔穴图》1卷、《杂撰马经》1卷、《治马牛驼骡等经》3卷等。②这些书籍成为韩鄂撰写相马法部分内容的重要参考，《四时纂要》引《马经》的话说："驴马生，坠地无毛，日行千里。溺举一足，行五百里。又数其肋骨得十茎，凡马也；十一者，五百里；十三者，千里也，过十三者，天马也。白额入口白喙，名的卢；目下有横毛、旋毛，名盛泪；旋毛在吻后，名衔祸；旋毛在项，白马黑髦，鞍下有旋毛，名负尸；腋下有旋毛，名挟尸；左胁下有白毛直上，名带剑；汗沟过尾本者，踏杀人；后脚左右白，白马四蹄黑，已上不利主人。"③此《马经》与《相马经》的关系，尚不能断定。引文中的许多内容已见于《齐民要术》，其中"左胁下有白毛直上"，《齐民要术》作"左胁下有白毛直下"，而"汗沟过尾本者，踏杀人"等显然属于一种"万物有灵观念"的延伸，将马的外形与人的祸福联系起来，甚至成为挑选马匹的重要禁忌。在今天看来，这是没有任何科学根据的。

至于治疗马病的医方，《四时纂要》基本上引录了《齐民要术》的内容，但也有不见载于《齐民要术》者，如"疗马心结热、起卧寒战、不食水草方：黄连二两（杵末），白鲜皮一两（杵末），油五合，猪脂四两（细切），右（上）以温水一升半，和药调停，灌下，牵行，抛粪即愈"④。又"马伤料，多用生萝卜三五个，切作片子，啖之立效"⑤。导致"马伤料"（消化不良或胃食积）的病因主要是"因长期饲喂精料过多，或者使役后立即喂料，或在休息期中料量未减，运动不足，日久脾胃运化扰乱所引起"⑥。治则用消导法，而生食萝卜能破气消食。此外，"治新生小驹子泻肚方：蒿本末三钱，匕大麻子，研汁调，灌下喉咽便效。次以黄连末，大麻汁解之"⑦。方中的"蒿本"镇痛解痉，"大麻子"润内补虚，都是治疗泻肚的良药。其他还有"马气药方""治马肺药""点马眼药""治马食槽内草结方"等，亦都是唐朝马医在长期养马实践过程中总结出来的有效医方。

（3）唐朝的引羊法与羊病防治。《四时纂要》所载养羊法，与《齐民要术》同。然"引羊法"不仅颇有特色，而且也是《齐民要术》所不载的内容。韩鄂转录《家政令·引

---

① （唐）韩鄂原编，缪启愉校释：《四时纂要校释》，第36页。
② 《隋书》卷34《经籍志》，第1048页。
③ （唐）韩鄂：《四时纂要》，范楚玉主编：《中国科学技术典籍通汇·农学卷》，第201—202页。
④ （唐）韩鄂：《四时纂要》，范楚玉主编：《中国科学技术典籍通汇·农学卷》，第202页。
⑤ （唐）韩鄂：《四时纂要》，范楚玉主编：《中国科学技术典籍通汇·农学卷》，第202页。
⑥ 中国农业科学院中兽医研究所、中国农业科学院兰州兽医研究所：《中兽医诊疗》，兰州：甘肃人民出版社，1979年，第221页。
⑦ （唐）韩鄂：《四时纂要》，范楚玉主编：《中国科学技术典籍通汇·农学卷》，第202页。

羊法》云："养羊以瓦器盛盐一二升挂羊栏中，羊喜盐，数归啖之，则羊不劳人收也。"①从技术层面讲，用盐引羊在唐代之前即已出现。如《晋书·胡贵嫔传》载："时帝（指晋武帝）多内宠，平吴之后复纳孙皓宫人数千，自此掖庭殆将万人。而并宠者甚众，帝莫知所适，常乘羊车，恣其所之，至便宴寝。宫人乃取竹叶插户，以盐汁洒地，而引帝车。"②为了维持体内的钾钠等代谢平衡，草食动物就需要不断补充盐分，羊喜食盐的道理即在于此。那么，如何辨别羊是否有病，从而做到及时发现及时治疗呢？《四时纂要》载有一条"别羊病法"，其内容是："当栏前后作坑，深二尺，广四尺，往来皆跳过者，不病；如有病，入坑行，宜便别著，恐相染也。"③这条记载与《齐民要术》相类似，为了防止疫羊传染，对患病的羊只进行有效隔离，这是非常必要的。还有，韩鄂引《齐民要术》文云："凡羊经疥，疥差后至夏肥时，宜速卖之，不尔春再发，（必死矣）。"④对这段话，学界有两方面的意见：一方面，有学者认为，此处经验宝贵，这里的"疥"既包括疥螨病，同时又包括湿疹、霉癣等病；另一方面，也有学者从动物保护的立场出发，认为"从现在来看，这种做法是不道德的，也不利于牲畜疾病的防控"⑤。由此可见，唐代对羊疥病的防治，还没有更好的办法。羊疥病是一种疫病，由疥虫侵犯羊的皮肤而发病，以身上发痒、患部脱毛、掉白皮、渐渐瘦弱为患病特征，现在用"石灰硫黄方"和"敌百虫药浴"治疗，效果良好。

2. 农家营造活动

营造是农家生活的重要组成部分，一个农民绝不仅仅学会种地就完事了，事实上，农村里的各种杂事，像制造、织布、营建等技术性工种，他们也往往需要比较熟练地掌握，如三月"利沟渎，葺垣墙，治屋室，以待霖雨"⑥；四月"修堤防，开水窦，正屋漏，以备暴雨"⑦；又十月杂事也有"筑垣墙。墐北户"⑧；十二月更有"造车，造竹器，碓、磑"等事务。因此，架屋、筑垣、修渠、造车等，都与农家的住和行紧密相连，而农家的一般婚娶往往以修建新屋为基本前提。我们知道，唐朝是中国古代择吉术的形成期，在择吉术的氛围里，唐代的架屋讲究很多。例如，《四时纂要》正月条载"月内占吉凶地"云："天德在丁，月德在丙，月空在壬，月合在辛，月厌在戌，月杀在丑。凡修造宜于天德、月德、月合上取土，吉，厌杀凶。……修造取土，月空吉。"⑨由敦煌日历知，唐代每月都有8个月神（即天德、月德、合德、月空、月厌、月煞、月刑、月破）及其方位，它们的应用均与动土有关，见表4-4所示。

① （唐）韩鄂原编，缪启愉校释：《四时纂要校释》，第40页。
② 《晋书》卷31《后妃上》，第962页。
③ （唐）韩鄂原编，缪启愉校释：《四时纂要校释》，第40页。
④ （唐）韩鄂原编，缪启愉校释：《四时纂要校释》，第40页。
⑤ 曾雄生：《中国农学史》，福州：福建人民出版社，2008年，第327页。
⑥ （唐）韩鄂：《四时纂要》，范楚玉主编：《中国科学技术典籍通汇·农学卷》，第203页。
⑦ （唐）韩鄂：《四时纂要》，范楚玉主编：《中国科学技术典籍通汇·农学卷》，第206页。
⑧ （唐）韩鄂原编，缪启愉选译：《四时纂要选读》，第139页。
⑨ （唐）韩鄂原编，缪启愉校释：《四时纂要校释》，第12页。

表 4-4 月神方位与日期表①

月份 方位、日期 月禄	正	二	三	四	五	六	七	八	九	十	十一	十二
天德	丁	坤	壬	辛	乾	甲	癸	艮	丙	乙	巽	庚
月德	丙	甲	壬	庚	丙	甲	壬	庚	壬	甲	壬	庚
合德	辛	己	丁	乙	辛	己	丁	乙	辛	己	丁	乙
月厌	戌	酉	申	未	午	巳	辰	卯	寅	丑	子	亥
月煞	丑	戌	未	辰	丑	戌	未	辰	丑	戌	未	辰
月破	申	酉	戌	亥	子	丑	寅	卯	辰	巳	午	未
月刑	巳	子	辰	申	午	丑	寅	酉	未	亥	卯	戌
月空	壬	庚	丙	甲	壬	庚	丙	甲	壬	庚	丙	甲

月神方位与人间动土毫无关系，但占卜家却将其神秘化为一种"择吉"文化，其影响不可低估。又"四杀没时"载："四孟之月，用甲时寅后卯前，丙时巳后午前，庚时申后酉前，壬时亥后子前。已上四时，鬼神不见，可为百事，架屋、埋葬、上官，并宜用之。"②

此外，《四时纂要》规定在正月里"架屋"的吉利日有"甲子、乙丑、丙子、戊寅、辛巳、丁亥、癸巳、己亥、辛亥、辛卯、己巳、壬辰、庚午、庚辰、庚子、乙巳、丙午，已上架屋吉"③。

对"起土"的择吉，《四时纂要》正月条引《金匮诀》说：

> 飞廉在戌，土符在丑，月刑在巳。大禁北方。地囊：庚子、庚午。已上地不可起土修造，凶。日、辰亦避之，吉。寅为土公，月福德在酉，取土吉。月财地在午，此黄帝招财致福之地，若起屋，令人得财大富，疾者愈，系者出；如不起造，即掘其地方圆三尺，取土泥屋四壁，令人富。④

而在正月里入葬的吉利日则有"壬申、癸酉、壬午、丁酉、丙申、丙午、己酉、辛酉，吉。"⑤这些神秘之术，具有极大的欺骗性，我们必须对其进行深刻揭露和批判。不过，从民俗学的角度看，传统的择吉心理又不可能在短时间内消亡。因此，如何在不断普及科学文化知识的同时，逐步提高民众的思想觉悟，是摆在我们史学工作者面前的一项艰巨任务。

3. 制药、养蜂等其他农事活动

1）制药活动

在医疗条件不甚完备的历史背景下，鼓励农家学会制备一些常用中药，用以防治那些

---

① 邓文宽：《邓文宽敦煌天文历法考索》，上海：上海古籍出版社，2010 年，第 135 页。
② （唐）韩鄂原编，缪启愉校释：《四时纂要校释》，第 15 页。
③ （唐）韩鄂原编，缪启愉校释：《四时纂要校释》，第 17 页。
④ （唐）韩鄂原编，缪启愉校释：《四时纂要校释》，第 17 页。
⑤ （唐）韩鄂原编，缪启愉校释：《四时纂要校释》，第 16 页。

地方性常见病和多发病的发生，很有必要。下面是《四时纂要》所载录的一些主要验方：

（1）二月备续命汤。

> 续命汤，主半身不遂、口㖞心昏、角弓反张、不能言。方：麻黄六分（去节）、独活、防风各六分，升麻、干葛各五分，羚羊角（屑）、桂心、甘草各四分。右（上）件药，各切碎。用水二大升先煎麻黄六七沸，掠去沫。次下诸药，浸一宿。明日五更，煎取八大合，去滓，分为两服。温温服毕，以衣被盖卧。如人行十里，更一服，准前盖卧。晚起，避风。每年春分后，隔日服一剂，服三剂，即不染天行、伤寒及诸风邪等疾，忌生葱、葫菜、生冷等物。①

（2）五月备金疮药、淋药、心痛药、疟药及痢药等。

第一，金疮药。制作方法是："午日，日未出时，采百草头，唯药苗多即尤佳，不限多少，捣取浓汁，又取石灰三五升，以草汁相和，捣，脱作饼子，曝干，治一切金刃伤，疮血即止，兼治小儿恶疮。"②

第二，淋药。制作方法是："午自取葵子，烧作灰，收之。有患砂石淋者，水调方寸匕服之，立愈。"③

第三，心痛药。制作方法是："取独头蒜五颗，黄丹（指铅丹）二两，午日午时捣蒜如泥，相和黄丹为丸，丸如鸡头大，曝干。患心痛醋磨一丸，服之。"④

第四，疟药四神丹。制作方法是："朱砂一分，麝香一分，黄丹二两，砒半分。右（上）各研细，又同一处研令相合，即研饭为丸，如梧桐子大，曝干。有患者，得三发已后，第四发日五更，以井花水吞一丸，一日内忌热物。若是劳疟，更一发，稍重，便差。痰疟即大吐，吐甚者，即研小绿豆浆服之，即止。思疟便定。有孕妇人不可服。一月内忌毒物、鸡猪肉、鲜鱼、酒、果、油腻等。"⑤

第五，痢药阿胶散子。制作方法是："当归，黄连，诃子，阿胶，甘草，右（上）件五味，各等分，细捣，罗为末。黄丹三两，白矾二两二味相和，细研入瓶子内，以炭火煅之，通炙良久，放冷，即出，细研之，此药与前草药等和合为散，每服三钱匕，米饮调下。若要作丸子，以面糊和为丸，丸如豌豆大，一服十丸，一散兼治一切疮及小儿疮，以人乳调涂，余疮干用。"⑥

第六，木瓜饼子治冷气霍乱痰逆方。制作方法是："青木香，甘草（灸），白槟榔，诃梨勒，人参，陈橘皮，芎䓖（即川芎——引者注），吴茱萸，高良姜，当归，益智子，草豆蔻，桂心，已上各半两，细杵为末。桑白皮一两，白术、生姜各二两，大腹五合，四味别捣。右（上）先以四味用水三升，并前药筛不尽鹿滓末，同入煎之，煎至二升许，去滓，入净盐一升，又煎，似药盐令干。先以好土木瓜十颗，去皮核，烂蒸，入砂盆内细

---

① （唐）韩鄂：《四时纂要》，范楚玉主编：《中国科学技术典籍通汇·农学卷》，第198—199页。
② （唐）韩鄂：《四时纂要》，范楚玉主编：《中国科学技术典籍通汇·农学卷》，第207页。
③ （唐）韩鄂：《四时纂要》，范楚玉主编：《中国科学技术典籍通汇·农学卷》，第207页。
④ （唐）韩鄂：《四时纂要》，范楚玉主编：《中国科学技术典籍通汇·农学卷》，第207页。
⑤ （唐）韩鄂：《四时纂要》，范楚玉主编：《中国科学技术典籍通汇·农学卷》，第207页。
⑥ （唐）韩鄂：《四时纂要》，范楚玉主编：《中国科学技术典籍通汇·农学卷》，第207—208页。

研。入药盐及前药末同研，取匀细，曝干，脱作饼子，火焙干。忽遇霍乱，咬一片子吃便定。远近出入，将行随身，用防急疾。或是酒筵下出，香美而且风流。"①

（3）六月备肾沥汤。

　　肾沥汤，治丈夫虚羸、玉劳七伤、风湿、肾脏虚竭、耳目聋暗。方：干地黄、黄蓍、白茯苓各六分，五味子、羚羊角（屑），桑螵蛸、防风、麦门冬（去心）各五分，地骨皮、桂心各四两，磁石三两（打破如棋子，洗去十数遍，令黑汁尽），白羊肾一对（猪肾亦得，去脂膜，切作柳叶片子），右（上）以水四大升先煮肾，耗水升半许，即去水上肥沫，去肾滓。取肾汁煎诸药，取八大合，绞去滓，澄清。分为三服。三伏日各服一剂，极补虚，复治丈夫百病。药亦可以随人加减。忌大蒜、生葱、冷、陈、滑物。平旦，空心服之。②

（4）七月备八味丸。

　　张仲景八味地黄丸：治男子虚羸百病、众所不疗者，久服轻身不老，加以摄养，则成地仙方。大约立秋后宜服：干地黄半斤，干署药四两，白茯苓、牧丹皮、泽泻、附子（炮）、肉桂，已上五味各二两；山茱萸四两（汤泡五遍），右（上）件一处捣，罗为末，炼蜜为丸，丸如梧桐子大。每日空腹暖酒下二十丸，如稍觉热，即大黄丸一服通转为妙。③

（5）十月备麋茸丸。

　　麋茸丸：补虚、益心、强志。麋茸八分（炙），枸杞子十二分，伏神、人参各六分，干姜八分，桂心二分，远志三分（去心）。捣筛为末，取地黄煎于白中捣合为丸。每日食后服十丸，加至二十丸，暖酒下。忌芜荑、蒜、大醋、生葱。④

　　（6）十二月备红雪、犀角丸、温白丸、备急丸和茵陈丸等。其中茵陈丸，"治瘴疫、时气、温、黄等。若岭表行往，此药常随身。茵陈四两，大黄五两，豉心五合，恒山、椒子仁（熬）、芒硝、杏仁（去皮、尖，熟研后入之），以上各三两，鳖甲三两（去膜，酒及醋涂灸），巴豆一两（熬，别研入用），右（上）件九味，捣罗为末，炼蜜为丸。初得时气，三日旦，饮服五丸，如梧桐子大。如行十里许，或痢或汗或吐。如不吐不汗不痢，更服一丸；五里久不觉，即以热饮促之。老少以意酌度。凡黄病、痰癖、时气、伤寒、疟疾、小儿热欲发痫，服之无不差。疗瘴神验。赤白痢亦妙。春初一服，一年不病。忌人苋、芦笋、猪肉。以前诸药，腊月合，收瓶中，以蜡纸固口，置高处。逐时减出（可二三年一合）"⑤。

　　将医方引入农书，按月令指导农家积极制备应对多发病的医方，防患于未然，从而提

①　（唐）韩鄂：《四时纂要》，范楚玉主编：《中国科学技术典籍通汇·农学卷》，第208页。
②　（唐）韩鄂：《四时纂要》，范楚玉主编：《中国科学技术典籍通汇·农学卷》，第210—211页。
③　（唐）韩鄂：《四时纂要》，范楚玉主编：《中国科学技术典籍通汇·农学卷》，第216页。
④　（唐）韩鄂原编，缪启愉选译：《四时纂要选读》，第136—137页。
⑤　（唐）韩鄂原编，缪启愉选译：《四时纂要选读》，第152—153页。

高其自我救治的能力，这确实是《四时纂要》的一大创造。农家作为一个相对独立的文化单元，生老病死、衣食住行，离开哪样都不行，尤其是巫术盛行的唐代，韩鄂把医方安排在不同的月份，作为必要的生活环节来看待，这种思想意识本身包含着比较丰富的科学因素，此与他在每月开首所讲的那些占候、禳镇等迷信内容截然有别，看来韩鄂在对待疾病这个生死攸关的现实问题上，坚持了科学方向，而不是迷信，这对于维持农家生活的健康发展意义重大。如果说在农作物的种植方面，《四时纂要》突出了北方农业的特色，那么，在医方的选择上，韩鄂着眼于南北地域的差异，特别是考虑到人口的跨地区流动，《四时纂要》载录了专门针对岭表瘴疫的医方——茵陈丸。尽管上述医方大多是抄录了《金匮要略》《备急千金要方》等医籍的名方，但它却体现了韩鄂对生命的关爱，而科学技术在这个过程中发挥着守护生命的关键作用。

2）养蜂技术

蜜蜂与人类关系密切，蜂蜜（亦称石蜜，指野蜂所酿）"味甘平，主心腹邪气，诸惊痫痓，安五脏，诸不足，益气补中，止痛解毒，除众病，和百药。久服，强志轻身，不饥不老"[1]。在农业方面，蜜蜂授粉能促进粮食增产，故人们称蜜蜂为"农业之翼"[2]。

殷墟出土的甲骨文中有"蜜"字，《楚辞·招魂》称"玄蜂若壶些"[3]，显然是一种艺术夸张，而"粔籹蜜饵"和"瑶浆蜜勺"[4]则证明春秋战国时期已经出现了蜂蜜制品。但这种蜜蜂究竟是人工养殖的还是野生的，由于文献记载不详，目前尚难判断。据《高士传》载，东汉时，姜岐"隐居以畜蜂、豕为事，教授者满于天下，营业者三百余人"[5]。这是我国古代最早关于人工养蜂的文献记载，它表明当时已经出现人工养蜂和以传授养蜂技术为职业的养蜂人员。[6]晋代张华在《博物志》中又说："诸远方山郡幽僻处，出蜜蜡。人往往以桶聚蜂，每年一取。"[7]后来《永嘉地记》更载有人们采收野蜂蜜的史实："七、八月中，常有蜜蜂群过，有一蜂先飞，觅止泊处。人知，辄内木桶中以蜜涂桶中，飞者闻蜜气，或停，不过三四来，便举群悉至。"[8]

不知什么原因，《齐民要术》没有将养蜂编入书中。唐代养蜂业发展较速，段成式观察到异蜂、白蜂窠及竹蜜蜂的一些生活规律[9]，而当时咏颂蜜蜂的诗篇也逐渐增多，如"蜜取花间液，柑藏树上珍"[10]，"凿石养蜂休买蜜，坐山秤药不争星"[11]，"采得百花成蜜

① （清）黄奭：《神农本草经》卷1《上经·石蜜》，陈振相、宋贵美：《中医十大经典全录》，第287页。
② 王永厚：《农业文明史话》，北京：中国农业科学技术出版社，2006年，第175页。
③ （宋）朱熹：《楚辞集注·招魂》，第153页。
④ （宋）朱熹：《楚辞集注·招魂》，第154页。
⑤ （晋）皇甫谧：《高士传》卷下《姜岐》，《景印文渊阁四库全书》第448册，第112页。
⑥ 艾素珍、宋正海主编：《中国科学技术史·年表卷》，北京：科学出版社，2006年，第191页。也有学者认为"姜岐养蜂之事是否可信，尚待考证"，参见莫容：《中国养蜂故实探疑》，《中国养蜂》1986年第1期，第30页。
⑦ （晋）张华：《博物志》卷12《杂说下》，《百子全书》第5册，第4309页。
⑧ （宋）李昉等：《太平御览》卷950引《永嘉地记》，第4217页。
⑨ （唐）段成式：《酉阳杂俎》卷17《广动植之二》，金锋主编：《中华野史·唐朝卷》，第925页。
⑩ （唐）丁儒：《归闲二十韵》，（清）郑丰稔：《云霄县志》卷17《艺文》，台北：成文出版社，1975年，第637页。
⑪ （唐）贾岛：《赠牛山人》，（清）彭定求等：《全唐诗》卷574《贾岛》，第6680页。

后，不知辛苦为谁甜"①等。在这样的文化条件下，韩鄂把"蜂蜜"载入《四时纂要》是唐代农业发展的历史必然。韩鄂说：六月开蜜，"以此月为上。若韭花开后，蜂采则蜜恶而不耐久"②。没有长期的养蜂实践，是总结不出"开蜜"经验的。六月花令"萱宜男（萱草），凤仙来仪（凤仙花），菡萏（莲花）百子，凌霄登（凌霄花），茉莉来宾（茉莉花），玉簪搔头（玉簪花）"③。从花的品质来看，六月确实是采蜜的好时节，因为除了前述花卉外，尚有梅花、山茶、茶梅、瑞香、杜鹃、日香桂、五色梅、金橘、石榴、紫薇、火棘等。如众所知，由于蜜源植物不同，自然会影响到蜂蜜的质量，如韭菜有恶臭味，开花期花粉和泌蜜都带有韭菜臭味，所以韩鄂的说法是颇有道理的。

　　3）开荒田

　　将"开荒"作为一项重要农事活动载入农书，与安史之乱后北方出现了很多荒凉土地有关。而为了恢复和发展农业经济，唐朝政府不断鼓励农民开荒垦田。如贞元二年（786），"关辅百姓贫，田多荒芜，诏诸道上耕牛，委京兆府劝课。量地给牛，不满五十亩不给。（袁）高以为圣心所忧，乃在穷乏。今田不及五十亩即是穷人，请两户共给一牛。从之"④。又大中三年（849）八月，诏秦州、威州、原州等地，"如百姓能耕垦种莳，五年内不加税赋。五年已后重定户籍，便任为永业"⑤。在此，唐朝后期土地制度从国有到私有的政策转变，对开荒者具有很大的吸引力。诚如有学者所说："同是垦辟荒闲土地，对土地的处理方式，唐前后期却是大相径庭。前期需申请立案方可占田，后期则任为永业，反映了国有土地的私有化。"⑥

　　这样，人们自然就将开荒看作是自己家里的一件事情，其积极性和主动性不言而喻。韩鄂在《四时纂要》正月"杂事"条下载有"开荒"一事⑦，而在"七月"开荒田下面，韩鄂又具体讲述了开荒地的方法与步骤。他说：

　　　　凡开荒山、泽田，皆以此月芟其草，干，放火烧。至春而开之，则根朽而省工。若林木绝大者……叶死不扇，便任耕种。三年之后，根枯茎朽，烧之则入地尽矣。耕荒必以铁爬漏凑之，遍爬之。漫掷黍穄，再遍涝（耢）。明年乃于其中种谷也。⑧

　　在粗放农业的生产背景下，开荒固然增加了土地的利用率，但是由于过度地砍伐林木，造成水土流失，在一定程度上破坏了生态平衡，久而久之，必然会加重自然灾害的发生。以黄河中游地区为例，该地区森林覆盖率春秋战国时期高达53%，秦汉时代下降至42%，唐宋时期降至32%。⑨与之相关，有研究者统计，在唐代290年的历史中，黄河决

---

　　① （唐）罗隐：《蜂》，南充师范学院中文系古典文学教研组选注：《古代诗歌选》，成都：四川人民出版社，1979年，第260页。

　　② （唐）韩鄂原编，缪启愉选译：《四时纂要选读》，第90页。

　　③ 孙映逵编：《中国历代咏花诗词鉴赏辞典》，南京：江苏科学技术出版社，1989年，第770页。

　　④ 《新唐书》卷120《袁高传》，第4325页。

　　⑤ 《旧唐书》卷18下《宣宗本纪》，第623页。

　　⑥ 李埏、武建国主编：《中国古代土地国有制史》，昆明：云南人民出版社，1997年，第242页。

　　⑦ （唐）韩鄂：《四时纂要》，范楚玉主编：《中国科学技术典籍通汇·农学卷》，第194页。

　　⑧ （唐）韩鄂：《四时纂要》，范楚玉主编：《中国科学技术典籍通汇·农学卷》，第214页。

　　⑨ 陶黎新：《中国各历史阶段农业生态环境特点研究》，《农业考古》2006年第4期，第53页。

溢共计 24 次，平均约 12 年发生一次，频率大大超过前代，也正是从唐代开始，黄河的泛滥逐渐频繁，究其原因，大规模的开荒垦田是一个关键因素。①因此，当我们用今天的眼光重新审视"开荒"这个现象本身时，既要看到它对于农业社会发展的必要性，同时还要认清从唐代以后，盲目"开荒"给生态环境带来了严重后患，贻害子孙。

4）造百日油

《四民纂要》所体现的农村经济思想非常丰富，在这里，我们着重把造百日油的方法介绍一下。《四时纂要》十月"造百日油"云：

> 是月取大麻油，率一石以窑盆十六个均盛，日中以椽木阁上曝之；风尘阴雨则堕叠其盆，以一窑盆盖其上。时以竹篦搅之。至二月成，耗三斗。三月、五月卖，每升值七百文。三月造者，七月成。每升值三百文。其油入漆家用。其曝油盆，大如盘，深四五寸，底平阔，形如垒子。百枝缘出桥北五窑新盆，每底轻涂小漆，虑其津矣。②

这种干性植物油是作漆用的，即漆工在制作漆器的时候，往往在漆中掺入桐油、麻油等干性植物油，因此，大麻油是油画颜料的主要着色剂与油画媒介剂之一。"在干性油中它干燥时间较短，结膜坚韧，成本较低，使用最广"③。

于是，造百日油和卖百日油便成为唐代农家的一项重要事务。如《四时纂要》载：二月"造漆器"④，三月"货百日油"⑤，八月"货百日油"⑥等。另外，从五月至七月"经雨后，漆器、图画、箱箧，须晒干，则不损"⑦，还有八月"曝书画"⑧。这些事务虽说不是农业生产的主要方面，但却是其不可缺少的生活内容，它从一个侧面反映了唐代农家文化生活的丰富性和多样性。⑨而随着唐代漆器和油画市场的不断繁荣，百日油生产也就相应地出现了较为广阔的发展前景。

5）造农具

在安排农事活动时，十一月和十二月有一项重要的农事活动，那就是"造农器"。《四时纂要》十二月载："造农器：收（修）连加（连末加）、犁、耧、磨（糖）、铧、凿、锄、镰、刀、斧。"⑩

上述农器就构成了唐代北方农业的生产工具体系，至于这个体系中的"犁"是否指曲辕犁，学界观点不一。如李伯重认为《四时纂要》反映的是江淮一带的农业生产技术⑪，在这种情况下，《四时纂要》所讲的"犁"自然应是"曲辕犁"。与之相反，缪启愉认为

① 刘洋：《唐代黄河、长江流域的水患与蝗灾》，首都师范大学 2004 年硕士学位论文。
② （唐）韩鄂原编，缪启愉选译：《四时纂要选读》，第 137—138 页。
③ 姚尔畅编著：《美术家实用手册·油画》，上海：上海书画出版社，2000 年，第 64 页。
④ （唐）韩鄂原编，缪启愉选译：《四时纂要选读》，第 31 页。
⑤ （唐）韩鄂原编，缪启愉选译：《四时纂要选读》，第 51 页。
⑥ （唐）韩鄂原编，缪启愉选译：《四时纂要选读》，第 122 页。
⑦ （唐）韩鄂原编，缪启愉选译：《四时纂要选读》，第 108 页。
⑧ （唐）韩鄂原编，缪启愉选译：《四时纂要选读》，第 122 页。
⑨ 其详细内容请参看张国刚：《中国家庭史·隋唐五代时期》，广州：广东人民出版社，2007 年。
⑩ （唐）韩鄂原编，缪启愉选译：《四时纂要选读》，第 155 页。
⑪ 李伯重：《唐代江南农业的发展》，第 56 页。

《四时纂要》所反映的是渭河与黄河下游一带的农业生产技术[①]，其"犁"也是指"曲辕犁"，因为"曲辕犁"属于南北通用的农器。[②]但与《耒耜经》相比，像江南用于水稻生产的历泽、碌碡、耙等农器，不见于《四时纂要》，此为《四时纂要》一书系反映北方农事的观点提供了有力证据。[③]

如果没有《四时纂要》，我们很难想象唐代农家生活是一个什么样子，而从《四时纂要》每月的农事安排看，唐代农家生活的全景如此完整地呈现在我们面前，确实为其他农书所不及。例如，《四时纂要》八月"杂事"条载："是月收薏苡。收蒺藜子。收角蒿。收韭花，以备酱醋所用。曝书画。晒胶。收胡桃、枣。开蜜。粜麦种。货百日油。打墙。造墨。造笔。压年支油。下旬造油衣。收油麻、秫、豇豆。习射。命童子入学。备冬衣。刈莞、苇。居柴炭。又纳三神守。"[④]这些活动并不针对某一个独立的家庭，而是就整个农村的时令安排来说的。这样，不同的家庭便有不同的劳动需求，如有的农家在八月可能"曝书画"，有的家庭则可能"开蜜"，或"粜麦种"，或"命童子入学"等。由于商品经济的发展，亦农亦工的农户越来越多，于是，唐代商品经济发展为宋代科技高峰的出现奠定了十分重要的物质基础。

限于唐代宗教文化的多元发展，神秘思想在《四时纂要》中还占有较重的位置，这在一定程度上妨碍了其农学思想的进一步提升。从这个层面讲，"在农学理论和农业技术方面不能和早于它的《齐民要术》与晚于它的《陈旉农书》相比"[⑤]，似有一定道理。但这个事实并不影响它在中国古代农学史上历史地位，也不否认它是中国古代一部承上启下的重要农书。

本 章 小 结

隋唐与之前的北魏及之后的宋朝相比，在农业科技理论方面，创新确实不多，但由此低估隋唐农业科技所取得的杰出成就亦是不适当的。《四时纂要》尽管还掺杂着不少远离农业科学的"术数"内容，但这部农书的重要性是记载了许多果树嫁接、蔬菜种植，以及养蜂和植物淀粉的加工等农副业方面的技术和经验，反映了当时民众饮食结构的多样性变化，"它填补了自后魏《齐民要术》到南宋《陈旉农书》这六百年间的空档，对农业技术的传播推广和社会经济的发展，都起了纽带的作用"[⑥]。陆羽的《茶经》被誉为茶叶百科全书，流传甚广，茶叶生产从此有了比较完整的科学依据。从这层意义上说，开创茶叶之功首推陆羽。

---

① （唐）韩鄂原编，缪启愉校释：《四时纂要校释》，第3页。
② 曾雄生：《中国农学史》，福州：福建人民出版社，2008年，第382页。
③ 曾雄生：《中国农学史》，福州：福建人民出版社，2008年，第382页。
④ （唐）韩鄂原编，缪启愉选译：《四时纂要选读》，第122—123页。
⑤ 曾雄生：《中国农学史》，第306页。
⑥ 张岱年主编：《中华思想大辞典》，长春：吉林人民出版社，1991年，第526页。

　　唐代生产工具的变革以曲辕犁的出现为标志，《耒耜经》所记载的曲辕犁可深耕、精耕，不但提高了耕作的效率和质量，而且有力地促进了耕地面积不断扩大。还有陆龟蒙的《耒耜经》是中国古代现存唯一一部专论农具的历史文献，也是中国农学史上最早的农具专著①，它具体地总结了我国古代以"耕、耙、耖"为特色的江南水田的耕作技术体系。因此，从这些事例中我们不难看出，有唐一代，由于政府的重视和广大士人的参与，实证科学在前代成果的基础上又获得了更进一步的提高和发展，从而把中国古代科学技术推向了一个新的历史阶段。

---

① 曾雄生：《中国农学史》修订本，福州：福建人民出版社，2012 年，第 382 页。

第五章　其他科学家的科技思想

　　除了前面按学科所举诸多科学家之外，隋朝的宇文恺和唐代的李筌也为中国古代科技思想的发展做出了巨大贡献。

第一节　宇文恺的都城建筑思想

　　宇文恺，字安乐，鲜卑族，出身北周豪门望族，也正因为这个缘故，当隋文帝在清肃北周残余势力的过程中，宇文恺差点丢了性命，后因其兄宇文忻对隋有功，才幸免于一死。后来，宇文恺凭借他在规划设计大兴城和洛阳城的奇迹彪炳史册，不仅拜工部尚书，"前后赏赉不可胜纪"①，而且被学界誉为"中国第一次'文艺复兴'的建筑师"②，在世界建筑史上谱写了光辉篇章。

　　"恺少有器局，诸兄并以弓马自达，恺独好学。博览书记，解文，多伎艺，为名公子。"③一位"名公子"与隋朝的建筑事业联系起来，在当时"德成而艺下"的文化背景下，将作一类技术部门往往被视为君子不屑的"奇技淫巧"，为士子所不齿，所以宇文恺不在经学方面去发展自己，而偏偏痴迷于营建，究竟是为什么呢？宇文恺的思想非常复杂，先是，隋文帝"诛宇文氏"族，血淋淋的场面不能不使宇文恺刻骨铭心；接着他的兄长宇文忻因谋乱而"伏诛，家口籍没"④，这次事件给宇文恺心理上造成了何等打击，怕是常人难以想象的。一方面，宇文恺具有营建的天赋和喜好；另一方面，整个宇文家族的失势，给他留下的生存空间已经十分狭小，宇文恺只有不断投隋朝皇帝之所好，才能为自己争得一些宽松环境。这可能是他即使临近花甲之年，也依然保持旺盛创新活力的重要原因之一。宇文恺一生建造的工程很多，见于史载的主要有以下几件大事：建宗庙，"庙成，别封甄山县公"；营建大兴城，"高颎虽总其大纲，凡所规画，皆出于恺"；又于隋文帝开皇四年（584），督开广通渠，"决渭水达河以通漕运"；开皇十三年之前不久，"会朝廷以鲁班故道久绝不行，令恺复修之"；开皇十三年（593）二月，在岐州（今陕西凤翔）建仁寿宫，制度壮丽；大业元年（605）三月，负责营建东都洛阳；大业三年（607），奉

　　①　《隋书》卷 68《宇文恺传》，北京：中华书局，1973 年，第 1588 页。
　　②　张钦楠：《中国古代建筑师》，北京：生活·读书·新知三联书店，2008 年，第 97 页。
　　③　《北史》卷 60《宇文恺传》，北京：中华书局，1974 年，第 2141 页。
　　④　《北史》卷 60《宇文忻传》，第 2141 页。

命修筑榆林至紫河一段长城；同年，造大帐和观风行殿①；大业八年（612）三月，征伐辽东时曾"造浮桥三道于辽水西岸"②，未获成功，但隋炀帝仍以"渡辽之功，进位金紫光禄大夫"③。

一、大兴城与"公私有辨"的建筑设计思想

（一）隋文帝"安安以迁"论与大兴城的修建

1. 隋文帝"安安以迁"论

秦始皇为实现"渭水贯都，以象天汉，横桥南渡，以法牵牛"④的都城建筑构想，他在渭河以南上林苑修筑兴乐宫、甘泉宫、咸阳宫、阿房宫、章台等，穷奢极欲，以致亡国。尽管秦朝通过在渭河上修建横桥将渭河以北的旧城与渭河以南的新城连为一体，但之后的王朝将宫殿向渭河以南推进的大势基本上已经确定。据一些学者考证，汉代长安城位于龙首山北麓，主要宫殿都建筑在渭河以南秦咸阳城的旧址上（图5-1），如秦兴乐宫建在龙首原上，因秦末农民起义没有烧掉它，故西汉以秦兴乐宫为选择新都宫殿的根基。⑤

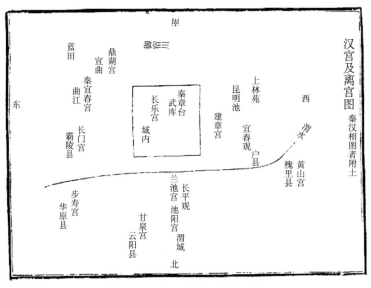

图5-1　汉长安城的宫殿分布图

如果从龙首原的自然地理形势着眼，汉长安城与隋大兴城的规划特征就会看得更加清楚。汉代长安城的选址有利也有弊：渭河以南，龙首原以北，这片区域系关中平原相对平坦的高地，多为一、二阶地，且地势为东南高西北低，利于城市供水和排水。然而，由于

①　《隋书》卷68《宇文恺传》，第1588页。
②　《资治通鉴》卷181《隋纪五》，上海：上海古籍出版社，1987年，第1206页。
③　《隋书》卷68《宇文恺传》，第1594页。
④　何清谷：《三辅黄图校注》卷1《咸阳故城》，西安：三秦出版社，1995年，第21页。
⑤　徐卫民：《汉长安城形状形成原因新探》，陕西师范大学环发中心：《历史地理学研究的新探索与新动向（004）》，第264页。

受到渭河一级阶地北缘的制约，随着人口的扩大，城市发展的空间必将为其所局限。果不其然，隋文帝在开皇二年（582）的诏书中说：

> 朕祗奉上玄，君临万国，属生人之敝，处前代之宫。常以为作之者劳，居之者逸，改创之事，心未遑也。而王公大臣陈谋献策，咸云羲、农以降，至于姬、刘，有当代而屡迁，无革命而不徙。曹、马之后，时见因循，乃末代之宴安，非往圣之宏义。此城从汉，凋残日久，屡为战场，旧经丧乱。今之宫室，事近权宜，又非谋筮从龟，瞻星揆日，不足建皇王之邑，合大众所聚。论变通之数，具幽显之情，同心固请，词情深切。然则京师百官之府，四海归向，非朕一人之所独有。苟利于物，其可违乎！且殷之五迁……公私府宅，规模远近，营构资费，随事条奏。①

诏书里虽有虚伪之语，但隋文帝所言汉代的旧城已经"不足建皇王之邑，合大众所聚"却是客观事实，而且也是一个迁都的正当理由。为了构建新都，隋文帝派人对曹魏邺城和洛阳城进行实地考察，同时，综合"王公大臣陈谋献策"之建议，尤其是在看到庾季才的奏折之后，隋文帝遂决定移建新都。《隋书·庾季才传》载其事云：

> （开皇元年）高祖将迁都，夜与高颎、苏威二人定议，季才旦而奏曰："臣仰观玄象，俯察图记，龟兆允袭，必有迁都。且尧都平阳，舜都冀土，是知帝王居止，世代不同。且汉营此城，经今将八百岁，水皆咸卤，不甚宜人。愿陛下协天人之心，为迁徙之计。"高祖愕然，谓颎等曰："是何神也！"遂发诏施行，购绢三百段，马两匹，进爵为公。谓季才曰："朕自今已后，信有天道矣。"于是令季才与其子质撰《垂象》、《地形》等志。上谓季才曰："天地秘奥，推测多途，执见不同，或致差舛。朕不欲外人干预此事，故使公父子共为之也。"及书成奏之，赐米千石，绢六百段。②

这段史料中，揭示了隋文帝迁都的主要动机是"信有天道"，在此"天道"之下实际上掩盖了隐藏在他内心深处的那些不可见人的创痛与伤疤，对隋文帝来说，北周的宫殿内到处游荡着宇文氏族人的冤魂。故《资治通鉴》称："隋主（即隋文帝）嫌长安城制度狭小，又宫内多妖异，纳言苏威劝帝迁都。帝以初受命，难之。"③《资治通鉴》又称："高祖（隋文帝）梦洪水没都城，意恶之，故迁都大兴（开皇三年迁新都）。"④"宫内多妖异"及"梦洪水没都城"应是隋文帝的某种心理疾患所致，所以为了给自己的迁都之心寻找借口和根据，隋文帝反复强调"谋筮从龟，瞻星揆日"，无非是要人们知道迁都是顺乎天道，"安安以迁"。至于"龙首山川原秀丽"之"川原"，据《雍录·龙首山龙首原》载：

> 汉长安城在龙首山上，周丰镐之东北也。龙首山，来自樊川。其初由南向北，行至渭滨，乃始折转向东。汉之未央，据其折东高处，以为之基。地形既高，故宫基不假累筑，直出长安城上。张衡《西京赋》曰："疏龙首以抗殿。"抗者，引而高之之谓

① 《隋书》卷1《高祖纪一》，第17—18页。
② 《隋书》卷78《庾季才传》，第1766—1767页。
③ 《资治通鉴》卷175《陈纪九》，第1162页。
④ 《资治通鉴》卷182《隋纪六》，第1213页。

也。《水经》、《关中记》及《三秦记》所载形势略同,且曰此山长六十里,头入渭水,尾达樊川,头高二十丈,尾渐下可六七丈,色赤。旧传有黑龙从南山出……以其正殿亦名大兴。大兴殿所据,即其东垂之坡。自北而南第二坡也。从平地言之,则坡陀而高,然不能贯山以为之高,是故命其原以为龙首原也。①

仅以大兴城而言,"隋文帝包据六坡(分布在今西安市北红庙坡和南郊的大雁塔之间)",既是其规划的重心,又是其都城的特点。

2. 大兴城的修建

开皇二年(582)六月丙申,隋文帝下诏宣布了负责修建大兴城的主要人选。他们是:左仆射高颎、将作大匠刘龙、钜鹿郡公贺娄子幹、太府少卿高龙叉、太子左庶子宇文恺等。②其中"以太子左庶子宇文恺有巧思,领营新都副监"③,而"凡所规画,皆出于恺"④。

1)选址与规划

隋文帝为什么将新都城选择在龙首原南麓?因为这里的地势比较特殊,恰好与《周易》乾卦的爻象相符合。《元和郡县图志》载:"初,隋氏营都,宇文恺以朱雀街南北有六条高坡,为乾卦之象,故以九二置宫殿以当帝王之居,九三立百司以应君子之数,九五贵位,不欲常人居之,故置玄都观及兴善寺以镇之。"⑤这六条高坡呈东北西南走向,地势东南高西北低,东西梁洼相间,"均呈北东东向展布的长条形,其长度一般为10000米左右,宽度平均600米,黄土梁与洼地均以1000—1500米间距平行相间排列,剖面形态不对称,黄土梁南高北低,南陡北缓,洼地北深南浅,两者组成箕形盆地和南仰北俯的断块山型式的盆岭地貌。盆岭地貌区总的地势是东南高西北低,十条黄土梁的顶面高程自南而北逐次递降,下降幅度近百米,洼地底部的高程,也同样自南而北逐次降低"⑥。整个地形"南直终南山子午谷,北据渭水,东临浐霸,西次沣水"⑦,构成一个相对封闭的高地景观,在其上设置宫殿,既彰显真龙之威势,又深蕴皇权之至高,所以宇文恺规划大兴城即以龙首原为"定鼎之基"⑧。

《周易·乾》爻象云:"初九,潜龙勿用。九二,见龙在田,利见大人。九三,君子终日乾乾,夕惕若,厉无咎。九四,或跃在渊,无咎。九五,飞龙在天,利见大人。上九,亢龙有悔。"⑨宇文恺把原本没有意义甚至还有点儿不成体统的地形分布,结合易卦,加以人文层面的阐释,确实赋予大兴城以深远的意境,从天文到人文,气势宏大,它能够充分体现隋文帝君临天下的意志。因此,"这就给现实地形赋予了一种人文的精神,达到了天

① (宋)程大昌:《雍录》卷3,吴玉贵、华飞主编:《四库全书精品文存》第27卷,第463—464页。
② 《隋书》卷1《高祖纪一》,第18页。
③ 《资治通鉴》卷175《陈纪九》,第1162页。
④ 《隋书》卷68《宇文恺传》,第1587页。
⑤ (唐)李吉甫撰,贺次君点校:《元和郡县图志》卷1《关内道》,北京:中华书局,1983年,第1—2页。
⑥ 彭建兵等:《渭河盆地活动断裂与地质灾害》,西安:西北大学出版社,1992年,第153页。
⑦ (宋)程大昌:《雍录》卷3,第486页。
⑧ 《隋书》卷1《高祖纪一》,第17页。
⑨ 《周易·乾》,黄侃校点:《黄侃手批白文十三经》,第1页。

人合一的境界，实现了都城布局既理想化又具神秘感的效果"①。

从北向南，黄土梁与乾卦之间的对应关系为：初九系龙首原向西延伸的正脉，称"龙首原黄土梁"，地势相对较高，按照"爻辞"的寓意，此处"龙德而隐者也"②，遂辟为"大兴苑"，此为"禁苑"，专供皇帝游览娱乐之场所。九二为"劳动公园黄土梁"，爻辞寓意："龙德而正中者也，庸言之信，庸行之谨，闲邪存其诚，善世而不伐，德博而化。易曰：'见龙在田，利见大人。'君德也。"③无论君德还是龙德，能够与之相对应的建筑唯有宫城，"以当帝王之居"④。九三为"槐芽岭黄土岭"，爻辞说："君子进德修业。忠信，所以进德也；修辞立其诚，所以居业也。知至至之，可与几也，知终终之，可与存义也。是故，居上位而不骄，在下位而不忧。故乾乾因其时而惕，虽危无咎矣！"⑤臣对君言"忠"，对权力的使用要"诚"，报国修身，各司其职，既能上又能下，做到自强不息，坚毅心志，同心同德，济世仁民，因此，能够与之相对应的建筑唯有皇城，"立百司"⑥，即文武百官日常行政办公之处。

九四为"古迹岭黄土梁"，爻辞云："上下无常，非为邪也。进退无恒，非离群也。君子进德修业，欲及时也，故无咎。"⑦与"上下无常"及"进退无恒"寓意相对应的建筑应是东市和西市，因为市场的流动性最强，可谓周流无虚，变动不居。九五为"西安交大黄土岭"和"乐游原黄土岭"，因为这两条黄土梁之间的沙坡洼地相对不太明显，可以合成一个黄土梁。⑧爻辞云："水流湿，火就燥，云从龙，风从虎。圣人作而万物睹，本乎天者亲上，本乎地者亲下，则各从其类也。"⑨与之相对应的建筑系佛道寺观，故玄都观和兴善寺均修建在"九五"高地上。上九为"大雁塔黄土岭"，爻辞云："贵而无位，高而无民。"⑩与之相对应的建筑系唯有寺观，其他建筑都不适合此梁。

民宅多位于地势相对低洼处，这样从建筑规划的角度看，则整个大兴城错落有致，等级鲜明，"宫殿最高，政府机关次之，寺观和要人住宅又次之，最下层是一般居民的住宅……本来高地不平的地形对都市建设来讲并不有利，但经宇文恺如此设计以后，反而为大兴城增添了不少光辉"⑪。

2）宫城的兴建

大兴城的兴建次序是先宫城，后皇城，最后才是外郭罗城。

宫城，位于全城北部正中，主要建筑有大兴宫、中华殿、大兴殿、文思殿、武德殿等，分大兴宫、掖庭宫（居大兴宫西侧）和东宫等三大宫殿建筑群。据《长安志图》载：

---

① 李令福：《古都西安城市布局及其地理基础》，北京：人民出版社，2009 年，第 67 页。
② 《周易·乾》，黄侃校点：《黄侃手批白文十三经》，第 1 页。
③ 《周易·乾》，黄侃校点：《黄侃手批白文十三经》，第 1 页。
④ （宋）程大昌：《雍录》卷 3，第 491 页。
⑤ 《周易·乾》，黄侃校点：《黄侃手批白文十三经》，第 2 页。
⑥ （宋）程大昌：《雍录》卷 3，第 491 页。
⑦ 《周易·乾》，黄侃校点：《黄侃手批白文十三经》，第 2 页。
⑧ 李令福：《古都西安城市布局及其地理基础》，第 67 页。
⑨ 《周易·乾》，黄侃校点：《黄侃手批白文十三经》，第 2 页。
⑩ 《周易·乾》，黄侃校点：《黄侃手批白文十三经》，第 2 页。
⑪ 李令福：《隋大兴城的兴建及其对原隰地形的利用》，侯甬坚主编：《长安史学》第 3 辑，北京：中国社会科学出版社，2007 年，第 34 页。

"宫城东西四里，南北二里，二百七十步，周一十三里，一百八十步，崇三丈五尺。"[1]隋唐一步等于 1.47 米，一里等于 529.2 米，一尺等于 0.294 米[2]，则宫城的范围：东西长约 2116.8 米（不包括掖庭宫），南北宽约 1455.3 米，周长约 7144.2 米，城墙高约 10.29 米。考古实测，东西长 2820.3 米，南北宽 1492.1 米，周长 8.6 千米，总面积 4.2 平方千米，其中大兴宫东西长 1285 米，南北宽 1492 米，面积 1.92 平方千米；东宫与隔城南北共宽 832.8 米，东西长 875.3 米；掖庭宽 702.5 米，东西长 660 米。[3]

宫城开四门，南墙三门：正中为广阳门，在都城和宫城的中轴线上，东西各一门，东为长乐门，西为广运门。北墙正中一门，即玄武门，由此门进入大兴苑。

宫城由南而北，大体分为前（朝区）、中（寝区）、后（苑囿区）三部分，前部与中部用一条横街和一道横墙来分隔，中部与后部用横墙来分隔。朝区（指广场），按《周礼》又分外朝、治朝和燕朝三朝，纵向布列。广阳门外宽 441 米（今残存 220 米）的东西向横街，系外朝所在，这里是举行国家最隆重大典的地方，故《唐六典》载："若元正、冬至、大陈设，燕会，赦过宥罪，除旧布新，受万国之朝贡，四夷之宾客，则御承天门（即广阳门）以听政。"[4]因此，"外朝"亦称"大朝"。广阳门内的中轴线上为大兴殿建筑群，有数十座殿台楼阁组成，南有大兴门（又称虔福门），是大兴殿的正门，"有东上、西上二阁门，东、西廊，左延明、右延明二门"[5]。从大兴门入大兴殿，这里为"中朝"，亦即治朝，"朔、望则坐而视朝焉"[6]，是皇帝处理一般政务的地方。大兴殿后面为宫内第一道横墙，横墙的正中是朱明门，与大兴门同在宫城中轴线上。朱明门北对中华门，门内是中华殿，这里称"燕朝"或"内朝"，皇帝"常日听朝而视事焉"[7]。中华殿后的中轴线上是甘露门，门内为甘露殿。这里属于寝区，是皇帝退朝后休息之处，也是寝宫。除位于中轴线上的正殿之外，两侧对称分布着诸多配殿，如甘露殿东西两侧分别是神龙殿和安仁殿；大兴殿东西两侧对称分布着武德殿和晖政殿等。玄武门外为苑囿区，亦称内苑，具体情况见傅熹年主编《中国古代建筑史》第 2 卷第 6 节相关解说。

"东宫"系太子居住之处，分东、中、西三部分，四周有墙，南墙与北墙各开一门，南门为重明门，北门为至德门。同大兴宫的布局一样，东宫也按照功能分为朝区、寝区和后苑三个组成部分，但规模小于大兴宫。从重明门到东宫的正殿嘉德殿，还要经过一道隔门，嘉德殿建筑群的东西，有南北街，两侧为左春坊和右春坊，以上构成东宫的朝区。朝区之北为一横街，街北有两列建筑，前列的正中为弘教殿，隔永巷，南对弘教殿是丽正殿，此系后宫寝殿。寝区之北为北苑，北苑之北为隔城。

掖庭宫为宫女居处，只开东、西门，"盖高祖所起宫人教艺之所也"[8]，其南为太侍

① （宋）宋敏求：《长安志》卷 6，吴玉贵、华飞主编：《四库全书精品文存》第 25 卷，第 27 页。
② ［日］平冈武夫：《长安与洛阳（地图）》，杨励三译，西安：陕西人民出版社，1957 年，第 7 页。
③ 傅熹年主编：《中国古代建筑史》第 2 卷，北京：中国建筑工业出版社，2001 年，第 361 页。
④ （唐）李林甫等撰，陈仲夫点校：《唐六典》卷 7，北京：中华书局，2014 年，第 217 页。
⑤ （唐）李林甫等撰，陈仲夫点校：《唐六典》卷 7，第 217 页。
⑥ （唐）李林甫等撰，陈仲夫点校：《唐六典》卷 7，第 217 页。
⑦ （唐）李林甫等撰，陈仲夫点校：《唐六典》卷 7，第 217 页。
⑧ （宋）宋敏求：《长安志》卷 6，吴玉贵、华飞主编：《四库全书精品文存》第 25 卷，第 29 页。

省，其北有太仓。

3）皇城的兴建

皇城即子城，东、西、南三面有墙，唯北面以横街与宫城相隔，广阳门南对广阳门南大街。《雍录》载："由承天门至朱雀门北，是为宫城之内，隋文帝立制士庶不得杂居此门之内，故宗庙、官寺、兵卫悉在此地也。官寺也者，自三省以及监库皆是也。兵卫也者，凡其隶南衙而为诸衙者皆是也。"①皇城东西长 2820.3 米，其东墙和西墙与宫城的东墙和西墙相接，南北宽 1843.6 米，周长 9.2 千米，面积 5.2 平方千米。"城中南北七街，东西五街。左宗庙，右社稷。百僚廨署列于其间，凡省六，寺九，台一，监四（实为三，因国子监在皇城之南），卫十有八（实际上不及十八）。东宫凡府一，坊三，寺三，率府十。自两汉以后……阙之间，隋文帝以为不便于事，于是皇城之内惟列府寺。不使杂居，公私有辨，风俗整齐，实隋文之新意也。"②整个皇城以连接宫城广阳门与皇城朱雀门的南北向朱雀门大街为中轴线，百僚廨署列置两旁，如图 5-2 所示。

图 5-2 唐代皇城布局图③

皇城三面开七门，其中西墙二门：顺义门与安福门；东墙二门：景风门与延喜门；南墙三门：含光门、朱雀门与安上门。朱雀门北对宫城广阳门，南对外郭罗城明德门，三门位于大兴城的中轴线上，朱雀门以北称广阳门大街，以南称朱雀门大街。皇城内有南北向

① （宋）程大昌撰，黄永年点校：《雍录》卷 3，北京：中华书局，2002 年，第 51 页。

② （清）徐松撰，（清）张穆校补，方严点校：《唐两京城坊考》卷 1《皇城》，北京：中华书局，1985 年，第 10 页。

③ 肖爱玲等：《古都西安——隋唐长安城》，西安：西安出版社，2008 年，第 86 页。

大街五条，东西向大街七条。从西至东，五条南北向大街依次是：顺城街、含光门街、广阳门街（唐为承天门街）、安上门街、顺城街。由北往南，七条东西向大街依次是：第一横街、第二横街、第三横街、第四横街、第五横街、第六横街及第七横街。至于横街与其官署之间的空间结构关系，请结合图5-2参看宋敏求《长安志》卷7《唐皇城》及肖爱玲等《古都西安——隋唐长安城》第三章第二节的具体论述，此不赘言。

4）外郭罗城的兴建

《长安志》载："（郭城）东西一十八里一百一十五步，南北一十五里一百七十五步，周六十七里，其崇一丈八尺。南面三门，正中曰明德门，东曰启夏门，西曰安化门。东面三门，北曰通化门，中曰春明门，南曰延兴门。西面三门，北曰开远门，中曰金光门，南曰延平门。北面一门，曰光化门。皇城之东五门，皇城之西二门。当皇城西第一街曰芳林门（隋称华林门），当皇城西第二街曰光化门。郭中南北十四街，东西十一街，其间列置诸坊。有京兆府万年、长安二县所治，寺观、邸第、编户错居焉。当皇城南面朱雀门，有南北大街曰朱雀门街，东西广百步。万年、长安二县以此街为界，万年领街东五十四坊及东市，长安领街西五十四坊及西市。"[1]据此，算得郭城的范围：东西长约9694.7米，南北宽约8195.3米，周长35 456.4米，城墙高约5.3米。考古实测，郭城南墙长10 020米，西墙长8470米，东墙长7970米，北墙长9570米[2]，周长36 700米，墙宽一般在12米左右。[3]城门除明德门开5个门洞外，其他城门均开3个门洞，据陆机《洛阳记》载："宫门及城中大道皆分作三，中央御道，两边筑土墙，高四尺余，外分之。唯公卿尚书章服道从中道，凡人皆行左右，左入右出。"[4]《唐六典》更明确规定："凡宫殿门及城门皆左入右出。"[5]也就是说，平时城门只开两旁的门洞，可供百姓出入，具体详见图5-3所示。

郭城内分布有东西向排列的大街14条，南北向排列的大街11条，整个郭城被分隔为109个里坊[6]，以朱雀街为中轴线，分东、西两侧，东侧54坊（曲江池占了一坊），西侧55坊。里坊规模不一，有大、小坊之分，如图5-4所示。经实测：宫城和皇城两侧的坊最大，东西长1115米，南北宽838米；皇城以南、朱雀大街两侧的四列坊最小，东西长558—700米，南北宽500—590米；其他坊介于上述两者之间，东西长1020—1125米，南北宽500—590米。[7]我们知道，隋唐两代里坊已经发展到中国古代社会的巅峰，其坊制节级韵律明显。如徐松《唐两京城坊考》载：

① （宋）宋敏求撰：《长安志》卷7《唐京城一》，吴玉贵、华飞主编：《四库全书精品文存》第25卷，第35页。
② 肖爱玲等：《古都西安——隋唐长安城》，第96页。
③ 中国大百科全书总编辑委员会《考古学》编辑委员会、中国大百科全书出版社编辑部：《中国大百科全书——考古学》，北京：中国大百科全书出版社，1986年，第497页。
④ （宋）李昉：《太平御览》卷195引陆机《洛阳记》，北京：中华书局，1960年，第941页。
⑤ （唐）李林甫等撰，陈仲夫点校：《唐六典》卷25《诸卫府》，第640页。
⑥ 辛德勇：《隋唐两京丛考》，西安：三秦出版社，2006年，第21页。
⑦ 齐东方：《魏晋隋唐城市里坊制度——考古学的印证》，荣新江主编：《唐研究》第9卷，北京：北京大学出版社，2003年，第66页。

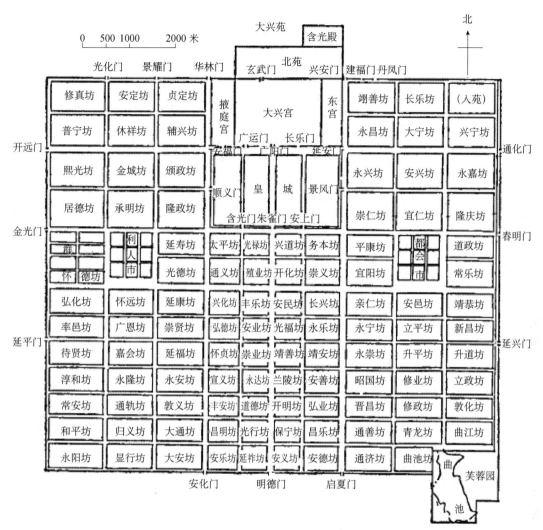

图 5-3　隋代大兴城复原图①

　　皇城之东尽东郭，东西三坊。皇城之西尽西郭，东西三坊。南北皆一十三坊，象一年有闰。每坊皆开四门，有十字街四出趣（趋）门。皇城之南，东西四坊，以象四时。南北九坊，取则《周礼》九逵之制。隋《三礼图》见有其像。朱雀街东第一坊，东西三百五十步。第二坊，东西四百五十步。次东三坊，东西各六百五十步。朱雀街西准此。皇城之南九坊，南北各三百五十步。皇城左右四坊，从南第一、第二坊，南北各五百五十步。第三坊、第四坊，南北各四百步。两市各六百步，四面街各广百步。②

按区块划分，则上述记载又可用表 5-1 来表示。

　　① 陈光崇主编：《中国通史》第 6 卷下《中古时代·隋唐时期》，上海：上海人民出版社，2004 年，第 1186 页。
　　② （清）徐松撰，张穆校补，方严点校：《唐两京城坊考》卷 2 引《长安图》及《两京新记》，第 34—35 页。

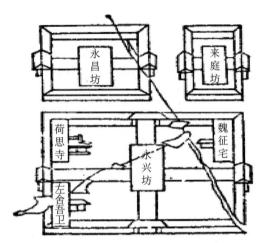

图 5-4　唐长安城图中之坊制图①

表 5-1　大兴城里坊"割宅"区块面积一览表（按坊内街宽 30 步推算）

坊所在位置	坊尺寸（步）	区块划分	坊内街道	区块单元面积	备注
皇城南朱雀街两侧第一坊	350×350	12	横街（350×30）	38.9 亩	
皇城南朱雀街两侧第二坊	350×450	12	横街（450×30）	50 亩	
皇城两侧第一、二坊	400×650	16	十字街（400+620）×30	59.7 亩	
皇城两侧第三、四坊	550×650	16	十字街（550+620）×30	84 亩	
皇城南两侧诸坊	350×650	16	十字街（350+620）×30	51.7 亩	
隋唐洛阳城内里坊	300×300	16	十字街（300+270）×30	19 亩	参考

　　里坊既通过网格式街道而相互联系，同时又由四面的高墙围绕而相互分隔，构成一个个相对独立的行政单元，"里坊内有专门行政管理官员和士兵，每个坊俨然像一个个独立的小城"②。里坊约占全城面积的 63.8%，体现了儒家"民为君本"的理念。为了市民生活上的方便，郭城设有东、西两市，各占地两坊。东市（隋称都会市）"南北居二坊之地，当中东市局，次东平准局，东北隅有放生池。"西市（隋称利人市）"南北尽两坊之地，市内有西市局，放生池、平准局、独柳"（图 5-5）。两市的建筑结构呈"井"字形，东、西、南、北各长 600 步（实测两市的建筑平面呈南北略长的纵长方形），是两个面积为 0.78 平方千米的正方形，因而里坊便成了"九宫图"（1 个正方形平均分成 9 个小正方形）③，用以表示东、西、南、北四正，以及东南、西南、东北、西北四维，四正加上中央，是谓五方，寓意汇集四方之物。所以东、西市里居住着四面八方的商客，商贾云集、邸店林立，这里是京城乃至全国商品的集散地，而且还是中外各国商贾进行经济贸易活动的重要场所，为当时通西域丝绸之路的中枢。故徐松在《唐两京城坊考》里介绍说："街市内货财二（日本学者加藤繁认为'二'应为'一'）百二十行，四面立邸，四方珍奇，

　　① 贺业钜：《中国古代城市规划史论丛》，北京：中国建筑工业出版社，1986 年，第 204 页。
　　② 齐东方：《魏晋隋唐城市里坊制度——考古学的印证》，荣新江主编：《唐研究》第 9 卷，第 66 页。
　　③ 详细内容见王才强：《唐长安居住里坊的结构与分地（及其数码复原）》，复旦大学文史研究院：《都市繁华——一千五百年来的东亚城市生活史》，北京：中华书局，2010 年，第 51—53 页。

皆所积集。万年县户口减于长安，又公卿以下居止多在朱雀街东，第宅所占勋贵，由是商贾所凑，多归西市。"①

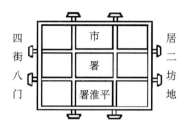

图 5-5　唐长安市制图②

同所有其他里坊一样，东、西市也实行封闭管理，启市和闭市都有严格规定。

（二）从思想史角度看宇文恺对大兴城的历史贡献

1. 讲求礼与法的统一：大兴城的秩序美

《周礼·考工记》云："匠人营国，方九里，旁三门，国中九经九纬，经涂九轨，左祖右社，面朝后市。"③前揭大兴城呈南北略长的纵长方形，每面开3个城门，虽然大兴城没有完全按照"国中九经九纬，经涂九轨"来规划城中的街道，但是宇文恺借鉴北魏洛阳城的建筑经验，他巧妙地将《周易》的"九六易逆数"应用于大兴城的建筑之中，其基本观念仍是以《周礼》和《周易》为准纲的。以既济卦为例，一卦有六爻，自下而上分别名之为初，二，三，四，五，上。阴爻为六，阳爻为九，则"既济"卦各爻的读法，自下而上为初九，二六，三九，四六，五九，上九。因之，日本学者平冈武夫论述说：

（北魏）洛阳城……被称为"九六城"。这个"九"和"六"是中国人传统的所尊重的数字。《易》的阴阳也由这数字象征化了的。《周礼》上说的王城理想的规模，也是"方九里、傍三门、国中九经九纬。"洛阳城原来由这些观念而设计了的。关于长安城，皇城的东西与南北的比例为1220步：1900步；宫城的比例是960步：1440步，都是6与9之比。宫城和皇城是这样设计下的，各有各的明确存在观念，这也是长安城有整体规划的一个理由吧！……由这纵横设计看出的9列的事实及观念，大概和"九经九纬"的观念有关系的。而且，假若把朱雀大街由中心划开，左右就各存在着9里的区划。这在内城左右，也可看出各有方6里的区划。这些都和"方九里"或"九里六里"的观念是一脉相通的。④

东、西两市由南北和东西各两条街道，交叉为"井"字形，将其建筑空间划分为9区。

①　（清）徐松撰，张穆校补，方严点校：《唐两京城坊考》卷3《西京·外郭城》，第75页。
②　贺业钜：《中国古代城市规划史论丛》，第203页。
③　《周礼·冬官考工记》，黄侃校点：《黄侃手批白文十三经》，第129页。
④　［日］平冈武夫编：《长安与洛阳（地图）》，杨励三译，第13—14页。

"左祖右社"在汉长安城已经出现①，隋大兴城延续汉长安城的祖社制度，将其祖庙与社稷坛建在皇城的左右两侧，以示尊祖重农之王道。

曹魏邺城一改传统汉长安城"面朝后市"的布局，首次把宫殿和官署建在城市的北部，而市场则建在宫城的南面。这样，传统的"面朝后市"就变成了"北朝南市"。隋大兴城亦复如之，此等布局更适合体现"筑城以卫君，造郭以守民"②的政治功能，即王城布局的最终目的就是构建一个有利于凸显统治者权力意志的空间形态。可见，对于《周礼》王城的规划制度，宇文恺有因也有革，反映了他在规划大兴城时不单有原则性，更有灵活性。

《管子》说："天子中而处……内为之城，城外为之郭。"③把天子所居的宫城安置在大兴城北部的正中，"择国之中而立宫"④，坐北朝南，因此，大兴宫便成了整个城市中轴线的最北的端点，与天同构，犹如北辰，面南而众星拱之。这种建筑布局，"完全是建立在礼治基础上，按分区尊卑，围绕宫廷区依次安排，十足表现了严谨的礼治秩序"⑤。

当然，一方面，"建国立城邑有定所，高下大小存乎王制"⑥；另一方面，这样的礼治秩序还需要一定的律法措施来提供保障。可惜，隋朝《开皇律》今已失传，对其街政管理的法律和法规，我们只能从以《开皇律》为直接蓝本的《唐律》中去窥见一二。如《唐会要》引《营缮令》云：

> 王公已下，舍屋不得施重拱藻井。三品已上，堂舍不得过五间九架，厅厦两头门屋，不得过五间五架。五品已上，堂舍不得过五间七架，厅厦两头门屋，不得过三间两架，仍通作乌头大门。勋官各依本品。六品七品已下，堂舍不得过三间五架，门屋不得过一间两架。……其士庶公私第宅，皆不得造楼阁临视人家。⑦

《唐律》规定："诸营造舍宅、车服……之属令有违者，杖一百。"⑧"诸侵巷街、阡陌者，杖七十。……若穿垣出秽污者，杖六十。"⑨

即使如此，市民私自在临街处搭建檐舍的侵街现象仍不断发生。于是，唐代宗大历二年（767）五月诏令："诸坊市街曲，有侵街打墙、接檐造舍等，先处分一切不许，并令毁拆。"⑩普通市民不仅禁止"侵街打墙、接檐造舍等"，甚至连家门都不准向街开，如太和五年（831）七月，左右巡使奏："伏准令式，及至德、长庆年中前后敕文，非三品以上，及坊内三绝，不合辄向街开门，各逐便宜，无所拘限。因循既久，约勒甚难，或鼓未动即

---

① 刘庆柱：《汉长安城的考古发现及相关问题研究——纪念汉长安城考古工作四十周年》，《考古》1996 年第 10 期。

② （唐）徐坚等：《初学记》卷 24 引《吴越春秋》，北京：中华书局，1962 年，第 565 页。

③ （周）管仲：《管子》卷 18《度地》，《百子全书》第 2 册，长沙：岳麓书社，1993 年，第 1386—1387 页。

④ （秦）吕不韦：《吕氏春秋》卷 17《慎势》，《百子全书》第 3 册，第 2736 页。

⑤ 贺业钜：《中国古代城市规划史论丛》，第 10 页。

⑥ 《春秋谷梁传·隐公七年》，（晋）范宁注，（唐）杨士勋疏：《春秋谷梁传注疏》，济南：山东画报出版社，2004 年，第 26 页。

⑦ （宋）王溥：《唐会要》卷 31《杂录》，北京：中华书局，1955 年，第 575 页。

⑧ 钱大群译注：《唐律译注·营造屋舍、车马等违〈令〉》，南京：江苏古籍出版社，1988 年，第 326 页。

⑨ 钱大群译注：《唐律译注·侵占街巷阡陌》，第 327 页。

⑩ （宋）王溥：《唐会要》卷 86《街巷》，第 1576 页。

先开，或夜已深犹未闭，致使街司巡检，人力难周，亦令奸盗之徒，易为逃匿。伏见诸司所有官宅，多是杂赁，尤要整齐。如非三绝者，请勒坊内开门向街门户，悉令闭塞。请准前后除准令式各合开外，一切禁断。"①对于居住在里坊的普通民众，包括那些"诸街铺守捉官健等"，他们的居住空间既不能横向扩展，同时又不能纵向增高，所以大兴城的坊区内严禁建楼，如《唐律》规定："诸登高临宫中者，徒一年；殿中，加二等。"②又"其士庶公私第宅，皆不得造楼阁，临视人家。"③这样，通过礼与法的结合，整个大兴城的建筑秩序就不会出现尊不尊、卑不卑扰乱王制的混乱局面，不管是一般官僚还是普通民众，人们都按照封建等级制度，各得其所，层次分明。

2. 讲求"公私有辨"：大兴城的布防格局

为了皇帝的安全，宇文恺把大兴城设计成三重城形式，内城有两重，即宫城与皇城。皇帝所居，号称"城中城"。考《周礼·考工记》所规划的宫城布局是"面朝后市"④，其"市"有三市：大市、朝市和夕市。《周礼·地官·司市》云："大市，日昃（偏西）而市，百族为主。朝市，朝时（早晨）而市，商贾为主。夕市，夕时（日落）而市，贩夫贩妇为主。"⑤郑玄注："日昃，昳中也。市，杂聚之处。言主者，谓其多者也。百族必容来去。商贾家于市城。贩夫贩妇，朝资夕卖。因其便而分为三时之市，所以了物极众。"虽然"市"有围墙高筑，也有严厉的治安管制，如名义上由"王后"负责管理三市，它是政府颁布公告与法令的地方，但这种朝与市近距离的布局，公私不辨，终究会对皇宫的安全构成威胁。例如，共和元年（前841）的"国人"（住在都城里的平民，包括百工和商人）暴动，周厉王被逐即是一个典型的史例。汉代长安城的朝与市布局，严格遵循《周礼》的定制，其"九市"多集中在城的西北部，而且市中心建有规模较大的多层楼亭。⑥因此，一旦市场里的工商业者揭竿而起，王宫就有被攻破的危险。如《汉书》载，戾太子曾"驱四市人凡数万众"谋反，汉武帝在建章宫，一面急命丞相"坚闭城门"，一面"诏发三辅近县兵"，两军在长乐宫西阙下"合战五日"后，戾太子军才被击败。⑦有鉴于此，宇文恺在设计大兴城时，不仅将市从"宫城"之北移至"宫城"之南，把它建在外郭城里，而且数量也大为缩减，只保留东、西两市。"宫城"的北面地势较高，则被开辟为大兴苑（唐改为禁苑），这里不单供皇帝游猎，还具有重要的军事意义。这是因为：

> 城内最北正中为宫城，是皇族居处，也是帝王处理政务的地方。皇城在京城南面，唐朝政府机构设在这里。长安城包括宫城等重要地方都紧临龙首塬下，如果敌对势力占有龙首塬将是对宫城的极大威胁。为了保卫宫城，于是在龙首塬上设置禁苑。它西有汉长安故城，东至灞、浐岸边，北临渭河，南抵长安城。禁苑地势较高，是一

---

① （宋）王溥：《唐会要》卷 86《街巷》，第 1576 页。
② （唐）长孙无忌等撰，刘俊文点校：《唐律疏义》卷 7（登高临宫中），北京：中华书局，1983 年，第 157 页。
③ ［日］仁井田升：《唐令拾遗》，刘雨婷：《中国历代建筑典章制度》下，上海：同济大学出版社，2010 年，第 24 页。
④ 钱玄：《三礼通论》，南京：南京师范大学出版社，1996 年，第 157 页。
⑤ 《周礼·地官·司市》，黄侃校点：《黄侃手批白文十三经》，第 39 页。
⑥ 赖琼：《汉长安城的市场布局与管理》，《陕西师范大学学报（哲学社会科学版）》2004 年第 1 期。
⑦ 《汉书》卷 66《刘屈牦传》，第 2880—2881 页。

个制高点，还可以利用北面渭河，东西灞浐，以及四面墙垣抵挡外来的威胁。可以说，谁占有了禁苑谁就有了控制长安城的军事优势。要保卫宫城和国都就必须控制禁苑。①

禁苑成为卫戍宫城的军事防区，皇帝的安全系数大大提高了，如安史之乱时，唐玄宗就是从禁苑逃离长安的。然而，宫城与皇城毕竟是唐朝的政治和统治中心，这里集中了唐朝所有的中央官署，那么，如何保证中央各官署的行政秩序和行政效率，尤其是行政安全，就成为宇文恺设计大兴城重点考虑的内容。经过对前代都城的比较分析，宇文恺发现北魏洛阳城模式非常适合大兴城。所谓北魏洛阳城模式就是把内城一分为二，北为宫城，南为衙署，辽阔气派，而居民区均建在外郭城中。显然，这种建筑布局"使宫城在皇城和禁苑之间，防卫上更加严密"②。此外，亦便于百官上下朝及公事文书的往来。至于将官署与民居分隔开来，一方面官署的行政功能更加突出，而不像汉代长安城那样，官署的行政功能经常与居民的生活事务掺和在一起，分不清公与私，故《长安志》载："自两汉以后至于晋齐梁陈，并有人家在宫阙之间，隋文帝以为不便于民（《唐两京城坊考》卷一改'民'为'事'），于是皇城之内，惟列府寺，不使杂居止，公私有辨。"③另一方面，在建筑形式上区别官署与民居，能使人们对官衙和权力本身产生一种敬畏感，并从心理上增加对高墙之内官署的神秘感。有学者分析说："城墙并非仅仅用于军事上的防御，城墙也表达着限隔的意义……筑墙代表着有序的管理，不筑墙意味着没有限制，来往自由，进出无序；修筑了墙，有了某种程度的约限，依时开闭城门，城市反而对外面的人更有吸引力。"④

当然，这种格局也有弊端，最突出的表现就是失去了民众的有效监督，容易滋生脱离实际的官僚作风和行政腐败。同时，经过皇城墙的分隔，官与民变成了相互对立的两极，这种"对立"式的思维定式很容易把权力看作是一种高高在上的东西，甚至被视为一种专门用来对付老百姓的工具。但不管怎样，在当时的历史条件下，官署与民居分置，是利大于弊。正如北宋吕大防所说："隋氏设都，虽不能尽循先王之法，然畦分棋布，闾巷皆中绳墨，坊有墉，墉有门，逋亡奸伪无所容足。而朝庭（廷）官寺，居民市区不复相参，亦一代之精制也。"⑤

官民对立不只是形式上的，实际上它还是等级制度的产物。在大兴城里，王公贵族的住宅比一般官吏和普通民众的住宅明显气派很多。如昌明坊为隋朝汉王杨谅的住宅，该坊东西 661 米，南北 447 米，面积 36.2 公顷，"以全一坊为住宅是面积最大的住宅"⑥；延康坊西南隅系隋朝尚书令、越国公杨素的邸宅，"占 1/4 坊，约 13.8 公顷"⑦，有多重院

① 曹尔琴：《从汉唐昆明池的变化谈国都与水的关系》，中国古都学会：《中国古都研究（十二）》，太原：山西人民出版社，1998 年，第 16—17 页。

② 傅熹年主编：《中国古代建筑史》第 2 卷，第 325 页。

③ （宋）宋敏求：《长安志》卷 7《唐皇城》，北京：中华书局，1991 年，第 107 页。

④ 李孝聪：《形制与意象——一千五百年以来中国城市空间的传承与变换》，复旦大学文史研究院：《都市繁华——一千五百年来的东亚城市生活史》，北京：中华书局，2010 年，第 523 页。

⑤ 中国科学院考古研究所西安唐城发掘队：《唐代长安城考古纪略》，《考古》1963 年第 11 期。

⑥ 曹尔琴：《唐代长安住宅的规模》，中国古都学会：《中国古都研究》，太原：山西人民出版社，1998 年，第 223 页。

⑦ 傅熹年主编：《中国古代建筑史》第 2 卷，第 437 页。

落，"第宅华侈，拟似宫禁"①，殿阁、宫院、亭楼、台观、水榭、山、湖，应有尽有。据载："隋文帝以京城南面阔远，恐竟虚耗，乃使诸子并于南郭立第"②，往往尽一坊之地，规模宏大。由于大兴城的特殊地势，有岗有洼，岗者居高，洼者处低，而"六岗的坡头，除第二岗坡头'置宫殿'，第三岗坡头'立百司'外，郭城内各坊当坡头之处，皆为官衙、王宅和寺观所据"③。所以一般民宅④多建于低洼处，通常被称为"小宅"，如道政坊十字街东小宅以及永崇坊李晟家前小宅等。小宅有合院，也有廊院和木架建筑。按照前揭《营缮令》规定："六品七品以下，堂舍不得过三间五架，门屋不得过一间两架"，而庶民百姓"所造堂舍不得过三间四架，门屋不得过一间两架"。再结合唐开元二十五年（737）均田令载："应给园宅地者，良口三口以下给一亩，每三口加一亩，贱口（指奴婢）五口给一亩，每五口加一亩。"⑤我们不难推断，隋唐时期大兴城外郭城坊里的一般民宅，占地大约 3 亩。如永平坊小宅就有"堂屋三间，东西厢五间，占园宅地三亩"的记载。当然，也有 9 亩或 20 亩者。由于后来大兴城（长安）地狭人众，无法严格照均田令执行，即居民难以分到规定的配额，所以"令中提到京城及州郡县郭下田宅不在此例"⑥。比如，城坊中贫苦阶层的舍屋面积，通常约为 0.8 亩，甚至还有 0.5 亩者。

　　站在一般民众的角度，"公私分辨"之后，外郭城居民的经济活动更加丰富和多样化了。例如，在唐代，"自兴善寺（靖善坊）以南四坊，东西尽郭，率无第宅。虽时有居者，烟火不接，耕垦种植，阡陌相连"⑦。又兴宁坊清禅寺"竹树森繁，园圃周绕，水陆庄田，仓廪碾硙，库藏盈满"⑧。此外，大菜园、果园、池塘等，亦已成为许多坊里的主要景观。可见，经营农业生产者不乏其例，农耕活动已经构成其城坊居民的重要生存方式之一。除农耕活动之外，永兴坊许俨以"取鱼为业"；安邑坊巷口有"鬻饼者"；延寿坊有玉工；东市有笔生赵太；西市有麸行，表明这里有从事粮食加工与销售者等。对此，刘章璋在其专著中论述甚详，笔者自不必多言。经济活动的多样化，不单是起着丰富京城物质文化生活的作用，更重要的是居民之间的社会交往更加密切和广泛。例如，"唐长安市里风俗，每岁至元日已后，递饮食相邀，号为传坐"⑨。尤其是随着外国商人和留学生的不断增多，城坊内往往是多元文化元素即士人文化、贵族文化、异国文化与庶民文化等相互碰撞和交融，从而赋予坊里居民以开阔的视野与雄浑的气度。

　　如众所知，隋唐两代四民的划分比较严格，如《唐六典》说："辨天下之四人，使各专其业：凡习学文武者为士，肆力耕桑者为农，功作贸易者为工，屠沽兴贩者为商。工、商皆谓家专其业以求利者；其织纴、组纫之类，非也。工、商之家，不得预于士，食禄之

①　（宋）李昉等：《太平御览》卷 470《人事部·贵盛》，第 2160 页。
②　（清）徐松撰，李健超增订：《增订唐两京城坊考》修订版，第 243 页。
③　宿白：《隋唐长安城和洛阳城》，杨楠：《考古学读本》，北京：北京大学出版社，2006 年，第 318 页。
④　在此，所谓"民宅"之"民"主要是指地位较低的官吏、士人及工商业者。
⑤　（唐）杜佑著，颜品忠等校点：《通典》卷 2《食货二》，长沙：岳麓书社，1995 年，第 18 页。
⑥　熊存瑞：《唐长安住房考略》，陈平原等：《西安——都市想象与文化记忆》，第 70 页。
⑦　（清）徐松撰，李健超增订：《增订唐两京城坊考》，第 54 页。
⑧　（唐）道宣：《续高僧传》卷 29《慧胄传》，《大正新修大藏经》第 50 卷，第 697 页。
⑨　（宋）李昉等：《太平广记》卷 134《赵太》，北京：中华书局，1961 年，第 955 页。

人不得夺下人之利。"①唐朝延续了汉代以来歧视工商业者的法律传统，工商业者与士人的界限比较清楚，但是在里坊制度下，两者的分界却有逐步模糊的发展趋势。例如，永宁坊可能有1150户家庭，而亲仁坊则可能居住着2400户家庭。在此等条件下，居住在里坊内的民户，结构成分自然非常复杂，各个阶层都有。以永宁坊为例，户部尚书王涯曾居于此，其家藏书"多与秘府侔"②；河东节度使王锷在永宁坊东南角建有华侈的甲第；中书舍人徐浩，长于楷法，居宅于永宁坊；兵部郎中杨凝，居宅于永宁坊；礼部郎中高郢，居宅于永宁坊等，这些物象的出现无疑反映了坊内居民成分的多样性和复杂性。对此，有学者分析说：

> 里坊原先作为一种功能相对纯粹的居住区概念，主要有两项聚居原则：一为阶级原则，如西汉长安城，封建贵族的府第多在长安城中部和北部靠近宫廷的地段，而一般的居民则居住在城市的东北隅，各阶级间独立成区不杂处。二为职业原则，《洛阳伽蓝记》记载"市东有通商、达货二里。里内之人，尽皆工巧屠贩为生……市南有调音、乐律二里。里内之人，丝竹讴歌，天下妙伎出焉……"这些里坊就是以居住在其中的居民所从事的职业命名的。但随着唐代社会经济的发展，长安里坊的聚居制度已开始动摇，逐渐出现了功能混杂的情况。③

主观上，宇文恺里坊制度的设计并不是为了鼓励工商业的发展，相反，四面高墙的封闭性与市场本身的开放性极不相称，尤其是里门与市门在日出和日落时启闭，并由吏卒和市令管理，全城实行宵禁，则严重地阻碍了工商业的发展和繁荣。然而，坊内居民的杂处，各阶层对物质和精神消费需求的多样化，又在客观上刺激着里坊制度走向自己的反面，从而出现城市机能的转变。这样，从唐代中后期开始，"以政治、军事功能为主的封闭式城市格局发生了动摇，工商业逐渐成为城市的重要组成部分，虽然违背了设计的初衷，却为宋代长巷式布局的城市兴起奠定了基础"④。

3. 讲求水环渠绕：大兴城的生态景观

大兴城四周环以八条河，即东面的灞河和浐河，南面的潏河和滈河，西面的沣河、涝河，北面的泾河和渭河。从城市与河水的位置关系看，周之镐京、秦之咸阳及汉之长安，都距离河水较近，城市供水相对较易。隋大兴城虽然四周环水，但是距离水源相对较远，这就给城市供水带来了一定困难。宇文恺设计大兴城，如何解决城市供水是他首先需要解决的问题。前已述及，大兴城的地势东南高西北低，这种地形正好为引东面的浐河与南面潏河和滈河入城，提供了便利条件。

为此，宇文恺在建造大兴城的同时，开凿了三条著名的引水渠道：龙首渠、永安渠和清明渠，使其流贯宫城、皇城、外廓城和大兴苑，遍及各个角落。据《唐两京城坊考》载：

---

① （唐）李林甫等撰，陈仲夫点校：《唐六典》卷3《尚书户部》，第74页。

② 《新唐书》卷179《王涯传》，第5319页。

③ 刘继、周波、陈岚：《里坊制度下的中国古代城市形态解析——以唐长安为例》，《四川建筑科学研究》2007年第6期，第172页。

④ 齐东方：《隋唐考古》，北京：文物出版社，2002年，第24页。

龙首渠，一名浐水渠。隋开皇三年开，自东南龙首堰下支，分浐水，北流至长乐坡，西北分为二渠：东渠北流，经通化门外，至京城东北隅，折而西流，入东内苑（禁苑），为龙首池余水，经大明宫前下马桥下；西渠曲而西南流，经通化门南，西流入城，经永嘉坊南，又西南入兴庆宫垣，注龙池，又出而西流，经胜业坊、崇仁坊、景龙观，又西入皇城，经少府监南，屈而北流，又经都水监、东宫仆寺内坊之西，又北流，入宫城长乐门，又北注为山水池，又北注为东海。①

永安渠，隋开皇三年开，亦谓之交渠。引交水西北流入京城之南，经大安坊之西街，又北流，经大通、敦义、永安、延福、崇贤、延康六坊之西，又经西市之东，又北流经布政、颁政、辅兴、修德四坊，及兴福寺之西，又北流入芳林园，又北流入苑（禁苑），又北注于渭。②

清明渠在永安渠东，亦隋开皇初开。引潏水自丈八沟分支，经杜城之北，屈而东北流，入京城之南，经大安坊之东街，又屈而东，经安乐坊之西南隅，屈而北流，经安乐、昌明、丰安、宣义、怀贞、崇德、兴化、通义、太平九坊之西，又北经布政坊之东，右金吾卫之东南，屈而东南流，入皇城。经大社北，又东至含光门西，又屈而北流，经尚舍局东，又北经将作监、内侍省东，又北入宫城广运门，注为南海，又北注为西海，又北注为北海。③

上述关于清明渠"引潏水自丈八沟分支"的问题，黄盛璋认为与其实际地理位置不符，因为清明渠位于永安渠的东边，而丈八沟却在永安渠的西边，这种两渠交叉入城的现象，既缺乏史料依据，又得不到考古支持，所以说基本上没有可能。④经考证，清明渠的入城地点在今北山门口村以东 200 米处。⑤三渠从东西两边入城后，不仅解决了城内居民的用水问题，而且当渠水流经城内诸坊时，通过分支渠水进入达官贵人的庭院里，形成许多池亭园林。

《史记·日者列传》载："天不足西北，星辰西北移；地不足东南，以海为池"⑥，这种天地形状结构思想，是秦汉时期盖天说的一种风水观念表达。日本学者平冈武夫认为这种风水观念深刻影响了宇文恺对大兴城"东南高西北低"之自然地势的灵活处理⑦，为了不使"东南隅"在地位上压住或盖过宫城所在的"北隅"，只能将东南角开凿为池，唯其如此，才能给隋朝皇帝以开阔的视野和舒畅的心理。故《雍录》在述"曲江池"时说："宇文恺以其地在京城东南隅，地高不便，故阙此地，不为居人坊巷，而凿之为池，以压胜之。"⑧当曲江池成为风景区之后，都人游赏，笙歌画船。这样，一头是民，一头是君，

---

① （清）徐松：《唐两京城坊考》卷 4《龙首渠》，上海：商务印书馆，1936 年，第 122 页。
② （清）徐松：《唐两京城坊考》卷 4《永安渠》，第 123 页。
③ （清）徐松：《唐两京城坊考》卷 4《清明渠》，第 124 页。
④ 马正林编著：《中国城市历史地理》，济南：山东教育出版社，1998 年，第 322 页。
⑤ 陕西省文物管理委员会：《唐长安城地基初步探测资料》，《人文杂志》1958 年第 1 期。
⑥ 《史记》卷 127《日者列传》，第 3219 页。
⑦ ［日］平冈武夫：《长安与洛阳（地图）》，杨励三译，第 61 页。
⑧ （宋）程大昌：《雍录》卷 6《唐曲江》，北京：中华书局，1990 年，第 458 页。

寓意"得乎丘民而为天子"。①因此,唐代欧阳詹才在《曲江池记》一文中说:

> 天生地成之理,识之于性情;物义人事之端,征之于耳目。夫流恶含和,厚生蠲疾,则去阴之愿、辅阳之德也。涵虚抱景,气象澄鲜,则藻饰神州,芳荣帝宇也。延欢涤虑,俾人怡悦,则致民乐土而安其志也。栖神育灵,与善惩恶,则俗知所劝而重其教也。号惟天邑,非可谬创,一山一水,拳石草树,皆有所谓。②

芙蓉园,在曲江池东,秦时为宜春园,汉代叫乐游园,隋文帝改名称芙蓉(即莲花)园,为皇家禁苑。《隋唐嘉话》载:"京城南隅芙蓉园者,本名曲江园,隋文帝以曲名不正,诏改之。"③芙蓉园山水清秀,风光绮丽,"青林重复,绿水弥漫"④,是大兴城著名的山林川泽胜景。所以《剧谈录》载:"(这里)花卉环周,烟水明媚,都人游玩,盛于中和、上巳之节……入夏则菰蒲葱翠,柳阴(荫)四合,碧波红蕖,湛然可爱。"⑤特别是当芙蓉园变成大兴城的一个有机组成部分之后,它就由秦汉时期的郊区园林一变而为城市(皇家)园林⑥,从而在中国古代园林史上揭开了新篇章。而隋炀帝更将"曲水流觞、文人饮酒赋诗的传统与曲江风景园林建设结合起来,形成了曲江文化的宏大格局,为盛唐曲江文化的光辉灿烂奠定了基础"⑦。

位于大兴城北的大兴苑,其苑"东西二十七里,南北三十三里,东接灞水,西长安故城(指汉代长安城),南连京城,北枕渭水。苑西即大仓,北距中渭桥,与长安故城相接"⑧。苑内有离宫亭馆24所(包括唐朝建造者),可考者有北望春亭、南望春亭、柳园亭、坡头亭、青城桥、月坡、毯场亭、龙鳞桥、凝碧桥、栖云桥、上阳桥、九曲宫、广运潭、鱼藻宫、元沼宫、祯兴亭、神皋亭、青门亭、七架亭、临渭亭及桃园亭。大兴苑与芙蓉园之间,有夹城相通。由于这些都是皇家园林,朝廷尤其重视生态建设,故苑中设有专门机构来具体管理大兴苑的植树和修葺园苑等事务。

据《隋书·高祖纪》载,开皇元年(581)三月,"戊子,弛山泽之禁"⑨。开放山泽,并不是任意由人们破坏生态资源,而是在开荒种地的同时,用法律的形式强制人们课种榆、桑、枣树。如开皇三年(583)隋文帝诏令:"自诸王已下,至于都督,皆给永业田,各有差。多者至一百顷,少者至四十亩。其丁男、中男永业露田,皆遵后齐之制。并课树以桑榆及枣。"⑩此处"遵后齐之制",即指北齐河清三年(564)所颁"均田令",其

---

① 《孟子·尽心下》,黄侃校点:《黄侃手批白文十三经》,第83页。

② 杨遗旗校注:《〈欧阳詹文集〉校注》,武汉:华中科技大学出版社,2012年,第155页。

③ (唐)刘𫗧:《隋唐嘉话》卷上,《中华野史》编委会:《中华野史》卷1《先秦—唐朝卷》上,西安:三秦出版社,2000年,第753页。

④ 《资治通鉴》卷194,第1301页。

⑤ (唐)康轩:《剧谈录》卷下《曲江》,金锋主编:《中华野史·唐朝卷》,济南:泰山出版社,2000年,第748页。

⑥ 李令福:《隋大兴城的兴建及其对原隰地形的利用》,侯甬坚主编:《长安史学》第3辑,第35页。

⑦ 李令福:《古都西安城市布局及其地理基础》,北京:人民出版社,2009年,第151页。

⑧ (宋)宋敏求:《长安志》卷6,吴玉贵、华飞主编:《四库全书精品文存》第25卷,第29页。

⑨ 《隋书》卷1《高祖纪上》,第14页。

⑩ 《隋书》卷24《食货志》,第680页。

中规定："每丁给永业二十亩，为桑田，其中种桑五十根，榆三根，枣五根。"①这些律令同样适用于大兴城的坊内居民，所以有学者描述说："坊内榆柳成行，苗圃果园繁多以及私人宅第中的茂林修竹之胜，使诸坊景色迷人，让人留恋而忘返。"②当然，大兴城坊内也存在更多的各种私家园林或寺观园林。其中私家园林像延康坊里的杨素宅，"第宅华侈，制拟宫禁"③；金城坊，"本汉博望苑之地，初移都，百姓分地板筑"，"西南隅（应为西北隅④），汉思后园。北门，有汉戾后园。园东南，汉博望园。东南隅，开善尼寺。街南之东，舍卫寺。西南隅，海陵公贺若谊宅"⑤。可见，隋朝金城坊仍保留着汉代园林的特征，遍植花木，亭榭楼台。又醴泉坊，"开皇三年，缮筑此坊，忽闻金石之声，因掘得甘泉浪井七所，饮者疾愈，因以名坊及寺焉"⑥。泉井的出现，则突出了坊里的水体景观，而唐代在隋代的基础上，山水风景园林更加成熟，并将长安坊里的园林艺术推向了"诗情画意"的境界，故宋人张舜民在《画墁录》一书中称隋唐长安坊内"公卿近郭，皆有园池，以至樊杜数十里间，泉石占胜，布满川陆"⑦，恐怕并非夸张之言。至于寺观园林，如永阳坊的禅定寺，"殿堂高竦，房宇重深。周闾等宫阙，林囿如天苑"⑧；进昌坊的无漏寺，"竹木深邃，为京城之最"⑨；进昌坊兴道寺"水竹幽静，类于慈恩"⑩；新昌坊的灵感寺，"北枕高原，南望爽垲，为登眺之美"⑪等。所以"大兴城无论从设计的布局、山水相依的环境，还是从水陆交通、对称格局、道路规划、供水排水、房屋花园、城市绿化、游览休闲等等各个方面，都显示出是世界古代最佳的人居环境"⑫。

4. 追求儒释道融合：大兴城的宗教景观

隋朝结束了南北朝的分裂割据局面，随着政治和军事的统一，各种思想亦日益呈现出相互融合的历史发展趋势。于是，隋文帝提出了"门下法无内外，万善同归；教有浅深，殊途共治"⑬的治国方略。隋朝国子寺既是前朝儒学教育的延续，同时又有发展和创新。仅从其管理职能的变化看，开皇十三年（593），国子寺罢隶太常，据《通典》载："凡国学诸官，自汉以下，并属太常，至隋始革之。"⑭自此，国子学（后改国子监）自成系统，

---

① 《隋书》卷 24《食货志》，第 677 页。

② 马正林编著：《中国城市历史地理》，第 204 页。

③ 《隋书》卷 48《杨素传》，第 1288 页。

④ 李健超：《〈长安志〉纠谬》，中国地理学会历史地理专业委员会《历史地理》编辑委员会：《历史地理》第 19 辑，上海：上海人民出版社，2003 年，第 392 页。

⑤ 辛德勇：《隋大兴城坊考稿》，《纵心所欲——徜徉于稀见与常见书之间》，北京：北京大学出版社，2011 年，第 244 页。

⑥ 辛德勇：《隋大兴城坊考稿》，《纵心所欲——徜徉于稀见与常见书之间》，第 244 页。

⑦ （宋）张舜民：《画墁录》卷下，北京：中华书局，1991 年，第 17 页。

⑧ （唐）道宣：《续高僧传》卷 18《昙迁传》，《大正新修大藏经》第 50 册，第 573 页。

⑨ （唐）杜甫撰，王洙、赵次公等注：《分门集注杜工部诗》卷 8 引《两京新记》，《四部丛刊初编·集部》第 160 册，北京：中央编译出版社，2015 年。

⑩ （清）徐松撰，李健超增订：《增订唐两京城坊考》卷 3，第 109 页。

⑪ （元）骆天骧撰，黄永年点校：《类编长安志》卷 5《寺观》，西安：三秦出版社，2006 年，第 131 页。

⑫ 韩隆福：《隋朝大兴城的建设与人居环境》，《湖南省城市文化研究会第三届学术研讨会论文集》，内部资料，2007 年，第 12 页。

⑬ （清）严可均：《全隋文》卷 1《五岳各置僧寺诏》，《全上古三代秦汉三国六朝文》，北京：中华书局，1958 年，第 4016 页。

⑭ （唐）杜佑著，颜品忠等校点：《通典》卷 27《职官九·国子监》，第 396 页。

成为国家教育行政的最高管理机构，"统国子、太学、四门、书算学"①。隋唐国子监设立在务本坊内，其地接近朱雀门。徐松《唐两京城坊考》卷2在"半以西，国子监"条下注："监东开街若两坊，街北抵皇城南，尽一坊之地。监中有孔子庙，贞观四年立。"②尽管横向与佛教和道教的发展声势相比，隋朝儒学的发展略显不足，但纵向与魏晋南北朝相比，隋朝儒学却是有开风气之功的。据《隋书·儒林列传》载：

> 高祖膺期纂历，平一寰宇，顿天网以掩之，贲旌帛以礼之，设好爵以縻之，于是四海九州强学待问之士靡不毕集焉。天子乃整万乘，率百僚，遵问道之仪，观释奠之礼。博士罄悬河之辩，侍中竭重席之奥，考正亡逸，研核异同，积滞群疑，涣然冰释。于是超擢奇秀，厚赏诸儒，京邑达乎四方，皆启黉校。齐、鲁、赵、魏，学者尤多，负笈追师，不远千里，讲诵之声，道路不绝。中州儒雅之盛，自汉、魏以来，一时而已。及高祖暮年，精华稍竭，不悦儒术，专尚刑名，执政之徒，咸非笃好。暨仁寿间，遂废天下之学，唯存国子一所，弟子七十二人。炀帝即位，复开庠序，国子郡县之学，盛于开皇之初。③

当然，由于隋文帝出生于般若尼寺，他对佛教的情感远在道儒之上，因此，他常说："我兴由佛法。"④而为了大力扶植佛教，隋文帝以至于滥建佛寺，史称其"大度僧尼，将三十万，崇缉寺宇，向有五千"⑤。受此指导思想的影响，宇文恺在设计大兴城时，自然将修建寺院放在了一个很高的层面上，"九五贵位，不欲常人居之，故制置元（玄）都观及兴善寺以镇其地"⑥。毫无疑问，从大兴城的整体设计效果看，兴善寺及其诸多寺院的建立不仅给那宏阔的郭城里坊增添了无限的神秘色彩，而且它们本身的宗教建筑文化，更增加了大兴城高低错落有致的立体城市景观，包括宗教人文景观和自然生态景观。例如，《辩正论》载：

> 京师造大兴善寺，大启灵塔，广置天宫，像设凭虚，梅梁架迥，璧珰曜彩，玉题含晖，画栱承云，丹栌捧日，风和宝铎，雨润珠旛，林开七觉之花，池漾八功之水，召六大德及四海名僧，常有三百许人，四事供养。⑦

开皇三年（583），隋文帝诏："合京城内，无问宽狭，有僧行处皆许立寺，并得公名。"⑧与之相应，隋文帝令官府制作了120座寺院的门额，任由民众出资领取建造，遂掀起了大兴城大造寺院的浪潮。故《长安志》载："文帝初移都，便出寺额一百二十枚于朝

① 《隋书》卷28《百官志下》，第777页。
② （清）徐松撰，李健超增订：《增订唐两京城坊考》卷2，第55页。
③ 《隋书》卷75《儒林列传》，第1706—1707页。
④ （唐）道宣：《续高僧传》卷26《道密传》，《大正新修大藏经》第50卷，第667页。
⑤ （唐）道宣：《大唐内典录》卷5，《永乐北藏》第143册，北京：线装书局，2000年，第48页。
⑥ （宋）程大昌撰，黄永年点校：《雍录》卷3，北京：中华书局，2002年，第54页。
⑦ （唐）法琳：《辩正论》卷3《隋高祖文皇帝》，《大正新修大藏经》第52卷，第509页。
⑧ （唐）法琳：《辩正论》卷3《隋高祖文皇帝》，《大正新修大藏经》第52卷，第508页。

堂下，制云：‘有能修造，便任取之。’”①其中110座寺院现在仍能确定其名称和位置所在②，另据王亚荣统计，大兴城东城区计有佛寺（包括佛堂）37座，西城区计有79座，西城密于东城，总共116座。③自是，大兴城“伽蓝郁峙，法宇交临”④。

因道士焦子顺向隋文帝预告膺命之应，“及立，隋授子顺开府柱国。辞不受，常咨谋军国，帝（隋文帝）恐其往来疲困，每遣近宫置观”⑤。隋朝代周，固然有其历史的必然性，但必然性存在于偶然性之中，没有离开偶然性的纯粹必然性。既然杨坚能取代周朝，那么，为什么不可以由另外的人用同样方式来取代隋朝呢！正是由于偶然因素的这种不确定性，隋文帝才笃信谶纬，惧怕膺命之应会突然降临到别人身上。于是，他在开皇十三年（593）二月丁酉诏令：“私家不得隐藏纬候图谶。”⑥与此同时，隋文帝又通过造观度道士，以招揽人心。杜光庭《历代崇道记》载：“隋高祖文皇帝迁都于龙首原，号大兴城。乃于都下畿内造观三十六所，名曰玄坛，度道士二千人。”⑦此段史料未必真实，但从建筑史的角度讲，大兴城玄都观的地位与大兴善寺不相上下（表5-2），却是无可置疑的。两者均在第五冈上，一东一西。据《长安志》载：“隋开皇二年，自长安故城徙通道观于此（崇业坊），改名玄都，东与大兴善寺相比。”⑧

表5-2　隋朝主要寺观基址规模表⑨

寺观名	所在坊	所在地块	坊之尺寸（步）	基址规模（亩）
总持观	和平、永阳坊	占两坊之半	350×650	875
大庄严寺	和平、永阳坊	占两坊之半	350×650	875
大兴善寺	靖善坊	尽一坊之地	350×350	510.4
玄都观	崇业坊	尽一坊之地	350×650	510.4

不过，从隋朝统治者的宗教政策和现实效应看，佛教显然是其推行宗教政治的重心。隋朝隐士李士谦说：“佛，日也；道，月也；儒，五星也。”⑩对儒、释、道关系的这种表述，反映了隋朝思想文化发展的总体特征，是对北周崇儒抑佛政策的一种反动。⑪所以日本学者砺渡护指出：“大兴城所呈现的景观，与其说是宗教都市，不如称其为佛教都市。”⑫从这层意义上讲，隋朝推行的“儒释道并存”政策，确实有轻有重，扶持力度极不均衡。

　　① （宋）宋敏求：《长安志》卷10《唐京城四》，（宋）宋敏求撰，阎琦、李福标、姚敏杰校点：《长安志·长安志图》，西安：三秦出版社，2013年，第186页。

　　② 辛德勇：《〈冥报记〉报应故事中的隋唐西京影像》，《清华大学学报（哲学社会科学版）》2007年第3期。

　　③ 王亚荣：《隋大兴城佛寺考》，《长安佛教史论》，北京：宗教文化出版社，2005年，第93—113页。

　　④ （唐）道宣：《大唐内典录》卷5，《永乐北藏》第143册，第48页。

　　⑤ （宋）王溥：《唐会要》卷50《五通观》，第876—877页。

　　⑥ 《隋书》卷2《高祖纪下》，第38页。

　　⑦ （唐）杜光庭：《历代崇道记》，孙家洲主编：《中华野史》第1卷《先秦至隋朝卷》，第1029页。

　　⑧ （元）骆天骧撰，黄永年点校：《类编长安志》卷5《寺观》，第139页。

　　⑨ 王贵祥等：《中国古代城市与建筑基址规模研究》，第46页。

　　⑩ 《隋书》卷77《李士谦传》，第1754页。

　　⑪ 《北史》卷10《周本纪》，第359页载：建德二年（573）十二月癸巳，“帝升高座，辨释三教先后。以儒教为先，道教次之，佛教为后。”

　　⑫ ［日］砺渡护：《隋唐佛教文化史》，韩昇等译，上海：上海古籍出版社，2004年，第14页。

二、追求"宏侈"和"乾卦"的设计理念与东都洛阳城的修建

(一)东都洛阳城的修建

仁寿四年(604)十一月癸丑,隋炀帝即位后,由于大兴城远离山东的地理实际,决策其政治重心东移便成为他执政后优先实施的头等大事。隋炀帝在诏书中说:

> 洛邑自古之都,王畿之内,天地之所合,阴阳之所和。控以山河,固以四塞,水陆通,贡赋等。……今者汉王谅悖逆,毒被山东,遂使州县或沦非所。此由关河悬远,兵不赴急,加以并州移户复在河南。周迁殷人,意在于此。况复南服遐远,东夏殷大,因机顺动,今也其时。群司百辟,佥谐厥议。但成周墟堵,弗堪茸宇。今可于伊、洛营建东京,便即设官分职,以为民极也。①

明代史学家陈建分析说:自古以来,"建都之要,一形势险固,二漕运便利,三居中而应四方。必三者备,而后可以言建都。长安虽据形势,而漕运艰难;汴居四方之中,而平夷无险,四面受敌。惟洛阳三善咸备"②。

综合起来看,隋炀帝为何迁都洛阳?可从两个方面观察和分析:一是主观方面,隋炀帝迷信谶纬,《资治通鉴》载,仁寿四年冬十月,"章仇太翼言于帝曰:'陛下木命,雍州为破木之冲,不可久居。'又谶云:修治洛阳,还晋家。第以为然"③。负责建造东京(后改为东都)的将作大匠是宇文恺,"恺揣帝心在宏侈,于是东京制度穷极壮丽"④。二是客观方面,隋代经济重心已经开始南移,大兴城远离经济重心,漕运不便;关东(潼关以东地区)军事形势比较复杂,因大兴城位置偏西,关东一旦有变,则政府难于迅速而有效地控制其局面。所以有学者认为:"隋唐两京格局的形成是两大地域集团斗争与妥协的结果,同时又与两大经济重心区地域关系的空间互动密切相关,也是黄河时代都城发展进入成熟期的表现。"⑤从地理位置看,洛阳"处天下之中",交通方便,气候适宜,况且洛阳盆地的地势西北高东南低,东傍嵩岳,北倚邙山,西连秦岭,南临洛水,山南水北,乾阳天开,真乃"九州腹地"⑥。诚如宋人李格非所说:"洛阳处天下之中,挟崤、渑之阻,当秦、陇之噤喉,而赵、魏之走集,盖四方必争之地也。"⑦因此,周朝最早在此建立陪都,号称"洛邑"。当时建有两城:下都或成周与王城。其中"下都"或"成周"在瀍河东,而"王城"则在涧河东。《尚书·洛诰》载:"予惟乙卯,朝至于洛师。我卜河朔黎水,我乃卜涧水东,瀍水西,惟洛食;我又卜瀍水东,亦惟洛食。"⑧其"下都"或"成周"后为汉魏洛阳城所沿用,《逸周书·作洛解》云:"(下都)城方千七百二十丈,郛方七十里,

① 《隋书》卷3《隋炀帝上》,第61页。

② (明)陈子壮:《昭代经济言》卷9《陈建·建都论》,北京:中华书局,1985年,第194页。

③ 《资治通鉴》卷180《隋纪四》,第1195页。

④ 《隋书》卷68《宇文恺传》,第1588页。

⑤ 王明德:《从黄河时代到运河时代:中国古都变迁研究》,成都:巴蜀书社,2008年,第276页。

⑥ 端木赐香:《洛水瀍河映王城》,郑州大学出版社,2007年,第26页。

⑦ (宋)李格非:《书洛阳名园记后》,王水照选注:《宋辽金文》,石家庄:河北教育出版社,2001年,第331页。

⑧ 《尚书·洛诰》,周秉钧译注:《白话尚书》,长沙:岳麓书社,1990年,第161页

南系于洛水，此因于郏山（即邙山），以为天下之大凑。"①可惜，在"成周"基址上建起来的北魏洛阳城，由于西魏和东魏交战不断，以至于"室屋俱尽"，已无法再恢复旧观。据《资治通鉴》载，大同四年（538）秋七月，"东魏侯景、高敖曹等，围魏独孤信于金墉。太师（高）欢帅大军继之，景悉烧洛阳内外官寺，民居存者什二三"②。同年八月，"欢攻金墉，长孙子彦弃城走，焚城中室屋俱尽，毁金墉而还"③。于是，宇文恺将新址从汉魏旧城所在向西迁移，至近于周之"王城"。其具体位置是："南直伊阙之口，北倚邙山之塞，东出瀍水之东，西出涧水之西，洛水贯都。"④又《旧唐书·地理志》载：

> 东都，周之王城，平王东迁所都也。故城在今苑内东北隅，自赧王已后及东汉、魏文、晋武，皆都于今故洛城。隋大业元年，自故洛城西移十八里置新都，今都城是也。北据邙山，南对伊阙，洛水贯都，有河汉之象。都城南北十五里二百八十步，东西十五里七十步，周围六十九里三百二十步。都内纵横各十街，街分一百三坊、二市。每坊纵横三百步，开东西二门，宫城，在都城之西北隅。⑤

可见，一方面，宇文恺设计东都与大兴城有许多共同之处，如将皇室所居置于整个城市的最高处；形制为三重城：内为宫城，中为皇城，外为郭城，"和大兴城一样，也是以宫城之广，长为模数规划全城"⑥；街衢坊市为棋盘式格局等；另一方面，东都还有与大兴城的不同之处，其中最鲜明的差别就是限于地势，东都的形状呈南宽北窄的不规则长方形。此外，大兴城分宫城、皇城和外郭城，而东都则除上述三城外，宫城东、北及东北角又建有东城、圆壁城、曜仪城及含嘉城等小夹城，结构坚固，其中宫城和皇城居于整个都城的西北部，且里坊面积亦小于大兴城。

1. 宫城的位置、规模和特点

前引《旧唐书·地理志》载，宫城在都城的西北隅。对于宫城的规模和特点，《大业杂记》叙述说："（东都）宫城东西五里二百步，南北七里。城南、东、西各两重，北三重，南临洛水。"⑦又《旧唐书·地理志一》载："城东西四里一百八十步，南北二里一十五步。"⑧《新唐书·地理志二》又载："宫城在皇城北，长千六百二十步，广八百有五步，周四千九百二十一步。"⑨经与考古实测（图5-6）相比较，两《唐书·地理志》所采用的数据比较接近实际，而《大业杂记》对宫城（不包括圆壁城）规模的记述，显然有些夸大。据专家研究，宇文恺对宫城及皇城的设计遵循着一定的模数关系，即"宫城及诸小城（圆壁城除外）和皇城面积正好是宫城洛城部分面积的4倍，而洛城的面积又

① 《逸周书》卷5《作洛解》，张闻玉译注：《逸周书全译》，贵阳：贵州人民出版社，2000年，第193页。
② 《资治通鉴》卷158《梁纪十四》，第1044页。
③ 《资治通鉴》卷158《梁纪十四》，第1045页。
④ （唐）李林甫等撰，陈仲夫点校：《唐六典》卷7《尚书工部》，第220页。
⑤ 《旧唐书》卷38《地理志一》，第1420—1421页。
⑥ 傅熹年：《隋、唐长安、洛阳城规划手法的探讨》，《傅熹年建筑史论文选》，天津：百花文艺出版社，2009年，第181页。
⑦ （唐）杜宝撰，辛德勇辑校：《大业杂记辑校》，西安：三秦出版社，2006年，第3页。
⑧ 《旧唐书》卷38《地理志一》，第1421页。
⑨ 《新唐书》卷38《地理志二》，第982页。

正好是一个里坊面积的 4 倍"，也就是说，"以一个里坊为模块，放大 4 倍为宫城洛城的面积，放大 8 倍为宫城和皇城的面积"①。

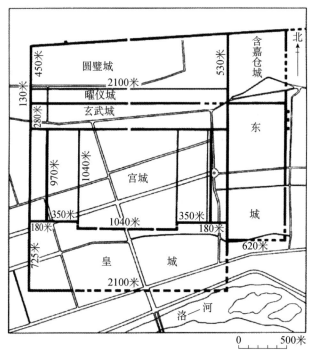

图 5-6　隋唐洛阳城宫城、皇城实测图②

至于圆壁城，则不是最初规划设计的一个组成部分，而是"由于地理形势的需要而后加的"，因为在具体建筑施工的过程中，人们发现在宫城曜仪城北墙距离洛河北岸二级台地与三级台地的交界线尚有南北宽约 500 米的地理空间，于是，人们就在这条交界线上修筑了城墙，类似于隋大兴宫的西内苑，它是一个形状不规则的小夹城，是谓圆壁城。其城呈矩形，东西约长 2100 米，东墙宽 530 米，西墙宽 450 米。《大业杂记》载："出含嘉城西，有圆壁门。门西有圆壁城。城正南有曜仪门，门南即曜仪城。"③可见，圆壁城位于曜仪城的北部，城有二门：北面为龙光门，东面为圆壁门。

《论语·为政篇》说："为政以德，譬如北辰，居其所，而众星共（拱）之。"④宫城的设计显然体现了儒家"北辰拱卫"的政治理念，如宫城象北辰，居于"天中心"，北则曜仪城及含嘉城，东则东城，南则皇城，西则禁苑，它们将宫城拱卫其中，"以象北辰藩卫"，故又曰"紫微城"⑤。

宫城内有乾阳殿、大业殿、文成殿、武安殿等，诸殿雕饰奇伟，气势宏阔，格外炫耀

① 石自社：《隋唐东都形制布局特点分析》，《考古》2009 年第 10 期，第 82 页。
② 石自社：《隋唐东都形制布局特点分析》，《考古》2009 年第 10 期。
③ （唐）杜宝：《大业杂记》，孙家洲主编：《中华野史》第 1 卷《先秦至隋朝卷》，第 1099 页。
④ 《论语·为政》，黄侃校点：《黄侃手批白文十三经》，第 2 页。
⑤ 《新唐书》卷 38《地理志二》，第 982 页。

壮丽。故《大业杂记》述其景观云：

> 乾阳门东西亦轩廊周币。门内一百二十步有乾阳殿，殿基高九尺，从地至鸱尾高二百七十尺，十三间二十九架，三陛（一作阶）轩文槛镂槛栾栌，百重㭼拱，千构云楣，锈柱华栱壁挡，穷轩甍之壮丽；其柱大二十四围，倚井重莲，仰之者眩曜南轩，垂以失丝网络，下不至地七尺。以防飞鸟，四面周以轩廊，坐宿卫兵。殿廷左右各有大井，并面阔二十尺。庭东南西南各有重楼一，悬钟一，悬鼓刻漏心则在楼下，随刻漏则鸣钟鼓。大殿北三十步有大业门，门内四十步有大业殿，规模小于乾阳殿，而雕绮过之。乾阳殿东有东上阁，阁东二十步又南行六十步有东华门。……西华门南四十步有右延福门，出门西行一百步至明福门街。大业、文成、武安三殿，御坐见朝臣，则宿卫随入；不坐，则有宫人。殿庭井种枇杷、海棠、石榴、青梧桐，又诸名药奇卉。东有大井二面，阔十余尺，深百余尺。其三殿之内，内宫诸殿甚多，不能尽知。①

内宫诸殿，与大兴城的大兴宫相比，东都宫城出现了"金门象阙，咸竦飞观"②的景观。经学者考证，此等景观的出现借鉴了南朝陈建造建康城的经验。③宇文恺在《明堂议表》中自述："平陈之后，臣得目观，逐量步数，记其尺丈。"④由此可证，在建造设计东都洛阳之前，宇文恺到建康进行了实地考察，所以他"揣帝心在宏侈"，应当说是有非常明确指向的。从有关史料的记载看，南朝梁陈的都城建康宫设三重墙，其宫殿的特点均以奢丽著称，如南齐时，"香柏文楤，花梁绣柱，雕金镂宝，颇用房帷"⑤；南朝时，陈后主在至德二年（584），"于光昭殿前起临春、结绮、望仙三阁，高数十丈，并数十间。其窗牖、壁带、悬楣、栏槛之类，皆以沉檀香为之，又饰以金玉，间以珠翠，外施珠帘。内有宝床宝帐，其服玩之属，瑰丽皆近古未有。每微风暂至，香闻数里，朝日初照，光映后庭。其下积石为山，引水为池，植以奇树，杂以花药"⑥。显而易见，东都宫城的建造吸收了南朝建康的特点，追求奢丽，重刻画装饰，如应天门"是一座由门楼、垛楼、阙楼及其相互之间廊庑连为一体的'门'字形巨大建筑群，规模恢宏，气势壮观"⑦，难怪唐人张玄素劝诫唐太宗说："隋室造殿，楹栋宏壮，大木非随近所有，多从豫章采来。二千人曳一柱，其下施毂皆以生铁为之，若用木轮，便即火出。铁毂既生，行一二里即有破坏，仍数百人别齐铁毂以随之，终日不过三二十里。略计一柱已用数十万功，则余费又过于此"，结果"乾阳毕功，隋人解体。"⑧真可谓"福兮祸之所伏"，奢丽的殿宇竟变成了埋葬隋朝统治者的坟墓。可见，殿宇之立，不单是一个建筑问题，更是一个政治问题。唐初名相褚遂良说过的一句话，那就是"奢靡之始，危亡之渐"⑨，隋炀帝留下的教训实在太惨

---

① （唐）杜宝：《大业杂记》，孙家洲主编：《中华野史》第 1 卷《先秦至隋朝卷》，第 1100 页。
② 《隋书》卷 24《食货志》，第 672 页。
③ 傅熹年主编：《中国古代建筑史》第 2 卷，第 355 页。
④ 《隋书》卷 68《宇文恺传》，第 1593 页。
⑤ 《南齐书》卷 20《皇后列传》，第 394—395 页。
⑥ 《南史》卷 12《后妃列传下》，第 347 页。
⑦ 国家文物局主编：《中国考古 60 年：1949—2009》，北京：文物出版社，2009 年，第 344 页。
⑧ 《旧唐书》卷 75《张玄素传》，第 2640 页。
⑨ 《新唐书》卷 105《褚遂良传》，第 4025 页。

痛了。

2. 皇城的位置、规模和特点

皇城在宫城的南边，所以又称"南城"，为朝廷文武百官所在地。《新唐书》载："皇城长千八百一十七步，广千三百七十八步，周四千九百三十步，其崇三丈七尺，曲折以象南宫垣，名曰太微城。"①由"东都宫城及皇城"知，皇城墙垣围绕在宫城的东、西、南三面，呈长方形，东西墙各长 1695 米，南墙约长 2100 米，北墙凹陷部分与宫城南墙凸出部分同为一墙，约长 1040 米，此外，尚有东、西各 350 米的独立墙体，墙高 11 米。东、西两侧与宫城之间构筑夹城，南面开三门：正门为端门，其西为右掖门，其东为左掖门。《大业杂记》对从皇城端门至洛河之间的空间景观有如下记述：

> 端门西一里有右掖门，门南过黄道渠桥。桥南道西有右候卫府，出右掖门，门旁渠西二里有龙天道场。南临石泻口，即炀帝门师济阇梨所居。石泻东西三百余步，阔五十余步，深八尺，并用青大石，长七八尺，厚一尺；自上至下积三重，并用大锒为细腰互相钩牵，亦非常之牢固。正当泻口三十步，初造泻之时，凿地得大窖，容千斛许，于是填塞。泻成，不过一年，即破碎。上令济阇梨咒之，后更修补，得立二年。阇梨亡，还复毁破。前后计用四十万工。以泻王城池水，下黄道渠入洛。端门东有左掖门，门南道左有左候卫府。左掖门东二里有承福门，即东城南门。门南洛水有翊津桥，通翻经道场。②

从应天门到端门，再从端门到郭城的建国门，南对龙门山的龙门口，北倚邙山的翠云峰，构成东都宫城和皇城的中轴线。"端门即宫南正门，重楼上重名太微观，临大街。"③东墙开一门，名为东太阳门（唐改为宾耀门），西墙开二门：南面为丽景门，北面为西太阳门（唐改为宣辉门）。城内街道纵横，有南北向街 5 条，自西向东，依次是西城墙街、右掖门街、端门街、左掖门街及东城墙街；东西向街 4 条，自北向南，依次名为横街、第二街、第三街和第四街。通过 5 条南北向街与 4 条东西向街相交，整个皇城被自然分割成 12 块区域，象征一年十二月。《大业杂记》云：

> 则天门（即应天门）南八十步过横街，道东有东朝堂，道西有西朝堂。西连内史省，省西连谒者台，台连右翊卫府，府西抵右掖门街。街西有辇库，库西即西马坊。坊西抵西城朝堂第二街，北壁第一右骁卫府。府西连右御卫府，府西抵右掖门街。街西有子罗仓，仓有盐二十万石。子罗仓西有粳米六十余窖，窖别受八千石。窖西至西城西朝堂南第三街，第一御史台，台西连秘书省，省西连尚食库，库西连右监门府，府西连长秋监，监西抵右掖门街，街西即掌醢署，署西连良酝署，署西至粳米窖坊东朝堂。东来连门下省，省东殿内省，省东连左掖卫府，府东即抵左掖门街，街东即西钱坊，坊连东钱坊。东朝堂南第二街，第一左骁卫府，府东连左备身府，府东左武卫府，府东连左屯卫府，府东连左御卫府，府东抵左掖门街。街东即少府监，监东即城

---

① 《新唐书》卷 38《地理志二》，第 982 页。
② （唐）杜宝：《大业杂记》，孙家洲主编：《中华野史》第 1 卷《先秦至隋朝卷》，第 1099 页。
③ （唐）杜宝：《大业杂记》，孙家洲主编：《中华野史》第 1 卷《先秦至隋朝卷》，第 1099 页。

东朝堂南第三街。……第三街将作监，监东连太仆寺，寺东至城第四街，有卫尉寺，寺东连都水监，监东宗正寺，寺东连大理寺，寺东拒城则天门两重观。①

从皇城的设计理念来讲，宇文恺把南朝建康宫城的三重墙模式，转变为东都宫城的三重城结构。这样，宫城三面被皇城紧紧包裹着，而皇城东墙与宫城东墙之间构筑成一个夹城，此夹城之东为东城。从皇城东墙的东太阳门出来，经过承福门可进入东城。在皇城西墙与宫城的西墙之间也构筑成一个夹城，出皇城西墙的西太阳门，可直接进入西苑，以方便隋炀帝的游玩和狩猎。尤其是"宇文恺为了满足隋炀帝出巡苏杭和其他各地，先后征调各地民工开挖通济渠和永济渠，特意把通济渠延伸到东都洛阳城内的皇城（东城）前面。由于通济渠、永济渠的功能不仅是供炀帝出巡各地，更重要的是要把东南与其他地区的租粮漕运到东都含嘉仓，然后再转输西京大兴城。由于宇文恺当时对东都通济渠的重要性非常了解，既不能让通济渠将洛阳城宫城的中轴线切断，直接与西苑连接，又为了保证炀帝进出乘坐的方便，巧妙地利用黄道渠让西苑中的谷、洛水能源源不断地进入通济渠。"②

3. 禁苑的位置、规模和特点

禁苑，亦称会通苑或上林苑，在宫城和皇城的西部，《旧唐书·地理志一》载："禁苑，在都城之西。东抵宫城，西临九曲，北背邙阜，南距飞仙。苑城东面十七里，南面三十九里，西面五十里，北面二十里。"③这是唐时的禁苑，非隋朝时期的禁苑，实际上，据史料记载，"隋旧苑方二百二十九里一百三十八步"④，比当时东都洛阳城的规模，"周围六十九里三百二十步"⑤，差不多大三倍。这样洛阳城的中轴线虽然向西偏了，但从布局上则东筑城西建苑，并没有给人以失衡感，洛阳城反而因为西苑的存在而更加厚重和沉稳，苑内"堂殿楼观，穷极华丽"。如《雍胜略》载："隋炀帝大业元年筑西苑，周三百里，其内为海周十余里。为方丈、蓬莱、瀛洲诸山高出水百余尺，台观、宫殿罗络山上，向背如神。海北有龙鳞渠，萦纡注海内。缘渠十六院，门皆临渠，每院以四品夫人主之。堂殿楼观，穷极华丽。宫树秋冬凋落，则剪彩为华叶，缀于枝条，色渝则易以新者，常如阳春。沼内亦剪彩为芰荷、菱芡，乘舆游幸，则去水而布之。"⑥又《大业杂记》云：

> 其内造十六院，屈曲绕龙鳞渠，其第一延光院，第二明彩院，第三合香院，第四承华院，第五凝晖院，第六丽景院，第七飞英院，第八流芳院，第九耀仪院，第十结绮院，第十一百福院，第十二万善院，第十三长春院，第十四永乐院，第十五清署院，第十六明德院。置四品夫人十六人，各主一院。庭植名花，秋冬即剪杂彩为之，色渝则改着新者。其池沼之内，冬月亦剪彩为芰荷。每院开东西南三门，门并临龙鳞

---

① （唐）杜宝：《大业杂记》，孙家洲主编：《中华野史》第 1 卷《先秦至隋朝卷》，第 1100 页。

② 方孝廉、方媛媛：《隋通济渠与东京洛阳城布局的研究》，韦娜主编：洛阳历史文物考古研究所编：《河洛文化论丛》第 3 辑，郑州：中州古籍出版社，2006 年，第 247 页。

③ 《旧唐书》卷 38《地理志一》，第 1421 页。

④ （清）徐松辑，高敏点校：《河南志》，北京：中华书局，1994 年，第 136 页。

⑤ 《旧唐书》卷 38《地理一》，第 1421 页。

⑥ （清）毕沅撰，张沛校点：《关中胜迹图志》卷 6《西安府》，西安：三秦出版社，2004 年，第 201 页。

渠。渠面阔二十步，上跨飞桥。过桥百步，即种杨柳、修竹，四面郁茂，名花美草，隐映轩陛。其中有逍遥亭，八面合成，鲜华之丽，冠绝今古。其十六院，例相仿教。每院各置一屯，屯即用院名名之。屯别置正一人、副二人，并用宫人为之。其屯内备养鸟兽，穿池养鱼为园，种蔬植瓜果，四时肴膳，水陆之产靡所不有。……每秋八月，月明之夜，帝引宫人三五十骑，人定之后，开阊阖门入西苑，歌管。诸府寺因乃置清夜游之曲数十首。①

禁苑（图 5-7）的性质系皇帝的游乐场，因而它的特点有二：第一，受秦始皇、汉武帝以来求仙传统的影响，皇家苑囿往往呈一池三神山的布局，上林苑亦复如此，不惜财力筑三山以象征神居仙境，把天界的生活景象搬到地上，不断引导隋炀帝登天入地，举形升虚，反映了他追求长生不老和肉体不死的狂妄心理。因此，"上有道真观、集灵台、总仙宫，分在诸山"，据《历代崇道记》载："炀帝迁都洛阳，复于城内及畿甸造观二十四所，度道士一千一百人。"②尤其在《步虚词》第二首里，隋炀帝这样描述他所向往的仙界生活："翠霞承凤辇，碧雾翼龙舆。轻举金台上，高会玉林墟。"③步虚既是道教的神圣仪式，同时又是"升玄"的手段和境界，隋炀帝讲"天地齐寿"，当然，更希望神人合一，从而臆想着使他变成神仙的化身。从这个角度看，隋炀帝的奢靡生活与他的修仙思想关系密切。第二，将个体的仙化实践建立在"帝王奄有四海"的基础上，隋东都禁苑继承了北齐邺南城华林园的建筑模式，以象征"大一统"的五湖四海来构建苑中的景观，宏大、豪华、奢丽、精巧，这是隋炀帝追求肉体不死的物质基础和政治保障。可惜他忘记了能够保障其延年益寿的物质力量不是宫观和道士，而是生活在社会底层的民众。结果隋炀帝的长生不老梦想被轰轰烈烈的隋末农民起义给打破了。

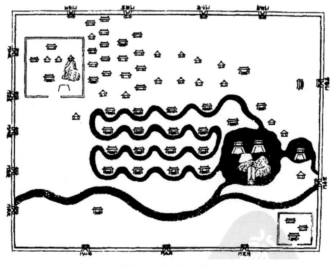

图 5-7　隋上林苑

① （唐）杜宝：《大业杂记》，孙家洲主编：《中华野史》第 1 卷《先秦至隋朝卷》，第 1100 页。
② （唐）杜光庭：《历代崇道记》，孙家洲主编：《中华野史》第 1 卷《先秦至隋朝卷》，第 1029 页。
③ （宋）郭茂倩编撰，聂世美、仓阳卿校点：《乐府诗集》，上海：上海古籍出版社，1998 年，第 828 页。

4. 外郭城的建筑规模和特点

东都洛阳的外郭城，经考古实测，东墙长 7312 米，北墙长 6138 米，南墙长 7290 米，西墙长 6776 米，周长 27 516 米。[①]《唐六典》述其特点云："洛水贯都，有河、汉之象焉。"[②]横桥（即天津桥）南渡，以法牵牛。按照"朝廷官寺，民居市区，不复相参"[③]的原则，外郭城为市井邑屋之所在。洛阳郭城被洛河一分为二：南城与北城，南城主要为居住区和商业区，北城之西面为宫城和皇城，西面则为居住区。郭城内纵横各十街，"街分一百三坊、二市（南北城区各一市）。每坊纵横三百步，开东西二门"[④]。《隋书》又说："（郭城）东面三门，北曰上春，中曰建阳，南曰永通。南面二门，东曰长夏，正南曰建国。里一百三，市三（指北市、南市和西市）。"[⑤]《元河南志》则载其南面三门：正南建国门，东曰长夏门，西曰厚载门；北面二门：东曰安喜门，西曰徽安门。[⑥]对于郭城内各街的规模，建国门街广百步，"上东、建春二横街，七十五步；长夏、厚载、永通、徽安、安喜门及当左掖门等街各广六十二步，余小街各广三十一步"[⑦]。经考古勘查，南城区发现有南北向街道 12 条，东西向街道 6 条；北城区发现有南北向街道 4 条，东西向街道 3 条。[⑧]与《唐两京城坊考》所附"东都外郭城图"的描绘基本一致。"城内街道纵横相交，宽窄相配，形成棋盘式布局"[⑨]。

将东都与大运河连接起来，整个城市偏重向洛河以南及洛阳以北的宫城东面拓展，凸显了洛阳城侧重工商业的设计特色。因此，东都建成后，隋炀帝徙"诸州富商大贾数万户以实之"[⑩]；又大业二年（606）五月，"敕江南诸州，科上户分房入东都住，名为'部京户'，六千余家"[⑪]；有学者认为："经济重心集中于城东部的洛河两岸，在于向东是沟通江淮地区的通道，可以通过洛河串联起运河沿岸的各个商业城市，构成当时商业最为繁荣的运河经济带。"[⑫]全国富商大贾集中在洛阳，当然不是要限制其经营活动，而是为了更加方便地聚集财富，苛敛诛求，南粮北运，以期不断满足隋炀帝日益膨胀的奢侈欲望。特别是东南地区经济富庶，城市繁华，是隋朝实现政治统一和进行军事征服的强大物质基础。因此，建立一体化的南北经济势在必行，而隋炀帝开凿大运河即是以此为前提的。大业三年（607）三月辛亥，隋炀帝"发河南诸郡男女百余万，开通济渠，自西苑引谷、洛水达

---

① 宿白：《隋唐长安城和洛阳城》，《考古》1978 年第 6 期。

② （唐）李林甫等撰，陈仲夫点校：《唐六典》卷 7《尚书工部》，第 220 页。

③ （元）骆天骧撰，黄永年点校：《类编长安志》卷 2《京城》，西安：三秦出版社，2006 年，第 42 页。

④ 《旧唐书》卷 38《地理志一》，第 1421 页。

⑤ 《隋书》卷 30《地理志中》，第 834 页。

⑥ （元）佚名撰，（清）徐松辑：《元河南志》卷 1《京城》，《丛书集成续编》第 54 册《史部》，上海：上海书店出版社，1994 年，第 43 页。

⑦ （元）佚名撰，（清）徐松辑：《元河南志》卷 1《京城》，《丛书集成续编》第 54 册《史部》，第 43 页。

⑧ 张之恒主编：《中国考古学通论》，南京：南京大学出版社，1991 年，第 306 页。

⑨ 张之恒主编：《中国考古学通论》，第 306 页。

⑩ （宋）司马光：《资治通鉴》卷 180《隋纪四》，第 1196 页。

⑪ （唐）杜宝：《大业杂记》，孙家洲主编：《中华野史》第 1 卷《先秦至隋朝卷》，第 1101 页。

⑫ 胡方：《隋唐长安、洛阳城空间形态的演变》，《广西师范大学学报（哲学社会科学版）》2008 年第 1 期，第 118 页。

于河，自板渚引河通于淮"①。具体又可分为三段：

第一段："自西苑引谷（即涧河）、洛水，达于河。"②
第二段："复自板渚引河，历荥泽入汴。"③
第三段："又自大梁之东，引汴水入泗，达于淮。"④

至于大运河与洛阳城的经济联系，《大业杂记》记述甚详：

大同市（唐名西市）周四里，在河南县西一里，出上春门，傍罗城南行四百步至漕渠。傍渠西行三里至通远桥，桥跨漕渠，桥南即入通远市（唐名北市），二十门分路入市。市东合漕渠，市周六里，其丙郡国舟船舳舻万计。市南临洛水，跨水有临寰桥，桥南二里有丰都市（唐名南市）。周八里，通门十二，其内一百二十行，三千余肆，薨宇齐平，四望一如；榆柳交阴，通衢相注。市四壁有四百余店，重楼延阁，互相临映，招致商旅，珍奇山积。⑤

《元河南志》又载："漕渠，大业二年土工监丞任洪创开，名通远渠，白宫城南承福门外分洛东至偃师入洛。又连迎洛水湍浅之处名千步、陂渚两碛东至洛口，通大船入通远市。"⑥此外，"在洛水南岸，还有一条从都城东向西北流，过建春门北至仁凤坊南向西流，在从善坊南分两支，至临阘坊又汇合经大同市北与城内通济渠相交北入洛水；在洛水北岸，还有一条泄城渠，南起漕渠，向北经立德坊，北通含嘉仓城，是利用漕渠转输租粮的城内运渠"⑦。依靠便利的河渠水运，洛阳市区"商贩贸易，车马填塞"⑧，不仅是全国重要的商品集散地和经济贸易中心，而且建有众多粮仓，其中含嘉仓是全国最大的粮仓。其粮窖密集，已经勘探出259座。⑨另据《资治通鉴》记载，大业二年（606）冬十月，隋炀帝诏"置洛口仓于巩（今河南巩义市西南）东南原上，筑仓城周回二十余里，穿三千窖，窖容八千石"。同年十二月，又"置回洛仓于洛阳北七里，仓城周回十里，穿三百窖"⑩。所以唐杜佑评论说："隋氏资储遍于天下，人俗康阜，颍之力焉。功规萧、葛，道亚伊、吕，近代以来未之有也。隋氏西京太仓，东京含嘉仓、洛口仓，华州永丰仓，陕州太原仓，储米粟多者千万石，少者不减数百万石。天下义仓又皆充满。京都及并州库布帛各数千万，而锡赉勋庸，并出丰厚，亦魏晋以降之未有。"⑪

从外郭城的规划设计特点来看，除了轴线偏于全城西部及为防止出现像大兴城"侵街筑屋"现象而将街道普遍变窄之外，汪前进在《中国古代科学技术史纲·地学卷》一书中

---

① 《隋书》卷3《炀帝纪上》，第63页。
② 《资治通鉴》卷180《隋纪四》，第1196页。
③ 《资治通鉴》卷180《隋纪四》，第1196页。
④ 《资治通鉴》卷180《隋纪四》，第1196页。
⑤ （唐）杜宝：《大业杂记》，孙家洲主编：《中华野史》第1卷《先秦至隋朝卷》，第1100—1101页。
⑥ （清）徐松辑，高敏点校：《河南志》，第116页。
⑦ 张圣城主编：《河南航运史》，北京：人民交通出版社，1989年，第74页。
⑧ （清）徐松辑，高敏点校：《河南志》，第142页。
⑨ 段小强等：《考古学通论》，兰州：兰州大学出版社，2007年，第300页。
⑩ 《资治通鉴》卷180《隋纪四》，第1198页。
⑪ （唐）杜佑著，颜品忠校点：《通典》卷7《食货志七》，第81页。

还特别强调了以下几个思想要点：

（1）"有意以洛水贯通，使两岸渠道纵横"，这样，自然就"形成了一条东西水路轴线与'天津街'陆路轴线十字相交的情况。这种规划方式也是罕见的"①。

（2）"隋唐东都城是以'天'的强烈意识规划设计而成的……'洛水贯都'，其寓意是达到'有河汉之象'。'河汉'即天际的银河，而那些整齐的坊里，自然就象征着银河两岸的繁星。……由于整个都城都是天体的化身，自然就城内的道路、桥梁、河道以及门阙、宫殿等重要建筑物的名称多冠以'天'字或带一'天'字"②。

（3）"隋唐东都城以'洛水贯都'，这一点突破了洛阳以前的几座都城。因为夏都斟鄩，洛水故道在其南；商都西亳、周代王城、汉魏洛阳城也均位于洛水之阳，唯隋唐东都城南北跨洛水两岸。这既意味着'阴阳之所和'，又对于供水排水，漕运交通，商业贸易以及都市美化都极有利。"③

现在回过头去看，"洛水贯都"固然具有十分重要的经济意义和思想价值，但是，由于设计者片面追求洛水对于隋朝统治者所产生的物质利益效应，因而也就忽略了在降水量增大的自然条件下，"洛水贯都"对于居住在洛水两岸居民所构成的潜在生命危害。如永淳元年（682）五月乙卯，"洛水溢，坏天津桥及中桥，漂居民千余家"④。又如，如意元年（692）四月，"洛水溢，坏永昌桥，漂居民四百余家。七月，洛水溢，漂居民五千余家"⑤。这些灾害的发生固然不能完全归罪于洛阳城的设计者，不过上述史例也说明，宇文恺在设计洛阳城时，确实对洛阳发生水灾的严重程度估计不足。此外，"东都被洛河分为南北两部分，洛水出入城处成为最大的缺口，枯水期无险可守"⑥。即使在正常情况下，巨大的洛南区由于洛水阻隔，对保卫洛北区也基本不起作用。⑦

（二）宇文恺为什么要取悦隋炀帝

从大兴城到洛阳城，宇文恺的都城规划设计已经达到了一个新的历史高度，令世界瞩目。然而作为有形的宫观殿堂建筑，隋代的大兴城和东都洛阳早已成为废墟，今天留下来的唯有凝固在那段特殊历史时期里的各种复杂记忆和人物话题。宇文恺与隋炀帝、隋炀帝与东都洛阳城、东都洛阳城与隋朝的灭亡等。这些现象之间是否存在某种关联，对于这个问题，若用人体工程学的视角看，则答案不言自明，因为人、环境与基础设施之间在客观上构成一个相互联系的整体。我们知道中国古代的建筑活动本身是一个非常复杂的行为过程，它既会被强烈地打上特定统治者的思想烙印，同时又会被深深嵌入当时设计者的所思所想和内心情感。那么，东都洛阳城究竟被深深嵌入了宇文恺的一种什么内心情感呢？

在回答这个问题之前，我们有必要再回顾一下宇文恺家族的遭遇。《北史》载北周宇

①　汪前进主编：《中国古代科学技术史纲·地学卷》，沈阳：辽宁教育出版社，1998年，第213页。
②　汪前进主编：《中国古代科学技术史纲·地学卷》，第213—214页。
③　汪前进主编：《中国古代科学技术史纲·地学卷》，第211页。
④　《新唐书》卷36《五行志三》，第929页。
⑤　《新唐书》卷36《五行志三》，第929页。
⑥　傅熹年主编：《中国古代建筑史》第2卷，第336页。
⑦　傅熹年主编：《中国古代建筑史》第2卷，第336—337页。

文贵家族的事迹云：

> 宇文贵字永贵，其先昌黎大棘人（今辽宁义县西北）也，徙居夏州。……周孝闵帝践阼，进位柱国，拜御正中大夫。……（其薨后）子善嗣。善弘厚有武艺。大象末位上柱国，封许国公。隋文帝受禅，遇之甚厚，拜其子颖上仪同。及善弟忻诛，并废于家。善未几卒。颖，大业中，位司农少卿，后没李密。善弟忻。①

> 忻字仲乐……隋文帝龙潜时，与忻情好甚协，及为丞相，恩顾弥隆。蔚迟迥作乱，以忻为行军总管，随韦孝宽击之。时兵屯河阳，帝令高颎驰驿监军，与颎密谋进取者，唯忻而已。……自是每参帷幄，出入卧内，禅代之际，忻有力焉。后拜右领军大将军，宠顾弥重。……上尝欲令忻击突厥，高颎曰："忻有异志，不可委以大兵。"乃止。忻既佐命功臣，频经将领，甚有威名。上由是微忌之，以谴去官。与梁士彦昵狎，数相往来，士彦时亦怨望，阴图不轨。……谋泄伏诛，家口籍没。②

> 恺字安乐，在周以功臣子，年三岁赐爵双泉伯，七岁进封安平郡公。……累迁御正中大夫、仪同三司。隋文帝为丞相，加上开府，匠师中大夫。及践阼，诛宇文氏，恺亦将见杀，以其与周本别，又兄忻有功，故见赦。后拜营宗庙副监、太子左庶子。庙成，别封甑山县公。及迁都，上以恺有巧思，诏领营新都副监。高颎虽总大纲，凡所规画，皆出于恺。……炀帝即位，迁都洛阳，以恺为营东都副监，寻迁将作大匠。恺揣帝心在宏侈，于是东京制度，穷极壮丽。帝大悦之，进位开府，拜工部尚书。③

对宇文贵的身世及他与北周宗室的关系，史书记载不一，如《周书·宇文贵传》载："（周）太祖又以宗室，甚亲委之。"④《北史》及《隋书》亦复如之，然《北史·宇文恺传》却又说"以其与周本别"，这表明宇文恺与北周宗室的关系已在五服之外。也许正是由于这个缘故，宇文忻才有可能叛离北周，转而成为隋文帝代周而立的政治密友，"每参帷幄，出入卧内，禅代之际，忻有力焉"。问题是隋文帝对他存有戒心，加上高颎的离间，于是发生了宇文忻"谋泄伏诛，年六十四，家口籍没"的后果。如前所述，当隋文帝与北周旧部争战之时，"与颎密谋进取者，唯忻而已"。可见，宇文忻也不拿高颎当外人，在某种程度上也可以说情同手足，因为高颎是他最信得过的伙伴。然而，就是这位高颎，背后却在隋文帝面前讲宇文忻谗言，出卖朋友。本来隋文帝生性猜疑，《隋书》称其"天性沉猜，素无学术，好为小数，不达大体，故忠臣义士莫得尽心竭辞。其草创元勋及有功诸将，诛夷罪退，罕有存者"⑤。由于高颎在隋文帝面前说宇文忻的坏话，于是隋文帝开始渐渐疏远宇文忻，遂导致"忻与梁士彦昵狎，数相往来，士彦时亦怨望，阴图不轨"，惜"谋泄伏诛"。因受此事牵连，宇文恺"除名于家，久不得调"。史书说，宇文恺负责营建东都洛阳，他"揣帝心在宏侈，于是东京制度，穷极壮丽"。"揣帝心"之"揣"，里面包含的信息非常复杂，恐怕不是一两话就能说清楚的。据此，有学者批评宇文恺一味取悦

① 《北史》卷60《宇文贵传》，第2137—2139页。《隋书·宇文善传》作："及李密逼东都，叛归于密。"
② 《北史》卷60《宇文贵传》，第2140—2141页。
③ 《北史》卷60《宇文恺传》，第2141—2142页。
④ 《周书》卷19《宇文贵传》，第312页。
⑤ 《隋书》卷2《高祖纪下》，第54页。

隋炀帝，劳民伤财，加速了隋朝的灭亡。①所以"建仁寿宫和东京的工程，宇文恺虽挂的是副职，但他是实际的负责者，因此功过与他都有直接的关系"②。仅从这个角度讲，唐代历史学家论隋朝败亡的原因，认为"迹其衰怠之源，稽其乱亡之兆，起自高祖，成于炀帝，所由来远矣，非一朝一夕"③，确是不易之论。

当年大夫文种向越王勾践献出灭吴"九术"，其中有一术即"遗之巧工良材，使之起宫室，以尽其材。"④结果，吴王"起姑苏之台。三年聚材，五年乃成，高见二百里。行路之人，道死巷哭，不绝嗟嘻之声。民疲士苦，人不聊生"⑤。这样就为越王勾践最终战败吴国创造了条件。隋炀帝与吴王夫差相比，有过之而无不及。据《资治通鉴》记载，大业元年（605）三月丁未，隋炀帝诏"杨素与纳言杨达、将作大匠宇文恺，营建东京，每月役丁二百万人。"又"敕宇文恺与内史舍人封德彝等，营显仁宫，南接皂涧，北跨洛滨。发大江之南、五岭以北奇材异石，输之洛阳；又求海内嘉木异草，珍禽奇兽，以实园苑。辛亥，命尚书右丞皇甫议发河南、淮北诸郡民，前后百余万，开通济渠。自西苑引谷、洛水达于河；复自板渚引河历荥泽入汴；又自大梁之东引汴水入泗，达于淮；又发淮南民十余万开邗沟，自山阳至杨子入江。渠广四十步，渠旁皆筑御道，树以柳；自长安至江都，置离宫四十余所。庚申，遣黄门侍郎王弘等往江南造龙舟及杂船数万艘。东京官吏督役严急，役丁死者什四五，所司以车载死丁，东至城皋，北至河阳，相望于道。又作天经宫于东京，四时祭高祖。"⑥

大兴土木，民疲士苦，远不止此。大业三年（607），"西域诸胡多至张掖交市，帝使吏部侍郎裴矩掌之。矩知帝好远略，商胡至者，矩诱访诸国山川风俗，王及庶人仪形服饰，撰《西域图记》三卷，合四十四国，入朝奏之。……矩盛言'胡中多诸珍宝，吐谷浑易可并吞。'帝于是慨然慕秦皇、汉武之功，甘心将通西域；四夷经略，咸以委之。以矩为黄门侍郎，复使至张掖，引致诸胡，啖之以利，劝令入朝。自是西域诸胡往来相继，所经郡县，疲于送迎，糜费以万万计，卒令中国疲弊以至于亡，皆矩之唱导也"⑦。为了说明这个问题，我们不妨再举数例如下：

《隋书》本传载："及长城之役，诏恺规度之。时帝北巡，欲夸戎狄，令恺为大帐，其下坐数千人。帝大悦，赐物千段。又造观风行殿，上容侍卫者数百人，离合为之，下施轮轴，推移倏忽，有若神功。戎狄见之，莫不惊骇。帝弥悦焉，前后赏赐不可胜纪。"⑧

那么，上述这些建筑工程，究竟给隋朝政治带来什么后果呢？《资治通鉴》用史例做了回答：

> 帝欲夸示突厥，令宇文恺为大帐，其下可坐数千人。甲寅，帝于城东御大帐，备

① 陈光崇主编：《中国通史》第6卷下《中古时代·隋唐时期》，第1199—1200页。
② 陈光崇主编：《中国通史》第6卷下《中古时代·隋唐时期》，第1200页。
③ 《隋书》卷2《高祖纪下》，第56页。
④ （汉）赵晔：《吴越春秋》卷9《勾践阴谋外传》，孙家洲主编：《中华野史》第1卷《先秦至隋朝卷》，第246页。
⑤ （汉）赵晔：《吴越春秋》卷9《勾践阴谋外传》，孙家洲主编：《中华野史》第1卷《先秦至隋朝卷》，第247页。
⑥ 《资治通鉴》卷180《隋纪四》，第1196页。
⑦ 《资治通鉴》卷180《隋纪四》，第1200页。
⑧ 《隋书》卷68《宇文恺传》，第1588页。

仪卫，宴启民及其部落，作散乐。诸胡骇悦，争献牛羊驼马数千万头。帝赐启民帛二千万段，其下各有差。又赐启民路车乘马，鼓欢幡旗，赞拜不名，位在诸侯王上。又诏发丁男百余万筑长城，西拒榆林，东至紫河。尚书左仆射苏威谏，帝不听，筑之二旬而毕。帝之征散乐也，太常卿高颎谏，不听。颎退，谓太常丞李懿曰："周天元以好乐而亡，殷鉴不远，安可复尔！"颎又以帝遇启民过厚，谓太府卿何稠曰："此虏颇知中国虚实，山川险易，恐为后患。"又谓观王雄曰："近来朝廷殊无纲纪。"礼部尚书宇文弼私谓颎曰："天元之侈，以今方之，不亦甚乎？"又言："长城之役，幸非急务。"光禄大夫贺若弼亦私议宴可汗太侈。并为人所奏。帝以为诽谤朝政，丙子，高颎、宇文弼、贺若弼皆坐诛，颎诸子徙边，弼妻子没官为奴婢。事连苏威，亦坐免官。颎有文武大略，明达世务，自蒙寄任，竭诚尽节，进引贞良，以天下为己任。苏威、杨素、贺若弼、韩擒虎皆颎所推荐，自余立功立事者不可胜数。当朝执政将二十年，朝野推服，物无异议，海内富庶，颎之力也。及死，天下莫不伤之。①

第二节　李筌"神机制敌"的兵学思想

　　李筌，号达观子，其生卒年月及籍贯不可考，大约生活在唐玄宗开元元年（713）至唐代宗大历十四年（779）。他的学术著作可述者主要是出仕前撰《阃外春秋》10卷②，《直斋书录解题》称："唐少室山布衣李筌撰，起周武王胜殷，止唐太宗擒窦建德，明君良将、战争攻取之事。天宝二年（743）上之。"③出仕（荆南节度判官）后撰《中台志》10卷，《郡斋读书志》载此书"起殷、周，迄隋唐，纂辅相邪正之迹，分皇、王、霸、乱、亡五类，以为鉴戒。唐相以李林甫、陈希烈附皇道。筌上元中自表，天宝初，迫以缀名云"④。归隐后，撰有《骊山母传阴符玄义》1卷、《太白阴经》10卷⑤等。至于李筌归隐的原因，《神仙感遇传》称："时为李林甫所排，位不显，竟入名山访道。"⑥由此可见，李筌的身份变化很大，前为儒士，后作道士。有人认为唐代撰写《阃外春秋》者和《太白阴经》者，实为两人。⑦笔者认为不妥，唐宋时人将《阃外春秋》和《太白阴经》都归于李筌一人所作，真实不伪。

　　① 《资治通鉴》卷180《隋纪四》，第1199页。
　　② 范摅：《云溪友议》卷上《南阳录》，民国嘉业堂刻本。
　　③ （宋）陈振孙著，徐小蛮、顾美华点校：《直斋书录解题》，上海：上海古籍出版社，2005年，第361页。
　　④ （宋）晁公武撰，孙猛校证：《郡斋读书志校证》卷7《职官类》，上海：上海古籍出版社，2006年，第310页。
　　⑤ 孙继民断《太白阴经》成书于唐代宗时期，参见孙继民：《李筌〈太白阴经〉琐见》，武汉大学历史系魏晋南北朝隋唐史研究室：《魏晋南北朝隋唐史资料》第7辑，1985年，第56—57页。
　　⑥ （宋）李昉等：《太平广记》卷14《李筌传》，第102页。
　　⑦ 王重民：《敦煌古籍叙录·阃外春秋跋》，北京：商务印书馆，1958年，第99页。

一、《太白阴经》与唐代道、儒、兵家的军事思想

《太白阴经》始藏名山石室，后"进入内府，不传于世"①，所以因传抄之故，传世者有 6 卷本、8 卷本和 10 卷本，本书以宋内府抄本即 10 卷本为据。

（一）《太白阴经》的主要思想内容

《云笈七签》和《太平广记》都载有唐末五代人杜光庭的《神仙感遇传》，这篇传记对李筌入道及领悟《黄帝阴符经》的过程记述尤详。其文曰：

> （李筌）居少室山，好神仙之道，常历名山，博采方术。至嵩山虎口岩，得《黄帝阴符》经本，绢素书，朱漆轴，缄以玉匣。题云：大魏真君二年七月七日，上清道士寇谦之，藏诸名山，用传同好。其本糜烂。筌抄读数千遍，竟不晓其义理。因入秦，至骊山下，逢一老母……与筌说《阴符》之义。曰：此符凡三百言，一百言演道，一百言演术，一百言演法。上有神仙抱一之道，中有富国安民之法，下有强兵战胜之术。皆内出心机，外合人事。观其精微，《黄庭》内景不足以为玄，鉴其至要，经传子史不足以为文；孙、吴、韩、白不足以为奇，非有道之士，不可使闻之。……本命日诵七遍，益心机，加年寿。每年七月七日，写一本藏名山石岩中，得加算。②

骊山母或云骊山姥，事迹不可考。《黄帝阴符经》今存 437 字本和 300 字本，前者如唐褚遂良写本，宋人楼钥说："比岁于都下三茅宁寿观见褚河南真迹注本，始知上古真仙各出语一二，以至三四。"③又有唐代张果《阴符经》注本，如《新唐书·艺文志三》录有张果著《阴符经太无传》1 卷和《阴符经辨命论》1 卷④。后者如李筌注本，由于李筌发现的绢本《黄帝阴符经》"糜烂"现象比较严重，故后面缺字不少，因此李筌注本应系残本。考褚遂良生卒年为公元 596—659 年，显然较李筌为早。另外，张果"则天时，隐于中条山"⑤，其生活年代亦早于李筌。可见学界有人疑《黄帝阴符经》为李筌假托黄帝之名所作，实在不足为信。至此，我们不能不回到李约瑟"道家思想是中国科学与技术的根本"⑥的命题上来。诚然，儒家、墨家、法家及佛家等都对中国古代科学的发展产生了重要影响，但是它们之中，没有哪一家学派比道家更能激发人们对自然界本身的兴趣。《黄帝阴符经》就是这样一部道教经典，篇幅不长，却意蕴深奥。难怪历史上有那么多的饱学之士争着去诠释它，并用一种唯美的心境去感受和修悟它的内在魅力。由于对文本择取或记忆误差的原因，《集仙传》和《神仙感遇传》所载骊山姥对《黄帝阴符经》的解读，在内容上相差较大。相对于《神仙感遇传》，《集仙传》的内容无疑更全。下面一段话不见于

---

① （清）瞿良士辑：《铁琴铜剑楼藏书题跋集录》卷 3《子部·神机制敌太白阴经十卷·史氏珍藏尾跋》，上海：上海古籍出版社，1985 年，第 130 页。

② （宋）李昉等：《太平广记》卷 14《李筌传》，北京：中华书局，1986 年，第 102 页。

③ （宋）楼钥：《攻媿集》卷七二《跋褚河南〈阴符经〉》，曾枣庄主编：《宋代序跋全编》第 7 册，济南：齐鲁书社，2015 年，第 4534 页。

④ 《新唐书》卷 59《艺文志三》，第 1521 页。

⑤ 《旧唐书》卷 191《张果传》，第 5106 页。

⑥ ［英］李约瑟：《中国古代科学思想史》，陈立夫等译，南昌：江西人民出版社，2006 年，第 149 页。

《神仙感遇传》,《集仙传》开首是这么说的:

> 阴符者,上清所秘,玄台所尊。理国则太平,理身则得道。非独机权制胜之用,乃至道之要枢,岂人间之常典耶?昔虽有暴横,黄帝举贤用能,诛强伐叛,以佐神农之理。三年百战,而功用未成。斋心告天,罪己请命。九灵金母命蒙狐之使,授以玉符,然后能通天达诚,感动天帝。命玄女教其兵机,赐帝九天六甲兵信之符,此书乃行于世,凡三百余言。①

前面讲过,“三百余言”本《黄帝阴符经》是残本,尽管如此,却并不影响其思想的完整性,因为从“兵机”的视角看,《黄帝阴符经》的主要思想都集中在这“三百余言”之中了,若用四个字来表达,就是“机权制胜”,其核心是“机”字。李筌《黄帝阴符经疏》释题云:“阴,暗也;符,合也。天机暗合于行事之机,故曰《阴符》。”②考《太白阴经》始于《人谋上·天无阴阳篇》,终于《杂式·山冈营垒篇》。实际上,人谋是贯穿于《太白阴经》头尾的一条主线。何以至此?为了说明这个问题,我们还需回溯到《黄帝阴符经》的原典中去。《黄帝阴符经》说:“天性,人也。人心,机也。立天之道,以定人也。”李筌疏:“夫人心主魂之官,身为神之府也。将欲施行五贼(指五行之气)者,莫尚乎心,故心能之。”③“心能”即人的主观能动性,正因为有了“心能”这个前提,才有了“天无阴阳”“地无险阻”“人无勇怯”之论。当然,“心能”的表现多种多样,像智谋、战具、预备、阵图等,都是兵家“心能”的重要表现。不过,为了从哲学层面进一步厘清李筌军事思想的源流,我们有必要分别讨论《太白阴经》与道家、儒家及兵家的关系。

(二)《太白阴经》与道家的关系

1. 对“虚无”和“无形”概念的应用

宇宙的本体是什么?《老子道德经》说:“天下万物生于有,有生于无。”④而对“无”的具体表现,李筌则重申了孙子所提出的“兵之极,至于无形”思想。他说:

> 兵形象陶人之埏土、兔氏之冶金,为方为圆,或钟或鼎,金土无常性,因工以立名;战阵无常势,因敌以为形。故兵之极,至于无形。无形,则间谍不能窥,智略不能谋。⑤

从直接的思想渊源看,李筌引用的是《孙子·虚实篇》中的话语,然而从间接的思想渊源看,却都是对老子“天道”观念的引申,老子说:“无,名天地之始;有,名万物之

① (宋)李昉等:《太平广记》卷63《骊山姥》,第395页。
② (唐)李筌:《黄帝阴符经疏》,周止礼、常秉义批点:《黄帝阴符经集注》,北京:中国戏剧出版社,1999年,第62页。
③ (唐)李筌:《黄帝阴符经疏》,周止礼、常秉义批点:《黄帝阴符经集注》,第66—67页。
④ (三国·魏)王弼注:《老子道德经》下篇《四十章》,《诸子集成》第4册,第25页。
⑤ (唐)李筌:《太白阴经》卷2《人谋下·兵形篇》,南宁:广西民族出版社,2003年,第27页。

母。故常无，欲以观其妙；常有，欲以观其徼。"①可见，兵家与道家的思想是相互贯通的，前者是后者的具体化。诚如刘长林所说："兵形之'无形'在军事领域的妙用，在方法论上与道德'无形'相一致，是宇宙普遍规律在一个特殊部门的显示，表现了宇宙整体与其构成部分的相似性。"②所以李筌强调"夫兵之兴也，有形有神"③，这是指"兵形"两种客观形态：有外在表现的"形"，又有内在不外显的"神"，这就决定了战场形势的不确定性。所以，如何掌握战场形势的主动权，就成了战争双方斗智斗勇的关键，而军事科学的真正魅力亦在于此。所谓"用兵如神"就是指我方的战略意图不被敌方察知，同时在具体战术的应用过程中善于应变，像水无常形一样，致使敌方手足无措，茫然于无所应对。以"攻守"为例，李筌引孙子的话说：

> 善攻者，敌不知所守；善守者，敌不知其所攻。微乎微乎，至于无形。神乎神乎，至于无声，故能为敌之司命。④

这就是"出奇制胜"的秘密。历史上善于用兵的人，都是应用"无形"于战争之过程中的艺术大师。当然，如何把"无形"的战术应用到最高境界，并不是一件易事，它需要细心的体悟和在实战中的反复锻炼。

2."指虚无之状，不可以决胜负"的能动思想

宇宙万物的变化是一个自然过程，李筌说："天圆地方，本乎阴阳。阴阳既形，逆之则败，顺之则成。盖敬授农时，非用兵也。"⑤自然界的规律不同于"用兵"，在自然界中，万物的生长变化皆以"阴阳"为规范，任其自然，凡是顺从"阴阳"规范者就能生存和发展，反之，违背"阴阳"规范者就必然走向消亡。李筌引老子的话说："天地不仁，以万物为刍狗。"⑥意思就是人们应当顺从自然和尊重自然。然而，"用兵"与之不同，因为战争本身是一个决胜负和论存亡的过程，战争双方总是各以自己一方的胜为目标。这样，"人谋"的出现，就使自然规律分为两种情况：一方面，"阴阳不能胜败、存亡、吉凶、善恶"；另一方面，"阴阳寒暑，为人谋所变。人谋成败，岂阴阳所变之哉？"⑦在此，李筌确实把道家的"自然无为"思想提升到了"人力胜天"的境界，它奠定了其"兵学"思想的重要础石。然而，此处的"人力胜天"不能绝对化，事实上，李筌并不是一般地提倡"人力胜天"，而是限于"用兵"这个特殊前提，他主张积极地利用自然规律来为人的能动性服务，因而是一种以利用自然规律为基础的"人力胜天"，绝不是盲目和不计后果地破坏自然规律。李筌举例说："夫春风东来，草木甲坼，而积廪之粟不萌；秋天肃霜，百卉具腓，而蒙蔽之草不伤。"⑧这里讲的是植物在不同自然条件下的存在状态，同样

---

① （三国·魏）王弼注：《老子道德经》上篇《一章》，《诸子集成》第 4 册，石家庄：河北人民出版社，1986年，第 1 页。
② 刘长林：《中国象科学观——易、道与兵、医》，北京：社会科学文献出版社，2007 年，第 517 页。
③ 刘长林：《中国象科学观——易、道与兵、医》，第 26 页。
④ （唐）李筌：《太白阴经》卷 2《人谋下·攻守篇》，第 29 页。
⑤ （唐）李筌：《太白阴经》卷 1《人谋上·天无阴阳篇》，第 4 页。
⑥ （三国·魏）王弼注：《老子道德经》上篇《五章》，《诸子集成》第 4 册，第 3 页。
⑦ （唐）李筌：《太白阴经》卷 1《人谋上·天无阴阳篇》，第 4 页。
⑧ （唐）李筌：《太白阴经》卷 1《人谋上·天无阴阳篇》，第 4 页。

是粟，如果将它播种在田地里，经过一定阶段阳光雨露的照耀和滋润，就会慢慢萌芽和生长；但是，如果将它储存在粮仓里，使之气候干燥，温度寒冷，由于不具备发芽的条件，因而就不会萌芽和生长。同理，田野里的植物，一旦进入气候变冷的凄凄深秋，花木就会凋零；与之相反，生活在温室里的花木却是一片欣欣向荣的景象。通过上述两个事例，李筌告诉人们自然条件是可以改变的，不同的条件对客观事物产生的作用千差万别。概言之，既然自然万物没有情感，我们就可以利用这一特点，使它朝着有利于我们的方向转变。有基于此，李筌提出了"先知不可取于鬼神"的无神论思想。对这个思想，我们可从以下三个层面进行分析。

（1）"阴阳不为万物所生，万物因阴阳而生之。"①即"阴阳"是万物运动变化的根源，它是内在的，隐藏于万物身后，起着支配万物运动变化的作用。反过来，万物仅仅是阴阳的客观外显，它是转瞬即逝的、可变的和丰富多彩的。阴阳不会因为怜悯甲物的存在，而使它永生不灭；同理，阴阳亦不会因为憎恶乙物的存在，而使它瞬间死亡。在阴阳的规律面前，万物的生灭是客观的，无情的。所以李筌说："阴阳之于万物，有何情哉？"②

（2）人相对于阴阳，具有一定的独立性。当然，这种相对独立性必须以尊重自然规律为前提。李筌举例说："昔王莽征天下善韬钤者六十三家，悉备补军吏，及昆阳之败，会大雷风至，屋瓦皆飞，雨下如注。当此之时，岂三门不发、五将不具耶！"③在李筌看来，"昆阳之败"与"大雷风至"两者之间没有必然联系，后者是自然现象，前者是人间战事。战争是一个复杂的系统工程，影响战争胜败的因素很多，其中人的主观能动性起着非常重要的作用。我们不能坐等"天道鬼神"来帮助自己嫁祸于敌方，如果真的如此，那么，结果只能是坐以待毙。"伯松被杀"就是一个典型的实例。④所以说"阴阳之于人，有何情哉？"⑤

（3）自然规律不能改变，但可以认识它和利用它。李筌引范蠡的话说："天时不作弗为，人事不作弗始。天时为敌国有水旱、灾害、虫蝗、霜雹、荒乱之天时，非孤虚，向背之天时也。"⑥诚然，像敌国出现水旱、蝗虫、霜雹、荒乱之自然灾害，确实在一定程度上会引起国内民众的恐慌和不满，这就给对方提供了发动战争的"有利"条件。但是，这并不能决定它在战争中就一定失败，因为这不是"孤虚，向背之天时"，也就是说人心向背与自然灾害之间没有必然的因果关系。此时，如果把自然灾害视为"天道鬼神"助我灭亡敌国，就很有可能会招致与其期望相反的后果。因此，李筌指出："指虚无之状，不可以决胜负，不可以制生死。"⑦"天道鬼神"本是虚无缥缈的东西，"视之不见，听之不闻，

---

① （唐）李筌：《太白阴经》卷1《人谋上·天无阴阳篇》，第4页。
② （唐）李筌：《太白阴经》卷1《人谋上·天无阴阳篇》，第4页。
③ （唐）李筌：《太白阴经》卷1《人谋上·天无阴阳篇》，第4页。
④ （唐）李筌：《太白阴经》卷1《人谋上·天无阴阳篇》，第5页。
⑤ （唐）李筌：《太白阴经》卷1《人谋上·天无阴阳篇》，第5页。
⑥ （唐）李筌：《太白阴经》卷1《人谋上·天无阴阳篇》，第5页。
⑦ （唐）李筌：《太白阴经》卷1《人谋上·天无阴阳篇》，第5页。

索之不得"①。怎么能用它来"决胜负"和"制生死"呢！李筌否定了"鬼神"的存在，不相信在人事之外还客观存在着一种超人的力量，他赞同孙武的主张："先知不可取于鬼神，不可求象于事，不可验之于度，必求于人人"②，战争的决定因素是人而不是物，更不是"天道鬼神"。对此，李筌总结说："天时不能佑无道之主，地利不能济乱亡之国。地之险易，因人而险，因人而易，无险无不险，无易无不易。"③在战争中，"地之险易"是自然地理所呈现的状态，虽然它对战争双方的攻守有一定的影响，但这种影响很有限，因为人的能动性可以变险为易，也可以变易为险。可见，"地之险易"不能决定战争的胜负。

3. 反"慧智"的历史观

《老子道德经》十八章说："大道废，有仁义。慧智出，有大伪。"④同孔子一样，老子预设了一个以"大道"为特点的历史阶段，而"仁义"是对"大道"的否定，接着，"慧智"又否定了"仁义"，最后，"大伪"否定了"慧智"。在老子的历史观里，社会越向前发展，道德就越低下。作为一部体现道家哲学思想的兵学著作，李筌继承了老子的这个历史观，并在此基础上做了进一步发挥。李筌说：

> 古者三皇，得道之统，立于中央，神与化游，以抚四方，天下无所归其功。五帝则天法地，有言有令，而天下太平，君臣相让其功。道德废，王者出而尚仁义；仁义废，伯者出而尚智力；智力废，战国出而尚谲诈。⑤

用简式表达，则李筌的历史阶段论如图 5-8 所示。

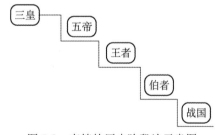

图 5-8 李筌的历史阶段论示意图

在这个历史发展阶段，李筌揭示了历史本身是一个由简单到复杂的演变过程，后一个历史阶段总是比前一个历史阶段具有更多的文化内容，直至战国时期出现了"尚谲诈"的历史局面。"谲诈"是一种谋略，是比"智力"具有更丰富思想内涵的生存智慧。具体地讲，就是"圣人知道不足以理，则用法；法不足以理，则用术；术不足以理，则用权；权不足以理，则用势。势用，则大兼小、强吞弱。周建一千八百诸侯，其后并为六国"⑥。可见，以"谲诈"为核心的生存智慧，包含着"理""法""术""权""势"等方法和手段，

---

① （唐）李筌：《太白阴经》卷1《人谋上·天无阴阳篇》，第5页。
② （唐）李筌：《太白阴经》卷1《人谋上·天无阴阳篇》，第4页。
③ （唐）李筌：《太白阴经》卷1《人谋上·地无险阻篇》，第6页。
④ （三国·魏）王弼注：《老子道德经》上篇《十八章》，《诸子集成》第4册，第10页。
⑤ （唐）李筌：《太白阴经》卷1《人谋上·主有道德篇》，第7页。
⑥ （唐）李筌：《太白阴经》卷1《人谋上·主有道德篇》，第7页

如何将上述方法巧妙地统一起来成为一名成功的"谲诈"家，便是战国时期各派文化发展的重要特征。有学者把它阐释为一种思维层次，应用于企业管理即道、理、法、术、技、巧。其中道家多讲道与理，如《道德经》是关于"道"的学问；《孙子》讲的是"法"的范畴内容；《论语》讲的很多则是"术"范畴的内容等。而"道、理、法、术、技、巧层次是由高到低的，越是成就大事的人，其思维层次应越高"①。黑格尔在《哲学史讲演录》第 1 卷中按照人类思维发展水平的高低，由低到高，逐级向上进化，从而展示人类观念史的发展历程。对于"中国哲学"，黑格尔的排位是"孔子""易经哲学""道家"，也就是说，在黑格尔的视野里，道家的思维水平最高。②当然，古代历史没有在此止步不前，而是继续在否定中向前发展。于是，战争出现了。李筌说："六国连兵结难，战争方起。"③战争是一个复杂的历史现象，一方面，战争给人类文明造成了严重破坏；另一方面，战争又催生了许多新的科学文化事业，如货币、城市、劳动分工等。④至于战争与科学文明的关系，许多学者从不同角度做了十分深刻的阐释。例如，对于青铜文明，有学者这样阐释说："频繁的战争催生了青铜兵器的制造，先进的青铜兵器又加速了战争的扩大化，同时促进社会文明的发展。"⑤而对于春秋战国的科学文明历史，有学者更是直言不讳："中国历史上的春秋战国时期是中国文化史上的一个最辉煌的时代。战争催生了科学，催生了思想，催生了文化，催生了诗人。其中最光辉夺目的是一批伟大的兵家——军事思想家、军事理论家和一批伟大的哲学家——诸子百家。它们是那个时代的旗手或弄潮儿，并一直影响着后世。"⑥李筌对战争的理解，有其合理之处，我们不难得出这样的认识：战争不是从来就有的，战争是人类社会发展到一定历史阶段的产物。在这里，李筌虽然没有指明消灭战争的历史途径究竟在哪里，但他把战争作为一门科学来研究，甚至把道家思想作为战争发展的最高境界，有其独到之处。李筌说：

> 六国之君非疏道德而亲权势。权势用，不得不亲；道德废，不得不疏其理然也。唯圣人能反始复本，以正理国，以奇用兵，以无事理天下。正者，名法也。奇者，权术也。以名法理国，则万物不能乱；以权术用兵，则天下不能敌；以无事理天下，则万物不能挠。⑦

在这里，所谓"反始复本"实际上就是要回归到老子的"以静制动"思想上来。文中"以正理国"至"以无事理天下"一段话，语出《老子道德经·五十七章》。我们知道，"正"与"奇"是矛盾的两个方面，"正"就是人人需要遵守的常规和法则，它既要合道德，同时又要合逻辑。"奇"则不同，"奇"就是出乎意料，其思维具有反常性，令人难以捉摸。"正"与"奇"各有自己的适用范围，不能相互替换。比如，以奇理国，以正用

---

① 刘同福：《中国式持续发展》，北京：机械工业出版社，2007 年，第 89—91 页。
② ［德］黑格尔：《哲学史讲演录》第 1 卷，贺麟、王太庆译，北京：商务印书馆，1959 年，118—132 页。
③ （唐）李筌：《太白阴经》卷 1《人谋上·主有道德篇》，第 7—8 页。
④ ［美］芮乐伟·韩森：《开放的帝国——1600 年前的中国历史》，梁侃、邹劲风译，南京：江苏人民出版社，2009 年，第 414 页。
⑤ 郑超雄：《壮族文明起源研究》，南宁：广西人民出版社，2005 年，第 179 页。
⑥ 曾宪法：《大漠雄鹰——冒顿单于传》，北京：中国文史出版社，2001 年，第 154 页。
⑦ （唐）李筌：《太白阴经》卷 1《人谋上·主有道德篇》，第 8 页。

兵，则非酿成大乱不可。李筌认为"三皇五帝"是崇尚道德的时代，因而是战争取胜的首要目标。他说：

> 以道胜者帝，以德胜者王，以谋胜者伯，以力胜者强。强兵灭，伯兵绝，帝王之兵前无敌。①

（三）《太白阴经》与儒家的关系

1. "以和为贵"的思想

"和"是儒家传统文化的精髓，是人们用以待人处事的基本原则。《礼记·中庸》说：

> 喜怒哀乐之未发，谓之中；发而皆中节，谓之和。中也者，天下之大本也；和也者，天下之达道也。致中和，天地位焉，万物育焉。②

"和"是宇宙万物运动变化的重要机制之一，大到宇宙天体，小到微观粒子，维持宇宙平衡的巨大力臂便是各组成部分之间的动态和谐。从自然界到人类社会，只有"和合"，才能真正维持自然与人类的统一，才能使地球上的居民得以存在与发展。所以儒家把"和"视为"礼"的本质特征。如《论语·学而》载有子之言："礼之用，和为贵。"③此"和"不是抽象的"一"，而是包含着"多"的"和"，故孔子把它解释为"和而不同"。《论语·子路》载孔子的话说："君子和而不同，小人同而不和。"④这句话的意思是只有建立在不同观点和不同立场上的"和谐"与"统一"，才是科学的"和"，相反，只追求形式上的统一和一致，实则勾心斗角，那不是"和"，而是"同"。李筌继承了孔子的"和而不同"思想，主张国与国之间以和为贵。他说："先王之道，以和为贵。贵和重人，不尚战也。"⑤在此，"和"的前提是允许不同民族和国家的共时性存在，因为人类社会在其发展演变的历史长河中，形成了多民族的生存格局，各民族之间相互交流，相互依赖，求同存异，和而不同。当然，古代由于各民族的生存空间阔狭有别，有时为了抢夺土地、人口、资源等，两国或多国之间爆发战争，结果造成大量无辜生命的伤亡，带来泯灭人性的灾难，这有悖儒家人道思想的宗旨。《荀子·王制》说："水火有气而无生，草木有生而无知，禽兽有知而无义，人有气、有生、有知、亦且有义，故最为天下贵也。"⑥《孝经·圣治章》又引孔子的话说："天地之性，人为贵。"⑦从荀子的论述中，我们知道人之为人，就在于他综合了宇宙万物的突出特性，集"气""生""知""义"于一身，具有很强的包容性，而这种包容性的最突出表现就是人类文化的多元性。仅此而言，李筌主张"重人"，实质上便是尊重人类文化的多元性。

至于如何处理君主与诸侯之间的关系，李筌提出了下述主张：

---

① （唐）李筌：《太白阴经》卷1《人谋上·主有道德篇》，第8页。
② 《礼记·中庸》，黄侃校点：《黄侃手批白文十三经》，第196—197页。
③ （清）刘宝楠：《论语正义》卷1《学而》，《诸子集成》第1册，第16页。
④ （清）刘宝楠：《论语正义》卷16《子路》，《诸子集成》第1册，第296页。
⑤ （唐）李筌：《太白阴经》卷2《人谋下·贵和篇》，第18页。
⑥ （清）王先谦：《荀子集解》卷5《王制》，《诸子集成》第3册，第104页，
⑦ 《孝经·圣治章》，黄侃校点：《黄侃手批白文十三经》，第3页。

> 夫有道之主，能以德服人；有仁之主，能以义和人；有智之主，能以谋胜人；有权之主，能以势制人。见胜易，知胜难。①

此处把君主分成四种类型，不同类型的君主对臣服者产生的政治效应差异巨大："有道之主"是最有威信的君主，"以德服人"的效应是"中心悦而诚服也"②，故此，"诚服"的效应能持续长久；"有仁之主"讲求"爱人"和"亲亲"，而"以义和人"之"义"，依张岱年的解释，"含有尊重人与己相互之间的权利与义务之意"③，董仲舒又说："义之法在正我，不在正人。我不自正，虽能正人，弗予为义。"④可见，李筌所说的"义"是君主有"正己"之表率者，正人先正己，以身作则，他人无话可说，当然就能产生精诚一致和上下贯彻的政治效应；"有智之主"善于审时度势，使用计谋就像三国时期的诸葛亮一样，故"以谋胜人"有时会给被胜之人一种被愚弄的感觉，可见，这种"胜人"不是上策，因为它里面还潜藏着一定危机；"有权之主"依恃强权，动辄兴师问罪，攻伐诛讨，故"以势制人"最为法家所重，如韩非说："桀为天子，能制天下，非贤也，势重也；尧为匹夫，不能正三家，非不肖也，位卑也。"⑤在现实生活中，君主依靠权势治理国家，已呈常态。

必须强调，以上四种手段，不能孤立地看，更不能把它们割裂开来。事实上，四者是一个整体，既相互联系，又相互作用。如果没有"力服"作后盾，欲使人"诚服"就很难。反过来，欲使人"诚服"就需要先发展壮大自身，众志成城，造成国富民强之势。只有这样，说话才有威力，一言九鼎，致使他人不得不臣服你。所以李筌说：

> 古先帝王所以举而胜人，成功出于众者，先文德以怀之，怀之不服，饰玉帛以啖之；啖之不来，然后命上将练军马、锐甲兵，攻其无备，出其不意。所谓叛而必讨，服而必柔。既怀既柔，可以示德。⑥

"以德服人"不是空洞的说教，它是一个逐渐实现的过程。先是设法取得民众的支持与帮助，在此基础上，对四方诸侯示以"文德"，对其进行礼乐教化，如《论语·季氏篇》云："故远人不服，则修文德以来之。"⑦对"远人不服"，仅从"德"的层面讲，可以"修文德"，也可以"行武德"。这要看君主究竟是称王还是称霸，如果想称霸，就行武德；如果想称王，就修文德。这里，李筌理想中的君主，是想体现其王者风范，故而有先礼后兵之举。一旦"修文德"不见效果，达不到"服远人"的目的，那就用物质手段去诱惑之。如果用物质手段还不能使"远人"臣服，最后就只有用武力去讨伐它了，迫使其"力服"。当"力服"之后，不能靠压制来使其顺服你，而是用"怀柔"的方法，使其心

---

① （唐）李筌：《太白阴经》卷2《人谋下·贵和篇》，第18页。

② 《孟子·公孙丑上》，黄侃校点：《黄侃手批白文十三经》，第18页。

③ 张岱年：《中国古典哲学概念范畴要论》，《张岱年全集》第4卷，石家庄：河北人民出版社，1996年，第619页。

④ （汉）董仲舒：《春秋繁露》卷8《仁义法》，上海：上海古籍出版社，1991年，第51页。

⑤ （战国）韩非：《韩非子》卷8《功名》，《百子全书》第2册，长沙：岳麓书社，1993年，第1702页。

⑥ （唐）李筌：《太白阴经》卷2《人谋下·贵和篇》，第18页。

⑦ （清）刘宝楠：《论语正义》卷19《季氏》，《诸子集成》第1册，第352页。

悦诚服。正是在这样的思想原则下，李筌才重申老子"兵者不祥之器，不得已而用之"①的反战主张，因为对于任何一位国君来说，不管你的出发点如何，用兵总是违背大多数民众的和平意愿。所以"贵和"不仅仅是儒家思想的原则，更是中华民族礼仪文化的精神表达。

2. "非智不战，非农不赡"的"富强观"

《论语》没有提出明确的"富国"与"强国"理论，历史进入战国之后，财富问题已经成为各国政治家的首要议题，如兵家、法家等。在此背景之下，荀子从制度层面吸收法家的农战思想，提出了一套儒家的富国和强国之道。《荀子》一书有多篇与富国强兵有关的篇章，如"富国篇""王霸篇""议兵篇""强国篇"。另外，《周礼·考工记》中也有"富国"的议论等。李筌根据唐朝中后期社会发展的历史实际，不同程度地从上述著作中汲取思想营养，并成为其"国有富强篇"的重要组成部分。

如前所述，"三皇五帝"及王（或强）伯是儒家建构的史观，也是儒家的道统。"这种观点认为，历史是由三皇至五帝，再至三王，再由下至五霸，是一代不如一代。"②不管李筌的本意如何，儒家的道统情结始终是操纵他"国有富强"思想的"芯片"。李筌说：

> 古者圣人法天而皇，贤君法地而帝，智主法人而伯。③

天、地、人"三才"奠定了儒家通向"富国"之路的基石，《周易·系辞下》说："天地之大德曰生，圣人之大宝曰位。何以守位曰仁。何以聚人曰财。"④这句话不妨与《孟子·公孙丑下》中那句经典名言结合起来看，其微言大义自然亦就明晰了。孟子说："天时不如地利，地利不如人和。"⑤也就是说"聚财"与"人和"是统一的，只有"人和"才能创造财富。所以李筌说："乘天之时，因地之利，用人之力，乃可富强。乘天之时者，春植谷、秋植麦、夏长成、冬备藏；因地之利者，国有沃野之饶，而人不足于食者，器用不备也；国有山海之利，而人不足于财者，商旅不备也。"⑥对商人的重视，是李筌富国思想的一个突出特点。为此，李筌引述了《周礼·考工记》序中的一段话："通四方之珍异，以有易无，谓之商旅。饬力以长地之财，用资军实，谓之农夫；理丝麻以成衣服，谓之女功。"⑦农、工、商皆可致富，唯其富裕，成就"伯王之业"才有保障。我们知道，"国富论"是法家的思想，而"民富论"则主要是儒家的思想，但法家代表管仲也讲民富，甚至他提出了"治国常富，而乱国常贫。是以善为国者，必先富民，然后治之"⑧的主张。至于如何使民富？荀子综合孔孟的"节用"和管子的富民思想，从而把儒家的"足君足民"思想提升到了一个新的理论高度，形成其"开源节流"的"民富"思想。荀子说：

---

① （唐）李筌：《太白阴经》卷2《人谋下·贵和篇》，第18页。
② 杨胜良：《道家与中国思想史论》，厦门：厦门大学出版社，2002年，第223页。
③ （唐）李筌：《太白阴经》卷1《人谋上·国有富强篇》，第8页。
④ 《周易·系辞下》，陈戍国点校：《四书五经》上，长沙：岳麓书社，2014年，第201页。
⑤ 《孟子·公孙丑下》，黄侃校点：《黄侃手批白文十三经》，第20页。
⑥ （唐）李筌：《太白阴经》卷1《人谋上·国有富强篇》，第9页。
⑦ （唐）李筌：《太白阴经》卷1《人谋上·国有富强篇》，第9页。
⑧ （清）戴望：《管子校正》卷15《治国》，《诸子集成》第7册，第261页。

赏行罚威，则贤者可得而进也，不肖者可得而退也，能不能可得而官也。若是，则万物得宜，事变得应，上得天时，下得地利，中得人和，则财货浑浑如泉源，汸汸如河海，暴暴如丘山，不时焚烧，无所藏之，夫天下何患乎不足也？故儒术诚行，则天下大而富，使而功，撞钟击鼓而和。①

可见，李筌与荀子在致富的基本思路上非常相近。显然，前者继承了后者的思想。荀子又说：

上好利则国贫，士大夫众则国贫，工商众则国贫，无制数度量则国贫。下贫则上贫，下富则上富。故田野县鄙者，财之本也；垣窌仓廪者，财之末也；百姓时和、事业得叙者，货之源也；等赋府库者，货之流也。故明主必谨养其和，节其流，开其源，而时斟酌焉。潢然使天下必有余，而上不忧不足。如是则上下俱富，交无所藏之，是知国计之极也。②

李筌明言：

非有灾害疾病而贫者，非惰则奢；世无奇业而独富贵者，非俭则力。同列而相臣妾者，贫富使然也；同贯而相兼并者，强弱使然也；同地而或强或弱者，理乱使然也。苟有道理，地足容身，事可致也；苟有市井，交易所通，货财可积也。夫有容身之地，智者不言弱；有市井之利；智者不言贫。③

"道理"系指君主推行德政，而"智者"则与荀子所说的"贤者"同，是治理国家的能臣良才。细细分解，李筌的"国富论"杂糅法、儒，讲究"智"与"力"的结合。他说："用智者，可以强于内而富于外；用力者，可以富于内而强于外。"④此论与老子的"智贼"观截然不同。老子说："以智知邦，邦之贼也。"⑤相反，用"智者"治国倒是儒家的一贯主张。例如，《论语·阳货篇》推崇"上智"，认为上智是"天生"的统治者。子贡称孔子"仁且智"⑥，荀子亦被称为"智者"⑦。不过，李筌对"智"与"力"有他自己的理解，在李筌看来，用"智"与用"力"属于"伯王之业"。他说："以谋胜者伯，以力胜者强。"⑧而"知伯王之业，非智不战，非农不赡，过此以往而致富强者，未之有也。"⑨对"伯王"讲富强，但对"帝"与"皇"言道德，体现了战争的性质与经济联系比较密切。

3. 战争的目的是"存亡继绝、救乱除害"

荀子在《荀子·议兵篇》中提出了"仁人之兵"的主张，他反对孙子、吴起"上势利

① （周）荀况：《荀子·富国篇》，《百子全书》第1册，第160页。
② （周）荀况：《荀子·富国篇》，《百子全书》第1册，第162页。
③ （唐）李筌：《太白阴经》卷1《人谋上·国有富强篇》，第9页。
④ （唐）李筌：《太白阴经》卷1《人谋上·国有富强篇》，第9页。
⑤ 尹振环：《帛书老子释析——论帛书老子将会取代今本老子》，贵阳：贵州人民出版社，1995年，第172页。
⑥ 《孟子·公孙丑上》，黄侃校点：《黄侃手批白文十三经》，第17页。
⑦ 田凤台：《先秦八家学述》，台北：文史哲出版社，1983年，第103页。
⑧ （唐）李筌：《太白阴经》卷1《人谋上·主有道德篇》，第8页。
⑨ （唐）李筌：《太白阴经》卷1《人谋上·国有富强篇》，第10页。

而贵变诈"的战争手段①。《汉书·刑法志》在大篇幅援引了荀子的论述后，又做了如下概括和总结。班固说：

> 穷武极诈，士民不附，卒隶之徒，还为敌仇，燊起云合，果共轧之，斯为下矣。凡兵，所以存亡继绝，救乱除害也。故伊、吕之将，子孙有国，与商、周并。至于末世，苟任诈力，以快贪残，急城杀人盈城，争地杀人满野。孙、吴、商、白之徒，皆身诛戮于前，而国灭亡于后。报应之势，各以类至，其道然矣。②

这个观点对李筌军事思想的影响很大。如李筌在《善师篇》中明确主张："兵非道德仁义者，虽伯有天下，君子不取。"③为证明此论的正确性，李筌转引了《荀子·议兵篇》中的事例："齐之技击，不可以遇魏氏之武卒；魏氏之武卒，不可敌秦之锐士；秦之锐士，不可当桓文之节制；桓文之节制，不可当汤武之仁义。"④文中的"技击"是齐国极具特色的兵种或军事单位，类似于雇佣军，"得一首者，则赐赎锱金"⑤，仅仅讲物质刺激，对将士而言，不免有些自由散漫，所以一方面，技击"在齐国与诸侯国争霸过程中发挥了巨大作用"；另一方面，它"存在的弊端却极大削弱了齐国军队的战斗力"⑥。"武卒"是魏国的一种军户管理制度，他们由选拔而得，"武卒中试者，则免除徭役，并广其田宅，经济上的利益刺激了魏国武卒的热情⑦，然而由于"武卒"的待遇是终身制，因此，"魏军的战斗力，强而不能持久"⑧；"锐士"，是商鞅推行"务壹"（统一职业）与"农战"政策的必然结果，因为"国务壹则民应用；事本抟则民喜农而乐战"⑨；"节制"是指齐桓公及晋文公的军队有纪律、教养，明人揭子在分析了"秦之锐士"的优缺点之后说："（秦）至商鞅，民勇公战则赏，为私斗，则以轻重被刑，故民勇公战而怯私斗，最为众强。然皆于赏蹈利而无节制，故曰不敌桓文之节制。"⑩至于"汤武之仁义"，荀子有一段评价，他说："仁人上下，百将一心，三军同力"，又"仁人之兵，聚则成卒，散则成列，延则若莫邪之长刃，婴之者断；兑则若莫邪之利锋，当之者溃；圜居而方止，则若盘石然，触之者角摧，案角鹿埵陇种东笼而退耳"⑪。仁者之师，可谓战无不胜。这里荀子虽然站在儒家的立场，有轻视科学技术在军事战争中的作用之嫌，但是他把将士的思想素质摆在军队建设的首要地位，非常具有战略价值和意义，至今对军队建设都具有重要的指导作用。

对于战争的目的，荀子认为："彼兵者所以禁暴除害也，非争夺也。"⑫李筌完全赞同

---

① （周）荀况：《荀子·议兵篇》，《百子全书》第 1 册，第 179—180 页。
② 《汉书》卷 23《刑法志》，第 1089 页。
③ （唐）李筌：《太白阴经》卷 2《人谋下·善师篇》，第 17 页。
④ （唐）李筌：《太白阴经》卷 2《人谋下·善师篇》，第 17 页。
⑤ （周）荀况：《荀子·议兵篇》，《百子全书》第 1 册，第 180 页。
⑥ 王佳怡：《浅议"齐之技击"》，《青春岁月》2013 年第 2 期，第 354 页。
⑦ 李玉洁：《楚史稿》，开封：河南大学出版社，1988 年，第 199 页。
⑧ 司马路：《汉朝的密码》，西安：陕西人民出版社，2010 年，第 58 页。
⑨ （战国）商鞅：《商子》卷 3《壹言》，《百子全书》第 2 册，第 1561 页。
⑩ 揭暄：《揭子战法》，北京：军事科学出版社，2009 年，第 93 页。
⑪ （周）荀况：《荀子·议兵篇》，《百子全书》第 1 册，第 179 页。
⑫ （周）荀况：《荀子·议兵篇》，《百子全书》第 1 册，第 181 页。

荀子的主张，以此衡量孙、吴、韩、白的军事思想，他们则过于强调"术"，"苟任诈力贪残"，而忽视了战争的最终目的是"禁暴除害"，所以"兵者凶器，战者危事，阴谋逆德，好用凶器。非道德忠信，不能以兵定天下之灾、除兆民之害也"①。当然，无论是荀子，还是李筌，他们都强调战争目的与战争手段相统一，因而他们坚信只有得到老百姓拥护的军队，才是王者之师和胜者之师。在此前提下，如果是"仁人之兵"，就一定会得到老百姓的真心拥护，因为他们"所存者神，所过者化，若时雨之降，莫不说喜"②，此处"所存者神"意思就是说心里装着老百姓的利益，它体现了儒家"以民为本"的思想主旨。

4. 重视对士兵的道德思想教育

对士兵的技术训练固然重要，但是思想教育更为关键。如众所知，决定战争胜负的因素很多，但最终的决定因素是人而不是物。人的能动性潜力很大，对士兵进行思想教育的终极目的，就是根据一定条件，将人本身固有的积极性和能动性比较充分地发掘出来。于是，李筌专列《子卒》一篇，试图从道德教育入手，全方位提高士兵的战斗力。李筌说："古之善率人者，未有不得其心而得其力者也，未有不得其力而得其死者也。"③如何赢得士卒之心？这是一个非常复杂而具体的心理学问题。李筌引《尉缭子》的话说："国必有礼信亲爱之义，然后人以饥易饱；国必有孝慈廉耻之俗，然后人以死易生。"④

事实上，尉缭在这句话后，紧接着又说："古者率民，必先礼信而后爵禄，先廉耻而后刑罚，先亲爱而后律其身。"⑤此言明显地吸收了儒家的"仁爱"思想，如孟子说："仁之实，事亲是也。"⑥《论语·阳货篇》特别强调，统治者"能行五者（指恭、宽、信、敏、惠）于天下为仁"⑦。李筌将儒家的"仁爱"思想应用到军事科学之中，并把将帅与士兵的关系理解为一种父子关系，确实彰显了思想政治工作对于激发士兵战斗精神的重要性。因此，李筌对尉缭的论断又做了进一步的分析，他说："人所以守战至死不衰者，上之所施者厚也。上施厚，则人报之亦厚。且士卒之于将，非有骨肉之亲，使冒锋镝、突干刃、死不旋踵者，以恩信养之、礼恕导之、小惠渐之，如慈父育爱子也。故能救其阽危、拯其涂炭。"⑧

"上之所施者厚"并非金帛利诱，而是一点一滴的感情投入，具体地讲，应是"以恩信养之、礼恕导之、小惠渐之"。在此基础上，"令之以文，齐之以武"⑨，士兵会甘愿赴汤蹈火，一往无前。曹操释："文，仁也；武，法也。"⑩也就是说，对广大士兵，既要搞好思想教育，同时又要严格组织纪律，做到"令"与"齐"的有效统一，恩威并施，刚柔相济，这样就能提高整个军队的凝聚力和战斗力。

---

① （唐）李筌：《太白阴经》卷2《人谋下·善师篇》，第18页。
② （周）荀况：《荀子·议兵篇》，《百子全书》第1册，第181页。
③ （唐）李筌：《太白阴经》卷2《人谋下·子卒篇》，第21页。
④ （唐）李筌：《太白阴经》卷2《人谋下·子卒篇》，第21页。
⑤ （战国）尉缭：《尉缭子》卷上《战威》，《百子全书》第2册，第1160页。
⑥ 《孟子·离娄上》，黄侃校点：《黄侃手批白文十三经》，第44页。
⑦ （清）刘宝楠：《论语正义》卷20《阳货》，《诸子集成》第1册，第371页。
⑧ （唐）李筌：《太白阴经》卷2《人谋下·子卒篇》，第21页。
⑨ （唐）李筌：《太白阴经》卷2《人谋下·子卒篇》，第21页。
⑩ 麦田、王盈编著：《孙子解说》，北京：华夏出版社，2007年，第181页。

（四）《太白阴经》与兵家的关系

李筌注《孙子兵法》，是《孙子兵法》注家中影响较大的一部著作。"其中颇多有价值的见解，也保留有不少兵阴阳家的思想。"①当然，孙子军事思想对李筌的影响集中体现在《太白阴经》一书中。可惜，因其内容十分丰富，本书难以面面俱到（详细内容请参见张文才《太白阴经新说》一书），故在此仅择要述之。

1. 对"诡道"思想的阐释

战争的性质有正义与非正义之分，但在具体战术的应用上，却不能拘泥于道德而对敌人讲诚实与厚道。所以"兵者，诡道也"②。"诡"即欺诈，让敌方摸不着头脑，从而神不知、鬼不觉地实现自己的战略意图。"道"即规律，它的意思是说人们在使用欺诈术的过程中，不能违背战争规律，否则"诡道"就无法达到迷惑和消灭敌人的目的。至于如何施行"诡道"之术，李筌总结出了以下三点经验。

（1）"谋藏于心，事见于迹，心与迹同者败，心与迹异者胜。"③军事战争贵在"密"，对外必须隐藏自己的真实作战意图，为此，故意制造一些假象以迷惑敌人，如"能而示之不能，用而示之不用；心谋大，迹用小；心谋远，迹示小；惑其真，疑其诈，真诈不决择强弱不分"等④，从而引诱其从假象中得出错误的认识和判断，使之在战争过程中陷于被动挨打的境地。

（2）"其谋也，策不足验；其胜也，形不足观。"⑤"策"包括阴阳家的庙算及方士的术数，像蓍龟、杂占、形法等。这就对"谋"的质量提出了很高的要求，它绝不是很容易就被人识破的小把戏，而是"湛然若立元智无象，渊然若沧海之不测"⑥，攻其不备，出其不意。"形"主要包括旗鼓阵势、兵力的分布、武器装备、利用地形，以及各兵种之间的相互配合等，它是检验军事家指挥才能的试金石，再保密的谋略，如果在"形"的环节上，不能"率然""携手若使一人"⑦，就等于是纸上谈兵。

（3）使用巧计瓦解敌人。在战争中，瓦解敌人的巧计很多，李筌主要选择了以下几种方式："贪者利之，使其难厌；强者卑之，使其骄矜；亲者离之，使其携贰。"⑧根据敌方的实际情况，抓住其弱点，投其所好，或用小便宜引诱之，以昏其志；或想方设法使藐视我方的敌人更加盲目骄傲；或利用敌方内部各种势力之间的裂隙，离间敌方的亲信，使其相互不信任。当然，无论采用利诱和麻痹战术，还是离间计，目的只有一个，那就是战胜敌人，强大自己，保存实力。另外，李筌又进一步总结说：

> 善用兵者，攻其爱，敌必从；搞其虚，敌必随；多其方，敌必分；疑其事，敌必备。从随不得城守，分备不得并兵，则我佚而敌劳，敌寡而我众。夫以佚击劳者，武

① 于国庆：《道教与传统兵学关系研究》，北京：东方出版社，2009年，第26页。
② （唐）李筌：《太白阴经》卷2《人谋下·诡道篇》，第19页。
③ （唐）李筌：《太白阴经》卷2《人谋下·诡道篇》，第19页。
④ （唐）李筌：《太白阴经》卷2《人谋下·诡道篇》，第19—20页。
⑤ （唐）李筌：《太白阴经》卷2《人谋下·诡道篇》，第20页。
⑥ （唐）李筌：《太白阴经》卷2《人谋下·诡道篇》，第20页。
⑦ （春秋）孙武：《孙子》卷下《九地》，《百子全书》第2册，第1132页。
⑧ （唐）李筌：《太白阴经》卷2《人谋下·诡道篇》，第20页。

之顺；以劳击佚者，武之逆；以众击寡者，武之胜；以寡击众者，武之败。能以众击寡，以佚击劳，吾所以得全胜矣。①

这是一条非常重要的战争规律，历来为兵家所重。人的生理状态不可能持续亢奋，所以士气有一个强弱变化过程，孙子将其归纳为九字诀："朝气锐，昼气惰，暮气归。"②意思是说初战时敌方的士气旺盛，到战争的中期，敌方的士气便开始转向怠惰，直至出现气竭思归的军心涣散状态，此时若出兵攻击敌方，则必然能获得全胜。为了消耗敌方的战斗力，改变战场态势，李筌认为最有效的办法就是采用"攻其爱""捣其虚""多其方""疑其事"等战术，换言之，"攻其爱"即突破其要害，产生震撼敌人战略部署的效应，然后敌人必然会失去理智，此时我方就可以牵着敌人的鼻子走了；"多其方"即分人之兵，它的主要意图就是分散敌人的兵力，牵制敌兵，从而造成我方对敌方的兵力优势；"捣其虚"即捣虚敌随或云乘间击瑕，它的主要意图是集中优势兵力攻击敌方空虚和薄弱的地方，迫使敌兵随我方的战略部署而调转和移动；"疑其事"即虚张声势迷惑敌人，扰乱其心志，使敌人处于高度紧张的惊慌失措之中，从而给我方创造攻击敌人的机会。有军事家认为，争取战争主动权不是坐等机会，而主要是依靠将士的智谋创造与己方有利的战场形势，抓住敌人的弱点进行突破。然而，"突破是力与谋的结合和迸发。没有强有力的突击力量，打不开缺口；但是缺乏谋，选不准突破点，也难以打开胜利之门"③。上述方法经过无数次实战的验证，确实是克敌制胜的法宝。当然，在不同的战争态势下，究竟如何灵活应用上述方法，还需要充分发挥人的主观能动性，诚如李筌所言"夫竭三军气、夺一将心、疲万人力、断千里粮，不在武夫行阵之势，而在智士权算之中"，而"方寸之心，能易成败"④。

2. 对"势"思想的发挥

孙子说："势者，因利制权也。"⑤"利"是有利于己方的一切因素和条件，"制"是制定，"权"即积极灵活的办法和措施。可见，"势"没有固定的模式，它随着战争态势的发展变化而不断改变自己的应对手段，因而"被视为最高最难的谋略"⑥。考《孙子》中，"势"的内涵除上述意义外，还有"任势"和"因势"二义。

《孙子·兵势》篇说：

故善战者，求之于势，不责于人，故能择人而任势。任势者，其战人也，如转木石。木石之性，安则静，危则动，方则止，圆则行。故善战人之势，如转圆石于千仞之山者，势也。⑦

《孙子·虚实》篇又说：

① （唐）李筌：《太白阴经》卷 2《人谋下·诡道篇》，第 20 页。
② （春秋）孙武：《孙子》卷中《军争》，《百子全书》第 2 册，第 1128 页。
③ 陈明福：《盖世英雄称战神朱可夫兵法》，郑州：中原农民出版社，1998 年，第 309 页。
④ （唐）李筌：《太白阴经》卷 2《人谋下·诡道篇》，第 20 页。
⑤ （春秋）孙武：《孙子》卷上《始计》，《百子全书》第 2 册，第 1123 页。
⑥ 徐增厚、石玉亮主编：《经营哲学》，北京：红旗出版社，1992 年，第 458 页。
⑦ （春秋）孙武：《孙子》卷上《兵势》，《百子全书》第 2 册，第 1126 页。

故兵无常势，水无常形；能因敌变化而取胜者，谓之神。①

显然，"势"本身有一个从"识势"到"造势"，再到"任势"与"用势"的过程。李荃在《地势篇》中阐述了"识势"的重要性，他说："善战者以地强，以势胜，如转圆石于千仞之溪者，地势然也。"②这里的"势"是指一种客观必然性，以地理环境为例，李荃继承孙子的"九地"学说，认为战争中的地势可分九种类型："诸侯自战于地，名曰散地；入人之境不深，名曰轻地；彼此皆利，名曰争地；彼我可往，名曰交地；三属诸侯之国，名曰衢地；深入背人城邑，名曰重地；山林沮泽险阻，名曰圮地；出入迂隘，彼寡可以击吾众，名曰围地；疾战则存，不战则亡，名曰死地。"③这九种地势对战争的影响非常大，不识者无以制胜，所以李荃进一步说：

昔之善战者，如转木石。木石之性，圆则行，方则止。行者非能行，而势不得不行；止者非能止，而势不得不止。夫战人者，自斗于其地则散，投之于死地则战。散者非能散，势不得不散；战者非能战，势不得不战。行止不在于木石，而制在于人；散战不在于人，而制在于势。此因势而战人也。夫未见利而战，虽众必败；见利而战，虽寡必胜。利者，彼之所短，我之所长也。④

势是客观的存在，关键是如何利用这种客观的"形势"来克敌制胜。李荃的意图很明确，它主张将"势"与人的主观能动性结合起来，善于发现有利于己方的形势，并迅速捕捉作战时机乘势出击。一旦形成有利于己方的战势，就要顺势而发，反之，如果还没有出现有利于己方的战势，就不能逆势而动，否则会招致失败的后果。李荃强调"势利者，兵之便"⑤，即从客观条件来讲，对行军打仗的便利因素越多就越能激发将士的战斗热情。在此前提下，再结合"地强"和"智谋"，三力并发，自然会形成"势之战人"的局面⑥，锐不可当。

3. 对"形"思想的应用

"势"与"形"是两个相互联系的概念，犹如水流，积水成形，而决水成势。孙子说："胜者之战，若决积水于千仞之溪者，形也。"⑦日本学者服部千春对此有精彩解说，不妨转录于兹，以飨读者。服部千春说：

这一段是孙子用积水来比喻军形，这是形的最典型状态，这里的意思是：筑起堤坝，使水积得满满的，也就是使自己处于无形，同时整备三军。……要"先为不可胜"之形。"千仞之溪"意即敌方有可乘之虚。而且实虚之间犹如千仞之上和千仞之下的悬殊。因此，所谓乘可胜之机，一举击之，就像决开积水，使之朝向千丈深谷一泻而下一样。水虽是平稳柔和，但是一旦形成这种大势，其力量将冲毁大山，卷走巨

---

① （春秋）孙武：《孙子》卷中《虚实》，《百子全书》第 2 册，第 1128 页。
② （唐）李荃：《太白阴经》卷 2《人谋下·地势篇》，第 26 页。
③ （唐）李荃：《太白阴经》卷 2《人谋下·地势篇》，第 26 页。
④ （唐）李荃：《太白阴经》卷 2《人谋下·作战篇》，第 27 页。
⑤ （唐）李荃：《太白阴经》卷 2《人谋下·作战篇》，第 28 页。
⑥ （唐）李荃：《太白阴经》卷 2《人谋下·作战篇》，第 28 页。
⑦ （春秋）孙武：《孙子》卷上《军形》，《百子全书》第 2 册，第 1125 页。

石。本来是无声的水可转而咆哮；本是平稳的水，可转而变成洪流奔泻。①

如此看来，"形"对于军事的意义不亚于"势"。所以，李筌在《地势篇》之后，紧接着就是《兵形篇》，从体例上看，有越来越深入之意。李筌开篇即云："夫兵兴也，有形有神。旗帜金革，依于形；智谋计事，依于神。"②"形"是可见的，它由"旗帜金革"等外在的物质要素来体现。与之相对，"神"是不可见的，因为它表现为精神性的思维活动。两者的关系是："战胜攻取，形之事而用在神；虚实变化，神之功而用在形。"③意思是说"神"支配"形"，而"形"体现"神"，如同结构与功能的关系一样。在孙子那里，"形"和"神"还没有构成一对军事思想范畴。李筌根据唐代军事科学发展的历史实际，从军事哲学的高度，将孙子的"形""神"概念统一起来，形成一对重要的思想范畴，从而发展了孙子的"形""神"理论。李筌认为："形粗而神细，形无物而不鉴，神无物而不察。形诳而惑事其外，神密而圆事其内。观其形，不见其神；见其神，不见其事。"④这段话显然是"非诡谲不战"思想的进一步具体化，在《沉谋篇》里，李筌讲"心与迹异者胜"，此处则言"形诳而惑事其外，神密而圆事其内"，虽然表述的语境不同，但思想主旨却是相同的。讲的还是通过"形"来制造假象，迷惑敌方，为己方赢得战争的主动权。因此，李筌在《兵形篇》中例举了几种制造"假象"的方法：

（1）"曳柴扬尘，形其众也。"⑤为了制造声势，故意用战车拖着柴薪在所经过的路上，搞得尘土飞扬，造成人多势众、浩浩荡荡之假象，用以迷惑敌人。在历史上，用这样战术取胜的战例很多，如"晋人伐齐，斥山泽之险，虽所不至，必旆而疏陈之，与曳柴从之。齐人登山而望晋师，见旆旗扬尘，谓其众而夜遁"⑥。又如魏国与襄国之战，魏主闵刚愎自用，不听王泰谏阻，冒然攻打襄国，结果与驰援襄国的燕将军悦绾、赵汝阴王琨及姚襄交战。"悦绾适以燕兵至，去魏兵数里，疏布骑兵，曳柴扬尘，魏人望之恟惧，襄、琨、绾三面击之"⑦，魏兵大败。

（2）"减灶灭火，形其寡也。"⑧为了制造寡不敌众的假象，采用炊灶一天比一天减少的手段，使敌人产生众寡悬殊的错觉，引诱他出兵攻击，然后将其消灭。

（3）"勇而无刚，当敌而速去之，形其退也。"⑨这个战术源自《左传·隐公九年》冬，其文载：

北戎侵郑，郑伯御之，患戎师，曰："彼徒我车，惧其侵轶我也。"公子突曰："使勇而无刚者，尝寇而速去之。君为三覆（指三处伏兵）以待之。戎轻而不整，贪而无亲，胜不相让，败不相救。先者见获必务进；进而遇覆，必速奔。后者不救，则

① ［日］服部千春：《孙子兵法校解》，北京：军事科学出版社，1987年，第381页。
② （唐）李筌：《太白阴经》卷2《人谋下·兵形篇》，第26—27页。
③ （唐）李筌：《太白阴经》卷2《人谋下·兵形篇》，第27页。
④ （唐）李筌：《太白阴经》卷2《人谋下·兵形篇》，第27页。
⑤ （唐）李筌：《太白阴经》卷2《人谋下·兵形篇》，第27页。
⑥ （三国·魏）曹操注：《十一家注孙子》卷中《势篇》李筌注，郭化若译，北京：中华书局，1962年，第76页。
⑦ 《资治通鉴》卷99《晋纪二十一·孝宗穆皇帝中之上》，北京：中国友谊出版公司，1993年，第1020页。
⑧ （唐）李筌：《太白阴经》卷2《人谋下·兵形篇》，第27页。
⑨ （唐）李筌：《太白阴经》卷2《人谋下·兵形篇》，第27页。

无继矣。乃可以逞。"从之。戎人之前遇覆者奔。祝聃逐之。衷戎师，前后击之，尽殪。戎师大奔。①

（4）"斥山泽之险，无所不至，形其进也。"②派人侦查山陵草泽等险阻，给敌人造成向前进击的虚像。

（5）"油幕冠树，形其强也。"③把用桐油涂过的帐幕覆盖在树上，气势磅礴，给敌人以强大的感官刺激。

（6）"偃旗卧鼓，寂若无人，形其弱也。"④这种诈术最早见载于《梁书·王僧辩传》，其文云："（侯景攻巴陵）僧辩悉上江渚米粮，并沉公私船于水。及贼前锋次江口，僧辩乃分命众军，乘城固守，偃旗卧鼓，安若无人。"⑤

示弱是一种假象，它往往能使敌人放松斗志，并容易滋生狂妄和骄纵情绪。须知在偃旗卧鼓之中暗藏着杀机，一旦敌人上了圈套，那么，他们看到的情形则是鸣鼓张旗，伏兵四起。因此清人李蕊评论此术说："偃旗卧鼓，所以敛其神。鸣鼓张旗，所以壮其气。壮以敛奋，以操胜算矣。"⑥

可见，"兵形"没有固定的程式，也没有现成的经验，它随着战争形势的变化而变化。用李筌的话说，就是"战阵无常势，因敌以为形"⑦。从这个层面讲，军事家应系世界上最杰出的艺术家。现实生活中的"形"千变万化，战争中的"形"更是奇妙无穷。两军对垒，胜者往往是善于应用"兵形"的一方。当然，我方用"兵形"，敌方也用"兵形"，道高一尺，魔高一丈，"形"不断随着时间、地点的变化而变化，但无论怎么变，"因形而措于众，众不能知"⑧的原则不能变。

4. 用整体思维来认识战争

战争不是孤立的社会现象，它是政治、经济、外交、地理环境、民心向背等诸多因素综合作用的结果。孙子说：

> 兵者国之大事……故经之以五事，校之以计而索其情：一曰道，二曰天，三曰地，四曰将，五曰法。道者，令民与上同意，可与之死，可与之生，而不畏危也。天者，阴阳、寒暑、时制也。地者，远近、险易、广狭、死生也。将者，智、信、仁、勇、严也。法者，曲制、官道、主用也。凡此五者，将莫不闻，知之者胜，不知之者不胜。⑨

这里，兵事构成一个系统，而《孙子》三卷13篇，第一篇为"始计"，第十三篇为"用间"，体现了权谋类兵学思想的基本特点。对此，日本的战略哲学家山鹿素行在阐释

---

① 《春秋左传·隐公九年》，黄侃校点：《黄侃手批白文十三经》，第12页。
② （唐）李筌：《太白阴经》卷2《人谋下·兵形篇》，第27页。
③ （唐）李筌：《太白阴经》卷2《人谋下·兵形篇》，第27页。
④ （唐）李筌：《太白阴经》卷2《人谋下·兵形篇》，第27页。
⑤ 《梁书》卷45《王僧辩传》，第625页。
⑥ （清）李蕊：《兵镜类编》，李维琦等校点，长沙：岳麓书社，2007年，第525页。
⑦ （唐）李筌：《太白阴经》卷2《人谋下·兵形篇》，第27页。
⑧ （唐）李筌：《太白阴经》卷2《人谋下·兵形篇》，第27页。
⑨ （春秋）孙武：《孙子》卷上《始计》，《百子全书》第2册，第1123页。

《孙子》一书的理论体系时说：

> 《始计》之一篇者，兵法之大纲大要也。《作战》《谋攻》者次之，兵争在战与攻
> 也，战攻相通，以形制虚实，是所以《军形》《兵势》《虚实》并次，此三篇全在知
> 己。知己而后可军争，军争有变有行，故《军争》《九变》《行军》次之，是料敌知
> 彼也。知己知彼而可知天知地，故《地形》《九地》《火攻》次之。地形、九地者地
> 也，火攻因时日者天也。自《始计》迄修功未尝不先知……《作战》《谋攻》可通
> 读，《形》《势》《虚实》一串也，《争》《变》《行军》一串也，《地形》《九地》
> 一意也，《火攻》一意。《始计》《用间》在首尾，通篇自有率然之势。文章之奇，不
> 求自有无穷之妙，谋者不可忽。①

在《孙子》研究史上，山鹿素行第一个提出《孙子》十三篇是完美的有机整体的观
点。②李筌完全继承了孙子的系统军事科学思想，但有发展和创新。李筌与孙子不同，虽
然李筌也重视"人谋"的作用，但他将"人谋"建立儒家思想之上，肯定道德在兵学体系
中的导向作用。所以在《太白阴经》中，李筌以儒、道、法、兵等学说为骨架，构建了一
个庞大的军事哲学思想体系，具有鲜明的时代特色。诚如四库馆臣在点评《太白阴经》的
思想特色时所说：

> 兵家者流，大抵以权谋相尚；儒家者流又往往持论迂阔，讳言军旅，盖两失之。
> 筌此书先言主有道德，后言国有富强，内外兼修，可谓持平之论。其人终于一郡，其
> 术亦未有所试，不比孙、吴、穰苴、李靖诸人，以将略表见于后世。③

由于李筌没有亲自带兵打仗，实战经验不如孙子、吴起、穰苴、李靖等人，可是，就
对兵学本质的认识与理解而言，李筌无疑更加全面和深刻，因为他把兵事放在国家的政
治、经济和文化的大背景下去考察，并加以道德伦理的评价，从而使兵事成为衡量一个国
家综合国力的试金石。当然，兵事本身是一个十分复杂的有机系统，大的方面说是天、
地、人的相互联系和相互作用，小的方面说则需要不同兵种及同一兵种内部各个组成部分
之间的相互协调与相互配合。其中任何一个环节出现了问题，都会影响到战争的全局。正
是从这个意义上，李筌在《太白阴经》里，不仅有军事思想的阐说，而且还有兵器、军事
编制、军事装备、军事文书等内容的讲解，综合性和系统性非常强。因此，孙继民对《太
白阴经》的体制给予了高度评价，他分析说：

> 《阴经》卷一、卷二《人谋》类主要是军事思想的发挥；卷三《杂仪》类包括出
> 征仪式、军队编制、军事地理等内容；卷四《战攻具类》包括军事装备、兵器装备
> 等；卷五《预备》包括军事工程、军事设施、军事屯田等；卷六《阵图》包括军事训
> 练、阵法组合等；卷七《祭文》《捷书》属于军事文书，《药方》属于军事医学内容；
> 卷八以后是占卜星相之类的迷信内容。内容如此之广，这在以前不曾有过，又以卷、

---

① 邱复兴主编：《孙子兵学大典》第5册《中外论赞》，北京：北京大学出版社，2004年，第87—88页。
② 邱复兴主编：《孙子兵学大典》第8册《著述提要》，第259页。
③ （清）永瑢等：《四库全书总目》卷98《子部·兵家类·太白阴经》，北京：中华书局，1965年，第838页。

类、篇分门别目，且每卷缀以总序，这在体例上也是首创。①

仅从《太白阴经》的结构体系来看，确实超过了此前兵书的编撰水平，但也不是没有瑕疵。例如，卷 8《杂占》、卷 9《遁甲》及卷 10《杂式》，就充斥着大量的神秘主义和非科学的思想糟粕，应予扬弃。

二、李筌兵学思想的主要成就及其时代局限

（一）李筌兵学思想的主要成就

1. 战具与唐代的军事制造技术

1）攻城具的种类与创新

《太白阴经》卷 4《战具类·攻城具篇》共载有 12 种用于攻城的武器，大致分活动型战具与固定型战具两类。其中以活动型战具为主，有飞云梯、炮车、车弩（图 5-9）等；固定性战具有土山和地道。与前代相比，唐代的活动型战具在继承前代技术成果的基础上有所发展和有所创新，其要者有以下四类。

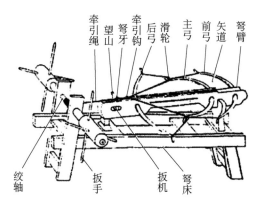

图 5-9　车弩复原示意图

第一，车弩，亦称床弩。它虽发明于东汉时期，却是唐代李靖在《卫公兵法·攻守战具》篇中首次比较详细地记载了车弩的结构和组成。李筌转录其文云：

> 车弩：为轴转车，车上定十二石弩，弓以铁钩连轴，车行轴转，引弩持满弦，挂牙上，弩为七衢，中衢大箭一簇长七寸、围五寸，箭等长三尺、围五寸，以铁叶为羽，左右各三箭，次差小于中箭，其牙一发，诸箭皆起，及七百步，所中城垒无不崩溃，楼橹亦颠坠。②

按：唐一步等于 1.515 米，则"七百步"约等于 1060.5 米。孙机的"车弩复原示意图"是依《武经总要》"三弓弩"结构所绘，与"弩为七衢，中衢大箭一簇长七寸、围五

---

① 孙继民：《李筌〈太白阴经〉琐见》，武汉大学历史系魏晋南北朝隋唐史研究室：《魏晋南北朝隋唐史资料》第 7 期，1985 年，第 61 页。

② （唐）李筌：《太白阴经》卷 4《战具类·攻城具篇》，第 49 页。

寸"的略有不同，但基本原理相似。①

第二，尖头轳，亦为"尖头木驴"。它是一种掩蔽士兵挖地道和掘城墙用的战车，创制于南北朝，外形呈等腰三角形，《梁书》载，侯景攻建康，"作木驴数百攻城，城上飞石掷之，所值皆碎破"②。《通典》又载："（景）为尖头木驴攻城，矢石所不能制。（羊）侃作雉尾炬，施铁镞，以油灌之，掷驴上，焚之俄尽。"③从实战效果看，侯景所造尖头木驴很容易被飞石或油火毁坏，这就促使人们通过改进木驴的材质和结构，而保证它既防火又经得住飞石击打。

所以李筌述唐代经过改进后的尖头木驴说：

> 以木为脊，长一丈、径一尺五寸；下安六脚，下阔而上尖，高七尺，可容六人；以湿牛皮蒙之，人蔽其下；共升直抵城下，木石金火不能及，（则）用攻其城。④

显然，脊木粗壮牢固，且"湿牛皮"除了结实之外，还具有一定的防油火功能。因此，用它攻城时，"木石金火不能及"。

第三，火箭。唐朝用火箭攻城，需要三道程序：首先，"以小瓢盛油贯矢端，射城楼橹板上"；其次，"瓢败油散，后以火箭射油散处，火立焚"；最后，"复以油瓢续之，则楼橹尽焚"⑤。先将燃烧物射到被燃烧的物体上，然后用火种引燃，接着通过火上浇油的方式，使火势越来越大，直至把目标物焚烧殆尽。这比单纯缚束草艾、布帛等于箭身，待点燃后再射向目标物的火箭，具有更猛烈的焚烧效果。

第四，雀杏。它是借助飞禽携带燃烧物向敌营纵火的一种战具，其具体方法是：先从敌人所居的周边境地中捕捉雀群，然后"磨杏核中空，以艾内火实之，系雀足；落暮群放之，飞入城中栖宿，积聚庐舍，须臾火发"⑥。

2）守城具的种类与创新

《太白阴经》卷4《战具类·守城具篇》共载有30种用于守城的武器，计有浚隍、增城、悬门、突门、涂门、积炮石、转关桥、凿门、积木、积垒石或抛石、楼橹、芭篱、布幔、木弩、燕尾炬、松明炬、脂油烛炬、行炉、游火、灰、连梃、叉竿、钩竿、天井、油囊、地听、铁菱、陷马坑、拒马枪、木栅等。其代表性的守城具主要有以下三类。

第一，突门。《墨子·备突》载："城百步一突门，突门各为窑灶，窦入门四五尺，为其门上瓦屋，毋令水潦能入门中。吏主塞突门，用车两轮，以木束之，涂其上，维置突门内，使度门广狭，令之入门中四五尺。置窑灶，门旁为橐，充灶伏柴艾，寇即入，下轮而塞之，鼓橐而熏之。"⑦直到唐宋时，突门依然是守城的主要设施之一。不过，至少自晋代始⑧其功能有所变化。它不是先诱敌从暗门进入城内，然后再用烟熏的办法，令入城之敌

---

① 孙机：《床弩考略》，《文物》1985年第5期。
② 《梁书》卷56《侯景传》，第842页。
③ （唐）杜佑著，颜品忠等校点：《通典》卷161《兵十四》，第2196页。
④ （唐）李筌：《太白阴经》卷4《战具类·攻城具篇》，第49页。
⑤ （唐）李筌：《太白阴经》卷4《战具类·攻城具篇》，第49页。
⑥ （唐）李筌：《太白阴经》卷4《战具类·攻城具篇》，第50页。
⑦ （清）孙诒让：《墨子间诂》卷14《备突》，《诸子集成》第6册，第326页。
⑧ 《晋书》卷104《石勒上》，第2718页。

陷入混乱，从而将其歼灭，而是主动出击，攻其不备。李筌描述说："突门于城中对敌营自凿城内为暗门，多少临时，令厚五六寸，勿穿。或于中夜，或于敌初来、营列未定，精骑从突门跃出，击其无备，袭其不意。"①

至于"暗门"的大小，《武经总要》载："其制：高七尺，阔六尺，内施排沙柱，上施横木搭头，下施门，门阃。常伺敌间出奇兵以袭击之。仍于城上多积巨石，及虞敌人犯门，即下石击而断之。"②这里，对"突门"的攻防都有明确介绍。然而，李约瑟曾对"突门"的防守颇为疑惑。他说："如果突击不成功，突门本身会成为防御工事周界的一个薄弱点，必须特别注意守卫。但是，我们没有关于评价这种缺口对防御者造成威胁的任何更多的信息，也没有关于他们如何补救这种局面的资料。"③实际上，《武经总要》已经说得很清楚了，"虞敌人犯门，即下石击而断之"。

第二，转关桥，即独梁桥。它是架设于城门外护城壕上的一种机桥，其形制为："一梁为桥，梁端着横栝，拔去栝，桥转关，人马不得渡，皆倾水中。秦用此桥，以杀燕丹。"④可见，"转关桥"由来已久，但把"转关桥"做成翻板形式，则是唐代出现的新制。傅熹年认为："把城门外越壕之桥做成活板，战时阻敌过桥的做法至迟在唐代已出现。《通典·守拒法》中载有转关桥，是把桥做成翻板，撤去梁端横销，桥即翻转。"⑤具体地讲，就是"梁两端有横木，横木由凸出壕沿的木榫支撑，木榫可由绳索操纵使其伸缩。当木榫凸出时，桥面平稳，可以正常通行人马。当敌人行至桥上时，拉动机关，木榫缩回，桥面以梁为轴翻转，桥上行人跌入壕中"⑥。李筌虽然明言"秦用此桥，以杀燕丹"，然而，战国时期的"转关桥"是否与李筌所讲的一样，学界有不同认识。如《墨子·备城门》载："去城门五步，大堑之，高地三丈，下地至，施贼其中，上为发梁，而机巧之，比传薪土，使可道行，旁有沟垒，毋可逾越，而出佻且比，适人遂入，引机发梁，适人可禽。适人恐惧而有疑心，因而离。"⑦

一种观点认为，"上为发梁而机巧之"，是在"壕沟上敷设吊桥，吊桥有活动桥板，以特地精心设计的机关控制"，一旦"敌人上当，一齐拥上活动吊桥。机械师立即引发暗藏的机关，活动吊桥顿时拦腰断开"，所以唐代的"转关桥"袭用了墨子的"发梁机巧"⑧。另一种观点则直接把"转关桥"与墨子的"发梁机巧"等同起来。笔者认为，"转关桥"与"发梁机巧"有联系，前者是在后者的基础上发展而来，但两者并不完全一样，从这个角度看，也可把"转关桥"看作是唐代出现的新城防设施，惜唐代"转关桥"的遗迹迄今尚未发现。

第三，木弩。此木弩与《墨子·备城门》所说的"木弩"在结构上不同，墨子说：

①　（唐）李筌：《太白阴经》卷 4《战具类·守城具篇》，第 50 页。
②　（宋）曾公亮、丁度：《武经总要》前集之十二"暗门"，海口：海南国际新闻出版中心，1995 年，第 348 页。
③　（英）李约瑟、叶山著：《李约瑟中国科学技术史》第 5 卷《化学及相关技术》第 6 分册《军事技术：抛射武器和攻守城技术》，钟少异等译，北京、上海：科学出版社、上海古籍出版社，2002 年，第 296 页。
④　（唐）李筌：《太白阴经》卷 4《战具类·守城具篇》，第 50 页。
⑤　傅熹年：《〈静江府修筑城池图〉简析》，《傅熹年建筑史论文集》，北京：文物出版社，1998 年，第 320 页。
⑥　《中国军事史》编写组编著：《中国历代军事工程》，北京：解放军出版社，2005 年，第 64 页。
⑦　（清）孙诒让：《墨子间诂》卷 14《备城门》，《诸子集成》第 6 册，第 319 页。
⑧　孙中原：《墨子及其后学》，北京：新华出版社，1993 年，第 110 页。

"（城上）二步一木弩，必射五十步以上。"①而李筌描述的"木弩"，其威力远远大于一般的"木弩"："以杨、柘、桑为弩，可长一丈二尺（约合今 3.82 米），中径七寸，两稍三寸，以绞车张之，发如雷吼（张刻本作'巨矢一发，声如雷吼'），以败队卒。"②用"绞车张之"的木弩，唯有大型的大车弩或床子弩可与之相配，它属于重型强弩。

3）水攻具的种类与创新

水攻的条件是"为源高于城，本大于末"，于是，"可以遏而止，可以决而流"。与之相应，就必须"行设水平，测其高下"③。

唐代"行设水平"与现代的水准仪原理基本相同，均由水平槽、照板及度竿三部分组成，如图 5-10 所示。

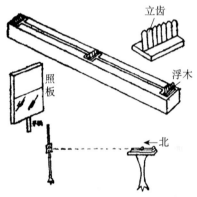

图 5-10　唐代水平结构示意图④

第一，水平槽。系水准仪的主体部分，用于测量地势高低，其方法是：

> 水平槽：长二尺四寸，两头中间凿为三池，池横阔为一寸八分，纵阔一寸，深一寸三分。池间相去一尺四寸；中间有通水渠，阔三分，深一寸三分；池各置浮木，木阔狭微小于池，空三分；上建立齿，高八分，阔一寸七分，厚一分；槽下为转关，脚高下与眼等，以水注之一，三池浮木齐起，眇目视之，三齿齐平，以为天下准。或十步，或一里，乃至十数里，目力所及，随置照板度竿，亦以白绳计其尺寸，则高下、丈尺、分寸可知也。⑤

对于上述"水平槽"的设计，有学者高度评价了它的科学性和新颖性：一是 3 个水平的浮木是为校准不平而设立的，只要 3 个浮木在池子注水后处于齐平状态，就表明测量结果是准确的。所以 3 个浮木不多不少、恰到好处，因为若是 2 个，则有 1 个不准，就会影响测量的结果，而 4 个就有些烦琐了，况且也没有必要；二是立齿设计匠心独运，易于集中目力，从而提高测量的精准度。⑥

①　《墨子间诂》卷 14《备城门》，《诸子集成》第 6 册，第 308 页。
②　（唐）李筌：《太白阴经》卷 4《战具类·守城具篇》，第 51 页。
③　（唐）李筌：《太白阴经》卷 4《战具类·水攻具篇》，第 53 页。
④　熊达成、郭涛编著：《中国水利科学技术史概论》，成都：成都科技大学出版社，1989 年，第 275 页。
⑤　（唐）李筌：《太白阴经》卷 4《战具类·水攻具篇》，第 53 页。
⑥　张奎元、王常山：《中国隋唐五代科技史》，北京：人民出版社，1994 年，第 102 页。

第二，照板和度竿。其形制和使用方法为：

> 照板：形如方扇，长四尺下二尺，黑上二尺，白阔三尺，柄长一尺，大可握；度竿长二丈，刻作二百寸二千分，每寸内刻小分，其分随向远近高下立竿，以照版映之；眇目视之，三浮木齿及照板黑映齐平，则召主板人以度竿上分寸为高下，递相往来，尺寸相乘，则水源高下可以分寸度也。①

把照板（即望标）设计为黑白两种颜色，并用黑白色的交界线作为观测照准线，这样在目力所及的范围内，都能够做到准确测量。正常情况下，主板人依据观测者的信号上下移动照板，当三浮木的齿顶与照板上的黑白交界线对准后，主板人立刻记下度竿上相对应的尺寸。由上文所载"递相往来"（先做一个"后视"，再做一个"前视"）知，测定两点的高差，须将水平仪置于两点之间，并在两点上分立度竿。则测量原理可表述如下：

假设 A 与 B 为两点的高差，水平仪置于 A 与 B 两点之间，其两点分立度竿，如图 5-11 所示。②

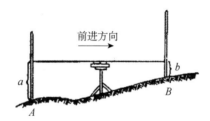

图 5-11　照板和度竿③

测得 A 点的尺寸为 a（后视读数），B 点的尺寸为 b（前视读数），则 B 点对 A 点的高差为 $h_{AB}=a-b$。另从"递相往来，尺寸相乘（将前视与后视相减）"的记载分析，当所测高差较大或两点距离较远时，唐朝的工程技术人员已经懂得多次安放水平仪器进行分段测量，即连续多次做后视与前视观测，然后通过计算求得结果。因此，"利用仪器的水平视线和标尺测竿的配合，去测两地间高差，是测量史上的重大突破"④。

4）火攻具的种类与创新

火攻主要有火兵、火兽、火禽、火盗、火矢五种类型，潘吉星、刘洪涛等在他们的专著中多有阐述，兹不重复。

孙子在讨论火攻时，非常强调"发火有时，起火有日"的原则，他说："时者，天之燥也；日者，月在箕、壁、翼、轸也。凡此四宿者，风起之日也。"⑤然而，如何推知月宿，孙子没有讲。李筌不仅明确了火攻的必要条件是"月在箕、壁、翼、轸之夕"，而且还提出了"推月宿法"以及火攻与节气的关系，这"不能不说是对我国古代军事思想和军

①　（唐）李筌：《太白阴经》卷 4《战具类·水攻具篇》，第 53 页。
②　冯立升：《中国古代测量学史》，呼和浩特：内蒙古大学出版社，1995 年，第 120—121 页。
③　冯立升：《中国古代测量学史》，第 121 页。
④　张奎元、王常山：《中国隋唐五代科技史》，第 102 页。
⑤　（春秋）孙武：《孙子》卷下《火攻》，《百子全书》第 2 册，第 1133 页。

事学术的一个发展"①。李筌述"推月宿法"云：

> 周天三百六十五度四分度之一，二十八宿四方分之；月二十八日夜一周天，行二十八宿，一日一夜行一十三度少强，皆以月中气日月合为宿首。角十二度，亢九度，氐十五度，房五度，心五度，尾十八度，箕十一度，东方七宿共七十五度；斗二十六度，牛八度，女十二度，虚十度，危十七度，营室十六度，东壁九度，北方七宿共九十八度；奎十六度，娄十二度，胃十四度，昂十一度，毕十六度，觜二度，参九度，西方七宿共八十度；东井三十三度，舆鬼四度，柳十五度，星七度，张十八度，翼十八度，轸十七度，南方七宿共一百一十二度。②

抛开其星占的外衣，学界对"推月宿法"的历法意义亦有不少揭示。

5）水战具的种类与创新

水战以舟船为载体，分战船与非战船两种类型。李筌介绍的主要战船是楼船、战舰、走舸与海鹘，而非战船则主要有艨艟和游艇。其中海鹘出现于唐朝，是一种具有较强抗风浪性能的战船。其形制为："头低尾高，前大后小，如鹘（鸷鸟）之状；舷下左右置浮板，形如鹘翅；其船虽风浪涨天，无有倾侧；背上左右张生牛皮为城，牙旗、金鼓如战船之制。"③

这种新型战船不仅结构独特，而且装置有类于现代海船上的"舭龙骨"，也就是"舷下（水线以下）左右置浮板，形如鹘翅"的设备。"它结构简单，又不占战船内部的空间，而且减摇效果非常显著。是一种极为科学和先进的装置。"④据考，我国发明"舭龙骨"比西方早近千年。

2. 唐代的阵图及其成就

"战阵无图"是李筌军事思想的显著特色，但是，在《太白阴经》卷6里，李筌却又津津乐道于各种阵图。这不前后矛盾了吗？其实，李筌反对的是阵图教条，或者唯阵图是战。阵图没有一定的形式，所以"战阵不可预形"，而真正的阵图就在于其具有"战胜不复而应形无穷"⑤的特点。不过，用"阵图"作为平时军事训练的科目，对于提高士兵之间的相互配合和相互协调，具有重要的指导意义。

（1）风后握奇垒图即八阵图。这是李筌依据《握奇经》，并参照《李靖兵法·部伍营阵》而推演出来的一种阵图，其具体的布阵方式是：

> 一军一万二千五百人，以十人为一火，一千二百五十火；幕亦如之，幕长一丈六尺，舍十人，人守地一尺六寸。十以三为奇，以三千七百五十人为奇兵，余八千七百五十人分为八阵。阵有一千九十三人，七分五铢，守地一千七百五十尺。八阵积率，为地一万四千尺，率成二千三百三十三步，余二尺；积率成六里，余一百七十三步二

① （唐）李筌著，张文才、王陇译注：《太白阴经全解》，长沙：岳麓书社，2004年，第212页。
② （唐）李筌：《太白阴经》卷4《战具类·火攻具篇》，第54页。
③ （唐）李筌：《太白阴经》卷4《战具类·水战具篇》，第58页。
④ 《中国军事史》编写组编著：《中国历代军事装备》，第150页。
⑤ （唐）李筌：《太白阴经》卷6《阵图总序》，第76页。

尺。以垒四面乘之，一面得地一里，余二百二十三步二尺。垒内得地一十四顷一十七亩，余一百九十七步四尺六寸六分以为外垒。

天阵居乾，为天门；地阵居坤，为地门；风阵居巽，为风门；云阵居坎，为云门；飞龙居震，为飞龙门；虎翼居兑，为虎翼门；鸟翔居离，为鸟翔门；蛇蟠居艮，为蛇蟠门。天地风云为四正，龙虎鸟蛇为四奇；乾坤巽坎为阖门，震兑离艮为开门。

有牙旗游队，列其左右。偏将军居垒门内，禁出入，察奸诈。垒外有游军，定两端。前有冲，后有轴，四隅有铺，以备非常。中垒以三千七百五十人为中垒守，地六千尺，积尺得二里，余二百八十步；以中垒四面乘之，一面得地二百五十步。垒内有地两顷，余一百步。正门为握奇，大将军居之。六纛、五麾、金鼓、库藏、辎重，皆居中垒。[①]

整个布势以"十以三为奇"为原则，将"一军"分为正兵和奇兵两部分。按周军编制：12 500 人/军，其中奇兵为 12 500 人/军×0.3=3750 人，12 500 人−3750 人=8750 人为正兵。正兵分为八阵，则 8750 人÷8=1093 人/阵，以上是兵力构成。那么如何部署八阵呢？李筌将八卦原理与队阵结合起来，于是就出现了"八阵图"（图 5-12）。其队阵的代号为天、地、风、云、龙、虎、鸟、蛇，实为表征八种运动状态，中心是"握奇"（掌握指挥权）的大将军，外环八阵。仅从八阵的代号看，它们既相互独立，同时又相互联系，构成一个有机统一的整体。可谓阵中有阵，阵间容阵，方圆措置，真真假假，隐显莫测，扑朔迷离，队形变幻，奇妙无穷。

图 5-12　八阵图

有专家根据《太白阴经·离而为八阵图篇》的内容，对八阵的含义解释说："天阵即圆阵，宜于防守；地阵即方阵，宜于进攻；风阵与云阵都是楔形（锥形）也宜于进攻；虎阵是'虎翼居中，法翼而进，其形空'。是一种两侧有掩护的变形圆阵，宜用于防守；鸟阵像鸟翔之形，是急速突击的意思，即'雁行之阵'，宜于进攻；蛇阵，像蛇蟠，围绕的意思，也可说是一种圆阵的变形，宜于防御，进攻时合围敌人也可用此队形。"[②]更有学者认为八阵的运筹学思想，内涵非常丰富，但可概括为"迷惑、多变、协调、整饬"八个

①　（唐）李筌：《太白阴经》卷 6《风后握奇外垒篇》，第 77—78 页。
②　《中国军事史》编写组编著：《中国历代军事思想》，北京：解放军出版社，2006 年，第 198 页。

字。"所谓'迷惑',就是故意设玄,迷惑敌人,让敌人在判断上发生错觉,使其就范;所谓'多变',就是在预计的范围内不拘一格,因形而动,不断改变阵式,变幻莫测,让敌人难以判断;所谓'协调'就是各部相互掣应,击首尾应,击尾首应,有如手足般配合默契;所谓整饬,就是整个阵式是一个坚韧而有序的整体系列,打不乱,拖不垮,分散时可以化整为零,合时可以集零为整,进可以攻,退可以守。"①尽管从实战的角度,李靖所设计的"八阵图",较李筌上述所推演的"八阵图",更加简便和灵活,但是从攻防的视野考量,在当时冷兵器时代,短兵相接的场合比较多,而李筌的"八阵"部署,既厚重严实又不失机动灵活,实在是一种值得深刻辨析的阵势。破和立是矛盾的两个方面,既然有"立",就必定有"破"。虽然李筌没有专门言及如何破八阵,但只要明白了八阵中不同阵形的作战功能与基本布势,就很容易做到这一点。所以李筌的《太白阴经》长期被置于内府,其保密的成分显而易见。

（2）八阵图的分与合。实际是对上述八阵图的进一步解析,以使兵家明白八阵不是死板的教条,而是富于变化的作战智慧和运兵艺术,它的根本宗旨是出奇制胜。

首先,"合而为一阵",奇正相生,无所不胜。李筌说:"听音望麾,以出四奇。飞龙、虎翼、鸟翔、蛇蟠,为四奇阵;天、地、风、云,为四正阵。夫善战者,以正合,以奇胜;奇正相生,如循环之无端,孰能穷之?奇为阳,正为阴,阴阳相薄,而四时行焉;奇为刚,正为柔,刚柔相得,而万物成焉;奇正之用,万物无所不胜焉!所谓合者,即合奇正八阵而为一也。"②

显然,八阵图是为以步兵和奇兵为主要兵种的军事战争设计的,它通过若干小单位之间的相互配合与协同,隔落钩连,曲折相对,进而实现集团方阵的机动作战和灵活攻守。由于八阵各自的战斗分工各有侧重,有正面攻守、侧面攻守和预备队(即游军)之别,队列前面为弓箭手,中间为长兵器手,后面为短兵器手。因此,八阵对士兵的素质要求较高,不仅能格斗,而且具有适应各种阵形变化的特质,从而组成一个有组织的严密而出色的战斗整体,并在充分调动全军将士积极性和能动性的前提下,使之发挥出整体大于部分之和的系统效应。

其次,"离而为八阵",化整为零,重点突破。有些规模较小和相对单一的战争,或者由于在战争过程中因特殊任务的需要,不需要投入大量的兵力和物力,此时,用骑兵或弓箭手或工程兵,去独立承担某项战斗任务。有时则为了麻痹敌人,故意掩饰八阵中的某些小单位,等等。所以呈现出来的阵形不是由八阵组成的集团方阵,而是相对独立的战斗单位。不过,这些相对独立的战斗单位毕竟属于集团大方阵的一部分,无论如何,都不能舍弃相互配合这个八阵部署的基本原则。

3. 唐代的军事医学及李筌的战争自救思想

战争总不免有伤亡,即使在备有专业救护人员的情况下,实行战地自救,对于减少伤亡仍十分必要。李筌在介绍唐代士兵的装备时,特别提到:一是有"刀子、锉子、钳子、钻子、药袋、火石袋、盐袋、解结锥、砺石";二是"人药:一分,三黄丸、水解散、疟

---

① 程朝阶等编著:《管理美学》,哈尔滨:北方文艺出版社,2005年,第107页。
② (唐)李筌:《太白阴经》卷6《合而为一阵图篇》,第84页。

疾药、金枪刀箭药等，五十贴"①。

但是，由于疾病传染，如果造成群体性患病事件，那么，仅仅依靠士兵随身携带的"人药"就远远不够了。因此，李筌主张："夫稠人多厉疫，屯久人气郁蒸，或病瘟、疟痢、金疮堕马。随军备用药与方，所必须也。"②既然有"随军备用药与方"，就需要有专门的军医或医工来负责和管理这些"备用药与方"，同时还能够处方用药。至于其他细节，李筌没有说明，但《通典·杂教令》引《卫公李靖兵法》说：

> 诸每营病儿，各定一官人，令检校煮羹粥养饲及领将行。其初得病人及病损人，每朝通状，报总管。令医人巡营，将药救疗。如发，仰营主共检校病儿官，量病儿气力能行者，给傔一人；如重，不能行者，加给驴一头；如不能乘骑畜生，通前给驴二头，傔二人，缚絷将行。如弃掷病儿，不收拾者，不养饲者，检校病儿官及病儿傔人各仗一百；未死而埋者，斩。③

可见，"令医人巡营，将药救疗"在唐代已经成为一种军事制度。限于战时的紧急状态，处方针对某种疾病选择一首简便有效的经验方，且药剂多研末。如李筌列出了 20 首战时常用的疾病处方，其代表处方有以下五类。

（1）疗时行热病方。处方："栀子二十枚，干姜五两，茵陈三两，升麻三两，大黄五两，芒硝五两。右（上）六味为末，米汁调服空心三钱匕，须臾利。不利则暖粥投之，利多服浆水止之。阴阳毒，不可服。"④此方由《伤寒论》中的"茵陈蒿汤方"（茵陈蒿六两，栀子十四枚，大黄二两）加干姜、升麻和芒硝组成，而唐太宗和唐高宗时期的名医许仁则有治疗天行热病的"栀子六味散"，其药物组成有栀子三十枚，干葛五两，茵陈二两，蜀升麻三两，大黄五两，芒硝五两。⑤显而易见，李筌的疗时行热病处方与许仁则治疗天行热病的"栀子六味散"大体一致，但亦有少许变化，如许氏方栀子用 30 枚，李筌减少为 20 枚；许氏方栀子用干葛（葛根），而李筌改用干姜。临床上，干姜不仅有温中散寒、回阳通脉等功效，而且具有镇痛、抗炎的作用，较葛根（主要功能为解肌退热）更适于战时处方。

（2）疗天行病方。处方："瓜蒌四十九粒，丁香四十九粒，赤小豆四十九粒。右（上）为末，井花水调服空心方寸七饮，两鼻中各搐此散一大豆许，须臾鼻出黄水，吐利良久乃愈。"⑥此天行病即黄疸性肝炎，具有传染性。故孙思邈说："凡遇时行热病，多必内瘀发黄，但用瓜丁散内鼻中，令黄汁出乃愈。"⑦李筌的疗天行病方以"瓜丁散"为基础，加上丁香与赤小豆，从而药物作用比"瓜丁散"强，"除增其利湿行水力外，又加芳

---

① （唐）李筌：《太白阴经》卷 4《战具类·军装篇》，第 61 页。

② （唐）李筌：《太白阴经》卷 7《治人药方篇》，第 95 页。

③ （唐）杜佑著，颜品忠等校点：《通典》卷 149《兵二》，第 2016 页。

④ （唐）李筌：《太白阴经》卷 7《治人药方篇》，第 95 页。

⑤ （唐）王焘：《外台秘要》卷 3《天行病方七首》，张登本主编：《王焘医学全书》，北京：中国中医药出版社，2006 年，第 104 页。

⑥ （唐）李筌：《太白阴经》卷 7《治人药方篇》，第 95 页。

⑦ （唐）孙思邈著，钱超尘主编，《千金翼方诠译》译注组译注：《千金翼方诠译》卷 18《黄疸第三》，北京：学苑出版社，1995 年，第 1087 页。

化辟秽，但犹须结合内治，以症重故也"①。

（3）疗温疟，用鬼箭十味丸。处方："甘草、丁香、细辛、蜀椒、乌梅肉，各三两；地骨皮、橘皮，各四两；白术、当归，各五两；鬼箭，二两。右（上）为细末，炼蜜为丸，如梧桐子大，每服十五丸，乌梅汤送下。再服，加至三十丸。三五日后，觉腹中热，以粥饮压之。"②《黄帝内经素问》解释温疟的病因说："此先伤于风而后伤于寒，故先热而后寒也，亦以时作，名曰温疟。"③其病机系内热外寒，疟偏阳分，症见骨节烦痛，热多寒少，时呕，治以清热解表。然而，"鬼箭十味丸"是许仁则治疗疟疾的著名处方，不独针对温疟，同时也针对寒疟、瘅疟、湿疟等。许氏认为，不论何种疟疾，"终由饮食失常，寒暑乖宜，上热下击，将疗之方，吐下为本"④。在具体临床用药时，许氏主张应根据病情的发展，分阶段对症治疗。第一步："此病之始，与天行不多别，亦头痛，骨肉酸楚，手足逆冷，口、鼻、喉、舌干，好饮水，毛耸，腰脊强欲反拗，小便赤，但先寒后热，发作有时，可不审察，其发作日有准，凡经七日以后，先服鳖甲等五味散，取快吐方。"⑤第二步："又，审其候，若体力全强，日再服，每服皆取吐。自觉气力不甚强，则每一服取吐，晚不须服。如全绵惙，事须取吐，则三两日一服，经五六度吐讫，但适寒温将息，并食饮使体气渐强；若知病虽轻吐，根本未似得除，事须利之，以泄病势，宜合当归等六味散服之。取利方。"⑥第三步："又，依前鳖甲等五味散取吐，当归等六味散利后，虽经吐下，其源尚在，如更吐利，又疟尫羸，宜合鬼箭羽等十味丸服之方。"⑦既然是"疗温疟"方，李筌为什么不用《金匮要略》中专门治疗温疟的"白虎加桂枝方"，而取许氏的治疟通用方"鬼箭十味丸"呢？恐怕与战时医疗环境的特殊性有关，如果处方过于单一，就给战时医人的临床诊断带来了困难，而且还容易误诊，故此取用"鬼箭十味丸"既免去诊断之困，又能保证用药的安全性，非常适合于战时医疗的需要。

（4）治霍乱方，其药物组成为："巴豆一两，去壳；干姜三两，炮；大黄五两。右（上）为末，炼蜜为丸，如梧桐子大，米饮服三丸，以利为度。不利，以粥汤投之。"⑧霍乱是由霍乱弧菌引发的急性肠道传染病，中医临床分干霍乱、湿霍乱、热霍乱、寒霍乱及霍乱转筋等症型，此方取自《金匮要略》中的"三物备急丸"，是治疗干霍乱的处方，其病机是寒实冷积，秽浊阻滞肠胃，导致升降之机失常，阴阳之气不通，症见绞刺痛疼，欲吐不得吐，欲泻不得泻。故此方"主心腹诸卒暴百病，若中恶客忤，心腹胀满。卒痛如锥刺。气急口噤。停尸卒死者……当腹中鸣。即吐下便瘥。若口噤。亦须折齿灌之"⑨。

（5）入战辟五兵不伤人方，其药物组成为："雄黄一两，白矾二两，鬼箭一柄，羚羊角烧二分半，灶中土三分。右（上）为末，以鸡子黄并鸡冠血为丸，如杏子大，置一丸于

---

① 李浩然：《壶天散记》，上海：复旦大学出版社，1990 年，第 185 页。

② （唐）李筌：《太白阴经》卷 7《治人药方篇》，第 96 页。

③ 《黄帝内经素问》卷 10《疟论篇》，陈振相、宋贵美：《中医十大经典全录》，第 56 页。

④ （唐）王焘：《外台秘要》卷 5《许仁则疗疟方四首》，张登本主编：《王焘医学全书》，第 155—156 页。

⑤ （唐）王焘：《外台秘要》卷 5《许仁则疗疟方四首》，张登本主编：《王焘医学全书》，第 156 页。

⑥ （唐）王焘：《外台秘要》卷 5《许仁则疗疟方四首》，张登本主编：《王焘医学全书》，第 156 页。

⑦ （唐）王焘：《外台秘要》卷 5《许仁则疗疟方四首》，张登本主编：《王焘医学全书》，第 156 页。

⑧ （唐）李筌：《太白阴经》卷 7《治人药方篇》，第 97 页。

⑨ （汉）张仲景：《金匮要略方论》卷下《杂疗方》，《中医十大经典全录》，第 436 页。

小囊中，系腰间及膊上，勿令离身，亦辟一切毒。"①说此方有"入战辟五兵不伤人"的功效，显系一种巫术的把戏，不可信。然而，说此方"亦辟一切毒"却有可信的成分。考，此方取自《备急千金要方》，但药物组成略有不同，《备急千金要方》载有雌黄、萤火和铁落，而此方则代之以"灶中土"。雄黄的主要成分为硫化砷，据《景岳权书》载："凡居山野阴湿之处，每用雄黄如桐子大一丸，烧烟以熏衣袍被褥之类，则毒不敢侵，百邪皆远避矣。"②毒蛇不敢侵是因为雄黄经火烧之后，硫化砷（四硫化四砷）氧化变成剧毒的三氧化二砷（砒霜），当然，"烧烟以熏衣袍被褥之类"对接触者也会有中毒危险，所以"烧烟"的方法不可取。相对安全的方法就是将雄黄等药物装入香囊，佩戴身上。

三、《太白阴经》中的迷信思想批判

《太白阴经》中仅"杂占""遁甲""杂式"部分就占了全书三分之一的篇幅，反映了唐代道家军事思想的特点。此外，尚有颅相术、庙算等需要扬弃的思想内容。

（一）星占与军事预测学

一般史书认为星占始于颛顼时代，如《国语·楚语下》载：

> 古者民神不杂。……及少皞之衰也，九黎乱德，民神杂糅，不可方物。夫人作享，家为巫史，无有要质。民匮于祀，而不知其福。烝享无度，民神同位。民渎齐盟，无有严威。神狎民则，不蠲其为。嘉生不降，无物以享。祸灾荐臻，莫尽其气。颛顼受之，乃命南正重司天以属神，命火正黎司地以属民，使复旧常，无相侵渎，是谓绝地天通。③

《史记·天官书》在叙"昔之传天数者"时，首列重、黎。自此，"国之大事，在祀与戎"④。"祀"系祭祀，与星占密切相关；"戎"即用兵。不过，星占对古代战争的影响，黄一农有专文讨论⑤，兹不重述。这里值得一提的是，刘朝阳在统计《史记·天官书》中的占辞时发现，在309则占辞里，涉及兵事之占辞有124则，为全数的40%多。⑥这个结果比较真实地体现了星占与古代兵事之间的特殊关系，此种关系在中国古代延续了几千年，如果说它毫无价值，显然不是历史唯物主义的态度。但是如果把它的价值和作用夸大，则又犯了主观主义的错误。为了避免出现上面两种极端思想，笔者同意刘朝阳的看法。他说："知识幼稚之民族，莫不相信，天象之变化，与人生之祸福有密切关系。因有

---

① （唐）李筌：《太白阴经》卷7《治人药方篇》，第97页。

② （明）张介宾著，孙王信、朱平生点校：《景岳全书》卷60《虫毒方》，上海：第二军医大学出版社，2006年，第1515页。

③ （春秋）左丘明撰，鲍思陶点校：《国语》卷18《楚语下·昭王问于观射父》，《二十五别史》，济南：齐鲁书社，2005年，第274—275页。

④ 《春秋左传·成公十三年》，黄侃校点：《黄侃手批白文十三经》，第186页。

⑤ 黄一农：《星占对中国古代战争的影响》，《社会天文学史十讲》，上海：复旦大学出版社，2004年，第73—92页。

⑥ 刘朝阳：《〈史记·天官书〉之研究》，《刘朝阳中国天文学史论文选》，郑州：大象出版社，2000年，第57—59页。

此种迷信，对于天象，往往特别注意，故其结果，可以促进天文之研究。然其弊也，拘于传说，纽于祸福，牵强附会，不试求各种天象之物理公律，而专讲天象变化与人类行为之相关度，故究其极，不特成绩毫无，且适足以阻碍天文学之进步。"[1]前面讲过，星占是国家大事的重要组成部分，因其对国家军事和政治的意义重大，故江晓原称之为"军国星占学"[2]。从这个层面看，李筌重视星占对于战争的意义，符合中国古代尤其是唐朝社会历史发展环境的实际，但李筌认为星占不能决定战争的胜负。他在《杂占总叙》中说：

> 天文者，悬六合之休咎；兵书者，著六军之成数。今约一战之事，编为篇目。其余灾变，略而不书。夫天道远而人道迩，人道谋而阴，故曰神；成于阳，故曰明。人有神明，谓之圣人。夫圣人者，与天地合其德，与日月合其明，与四时合其序，与鬼神合其吉凶，故曰先天而天弗违、后天而奉天时。天且弗违，而况于人乎？……若将贤士锐、诛暴救弱、以义征不义、以有道伐无道、以直取曲、以智攻愚，何患乎天文哉！可博而解，不可执而拘也。[3]

"不可执而拘"，这就是李筌的星占观，但作为军事家懂得一些星占学知识还是非常必要的，故李筌又有"可博而解"之说，即不能将星占学一棍子打死。《太白阴经·杂占》计有"占日篇""占月篇""占五星篇""占流星篇""占客星篇""占妖星篇""占云气篇"等内容，其中除"占云气"不应归为占星类外，其余都属于星占的对象。星占是以天文观测为基础的，比如天体的位置、颜色、形状、光辉、运行状态等，这些现象的出现，即使与人类的社会行为无关，也昭示着某星体内部物质运动的变化，它有助于人们透过现象去进一步探讨星体运动的本质规律。下面仅以"占日篇"和"占月篇"为例，略作阐释。

1）"占日篇"注意到太阳变化的现象

（1）日珥，它是指在太阳边缘的色球层有时会发生一束束巨大气柱（火焰）突然腾空而起的活动现象，其形态千变万化。由于日珥在太阳表面的任何位置都会发生，当日全食时，人们观测到的日珥，或南或北，或东或西，位置各不相同，于是星占家将它与兵事联系起来，并附会了"珥南则南胜，珥北则北胜"，或"珥东则东胜，珥西则西胜"等说法，所以从殷墟甲骨文卜辞开始，历代星占家都非常注重对日珥的观测，记录了许多奇特的运动形态。如"日两珥相对"，即在太阳边缘的色球层出现了两个日珥；"日晕而珥"，即日晕与日珥同时出现等。

（2）日晕，系指在太阳周围出现的彩色光环，它由太阳光折射高空中浮游着的冰块所形成，《晋书》载："日旁有气，员而周币，内赤外青，名为晕。日晕者，军营之象。"[4]其形状种类繁多，而日晕是最常见的，如图5-13所示。

① 刘朝阳：《〈史记·天官书〉之研究》，《刘朝阳中国天文学史论文选》，第49—50页。
② 江晓原、钮卫星：《中国天学史》，上海：上海人民出版社，2005年，第80页。
③ （唐）李筌：《太白阴经》卷8《杂占总序》，第101页。
④ 《晋书》卷12《天文志中》，第332页。

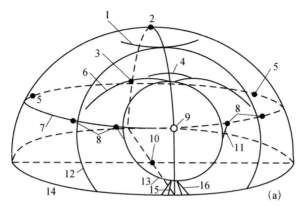

图 5-13 莱特所绘常见日晕示意图之 a 图①

图 5-13（从半球外部透视）中 1 系指环天顶弧，2 系指天顶，3 系指反假日，4 系指上内晕珥，5 系指远假日，6 系指外切晕，7 系指假日环，8 系指近假日，9 系指太阳，10 系指观测者，11 系指日珥，12 系指 46° 晕，13 系指 22° 晕，14 系指地平圈，15 系指下内晕珥，16 系指外切晕。《太白阴经》讲到的日晕主要有②"日抱晕""日有晕气傍日周员""日抱晕而珥者""日晕而玦者""日晕而背虹、珥反直而贯之者""日晕而直气在旁""日晕而有两珥在内外者"等。其中"内晕珥"即巴利弧，关于各种日晕的形状、位置及颜色特征，请参见胡波编著的《大气光象研究》第 5 章"晕"，叙述甚详。

（3）其他，如"日有白足"③，《晋书》载："青白气如履，在日下者为履。"④又如，"日有背气，色青赤，曲向外"⑤。与"抱气"方向相反，"抱"是向内弯曲，而"背"则是向外弯曲。明朝黄鼎玉在《管窥辑要》一书绘有"日有背气"图，可以肯定，黄氏所绘之图不准确，应为"日有玦气"图。例如，李筌说："日有玦气似背，有枝直向外。"⑥

2）占月篇主要载录了月晕的主要形状和位置变化⑦

（1）"月有晕"，它是指太阳光透过高空卷层云时，被冰晶折射在月亮周围所形成的光环或光弧。

（2）"月晕抱戴"，指晕发生在月亮的两侧和上方，其中月戴立在月亮上方，形如直状。

（3）"月晕岁星"，岁星（木星）与月亮每月都有一两次运行到同一经度上，所以两者相合的机会比较多，但是在两者相合的时候恰好有月晕现象发生，却不多见。

（4）"月晕镇星"，镇星（土星）与月球运行到同一经度上，且月晕出现。在此，仅就两者相合的天文意义而言，人们已经注意到它与发生自然灾害之间的关系，如可作为持续大暴雨预报的引潮力依据之一；另外，有专家指出："从发震地点看，唐山地震（1976

---

① 胡波编著：《大气光象研究》，西安：陕西科学技术出版社，1993 年，第 166 页。
② （唐）李筌：《太白阴经》卷 8《占日篇》，第 102 页。
③ （唐）李筌：《太白阴经》卷 8《占日篇》，第 102 页。
④ 《晋书》卷 12《天文志中》，第 331 页。
⑤ （唐）李筌：《太白阴经》卷 8《占日篇》，第 102 页。
⑥ （唐）李筌：《太白阴经》卷 8《占日篇》，第 102 页。
⑦ （唐）李筌：《太白阴经》卷 8《占月篇》，第 103 页。

年，引者注）的震中位于土星合月和金星合月的 54.7° 线以内均为 5 的地区。"①

（5）"月晕太白"，太白（金星）与月亮运行到同一经度上，且月晕出现，其天文意义参照上述"月晕镇星"。

（6）"月晕辰星"，辰星（水星）与月亮运行到同一经度上，且月晕出现，其天文意义参照上述"月晕镇星"。

（7）"月晕亢"，月亮每月绕二十八宿运行一周，一天入住一宿，亢宿为东方七宿之一，依秦汉《日书》所载录的二十八宿纪日法为据，则"以正月室、二月奎、三月胃、四月毕、五月井、六月柳、七月张、八月角、九月氐、十月心、十一月斗、十二月女为各月开端，初二至月末以'角亢氐房心尾箕、斗牛女虚危室壁、奎娄胃昴毕觜参、井鬼柳星张翼轸'的顺序依次排列"②。故阴历正月初三日，二月十七日，三月十五日，四月十三日，五月初十日，六月初八日，七月初六日，八月初二日，九月二十九日，十月二十七日，十一月二十四日，十二月二十二日，亢宿合月。

（8）"月晕房"，房宿亦为东方七宿之一，大概阴历正月初五日，房宿合月。至于从二月至十二月的合月日，依《日书》依次排列。

（9）"月晕参"，参宿为西方七宿之一，其合月日，亦依上述方法推算。

（二）颜相术与军事心理学

李筌《太白阴经》的"鉴才篇"和"鉴人篇"，虽然都是专门探讨军事心理学问题的文论，但性质却截然不同。从原则上讲，"鉴才篇"已经基本上得到学界的充分肯定，如有学者高度评价此篇的理论价值说："李筌在继承前人'将论'思想的基础上，专置《鉴才篇》，从国家战略的高度着重阐明了如何鉴别和择用治国御军的高层次组织指挥人才的问题。其论述问题的深刻性、系统性、全面性，是前所未有的。他所阐明的诸多问题，例如充满辩证观点的人才观，为君为将所应具备的品格和条件，特别是考察和择用人才所应掌握的原则、方法等问题，不仅是对前人思想的丰富和发展，而且对我们今天如何培养和选拔以高层次、高技能人才为重点的各类人才队伍建设，加快实施人才强国强军战略，具有重要借鉴意义。"③与之不同，对"鉴人篇"则是完全否定。如有学者认为："《鉴人篇》纯属荒诞不经的'相面术'，毫无可取之处。"④笔者以为，对于历史留给我们的文化遗产，不能简单地处以"极刑"，而是需要在层层分析的基础上，剔除其糟粕，吸收其有益于人类文化进步的营养。诚如刘朝阳所言："吾人研究古人关于科学之著作，一方面固宜应用现代科学之眼光，详细批评其论述而重新估量其价值，他方面却亦不可忘却，古人之著作，乃孕育于古代环境之中，自非能与最近科学同标准者。"⑤一分为二地看，李筌将人的面相与其才能、命运，甚至贵贱贫富等联系起来，是绝对错误的，也是毫无道理的。然

---

① 徐道一、杜品仁：《唐山地震与天象异常》，中国科协天地生综合研究联络组：《天地生综合研究》，北京：中国科学技术出版社，1989 年，第 180 页。
② 孔庆典、江晓原：《11—14 世纪回鹘人的二十八宿纪日》，《西域研究》2009 年第 3 期，第 10 页。
③ 张文才：《太白阴经新说》，北京：解放军出版社，2008 年，第 179 页。
④ 《中国军事史》编写组编著：《中国历代军事思想》，第 198 页。
⑤ 刘朝阳：《〈史记·天官书〉之研究》，《刘朝阳中国天文学史论文选》，第 41 页。

而，客观地讲，《鉴人篇》中并不全是胡言乱语，其中也有值得进一步研究的地方。

1.《鉴人篇》中的合理成分

（1）先观貌后知心的鉴人观。在生活实践中，以貌取人不可取，但以貌观心却包含着部分真理。李筌说："夫欲任将，先观其貌，后知其心。"①此论已经成为现代公共关系学、管理学和社会心理学的重要原理之一。因为"外部特征主要是指由公共的相貌、体型、发型、肤色、服饰等构成的外部形象。就一般而言，外部特征一般是与人的性格、气质、能力等个性心理特征相对应的。观貌知心，仅反映了人的外貌与心理的联系。看到慈眉善眼的人就知其和善、老诚。'心宽体胖'就是通过认知经验说明了体型和心理的关系。"②

（2）三有余法。李筌的"三有余法"是指神有余法、形有余法和心有余法，这是他用人必先察才理念的具体化。其基本内容是：

> 神有余法：容貌堂堂，精爽清彻，声色不变，其志荣枯，不易其操，是谓神有余。形有余法：头顶丰停，腹肚浓厚，鼻圆而直，口方而棱，颐额相临，颧耳高耸，肉多而有余，骨粗而不露，眉目明朗，手足红鲜，望下而就高，比大而独小，是谓形有余。心有余法：过恶扬善，后己先人，无疾人以自贤，无危人以自安，好施阴德，常守忠信，豁达大度，不拘小节，是谓心有余。③

"三有余法"中除了"形有余法"值得商榷之外，其余两法都有可称道之处。以神识人符合中医学的基本原理，而"形与质的关系就是由神知心的理论根据"，其中"神清，是内心聪明智慧的表现"④，也是"神有余"的典型特征。当然，"察神也不是一个静态的过程，除了观察眼光清莹昏浊外，还要结合他的举止、言语，才不会有偏失"⑤。"心有余"主要是考察一个人的道德品质，在用人问题上，有才无德之人，绝对是害群之马，无论如何都不能用，因为"有才无德的人本质坏，犹如传染病，不仅使自己烂掉，而且会使周围的人也烂掉"。

（3）人的五官与性格。人体细胞中23对染色体上有30亿个碱基对，而不同碱基对的排列对个体外貌的影响是客观存在的。另外，从生物学的角度讲，性格与气血有关系，故《针灸大成》载："壮士真骨，坚肉缓节，此人重（指性情稳重）则气涩血浊……劲（指性急好动）则气滑血清。"⑥现代生物学也认为："不仅人的寿命、体质、疾病易患倾向、疾病表现的个体差异、药物在个体内代谢速度的差异等等都由生物遗传的基础所决定，而且人的气质和性格亦具有先天倾向基础。"⑦由于种种原因，与身势学的认可程度不同，颅相学曾经遭到很多人的质疑和批判。

---

① （唐）李筌：《太白阴经》卷3《鉴人篇》，第37页。
② 李健荣、王克智主编：《现代公关理论与实践》，北京：高等教育出版社，1997年，第197页。
③ （唐）李筌：《太白阴经》卷3《鉴人篇》，第37页。
④ 龙子民：《中国鉴人秘诀》，北京：中国华侨出版社，2001年，第37页。
⑤ 龙子民：《中国鉴人秘诀》，第38页。
⑥ （明）杨继洲：《针灸大成新编》卷1《刺壮士》，台北：八德教育文化出版社，1987年，第35页。
⑦ 梁瑞琼：《中医临床心理学理论的文化特质与跨文化比较》，《医学与哲学》2007年第8期。

2.《鉴才篇》中的军事心理思想

（1）人才的长与短。"元气"是宇宙万物的本原，从《黄帝内经》开始，古代诸多思想家自觉地把"元气"作为理解人体气血流布的物质基础和思维运动的前提。《黄帝内经素问》说："夫自古通天者生之本，本于阴阳。"①而四时阴阳变化是一个非常复杂的过程，按照耗散结构理论，阴阳平衡应看作是非平衡的稳态，具有相对性，而平衡表示阴阳处于静止状态，不平衡表示阴阳处于运动状态。可见，阴阳之间的非平衡是绝对的。所以《黄帝内经素问》说："夫人之常数，太阳常多血少气，少阳常少血多气，阳明常多气少血，少阴常少血多气，厥阴常多血少气，太阴常多气少血。此天之常数。"②人体气血流布的这种不平衡性，必然表现为人类个体性格之间的差异，或曰性格偏向。因此，李筌把人们在性格方面表现出来的偏向，一一做了剖析。他说：

> 夫人柔顺安恕，失于断决，可与循节，难与权宜；强悍刚猛，失于猜忌，可与涉难，难与持守；贞良畏慎，失于狐疑，可与乐成，难与谋始；清介廉洁，失于局执，可与立节，难与通变；韬晦沉静，失于迟回，可与深虑，难与应捷。夫聪明秀出之谓英，胆力过人之谓雄。英者，智也；雄者，力也。英不能果敢，雄不能智谋，故英得雄而行，雄得英而成。③

对于一个成功的战略家，选拔人才不能责之于全，而是巧之于用。一是人才的组合要有差异，不能等齐划一；二是根据条件的变化和形势的需要，学会因势用材，度权量能，各取所长。再进一步，李筌从性格差异上升到人的品质差异，用什么人才关乎国家的存亡，不可不慎。他论述说：

> 夫人有八性不同：仁、义、忠、信、智、勇、贪、愚。仁者好施，义者好亲，忠者好直，信者好守，智者好谋，勇者好决，贪者好取，愚者好矜。人君合于仁义则天下亲，合于忠信则四海宾，合于智勇则诸侯臣，合于贪愚则制于人。仁义可以谋纵，智勇可以谋横。纵成者王，横成者伯。王伯之道，不在兵强士勇之际，而在仁义智勇之间。此亦偏才未足以言大将军。④

有鉴于人才的复杂性，究竟如何把各种不同类型的人才组合在一起，形成一个运转自如和高效优化的团队，确实不易。李筌虽然没有提出人才组合的最佳模式，但是他看到了人才的特殊性和个性，并分析了不同人才心理素质的长处与短处，它有助于决策层在使用人才时，注意人才之间的生克关系，尽力做到各种不同类型的人才组合，既相互促进同时又相互制约。

（2）"偏才"与"通才"的考量。"偏才"如上所述，而"通才"实则为全能之人，是集纳众多心理优点于一身者，用李筌的话说，就是"若夫能柔能刚，能翕能张，能英而有

---

① 《黄帝内经素问》卷1《生气通天论篇》，陈振相、宋贵美：《中医十大经典全录》，第10页。
② 《黄帝内经素问》卷7《血气形志篇》，陈振相、宋贵美：《中医十大经典全录》，第42页。
③ （唐）李筌：《太白阴经》卷2《鉴才篇》，第30—31页。
④ （唐）李筌：《太白阴经》卷2《鉴才篇》，第31页。

勇，能雄而有谋，圆而能转，环而无端，智周乎万物而道济于天下"①。在这里，李筌站在国家安危的高度，审视人才尤其将才对于治国安邦的重要性。因此，他提出了明主选择将才的基本方法：

> 明主所以择人者，阅其才通而周，鉴其貌厚而贵，察其心贞而明，居高而远望，徐视而审听，神其形，聚其精，若山之高不可极，若泉之深不可测，然后审其贤愚以言辞，择其智勇以任事，乃可任之也。②

如何鉴别某个将领的心理品质，主要依靠三个途径：貌、言、行。利用问答的形式来观察某位将领的心理应变能力和思维的敏与钝，利用特定的场景诱发其品质的暴露，从而作为考量其是否被任用的重要依据。诚然，在现实生活中，近乎完美的将领是十分稀少的。问题的关键不在于将领个体的全知全能，而贵在看具有不同心理素质的将领如何相互配合与相互协调。这就需要在具体的实践过程中，观察将领"圆而能转"的能力。

（3）任用将领的程序：先察而任。如果不先考察某将领的心理品质，而是盲目任用，就有可能会造成下面的后果："先察而任者昌，先任而察者亡。"③前面讲过，国家对人才的需要是多方面的，不同心理素质的人才都有适合其发挥主动性和创造性的岗位和用场。人才就像一架机器，有轴心人才，也有零部件人才，只有将起着各种不同作用的人才聚合在一起，国家机器才能正常运转。具体讲来，用好人才实际上是一个科学管理的过程："夫择圣以道，择贤以德，择智以谋，择勇以力，择贪以利，择奸以隙，择愚以危。"④

上述"道""德""谋""力""利""隙""危"是7种不同的情形，在不同的情形之下，对人才的选择是有区别的，如果将"贪者"用于处理需要智谋来解决的问题，将"贤者"用于处理需要离间来解决的问题，结果就会招致败亡。在这里，李筌从治理国家的高度，把人才置于同等的背景之下，绝没有歧视的因素，例如，"贪者"人人憎恶，但"贪者好取"，这是别的人才不具有的优点，也就是说，无论何种类型的人才，都有优点和缺点，而优点和缺点不是一成不变的，在此情形之下为缺点，而在另外的情形之下缺点就变成了优点，优点亦一样，在此情形之下的优点，而在另外的情形之下就变成了缺点。换言之，人才本身没有优点和缺点之分，关键是看管理者如何知人和用人。所以考察人才的目的，最终是发现和找到人才的用武之地。那么，怎样鉴别人才的心理品质呢？李筌的方法是："事或同而观其道，或异而观其德，或权变而观其谋，或攻取而观其勇，或货财而观其利，或捭阖而观其间，或恐惧而观其安危。"⑤

通过上述方法或途径，就能把人才分别出"仁、义、忠、信、智、勇、贪、愚"8种类型。有了这个鉴别结果，用人就有的放矢了，就能尽力避免在用人方面的偶然性和盲目性。于是，李筌又提出了下面的观点：

---

① （唐）李筌：《太白阴经》卷2《鉴才篇》，第31页。
② （唐）李筌：《太白阴经》卷2《鉴才篇》，第31页。
③ （唐）李筌：《太白阴经》卷2《鉴才篇》，第31页。
④ （唐）李筌：《太白阴经》卷2《鉴才篇》，第31页。
⑤ （唐）李筌：《太白阴经》卷2《鉴才篇》，第31页。

仁人不因困厄无以广其德，智士不因时弃无以举其功，王者不因绝亡无以立其义，霸者不因强敌无以遗其患。①

在"困厄"之中，"仁人"的道德得到张扬。同理，在被"时弃"的场景中，"智士"的才能得到升华，并有了用场。可见，人才的成长需要一定条件。不管怎样，用人实际上是用能，在没有原则问题的前提下，最难得的是"明主任人不失其能"②。说来说去，最高管理者的知识水平和领导素质才是决定人才成败的重要因素。

以上军事心理学思想无可非议，但是李筌的军事心理学思想中还有许多占卜的成分，它集中反映在卷8《杂占》、卷9《遁甲》和卷10《杂式》之中，具体内容略。那么，我们应当如何看待李筌占卜思想的作用呢？何丙郁等有一段评述，比较客观，故特转引于下，仅供参考：

诚然，兵家阴阳并不是一门客观的军事科学，虽然这类著作在中国古代十分流行，但精明的将领早已悉穿阴阳术数的虚妄，而且能够驾驭和利用这门知识，达到安军和克敌的目的。在一定程度上说，运用心理学来提高军队的士气，未尝不是属于现代军事科学的一门学问。如果从这个角度来看，《占云气书》及其他兵阴阳家的著作，在中国科技史上还是有一定地位的。③

3. 地形山势的作用

人是战争的主体，战争的决定因素是人而不是物，但是在影响战争的各种因素中地形山势的作用不可小视，故孙子说：

地形，有通者，有挂者，有支者，有隘者，有险者，有远者。我可以往，彼可以来，曰通；通形者，先居高阳，利粮道，以战则利。可以往，难以返，曰挂；挂形者，敌无备，出而胜之；敌若有备，出而不胜，难以返，不利。我出而不利，彼出而不利，曰支；支形者，敌虽利我，我无出也；引而去之，令敌半出而击之，利。隘形者，我先居之，必盈之以待敌；若敌先居之，盈而勿从，不盈而从之。险形者，我先居之，必居高阳以待敌；若敌先居之，引而去之，勿从也。远形者，势均，难以挑战，战而不利。凡此六者，地之道也，将之至任，不可不察也。④

对于上述问题的详论，笔者兹不赘述。李筌《太白阴经》有五篇专门讨论地形与军事问题的文论，即《地无险阻》《地势》《关塞四夷》《山冈营垒》等，显见李筌对地形与战争问题的重视。

《地无险阻》反对把地形看作决定战争胜负的因素，因为地形是天然的，它可以为人利用，但不能决定战争的性质与胜负，所以李筌说："地利者，兵之助，犹天时不可恃也。"⑤

《地势》强调地形对于战争的重要性。一方面，军事家不能把战争胜负归结于地形，

---

① （唐）李筌：《太白阴经》卷2《鉴才篇》，第31页。
② （唐）李筌：《太白阴经》卷2《鉴才篇》，第31—32页。
③ 何丙郁、何冠彪：《敦煌残卷占云气书研究》，台北：艺文印书馆，1985年，第94页。
④ （春秋）孙武：《孙子》卷下《地形》，《百子全书》第2册，第1131页。
⑤ （唐）李筌：《太白阴经》卷1《地无险阻篇》，第5页。

将其作用绝对化的观念是错误的，也是十分危险的；另一方面，在影响战争进程的诸多因素中，地形又起着很重要的作用，所以夸大或忽视地形对战争的影响，都是不可取的。李筌强调善于分析和利用地形的军事家，往往能够把握战争的主动权。因此，"善战者以地强，以势胜"①。

《关塞四夷》保存了唐代关塞四夷，山川道里等资料，具有极高的军事地理价值。故有学者称：

> 此文与成书稍晚的贾耽《皇华四达记》具有同样的重要史料价值。贾耽之书，今存残帙，而李筌之文，基本完整，其中介绍了从京城到唐周边各族、各国的交通路线，并涉及到数十个唐代少数民族和部落，数十个唐代山川和地名，有许多材料仅见于此书，为唐代其他文献所不载，实为治唐代民族史及唐代边疆地理的绝好材料。②

《山冈营垒》主要是讲兵家如何利用地形来建筑军事堡垒的问题，李筌强调战争"虽成败在人，不在于城地，然地形山势，足以为人之助也"③。其营垒之法"欲北据连山，南凭高冈，左右襟带，地水东流，乾上伏下，过子、艮、寅、卯，重冈入巽"④。

此营垒法实际上是孙子"丘陵堤防，必处其阳，而右背之"⑤原则的具体化，陈启天注云："军行至小山和水堤之地，则宿营或布阵，宜在山堤之东南面，而右首及背后则以山堤为依托也。如此，则既便于战，又便于守矣。"⑥李筌把干支与地形联系起来，反映了他对干支风水的倚重。把营垒法神秘化固然有其局限性，但是从道家科技思想的立场看，这又是李筌军事地理学思想的特色。

本 章 小 结

隋朝宇文恺的大兴城由外郭城、宫城、皇城三部分构成，其中皇帝所居之处是整个都城的建筑中心，气势磅礴，规模宏大，有论者云："在城市规模上，宇文恺设计的大兴城比同时代的罗马古城都要大近一百平方米，并对日本、朝鲜等都市建设有着重要影响。"⑦可以毫不夸张地说，"无论规模还是设计思想，都堪称中国古代都城建筑的里程碑"。

唐代李筌的《太白阴经》以先秦道家为核心，辅助于法家、兵家思想，构筑了自己独特的军事理论体系，具体包括"虚静至神"的天道观、顺从自然的"盗机观"、批判地理环境决定人的勇怯思想，以及"天人相分"观等，在当时佛教盛行的历史背景下，他能够

---

① （唐）李筌：《太白阴经》卷2《地势篇》，第26页。
② 汤开建：《宋金时期安多吐蕃部落史研究》，上海：上海古籍出版社，2007年，第531页。
③ （唐）李筌：《太白阴经》卷10《山冈营垒》，洛启坤、张彦修主编：《中华百科经典全书》第10册，西宁：青海人民出版社，1999年，第2934页。
④ （唐）李筌：《太白阴经》卷10《山冈营垒》，洛启坤、张彦修主编：《中华百科经典全书》第10册，第2934页。
⑤ （春秋）孙武：《孙子》卷中《行军篇》，《百子全书》第2册，第1129页。
⑥ 邱复兴主编：《孙子兵学大典》第4册，北京：北京大学出版社，2004年，第207页。
⑦ 武小红：《隋代宇文恺的建筑设计探微》，《兰台世界》2014年第30期，第128页。

高举朴素唯物主义的旗帜，强调人的主观能动作用，认为阴阳不能决定胜败和存亡，从而丰富了我国古代的认识论和方法论。因此，任继愈评价李筌说："开始避免了过去的唯物主义者论述社会现象经常犯的两种错误（宿命论和偶然论）。对待社会现象，他比过去的哲学家具有更多的唯物主义因素。"①

---

① 任继愈：《李筌的唯物主义观点和军事辩证法思想》，《北京大学学报（哲学社会科学版）》1963 年第 6 期，第 17 页。

结　语

一、唐代科技思想的历史地位

有学者这样评论唐朝的历史成就，说：

> 唐朝是一种封建文明的制高点，容纳、包容一切。①
>
> 唐朝虽然以内陆文明为主，但不排斥海上贸易，包括日本的遣唐使就派了 19 次，都是从海上过来。唐朝代表着内陆文明的高峰，它的开放进取、吸纳百川共融的精神和海洋文明是一致的。②

就科学技术的思想传播而言，唐朝的科技学校逐渐走向正规。我们知道，唐朝有一支十分庞大的官僚型科技队伍。譬如，《唐六典》载：

> 太史令掌观察天文，稽定历数。凡日月星辰之变，风云气色之异，率其属而占候焉。其属有司历、灵台郎、挈壶正。……司历二人，从九品上；保章正一人，从八品上；历生三十六人；装装书历生五人。司历掌国之历法，造历以颁于四方。……监候五人，从九品下；天文观生九十人。灵台郎二人，正八品下；天文生六十人。灵台郎掌观天文之变而占候之。……挈壶正二人，从八品下；司辰十九人，正九品下；漏刻典事十六人，漏刻博士九人，漏刻生三百六十人，典钟二百八十人，典鼓一百六十人。挈壶正、司辰掌知漏刻。③
>
> 太医署：令二人，从七品下；丞二人，从八品下；医监四人，从八品下；医正八人，从九品下；医师二十人，医工一百人，医生四十人，典学二人。太医令掌诸医疗之法；丞为之贰。其属有四：曰医师、针师、按摩师、咒禁师，皆有博士以教之，其考试、登用如国子监之法。……医博士一人，正八品上；助教一人，从九品上。医博士掌以医术教授诸生习《本草》、《甲乙脉经》，分而为业：一曰体疗，二曰疮肿，三曰少小，四曰耳目口齿，五曰角法。针博士一人，从八品上；针助教一人，从九品下。针博士掌教针生以经脉孔穴，使识浮、沉、涩、滑之候，又以九针为补写之法。凡针疾先察五藏有余不足而补写之。凡针生习业者，教之如医生之法。按摩博士一人，从九品下，按摩师四人，按摩工十六人。按摩博士掌教按摩生以消息导引之法，以除人八疾：一曰风，二曰寒，三曰暑，四曰湿，五曰饥，六曰饱，七曰劳，八曰

① 杨晓民、孙杰编著：《望长安》，西安：陕西师范大学出版总社有限公司，2013 年，第 157 页。
② 杨晓民、孙杰编著：《望长安》，第 159 页。
③ （唐）李林甫等撰，陈仲夫点校：《唐六典》卷 10《秘书省》，北京：中华书局，2014 年，第 303—305 页。

逸。凡人支、节、府、藏积而疾生，导而宣之，使内疾不留，外邪不入。若损伤折跌者，以法正之。咒禁博士一人，从九品下。咒禁博士掌教咒禁生以咒禁祓除邪魅之为厉者。①

国子监：祭酒一人、司业二人、丞一人、主簿一人、录事一人、府七人、史十三人、亭长六人、掌固八人；国子博士二人：助教二人、学生三百人、典学四人、庙干二人、掌固四人；太学博士三人：助教三人、学生五百人、典学四人、掌固六人；四门博士三人：助教三人、学生五百人、俊士八百人、典学四人、掌固六人；国子直讲四人，大成十人；律学博士一人：助教一人、学生五十人、典学二人；书学博士二人：学生三十人、典学二人；算学博士二人：学生三十人、典学二人。国子监：祭酒一人，从三品，司业二人，从四品下。国子监祭酒、司业之职，掌邦国儒学训导之政令，有六学焉……《孙子》、《五曹》共限一年业成，《九章》、《海岛》共三年，《张丘建》、《夏侯阳》各一年，《周髀》、《五经算》共一年，《缀术》四年，《缉古》三年。其束修之礼，督课、试举，如三馆博士之法。②

如此规模庞大的专业科技队伍，除了部分出身于"艺徒制"之外，大量人才都需要国家和地方的教育机构来培养。诚如有学者所言：

中国古代科技专科学校的雏形大概出现在公元443年，南朝设立了医学校。隋朝时也在国子监下设立算学，太常寺下设立太医署，但由于时间太短、规模太小，影响不大。所以，一般把唐代作为中国科技教育的奠基时期。唐代除设"国子学"、"太学"与"四门学"外，还以律学、书学、算学、医学分设独立的专科学校。这种官办的科技专门学校不仅有明确的领导与管理体制，如唐代的医学校属太医署，有专门从医的教官讲学与指导；而且有学科设置与教学计划，如医学校分为四门：医学、针学、按摩和咒禁。医科又分五种：体疗（7年）、疮肿（5年）、少小（6年）、耳目口齿（2年）和角法（2年），所以，这是世界上最早的科技专科大学。所用教材《新修本草》和《黄帝内经》也是由朝廷主持修订的，这是世界上最早的国家颁定的科技专业教材。另外，唐代还在司天台设天文博士2人，教授天文观生90人，天文生50人；历博士1人，教授历生55人。这有些类似于在职教育。应该指出，唐代的科技教育既是中国古代科技教育的奠基时期，还是中国古代科技教育的鼎盛时期。唐以后，科技教育无论是规模、体制、内容均无大的突破。科技教育一直未进入普通学校教育的内容中，许多科技思想与成果也常常无人问津。③

还有学者认为："唐代的高等专科教育和科技教育，在整个封建社会中可以说是发展到高峰，此后受科举制度、理学教育思想的影响逐渐衰落。"④确实，从当时世界科技教育的发展状况看，唐朝无疑是世界科技交流的中心。例如：

① （唐）李林甫等撰，陈仲夫点校：《唐六典》卷14《太常寺》，第408—411页。
② （唐）李林甫等撰，陈仲夫点校：《唐六典》卷21《国子监》，第555—563页。
③ 朱永新：《中国教育思想史》，上海：上海交通大学出版社，2011年，第116页。
④ 高奇：《中国高等教育思想史》，北京：人民教育出版社，1992年，第86页。

新罗派至唐朝的留学生络绎不绝，仅 840 年学成归国的即达 105 人。有些留学生还参加科举考试，供职唐朝。……新罗留学生广泛地研究中国的政治、经济、哲学和天文、历法、医学等，他们在吸收和传播唐代文化方面起了重要作用。

到了唐代，中日友好和经济文化交流出现了新高潮。据记载，从 630 年到 894 年，日本派出的遣唐使和迎送唐使的使团即有 19 次。遣唐使都是由博通经史、娴习文艺和熟悉唐朝情况的人充任，伴随他们而来的，多者五六百人，少亦不下一二百人。除随从和水手外，还有大批留学生、学问僧和各种文化技术人员。他们广泛学习唐朝的政治制度、文化艺术和生产技术，归国后为日本的封建化作出了贡献。

日本国都平城京、平安京（今京都）的设计、布局都是模仿唐长安城，此外，唐朝的金属冶炼、水车制造、犁锄使用、丝织漂染等生产经验；数学、医药、天文历法、雕版印刷等科学成就；诗文、书法、音乐、绘画等文学艺术；角抵、围棋、打毛毬等体育活动；服饰、饮食、坐具、节令等生活习俗，也都逐步传入日本。①

就科技著作而言，印度的《七曜历》《九执历》先后传入中国，其中印度瞿昙家族曾有四代人（即瞿昙罗、瞿昙悉达、瞿昙㑲和瞿昙晏）前后供职于唐太史监或司天监。据唐《宿曜经注》载："凡欲知五星所在者，天竺历术，推知何宿具知也。今有迦叶氏、瞿昙氏、拘摩罗等三家天竺历，并掌在太史阁，然今之用多瞿昙氏历，与大术相参俱奉耳。"②在瞿昙家族中，瞿昙悉达的影响较大，他不仅翻译了印度历法《九执历》，而且还编撰了《开元占经》。所以有学者认为，瞿昙家族"擅长印度天文历算，也精通中国传统的天文学，代表着主张中国天文学走中西结合的一个学派"③。在此，我国学界基本上已经形成了这样一种共识：

> 《九执历》可以说是以正统的印度天文学为背景，而为当时住在中国的天竺历家所编纂的。它对唐代历法，究竟发生过怎样影响，颇有不同的看法。先就大衍历来说，瞿昙㑲称它是抄袭《九执历》而且未尽其术，《新唐志》对《九执历》的评语已经给以反驳。实际如果把《大衍历》和《九执历》相比较，完全看不出它们有相似之处；如昼夜时刻的计算和日月食的推算方法都有根本不同。还有《大衍历》的九道术如果知道《九执历》的正弦表，它将达到更进一步的成果。……宋代历法也看不出有天竺历法的影响，印度天文学的理论可以说完全没有浸润到我国学术中。④

然而，印度学者却有他们的一番理由：

> 对中国与印度之间数学或科学思想流动状况的考察，也严重受制于以下事实，即两国保存下来的记载，存在实质性信息不对称的现象。中国的记载，要比印度的记载广泛得多，保存情况也要好得多，在印度近年来的研讨会上，关于公元第一千纪期间印度教与佛教的记载实质上业已毁于其后数世纪穆斯林的征服过程及其余波的说法，

① 雷依群、施铁靖主编：《中国古代史》，北京：高等教育出版社，1999 年，第 335、336、377—378 页。
② （唐）杨景风注：《吉凶时日善恶宿曜经》卷上，郑同点校：《选择》，北京：华龄出版社，2008 年，第 6 页。
③ 纪志刚：《南北朝隋唐数学》，石家庄：河北科学技术出版社，2000 年，第 370 页。
④ 陈遵妫：《中国天文学史》中册，上海：上海人民出版社，2006 年，第 1055 页。

变得日益常见，这种情况确实在一定程度上出现过，尤其是在北印度，但绝非无足轻重的是，在古代印度，人们普遍缺乏将大小事件载入编年史册的热情，确实与中国人留下并保存详细记载的严谨精神形成对照。……就依赖直接证据而言，信息不对称使得宣称某些科学思想系从印度流入中国而不是相反变得容易得多，因为中国有关某些科学思想源于印度的记载，比印度有关中国影响的相应记载要充实得多，其保存状况也要好得多。这往往导致在与印度情况相形之下夸大中国接受外来科学思想的可能性。①

历史研究注重史料而不是推理，不管古代印度在保存史料方面存在多少客观理由，缺乏史料支撑已是不争的事实，所以想要改变学界既往的认识，除非印度有大量新的史料发现，否则就只能接受目前学界对中印两国之间"思想传输"的定位了。

唐朝科学技术成就对于新罗科学发展的影响，据《三国史记》记载，贞观二十一年（647），新罗人德福入唐跟随李淳风学习《麟德历》，贞观二十二年（648），亦即德福回到新罗之时，新罗开始颁行《麟德历》。该历在仪凤年间传入日本，称之为"仪凤历"。②又新罗孝昭王元年（692年）留学僧道证回国，自唐带回天文图，并在首都庆州建成瞻星台、漏刻器等，不久又仿唐朝设置天文博士与漏刻博士。武周天授三年（692），武则天遣使新罗册封，包括置医学博士2人，讲授《本草》《素问》《针经》《脉经》《明堂经》《难经》，后再增《新修本草》，开元五年（717）更置医学博士1人，当时各种中医典籍如《伤寒论》《本草经集注》《千金要方》等陆续传入新罗。"此可谓中医理论体系全盘输入朝鲜之始，足令朝鲜医学更上一台阶者。"③贞元十二年（796），唐德宗颁《广利方》敕："即颁下州府，闾阎之内，咸使闻知。"④贞元十九年（803），新罗使节贺朴来求淮南节度使观察杜相公赠送一部《广利方》。⑤到新罗王朝末期，道诜曾跟随僧一行学习堪舆之说⑥，学成之后回到新罗首倡风水地理学，主张"地理裨补说"，他认为："建筑寺刹、建筑佛塔，就可以补充地理缺陷。"⑦

唐朝科学技术成就对于日本科学发展的影响，日本学者木宫泰彦曾这样评论说："日本有识之士，由于遣唐使而一度接触到优秀的中国文化，并多少吸收了一些以后，决不会就此满足，必然益加赞叹向往，热狂地试图汲取、模仿。遣唐使的派遣就是实现这种愿望的手段。"⑧如开创日本自觉学习中医之功的惠日随第3次遣唐使来华，并携带《诸病源候论》等医籍归国，传播汉医学和中国医术。因此之故，天皇赐姓药师，遂成为日本汉医学的始祖。他的子孙袭承其业，世居难波行医。文武天皇大宝元年（701）颁布《大宝律

① ［印］阿马蒂亚·森：《惯于争鸣的印度人：印度人的历史、文化与身份论集》，刘建译，上海：上海三联书店，2007年，第134页。
② 程章灿主编：《古典文献研究》第17辑下卷，南京：凤凰出版社，2015年，第48页。
③ 马伯英、高晞、洪中立：《中外医学文化交流史——中外医学跨文化传通》，上海：文汇出版社，1993年，第24页。
④ （宋）宋敏求编，洪丕谟、张伯元、沈敖大点校：《唐大诏令集》，上海：学林出版社，1992年，第545页。
⑤ 马伯英、高晞、洪中立：《中外医学文化交流史——中外医学跨文化传通》，第24页。
⑥ 刘顺利：《中外文学交流史·中国—朝韩卷》，济南：山东教育出版社，2014年，第86页。
⑦ ［朝鲜］郑镇石等：《朝鲜哲学史》上册，平壤：朝鲜科学院出版社，1962年，第36页。
⑧ ［日］木宫泰彦：《日中文化交流史》，胡锡年译，北京：商务印书馆，1980年，第62页。

令》，其中《疾医令》基本上全是仿照唐朝医药建制，从这层意义上说，日本移植了中国医学的整体框架。[1]据《日本国见在书目》载，当时所存的中医典籍达163部309卷。在此基础上，日本医家结合他们本国医学发展的历史实际，逐渐形成了具有本民族特色的医学体系。此外，日本还仿效唐朝建立起天文机构和算学教育制度，如文武天皇大宝元年（701）始设太学，次年定算学之科，置阴阳、天文、历博士各1人并学生各10人；算博士1人，学生30人；漏刻博士2人，守辰丁20人，其余诸博士，学生凡400多人。至于技术领域的造纸、陶瓷、建筑、印刷、水车等多种先进技术也相继传入日本，对日本生产技术的快速发展起到了积极作用。如淳和天皇天长六年（829）日本政府下令制作中国式水车，为日本的水稻种植之用。其文云："耕种之利，水田为本，水田之难，尤其旱损。传闻唐国之风，渠堰不便之处，多构水车。无水之地，以斯不失其利。此间之民，素无此备，动若焦损。宜下仰民间，作备件器，以为农业之资。其以手转、以足踏、服牛回等，备随便宜。若有贫乏之辈，不堪作备者，国司作给。"[2]看来日本政府推广中国水车灌溉技术的力度很大，甚至"以手转、以足踏、服牛回等"水车灌溉稻田已经成为"唐国之风"[3]。诚如有学者所言："正是由于唐朝科技的直接影响，使东亚地区各国的科学技术水平提高很快，在公元七至十世纪，使整个东亚地区的科学技术都走在了当时世界的前列。"[4]

至于隋唐科技思想的综合发展为什么能够呈现如此繁盛的历史局面？我们不应忽视下面几个问题：

第一，唐代道教与科技的关系问题。刘芳在《道教与唐代科技》一书中有详论。从总体上看，道教对唐代科学技术思想的发展产生了重要影响，像孙思邈、李筌及陆羽等，都是唐代道教科学家的杰出代表。诚如贾剑秋所说："自然之道聚焦了唐人对宇宙本体的认识。"[5]而"作为抽象的理念，自然之道的内涵包容了自然界、自然规律、人的自然天性及一切非人为的天然的存在和表现，冲静质朴、超然物外与宇宙万化冥合为一是其本质。"[6]具体言之，如孙思邈秉承张仲景的"阴阳会通，玄冥幽微"[7]思想、李筌的"盗机"[8]理论，以及陆羽的"四标"说等，无不体现着唐代道教科学思想的特点。

当然，唐代儒学虽然失去了独尊之地位，但它对唐代社会、政治、思想、文化及科学技术发展的影响力依然存在，尤其是以韩愈和柳宗元为领袖的古文运动激发了北宋的"儒学复兴"，而北宋的"儒学复兴"又为宋代科学技术的迅猛发展提供了思想动力。

第二，唐代三教并行，对其科学技术思想发展的影响非常深刻，有论者指出："唐代是三教鼎盛的黄金时期，三教合一的思潮兴起、三教鼎立的传统文化大格局最终形成都在

---

① 马伯英、高晞、洪中立：《中外医学文化交流史——中外医学跨文化传通》，第43页。
② 引自席泽宗主编：《科学编年史》，上海：上海科技教育出版社，2011年，第102—103页。
③ 乐承耀：《宁波农业史》，宁波：宁波出版社，2013年，第60页。
④ 王颜：《唐代科技与世界文明——兼论唐代科技的世界地位》，陕西师范大学2010年博士学位论文，第155页。
⑤ 贾剑秋：《论唐代道教对唐代文化的影响》，《西南民族学院学报（哲学社会科学版）》1996年第3期，第56页。
⑥ 贾剑秋：《论唐代道教对唐代文化的影响》，《西南民族学院学报（哲学社会科学版）》1996年第3期，第56页。
⑦ （唐）孙思邈、（明）张景岳等撰：《中医解周易》，北京：九州出版社，2012年，第3页。
⑧ 聂琴编著：《天人之际：中国哲学与中国文化》，昆明：云南大学出版社，2004年，第120页。

这一时期。"①单就佛教而言，与魏晋南北朝相比，唐朝的佛教科技出现了前所未有的新气象，以唐玄奘、僧一行和瞿昙悉达为代表，佛教与科学技术之间的关系表现出较为积极的一面。有学者以僧一行为例，对佛教与唐代科学技术之间的关系做了下面的阐释：

> 一行以民间沙门的身份，参与到国家历法的制定，与佛教从传入中国后，将印度与中国的历法融合关系密切。许多传自印度的历法到中国后不适用，引发种种错误，僧团需要统一的时间以方便制定计划，急需有人进行修正，此时，义净将印度取回的书籍赠送与惠真，一行承学于惠真得到印度历法的传承，又远赴天台山学习中国历法，集二者于一身，为后来的《大衍历》打下坚实的基础。在计时仪器上，自东晋慧远开始，佛门莲花漏盛行于世，一行在此基础上，进一步制作出具有自动报时功能的浑天铜仪，为佛门的持戒修行提供了具体的计时方法。以此而言，佛教不管从教义，或者从修持上，都为科技的发展提供了动力与支持。②

当然，对佛教教义与科学技术本身的关系而言，我们必须承认，"佛教对中国古代科学技术的发展既有有利或促进的因素，也有抑制甚至是阻碍其发展的因素"③。

第三，从纯数学的角度讲，隋唐时期确实不能与前面的魏晋南北朝和后面的宋元比肩，主要是理论高度不够。然而，对于唐朝这样一个泱泱大国来说，那些与民生直接相关的自然科学学科却得到了空前的发展。例如，化学试验的基本技术和器皿如蒸馏设备及技术、置换反应等都已经达到相当水平④；在物理学方面，唐代诗人写出了自然界所发生的奇特物理现象，李白的诗句"日照香炉生紫烟"中的"紫烟"，就同"瑞利散射定律"相符合；在生物学方面，《岭表录异》在世界上最早明确记载了用蚂蚁来防控柑橘害虫的以虫治虫之生物防治法⑤；在地理学方面，李吉甫的《元和郡县图志》开创了编撰地理总志的先河，并为后代地理总志的编撰提供了可以借鉴的依据⑥等，所有这一切都为唐代自然科学家的思想创新提供了重要条件。

第四，唐朝的社会经济繁荣与其技术科学的强力支持分不开，纵观整个中国古代科技史，唐朝的技术创新能力不输两宋，古代科技在唐代走到了成熟阶段⑦。在这里，我们不必细数家珍般陈述唐代技术创新的所有亮点，只要看看下面两项代表性成果就足够了。如众所知，在人类历史上，唐朝人不仅发明了火药，而且首先把火药运用于军事，引起了军事上划时代的变化；还是唐人，在世界上最早发明了雕版印刷术，"由此奠定了文化科学传播的基础，雕版印书也就成了中国古代社会文明进步和文化传承的先进载

① 鲁方华编著：《简明中华哲学史》，北京：北京工业大学出版社，2013年，第305页。

② 湛如：《戒律计时与科技历法——以唐代僧一行法师为中心》，中国佛教协会：《圆融中道，持久和平——2017中加美三国佛教论坛论文集》，北京：宗教文化出版社，2017年，第65页。

③ 马忠庚：《佛教与科学——基于佛藏文献的研究》，北京：社会科学文献出版社，2007年，第348页。

④ 张凯：《中国文化史》，北京：北京燕山出版社，2007年，第146页。

⑤ 刘恂《岭表录异》卷上云："岭南蚁类极多，有席袋贮蚁子巢，鬻于市者。蚁巢如薄絮囊，皆连带枝叶，蚁在其中，和巢而卖也。有黄色大于常蚁而脚长者。云南中柑子树，无蚁者实多蛀，故人竞买之，以养柑子也。"参见吴玉贵、华飞主编：《四库全书精品文存》第27卷，北京：团结出版社，1997年，第87页。

⑥ 侯丕勋：《中国古代历史地理概论》，兰州：甘肃人民出版社，2018年，第221页。

⑦ 周尚兵：《对唐代科学技术水平的再认识》，《北京理工大学学报（社会科学版）》2009年第6期，第101页。

体"①。另就唐朝技术的世界影响而言，日本在"大化革新"之后，全面吸收唐朝的技术和文化，到奈良时代"各种手工业，都有了飞跃的发展"②。新罗则不仅学习唐朝的雕版印刷刊印书籍，又仿唐朝医学教育制度设立博士，传授中医学知识等。所以说"中国中南部的宋帝国建立在唐朝的技术和科学成就之上"③，实乃公允之论。

二、反思：隋唐科技思想的理论缺陷及其启示

有学者发现，唐代科技的传播在地理上还没有完全突破"汉文化圈"，这是"由于中国所处的地理与交通等方面的原因，中华文明向周边地区传播与辐射时，只能向包括朝鲜半岛、日本群岛、东南亚以及蒙古高原、青藏高原等地扩展，从而形成了以中国为中心的'汉文化圈'，或称为'东亚文化圈'。这就是唐代科技对东亚地区影响最大也最为直接的原因"④。换言之，唐朝科技文明还没有同欧洲文明形成"交集"，亦即当时它对欧洲还没有产生较大影响。⑤

我们不禁要问：在唐之前，魏晋南北朝时期的理论科学发展水平比较高，在唐之后，宋元时期的理论科学发展水平也比较高，为什么居于二者之间的隋唐时期，其理论科学发展水平却不高？答案可能有多种。不过，最主要的原因应该是由唐朝的基本国情所决定的。

第一，唐朝的疆域广大，西越巴尔喀什湖，东至大海，南及南海诸岛，东北到黑龙江以北外兴安岭一带。可见，"唐朝的疆域之广、民族之多、文化之盛、民族间往来之频繁都是以前历朝历代所少见的"⑥。那么，如何管理如此辽阔的统一国家？就需要培养大量的各级各类管理人才。

唐朝分"流内"（九品以上）官与"流外"（九品以下）官两类，二者都有一定的编制，其中对"流外"升入"流内"的官员限制尤为严格。但是由于各种原因，终唐一朝都始终没有解决好从"流外"官转为"流内"官问题，遂造成了十分严重的官员队伍膨胀现象。如黄门侍郎刘祥道曾在显庆二年（657）上奏说："今选司取士伤滥，每年入流之数，过一千四百，杂色入流，曾不铨简。即日内外文武官一品至九品，凡万三千四百六十五员"⑦。在刘祥道之后，张文成又说："乾封以前，选人每年不越数千，垂拱以后，每岁常至五万。人不加众，选人益繁者，盖有由矣。尝试论之，只如明经进士、十周三卫、勋散杂色、国官直司，妙简实材，堪入流者十分不过一二。选司考练，总是假手冒名，势家嘱请，手不把笔，即送东司，眼不识文，被举南馆。正员不足，权补试摄检校之官。贿货纵横，赃污狼藉。流外行署，钱多即留，或帖司助曹，或员外行案。更有挽郎辇脚，营田当

---

① 陈薛俊怡编著：《中国古代典籍》，北京：中国商业出版社，2015 年，第 4 页。
② 乌廷玉：《唐朝二百九十年》，北京：中国经济出版社，1999 年，第 205 页。
③ ［美］理查德·W. 布利特等：《大地与人：一部全球史》上，刘文明、邢科、田汝英译，北京：商务印书馆，2020 年，第 425 页。
④ 王颜：《唐代科技与世界文明——兼论唐代科技的世界地位》，第 154 页。
⑤ 王颜：《唐代科技与世界文明——兼论唐代科技的世界地位》，第 154 页。
⑥ 李大龙：《唐朝和边疆民族使者往来研究》，哈尔滨：黑龙江教育出版社，2013 年，第 13 页。
⑦ 《资治通鉴》卷 200《唐纪十六》，上海：上海古籍出版社，1987 年，第 1344 页。

屯，无尺寸功夫，并优与处分。皆不事学问，唯求财贿。是以选人冗冗，甚于羊群，吏部喧喧，多于蚁聚。"①且不说唐朝的冗官滥员有多少，即使正常状态下的行政官员，他们的日常作为也要受"职责"约束，《唐六典》规定得很细，不赘。也就是说，唐朝的行政官员都是"任务"型的管理，他们必须在任期内有所作为，否则，到期的考核就比较麻烦，升迁也难。在这种情形之下，最能突出"政绩"的事情，就是那些看得见摸得着的实用技术工程。所以唐朝的技术成就非常显著，也就不难理解了。可是，理论科学不能用"目标"和"任务"来管理，况且理论科学的创新不仅周期长，而且也很难纳入官员的"政绩"考核之中。因此，理论科学就被游离于唐朝科学技术发展的"体系"之外了。于是，有学者感叹说："唐以后，科技教育无论是规模、体制、内容均无大的突破，科技教育一直未进入普通学校教育的内容中，许多科技思想与成果也常常无人问津。这对于中国古代社会的发展无疑起了消极作用，在某种程度上，这也是中国传统科学与传统教育的内在缺陷。"②道理很简单，因为从唐朝以后，官办科技学校仍然都在官僚体制之内，他们的运行同样需要国家用行政手段进行管控，所以这种教育制度本身也是一种任务型的教育。

第二，重视实用技术的推广而忽视理论科学的研究，这个问题虽然是中国古代科学技术发展的通病，但以唐朝最为突出。唐代的技术发明比较多，如火药、雕版印刷、瓷器的烧制、都城建筑等，都是具有世界影响的重大技术创造。可惜，这些重大技术创造成果却没有进一步上升为科学的理论。除了社会原因之外，在观念上，颜之推的"积财千万，不如薄伎在身"③主张应是一个不可忽视的重要因素。关于这个问题，学界讨论得比较多，笔者不赘。

第三，解决千百万人口的生存问题是长期困扰唐朝统治者的刺手问题。唐朝的人口数量鼎盛时已逾7500万人。有学者以唐朝开元盛世为例分析说："据对历史上人口的研究，当时唐朝人口至少已达7500万人，约是今天13.7亿的1/18。在距今1250年前的唐朝，农业生产是非常低下的，如此多人口已属严重超负荷。"④为此，唐朝在南北方大力推广相对高产的水稻种植，而水稻种植导致经济重心南移，故有"江、淮田一善熟，则旁资数道，故天下大计，仰于东南"⑤之说。随着经济重心的南移，"国家就疲于为国都区域庞大的人口提供足够的物资，于是'就食''斗钱运斗米'就成为长期困扰唐朝中央政府的头疼问题，最终使得中国的首都开始了从西部向东部的历史性大迁移"。还有，唐代的宗教女性特别多，其中原因之一就是女子的陪嫁负担比较重，这从另一个侧面反映了唐代女性生活的艰难。据当代学者研究分析：

> 唐代是一个多种灾害的并发期。初步统计，有唐一代290年间，共发生暴雨河洪、山洪、旱、蝗等灾种达17种之多，灾害次数约略计为1063次。其中，暴雨河洪的次数最多，达286次，占26.9%；其次是旱灾、涝灾，分别为197次、118次，分

① （宋）李昉等：《太平广记》卷185《张文成》，北京：中华书局，1961年，第1387—1388页。
② 朱永新：《中国教育思想史》，上海：上海交通大学出版社，2011年，第116页。
③ 颜迈译注：《颜氏家训译注》，北京：商务印书馆，2016年，第65页。
④ 管宇主编：《生活中的数学模型》，杭州：浙江工商大学出版社，2013年，第78页。
⑤ 《新唐书》卷165《权德舆传》，北京：中华书局，1975年，第5076页。

别占 18.5%、11.1%。除却这三种灾害，其他灾害发生的次数都在 100 次以下；其中，虫灾、滑坡、鼠灾和兔灾不足 10 次（最少的兔灾仅两次）。以农为主的中国传统社会在自然灾害的冲击下极易发生危机。首先，灾害使农业生产遭到破坏，造成人口伤亡和建筑、财物的损害。其次，随灾害而来的是饥馑、疫病，以及灾后形成的不安与恐怖的气氛形成的灾害链效应；再次，当灾民在灾区无法生存，他们便会背井离乡，纷纷逃离灾区，去寻找新的能够安身立命的地方，灾害的影响和冲击也随着他们扩散到更大的范围，社会处于动荡之中。[①]

对此，阎守诚主编的《危机与应对：自然灾害与唐代社会》一书有更详细的分析，有兴趣的读者可以参看。因此，我们就不难理解唐代为什么出现了那么多的天文学和医药学著作。在印刷术尚未普及的条件下，唐代医书已多达 4692 卷[②]，可想当时各地民众对医药书籍的需求是何等迫切！即使如此，"或僻远之俗，难备于医方，或贫匮之家，有亏于药石，失于救疗"[③]的现象依然很严重。而对农业生产的投入，唐代统治者可谓不遗余力。例如，太和二年（828）二月，"敕李绛所进则天太后删定《兆人本业》三卷，宜令所在州县写本散配乡村"[④]。据考，《兆人本业》是目前已知最早一部唐政府的官修农书，可惜此书已佚。同年三月，"内出水车样，令京兆府造水车，散给缘郑白渠百姓，以溉水田"[⑤]。但是，唐朝大规模牧马却对西北农业生产造成了严重破坏。如《新唐书·兵志》载：

> 马者，兵之用也；监牧，所以蕃马也，其制起于近世。唐之初起，得突厥马二千四，又得隋马三千于赤岸泽，徙之陇右，监牧之制始于此。其官领以太仆；其属有牧监、副监；监有丞，有主簿、直司、团官、牧尉、排马、牧长、群头……初，用太仆少卿张万岁领群牧。自贞观至麟德四十年间，马七十万六千，置八坊歧、豳、泾、宁间，地广千里……天宝后，诸军战马动以万计。王侯、将相、外戚牛驼羊马之牧布诸道，百倍于县官，皆以封邑号名为印自别；将校亦备私马。议谓秦、汉以来，唐马最盛，天子又锐志武事，遂弱西北蕃。十一载，诏二京旁五百里勿置私牧。十三载，陇右群牧都使奏：马牛驼羊总六十万五千六百。[⑥]

《唐会要》卷 72 对天宝十三载（754）唐朝官营畜牧业的数字统计得更加详细：

> 总六十万五千六百三头匹口。马三十二万五千七百九十二匹，内二十万八十匹驹；牛七万五千一百一十五头，内一百四十三头牦牛；驼五百六十三头；羊二十万四千一百三十四口；骡一头。[⑦]

由于战争的需要，唐朝在"耕者益力，四海之内，高山绝壑，耒耜亦满，人家粮储，

① 李军：《自然灾害与唐代农业危机》，《唐史论丛》第 9 辑，西安：三秦出版社，2007 年，第 270 页。
② 董建文主编：《医学教育手册》，西安：世界图书出版西安公司，1998 年，第 89 页。
③ （宋）宋敏求编，洪丕谟、张伯元、沈敖大点校：《唐大诏令集》，上海：学林出版社，1992 年，第 545 页。
④ 《旧唐书》卷 17《文宗上》，北京：中华书局，1975 年，第 528 页。
⑤ 《旧唐书》卷 17《文宗上》，第 528 页。
⑥ 《新唐书》卷 50《兵志》，第 1337—1338 页。
⑦ （宋）王溥：《唐会要》卷 72《马》，北京：中华书局，1985 年，第 1303 页。

皆及数岁，太仓委积，陈腐不可校量"①的经济背景下，大力发展牧马业，本无可厚非。问题是，随着养马规模的扩大和牧场草地的不断开垦，不仅许多农田被挤占，而且还造成生态环境的恶化。如唐朝李益在《登长城》诗中描写鄂尔多斯高原的沙化问题云："汉家今上郡，秦塞古长城。有日云长惨，无风沙自惊。"②而为了解决大量人口的生存问题，唐政府在会昌元年（841）正月规定："自今已后，州县每县所征科斛斗，一切依额为定，不得随年检责。数外如有荒闲陂泽山原，百姓有人力，能垦辟耕种，州县不得辄问所收苗子，五年不在税限。五年之外，依例收税。"③这种无节制的开辟号召，固然增加了耕地面积，但同时也出现了下面的现象："贵田野垦辟，率民殖荒田，限年免租，新亩虽辟，旧畲芜矣，人以免租年满，复为污莱，有稼穑不增之病。"④结果就出现了"山秃逾高采，水穷益深捞。龟鱼既绝迹，鹿兔无遗毛"⑤的局面，水土流失误民害民非浅。究其根源，恐怕与当时的滥垦滥伐活动不无干系。如果从更深一层的角度看，唐代只顾追求通过粗放农业方式来实现经济增长，却忽略了提高单位面积粮食产量的要素分析与研究。唐代没有出现像《齐民要术》《陈旉农书》一类具有总结性质的农学论著，即说明了这个问题。故有学者分析说：

> （唐代）在河洲水渚及流域内水网区的"低地"，农田垦辟也通过"塘路"的延伸在向纵深徐徐进展。唐代江南山乡的开发，一是以村坞为据点，修筑陂堰以垦辟稻田，二是在村坞背后的山坡斜面上，从事竹木、果实、茶叶等的经营，后者则逐渐成为唐以后江南山乡的一种基本的开发、定居形式。唐代江南的自然环境和开发的状况，在改造自然方面已有很大改变，在水乡已形成稻作等农业生产系统，在山乡常绿阔叶树减少，落叶树、松树大量的栽植，并形成村坞农业生态系统。这说明，伴随着人口的压力、生产技术的进步与统治者的剥削，唐人逐渐以生态环境的破坏为代价来换取自身生共存条件的改善。⑥

① （唐）元结：《问进士》，周绍良主编：《全唐文新编》卷380，长春：吉林文史出版社，2000年，第4376页。
② （唐）李益：《登长城》，黄勇主编：《唐诗宋词全集》卷282，北京：北京燕山出版社，2007年，第900页。
③ （宋）王溥：《唐会要》卷84《租税下》，第1543—1544页。
④ 《新唐书》卷52《食货志》，第1356页。
⑤ （唐）舒元舆：《坊州按狱》，黄勇主编：《唐诗宋词全集》卷489，第1568页。
⑥ 么振华：《唐代自然灾害及其社会应对》，上海：上海古籍出版社，2014年，第38页。

主要参考文献

一、古籍

（汉）班固：《汉书》，北京：中华书局，1983年。

（汉）司马迁：《史记》，北京：中华书局，1959年。

（汉）王充：《论衡》，《诸子集成》第11册，石家庄：河北人民出版社，1986年。

（汉）许慎：《说文解字》，北京：中华书局，1963年。

（汉）扬雄：《太玄经》，《百子全书》第3册，长沙：岳麓书社，1993年。

（汉）张仲景：《金匮要略方论》，陈振相、宋贵美：《中医十大经典全录》，北京：学苑出版社，1995年。

（汉）郑玄注，贾公彦疏：《周礼注疏》，（清）阮元校刻：《十三经注疏》，北京：中华书局，1980年。

（晋）葛洪：《抱朴子》，《百子全书》第5册，长沙：岳麓书社，1993年。

（晋）皇甫谧：《黄帝针灸甲乙经》，陈振相、宋贵美：《中医十大经典全录》，北京：学苑出版社，1995年。

（晋）刘涓子：《刘涓子鬼遗方》，北京：人民卫生出版社，1986年。

（晋）王叔和：《脉经》，陈振相、宋贵美：《中医十大经典全录》，北京：学苑出版社，1995年。

（晋）袁宏：《后汉纪》，《景印文渊阁四库全书》第303册，台北：商务印书馆，1986年。

（南朝·宋）范晔：《后汉书》，北京：中华书局，1965年。

（南朝·梁）沈约：《宋书》，北京：中华书局，1974年。

（南朝·梁）萧子显：《南齐书》，北京：中华书局，1974年。

（唐）白居易：《三教论衡》，周绍良主编：《全唐文新编》，长春：吉林文史出版社，2000年。

（唐）道世：《法苑珠林》，上海：上海古籍出版社，1991年。

（唐）道宣：《关中创立戒坛图经》，南京：金陵刻经处，1962年。

（唐）道宣：《集古今佛道论衡》，《大正新修大藏经》第52册，台北：新文丰出版公司，1983年。

（唐）杜宝撰，辛德勇辑校：《大业杂记辑校》，西安：三秦出版社，2006年。

（唐）杜甫著，高仁标点：《杜甫全集》，上海：上海古籍出版社，1996年。

（唐）杜牧著，陈允吉校点：《杜牧全集》，上海：上海古籍出版社，1997年。

（唐）段成式撰，方南生点校：《酉阳杂俎》，北京：中华书局，1981年。

（唐）法藏：《华严经传记》，《大正新修大藏经》第 51 册，台北：新文丰出版公司，1983 年。

（唐）樊绰撰，向达校注：《蛮书校注》，北京：中华书局，1962 年。

（唐）范摅撰，唐雯校笺：《云溪友议校笺》，北京：中华书局，2017 年。

（唐）房玄龄等：《晋书》，北京：中华书局，1974 年。

（唐）封演撰，赵贞信校注：《封氏闻见记校注》，北京：中华书局，2005 年。

（唐）韩鄂原编，缪启愉校释：《四时纂要校释》，北京：农业出版社，1981 年。

（唐）韩鄂原编，缪启愉选译：《四时纂要选读》，北京：农业出版社，1984 年。

（唐）慧超原著，张毅笺释：《往五天竺国传笺释》，北京：中华书局，2000 年。

（唐）慧立、彦悰著，孙毓棠、谢方点校：《大慈恩寺三藏法师传》，北京：中华书局，1983 年。

（唐）李淳风：《乙巳占》，薄树人主编：《中国科学技术典籍通汇·天文卷》第 4 分册，郑州：河南教育出版社，1998 年。

（唐）李鼎祚：《周易集解》，《景印文渊阁四库全书》第 7 册，台北：商务印书馆，1986 年。

（唐）李华：《玄宗朝翻经三藏善无畏赠鸿胪卿行状》，《大正新修大藏经》第 50 册，台北：新文丰出版公司，1983 年。

（唐）李吉甫撰，贺次君点校：《元和郡县图志》，北京：中华书局，1983 年。

（唐）李林甫等撰，陈仲夫点校：《唐六典》，北京：中华书局，2014 年。

（唐）李泰等著，贺次君辑校：《括地志辑校》，北京：中华书局，1980 年。

（唐）李延寿：《北史》，北京：中华书局，1974 年。

（唐）令狐德棻等：《周书》，北京：中华书局，1971 年。

（唐）陆龟蒙：《笠泽丛书》，《景印文渊阁四库全书》第 1083 册，台北：商务印书馆，1986 年。

（唐）陆羽撰，沈冬梅校注：《茶经校注》，北京：中国农业出版社，2006 年。

（唐）陆贽著，刘泽民校点：《陆宣公集》，杭州：浙江古籍出版社，1988 年。

（唐）孟郊著，郝世峰笺注：《孟郊诗集笺注》，石家庄：河北教育出版社，2002 年。

（唐）瞿昙悉达：《开元占经》，《景印文渊阁四库全书》第 807 册，台北：商务印书馆，1986 年。

（唐）史征：《周易口诀义》，《景印文渊阁四库全书》第 8 册，台北：商务印书馆，1986 年。

（唐）释道世著，周叔迦、苏晋仁校注：《法苑珠林校注》，北京：中华书局，2003 年。

（唐）孙思邈撰，林亿等校正：《备急千金要方》，蔡铁如主编：《中华医书集成》第 8 册《方书类一》，北京：中医古籍出版社，1999 年。

（唐）王勃著，谌东飚校点：《王勃集》，长沙：岳麓书社，2001 年。

（唐）王梵志著，项楚校注：《王梵志诗校注》，上海：上海古籍出版社，1991 年。

（唐）王焘：《外台秘要》，《景印文渊阁四库全书》第 736 册，台北：商务印书馆，

1986 年。

（唐）吴兢编撰：《贞观政要》，长沙：岳麓书社，1991 年。

（唐）玄奘、辩机原著，季羡林等校注：《大唐西域记校注》，北京：中华书局，1985 年。

（唐）姚思廉：《梁书》，北京：中华书局，1973 年。

（唐）义净：《南海寄归内法传》，《大正新修大藏经》第 54 册，台北：新文丰出版公司，1983 年。

（唐）张鷟：《龙筋凤髓判》，上海：商务印书馆，1939 年。

（唐）长孙无忌等：《唐律疏议》，《景印文渊阁四库全书》第 672 册，台北：商务印书馆，1986 年。

（唐）长孙无忌著，袁文兴、袁超注译：《唐律疏议注译》，兰州：甘肃人民出版社，2016 年。

（唐）赵蕤：《反经》，长春：吉林大学出版社，2011 年。

（宋）晁公武撰，孙猛校证：《郡斋读书志校证》，上海：上海古籍出版社，1990 年。

（宋）陈振孙：《直斋书录解题》，《景印文渊阁四库全书》第 674 册，台北：商务印书馆，1986 年。

（宋）程大昌撰，张海鹏订：《演繁露》，北京：中华书局，1991 年。

（宋）程颢、程颐著，王孝鱼点校：《二程集》，北京：中华书局，2004 年。

（宋）法云：《翻译名义集》，《大正新修大藏经》第 54 册，台北：新文丰出版公司，1983 年。

（宋）范成大撰，孔凡礼点校：《范成大笔记六种》，北京：中华书局，2002 年。

（宋）高承：《事物纪原》，《景印文渊阁四库全书》第 920 册，台北：商务印书馆，1986 年。

（宋）李昉等：《太平广记》，北京：中华书局，1961 年。

（宋）刘温舒：《素问入式运气论奥》，《景印文渊阁四库全书》第 738 册，台北：商务印书馆，1986 年。

（宋）陆游著，钱仲联点校：《剑南诗稿》，长沙：岳麓书社，1998 年。

（宋）欧阳修、宋祁：《新唐书》，北京：中华书局，1975 年。

（宋）宋敏求编，洪丕谟等点校：《唐大诏令集》，上海：学林出版社，1992 年。

（宋）唐慎微：《重修政和经史证类备用本草》，北京：人民卫生出版社，1957 年。

（宋）王谠：《唐语林》，北京：中华书局，1958 年。

（宋）王谠：《唐语林》，上海：上海古籍出版社，1978 年。

（宋）王定保：《唐摭言》，西安：三秦出版社，2011 年。

（宋）王溥：《唐会要》，北京：中华书局，1955 年。

（宋）王应麟：《困学纪闻》，《景印文渊阁四库全书》第 854 册，台北：商务印书馆，1986 年。

（宋）王应麟：《周易郑康成注》，《景印文渊阁四库全书》第 7 册，台北：商务印书馆，1986 年。

（宋）王质：《绍陶录》，《景印文渊阁四库全书》第 446 册，台北：商务印书馆，1986 年。

（宋）许叔微：《普济本事方》，北京：中国中医药出版社，2007 年。

（宋）晁公武：《郡斋读书志》，《景印文渊阁四库全书》第 674 册，台北：商务印书馆，1986 年。

（宋）佚名：《保幼大全》，上海：第二军医大学出版社，2006 年。

（宋）赞宁撰，范祥雍点校：《宋高僧传》，北京：中华书局，1987 年。

（宋）张敦颐撰，王进珊校点：《六朝事迹编类》，南京：南京出版社，1989 年。

（宋）张舜民：《画墁录》，北京：中华书局，1991 年。

（宋）章如愚：《群书考索》，《景印文渊阁四库全书》第 936—938 册，台北：商务印书馆，1986 年。

（宋）朱熹、吕祖谦：《近思录》，《景印文渊阁四库全书》第 699 册，台北：商务印书馆，1986 年。

（宋）朱熹撰，郭齐、尹波点校：《朱熹集》，成都：四川教育出版社，1996 年。

（元）骆天骧撰，黄永年点校：《类编长安志》，西安：三秦出版社，2006 年。

（元）脱脱等：《辽史》，北京：中华书局，1974 年。

（元）汪大渊原著，苏继庼校释：《岛夷志略校释》，北京：中华书局，1981 年。

（明）曹学佺：《蜀中广记》，《景印文渊阁四库全书》第 591 册，台北：商务印书馆，1986 年。

（明）汪机：《针灸问对》，《景印文渊阁四库全书》第 765 册，台北：商务印书馆，1986 年。

（明）杨继洲：《针灸大成新编》，台北：八德教育文化出版社，1987 年。

（明）虞抟编：《医学正传》，北京：人民卫生出版社，1965 年。

（明）张介宾：《类经图翼》，《景印文渊阁四库全书》第 776 册，台北：商务印书馆，1986 年。

（明）朱橚等：《普济方》，北京：人民卫生出版社，1982 年。

（清）毕沅撰，张沛校点：《关中胜迹图志》，西安：三秦出版社，2004 年。

（清）陈修园：《陈修园医学全书》，太原：山西科学技术出版社，2011 年。

（清）顾观光：《九执历解》，薄树人主编：《中国科学技术典籍通汇·天文卷》第 2 分册，郑州：河南教育出版社，1995 年。

（清）郭庆藩：《庄子集释》，《诸子集成》第 5 册，石家庄：河北人民出版社，1986 年。

（清）黄宫绣著，赵贵铭点校：《本草求真》，太原：山西科学技术出版社，2012 年。

（清）焦循：《孟子正义》，《诸子集成》第 2 册，石家庄：河北人民出版社，1986 年。

（清）李蕊撰，王治来等校点：《兵镜类编》，长沙：岳麓书社，2007 年。

（清）沈金鳌撰，李占永、李晓林校注：《杂病源流犀烛》，北京：中国中医药出版社，1994 年。

（清）孙楷著，杨善群校补：《秦会要》，上海：上海古籍出版社，2004 年。

（清）王鸣盛：《十七史商榷》，北京：中国书店，1937 年。

（清）徐松辑，高敏点校：《河南志》，北京：中华书局，1994 年。

（清）徐松撰，李健超增订：《增订唐两京城坊考》，西安：三秦出版社，2006 年。

（清）严可均：《全上古三代秦汉三国六朝文》第 7 册《全梁文》，石家庄：河北教育出版社，1997 年。

（清）杨时泰：《本草述钩元》，上海：科技卫生出版社，1958 年。

（清）永瑢等：《四库全书总目》，北京：中华书局，1965 年。

（清）俞正燮：《癸巳存稿》，沈阳：辽宁教育出版社，2003 年。

（清）张璐著，王忠云等校注：《千金方衍义》，北京：中国中医药出版社，1995 年。

二、研究论著

白化文主编：《周绍良先生纪念文集》，北京：北京图书馆出版社，2006 年。

白尚恕：《中国数学史研究——白尚恕文集》，北京：北京师范大学出版社，2008 年。

边家珍：《经学传统与中国古代学术文化形态》，北京：人民出版社，2010 年。

曹林娣：《中国园林文化》，北京：中国建筑工业出版社，2005 年。

岑仲勉：《汉书西域传地里校释》，北京：中华书局，1981 年。

岑仲勉：《唐史余审》，北京：中华书局，1960 年。

曾雄生主编：《亚洲农业的过去、现在与未来》，北京：中国农业出版社，2010 年。

陈鼓应主编：《道家文化研究》第 16 辑，北京：生活·读书·新知三联书店，1999 年。

陈鸿俊、刘芳编著：《中外工艺美术史》，长沙：湖南大学出版社，2005 年。

陈久金主编：《中国古代天文学家》，北京：中国科学技术出版社，2008 年。

陈美东：《古历新探》，沈阳：辽宁教育出版社，1995 年。

陈梦家：《殷墟卜辞综述》，北京：中华书局，1988 年。

陈明：《印度梵文医典〈医理精华〉研究》，北京：中华书局，2002 年。

陈明光：《唐代财政史新编》，北京：中国财政经济出版社，1999 年。

陈文华：《中国茶文化学》，北京：中国农业出版社，2006 年。

陈晓中、张淑莉：《中国古代天文机构与天文教育》，北京：中国科学技术出版社，2008 年。

陈艳编著：《食源性寄生虫病的危害与防制》，贵阳：贵州科技出版社，2010 年。

陈永正主编：《中国方术辞典》，广州：中山大学出版社，1991 年。

陈遵妫：《中国天文学史》，上海：上海人民出版社，2006 年。

传真、黄强主编：《玄奘与南京玄奘寺》，南京：河海大学出版社，2004 年。

崔振华、徐登里编著：《中国天文古迹》，北京：科学普及出版社，1979 年。

邓广铭：《邓广铭全集》，石家庄：河北教育出版社，2005 年。

丁登山主编：《自然地理学基础》，北京：高等教育出版社，1998 年。

董恺忱、范楚玉主编：《中国科学技术史·农学卷》，北京：科学出版社，2000 年。

杜而未：《儒佛道之信仰研究》，台北：学生书局，1983 年。

杜建录：《西夏经济史》，北京：中国社会科学出版社，2002 年。

杜石然：《数学·历史·社会》，沈阳：辽宁教育出版社，2003 年。

范家伟：《中古时期的医者与病者》，上海：复旦大学出版社，2010 年。

范文澜：《范文澜集》，北京：中国社会科学出版社，2001 年。

方立天：《佛教哲学》，北京：中国人民大学出版社，1986 年。

冯天瑜、杨华、任放编著：《中国文化史》，北京：高等教育出版社，2005 年。

傅熹年编著：《中国科学技术史·建筑卷》，北京：科学出版社，2008 年。

傅熹年主编：《中国古代建筑史》第 2 卷，北京：中国建筑工业出版社，2001 年。

干春松、孟彦弘：《王国维学术经典集》，南昌：江西人民出版社，1997 年。

高亨：《诗经今注》，上海：上海古籍出版社，1980 年。

高文玉主编：《经济动物学》，北京：中国农业科学技术出版社，2008 年。

高兴主编：《音乐的多维视角》，北京：文化艺术出版社，2004 年。

葛兆光：《古代中国的历史、思想与宗教》，北京：北京师范大学出版社，2006 年。

苟萃华等：《中国古代生物学史》，北京：科学出版社，1989 年。

顾颉刚、史念海：《中国疆域沿革史》，北京：商务印书馆，2004 年。

郭书春主编：《中国科学技术史·数学卷》，北京：科学出版社，2010 年。

韩国磐：《隋唐的均田制度》，上海：上海人民出版社，1957 年。

韩茂莉：《中国历史农业地理》，北京：北京大学出版社，2012 年。

贺业钜：《中国古代城市规划史论丛》，北京：中国建筑工业出版社，1986 年。

胡波编著：《大气光象研究》，西安：陕西科学技术出版社，1993 年。

胡国兴编著：《读史札记》，兰州：甘肃人民出版社，2002 年。

胡如雷：《隋唐五代社会经济史论稿》，北京：中国社会科学出版社，1996 年。

华同旭：《中国漏刻》，合肥：安徽科学技术出版社，1991 年。

纪志刚：《南北朝隋唐数学》，石家庄：河北科学技术出版社，2000 年。

季羡林：《季羡林文集》，南昌：江西教育出版社，1996 年。

翦伯赞：《翦伯赞全集》，石家庄：河北教育出版社，2008 年。

江晓原、钮卫星：《中国天学史》，上海：上海人民出版社，2005 年。

江晓原：《天学真原》，南京：译林出版社，2011 年。

金秋鹏主编：《图说中国古代科技》，郑州：大象出版社，1999 年。

金秋鹏主编：《中国科学技术史·人物卷》，北京：科学出版社，1998 年。

康力升、崔蒙主编：《中国传统性医学》，北京：中国医药科技出版社，1994 年。

雷自申等主编：《孙思邈〈千金方〉研究》，西安：陕西科学技术出版社，1995 年。

李伯重：《唐代江南农业的发展》，北京：北京大学出版社，2009 年。

李迪：《唐代天文学家张遂》，上海：上海人民出版社，1964 年。

李蕃：《日球与月球》，上海：商务印书馆，1931 年。

李根蟠：《中国古代农业》，北京：中国国际广播出版社，2010 年。

李浩然：《壶天散记》，上海：复旦大学出版社，1990 年。

李红林：《气象探秘》，北京：气象出版社，2011 年。

李继闵：《算法的源流：东方古典数学的特征》，北京：科学出版社，2007 年。

李健超：《汉唐两京及丝绸之路历史地理论集》，西安：三秦出版社，2007 年。

李烈炎、王光：《中国古代科学思想史要》，北京：人民出版社，2010 年。

李令福：《古都西安城市布局及其地理基础》，北京：人民出版社，2009 年。

李若瑜：《皮肤病学与性病学》，北京：北京大学医学出版社，2010 年。

李兴广、王东坡、郭长青主编：《中医全息医学》，北京：化学工业出版社，2009 年。

李俨：《中算家的内插法研究》，北京：科学出版社，1957 年。

李永鑫主编：《绍兴通史》第 3 卷，杭州：浙江人民出版社，2012 年。

李泽厚：《美的历程》，天津：天津社会科学院出版社，2001 年。

李兆华主编：《汉字文化圈数学传统与数学教育》，北京：科学出版社，2004 年。

梁启超：《中国佛教研究史》，北京：中国社会科学出版社，2008 年。

刘操南：《古代天文历法释证》，杭州：浙江大学出版社，2009 年。

刘敦桢：《刘敦桢全集》第 5 卷，北京：中国建筑工业出版社，2007 年。

刘钝：《大哉言数》，沈阳：辽宁教育出版社，1993 年。

刘金沂、赵澄秋：《中国古代天文学史略》，石家庄：河北科学技术出版社，1990 年。

刘朴兵：《唐宋饮食文化比较研究》，北京：中国社会科学出版社，2010 年。

刘旭编：《中国古代兵器图册》，北京：北京图书馆出版社，1986 年。

刘昭民编著：《中华气象学史》，台北：商务印书馆，1970 年。

卢景贵：《高等天文学》，上海：神州国光社，1947 年。

鲁方华编著：《简明中华哲学史》，北京：北京工业大学出版社，2013 年。

骆耀平主编：《茶树栽培学》，北京：中国农业出版社，2008 年。

吕建福：《土族史》，北京：中国社会科学出版社，2002 年。

吕建福：《中国密教史》，北京：中国社会科学出版社，1995 年。

吕思勉：《隋唐五代史》，武汉：华中科技大学出版社，2015 年。

吕一燃主编：《中国近代边界史》，成都：四川人民出版社，2007 年。

马伯英：《中国医学文化史》，上海：上海人民出版社，1994 年。

马伯英：《中国医学文化史》上，上海：上海人民出版社，2010 年。

马忠庚：《佛教与科学：基于佛藏文献的研究》，北京：社会科学文献出版社，2007 年。

孟昭勋、张蓉主编：《丝路之光——创新思维与科技创新实践》，西安：陕西人民出版社，2010 年。

缪钺：《读史存稿》，北京：生活·读书·新知三联书店，1963 年。

牛晓辉主编：《骨科临床病理学图谱》，北京：人民军医出版社，2010 年。

潘桂明、吴忠伟：《中国天台宗通史》，南京：江苏古籍出版社，2001 年。

潘鼐：《中国恒星观测史》，上海：学林出版社，2009 年。

齐东方：《隋唐考古》，北京：文物出版社，2002 年。

齐书勤编著:《三晋地震图文大观》,太原:山西科学技术出版社,2004 年。

卿希泰主编:《中国道教史》,成都:四川人民出版社,1996 年。

曲安京、纪志刚、王荣彬:《中国古代数理天文学探析》,西安:西北大学出版社,1994 年。

曲安京:《〈周髀算经〉新议》,西安:陕西人民出版社,2002 年。

曲安京:《中国历法与数学》,北京:科学出版社,2005 年。

荣新江主编:《唐研究》第 9 卷,北京:北京大学出版社,2003 年。

沈康身主编:《中国数学史大系》,北京:北京师范大学出版社,1999 年。

盛文林主编:《人类在天文学上的发现》,北京:北京工业大学出版社,2011 年。

石云里:《中国古代科学技术史纲·天文卷》,沈阳:辽宁教育出版社,1996 年。

世芸主编:《中医学术发展史》,上海:上海中医药大学出版社,2004 年。

宋春生、刘艳骄、胡晓峰主编:《古代中医药名家的学术思想与认识论》,北京:科学出版社,2011 年。

汤用彤:《汉魏两晋南北朝佛教史》,北京:北京大学出版社,1997 年。

唐泉:《日食与视差》,北京:科学出版社,2011 年。

万国鼎:《中国田制史》,北京:商务印书馆,2011 年。

王广阳等:《王毓瑚论文集》,北京:中国农业出版社,2005 年。

王鸿生:《中国古代的科学技术》,太原:希望出版社,1999 年。

王嘉荫编著:《中国地质史料》,北京:科学出版社,1963 年。

王明:《太平经合校》,北京:中华书局,1980 年。

王嵘:《西域古道探秘》,成都:四川文艺出版社,2007 年。

王社教:《汉长安城》,西安:西安出版社,2009 年。

王树连:《中国古代军事测绘史》,北京:解放军出版社,2007 年。

王修筑:《图说二十四节气和七十二物候》,太原:山西人民出版社,2011 年。

王颜:《世界视野下的唐代科技文明》,北京:科学出版社,2018 年。

王应伟:《中国古历通解》,沈阳:辽宁教育出版社,1998 年。

王勇主编:《书籍之路与文化交流》,上海:上海辞书出版社,2009 年。

王渝生:《中国算学史》,上海:上海人民出版社,2006 年。

王兆春:《中国火器通史》,武汉:武汉大学出版社,2015 年。

文心田等主编:《当代世界人兽共患病学》,成都:四川科学技术出版社,2011 年。

吴存浩:《中国农业史》,北京:警官教育出版社,1996 年。

吴鸿洲主编:《中国医学史》,上海:上海科学技术出版社,2010 年。

席泽宗主编:《中国科学技术史·科学思想卷》,北京:科学出版社,2001 年。

萧公权:《中国政治思想史》,北京:商务印书馆,2011 年。

肖爱玲等:《隋唐长安城》,西安:西安出版社,2009 年。

谢成侠编著:《中国养牛羊史》,北京:农业出版社,1985 年。

徐达传主编:《局部解剖学》,北京:高等教育出版社,2009 年。

徐振韬、蒋窈窕：《五星聚合与夏商周年代研究》，北京：世界图书出版公司北京公司，2006年。

徐振韬主编：《中国古代天文学词典》，北京：中国科学技术出版社，2009年。

许地山：《道教的历史》，北京：北京工业大学出版社，2007年。

薛瑞泽：《汉唐间河洛地区经济研究》，西安：陕西人民出版社，2001年。

严洁，朱兵主编：《针灸的基础与临床》，长沙：湖南科学技术出版社，2010年。

严世芸主编：《中国医籍通考》第3卷，上海：上海中医学院出版社，1992年。

颜新主编：《古今名医外感热病诊治精华》，北京：中国中医药出版社，2010年。

杨本洛：《自然科学体系梳理》，上海：上海交通大学出版社，2005年。

杨文衡主编：《世界地理学史》，长春：吉林教育出版社，1994年。

姚国坤编著：《茶圣·〈茶经〉》，上海：上海文化出版社，2010年。

叶舒宪、田大宪：《中国古代神秘数字》，北京：社会科学文献出版社，1996年。

游修龄、曾雄生：《中国稻作文化史》，上海：上海人民出版社，2010年。

于赓哲：《唐代疾病、医疗史初探》，北京：中国社会科学出版社，2011年。

于智敏主编：《中医药之"毒"》，北京：科学技术文献出版社，2007年。

余敦康：《汉宋易学解读》，北京：华夏出版社，2006年。

余明侠：《诸葛亮评传》，南京：南京大学出版社，2011年。

余瀛鳌：《未病斋医述》，北京：中医古籍出版社，2012年。

云南大学历史系：《史学论丛》第5辑，昆明：云南大学出版社，1993年。

张春辉等编著：《中国机械工程发明史》第2编，北京：清华大学出版社，2004年。

张广军编著：《刘焯》，北京：中国国际广播出版社，1998年。

张家国：《神秘的占候》，南宁：广西人民出版社，2009年。

张奎元、王常山：《中国隋唐五代科技史》，北京：人民出版社，1994年。

张培瑜等：《中国古代历法》，北京：中国科学技术出版社，2008年。

张钦楠：《中国古代建筑师》，北京：生活·读书·新知三联书店，2008年。

张文才：《太白阴经新说》，北京：解放军出版社，2008年。

张先觉：《刘师培书话》，杭州：浙江人民出版社，1998年。

张友绳：《历代科技人物传》，台北：世界文物出版社，1984年。

张再良：《金匮要略释难》，上海：上海中医药大学出版社，2008年。

章巽、芮传明：《大唐西域记导读》，北京：中国国际广播出版社，2011年。

赵籍丰编著：《中国古代数学》，北京：北京科学技术出版社，2006年。

赵贞：《唐代的天文历法》，郑州：河南人民出版社，2019年。

中国科学院自然科学史研究所：《钱宝琮科学院史论文选集》，北京：科学出版社，1983年。

中国科学院自然科学史研究所地学史组主编：《中国古代地理学史》，北京：科学出版社，1984年。

周连宽：《大唐西域记史地研究丛稿》，北京：中华书局，1984年。

周维权：《中国古典园林史》，北京：清华大学出版社，2008 年。

周伟编著：《中国人易误解的文史常识》，北京：企业管理出版社，2009 年。

周昕：《中国农具史纲及图谱》，北京：中国建材工业出版社，1998 年。

朱绍侯主编：《中国古代史》，福州：福建人民出版社，1985 年。

朱文鑫：《历法通志》，上海：商务印书馆，1934 年。

庄威凤主编：《中国古代天象记录的研究与应用》，北京：中国科学技术出版社，2009 年。

邹化政：《先秦儒家哲学新探》，哈尔滨：黑龙江人民出版社，1990 年。

祖贻、孙光荣主编：《中国历代名医名术》，北京：中医古籍出版社，2002 年。